第四届中国液化天然气大会论文集

中国石油学会石油储运专业委员会　编

中国石化出版社

图书在版编目(CIP)数据

第四届中国液化天然气大会论文集 / 中国石油学会石油储运专业委员会编. —北京：中国石化出版社，2021.8

ISBN 978-7-5114-6408-8

Ⅰ. ①第… Ⅱ. ①中… Ⅲ. ①液化天然气-学术会议-文集 Ⅳ. ①TE626.7-53

中国版本图书馆 CIP 数据核字(2021)第 142300 号

中国石化出版社出版发行

地址：北京市东城区安定门外大街 58 号
邮编：100011　电话：(010)57512500
发行部电话：(010)57512575
http://www.sinopec-press.com
E-mail：press@sinopec.com
北京富泰印刷有限责任公司印刷
全国各地新华书店经销
*
880×1230 毫米 16 开本 29 印张 759 千字
2021 年 8 月第 1 版　2021 年 8 月第 1 次印刷
定价：298.00 元

前　言

2020年全球液化天然气供应量增长40亿立方米，天然气在一次能源中的占比持续上升，达到24.7%，创历史新高。我国在LNG国际贸易、LNG接收站建设和运行、LNG综合利用、车船加LNG和LNG核心技术等全产业链发展上取得了重大成果，突破了国外LNG关键技术和关键设备的壁垒，形成了自主核心技术体系。LNG接收站关键设备，如罐内泵、高压泵、海水泵、气化器、罐顶起重机等，从实现国产化维修到实现国产化；LNG大型储罐实现了从16万立方米、20万立方米、22万立方米，乃至27万立方米容积的国产化。液化天然气的大规模利用，为全球碳达峰、碳中和起到了重要的作用。

中国液化天然气大会是中国石油学会、全国天然气标准化技术委员会、国家能源液化天然气技术研发中心、国家管网、中国石油、中国石化、中国海油等数十家公司、团体、高校等联合组织的产业大会。大会迄今召开了三届，已成为我国液化天然气领域展示创新成果、深化交流合作、共谋发展的重要平台。2021年8月，第四届中国液化天然气大会暨LNG设备与材料国产化技术推广会在青岛召开。

本届大会以“新时代，中国LNG的新机遇”为主题，全面总结了上届会议以来我国LNG产业取得的新成果及新进展，深度解读最新政策与标准，围绕资源、市场、贸易战略规划，LNG全产业链最新工艺技术，工程设计、建造、智能化运维、数字化转型等方面展开交流，推广展示取得的设备与材料国产化成果，助力产业规模化及推广应用进程，讨论分析了国产化技术和装备的国际竞争力以及面临的形势和存在的差距、规划未来的科技研究方向，为“十四五”及我国LNG产业的高质量发展，提供决策参考。

本次大会共收到230余篇学术论文，优选高质量论文90篇公开出版论文集。主要涉及的方面有：LNG接收站工艺设计技术、LNG接收站工程建设技术、LNG接收站安全运行技术、LNG接收站关键设备国产化及国产化维修、LNG冷能利用技术、LNG生产运输产业链发展等方面。论文整体上反映了国内外LNG产业链的最新研究成果、技术、方法、新产品等进展，具有较高的学术水平和实用价值。

论文集编委会

2021年8月

目　录

LNG 运输船货舱液位测量影响因素及控制技术

段继芹[1,3,4]　常宏岗[1,4]　唐显明[3]　黄　敏[1,3,4]

(1. 中国石油西南油气田分公司天然气研究院；
2. 中国石油天然气集团公司天然气气质控制和能量计量重点实验室；
3. 广东大鹏液化天然气有限公司；
4. 国家石油天然气大流量计量站成都分站)

摘　要　中国自 2017 年已成为全球 LNG 进口量第二大国，2020 年末已有 22 座 LNG 站，2019 年进口液化天然气量超过 6000 万吨，其计量是否准确直接关系国家合法经济利益。LNG 运输船货物量的测量参数有液位、温度、压力、密度、热值等，其中，液位参数是体积量测量准确的关键参数。目前，船上贸易交接主要由船级社第三方机构提供测量结果，中方未建立有效的核查手段和机制，LNG 运输船用自动液位计技术要求的国家标准正在制定未实施，存在一定的财务风险。本文根据掌握的国内外标准和液位计现场运行维护的经验，从 LNG 液位计的种类、系统构成、测量原理、船上 LNG 储罐用液位计测量影响因素及控制措施进行论述，以有效地保障液化天然气以及其他冷冻轻烃流体在储存时以及贸易交接过程中液位测量的准确性和可靠性，为保障 LNG 国际贸易交接计量准确可靠提供技术支持，也为国内低压冷冻型储罐用自动液位计的检定校准工作提供参考，同时为我国液位计检定规程的修订提供参考。

关键词　液化天然气；自动液位测量系统；影响因素；控制技术

1　引言

受宏观经济稳定向好、环保政策趋紧和“煤改气”等显著影响，我国天然气消费呈快速增加趋势，我国天然气自身供应能力仍然难以满足国内天然气市场的需求，进口海外天然气成为必然选择。相比管道气进口而言，液化天然气(LNG)进口因不受长输管线基础设施建设约束，操作灵活、调配方便，成为我国冬季天然气市场供应主力。2017 年我国液化天然气(LNG)进口量出现高速飙升，并创历史新高达 3789 万吨，超过韩国进口量的 3651 万吨，仅次于日本进口量的 8350 万吨，成为全球第二大液化天然气进口国[1]。2020 年末已有 22 座 LNG 接收站，2019 年进口液化天然气量超过 6000 万吨[2]。随着 LNG 贸易量的增加，其计量准确更加重要，直接关系国家合法经济利益。LNG 运输船货物量的测量参数有液位、温度、压力、密度、热值等，其中，液位参数是体积量测量准确的关键参数[3][4]，见图 1。目前，船上贸易交接主要由第三方机构船级社提供测量结果，测量液位设备为自动测量液位计，中方未建立有效核查的手段和机制，存在一定的财务风险。因此需对 LNG 货舱用自动液位计测量影响因素及控制技术研究，建立相应控制方法，以提高 LNG 计量的准确性与可靠性，正确维护贸易双方的合法经济利益。

2　自动液位计系统测量原理及构成

自动液位计为安装在货舱中能自动测量货舱液体高度(或空距)的装置，以下简称 ATG。

LNG 用自动液位计系统由自动测量液位计、控制单元、显示单元等构成。液位计种类有雷达(微波)液位计、浮子式液位计、电容式液位计、超声液位计和伺服液位计等。经调研，目前，LNG 贸易用得较多的是雷达液位计和浮子式液位计。下面以雷达液位计[5](图 3)为例，说明其测量原理。

雷达液位计的工作流程可细分为三个环节，即发射、反射、接收。发射指的是雷达发射器的天线以波束的形式发射电磁波信号，发射波在被测物料表面产生反射，反射回来的回波信号由天线接收[6]。雷达液位计根据接收信号自动计算并得出石油货舱液位测量结果。基于物理原理进行分析可以发现，电磁波到液面的距离与其发射到接收的时间成正比，具体关系式为[7]：

$$D=Vt/2 \tag{1}$$

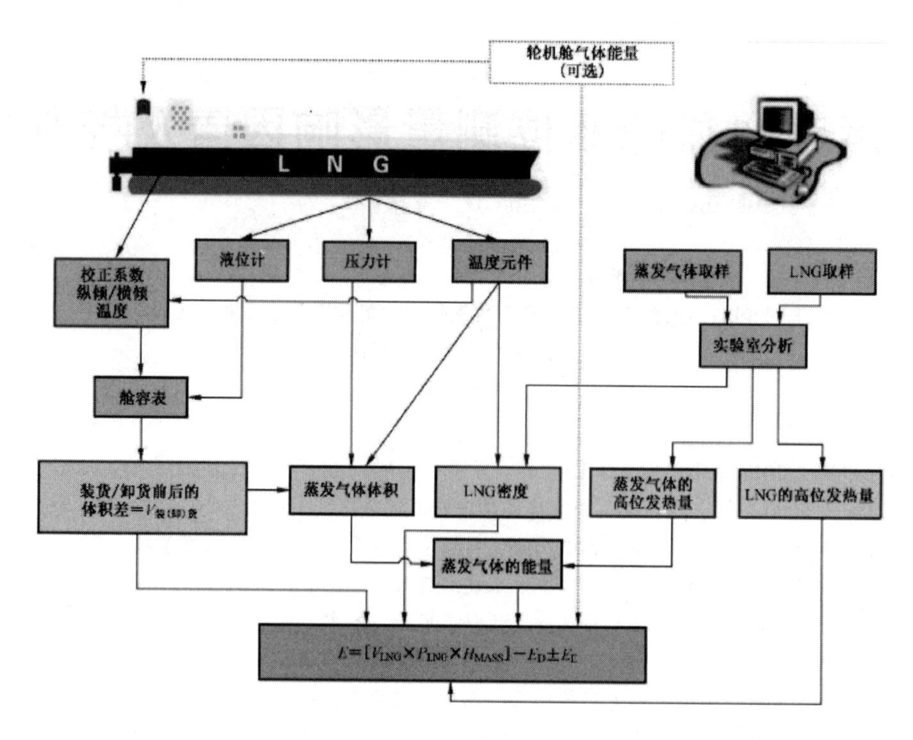

图 1　LNG 运输船贸易交接计量系统框图

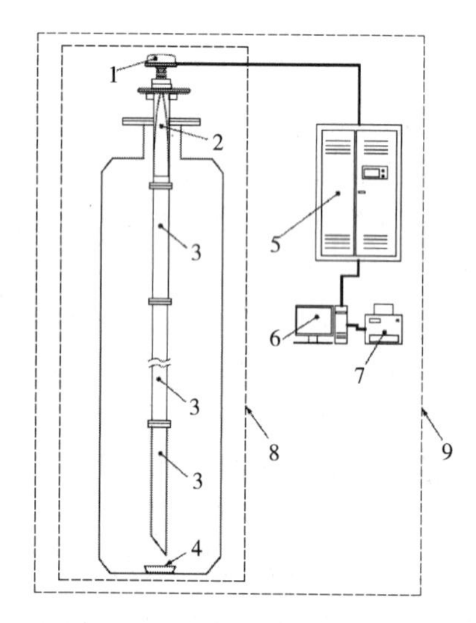

图 2　雷达液位计

1—雷达发射器；2—天线；3—蒸馏管；4—衰减器；
5—控制单元；6—显示单元；7—打印机；
8—自动液位计；9—自动液位计量系统

式中，V 为电磁波传播速度，m/s；D 为雷达液位计探头到液面的距离，m；t 为电磁波从发射到接收的运行时间，s。

实际物位的距离 L：

$$L=H-D \qquad (2)$$
$$=H-Ct/2$$

式中，H 为安装液位计时的空高(已知)[8]，m。

由此即知货舱液位高度。

3　影响计量准确度的因素及控制措施

LNG 货舱内自动液位计的影响因素有：液位计的固有(基本)误差、安装误差(例如安装位置、安装稳定性)[9]、操作条件变化和船舱运动变化的影响(温度测量影响、船晃动引起货舱中液面波动的影响、罐容量表变化、吃水、货舱变形体积)、检定或校准值等影响[5]。

3.1　液位计的固有误差

液位计的固有误差是指在制造商规定的受控条件下测试自动液位计相对参考标准的误差。

用于 LNG 的 ATG 其最小分辨率不应大于 1mm，应能耐低温、耐腐蚀、抗流体湍流及操作环境中的振动，工作时既不干扰其他设备也不受其他设备的干扰，应有自诊断或其他措施，以尽量减少排除故障、查找原因及排除异常情况的时间。ATG 应由制造商校准，以准确测量在温度、密度或介电常数(电容式液位计)等多个影响因素下预先确定的液位，以便于补偿货舱中轻烃流体物理特性和液态与蒸汽过程条件变化对 ATG 液位测量准确性的可能影响。

在船厂安装之前和受控试验环境中进行试验的 ATG 的固有误差(基本误差)应在±3mm 范围内；船厂安装之后但在货舱投入使用之前的 ATG 的准确度应在±5mm 范围内。经各方认可的库存的某些现有 ATG 可能超出此误差范围。

3.2 安装误差

ATG 应按照制造商的说明安装，且应安装在特定的位置，这些位置可以最大限度减少接收和输送液体时由于沸腾和湍流效应导致的测量误差，影响冷冻轻烃流体体积量（或质量）并能避免 ATG 和货舱受到物理伤害。因此需要在货舱预定的测量范围内，设置至少一个不与正常测量冲突的检定点。

建议在每个货舱上安装两个或更多的 ATG。这些 ATG 应该独立配置，一个 ATG 的失效不会影响到另一个 ATG。其中一个 ATG 将被指定为主 ATG，另一个为辅助 ATG，且在交接过程中，应使用同一个 ATG。在操作过程中对货舱中的主 ATG 和辅助 ATG 进行比较，以及将 ATG 与货舱内的固定基准点进行比较，以保障 ATG 性能的稳定性。

3.3 操作条件变化和船舱运动变化的影响

操作条件变化和船舱运动变化的影响主要表现在以下几个方面：

（1）温度、压力影响

液位计在使用中由于蒸汽或液相中的温度梯度大，货舱壳体收缩膨胀引起测量误差，以及难以准确测定蒸汽平均温度，会引起测量误差。LNG 船上特定类型的液位计量装置配备温度校正表，以修正校准时的参比温度与实际操作温度的差异对液位计读数的影响。

LNG 成分与 LNG 的物理性质（例如密度、介电常数）和货舱环境条件（例如蒸发气压力、蒸发气温度和液体温度）将影响不同 ATG 的液位测量准确度[10]。

（2）船晃动引起货舱中液面波动的影响

货舱的液面波动使得难以测量平均液位。许多 ATG 在测量点读取瞬时液位，另一些 ATG 对读数采用滤波算法进行一定时间间隔的液位平均。滤波时间可以是固定值，也可根据遇到的波动情况进行程序化得到。

当作业受到海浪影响时，采用平均滤波计量液位可能导致第二次读数相对于第一次进行一系列滤波测量时的读数时间显著延迟（多达几分钟），应考虑此影响。

（3）罐容量表变化

LNG 运输船每个货舱内的每种自动计量装置，在贸易交接时都有其适用的舱容表。每套表应包括纵倾、横倾、热效应校正值及将观测的货舱内的货物量准确转化至测量条件下的液货量需要对测量设备所做的调整。另外，每个货舱的舱容表应包含用于检定货舱计量系统的任何测量液位的认定值。舱容表应标示主要液位计和辅助液位计的位置（如计量参考点）。货舱校准报告或舱容表应包含一个或多个示例，以正确运用校正表并对其作出解释。这些表应提供给执行所需测量的所有人员。如果这些表未被获取或未能验证，则测量时应提交说明这一情况的抗议书。

LNG 运输船的主计量表是以零纵倾和零横倾建立的。因此，有必要校正纵倾和横倾不为零时的计量高度读数。校正值随计量装置在货舱内的位置的不同而不同；因此，不同 ATG 的校正值具有唯一性。校正值可能为正数，也可能为负数。因此实际读数等于高度读数、横倾校正值和纵倾校正值的代数和。这些校正表中横倾的单位为度，纵倾单位为米，步长固定不变。对于中间值，采用内插计算校正值。纵倾和横倾的影响随货舱种类而变化。对具有球型货舱的 LNG 运输船而言，由于货舱内液位计处于中央位置，因此纵倾和横倾对所测液货量的不确定度的影响最小。不过，对薄膜型货舱的 LNG 运输船，纵倾校正值受货舱中心至船尾货舱壁附近液位计的典型位置之间的最大距离的影响（较大）。

LNG 货舱的尺寸可随温度和和 LNG 重力等其它因素而变化。这将影响从货舱液位到体积的转换，也将改变存储在 ATG 系统中预先建立的液位基准点的测量。如果不校正，将影响安装在顶部甲板上的 ATG 的准确度。

（4）装卸臂货物量

当仪表开启和关闭时，无论与罐连接的管道是满管还是空管，管道中的液体量应是恒定的，以确定仪表开启和关闭时交付和接收的液体体积量。因此，在每次测量时，需检查存货，需要考虑与罐连接的管道中的液体量。

3.4 液位计的检定与校准

所有安装在货舱的 ATG 必须在出厂前进行首次测试和安装后使用前进行验证或检定，以确保其运行正常且数据准确。ATG 都应设计成能耐低温、耐腐蚀、抗流体湍流及操作环境中的振动。通过模拟液位指示与参考标准装置进行准确度测试。参考标准装置应溯源到国家标准，并且与 ATG 传感器无关。但是，在某些情况下，参考标准也可能作为ATG的一部分。如果安装后不能进行测试，可用安装前的初始验证结果，作为第二步验证测试的结果。除上述外，还应对ATG进行后续核查。在整个工作范围内，参考值与测量值的差值不能超过±3mm。ATG所有参考点在正常环境温度和压力下校准或检定误差应在±7.5mm以内。目前，我国的液位计检定规程[11]、液位计型式评价大纲[12]和校准方法[13]在测试介质、工作温度、介质压力、环境温度、修正方法和测量不确定度等方面不能很好的满足LNG液位计的性能指标的评价[14]，需根据LNG贸易交接程序及GB/T 37770冷冻轻烃流体 自动液位计的一般要求等标准进行进一步完善相应要求，以对LNG液位计进行正确评价。

3.5 建立液位计的自动计量系统体积转换核查

LNG海上运输船的货物量转移到岸上冷冻型储罐，LNG海上运输船用液位计的最终计算结果为体积量和能量，岸上冷冻型储罐用液位计的最终计算结果也为体积量和能量，双方交接量可建立核查关系，并做出曲线查找规律，可验证LNG海上运输船用液位计计量的准确性与可靠性，以合法维护双方利益。

4 结论

研究LNG货舱用自动液位计测量影响因素及控制技术表明：LNG运输船液位测量的影响因素较多，在贸易双方签订技术协议时应尽量考虑文中上述影响因素及控制措施，以尽量降低测量不确定度；同时，若能在岸上冷冻储罐建立相应的自动液位核查及体积转换测量系统，以便核查船上贸易计量的准确性以减少财务风险，保障贸易双方合法的经济利益；另外，我国的液位计检定规程、型式评价大纲在测试介质、工作温度、介质压力、环境温度、修正方法和测量不确定度等方面不能很好的满足LNG液位计的性能指标的评价，需根据LNG贸易交接程序及GB/T 37770《冷冻轻烃流体 自动液位计的一般要求》等标准进行进一步完善相应要求，以对LNG液位计进行正确评价。

参考文献

[1] 潘和顺.LNG贸易&船运形势分析.液化天然气标委会年会，珠海，2020：18-21.

[2] 潘月星，赵 军.中国液化天然气(LNG)进口贸易发展的新问题与新举措[J].对外经贸实务，2018，04：48-51.

[3] 全国石油天然气标准化技术委员会.冷冻轻烃流体 液化天然气运输船上货物 GB/T24964—2019 [S].北京：中国标准出版社，2019：6.

[4] ISO 10976：2015 Refrigerated light hydrocarbon fluids — Measurement of cargoes on board LNG carriers.

[5] ISO 18132-1：2011 Refrigerated hydrocarbon and non-petroleum based liquefied gaseous fuels — General requirements for automatic tank gauges — Part 1：Automatic tank gauges for liquefied natural gas on board marine carriers and floating storage.

[6] 尚峰.雷达液位计在石油储罐液位计量中的应用[J].化工设计通讯.2020，46(11)：79-80.

[7] 张光武.物位和流量仪表——设计制造应用[M].北京：机械工业出版社，2014：105-109.

[8] OIML R 85-1 & 2：2018. Automatic level gauges for measuring the level of liquid in stationary storage tanks Part 1：Metrological and technical requirements Part 2：Metrological control and tests.

[9] 陈桂华.SAAB雷达液位计在液化石油气储罐上的应用.中国仪器仪表.2012，7：46-49.

[10] 全国天然气标准化技术委员会.冷冻轻烃流体液化气储罐内液位的测量 浮子式液位计 GB/T 24961—2010[S].北京：中国标准出版社，2010：8.

[11] 全国石油天然气标准化技术委员会.冷冻轻烃流体 液化天然气运输船 货舱内温度测量系统一般要求 GB/T 24959—2019[S].北京：中国标准出版社，2019：6.

[12] 全国压力计量技术委员会.液位计检定规程 JJG 971—2019 [S].北京：中国计量出版社，2019：12.

[13] 全国压力计量技术委员会.液位计型式评价大纲 JJF 1787—2019 [S].北京：中国计量出版社，2019：12.

[14] 石油专用计量器具校准规范直属工作组.石油专用液位计校准方法 SY/T 7383—2017[S].北京：石油工业出版社，2017：11.

[15] 洪传文，许建平，檀 臻，李鹏伟，桑晓鸣.一种多功能液位计检定装置的设计与研究[J].计量技术，2020，7：34.

车船加注用液化天然气质量指标和取样要求研究

韩　慧[1,3,4]　韩新强[2*]　朱华东[1,3,4]　张　镨[1,3,4]

(1. 中国石油西南油气田公司天然气研究院;
2. 中国石油天然气股份有限公司天然气销售分公司;
3. 中国石油天然气集团公司天然气质量控制和能量计量重点实验室;
4. 中国石油西南油气田公司天然气分析测试重点实验室)

摘　要　通过对国际上车船加注用的液化天然气产品的讨论，结合我国液化天然气生产销售和产品标准等现状，探讨我国制定车船加注用液化天然气产品质量的要求和取样方法。车船加注用液化天然气应与国内现有液化天然气产品质量指标一致并体现车船加注液化天然气的特点。在甲烷、丁烷以上组分、二氧化碳、氮气、和氧气这些组分摩尔分数方面，应与 GB/T 38753—2020《液化天然气》相一致。考虑环保和燃烧特性，可适当提高硫化氢和总硫含量要求，硫化氢含量宜不超过 3.5mg/m^3，总硫含量宜不超过 5.0mg/m^3。取样可采用连续法或点样法。

关键词　车船用；液化天然气；质量指标；取样

液化天然气(Liquefied Natural Gas，LNG)作为交通运输工具的燃料主要是因为它具有环保和经济优势，被广泛地认为是一种理想的替代其它燃料的清洁性能源[1]，近年来，液化天然气作为车船用燃料在我国获得快速发展，以 LNG 接收站为载体的 LNG 采购是天然气四个主要进口通道之一[2]。在国家层面出台大量利好政策，国家发改委于 2017 年 6 月发布《加快推进天然气利用的意见》，提出实施交通燃料升级工程，明确要加快天然气车船发展，提高天然气在公共交通、货运物流、船舶燃料中的比重；加快加气站建设，在高速公路、国道省道沿线、矿区、物流集中区、旅游区、公路客运中心等，鼓励发展 CNG 加气站、LNG 加气站、CNG/LNG 两用站、油气合建站等，支持具备场地等条件的加油站增加加气功能；交通运输部印发《内河航运发展纲要》，明确要求加大新能源清洁能源推广应用力度，推广 LNG 节能环保船舶，完善水上绿色综合服务区、液化天然气加注码头等绿色服务体系建设。

中国 LNG 标准涵盖了包括国家能源局、交通运输部、质检总局、出入境检验检疫总局等多部门制定的国家标准和行业标准[3]，但现阶段在我国涉及液化天然气质量指标的有给出了液化天然气(LNG)的一般特性和 LNG 工业所用低温材料方面以及健康和安全方面的指导的 GB/T 19204《液化天然气的一般特性》、规定了进出口液化天然气的技术要求、检验规则和质量评价方法的 SN/T 2491《进出口液化天然气质量评价标准》[4]和规定了液化天然气质量、试验方法、检验规则及存储与装运要求的 GB/T 38753—2020《液化天然气》等三个标准，尚无车船用液化天然气燃料的质量控制指标和相关标准，为此有必要开展车船用液化天然气技术要求的标准研究，提出适用于车船发动机，且满足国家安全环保要求的液化天然气产品质量标准，从而更好地促进液化天然气作为车船用燃料在我国的推广和应用。根据 LNG 本身的特性和作为车船燃料的使用特点，取样系统取得代表性样品也是确保得到 LNG 产品准确数据实施计量的前提和关键点[5]。

本文重点讨论我国天然气、液化天然气和相关汽车使用和排放标准要求，以及液化天然气的取样方法介绍，以期讨论形成适宜车船用液化天然气的质量指标和取样要求。

1　国内外标准情况

1.1　国外相关标准的气质指标

国际标准 ISO 23306—2020《船用液化天然气燃料规范》[6](Specification of liquefied natural gas as a fuel for marine applications）规定了船用燃料液化天然气（LNG）的质量要求，给出了需测量或计算的相关物理化学性质和测试参考方法。但只给出了高位发热量和氮气的限值要求，甲烷值的限值要求提出由供应商和用户商定，其余指标并未给出具体限值和范围要求。而且除氮气外，仅涉及烃类物质及相关物化性质的测量计算。

俄罗斯联邦 ГОСТ Р 56021—2014《液化天然气内燃机燃料技术条件》（Liquefied natural gas. Fuel for internal-combustion engine and generating unit. Specifications）标准对 LNG 产品燃料质量等进行划分或规定。给出了包括沃伯指数、低位发热量、甲烷、氧、氮、二氧化碳、硫化氢和硫醇硫在内部分气质指标的限制范围，但对硫化物没有给出总硫指标。

另外，（SAE International，原译为美国汽车工程师学会）于 2011 年 7 月发布了 J2699 -2011《液化天然气车用燃料 SAE 信息报告》中并未给出车用 LNG 质量要求，仅定性描述了汽车对 LNG 燃料的要求。并特别指出 LNG 的组成具有“老化（Weathering）”特性，当环境热量传递至储罐内时，沸点最低的气体组分先从液相蒸发到气相，提高了沸点较高组分（即乙烷、丙烷和其他重烃）在储罐内液相中的含量，从而直接影响到燃料的组成随时间发生变化。“老化”还受 LNG 储罐传热效率、饱和方法及车辆燃料用量的影响[7]。

1.2 国内相关标准的气质指标

国家标准 GB/T 38753—2020《液化天然气》[8]中根据甲烷含量和高热发热量将液化天然气分为贫液类、常规类、富液类三类，并规定了适用于商品液化天然气的质量要求，包括甲烷、C_{4+}烷烃、氧、氮、二氧化碳、硫化氢、总硫和高位发热量共 8 项指标。

国家出入境检验标准 SN/T 2491—2010《进出口液化天然气质量评价标准》[9]规定了进出口液化天然气的技术要求、检验规则和质量评价方法，将液化天然气分为一级和二级两类，给出了甲烷、C_4烷烃、C_{5+}烷烃、氧、氮、二氧化碳、硫化氢、总硫和高位发热量共 9 项指标，适用于进出口液化天然气的质量评价。

由两个产品标准的质量要求，可以看到在液化天然气产品质量方面，主要还是分为三类指标对其进行规范，一类是使用特性发热量以及和发热量相关的各类天然气组成，一类是影响使用环保性的总硫指标，一类是影响使用和输送等安全性的硫化氢，氧气和氮气等指标。当 LNG 作为车船用燃料时，理应充分考虑相关指标与此类产品标准的一致性。

GB 18047—2017《车用压缩天然气》[10]作为将天然气用于汽车燃料的产品质量国家强制标准。其中规定了包括使用特性，环保要求及安全类等三方面的指标要求，给出了氧、二氧化碳、硫化氢、总硫、高位发热量、水和水露点 7 项车用压缩天然气技术指标。

JB/T 11792. 1—2014《中大功率燃气发动机技术条件 第 1 部分：天然气发动机》[11]中规范了功率为 500kW 以上的非道路用天然气发动机使用的燃料天然气的包括甲烷值、硫化氢、总硫、低位热值、杂质大小和杂质含量在内的 6 项技术指标。该标准在发热量使用特性方面使用低位发热量进行规定，并对于总硫指标的要求较为宽泛。

车用发动机的排放标准也是 LNG 作为燃料应考虑的。国家强制标准 GB 17691—2018《重型柴油车污染物排放限值及测量方法（中国第六阶段）》[12]中规定了适用于天然气燃用的重型柴油车在型式检验中根据燃料气高位发热量范围不同采用的不同基准天然气燃料的技术参数。该标准对天然气质量的要求也应作为确定车船加注用 LNG 产品质量指标的依据。

2 LNG 的生产进口使用需求

目前国内已投运多个 LNG 接收站，每个接收站都不是单一气源进口，而且在有现货的情况下，气源组分不断有变化，每个接收站无法明确具体 LNG 气质组分，但这些接收站 LNG 来源全球主要 LNG 供应商。国内也有部分以管道气、焦炉煤气乃至煤层气等为原料气的液化天然气生产单位。为进一步满足不同发动机厂家对 LNG 气体质量的要求。本文调研了不同 LNG 车船发动机生产厂家和型号对 LNG 的要求，包括重汽、济柴、锡柴、潍柴、玉柴、富瑞特、雷诺等。

针对车船加注用具体数据见表1。

表1　车船用液化天然气的产品质量和现有指标要求

项目	进口LNG组分	国内LNG出厂指标	国内LNG气样分析	CNG、煤层气样品分析	发动机厂家要求	《液化天然气》质量要求		
						贫液类	常规类	富液类
甲烷/%(mol)	82.57~99.71	99.94~93.41	91.83~99.90	88.51~99.3	≥(75~98)	>97.5	86.0~97.5	75.0~<86.0
乙烷/%(mol)	0.09~12.62	0.03~6.59	0.05~5.26	0.01~4.89	C_{2+}%(mol)：≤3	C_{4+}%(mol)：≤2		
丙烷%(mol)	0.03~3.56	0.001~1.10	≤1.46	≤1.88				
异丁烷/%(mol)	C_{4+}%(mol)：0.00~1.48	0.001~0.356	≤0.23	≤0.34				
正丁烷/%(mol)		0.001~0.39	≤0.49	≤0.54				
异戊烷/%(mol)		0.004~0.13	≤0.02	≤0.15				
正戊烷/%(mol)		0.007~0.131	≤0.01	≤0.17				
C_{6+}烷烃/%(mol)		≤0.06	≤0.14	≤0.01				
N_2/%(mol)	0.00~0.71	0.01~2.29	0.03~2.74	0.65~3.15	/	≤1		
CO_2/%(mol)	/	≤0.0008	≤0.0001	≤0.44	/	≤0.01		
O_2/%(mol)	/	<0.21	≤0.29	0.03~0.04	/	≤0.1		
高位发热量/(MJ/m^3)	39.91~46.24	36.74~41.67	36.11~39.75	36.63~39.01	≥(35.58~36)	≥37.0且<38.0	≥38.0且≤42.4	>42.4
H_2S/(mg/m^3)	/	/	≤1.1	≤7.4	尽量降低S含量	≤3.5		
总硫/(mg/m^3)	/	/	≤2.1	≤7.4		≤20		

3　液化天然气指标讨论

甲烷含量是车船用液化天然气气质的重要控制指标。作为液化天然气中的最主要成分，甲烷含量直接影响发动机燃料的热值。同时，甲烷作为高抗爆性的燃料，与LNG发动机的爆震性直接相关。在贸易过程中，供应商应计算交货点LNG的实际甲烷值，并将此信息提供给用户，确定甲烷值和最低值的方法应由供应商和用户商定。

在LNG发动机爆发冲程中，天然气燃烧后生成的水，立即汽化并随废气一起排出，所以发动机中通常采用燃料的低热值来表现发动机所能利用的能量。根据换算，当液化天然气高位发热量范围≥37.0MJ/m³时，其低位发热量已满足在JB/T 11792.1—2014《中大功率燃气发动机技术条件 第1部分：天然气发动机》中规定天然气低热值不低于33.5MJ/m³要求。

多碳烷氢含量过多，会导致LNG燃料的辛烷值变低，发动机发生爆震燃烧，对发动机的危害极大。天然气中的C_2组分能提高燃料抗爆性，C_3组分含量会降低燃料的抗爆性，C_4组分含量会大幅度的降低燃料的抗爆性。C_2、C_3对燃料的抗爆性影响远小于C_4组分对其的影响。根据调研情况统计，我国LNG生产企业成品LNG和各LNG接收站接收的进口LNG中C_2、C_3组分的含量变化幅度较大，GB/T 38753—2020《液化天然气》也未对指标作出具体规定。因此，不宜对C_2、C_3的范围进行界定。而甲烷C_{4+}烷烃的摩尔数分均在2%以下，依据GB/T 38753—2020《液化天然气》中要求，C_{4+}的摩尔分数宜不大于2%。

液化天然气生产过程的预处理单元已对原料气中的二氧化碳进行了深度脱除，防止低温下二氧化碳冻结而堵塞设备和管道，所以成品LNG中已基本不含二氧化碳。氮气作为惰性气体，含量过高会导致发动机动力不足。同时，由于在LNG中氮气的沸点最低，但其分子量大于甲烷，储存过程中会先于其他组分蒸发，无法挥发出LNG的表面，加速下部密度下降的趋势，因此LNG中氮气的含量越多会使得翻滚的可能性越大。根据GB/T 19204—2020《液化天然气的一般特性》[13]中说明，保持LNG氮气含量低于1%，可预防此类翻滚。LNG中氧气的存在可能会造成燃料储罐及发动机内部的腐蚀，影响发动机性能。

LNG燃料中硫含量过高会腐蚀发动机冷却器及燃烧室组件，进一步影响热交换和热平衡，导致发动机损坏甚至报废。同时，硫含量还直接影响发动机尾气中硫化物排放。对于LNG而言，在净化和液化工艺已对硫化氢进行深度脱除，所以基本不含硫化氢和总硫。根据调研，国内液化天然气厂家生产的成品LNG的和全球主要LNG供应商提供的进口LNG中硫化氢含量在3.5mg/m^{3}以下，总硫含量在5mg/m^{3}以下。为进一步体现LNG作为清洁能源的优势，因此，硫化氢含量宜不超过3.5mg/m^3，总硫含量宜不超过5.0mg/m^3。

根据GB/T 38753—2020《液化天然气》质量要求及车船用LNG发动机实际需求，结合液化天然气的气质特点，我们明确了以甲烷、C_{4+}烷烃、二氧化碳、氮气、氧气、总硫、硫化氢及高位体积发热量作为车船用液化天然气适用的8项质量指标，具体数值见表2。

天然气的互换性是一种燃料气体与其它燃料气体之间燃烧特性的相似程度[14]，天然气互换性是城市燃气的重要指标，天然气互换性取决于用气设备允许的沃伯指数和燃烧速度指数的波动范围[15]。由于LNG热值一般比管道天然气高，二者在组分、物理特性、燃烧特性上存在差异，故而LNG引入势必在管网输送、末端设备使用中导致燃气互换性问题[16]，我们明确了针对车船用液化天然气互换性要求的质量指标见表3。

表2　车船用液化天然气的技术指标

项目	指标
甲烷摩尔分数/%	≥86
C_{4+}烷烃摩尔分数/%	≤2.0
二氧化碳摩尔分数/%	≤0.01
氮气摩尔分数/%	≤1.0
氧气摩尔分数/%	≤0.1
总硫(以硫计)^a/(mg/m^3)	≤5.0
硫化氢^a/(mg/m^3)	≤3.5
高位体积发热量^a/(MJ/m^3)	≥37.0

^{a}本标准中使用的计量参比条件是101.325kPa，20℃，燃烧参比条件是101.325kPa，20℃。

表3　车船用液化天然气互换性的质量指标

项目	建议变化范围
沃伯指数^a/(MJ/m^3)	42.34~53.81
相对密度	0.55~0.70
沃伯指数波动范围	宜为±5%^{b}

^{a}本标准中使用的计量参比条件是101.325kPa，20℃，干基；

^{b}根据当地气质的历史平均值和新增气源条件。

4　取样方法介绍

由于LNG属于超低温的多组分混合液体，无法直接取样测量其密度和能量，需在船上实现体积静态计量，在岸上设置取样分析系统获取LNG样品，该系统对LNG气化、收集天然气样品，通过气相色谱仪分析样品组分，再根据分析组分计算密度和单位能量，进而获得最终的交接总能量[17,18]。就需要使用特殊设备采集LNG液体样品，并使之均匀气化，压缩到气体样品容器中供组成分析用[19]，目前车船用液化天然气的取样分为连续法和点样法。GB/T 20603—2006《冷冻轻烃流体 液化天然气的取样 连续法》[20]中给出了用连续法取样的规定，但该类取样系统复杂，一般为固定式大型装置，需要有专门的空间用于安装且投入成本较大，不适合应用在如

LNG加气站这种小型单元。目前已经出现了点样取样技术，点样法取样系统则主要由取样探头、定量装置、加热装置、气体缓冲储罐、真空抽气装置，取样钢瓶以及控制器组成。

采用点样法取样时，液化天然气样品通过真空隔热的取样探头取出，利用其过冷度将取样系统冷却。取样系统需配备气、液相状态判断的温度压力测量装置，根据温度压力值来判断样品是否为液相，当内部样品为全液相时，关闭定量装置两边的阀，取得定量的液相样品。对液相样品加热气化，完成液-气转换，同时通过配备的测量装置判断样品是否完全气化。完全气化后的气态样品送至已经抽取真空的取样钢瓶内，进行置换、充瓶，完成取样。取样系统流程见图1，该方法已经在中国石油江苏LNG如东站成功应用，下一步将开展进一步的应用验证研究。

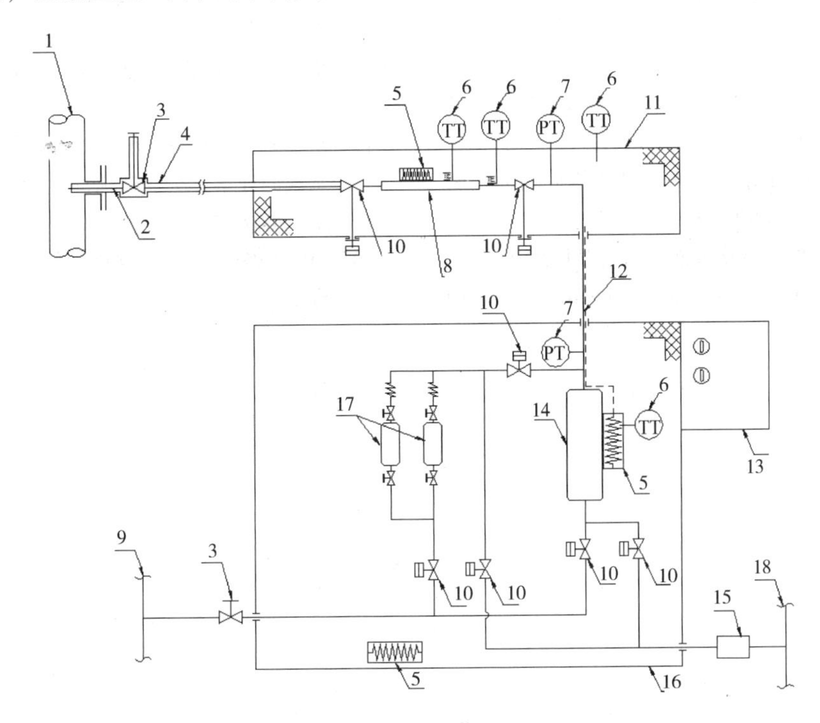

图1　车船用液化天然气点样法取样系统

标引序号说明：

1—液化天然气输送管线；2—真空隔热取样探头；3—系统隔离阀；4—真空保冷壳；5-加热装置；6—温度变送器；7—压力变送器；8—定量装置；9—闪蒸气(BOG)管路；10—隔离阀；11—保冷箱；12—伴热样品管线；13—控制箱；14—气体缓冲储罐；15—真空装置；16—系统机箱(柜)；17—取样钢瓶；18—安全放空

4　结论及建议

1）车船加注用液化天然气标准由于其使用的特殊性，有必要进行针对性的产品质量控制，并制定相关标准对其进行规范。

2）车船加注用液化天然气产品质量指标宜在现有液化天然气产品指标的要求基础上，增加排放和使用方面的要求，进一步体现液化天然气作为清洁能源在交通领域的优势。

3）车船加注用液化天然气的取样需要考虑到样品的气化，可根据现场取样条件选择采用连续法或点样法取样以保障所取样品的代表性。

参　考　文　献

[1] 杨发炜．浅谈国内液化天然气的发展和前景[J]．石化技术，2020(10)：220-221.

[2] 刘冰，田靖，邢楠．液化天然气取样单元性能评价方法及应用研究[J]．天然气化工，2021，46(1)：34-37，89.

[3] 王品贤，李福刚，马武，任庆君，徐硕，马伟平．中国LNG技术标准体系建设和发展思路探讨[J]．天然气与石油，2020，38(2)：115-120.

[4] 张利萍，秦嘉鑫，杨书颖，赵玉婷．我国液化天然气发展及标准现状研究[J]．标准科学，2020(10)：81-83.

[5] 毛佳伟，邹勇，王立金，丁劲松，吴宇，郭桦．便

携式 LNG 取样器的开发和测试[J]. 石油化工自动化，2017，53(4)：52-53，59.

[6] GB/T 38753—2020 液化天然气[S].

[7] 罗勤，罗志伟，许文晓. 关于液化天然气作为车用燃料产品质量标准的思考[J]. 天然气工业，2016，36(5)：87-91.

[8] ISO 23306—2020 Specification of liquefied natural gas as a fuel for marine applications[S].

[9] SNT/T 2491—2010 进出口液化天然气质量评价标准[S].

[10] GB 18047—2017 车用压缩天然气[S].

[11] JB/T 11792. 1—2014 中大功率燃气发动机技术条件 第 1 部分：天然气发动机[S].

[12] GB 17691—2018 重型柴油车污染物排放限值及测量方法(中国第六阶段)[S].

[13] GB/T 19204—2020 液化天然气的一般特性[S].

[14] Soto A K. US import terminals - conclusion: interest grows in gas in - terchangeability, quality [J]. Oil&Gas Journal, 2005, 103(40), 74—76.

[15] 祁惠爽，喻斌. 浅谈进口液化天然气“互换性”对下游用户的影响[J]. 石油工业技术监督，2007，23(12)：41-43.

[16] 张杨竣，秦朝葵，刘鹏君. LNG 互换性及我国天然气气质管理问题探讨[J]. 石油与天然气化工，2012，41(2)：219-222.

[17] 牛斌，陶克. LNG 贸易交接流程及控制要点[J]. 天然气与石油，2017，35(3)：25-29.

[18] 李宝斐，罗怡凯. 液化天然气取样系统应用技术综述[J]. 石化技术，2019，26(10)：369-370.

[19] 张福元，王劲松，孙青峰，罗勤，许文晓. 液化天然气的计量方法及其标准化[J]. 石油与天然气化工，2007，36(2)：157-161.

[20] GB/T 20603—2006 冷冻轻烃流体 液化天然气的取样 连续法[S].

LNG 项目智能 P&ID 图纸绘制策略和应对方案

安小霞　李　娜

(中国寰球工程有限公司北京分公司)

摘　要　智能 P&ID 是数字化交付的核心内容之一，是工程设计技术与数字技术相结合的智慧成果。本文基于近年来在 LNG 数字化交付项目实践，提出智能 P&ID 在 LNG 项目中应用的主要考虑因素，确定了符合 LNG 图纸特点的线形工作程序，对 OPC 成对创建问题以及图纸复用的后续处理难点开发了插件程序脚本，提出了将程序开发和绘制技术结合的解决方案，整体提升了智能 P&ID 的作图效率和数据准确程度，为 LNG 数字化交付项目提供参考和借鉴。

关键词　智能 P&ID；图纸复用；OPC；线形工作程序；二次开发

1　前言

随着数字技术与互联网技术的日趋成熟，数据价值在工程设计领域愈加突显，云边计算、物联网、移动终端、大数据及人工智能等数字技术的应用无疑为建设智能化乃至智慧化 LNG 工厂进程注入了强心剂，然而无论是这些前沿科技的应用，还是创建具有洞见特征的 LNG 工厂数字孪生模型，实现工厂长期稳定和高效可靠的运维，都离不开高质量、高可靠性以及高度完整性的数据储备，LNG 项目的数字化交付数据，是打造智能工厂数据湖重要静态数据，工艺专业的智能 P&ID 图纸是数字化交付的主要成果，其质量和完整性、一致性是否有所保障是衡量数字化交付水平的重要指征。

目前，智能 P&ID 普遍采用鹰图公司的工具设计软件 SmartPlant © P&ID 软件(以下简称 SP-PID)绘制。智能 P&ID 的绘制进程中存在一些待解决的难点问题，经过项目实践中的反复摸索和瓶颈剖析，总结出应对这些问题的有效方案和策略，并应用于项目中进行验证，取得较为满意的效果。本文从分析 LNG 智能 P&ID 绘制影响因素分析出发，对难点问题和解决方法予以分别阐述。

2　LNG 智能 P&ID 绘制的主要影响因素

1）图例标准化程度

标准化程度越高，智能 P&ID 质量越可靠。规范应用图例，图面表达方式统一，则意味着图纸的可复用程度越高，绘图效率随之提高。得益于 LNG 项目 P&ID 图纸的图例应用规范化程度一直保持稳定的水准，使得图面内容表达风格统一，为图纸复用创建提供了有利条件。

2）跨图管线标识

LNG 项目图纸一般分为装卸单元、储存单元、蒸发气处理单元、高压外输单元以及槽车系统单元，各单元均以系统图开头，对其内部的主要设备和管线之间的连接关系进行描述，均采用系统图的形式表现单元内部设备与主要管线之间的连接关系以及单元间主要管线的连接关系，是厘清智能跨图标识符(OPC)的连接和放置关系，合理规划绘图顺序的主要考量因素。

3）阀门设置

LNG 介质具有低温、易燃易挥发的特性，设计中根据物性和设计条件等选用低温球阀，且分为阀前放空和阀后放空，部分闸阀也存在同样设计情况，因此绘图人员必须根据流向进行判断后再选用正确图例符号，对人员判断的依赖性较大，是判断是否采用组合件处理方式的直接因素。

4）关键设备表达方式

作为 LNG 项目的关键设备，LNG 储罐具有多管口，安全阀数量随罐容变化，仪表系统复杂，多表面温度计布点等特点，再加之吹扫工况的管线和仪表布置，需要考虑设备多图表达，多图图例不同等因素。

5）图纸可复用程度

各单元主要设备按流程单独成图，即同等规模的设备多套设置，流程高度一致，可以考虑图纸复用代替重新绘制。

6）图纸发布

图纸发布是绘制方案必须的考虑因素。从软件自身对发布图纸的要求看，待发布图纸应提前进行更新操作，发现并解决数据库错误提示后才具备发布条件，因此必须考虑图纸发布中绘制人员无法自行解决的错误提示应对方案。

3 主要问题和应对策略

1）自主开发工具程序，实现配对 OPC 自动放置

SPPID 软件的特点决定了跨图管线应以连接符（即 OPC）标识，要求成对放置（即 OPC 编号一致）且连接的管线为同一管段（即管线编号一致）。然而在绘图过程中，管线的起止点图纸常由不同人员绘制，且多为同步绘图，容易造成 OPC 配对放置混乱问题，需要绘制人员耗费大量人工时核对不一致项，影响工作效率，且该类问题在公用工程管线在工艺图纸和公用工程系统图之间进行跨图连接时较为常见，系统图管线数量可观，OPC 配对放置问题已经成为影响系统图正确、按时完成的主要问题，下图以单条管线为例说明问题：

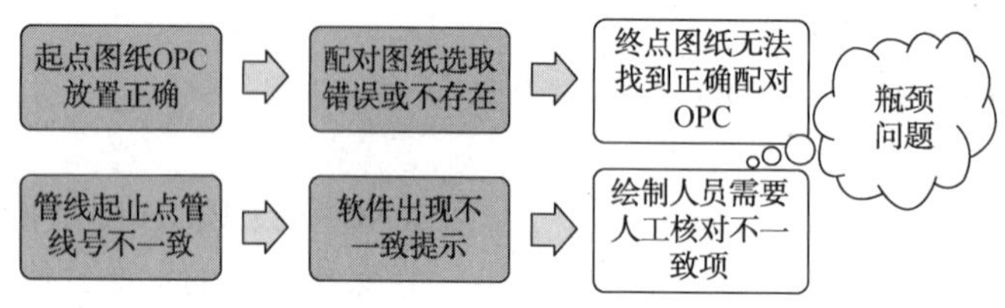

图 1　OPC 成对放置问题成因

如图 1 所示，OPC 的成对放置正确与否不仅关系到图纸绘制质量，更关系到 P&ID 的设计质量，不仅如此，图面大量的不一致性提示为绘图进度也带来不小影响。

针对上述难点问题，以减少人工操作错误为着眼点，寰球公司自主编制开发“OPC 辅助放置”工具程序，程序的主要设计思路为：

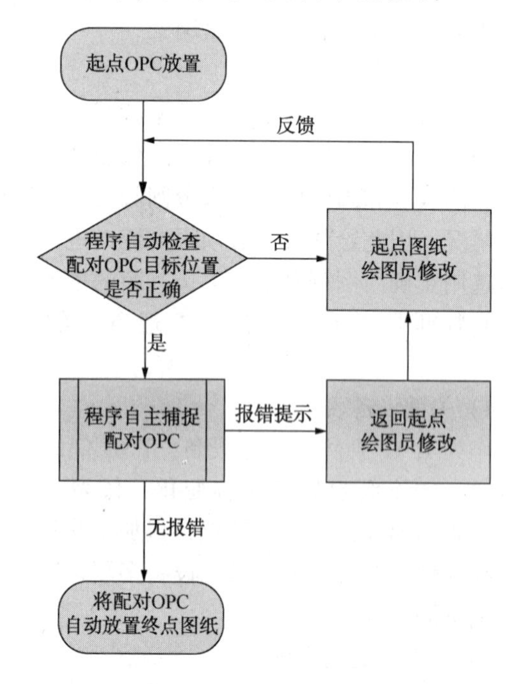

图 2　OPC 成对放置脚本程序开发思路

该工具程序的特点：

a）仅需要管线起点图纸绘制 OPC，选择正确的目标放置位置即可，不要求选择目标图纸编号，减少人工出错概率；

b）管线终点图纸端无需人工检索数据库，查找配对 OPC 编号，减少工时消耗；

c）工具自动放置配对 OPC 到正确的图纸，接收端绘制人员直接点选 OPC 节点热点，即可绘制出正确管线；绘图效率得到提升，同时保证双方图纸的管线编号完全一致，大概率减少管线号不一致导致的 OPC 放置混乱问题。其作用的实现过程如图所示：

通过该工具程序应用在某试点项目的效果来看，OPC 配对放置的正确率较传统绘图放置法提高近 65%，单条管线操作时间平均节省一半左右，提高了绘图正确率，为保障设计质量提供有利的方法借鉴。

2）合理规划绘制顺序，打造线形工作流程

上述 OPC 自动生成工具从数据库层面满足绘图要求，但也需要对 LNG 图纸进行深入的图面内容研究，才能充分发挥开发工具作用。LNG 项目的图纸按照单元划分，首先以系统图方式表示单元设备与主要管线的连接关系和布置走向，然后逐张图纸分列具体工艺设计内容，基于上述分析做出如下绘制方案：

如图可见，整个工作流程呈线形排列，从业务流程层面保证工序的合理性规划，同一阶段工

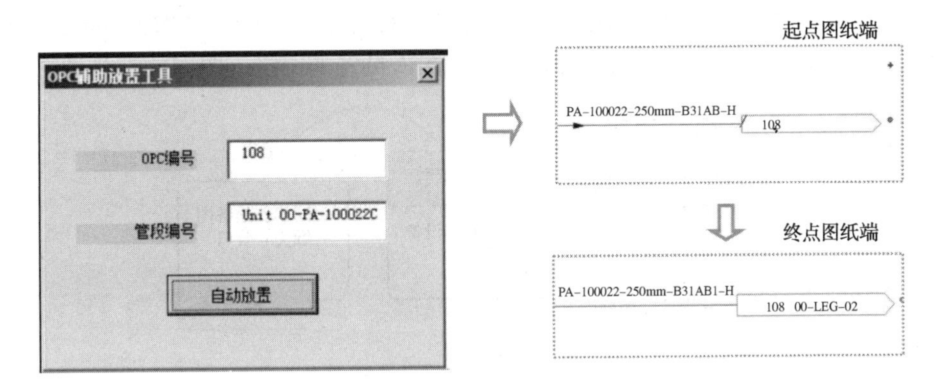

图 3　OPC 成对放置脚本程序应用

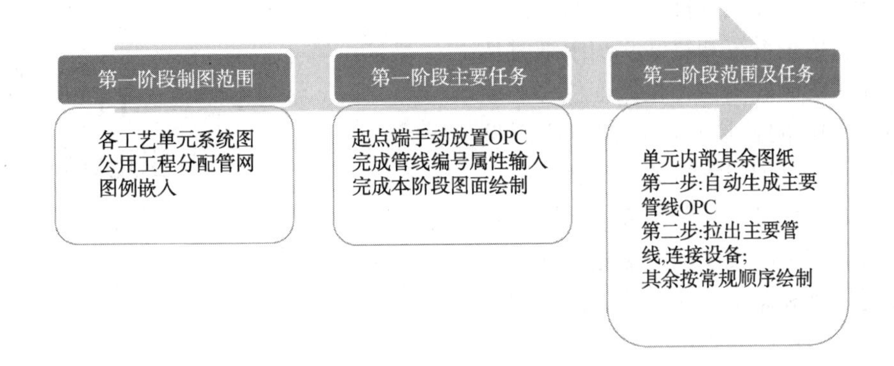

图 4　线形工作流程示意

作内容基本不存在交叉作业现象，保证工作井然有序，并潜在提高工作效率，保障设计进度。于此同时，上述工作程序与 OPC 生成工具相结合，很大程度规避了传统工序和人员操作不当造成的大量冗余 OPC 和不一致提示警告，从而减少后期图纸发布阶段的图纸检查工作量，极大提高作图速度。

反之，如果没有事前有利规划工作顺序，同步交叉绘制常出现 OPC 编号随意堆砌现象，错用、遗漏放置的情况也时有发生，无法保证数据的一致性和准确性，后续改动需要大量人工时查找和修改，使得作图进度严重滞后。

3）充分利用软件功能，解决设备多图表达难点

数字化设计必须以满足设计需求为前提，LNG 项目中，LNG 储罐为满足设计需要，按照工艺设计、仪表系统设计和氮气吹扫设计将大罐的不同设计内容分图纸表达，然而，SPPID 软件的 Multirepresentation 功能虽然可以在不同图纸表达同一位号设备，但图例不会发生任何变化，因而无法解决 LNG 储罐位号相同但图例不同的难题，即大罐图纸的内部结构描述角度不同，需要使用不同图例；然而智能软件的设计思路是图例与位号一一对应，虽然可以在不同图纸上拖出同一设备，但图例不变，现在需要更换图例同时要保证位号不变，对于绘图方法和人员技能来说都是挑战。

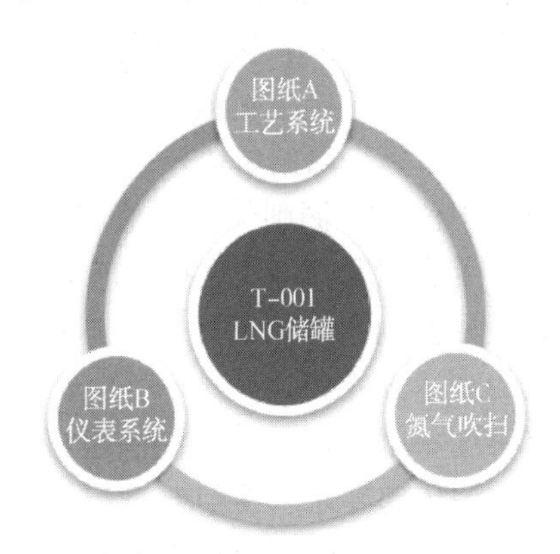

图 5　LNG 储罐的多图表达需求关系图

SPPID 软件的设备和管口具备关联关系，一旦设备图例替换，所有管口由于关联缺失随即消失，众所周知，LNG 储罐管口数量极其庞大，一旦丢失则需要耗费大量返工重新添加和标注，重复工作产生额外工时消耗，拖慢工作进度。

经过长时间的讨论和测试，最终决定采用“先绘制-再替换-最后管口”的方方法。如图6所示，管理员完成各系统的储罐图例创建后，绘图人员先采用统一图例放置符号并为之命名。

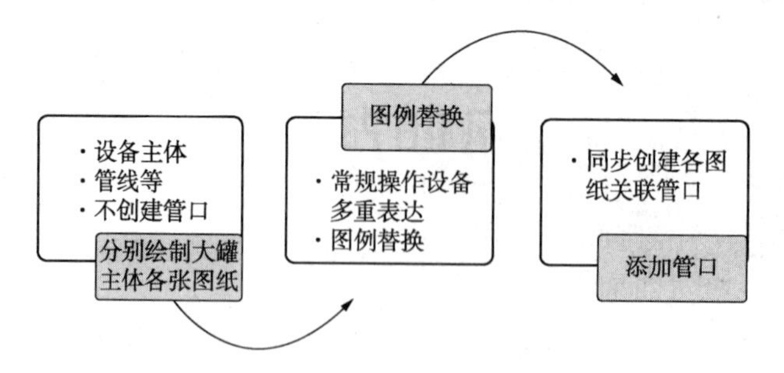

图6 大罐多重表达问题解决思路

主要操作过程是：按照安排首先绘制工艺设计图纸，随后绘制仪表系统和氮气吹扫图纸时从数据库中拖出统一的储罐图例，在保证位号不免前提下，利用SPPID的替换功能选用相应图例进行更换，最后一步是创建管口关联设备。

一直以来，同一位号设备跨图表达，图例替换后造成的大量数据关联关系问题屡见不鲜，绘制人员经过反复摸索和总结，通过巧妙的绘图技巧调换顺序，总使得该问题得以有效解决，从而规避了随之而来的重复工作难题。

4）仪表位号的特殊处理方式

如图所示，LNG图纸中，常见仅绘制单块仪表，然后具体数量以角标形式标注的形式，区别于传统CAD图纸，智能P&ID是以位号驱动为特点的智能化图纸，所有数据皆以位号为准，实现数据参数向对象元素的精准赋值。

示例中是以A、B作为后缀的两个不同位号的仪表，可以如图直接绘制满足设计要求，后果是产生位号不带有后缀的单块仪表，那么后续数据传递时由于位号不同则无法赋值到相应对象。因此产生了矛盾问题，即从数据赋值考虑必须将仪表按数量尽数画出，但这样显然不符合P&ID绘制规定的表达方式！

为解决这一困扰问题，既能满足设计要求，又能满足数据传递要求，在绘制过程中采用“分层绘制”的特殊处理方式，即图面仪表和标注均以辅助图形式绘制在主图层，同时按智能P&ID要求将仪表按数量绘制在辅助图层，并分别予以命名，这样从图面来看，仪表绘制方式满足P&ID绘制规定要求，没有在数据库中产生额外数据，从数据库角度来看，仪表位号准确完整，可以顺利实现数据对接，达到一举两得的效果。

5）二次开发脚本程序，协助图纸复用高效绘图

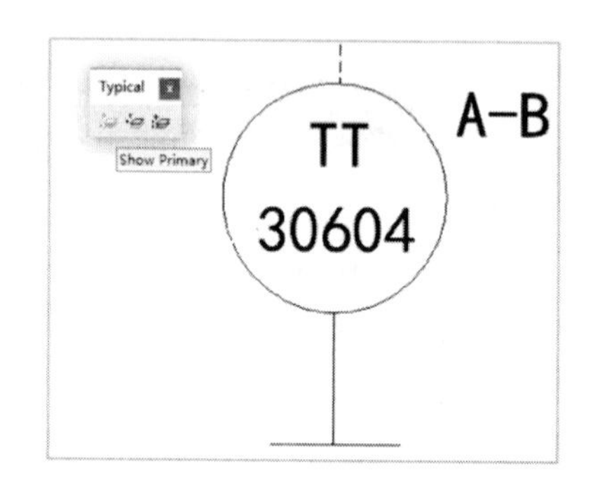

图7 仪表数量标识

图纸复用的主要目的是提高绘图效率。利用图纸复用功能，可以将图纸连同属性参数一并复制，无需二次手工填写。图纸复用包含组合件预制和全图复用两方面内容。从前述图纸标准化程度分析得知，LNG项目图纸具备图纸复用优势。

然而在实际应用中发现，复用后的图纸中所有工程位号要么维持不变，要么由软件自行排序，设计人员需要逐个核对修改，工作量极其客观，并没有发挥图纸复用的真正优势，效果不理想。

绘制人员通过多次研究尝试发现，在图纸复用过程中，干预新建图纸的流水号生成设置，随后通过一系列脚本程序批量修改流水号，即可完美解决这个问题。其基本原理如图所示：

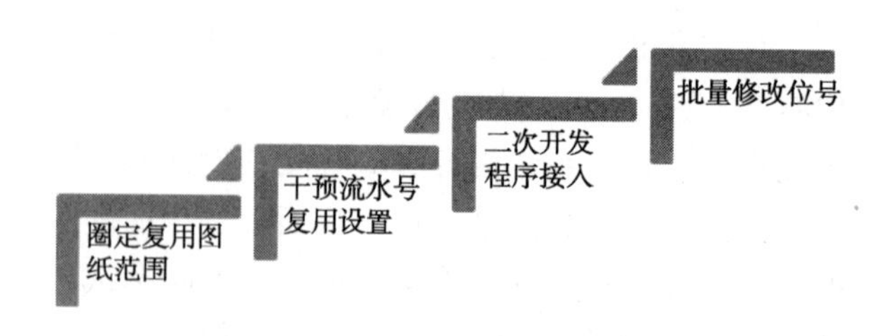

图8 二次开发结合图纸复用研究路线

6）数据导入结果分析，形成经验知识储备

数据导入工作目前可借鉴的项目经验较少，数据传输策略（即数据如何在专业间实现有序准确的流转）也尚在探索阶段，因此，对 LNG 的图纸进行数据初步导入后，绘制小组对导入结果进行了详细的分析和问题梳理。以某项目管线数据导入结果为例，如图 9 所示，通过对结果详细拆解和比对后，找出焦点问题并梳理归纳解决方案，形成统一数据源准备指导文件，用于后续项目借鉴使用。

经过详尽的梳理过程后，可以得知哪些可以在不影响数据一致性准确性的前提下可以暂时忽略，哪些是绘制因素导致的问题，对于数据的反馈出的大量数据记录提示，做到有的放矢，分类判断和解决。

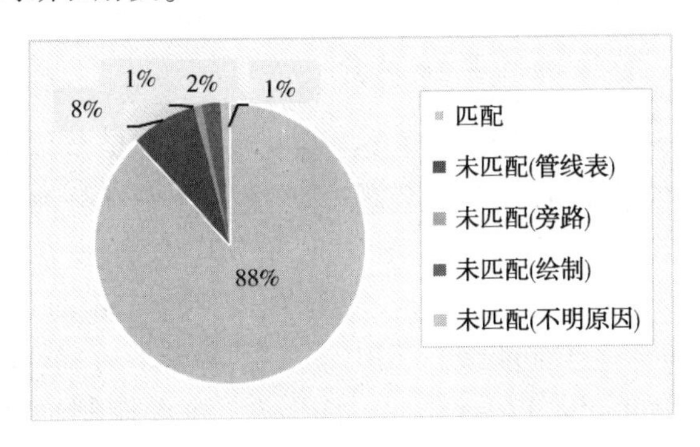

图 9　某项目管线导入结果分析

例如，图 9 所示为某 LNG 项目的管线试导入结果分析，通过分析得出主要经验总结如下：

—前期的数据表准备工作应尽量留出充分时间，避免由于数据源问题导致的无法导入提示。

—旁路和变径等管线记录，不宜提前添加到数据表作为源数据，否则易产生输入错误导致无法匹配。推荐待导入后进行手动属性一致性检查和传递用时较少，且准确率更高。

—管线表中绝热代码为空的管线，在导入前应补充为代码“N”，否则基于管线命名原则会产生管线 ID（此处指管线编号）不一致而无法关联，进而不能导入数据的情况。

4　结语

以线形工作程序为基础，将二次开发技术与图纸绘制中遇到的难点问题相结合，将软件自带的图纸复用工具利用自行开发的脚本程序进行功能延伸，在遵循绘图规定的框架下提出即达到智能数据存储要求又满足表达设计意图的多块仪表绘制方法，利用绘制流程的变通技巧解决 LNG 储罐的绘制难点问题，并通过在实际 LNG 数字化项目中的应用取得良好的效果，推进了智能 P&ID 在 LNG 项目中的应用，为类似项目提供了经验参考。

LNG船用应急释放系统技术现状及国产化思考

时光志

（中海油能源发展股份有限公司采油服务分公司）

摘　要　随着全球环保、节能政策的推进，对硫氧化物等排放的管制日益加强，LNG作为一种环保型新能源，不仅被广泛应用于燃气行业，还被作为新型船舶燃料推广到水上运输行业中。作为配套设备的LNG浮式过驳设备也在全球得到了全面推广，LNG船用应急释放系统作为LNG浮式过驳设备的核心安全装置长期以来受制于人。针对这一情况，本文对LNG船用应急释放系统技术现状进行阐述，对难以国产化的原因进行分析与思考。

关键词　LNG；浮式过驳；应急释放系统；安全装置；国产化

1　引言

为了应对日益严重的空气污染问题和满足日益严格的环保要求，清洁能源的需求急速增长，天然气因具有安全、高效、经济和环保等特点，是公认最佳的选择之一[1-2]。然而我国是能源消费大国，国内天然气产能有限，需要从国外大量进口天然气来满足市场需求，因此综合考虑采用液化天然气（Liquid Natural Gas，LNG）船进行运输，LNG是天然气储运特别是跨洋运输的重要方式，成本仅为传统管道输气的1/7左右，是补充国内天然气需求缺口最为有效、经济的方法之一，并且随着我国南海西部陵水气田开发的进行，LNG运输行业需求势必会急速增长[3]。

为了提高LNG浮式过驳过程的安全性，LNG加注船、浮式储存及再气化装置（Floating Storage and Regasification Unit，FSRU）、浮式生产储卸装置（LNG Floating Production Storage and of Floating Unit，FLNG）[4-5]等在LNG浮式过驳过程中必须配有应急释放系统（Emergency Release System，ERS），通过ERS能够在危险情况下实现LNG软管输送系统的安全脱离，防止在LNG输送过程中有意外事故发生。尽管国内越来越多的专业公司及研究人员投入到ERS的研究中，但是目前国内LNG船用应急释放系统国产化进程缓慢，被英国KLAW和瑞典Manntek等外企企业高度垄断，卡脖子难题依然有待解决，海上LNG产业链的绿色健康发展长期受制于人。国内船东、加注站等企业用户对LNG船用应急释放系统国产化和关键技术自主可控的需求迫在眉睫。

2　应急释放系统简介

应急释放系统（ERS）是一种能够在紧急情况下实现LNG低温软管输送系统紧急安全分离的安全保护系统。如图1所示，应急释放系统（ERS）主要包括应急释放接头（Emergency Release Coupling，ERC）、液压动力单元（Hydraulic Power Unit，HPU）、远程控制面板（Remote Control Panel，RCP）、鞍座等部分。当紧急情况发生时，可以通过液压动力单元可以控制应急释放接头分离，如果工作人员远离液压动力单元所在位置时，可以通过远程控制面板进行控制，实现应急快速分离，避免危险发生。其中鞍座起到低温软管支撑作用，并且鞍座内配有防坠落装置，通过钢丝绳与低温软管连接。目前也有船舶使用软管吊替代鞍座，但是软管吊操作更加复杂，效率更低，在LNG输送过程中需要吊车一直保持工作状态，一般用于小流量加注。

应急释放系统（ERS）连接方式如图2所示，起支撑作用的鞍座通过船舶上固定装置（图2中蓝色固定带）固定在甲板上，低温软管放置在鞍座的马槽中，并且与应急释放接头连接，从而实现LNG稳定输送。当发生紧急情况时，处于安全区域（例如控制室）的工作人员使用远程控制面板进行远程操控，应急释放接头通过液压系统驱动打开，两边切断阀分离，从而实现安全、高效脱离。脱离后切断阀一端随LNG低温软管与LNG接收端分离开，并且当低温软管从船体上滑落时，鞍座内部配备的防坠落装置能够降低软

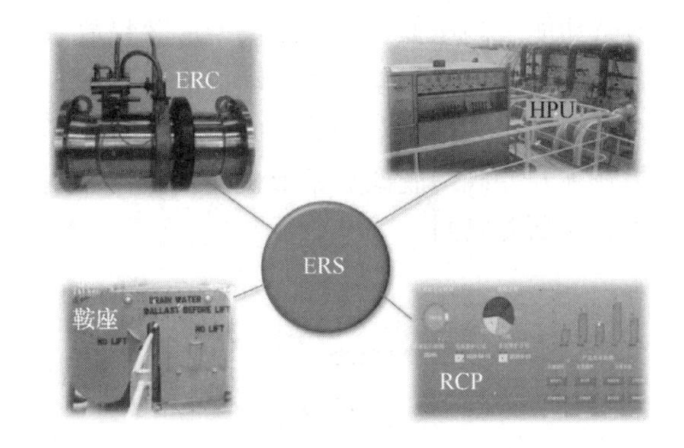

图 1　应急释放系统主要组成部分

管下落速度，防止软管和船体碰撞，造成设备损坏，最大限度地降低风险和成本，切断阀另一端则留在 LNG 输送端上，切断阀两端均处于关闭状态。应急释放系统(ERS)的应用极大地提升 LNG 浮式过驳的安全性，有助于 LNG 运输行业的高效稳定发展。

图 2　应用于实船的 ERS 连接结构

3　应急释放系统技术现状

国外关于应急释放系统的相关研究起步较早，20 世纪 50 年代末，英国、法国等厂家就已开展海上 LNG 应急释放系统技术研究，经过多年发展，他们的公司产品技术相对成熟特别是法国 FMC、英国 KLAW 等公司在 LNG 储运方面已经具备了全套系列化产品，并广泛应用于全球 LNG 加注船、LNG 接收站、FSRU、FLNG 等项目中。

应急释放系统(ERS)主要分为以 Klaw、ARTA 等公司为代表的液动紧急脱离型和以 Manntek 为代表的高压氮气紧急脱离型。

Klaw、ARTA 等公司产品根据 ERS 布置位置的不同，有图 3 所示的两种布局类型(左图 ERS 布置在加注船上，右图 ERS 布置在受注船上)。液动紧急脱离型应急释放系统以液压为动力源，阀门结构为扭簧蝶阀式，阀门连接时两阀板互锁形成通路，阀门脱离后两阀板互锁状态结束，阀板在扭簧的作用下将通路切断并密封。球阀形式应急释放系统同样以液压为动力源，阀门结构为球阀，阀门连接时介质正常流通，阀门脱离前，油缸推动球阀转动将通路切断并密封。

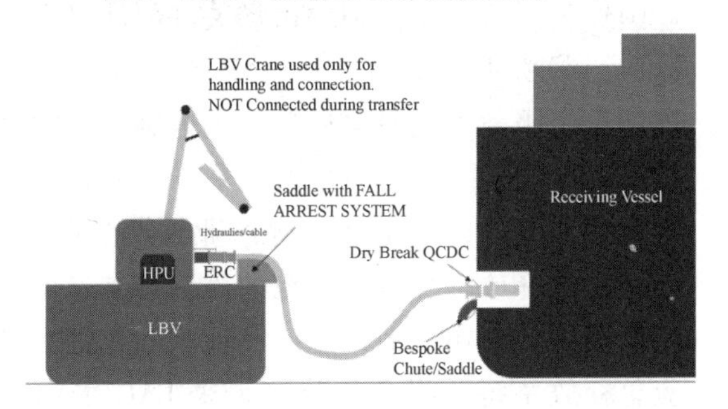

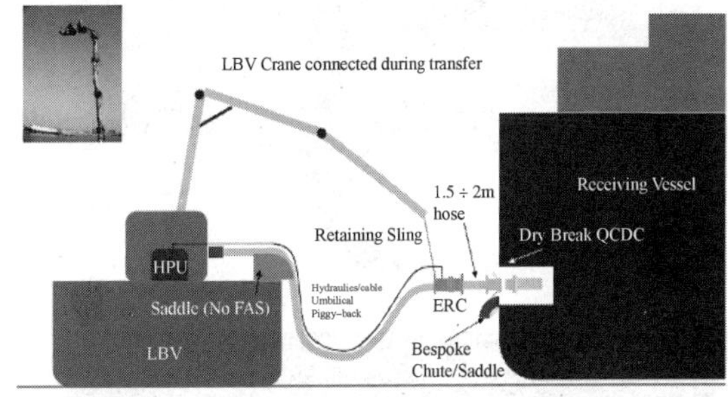

图 3　Klaw 等公司船用 LNG 低温软管输送系统布局图

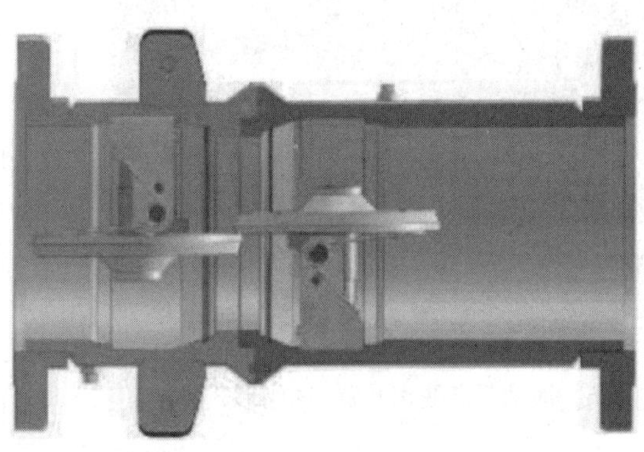

图 4　液动紧急脱离装置

Manntek 等公司产品其布局如图 5 所示，高压氮气源、软管吊运系统、电器控制系等布置在加注船上，快速连接脱离与导向装置、紧急脱离装置(ERS)等布置在受注船上，装卸全程软管始终由软管吊进行吊运保护，实现紧急脱离后软管的防坠功能。高压氮气紧急脱离型应急释放系统以高压氮气系统作为紧急脱离动力源，如图 6 所示，阀门结构为弹簧对顶式，阀门连接时锥形机构相互顶开，阀门脱离后锥形机构在弹簧作用下将通路切断并密封。

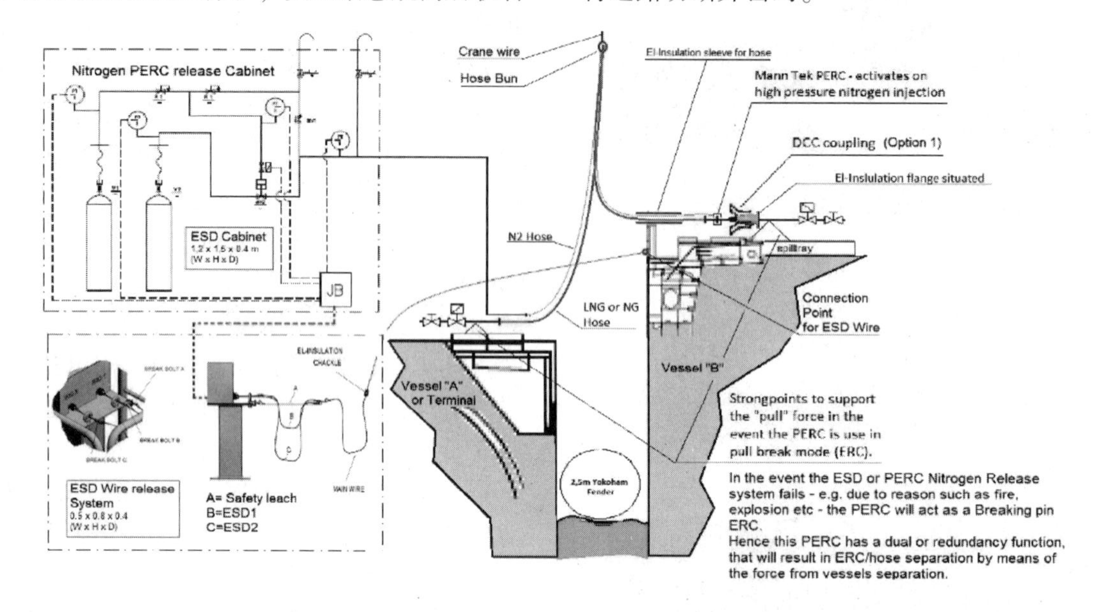

图 5 Manntek 等公司船用 LNG 低温软管输送系统组成及布局图

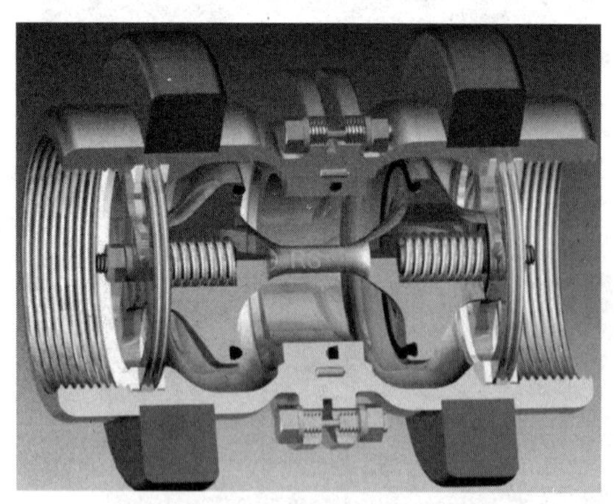

图 6 液动紧急脱离装置-球阀形式

国内海上 LNG 产业起步较晚，虽有连云港杰瑞自动化等企业开展相关研究，但针对应急释放系统的研究基础薄弱，并且前期投入不高，这些因素导致国内应急释放系统核心技术完全被上述国外公司所垄断，国内市场关键部件严重依赖进口，垄断所带来的 ERS 设备价格高昂、交货周期长、服务不及时等后果极大地制约了国内各类 LNG 产业的高速、健康发展，例如油气田开采、跨洋运输、岸基装卸等产业长期受制于人。因此应急释放系统自主可控的需求日益迫切。如何打破国外公司垄断，生产制造国际先进水平的应急释放系统，将会是我国未来 LNG 输送与转驳行业发展的重点工作。

4 国产化思考

应急释放系统的国产化有助于我国在 LNG 储运行业占据有力地位。早期中国面临着缺资金、缺技术、缺人才的局面，国家只能有取舍的先发展其他重要行业，在 LNG 行业上的投入较少，技术研究滞后，有关应急释放系统的成果更是屈指可数。进入二十一世纪后我国经济腾飞，国内天然气需求的不断加大，进口 LNG 及海上油气田开发的重要性愈加凸显。而无论是进口

LNG 还是海上油气田的开发都要确保在 LNG 浮式过驳过程中的安全性。随着 LNG 动力船、双动力船、LNG 加注船、FLNG、FSRU 等海上终端平台建设的不断增长，应急释放系统国产化需求日益迫切。经调研分析，当前应急释放系统难以国产化的原因主要如下：

（1）应急释放系统作为 LNG 低温输送系统的核心安全装置，一般与 LNG 低温输送系统一同打包进行销售，而 LNG 低温输送系统的市场和核心技术同样被外资企业所垄断，欲推行应急释放系统国产化必须先实现 LNG 低温输送系统国产化；

（2）国内虽然也有企业掌握了应急释放系统的核心技术，完成了样机的制造，但在可靠性及运营成本上与国外仍存在差距。而 LNG 海上储运行业准入门槛较高，若无国家政策与资金支持，国产化的产品难以得到示范应用的机会，无法积累宝贵的工程经验，对样机进行优化升级。

5 结论

应急释放系统是海上 LNG 浮式过驳的重要的设备之一，是保证 LNG 货物在 FLNG 与船、船船之间安全输运的一种安全保障系统，能够在发生紧急情况时实现 LNG 软管输送系统的紧急安全脱离，把危险降至最低。如今欧美等发达国家几乎垄断了应急释放系统市场，存在严重的卡脖子问题，为了保障我国 LNG 储运行业稳定发展，打破国外垄断，推行应急释放系统国产化势在必行。建议从如下几个方面来推行：

（1）不但要推行应急系释放统等核心设备国产化研制，而且要推行 LNG 低温输送系统国产化攻关，从核心设备和整机系统两个方面都具备国产化实船应用的条件；

（2）寻求国家政策与资金支持，促进国内船东和供货商携手推进国产化示范应用与产品推广，打破国外垄断，解决卡脖子问题。

参 考 文 献

[1] 中国水运：黎翔，吴军，关海波 . LNG 船对船输送系统简介[J].（下半月）. 2019，19(04)：1-3.

[2] 中国工程科学：郑洁，柳存根，林忠钦 . 绿色船舶低碳发展趋势与应对策略[J]. 2020，22(06)：94-102.

[3] 中国海上油气：谢彬，赵晶瑞，喻西崇 . FLNG 外输系统在中国南海的适用性分析及国产化研究思考[J]. 2020，32(05)：152-158.

[4] 舰船科学技术：顾俊，张思航，傅建鹏，张玉奎 . 大型 FLNG 重要技术分析[J]. 2020，42(09)：103-108.

[5] 海洋工程装备与技术：杨亮，刘淼儿，刘云，李欣欣，范嘉堃，许佳伟，盖小刚，刘富鹏 . FLNG 低温软管技术现状与应用前景分析[J]. 2019，6(06)：810-818.

LNG 绕管式换热器壳侧气相工质流动特性研究

孙崇正　樊　欣　李玉星　韩　辉　朱建鲁　王武昌

（中国石油大学（华东）储运与建筑工程学院 山东省油气储运安全省级重点实验室）

摘　要　LNG 绕管式换热器因其结构紧凑、操作范围大、易于大型化等优点逐渐成为大型陆上和浮式天然气液化装置的首选主低温换热器。绕管式换热器换热形式以液相冷剂降膜沸腾换热为主，在液相工质逐渐沸腾过程中，壳侧的气相工质逐渐增多，气液两相流体在壳侧同向流动，气相工质对绕管式换热器内部流动的影响不能忽略。本文通过搭建 LNG 绕管式换热器的气相工质压降测试实验装置，得到了均布器压降理论计算公式；建立了存在气相剪切的降膜流动数值模拟模型，数值模拟结果表明，随着气相工质流速的增大，对降膜流动中液膜的剪切作用逐渐增大，壳侧两相流动状态包括：有波浪纹理的降膜流动流型、以液丝为主要流动状态的剪切流流型、雾状流流型。

关键词　LNG；绕管式换热器；气相工质；实验；数值模拟

1　引言

主低温换热器是 LNG 生产装置中关键的换热设备，绕管式换热器其优点有结构紧凑、操作范围大等，逐渐成为 LNG 主低温换热器的首选。APCI、SHELL 和 STATOIL 等公司的 LNG-FPSO 项目均采用了绕管式换热器作为 LNG 主低温换热器[1]。国内外学者对 LNG 绕管式换热器进行实验和数值模拟研究。张勇等人[2]对绕管式换热器的壳程流体特征进行了模拟，该研究主要基于流体动力学 CFD 软件，对壳程流体截面进行了分析。李丰志等人[3]搭建了绕管式换热器管内流动与传热试验装置，利用实验对已有的绕管式换热器单相换热系数计算关联式进行了验证。Alimoradi 等人[4]研究了螺旋盘管结构参数对换热器努塞尔数的影响。Chien 等人[5]利用光管，翅片管（翅片高度为 0.4mm）和沸腾强化管（网状管）这三种类型的水平铜管，分别进行了水平管降膜蒸发实验研究。得出的结果表明，当实验条件相同时，R-245fa 制冷剂降膜传热系数略高于 R-123 制冷剂。用 R-245fa 作为实验介质时，沸腾强化管的传热系数比普通光管的传热系数增大了 5 倍，翅片管传热系数增大了 3.5 倍。Neeraas 等人[6,7]研究了不同工质（氮气和烷烃混合物）在 LNG 绕管式换热器壳侧纯气相和降膜流动的换热与压降性能。Ding 等人[8-10]基于实验方法，对管间距对绕管式换热器壳体两相流动换热的影响进行了研究，结果表明纵向管间距越大，换热系数越低。

如今水平管降膜蒸发换热器已在海水淡化、石油化工等行业中得到大量应用。LNG 绕管式换热器是降膜式换热器的一种，其运行时竖直放置，壳侧的低温制冷剂在盘管管壁和管间进行降膜蒸发传热。在降膜蒸发的过程中，会出现部分液相转化为气相的变化，气流会对液膜的流动产生剪切效应，促进液膜流向的偏转。Ruan 等人[11]通过对气液两相逆向流动的研究，研究结果表明，逆向气流速度大于 3.5m/s 时，难以识别出管间降膜流型；随着气流速度继续增大，液膜因受到较大的气液拖曳力进而剪切破碎形成雾状流，根据韦伯数 *We* 的大小可以判断雾化与否。蔡勇[12]运用 VOF 方法对平面两相剪切与平面两相射流的非线性演化进行了数值模拟，并结合流动稳定性理论，分析了界面与射流失稳破碎动力学机制。通过模拟得出以下结论：（1）当韦伯数 *We* 较小时，表面张力起主导作用，气液界面在平衡位置附近振荡，但界面维持稳定；（2）随着韦伯数 *We* 的增大，惯性力增加，界面破碎；（3）当韦伯数 *We* 较大时，气相剪切力起主导作用，在气液界面处形成了折叠的指型结构，之后破碎形成小液滴。王庆亮[13]基于 Rayleigh-Taylor 模型研究了两相剪切流的雾化过程的机理，并通过 CFD 技术对液柱破碎过程进行了研究，研究发现随着气体强度的增加，雾化颗粒的粒径越小，液柱破碎的越完全。并通过以去离子水为介质的实验，利用两相流剪切雾化系统验证了数值模拟结果，并收集雾化液滴以观察液滴粒径的变化规律。刘华等人[14,15]设计并搭建了蒸汽横掠降膜流动水平管束测量流动阻力与流型观测实验装置，并通过理论分析与数值模拟的方法对蒸汽横掠降膜流动水平管束的两相动力学特征进行了研究。提出了能预测蒸汽横掠水平管束流动阻力的模型关联式，并在关联式中对降膜雷诺数进行了修正，体现降膜流动对流动阻力的影响。

均布器是 LNG 绕管式换热器的重要组成部分，对壳侧冷剂流动的影响较大。Fujita 和 Tsutsui[16]对比了 3 种不同均布器对蒸发器的传热性能的影响，研究结果表明，相较于带有孔的圆管型布液器，烧结多孔型均布器和孔板型均布器在换热性能上提高 20%。Killion 与 Garimella[17]采用的是 6.4mm 直径的管上带有六个孔径 0.9mm 小孔的均布器，高速流体从顶端流出。外径 13mm 的圆管包裹在管外，圆管处开有孔径为 1mm 的圆孔。Wang 等人[18]将均布器安装在离测试管顶端 2mm 的高度处，其采用的均布器结构为以下两部分：内径 20mm 外径 26.6mm 的直管。直管下部开有孔径 3mm，孔中心间距 5mm 的小孔；壁厚 12mm 的透明矩形槽。矩形槽下方开有孔径 1mm，孔中心间距 5mm 的小孔。鹿来运等人[19]针对绕管式换热器设计了一种新型的盘形均布器，并对其进行了适应性分析。

通过调研发现目前关于绕管式换热器壳侧气相工质研究不足，特别是壳侧同向气流剪切作用以及气相压降特性的研究，本文通过搭建压降测试实验装置，以及建立同向气相工质剪切对降膜流动影响的数值模拟模型，进而研究 LNG 绕管式换热器壳侧气相工质流动特性。

2 LNG 绕管式换热器气相工质压降实验研究

LNG 绕管式换热器气相压降测试实验装置流程如图 1 所示，目的为测试不同结构尺寸的绕管式换热器壳侧纯气相压降特性。其动力源为罗茨鼓风机，经过罗茨鼓风机压缩后的气相流体流经水冷装置冷却，经过流量计计量后作为壳侧流体进入绕管式换热器进行压降测试。测试后的气相流体从绕管式换热器底部流入罗茨鼓风机的入口缓冲罐。实验装置中罗茨鼓风机配有变频器，实验过程中通过调节频率参数进而改变循环流量。

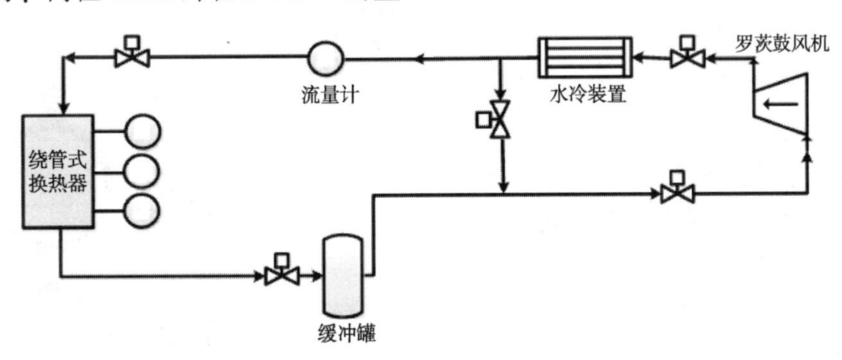

图 1 LNG 绕管式换热器气相压降测试实验装置流程图

实验过程中发现，LNG 绕管式换热器的均布器压降损失较大，约占壳侧总损失的 80%。本文对两种尺寸均布器(管外径 8mm 和 12mm)压降性能进行二次曲线拟合。两种均布器均为半圆圈型，圆圈直径为 0.17m，均匀布置 20 个圆孔。管外径 8mm 的均布器内径为 6mm，孔径为 2mm。管外径 12mm 的均布器内径为 10mm，孔径 4mm。压降性能二次曲线拟合结果如式 1、2 和图 2 所示，拟合的计算值与实验值相差不超过 ±15%，压降理论计算公式可以为换热器均布器的设计提供依据。

$$\Delta p = aRe^2 + bRe + c \tag{1}$$

$a = 42.73$，$b = -0.00679$，$c = 3.063 \times 10 - 7$

(2)

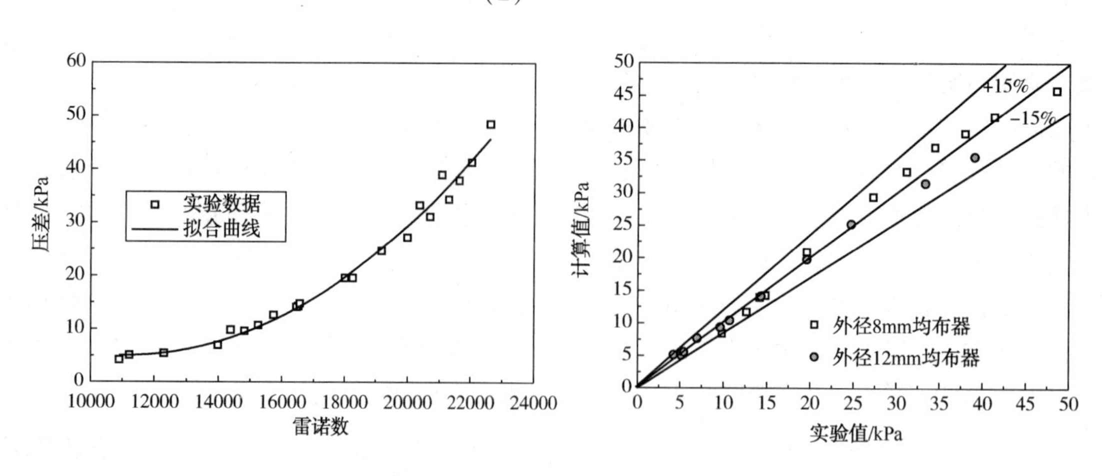

图2　均布器压降模型预测值和实验值对比

3　气相工质剪切对降膜流动影响的数值模拟研究

基于质量守恒和动量守恒方程，建立存在同向气相工质剪切作用的 LNG 绕管式换热器降膜流动数值模拟模型。

质量守恒方程：

$$\frac{\partial \rho}{\partial t} + \frac{\partial(\rho u)}{\partial x} + \frac{\partial(\rho \nu)}{\partial y} = 0 \tag{3}$$

$$\frac{\partial u}{\partial x} + \frac{\partial \nu}{\partial y} = 0 \tag{4}$$

动量守恒方程：

$$\rho\left(\frac{\partial u}{\partial t} + u\frac{\partial u}{\partial x} + \nu\frac{\partial u}{\partial y}\right) = -\frac{\partial p}{\partial x} + \mu\left(\frac{\partial^2 u}{\partial x^2} + \frac{\partial^2 u}{\partial y^2}\right) + F_x \tag{5}$$

$$\rho\left(\frac{\partial v}{\partial t} + u\frac{\partial v}{\partial x} + \nu\frac{\partial v}{\partial y}\right) = -\frac{\partial p}{\partial y} + \mu\left(\frac{\partial^2 v}{\partial x^2} + \frac{\partial^2 v}{\partial y^2}\right) + F_y \tag{6}$$

其中，μ 为黏度，p 为压力。

$$\vec{F} = F_x\vec{i} + F_y\vec{j} \tag{7}$$

其中，$\vec{F}$ 为动量源项，动量源项包括重力、表面张力和气液拖曳力。

在无气相剪切作用下绕管式换热器降膜流动液体分布如图3所示，可以看出无气相剪切作用下，壳侧流动状态为稳定的降膜流动流型，液膜均匀铺展，通过数值计算得到降膜流动的平均液膜厚度为 0.63mm。

通入质量流量(M_G)为 0.3kg·s^{-1}·m^{-1}的气相流体，在剪切作用下降膜流动速度分布如图4所示。可以看出速度对称分布，沿 Y 轴方向的速度要大于沿 X 轴方向的速度。在 X 轴方向的速度最大的位置位于沿液膜位置处，这是因为沿竖直降落的气相流体遇到阻碍产生 X 轴的速度分量。而气流的主要方向为 Y 方向，而在管子与管壁夹缝最小处，流体流速最大，这是因为在

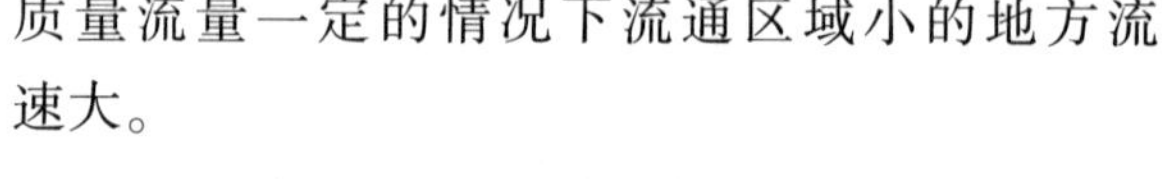
质量流量一定的情况下流通区域小的地方流速大。

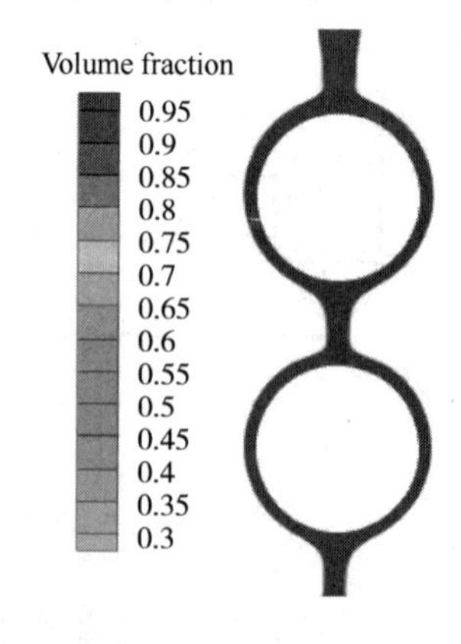

图3　无气相剪切作用下的降膜流动液体分布图

当气相流体流动时间为 1.34ms 时，气相流体剪切作用下的降膜流动液体分布如图5所示，液膜出现了明显的波浪形式，呈现有波浪纹理的降膜流动流型。基于数值模拟数据对波纹进行了

定量的测量，自上而下，第一个液膜波峰厚度为0.508mm，第二个液膜波峰厚度为0.629mm，第三个液膜波峰厚度为1.030mm；第一个液膜波谷厚度为0.366mm，第二个液膜波谷厚度为0.531mm。

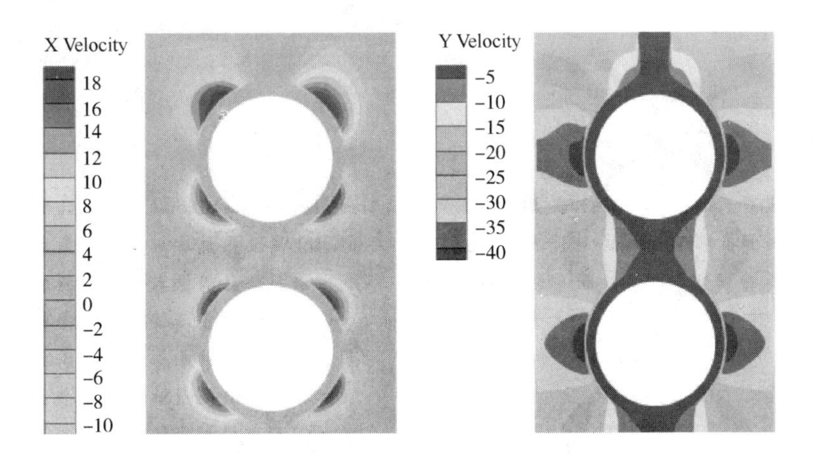

图4 气相剪切作用下速度分布图

(M_G=0.3kg·s^{-1}·m^{-1})

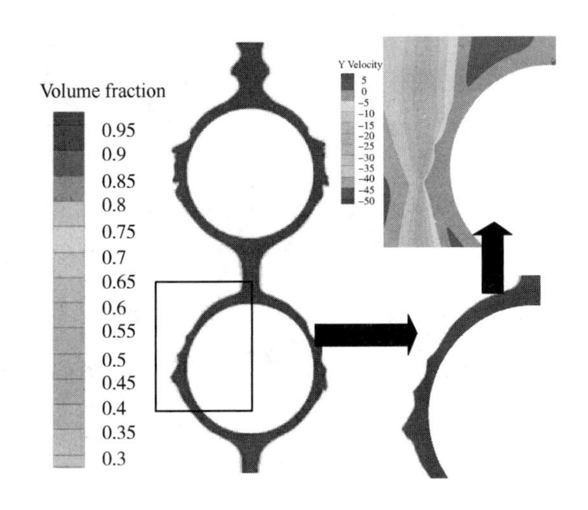

图5 气相流体剪切作用下的降膜流动液体分布图

(M_G=0.3kg·s^{-1}·m^{-1}；t=1.34ms)

当气相流体流动时间为2.75ms时，气相流体剪切作用下的降膜流动液体分布如图6所示，受气相剪切作用的影响，液体从管壁脱落，从波浪的形式转变为液丝的形式，呈现以液丝为主要流动状态的剪切流流型，基于数值模拟数据对液丝进行了定量的测量，液丝转折处液膜厚度为0.833mm，液丝低端处厚度为0.244mm，液丝上端处厚度为1.026mm。

当气相流体流动时间为4.35ms时，气相流体剪切作用下的降膜流动液体分布如图7所示，受气相剪切作用的影响，液丝逐渐变细，呈现以液丝为主要流动状态的剪切流流型。基于数值模拟结果对液丝进行了定量的测量，液丝转折处液膜厚度为0.867mm，液丝低端处厚度为0.270mm，液丝上端处厚度为0.334mm。

通入质量流量(M_G)为0.5kg·s^{-1}·m^{-1}的气相流体，在剪切作用下降膜流动速度分布如图8所示。速度分布与0.3kg·s^{-1}·m^{-1}时相似，X与Y方向的速度为对称分布，但X与Y方向的速度更大，气相工质对液膜的剪切作用更加明显。

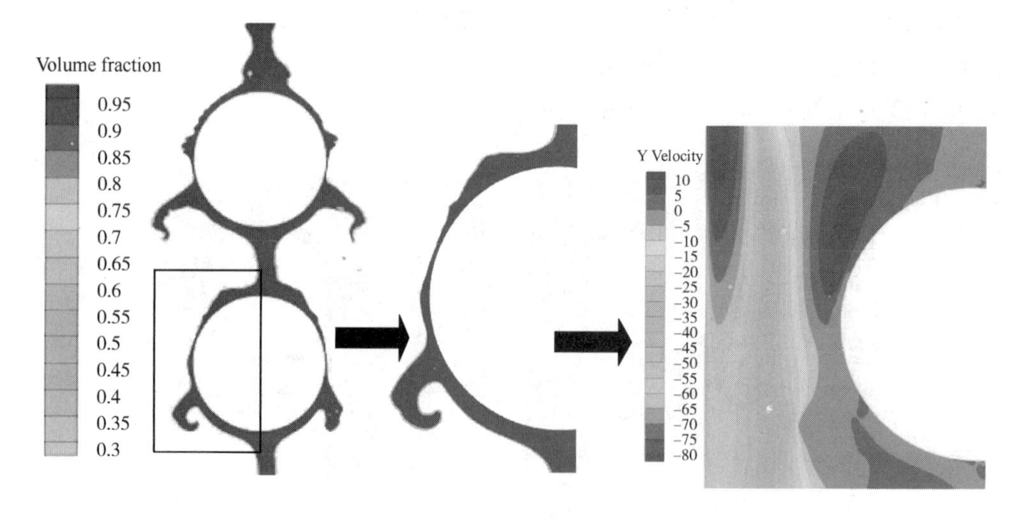

图 6　气相流体剪切作用下的降膜流动液体分布图

(M_G=0. 3kg · s^{-1} · m^{-1}; t=2. 75ms)

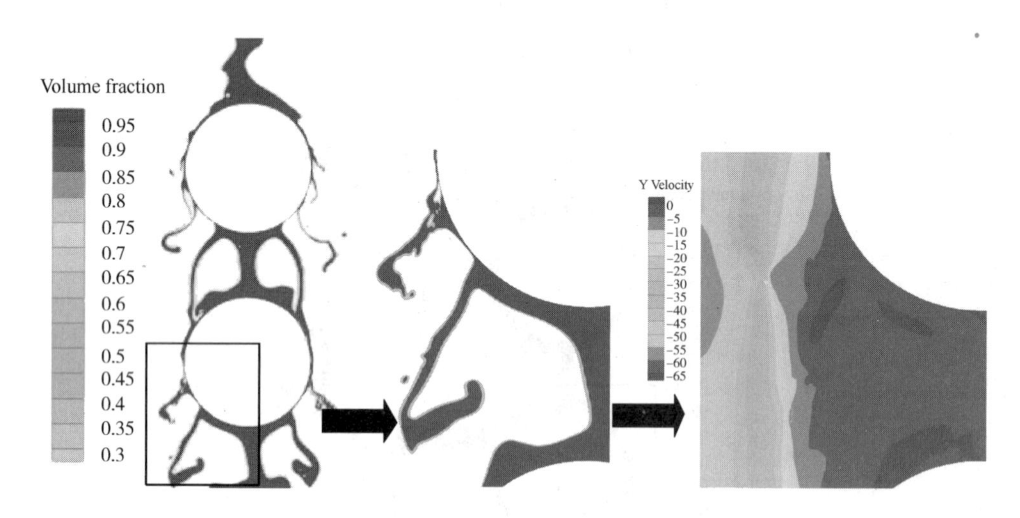

图 7　气相流体剪切作用下的降膜流动液体分布图

(M_G=0. 3kg · s^{-1} · m^{-1}; t=4. 35ms)

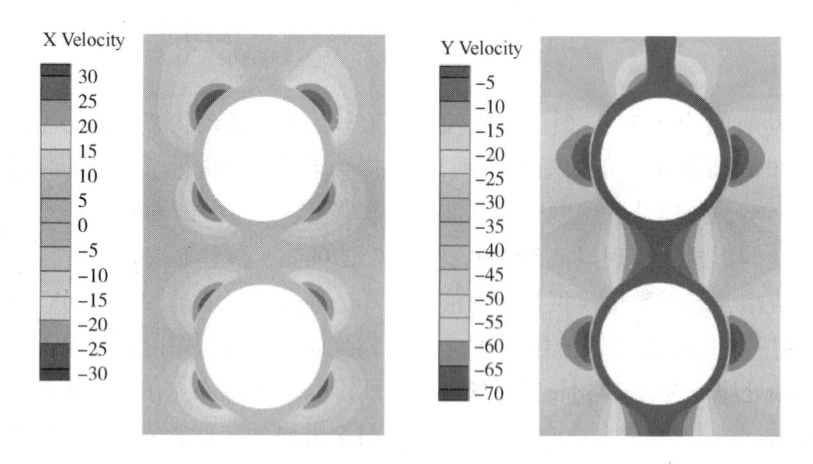

图 8　气相剪切作用下速度分布图

(M_G=0. 5kg · s^{-1} · m^{-1})

当气相流体流动时间为 0. 6ms 时，气相流体剪切作用下的降膜流动液体分布如图 9 所示，液膜表面出现了小液丝，基于数值模拟结果对液丝进行了定量的测量，末端液丝尺寸为 0. 095mm，最高处液丝尺寸为 0. 072mm。

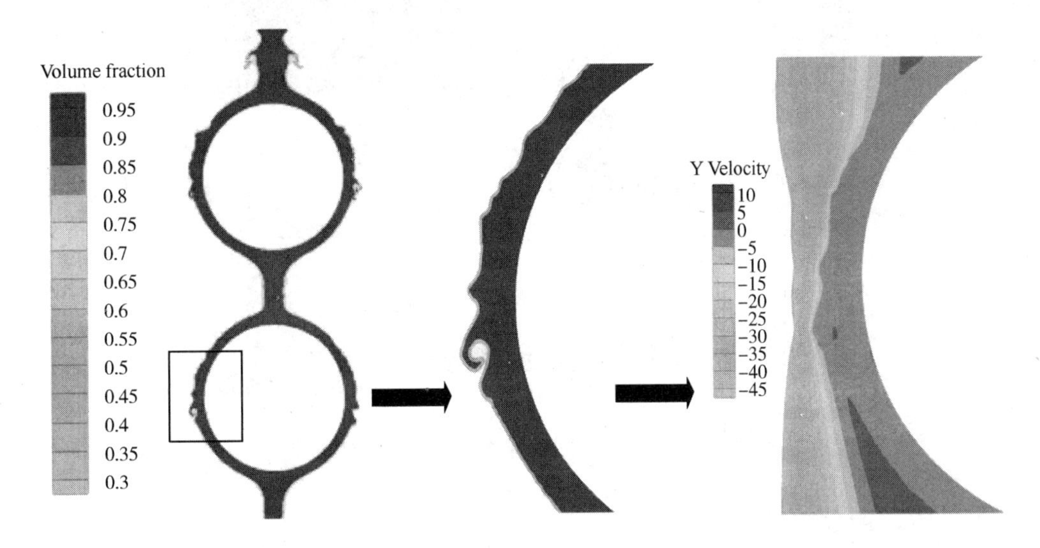

图 9　气相流体剪切作用下的降膜流动液体分布图

(M_G = 0. 5kg · s^{-1} · m^{-1}; t = 0. 6ms)

当气相流体流动时间为 2. 05ms 时，气相流体剪切作用下的降膜流动液体分布如图 10 所示，LNG 绕管式换热器壳侧出现了大量的液丝，呈现以液丝为主要流动状态的剪切流流型，基于数值模拟模型对液丝进行了定量的测量，末端液丝尺寸为 0. 843mm，最高处液丝尺寸为 0. 637mm。

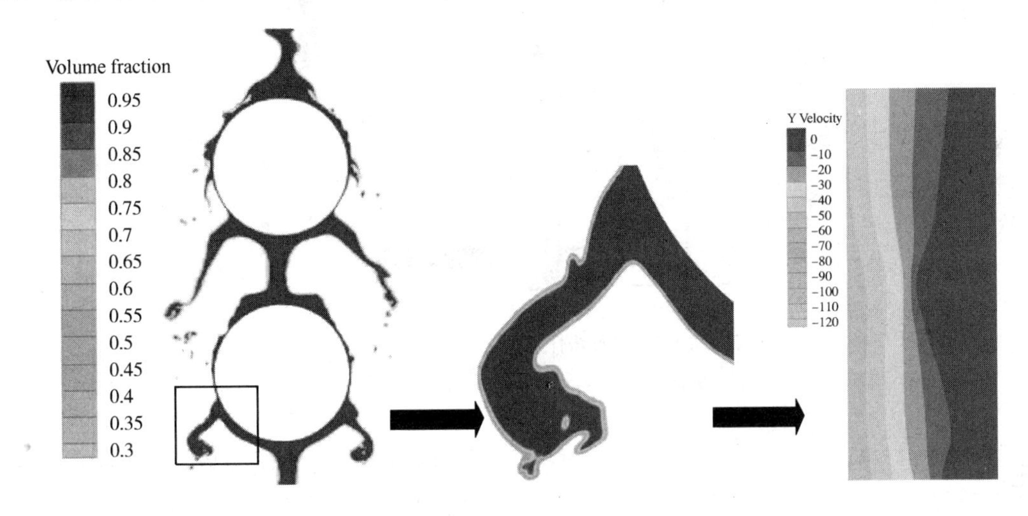

图 10　气相流体剪切作用下的降膜流动液体分布图

(M_G = 0. 5kg · s^{-1} · m^{-1}; t = 2. 05ms)

当气相流体流动时间为 3. 24ms 时，气相流体剪切作用下的降膜流动液体分布如图 11 所示，液丝逐渐变形，呈现以液丝为主要流动状态的剪切流流型，基于数值模拟模型对液丝进行了定量的测量，末端液丝厚度为 0. 243mm，转折处液丝厚度为 0. 578mm。

当气相流体流动时间为 3. 92ms 时，气相流体剪切作用下的降膜流动液体分布如图 12 所示，LNG 绕管式换热器壳侧流型逐渐向雾状流转变，存在少量的液丝，对液丝进行了定量的测量，液丝尺寸为 0. 195mm。

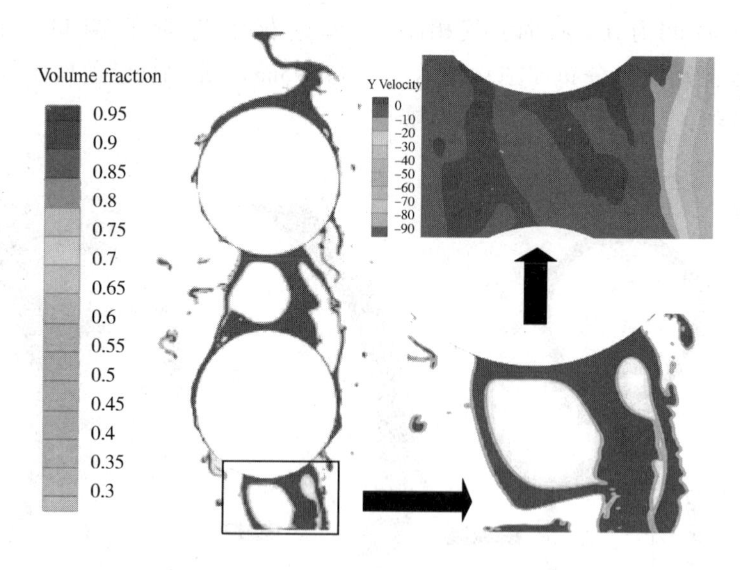

图 11　气相流体剪切作用下的降膜流动液体分布图

(M_G=0.5kg·s^{-1}·m^{-1}; t=3.24ms)

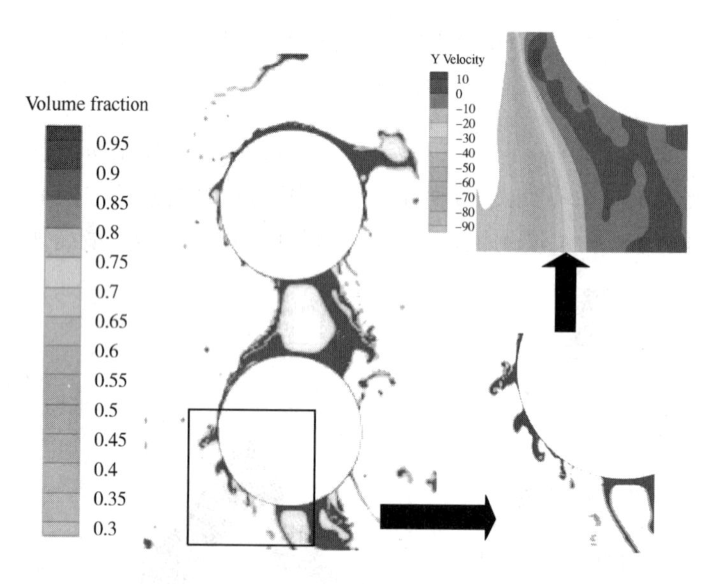

图 12　气相流体剪切作用下的降膜流动液体分布图

(M_G=0.5kg·s^{-1}·m^{-1}; t=3.92ms)

4　结论

本文通过搭建 LNG 绕管式换热器的气相压降测试实验装置，对 LNG 绕管式换热器内部压降进行测量，实验结果发现在壳侧压降中均布器所占比例较大，通过实验数据拟合了均布器的压降计算公式。建立了气相剪切的降膜流动数值模拟模型，研究同向气流剪切作用下的降膜流动规律，对气相剪切作用进行定量的描述，研究结果表明，随着气流流速的增大，剪切作用逐渐增大，壳侧流动状态为有波浪纹理的降膜流动流型、以液丝为主要流动状态的剪切流流型、雾状流流型。在同向气流的剪切作用下，气流先对两侧液膜产生剪切效应，使液膜出现小的波浪纹理，随着时间的推移，剪切作用逐渐显现，出现大量的液丝，对液丝进行了定量的描述，最后液丝也逐渐断裂形成液滴。

参 考 文 献

[1] 浦晖，陈杰．绕管式换热器在大型天然气液化装置中的应用及国产化技术分析[J]．制冷技术，2011(3)：26-29.

[2] 张勇，刘鸿彦，李守谦．缠绕管式换热器壳程流体特性分析[J]．石油和化工设备，2016，19(3)：16-18.

[3] 李丰志，于佳文，鹿来运，等．LNG 绕管式换热器管侧流动与传热实验台设计及验证[J]．哈尔滨工业大学学报，2017，49(2)：98-102.

[4] Alimoradi A，Veysi F. Prediction of heat transfer coefficients of shell and coiled tube heat exchangers using numerical method and experimental validation[J]. International Journal of Thermal Sciences，2016，107：196-208.

[5] Chien L H，Tsai Y L. An experimental study of pool boiling and falling film vaporization on horizontal tubes in R-245fa[J]. Applied Thermal Engineering，2011，31：4044-4054.

[6] Bengt O. Neeraas，Arne O. Fredheim，Bjørn Aunan. Experimental shell-side heat transfer and pressure drop in gas flow for spiral-wound LNG heat exchanger[J]. Int. J. Heat Mass Transf. 2002. 47：353-361.

[7] Bengt O. Neeraas，Arne O. Fredheim，Bjørn Aunan. Experimental data and model for heat transfer，in liquid falling film flow on shell-side，for spiral-wound LNG heat exchanger [J]. Int. J. Heat Mass Transf. 2004. 47：3565-3572.

[8] Ding C，Hu H，Ding G，et al. Experimental investigation on downward flow boiling heat transfer characteristics of propane in shell side of LNG spiral wound heat exchanger[J]. International journal of refrigeration. 2017. 84：13-25.

[9] Ding C，Hu H，Ding G，et al. Experimental investigation on pressure drop characteristics of two-phase hydrocarbon mixtures flow in the shell side of LNG spiral wound heat exchangers[J]. Applied Thermal Engineering，2017，127：347-358.

[10] Ding C，Hu H，Ding G，et al. Influences of tube pitches on heat transfer and pressure drop characteristics of two-phase propane flow boiling in shell side of LNG spiral wound heat exchanger[J]. Applied Thermal Engineering. 2018，131：270-283.

[11] Ruan B，Jacobi A M，Li L. Effects of a countercurrent gas flow on falling-film mode transitions between horizontal tubes[J]. Experimental Thermal & Fluid Science，2009，33(8)：1216-1225.

[12] 蔡勇．气液两相剪切流界面失稳和破碎的直接数值模拟[D]．中国科学技术大学，2006.

[13] 王庆亮．两相剪切流雾化法微胶囊制备技术的机理、实验及应用[D]．南京理工大学，2014.

[14] 刘华．蒸汽横掠降膜流动水平管束的两相流动过程研究[D]．大连理工大学，2015.

[15] 刘华，牟兴森，杜凤山，等．液滴在管间气流作用下的偏移特性[J]．工程热物理学报，2016，37(11)：2430-2433.

[16] Fujita Y，Tsutsui M. Experimental and analytical study of evaporation heat transfer in falling films on horizontal tubes，INSTITUTION OF CHEMICAL ENGINEERS SYMPOSIUM SERIES，HEMSPHERE PUBLISHING CORPORATION，1994，pp. 175-175.

[17] Killion J D，Garimella S. Liquid Films Falling Over Horizontal Tube Banks：Deviations From Idealized Flow Patterns and Implications for Heat and Mass Transfer[C]// ASME 2002 International Mechanical Engineering Congress and Exposition. 2002：161-170.

[18] Wang X F，Hrnjak P S，Elbel S，et al. Heat Transfer Performance for a Falling-Film on Horizontal Flat Tubes [J]. Asme International Mechanical Engineering Congress & Exposition Imece，2015，135(7)：43-50.

[19] 鹿来运，郑文科，崔奇杰，等．挡板形式对盘形均布器均布性能影响模拟研究[J]．节能技术，2017，35(1)：30-37.

理想气体焓熵计算公式的对比研究

吴志平[1]　陆文龙[2]　苑伟民[2]

（1. 国家管网集团有限公司安全环保与运维本部；
2. 国家管网集团北海液化天然气有限责任公司）

摘　要　在温度、压力、相位和化学性质的变化中伴随着热效应，需要预测物质的焓和熵的热效应的大小，这些参数广泛应用于传热、精馏和化学反应的计算中。为了进一步研究焓熵计算公式，对目前商业软件、专业书籍和国际标准等文献的理想气体焓、熵的计算公式进行调研、分析，发现：(1)理想气体焓、熵的计算公式分为两大类，一类是以温度为变量的多项式，典型的代表是API技术数据手册中的公式，另一类是是带有双曲函数或者其他函数的多项式，典型代表为基于ISO20765的YWMS0、YWMH0的公式；(2)对于同一个计算公式，不同文献的计算系数不同，或即使使用相同的计算系数，文献中给出的适用范围也有差异。本文通过对理想气体焓、熵公式两类典型公式的对比分析，讨论了行业软件HYSYS、API技术数据手册、YWM公式的计算准确性和适用范围，对理想气体焓、熵计算公式的使用给出了指导。

关键词　理想气体；热力学性质；预测；焓；熵

在化工计算中，焓、熵的计算占有极其重要的地位，广泛应用于传热、精馏和化学反应中。实际气体的焓、熵通常采用其理想气体焓、熵与实际气体与其理想气体焓、熵的偏差之和来计算，因此理想气体焓、熵的计算准确性将决定实际气体焓、熵计算的准确性[1~9]。理想气体焓、熵的估算均是由测试数据通过回归得到的多项式，所采用的焓、熵零点基准也不全相同[1~24]，计算结果有一定的差别。

1　HYSYS 软件中的计算公式

HYSYS 中理想气体焓、熵计算公式如下，系数如表1所示。

1.1　理想气体焓的计算公式

理想气体焓的公式如下：

$$H_0 = a + bT + cT^2 + dT^3 + eT^4 + fT^5 \quad (1)$$

式中，H_0为纯组分 i 在温度为 T K 时的理想气体质量焓，kJ/kg；a、b、c、d、e、f 为计算系数。

质量焓(熵)与摩尔焓(熵)之间转化为：摩尔焓(熵)= 质量焓(熵)乘以摩尔质量。

1.2　理想气体熵的计算公式

理想气体熵的公式如下：

$$S_0 = b\ln T + 2cT + \frac{3}{2}dT^2 + \frac{4}{3}eT^3 + \frac{5}{4}fT^4 + g \quad (2)$$

式中，S_0为纯组分 i 在温度为 T K 时的理想气体质量熵，kJ/(kg · K)；b、c、d、e、f、g 为计算系数。

表1　HYSYS 软件中理想气体焓熵方程中的计算系数

序号	组分	a	b	c	d	e	f	g	T_{min}/K	T_{max}/K
1	甲烷	-1.298000E+01	2.364590E+00	-2.132470E-03	5.661800E-06	-3.724760E-09	8.608960E-13	1	3.15	5273.15
2	乙烷	-1.767500E+00	1.142900E+00	-3.236000E-04	4.243100E-06	-3.393160E-09	8.820960E-13	1	3.15	5273.15
3	丙烷	3.948890E+01	3.950000E-01	2.114090E-03	3.964860E-07	-6.671760E-10	1.679360E-13	1	3.15	5273.15
4	异丁烷	3.090300E+01	1.533000E-01	2.634790E-03	7.272260E-08	-7.278960E-10	2.367360E-13	1	3.15	5273.15
5	正丁烷	6.772100E+01	8.540580E-03	3.276990E-03	-1.109680E-06	1.766460E-10	-6.399260E-15	1	3.15	5273.15
6	异戊烷	6.425000E+01	-1.317980E-01	3.541000E-03	-1.333200E-06	2.514460E-10	-1.295760E-14	1	3.15	5273.15
7	正戊烷	6.319800E+01	-1.170170E-02	3.316400E-03	-1.170500E-06	1.996360E-10	-8.664850E-15	1	3.15	5273.15
8	己烷	7.451300E+01	-9.669700E-02	3.476490E-03	-1.321200E-06	2.523650E-10	-1.346660E-14	1	3.15	5273.15

续表

序号	组分	a	b	c	d	e	f	g	T_{min}/K	T_{max}/K
9	庚烷	7.141000E+01	-9.689490E-02	3.473000E-03	-1.330200E-06	2.557660E-10	-1.377260E-14	1	3.15	5273.15
10	辛烷	1.265070E+02	-2.701000E-01	3.998290E-03	-1.973000E-06	6.227960E-10	-9.381350E-14	1	3.15	5273.15
11	壬烷	4.978720E-09	-6.528950E-02	3.402880E-03	-1.253450E-06	2.009550E-10	-2.237590E-23	1	3.15	5273.15
12	癸烷	7.334690E-09	-5.561350E-02	3.376650E-03	-1.238820E-06	1.987160E-10	-3.701390E-23	1	3.15	5273.15
13	十一烷	4.108480E-09	-5.370620E-02	3.371440E-03	-1.236620E-06	1.978360E-10	-2.087780E-23	1	3.15	5273.15
14	十二烷	6.676300E-09	-5.476130E-02	3.372680E-03	-1.242010E-06	1.994510E-10	-3.410200E-23	1	3.15	5273.15
15	氮	2.888630E+00	9.827470E-01	9.714240E-05	-4.157950E-10	-3.655480E-12	4.050130E-16	1	3.15	5273.15
16	二氧化碳	1.252550E-09	6.181390E-01	4.844850E-04	-1.493530E-07	2.290500E-11	-1.370450E-15	1	3.15	5273.15
17	硫化氢	-1.435000E+00	9.985000E-01	-1.843000E-04	5.570760E-07	-3.177060E-10	6.366250E-14	1	3.15	5273.15
18	氢	-4.968310E+01	1.383760E+01	2.999810E-04	3.458930E-07	-9.712930E-11	7.731200E-15	1	3.15	5273.15
19	水	-5.729600E+00	1.914500E+00	-3.957400E-04	8.762060E-07	-4.950550E-10	1.038460E-13	1	3.15	5273.15
20	氦	9.131700E+00	5.195800E+00	0.000000E+00	0.000000E+00	0.000000E+00	0.000000E+00	1	3.15	5273.15
21	氧	1.344970E+01	8.131320E-01	1.655800E-04	6.820000E-09	-2.331000E-11	3.764400E-15	1	3.15	5273.15
22	苯	8.446580E+01	-5.132980E-01	3.248690E-03	-1.543700E-06	3.650060E-10	-2.482040E-14	1	3.15	5273.15
23	甲苯	7.416200E+01	-4.231000E-01	3.184500E-03	-1.439700E-06	3.265960E-10	-2.127460E-14	1	3.15	5273.15
24	乙烯	1.120080E-09	1.137000E+00	-2.446200E-04	2.920950E-06	-2.107610E-09	4.853560E-13	1	3.15	5273.15
25	丙烯	1.926630E-08	8.816360E-02	2.786300E-03	-9.188630E-07	1.309920E-10	-1.049780E-22	1	3.15	5273.15

2 API 技术数据手册

API 技术数据手册截止到 2016 年已经出版了十个版本，多数文献中计算理想气体焓、熵、比热容的公式和数据都来源于该手册，计算系数不同的原因是进行了单位换算。

随着每个版本的更新，计算理想气体焓、熵、比热容的公式并未发生改变，但计算系数发生了变化，适用温度范围也扩展了不少，但是并非使用的温度范围越大就越好，这可能会带来准确度的问题。

2.1 理想气体焓的计算公式

$$H_i^0 = k_1\left[A + B\frac{9T}{5} + C\left(\frac{9T}{5}\right)^2 + D\left(\frac{9T}{5}\right)^3 + E\left(\frac{9T}{5}\right)^4 + F\left(\frac{9T}{5}\right)^5\right] \quad (3)$$

式中，H_i^0 为 i 组分在温度为 T K 时的理想气体(比)焓，kJ/kg；k_1 为单位换算系数，取 2.326122；T 为开氏温标，K；A、B、C、D、E、F 为常数，见表 2。

2.2 理想气体熵的计算公式

$$S_i^0 = k_2\left[B\ln\left(\frac{9T}{5}\right) + 2C\left(\frac{9T}{5}\right) + \frac{3}{2}D\left(\frac{9T}{5}\right)^2 + \frac{4}{3}E\left(\frac{9T}{5}\right)^3 + \frac{5}{4}F\left(\frac{9T}{5}\right)^4 + G\right] \quad (4)$$

式中，S_i^0 为 i 组分在温度为 T K 时的理想气体(比)熵，kJ/(kg·K)；k_2 为单位换算系数，取 4.187020；G 为常数，见表 2。

由于在 0K 时 $H_i^0=0$，因此系数 A 必须为 0；但是这个系数可以不为 0，以便改善在高温下的吻合性。同样，方程(3)～(4)中的系数 B 和 G 在温度为 0 K 和一个大气压时，$S_i^0=0$，进行相同的处理；为简单起见，以 API 技术数据手册 1992 年版后的版本为依据，在表 2 内列出了 24 种纯组分理想气体的计算系数值，通过上面的方程计算即可得到这些组分的理想气体熵、焓和比热容值。

表 2 1992-2016 版 API 技术数据手册理想气体焓、熵在基准 1 下计算系数[2]

序号	组分	A	B	$C\times10^3$	$D\times10^6$	$E\times10^{10}$	$F\times10^{14}$	G	T_{min} (R)	T_{max} (R)
1	O_2	-0.34466	0.221724	-0.02052	0.030639	-0.10861	0.130606	0.148409	90	2700

续表

序号	组分	A	B	$C\times10^3$	$D\times10^6$	$E\times10^{10}$	$F\times10^{14}$	G	T_{min} (R)	T_{max} (R)
2	H_2	12. 32674	3. 199617	0. 392786	-0. 29345	1. 090069	-1. 38787	-3. 93825	280	2200
3	H_2O	-1. 93001	0. 447642	-0. 0219	0. 030496	-0. 05662	0. 027722	-0. 30025	90	2700
4	NO_2	4. 68688	0. 14615	0. 037653	0. 017707	-0. 10867	0. 162378	0. 283892	90	2700
5	H_2S	-0. 23279	0. 237448	-0. 02323	0. 038812	-0. 11329	0. 114841	-0. 04064	90	2700
6	N_2	-0. 65665	0. 254098	-0. 01662	0. 015302	-0. 031	0. 015167	0. 048679	90	2700
7	CO	-0. 35591	0. 252843	-0. 0154	0. 016079	-0. 03434	0. 017573	0. 105618	90	2700
8	CO_2	0. 09688	0. 158843	-0. 03371	0. 148105	-0. 9662	2. 073832	0. 151147	90	1800
9	SO_2	0. 41442	0. 118071	0. 014712	0. 026964	-0. 14882	0. 230436	0. 159456	90	2700
10	CH_4	-2. 83857	0. 538285	-0. 21141	0. 339276	-1. 16432	1. 389612	-0. 50287	90	2700
11	C_2H_6	-0. 01422	0. 264612	-0. 02457	0. 291402	-1. 28103	1. 813482	0. 083346	90	2700
12	C_3H8	0. 68715	0. 160304	0. 126084	0. 18143	-0. 91891	1. 35485	0. 260903	90	2700
13	C_4H_{10}	7. 22814	0. 099687	0. 266548	0. 054073	-0. 42927	0. 66958	0. 345974	360	2700
14	i-C_4H_{10}	1. 45956	0. 09907	0. 238736	0. 091593	-0. 59405	0. 909645	0. 307636	90	2700
15	C_5H_{12}	9. 04209	0. 111829	0. 228515	0. 086331	-0. 54465	0. 81845	0. 183189	360	2700
16	i-C_5H_{12}	17. 69412	0. 015946	0. 382449	-0. 02756	-0. 14304	0. 295677	0. 641619	360	2700
17	C_6H_{14}	12. 99182	0. 089705	0. 265348	0. 057782	-0. 45221	0. 702597	0. 212408	360	2700
18	C_7H_{16}	13. 08205	0. 089776	0. 260917	0. 063445	-0. 48471	0. 755464	0. 157764	360	2700
19	C_8H_{18}	15. 33297	0. 077802	0. 279364	0. 052031	-0. 46312	0. 750735	0. 174173	360	2700
20	C_9H_{20}	19. 09578	0. 061466	0. 295738	0. 05078	-0. 5037	0. 84863	0. 226279	360	1800
21	$C_{10}H_{22}$	-3. 02428	0. 203437	-0. 03538	0. 407345	-2. 30769	4. 2992	-0. 45747	360	1800
22	$C_{11}H_{24}$	-2. 37761	0. 199863	-0. 02963	0. 402826	-2. 29145	4. 270709	-0. 46183	360	1800
23	C_2H_4	24. 77789	0. 149526	0. 163711	0. 081958	-0. 47188	0. 696487	0. 724912	360	2700
24	C_3H_6	13. 11935	0. 10163	0. 233045	0. 04016	-0. 33668	0. 523905	0. 614079	360	2700

下面介绍 1976 年版（即第 3 版）API Technical Data Book-Petroleum Refining[2] 中关于理想气体焓、熵、比热容的数据和温度适用范围。

本版计算方法采用的基准有两个：

（1）基准 1：对于理想气体，0 R，H_0 = 0；0 R，1 atm，S_0=0。该标准及理想气体熵焓的计算系数来源于 API Research Project 44。

（2）基准 2：对于所有饱和纯烃类液体，-200 F，H_0 = 0（对于非烃类理想气体，0 R，H_0=0），0 R，1psia，S_0=1Btu/(lb · R)。

两个基准计算系数变化在于 A 和 G，B 到 F 的数据没有变化，也就是只对焓、熵的计算产生影响。基准 1、基准 2 的计算系数见表 3。

其精度说明：焓和熵的误差在 0. 5%以内，热容误差在 1. 5%以内。但是超过适用温度范围时，误差可能很大。

从 1992 年至 2016 的版本使用的计算系数发生了改变，主要是为了拓宽了温度的适用范围，但总体精度变差。

其基准：对于理想气体，0 R，H_0 = 0kJ/kg；0R，14. 96psia，S_0 = 0Btu/lb。

其精度说明：焓和熵的误差在 1%以内，比热容误差在 5%以内。超过适用温度范围时，误差可能很大。

1976 版本理想气体的的焓、熵计算公式和 API 技术数据手册第 10 版公式形式一样。

表 3　1976 版 API 技术数据手册在基准 1 和基准 2 下的焓熵计算系数

序号	组分	摩尔质量	基准 1 下的计算系数							基准 2 下的计算系数		温度范围	
			A	B	$C\times10^4$	$D\times10^7$	$E\times10^{11}$	$F\times10^{15}$	G	A	G	T_{min}/°F	T_{max}/°F
1	O_2	31.999	−0.981760	0.227486	−0.373050	0.483017	−1.852433	2.474881	0.124314	−0.981760	1.124314	−280	2200
2	H_2	2.016	12.326740	3.199617	3.927862	−2.934520	10.900690	−13.878670	−4.938247	12.326740	−3.938247	−280	2200
3	H_2O	18.015	−2.463420	0.457392	−0.525117	0.645939	−2.027592	2.363096	−0.339830	−2.463420	0.660170	−280	2200
4	H_2S	34.076	−0.617820	0.238575	−0.244571	0.410673	−1.301258	1.448520	−0.045932	−0.617820	0.954068	−280	2200
5	N_2	28.013	−0.934010	0.255204	−0.177935	0.158913	−0.322032	0.158927	0.042363	−0.934010	1.042363	−280	2200
6	CO	28.010	−0.975570	0.256524	−0.229112	0.222803	−0.563256	0.455878	0.092470	−0.975570	1.092470	−280	2200
7	CO_2	44.010	4.778050	0.114433	1.011325	−0.264936	0.347063	−0.131400	0.343357	4.778050	1.343357	−280	2200
8	SO_2	64.063	1.394330	0.110263	0.330290	0.089125	−0.773135	1.292865	0.194796	1.394330	1.194796	−280	2200
9	CH_4	16.043	−6.977020	0.571700	−2.943122	4.231568	−15.267400	19.452610	−0.656038	58.401600	0.343962	−280	2200
10	C_2H_6	30.070	−0.021210	0.264878	−0.250140	2.923341	−12.860530	18.220570	0.082172	163.059600	1.082172	−280	2200
11	C_3H_8	44.097	−0.738420	0.172601	0.940410	2.155433	−10.709860	15.927940	0.206577	165.723800	1.206577	−280	2200
12	$n-C_4H_{10}$	58.124	7.430410	0.098571	2.691795	0.518202	−4.201390	6.560421	0.351649	164.444000	1.351649	−100	2200
13	$i-C_4H_{10}$	58.124	11.497940	0.046682	3.348013	0.144230	−3.164196	5.428928	0.561697	162.081100	1.561697	−100	2200
14	$n-C_5H_{12}$	72.151	27.171830	−0.002795	4.400733	−0.862875	0.817644	−0.197154	0.736161	173.460900	1.736161	0	2200
15	$i-C_5H_{12}$	72.151	27.623420	−0.031504	4.698836	−0.982825	1.029852	−0.294847	0.871908	169.016300	1.871908	0	2200
16	C_6H_{14}	86.178	−7.390830	0.229107	−0.815691	4.527826	−25.231790	47.480200	−0.422963	133.193000	0.577037	−100	1300
17	C_7H_{16}	100.205	−0.066090	0.180209	0.347292	3.218786	−18.366030	33.769380	−0.253997	134.125900	0.746003	−100	1300
18	C_8H_{18}	114.232	1.119830	0.173084	0.488101	3.054008	−17.365470	31.248310	−0.262340	130.572800	0.737661	−100	1300
19	C_9H_{20}	128.259	1.719810	0.169056	0.581255	2.926114	−16.558500	29.296090	−0.276768	126.716000	0.723232	−100	1300
20	$C_{10}H_{22}$	142.286	−2.993130	0.203347	−0.349035	4.070565	−23.064410	42.968970	−0.456882	118.423100	0.543118	−100	1300
21	$C_{11}H_{24}$	156.300	28.069890	−0.023843	4.607729	−0.998387	1.084149	−0.331217	0.589146	156.579300	1.589146	0	2200

注：表格右边的计算系数 A、G 为基准 2 下的数据（1976 版 API 技术数据手册）。

3 基于 ISO 20765 的计算公式

《天然气热力学性质计算第 1 部分：输配气中的气相性质》(GB/T 30491.1—2014)翻译等同采用《Natural gas — Calculation of thermodynamic properties — Part 1: Gas phase properties for transmission and distribution applications》(ISO 20765-1: 2005)[17-19]，标准中涵盖了气体的密度、压缩因子、内能、焓、熵、比热容、焦耳汤姆逊系数、等熵指数、声速以及亥姆霍兹自由能等热力学性质参数的计算。由于该标准是以亥姆霍兹自由能的计算为基础，计算各热物性参数，且公式采用参数较多的 AGA8 方程为状态方程，缺少诸如理想气体焓、熵的计算公式或者相应参数的解释，使刚学习专业知识的读者看起来比较吃力，下面对理想气体的焓、熵进行解释、补充，以方便读者对该标准的理解。

值得注意的是该标准中规定：对于理想气体的纯气体，零熵和零焓的参比状态为 T_0 = 298.15K 和 p_0=0.101325MPa。

3.1 理想气体焓的计算公式

该标准中并未直接给出计算理想气体焓的计算公式，通过积分推导出理想气体焓的计算公式[25]，记为 YWMH0，如下：

$$\frac{H_0}{R/M} = H_0^0 + BT + CD\coth\left(\frac{D}{T}\right) - EF\tanh\left(\frac{F}{T}\right) + GH\coth\left(\frac{H}{T}\right) - IJ\tanh\left(\frac{J}{T}\right) \tag{5}$$

式中，H_0为纯组分 i 在温度为 T K 时的理想气体质量(比)焓，kJ/kg；H_0^0、B、C、D、E、F、H、I、J 为转换系数；R 为通用摩尔气体常数，取 8.314 51，kJ/(kmol·K)；M 为纯组分 i 的相对分子量，kg/kmol。计算系数见 ISO 20765-1。

3.2 理想气体熵的计算公式

该标准中并未直接给出计算理想气体熵的计算公式，通过积分推导出理想气体熵的计算公式[25]，YWMS0，如下：

$$\frac{S_0}{R/M} = B\ln T + C\left\{\frac{D}{T}\coth\left(\frac{D}{T}\right) - \ln\left[\sinh\left(\frac{D}{T}\right)\right]\right\} - E\left\{\frac{F}{T}\tanh\left(\frac{F}{T}\right) - \ln\left[\cosh\left(\frac{F}{T}\right)\right]\right\} + G\left\{\frac{H}{T}\coth\left(\frac{H}{T}\right) - \ln\left[\sinh\left(\frac{H}{T}\right)\right]\right\} - I\left\{\frac{J}{T}\tanh\left(\frac{J}{T}\right) - \ln\left[\cosh\left(\frac{J}{T}\right)\right]\right\} + S_0^0 \tag{6}$$

式中，S_0为纯组分 i 在温度为 T K 时的理想气体质量(比)熵，kJ/(kg·K)；B、C、D、E、F、H、I、J、K、S_0^0 为转换系数；R 为通用摩尔气体常数，取 8.314 51，kJ/(kmol·K)；M_i 为纯组分 i 的相对分子量，kg/kmol。

4 各方法计算准确性比较

以甲烷为例，利用 YWMH0、YWMS0、API 技术数据手册 1976 年版本、API 技术书数据手册 1992 年版本、HYSYS V10 版本计算 180K~380K、60K~1500K 下的理想气体焓、熵，以 McDowell 和 Kruse[26] 的数据为基准，进行计算相对误差比较，如图 1~图 4 所示。

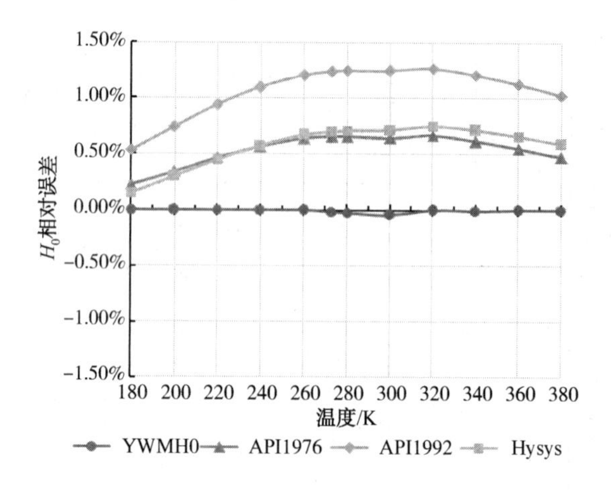

图 1 180K~380K 下甲烷的理想气体焓

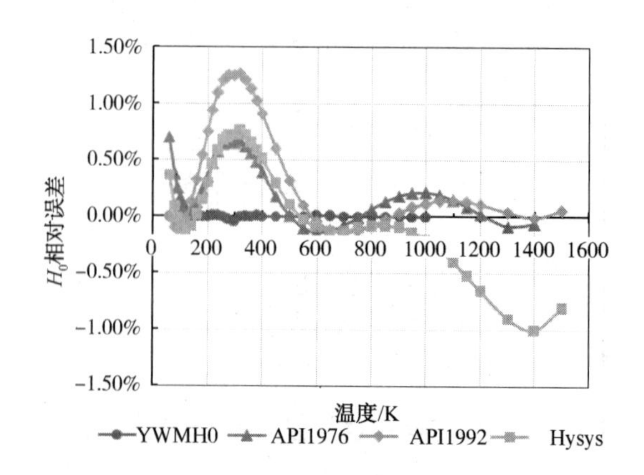

图 2 60K~1500K 下甲烷的理想气体焓

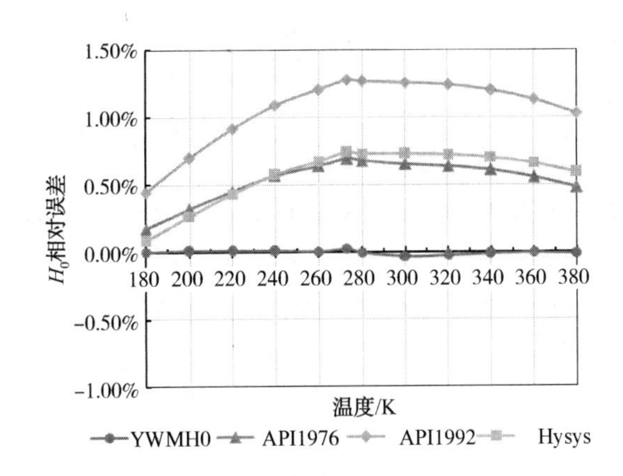

图 3 180K~380K 下甲烷的理想气体熵

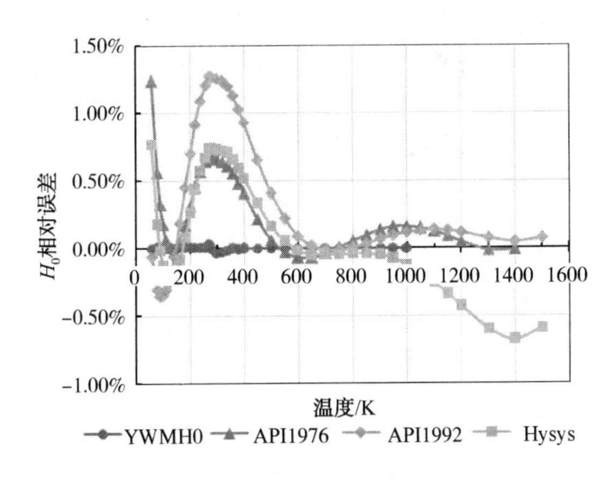

图 4 60K~1500K 下甲烷的理想气体熵

5 结论及建议

经过对理想气体焓、熵的计算的分析，得出以下结论和建议：

(1) HYSYS 软件和 API Technical Data Book 中理想气体焓、熵的计算公式属于同一类型的计算公式，使用起来较为简单。

(2) YWMH0、YWMS0 理想气体焓、熵的计算公式计算较为精确，建议在对准确度要求较高的计算中使用。

(3) 理想气体零焓和零熵的基准未统一，对于计算实际气体的焓、熵来说并不方便，需要经过换算。

参 考 文 献

[1] API Technical Data Book [M]. 3th ed. [S. l.] [s. n.], Tulsa: [s. n.], 1976: 7-4~7-37.

[2] The American Petroleum Institute and EPCON International. API TECHNICAL DATA BOOK[M]. 10th Ed. Washington: API Standards and Publications Department, 2016: 7-7~7-13.

[3] 童景山. 流体热物性学——基本理论与计算[M]. 北京：中国石化出版社，2008. 8: 134-142.

[4] 童景山，李敬. 流体热物理性质的计算[M]. 北京：清华大学出版社，1982. 7: 94-99.

[5] Gavin Towler, Ray Sinnott. Chemical Engineering Design: Principles, Practice and Economics of Plant and Process Design[M]. San Diego: Elsevier Inc, 2008: 446-448.

[6] Yaws, Carl L.. Chemical Properties Handbook[M]. New York: McGRAW-HILL, 2009. 3: 30-31.

[7] Yaws, Carl L.. Yaws' Handbook of Thermodynamic Properties for Hydrocarbons and Chemicals [M]. Housto: Gulf Publishing Company, 2006. 9: 1-164.

[8] 李长俊，汪玉春，陈祖泽，梁光川，黄泽俊，廖柯熹. 天然气管道输送[M]. 2 版. 北京：石油工业出版社，2000: 41-43.

[9] 李玉星，姚光镇. 输气管道设计与管理[M]. 3 版. 北京：中国石油大学出版社，2009. 9: 54-59.

[10] 马沛生，高铭书，江碧云，张建候. 新近理想气体热容数据与温度的关联[J]. 化工学报，1979: 109-132.

[11] 时钧，汪家鼎，余国琮，陈敏恒. 化学工程手册（上、下卷）[M]. 2 版. 北京：化学工业出版社，1996. 1, 1-31~1-34.

[12] 刘光启，马连湘，刘杰，李相仁，令光辉，梁强. 化学化工物性数据手册，有机卷. 北京：化学工业出版社，2002: 161-184.

[13] 刘光启，马连湘，刘杰，梁玉华，董殿权，孙晓刚. 化学化工物性数据手册，无机卷. 北京：化学工业出版社，2002: 106.

[14] Robert C. Reid, John M. Prausnitz, Thomas K. Sherwood, The Properties of Gases and Liquids [M]. 3rd ed. New York: McGRAW - HILL BOOK Company, 1977: 629-664.

[15] Robert C. Reid, John M. Prausnitz, Bruce E. Poling, The Properties of Gases and Liquids [M]. 4th ed. New York: McGRAW - HILL BOOK Company, 1987: 659-731.

[16] Robert C. Reid, Bruce E. Poling, John M. Prausnitz, The Properties of gases and Liquids [M]. 5th ed. New York: McGRAW - HILL BOOK Company, 2001: A. 35-A. 46.

[17] ISO 20765-1 Natural gas — Calculation of thermody-

namic properties — Part 1：Gas phase properties for transmission and distribution applications.

[18] 中华人民共和国国家质量监督检验检疫总局，中国国家标准化管理委员会．天然气 热力学性质计算 第 1 部分：输配气中的气相性质：GB/T 30491.1—2014[S]．北京：中国标准出版社，2014：1-18.

[19] 中华人民共和国国家质量监督检验检疫总局，中国国家标准化管理委员会．天然气 通过组成计算物性参数的技术说明：GB/Z 35474—2017[S]．北京：中国标准出版社，2018：6.

[20] Aly，F. A.，Lee. L. L. Self Consistent Equations for Calculating the Ideal Gas Heat Capacity，Enthalpy and Entropy，Fluid Phase Equilibria，Vol. 6，pp. 169 - 179，1981.

[21] Fakeeha A，Kache A，Rehman Z U，et al. Self-consistent equations for calculating the ideal-gas heat capacity，enthalpy and entropy. Ⅱ. Additional results[J]．Fluid Phase Equilibria，1983，11(3)：225-232.

[22] Rehman Z U，Lee LL.，Self consistent equations for calculating ideal gas heat capacity，enthalpy and entropy. Ⅲ．Coal chemicals[J]．fluid phase equilibria，1985，22(1)：21-31.

[23] Jaeschke M，Schley P. Ideal - Gas Thermodynamic Properties for Natural - Gas Applications[J]．International Journal of Thermophysics，1995，16(6)：1381-1392.

[24] Fouad A. Aly，Lloyd L. Lee. Self-Consistent Equations for Calculating the Ideal Gas Heat Capacity，Enthalpy，and Entropy[J]．Fluid Phase Equilibria，1981，6：169-179.

[25] 苑伟民，贺三，邵国亮，等．天然气物理性质参数和水力计算[M]．成都：四川大学出版社，2020：64-76.

[26] McDowell Robin S.，Kruse，F. H. Thermodynamic Functions of Methane[J]．Journal of Chemical & Engineering Data，1963，8(4)：547-548.

天然气综合提氦冷能链高效利用技术展望

沈全锋

（中国石油工程建设有限公司）

摘　要　氦气是最难液化的气体，常压下沸点为-269℃，接近绝对零度。目前天然气提氦的主要方法有低温分离法和膜渗透分离法。我国氦资源相对较贫，采用低温法提氦，压缩机功率和冷损失等能耗占提氦成本很大，使得提氦成本大幅提高，收益率低。天然气综合提氦冷能链高效利用技术，属于战略性技术集群，是低含氦天然气提氦的重要发展方向和必然选择。提升完整的氦气产业链工艺及装备技术，对于形成细分领域“专精特新”的隐形冠军具有重要战略意义。

关键词　低温提氦；膜分离+低温分离联合法；氢液化法；氦气液化器

氦气无色无味，不可燃烧的惰性气体，当然也是无毒的，氦气的应用领域为军工、科研、石化、制冷、医疗、半导体，管道捡漏，超导实验，金属制造，深海潜水，高精度焊接，光电子产品。我国的氦气主要应用于磁共振成像(30%)、气举(17%)、分析试验应用(14%)和焊接(9%)等。但我国氦气资源稀缺，2019年中国工业用氦气量约4000t，几乎完全依赖进口，对外依存度极高。西方国家在对我国出口氦气时，在贸易合同中特别注明进口氦气不得用于军事领域等限制性附加政策，氦气资源“卡脖子”风险等级高。特别是2017年以来，美国日益收紧对我国氦气供应的控制，断供风险持续加大。

常规而言提取氦气的方法有以下几种。吸附法：根据天然气中各组分在固体吸附剂表面上吸附能力的差异来将氦气提取分离。适用于杂质含量低于10%的粗氦精制，这些年来发展到变压吸附方法。吸收法：选用适当的吸收溶剂(一般是氟烃、液态烷烃)，在一定的条件下将沸点比氦气高的杂质洗涤吸收去除，从而得到氦气。冷凝法：天然气提氦在工业上采用冷凝法该法工艺包括天然气的预处理净化、粗氦制取及氦的精制等工序，制得99.99%的纯氦气。扩散法：利用氦气的良好导热性将天然气中的氦气组分浓缩提取出来，一般的操作温度是400~500℃。膜渗透法：各类膜材料的发展很迅速，利用各种气体对膜的渗透性不同，就能利用膜渗透法将天然气中的氦气提取出来。空分法：一般采用分凝法从空气装置中提取粗氦、氖混合气，由粗氦、氖混合气制纯氦、氖混合气经分离及纯化，制得99.99%的纯氦气。氢液化法：工业上采用氢液化法从合成氨尾气中提氦。低温吸附清除氮、精馏得到粗氦加氧催化除氢及氦的纯化，制得99.99%的纯氦气。高纯氦法：将99.99%的纯氦活性炭吸附纯化制得99.9999%的高纯氦气。

荷兰低温实验室先用液化氯甲烷达到-90℃，乙烯达到-145℃，氧气达到-183℃，氢气达到-253℃。1908年实现了最后一种永久气体——氦气的液化，得到了-269℃的低温。之后他用液氦抽真空的方法，得到-272℃。在天然气工业中，打造-70℃(轻烃)、-100℃(乙烷)、-160℃(LNG)、-253℃(液氢)、-269℃(液氦)完整的低温-超低温技术链，对卡脖子技术进行重点攻关，有利于快速提升关键技术设备水平和氦资源保障能力。本文重点介绍了天然气低温提氦技术和膜法分离技术的发展，并对膜分离+低温分离联合法提氦技术和氦气储运技术研发进行了展望。

1　低温法 He 分离技术

低温法是天然气提氦的主要方法，基本原理为天然气中不同组分的沸点不同，在低温条件下He难以液化，CH_4、N_2及其他烷烃可被液化，经低温精馏分离出He。虽然该技术可从天然气中提取较高纯度的He，但操作弹性低、设备投资大、运行费用高。由于我国天然气中He含量较低，用低温法从天然气中提取He的成本较高，制约着我国天然气提氦装置的规模化建设。低温法提氦工艺，国内外一般采用氮气循环制冷技术来满足低温法提氦工艺中所需的制冷温度。

对于前端原料气预冷方案，根据具体原料气气质条件，一般采用膨胀制冷、外部制冷（如 PRICO 混合冷剂制冷循环）以及前膨胀制冷+外部制冷的方式。低温法中，现有的外部制冷工艺虽可联产 LNG，但能耗高，而前膨胀制冷工艺，提氦塔操作压力较低，操作温度低（最低-192°C），对塔体材质要求高，在到达相同氦气浓度的情况下，冷量需求大，能耗高，变工况能力较差。同时对数平均温差小，传热面积大，投资较高。

2008 年，工程建设公司西南分公司再次设计建设了我国唯一的天然气提氦工厂（荣县天然气提氦工厂）。通过项目建设和专项研究，2012 年取得了“天然气低温提氦系统及方法”专利技术和工艺包等系列成果。目前申报天然气提氦相关专利 13 项，授权 10 项。在“十三五”发展历程中，西南分公司继续开展了“低含氦天然气氦气回收技术”和“天然气低温联产氦气工艺技术”等专项研究，成功开发了适应我国天然气含氦量特点的、具有自主知识产权的低含氦天然气高效提取成套技术，取得的主要成果有：膜分离减量技术、LNG 富集氦气技术、低温（乙烷回收或 LNG）联产氦气技术、深冷提氦技术等。

我国虽掌握天然气低温提氦技术，但不能适应氦气含量低的特点，导致天然气提氦项目经济性差，抗波动能力弱；美国、法国、俄罗斯等国家已经全面掌握了天然气提氦技术，多种天然气提氦技术配套使用，多产品方案可适应于不同规模的天然气提氦，大大提升了项目的经济性。

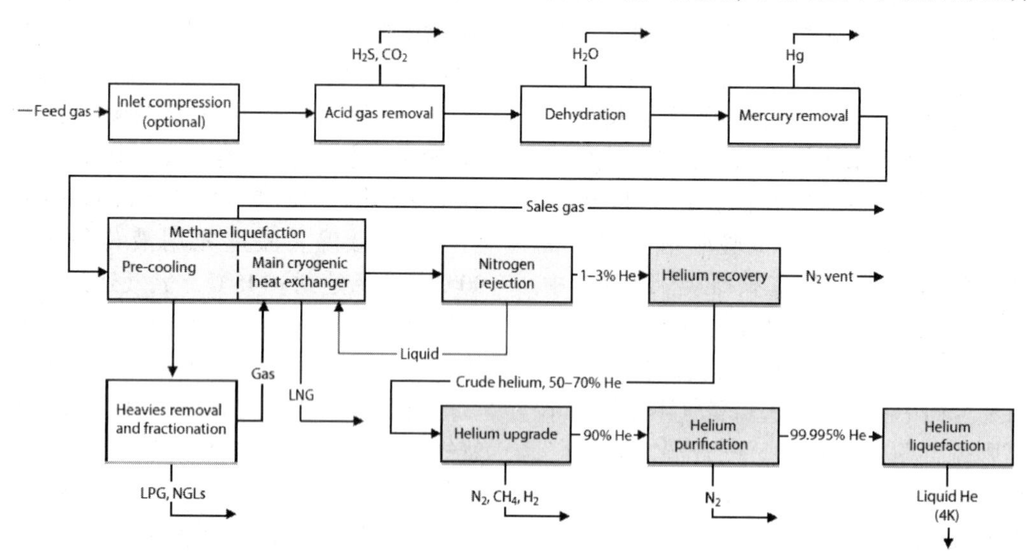

图 1

2 膜法 He 分离技术

非低温法主要采用膜分离和变压吸附。近年来，随着分离膜技术的发展，具有分离效率高、运行能耗低、操作弹性大等优点的膜分离技术逐渐应用于天然气提氦的实验研究过程，表现出良好的应用前景。吸附法是根据天然气中各组分在吸附剂表面吸附能力的差异而将其中的 He 分离出来。受限于吸附剂的吸附容量，一般适用于杂质含量小于 10%（φ）的粗 He 精制过程。

二氧化硅膜在分离 He 方面表现出诱人的分离性能，需要在较高的温度下进行分离。碳分子筛膜的孔径控制是关键制约因素。沸石分子筛膜种类繁多，性能各异，应用前景看好。尽管无机膜材料对 He 分离具有较好的分离效果，但膜材料结构较为脆弱，生产工艺较复杂难以商业化，目前仍停留在实验室研究阶段。

醋酸纤维素膜是最先用于 He 分离的高分子膜材料。虽然廉价易得，但仅能在 80℃以下使用，而且在大批量制备过程中质量控制较难，因此难以大规模工业化生产。

聚碳酸酯是一种高性能分离膜材料，具有强度高、化学稳定性好等优点，可用于制备 He 分离膜。聚碳酸酯膜的主要缺点是材料脆、易开裂、在高温下易老化，而且制造成本较高，实际制膜应用并不多。

聚甲基丙烯酸甲酯是一种非晶态线型热塑性塑料，具有机械强度高等优点。聚甲基丙烯酸甲酯膜在分离 He/N2，He/CH4 方面表现出优异的性能，但高渗透性和高选择性不能同时具备，目前主要通过共混、共聚的方式对聚甲基丙烯酸甲酯分离膜进行改性提高气体分离性能。

聚酰亚胺是一种玻璃态膜材料，耐腐蚀性强，耐高温(300℃)，玻璃化转变温度高，稳定性和选择性好，各项性能优异，是气体分离膜的理想材料。国内尚缺乏相应的高性能聚酰亚胺膜材料，暂无商品化的聚酰亚胺基 He 分离膜组件。

3 大规模氢液化法

在氦气产业链上仍需要进一步工艺优化，如研究氢液化法，低温吸附清除氮、精馏得到粗氦、加氧催化除氢及氦的纯化，制得 99.99%的纯氦气。现存在用的大型氢液化装置主要面对的问题是效率过低，只有 20%-30%。降低单位产氢功耗也是氢液化研究中的一个重要目标。研究表明，未来获得优化的、高效的氢液化工艺流程主要通过创新氢液化流程和提高压缩机、膨胀机和换热器等主要系统组件的效率两种途径实现。

Sadaghiani 提出的大型液氢概念生产装置产能为 300t/d，是目前理论能耗最低的一种创新氢液化循环，为 4.41kWh/kgLH2，效率为 55.47%。该系统采用两级混合制冷剂的制冷循环，第一级将氢气从 25℃，21bar 降低至 -195℃，能耗为 1.102kWh/kgLH2，效率为 67.53%。第二级将氢气冷却至 -253℃，能耗为 3.258kWh/kgLH2，效率为 52.24%。该氢液化循环的另一个创新之处是制冷剂的组成，第一级制冷循环制冷剂由九种工质(摩尔分数分别为 17%的甲烷、7%的乙烷、2%的正丁烷、1%的氢气、16%的氮气、18%的丙烷、15%的正戊烷、8%的 R-14 以及 16% 的乙烯)组成，第二级由三种工质(摩尔分数为 10% 的氖、6.5% 的氢气以及 83.5% 的氦气)组成。

在氢液化装置的前沿理论研究方面，各国学者正积极通过创新氢液化流程和提高压缩机、膨胀机和换热器等主要系统组件的效率两种主要途径解决目前效率过低，能耗较高的问题。我国正值大力发展氢能的关键时期，集中科研力量突破基于 Claude 循环的大型氢液化装置国产化难题迫在眉睫，需尽快在大型氢液化装置的分布、产能以及制造水平上，缩短和西方发达国家的差距。

4 膜分离+低温分离联合法

膜法分离技术与其他工艺相结合，可以经济高效地从天然气中提浓、制备高纯 He。根据 He 与其他气体的动力学直径、沸点和临界温度的不同，可以采用深冷法、膜分离法进行天然气提氦。首先对天然气原料气进行预处理脱除 H_2S、CO_2、H_2O 等杂质气体，然后在低温下对天然气进行液化得到液化天然气，然后可以得到含量为 1%~3%(φ)的含氦富氮尾气，再通过深冷法或变压吸附或膜法提氦工艺得到高纯 He。通过与天然气液化过程结合，可以实现 He 的富集提浓，减少提氦的费用。Linde 在俄罗斯阿穆尔气体处理厂提氦，低温和变压吸附技术相结合，工艺比较成熟。

通常分离膜的高选择性和高渗透速率难以兼得，各种高分子材料的改性膜、无机膜与有机膜结合的集成膜研究也日渐广泛。聚酰亚胺膜的综合性能最好，满足当前的急迫需求。加强新型高分子分离膜、化学改性膜和混合基质膜的研究，研制出高选择性、高渗透性、高稳定性和低成本的 He 分离功能膜，加大膜组件的开发研究，为天然气提氦产业实现可持续发展提供支撑。

在此研究的基础上，我国研究人员提出了用膜分离+低温分离联合法从天然气中提取氦气。利用膜分离预浓天然气中的氦气，在相同氦气产量的情况下，可大幅度降低低温分离的规模及投资费用，但同样存在膜分离膜中分离膜的技术问题。还没有真正意义上的工业化。

以带丙烷预冷的混合冷剂液化流程(C_3/MRC)为基础，研究天然气液化提氦工艺。模拟了深冷膜联合提氦工艺，针对深冷特点，以冷凝、膜处理、变压吸附的方法阶梯式提浓氦气，可现实氦气回收率为 70%左右，同时研究和优化了各工艺条件。针对联合工艺氦气收率低的缺点，提出了深冷膜耦合提氦工艺，考虑深冷温度和闪蒸压力与膜分离过程的耦合影响。流程以两级膜过程与液化流程耦合，可实现氦气收率 96%。流程设备简单、易操作、无需液氮制冷系统，具有较高的经济性。

5 氦气储运技术研发

5.1 地下储氦库

氦气作为一种重要的战略稀有资源，关系国

家安全和高新技术产业发展。资源安全形势十分严峻，开展氦气资源储备非常迫切。目前天然气储备库建设技术较为成熟，有望进一步推广到氦气储备库建设。氦气储存常以天然气中含有一定的氦气混合气形式储存，其注采工艺与天然气储存的注采类似。储存气体首次注入是将经地面压缩机加压后的高压气体通过单井的注采管与排卤管的环空或通过双井中的注采井注入，受气体压力的作用卤水便通过单井的排卤管或双井中的排卤井采出。排卤完成后，将单井中排卤管柱通过不压井作业方法起出。采出方法根据腔体内压力、温度、日需求采气量等确定井口采气压力。通过控制采气井井口压力将储存的气体采出，经地面计量、处理等后输送给用户。

公司牵头编写盐穴储气库注采系统设计规范和盐穴储气库造腔系统地面工程设计规范等行业标准，形成了具有自主知识产权的采气处理技术、注气增压技术、高压集输安全分析及防护技术、高效造腔地面技术、完整性分析技术和数字化建造技术 6 大系列 17 项特色技术，整体达到国内先进水平。建成总库容和设计总工作气量占国内工作气量的 56%。研发出“注采界面明确、操控原则清晰、自动快速切换”的注采快速切换技术。有效降低管理及操作强度，缩短注采切换时间约 80%，提高盐穴储气库注采效率，降低设施操作风险及运营成本，经济效益显著。

5.2 氦气液化

氦的储运成本在氦的生产中占有较大的比重，采用液氦远距离储运综合成本低于气氦运输的水平。气氦储运方案的投资明显低于液氦储运方案，但由于液氦运输成本明显低于气氦的运输成本，氦液化的费用在总成本中占比较小，液氦折旧成本上升，两者综合经济性不相上下，液氦运输经济性略优于气氦运输方案。随运输成本上升，投资运行费用的控制，液氦方案的经济性增强。

氦气液化器和液氦储罐技术比较薄弱，为更好地适应未来大规模储存、长距离运输以及产业链拓展的需要，须对氦气产业链拓展过程中的“卡脖子”技术进行专项研究，进一步完善产业链。基于高效氦气液化工艺流程，开展高效氦气液化器设计，完成高效膨胀机和换热器的匹配，形成氦液化器样机。开展大容积低能耗深低温区液氦储备技术研发和优化研究，解决深低温液氦储罐技术、氦气闪蒸气回收再液化技术，实现液氦大容积低能耗储存技术。同时在关键材料和装备方面如氦分离膜、液氦储槽及装车系统等开展国产化、模块化研究。

6 结论与建议

我国天然气深冷提氦不能适应氦气含量低的特点，天然气提氦项目的经济性差，抗波动能力弱；美法等全面掌握天然气提氦技术，多种技术配套、多产品方案适应于不同规模的天然气提氦，氦气成本有较大的优势。公司应围绕氦气高准确度及快速分析、便捷式测定仪器技术、氦气形成机制与富集规律、资源评价和分布预测技术攻关；围绕低氦气田深冷提氦、粗氦精制、气氦储运技术和储库技术等方向开展氦气分离及储运技术攻关。

针对氦气领域中的关键技术，公司应规划形成体系完备、具有自主知识产权的氦气技术系列，在建设中国石油氦气技术中心过程中形成氦气完整产业链工艺及装备技术，实现从工艺技术、装备材料、关键设备到施工安装的全过程国产化，并最终建成特色鲜明、技术先进、运行高效，具有国际竞争力和国际影响力的氦气技术创新中心。

伪量纲分析法在气体状态方程分析计算中的应用

陆文龙[1]　吴志平[2]　苑伟民[1]

(1. 国家管网集团北海液化天然气有限责任公司；
2. 国家管网集团有限公司安全环保与运维本部)

摘　要　在使用状态方程计算物质的密度(体积)、压缩因子、比熵、比焓、比容、比热、焦耳–汤姆逊系数等参数时候，存在着选取单位(单位制)的问题，如，压力单位、气体常数单位、温度单位等，如果所选取的一套单位(单位制)不合适，计算结果可能出现错误。为了明确各参数在计算中单位制的配合使用，采用伪量纲分析法对流体状态方程中常用的压力、温度、通用气体常数、摩尔质量等基础参数作为输入量，推导出摩尔体积、密度、熵、焓、比热、焦耳–汤姆逊系数等各输出参数的单位制，推荐了用于物性参数计算的6套单位(单位制)。以Redlich–Kwong(RK)状态方程为例，将单位制对计算过程和计算结果的影响通过数据进行展示，该研究结果展示了单位(单位制)在计算过程的作用，从而揭示单位(单位制)对计算过程参数的影响。推荐的6套常用单位(单位制)可以根据需要，以此为依据推广到其他状态方程中使用。

关键词　单位；单位制；伪量纲分析；Redlich–Kwong(RK)；状态方程

1　量纲和单位、因次式

为了辨识某类物理量和区分不同类物理量的方便起见，人们采用“量纲”这个术语来表示物理量的基本属性。例如长度、时间、质量显然具有不同的属性，因此它们具有不同的量纲。

物理量可以按照其属性分为两类。一类物理量的大小与度量时所选用的单位有关，称之为有量纲量，例如长度、时间、质量、速度、加速度、力、动能、功等就是常见的有量纲量；另一类物理量的大小与度量时所选用的单位无关，则称之为无量纲量，例如角度、两个长度之比、两个时间之比、两个力之比、两个能量之比等[1]。

对于任何一个物理问题来说，出现在其中的各个物理量的量纲或者是由定义给出，或者是由定律给出。

量纲亦称为因次。通常要用数值和单位表示一个物理量的大小。常用的单位有国际单位制和物理单位制。任一种单位制中都有几个互相独立不能互换的单位称为基本单位，其他物理量的单位都可用这些基本单位综合表示，称为导出单位。因为因次和单位是相对应的，对应于基本单位的称为基本因次；对应于导出单位的称为导出因次。一个无单位的常数称为无因次量，其因次为1[2-5]。

某个物理量的性质和定义，可直接写出其因次表达式。表1列出常用的物理量的符号、单位和因次。

表1　常见物理量的量纲式

类别	物理量	符号	国际单位	
			单位	因次
基本单位	长度	l	m	[L]
	质量	m	kg	[M]
	时间	t	s	[T]
	温度	T	K	[Θ]
	物质的量/摩尔		mol	[N]
几何参数	面积	A	m^2	$[L^2]$
	体积	V	m^3	$[L^3]$
	惯性矩	J	m^4	$[L^4]$
运动学参数	速度	v	m/s	$[LT^{-1}]$
	加速度	a	m/s^2	$[LT^{-2}]$
	角速度	ω	1/s	$[T^{-1}]$
	体积流量	Q	m^3/s	$[L^3T^{-1}]$
	运动黏度	ν	m^2/s	$[L^2T^{-1}]$
	动力黏度	μ	Pa·s	$[ML^{-1}T^{-1}]$
	力	F	N	$[MLT^{-2}]$
	质量	m	kg	[M]
	密度	ρ	kg/m^3	$[ML^{-3}]$
	重度	γ	$kg/(m^2 \cdot s^2)$	$[ML^{-2}T^{-2}]$
	表面张力	σ	kg/s^2	$[MT^{-2}]$
	功或能	W	J	$[ML^2T^{-2}]$
	功率	N	W	$[ML^2T^{-3}]$

续表

类别	物理量	符号	国际单位	
			单位	因次
热力学参数	压强	p	Pa	$[ML^{-1}T^{-2}]$
	气体常数	R	J/(kg·K)	$[L^2T^{-2}\Theta^{-1}]$
	(质量)内能	e	J/kg	$[L^2T^{-2}]$
	(质量)热量	q	J/kg	$[L^2T^{-2}]$
	(质量)定容热容	C_v	J/(kg·K)	$[L^2T^{-2}\Theta^{-1}]$
	(质量)定压热容	C_p	J/(kg·K)	$[L^2T^{-2}\Theta^{-1}]$
	(质量)焓	H	J/kg	$[L^2T^{-2}]$
	(质量)熵	S	J/(kg·K)	$[L^2T^{-2}\Theta^{-1}]$
	传热系数	α	W/(m²·K)	$[MT^{-3}\Theta^{-1}]$
	导热系数	K	W/(m·K)	$[LMT^{-3}\Theta^{-1}]$

因次表达式常用方括号标示，如面积$[A]=[L^2]$，力$[F]=[MLT^{-2}]$等。任一物理定律，都可导出某一量的因次表达式。例如质量表达式：$m=\rho V$，$[m]=[M]$，$[\rho]=[ML^{-3}]$，$[V]=[L^3]$，$[\rho]=[m]/[V]=[M]/[L^3]=[ML^{-3}]$。

2 因次和谐性(齐次性)

有物理意义的代数表达式或完整的物理方程是因次和谐的，或称为齐次的。一个方程如果因次上齐次，则方程的表达式不随基本度量单位的改变而变化。例如水静压强分布规律的表达式：$p=p_0+\gamma h$，上式两端各项的物理量的因次都是$ML^{-1}T^{-2}$。

利用因次的齐次性可以检验物理方程是否正确。例如牛顿第二定律$F=ma$，用于重力场中则重力$G=mg$。若$m=1$时，则数值上$G=g$，此表达式在因次上就不是齐次的了。其错误在于若非单位质量则此式不成立，正确的表达式应是$G/m=g$。

根据因次的齐次性，还可检查经验公式中经验系数的因次并进行单位变换。例如前述的质量表达式中密度ρ是有因次的，其量纲为$[ML^{-3}]$，在物理单位制中其单位为g/cm³，在国际单位制中则为kg/m³，要相应差一个倍数，在运算中要注意。若把基本度量单位扩大或缩小相应的倍数，则导出单位亦随之扩大或缩小另一个倍数。

只有当系数是无因次时，则在任何单位制中其值不变。

3 量纲分析

在天然气的p_{VT}计算中，有以下几个物理量：p为系统压力，T为系统温度，V为流体的摩尔体积，ρ为流体的密度，R为通用气体常数，R_g为质量气体常数，Z为压缩因子，M摩尔质量。物理量单位及其量纲见表2。

表2 物理量单位及其量纲

序号	物理量	符号	单位	量纲分析
1	压力	p	Pa	$[ML^{-1}T^{-2}]$
2	质量密度	ρ	kg/m³	$[ML^{-3}]$
3	摩尔密度	ρ	kmol/m³	$[NL^{-3}]$
4	摩尔体积	V	m³/kmol	$[L^3N^{-1}]$
5	通用(摩尔)气体常数	R	J/(kmol·K)	$[M L^2N^{-1}\Theta^{-1} T^{-2}]$
6	质量气体常数	R_g	J/(kg·K)	$[L^2T^{-2}\Theta^{-1}]$
7	压缩因子	Z	—	1
8	摩尔质量	M	kg/kmol	MN^{-1}

注：表中并未列出所有物理量的SI单位。

4 伪量刚分析

在对物理量进行量纲分析时候可能会将物理量及其量纲记混淆，下面将采用物理量单位分析方法进行分析，采用物理量单位进行类似量纲分析的方法称为伪量纲分析，该分析方法易学易懂易用[6]。

下面针对常用单位进行伪量纲分析，这样有利于理解各物理量在计算过程中的单位匹配，并可以根据使用习惯设定一套单位制。

在计算流体密度或者体积时候，有以下单位可选取(未全部列举完毕)，见表3。

表 3　物理量及其单位

序号	物理量	符号	单位
1	压力	p	Pa
2			kPa
3			MPa
4	质量密度	ρ_g	kg/m^3
5	摩尔密度	ρ	$kmol/m^3$
6	摩尔体积	V	$m^3/kmol$
7	通用(摩尔)气体常数	R	J/(kmol·K)
8	通用(摩尔)气体常数	R	kJ/(kmol·K)
9	质量气体常数	R_g	J/(kg·K)
10	质量气体常数	R_g	kJ/(kg·K)
11	压缩因子	Z	1
12	摩尔质量	M	kg/kmol

实例 1：采用量纲分析法和伪量纲分析法对 $Z=\frac{p}{\rho RT}$ 进行伪量纲分析，验证所选取单位制的正确性，并对两种方法进行对比分析。

解：

(1) 取上表中 1、4、9(即：压力 p-Pa，质量密度 ρ-kg/m^3，质量气体常数 R_g-J/(kg·K)，摩尔质量 M-kg/kmol)组合，分析 Z 的因次是否为 1。将各物理量单位代入式子推到可得：

$$Z=\frac{p}{\rho_g R_g T}\rightarrow\frac{\mathrm{Pa}}{\frac{\mathrm{kg}}{\mathrm{m}^3}\frac{J}{\mathrm{kg}\cdot\mathrm{K}}\mathrm{K}}\rightarrow\frac{\mathrm{Pa}}{\frac{J}{\mathrm{m}^3}}\rightarrow\frac{\frac{N}{\mathrm{m}^2}}{\frac{\mathrm{N}\cdot\mathrm{m}}{\mathrm{m}^3}}=1$$

通过验证，得出：以上单位组合正确。

其中，在对压力 p 单位 Pa 分解时候用到了 1Pa 的物理意义：$1m^2$ 的面积上受到的压力是 1N，即为 Pa→N/m^2；在对焦耳 J 分解时候用到了焦耳的物理意义：用 1N 的力对一物体使其发生 1m 的位移所做的机械功的大小，即为 J→N·m。

(2) 因次分析法如下：

$$Z=\frac{p}{\rho_g R_g T}\rightarrow\frac{[ML^{-1}T^{-2}]}{[ML^{-3}]\,[L^2T^{-2}\Theta^{-1}]\,[\Theta]}=1$$

当单位制正确且没有出现像 kPa、kJ 的时候，使用量纲分析法比伪量纲分析法简单，但是需要记忆各单位量纲组合。但是工程设计人员更容易记忆的是某一个物理量的单位而不是量纲。

实例 2：对 $Z=\frac{p}{\rho RT}$ 进行伪量纲分析，验证所选取单位制的正确性。

解：

(1) 取上表中 2、5、9(即：压力 p-kPa，摩尔密度 ρ- $kmol/m^3$，气体常数 R_g- J/(kg·K)，摩尔质量 M-kg/kmol)组合，分析 Z 的因次是否为 1。

(2) 因次分析法如下：

$$Z=\frac{p}{\rho R_g T}\rightarrow\frac{1000?\ [ML^{-1}T^{-2}]}{1000[NL^{-3}]\,[L^2T^{-2}\Theta^{-1}]\,[\Theta]}\rightarrow\frac{[M]}{[N]}$$

此时看到 $\frac{[M]}{[N]}$ 并不能立即想到是什么单位或者什么物理量，如果直接采用伪量纲分析法，则很容易得到。将各物理量单位代入式子推到可得：

$$Z=\frac{p}{\rho R_g T}\rightarrow\frac{\mathrm{kPa}}{\frac{\mathrm{kmol}}{\mathrm{m}^3}\frac{J}{\mathrm{kg}\cdot\mathrm{K}}\mathrm{K}}\rightarrow\frac{\mathrm{Pa}}{\frac{\mathrm{mol}}{\mathrm{m}^3}\frac{J}{\mathrm{kg}}}\rightarrow\frac{\frac{N}{\mathrm{m}^2}}{\frac{\mathrm{mol}\cdot\mathrm{N}\cdot\mathrm{m}}{\mathrm{kg}\cdot\mathrm{m}^3}}\rightarrow\frac{\mathrm{kg}}{\mathrm{mol}}\rightarrow 1000M$$

可以直接得出的是摩尔质量的单位，以上单位组合不正确。

在实际物理公式推导中，将物理量单位直接带入的伪量纲分析法更容易使用和分析。

实例 3：将 BWRS 方程各物理量进行改写，使得密度的单位为 kg/m^3。

BWRS 状态方程是一个多参数状态方程，其基本形式为：

$$p=\rho RT+\left(B_0RT-A_0-\frac{C_0}{T^2}+\frac{D_0}{T^3}-\frac{E_0}{T^4}\right)\rho^2+\left(bRT-a-\frac{d}{T}\right)\rho^3+\alpha\left(a+\frac{d}{T}\right)\rho^6+\frac{c\rho^3}{T^2}(1+\gamma\rho^2)\exp(-\gamma\rho^2)$$

式中，p 为系统压力，kPa；T 为系统温度，K；ρ 为气相或液相的密度，$kmol/m^3$；R 为通用气体常数，8.3145kJ/(kmol·K)。

解：

取式 BWRS 方程中的第一项和第二项作对比，ρRT 和 $B_0RT\rho^2$ 这两项的伪量纲分析结果应

该与压力 p 的伪量纲相同，于是可以得到 B_0 的单位为 $m^3/kmol$，其量纲和摩尔体积一样；假设压力单位为 kPa，通用气体常数的单位为 kJ/(kmol·K)。此时，如果将通用气体常数除以摩尔质量：

$$\frac{R}{M} \rightarrow \frac{\frac{kJ}{kmol \cdot K}}{\frac{kg}{kmol}} \rightarrow \frac{kJ}{kg \cdot K}$$

由于 T 的单位为 K，由于 ρRT 为压力的单位，那么：

$$\rho = \frac{p}{RT} \rightarrow \frac{kPa}{\frac{kJ}{kg \cdot K}K} \rightarrow \frac{\frac{kN}{m^2}}{\frac{kN \cdot m}{kg}} \rightarrow \frac{kg}{m^3}$$

可见，此时密度 ρ 的单位自然转换为 kg/m^3。这样就完成了伪量纲分析将 BWRS 方程中的密度单位从摩尔密度转化为质量密度的形式。如果用量纲分析的话，不容易直接看出各物理量的单位。

同样分析可得到其它参数的单位。

表 4　修改后的参数

$R' = \frac{R}{M}$	$A' = \frac{A_0}{M^2}$	$B' = \frac{B_0}{M}$	$C' = \frac{C_0}{M^2}$	$D' = \frac{D_0}{M^2}$	$E' = \frac{E_0}{M^2}$
$a' = \frac{a}{M^3}$	$b' = \frac{b}{M^2}$	$c' = \frac{c}{M^3}$	$d' = \frac{d}{M^3}$	$\alpha' = \frac{\alpha}{M^3}$	$\gamma' = \frac{\gamma}{M^2}$

修改后各物理量单位，p 为系统压力，kPa；T 为系统温度，K；ρ 为气相或液相的密度，kg/m^3；R_g 为气体常数，8.3145/ M ，kJ/(kg·K)；M 为气体的摩尔质量或平均摩尔质量，kg/kmol。

那么那一套单位可以组合使用呢？经过伪量纲分析法分析得到 6 组可以组合使用的物理量及其单位，见表 5。

表 5　推荐组合使用的物理量及其单位

序号	物理量	符号	单位
1	压力	p	Pa
	质量密度	ρ	kg/m^3
	质量气体常数	R_g	J/(kg·K)
2	压力	p	Pa
	摩尔密度	ρ	$kmol/m^3$
	通用(摩尔)气体常数	R	J/(kmol·K)
3	压力	p	Pa
	摩尔体积	V	$m^3/kmol$
	通用(摩尔)气体常数	R	J/(kmol·K)
4	压力	p	kPa
	质量密度	ρ	kg/m^3
	质量气体常数	R_g	kJ/(kg·K)
5	压力	p	kPa
	摩尔密度	ρ	$kmol/m^3$
	通用(摩尔)气体常数	R	kJ/(kmol·K)
6	压力	p	kPa
	摩尔体积	V	$m^3/kmol$
	通用(摩尔)气体常数	R	kJ/(kmol·K)

5 实例分析

下面以 Redlich-Kwong(RK)状态方程[7-8]求解各参数为例，进行计算过程参数和计算结果分析，以便研究了解各单位制对这些参数的影响。

选取表6中两组单位进行甲烷的热物性参数求解[9-20]，对 RK 状态方程中的参数值进行对比，展示由于单位的不同造成的过程参数结果不同。选取气体组份为纯甲烷，工况见表6，计算结果的伪量纲对比见表7。

表6 工况表

单位1	压力 p Pa	温度 T K	组分	气体常数 R J/(kmol·K)	大气压力 p_0 Pa
数值	101.325×10^3	300	100%甲烷	8.314×10^3	101.325×10^3
单位2	系统压力 p kPa	系统温度 T K	组分	气体常数 R kJ/(kmol·K)	大气压力 p_0 kPa
数值	101.325	300	100%甲烷	8.314	101.325

表7 计算得到的数值

项目	a	b	摩尔体积 V/ (m^3/kmol)	压缩因子 Z	dp/dT	dp/dV
单位1	3.19799e+06	2.96020e-02	2.45729e+01	9.98197e-01	3.39277e+02	-4.11601e+03
单位2	3.19799e+03	2.96020e-02	2.45729e+01	9.98197e-01	3.39277e-01	-4.11601e-00
单位1	C_{v0} J/(kmol·K)	C_v-C_{v0} J/(kmol·K)	C_v J/(kmol·K)	C_{p0} J/(kmol·K)	C_p-C_{p0} J/(kmol·K)	C_p J/(kmol·K)
	2.79136e+04	1.87732e+01	2.79323e+04	3.62281e+04	9.41109e+01	3.63221e+04
单位2	C_{v0} kJ/(kmol·K)	C_v-C_{v0} kJ/(kmol·K)	C_v kJ/(kmol·K)	C_{p0} kJ/(kmol·K)	C_p-C_{p0} kJ/(kmol·K)	C_p kJ/(kmol·K)
	2.79136e+01	1.87732e-02	2.79323e+01	3.62281e+01	9.41109e-02	3.63221e+01
单位1	H_0 J/kmol	$H-H_0$ J/kmol	H J/kmol	S_0 J/(kmol·K)	$S-S_0$ J/(kmol·K)	S J/(kmol·K)
	1.00888e+07	-1.57602e+04	1.61839e+08	1.86798e+05	-3.75388e+01	2.99676e+06
单位2	H_0 kJ/kmol	$H-H_0$ kJ/kmol	H kJ/kmol	S_0 kJ/(kmol·K)	$S-S_0$ kJ/(kmol·K)	S kJ/(kmol·K)
	1.00888e+04	-1.57602e+01	1.61839e+05	1.86798e+02	-3.75388e-02	2.99675e+03
单位1	k 比热比	k_T J/m^3	k_S J/m^3	β_V 1/K	U_J K/Pa	
	1.30036	9.88704e-06	- 7.60329e-06	3.35444e-03	4.28470e-06	
单位2	k 比热比	k_T kJ/m^3	k_S kJ/m^3	β_V 1/K	U_J K/kPa	
	1.30036	9.88704e-03	- 7.60329e-03	3.35444e-03	4.28470e-03	

6 结论与建议

(1) 伪量纲分析法是量纲分析法在实际运用中的一个分支，更具应用性。

(2) 如果单位制选取不配套，将会造成计算结果的错误，伪量纲分析法可以检验单位制是否匹配。

(3) 通过 RK 方程的计算实例分析可以得出：在一定状态下某组分的热物性参数计算过程参数和结果是否会改变，取决于单位的选取、计算参数对应公式是否含有可选单位两个主要因素。

（4）伪量纲分析法可以应用到状态方程的改写，如 MBWRSY 方程就是一个应用实例。

（5）在进行计算时候建议选取表 4 中推荐的单位组合。

（6）伪量纲分析法的推广应用将有利于物理公式的推导和物理现象的分析。

参考文献

[1] 袁恩熙．工程流体力学[M]．北京：石油工业出版社，2002：97-105.

[2] 赵汉中．工程流体力学(1)[M]．武汉：华中科技大学出版社，2005：154-161.

[3] 莫乃榕．工程流体力学[M]．武汉：华中科技大学，2000：223-233.

[4] 赵孝保，周欣．工程流体力学[M]．南京：东南大学出版社，2001：78-88.

[5] 陈卓如，金朝铭，王成敏，等．工程流体力学[M]．北京：高等教育出版社，1992：260-276.

[6] 苑伟民，贺三，邵国亮，等．天然气物理性质参数和水力计算[M]．成都：四川大学出版社，2020：48-60.

[7] Redlich O, Kwong J N. On the thermodynamics of solutions. V An equation of state. Fugacities of gaseous solutions [J]. Chemical Reviews, 1949, 44 (1): 233-244.

[8] Soave G. Equilibrium constants from a modified Redlich-Kwong equation of state[J]. Chemical Engineering Science, 1972, 27(6): 1197-1203.

[9] 苑伟民，青青，袁宗明，等．输气管道模拟状态方程[J]．油气储运，2010，29(3)：194-196.

[10] 苑伟民．显式化 RK 和 SRK 气体状态方程[J]．石油工程建设，2019，45(2)：20-23.

[11] 苑伟民，王辉，陈学焰，等．使用状态方程计算天然气焦耳-汤姆逊系数[J]．石油工程建设，2019，45(1)：22-26.

[12] 冯新，宣爱国，周彩荣，等．化工热力学[M]．北京：化学工业出版社．2009：278-283.

[13] 苑伟民．修改的 BWRS 状态方程[J]．石油工程建设，2012，38(6)：9-12.

[14] 苑伟民．理想气体热容预测的新公式[J]．石油工程建设，2013，39(5)：7-11.

[15] 白执松，罗光熹．石油及天然气物性预测[M]．北京：石油工业出版社，1995：20-52.

[16] 苑伟民，孙啸，贺三，等．BWRS 方程中参数单位制的讨论[J]．长江大学学报(自然科学版)理工卷，2008，5(3)：179-180.

[17] 苑伟民，贺三，袁宗明，等．求解 BWRS 方程中密度根的数值方法[J]．天然气与石油，2009，27(1)：4-6.

[18] 苑伟民，贺三，袁宗明，等．求解 BWRS 方程中压缩因子的数值方法[J]．管道技术与设备，2009，16(3)：14-16.

[19] 苑伟民．应用状态方程预测液化天然气的热物理性质[J]．石油工程建设，2018，44(1)：23-26.

[20] 苑伟民．PR 状态方程显式化研究[J]．油气储运，2017，36(5)：532-536.

C3MR 天然气液化流程参数优化和能耗分析

郑雪枫　林　畅　贾保印　于蓓蕾

（中国寰球工程有限公司北京分公司）

摘　要　本文主要基于遗传算法（GA）对天然气液化流程进行了优化，针对丙烷预冷混合冷剂液化流程（C3MR）建立了优化模型，使用 Matlab 代码通过数据对象接口（Automation）创建 HYSYS 组件对象，调用 HYSYS 程序并传入数据，HYSYS 即时计算出结果返回 Matlab 进行优化评价。这种优化方法大大提高了优化效率，并且由于其全局搜索的特点非常适用于在非线性、高度离散的优化模型，降低了液化装置的运行能耗，优化了液化流程的操作参数。结果表明，优化后的流程能耗比优化前降低了 8.6%，这种优化方法同样也适用于其它液化流程的模拟优化。针对采用丙烷预冷混合冷剂流程的某天然气液化装置实例，通过模拟计算得到流程参数，在此基础上进行了㶲效率和比功耗的计算，研究了影响效率的主要因素，分析表明丙烷预冷混合冷剂流程中能量损失的原因之一在于其预冷循环中冷热流体温差较大，增大了过程不可逆性。

关键词　天然气液化流程；HYSYS 模拟；遗传算法；优化方法；C3MR 流程

1　引言

天然气作为一种优质、高效、清洁的能源，在能源消费构成中所占的比例日益提高。液化天然气（LNG）是天然气贸易和利用的一种重要形式，天然气液化技术已成为国内外天然气储运领域的研究热点。天然气液化过程是一个连续从低温吸热的冷冻过程，需要在低温下连续地吸收热量，向温度较高的环境放热。不同的液化循环可以采用纯制冷剂，也可以采用混合制冷剂循环。纯制冷剂循环的蒸发温度是饱和压力的函数（见图 1 左）。另一方面，混合制冷剂循环在给定压力下并不保持恒定的蒸发温度，它们的蒸发温度范围，叫做温度滑动，是压力和组份的函数（见图 1 右）。混合制冷剂的蒸发曲线与 NG 的冷却曲线的温差比较小，减少了熵的产生，从而提高了热力学效率，降低了功耗。由于 MRC 循环设计的高度复杂性，在启发式指导下，不断试验和试错来确定其制冷剂的组份。

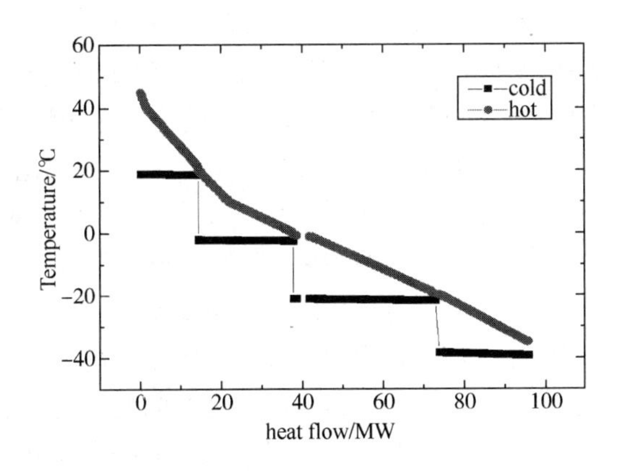

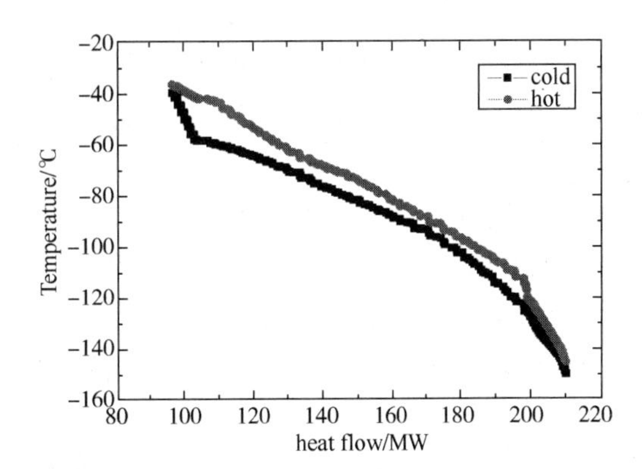

图 1　单一制冷剂换热曲线（左）和混合制冷剂换热曲线（右）

天然气液化流程大致可分为三类：级联式液化流程、带膨胀机的液化流程和混合制冷剂液化流程[1]。与级联流程和膨胀机流程相比，混合制冷剂液化流程具有流程简单，机组设备少、投资少、能耗低等特点，特别是丙烷预冷混合制冷剂液化流程（C3MR），兼具级联式液化流程和混合制冷剂液化流程的优点，流程简单高效[2-3]。

典型的C3MR流程包括两个冷剂循环，丙烷循环预冷天然气和混合冷剂，混合冷剂循环为天然气的液化提供足够的冷量，过冷的LNG（-161℃）随后进行闪蒸，从而形成最终的产品。根据热力学原理，冷热流体的换热曲线应尽可能相一致，有利于减小传热温差，降低能耗[4]，从而减少有效能损失。流程参数中各参数的选取直接决定了液化循环热力学效率及运行成本的高低。液化循环的流程模拟和热力学参数的优化对整个流程的设计及其运行、操作至关重要[5-6]。如何优化液化流程的工艺参数，降低天然气液化过程中的能量消耗是天然气液化技术研究的重点。

Lee、Smith和Zhu于2002年提出了混合制冷循环的最优综合方法[7]。主要考虑优化变量有制冷剂组成和流量、压缩机进出口压力和中间温度（制冷剂分离为蒸汽和液体的温度），并没有同时优化工艺变量。Jensen和skogestad致力于简单制冷循环的研究，但缺乏对系统的运行和控制方面的热力学分析[8]。Nogal，Kim，Perry和Smith基于数学编程对混合制冷循环进行了优化设计[9]，建立了多阶循环的所有数学模型，寻找目标函数的最优解。在Aspelund，Gundersen和Myklebust等[10]的模型优化工作中，把液化过程当作一个黑盒子，并且使用非确定性搜索方法得到了最优解，结合全局和局部的搜索方法，以便于加快找到最优解。在2011年Wang M. Q在不建立综合结构的情况下，通过热力学分析对液化过程进行了优化，但是在优化过程中操作变量受到一定的限制[11]。Edgar，Himmelblau和Lasdon则[12]认为数学程序（MP）和确定性优化方法在优化中更可靠，通过描述过程的数学模型容易找到最佳解。Floudas认为使用基于方程的程序和全局求解器可以保证模型的全局最优性。均匀搜索法和确定搜索法在优化问题上优于启发式搜索法和非确定搜索法，但在液化天然气制冷系统的设计和优化中应用较少。可能的主要原因是制冷过程涉及大量复杂的热力学方程，在优化模型中难以求解。Wang M. Q，Zhang等人完成了混合整数非线性规划（MINLP）模型的建立和简化过程，采用整体求解器解决了最小问题，并通过严格仿真验证了优化结果。Venkatarathnam[13]使用ASPEN Plus优化工具中提供的序贯二次方程（SQP）对C3-MR制冷循环进行了优化研究，通过改变制冷剂的组成和压缩机的压力比来提高循环的㶲效率。

以往的优化方法多是基于单一的度量函数（评估函数）梯度或较高次的数学统计函数，以产生一个确定性的试验解序列。首先在最优解可能存在的地方选择一个初始点，利用函数及其梯度的趋势，产生一系列的点收敛到最优解。由于选择的初始点只有一个，对于多峰分布的搜索空间常常会陷于局部的某个单峰的极值点，所以可能最终找到的是局部最优解。本文通过遗传算法（GA）对丙烷预冷混合制冷剂液化流程（C3MR）进行模拟和优化设计，分析相关工艺参数的交互影响作用，调整关键指标，能够获取最佳工艺流程，同时进行效率的计算与分析，研究影响天然气液化装置效率的因素，探讨天然气液化技术的优化和改进途径。

2 C3MR液化流程模型

2.1 流程描述和定义

模拟采用的C3MR流程如图2所示，该流程为典型的一种C3MR流程。丙烷循环预冷天然气和混合制冷剂，混合冷剂循环为天然气的液化提供足够的冷量，过冷的LNG随后出主冷换热器，经减压闪蒸形成最终的LNG产品。

依据上述典型的C3MR工艺流程和参数分析，使用HYSYS和Matlab软件对流程进行了模拟和优化分析。

图3（a）显示丙烷在等温吸热过程中，温度保持不变，气体状态逐渐由液态转变成气态，在图中表现为从左侧的液相点转变为右侧的气相点。从焓值的变化可以看出，冷剂在气化过程中，相态的变化吸收了大量的热量。DE、WJ和LM线为整个过程中冷剂吸收的热量，而当所有的冷剂气化后通过压缩机从新回到了高温高压的状态时，需要冷却水冷却才能再次进入循环过程。从A点变化到C点的横坐标变化就是冷剂转移给冷却水的热量大小。在T-H图中可以得到一个完整的冷剂循环过程所有有用的信息，相态的变化，冷剂吸收的冷量，却水带走的热量，以及压缩后的气体状态。

图3（b）为混合冷剂循环的T-H图，经丙烷预冷后，混和冷剂经过分离罐分离成气液两相，所以在T-H中出现了混和制冷剂的气相部分、

液相部分及混合部分的 3 个状态图。液相经过冷却后节流为第一个换热器提供冷量，而气相连续经过两个换热器降温后节流为第二个换热器提供冷量，而后与前面的进行混合后返回压缩机。

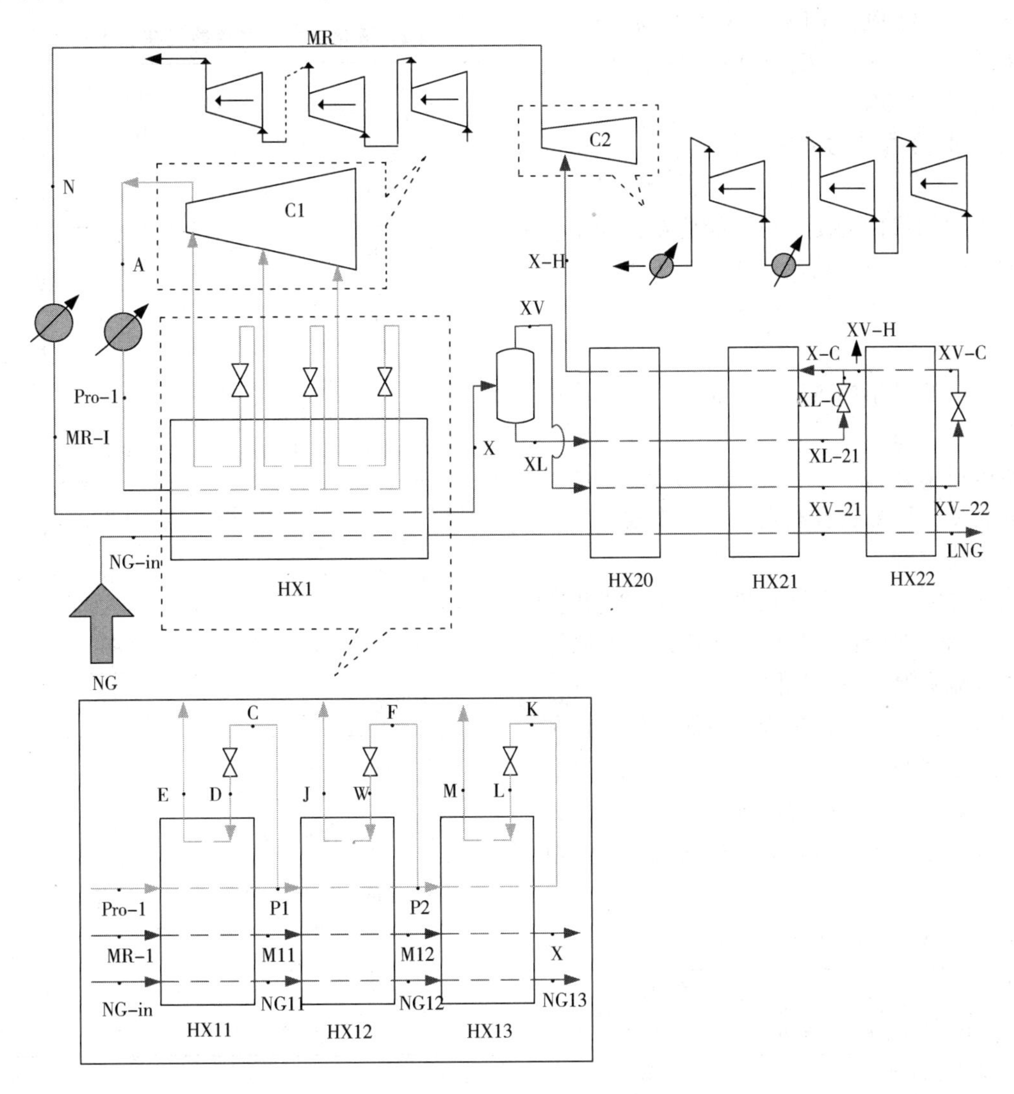

图 2　典型的 C3MR 液化流程示意图

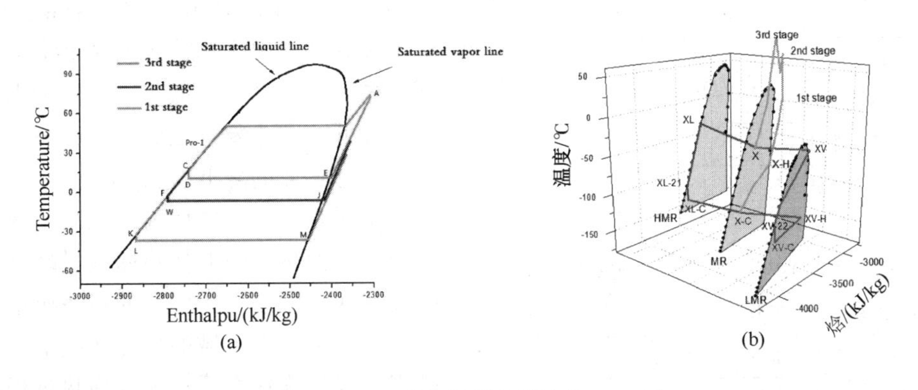

图 3　C3MR 液化流程中丙烷的 T-H 图

与丙烷预冷过程不同的是，混合冷剂在发生液相向气相转变的过程中，温度随组分不断变化，表现在 T-H 图中为一条斜率向上的曲线，而丙烷在气液转换时保持温度不变，图中为一条直线。

2.2　工艺流程模拟及优化

2.2.1　已知参数

原料天然气经过脱酸和脱水处理，进入液化

装置。液化流程模拟以此为基础条件，天然气进料压力 6101kPa、温度 45℃、流量为 17074kgmol/h，组成(mol%)：CH_4 88%；C_2H_6 5.5%；C_3H_8 1.3%；$n-C_4$ 0.4%；$i-C_4$ 0.2%；C_{5+} 0.60%；N_2 4.0%。

选用P-R方程作为物性方程。

2.2.2　目标函数

流程优化的目标是使单位产能比功耗最小。

比功耗=(压缩机总功耗 + 泵的总功耗)/液化天然气产量

2.2.3　约束条件

换热器内的最小换热温差为3~5℃，平均传热温差为4~12℃；

压缩机进入压缩机的混合制冷剂应该是气相，若有液相，压缩机容易发生喘振事故。

(4) 优化过程

丙烷预冷混合制冷剂液化流程的主要优化参数主要包括两个部分：一是丙烷预冷过程的级数以及每级节流降温的设计压降和温度，二是混合制冷剂的组成，以及混合制冷剂每级节流压降和温度等。上述参数存在着较为复杂的相互作用，参数选择是否恰当，对液化流程计算结果及装置的技术经济指标有较大的影响。待优化工艺参数见表1。

表1　待优化工艺参数

序号	待优化工艺参数	所属设备
1	深冷第一段压缩机出口压力	压缩机
2	深冷第二段压缩机出口压力	压缩机
3	深冷第三段压缩机出口压力	压缩机
4	高温段节流阀压降	节流阀
5	低温段节流阀压降	节流阀
6	甲烷流量	—
7	乙烷流量	—
8	丙烷流量	—
9	氮气流量	—
10	预冷压缩机1出口压力	压缩机
1	预冷压缩机2出口压力	压缩机
12	预冷压缩机3出口压力	压缩机
13	预冷丙烷流量	

3　优化和能耗分析

3.1　优化结果与讨论

通过遗传算法的优化过程，流程的能耗有了明显的降低。表2为液化参数及装置能耗在优化前后的对比表。

表2　液化参数及装置能耗在优化前后的对比表

优化参数及结果	Model in HYSYS	Optimized by GA
压缩机总功率/kW	99030	90498
深冷压缩机1出口压力/kPa	500	898
深冷压缩机2出口压力/kPa	1000	1585
深冷压缩机3出口压力/kPa	3054	3120
深冷节流阀1出口压力/kPa	264	267
深冷节流阀2出口压力/kPa	429	325
甲烷流量/(kgmol/s)	2.04	2.46
乙烷流量/(kgmol/s)	3.35	2.78
丙烷流量/(kgmol/s)	1.43	1.27
氮气流量/(kgmol/s)	0.36	0.21
预冷压缩机1出口压力/kPa	350	350.04
预冷压缩机2出口压力/kPa	691.53	691.57
预冷压缩机3出口压力/kPa	1377.94	1377.88
预冷丙烷流量/(kgmol/s)	7.57	7.44

从表2中可以看出，经过优化后，压缩机的功率从99030kW降低至90498kW，流程能耗降低了8.6 %，预冷制冷循环中丙烷的流量降低，深冷循环中混合冷剂氮气、乙烷和丙烷的流量都有所降低，由于氮气更难压缩，减少流量有利于压缩机总功耗的降低。

由图4可见，丙烷为纯工质，蒸发过程为等温蒸发，换热器内的换热曲线呈现锯齿状，预冷阶段的换热温差不均匀，使得系统不可逆损失增大，混合制冷剂区域的换热曲线平滑，换热温差较小。经过优化之后，丙烷换热过程冷量分配的比较合理，换热温差减小，深冷循环的MR冷却曲线变得平缓，与天然气的冷却曲线更加接近，换热更加有效，熵增减小，液化流程的工艺参数得到了优化。

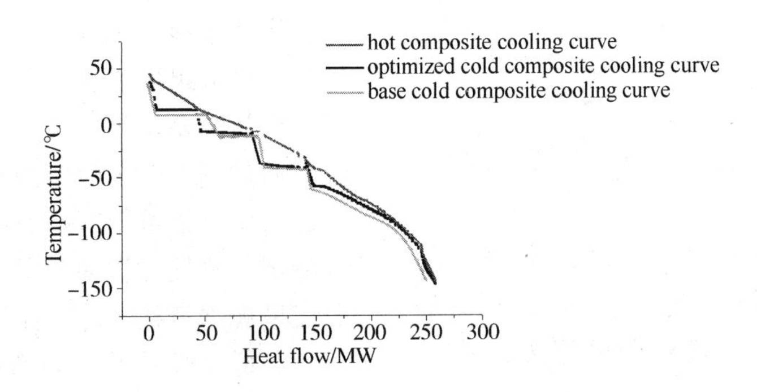

图 4　优化前后的 C3MR 液化流程的能流对比图

优化前后，换热器内的冷热流体的换热温差见图 5。

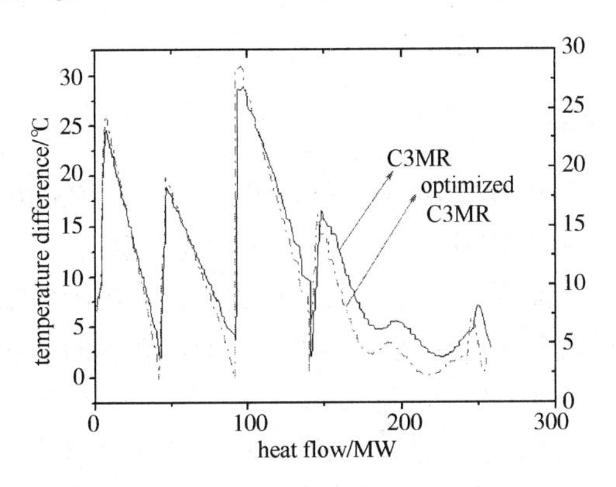

图 5　优化前后的换热器内换热集成曲线对比

优化后的冷热流体之间的温差减小，提高了换热效率，减小了体系的㶲损。尤其是在深冷循环，体现更加明显。预冷段冷热流体温差为 25℃左右，混合制冷剂循环段冷热流体温差小于 20℃。

3.2　液化功耗和能耗分析

效率通常是指在某个过程中，产出与投入的比值。投入量具有不同的形态，因此相对于不同的投入量，效率也有不同的表现形式。对于天然气液化过程而言，其效率通常指投入到液化装置中的资源(或能量)的利用率。

图 6 表示了天然气液化过程中能量的传递过程。T_0为环境温度，T_{NG}、P_{NG}为待液化的天然气温度和压力，T_{LNG}、P_{LNG}为液化天然气温度和压力，环境温度 T_0条件下，低温下吸收的热连续地向温度较高的环境释放。Q_1是液化过程中将天然气变成液化天然气转移走的热量，系统实际消耗外功为 W_s。Q_2是过程中传递到环境的热量。

以下是基于图 6，阐述了㶲效率、比功耗及热效率等液化过程效率的定义及计算过程。针对 C3MR 液化流程，进行效率的计算与分析，研究

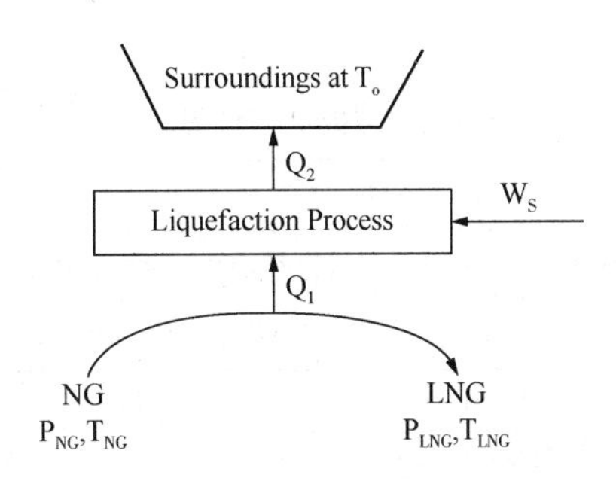

图 6　天然气液化过程的能量传递

影响天然气液化装置效率的因素，探讨天然气液化技术的优化和改进途径。

1）比功耗

比功耗是指液化过程中单位液化天然气(LNG)产品所消耗的功。其计算公式如下：

$$比功耗 = \frac{W_s}{m_{LNG}}$$

式中，m_{LNG}是液化天然气产品的质量流量。比功耗的常用单位为 kWh/kg(LNG)或 kWd/t(LNG)；Ws 为制冷循环中所做功的总和。

2）㶲效率

㶲效率也称为热力学第二定律效率，表示过程有效能的利用率。

对于制冷循环，㶲效率计算公式[14-15]为：

$$\varepsilon = \frac{W_{min}}{W_s} = \frac{W_s - I_{total}}{W_s}$$

W_{min} 为液化过程中所需要的最小功，I_{total} 为液化过程中压缩、节流、换热、膨胀等过程发生的㶲损失的总和。在本质上，I_{total}与 W_{lost}是相同的，均为制冷循环中各个设备处所发生的不可逆损失即㶲损失之和。对于各设备处的㶲损失，可按下列各式计算：

$$\Delta E_{压缩机} = \Delta H(1/\eta_c - 1) + T_0\Delta S$$

$$\Delta E_{节流阀} = T_0\Delta S$$

$$\Delta E_{膨胀机} = \Delta H(1/\eta_{ex} - 1) + T_0\Delta S$$

$$\Delta E_{混合器} = T_0 \Delta S$$

$$\Delta E 换热器 = T_0 (\sum S_{out} - \sum S_{in})$$

$$\Delta E 水冷却器 = T_0 (S_{out} - S_{in}) + T_0 \frac{Q_{换热量}}{\Delta T} \ln \frac{T_{wout}}{T_{win}})$$

式中，η_c为压缩机的效率，η_{ex}为膨胀机的效率，S_{out}为出口物流的熵值，S_{in}为进口物流的熵值，ΔT 为冷却水进出换热器的温差；T_{wout}、T_{win}为冷却水离开和进出换热器的温度。

㶲效率实际上表示了制冷循环的热力学完善度[16]。

表 3　模拟数值与计算结果

m_{NG} = 2. 044e+04 kgmol/h	
H_{NG} = −7. 389e+04kJ/kgmole	H_{LNG} = −8. 844e+04kJ/kgmole
S_{NG} = 152. 5kJ/kgmole-C	S_{LNG} = 81. 36kJ/kgmole-C
h_{NG} = 46417kJ/kg $h_{燃料气}$ = 34831kJ/kg 注：热值为 LHV（mass basis）	h_{LNG} = 48784kJ/kg
Q = 82611. 6kW	
W_{min} = 37814kW	W_s = 101025. 9kW
比功耗 = 315. 4kWh/kg	$\varepsilon_{㶲}$ = 37. 51%

通过计算得到，该装置液化流程的㶲效率为 37. 5%，比功耗为 315. 4kWh/kg。计算得出的㶲效率数值也与实际 C3MR 液化工厂的㶲效率计算值基本吻合[17]。

从㶲损失计算结果可以看出，液化流程的㶲损失主要发生在压缩、换热、冷却和节流过程，见表 4。

表 4　㶲分析计算结果

项目	㶲损失/kW	所占比例/%	总㶲损失 I_{total}/kW
压缩机	17876	28. 28	63211
低温换热器	21857	34. 58	
冷却器	13743	21. 74	
节流阀	7651	12. 10	
混合器	2084	3. 30	

由表 4 可看出，主要发生㶲损失的两个过程分别是压缩过程和换热过程。低温换热器的㶲损失在总㶲损失比例最大，达到 34. 58%。降低压缩过程的㶲损失，可以通过合理选择压缩机吸入温度和压缩级数，同时也应合理确定压缩机的压比。为减小换热过程中发生的㶲损失，可以通过优化制冷剂组成、流量和运行压力，使低温换热器的换热温差均匀。

通过图 4 优化前后的 C3MR 液化流程的能流对比图，分析可知，高温段的预冷循环内采用丙烷冷剂，蒸发过程为等温蒸发，换热器内的换热曲线呈现锯齿状，冷热流体温差大，会导致㶲损失大。低温段的混合制冷剂区域换热曲线平滑，换热温差较小。混合冷剂温度的持续变化保证了冷热流体的温差较小且保持均衡，㶲损失减少，是混合冷剂循环优于单一冷剂循环的重要体现。预冷循环如采用混合冷剂可以降低过程的㶲损失，提高液化流程的效率。

4　结论

本文通过 HYSYS 软件建立了一种 C3MR 流程的计算模型，使用 Matlab 的遗传算法工具箱对液化流程的工艺参数进行优化，目标函数随着遗传代数不断优化。优化后，液化装置的总功耗降低了 8. 6%，优化结果具有工程实际意义。优化过程减小了换热器内冷热流体的换热温差，使得冷热物流的冷却曲线更加接近，流程中发生的㶲损有所降低。这种优化方法非常适用于非线性优化问题，提高了优化效率，降低了流程优化的复杂度，且易于移植到其它液化流程，可获得广泛应用。

通过典型 C3MR 液化流程阐述了比功耗和㶲效率的计算方法。比功耗更直观地反映了液化系统的耗能情况，而㶲效率实际上表示了制冷循环的热力学完善度。㶲效率、比功耗同时也表示出了不同条件下天然气液化的难易程度。

参 考 文 献

[1] 顾安忠 . 液化天然气技术[M]. 北京：机械工业出版社，2011：90~95.

[2] 张维江 . 几种国外新型的小型天然气液化流程分析[J]. 制冷技术，2010, 36：61~65.

[3] 蒋旭，厉彦忠 . LNG 混合制冷液化流程的模拟计算[J]. 气体分离，2003(01).

[4] 尹全森，李红艳，季忠敏等 . 混合制冷剂循环的级数对制冷性能的影响[J]. 化工学报，2009, 60(11)：2689~2695.

[5] 牛刚，王经，黄玉华 . 20000m^3/d 天然气液化装置的设计和分析 . 天然气工业，2002, 22(3)：92~95.

[6] 林畅，白改玲等 . 大型天然气液化技术与装置建设

现状与发展[J]. 化工进展, 2014, 33(11): 2916-2922.

[7] G. C. Lee, R. Smith, X. X. Zhu, Optimal synthesis of mixed - refrigerant systems for low - temperature processes, Industrial & Engineering Chemistry Research 41 (2002) 5016-5028.

[8] Jensen, J. B., & Skogestad, S. (2007a). Optimal operation of simple refrigeration cycles. Part I: Degrees of freedom and optimality of sub-cooling. Computers and Chemical Engineering, 31, 712-721.

[9] F. Nogal, J. Kim, S. Perry, R. Smith, Optimal design of mixed refrigerant cycles, Ind. Eng. Chem. Res. 47 (2008) 8724-8740.

[10] Aspelund, A., Gundersen, T., Myklebust, J., Nowak, M. P., & Tomasgard, A. (2010). An optimization - simulation model for a simple LNG process. Computers and Chemical Engineering, 34, 1606-1617.

[11] Wang, M. Q., Zhang, J., & Xu, Q. (2011). Thermodynamic-analysis-based energy consumption minimization for natural gas liquefaction. Industrial and Engineering Chemistry Research, 50, 12630-12640.

[12] Edgar, T. F., Himmelblau, D. M., & Lasdon, L. S. (2001). Optimization of chemical processes (2nd ed.). New York: McGraw-Hill.

[13] S. Vaidyaramana, C. Maranas, Synthesis of mixed refrigerant Cascade Cycles, Chemical Engineering Communications 189 (Aug. 2002) 1057-1078.

[14] Rccep Y., Mehmet K. Exergy anaylsis of vapor compression refrigeration systems. Exergy, an International Journal 2 (2002) 266-272.

[15] Songwut, K.; Jacob, H. S.; Petter, N. Exergy analysis on the simulation of a small-scale hydrogen liquefaction test rig with a multi-component refrigerant refrigeration system. International Journal of Hydrogen Energy. 2010(35): 8030-8042.

[16] 陈光明. 制冷与低温原理[M]. 北京: 机械工业出版社, 2000: 227~228.

[17] 刘佳, 白改玲, 纪明磊. 一种评价天然气液化工艺技术先进性的新方法[J]. 化学工程, 2016年11期.

生活污水电解法并用于海水系统辅助加氯的研究

胡锦武　何　伟　莫　盈　王慧颖　陈长雄

（广东大鹏液化天然气有限公司）

摘　要　本文通过介绍电解法处理污水的可行性研究、原理、与生化法处理污水的对比和电解后出水的应用等，说明该办法处理污水在LNG接收站的显著效果，电解法后的水全部为海水加氯辅助使用，从理论上可以达到电能全部回收效果，经济效益显著，且操作方便、安全环保，作为陆地终端第一次采用电解法处理生活污水并应用于海水加氯的尝试，其成功经验可为国内接收站污水设备选型和加氯设计提供借鉴。

关键词　生活污水；海水；电解法；加氯辅助

1　提出问题

广东大鹏液化天然气有限公司（简称为GDLNG）接收站原污水处理装置采用生活法处理，设计能力为总处理水量为5.6m^3/h，来水为综合性生活污水。按要求，污水进水按常规生活污水水质，出水需达国家一级排放标准《污水综合排放标准》（GB 8978-1996），如表1。但实际运行中，该设备的出水生化需氧量（BOD）和化学需氧量（COD）等指标长期超标，成为环保部门检查提出整改的对象之一。以某次检测结果为例，出水BOG和COD是排放标准的4倍和2倍以上，实际说明该设备已不具备处理污水能力。

表1　一级排放标准（GB 8978—1996）

目标 / 指标	进水水质/（mg/L）	出水水质/（mg/L）
BOD5	200	≤20
CODcr	400	≤100
悬浮物SS	200	≤70
NH3-N	15	≤15
PH	6~9	6~9
总大肠杆菌		≤500个/L

此外，由于设备为成撬设计，平时维修维护极不方便，设备即使经过2014年的全面大修，仍然腐蚀严重，存在整体框架垮塌风险，即使大修后可用，参照前几年的维护情况，每年高达53万元的运营和维护费用也难以接受，所以对该设备进行更新改造很有必要。

2　选用电解法的可行性

生化法处理污水多应用与大型污水处理厂，但在污水量较少的企业，虽也有使用，但多数效果不佳。笔者考察过周围几家LNG接收站和电厂，也存在效果不佳且维护难度大等问题，有些虽然目前使用情况基本良好，但需要10几个人以班组方式倒班维护运行，投入较大。

电解法处理污水方式虽然在陆地没有先例，但在海上平台已有多次成功案例，本次引入陆地如使用成果，将为陆地污水处理提供另一种思路和资源。为此，GDLNG在2016年底邀请了国内一家电解法处理污水的公司到现场做测试，经过近一个月的测试后，认为现有污水量下，电解法处理污水与生活法相比优势明显，如表2所示，该电解法处理污水效果更好、投入更低、更节能环保，且出水可以引入海水系统作为次氯酸钠补充加入海水使用，理论上可以做到用电全部回收的效果，经济效益显著。

表2　生化法和电解法污水处理对比

项目	生化法	电解法
占用面积	20~25m^2	约6m^2
处理效果	对来液敏感、菌易死而失去作用	出水COD100mg/L且可控，调节电流则可；

续表

项目	生化法	电解法
投资	约 100 万	一次性投资 处理撬 120-150 万(30-120 人平台)
操作维修 方便性	人工清罐，化粪池，设备维修极不方便，须 2 年一次全面维修	常规电器及泵
固体废物处理	臭泥，吸泥车	氧化彻底，纸屑类滤干消毒封装
材质	碳钢	钛材
整体寿命	未涉及	主体 25 年以上
后期费用	根据状态，最近 3 年 53.05 万元/年	更换电极：10-15 万/年均；其他配件很少，无其他外委维修
主要设备	污水泵、污泥泵、鼓风机、回流泵	钛泵、钛罐、整流电源，免维护电极
施工	全撬装，安装方便	全撬装，现场安装方便
耗电	2 台 4.4kW 鼓风机 24h 运行，其他泵	30kW(只是有水才运行)；使用时间约 8 小时/天
其他	臭味大；定期清污通管	全封闭，无臭；需要添加海水
二次利用	灌溉(COD 在 110 以内)	出水含余氯，可用来与 E/C 装置辅助使用

3　电解法处理污水的原理

3.1　处理原理

电解含适量氯离子的生活污水时在电极界面产生极强氧化性的羟基自由基•OH、氧自由基•O 以及产生次氯酸钠稀溶液。•OH 可使污水里的不稳定有机物断链以达到去除作用，在降解污染成分时分为电极界面的直接氧化作用和溶液里的间接氧化作用，对有机污染物的去除率可达 90%以上。

伴生产生的 NaClO 本身是一种消毒剂，可以侵入污水细菌细胞核中将细菌杀死。生活污水中的悬浮固体以纤维类为主，伴有少量的其他难于降解的杂质，在污水处理流程中，该类悬浮固体经系统配备的粉碎泵粉碎并经电解产生的 NaClO 消毒后进入装置的收集袋中定期提出处理。进入电解装置前滞留在缓冲罐中污泥定期由提升泵泵送回污水池集中处理，电解后由于电解电极界面产生的钙镁垢排除电极在消解罐中沉积，定期排往风干池干燥后收集处理。电解污水处理反应分子式和原理图如下图 1 所示。

阳极反应:
催化剂(h^+) +OH- →催化剂$^+$-OH
·OH+污染物 →产物(小分子物质+CO_2+H_2O)
阴极反应:
催化剂(e-)+O_2 →O_2^-
O_2-+H^+ - +HO_2^-
$2HO_2^-$→O_2+H_2O_2
H_2O_2+O_2^-→-OH +OH^-+O_2
·OH +污染物→产物(小分子物质+CO_2+H_2O)

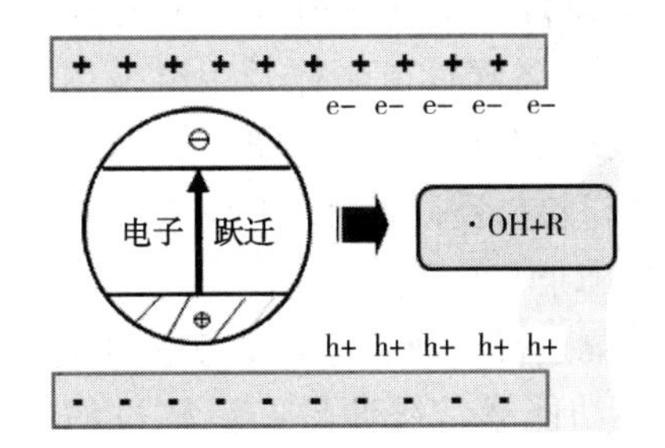

图 1　电解污水处理反应分子式和原理图

3.2　处理流程：

污水电解法是在污水中按污水和海水 1∶1 比例加入海水，通过电解槽电解氧化处理后达到合格出水。该办法采用调节、过滤、电解脱氢一体化氧化工艺技术对生活污水进行处理。生活用黑水及灰水、经撇油处理的厨房用水通过收集装置汇集流入电解设备调节罐中，经粉碎处理并掺入一定比例的海水后泵送到电解槽进行电解氧化处理，处理后的水再经过消解分离沉降达到排放标准，出水可作为海水系统加氯使用。电解法处理原理图如图 2 所示：

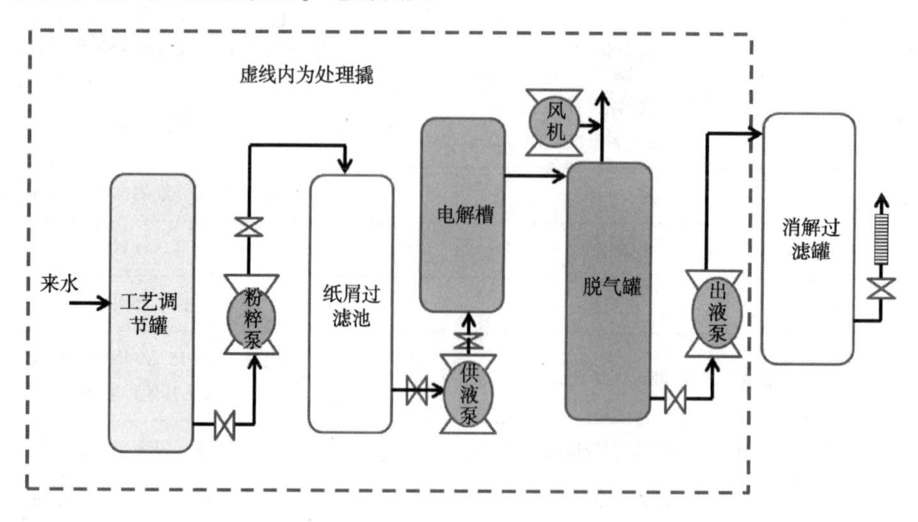

图 2　电解法处理原理图

4　选用电解法污水设备概况

根据测试结果和对接收站污水量的观测，现有污水量少于 $3m^3/h$，节假日时在 $1m^3/h$ 左右。观测认为按 $5m^3/h$ 设计，可以满足最高 200 人用生活污水处理需求。由测试结果选用的设备由包含 2 套独立电解处理系统的主处理撬，2 套共计 6 只电极，2 套消解过滤器及共用的 4 只带过滤功能的缓冲罐及一只平衡罐组成，附带设计有 1 只灌溉过滤器用以设备维修期间的污水处理及平抑高峰时防止冒罐的应急措施，一只海水过滤器用来过滤电解所需的电导率调节用海水。为污水设备用的粉碎泵、供液泵、出液泵、提升泵及脱氢稀释风机均采用 EXDIICT4 防爆电机，防护等级为 IP56，控制系统和整流电源柜分别为 IP56 和 IP44 防护等级。设备罐体、泵体及主材采用钛材制造，运行模式为全自动运行方式，预留有接入中控的 485 通讯接口及设备自动状态、电解运行状态、设备故障报警端子。

为保证设备可靠运行，新装置需要考虑的问题包括：(1)其多功能罐、缓冲罐、消解过滤罐、泵体等接液罐体和设备主体均为采用钛合金材质防止腐蚀；(2)日常巡检关注各机泵、控制、电极、沉降过滤等均正常自动运转，电流 230A-240A、电压 78-85V，以 180A-260A 间为宜，只要出水合格，尽量保持较低电流运行、以延长电极使用寿命；(3)污水与海水比例 1∶1，出液总流量控制在 $2.2\sim2.6m^3/h$；(4)提升泵逻辑，从污水池至缓冲各过滤罐提升液位设定：提升泵 A 启动液位为 2350mm，提升泵 B 启动液位为 2600m，停止液位为 2250mm，这样避免含油进入电解槽内而造成电解槽效率下降或损坏。

5　设备运行测试及分析

5.1　整流系统性能测试

在投产初期，参照整流系统的额定电流电压、接收站维修人员分别对电解系统 A 和电解系统 B 进行了不同输出电流下的性能测试。整流系统额定最高电流为 400A、100V，电压随电流的高低而自行调节。根据电气峰值测试以不损害设备本身的原则，测试时电解系统 A 最高测试到 375A、电解系统 B 测试到 369A，均达到额定输出电流的 90%以上，达到常规运行电流的 1.5 倍以上。测试时稳定观察时间半小时，通过在不同电流下测试时对整流系统、机泵、电极、耐温元器件等观察及数据分析，结果显示设备运转正常，满足设计要求。

5.2　平均处理量及最高处理量测试

为比较清楚掌握新设备运行状态，需要了解日常污水使用量，从测试阶段看，由于该装置有较大容积的集水池和缓冲罐，在瞬时水量超出设计能力时可以返流回集水池或缓冲罐内，不会造成设备超负荷停车问题。而水量太低时，可能出现低流量报警或低低流量停车问题，因此更需要了解平均水量和最低水量情况。低流量一般出现在节假日入厂人员较少期间，所以维修人员利用

2018年5.1节日期间对污水量进行观测记录，作为节假日期间处理量的参考值，观测结果为来水为35.1m³/h，出水为33.03m³/h，如表3。

表3 节假日期间的处理量参考表

星期	时间(统一上午读数)	来水			出液		
		前天出入口读数	当日出口读数	流量	前天出入口读数	当日出口读数	流量
		m^3	m^3	m^3	m^3	m^3	m^3
二	5.1~5.2	301.5	322.2	20.7	291.4	331.2	39.8
三	5.2~5.3	322.2	374.6	52.4	331.2	359.7	28.5
四	5.3~5.4	374.6	439.4	64.8	359.7	389.5	29.8
五	5.4~5.5	439.4	462.6	23.2	389.5	423.5	34
六	5.5~5.6	462.6	477	14.4	—	—	0
平均				35.1			33.03

5.3 分析污水流量数据

(1) 来水累计流量

由于缓冲罐总容量小于污水池容量，当来液较多且缓冲罐液位较高时，由于单个提升泵流量可达到15m³/h，双泵启动时接近总提升流量为30m³/h左右，而瞬时出液流量在2.2~2.6m³/h之间，大部分污水会顺4寸回流管道回流到污水池，因此有时显示累计流量会超过数倍以往累计流量；当液位持续增高接近冒罐液位时，部分污水会顺高位应急液位溢流管道口进入灌溉系统。根据以上数据及结合节假日分析，接收站污水总量平均与以往的统计不会有太大变化，应仍为20m³/天左右。

(2) 出水流量及累计

根据现场观察，污水出水量为2.4m³/h左右，全天24小时运行的话为57.6m3。但此设备采用的是到一定液位高度自动启动、到低液位停止的运行模式，往往在晚上或节假日没有多少污水时会自动停止运行。

(3) 设备最高处理量

从观测结果看，当时的运行电流为235A，设备的最高整流能力为400A，根据对整流系统的电流电压测试，设备可以在接近满负荷的375A下运行，折算处理能力为(375×2.4m³/h)/235 = 3.8m³/h，即91.2m³/h的总出液量；污水电解时的海水加量约为50%~60%(海水压力变化时略有变动)；因此最大污水量应为36.5~45.6m³，可以满足接收站的污水量要求。

5.4 对E/C使用的辅助分析

设备一直按一定液位启动、低液位停止的模式运行，如后期由于E/C加氯需要或E/C检修停机时，可以接通海水自动补水系统，当污水量不足时可以通过直接自动补充海水来保持设备连续电解以给E/C提供连续的加氯补偿。但由于污水电解主要考虑的对污水的处理效果，E/C电解海水出液的浓度一般在300mg/L左右，当出液在2300mg/L时，产氯效率由于污水本身对余氯的消耗以及维持如此高的余氯浓度，单纯从伴生余氯来说效率不如E/C产氯的电解效率，除非及时调节出液流速加到7~8倍左右。因此一般情况下，不建议单纯利用污水处理装置长期作为电解海水加氯用，但可以在E/C检修期间通过加大出液流速来调节产氯效率。

5.5 处理效果

自投运开始，接收站分几批次按计划时间取样化验COD、PH、氨氮等指标外委检测，GDLNG自测试出水余氯以判断出水的相对稳定性。以表4测试记录为例，除磷酸盐为2.17mg/L外(可以控制含磷的洗涤材料进入站内)，其他各项指导均优于标准值。说明外委测试结果显示，污水经电解处理后各项指标均达到设计要求，符合排放标准。

表4　2017-12-21日污水取样测试数据

采用标准：广东省地方标准《水污染物排放限值》(DB44/26—2001）表4第二类污染物最高允许排放浓度/第二时段/二级标准/其他排污单位

检测项目	标准值	来水	出水
PH(无量纲)	6~9	7.24	7.77
悬浮物/(mg/L)	100	300	7
BOD/(mg/L)	30	142	8
COD/(mg/L)	110	640	32
动植物油/(mg/L)	15	2.83	0.06
氨氮/(mg/L)	15	106	0.033
磷酸盐(以P计)/(mg/L)	1.0	9.90	2.17
氯离子/(mg/L)	/	/	1.2×10^4

注：(环函【1998】28号)中规定，污染项目磷酸盐指总磷。

(1) 数据分析

出水悬浮物含量最高10mg/L，低于100mg/L的限值，COD几批次测试在32mg/L至100mg/L之间（其中有一平行样为119mg/L)，氨氮0.03~1.08mg/L，低于限定值15mg/L，PH值最高7.77在限定9的范围内，出水指标达到规定的出水标准，符合要求。出水磷酸盐1.25mg/L，略高于限制值1mg/L的标准，需要继续从源头上想办法。

COD测试：从氧化处理效果看，EST-YG能满足污水处理的指标要求，但由于含氯本身对COD的影响，在以后的测试中请注意提醒测试时排除氯的干扰以及及时排垢。

(2) 余氯测试

1) 余氯分析：根据化验室对出水余氯的分析，出水含余氯平均2375mg/L、最低点2150mg/L，最高点2600mg/L，相对稳定。可能影响污水再利用的氨氮几近为零，悬浮最高10mg/L，含油0.1mg/L以下，PH值低于9，与E/C出水相近及微量磷酸盐对再利用于海水系统无危害，因此可以将处理后水引入到海水系统前端，用来为E/C装置起辅助加氯作用。根据E/C的日常产氯量计算(以往均在1000A以内运行)可以替代35%的产能需求。

2) 伴生产氯计算：根据平均水量计算，实际每小时产氯量为2.375g/L×2400L=5700g/h；以E/C加氯浓度0.6PPM、单条线6400m^3/h计算，可以满足5700/0.6=9500(m^3/h)方海水的加氯需求。

测试期间的出水余氯有所波动，在2018年1月22日~26日测试，波动在2150~2600mg/L之间，如表5所示。波动主要是由于提升泵流量大而海水加量是按出液流量配比均衡加所导致以及测试时误差原因，但加入海水池后由于所占比重为35%左右，影响可以忽略。

表5　余氯测试记录表

日期	2018/1/22	2018/1/23	2018/1/24	2018/1/25	2018/1/26
余氯含量/(mg/L)	2325	2600	2450	2150	2350

6　电解后的水引入海水池及节能减排

6.1　污水装置耗电情况

污水装置没有设置单独的电度表，电解能耗以显示的直流功耗及常规整流效率折算为20.89kW；设备用泵的流量按最大额定流量设计、但实际使用中差别较大，出液泵只用到额定流量的25%左右，耗电比标称的小的多，风机及供液泵基本满负荷运转。由此折算单套电解装置运行时耗电功率为27kW。污水装置能耗统计

(单套)见表6。

全天耗电：目前设备为根据液位间歇运行，全天运行时间没有准确记录，按每天20方水量估算为18~20h左右。则全天单套设备耗电为27×20=540度。

表6 污水装置能耗计算表(单套)

能耗单元	电流/A	电压/V	标称功率/kW	效率及功率系数	实际耗电功率/kW	备注
电解功率	235	80	18.8	90%	20.89	发热消耗
供液泵	—	—	2.2	0.9	1.98	流量略小，耗电少
粉碎泵	—	—	1.5	0.8	1.2	流量略小
出液泵	—	—	1.5	0.5	0.75	流量相当于25%
风机	—	—	2.2	1	2.2	满转
合计			26.2	—	27.02	

6.2 附加产氯折算E/C同等产氯能耗计算

根据接收站对出水余氯测试，出水余氯平均为2375mg/L，按目前出液量1200L/h单台、海水余氯常规转换率为68%(接收站E/C)及按可控硅90%整流效率为90%计算，相当于15.84kW的产能。目前污水电解后产氯已经加到E/C的海水池，因此单套设备可减少15.84kW的E/C功率消耗，如表7所示。

表7 附加产氯折算E/C同等产氯能耗计算表

项目	平均出液量	余氯浓度	产氯量	需要电流	平均槽电压	直流功率	消耗功率(0.9)
单位	L	mg/L	g	A	V	kW	kW
—	1200	2375	2850	3168	4.5	14.2557	15.84
备注	海水余氯转换均值0.68；可控硅整流效率按90%						

2018年4月份污水排液管线接入海水池后，根据E/C装置4月份的运行平均运行加氯浓度与过去2年的同月份的加氯浓度对比，设定浓度从以往同时期的0.65ppm降低到目前的0.45ppm，由此计算E/C电解电流下降为30%左右。电流下降，随之电压也降低，因此总的耗电功率也会降低。以此按以往E/C的运行电流电压看，按最近几年的E/C的加药浓度及运行电流计算，符合节约35%左右的节能预测。

7 含油对电解处理的影响及对下游的影响评估

该问题为采用电解法担心最大的问题，值得进一步讨论。一般情况下，污水含油会造成电极表面的粘附以及会对COD、BOD有所影响。但可以通过以下措施得到控制或避免：

7.1 调整提升启停液位

污水提升泵入口高度约在污水水泥池的1900mm左右液位处，为防止污油被吸入缓冲罐，将提升最低液位控制在2250mm，除乳化油外，由于污油漂浮在污水表面，大部分不会被吸入到后续流程。

7.2 调整缓冲罐联通高度差

本套电解污水处理系统的缓冲区由2列2排4个罐体组成，在由上一级进入下一级的入口端，安装了防油三通，入口深入到过流液位面以下15公分左右，为防止污油进入下一级缓冲罐。

7.3 缓冲滤网的吸油隔油作用

在本工艺流程里，污水在进入电解电极前，首先要进行过滤处理。过滤方式为篮式过滤，生活污水中的垃圾、一些纸类会在压力作用下会沾附在过滤网上，当污水含有少量污油时，大部分会粘附在这些纤维类的污物中，随季度性更换滤网清理掉。

7.4 电解后的过滤

在流程的最后一级处理工艺里，设计有沉降消解过滤器，内有多根易吸附污油的毛细纤维滤芯；即使有少量的污油随流程水输往海水池前，前面几级防油措施未能防住的污油的绝大部分也会在此被截流在滤芯里，定期随滤芯的更换处理掉。经过前面几道的防油措施，污油对电解效果可忽略不计，也不会对海水池及海水系统造成污染。

8 日常维修保养要求

8.1 设备周期性维护要求

根据运行期间的情况看，除按说明书要求做日常的巡检及日常维护外，定期更换滤芯和滤网，对排气系统、各探头的灵敏度、机泵状况、缓冲罐积泥情况、以及污水池的隔油情况进行查看，必要时浮油抽出处理。

8.2 电极酸洗处理

由于污水电解与纯海水电解有所不同，电极长时间运行后需要酸洗，以清除积存在电极边角的垢质，保证电极的正常工作。电极检查周期不高于 3 个月，到期检查结垢程度再决定是否进行酸洗。

9 经济效益评估

经过一年多的运行，认为该类污水处理装置应用于 LNG 接收站，具有显著的经济效益，综合概述如下：

9.1 节省投资

生活污水处理后出水含余氯平均 2500mg/L，污水处理后输出到 E/C 装置的 NaCLO 储罐，电解生活污水处理后的余氯用于防止海生物在海水系统附着生长。因此该设备可以作为 E/C 装置辅助设备，对于小型陆地终端或污水量较大装置，可以考虑以电解法处理后的水完全代替 E/C 装置出水。对于如 GDLNG 高峰期处理海水量为 $36000m^3/h$ 的 E/C 装置，以约 $200m^3/d$ 处理污水量可以代替原 E/C 装置，可以减少投资 1000 万元以上的投资(不含控制系统，国产也需 800 万元以上)。

9.2 节能显著

GDLNG 曾于 2016 年底采用电解法处理污水并用于海水系统辅助加氯测试，以每天处理污水量为 $40m^3/d$ 初步估算，可以节省 E/C 装置 20% 以上用电量，如果考虑施工高峰期，节省的电量可以达到 50%。大致认为，污水处理所需的电量为 E/C 装置减少的电量。对于 GDLNG 现有 E/C 设备，即使按 20% 估算，每小时减少电量约 16kW · h，一年最少节省 14 万 kW · h 用电。而原污水装置为生化法，每天用电约 400kW · h，即使合格水用于灌溉，但消耗掉的电量却无法回收。

9.3 维护便宜

即使一个陆地终端内都配置 E/C 装置和污水处理装置，在设计时按互补考虑，可以做到主要零部件通用，节省重复的库存备件费用，减少专业承包商服务费用，按 GDLNG 对 E/C 装置和原生化法污水装置维护费用考虑，每年可以节省维护费用 40 万元左右(含外部污水车辆清污费用)。

9.4 操作方便

操作和维修非常方便，设备可靠性高，减少过多人员的投入，减少操作和维修强度。

10 结论

从投用到现在，该电解法污水装置已经连续运行接近 1.5 年，平时除污水量低而临时联锁停车外，设备一直运行良好，完全做到自动启停运行。正常运行时，污水装置没有异味，处理后的含氯水完全用于海水加氯，可以做到节省 E/C 装置 35% 的能耗，真正做到节能环保。综上所述，LNG 陆地终端生活污水电解法处理并用于海水系统辅助加氯技术是可行的。

参 考 文 献

[1] 固安忠．液化天然气技术【M】. 北京：机械工业出版社，2010.
[2] 戴起勋．金属材料学【M】. 北京：化学工业出版社，2005.
[3] NB/T 47003. 1—2009 钢制焊接常压容器．
[4] SY/T 0608—2006 大型焊接低压储罐的设计与建造．
[5] DB44/26—2001 广东省地方标准－水污染物排放限值

承包商管理系统在企业生产运行中的开发与应用

朱 虹

（国家管网集团大连液化天然气有限公司）

摘 要 大连LNG项目作为中国石油发展天然气产业、建设海上油气战略通道的战略性工程。在信息化工作方面，始终保持与项目建设和公司发展同步进行，在中国石油统一信息化平台基础上开发补充深化应用系统，使信息系统覆盖了从基层站队到公司机关两层业务，贯穿了从项目建设到生产运行两大全生命周期阶段，工业化与信息化的两化融合在公司已经取得初步成果。本文重点介绍了大连LNG在生产运行期间开发并应用承包商管理系统，该系统的应用能够有效规范公司承包商的日常工作管理，加强监督考核，利用信息化平台实现承包商的标准化和精细化管理。

关键词 生产运行；承包商管理；维检修管理；承包商评审；信息化

大连LNG项目于2011年投产，2014年开发并应用承包商管理系统，该系统的应用能够有效规范公司承包商的日常工作管理，加强监督考核，利用信息化平台实现承包商的标准化和精细化管理。

1 项目背景

大连LNG项目2005年4月开展前期研究，2008年4月开工建设，2011年4月建成，11月投产，码头接卸能力超过1000万吨/年，LNG有效存储能力48万方，接收站气化能力4200万立方米/日，最大供气能力150亿方/年，LNG装船能力100万吨/年，LNG槽车装车能力100万吨/年。

随着公司生产的逐步稳定，维检修工作进入常态化管理阶段，公司维检修承包商工作也已完全融入公司日常的生产活动中，成为生产管理的重要环节，对承包商有效监督管控，已成为公司生产经营的重要内容，公司在承包商管理制度建设、监督考核方面做大量了工作，承包商管理工作基本处于可控运行状态。但随着承包商工作内容增多和控制程度加深，现有的管理手段已开始表现出难以满足标准化、精细化管理的要求，给公司安全生产工作带来隐忧。问题主要表现在以下几个方面：

1.1 承包商资源信息缺乏有效共享和监督

承包商资源信息未纳入到公司统一的生产管理子系统，难以有效共享和监督，妨碍了公司内外安全生产资源的统筹优化和质量监督。主要表现在承包商人力资源和工机具资源管理两个方面。第一，在承包商人力资源管理方面，由于缺乏全面有效的信息管理手段，对人员基本情况、资质情况、经验资历、动态培训和能力资质变更等进行全面掌握和有效跟踪管理，对人员资质不足和专项培训欠缺等安全生产隐患，不能及时发现避免。第二，在承包商工机具资源管理方面，也没有有效手段进行全过程的跟踪管理和有效性状态监控，不能为生产管理人员提供实时全面的工机具状态信息，对工机具丢失、失效等安全隐患，管控困难。

1.2 承包商业务缺乏系统化闭合管理

对承包商检查、评审、绩效考核、培训、安全活动管理、资质更新、工作报告收集等例行性动态管理工作，缺少高效、标准化的辅助管理工具，难以全面、有效、及时地进行各项任务计划分配、提醒、跟踪记录和管理闭合，精细化、标准化的管理目标难以深入。

1.3 承包商信息沟通缺乏统一平台

公司与承包商之间，缺少统一的信息沟通和共享平台。目前，公司与承包商之间的信息沟通和交流，由于集团专网安全要求，还未为承包商提供相应的访问接口和应用，处于相对封闭的状态。这样，在承包商已完全融入公司整体生产过程的情况下，相应的信息沟通却处于相对隔离的状态，已经影响到了公司与承包商之间协同工作效率和工作质量。如公司技术资料、标准规范不能为承包商相关人直接共享，承包商的经验积累，也不能转为知识积累于公司知识库中，都会对安全生产和管理的持续改进带来直接或间接的影响。

鉴于以上原因，我们借鉴了诸多由于承包商管理失控造成安全生产事故的教训、先进企业承包商管理经验，开发了承包商管理系统。通过系统建设，可以有效解决目前承包商管理遇到的问题，有助于整体提高公司标准化、精细化管理水平，深入服务公司生产和安全管理。

2 系统架构

该系统建设遵循国家、行业、中国石油天然气集团公司的相关标准规范，做到总体设计、总体规划、分步实施，实现业务系统和技术支撑系统的有机结合。充分考虑先进性和实用性。采用符合当前行业发展趋势的先进技术，注重核心技术的自主研发和应用，具备可灵活定制的底层核心技术，易于升级和维护。采用了国际先进的软件技术，结合国内外最佳实践，开发符合行业业务需求的数字化系统平台，解决公司实际业务问题，并且保证系统稳定性和易用性。系统建设过程中注重了系统的高效实用、充分整合系统所需的各类资源，并建立有效机制实现资源共享、避免重复建设。

该项目将基于 J2EE 体系建设。J2EE(Java 2 Platform，Enterprise Edition)是 Java 2 企业应用平台，核心是一组技术规范与指南，其中所包含的各类组件、服务架构及技术层次，均有共同的标准及规格，让各种依循 J2EE 架构的不同平台之间，存在良好的兼容性，解决过去企业后端使用的信息产品彼此之间无法兼容，企业内部或外部难以互通的窘境。

3 系统功能

根据公司承包商管理要求、应用现状，以及需求的实际调研情况，对各业务部门对承包商管理内容和标准进行了梳理归纳，以支持业务处室承包商日常管理工作为重点，按承包商管理工作内容和使用要求，将系统规划为 7 个模块，如图 1 所示：

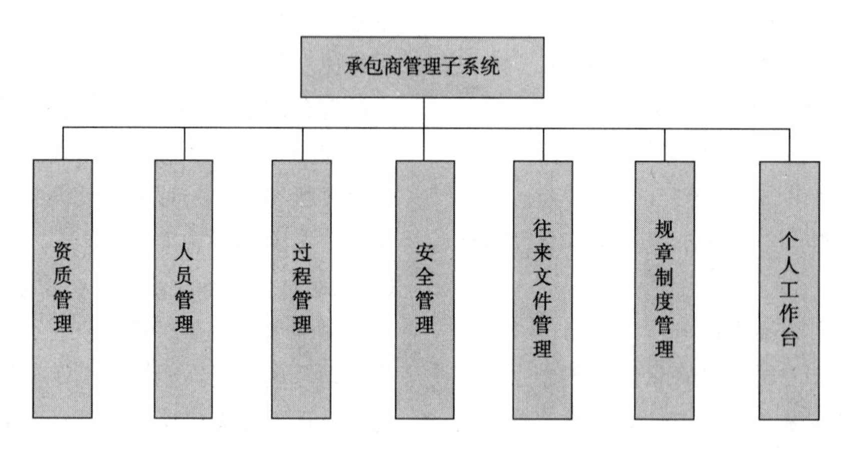

图 1　承包商管理子系统功能主框图

3.1 资质管理

承包商资质管理模块，以承包商台账《合格承包商名册》为基础，完成承包商准入审批、承包商台帐管理、资质信息动态监视维护等工作。主要功能包括以下 3 项内容：

(1) 承包商准入评审

根据公司 QHSE 管理体系相关文件要求，承包商的准入由业务部门组织潜在的承包商各项资料，启动评审流程，在线组织完成承包商资质评审文件在各业务部门之间的评审流转。

(2) 承包商台账管理

业务处室根据已批准的评审内容，为承包商分配承包商代码、系统用户账号密码、专用沟通信箱等，并在系统的《合格承包商名册》中录入承包商基本信息，以及必要的资质文件信息，同时上传相应的资质文件电子版，作为承包商台账的初始化信息，台账信息至少应包括承包方名称、联系人、联系电话、单位地址、准入时间等。

（3）承包商资质管理

实现资质信息自助变更及审查功能。由承包商负责自身资质详细信息及最新资质文件变更信息的录入、上传，业务部门对录入内容进行确认。同时系统对承包商具体时效性要求的资质文件或信息，如强制年审信息等，提供执行监视、计划指派提醒功能。系统资质审查流程如下：

（4）综合查询报表

通过综合查询报表功能实现对承包商日常管理信息进行动态关联跟踪，包括日常检查、培训、年审、绩效考核等，为业务部门提供一个完整的承包商动态信息视图。同时还具备信息分类检索和报表输出功能。

3.2 人员管理

承包商人员是公司所用承包商最为重要的资源，也是承包商最终影响安全生产的最主要因素，是承包商管理工作的重点，主要管理工作包括以下内容：

（1）人员派遣计划审批

承包商根据生产需要提出人员派遣计划，提交给主管业务部门审批及报备。

（2）实际派遣人员审批

承包商将实际派遣人员确认表提交给主管业务部门审批及报备。

（3）人员变更管理

根据批准的承包商人员派遣计划，承包商在线填写人员变更申请，并上报主管业务部门批准。申请批准后，系统自动根据申请中人员变更类型(出厂或退厂)，更新承包商入厂人员台帐。对于办理出厂手续的人，自动冻结或失效相应的资质信息、出入厂证授权信息等。

（4）人员台账管理

由各承包商通过专用账户，对己登入承包商入厂人员台账的人员基本信息自行上传维护，包括身份、工种、工作经历、资质证电子文件等，由主管业务部门人员审查确认。系统可提供灵活的人员信息检索和报表输出功能。

（5）人员资质管理

对于需要有特种资质的人员，承包商负责将相应的资质信息和电子版资质文件的进行登记、上传，并提出审核申请，业务部门负责确认。同时，系统提供对资质文件年审/复审等有效性信息进行监视和计划提醒功能；系统提供资质批量审查功能，辅助业务部门对资质进行例行审查管理。

（6）人员考勤管理

月底，由承包商统计当月人员考勤，上传或在线填写人员考勤汇总表，连同原始考勤电子版文件上报到主管业务部门审核确认。

（7）人员培训管理

根据公司生产运行管理需要，对入厂人员个人必须相应培训，编制人员培训计划台账，内容包括培训类型、培训周期、培训时长，上次培训时间、下次培训时间等，为对个人培训、日常监视和计划提醒提供基础。业务主管部门还可以登记培训记录和考试记录，形成人员培训台账，台账内容包括安全、作业许可、应急等。培训记录内容必须包括培训种类或名称，培训人员清单、培训时间、培训时长、主要内容等，考试记录包括承包商人员考试成绩。登录经确认后，系统自动更新相应人员对应培训计划。

3.3 过程管理

承包商的过程管理包括工作计划管理、工作报告管理、作业方案报审和承包商检查、审查、评审、考核管理等：

（1）工作计划管理

业务部门可以指定承包商周、月工作计划等周期性计划的上报时间，形成承包商上报计划，并监督上报状态。承包商按要求每周/月将计划上传或在线填报，由业务部门进行审核确认，形成工作计划台账，并自动更新上报计划。系统提供上报提醒功能，并根据实际提交时间，变更下次上报计划时间。

（2）工作报告管理

业务部门指定承包商日、周、月、年工作报告等周期性工作报告的上报时间，形成报告上报计划，并监督上报状态，承包商按要求将编制的工作报告上传或在线填报，由业务部门进行审核确认，形成工作报告台账。系统提供上报提醒功能，并根据实际提交时间，变更下次上报计划时间。管理功能形式与工作计划管理相似。

（3）作业方案报审

拟定作业方案后，启动作业方案审批流程，相关部门在线组织完成方案的审批。系统提供审批过程的状态监控和工作提醒功能。

（4）承包商检查管理

主管业务部门根据承包商检查标准表，针对不同承包商，制订检查计划，系统为业务处室和承包商提供计划监视和提醒功能，并根据实际检查情况，闭合检查计划形成检查记录，如有原始文件，同时上传。对检查中记录的不符合项，进行跟踪闭合管理。

（5）承包商评审管理

主管业务部门根据承包商监督评审标准，针对不同承包商，制订评审计划，系统为业务部门和承包商提供评审计划监视和提醒功能，并根据实际检查情况，闭合评审计划形成评审记录。并对评审过程中的不符合项进行跟踪闭合管理。

（6）承包商考核管理

主管业务部门根据承包商考核内容，编制承包商考核标准表，针对不同承包商，制订考核计划，系统为业务处室和承包商提供考核计划监视和提醒功能，并根据实际考核情况，闭合考核计划形成考核记录。同时对考核过程中的发生的奖罚情况，进行记录，以及原件附件上传，查看等。

（7）工具设备管理

根据承包商工具入出厂申请，对主要工具设备进行登记记录，形成承包商工机具台账。承包商对在账工机具的技术参数等详细信息和状态进行编辑维护。系统还提供灵活的的台帐检索和报表输出功能。与公司设备一起纳入到公司统一的资产管理体系中。对于强制检定检测的计量及特种机具设备的检定检测信息进行登记、计划跟踪提醒，以及具备检定信息记录、文件上传功能。

（8）外部应用集成

对消防等外部系统功能进行集成链接，便于具体工作人员相关工作，具体链接项，按实际系统功能确定。

3.4 安全管理

承包商 HSE 日常管理，主要包括承包商安全体系管理、安全培训、安全活动管理、应急活动管理四个方面内容。

（1）HSE 体系检查

根据 ISO9000，ISO14000 等体系管理要求，对承包商 HSE 的管理基本能力进行评审和检查，包括承包商管理体系文件、承包商认证的外部评审记录等，并形成检查记录，提供给各业务部门，作为承包商检查、评审的依据。主要功能包括：检查记录上传或在线填写，以及不符合项跟踪闭合。

（2）安全活动管理

业务部门指定承包商周期性安全工作计划（如周、月计划）的上报时间。系统为承包商和业务处室提供计划调度、事先提醒和跟踪闭合功能。同时承包商根据按计划产生的活动记录，在线填报周安全活动记录，业务部门负责审核和监督。系统提供填报状态提醒功能。

（3）应急活动管理

业务部门指定承包商应急演练工作计划，系统为承包商和业务部门提供计划调度、事先提醒和跟踪闭合功能。

3.5 往来文件管理

（1）收文管理

系统为承包商和主管业务部门提供专用的文件往来专用信箱，并提供接收确认回馈功能，用于记录来文情况。用户可及时查询、检索来文目录和来文内容。

（2）会议纪要管理

业务部门建立本部门会议纪要台账，用来登记存储本部门发出的各类会议纪要，并为相关人员提供查询检索等功能。

3.6 规章制度管理

业务部门建立承包商管理制度文件库，收集维护有关承包商管理的各项法律法规、规章制度等，包括国家、地方、集团、公司自身的、以及承包商内部的相关规章制度等。方便用户对于文件库中的文件，系统进行灵活的过滤检索和结果导出功能，便于对各种规章制度的查询使用。

3.7 个人助理

该系统为承包商和业务部门用户提供可定制的个人工作台功能，通过个人工作台，用户可方便地定制显示各项工作计划和提醒信息、常用系统功能应用导航、关注信息展示等功能，方便用户进行系统应用。

4 应用效果及结论

该系统在公司应用三年，全面涵盖了公司在承包商管理中的企业资质审查、承包商登记建册、人员派遣计划、人员培训、绩效考核、作业计划、作业许可、安全检查等 28 项具体业务。该系统的应用，可以有效规范承包商管理流程，提高承包商管控水平，便捷资料和数据的统计查询，提高业务流转工作效率，更有助于整体提高公司“规范化、标准化、精细化、网络化、国际化”管理水平，全面提升公司安全风险防控等能力。

参 考 文 献

[1] 崔江涛 . 关于石化企业承包商安全管理问题的探讨[J]. 中小企业管理与科技，2015，(15)：12-14. DOI：10. 3969/j. issn. 1673-1069. 2015. 15. 011.

[2]赵宏展，徐向东 . 承包商管理--职业安全健康管理中的重要环节[J]. 中国安全科学学报，2005，(6)：61 - 64，60. DOI：10. 3969/j. issn. 1003-3033. 2005. 06. 014.

[3]周志超，赵华 . 油田企业承包商 HSE 管理几点对策探讨[J]. 湖南安全与防灾，2017，(4)：48-49. DOI：10. 3969/j. issn. 1007-9947. 2017. 04. 022.

[4]董黎东，潘春娱 . 核电厂承包商管理平台的建设与方案设计[J]. 产业与科技论坛，2018，(1)：67-69.

[5]王树兰 . 加强承包商管理的重要意义及控制措施[J]. 中国化工贸易，2014，(30)：99-99. DOI：10. 3969/j. issn. 1674-5167. 2014. 30. 087.

FSRU的船岸及船船连接系统设计分析

夏华波

(中海油能源发展采油服务公司)

摘　要　针对LNG船、FSRU、岸基码头三者之间没有统一控制的通讯问题，提出了一种统一控制通讯系统，以实现三方联动作业。基于控制中心的思想确定了船岸及船船连接系统架构；依据SIGTTO规范对于光纤连接和电气连接通道的设定，对现有闲置端口进行了新的功能定义，使得系统能够同时进行语音、系泊数据、含LNG的ESD以及含CNG的ESD通讯传输；采用双电气连接设计，保证能够兼容更广的码头类型；并制定了ESD和ERS的操作程序，保障作业安全。设计符合规范、行业标准及安全作业要求，方案可行，能够为FSRU的三方联动作业通讯提供设计指导。

关键词　通讯；船岸及船船连接系统；联合作业模式；光纤连接；电气连接

LNG-FSRU(以下简称“FSRU”)是将LNG气化工厂移植到海上的新型接收终端，与陆地岸站相比具有适应性广、工程量少，投资小，建设周期短，不占用土地资源，方便选址和搬迁等优势[1,2]。目前FSRU与LNG船之间、FSRU与陆地终端之间，没有统一控制的通讯系统，都是一对一的双边通讯，但FSRU在货物传输和对岸作业时存在三方同时作业的情况，没有统一的通讯控制，操作便利性和安全性受到了较大影响。目前行业内并没有形成统一的FSRU联动通讯做法，国内没有相关研究，国外方面，也仅限船岸连接系统的垄断设备厂家有类似研究。本文根据市场使用需求，按照相关规范和作业要求，开展了关于FSRU、LNG船、码头终端，三方之间的联动通讯系统设计分析，以满足FSRU对岸基和对LNG运输船在不同作业模式下的信息交互的要求。

1　FSRU工作模式

FSRU作业模式，通常可以分为(1)FSRU向码头输气(NG)模式，在此工况下，FSRU仅与码头接收站连接，向码头接收站输出气体天然气(NG)；(2)FSRU向码头输LNG模式，在此模式下FSRU仅与码头接收站连接，向码头接收站输出液化天然气(LNG)；(3)FSRU向码头输LNG和NG模式，在此模式下FSRU仅与码头接收站连接，向码头接收站同时输出液化天然气(LNG)和气体天然气(NG)；(4)FSRU接收LNG模式，在此模式下FSRU仅与LNG运输船连接，LNG运输船向FSRU输送液化天然气(LNG)；(5)FSRU三方联动模式，在此模式下，FSRU同时与码头接收站和LNG运输船连接，向码头接收站输出气体天然气(NG)，同时LNG运输船向FSRU输送液化天然气(LNG)。不同的作业工况下FSRU船对岸以及船船之间船舶状态信号通讯系统要求不同。

2　船岸通讯和货物紧急切断功能

2.1　船岸通讯

船岸通讯主要是传输船舶和岸基码头端的货物ESD信号和其他通讯信号。目前船岸通讯方式主要有电气连接，光纤连接和气动连接三种连接形式[3,4]，电气连接分为Pyle-National系统；ITT-Cannon电话连接系统；Miyaki电气连接系统和SIGTTO电气连接系统。气动连接系统是早期在LNG船舶上的船岸连接系统，目前气动连接系统主要作为光纤连接和电气连接的备用，新的终端可考虑不采用气动连接，按照规范要求，船岸连接系统应具备冗余[5]，本方案采用主流的光纤连接和电气连接方式。

2.2　货物紧急切断功能(ESD)

货物紧急切断(ESD)的功能是在紧急情况下停止货物液体和蒸汽流动，并使货物装卸系统处于安全、静态状态。货物ESD系统的核心功能通过控制紧急关闭阀的远程关闭达到切断船舶和岸上之间的液体和蒸汽货物传输，同时停止货物泵和压缩机，同时货物ESD系统动作需要在船舶和码头上都能发出视听报警。

3 FSRU 三方联动控制通讯系统设计

FUSU 在不同的作业工况下涉及到 FSRU 与接收站码头之间的信号连接以及 FSRU 与 LNG 运输船之间的信号连接。在上文所述(1)~(5)作业模式中，(1)~(4)的作业模式需要 FSRU 仅对岸基码头或者对 LNG 运输船进行信息传输。FSRU 三方联动模式则需要 FSRU 对岸基码头和 LNG 运输船同时进行信息传输，该作业模式对船岸连接系统的需求包含了(1)~(4)的作业模式对船岸连接系统的要求。

本文以 FSRU 在三方联动作业模式下的船岸连接系统提出一种设计思路，可以满足 FSRU 在不同的作业模式下的要求。

3.1 FSRU 三方联动作业模式特点

FSRU 三方联动模式下，FSRU 同时与码头接收站和 LNG 运输船连接，FSRU 向码头接收站输出气体天然气(NG)或者液化天然气(LNG)，同时 LNG 运输船向 FSRU 输送液化天然气(LNG)。

LNG 运输船、FSRU 和码头接收站之间的控制中心根据靠泊布置情况设置，LNG 船和 FSRU 分别靠泊在码头时，控制中心设置在岸上。LNG 运输船、FSRU 并联靠泊时，控制中心宜设置在 FSRU 上，控制中心应能满足同时控制船岸通信和船船通信，既可以单独触发，也可以全部触发。通常情况下，FSRU，LNG 运输船以及岸基接收站采用并联靠泊运行。如图 1 所示。

图 1 FSRU 三方联动示意图

3.2 FSRU 三方联动通讯方案设计

FSRU 三方联动通讯方案设计需要满足 IGC 和 SIGTTO 对液货船货物紧急切断的要求，同时考虑 FSRU 作业模式的特殊性。为满足 FSRU 在三方联动作业模式下 LNG 输船和 FSRU 以及码头接收站的安全，需要在控制中心控制 FSRU 和岸基码头以及 LNG 运输船之间的通信并作出相应的控制决策。

(1) 系统构架

FSRU 船岸/船船连接系统需在三方联动模式下同时满足连接岸基码头和 LNG 运输船，FSRU 相对于岸基码头，作为船端，相对于 LNG 运输船则作为岸端。FSRU 船岸/船船连接系统示意图和简要构架分别如图 2 和图 3 所示。

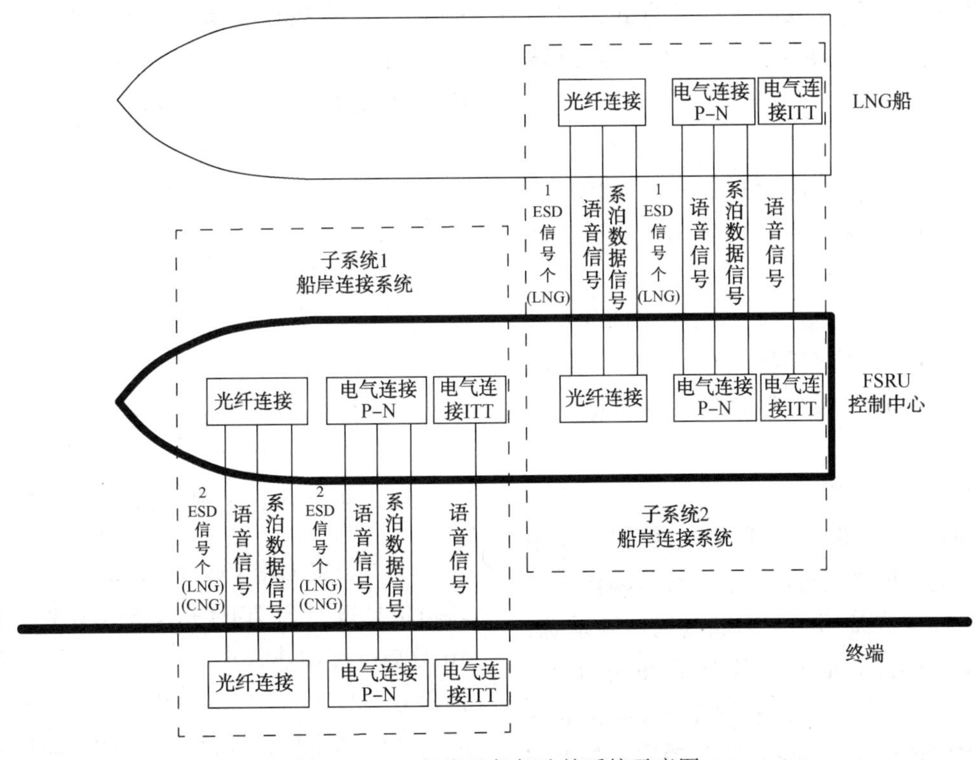

图 2 FSRU 船岸及船船连接系统示意图

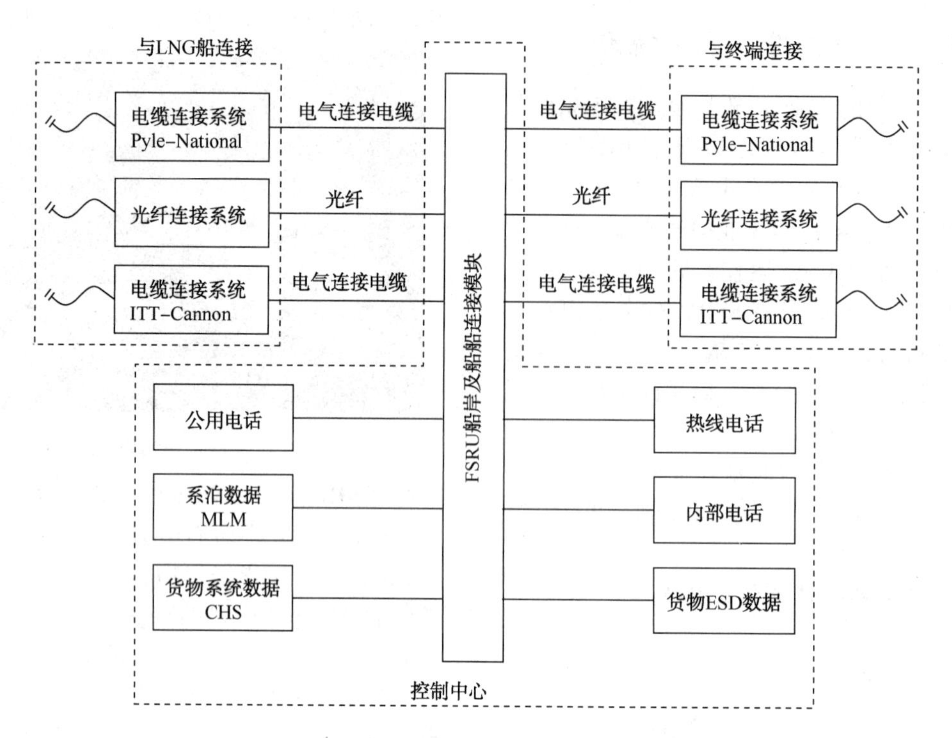

图 3　FSRU 船岸/船船连接系统构架图

本构架中，FSRU 船岸及船船连接模块的主控单元，为控制中心，负责船岸和船船之间信号的处理，包括：系泊数据(MLM)，货物维护系统(CHS)数据，货物 ESD 数据，热线电话(HOTPHONE)，公用电话(PUBLICPHONE)，内部电话(PLANTPHONE)。同时采用了 Pyle-National 和 ITT-Cannon 双电气连接方式，可以覆盖全球大多数区域的使用，扩展了市场范围。

FSRU 与岸基码头连接处均为三部分，分别为 Pyle-National 电气连接(FJ-EL-C)系统；光纤连接(FJ-FO-C)系统和 ITT-Cannon 电气连接(FJ-ITT-C)系统。

FSRU 与 LNG 运输船连接处分为三部分，分别为 Pyle-National 电气连接(FC-EL-C)系统；光纤连接(FC-FO-C)系统和 ITT-Cannon 电气连接(FC-ITT-C)系统。

(2) 系统设计分析

FSRU 向终端传输 LNG 和 CNG 数据，采用光纤传输和电气传输同时进行，光纤传输作为主用，电气传输作为备用。采用双电气传输系统，分别为 Pyle-National 电气连接系统和 ITT-Cannon 电气连接系统，其中，ITT-Cannon 电气连接系统需要依据靠泊的终端类型确定其是否需要连接。

光纤连接采用行业规范 SIGTTO 指南要求的六芯光纤，光纤 1 号和 2 号端口传输 4 路综合信号，综合信号包括热线电话，共用电话，内部电话以及系泊数据信号，4 路信号采用不同的频率传输[6]。光纤 3 号和 4 号端口传输 FSRU 与岸基码头 LNG 的 ESD-1 信号。光纤 5 号和 6 号端口传输 FSRU 与岸基码头 CNG 的 ESD-1 信号。此时光纤连接示意如图 4 所示。

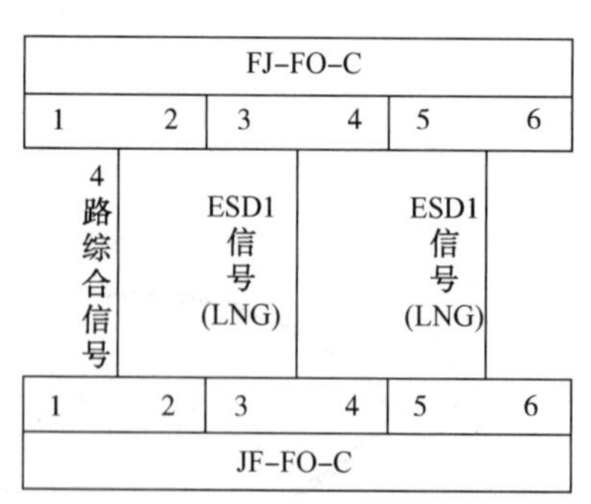

图 4　FSRU 船到岸连接光纤系统图

电气连接采用 Pyle-National 电气连接系统，端口信息按照 SIGTTO 指南要求设置，其中 1 到 10 号端口传输热线电话，共用电话以及内部电话信号。31 到 34 号端口用于传输 FSRU 与岸基码头之间的系泊数据信号。FSRU 向岸基码头传输 LNG，需要 13，14 号端口传输岸基码头到船舶方向 ESD-1 信号，15，16 号端口传输船舶到岸基码头方向 ESD-1 信号。FSRU 向岸基码头传输 CNG，需要 25，26 号端口传输岸基码头到船舶方向 ESD-1 信号，27，28 号端口传输船舶到岸基码头方向 ESD-1 信号。作为备用的电气连接示意图如图 5 所示。

FJ-EL-C										
1 ~ 10	13	14	15	16	25	26	27	28	31 ~ 34
电话信号	岸船ESD1信号(CNG)		船岸ESD1信号(CNG)		岸船ESD1信号(CNG)		船岸ESD1信号(CNG)		系泊数据信号
1 ~ 10	13	14	15	16	25	26	27	28	31 ~ 34
JF-EL-C									

图 5　FSRU 船到岸连接电气系统图

FSRU 与 LNG 运输船（LNG）连接时，LNG 运输船向 FSRU 传输 LNG 数据，采用光纤传输和电气传输同时进行，光纤传输作为主用，电气传输作为备用。采用双电气传输系统，分别为 Pyle-National 电气连接系统和 ITT-Cannon 电气连接系统，其中，ITT-Cannon 电气连接系统需要依据靠泊的终端类型确定其是否需要连接。

光纤连接和电气连接形式与 FSRU 跟岸基码头类似，FSRU 与岸基码头连接时船岸/船船连接配置 LNG 和 CNG 系统两路 ESD 信号。FSRU 与 LNGC 连接时船岸/船船连接仅需要配置 LNG 的 ESD 信号。FSRU 与 LNGC 连接时光纤和电气连接如图 6 和图 7 所示。

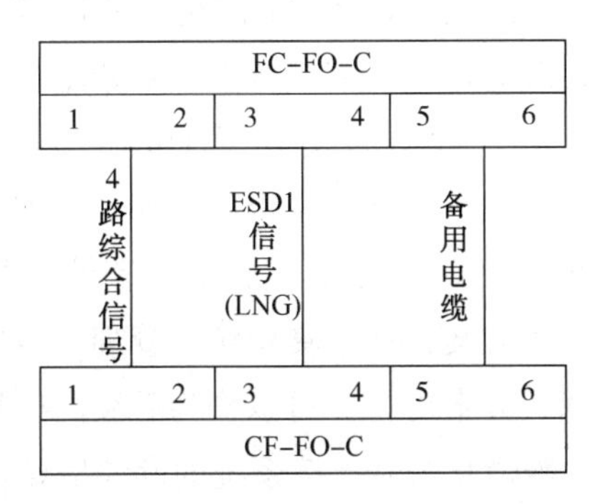

图 6　FSRU 船到船连接光纤系统图

FC-EL-C					
1 ~ 10	13	14	15	16	31 ~ 34
电话信号	岸船ESD1信号(LNG)		船岸ESD1信号(LNG)		系泊数据信号
1 ~ 10	13	14	15	16	31 ~ 34
CF-EL-C					

图 7　FSRU 船到船连接电气系统图

4　FSRU 船岸传输作业停止操作程序

4.1　船岸脱离要求

船岸之间传输作业停止分为正常和事故两种关断。货物传输系统应配置紧急关断系统（ESD）和紧急脱离系统（ERS）。通过船岸连接系统协调 ESD 和 ERS 系统，防止传输系统压力过高。LNG 传输系统，ESD 和 ERS 系统协调应考虑 LNGC，FSRU，岸基码头之间的的相对漂移。以确定由于系泊系统故障而发生漂移的速度和加速度。考虑的因素有：风速风向；船舶对推进或者系泊系统的误动作以及潮汐波浪等。

4.2　FSRU 解脱程序和紧急关断

正常情况下，FSRU 应采用标准的操作程序停止货物传输。FSRU 在作业时，应将船岸之间的连接数量限制到最少以缩短解脱时间，正常解脱时间应该控制在 1h 以内。

货物传输作业时，应确认 ESD 处于正常工作状态，ESD 系统应该能自动和手动启动。紧急关断系统的操作如图 8 所示。

4.3　FSRU 紧急脱离程序

当正常解脱无法实现时，为保证 FSRU，岸基码头和 LNGC 的安全，需启动紧急脱离程序。若 ESD 系统启动后，紧急状态仍然存在，应执行紧急脱离系统（ERS）使货物传输系统脱离。紧急脱离系统（ERS）可以自动完成也可以通过在中控室手动操作完成。紧急脱离系统应该考虑货物传输系统排空后进行脱离和货物传输系统排空前进行脱离。机械脱离执行前需要确保紧急脱离单

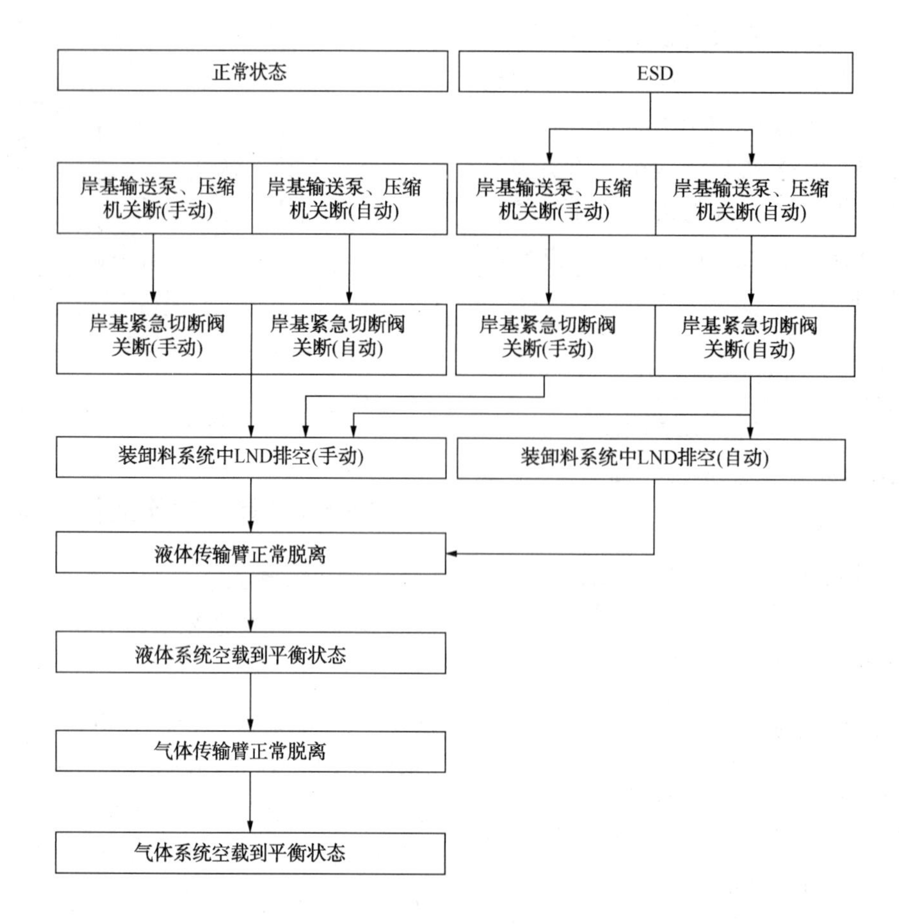

图 8　FSRU 紧急切断系统操作流程

元(ERC)的阀关闭。两种脱离方式操作流程如图 9 所示。

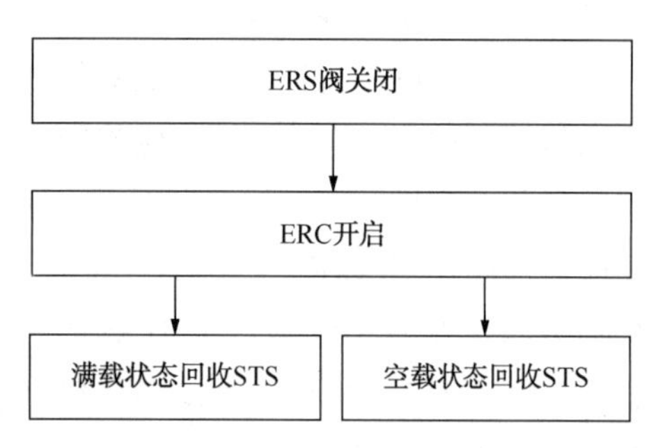

图 9　FSRU 紧急紧急脱离程序

5　结论

为了解决 FSRU 与 LNG 船和码头终端的三方联动通讯问题，本文设计了一种带有通讯控制中心的三方联动通讯系统，有以下结论：1)控制中心宜设置在 FSRU 上，控制中心能同时控制船船连接子系统和船岸连接子系统，实现集中统一管理；2)船船和船岸两种子系统均以光纤传输为主，电气传输为辅，船船连接子系统能实现语音、共用电话、内部电话、系泊数据等 4 路综合信号和 LNG 的 ESD 信号传输，船岸连接子系统能实现 4 路综合信号和 LNG 及 CNG 的 2 路 ESD 信号传输，这些传输功能能够满足 FSRU 所有的信息传输模式；3)设计采用 Pyle-National 和 ITT-Cannon 双电气连接，基本能保障全球不同港口设施的兼容要求；4)为系统制定的应急解脱程序，能保障使用的安全可靠性。该设计系统是在行业通用 SIGTTO 指南规定的通讯端口范围内，在现有通讯功能基础上，对未定义端口的一种功能拓展设计，实现了 FSRU、LNG 运输船、终端的三方联动，使得原来的船岸连接和船船连接两套独立系统融合成了一套综合控制系统，简化了方案，便于集中统一管理。本文设计思路合理，方案可行，可以作为后续高度集成化的 FSRU 船岸及船船连接系统的设计指导。

参 考 文 献

[1] 孙恪成，夏华波，韦晓强等. LNG 浮式终端总体方案

关键技术[J]. 船海工程，2019，48(5)：6-10.

[2] 宋炜，袁红良，段斌等. LNG 浮式岸站终端设计难点分析与对策研究[J]. 船舶与海洋工程，2015，31(3)：1-6.

[3] 王炳轩、林建辉、丁尚志. 船岸连接系统国产化研究[J]. 船舶工程，2020，42(S1)：351-353.

[4] 张鹏飞. LNG 终端船岸连接紧急关断系统[J]. 水运管理，2015，37(11)：5-8.

[5] 林建辉、王炳轩、孙杰. 船岸连接系统光通信数据调制解调设计与实现[J]. 船舶工程，2020，42(S1)：358-361.

[6] 胡振国. LNG 接收站船岸系统[J]，电源技术应用，2013(1)：196，201.

LNG 重整制氢和冷能液化氢气一体化工艺设计及分析

沈 威[1,2] 蒋 鹏[1,2] 乔 亮[1,2] 范峻铭[1,2]

（1. 深圳市燃气集团股份有限公司；
2. 深圳市燃气输配及高效利用工程技术研究中心）

摘 要 本文设计了天然气重整制氢和 LNG 冷能液化氢气一体化工艺，将 LNG 气化的冷能进行高压氢气的预冷，经预冷后的高压氢气经过透平膨胀经空气冷却后，与 LNG 在二级换热器中进行换热，换热后的氢气在透平膨胀机中进行节流膨胀，温度继续下降，最后在两相膨胀器中膨胀为气液两相，液氢流出经储罐储存，气氢返回换热器换热并重新压缩，气化和换热后的 LNG 变为常温下的天然气，进入水蒸气重整制氢环节，如此循环。借助 Aspen HYSYS 软件对工艺流程展开了详细的模拟计算与分析，结果表明：该氢液化系统的比能耗为 9.802kWh/kgH_2，㶲效率为 41.4%，系统的总㶲损失为 1373.3kW，其中换热设备的㶲损失占主要部分；在对系统中关键参数进行的灵敏度分析中发现，氢气预压缩压力在 2~4MPa 范围内变化对液化系统的比能耗和氢气液化率影响较大，而 LNG 的加压压力对系统性能影响较小。氢气在三级压缩机压缩到 3MPa 时可以满足所产生 13%左右的氢气进行液化，要使天然气水蒸气重整制得的氢气全部液化，则三级压缩机压缩氢气的压力需要提高到 15MPa，目前的水平可以最高压缩到 70MPa，但从经济的角度考虑耗能较高，不宜使用。此新型氢液化工艺系统设 备简单，投资成本较低，具备良好的液化性能，在未来中小型氢液化厂的建设中优势明显。

关键词 天然气重整制氢；LNG 冷能液化氢气；一体化工艺；比能耗；㶲效率；总㶲损失

1 引言

? LNG 的生产是一个高能耗的过程，生产耗电约 300kWh/t。在液化过程中，天然气的体积随着温度的降低而减小到原来体积的 1/600、温度降到-160℃以下。在接收终端，LNG 必须在环境温度和适当的压力下汽化并进入输气网络。LNG 蕴含着大量的低温显热和蒸发潜热，在再汽化过程中，每 t LNG 释放出 240kWh 的冷能，其汽化工艺需要 860 kJ/kg 的热量，常规汽化工艺是直接用海水对 LNG 进行加热汽化，这就导致了大量的 LNG 冷能被白白浪费了，而且还会对海水造成低温污染，危害海中生物的安全。因此，回收利用 LNG 汽化过程释放的冷能在中国变得越来越重要[1-3]。

液氢在氢气储存和长距离运输中具有重大经济优势，是未来氢能源大规模应用的重要解决方案。在液氢温度下，氢气中绝大多数杂质将被固化去除，得到的超纯氢气，完全可以满足氢燃料电池的使用标准。液氢在零售场合也提供了足够的灵活性，它可以用很小的代价转化为任何需要的形式：气体、超临界流体及液体，因此国外有将近 1/3 的加氢站为液氢加氢站。反观国内，碍于缺少相关的技术支持和政策规范，目前仍少有企业涉足液氢领域[4-7]。氢液化过程的高能耗和低效率是制约氢液化产业发展的主要原因，建设液化厂需要的高昂投资也是其实现民用化、商业化的重要阻碍。当前我国的民用氢气发展正处于起步阶段，构建能够满足成本和效率要求的中小型液化系统尤为关键。

液氢储运技术的发展以氢液化装置的研究获得液氢为基础。因此，液氢的获得需要通过一定的制冷方式将温度降低到氢的沸点以下。按照制冷方式的不同，主要的氢液化系统有：预冷的 Linde-Hampson 系统、预冷型 Claude 系统和氦制冷的氢液化系统。上述三种流程形式各有特点，Linde-Hampson 循环能耗高、效率低、技术相对成熟，适合小规模液化氢气应用。Claude 循环综合考虑设备以及运行经济性，适用于大规模氢液化装置，尤其是液化量在 3t/d（TPD）以上的系统。氦制冷的氢液化装置由于近年来国际及国内氦制冷机的长足发展，其采用间壁式换热形式，安全性更高，但是由于其存在换热温差，整机效率稍逊于 Claude 循环，更适用于 3TPD 以下的装置。在实际应用中，需要根据制造难度、设备投资以及系统 的大小进行液化循环的合理选择[8-10]。

基于上述研究中两相膨胀机与 LNG 冷能在氢液化系统中的应用，本文设计了一种液氢产量为 5t/d 的新型双压 L-H 系统，如图 1 所示，LNG 用 LNG 泵加压后送到换热器系统，和制得的高压氢气进行热量交换，经多级交换后的 LNG 气化成常温下的 NG(天然气)，然后常温天然气(约 0.14MPa)和水蒸气重整制氢，制得的氢气经提纯送入级联式压缩系统，压缩后的高压氢气和 LNG 在换热器系统中进行热交换，高压氢气最终冷却到-162℃，然后通过透平膨胀机节流膨胀，温度进一步降低至-238℃，最后氢气进入两相膨胀机，形成温度为-253℃的气液两相，液氢被分离出来进入液氢储罐，气氢则返回换热系统换热后重新进入压缩系统。

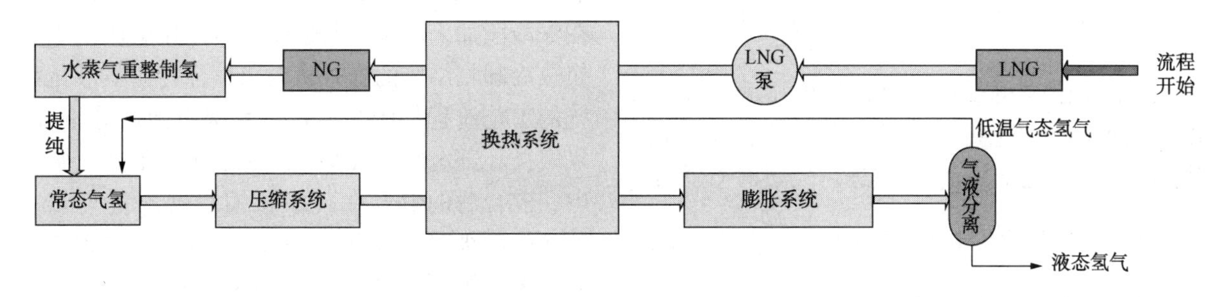

图 1　天然气重整制氢和 LNG 冷能液化氢气一体化工艺设计流程

由于水蒸气重整制氢技术较为成熟，再次本过程不做详细讨论，本文重点在于分析预冷的 Linde-Hampson 系统液化氢气的能量平衡。本文借助商业软件 Aspen-HYSYS 构建液化流程，针对所设计的系统开展了比能耗及㶲损失的模拟计算，并对系统中的关键参数进行了灵敏度分析。

2　LNG 冷量分析

由于 LNG 气化过程中不仅有能量的释放，还对外界做了有用功，为了综合分析，本研究采用分析法。分析法结合了热力学第一定律与第二定律，能有效分析能量的变化与对外界做功的情况。即系统与环境温度达到平衡在条件下能够获得的最大有用功．低于环境温度时，系统温度所做的最大有用功被称为冷量．从卡诺循环中可以得知，在热源放热的同时，冷源也在吸热，这是就做功的过程．可用能随温度变化过程如图 1 所示．进行热吸收时，工质温度从 T_1 状态不断上升至 T_2 状态，根据计算得出在此过程中的最大有用能为：

$$\delta W_{\max} = \delta_q\left(1 - \frac{T_0}{T}\right) \tag{1}$$

式中，$\delta W_{\max}$ 为温变过程最大有用能，KJ/kg；δ_q 为温变过程总吸收冷量，KJ/kg；T_0 为环境温度，K；T 为系统温度，K。

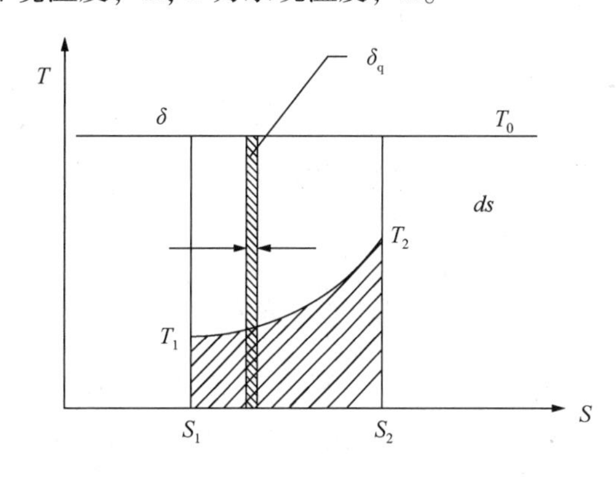

图 2　冷量㶲在温变过程中的 T—S 图

对式(1)进行积分，推导出吸热过程的有用能为：

$$W_{\max} = \int_{T_1}^{T_2} \delta W_{\max} = \int_{T_1}^{T_2} \left(1 - \frac{T_0}{T}\right) \delta_q \tag{2}$$

为了方便进行计算，可以将系统视为稳定流工况．可得每单位质量的工质由初始温度上升到系统温度时，其冷量㶲为：

$$e_{x,h} = W_{max} = (h - h_0) - T_0(s - s_0) \tag{3}$$

式中，$e_{x,h}$ 为冷量㶲，KJ/kg；h 为平衡时焓值，KJ/kg；h_0 为初始焓值，KJ/kg；s 为平衡熵，KJ/(kg·K)；s_0 为初始熵值，KJ/(kg·K)。

由热力学知，理想气体的焓是关于温度的

函数：

$$h - h_0 = \int_{T_0}^{T} c_p dT \tag{4}$$

$$s - s_0 = \int_{T_0}^{T} \frac{c_p}{T} dT - R\int_{p_0}^{p} \frac{dp}{p} \tag{5}$$

式中，c_p 为气体摩尔定压热容，KJ/(kg·K)；R 为热力学常数，KJ/(kg·K)；p 为环境平衡压力，Pa；p_0 为初始压力，Pa。

综上可得：

$$e_{x,h} = W_{max} = \int_{T_0}^{T} c_p(1 - \frac{T_0}{T})dT + R T_0\int_{p_0}^{p} \frac{dp}{p} \tag{6}$$

由上述公式可知：冷量㶲是由压力㶲及低温㶲共同构成，这些㶲是压力变化及温度变化所引起的。气化器中 LNG 在进行换热时有着相变潜热 r，所对应的相变潜热㶲为 $\left(\frac{T_0}{T_s} - 1\right)r$，同时在吸热过程中的天然气的显热㶲为 $\int_{T_0}^{T_s}\left(1 - \frac{T_0}{T}\right)c_p \mathrm{d}T$。

则得出 LNG 的低温㶲为：

$$e_{x,t} = \int_{T_0}^{T_s}\left(1 - \frac{T_0}{T}\right)c_p dT + \left(\frac{T_0}{T_s} - 1\right)r \tag{7}$$

式中，$e_{x,t}$ 为 LNG 的低温㶲，KJ/kg。

LNG 的压力㶲为：

$$e_{x,p} = R T_0\int_{p_0}^{p} \frac{\mathrm{d}p}{p} = R T_0 \ln\left(\frac{p}{p_0}\right) \tag{8}$$

式中，$e_{x,p}$ 为 LNG 的低温㶲，KJ/kg。

LNG 并不是单一化合物，而是甲烷，乙烷，乙烯，丙烷等混合物，LNG 中甲烷含量在 85%～90%左右，为了简化计算，假设 LNG 为甲烷的单一组分，采用甲烷的物性参数进行计算，则有：

$$e_{x,t} = (T_s - T_0)c_p + c_p T_0 \ln\left(\frac{T_0}{T_s}\right) + \left(\frac{T_0}{T_s} - 1\right)r$$

$$e_{x,p} = R T_0\int_{p_0}^{p} \frac{dp}{p} = R T_0 \ln\left(\frac{p}{p_0}\right)$$

$$e_{x,h} = e_{x,t} + e_{x,p}$$

3 新型双压 L-H 系统液化氢气流程介绍

相较于常规的氮气预冷 L-H 系统，所提出的新型液化系统使用 LNG 作为新型预冷剂，并在深冷段加入两级膨胀装置，以采用膨胀制冷与换热冷却相结合的方式来对氢气深冷。氢液化系统的工艺流程如图 3 所示，系统由两部分组成：氢气循环部分以及 LNG 预冷部分。在氢气循环中，混合后的氢气在三级压缩后进入带有 LNG 预冷的两级多流换热器(换热器 1、换热器 2)，此时氢气被预冷至-155℃左右。预冷后的氢气依次进入相间布置的多流换热器(换热器 3、换热器 4)和膨胀机(膨胀机 1、膨胀机 2)进行深冷，在相间进行换热冷却和膨胀降温后，氢气被深冷至-238℃左右。深冷后的氢气进入两相膨胀机(即蒸发器)膨胀为气液两相，随后进入正仲态氢转化器(Co-1)以提高仲氢浓度。经转化后，该液化系统可获得仲氢浓度达 99%以上的氢气和液氢。此时，液氢进入储罐储存，氢气则作为制冷剂回流至入口。为了更好的描述氢气循环的热力学过程，图 4 展示了液化过程氢气的 p-h 图。在预冷过程中，首先对 LNG 进行加压处理，然后利用 LNG 的低温冷能对氢气预冷，预冷后的 LNG 本身完成汽化并被加热至常温，随后进入水蒸气重整系统制备氢气。

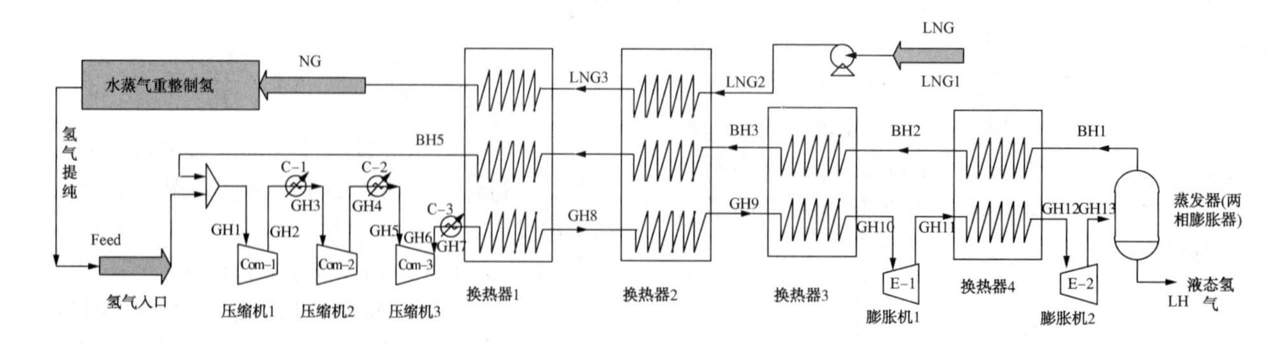

图 3 双压式 L-H 氢液化工艺流程

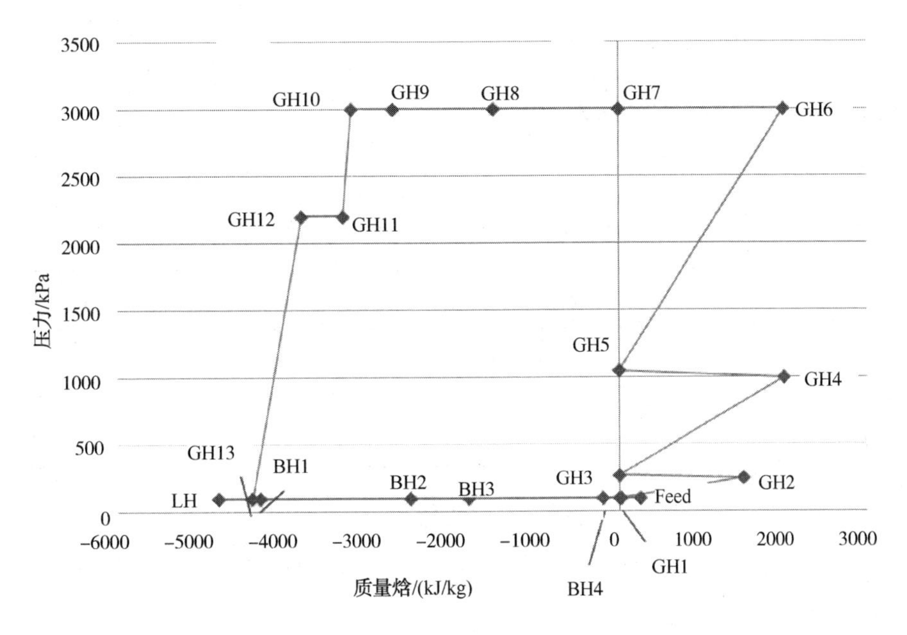

图 4　液化过程氢气的 p-h 图

虽然氢气压力的升高可以提高氢气液化的转化率和产率，但是过高的压力也要考虑换热器的机械承受能力，而且以增加管壁厚度的方法来增加高压氢的承受力会直接使 LNG 和氢气的换热效率的降低，因此本过程体系采用 3MPa 的氢气压力来进行建模计算。

3.1　过程建模

采用 HYSYS 模拟氢液化过程，应用支持广泛操作条件的 Peng-Robinson 状态方程预测各物流的热力学特性。为了方便模拟，对流程进行了如下假设和规定：(1)忽略冷却器、多流换热器内的压降；(2)流程中压缩机的绝热效率为 85%、膨胀机的等熵效率为 85%；(3)过程是稳态的，忽略动能和势能的影响；(4)流程中各压缩机按等压比设置；(5)多流换热器内的最小换热温差≥2℃。氢气分子存在正氢和仲氢两种自旋异构体，在常温下，氢气中的正氢含量约占 75%，仲氢含量为 25%。随着氢气温度的降低，氢气中会发生正氢转化为仲氢的自发反应以达到新的平衡。氢的正仲态转化是一种缓慢的放热反应，如果这种反应发生在液氢储罐，由于反应释放的热量(670kJ/kg)大于液氢的汽化潜热(452kJ/kg)，会导致在 10 天内蒸发掉约为 50% 的液氢。为了避免这种情况，需要在液化过程中添加反应催化剂来加速转化。本文利用 HYSYS 中的转化反应器来模拟正仲态氢的绝热转化反应，并在模拟中忽略发生在转化器外的反应，所述转化器内的转化反应如下：

Hydrogen→p-Hydrogen+Heat

正仲态氢的转化率仅与温度有关，其与温度的关系可以表示为式(1)：

$$\text{Conversion}(\%) \rightarrow C_0 + C_1 * T + C_2 * T_2 \quad (1)$$

式中，C_0，C_1，C_2 为转换系数，无量纲；T 为氢气温度，K。

3.2　系统性能参数

采用液化过程的比能耗以及㶲效率作为系统评价指标。比能耗 SEC 是液化系统的净能耗与液相产品质量的比值，单位是 kWh/kg_{H2}，可表示为式(2)：

$$SEC = \frac{W_{com} + W_p - W_E}{m_{LH_2}} \quad (2)$$

式中，W_{com} 为压缩机总能耗，kW；W_p 为 LNG 泵能耗，kW；W_E 为膨胀机总输出功，kW；m_{LH_2} 为液氢质量流量，kg/h。

㶲是指当流程流通过一个假设的可逆过程使其与周围环境达到平衡时，可从中提取的最大可用能量。液化系统的㶲效率为液化过程的理论最小能耗和实际消耗的净能耗的比值。㶲效率一般用 EXE 表示，可用下式(3)计算：

$$EXE = \frac{m_{LH_2}[(h_{LH_2} - h_0) - T_0(s_{LH_2} - s_0)]}{W_{com} + W_p - W_E} \quad (3)$$

式中，T_0 为环境温度，298K；h 为为对应状态的质量焓，KJ/kg；s 为对应状态的质量熵，KJ/(kg·K)。

㶲损失包括直接流向环境的物流所带走的外部损失和实际过程中由不可逆性引起的内部损失。可以通过求解㶲平衡方程来计算流程中各设备的㶲损失，表 1 给出了不同设备的㶲方程。此外，㶲破坏率 r_k 为各设备㶲损失与系统总㶲损失的比值，可表示为式(4)：

$$r_k = \frac{\Delta E_k}{\Delta E_{out}} \tag{4}$$

表 1　系统中主要设备的㶲方程

设备	㶲方程
压缩机	$\Delta E_{com} = E_{in} - E_{out} = m_{com,\ in} \cdot e_{com,\ in} + W_{com} - m_{com,\ out} \cdot e_{com,\ out}$
冷却器	$\Delta E_c = E_{in} - E_{out} = m_{c,\ in} \cdot (e_{c,\ in} - e_{c,\ out})$
多流换热器	$\Delta E_{HX} = E_{i,\ in} - E_{i,\ out} = \sum_{i=1}^{n} m_i \cdot (e_{i,\ in} - e_{i,\ out})$
膨胀机	$\Delta E_E = E_{in} - E_{out} = m_{E,\ in} \cdot e_{E,\ in} - m_{E,\ out} \cdot e_{E,\ out} - W_E$
LNG 泵	$\Delta E_p = E_{in} - E_{out} = m_{p,\ in} \cdot e_{p,\ in} + W_p - m_{p,\ out} \cdot e_{p,\ out}$
转化器	$\Delta E_{co} = E_{in} - E_{out} = m_{co,\ in} \cdot e_{co,\ in} - \sum_{i=1}^{n} m_{co_i,\ out} \cdot e_{co_i,\ out}$

3.3　结果与分析

利用 HYSYS 软件对流程进行建模并对关键参数反复试算，得到各物流温度、压力、质量流量及质量㶲等参数如表 2 所示，液化系统的液化率为 13.57%。表 3 给出了氢液化系统的性能参数以及各部分的能耗值，其中系统的比能耗为 9.802 kWh/kgH_2，㶲效率为 41.4%。表 4 给出了流程中多流换热器的性能参数，可以看到各换热器的最小换热温差接近最小值 2℃，说明流程中各参数接近最优值。除此之外，相同压力条件的 LNG 预冷常规 L-H 工艺流程也被模拟并用于对比分析。

表 2　液化流程各物流的基本热力学参数

物流	温度/℃	压力/kPa	质量流量/kg · h^{-1}	质量㶲/kJ · kg^{-1}
Feed	25	140	208.3	397.7
GH1	20	140	1535.3	404.5
GH2	116.1	388.9	1535.3	1835.1
GH3	25	388.9	1535.3	1654.8
GH4	142.1	1080.1	1535.3	3181.5
GH5	25	1080.1	1535.3	2913.4
GH6	142.3	3000	1535.3	4446.1
GH7	25	3000	1535.3	4176.6
GH8	-91	3000	1535.3	4647.2
GH9	-155.5	3000	1535.3	5688.1
GH10	-189.0	3000	1535.3	6792.2
GH11	-214.5	850	1535.3	6641.8
GH12	-238.3	850	1535.3	8884.6
GH13	-252.0	140	1535.3	9963.2
LH	-251.8	140	208.3	11627
BH1	-268.1	140	1327	9969.5
BH2	-251.8	140	1327	8742.2
BH3	-197.9	140	1327	4776.6
BH4	-157.5	140	1327	3337.1

续表

物流	温度/℃	压力/kPa	质量流量/kg·h^{-1}	质量㶲/kJ·kg^{-1}
BH5	-94.4	140	1327	1939.7
LNG1	-162	120	1120	957.9
LNG2	-158.5	3000	1120	959.0
LNG3	-94.4	3000	1120	720.3
NG	23	3000	1120	460.1

表 3　液化系统的设备能耗与性能参数

参数/单位	数值
压缩机功耗/kW	2156.65
LNG 泵功耗/kW	2.62
膨胀机回收功/kW	117.06
SEC/(kWh/kg_{H_2})	9.802
EXE/%	41.4

表 4　多流换热器的参数

多流热交换器	最小温差/℃	UA/kW·℃$^{-1}$
换热器 1	2	57.35
换热器 2	2.012	191.13
换热器 3	2.042	51.66
换热器 4	2.203	34.80

3.4　㶲分析

氢液化系统中的各个设备都存在直接流向环境或因热力学不可逆性导致的㶲损失，表 5 给出了流程中各设备的㶲损失值及㶲破坏率。液化系统的总㶲损失为 1197.79kW，其中，增压设备、换热设备、膨胀设备及转化设备的㶲损失分别为 241.79kW、467.38 kW、101.95 kW、180.22 kW。换热设备的㶲损失最大，㶲破坏率约为 39.02%. 其中，LNG 冷能利用效率偏低的第一级多流换热器和换热温差较大的第二级多流换热器是㶲损失的主要来源。系统中的膨胀过程由二台膨胀机完成，这使得每一台的膨胀比不至于过低，在一定程度上降低了㶲损失。另外，三台压缩机的㶲损失基本相同，受入口压力影响较小。冷却器的㶲损失对被冷却气体的温度变化敏感，而基本不受其压力的影响。

表 5　液化系统中各设备的㶲损失

设备	㶲损失/kW	㶲破坏率/%
压缩机 1(com-1)	80.47	6.72
压缩机 2(com-2)	80.51	6.72
压缩机 3(com-3)	80.81	6.75
空气冷却器 C-1	46.90	3.92
空气冷却器 C-2	72.34	6.04
空气冷却器 C-3	84.93	7.09
LNG 压缩泵 P-1	2.28	0.19
透平膨胀机 E-1	25.3	2.11
透平膨胀机 E-2	76.65	6.40
换热器 1	161.94	13.52
换热器 2	213.7	17.84
换热器 3	44.23	3.69
换热器 4	47.51	3.97
气液分离器 Co-1	180.22	15.05
总计	1197.79	100

4　结论

氢液化系统的选择，往往要考虑液化性能与经济性两个方面。可以发现，目前结构较为复杂的大型氢液化流程具有更低的能耗和更高的㶲效率，已满足大规模氢液化的要求；而在结构较为简单的中小型氢气液化系统中，所提出的系统相较常规 L-H 系统具有更好的液化性能，并已达到与氦制冷和 Claude 系统相近的水平。系统的经济性可以借助成本分析来评估，液化厂的总支出成本包括固定资产成本和系统运行成本。所设计的氢液化系统规模小，所需设备少，具有固定资产成本低的优势，但系统中与液化过程比能耗成正比的运行成本会相对偏高。不过，相较于常规的氮气预冷型氢液化系统，采用 LNG 预冷的方式可以有效缩减系统的总支出成本，因为回收利用 LNG 汽化产生的冷能几乎不计成本，而常规系统所需的液氮则要额外购买。因此，所提出的新型氢液化工艺不仅提高了系统的液化性能，又通过 LNG 冷能的利用降低了投资成本，在我国未来中小型氢液化工艺的选择中具有显著优势。

本文提出了一种天然气重整制氢和 LNG 冷能液化氢气一体化工艺。所设计的系统中，通过回收利用 LNG 的冷能提高了系统的性能与经济效益，通过采用多流换热器与膨胀机相间布置的方法对氢气深冷增强了换热器的换热效率，通过应用两相膨胀机代替节流阀提高了氢气膨胀后的液化率。借助 HYSYS 软件对所建的流程进行了模拟计算与关键参数的灵敏度分析，并对不同的液化系统进行了比较。结果表明：(1)新型双压 L-H 氢液化系统的比能耗为 9.802 kWh/kgH_2，㶲效率为 41.4%，总㶲损失为 1197.79 kW，其中优化后的换热设备仍是系统㶲损失的主要来源。(2)系统中氢气的预压缩压力在 2~4 MPa 范围内变化对系统比能耗和氢气液化率影响较大，而 LNG 的加压压力对系统影响较小，可以适当提高氢气预压缩压力以降低系统的能耗。(3)所提出的新型氢液化工艺相较常规 L-H 液化系统显著提高了液化性能，且具有流程简单、投资成本低等优势，在未来中小型氢液化厂的建设中优势明显。

参 考 文 献

[1] 曹增辉．液化天然气冷能利用方法的研究与展望[J]．化工管理，2020，(16)：56-57.

[2] 王力勇．基于 LNG 冷能的闪蒸双循环碳捕集系统的热力学分析[J]．节能技术，2020，38(5)：431-436.

[3] 孙靖，韩克鑫．基于 LNG 冷能的液固流化床海水制冰淡化[J]．现代化工，2020，40(7)：197-205.

[4] 朱琴君，祝俊宗．国内液氢加氢站的发展与前景[J]．煤气与热力，2020，40(7)：15-19，45.

[5] 吕翠，王金阵，朱伟平，等．氢液化技术研究进展及能耗分析[J]．低温与超导，2019，47(7)：11-18.

[6] 王江涛，杨璐．氢能产业与 LNG 接收站联合发展技术分析[J]．现代化工，2019，39(11)：5-11.

[7] 吕翠，王金阵，朱伟平，等．氢液化技术研究进展及能耗分析[J]．低温技术，2019，47(7)：11-18.

[8] 殷靓，巨永林．氢液化流程设计和优化方法研究进展[J]．制冷学报，2020，41(3)：1-10.

[9] 曹学文，杨健，等．新型双压 Linde-Hampson 氢液化工艺设计与分析[J]．化工进展，2021.

[10] 殷靓，巨永林，王刚．1，000L/h 氢液化装置工艺流程分析及优化[J]．制冷技术，2019，39(1)：39-44.

山东 LNG 接收站硬质保冷结构的选择

高庆娜

（青岛液化天然气有限责任公司）

摘　要　山东 LNG 接收站目前存在柔性保冷系统失效问题，更换硬质保冷系统前对保冷材料性能进行模拟工况的低温测试，确定了管道主要保冷材料的物理性能；采用 A、B、C 三种方案对部分管道、阀门试点改造，从改造方案的角度分析更换保冷层后的效果；采用基于热电偶测试的表面温度法对比分析三种方案的漏冷量，寻找最优的管道保冷维修维护方案。

关键词　保冷材料；物理性能；改造方案；漏冷量；防凝露

山东 LNG 接收站是中国石化在国内建设的第一座 LNG 接收站，自投产至今液化天然气接卸量超过 2200 万吨，装置平稳运行四年有余，主要包括码头、储罐、工艺处理、轻烃回收、装车外运和公用工程等功能区块。但近期陆续发现站内柔性保冷设施存在管线结露、变形下坠、保冷外保护层开裂、阀门内外部结冰严重等问题。

经过表观密度、吸水率、红外光谱、SEM、EDS 等实验分析测试，发现柔性保冷材料存在老化、劣化现象，加剧了冷量损失，导致了保冷系统失效的现状。本文对三种硬质保冷试点改造方案进行对比和筛选，结合企业实际情况综合考虑，择机逐步更换柔性保冷系统。

1　LNG 管道保冷材料的选取

山东 LNG 接收站无停车检修期，全年运行，需在管道低温条件下更换保冷系统。为寻找更符合工况的材料，结合我国其他 LNG 接收站工程中的经验，更换硬质保冷系统前对保冷材料性能进行模拟工况的低温测试。现对山东 LNG 接收站所采用的主要管道保冷材料物理性能做如下要求（表 1）：

表 1　主要管道保冷材料物理性能

保冷材料	导热系数/[W/(m·k)]	密度/(kg/m^3)	抗压强度/MPa	体积吸水率/Vol%	线膨胀系数/(10^{-5}/℃)
泡沫玻璃(FG)	≤0.043	115-135	≥0.5	≤0.5	≤0.9
硬质聚异氰脲酸酯(PIR)	≤0.019	40-44	≥2.2	≤5	≤7
聚氨酯发泡料(PUR)	≤0.027	45-55	≥0.2	≤1	≤6

分析表 1 数据得出结论：泡沫玻璃吸水率低，是良好的保冷和防潮材料；且线膨胀系数小，与金属材料接近，能避免胀缩差引起保冷材料与管道脱壳的危险，确保保冷结构的密闭性[1]。聚异氰脲酸酯(PIR)是分子结构中含有异氰脲酸酯环的泡沫塑料[1]，绝热性能好，低密度，抗压强度高。聚氨酯发泡料(PUR)吸水性小，尺寸稳定性好，常温下可发泡，固化，是阀门保冷的理想材料。

2　试点改造方案对比

LNG 管线由于工艺生产的特殊性，对于温度控制的要求较高，一旦保冷效能降低，将会导致整个区域内工艺温度波动，影响整套装置的 BOG 产生量，存在较高的生产风险。针对目前情况，山东 LNG 接收站采用 A、B、C 三种方案对部分管道、阀门试点改造（表 2），对于 DN50mm 的直管道，A 和 B 采用的“PIR + FG 复合结构”（图 1a）在 LNG 管道保冷结构中应用比例占 50%，C 采用的“两层 PIR+SA 复合结构”（图 1b）应用比例占 3%[2]。对于 DN450mm 的直管道，A 采用“PIR+PIR+FG 结构”（图 2a）；B 采用“FG+PIR+FG 结构”（图 2b）；C 采用“三层 PIR+SA”（图 2c）。对于阀门结构，A 采用“玻璃棉+纳米毡+PUR 发泡”（图 3a）；B 采用“玻璃棉+PUR 发泡+FG 阀门盒”（图 3b）；C 采用“玻璃棉+PUR 发泡+PIR 阀门盒”（图 3c）。泡沫玻璃属于无机材料，低温下不变质，具有良好

表2　A、B、C三种试点改造方案

	DN50/mm		DN450/mm	
	直管	阀门	直管	阀门
A	PIR+FG，两层	玻璃棉+纳米毡+PUR发泡	PIR+PIR+FG，三层	玻璃棉+纳米毡+PUR发泡
B	PIR+FG，两层	玻璃棉+PUR发泡+FG阀门盒	FG+PIR+FG，三层	玻璃棉+PUR发泡+FG阀门盒
C	PIR两层+纳米气凝胶(SA)	玻璃棉+PUR发泡+PIR阀门盒	PIR三层+纳米气凝胶(SA)	玻璃棉+PUR发泡+PIR阀门盒

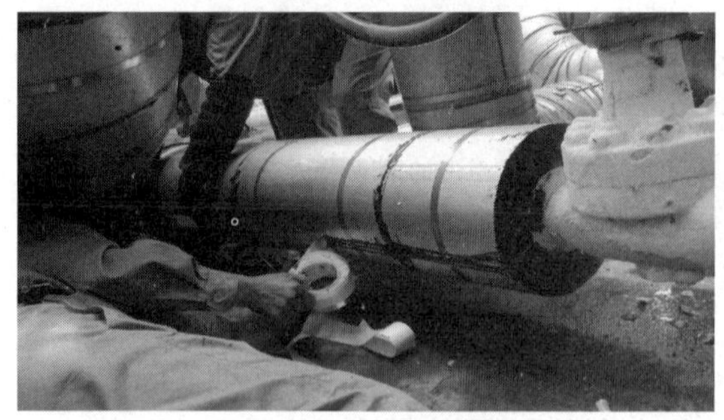
(a)"PIR + FG复合结构"

(b)"两层PIR + SA复合结构"

图1　DN50mm直管道

(a)"PIR+PIR+FG结构"中两层PIR

(a)"PIR+PIR+FG结构"中最外层FG

(b)"FG+PIR+FG结构"中FG+PIR

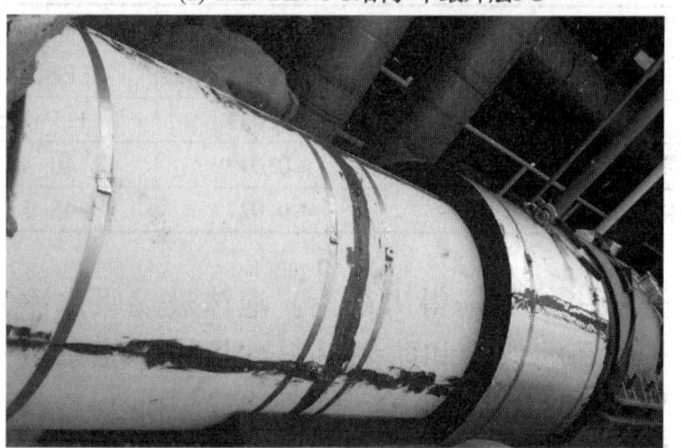
(b)"FG+PIR+FG结构"中最外层FG

(b)"三层PIR+SA结构"中第一层PIR

(b)"三层PIR+SA结构"中第二、三层PIR

图2　DN450mm直管道

的耐腐蚀和化学稳定性；使用寿命长，不存在风化、老化等现象；不吸湿、吸水，长年使用不会降低隔热保冷效果；不燃烧，不氧化，材料的持久性好[3]。“FG+PIR+FG 结构”和“玻璃棉+PUR 发泡+FG 阀门盒”综合了泡沫玻璃性能稳定等优点和有机材料（如 PIR 或 PUR）导热系数低、成本相对便宜等优点，既保证了低温管道工艺需求又有节省投资的特点[3]。PIR 满足 B1 级防火材料，但是在持续的高温火焰中仍能够燃烧[4]；PIR+SA 复合结构热传导系数极低，近几年随着生产工艺的更新和发展，已形成小规模的商业化[5]。综合以上因素考虑，“FG+PIR+FG 结构”和“玻璃棉+PUR 发泡+FG 阀门盒”成为山东 LNG 管道试点改造的优选方案。

(a)“玻璃棉+纳米毡+PUR发泡”中预制模金

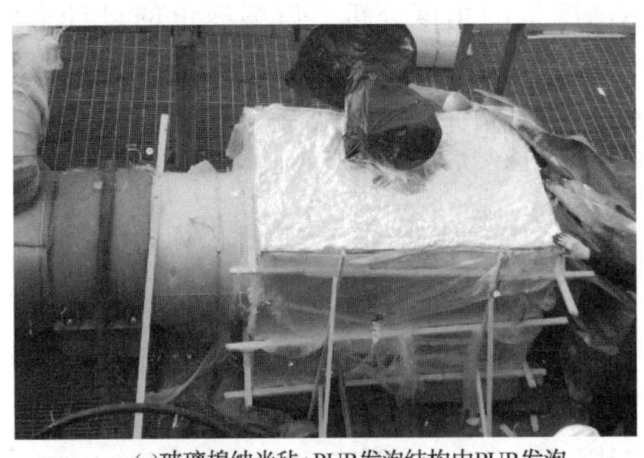

(a)玻璃棉纳米毡+PUR发泡结构中PUR发泡

(b)“玻璃棉+PUR发泡+FG阀门盒”中FG阀门盒

(b)“玻璃棉+PUR发泡+FG阀门盆”中PUR发泡

(c)“玻璃棉+PUR发泡+HR阀门金”中PIR阀门盒

(c)“玻璃棉+PUR发泡+PIR阀门盒”中PUR发泡

图 3　DN450mm 阀门

3　保冷效果对比分析

山东 LNG 接收站通过冷损失检测的方式来分析 A、B、C 三种试点改造方案的保冷效果。一是在于通过测量管道的冷损失量，将测量值与设计值进行比较，判断试点管道改造后的冷损失量是否满足设计值 25W/m^2；另一方面，通过测试保冷材料的外表面温度，判断试点改造后的材料外表面温度是否大于露点温度 1~3℃[6]。

工况稳定的条件下，结合设备的实际情况，采用测点多、测量速度快、安装方便的基于热电偶测试的表面温度法[7]。多个测点取平均值后结果如下表 3 所示：

表 3 管道和阀门漏冷量

	DN450mm 直管/(W/m²)	DN50mm 阀门/(W/m²)	DN450mm 阀门/(W/m²)
A	18.7	15.1	19.1
B	18.9	16.3	10.9
C	19.4	16.2	12.2

从漏冷量的角度分析，以漏冷量的设计值25W/m²为合格线，三种试点改造方案均合格；DN450mm 直管道平均漏冷量差别不大，综合考虑三个方案，建议采用“弹性调整层+FG+PIR+FG”；B 方案中阀门平均漏冷量最低，为首选方案。从防凝露的角度分析，以保冷材料外表面温度大于露点温度 1~3℃为合格线，A、B、C 均合格。

4 结论

经过上述研究讨论分析后，通过山东 LNG 管道保冷维修维护方案：阀门均采用“FG 外壳+PUR 发泡结构”；DN100mm 以上管道采用“弹性调整层+FG+PIR+FG”；结合不同直径管道和阀门数量及施工难度等因素，DN100mm 以下管道保冷结构形式进行调整，采用“FG+PIR”，热损耗给定的的条件下，导热系数高的材料比导热系数低的材料保冷层更厚，设计原则增加 PIR 厚度，减少 FG。

参 考 文 献

[1] 方锦坤 . LNG 低温管道支架保冷材料选择[J]. 山东化工，2017，46(7)：148-150.

[2] 王燕飞 . 浅谈 LNG 管道保冷材料的选用[J]. 石油化工安全环保技术，2016，32(5)：44-48.

[3] 张国中，李涛，杨公升，苏龙龙 . 泡沫玻璃在 LNG 管道保冷中的应用[J]. 工程建设与设计，2016，6，102-103.

[4] 贾振，张祥，相政乐，等 . LNG 管道保冷材料及施工[J]. 石化技术，2016，23(4) ：67 -68.

[5] 曲顺利 . 聚异氰脲酸酯(PIR) 在 LNG 管道中的应用介绍[J]. 山东化工，2016，24(45)：79-82.

[6] GB 8174-2008，设备及管道绝热效果的测试与评价[S].
GB 8174-2008，Testing and evaluation of thermal insulation effect of equipment and pipelines [S].

[7] GB 17357-2008，设备及管道绝热层表面热损失现场测定热流计法和表面温度法[S].

轻烃加 LNG 一体化联产工艺优化

范原搏　王荣敏　何　毅　张　明

（中国石油长庆油田分公司）

摘　要　为了进一步深入开展伴生气综合利用工作，长庆油田以 LNG 计产为手段，推动轻烃处理回收后的干气回收利用；同时结合专项工程，开展 LNG 装置建设，立足于成熟的轻烃回收工艺和 LNG 生产工艺，充分调研结合多方的技术思路，形成了轻烃加 LNG 一体化联产工艺，并在伴生气综合利用工程中进行应用推广，充分降低建设投资，降低运行成本，提高产品收率，达到回收资源、节能降耗、提升效益的目标。

关键词　伴生气综合利用；轻烃回收；LNG 生产；一体化联产

近 20 年，我国人均能源消费量增加了 3 倍，2019 年碳排放总量的全球占比达 28.76%，党中央提出我国的二氧化碳排放要力争于 2030 年前达到峰值，努力争取在 2060 年前实现碳中和的目标，要在未来 40 年先后实现碳达峰、碳中和目标，面临艰巨挑战。

中国石油天然气集团公司高度重视天然气放空对温室气体的影响，要求进一步提高站位，加强认识，对油气田企业天然气放空进一步治理，并提出措施。长庆油田作为国内第一大油田，治理放空，努力实现碳达峰和碳中和目标，既是国有企业的社会责任担当，也是自身建设绿色矿山的需要。

1　背景

长庆油田目前的伴生气资源量约 301 万方/天，折合 11 亿方/年，平均生产气油比48 方/吨，伴生气经过轻烃装置处理后产生的干气月 60 万方/天，放空量共 32 万方/天。

表 1　伴生气不同利用方式统计

利用方式	气量（万方/天）	占比（%）
加热炉燃料	164	56
轻烃处理	105	35
燃气发电	12	4
放空	20	7

表 2　干气不同利用方式统计

利用方式	气量（万方/天）	占比（%）
加热炉燃料	30	50
LNG 生产	13	22
燃气发电	5	8
放空	12	20

目前，长庆油田 2018 年之前有伴生气处理装置 52 套，规模 123 万方/天。自 2018 年以来，长庆油田开展了原油稳定及伴生气综合利用专项一至三期工程的建设，共计建设 32 套伴生气处理装置，处理规模 116 万方/天，其中 LNG 生产装置 5 套。目前，一、二期工程已建成投产，待三期工程建成投产后，伴生气总处理规模达到 239 万方/天，预计干气产量将增加至 120 万方/天。

可见，油田伴生气放空的治理需从未经处理的湿气和处理后的干气两方面入手。湿气的放空治理主要包括上游集输系统的密闭集输和，和下游利用装置进行集中处理，回收轻烃；干气的放空治理主要把包括作为集输系统加热炉的燃料、燃气发电和 LNG 生产。为了在回收治理放空的同时，同步增加经济效益，长庆油田将 LNG 生产作为下一步干气回收利用工作的重要方面。

长庆油田目前的 LNG 装置均为市场化引入，共 18 套，总规模 34 万方/天，实际处理量约 13 万方/天，LNG 产量约 130 吨/天。伴生气综合利用三期工程中，筛选了资源量丰富、干气余量较大的区域，由长庆油田首次自主开展 LNG 装置建设，包括 5 座站为轻烃回收和 LNG 生产合建，1座为单独建设LNG装置，总体的LNG建设规模19万方/天。

长庆油田位于黄土高原，地形、地质条件复杂，建设征借地难度大，为了恐将投资、节约征地，为了工程高质量建成，也为了装置建成后能够高效运行降低成本，必须对现有的轻烃和LNG生产工艺进行优化整合。

2 工艺现状

2.1 轻烃回收工艺

长庆目前的新建轻烃回收装置采用DHX凝液接触工艺，以“分子筛脱水、浸硫活性炭脱汞、混合冷剂制冷、凝液接触重吸收”作为工艺技术路线。

预冷后分离的气相，与脱乙烷塔顶经过混合冷剂制冷后的气相，在重吸收塔进行接触，进一步分离气相中的凝液，提高产品收率达95.5%。

主体工艺设备区面积63m×17m，约1.6亩，设备投资约4000万元，定员17人。轻烃回收系统中的主要橇装设备有：原料气分离装置、分子筛脱水装置、低温分离装置、液化气回流装置等。

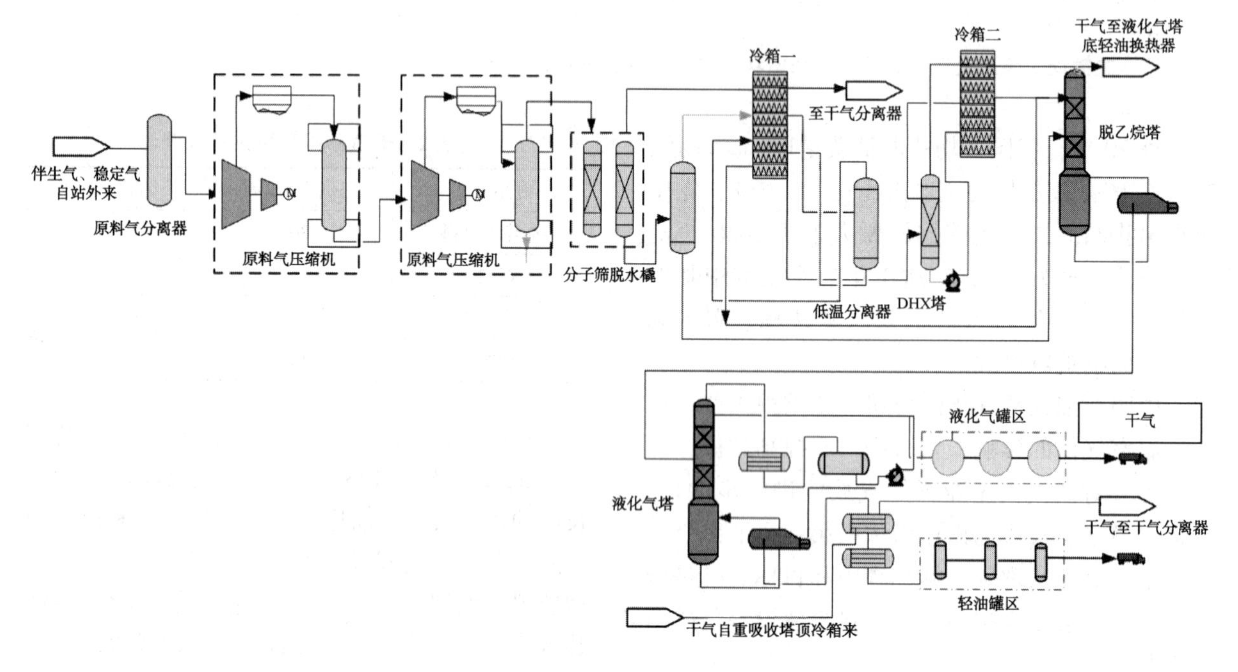

图1 轻烃回收(DHX)工艺流程图

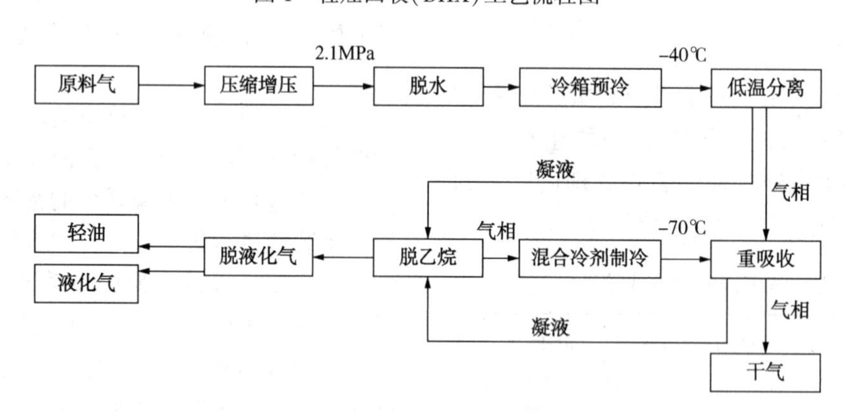

图2 主体流程简要框图

表3 轻烃回收系统主要橇装设备统计表

橇装设备	数量	备注
原料气分离装置	1座	
原料气增压装置	2座	1用1备

续表

橇装设备	数量	备注
分子筛脱水装置	1 座	
制冷装置	1 座	丙烷制冷、混合冷剂制冷、冷剂存储
低温分离装置	1 座	
塔区模块	1 套	重吸收塔、脱乙烷塔、脱液化气塔
闭式冷却塔	1 套	
污水收集	1 座	
空气压缩装置	2 套	空气压缩机、仪表风干燥机(1 用 1 备)
中低压火炬装置	1 套	火炬分液罐、放空火炬
干气调压计量装置	1 套	
导热油炉	1 套	
轻油储罐	1 套	
液化气储罐	1 套	
液化气回流装置	1 套	
定量装车装置	1 套	
地衡	1 座	

2.2 LNG 工艺

长庆油田内 LNG 主体工艺采用“胺法脱碳、分子筛脱水、浸硫活性炭脱汞、混合冷剂制冷”的技术路线，主要工艺系统有干气增压、脱酸、脱水、脱汞、液化分离、混合冷剂制冷等。

干气经过增压至 4.0MPa 后，经脱水、脱碳、脱汞后，冷却至-35℃左右，进一步分离出其中的 C_{2+} 组分，后经混合冷剂制冷，深冷至-160℃后，形成 LNG 产品。

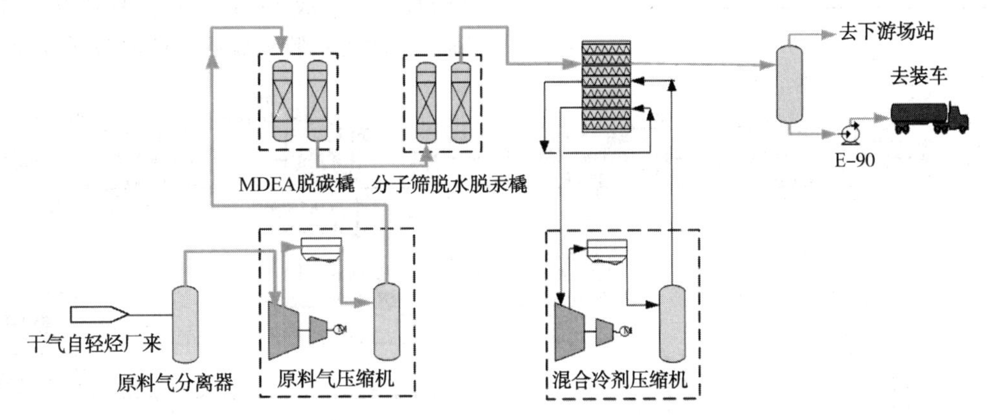

图 3　干气利用 LNG 工艺示意图

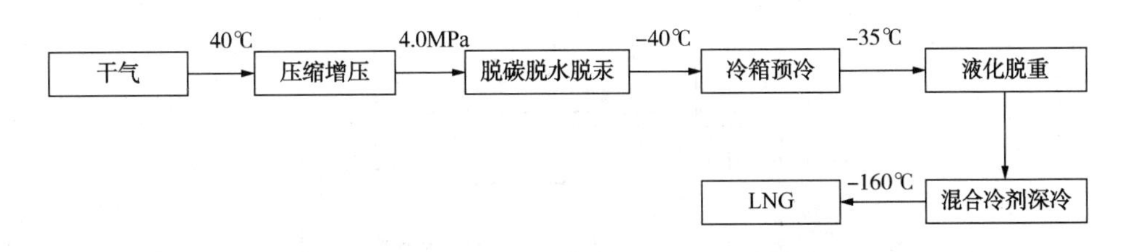

图 4　现有 LNG 主体流程简要框图

LMNG 主体工艺装置区占地约 60.5m×33m，约 2.9 亩，设备投资约 2200 万元，定员 17 人。主要撬装设备有：脱碳撬、脱水撬、压缩机撬、冷箱撬及排污撬等。

表 4　LNG 主要撬装设备统计表

橇装设备	数量	备注
进站计量橇	1 座	
原料气增压橇	2 座	1 用 1 备
原料气脱酸橇	1 座	
脱水脱汞橇	1 座	
低温液化橇	1 座	
混合冷剂制冷橇	1 座	
冷剂储存橇	1 座	
塔区模块	1 座	脱重塔
混合冷剂回收撬	1 座	
污水回收撬	1 座	
污油回收撬	1 座	
空气压缩机橇	2 套	1 用 1 备
仪表风干燥机橇	2 套	1 用 1 备
PSA 制氮机装置	1 套	
LNG 储罐橇	2 座	
LNG 装车泵橇	2 座	1 用 1 备
火炬分液罐橇	1 座	
放空火炬橇	1 座	
地衡	1 座	

若轻烃装置和 LNG 装置只是单纯合建，建设投资和运行成本都难以控制；因此，必须进行优化、简化、整合，以达到降低投资，控制成本，提升效益的目的。

表 5　装置建设对比

项目	轻烃	LNG	合建
设备投资	4000 万	2200 万	6200
装置区面积	1.6 亩	2.6 亩	4.2 亩
定员	17 人	17 人	34 人

3　工艺优化

3.1　优化思路

充分简化整合两套工艺流程，减少设备数量，降低设备投资，缩减征地面积。充分调研借鉴长庆目前已有的市场化的混烃加 LNG 生产流程，其采用活化 MDEA 脱碳、分子筛脱水、载硫活性炭脱汞、浅冷脱烃、脱氮、混合冷剂深冷产 LNG 的混烃+LNG 生产工艺。

其原料气(湿气)经过增压至 5.0MPa 后，经脱水、脱碳、脱汞后，冷却至-40℃左右经分离产生混烃，经脱氮处理和混合冷剂深冷至-160℃后，形成 LNG 产品。原料气一次压缩分离、一次脱水脱碳脱汞，产品包括混烃和 LNG。

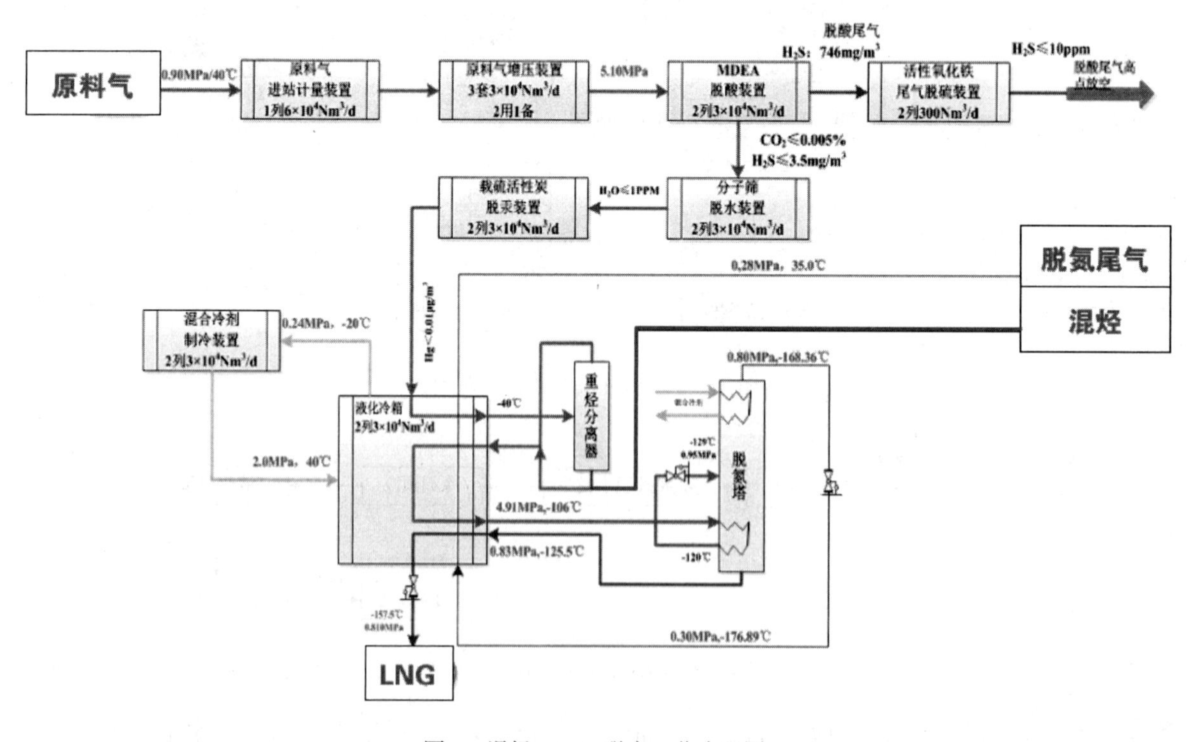

图 5　混烃+ LNG 联产工艺流程图

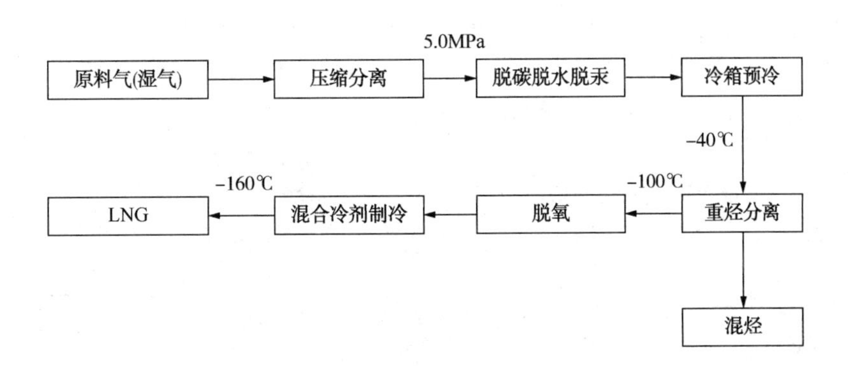

图6 混烃+LNG生产工艺示意图

3.2 工艺优化整合

1. 增压、脱杂质

结合两套工艺流程中，工程相对重合的增压、脱杂质的流程环节，实现一次增压至4.0MPa、一次脱碳、脱水、脱汞。

2. 制冷

结合轻烃和LNG生产的功能，根据两种工艺所需制冷条件，优化制冷流程。优化后首先在-40℃进行预冷，分离重烃组分；在-90℃条件下，液化 C_{2+}，分离出甲烷；在-160℃条件下，液化甲烷形成LNG。

3. 分离

根据前段制冷参数的优化，在-90℃条件下提高了收率，可取消凝液接触重吸收环节。在脱乙烷前，增加脱甲烷流程，生产LNG。

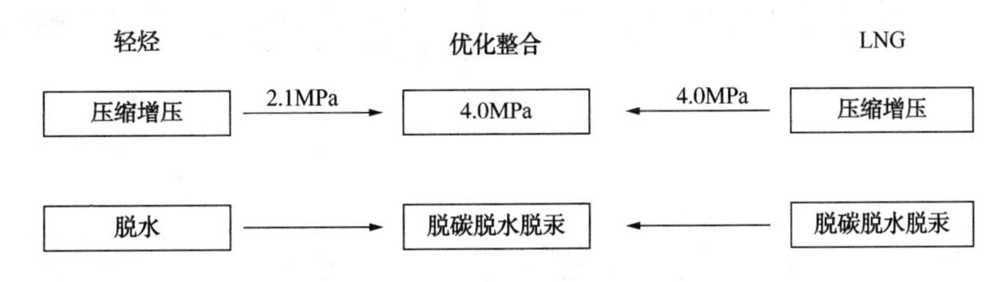

图7 压缩增压、脱杂质流程优化示意

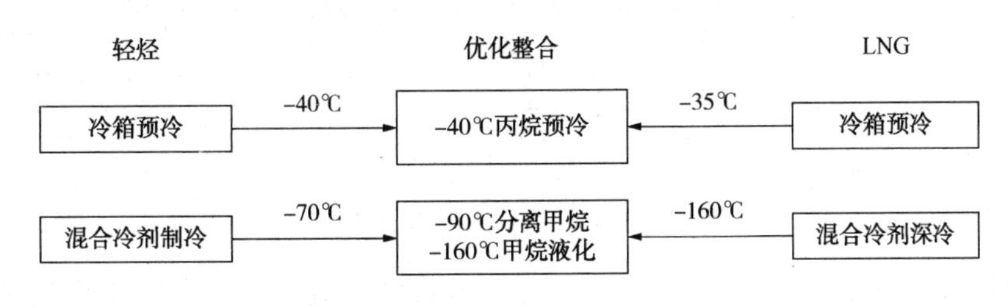

图8 制冷流程优化示意

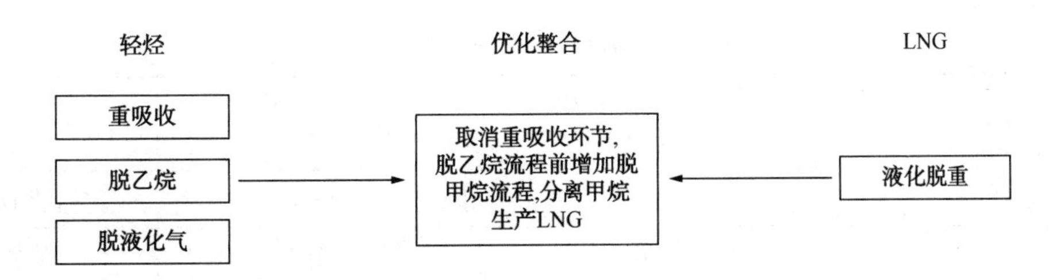

图9 分离流程优化示意

3.3 轻烃+LNG一体化联产工艺

流程优化整合之后，采用“胺法脱碳、分子筛脱水、浸硫活性炭脱汞、丙烷预冷+混合冷剂深冷、甲烷分离”的轻烃+LNG一体化联产工艺。

相较于两套工艺独立建设，减少了1套原料气增压机组、1套干气计量调压装置、1套混合冷剂制冷系统、1套冷箱、1套分子筛脱水。主体工艺布置区域56.4m×26m，约2.2亩，设备投资约5200万元，定员17人。

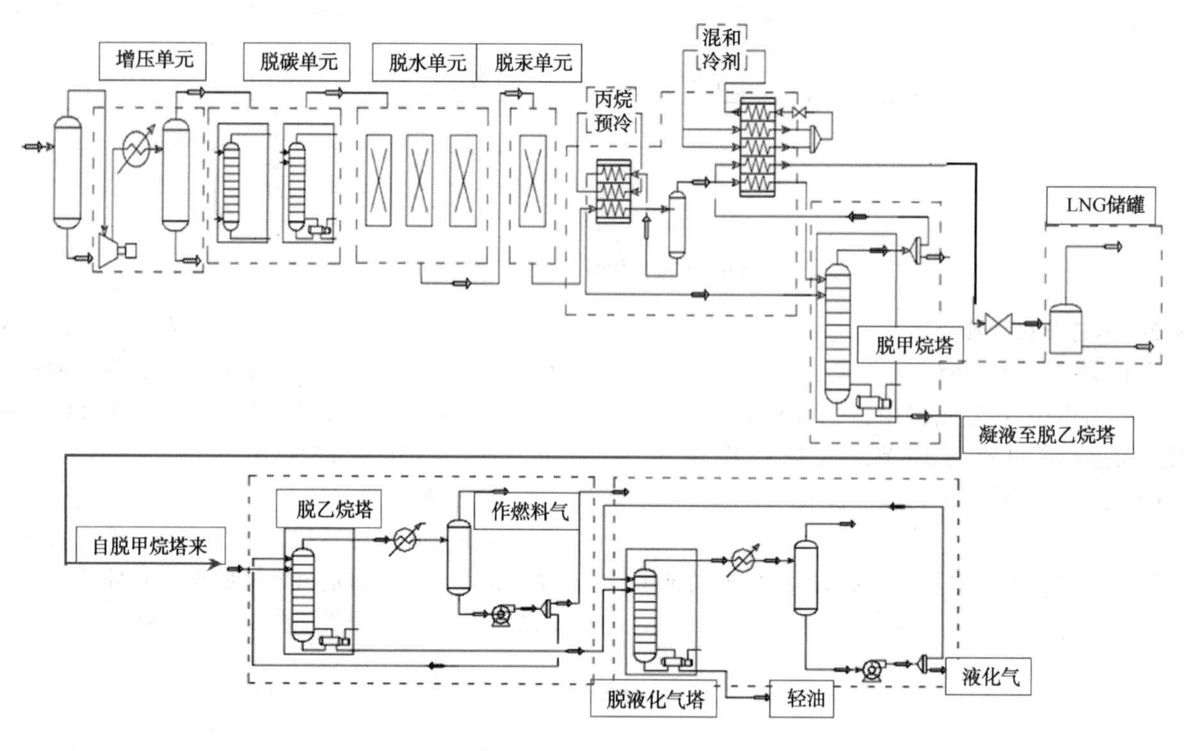

图10 轻烃+LNG联产工艺流程图

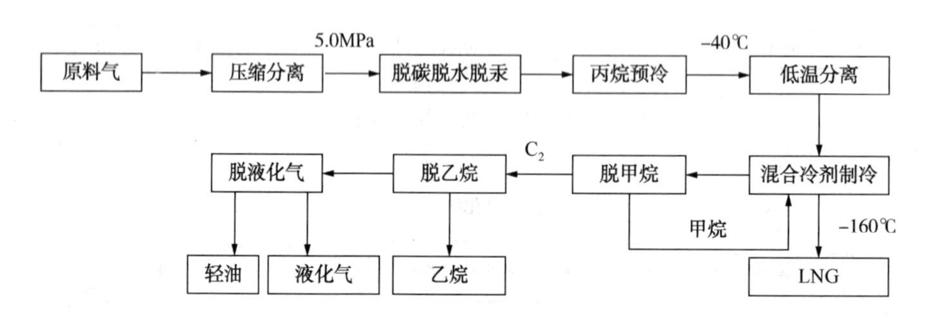

图11 轻烃+LNG联产工艺示意图

3.3 优化效果对比

通过优化，轻烃+LNG联产工艺多项指标较轻烃、LNG分建工艺有了大幅提升，其中设备投资降低16%，占地面积降低52%，年能耗费用降低28%

表6 优化前后对比表(5万方/天为例)

内容	轻烃、LNG分建（优化前）	轻烃+LNG联产（优化后）	备注
C_{3+}收率/%	95.47	99.2	提高4%
设备投资/万元	6200	5200	降低16%
占地面积/亩	4.5	2.2	降低52%
冷剂压缩机/kW	1126	873	0.62元/kW·h
原料气压缩机/kW	482	284	0.62元/kW·h

续表

内容	轻烃、LNG 分建 (优化前)	轻烃+LNG 联产 (优化后)	备注
冷剂冷却消耗水/(m^3/h)	38.6	26.2	3.0 元/m^3
能耗费用/(万元/年)	974	697	降低 28%
定员/人	34	17	降低 50%

4 结论与认识

优化简化后形成的轻烃+LNG 一体化联产工艺，相较于两套工艺分别独立建设，可降低设备投资(6200↓5200 万元)，减小占地面积(4.5↓2.2 亩)，提高 C_{3+} 收率(95.47↑99.2%)，同时降低能耗费用(974↓ 697 万元)，减少劳动定员(34↓ 17 人)在三期工程中应用，可实现回收资源、节能降耗、提升效益的效果。

近年来，长庆油田伴生气综合利用工作取得了显著的进展，但由于起步较晚，仍有巨大的潜力待挖掘，我们将持续把优化简化的思想贯穿到今后的工作中，坚持环保，支撑上产，为实现油田绿色、低碳、清洁生产夯实基础。

降低伴生气处理厂外输干气 C_{3+} 百分率方法研究

吕抒桓

（长庆工程设计有限公司）

摘　要　在油气田伴生气湿液回收过程中，DHX 工艺具有工艺简单、C_{3+}收率可达到95%以上、操作更方便等优点，但实际应用过程中仍存在 C_{3+}收率较低的问题。影响 C_{3+}收率的主要因素为温度和压力。温度主要依靠冷剂压缩机来控制，因此冷剂压缩机是否运行稳定是整个工艺流程中的关键。通过本次研究发现，为保障冷剂压缩机控制温度的稳定性，需采用带变频的冷剂压缩机，同时保证足够的冷剂量。

关键词　DHX 工艺；C_{3+}收率；温度；冷剂压缩机

油田伴生气组分主要为甲烷、乙烷等低分子烷烃，还含有相当数量的丙烷、丁烷等 C_{3+}成分，回收 C_{3+}成分生产液化石油气和稳定轻油等高附加值产品，能够实现天然气资源的分层次利用，进一步减少油气损耗，提高生产和运输过程中的安全性，最终提高油气田开发和生产的综合经济效益。

2018 年以前，长庆油田伴生气回收和综合利用经历了中压浅冷、冷油吸收、改进型冷油吸收等工艺的改进发展历程，形成了以改进型冷油吸收为核心技术的轻烃加工工艺，C_{3+}收率达到 90%以上。2018 年，在改进型冷油吸收工艺的基础上，进一步形成了以自产凝液做冷剂、中压深冷的 DHX 工艺，该工艺同样具有工艺简单、C_{3+}收率可达到 95%以上、操作更方便等优点。

通过对长庆油田某伴生气处理厂 DHX 轻烃回收装置运行数据的收集和统计发现，仍然存在 C_{3+}收率偏低（<95%）的问题，本研究基于现场运行数据及 DHX 工艺原理分析影响 DHX 轻烃回收装置 C_{3+}收率的主要因素，并提出相应的措施。

1　DHX 工艺综述

1.1　工艺流程

DHX 法是由加拿大埃索资源公司于 1984 年首先提出，并在 JudyCreek 厂的 NGL 回收装置实践后效果很好，其工艺流程见图 1。DHX 塔（重接触塔）相当于一个吸收塔。该法的实质是将脱乙烷塔回流罐的凝液经过增压、换冷、节流降温后进入 DHX 塔顶部，用以吸收低温分离器进该塔气体中的 C_{3+}烃类，从而提高 C_{3+}收率。将常规膨胀机制冷法（ISS）装置改造成 DHX 法后，在不回收乙烷的情况下，实践证明在相同条件下 C_{3+}收率可由 72%提高到 95%。

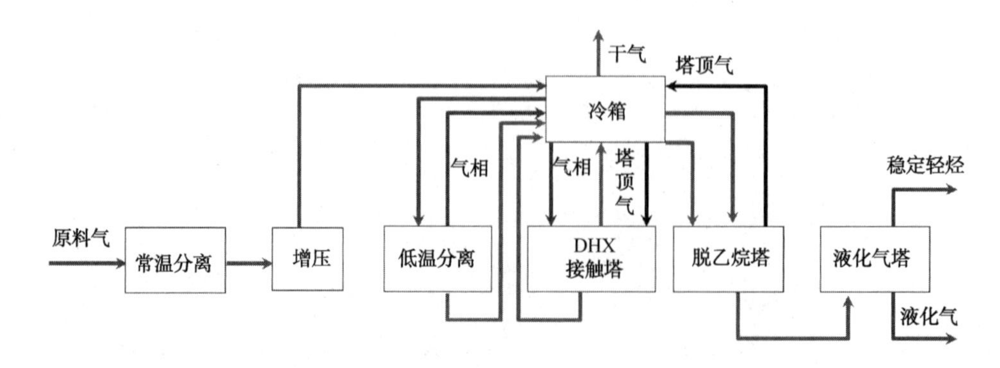

图 1　DHX 工艺流程框图

1.2 C_{3+} 收率定义

C_{3+} 收率(%)=[(原料气中 C_{3+} 质量流量-干气中 C_{3+} 质量流量)/原料气中 C_{3+} 质量流量]×100%。

C_{3+} 质量流量无法直接测量，可通过测量外输 C_{3+} 百分率近似表征其相对大小，外输干气 C_{3+} 百分率越低 C_{3+} 收率越高。

1.3 影响 C_{3+} 收率因素

根据 C_+^3 液化率-压力-温度曲线可以看出，影响 CC_{3+} 收率的主要因素为温度和压力。为使 C_{3+} 收率提至 95% 以上，处理压力需控制在 4.0MPa 以上，温度控制在-30℃以下。

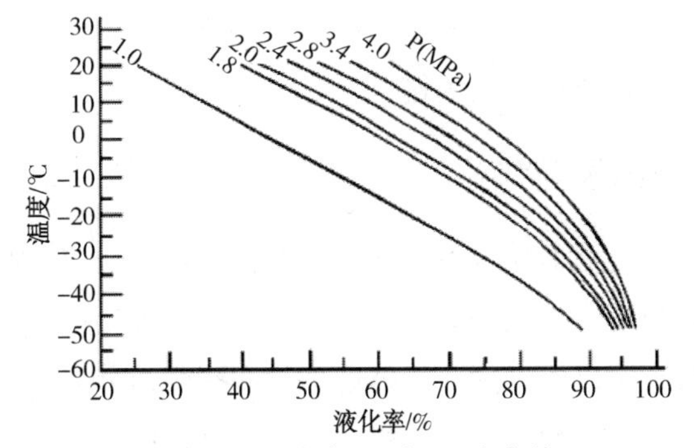

图 2　C_{3+} 液化率-压力-温度曲线

为进一步验证温度据 CC_{3+} 收率的影响，本次研究通过 HYSYS 建立某伴生气处理厂 DHX 工艺轻烃回收装置模型，模拟计算不同 DHX 塔和低温分离器温度下外输干气 C_{3+} 百分率的变化情况，所建模型如图 3 所示。

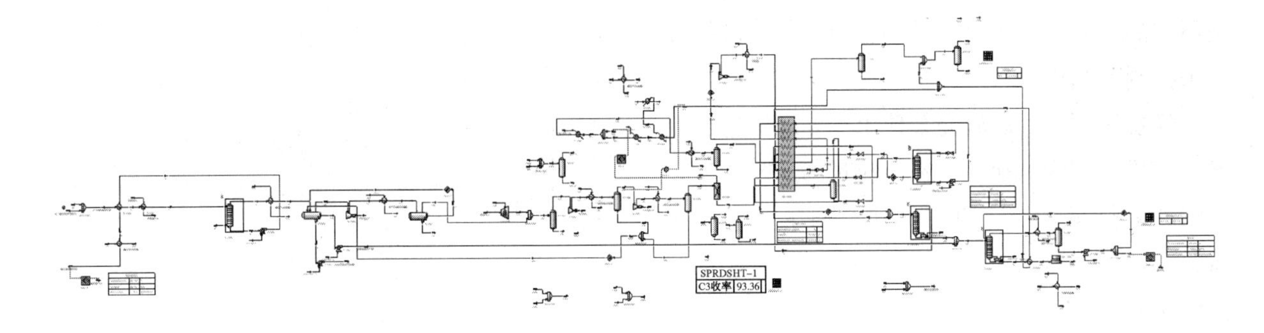

图 3　某伴生气处理厂 DHX 轻烃回收装置 HYSYS 计算模型

同时，根据现场运行数据观察发现，当外输干气 C_{3+} 含量小于 2.5%时，原料气 C_{3+} 收率均大于 95%。结合所建模型，计算结果如图 4、图 5 所示。

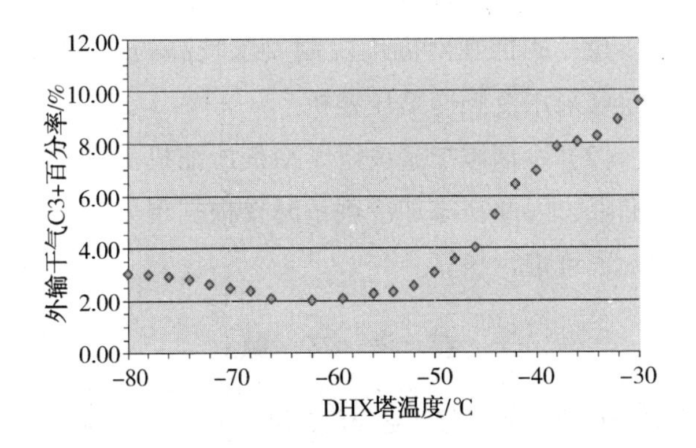

图 4　DHX 塔温度与外输干气 C_{3+} 含量关系曲线

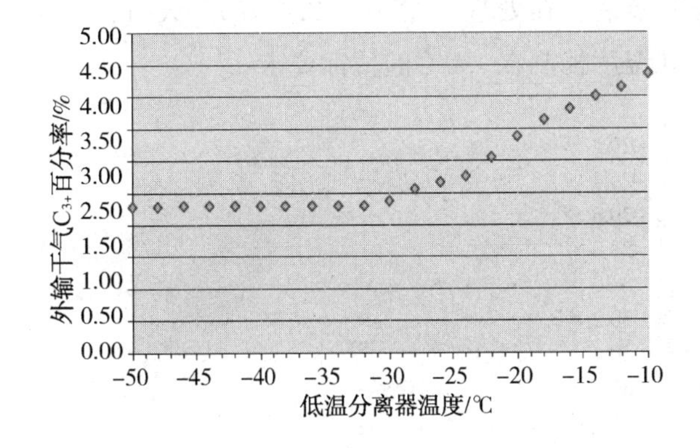

图 5　低温分离器温度与外输干气 C_{3+} 含量关系曲线

根据模拟计算结果可以看出：

① DHX 塔温度对外输干气 C_+^3 百分率影响较大，当 DHX 塔温度在-50℃～-70℃时，外输干气 C_{3+} 百分率小于 2.5%。

② 低温分离器温度对外输干气 C_{3+} 百分率影响较大，当低温分离器温度在小于或等于-30℃时，外输干气 C_{3+} 百分率小于 2.5%。

根据 DHX 工艺流程，整个工艺过程中温度主要依靠冷箱来控制，而控制冷箱的主要设备为冷剂压缩机，因此冷剂压缩机是否运行稳定是整个工艺流程中的关键。

2 结果与讨论

根据上述分析，冷剂压缩机是否运行稳定是整个 DHX 工艺过程中的关键。本次研究针对冷剂压缩机的排量、冷剂添加量和冷剂组分对冷剂压缩机运行效率的的影响进行了分析研究，同时结合现场运行数据进行了验证。

2.1 冷剂压缩机排量对温度的影响

冷剂压缩机的排量直接影响着制冷效果，相同设备相同工况下排量不同提供的冷量也不同，当原料气来气温度、组分发生变化时，要保证出口温度仍然达到设计温度，所需冷箱提供的冷量是不同的，此时就需要及时调整冷剂压缩机的排量来控制冷箱供冷量。

经现场调研，所研究某伴生气处理厂选用冷剂压缩机功率为100kW，额定排量为598Nm³/h，无法调节排量大小。通过增加冷剂压缩机变频器，实现了冷剂压缩机 30%～100%排量任意切换的功能。

图 6 为添加前后冷剂压缩机在不同处理气量下的温度变化情况，通过分析可以看出：添加变频器后，在处理气量小于 2.4 万方/天时，可实现温度控制在-30℃的目标要求。

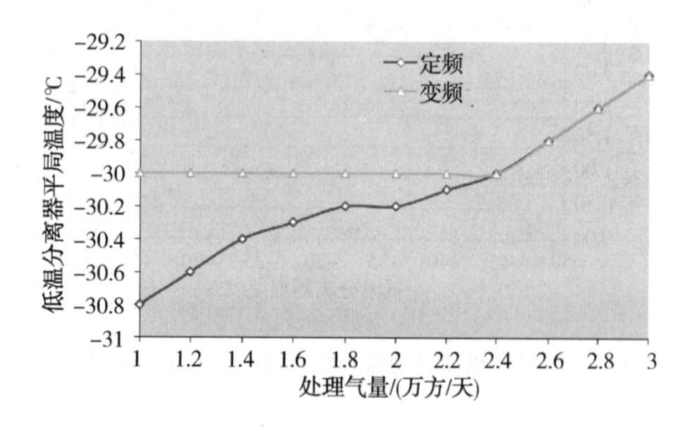

图 6 某伴生气处理厂冷剂压缩机增加变频器前后温度变化情况

2.2 冷剂添加量对温度的影响

在压缩机排量相同的情况下，冷剂压缩机冷剂的添加量直接影响降温效果，从图 6 可以看出，当日处理气量增加至 2.4 万方/天以上后，即使冷剂压缩机满负荷运行仍然无法将温度控制在目标温度-30℃，主要原因就是受冷剂添加量的影响。

经现场调研，某伴生气处理厂设计规模 3×10⁴Nm³/d，投产初期按照 2×10⁴Nm³/d 运行，为了尽早投产根据经验值估算冷剂量为 300kg，根据运行情况来看可以满足现场初期的运行需求，但当处理气量增加后，出现温度升高的问题。通过不改变压缩机冷剂组分配比，添加冷剂量至 400kg，运行结果如图 7 所示。从结果可以看出，当处理气量满负荷时低温分离器温度可保持在-30℃。

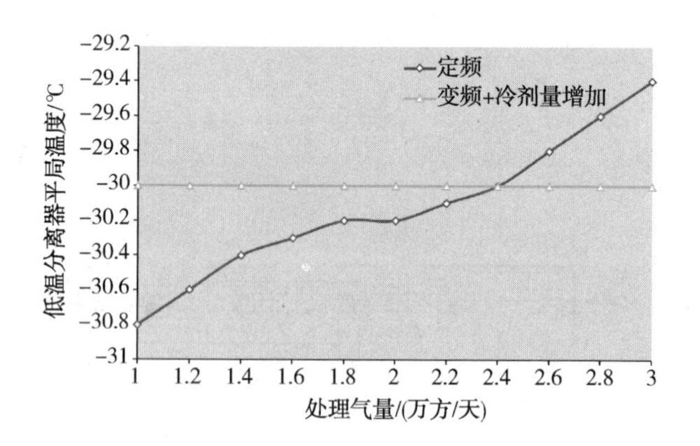

图 7 某伴生气处理厂添加冷剂量前后温度变化情况

3 结论

（1）在冷剂量和配比一定的情况下，通过调节冷剂压缩机的排量可以改变冷剂压缩机所提供的冷量，因此在对温度控制要求较高的 DHX 工艺建议采用变频冷剂压缩机。

（2）冷剂添加量决定了冷剂压缩机提供冷量的上限，因此在添加冷剂量时要根据现场设备最大处理量进行核算。

参 考 文 献

[1] 荣杨佳，王成雄，赵云昆，胡成星，饶冬，诸林．天然气轻烃回收与提氦联产工艺[J]．天然气工业，2021，41(05)：127-135.

[2] 彭星煜，宋晓娟，王金波，豆旭昭，何莎，喻建胜．天然气凝液回收直接换热工艺分析及改进[J]．天然气化工(C1 化学与化工)，2021，46(02)：

115-121.

[3] 陈波，张中亚，伍伟伦，林涛，嵇翔，黄春建. DHX 轻烃回收工艺不同运行模式分析[J]. 石油与天然气化工，2020，49(06)：13-19.

[4] 肖乐，尹奎，吴明鸥，涂洁，王刚，马枭. 轻烃回收 DHX 工艺优化及应用[J]. 天然气与石油，2020，38(05)：36-42.

[5] 武娜，师博辉. 油田伴生气轻烃回收工艺发展及应用研究[J]. 石化技术，2019，26(12)：361+369.

[6] 王培. 天然气轻烃回收技术的工艺现状与进展[J]. 化工管理，2018(20)：151-152.

“液来液走”LNG 接收站 BOG 处理方案探讨

位世荣　孟凡鹏

（中国石油天然气管道工程有限公司）

摘　要　天然气作为清洁能源越来越受到青睐，很多国家都将 LNG 列为首选燃料，天然气在能源供应中的比例迅速增加。天然气液化后可以大大节约储运空间，而且具有热值大、性能高等特点。近年来，随着液化天然气需求量急剧攀升，LNG 接收站项目也越来越受到各工程建设单位以及运营单位的青睐。本文介绍了 LNG 接收站日常运行中 BOG 产生的原因和处理方法，包括再冷凝、再液化、直接加压外输和直接充装 CNG 等，并结合实际采用“液来液走”运行模式的接收站项目实例对各处理方案进行比选。接收站应根据实际情况选择合适的 BOG 处理方法。

关键词　LNG 接收站；BOG 产生；BOG 处理

1　前言

近年来，随着国内天然气需求的快速增长，LNG 接收站项目也呈快速发展趋势。目前，国内已建成深圳大鹏、福建、大连、江苏等十余处接收站，且有更多的接收站项目正在建设或筹备中。常规的接收站由装卸船系统、LNG 储存系统、BOG 处理系统、增压系统、气化外输以及配套的控制和公用工程系统组成[1,2]。其中，BOG 处理系统是整个接收站的核心部分，BOG 处理工艺的成熟与否也决定了整个接收站的生产运营成本。

本文分别选取民营及国营 LNG 接收站各一座，结合实际情况来进行分析。目前我国民营 LNG 接收站多以中小型规模为主，且大部分不具备稳定外输天然气的途径和下游管网用户。因此接收站接卸的绝大部分 LNG 都采用“液来液走”的方式转卖，采用包括装车和装船等途径实现。在转运过程中，产生的大量 BOG 对整个接收站的 BOG 处理系统提出了挑战。

2　BOG 的产生原因和处理方法

BOG 的产生原因可分为以下几点[3]：储罐漏热自蒸发、站内管道漏热、装卸船置换、卸料过程中罐内闪蒸以及装车置换。通常 LNG 接收站对 BOG 有以下八种处理工艺：作为燃料气、用于发电、返回 LNG 船舱以平衡压力、送往火炬燃烧、再冷凝、再液化、直接加压外输和直接充装 CNG[4]。不同工况下的 BOG 产生量差异巨大，同时 BOG 的处理占据接收站投资和运营费用的比例也很大，因此不同的 BOG 处理方案经济性差异也较大。

上述八种处理工艺中，作为燃料气的处理方法是基于接收站内有相应的燃料气使用需求，诸如燃气灶，燃气热水器等日用设施的使用，因此，该处理方法不适用于大量 BOG 的处理工况。

返回船舱以平衡压力处理工艺可以处理大量的 BOG，但须有相应的 LNG 船作为储存设施容纳体积庞大的 BOG。因此，该处理工艺只适用于接收站卸船工况下的 BOG 处理，可与其他处理工艺共同实施。

BOG 发电与直接充装 CNG 两种处理工艺受限与接收站周边的市场需求，因此不能作为通用的处理工艺。

BOG 直接加压外输工艺是将 BOG 压缩到外输压力后直接送至输气管网，需要消耗大量压缩功。直接加压外输工艺通常用于外输压力较低，或最小外输量低于冷凝 BOG 需要 LNG 量的工况。

BOG 再冷凝工艺[5]是将 BOG 压缩到某一中间压力，然后与罐内低压输送泵输出的 LNG 在再冷凝器中混合，由于 LNG 增压后处于过冷状态，可以使 BOG 再冷凝，冷凝后的 LNG 经高压输出泵加压后外输。因此，再冷凝工艺可以利用 LNG 的冷量，减少 BOG 体压缩能耗，从而节省能量，比直接输出工艺和再液化工艺更加合理，通常适用于规模较大，可持续对外供气的大型 LNG 接收站。

BOG 再液化工艺是将 BOG 送至再液化装置，通过再液化装置的制冷循环将 BOG 重新液化成 LNG 后返回储罐。再液化装置需设置 BOG 增压压缩机、冷剂压缩机、冷箱、节流阀等设备，流程复杂、设备台数多、操作维护量大、运行能耗很高，通常用于接收站没有外输天然气管道，不具备外输条件的 LNG 接收站。

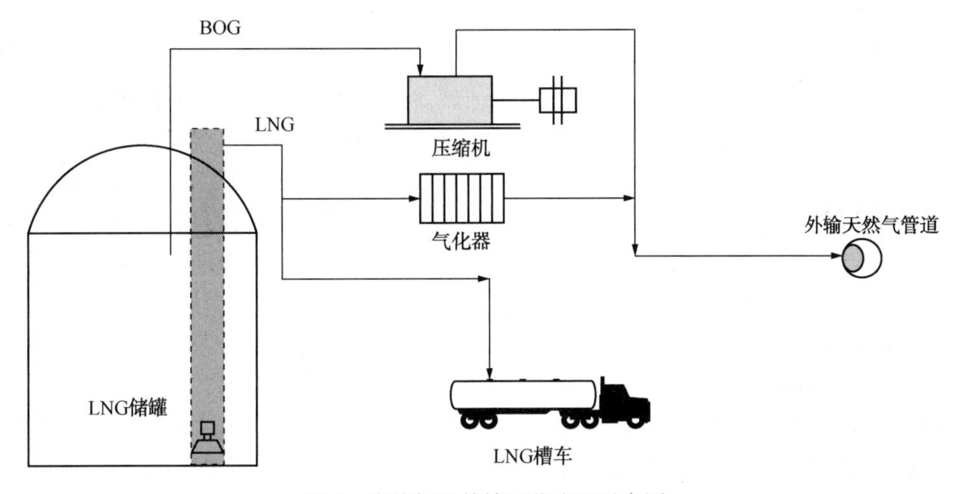

图 1 直接加压外输工艺流程示意图

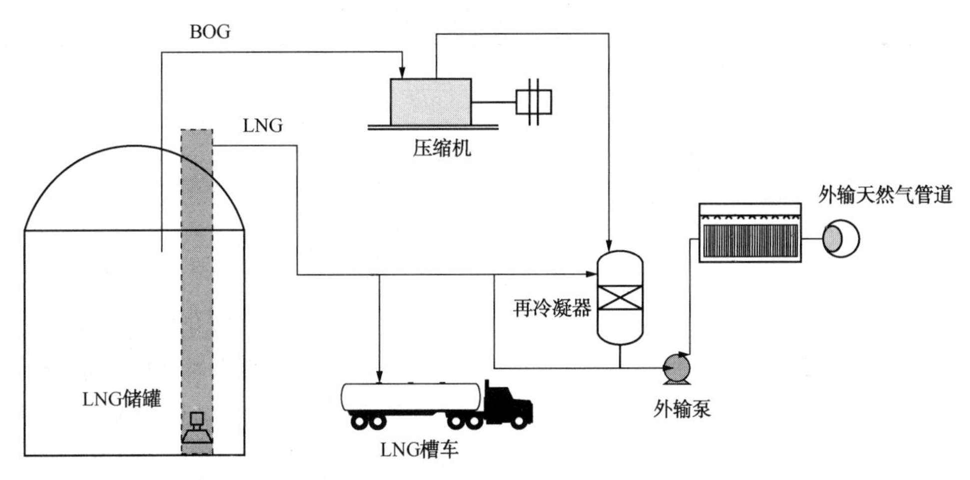

图 2 再冷凝工艺流程示意图

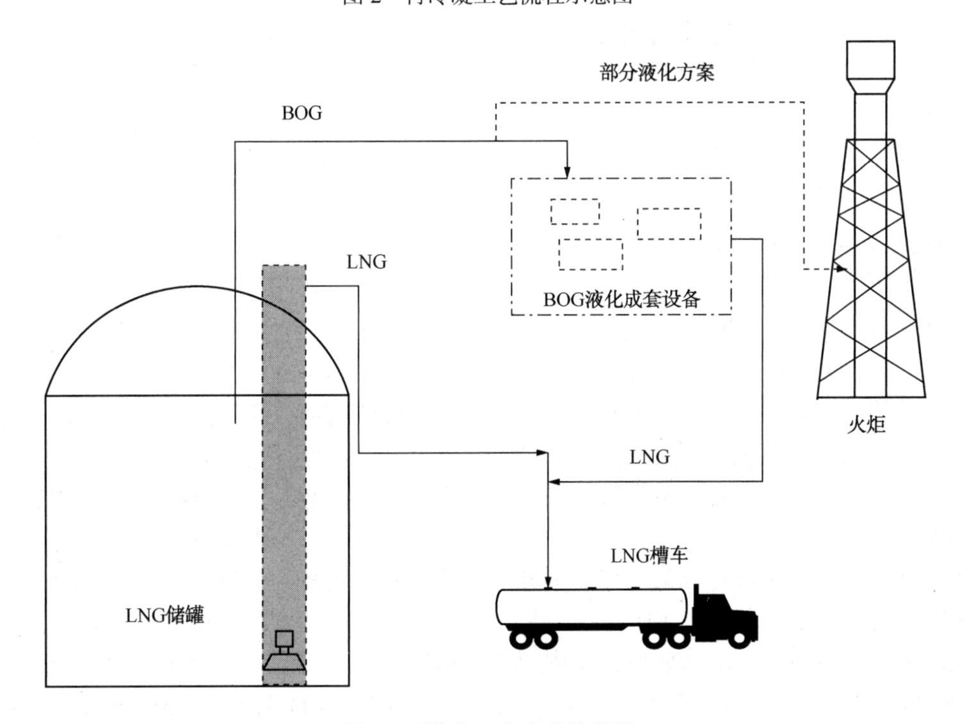

图 3 再液化工艺流程示意图

BOG送至火炬燃烧后排放至大气的方案会造成很大的天然气资源浪费，此方案通常应用在储罐系统超压的非正常工况下。因此在正常工况下，不采用此方案处理BOG。

综上所述，LNG接收站通用的BOG处理方式主要为再冷凝、再液化、直接加压外输三种。

3 接收站工程实例

本节将分别通过典型国营接收站和典型民营接收站案例来分析各BOG处理方式的优缺点以及对不同类型接收站的适应性。

3.1 实例一(典型国营接收站)：

接收站预计建设规模为500×10^4t/a，建设10座$20\times10^4m^3$LNG储罐及配套码头；项目建成后，LNG装车能力为170×10^4t/a，最大气化外输能力为$6000\times10^4Nm^3/d$。本案例对再冷凝、直接加压外输、再液化(包括部分液化和全部液化)三种方式进行比选。

1）再冷凝工艺

来自储罐的BOG与来自罐内泵的LNG混合重新冷凝后进入高压泵升压，之后再进入气化器气化后输送至下游天然气管网。通常BOG与用于再冷凝的LNG质量比例为1：6~8，即必须保障给下游天然气管网用户的最小输气量必须达到7~9倍BOG的质量流量，才不会导致BOG放空。通过计算，该工程一期BOG最大产生量约为28.5t/h(计算结果如下表所示)，如果采用再冷凝工艺，则外输天然气量至少需要达到171~228t/h，即$585\sim781\times10^4Nm^3/d$($20.4\sim27.3\times10^8Nm^3/a$)。

表1 各工况下BOG处理量

工况	Ⅰ	Ⅱ	Ⅲ	Ⅳ
运行状态	富气 卸船	富气 卸船	富气 非卸船	富气 非卸船 不装车
BOG处理量(t/h)	28.46	27.33	11.99	11.51
折合标况流量(Nm^3/h)	41860	40195	17630	16930

2）直接加压外输工艺

所有产生的BOG通过压缩机直接增压至外输管网压力，进而送至外输。此方法适用于需求量不大且用气压力较低的天然气用户。经计算，BOG处理量为28.46t/h需要至少配备4台BOG压缩机及BOG增压机，10台空温式气化器和2套计量调压系统。能源消耗主要为电。

3）再液化工艺

全部再液化：将所有产生的BOG通过低温冷源冷却至沸点后冷凝，或经压缩后换热，再经透平膨胀后冷凝。本方案采用氮—甲烷膨胀制冷工艺。液化后的BOG全部加注至LNG槽车。由于接收站在卸船和非卸船时BOG产生量差异较大，1套液化装置不能完全兼顾，因此本方案拟设置2套液化装置。非卸船时仅开启1套，卸船时需开启2套。每套液化装置分别包括1台冷剂压缩机，1台冷箱和1台增压透平膨胀机。能源消耗主要为水和电。

部分再液化：与全部再液化方案相比，部分再液化方案只考虑非卸船时的最大BOG产生量，因此仅设置一套液化装置。在非卸船时，站内产生的BOG全部液化加注至LNG槽车；卸船时，BOG产生量较大，液化装置只能将其中一部分BOG液化，因此其余的BOG需送至火炬燃烧。此方案能源消耗较全部再液化方案水电量消耗有明显减少。

该工程的建设规划如下：

表2 建设初步规划

日期	进度
2022年11月	码头、先期4座储罐以及配套工程建成投产
2023年11月	中期4座储罐工程建成投产
2027年11月	整体工程建成投产
2023年11月	外输管道部分整体建成投产

由于该项目配套外输管道工程部分建设时间靠后，2023年11月前，接收站已建成部分无法通过外输管道气化输送，因此需采用再液化工艺将BOG再液化后直接注入槽车转运，实现LNG全部“液来液走”。结合运行及销售利润对全部再液化与部分再液化进行经济比选，得出全部再液化收益更高的结论，故此时采用全部再液化工艺。再液化装置可采用整体撬装式，优点是方便拆装，可在后续实现气化外输时拆除。

2023年11月8个LNG储罐及配套外输管道

投产后，初期计划基荷外输气量小于再冷凝工艺的最小气化外输气量要求，此时可增加直接加压外输工艺所需BOG增压机，直接将产生的BOG增压输送至外输管网，液态转运的LNG由储罐内装车泵将LNG泵入槽车中，完成LNG部分“液来液走”。

待2027年后整体工程完全投产，计划基荷外输气量可以满足再冷凝工艺的最小气化外输气量要求时，基荷外输工况(包含卸船)可以采用再冷凝工艺，同时保留直接加压外输装置，作为夏季零外输工况备用。

在各年份的调峰或应急保安工况下，计划外输气量大于BOG再冷凝工艺方案的最小气化外输气量，满足BOG再冷凝工艺方案的最小气化外输气量的要求。为了达到节能、降耗的目的，调峰或应急保安工况下可以采用BOG再冷凝工艺方案。

3.2 实例二(典型民营接收站)：

接收站预计建设规模为100×10^4t/a，建设2座$10\times10^4m^3$ LNG储罐及配套码头。本案例对再冷凝、直接加压外输、再液化(包括部分液化和全部液化)三种方式进行比选。

1) 再冷凝工艺

通过计算，该工程一期BOG最大产生量约为16.5t/h(计算结果如下表所示)，如果采用再冷凝工艺，则外输天然气量至少需要99~132t/h，折合$339\sim452\times10^4 Nm^3/d$ ($11.9\sim15.8\times10^8 Nm^3/a$)的用量。

表3 各工况下BOG处理量

工况	Ⅰ	Ⅱ	Ⅲ	Ⅳ
运行状态	富气 卸船	富气 卸船	富气 非卸船	富气 非卸船 不装车
BOG处理量(t/h)	16.48	16.33	8.92	8.47
折合标况流量(Nm^3/h)	24240	24016	13115	12460

但再冷凝后的LNG处于接近饱和状态，若回注到储罐中，会因为沿程管路的热量损失造成气化，故只能采用增压气化的方式进行外输。由于本案例接收站下游外输管网及天然气用户未能落实，故再冷凝工艺无法作为本案例的处理方式。

2) 直接加压外输工艺

由于本案例接收站下游外输管网及天然气用户未能落实，同再冷凝工艺一样，BOG直接加压外输工艺也无法作为本案例的处理方式。

3) 再液化工艺

全部再液化：将所有产生的BOG通过低温冷源冷却至沸点后冷凝，或经压缩后换热，再经透平膨胀后冷凝。本方案采用氮—甲烷膨胀制冷工艺。液化后的BOG全部加注至LNG槽车。由于接收站在卸船和非卸船时BOG产生量差异较大，1套液化装置不能完全兼顾，因此本方案拟设置2套液化装置。非卸船时仅开启1套，卸船时需开启2套。每套液化装置分别包括1台冷剂压缩机，1台冷箱和1台增压透平膨胀机。能源消耗主要为水和电。

部分再液化：与全部再液化方案相比，部分再液化方案只考虑非卸船时的最大BOG产生量，因此仅设置一套液化装置。在非卸船时，站内产生的BOG全部液化加注至LNG槽车；卸船时，BOG产生量较大，液化装置只能将其中一部分BOG液化，因此其余的BOG需送至火炬燃烧。此方案能源消耗较全部再液化方案水电量消耗有明显减少。

该实例在实际应用中，因部分再液化所放空燃烧的BOG量过大，故经经济比选后，采用全部再液化工艺，再液化后的LNG全部经由装车系统注入槽车，实现了LNG完全“液来液走”的转运方式。

4 结语

(1) 随着LNG市场的蓬勃发展，以及受制于管道天然气的诸多约束，采用“液来液走”模式的接收站也越来越多，对于地处大型LNG接收站附近的中小型LNG中转站，产生的BOG可以依托大站回收，但对于独立的LNG接收站，BOG处理工艺的重要性就尤为突出了。

(2) “液来液走”的BOG处理方式主要采用再冷凝及再液化两种工艺来实现。再冷凝工艺可以利用LNG的冷量，减少BOG体压缩能耗，从而节省能量，比直接输出工艺和再液化工艺更加合理，通常适用于规模较大，可持续对外供气的大型 LNG 接收站；再液化装置需设置 BOG 增压压缩机、冷剂压缩机、冷箱、节流阀等设备，流程复杂、设备台数多、操作维护量大、运行能耗很高，通常用于接收站没有外输天然气管道，不具备外输条件的 LNG 接收站。在设计过程中要依据下游用户需求情况选择合理的 BOG 处理工艺。

总而言之，BOG 处理方式的选择，需要根据用户需求的流量、压力、温度及能耗等因素综合确定。选择合理的 BOG 处理方式，不仅能节约建设投资及操作费用，同时也达到节能降耗的目的。

参 考 文 献

[1] 张立希 . LNG 接收终端的工艺系统及设备[J]. 石油与天然气化工，1999(3)

[2] 杜光能 . LNG 终端接收站工艺及设备[J]. 天然气工业，1999(5)

[3] 翟俊红，鹿晓斌，曲顺利，等 . 大型 LNG 储备站蒸发气(BOG)产生量及其特点分析[J]. 山东化工，2015，44(4)：91-94.

[4] Janusz Tarlowski，John Sheffield，Charles Durr，David Coyle，Himanshu Patel. LNG Import Terminals—Recent Developments. 2003.

[5] 张奕，孔凡华，艾邵平 . LNG 接收站再冷凝工艺及运行控制[J]. 技术纵横，2013，32(11)：133-135.

LNG 接收站 ORV 海水流量优化研究与实践

何　伟　陈长雄　胡锦武

(广东大鹏液化天然气有限公司)

摘　要　ORV 是 LNG 接收站的首选气化设备，由于需要使用大量海水换热，海水输送能耗极大。目前国内 LNG 接收站对 ORV 的海水用量设计余量较大，造成了大量能耗浪费。经过研究测试以及工艺优化，在不影响设备正常运行的前提下，通过对工艺流程的调整及外围设备改造，将 ORV 的海水用量降低 30%。节能效果显著，可为国内接收站 ORV 优化改造提供借鉴。

关键词　ORV LNG 接收站；海水流量单位能耗；E/C

1　前言

ORV 是 LNG 接收站耗能较大的关键工艺设备，与之配套的接收站第二大用电设备-海水泵，功率高达 900kW/H，国内主流 ORV 每处理 180t 的 LNG 需要消耗 6440m^3 的海水量。根据现场观察，ORV 与海水的换热，在水量低于 4000m^3/h，海水能够均匀的贴着翅片表面滑落，这是最理想的换热状态；水量一旦超过 4000m^3/h，就会出现水流飞溅现象，水量也大，溅出的水就越多。这些飞溅的海水，由于没有与翅片表面接触，被称之为“浪费的热源”，其无法贡献热能。若能采取措施消除飞溅的水流，降低 ORV 运行所需的海水量，从而减少海水泵运行数量，就可以大幅降低能耗和运营成本。

在通过考察交流，台湾某接收站 ORV 的 LNG 与海水量换热比例为 1∶20，即 1t LNG 只需 20m^3/h 的海水量进行换热。如果按相同的比例，大鹏 LNG 接收站 ORV 的 LNG 处理量为 180t/h，只需要 3600m^3/h 就能够满足要求。这也从另一个侧面验证了 ORV 海水量优化的可行性。

2　建模研究

为了验证海水量优化的可行性，需要建立模型，通过历史数据的反推，确定 ORV 的整体换热效率；同时，考虑到设计与环境因素，选择以下三点作为突破口进行研究与测试：

- ORV 进出口海水温差是否超过环评 5℃ 温差限制；
- 优化后 ORV 出口 NG 温度是否影响下游用户；
- 海水量降低对 ORV 翅片水膜的影响。

从安全方面考虑，在现场测试前，收集了某接收站 2013 年 3 月至 7 月各高压泵、ORV 运行数据，提取有代表性的操作参数，输入 HYSYS 模型；以满足 ORV 换热需要为前提，分别模拟在当前及适当提高外排海水温差的情况下 ORV 所需的理论海水流量(表 1)。

通过软件模拟，5 台设备并联运行，单台 ORV 气化 195t/h 的 LNG，进出口温降 5℃ 的情况下，所需海水量为 4607t/h；如果温降提升至 7℃，所需海水量降至 3604t/h(图 1)。

模型中 ORV 海水出口测温点设在 ORV 本体附近，而实际上海水离开 ORV 后，用过一条 350m 长的地面水沟与一条 300m 长海底管道进入大海，因此，ORV 进出口海水温差测量的出水点应该选择在海底管道的出水口处，才能体现真实的温差数据；由于 ORV 流出海水经过水沟与海水管道后温度会升高，使 7℃ 温差模型所计算的海水量满足实际要求的可能性大为增加(图 2)。

表 1　ORV G 历史运行数据

时间	ORV-G						海水出入口温度				
	FI-11591 LNG入口流量T/H	PI-11592 LNG入口压力kpa	PI-11595 NG出口压力kpa	TI-11591 NG出口温度℃	TI-11593海水渠温度℃	FI-11592B海水流量T/H	TI-81011 海水入口温度℃	TI-11587 海水出口温度℃	TI-11588 海水出口温度℃	海水温差	在运海水泵数量
2013/3/1 10:00	186.1	8824.88	8773.61	17.76	13.26	6305.61	18.9	16.05	16.54	2.61	3
2013/3/1 22:00	184.41	8252.58	8195.66	18.05	13.44	6436.48	19.3	16.19	16.71	2.85	4
2013/3/2 10:00	185.45	8910.72	8855.37	17.76	13.16	6361.69	18.9	15.98	16.48	2.67	3
2013/3/2 22:00	184.18	8338.42	8281.65	17.76	13.15	6289.58	18.97	15.9	16.51	2.77	3
2013/3/3 10:00	184.49	8750.48	8698.9	17.57	13.04	6302.94	18.73	15.71	16.29	2.73	2
2013/3/3 22:00	184.37	8275.47	8216.8	17.38	12.75	6260.21	18.59	15.54	16.12	2.76	3
2013/3/4 10:00	185.33	8876.38	8815.9	17.38	12.86	6372.38	18.6	15.63	16	2.79	3
2013/3/4 22:00	186.75	8189.62	8129.41	17.57	12.85	6236.17	18.67	15.69	16.19	2.73	3
2013/3/5 10:00	184.53	8716.14	8658.02	17.57	12.96	6388.4	18.74	15.76	16.05	2.84	3
2013/3/5 22:00	184.72	8264.02	8205.52	17.38	12.78	6356.35	18.45	15.6	16.08	2.61	3
2013/3/6 10:00	184.43	8744.75	8677.76	17.38	12.88	6372.38	18.67	15.57	15.88	2.95	3
2013/3/6 22:00	184.6	8229.68	8167.47	18.14	13.42	6353.68	19.36	16.06	16.62	3.02	4
2013/3/7 10:00	184.49	8756.2	8691.85	17.95	13.49	6417.78	19.29	15.97	16.19	3.21	3
2013/3/7 22:00	186.25	8264.02	8206.94	18.62	13.97	6340.33	19.86	16.58	17.11	3.02	4
2013/3/8 10:00	186.33	8807.71	8744.01	18.24	13.71	6409.77	19.57	16.16	16.4	3.29	3
2013/3/8 22:00	184.37	8281.19	8223.85	18.43	13.84	6479.21	19.69	16.36	16.89	3.07	4
2013/3/9 10:00	183.42	8761.92	8700.31	18.33	13.86	6441.82	19.68	16.33	16.56	3.24	3
2013/3/9 22:00	185.14	8258.3	8198.48	18.81	14.23	6473.86	19.92	16.7	17.26	2.94	3
2013/3/10 10:00	189.99	8910.72	8845.5	18.52	13.98	6388.4	20.02	16.48	16.72	3.42	2
2013/3/10 22:00	181.46	8441.43	8384.55	19	14.47	6343	20.23	16.84	17.41	3.11	2
2013/3/11 10:00	184.51	8899.27	8839.86	18.14	13.69	6425.79	19.46	16.24	16.57	3.06	3
2013/3/11 22:00	185.1	8161.01	8101.21	18.52	13.97	6473.86	19.64	16.57	17.13	2.79	4
2013/3/12 10:00	190.39	8830.6	8767.97	18.52	13.99	6449.83	19.79	16.53	17.01	3.02	3
2013/3/12 22:00	185.68	8235.41	8171.69	19.1	14.47	6361.69	20.47	17.21	17.79	2.97	4
2013/3/13 10:00	186.39	8784.82	8731.32	19.29	14.65	6345.67	20.51	17.42	17.7	2.95	3
2013/3/13 22:00	185.22	8092.33	8029.32	19.38	14.68	6367.04	20.53	17.34	17.96	2.88	4
2013/3/14 10:00	186.33	8647.46	8590.36	19.19	14.67	6313.62	20.45	17.35	17.94	2.81	3
2013/3/14 22:00	185.62	8172.45	8112.49	18.52	13.88	6289.58	19.65	16.56	17.21	2.77	4
2013/3/15 10:00	176.44	8481.5	8431.07	18.81	14.44	6337.66	19.87	18.06	18.63	1.53	4

ORV A&B / ORV C&D / ORV E&F / ORV G&海水出入口温度 / 高压泵出口温度 / 趋势图 / Sheet2

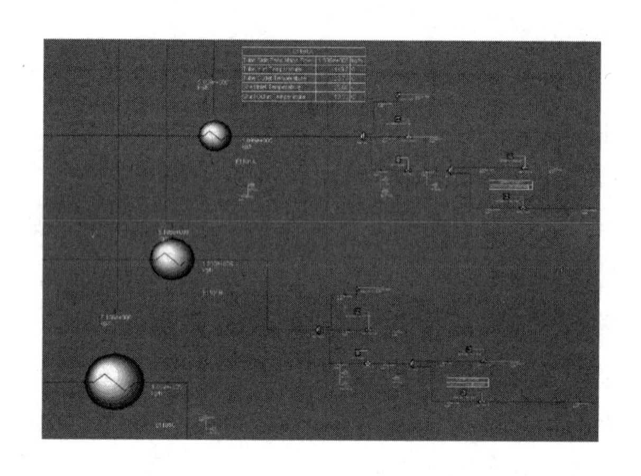

图 1　ORV 模型计算图

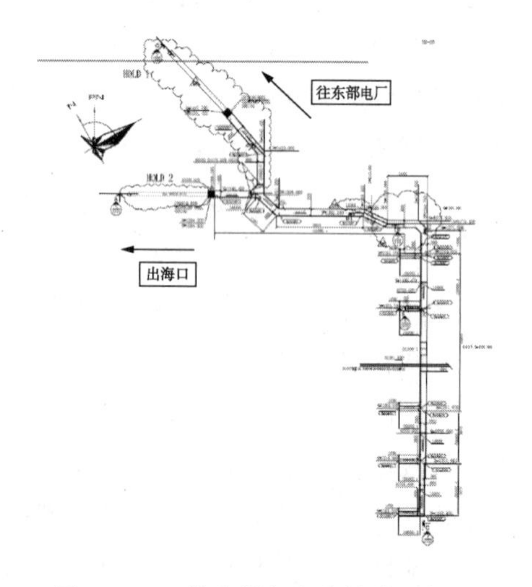

图 2　ORV 排水渠与海底管道示意图

通过 7℃温差模型的优化计算，当三台 ORV 同时运行时，可以减少运行一台海水泵，如果可以实现，将带来极大的节能减排经济效益(表 2)。

表 2　ORV 与海水泵运行匹配表(外排海水 7℃温差)

ORV 运行台数	1	2	3	4	5	6	7	8	9
海水泵运行台数	1	2	2	3	4	4	5	5	6

3　海水量优化测试

某接收站 ORV 设计海水流量 $6640m^3/h$，根据厂家的设备使用要求，其最低海水量不得低于 $3840m^3/h$，否则可能出现水膜破损，造成翅片面板应力集中导致设备损坏。因此，设备设置了 $3840m^3/h$ 的低低海水流量关停值。为了兼顾设备的平稳运行同时达到节能降耗的目的，测试选择了 $4500m^3/h$ 作为目标流量。

从九次测试得到的数据分析，海水量从 $6200m^3/h$ 降到了 $4500m^3/h$ 以后，ORV 出口 NG 温度只降低 1.3℃；ORV 海水出口温度比原来降低 2℃，海水入口至水渠出口温降 1.3℃；ORV 进出口温差达到了 6.33℃，超出了 5℃温差限制；在 4 台海水泵带 6 台 ORV 的工况下，海水总管的压力较低，非常接近 E/C 增压泵的关停压力(220kPa)；海水流量的波动范围大(达到 400m³/h)，同一台设备的两个流量计偏差明显，这些都对 ORV 的海水量精细控制造成负面影响，必须对每台流量计进行维护校正，降低显示误差；

在 ORV 海水管道压力变化方面，随着 ORV 海水控制阀的关小，压力从原来的 135kPa 降到了 98kPa，海水总管的压力也上涨了 10kPa。现场水槽各测量点的水位变化各异(由于原来就存在偏差)，总体下降幅度为 10mm 左右，调整后水槽的水花明显减少，底部海水飞溅的情况也大有好转；ORV 面板的水流均匀，水膜保存良好；面板底部情况正常，无结冰等异常情况出现(表 3)。

表 3　ORV A 海水量优化测试

时间	ORV 海水流量	LNG 流量	海水入口温度	ORV 出水温度	海水渠出口水温	DPP NG 温度	海水母管压力	ORV 海水压力	HCV-11502 开度	ORV NG 出口温度	海水温差
14：20	6200	190	27.4	22	22.55	13.75	273	135.3	81	26.25	4.85
14：28	5700	190	27.4	20.9	21.44	13.37	277	121.8	75	25.1	5.96
14：38	5200	190	27.2	20.5	21.47	13.11	279	110.7	70	25.2	5.73
14：50	4700	190	27.8	20.1	21.38	13.11	280	103.5	66	25.2	6.42
15：00	4500	190	27.4	20.2	21.47	13.18	280	98.6	64	25.2	5.93
15：10	4500	190	27.6	20.1	21.27	13.18	283	98.1	64	24.91	6.33

通过图 3，图 4 对测试中发现问题的分解，分析出影响 ORV 海水量优化的关键问题为 ORV 面板水膜破损、进出口海水温差超过 5℃、低低海水流量关停。再展开分析，可将问题分解为以下几个执行项：

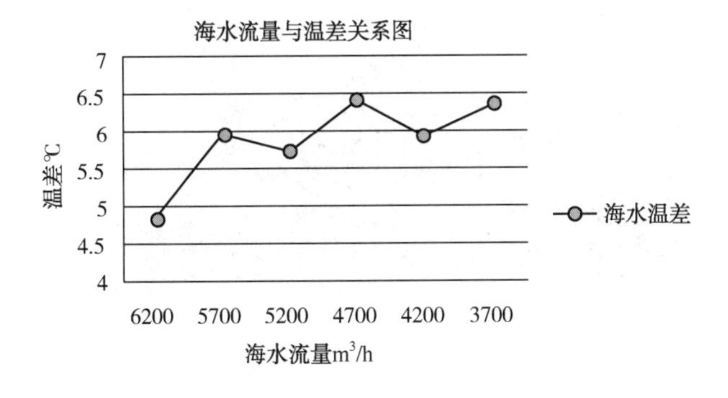

图 3　海水流量与 ORV 进出口温差的关系

- 海水流量计安装位置有问题，仪表精度不高；
- 海水管道振动大、噪音高；
- 海水控制阀严重内漏；

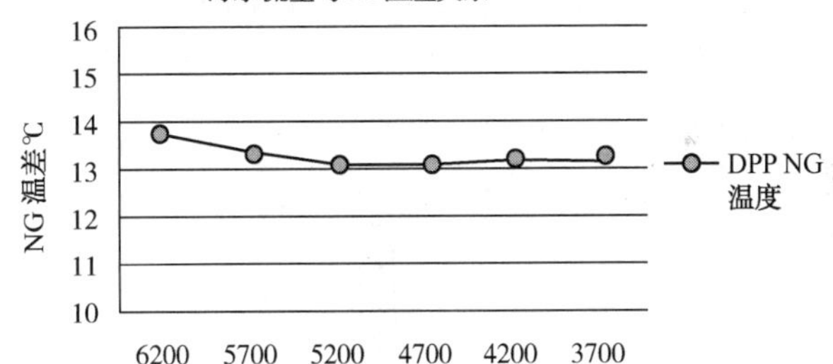

图 4　海水流量与 NG 温度关系

- ORV 进出口海水温差超过 5℃；
- 翅片面板水平度偏差较大；
- 水槽溢流板水垢、青苔积聚。

通过要因分析确认(图 5)，海水管道振动噪音问题、ORV 海水进出口温差超限问题与翅片水平度偏差大、溢流板结垢问题是影响 ORV 优化运行的关键因素。如果解决以下几个问题，ORV 海水量优化目标顺利达成就可以得到保证。

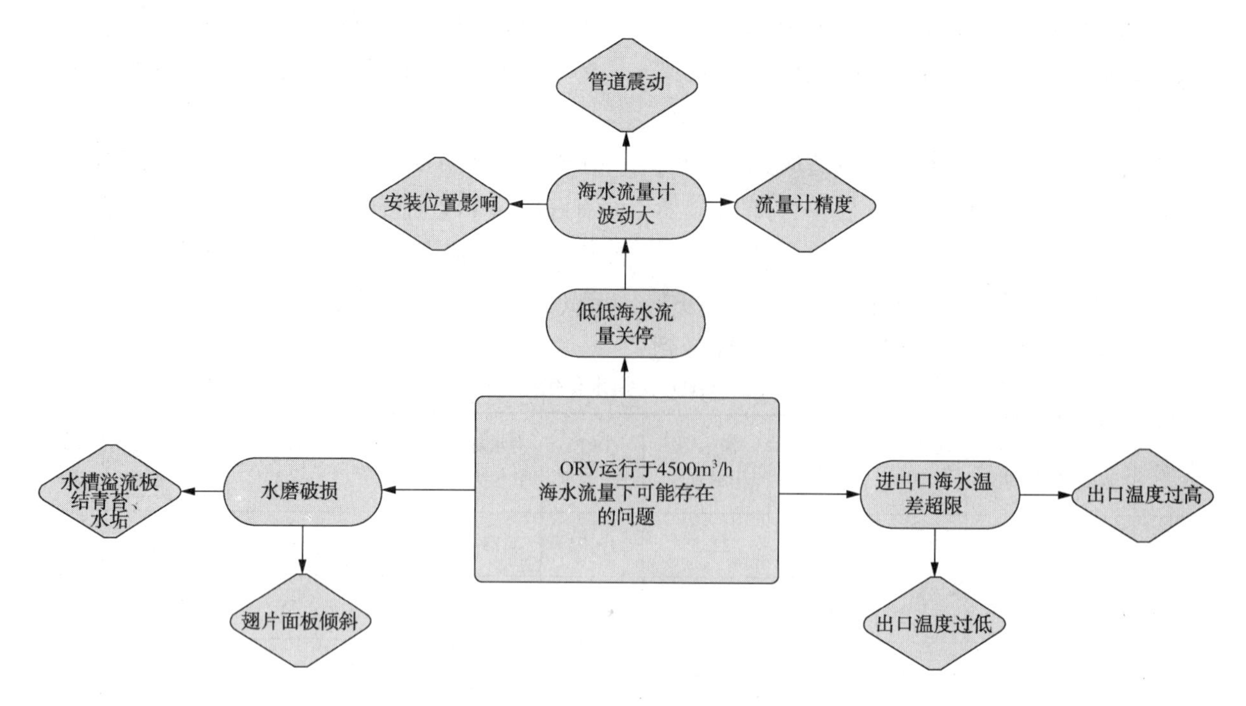

图 5　关联分析图

4　优化改造

海水管道振动噪音问题、ORV 海水进出口温差超限问题与翅片水平度偏差大、溢流板结垢问题是影响 ORV 优化运行的关键因素。为了解决上述问题，优化项目小组制定了详细计划，从四个方面指定专人跟进处理。

（1）调整海底探头安装位置

为了保护海洋环境，接收站的海水进出口温差限定在不超过 5℃。而原设计误将温度取样点设在 ORV 出口，导致测量的海水温差过大。为了纠正这个问题，特将 ORV 出水的测温点移到了海底管道出口(图 6)。

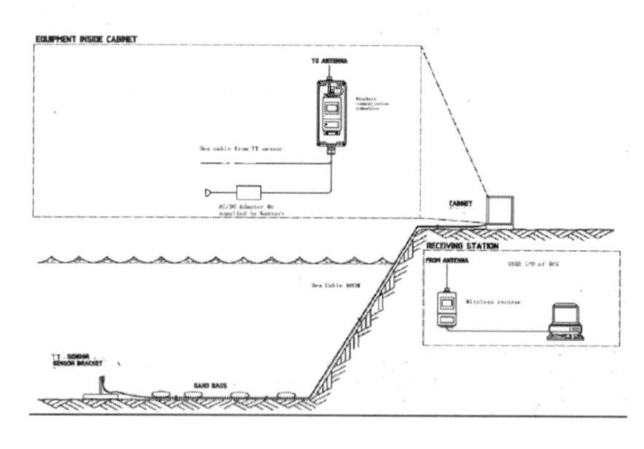

图 6　海底探头施工图

（2）降低海水管网运行压力

由于 E/C 装置的增压泵入口压力关停值设定为 220kPa，要降低海水管网压力，则必须修改该值。研究发现，E/C 增压泵气蚀余量较大，有较大的调整空间，将其入口压力降至 130kPa 后，现场测试设备运行稳定，无异响和气蚀发生(图 7)。

（3）翅片面板水平度调整与水槽水量调整

在测试中发现，部分 ORV 面板水平度偏差大，水槽给水量不均匀。在专家指导下，操作组对 ORV 的平衡度以及水槽给水量进行了全面调整。最终结果得到了日本 KOBE 公司厂家人员的认可(图 8)。

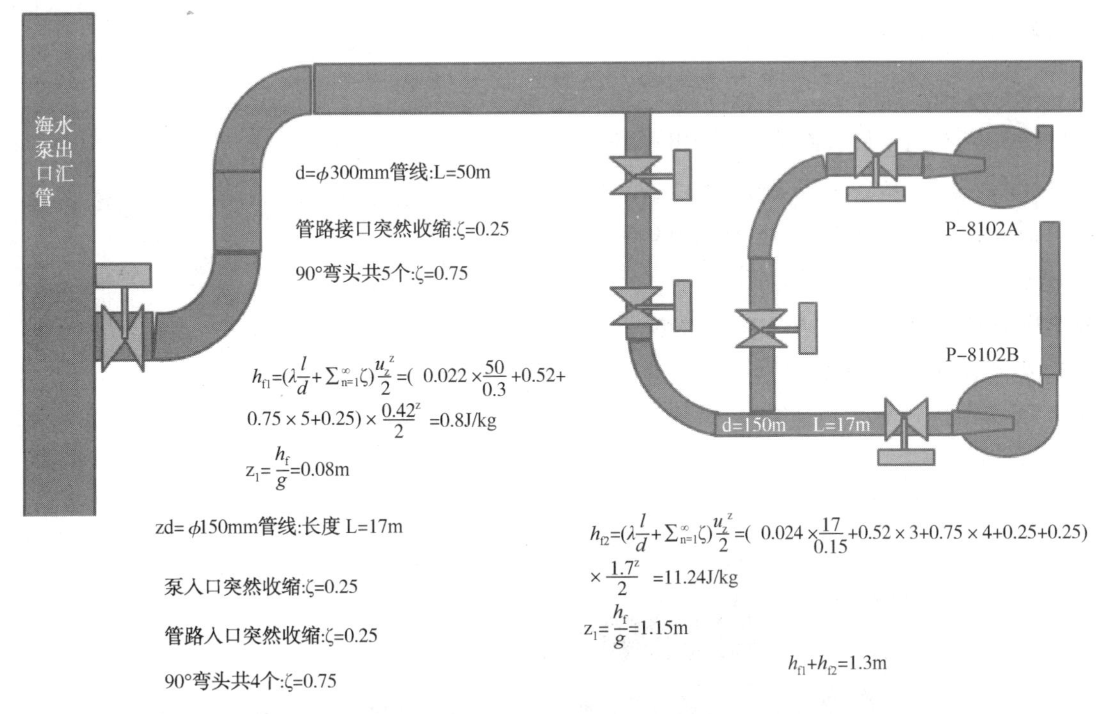

图 7　E/C 增压泵计算依据

图 8　翅片面板水平度以及水槽水量调整

（4）水槽溢流板水垢青苔处理

ORV 水槽中的青苔以及一些分布不均的水垢，可能会造成翅片水量分配不均，导致翅片管拉裂变形。我们对所有 ORV 水槽进行了彻底的清洗，并定期检查(图 9)。

图 9　ORV 海水槽清理前后对比图

5 实施成效

（1）综合效果

温度探头位置调整后，在安装了 ORV 出口海底温度探头以后，温差数据得到明显改善，海水出入口温差由原来在 4500m^3/h 时的 6℃减少到 4℃左右，符合环评温差要求(图 10)。

海水网管压力降低后，ORV 运行噪音明显降低，海水管道振动也基本消失，超声波流量计的读数波动范围由原来的 500m^3/h 降低至 200m^3/h 以下。ORV 在优化海水流量下的运行稳定性得到极大的加强。图 11 是具体数据对比：

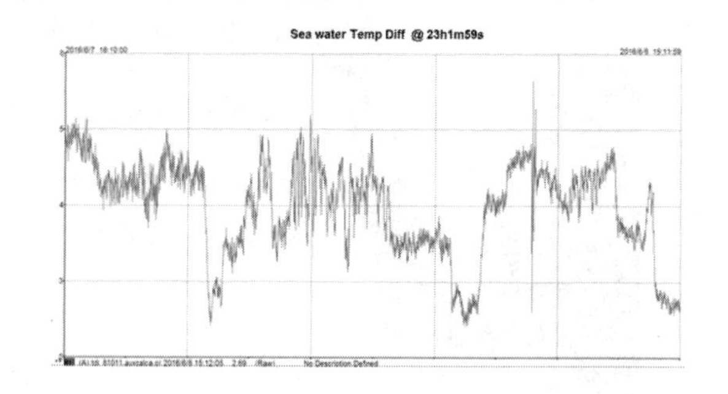

图 10 改造前后温差变化对比图

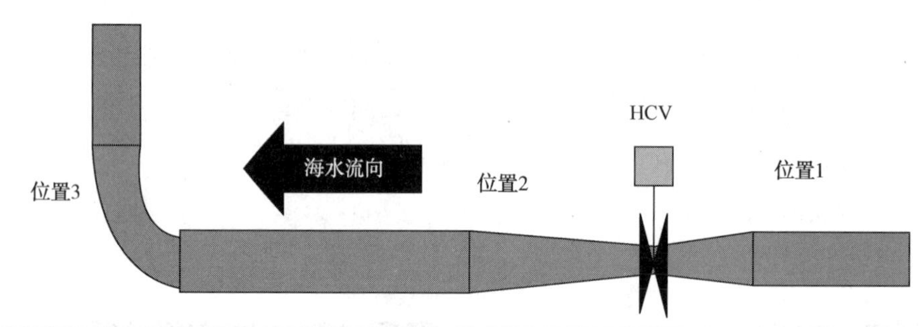

ORV	总管压力 280kPa					流量 m^3/h	总管压力 190kPa(3 台泵对 5 台 ORV)					流量/(m^3/h)
	位置 1	位置 2		位置 3			位置 1	位置 2		位置 3		
	噪声	振动	噪声	振动	噪声		噪声	振动	噪声	振动	噪声	
B	95	17.1	102	18.1	92	4079	80	2.5	86	1.5	76	7120
C	91	16.6	99	18.4	92	3803	71	1.7	74	2.7	69	4004
D	89	4.7	96	13.4	90	3878	68	2.2	74	1.9	68	4083
E	89	10.6	96	11.4	90	4018	63	2.6	64	2.1	63	4167
F	92	27.2	102	9.1	95	4098	66	3.5	72	2.1	67	3942

备注：振动单位 mm/sPk；噪声单位 dB。

图 11 海水管网降压前后数据对比

通过对 ORV 翅片面板的水平度和水槽水量调整，平衡了南北向的水量分布，结冰情况明显好转(图 12)，4500m^3/h 的海水量在冬天虽仍有 20cm 左右的结冰附着翅片面板的底部，但根据 ORV 厂家人员的检查确认，少量均匀结冰不会影响设备正常运行。

图 12 ORV 翅片结冰情况

(2) 经济效益

上述问题解决后，ORV 在满足海水流量 $4500m^3/h$ 前提下，可以采用两台海水泵带三台 ORV、三台海水泵带四台 ORV、四台海水泵带五/六台 ORV 的模式运行。截至 2016 年 12 月 31 日止，为期四个月的测试周期内单位能耗为 14.68kW/T，比 2015 年全年平均单位能耗 (16.06kW/T) 降低了 1.38kW/T。2016 年全年外输 594 万吨 LNG，本项优化可以每年节约电量 819.72 万度；如果按平均电价 0.6 元一度计算，本 ORV 海水量优化每年可节约成本 492 万元。LNG 外输量越大，节约的电量越多。

表 4　2016 年测试期间接收站用电分析

2016 年接收站用电分析	2016 年 9 月	2016 年 10 月	2016 年 11 月	2016 年 12 月	平均值
电量总计	8200720	7379680	7298720	6，905，360	7，446120
外输量/t	557，020	489，548	505，846	476，180	507149
单位能耗/(KW·h/t)	14.72	15.07	14.43	14.50	14.68

6　结束语

现阶段，国内已建成的 LNG 接收站有十五家(除了深圳 LNG，其它都已投入运营)，所有这些接收站都选用了 ORV 作为主要气化设备。本案例的成功模式，具有良好的同类型接收站推广的潜力，可为其它接收站提供优化经验借鉴，为国家节能减排做出贡献。

参考文献

[1] 固安忠．液化天然气技术[M]．北京：机械工业出版社，2010.

[2] 戴起勋．金属材料学[M]．北京：化学工业出版社，2005.

[3] 刘家琛．三种 LNG 海水气化器的换热计算模型及方法[J]．制冷技术，2014.

全息思维在 BOG 压缩机故障诊断中的创新应用

陈经锋

（广东大鹏液化天然气有限公司）

摘　要　简述 BOG 压缩机的特点和往复压缩机故障诊断复杂特点，指出应用常规的诊断方法见效不明显，若诊断失误导致维修方向错误，不但维修费用高，而且不能及时解决问题；综合应用全息思维，不同时段、不同条件下故障现象综合分析，给故障部位精确定位，缩短检修周期；创新全息思维故障诊断方法，综合了操作、维修和状态监测，还涉及不同时间段和不同条件（如负荷下）的设备状况信息，实践中应用准确和凑效。结合现场成功诊断的实例加以说明，借助故障诊断实例证明 BOG 压缩机故障处理创新方法的优点，重点强调了不能依靠单一的监测技术方法，要有全息思维，要从设备多方面信息着手进行设备状态评判和故障诊断。

关键词　全息思维；BOG 往复压缩机；故障诊断；状态监测

1　立项背景

从 2017 年 11 月，操作人员发现 BOG 压缩机 A 停机瞬间或者 0%负荷情况下，出现一级出口压力高高连锁信号，但其他负荷下压缩机正常，故障诊断是借助非常规的诊断方法定位隐藏故障点。

从 2016 年底操作人员提出“BOG 压缩机 C 辅助油泵反转”问题，拆卸辅助油泵发现 BOG 压缩机 C-1101C 的辅助泵与 B 机的油泵的齿轮咬合方向相反（见图 1 和图 2），造成油泵反转的原因是否就是这个原因，后来另辟蹊径找到根源并巧妙解决问题。

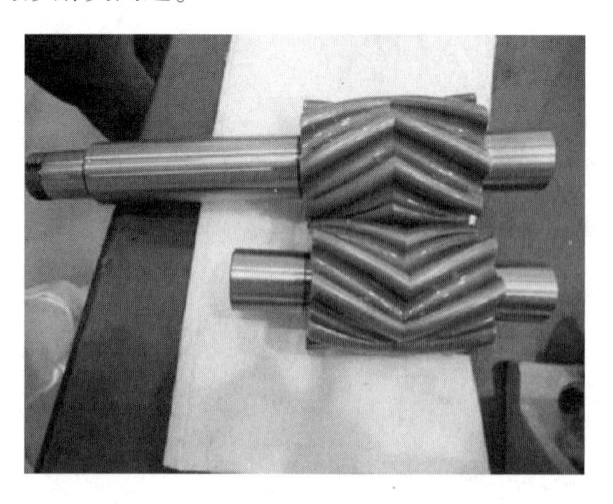

图 1　压缩机 B 辅助油泵齿轮轴

2014 年初，BOG 压缩机 C 在接收站项目部设备完工移交前验收期间，发现 BOG 压缩机 C

图 2　压缩机 C 辅助油泵齿轮轴

在 50%负荷下振动已经超过厂家的标准；BOG 压缩机 C-1101C 移交不久后发现的润滑油黏度不合乎标准；及时处理消除重大隐患。

以上提到 4 个问题都是涉及多方面影响因素的复杂故障问题，其中后 3 个都涉及到 BOG 压缩机 C 即与新项目施工与验收有关，及时处理确保项目移交和设备可靠安全运行；故障诊断中应用全息新思维打破常规方法和思路，值得总结、提炼和分析，为未来设备故障诊断和问题处理，拓展思路，有很大借鉴意义。

2　主要目标

针对非常规故障模式，应用单一的诊断方法可能不见效，若诊断失误导致维修方向错误，不但维修费用高，而且不能及时解决问题；综合应用全息思维，在不同时段、不同条件下故障现象综合分析，用广义状态监测方法相互佐证，给故障部位精确定位，缩短检修周期；总结非常规故障的诊断和处理方法，提示现场技术和状态监测人员，推广应用综合的方法和技术，注重根据实际灵活应用，从全局出发运用全息创新思维，综合多方面的技术和信息，创新应用和综合诊断。

作为行业的标杆，GDLNG在BOG压缩机方面我们已经有自主维修经验，也有易损件国产化成功应用的实践，总结在BOG压缩机使用中遇到的故障和解决问题的新方法和思路，以供新人和同行参考，也为接收站其他设备故障诊断提供可以借鉴的思路和方向。

3 主要研究内容

3.1 全息思维新释

全息思维是一种阐述了局部和整体关系的新型思维方式，它的主要观点是局部与整体是密切相关的以及局部衔接整体，整体又求同于局部；全息思维应用比较广的领域有两个，一是全息成像即光学领域，另一方面是在大型机组振动故障诊断方面即全息诊断，振动全息诊断是一种综合利用大型旋转机组一个或多个支承截面上两个相互垂直方向上振动信号频率、幅值和相位信息，进行故障诊断分析方法；随着科技发展，量子科学领域也开始向全息宇宙方面发展，随着科技的进步，人们越来越发现，局部个体研究离不开整体研究。

在BOG压缩机故障诊断中用到的全息思维作用和意义主要体现在，现场压缩机分两期结构不同，采购期、安装和项目施工管理有差异，启动过程中的状况不同，负荷0%～100%变化时的设备状况不同，开车过程到4个小时稳定后的状况在变化中；现有的状态监测方法创新灵活应用，遇到不是常规的故障，如何精准判断和定位等，把设备运行工艺参数、机械状态、仪表控制联动、日常巡检的数据、历史故障信息和维修状态与记录等各方面的参数信息综合起来，用大数据全局的思维进行设备可靠性分析和故障诊断。

3.2 往复压缩机典型故障和常规诊断方法

以上表1中列出典型故障中，找不到背景中列出的4类问题的具体解决方法，若对照通用的往复压缩机故障诊断和排除表，很难帮我们快速找到故障源准确位置；要具体问题具体分析，在充分了解设备结构原理和故障现象后，根据现场实际，制定出分析诊断措施，避免过维修和欠维修。

表1 往复压缩机典型故障和常规诊断

故障类别	温度异常	压力异常	断裂	热力性能故障	振动或异响
故障项目	气阀温度、排气温度，轴承温度过高，十字头过热，填料温度高等	排气压力高或低级间排气压力高或低等	曲轴、连杆、活塞杆、连杆螺栓、气缸盖等断裂	气阀部件、填料、活塞环、支撑环，缸套磨损等	机械及基础的振动、过热、异响
常规诊断或处理方法	检查冷却系统，气阀检查等，轴承检查	工艺参数对比，阀门拆卸检查	一般无法提前诊断，故障维修	工艺参数、效率等	间隙检查，检查排除夹杂物进入；

以下以BOG压缩机现场实际发生的故障、诊断方法、处理过程和结果为例，比较详细的阐述应用全息新思路的重要性，小结中再和常规思路方法进行一些简单对照，优缺点一目了然。

3.3 实例分析

3.3.1 BOG压缩机A停机过程一级排气压力高故障

从2017年11月，BOG压缩机一级出口压力停机时报警并触发连锁信号，通过工艺参数、超声波、气阀温度和红外线热成像等方法，成功锁定故障点，最后找到根本原因，及时给出维修建议。

3.3.1.1 故障处理过程和发现

2017年11月8日，操作人员发现BOG压缩机A停机后，或者0%负荷情况下，出现一级出口压力高高连锁信号，其他负荷情况下运行正常。以下表2和表3是低负荷下，BOG压缩机A和C的对比。

表2 BOG压缩机A低负荷下压力变化记录

C-1101A	0%	25%	备注
一级排气压力/kPa	358	248	持续时间大概为20s
二级排气压力/kPa	460	786	

表 3　BOG 压缩机 C 低负荷下压力变化记录

C-1101C	0%	25%	备注
一级排气压力/kPa	237	238	持续时间大概为 20s
二级排气压力/kPa	790	790	

BOG 压缩机 A 在 0%负荷下进行超声波检测，测量一级吸入阀时，敏感度必须从 30 调整到 40 才能采集到数据，但是测量二级吸入阀时，敏感度仍然保持在 30 可以采集到数据。BOG 压缩机 A100%负荷运行一段大概 0.5～1 小时后，对超声波数据进行了测试，同时对其各个阀门的温度进行的测量。以下表 4 和表 5 是温度检测的结果：

表 4　BOG 压缩机 A 一级气缸气阀温度　温度℃

吸气阀	时间		排气阀	时间	
	14：20	14：30		14：20	14：30
缸侧阀门 1	6	-13	缸侧阀门 1	46	0
缸侧阀门 2	6	-17	缸侧阀门 2	45	1
曲轴侧阀门 1	4	-14	曲轴阀门 1	33	-6
曲轴侧阀门 2	2	-15	曲轴阀门 2	34	-4

表 5　BOG 压缩机 A 二级气缸气阀温度　温度℃

吸气阀	温度/℃			排气阀	温度/℃			
	14：20	14：30	15：00		14：20	14：30	15：00	15：10
缸侧阀门 1	40	12	0	缸侧阀门 1	97	70	47	51
缸侧阀门 2	46	16	1	缸侧阀门 2	103	79	56	57
曲轴侧阀门 1	47	12	0	曲轴阀门 1	62	63	43	44
曲轴侧阀门 2	53	15	1	曲轴阀门 2	73	66	45	45

2017 年 11 月 13 日操作人员在启动 BOG 压缩机 A 时，在 0%负荷下停留时，没有发现一级排气压力升高的现象。对比 2017 年 11 月 15 日、14 日、10 日和 2017 年 9 月 22 日的超声波数据，发现 2HELOUTV116 测点趋势有增大的趋势，以下表 6 和图 7 是超声波数据和趋势图 3。

表 6　BOG 压缩机 A 二级出口阀超声波数据

日期	dB			
	116	117	118	119
55	09/08/2017	47	50	51
09/22/2017	52	50	49	50
11/10/2017	56	55	54	56
11/15/2017	55	58	52	53
11/14/2017	57	53	54	53

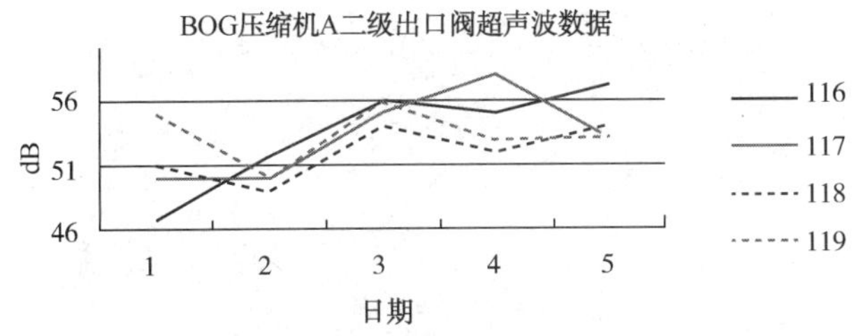

图3　压缩机A二级出口超声波数据趋势

对比2017年11月15日、14日、10日和9月22日的超声波数据，从超声波数据发现二级排气气缸侧的气阀(2HELOUTV　116和117)异常，超声波数据和波形的对比图图4~图11。

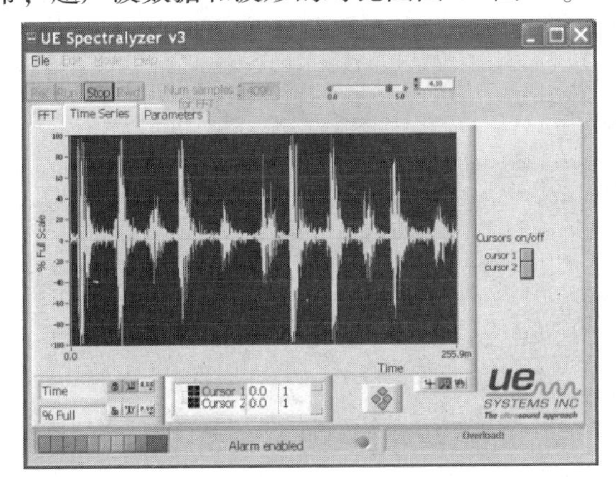

图4　117 -9日22日 正常波形

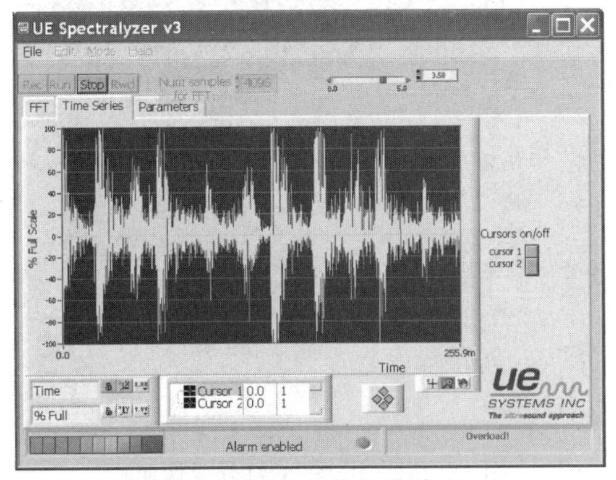

图5　117 -10日异常波形

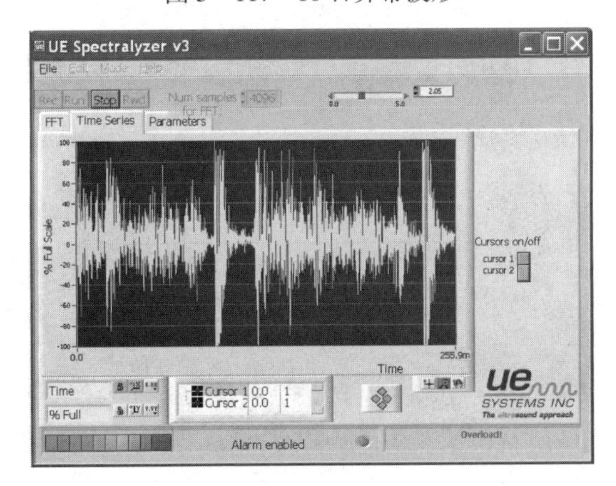

图6　117-14日波形很异常

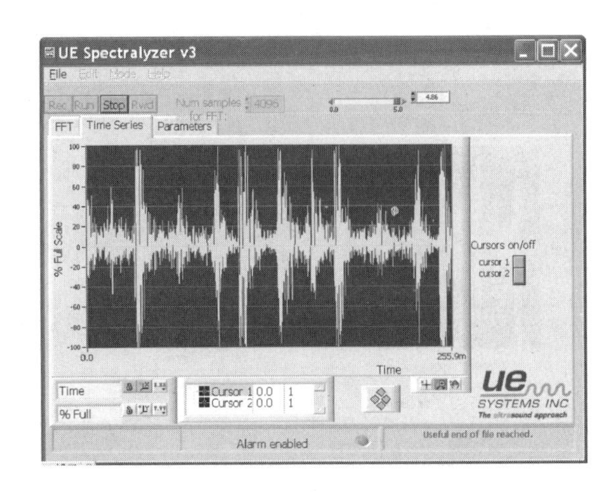

图7　117-15日波形异常

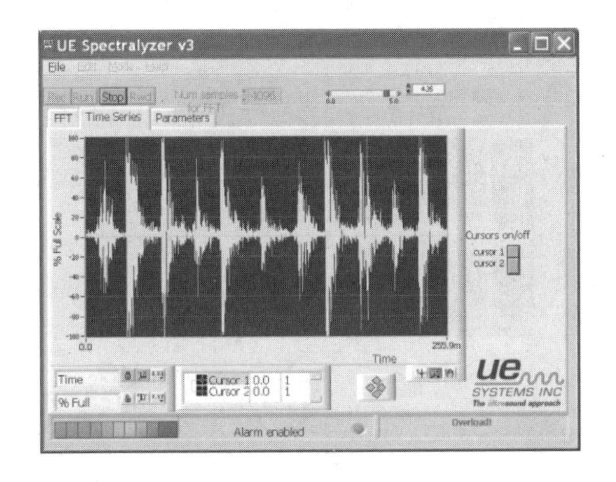

图8　116 -9日22日正常波形

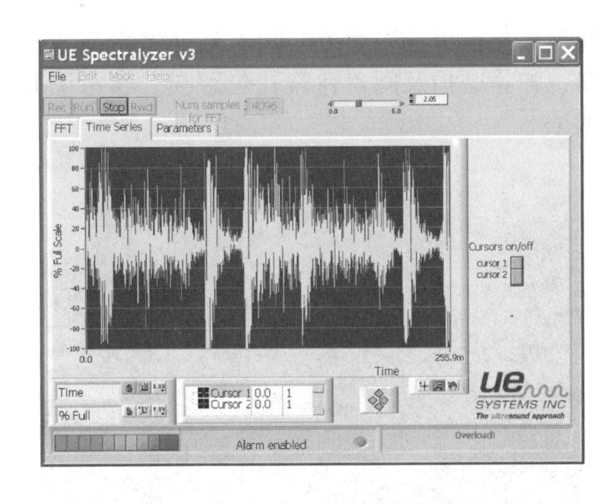

图9　116 -10日波形很异常

2017年11月15日，为了确认出口阀门的泄漏，我们采用红外成像仪对二级气缸进行扫描检测，以下是照片和成像照片的对比图12~图17：

2017年11月21日，机械维修人员对气阀进行解体检查，二级HE靠油泵侧排气阀阀板

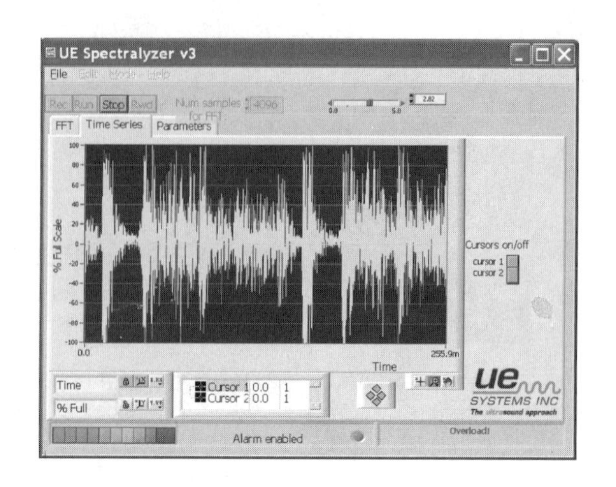

图 10　116 -14 日波形很异常

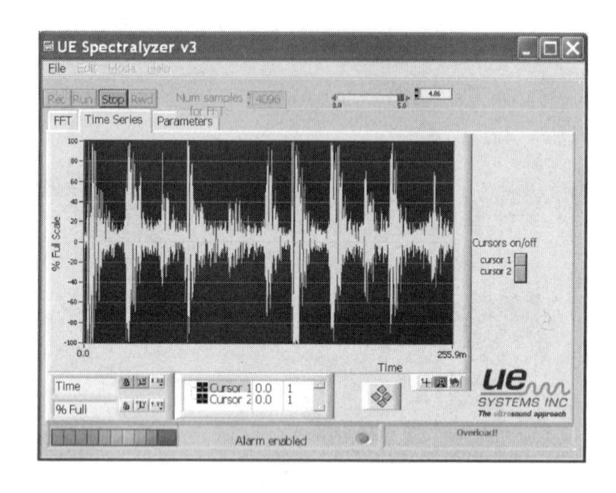

图 11　116 -15 日波形异常

断损、支承板应力疲劳、阀坐最外侧密封线磨损、弹簧磨损及阀盖弹簧孔位磨损。参考图片图 18。

图 12　二级缸照片

3.3.1.2　原因分析

表 7 是不同负荷下卸荷装置工作列表，0%负荷下一二级 HE 排气阀被卸荷叉顶开，压缩机 0%负荷下完全不带载荷。

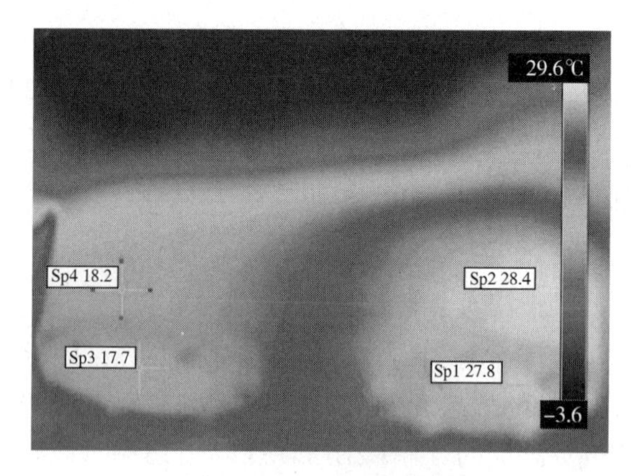

图 13　温度相差 10℃红外成像照片

图 14　二级缸照片

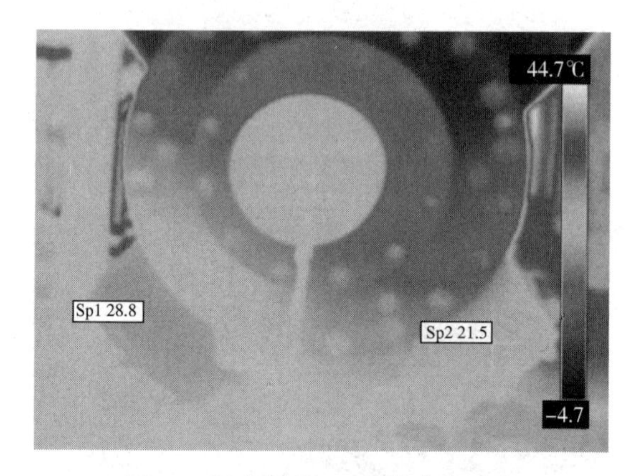

图 15　温度相差 7℃红外成像照片

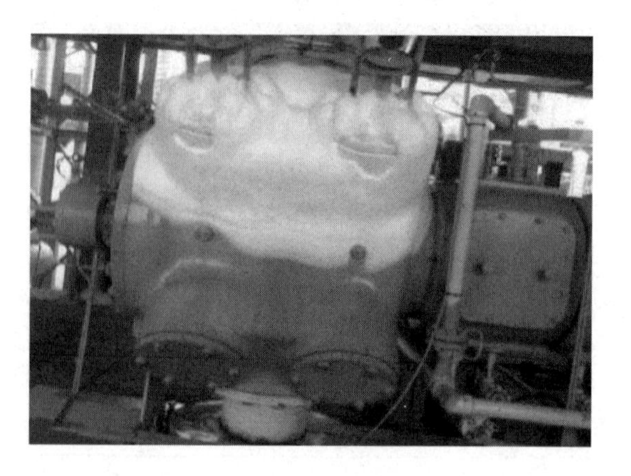

图 16　二级缸照片

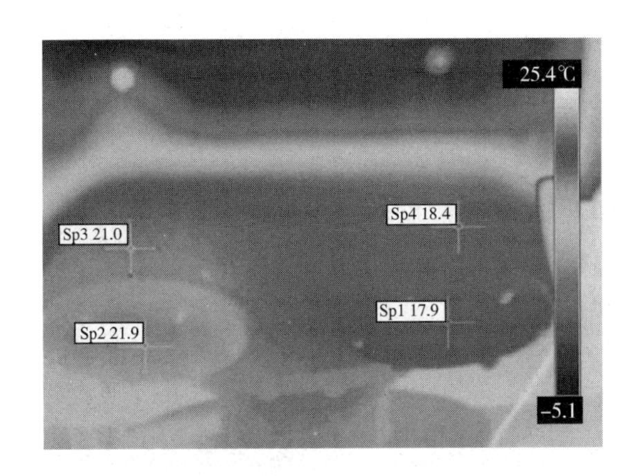

图17　温度相差7℃红外成像照片

超声波数据证明二级HE排气阀应该有泄漏，超声波波形前后差异，这说明气阀状态不稳定；对比2017年11月15日二级排气阀门红外成像的图分析，存在泄漏比较严重的是二级排气阀缸侧阀门117阀门(2HEROUTV)，其温度比曲轴侧排气阀门高10℃度左右，116阀门(2HELOUTV)也有轻微泄漏，温度比曲轴侧排气阀温度高5℃度左右，但是也不排除受到右侧气阀117的影响导致的。从2017年11月21日二级排气阀拆卸检查的结果看，分析诊断完全准确。

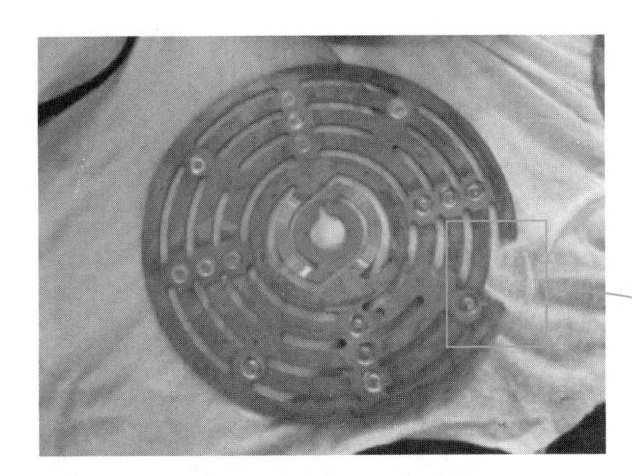

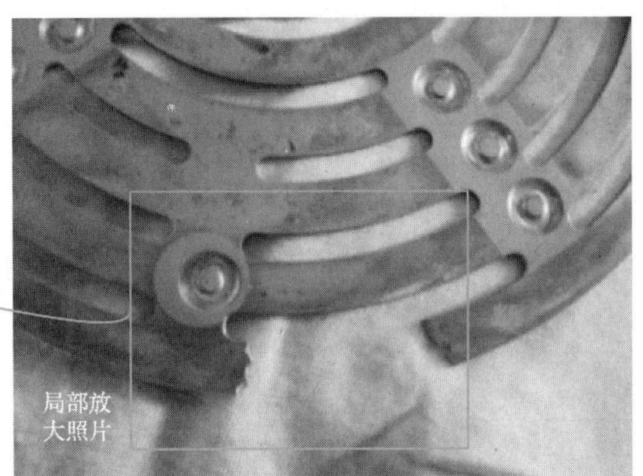

图18　二级气缸盖侧排气阀阀片断裂

表7　BOG压缩机卸荷装置工作列表

气缸＼负荷		100%	75%	50%	25%	0%
一级	HE	○	○	○	○	X
	CE	○	○	X	X	X
	CV	Close	Open	Close	Open	Close
二级	HE	○	○	○	○	X
	CE	○	○	X	X	X
	CV	Close	Open	Close	Open	Close

说明：○：加载；X：减载；CV：间隙阀 HE：盖侧 CE：曲轴侧

3.3.1.3　小结

综合运用超声波检测技术、工艺参数、气阀温度和红外成像等多种方法，结合不同负荷下设备状况，同时对比同种工况下不同压缩机的运行参数，即运用全息思维诊断快速精确锁定故障点位置，大大减小了维修范围，节约维修费用；确保工艺稳定生产；参考以下图19和图20。

3.3.2　BOG压缩机C辅助油泵反转故障

从2016年底操作提出“BOG压缩机C辅助油泵反转”问题，检查辅助油泵发现啮合方向反向，为此要找到辅助油泵反转的根本原因，给出纠正措施。

故障描述和处理

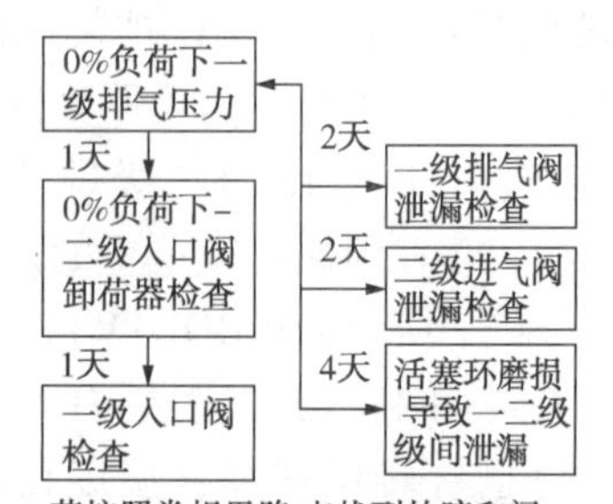

图 19　常规思路

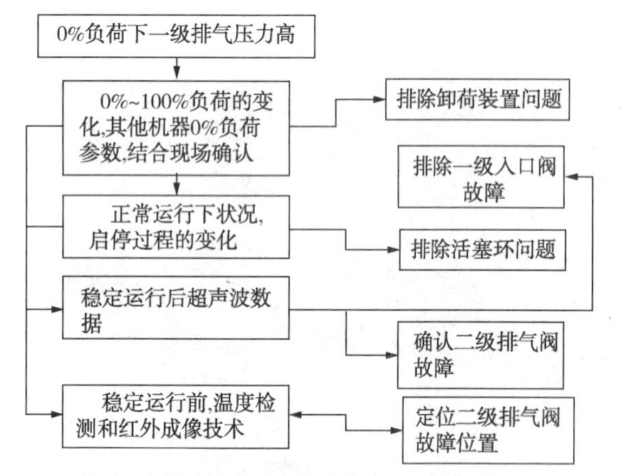

图 20　全息诊断思路

现场发现 BOG 压缩机 A/B/C 辅助油泵出口压力分别为 0.22MPa/0.12MPa /0.26MPa，BOG 压缩机 C 辅助油泵拆除检查，检修发现 BOG 压缩机 C-1101C 的辅助泵与 B 机的油泵的齿轮咬合方向相反(见图 21 和图 22)，检查间隙正常回装后压缩机启动后，辅助油泵仍然反转。

图 21　压缩机 B 辅助油泵

对比三台 BOG 压缩机辅助油泵出口压力值

图 22　压缩机 C 辅助油泵

差异，B 的单向阀泄漏量最小，分析把压缩机 B 和 C 辅助油泵出口的单向阀进行调换，确认了单向阀的问题，库存没有同型号的阀；以下图图 23 和图 24 是现有库存物资的信息。

图 23　NEWWAY 单向阀照片

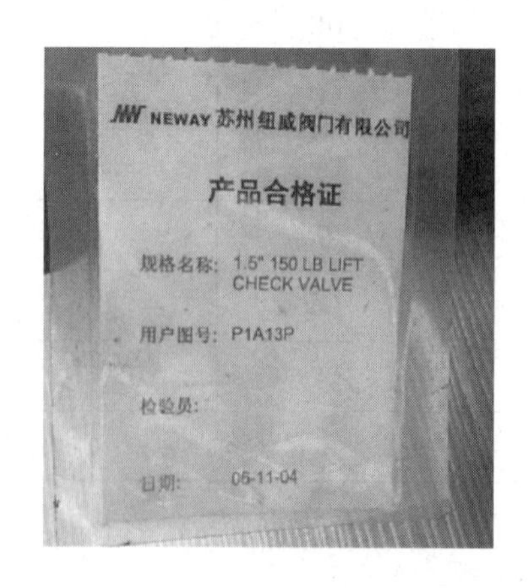

图 24　NEWWAY 单向阀名牌

网上查询到升降式单向阀的开启压力可能在 0.5MPa 左右；单向阀 NEWWAY 厂家估计开启压力可能在 0.3MPa 以下(该值不注明在名牌上)，厂家建议加工减少阀芯重量，以下是库存单向阀的解体图片（图图 25 和图图 26）。

图 25　单向阀解体照片

图 26　单向阀阀芯和弹簧照片

BOG 压缩机润滑油压力要求是 0.15 ~ 0.40MPa，油路安全阀的开启压力是 0.65MPa，必须自己估算单向阀开启压力，核算阀芯是否要经过加工等；测量阀芯的尺寸和称量阀芯的重量，估算弹簧的压缩量和当量重量。(参考下图 27 和图 28，是利用化验室的天平称重照片)。

图 27　NEWWAY 阀芯重量

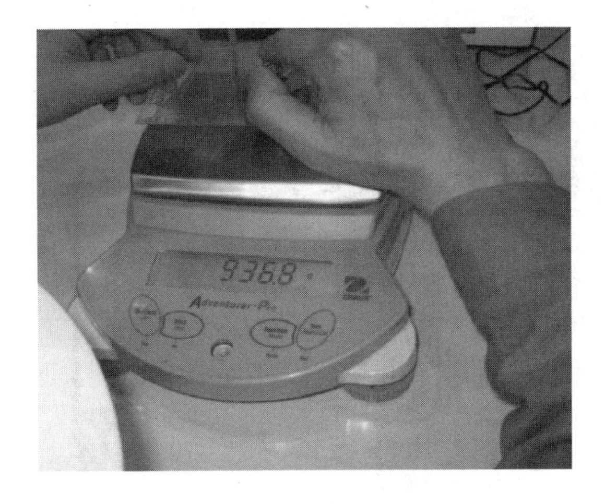

图 28　NEWWAY 单向阀阀芯和弹簧压缩后

阀芯的重量为 255.6g，阀座流通直径为 24mm，以下是单向阀开启压力估算过程，

只有阀芯没有弹簧的情况下：

$$\frac{\pi}{4}(0.024)^2 \times P_\Delta = 255.6 \times 10^{-3} \times 9.8$$

$$P_\Delta = 5548\text{Pa} = 0.055 \times 10^5\text{Pa} \approx 0.06\text{Bar}$$

有弹簧和阀芯的情况下(原始设计)：

$$\frac{\pi}{4}(0.024)^2 \times P_\Delta = 936.8 \times 10^{-3} \times 9.8$$

$$P_\Delta = 20304\text{Pa} = 0.203 \times 10^5\text{Pa} \approx 0.2\text{Bar}$$

通过以上估算开启压力满足，而且不用加工阀芯，为了稳妥去掉了弹簧；新类型单向阀安装后，BOG 压缩机 C 辅助油泵没有再出现反转，问题解决。

3.3.2.1　故障原因分析

BOG 压缩机 C 辅助油泵发生反转的直接原因是单向阀泄漏，单向阀的基本型式有两种，参考下图 29 升降式(LIFT TYPE)和和图 30 旋启式(SWING TYPE)

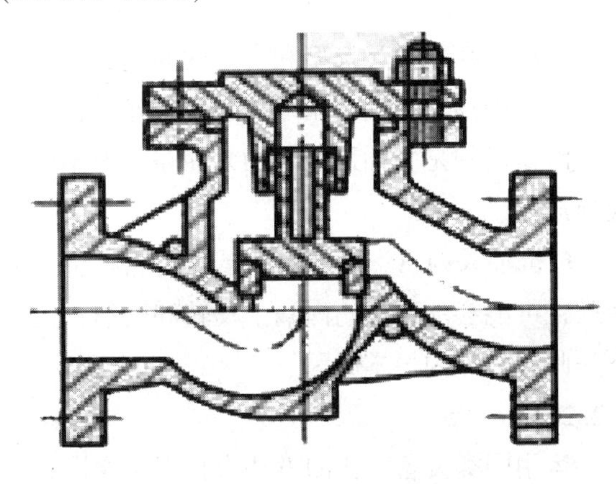

图 29　升降式单向阀示意图

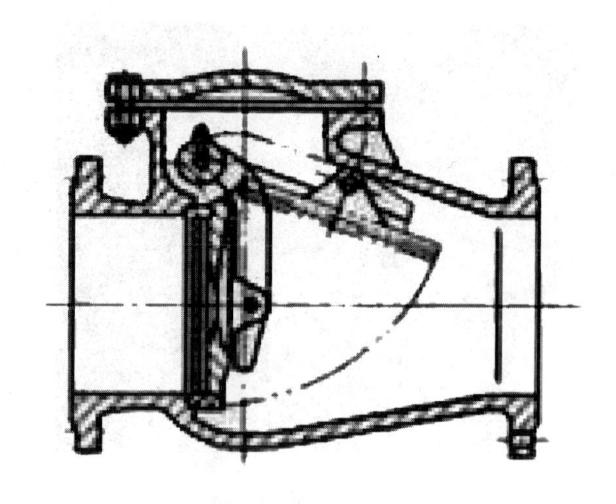

图 30　旋启式单向阀示意图

旋启式密封性能不如升降式，且不适于流速经常改变和脉动流，因为阀瓣反复撞击阀座而导致密封面之损伤。

图 31 的 NEWWAY 图纸看，是典型升降式单向阀，并且带弹簧的，即可以水平和垂直安装。

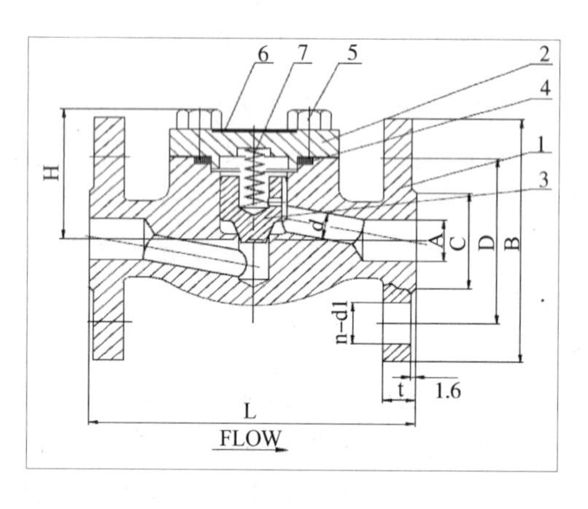

图 31

原单向存在设计选型和安装的问题，带孔的设计润滑油油路断油，压缩机正常工作时，起主要润滑作用的是主油泵，主油泵油路一般不会出现断油。

C 机油泵与 A、B 机的油泵的齿轮咬合方向相反，可能会加速齿轮内漏、反转和磨损，但是不是此次故障的根本原因。

3.2.2.2　小结

运用同类设备对比的方法查找根本原因，创新大胆地使用另外类型的单向阀，利用了现有库存，理论计算和实践检验相结合，比较成功地处理了故障，消除了 BOG 压缩机 C 润滑油系统故障和隐患。参考下图 32 和图 33 在处理本故障中，运用常规思路和全息新思维的差异和优缺点。

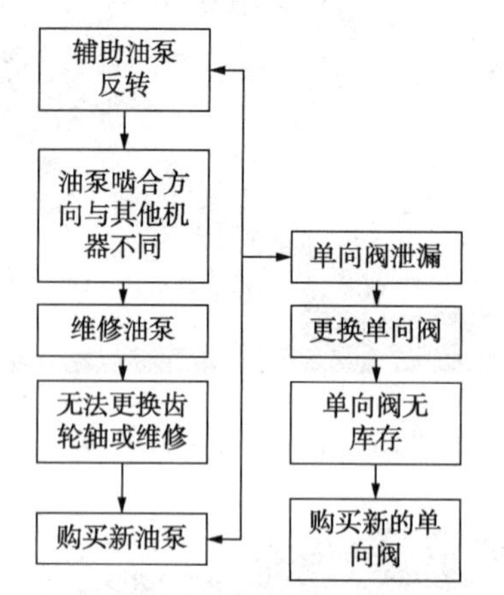

图 32　辅助油泵反转故障诊断常规思路

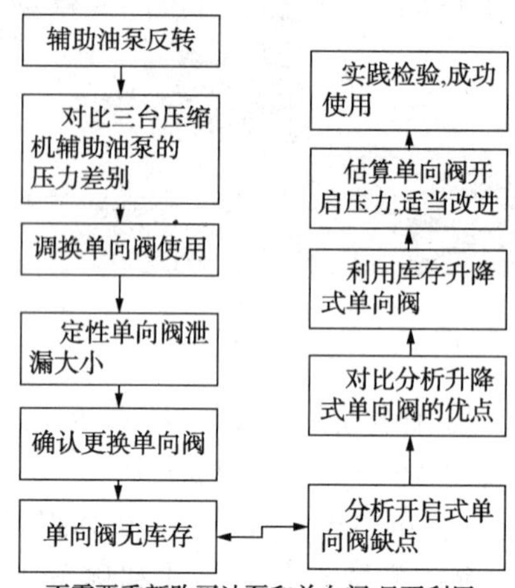

图 33　辅助油泵反转故障诊断全息新思维

3.3.3　BOG 压缩机 C 二级气缸和缓冲罐振动大的问题

2013 年 9 月新增加一台 BOG 压缩机 C 的项目试车过程中发现压缩机二级气缸振动偏大，超过厂家的振动标准；现场发现二级入口缓冲罐和入口管道振动也偏大，以下是现场压缩机 C 二级气缸和缓冲罐照片图 34 和振动测点位置图 35，表 8 是处理前后 BOG 压缩机 C/B 振动值记录：

图34　BOG压缩机C二级气缸和缓冲罐

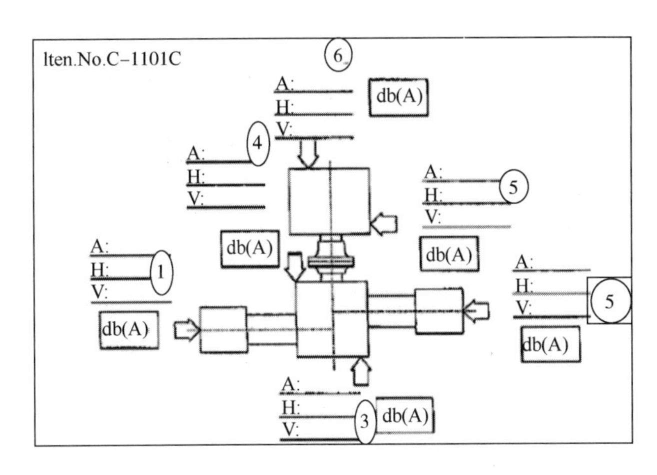

图35　压缩机气缸振动测点

表8　BOG压缩机C和B的振动测点和幅值 μm

日期	时间	负荷	方向	①	②	③	④	备注
2013/9/10	14：45	25%	A	82.3	105.4	33.3	34.0	C-1101C
			H	66.3	405.4	32.3	29.5	
			V	43.7	32.5	18.8	10.2	
	14：35	50%	A	93.5	127.3	48.0	59.9	
			H	68.8	807.7	33.3	33.8	
			V	73.9	45.7	26.7	16.8	
2013/10/24	14：45	25%	A	85.598	95.504	20.574	21.844	C-1101C
			H	49.784	170.18	28.194	30.48	
			V	45.212	28.194	8.128	16.51	
	15：15	50%	A	92.2	104.9	27.7	26.7	
			H	61.2	287.0	31.5	30.2	
			V	85.3	35.8	19.1	6.9	
2013/10/24	16：40	25%	A	84.3	86.6	22.6	29.5	C-1101B
			H	43.2	100.3	27.4	21.6	
			V	31.0	22.1	12.2	8.6	
	15：15	50%	A	92.202	99.568	23.368	29.718	
			H	41.656	160.528	25.146	24.13	
			V	36.068	22.352	11.684	8.89	

3.3.3.1　现场发现和事件处理过程

在50%负荷时，压缩机二段气缸头振动特征频率是14.25Hz；同一方向上管线振动频谱中有14.25Hz频率，下图是频谱图36和图37。

测量管线固有频率时发现，管线的一阶固有频率比较接近14Hz，高阶频率差也是7Hz，特别是静止状态下策敲击测试结果，下图是现场试验图片图37和管线运行和静止状态敲击测试频谱图图38~图42。

缓冲罐不同方向上的振动频谱显示7Hz及其谐波，但是在压缩机50%负荷下振动最大，方向和压缩机缸头振动最大方向一致，而且振动频谱中14Hz的频率最明显，以下是BOG压缩机C-1101B 50%负荷下的振动频谱图43。

IHI厂家现场服务机械工程师采用松动二段排气缓冲罐的紧固螺栓来观察振动的效果，结果是振动更大；加减二段缸的支撑垫片(0.5mm)，最后的效果仍然不明显。

3.3.3.2　事件原因分析

14Hz产生的原因可以用以下计算公式计算：

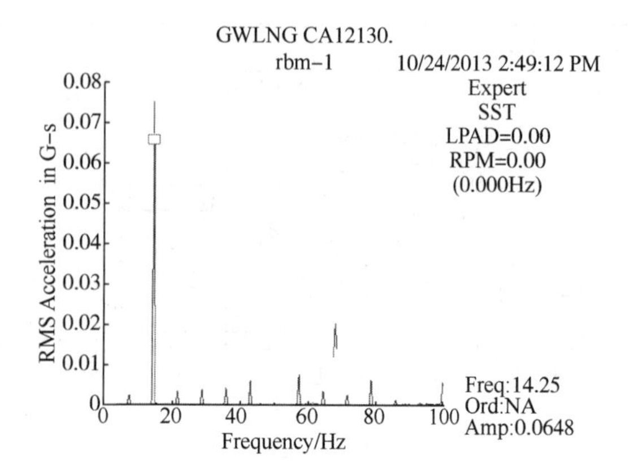

图 36 振动频谱(压缩机气缸水平方向)

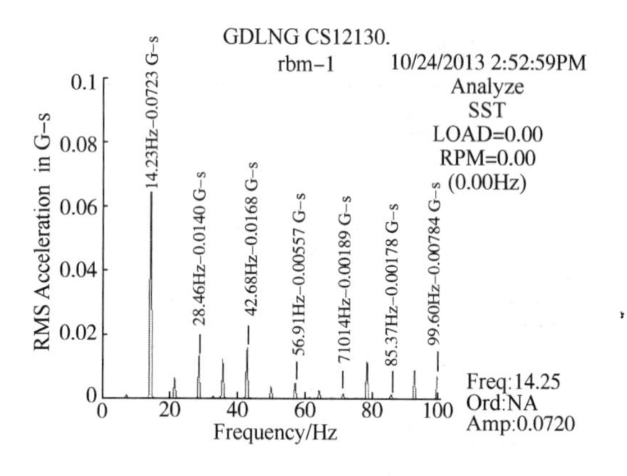

图 37 振动频谱(管线同一方向)

图 38 现场试验图片

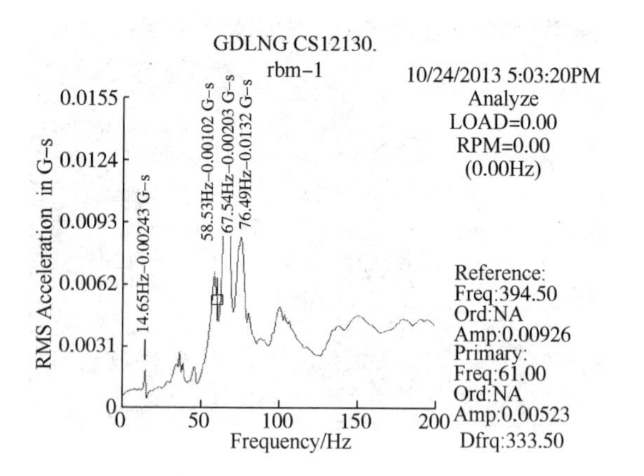

图 39 管线静止时敲击(南北方向)

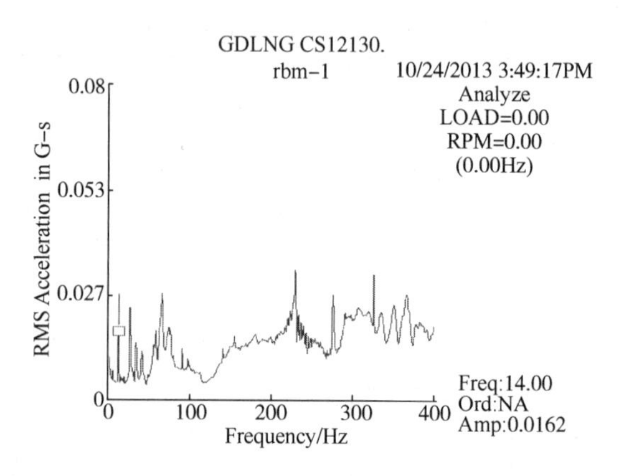

图 40 管线运行时敲击(南北方向)

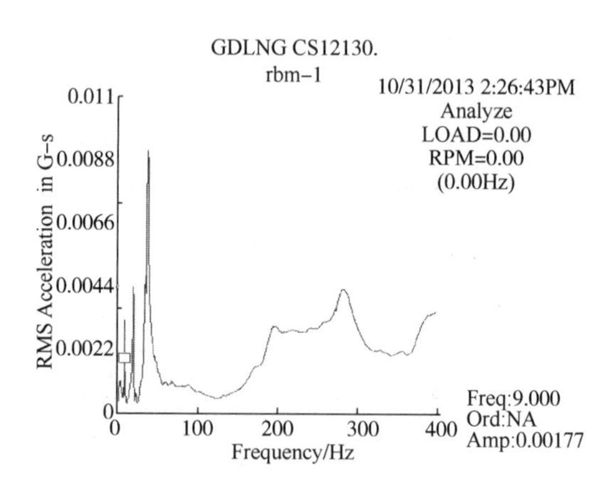

图 41 管线静止敲击(东西方向)

$$f_1 = s \times n / 60$$

式中，$n=420$ 表示转速 420 转/分，s 活塞表示作用数，$s=2$ 表示双作用，$s=1$ 表示单作用，$f=2\times420/60=14$Hz. 14Hz 频率和压缩机转动做功有关，也既就是说是由于压缩机压缩气体过程中产生的。与管线固有频率接近，相互存在影响。

在以上分析中提到的激振力计算公式中 $f_1=s\times n/60$ 还有第二种激振力计算公式 $f_2=c\times s\times n/60$ 其中 $n=420$ 转/分，$s=2$，c 表示汽缸数，现场压缩机的汽缸数正好是 2，两级压缩 $f_2=2\times2\times420/60=28$Hz，28Hz 是脉动频率 14Hz 的两倍，也接近固有频率的倍数；所以容易引起交叉耦合共振。

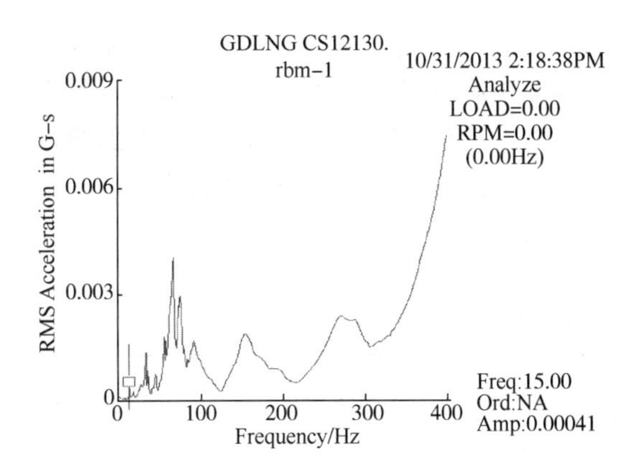

图 42 管线静止敲击(南北方向)

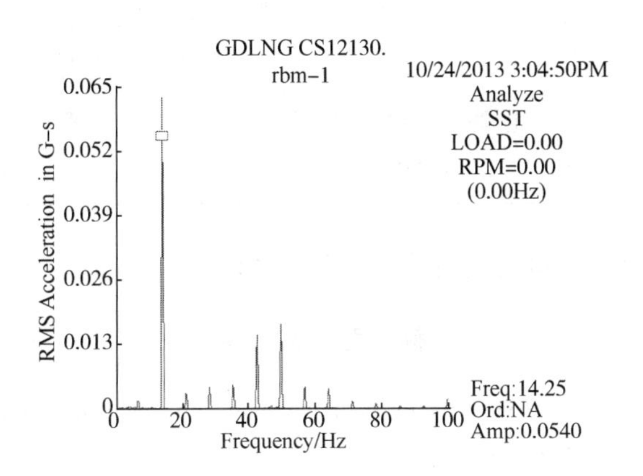

图 43 振动频谱(压缩机 B 气缸水平方向)

最后通过改变二级入口缓冲罐附件的管线的支撑，即改变入口水平方向的整个管道系统的固有频率，最终较小了振动。参考上文表 8 中列出 10 月 24 日振动测试结果较 9 月 10 日有改善。

3.3.3.3 小结

该故障处理中，要把压缩机、缓冲罐和链接管线作为一个整体，从相互影响的因素出发，依靠现场测试数据和简单推算，找到引起共振的根本原因，简单处理及时消除隐患；参考以下图 44 和 45 是思路与效果对比。

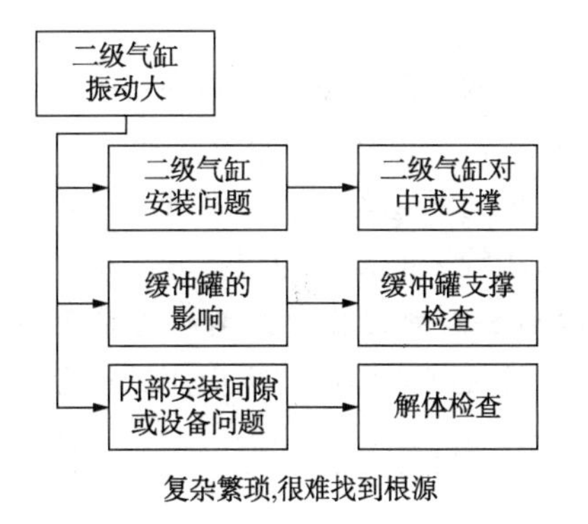

图 44 二级缸振动高故障诊断常规思路

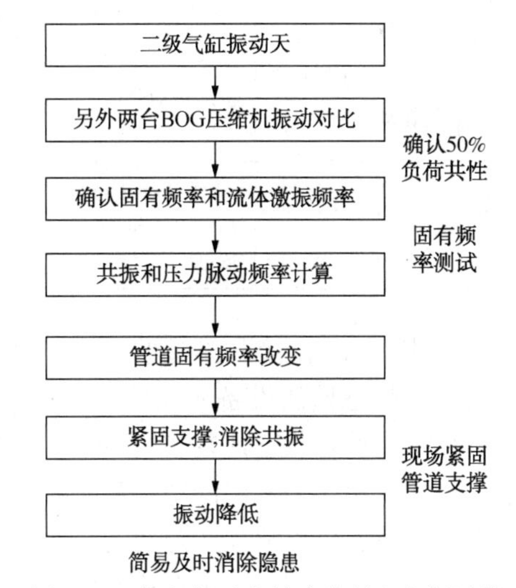

图 45 二级缸振动高故障诊断全息新思维

4 研究成果介绍

4.1 创新方法在处理 BOG 压缩机故障中的优势

以上 4 类故障都是比较特殊难解决复杂问题，处理思路或者处理方法不恰当可能会涉及到维修范围扩大、维修费用高和不能解决根本问题等缺点；后 3 类问题若处理不及时，可能会影响设备移交和验收，甚至导致设备事故等，以下表 9 是对其进行总结和对比。

表 9 BOG 压缩机故障处理创新方法对比和优点

问题	难点	危害	传统处理方法	创新方法	优点
一级出口压力高	正常工况下，设备未显示异常	缺陷恶化导致设备事故	逐一拆卸检查排除，如先拆卸一级入口阀卸荷	超声波结合温度监测和红外成像技术	锁定故障位置，缩短维修实践和节约维修费用
辅助油泵反转	油泵和其他油泵啮合方向不同； 没有库存	长期运行导致磨损，进而影响设备可靠性	更换油泵和购买新的单向阀	对比排除法 利用现有库存 估算开启压力	降低库存，节约费用，及时处理设备故障
二级气缸振动高	机械设备内部是否正常和是否需要大修拆卸检查	振动大导致设备松动或设备疲劳损坏	固定压缩机气缸，拆卸检查压缩机本体	对比关联法 不同负荷对比，脉冲频率估算	避免不必要的拆卸，查找关键因素

以上后两个问题都是和新项目有关，项目施工和正常运营与维修工作很大不同，项目期间产生的一个小的问题若不及时发现和处理，后续可能会成为比较大的设备隐患。

4.2 推动全息新思维和广义状态监测在设备故障诊

随着常规状态监测技术应用的逐渐熟练和现场遇到的故障多样化，根据设备特点和故障特征，逐渐拓展应用，并尝试创新地应用；结合上文论述，以下是GDLNG应用状态监测的常规应用、拓展和创新的应用计划的统计表10。

表10 常规监测方法的拓展应用

特征	振动		超声波	油液监测	红外监测	马达状态监测
	在线	离线				
目前常规的应用	海水泵、高低压泵、BOG压缩机振动分析	泵、风机和电机的振动分析	BOG阀片，泵、风机和电机润滑或早期异常	润滑油品质、机械磨损等	变压器、UPS整流板接线端、电源分配柜中和EC装置接线端子	高压电机；BOG冷却风机、EC加氯系统增压泵等低压电机
拓展应用	监测仪表的状态	管线空压机、加热炉和管道振动	泄漏和电气故障	润滑脂分析	LNG储罐和管道保温	无

近几年其他LNG接收站逐步向我们学习，陆续开始购买状态监测设备开展状态监测工作；状态监测技术在设备状态评判和故障诊断中起到了非常重要的作用，但多年的经验和实践中证明不能单靠单一技术可以解决所有问题；通过上文的论述，在此需要强调，除了在状态监测专业技术方面精益求精外，还要不断拓展多方面的知识，要有全息思维，要从设备结构原理、工艺参数、维修状况、状态监测和失效特点等多方面信息着手进行设备状态评判和故障诊断。

参 考 文 献

[1] API 618 - Reciprocating Compressors for Petroleum, Chemical, 1995.
[2] 顾安忠主编. 液化天然气技术手册[M]. 北京：机械工业出版社，2010.
[3] GB/T 15487-1995，“容积式压缩机流量测量方法.

氢气及天然气液化预冷工艺及流程优化分析

陈　宇　沈全锋

（中国石油工程建设有限公司）

摘　要　在氢气及天然气液化流程中，预冷工艺对整个流程能耗影响很大。氢气液化预冷工艺目前比较成熟的是氮气预冷循环。氦预冷循环、LNG 预冷循环、混合制冷剂预冷循环等研究还处于发展阶段。天然气液化工艺研究比较成熟，混合制冷剂循环液化天然气流程具备机组设备少、流程简单、管理方便等优点，丙烷预冷混合制冷剂液化流程合了级联式液化流程和混合制冷剂液化流程的特点，具有高效、简单的有点。本文针对目前不同预冷氢液化流程，比较这些流程的单位能耗、㶲效率和性能系数。同时模拟了丙烷预冷混合制冷剂液化工艺流程，优化丙烷预冷系统循环和混合冷剂制冷循环参数。

关键词　预冷工艺；混合冷剂；氢气液化；天然气液化；流程优化

天然气以其清洁安全、热值高的优点，成为21世纪备受关注的绿色清洁能源。氢能是高效、洁净的二次能源，将成为未来主要的能源利用形式。天然气液化和氢气液化是天然气、氢气储运的关键。通过对天然气及氢气液化流程的优化研究，可以减少液化工厂的投入成本，提高生产效率。

不同的天然气液化装置，根据实际情况选择不同的流程。天然气液化装置分为基本负荷型液化装置和调峰型液化装置两种。其中基本负荷型天然气液化装置是供当地使用或者向外输送的液化装置，而调峰型液化装置是为调节使用高峰的负荷或者弥补冬季燃料供应不足的天然气液化装置。调峰型液化装置属于小流量液化装置，生产规模较小，非常年运行；基本负荷型液化装置一般为大型液化装置，常年连续运行，由庞大且复杂的系统组成。目前世界上现有的基本负荷型天然气液化装置中，有80%以上都是采用了丙烷预冷混合制冷剂液化流程。丙烷预冷混合制冷剂液化流程是在混合制冷剂液化流程基础上改进的液化流程。该流程的主要优点是既高效又简单，结合了级联式液化流程和混合制冷剂液化流程的优点。

氢气利用处于起步阶段，全球液氢装置不多。按制冷方式，氢液化循环主要有：氮预冷循环、氦预冷循环、LNG 预冷循环、混合制冷剂预冷循环等。

针对目前不同预冷氢液化流程，本文将比较这些流程的单位能耗、㶲效率和性能系数。同时模拟了丙烷预冷混合制冷剂液化工艺流程，优化丙烷预冷系统循环和混合冷剂制冷循环参数。

1　氢气液化预冷工艺

1.1　氮预冷循环

C. Baker 等提出一种液氮预冷的双压 Claude 氢液化流程。该工艺每天可产生 250t 液态氢，单位能耗和㶲效率分别为 10.85kWh/kg_{LH2} 和 0.36kWh/kg_{LH2}。M. Bracha 等介绍了曾经德国最大的氢气液化系统，位于 Ingolstadt 的 Linde 大型氮预冷 Claude 工厂的液化能力为每天 4.4t，单位能耗为 13.58kWh/kg_{LH2}。

唐璐等提出一种基于液氮预冷和氦制冷的氢液化流程，该流程的液化能力为 50t/d。作者自行开发了 MATLAB 应用程序来模拟该设计流程并对于末级膨胀分别考虑了节流膨胀和液体膨胀机两种方式。结果表明，末级膨胀用 J-T 节流阀和膨胀机的㶲效率分别为 0.3852 和 0.4017。

1.2　氦预冷循环

M. Shimko 等开发了一种氦预冷的液化量为 50t/d 的氢气液化循环。研究表明，该过程的单位能耗为 8.73kWh/kg_{LH2}，㶲效率为 0.446。W. L. Staats 等提出并分析了一种氦预冷的超临界氢气液化循环，液氢产量为 50t/d。利用 MATLAB 编写了仿真程序，以研究改变组件效率和各系统参数对系统效率的影响。结果发现在两级、三级和四级氦膨胀循环中四级膨胀的㶲效率最高，为 0.356，若在四级膨胀的基础上再增加一级膨胀循环，㶲效率不会显著提高反而投资成本将随之增加。

1.3 LNG 预冷循环

相较于常规的氮气预冷 L-H 系统，曹学文等提出的新型液化系统使用 LNG 作为新型预冷剂，并在深冷段加入两级膨胀装置，以采用膨胀制冷与换热冷却相结合的方式来对氢气深冷。氢液化系统的工艺流程如图 1 所示，系统由两部分组成：氢气循环部分以及 LNG 预冷部分。

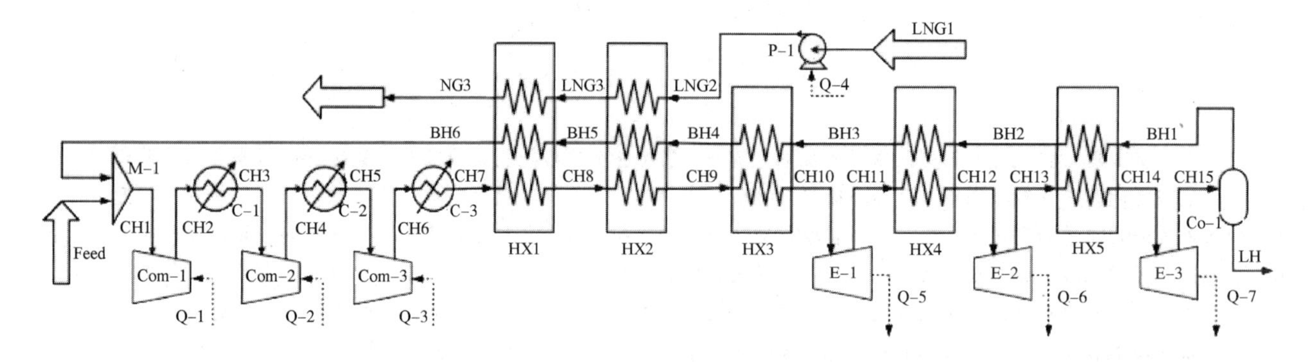

图 1 新型双压 L-H 氢液化工艺流程

通过回收利用 LNG 的冷能提高了系统的性能与经济效益，通过采用多流换热器与膨胀机相间布置的方法对氢气深冷增强了换热器的换热效率，通过应用两相膨胀机代替节流阀提高了氢气膨胀后的液化率。借助 HYSYS 软件对所建的流程进行了模拟计算与关键参数的灵敏度分析。新型双压 L-H 氢液化系统的比能耗为 9.802kWh/kg_{H2}，㶲效率为 41.4%，总㶲损失为 1373.3kW，其中优化后的换热设备仍是系统㶲损失的主要来源。系统中氢气的预压缩压力在 2~4MPa 范围内变化对系统比能耗和氢气液化率影响较大，而 LNG 的加压压力对系统影响较小，可以适当提高氢气预压缩压力以降低系统的能耗。所提出的新型氢液化工艺相较常规 L-H 液化系统显著提高了液化性能，且具有流程简单、投资成本低等优势，在未来中小型氢液化厂的建设中优势明显。

A. Kuendig 等分析了一个与液化天然气（LNG）预冷装置相结合的液化能力为 50t/d 的大型氢液化流程。在环境压力下饱和 LNG 被泵压缩，温度升至-148℃，然后氢气在换热器中被 LNG 预冷至-138℃，最后通过氮气和氢气制冷回路逐步对液态氢进行进一步冷却。G. J. Kramer 等认为该过程的单位能耗可以降至 4kWh/kg_{LH2}。

1.4 混合制冷剂预冷循环

Sadaghiani 提出的大型液氢生产装置产能为 300t/d，是目前理论能耗最低的一种氢液化循环新流程，能耗为 4.41kW · h/kg_{LH2}，效率为 55.47%。该系统采用两级混合制冷剂的制冷循环，第一级将氢气从 25℃降低至-195℃，能耗为 1.102kW · h/kg_{LH2}，㶲效率为 67.53%。第二级将氢气冷却至-253℃，能耗为 3.258 kW · h/kg_{LH2}，㶲效率为 52.24%。该氢液化循环的另一个创新点是制冷剂的组成，第一级制冷循环制冷剂由九种工质（摩尔分数分别为 17%的甲烷、7%的乙烷、2%的正丁烷、1%的氢气、16%的氮气、18%的丙烷、15%的正戊烷、8%的 R-14 以及 16%的乙烯）组成，第二级由三种工质（摩尔分数为 10%的氖、6.5%的氢气以及 83.5%的氦气）组成。

S. Krasae-in 等使用混合制冷剂预冷，四级氢气 J-B 串联制冷的液化氢流程。在 AspenHYSYS 中模拟了该液化量为 100t/d 的液化氢流程。由 10 种组分组成的混合制冷剂以较高的效率将原料氢气从 25℃预冷至-193℃。对于-193~-253℃的氢气采用提出的四级氢气 J-B 串联制冷循环。整个流程的单位能耗为 5.35kWh/kg_{LH2}，㶲效率为 0.54。指出对于该流程其换热器、压缩机电机和曲轴箱压缩机的尺寸较小。S. Krasae-in 基于之前的研究对更实际的大规模液化氢流程进行了改进，提出一种由 5 种组分（4%氢气、18%氮气、24%甲烷、28%乙烷和 26%丁烷）构成的混合制冷剂预冷和优化的四级氢气 J-B 串联制冷的液化氢流程。初步研究了变量和约束以及调整最佳稳态运行的方法，通过反复实验来模拟和优化氢气液化过程。优化过程包含 23 个变量和 26 个约束。优化的结果是该流程的单位能耗和㶲效率分别为 5.91kWh/kg_{LH2} 和 0.489。

目前几乎所有的大型氢液化装置都采用了改进型带预冷的 Claude 系统，而预冷主要采用氮气预冷，也有采用 LNG 预冷。其他的循环方式停留在实验室或者理论计算阶段。通过简单比较，混合制冷剂预冷循环单位能耗具有一定优势。但没有大型装置验证，具有一定局限性。从工艺模拟结果上看，氢液化预冷方式将向混合工质和磁致冷方向发展。

2 丙烷预冷混合冷剂液化流程优化

2.1 丙烷预冷混合冷剂液化流程

丙烷预冷混合冷剂循环液化工艺流程见图 2。该流程由深冷混合冷剂循环、丙烷预冷循环以及天然气液化回路。

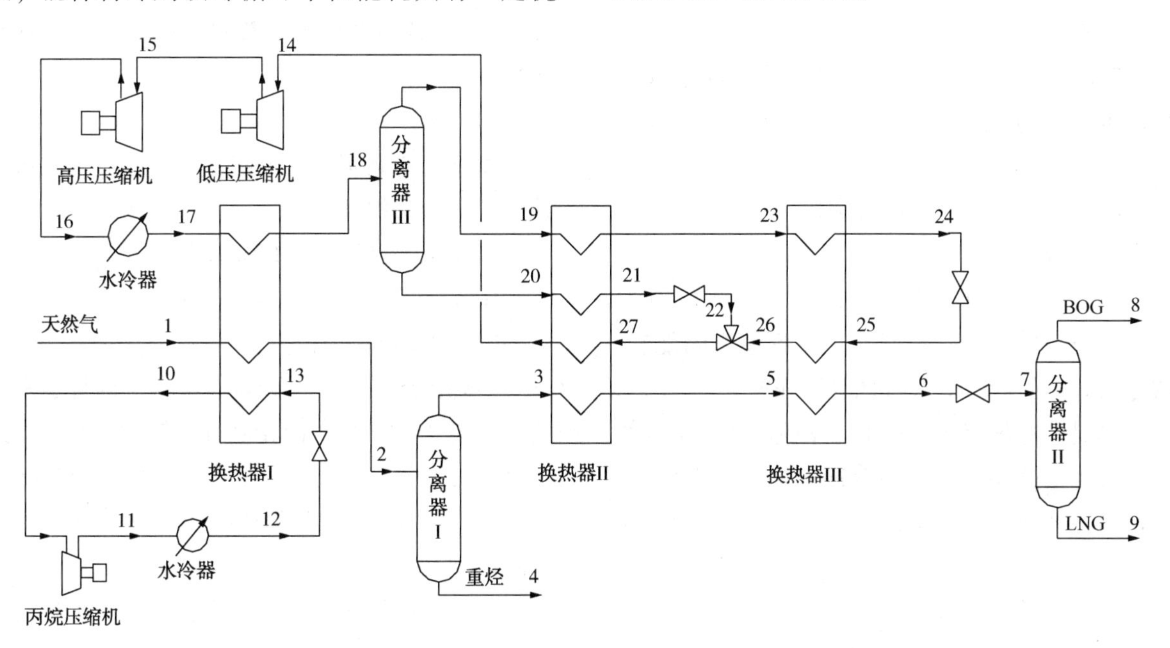

图 2 丙烷预冷混合冷剂液化工艺流程图

丙烷预冷循环：丙烷经压缩机压缩至高压，经水冷器冷却后节流阀节流降温为天然气和混合冷剂的预冷提供冷量。升温后的丙烷返回丙烷压缩机，完成丙烷预冷循环。

深冷混合冷剂循环：混合冷剂经低压、高压压缩机压缩至高压，经水冷器带走一部分热量，然后通过丙烷预冷循环预冷。预冷后的混合冷剂进入分离器Ⅲ分离。其中，液相经换热器Ⅰ冷却后节流、降温，与返流的混合冷剂混合后，为换热器Ⅰ提供冷量。气相经换热器Ⅱ、换热器Ⅲ冷却后节流、降温，为换热器Ⅲ、换热器Ⅱ提供冷量。升温后的混合冷剂返回压缩机，完成混合冷剂循环。

天然气液化回路：净化后的天然气经丙烷预冷循环后进入分离器Ⅰ进行重烃分离。其中，液相去重烃处理装置，气相经换热器Ⅱ冷却、换热器Ⅲ液化并过冷，然后经节流阀节流降压至储存压力，最后进入分离器Ⅱ进行气液分离，液相为 LNG 产品进低温储罐。

2.2 丙烷预冷混合冷剂循环优化理论

（1）目标函数

$$W = (W_y + W_c)\min \tag{1}$$

式中，W 为丙烷混合冷剂液化流程总压缩能耗，kW；W_y 为丙烷系统压缩机能耗，kW；W_c 为混合冷剂压缩机能耗，kW。

压缩机采用离心式压缩机。压缩机能耗为离心式压缩机的输入功率（即轴功率）。

优化目标函数，丙烷预冷混合冷剂液化流程总压缩能耗最小。而此流程中，涉及丙烷预冷系统压缩机和混合冷剂压缩机，因此，优化过程中需要对丙烷预冷系统循环和混合冷剂制冷循环分别优化其各自的参数。

（2）丙烷预冷系统优化

目标函数：

$$W = W_y(\min) \quad (2)$$

式中，W 为丙烷预冷混合冷剂液化流程总压缩能耗，kW；W_y为丙烷压缩机能耗，kW。

丙烷压缩机能耗不仅与丙烷预冷循环中丙烷的循环量有关系，同时与丙烷循环中的压缩机的进口压力、出口压力有关。同时，丙烷预冷循环中的冷凝器的温度通过影响丙烷循环量来影响丙烷压缩机的功耗。

因此，在追求丙烷压缩机能耗最小时，必须进行压缩机进出口压力、冷凝器冷凝温度参数优化。

（3）混合冷剂循环参数优化

目标函数：

$$W = W_c(\min) \quad (3)$$

式中，W 为混合冷剂液化流程总压缩能耗，kW；W_c为混合冷剂压缩机能耗，kW；

双混合冷剂液化流程中寻求流程总压缩功耗最小需优化的参数有：混合冷剂循环冷凝温度、混合制冷剂组成、高压制冷剂压力、低压制冷剂压力。

① 约束条件

a. 混合冷剂各组分摩尔分数之和为1；

b. 气液分离器中混合制冷剂处于两相区；

c. 压缩机入口的混合制冷剂为气相；

d. 各换热器中，冷热流体最小温度逼近值不低于3℃，且控制在3℃附近。

② 关键参数

预冷换热器、主冷换热器、过冷换热器出口温度。

③ 优化策略

以混合冷剂压缩机输入功率为目标函数，优化的策略如下。其中工艺流程的模拟采用HYSYS进行，物性包选用“Peng-Robinson”。

优化策略：

第一步：优化确定混合冷剂冷凝温度，从而确定冷凝器的类型；

第二步：优化低压混合冷剂温度对压缩机功耗的影响，从而作为确定混合冷剂组成的约束条件；

第三步：优化混合制冷剂组成及配比；

第四步：优化高压制冷剂压力；

第五步：优化低压制冷剂压力；

第六步：各换热器性能分析；

第七步：混合冷剂循环量计算；

双混合冷剂液化流程各性能参数、混合冷剂组成确定后，混合冷剂循环量的计算采用HYSYS优化器计算。

第八步：讨论混合冷剂压缩机级数。

2.3 丙烷预冷混合冷剂循环优化参数对流程性能影响

（1）预冷系统

通过资料调研，从节能方面考虑，丙烷预冷系统设定参数如下：

压缩机进口压力：120kPa；

压缩机出口压力：1300kPa；

（2）丙烷预冷温度

丙烷预冷循环中，丙烷冷凝器、丙烷蒸发器的压降设为70kPa、10kPa。丙烷预冷系统在此参数下，丙烷冷凝器出口参数：1230kPa，35.34℃，丙烷通过节流阀降压到130kPa时，温度降低到-36.34℃。

为保证换热器的传热动力，冷端面冷热流温差不应太小，但又考虑温度太大会造成较大㶲损失。故设计过程中，换热器冷端面冷热流温差控制在3℃附近，且不低于3℃。而丙烷预冷器热端面冷流的进口温度为-36.34℃，所以丙烷预冷温度应为-33℃左右。

因此，丙烷预冷混合冷剂循环中，丙烷预冷温度建议为-33℃。

（3）混合制冷剂循环

① 混合制冷剂配比

混合冷剂制冷温区-33～-160℃左右，因此，混合冷剂由C_1～C_3和N_2组成。

丙烷预冷混合冷剂循环中，混合冷剂N_2、CH_4、C_2H_6、C_3H_8对流程性能的影响趋势。由图3、图4可知，随着N_2、CH_4、C_2H_6含量的增加，混合冷剂循环中压缩功耗呈上升变化。而随着C_3H_8含量的增加，压缩功耗呈下降趋势。因此，添加少量的丙烷可起到降低功耗的作用。

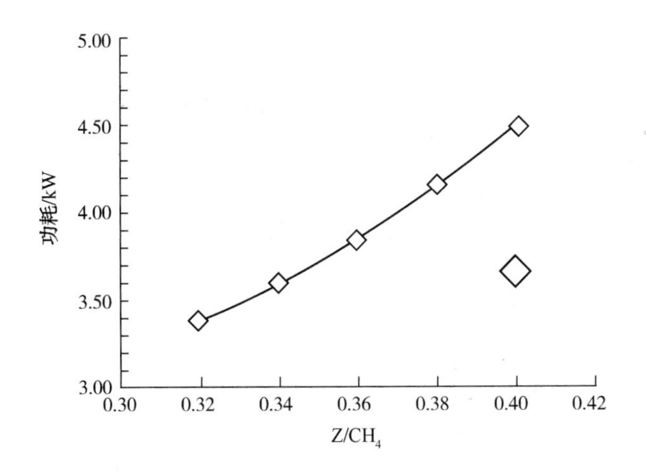

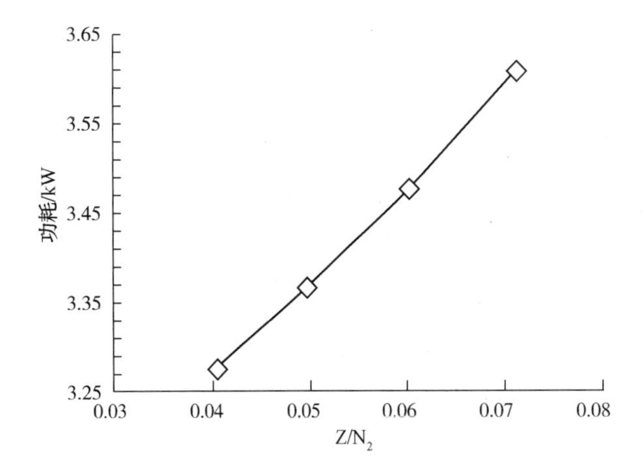

图 3　混合制冷剂中甲烷(左)、氮气(右)对流程性能的影响

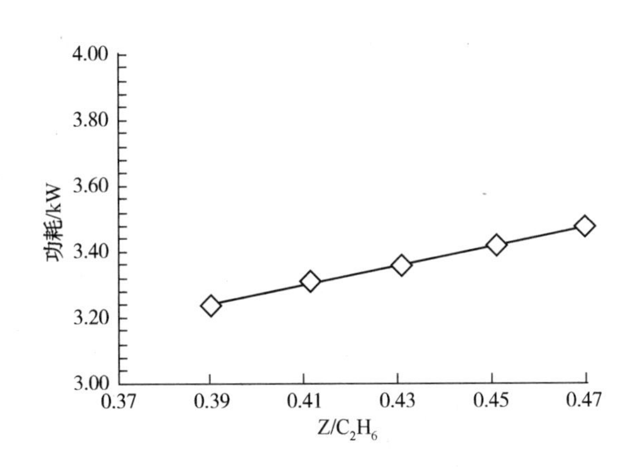

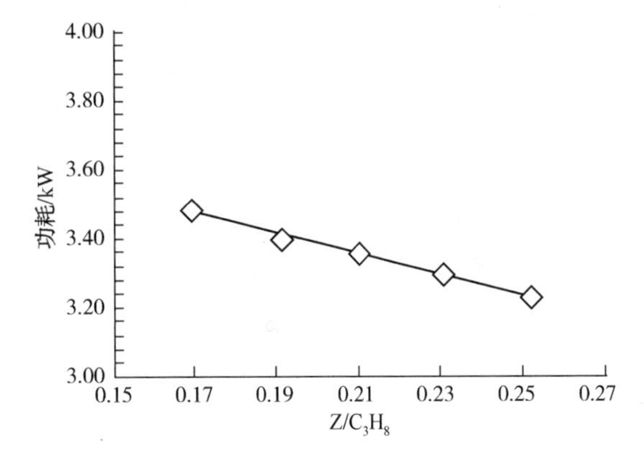

图 4　混合制冷剂中乙烷(左)、丙烷(右)对流程性能的影响

通过模拟发现，N_2、CH_4、C_2H_6含量较少的情况下，流程功耗降低，但压缩机入口会出现气液两相，不符合约束条件。因此，N_2、CH_4、C_2H_6含量的确定应保证压缩机入口为气相的情况下，功耗最小所对应的含量(丙烷归一化)。

① 混合制冷剂高压压力

丙烷预冷混合冷剂液化流程中，高压制冷剂压力对混合冷剂循环性能的影响见图 5。

由图可得：在保证压缩机入口处混合冷剂为气相的条件下，随着制冷剂高压压力的升高，液化单位量天然气所需要的混合制冷剂循环量呈下降趋势，而混合冷剂压缩机功耗呈先下降后上升的变化，存在一个压缩功耗最小所对应的压力。

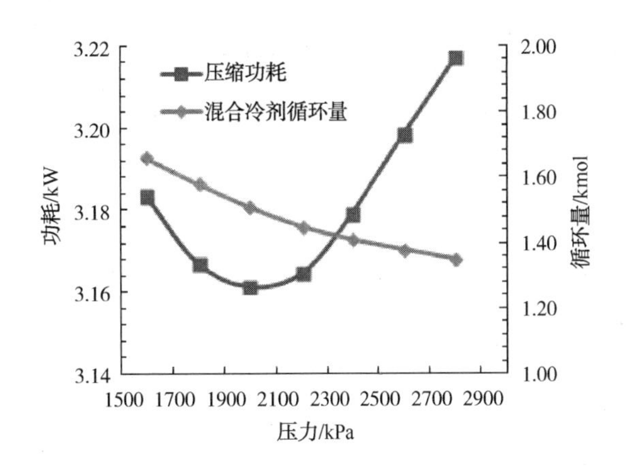

图 5　混合冷剂高压压力对混合冷剂循环系统的影响

3　结论

(1) 从工艺模拟结果上看，混合制冷剂预冷循环单位能耗具有一定优势；

(2) 氢液化预冷方式将向混合制冷剂和磁致冷方向发展；

(3) 丙烷预冷混合冷剂液化流程中，混合冷剂最佳配比的确定应保证压缩机入口为气相的情况下，功耗最小所对应的含量(丙烷归一化)；

(4) 丙烷预冷混合冷剂液化流程中，混合冷剂循环的高、低压力及混合冷剂冷凝温度应选择流程功耗影响曲线的极小值点。

参 考 文 献

[1] BAKER C, SHANER R. A study of the efficiency of hydrogen liquefaction [J]. International Journal of Hydrogen Energy, 1978, 3: 321-334.

[2]KRASAE-IN S, STANG J H, NEKSA P. Simulation on aproposed large-scale liquid hydrogen plant using a multicomponent refrigerant refrigeration system[J]. InternationalJournal of Hydrogen Energy, 2010, 35: 12531-12544.

[3]KRASAE-IN S. Optimal operation of a large-scale liquidhydrogen plant utilizing mixed fluid refrigeration system[J]. International Journal of Hydrogen Energy, 2014, 39: 7015-7029.

[4]沈晓谋，马维新．关于混合制冷剂循环液化天然气工艺的研究[J]．现代制造技术与装备，2019(10)：183-184.

[5]夏丹，郑云萍，李剑峰，等．丙烷预冷混合制冷剂液化流程用能优化方案[J]．油气储运，2015，34(3)：267-270.

[6]高旭，姚培芬，陈雨辞．双循环混合冷剂天然气液化流程的模拟与优化[D]．西安：西安石油大学，2019.

[7]肖荣鸽，高旭，靳文博．双循环混合制冷剂天然气液化流程的优化模拟[J]．化学工程，2019，47(03)：62-67.

[8]黄立凤，夏星星，常玉春．关于混合制冷剂循环液化天然气流程的优化探析[J]．当代化工研究，2018(09)：157-158.

氢能源新业务发展方向

顾华军　沈全锋

（中国石油工程建设有限公司）

摘　要　无论从政策引导，还是资本市场里投资人的反应以及相关的舆论都在说从传统能源转型到可再生能源马上就要来了。本文通过对当前能源转型以及氢能源发展介绍，对下一步氢能源等新业务发展方向进行了思考和展望。

关键词　能源转型；可再生能源；氢能源

2020年9月第75届联合国大会上，习近平总书记向全世界做出“力争于2030年前二氧化碳排放达到峰值，努力争取2060年前实现碳中和”的承诺，这个承诺体现了中国作为一个负责任大国的勇气与担当，也为能源发展指明了目标和方向。2020年10月21日，国务院副总理刘鹤在2020金融街论坛年会开幕式上发表主旨演讲时表示，疫情的重要启示就是要始终促进人类与自然的和谐相处。要推动绿色发展，构建绿色低碳、循环发展的经济体系，大力发展清洁能源、可再生能源和绿色环保产业，增强发展的可持续性。

无论从政策引导，还是资本市场里投资人的反应，以及相关的舆论都在说从传统能源转型到可再生能源马上就要来了。这里引出一个概念就是能源转型，详细说说能源转型到底是什么，而我们在这场能源转型革命中能做什么。

1　氢能源发展

1.1　氢能源发展现状

当前，氢能发展备受瞩目。因“跨界耦合”的特性，其被公认为清洁能源体系建设的助推器。传统制氢方式包括天然气制氢、煤制氢等，但仍难摆脱对化石能源的依赖。近两年，可再生能源电解水制氢技术发展势头渐显，其工艺简单、无污染，被视为制氢最佳路线。

据中国氢能联盟发布的《中国氢能源及燃料电池产业白皮书》预计，到2050年，氢能在中国能源体系中的占比约为10%，氢能需求量接近6000万吨，可再生能源电解水制氢将成为有效供氢主体。

资料显示，氢气制备方法中天然气制氢占比最高，达48%；其次是石油气化制氢，占比30%；煤制氢第三，占比18%；而被各界寄予厚望的电解水制氢却仅占4%。主要原因：

（1）尚处起步阶段，造价高削弱电力富余优势

据国家能源局发布的数据显示，2018年，我国弃风弃光电量554亿千瓦时。若按照每立方米氢气耗电5千瓦时计算，全国弃风电量即可生产110.8亿立方米高纯度氢气；水电方面，2018年，我国全年弃水量达691亿千瓦时，大量水电富余。富余水电、光电、风电制氢在技术上完全可行，但其尚无法形成规模化发展的主要症结在于制氢成本过高。

我国煤制氢技术路线成本在0.8~1.2元/标准立方米氢气之间，天然气制氢成本受原料价格影响较大，综合成本略高于煤制氢，为0.8~1.5元/标准立方米氢气，而对电解水制氢而言，按目前生产每立方米氢气需要消耗大约5~5.5千瓦时电能计算，即使采用低谷电制氢（电价取0.25元/千瓦时），加上电费以外的固定投资，制氢综合成本高于1.7元/立方米。

“从电解水设备来讲，其造价比其他制氢方式都要高。”同等规模的制氢系统，电解水制氢的造价约为天然气制氢的1.5倍、煤制氢的3倍，相较于其他制氢方式，可再生能源电解水制氢方式不具价格优势。

（2）生产与储运成本，制约规模化发展

可再生能源电解水制氢成本主要集中在电价和氢能运输两方面。据业内人士透露，当到户电价在0.25元/千瓦时左右时，可再生能源电解水

制氢的成本才会与传统化石能源制氢相当，而对于电价较高的上海、北京等地而言，仅电解水的电价成本，就足以让可再生能源电解水制氢企业“望而却步”。

我国西北、西南地区可再生资源丰富，电价偏低，其用电价格普遍在全国平均线以下，对发展可再生能源电解水制氢较为有利，制氢成本可以明显降低。在一定规模下，甚至能够与化石能源制氢持平。对此，风电富裕地区虽可满足可再生能源电解水制氢对电价的成本要求，但对于可再生能源丰富的地区，如新疆、甘肃、内蒙古、四川、云南等地，氢能消纳能力却相对有限，因此，制得的氢气需运输至其他氢能应用规模较大的地市。

当前国内最普遍的运氢方式为高压储氢罐拖车运输，但其运输效率极低，仅为1%~2%。

据测算，一台高压储氢罐拖车的成本约为160万元，其运输百公里储运成本为8.66元/kg，随着距离的增加，其运输成本受人工费和油费推动仍会显著上升；若采用液氢槽车运输氢气，虽运输效率有明显提高，但一台液氢槽车的投资为400万元，液氢槽车运输百公里储运成本为13.57元/kg，若距离增加至500千米，成本则为14.01元/kg。氢气的运输成本占终端氢气售价的一大部分，这极大阻碍了可再生能源电解水制氢的规模化发展。

1.2 液态太阳燃料合成示范项目

2020年10月15日，千吨级“液态太阳燃料合成示范项目”在兰州新区通过了中国石油和化学工业联合会组织的科技成果鉴定。我国可再生能源潜力巨大，二氧化碳减排任务艰巨。如何利用可再生能源替代化石燃料、保障液体燃料供给，实现低碳经济，成为关系我国能源安全及经济可持续发展的重要课题。液态太阳燃料合成提供了一条从可再生能源到绿色液体燃料甲醇生产的全新途径，它利用太阳能等可再生能源产生的电力电解水生产“绿色”氢能、并将二氧化碳加氢转化为“绿色”甲醇等液体燃料，被形象地称为“液态阳光”。它不仅是解决二氧化碳排放的根本途径，也是将间歇分散的太阳能等可再生能源收集储存的一种新的储能技术，是一种道法“自然光合作用”、实现人工光合成绿色能源的过程。

该项目对发展我国可再生能源、缓解我国能源安全问题乃至改善全球生态平衡具有重大战略意义：将电能转化为可储存运输的化学能，提供了高压输电之外的太阳能利用新途径，为解决可再生能源间歇性问题和“弃光、弃风、弃水”问题提供了新的策略；将二氧化碳作为碳资源转化利用，并解决氢能储存和运输的安全难题，为进行低碳乃至零碳、清洁的能源革命提供了创新的技术路线。

随着可再生能源发电成本和电解水制氢成本的进一步降低，绿色氢能和太阳燃料生产成本将大幅降低，通过规模化二氧化碳捕获(CCS)及资源化利用(CCSU)，促进可再生能源更大规模的发展。有望从根本上改善我国生态环境，助力解决全球碳排放及气候变化问题。

1.3 国内能源企业加快布局氢能

作为中国石油业的巨头，中国石油在刚刚过去的4月份，北汽福田汽车股份有限公司、中国石油北京销售分公司与北京亿华通科技股份有限公司达成合作意向，三方将发挥各自优势，共同推进北京市加氢站建设及运营。按照协议，规划加氢站选址位于北京市昌平区，建成后将以张家口可再生能源制氢为主要氢源，加注能力覆盖35MPa及70MPa，服务于北汽福田测试用氢与氢燃料电池汽车批量商业化运营。北汽福田目前已推出适用多种工况的氢燃料电池车型，覆盖客车、公交车、物流车等诸多细分领域。

此次合作，通过市场需求推动氢能供应的模式，实现加氢站的选址、规划与建设，从而加速氢能制、储、运、加、用全价值链与市场化进程。三方合作的加氢站建成后，可以有效缓解北京市与日俱增的加氢压力。该加氢站建设，标志着北京市氢能产业进入新一轮发展期。据了解，北京市相关部门正在推进冬奥会氢能供应保障相关规划，中国石油、中国石化等能源巨头将在大兴机场、首都机场、京-张高速多处开展加氢站建设，进一步完善北京市及冬奥会氢能供应保障体系，为京津冀地区氢燃料电池汽车大规模商业化运营提供更为广阔的发展空间。

中国石化近年来加快布局氢能产业，已经在加氢站、制氢技术、氢燃料电池、储氢材料等多个领域开展了工作。中国石化2019年氢气产量超过300万吨，占全国氢气产量的14%左右；在广东、浙江、上海等地已建成并投用若干油氢合建示范站。作为2022年北京冬奥会的战略合作伙伴，中国石化还与北京冬奥组委在氢能供应方面开展合作。

1.4 氢能源新业务发展方向

现在各大石油公司都在进行着能源转型，从油气企业转变成为能源企业，都在进行着能源转型，从传统的油气公司逐步向综合能源利用的公司转变。公司作为油气工程建设总承包公司也应从传统的油气工程转变至能源工程。为此公司应大力发展如下技术，提前布局做好技术储备，时刻面对未来新的能源格局。

从氢气生产到使用的全周期来看，公司需要提升的技术能力有很多，未来的市场前景也很广阔。

（1）制氢。前面文献中提到了制氢方式有很多，传统制氢方式包括天然气制氢、煤制氢等，近两年，可再生能源电解水制氢技术发展势头渐显，其工艺简单、无污染，被视为制氢最佳路线。公司目前正在执行的集团公司重大科研专项煤炭地下气化关键技术研究及先导试验，煤炭地下气化是在地下创造适当的工艺条件，使煤炭进行有控制的燃烧，通过煤的热解以及煤与氧气、水蒸汽发生的一系列化学反应，生成氢气、一氧化碳和甲烷等可燃气体的化学采煤方法，实现煤炭清洁开采。氢气是煤炭地下气化的主要产品气。公司研究目标是创新发展煤炭地下气化工程控制理论，并形成相关的氢气预处理、提纯核心技术。

（2）氢气液化技术。液氢储运技术的发展以氢液化装置的研究获得液氢为基础。因此，液氢的获得需要通过一定的制冷方式将温度降低到氢的沸点以下。按照制冷方式的不同，主要的氢液化系统有：预冷的 Linde-Hampson 系统、预冷型 Claude 系统和氦制冷的氢液化系统。其中 Linde-Hampson 循环能耗高、效率低、技术相对落后，不适合大规模应用。Claude 循环综合考虑设备以及运行经济性，适用于大规模氢液化装置，尤其是液化量在 3 吨/天（TPD）以上的系统。氦制冷的氢液化装置由于近年来国际及国内氦制冷机的长足发展，其采用间壁式换热形式，安全性更高，但是由于其存在换热温差，整机效率稍逊于 Claude 循环，更适用于 3TPD 以下的装置。

（3）液氢储罐技术。液氢作为氢氧发动机的推进剂，其工业规模的使用，与火箭发动机的研制密不可分。例如：美国著名的土星-5 运载火箭上，装载 1275m^3 液氢，地面贮罐容积为 3500m^3，工作压力 0.72MPa，液氢日蒸发率 0.756，容器的加注管路直径 100mm，可同时接受 5 辆公路加注车的加注。贮箱的加注管路直径 250mm，长 400m。我国的液氢贮罐多应用在液氢生产及航天发射场，如北京航天试验技术研究所、海南发射场、西昌发射场等，均配有地面固定罐、铁路槽车及公路槽车。其液氢贮罐有从国外进口设备，也有国内几个大型低温储存设备生产厂家设备。鉴于目前公司技术，下一步要重点突破 500 到 3000 立方米液氢储罐技术。

（4）氢气混合输送技术。此项技术依然是为了解决氢气的储运。管道运输应用于大规模、长距离的氢气运输，可有效降低运输成本。管道输送方式以高压气态或液态氢的管道输送为主。管道“掺氢”和“氢油同运”技术是实现长距离、大规模输氢的重要环节。全球管道输氢起步已有 80 余年，美国、欧洲已分别建成 2400km、1500km 的输氢管道。我国已有多条输氢管道在运行，如中国石化洛阳炼化济源—洛阳的氢气输送管道全长为 25km，年输气量为 10.04 万吨；乌海—银川焦炉煤气输气管线管道全长为 216.4km，年输气量达 $16.1\times108m^3$，主要用于输送焦炉煤气和氢气混合气。在我国氢能实现规模化发展后，氢能行业最低成本的运输途径是管道运输。

（5）加氢站设计及建设技术。加氢站是系统工程，系统集成技术很重要，优化加氢站配置，提高设备寿命，降低运行能耗，增强可靠性，是加氢站要解决的主要问题。截至 2020 年 1 月，全国已建成加氢站 61 座，规划和在建的加氢站有 84 座。按照《节能与新能源汽车技术路线图》规划，到今年底，我国计划燃料电池汽车规模达到 5000 辆，建成加氢站至少 100 座；到 2025 年，建成加氢站至少 300 座。加氢站是氢能源产业上游制氢和下游用户的联系枢纽，是产业链的核心。全国已经建成的加氢站，其稳定性和可靠性与国外相比仍有提升空间。目前，大多是仅仅可以满足测试要求，但要实现连续运转且保持运行状况的平稳，仍需大量的改进工作。加氢站建设方面。我国 35MPa 的加氢站技术已趋于成熟，加氢站的设计、建设以及三大关键设备：45MPa 大容积储氢罐、35MPa 加氢机和 45MPa 隔膜式压缩机均已实现国产化，目前开始主攻 70MPa 加氢站技术。

(6) 氢能产业装备产品研发。业内专家普遍认为，液氢、高压气态储氢、固体储氢等多元化方式将成为行业未来的发展方向。公司所属迪威尔公司开展氢能领域装备产品研发，发挥设计引领优势，打造高压储氢设备、一体化加氢机、数字化站控系统，形成一套加氢站模块式增压及一体化加气装置制造技术。解决目前国内加氢站高压高纯氢气卸载、增压、储存、加注动态监控、安全运营、降耗优化问题，加氢站模块化、一体化建站问题。

交通燃气领域的碳中和行为研究

刘春江[1]　彭国干[2]　刘明雁[3]　刘振华[4]　于　磊[2]

（1. 西安庆港洁能科技有限公司；2. 青岛乐戈新能源科技有限公司；3. 中国石油天然气股份有限公司陕西销售西安分公司；4. 中国石油天然气股份有限公司天然气销售海南分公司）

摘　要　本文通过对LNG加气站和LNG为燃料的重型卡车的研究，首先提出生产以合理甲烷值的车用LNG燃料，可以减少天然气在发动机燃烧过程甲烷的逃逸。通过减少加气站BOG排放，可以有效减少温室气体甲烷的排放，是交通领域有效的碳减排、碳中和行为。车用LNG燃料应该与LNG气化用在民用燃料应有所区分。

关键词　交通燃气；碳中和；温室气体；LNG；BOG；甲烷；逃逸；甲烷值

1　交通领域的温室气体减排与碳中和

近30年来，全球气温、海平面上升速度加快，气温升高速度达到每10年上升0.2℃，海平面上升速度达到0.32cm/a。到本世纪末，如果全球气候升温达到2℃，海平面升高将达到36~87cm，99%的珊瑚礁将消失，陆地上约13%的生态系统将遭到破坏，因此，减少二氧化碳等温室气体排放，限制全球气温上升已经成为全人类共同的目标。

随着极端天气事件的频发，应对全球气候变化已是国际社会的共识，世界各国纷纷采取减排行动，多措并举，应对全球共同的挑战。但自2015年联合国气候大会通过《巴黎协定》以来，世界各国的减排承诺和效果距实现控制全球温升不超过2℃并努力控制在1.5℃以下目标的减排路径尚有很大缺口。

温室气体是指大气中吸收和重新放出红外辐射的自然和人为的气态成分，包括二氧化碳（CO_2）、甲烷（CH_4）、氧化亚氮（N_2O）、氢氟碳化物（HFCs）、全氟化碳（PFCs）、六氟化硫（SF_6）和三氟化氮（NF_3）。碳排放是指煤炭、石油、天然气等化石能源燃烧活动和工业生产过程以及土地利用变化与林业等活动产生的温室气体排放，也包括因使用外购的电力和热力等所导致的温室气体排放。

《中华人民共和国国民经济和社会发展第十四个五年规划和2035年远景目标纲要》在“积极应对气候变化”的部分强调，要加大甲烷、氢氟碳化物、全氟化碳等其他温室气体控制力度。2020年9月22日，国家主席习近平在联合国大会上表示：“中国将提高国家自主贡献力度，采取更加有力的政策和措施，二氧化碳排放力争于2030年前达到峰值，争取在2060年前实现碳中和”。

碳达峰是指我国承诺2030年前，二氧化碳的排放不再增长，达到峰值之后逐步降低。碳中和是指企业、团体或个人测算在一定时间内直接或间接产生的温室气体排放总量，然后通过植物造树造林、节能减排等形式，抵消自身产生的二氧化碳排放量，实现二氧化碳“零排放”。

液化天然气是化石能源中唯一的清洁能源，在交通领域得到广泛应用，节能减排效益和环保性得到公认。2020年，中国天然气表观消费量3259亿立方米，据估算交通燃气占比约8%。

液化天然气主要成分是甲烷。甲烷是仅次于二氧化碳的第二大温室气体，是一种“短期气候污染物”，其在大气中的存续时间相对较短，约为12年。尽管它在大气中的存续时间较短，排放量也比二氧化碳少，但其全球增温潜势（GWP，即甲烷气体捕捉大气中热量的能力）在100年的时间框架内是二氧化碳的28倍，而在20年的时间框架内，这一数值则上升为84倍。据测算，甲烷对当前人类感知的全球变暖的贡献率为25%。大气中甲烷含量比二氧化碳低很多，但单位体积甲烷能够产生的温室效应远大于二氧化碳。国际能源署近日发布的报告指出，甲烷排放是全球变暖的第二大原因，2020年，全球石油和天然气业务向大气中排放的甲烷略多于7000万吨，相当于21亿吨二氧化碳当量，这相当于欧盟能源相关二氧化碳总排放量。因此，我国的甲烷排放需要引起关注。实现"碳达峰、碳中和"目标，不仅需要控制住二氧化碳这个主要因素，也要管控甲烷排放。

在碳达峰、碳中和和大气污染防治等政策驱动下，我国天然气消费将进一步增长，"十四五"末天然气表观消费量将达到4200-4500亿立方米。2020年LNG重卡年天然气消费量约260亿立方米。2020年天然气在我国能源消费结构中的占比为9%，天然气汽车用气量约占天然气消费总量的15%。我国力争2030年前实现碳达峰，2060年前实现碳中和，是国家经过深思熟虑作出的重大战略决策。

本文将对交通燃气领域，主要对如何减少LNG加气站的甲烷排放(甲烷的温室效应是CO_2的25倍)和如何让燃气在发动机里更高效利用以利于减少车用尾气的CO_2排放。

2 LNG加气站的甲烷排放治理

LNG加气站，主要是由于加气站传热导致LNG气化产生BOG，这部分BOG主要是由甲烷组成。如果这部分BOG留在LNG槽车中，由于液厂和码头接收站对槽车装车压力都有要求，如果槽车压力超出装车压力，司机往往会选择将此部分压力排空，造成了甲烷的排放和能源的浪费；如果这部分BOG在储罐中，会使得LNG储罐压力升高，当达到一定压力，为了保证LNG储罐的运行安全，就需要将LNG储罐中的BOG放空，使得甲烷大量放空。下面对LNG加气站工艺及运行过程进行分析，以便找到解决槽车放空及LNG储罐的方法。

目前国内LNG加气站主要采用潜液泵加压进行加液的方式，其主要设备包括LNG储罐、潜液泵撬、加液机及站控系统，LNG加气站BOG的产生的原因是由外界对该系统传热造成的，主要传热来源如下：

- 储罐的漏热；
- 加液前的预冷过程；
- 加液结束后环境与管路内LNG的换热；
- 卸液过程采用自增压卸车方式，使得一部分LNG与环境换热气化；
- 卸车过程中，金属软管的传热；
- 潜液泵的发热；
- 泵池本身的传热；
- 车载瓶的回气。

可将以上七点传热对加气站排放的影响分五类进行讨论：

(1) 储罐与泵池的BOG排放主要受保冷效果影响，如果储罐与泵池保冷真空度都比较好，相对于整站排放来讲，储罐及泵池传热不是造成储罐升压的主要因素。

例如，如果储罐或罐箱充满LNG后，关上所有的阀门在场地静置放置，可以放置20天都不会造成超压排放，说明储罐本身的静态蒸发率很低，因此真空度好的储罐不是造成储罐升压的主要原因。

(2) 加液前的预冷、加液结束后环境与管路内LNG的换热属于管道系统保冷问题。从加气站运行效果观察，采用发泡保冷、福布斯保冷、真空管等保冷的管道，其保冷效果都不如真空度好的储罐的保冷效果。在LNG加液量不大且每次加液的间隔时间较长的情况下，管路内LNG都要气化成BOG回到储罐、管路中气相空间。由于罐子在高处，管路在低处，管路中会补充进去LNG，这部分LNG会继续气化，这部分BOG是LNG加气站的主要来源。下面是LNG加气站的管路传热数据：

不同管径的不锈钢钢管部分吸收的热量如下：

$$\text{DN50 管子的热量 } Q_{DN50}=4.66\times(20+125)\times0.5=337.85\text{kJ}$$
$$\text{DN40 管子的热量 } Q_{DN40}=3.21\times(20+125)\times0.5=232.73\text{kJ}$$
$$\text{DN32 管子的热量 } Q_{DN32}=2.61\times(20+125)\times0.5=189.23\text{kJ}$$
$$\text{DN25 管子的热量 } Q_{DN25}=2.09\times(20+125)\times0.5=151.53\text{kJ}$$

不同管径的不锈钢管内LNG气化后吸收的热量为：

$$\text{DN50 管内 LNG 的热量 } Q_{DN50}=599.35\times0.726=435.13\text{kJ}$$
$$\text{DN40 管内 LNG 的热量 } Q_{DN40}=599.35\times0.465=278.7\text{kJ}$$
$$\text{DN32 管内 LNG 的热量 } Q_{DN32}=599.35\times0.297=178\text{kJ}$$
$$\text{DN25 管内 LNG 的热量 } Q_{DN25}=599.35\times0.182=109.1\text{kJ}$$

通过以上计算可知不同管径下管子内的LNG液变成BOG所吸收的热量占总管子的传热量的比例为：

DN50管内LNG气化吸热占比=56.3%

DN40管内LNG气化吸热占比=54.5%

DN32管内LNG气化吸热占比=48.4%

DN25管内LNG气化吸热占比=41.9%

由以上数据可知，由于LNG加气站中DN25管路占比较小，管路中的LNG气化过程所吸收的热能占主要比例占主要成分。考虑到管路中LNG气化完，储罐中的LNG会补充进管路继续气化，此部分传热占比会更大。

（3）卸车过程自增压卸车及卸液过程中，金属软管部分的传热可划分为卸车过程的冷量损耗，由于卸车过程多采用自增压卸车，整个卸车过程中大约300~500kg的LNG气化，这一部分冷量是直接释放到环境中去了，同时卸车过程中一般为3小时，卸车过程金属软管的传热量也不小。

（4）潜液泵的发热对LNG的加热，潜液泵发热分为2部分，一部分是预冷过程，此部分产生的热量回到储罐中去了，但此过程时间极短可以忽略。另一部分是加液过程的发热，此过程认为泵的发热随LNG带入用户侧带走了，没有对整个储罐增压造成影响。

（5）部分保冷效果较差的车用气瓶，在加气过程中需要回气，此部分BOG带入的热量进入储罐系统。随着现在加气技术的发展及车载瓶真空度的提高，回气量越来越少，这部分热量也是越来越少。

通过以上分析，在储罐真空度较好的情况下，可知整个LNG加气站储罐排放的原因主要是管路系统的传热及卸车自增压过程的冷量损耗引起。

针对LNG加气站的排放，通过相关研究及技术创新给出排放解决方案，称之为两堵一疏三步法解决BOG排放方案：

第一步：卸车过程采用BOG压缩机进行抽取储罐中的BOG打入槽车，建立槽车与储罐中的压差进行卸车，减少自增压过程LNG气化的冷能损耗，同时将卸车时间缩短至2h，减少卸车时间也减少了金属软管的传热。此方法另一好处可将槽车余压卸车至0.15MPa以下，做到卸车少亏损甚至卸车盈余，同时能满足槽车的装车压力要求，这里将槽车压力降低0.1MPa，可将槽车BOG多卸约73kg。卸车的工艺流程图及槽车BOG回收流程见图1、图2。

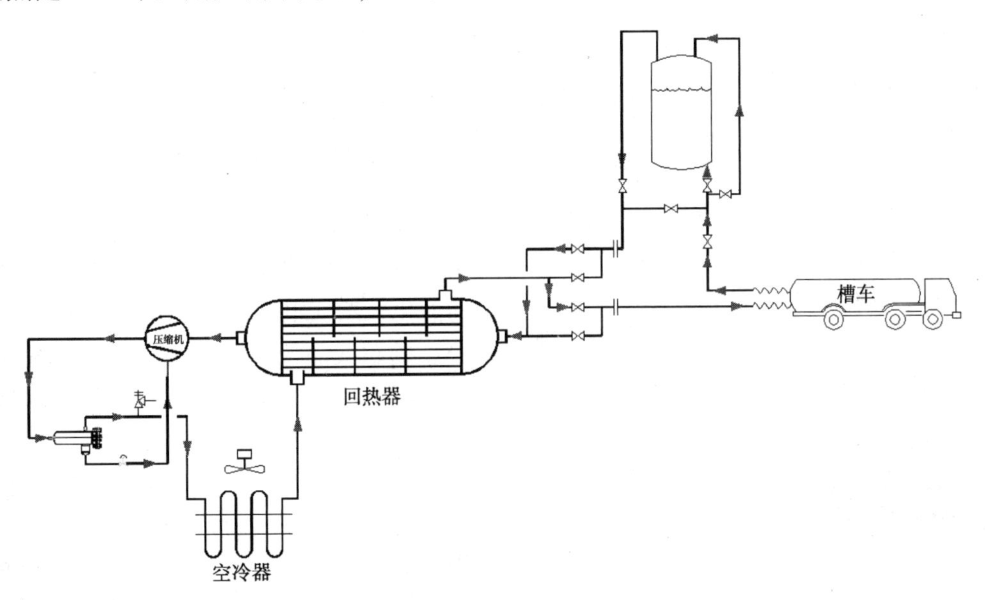

图1 LNG加气站卸车工艺流程

第二部：加液过程的热量转移过程，设置双罐系统，一个作为储存罐、一个作为加注罐，BOG被从储存罐转移到加注罐的下进液或上进气补压，热量就从储存罐转移到加注罐，从加注罐加注到用户带走，加注罐的液用完后从大罐倒液进加注罐，LNG加注的工艺流程见图3。

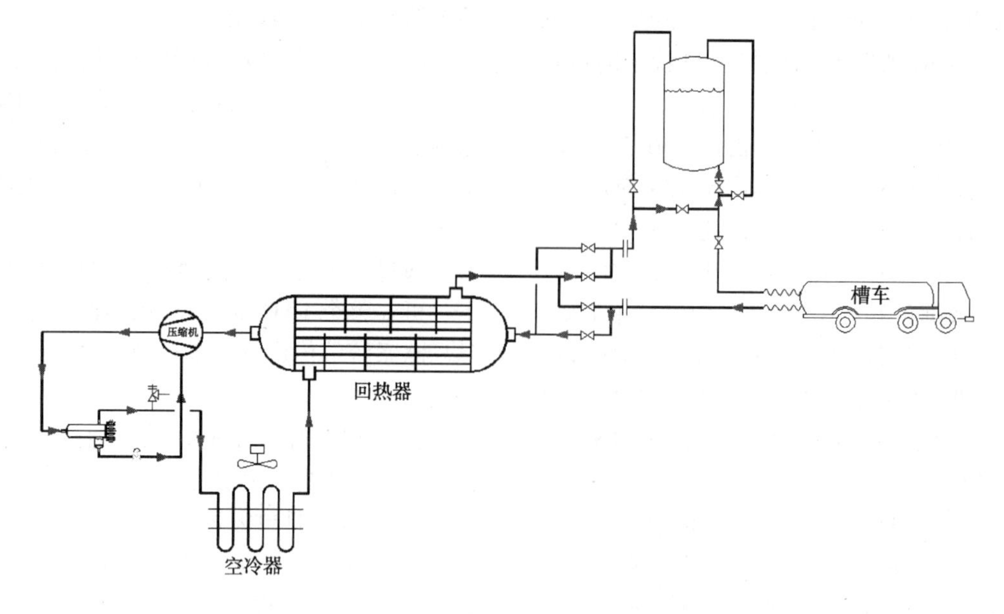

图 2　LNG 运输槽车余压回收流程

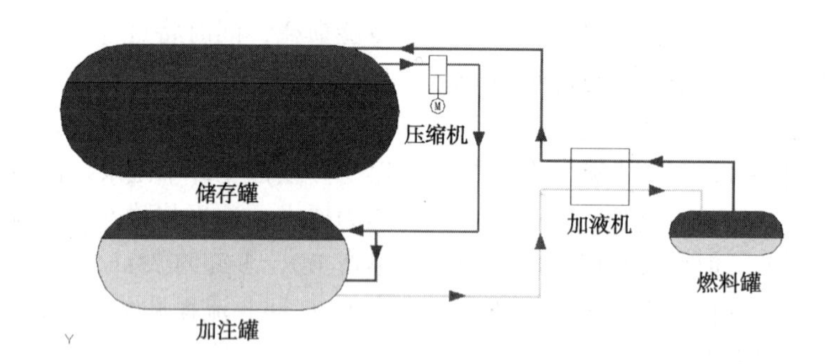

图 3　改进的 LNG 加注工艺流程

第三步：加液结束后，管路存液进行吹扫，利用 BOG 压缩设备(卸车小霸王)从储罐抽出 BOG 对液相管路进行反吹扫，减少 BOG 的产生，吹扫结束后关闭储罐出液口阀门，保持回气阀门常开即可。此步骤基于储罐保冷效果良好，储罐自身产生的 BOG 较少，真正导致储罐超压的 BOG 是绝大部分来自管路中的 LNG 气化。加液结束后的管路反吹扫工艺流程见图 4。

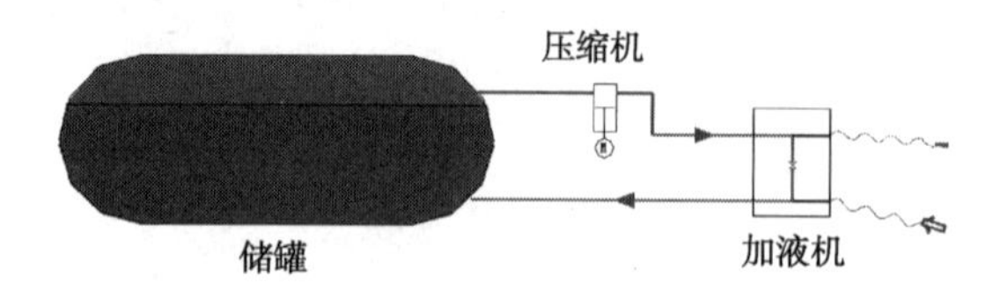

图 4　吹扫工艺流程

根据我们收集的 20 余座加气站运行数据表明，通过以上两堵一疏的方法在加气站的实际应用，对于日加气量较低的加气站效果明显，可以大幅减少 BOG 排放。最低日平均加气量1.8 吨/天的加气站，做到了 0 排放。

3　车用燃气的高效利用

我国液化天然气工厂及 LNG 接收站众多，由于各家工厂的液化工艺及气源不同，生产出来的液化天然气组分差异较大，所以导致我国车用 LNG 的燃气品质参差不齐。当不同组分的燃气用于用一台天然气发动机时，必然影响到该发动机的性能和排放。

对车用燃气，甲烷值是衡量燃气抵抗爆震能力的指标。LNG 气化后的天然气在内燃机中燃烧，虽然每次点火燃烧的过程只有短短的几毫秒，但整个燃烧过程必须是可控的，否则会对发动机造成极大的损害。不受控的燃烧被称为爆震(或爆燃)，而甲烷值就是衡量燃气抵抗爆震能力的指标。甲烷值概念和汽油的辛烷值，两者是同一类概念。几种燃气的甲烷值见表 1：要对甲烷值和发动机甲烷逃逸两个概念进行说明：

表 1　不同燃气的甲烷值

燃气名称	甲烷值
甲烷	100
乙烷	46.6
丙烷	33
正丁烷	15
异丁烷	10
氢气	0

车用燃气发动机的甲烷逃逸：因燃气发动机的点火方式为火花塞点火，其点火源只有一个，而甲烷的燃烧速率较低，在火花塞点火后，排气阀开启时，发动机气缸内有未燃烧的甲烷，此时甲烷在气缸内或到烟道内继续燃烧，此种现象为发动机甲烷逃逸。

通过相关研究表明，通过在车用燃气里混合燃烧速率更高的乙烷、丙烷等介质，可有效减少发动机的甲烷逃逸，使得甲烷在发动机燃烧更充分，以此可减少发动机的甲烷逃逸。

表 2 为不同燃气组分及排气门开启时，发动机气缸内四种燃料剩余量。图 5 为四种燃料随曲轴转角变化的缸内平均压力曲线以及平均温度曲线。由表 2 及图 5 可知，添加一定比例的乙烷后，燃料利用效率提高，含 16%乙烷的燃料气缸内压强比纯甲烷的高 25%以上，燃料剩余量接近于 0，因此适当调和车用 LNG 的甲烷值有利于节约燃料和提高发动机的爆发力，但调和后的车用燃气需符合发动机的抗暴性能指数要求。图 6 为液态乙烷对 LNG 调和的工艺流程[12]如下：

表 2　同燃气组分及排气门开启时气缸内四种燃料剩余量

组分（体积比）	纯甲烷	97%甲烷+3%乙烷	91%甲烷+9%乙烷	84%甲烷+16%乙烷
质量低热值/（MJ/kg）	49.975	49.838	49.585	49.319
排气门开启时燃气剩余量/ppm	111.84	41.848	2.467	0.0133

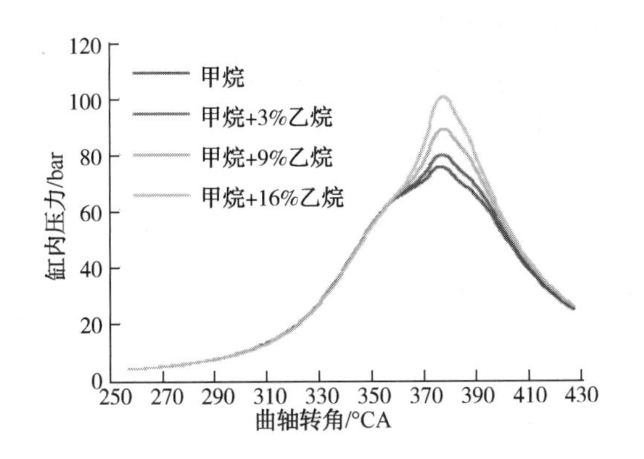

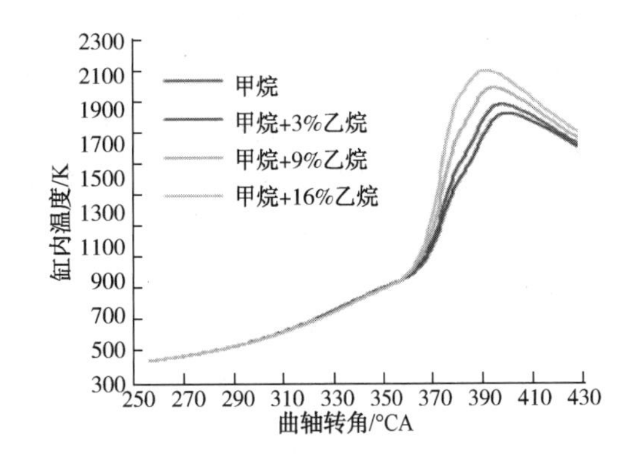

图 5　四种燃料随曲轴转角变化的缸内平均压力曲线以及平均温度曲线

通过将配比乙烷质量含量约 17%的 LNG 加注到随机抽样的车辆，经实际行驶对比可使得车辆有效节约 8.5%~9.5%的燃料且在使用过程中车的爆发也增强，因此可通过对 LNG 液质进行配比调和，可使得车用 LNG 消耗减少 8.5%~9.5%，碳减排达 8.0%以上。

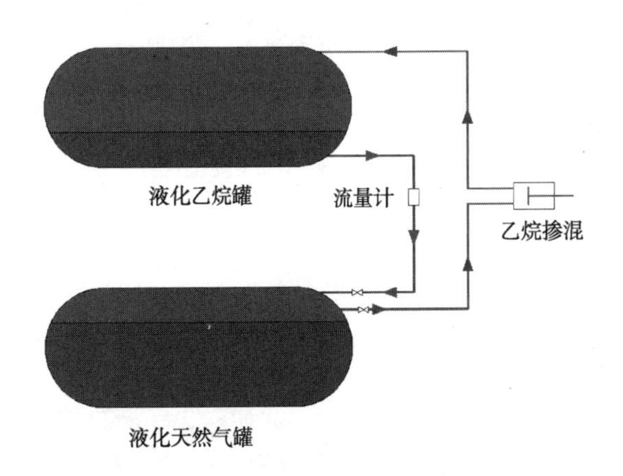

图 6　液态乙烷对 LNG 调和的工艺流程

表 3　2014-2020 年天然气重卡市场终端销量年度走势(单位：万辆)

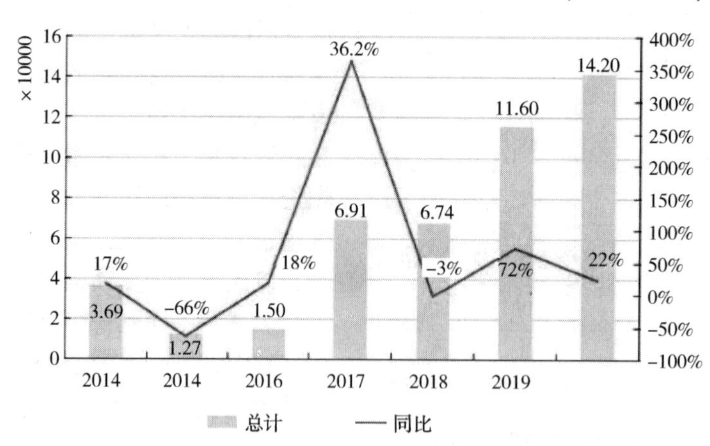

4　结论

LNG 加气站控制减少 BOG 排放，可以有效减少温室甲烷的排放，改善加气站的运营效益。我国 LNG 加气站超过 3500 座，节能减排潜力巨大。

通过研究，本文在国内首次提出应建立车用 LNG 标准，生产符合天然气汽车专用 LNG 标准的“LNG”产品，适当增加 LNG 中的乙烷、丙烷含量，可以减少发动机甲烷的逃逸，提高甲烷的用气效率，明显降低 LNG 重卡的用钱成本。我国使用 LNG 作为动力的重型卡车的保有量超过 50 万辆，随着环保要求的提升，2021 年国六天然气重卡市场还会持续火热，LNG 重卡发展前景大好。

上述碳达峰、碳中和相关技术不但具备良好的节能减排效果，同时具备很好的经济效益，极具推广价值；相关技术均已具备成熟的应用实例，具备制定行业规范的基础条件，急需相关部门尽快推动规范制定，推进政策出台，调动企业及 LNG 用户的积极性，尽快完成重卡用 LNG 气质标准制定及推广应用工作，为实现“碳达峰、碳中和”目标做出行业贡献。

海上长距离 LNG 卸船管道布置方案的优化设计

刘家鑫　远双杰

（中国石油天然气管道工程有限公司）

摘　要　近年，国家对供气企业在储气设施建设和调峰应急能力方面的要求逐渐严格，我国的 LNG 接收站又迎来设计建设高峰期。本文以距离 LNG 专用码头海上距离为 2.5km 的 LNG 接收站为例，对单卸船总管方案和双卸船总管方案在案在卸船流量和建设投资两方面进行了对比分析。结果显示，48″单卸船总管方案和 36″双卸船总管方案均可满足卸船流量要求且卸船流量基本接近，但前者的投资远高于后者，这是由于双卸船总管方案虽然增加了工艺管道工程部分的投资，但通过减少补偿器墩的数量和用桩量，更显著降低了海上栈桥工程的投资。

1　概述

2017 年冬至 2018 年春全国较大范围内出现的天然气供应紧张局面，充分暴露了储气能力不足的短板。截至目前，液化天然气（以下简称 LNG）接收站罐容占全国消费量的 2.2%（占全国 LNG 周转量的约 9%），日韩为 15%左右；各地方基本不具备日均 3 天用气量的储气能力。储气能力不足已成为制约我国天然气产业可持续发展的重要瓶颈之一。鉴于此，同时为认真践行习近平新时代中国特色社会主义思想，加快推进天然气产供储销体系建设，落实《中共中央国务院关于深化石油天然气体制改革的若干意见》，国家发展委员会和国家能源局印发了《关于加快储气设施建设和完善储气调峰辅助服务市场机制的意见》，其中要求：（1）供气企业应当建立天然气储备，到 2020 年拥有不低于其年合同销售量 10%的储气能力，满足所供应市场的季节（月）调峰以及发生天然气供应中断等应急状况时的用气要求；（2）县级以上地方人民政府指定的部门会同相关部门建立健全燃气应急储备制度，到 2020 年至少形成不低于保障本行政区域日均 3 天需求量的储气能力，在发生应急情况时必须最大限度保证与居民生活密切相关的民生用气供应安全可靠；（3）城镇燃气企业要建立天然气储备，到 2020 年形成不低于其年用气量 5%的储气能力。为满足国家对储气能力的要求，我国的 LNG 接收站建设迎来了又一次的设计建设高峰期。

各地新建 LNG 接收站及码头的站址条件相差较大，部分 LNG 接收站与其专用 LNG 码头海上的直线距离相隔超过 2km，其卸船管道的长度约为 3km 甚至更长，例如中石油江苏 LNG 接收站四期工程和保利协鑫汇东 LNG 接收站项目。对于此类项目，LNG 管道布置的合理性将同时影响 LNG 运输船离港时间的要求和接收站码头栈桥区的建设投资。本文将通过案例分析，展示长距离海上 LNG 卸船管道的布置方案的分析过程，并给出该类 LNG 接收站的设计建议。

2　设计输入

本文中将以我国东南沿海某接收站为例，该 LNG 接收站具有 1 座 LNG 专用码头，可接卸 8～26.7×$10^4$$m^3$LNG 运输船，根据 LNG 接收站与船方签订的合约要求，LNG 船必须在 36 小时内离港。

具体设计参数如下所列：

1）最大 LNG 船型容积：26.7×$10^4$$m^3$

2）LNG 船装载率：0.98

3）LNG 密度：420.76～466kg/m^3

4）LNG 粘度：0.0111mPa·s（20℃，101.3kPaA）

5）LNG 码头距登陆点距离：2.5km

6）登陆点距最远端 LNG 罐距离：0.8km

7）LNG 船与卸料臂交接压力：90mLC

8）卸料臂尺寸：16″

9）卸船时 LNG 储罐操作压力：25kPa(G)

10）站内 LNG 总管尺寸：48″

11）LNG 储罐上罐尺寸：40″

3 工艺管道布置及栈桥设计

卸船工艺通常分为单卸船管和双卸船管方案。单卸船管方案由 1 根主液相管道，1 根 LNG 循环管道和 1 根气相平衡管道和组成，不卸船时，通过 LNG 循环管道以小流量循环来保持卸船管道处于低温状态。双卸船管方案由 2 根液相管道(各 50%卸船能力)、1 根气相平衡管道组成，不卸船时，通过两根卸船管道以小流量循环来保持卸船管道处于低温状态。

26. 7×10^{4}m^3 LNG 运输船卸载过程中，辅助作业时间约为 11 小时，则净卸船时间应约为 25h，则卸船流量不应低于 10500m^3/h。

3.1 海上单卸船总管方案

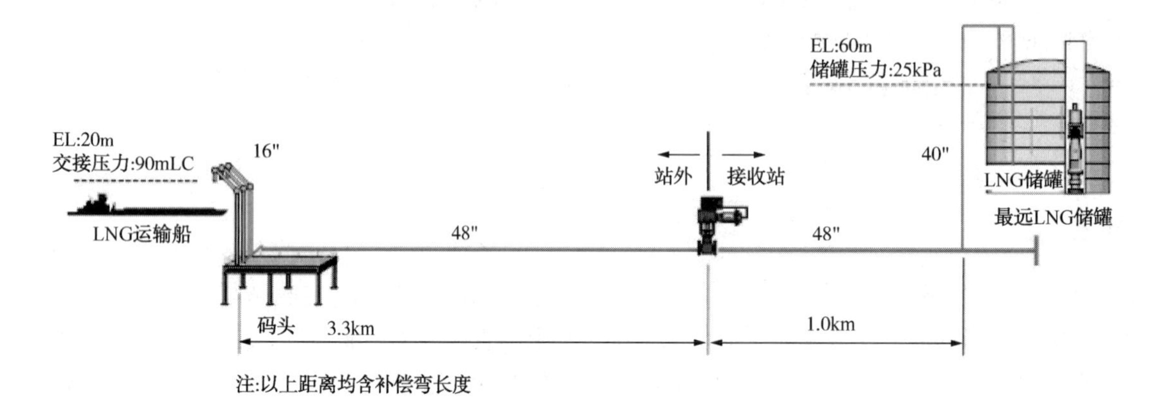

图 1 单管卸船方案示意图

1）工艺管径的比选

码头循环保冷循环管线为 10″，LNG 卸船总管分别为 48″和 42″时，卸船流量如表 1 所示。

表 1 单卸船总管工艺管径比选

序号	布置方案	最远端储罐卸船流量	是否满足卸船流量要求
1	16″卸料臂+48″卸船总管(海上)+48″卸船总管(陆上)	11660	是
2	16″卸料臂+42″卸船总管(海上)+48″卸船总管(陆上)	10170	否

由表 1 结果所示，单管方案采用 48″LNG 卸船总管可以保证卸船流量大于 10500m^3/h 的要求。

经过应力核算，48″LNG 卸船总管，π 型弯大小为 25m×27m，间隔 170m。

2）栈桥布置方案

单 48″卸船总管方案下，栈桥布置方案如下：

1）栈桥全长 2.5km，补偿器墩的间距为 200m，共设置 15 个补偿器墩，在补偿器之间布置 1 个固定墩，受限于混凝土桥的跨度，需在补偿器墩和固定墩间设置 1 个栈桥墩，桥面宽 15m。

2）补偿器墩平面尺度为 43.5×34m，墩台厚 4.5m，墩台为现浇钢筋混凝土结构。近岸处泥面标高在 0.00m 以上的区域，桥墩基础采用灌注桩，其它区域采用钢管桩。钢管桩的直径根据泥面高程的变化分别采用 ϕ1.4m 和 ϕ1.2m，每个墩台采用 42 根。灌注桩墩台采用 42 根 ϕ1.8m 灌注桩。

3）固定墩平面尺度为 18m×8m，墩台厚 4.5m；墩台为现浇钢筋混凝土结构。其桩基布置与补偿器墩类似，采用钢管桩的区域为 10 根 ϕ1.4m 或 10 根 ϕ1.2m 钢管桩，灌注桩区域为 8 根 ϕ1.8m 灌注桩。

4）引桥墩平面尺度及结构同固定墩。

3.2 海上双卸船总管布置

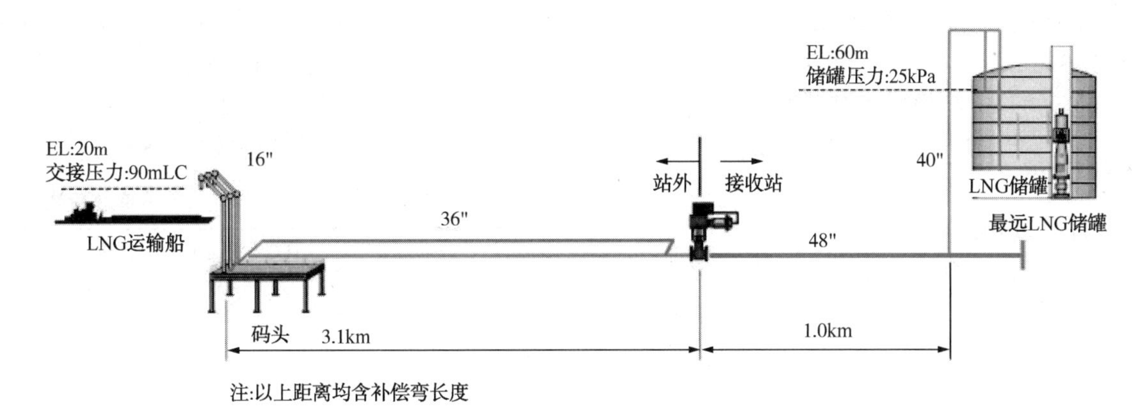

图2 双管卸船方案示意图

1）工艺管径的比选

本方案中LNG卸船总管为2条36″和30″不锈钢管道，不需单独再设置保冷循环管线，卸船流量如表2所示。

表2 双卸船总管工艺管径比选

序号	布置方案	最远端储罐卸船流量	是否满足卸船流量要求
1	16″卸料臂+36″卸船双管(海上)+48″卸船单管(陆上)	11590	是
2	16″卸料臂+30″卸船双管(海上)+48″卸船单管(陆上)	9464	否

由表2结果所示，双管方案采用36″LNG卸船总管可以保证卸船流量大于10500m^3/h的要求。

经过应力核算，36″LNG卸船总管，π型弯大小为22m×18m，间隔200m。

2）栈桥布置方案

双36″卸船总管方案下，栈桥布置方案如下：

栈桥全长2.5km，补偿器墩的间距为200m，共设置13个补偿器墩，在补偿器之间布置1个固定墩，受限于混凝土桥的跨度，需在补偿器墩和固定墩间设置1个栈桥墩。桥面宽13.5m。

补偿器墩平面尺度为37.5×24m，墩台厚4.5m，墩台为现浇钢筋混凝土结构。近岸处泥面标高在0.00m以上的区域，桥墩基础采用灌注桩，其它区域采用钢管桩。钢管桩的直径根据泥面高程的变化分别采用ϕ1.4m和ϕ1.2m，每个墩台采用24根。灌注桩墩台采用24根ϕ1.8m灌注桩。

固定墩平面尺度为16.5×8m，墩台厚4.5m；墩台为现浇钢筋混凝土结构。其桩基布置与补偿器墩类似，采用钢管桩的区域为10根ϕ1.4m或10根ϕ1.2m钢管桩，灌注桩区域为8根ϕ1.8m灌注桩。

引桥墩平面尺度及结构同固定墩。

4 技术经济对比

4.1 卸船流量对比

表3 单双管卸船流量对比

序号	布置方案	内容	最远端储罐卸船流量/(m^3/h)
1	单卸船总管	16″卸料臂+48″卸船总管(海上)+48″卸船总管(陆上)	11660
2	双卸船总管	16″卸料臂+36″卸船双管(海上)+48″卸船总管(陆上)	11590

单卸船总管方案与双卸船总管方案的卸船流量对比如表3所列。由表可知，单卸船总管方案与双卸船总管方案速率并无明显差别。

栈桥卸船总管的摩阻损失包括沿程摩阻损失和局部摩阻损失。

$$h_w = h_f + h_\zeta = \lambda \frac{1}{D}\frac{v^2}{2g} + \lambda \frac{L_d}{D}\frac{v^2}{2g} \qquad (1)$$

当卸船总流量Q在11000~12000m^3/h范围

内，通过雷诺数计算，无论布置方案为单管或双管时，流体的流态均在紊流光滑区。根据布拉修斯公式(Blasius)[1]可得水力摩阻系数λ：

$$\lambda = 0.16/(RE)^{1/4} \tag{2}$$

其中，$Re = \frac{vD}{\nu} = \frac{\rho v D}{\mu} = \frac{4Q}{\pi D v} = \frac{4\rho Q}{\pi D \mu}$。

经计算可知：

$$\lambda_{48''} = 0.031 \lambda_{36''} = 0.034$$

将数据带入公式(1)，可得两方案摩阻损失对比为：

$$\frac{h_{w48}}{h_{w36}} = 91.3\%$$

由此可知，当卸船总流量相同时，48″单卸船总管方案下的沿程摩阻略小于36″双卸船总管方案。因此，在起始点条件相同的条件下，48″单卸船总管方案下的流量略大于36″双卸船总管方案下的流量。

相比48″单卸船总管方案，36″双卸船总管方案的管线截面积较大，但36″双卸船总管方案的补偿数量和尺寸较小，所以沿程管线长度减小，同时36″双卸船总管方案的湿周长度也较大，综合以上因素，最终两种方案的总摩阻损失计算结果接近，即两种方案的卸船流量并无明显区别。

4.2 投资对比

单卸船总管方案与双卸船总管方案的总投资对比如表4所列。在工艺管线工程方面，双管卸船方案相比单管卸船方案的投资多了5084万元，这是由于与单卸船总管方案相比，双卸船总管方案在工艺管线及保冷层的材料费方面增加很多投资。另一方面，在栈桥工程方面，双管卸船方案相比单管卸船方案的投资节省了33168.32万元，这是由于与单卸船总管方案相比，双卸船总管方案减少了补偿器墩的数量(2个)，补偿器墩下钢管桩数量(18个)和灌注桩数量(18个)。

表4 单卸船总管方案与双卸船总管方案总投资对比

序号	布置方案	管线工程总投资	栈桥工程总投资
1	单卸船总管方案	20875	136291
2	双卸船总管方案	25959	103122

总体来说，双管卸船方案比单管卸船方案节省了28084万元的投资。

5 结论

综合卸船流量和工程总投资进行比较，针对本文中的LNG接收站案例，同单卸船总管方案相比，双卸船总管方案的技术经济性更加合理。双管方案虽然增加了工艺管道工程部分的投资，但可以通过减少补偿器墩的数量和用桩量，更显著降低了海上栈桥工程的投资。

对于具有长距离海上LNG卸船管道的接收站，应根据其接卸LNG船型、海上管道长度、离港时间要求等诸多条件，对单管和双管方案进行综合比选，最终确定适合其自身的海上LNG管道布置方案。

参 考 文 献

柴诚敬，张国亮．化工流体流动与传热[M]，北京：化学工业出版社，2000.

浅谈福建 LNG 接收站节能减排措施

林素辉

（中海福建天然气有限责任公司）

摘　要　LNG 接收站是接卸、储存、输送 LNG 的场所，主要耗电设备包括低压泵、高压泵、海水泵、BOG 压缩机等机泵及配套的电力、仪表等生产设施。LNG 接收站是清洁能源的提供者，但同时也要消耗部分能源，主要是电能和少量的燃料。如何提高设备的效率，降低单位外输量的耗电量是控制运行成本的关键。本文通过对 LNG 接收站生产设备成本项目进行全面分析，找到了影响接收站能耗的主要因素，提出了相应的优化措施建议，建立了较为完整的经济运营技术体系，主要包括操作优化节能、设备改造节能和管理节能三个方面。研究结果有助于 LNG 接收站在安全合规前提下持续降低生产设备运行成本，也可为其他 LNG 接收站后续的生产设备成本管控提供参考。

关键词　LNG 接收站；生产设备；运行成本；优化建议

能源是制约我国经济社会可持续发展的重要因素。解决能源问题的根本出路是坚持开发与节约并举、节约放在首位的方针，大力推进节能降耗，提高能源利用效率。节能降耗已经成为我国经济和社会发展的一项长远战略方针，也是当前一项极为紧迫的任务。为推动全社会开展节能降耗，缓解能源瓶颈制约，建设节能型社会，促进经济社会可持续发展，实现全面建设社会主义现代化强国的宏伟目标，党中央和国务院已经把节约能源制定为基本国策。

LNG 接收站是清洁能源的提供者，但同时也要消耗部分能源，主要是电能和少量的燃料。LNG 接收站在设计、采购、施工和操作等方面都应充分体现节能理念，采用节能技术和节能设备。针对目前 LNG 接收站的设备、工艺、管理进行更深一步的分析，提高设备的效率，降低单位外输量的耗电量，使运行成本控制达到或接近国际先进水平。节能可以降低运营成本，优化动设备，尤其是泵、压缩机的效率，防止空耗；优化工艺，降低单位外输量情况下产生的 BOG；优化设备管理，降低设备事故概率。

与此同时，在 LNG 接收站，由于 LNG 的高蒸发特性，产生蒸发气（BOG）是不可避免的。并且，LNG 接收站在卸船、装车及日常储存生产过程中都会产生大量的 BOG，大部分 BOG 经压缩、再液化后与主流 LNG 会合进入汽化器，少量 BOG 经压缩后，直接进入输配系统。但是仍有少量的 BOG 会排到大气中，造成环境污染。因此接收站 BOG 的处理及回收不仅仅能提高经济效益，同时能够大幅度的降低天然气的排放，减少对环境的污染。

1　接收站生产工艺概述

LNG 运输船停靠接收站的 LNG 专用码头后，由船上的输送泵通过码头上的卸料臂和卸料管道将 LNG 输送到 LNG 储罐中储存。外输时储罐中的 LNG 由罐内低压泵加压后送入再冷凝器、槽车装车系统及高压外输泵入口，再冷凝器的冷凝下来的 BOG 及 LNG 与第一路 LNG 一起进入 LNG 高压外输泵经加压后进入气化化器，由海水泵房送来的海水将 LNG 加热气化升温成常温高压天然气，通过外输管线送到各电厂和城市用户；另一部分进入槽车装车系统的低压 LNG 通过装车臂装车，经汽车衡计量后外运（图 1）。

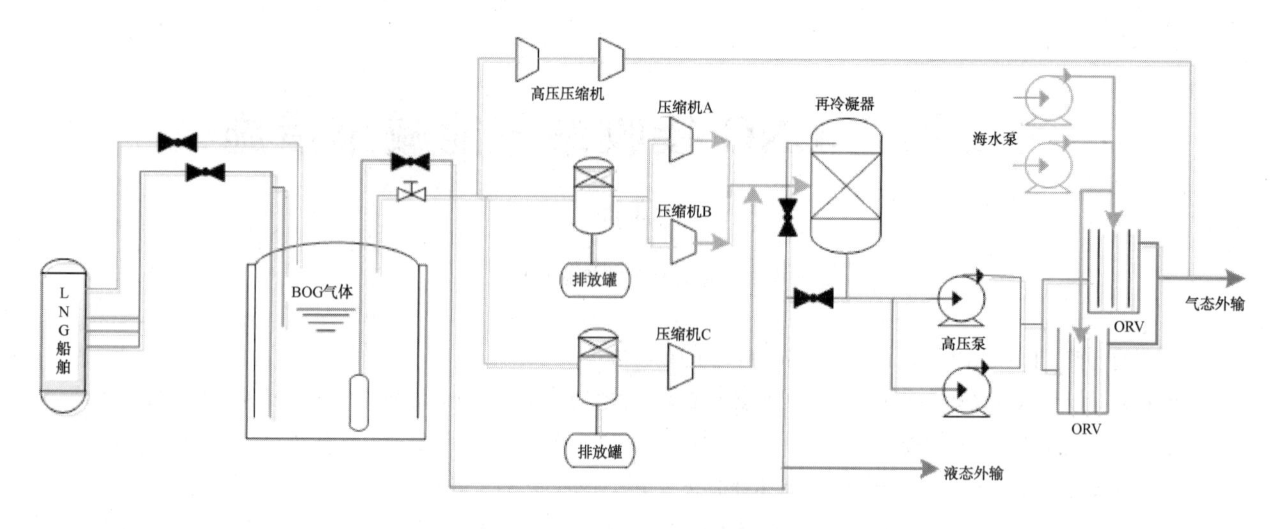

图1 接收站生产工艺系统示意图

2 节能减排主要措施

接收站主要耗能设备主要为增压气化和BOG处理单元，包括低压泵、高压泵、海水泵、BOG压缩机等机泵及配套的电力、仪表等生产设施。机泵设备依靠电能驱动，港作拖轮动力依靠柴油为燃料，自来水用作接收站生产、生活、消防供给，而氮气作为设备密封、管道吹扫使用。

某LNG接收站自投产以来已安全平稳运行十余年，该接收站运行管理人员在保证安全稳定生产的同时，通过对LNG接收站安全、经济、高效运行的措施和办法进行持续研究和探索，建立了较为完整的经济运营技术体系，主要包括操作优化节能、设备改造节能和管理节能三个方面。

2.1 操作优化节能

2.1.1 提高LNG储罐运行压力，降低BOG压缩机运行能耗和LNG冷能供应温度

接收站设计单位提交的BOG压缩机负荷运行规程：罐压10kPa压缩机50%负荷运行，罐压13kPa压缩机100%负荷运行，罐压16kPa压缩机150%负荷运行，罐压19kPa压缩机200%负荷运行。通过理论计算分析与实际论证，对BOG压缩机负荷控制进行了优化调整，罐压控制调整为15kPa压缩机100%负荷运行，罐压18.5kPa压缩机200%负荷运行，通过该优化，不仅提高了压缩机的效率、降低了储罐蒸发率，实现了节能，而且延缓设备大修进程。

通过理论计算结合实际操作经验，平时将储罐压力控制在15~18.5kPa，在储罐压力达到15kPa选择停止其中一台BOG压缩机运行，当储罐压力达到18.5kPa时，选择启动另一台BOG压缩机运行，根据计算得出接收站每天有7.8t/h的BOG产生，一天压缩机处理能力为7t/h，根据实践经验当储罐压力降低至15kPa，一台BOG压缩机可有效回收产生的BOG气体，由于减小BOG压缩机运行时间达到很好的节能效果同时降低了设备维护成本。

2.1.2 LNG槽车封闭充装(即带压装车)，充分利用LNG过冷度回收装车过程中产生的BOG

按照原设计，LNG槽车装车前先对槽车进行卸压，从0.22~0.45MPa卸至0.15MPa以下，槽车内原有的以及装车时产生的BOG均排放到接收站BOG汇管，储罐压力超高可能造成蒸发气放空，装车操作时压力稍高于BOG汇管压力，约为0.02~0.03MPa，装车结束后槽车内压力约为0.04MPa。深入研究LNG槽车装车流程和LNG过冷的特性，开创性提出密闭装车操作方法即带压装车方法，从而实现槽车蒸发气的零排放。装车时进入槽车的LNG温度为-156℃，压力为1.0MPa，此时的LNG处

于过冷状态，有多余的冷量可供利用。按照设计的装车方法，该部分冷量便随着装车时降压而浪费掉了。若利用这部分冷量来冷凝回收BOG，便能减少接收站BOG的产生。而槽车LNG储罐的设计操作压力为0.7MPa，若适当提高装车时槽车储罐的压力，就能够利用这部分冷能冷凝回收部分或全部BOG。通过理论计算和实际装车论证：在不开启槽车气相返回阀进行装车时，罐内的BOG处于压力0.45MPa，温度-112℃的过热状态，初期进入罐内冷却的LNG必然有一部分会被罐内的BOG气化，造成罐体压力升高。随着LNG的不断进入，BOG不断被冷却，温度逐渐降低，当BOG被冷却至对应压力下的饱和温度时，压力便不再上升，转而逐步下降。压力升高速度及幅度与槽车罐顶部喷淋管线的设计分布、换热效率以及LNG进入的速度有关，无法准确计算，只能通过实际操作来测量。通过试装测量，在充装开始5分钟，罐压高上升0.05MPa后便开始下降，到装车结束时罐内压力约为0.08～0.1MPa。其压力上升的高点和终罐压与装车前槽车所处状态有关，若槽车罐空置时间较长，BOG温度较高，则高压力和终罐压较高，反之亦然。

效果分析：实行LNG槽车封闭装车后，使槽车装车设定量更加准确，几乎与汽车衡数值一样，另外每车少产生BOG约0.315吨，每年减少产生约15750吨BOG产生(按每年50000车计)，接收站低温BOG压缩机功耗为82度电/吨，则每年可节电约129万度电，若工业用电平均每度电0.8元，那么每年可以节省回收BOG用电费103.2万元。

2.1.3　优化生活水系统供水流程，降低能耗

来自城市管网自来水进入接收站生产区生活水罐，经两台生活水泵用于提高压力进入生活水系统管网。经现场分析，管网压力只要大于450kPa即可满足生活水管网各用户需求。所以上游管网来水的压力大于450kPa时，可停止生活水泵运行，利用管网中水的压力来保证生活水系统管网的流量和压力，具体流程设置如下：停生活水泵，导通生活水罐的跨接流程。

效果分析：一天用水高峰早上5：00～7：00，中午11：00～13：00，下午17：00～19：00，晚上21：00～22：00，共7个小时；生活水泵额定功率15kW，电费以0.8元/度计算。则：一天可节约的电费为(24-7)×15×0.8=204元；一年可节约电费204×365=74460元。

2.1.4　优化操作，提高膜制氮系统产能

接收站设有一套膜制氮系统，膜制氮在产品氮气露点不大于-60℃、氧含量不高于2%的情况下，氮气流量高仅达到45Nm^3/h，未能达到设计的70Nm^3/h的产能。通过对膜制氮日常的生产数据详细分析得知：a、膜组入口空气质量、b、膜组入口压力、c、膜组入口空气温度、d、管网压力、e、膜组手动球阀开度为主要影响因素，为此提出了相应的优化措施，a、根据气候条件，调节排污时间。在冬天或者有雾的时候，空气中水分较多，会导致过滤器内的水分较多，需要及时将水或油污等杂质排除。可以将间隔时间适当缩短或排放时间适当延长；人为提高排放次数，发现露点升高时，通过手动排放的方式来排放过滤器的积液。b、调整压缩机启停压力，以确保产能需要。c、当环境温度下降时，适当提高加热器设定温度(但不高于60℃)；在膜组入口温度监测点到膜单元入口这段管道(包括入口汇管)加设保温层，减少温度损失。d、重新设定液氮的投用压力。e、适当关小再生塔再生放空流量控制阀开度，减少再生流量；在保证氧含量低于2%的情况下，适当增大膜组单元出口手动球阀开度，将膜组生产能力大化；满足产品气质量的情况下，干燥塔升压时间和吸附时间可以适当延长，提高产品气流量。

效果分析：通过对膜制氮运行中各种参数精准控制，使膜制氮的产能达到甚至超过设计值70Nm^3/h。

2.1.5 LNG船舶靠泊带缆方案优化，减少带缆靠泊时间

LNG船舶的靠泊时间主要受带缆方案、船方调位时间、天气等影响，其中福建LNG岸方自己可控的只有带缆方案。在系缆工作中，由于带缆方案的不同，直接影响LNG船舶靠泊的时间，也关系着拖轮燃油的经济性。LNG船舶是否按时、顺利靠泊，还会对后续的卸料工作以及船舶出港时间的安排造成影响。

优化方法：分析对比了LNG船舶三种靠泊带缆方案，经过理论研究和实践论证选择了方案三，即首尾带缆时，倒缆1次带1根，横缆同时带2根，同时船方在主缆绳琵琶头上做标记。针对夜间带缆所带来的不利影响，在主缆绳琵琶头上安装发光指示，用于区别不同缆绳的对应关系。岸上人员通过穿戴配有防爆灯的安全帽并配合信号灯与船方进行沟通。

效果分析：该方案安全性高，同时耗时短，节约时间36.6%；使4艘拖轮1次作业节约燃油费用至少1万元。

2.2 设备改造节能

2.2.1 增加BOG回收方式，降低BOG放空量

LNG接收站原工艺流程为单一的BOG再冷凝流程，当再冷凝器进行隔离检修时或接收站外输量未达到最小外输量时无法回收BOG。通过分析优化，增加BOG回收方式，将BOG直接高压外输。采用独立两段压缩，控制逻辑也相对独立，对现有装置影响小，且不受现有装置输出影响；其中第一段压缩机还可作为现有BOG压缩机的备用设备，整套系统也可作为LNG接收站现有BOG冷凝回收系统的备用；在外输量较小或设备修时也可利用将BOG直接加压至下游输气干线所需的压力输送至下游用户，增加了装置的运行可靠性；BOG经前置强制空冷式加热器升温后，压缩机选用国产常温压缩机，设备投资减小，建设周期也可缩短。

效果分析：高压BOG压缩机日回收的BOG量：7吨/小时×24小时=168吨。日回收BOG量折合约：168吨×5000元/吨=840000元。高压BOG压缩机日运行耗费的电量：2255千瓦×24小时×0.8元/度=43296元。日回收BOG效益：840000元-42213元=796704元。

2.2.2 接收站变电站提高力率改造(增加电容补偿，提高功率因素)

福建LNG接收站主要为下游莆田燃气电厂、厦门燃气电厂、晋江燃气电厂3家燃气电厂及福州、莆田、泉州、厦门、漳州5个城市燃气供气，接收站变电站无功补偿原设计在主变电站设2组2500kvar电容器组实现，在外输量低、用电负荷轻时，因输电线路、埋地电缆较长，线路产生大量容性无功向电网倒送，造成接收站用电功率因数低于国家规定值0.9，平均仅为0.7~0.88左右，见下表，福建LNG接收站用电功率因数统计表。每年向当地供电部门缴纳力率调整电费多达400万元。

改造方法：福建LNG节能降耗课题组对接收站用电功率因数低的原因进行分析后采取在总变电所6kV Ⅰ、Ⅱ段母线各加装一组容量为2500kva并联电抗器进行无功补偿，6kV电抗器组安装位置示意图如图。

效果分析：输电线路容性无功改造于自建成投用，当下游用气量小、接收站外输量低时，投用电抗器组对线路进行无功补偿，功率因数由原0.7~0.88提高至0.95以上(高于0.9进行奖励)，每年除节省力率调整电费上百万元外，电业部门每年奖励公司30万元以上，为公司带来巨大的经济效益。达到了节能降耗、提高运行效益的目的。

2.2.3 储罐航空障碍灯改造(由热光源改为冷光源)

接收站4个储罐航空障碍灯光源采用传统的白炽灯热光源，利用白炽灯热辐射发光，80%~90%的能量转换能热能，10%左右的能量转换为光能，热能损耗较高，发光效率较低。且表面采用喷漆处理，防腐性能差，塑粉易脱落，造成光强不足，影响储罐安全，设计使用寿命短(6000小时)，功率100W，故障率高。

改造方法：设计采用铝合金压铸壳体和红色

钢化玻璃罩，表面采用高压静电喷塑处理，塑粉附着力强，防腐性能强并装有耐老化的密封圈，其防腐等级可达 IP66；光源同时采用 LED 冷光源，高效节能，使用寿命长达 10 万小时，使用年限长达 12 年以上，平均功率由原来的 100W 降低至 15W 的 LED 灯，减少检修频率，降低维护成本。

效果分析：4 个储罐共计 52 套航空灯，每天按 12 小时工作计算，每年节省用电 52×365×12×0. 085 = 19359. 6kWh，电费以 0. 8 元/度计算，则每年节省电费 15487. 68 元。同时使用年限大大延长，也大大节省了维护检修费用。

2. 2. 4　中控 DLP 大屏幕改造(投影光源由 UHP 超高压汞灯泡改为 LED 光源)

接收站中控 DLP 大屏幕共有 14 套投影单元，投影引擎光源为 UHP 超高压汞灯泡，功耗大，亮度衰减快，使用寿命短。

改造方法：引入前沿新技术，将投影引擎光源由 UHP 超高压汞灯泡改为 LED 光源，光源功率由原来的 120W 降低至 5W，使用寿命由 8000h 延长至 60000h，既高效节能，又可降低备件消耗，减少检修频率，降低维护成本。

效果分析 a、运行费用：14 套投影单元，24h 不间断运行，每年节省用电 14×365×24×0. 115 = 14103. 6kWh，电费以 0. 8 元/度计算，则每年节省电费 11282. 88 元。b、检修费用：UHP 灯泡和 LED 光源市场价相近，约 0. 9 万元，LED 光源寿命是 UHP 灯泡的 7. 5 倍，14 套 LED 光源生命周期内可节省备件费用 14×(7. 5-1)×0. 9=81. 9 万元。

2. 3　管理节能

2. 3. 1　提升高耗能设备运行效率，降低单位能耗

常用的高耗能设备有海水泵(1150kW)、高压泵(1641kW)、低压泵(157kW)等。若不进行合理调配、优化操作的话，将使得接收站单位能耗大大增加，造成大量的不必要电能浪费。由于受下游电厂机组及槽车装车的影响，低压泵和高压泵的运行流量可能会随之波动，因此需要控制合理的高、低压泵运行台数，使高、低压泵运行流量尽量控制在额定流量 455、370m^3/h 左右下运行；

效果分析：若单条生产线多运行 1 小时多可产生电量 1955kW，电费以 0. 8 元/度计算，则：每小时多可节约电费为 1955×0. 8 = 1564 元/小时；若每天高耗能设备无功运转以 1 小时计算，一年可节约的电费为 1564×1×365 = 57. 1 万元/年。

2. 3. 2　加强高耗能设备运行管控，降低无功损耗

海水泵已启动，高压泵迟迟未运行或高压泵已停止运行，而海水泵还处于较长时间的运行状态，造成海水泵长期无功损耗，通过对接收站设备安全运行特点和输气干线用气特点的分析，加强了对调度的精准调度，避免频繁启停高压泵和海水泵。在增启高压泵时，加强管控尽量避免海水泵提前启动时间过长，在停止运行气化器时，严格执行气化器停止 15min 须停止海水的规定，避免气化器海水无效流动，造成电能浪费。

效果分析：a、运行费用：若多运行 1 小时多可产生电量 1150kW，电费以 0. 8 元/度计算，则：每小时多可节约电费为 1150×0. 8=920 元/小时；b、维修费用：通过降低设备启停频率和运行台数，达到了延长设备使用寿命、降低维修频率及成本的目的。以降低海水泵启停频率为例：按照一条生产线连续运行，另一条生产线间段调峰运行模式估算，海水泵年运行时间可节省 1200h，按照每 8000h 大修一次，大修费用约 230 万元估算，设备可节省检修成本约 34. 5 万元。

2. 3. 3　改变管道保冷方法，降低 BOG 产生量

接收站 6 个储罐共 18 台罐内低压泵均一直处于 LNG 保冷状态，其中有部分(至少 10 台)罐内低压泵未处于运行状态，由于保冷热量及低压泵做功带入 LNG 储罐产生较大量 BOG。通过分析优化，在保证设备备用的前提下，关停不在运行的罐内低压泵的 LNG 保冷，以减少 BOG 产生量。

效果分析：以 3 台高压泵、10 个槽车撬同时满负荷运行，多需要 8 台罐内低压泵同时运行，则至少可停止 8 台罐内低压泵 LNG 保冷可减少的 LNG 循环量约为 90 吨/小时，减少 BOG 的产生量约为 1.9 吨/小时，即每天至少可减少 BOG 产生量约为 45.6 吨/天，若采用 BOG 压缩机回收的话则耗电量至少为 575×45.6÷7×0.8 = 2996 元/天，即每年至少可节约电费 109 万元/年。

2.3.4 错时用电，降低运行费用

福建 LNG 接收站的终端用户有城市燃气和调峰燃气电厂等，用气高峰在白天，夜间 24：00～6：00 时用气量相对较低。而晚上非用电高峰区间电价低，若能充分利用低电价，并调整好不同时段的管网压力，可实现节能目的。福建 LNG 接收站以及投产的主干线管道的长度为 301.1km，管道大管存量约为 5029 吨，在接收站日常外输过程干线压力达到 6.1MPa 时就会停止外输，干线设计压力为 7.5MPa。为了提高用电效率，国内各地区采用了分段收费措施，实现移峰填谷的目的，缓解电荒。根据福建省电网销售价格表可知，对于大工业用户的高峰、低谷电价分别在平段电价的基础上上浮和下浮 50%（峰时段：8：30—11：30、14：30—17：30、19：00—21：00；平时段：7：00—8：30、11：30—14：30、17：30—19：00、21：00—23：00；谷时段：23：00—次日 7：00。（注：信息来自《关于贯彻执行国家发展改革委提高华东电网电价有关问题的通知》（闽价电［2008］31 号）），因此，对于用电量大的大工业用户增加夜间 23：00—次日 7：00 设备运行有助于节省电费。通过分析用气特点采取提高夜间管网压力增加管存量，当把夜间停外输的压力从 6.1MPa 提高到 7.0MPa，可以额外增加约为 600 吨，这样在总外输量一定的情况下可以减少白天（电价高）高压外输启动时间进而减少白天的耗电量。

效果分析：按照一台罐内泵、一台海水泵、一台高压泵、一台压缩机计算，即总功率为 3523kW 的设备，需要运行 3.1 小时，大用业用户 110 千伏，峰时段和谷时段电价差额为 0.5426 元（福建省电价标准，峰时段 0.8139 元、谷时段 0.2713 元），则夜间外输可节省电费约为 5926 元，一个月可节省电费 17.8 万元，一年可节省电费约 213.3 万元。按照目前管存量较小，利用错时用电方式节能效果不会太明显，但随着二期管网的建设，管存量将有效扩容，利用错时用电方式，节能效果将十分显著。

2.3.5 利用 RBI 检测技术有针对性开展检验降低 BOG 排放量

再冷凝器（V－0305）作为福建 LNG 接收站 BOG 回收的重要设备于 2008 年投入使用。目前，该设备已到全面检验周期，由于再冷凝器（V－0305）无备用设备，全面检验时，设备需停机隔离约 50 天，BOG 放空量约 10000 吨，将造成较大的经济损失及环境影响。

改进方法：为保证公司合规运行，同时考虑到降本增效，拟采用符合 TSGR0004－2009《固定式压力容器安全技术监察规程》规定的 RBI 技术，给出有针对性的检验方法，为装置延长检验周提供技术支持与依据，并根据评估结果确定设备检验策略。

效果分析：通过采用新的检验方法 RBI 技术，既保证了公司合法合规运行，又避免了检验期间 BOG 的排放、保冷材料的拆除与回装，节约保温材料及拆装费用共约 100 万元，减少 BOG 排放约 10000 吨。

3 其他节能措施建议

1）LNG 冷能利用相当于接收站的一个气化器，继续扩大 LNG 冷能利用有利于降低 LNG 气化器的海水用量，即降低高能耗设备海水泵的运行时间和负荷。

2）加强对下游用气特点的分析和调度，尽可能实现接收站均匀外输，避免高低压泵和海水泵的频繁启停产生无功功率。

3）探索气化器海水进、出口温度差是否可以扩大范围。目前气化器海水进出口温差控制为低于 5℃，如果能改为 7℃，则 LNG 接收站的节能将还有很大的空间。

4）提高管网压力运行区间。随着二期管网的建设和运行，管容将不断扩大，不但管容对负荷高峰的调节能力更强，而且可以更多地利用低价电能。

5）对海水泵电机进行采用变频控制，根据 ORV 进出口海水温差调整海水量，降低海水泵电能消耗。

6）改造高压泵进行采用变频控制，根据 ORV 出口天然气的压力来调整高压泵出口的压力，降低海水泵电能消耗。

7）加强接收站卸料储罐的管理，减少重轻组分混装产生更多的 BOG，减少储罐液差达大造成低压泵效率降低。

8）加大对接收站周边天然气用户开发，实现 BOG 低压直接外输和 LNG 低压气化外输。

9）跟踪前沿技术，推进节能设备的推广运用。

参考文献

[1] 顾亚萍．浅谈工业企业生产成本控制[J]．商业经济，2013(24)：42-43.

[2] 赵小玲．现代企业成本管理浅析[J]．现代商业，2011，000(024)：117-117.

[3] 徐博．世界 LNG 发展现状与趋势[J]．石油管理干部学院学报，2004，11(2)：2-5.

[4] 赵德廷．广东大鹏 LNG 接收站终端总体设计及主要工艺优化[J]．中国海上油气，2007，19(3)：208-213.

[5] NOMACKM. Energy profile of Japan[R/OL]．(2009-12-01)[2010-03-16]http：//WWW. eoearth. org/article/Energy profile of Japan.

[6] 顾安忠．液化天然气技术[M]．北京：机械工业出版社，2003.

[7] 戴起勋．金属材料学[M]．北京：化学工业出版社，2005.

多措并举，推进国产化战略在LNG接收站的应用

梅伟伟

（中国石油江苏液化天然气有限公司）

摘　要　国外的进口设备和备件，不仅费用高，订货周期长，而且在短时间内也无法解决生产急用件等问题，这样一来就严重制约着企业的生产经营。本文从江苏LNG接收站多年来国产化工作取得的成效及存在的问题出发，对推进国产化战略的组织与程序、实施模式进行了具体阐述，在此基础上总结经验并思考出一套适用于LNG接收站设备国产化工作管理流程，对LNG接收站进口设备配件国产化应用具有指导和借鉴意义。

关键词　LNG接收站；国产化；管理；进口设备

1　引言

中石油江苏LNG接收站自2011年投产以来，一直致力于自主运行、自主管理、自主检维修的管理模式[1]，经过多年的经营管理和摸索实践，已掌握了站内关键设备的检维修技术，从一开始的消耗两年备品备件，采购国外原厂配件到逐渐实现了部分关键进口设备配件国产化。

为加强进口设备配件国产化管理，提高现场设备国产化水平和装置配套能力，使国产化工作有组织、有领导、有步骤地进行，保证设备备品备件的及时有效供应，确保现场设备安全稳定运行，本文从江苏LNG接收站多年来国产化工作取得的成效及存在的问题出发，在此基础上总结经验并思考出一套适用于江苏LNG接收站设备国产化工作管理流程，对LNG接收站进口设备配件国产化应用具有指导和借鉴意义。

2　推进国产化战略的必要性

目前国内LNG接收站的主要关键设备为国外进口，如BOG压缩机、海水泵、高压泵、低压泵、卸料臂、ORV、SCV等。设备的进口备件尽管质量好，但是采购周期长、价格昂贵，严重制约着生产运行，特别是部分备件制造商发生转产或停产时，备品备件就更加难以供应。

实施进口设备备件国产化，可以有效地降低设备的维修费用，可直接降低生产成本。如果企业在生产过程中长期依赖于国外的设备和备件，不仅费用高，订货周期长，而且在短时间内也无法解决生产急用件等问题，这样一来就严重制约着企业的生产经营[2]。

国外设备一直都走在技术发展的前端，更新换代比较快，一些设备备件在经过一些时间后就无法买到。而国产化可以解决这些弊端，可以及时的为企业进行抢运和赶制，使企业不再受备件的困扰，在一定时间内恢复经营生产，减少损失。所以，走国产化道路是十分必要的[3]。

3　江苏LNG接收站国产化进程及存在问题

经过多年来运行、维修经验的积累和摸索，江苏LNG接收站已完成了BOG压缩机、LNG高低压泵、卸料臂、海水泵、装车臂等进口关键设备的主要零部件国产化，SCV、ORV、海水泵等设备也已经完成了整机的国产化替代。下一步，公司将致力于开展装车撬旋转接头公母轨道、卸料臂QCDC、旋转接头、结构件、连接件、密封件等零部件国产化，组织开展DCS、SIS、FGS等控制系统的国产化应用。进口设备关键部件国产化见表1所示。

表 1　进口设备关键部件国产化表

序号	设备名称	材料名称	运行时间	厂商	运行安全、经济性、可靠性
1	BOG 压缩机（中修 8000 小时）	气阀	8000 小时	温州建庆	应用在 3 台压缩上十余次，备件材料国产化单台套节约费用 51.2 万，一个检修周期内运行安全、可靠，无非正常停机检修情况发生。
2		填料密封	8000 小时		
3		轴瓦	24000 小时		
4		刮油环	8000 小时		
5		机械密封	16000 小时		
6	海水泵（大修 16000 小时）	轴承	已运行 20000 小时	湖南耐普	配件国产化方面节省 226.8 万/台，目前已应用在海水泵 4 台次，运行安全可靠，运行时长超过一个大修周期
7		轴套			
8		密封			
9	高压泵（大修 24000 小时）	级间轴套	已运行 14000 小时	大连深蓝	配件国产化方面节省 159 万/台，正在持续运行
10		定位套			
11		轴承衬套			
12		叶轮耐磨环			
13		平衡盘			
14		密封件			
15		壳体口环			
16		出口端盖			
17	卸料臂	ERS 两级液压油缸	56 船	南通高盛	配件国产化方面节省 19.9 万元/个，运行安全可靠、无漏油现象，正在持续运行
18		电磁阀（进口替代原厂）	133 船	上海氟蒙密封代理、瑞士 WANDFLUH 生产	配件国产化方面节省 18.8 万元/套，运行安全可靠，正在持续运行
19		旋转接头密封（进口替代原厂）	107 船	广州	配件国产化方面节省 30.2 万元/套，运行安全可靠、无泄露现象，正在持续运行
20		液压油管	148 船	南通高盛	44.3 万元/套，运行安全可靠、无漏油现象，正在持续运行

3.1　成功实现 BOG 压缩机整机易损件的国产化替代

江苏 LNG 共有 3 台瑞士布克哈德生产的 BOG 压缩机，维修周期为 8000 小时，此类往复式压缩机的特点就是易损件多，大修周期短，平均一年中修一次，更换配件费用高。常换的易损件包括气阀、迷宫填料、刮油环、轴瓦、密封件等，中修一次需更换国外配件费用约 65 万。

鉴于此，公司组织专业技术力量，调研国内压缩机配件厂商，通过对原厂配件测绘加工，并结合现场设备运行特点，反复论证。完成了主要配件的国产化替代，有气阀、轴瓦和曲轴密封，其他的配件还包括刮油环、迷宫填料、O 型圈密封件和垫片等。

通过材料国产化，单台套 BOG 压缩机节约费用 51.24 万元，不仅解决了维修频次高导致的费用高，而且极大地缩短了采购周期，保证了设备运行平稳的可靠性。

3.2 完成高低压泵关键配件国产化应用

江苏 LNG 接收站采用的是美国 EBARA 公司生产的高、低压泵。目前江苏 LNG 接收站共安装了 7 台高压泵，13 台低压泵。此类高低压泵属于低温离心潜液泵，在运行不到一个大修周期内相继发生轴承磨损、泵轴弯曲、叶轮耐磨环及级间衬套磨损超差等现象[4]。

LNG 泵属于接收站外输的核心设备，设备得不到及时维修，将会极大地影响生产计划的执行，而国内 LNG 低温泵起步较晚，国外配件一时也无法及时供应。这种情况下，公司成立技术攻关小组，集中力量研究此类低温泵的特性，查询国内外相关技术文献，琢磨动静部件在低温状态下的配合间隙，掌握了配合尺寸，实现了细长轴的校正，破解了维修难题，并获得了两项专利，完成了自主性检修。

通过自主性检维修，国产化配件已成功应用的有：泵出口汇管电机端盖、级间衬套、平衡盘、叶轮耐磨环、壳体耐磨环、轴承耐磨环、中间节流环等。其中在高压泵应用 6 台、8 次，低压泵应用 8 台、9 次。节约采购成本 159 万元/台。

实施后高压泵已运行超 14000 小时，低压泵已运行超 16000 小时。高、低压泵整体运行平稳，验证了备件材料国产化实施效果。

3.3 实施海水泵关键配件国产化自主改造应用

江苏 LNG 接收站共有日本酉岛泵 4 台，均为立式混流湿坑泵。由于黄海海域海水含沙量大，造成海水泵的轴套磨损严重，平均寿命明显少于设计寿命，经过多次尝试，成功实现润滑系统改造，将轴套由海水润滑改为淡水润滑；通过国产化定制，将轴套上下各添加一个固定环，通过双相钢内六角螺钉固定，解决轴套滑移现象，实现海水泵轴套结构优化。

配件国产化及改造后的海水泵由平均运行 2000 小时就解体大修一次到平稳运行超 20000 万小时，极大地提高了泵运行稳定性。单台海水泵节约维修费用和材料成本合计 276.89 万元，减少了维修成本，保证了泵的正常运行。

3.4 实现卸料臂配件国产化及进口替代应用

江苏 LNG 接收站共有 4 台法国 FMC 卸料臂，此种卸料臂坐落在码头前沿，常年受风吹日晒、冷热交替、潮差受力等影响，其控制系统、液压系统、结构件等都有了不同程度的腐蚀、磨损、老化、泄露的现象。

故障的频发，设备得不到及时有效的检修，不仅影响设备的使用寿命而且容易造成和船方的贸易摩擦，影响接收站的正常生产运行。

通过和国内专业的加工制造商合作，结合原厂配件的特点，逐步实现了一些易损件国产化替代，主要有 ERS 液压油缸、液压油管、氮气软管、旋转接头水密封及电磁阀等，卸料臂配件国产化方面节省 113 万/台，实施后卸料臂整体运行平稳，验证了备件材料国产化的应用水平。

3.5 国产化进程中存在的问题

虽然目前公司在关键设备国产化方面取得了一定的成效，但是还存在着一些问题，如零件材料不过关、加工精度不够、测绘困难等技术层面的问题以及国产化风险高、无备件验收与质量控制标准等体制问题。

4 推进国产化战略的组织与程序

4.1 建立健全管理机制，明确管理职责和分工

为了保证备件国产化的落实，公司从组织上加强了对备件国产化工作的领导，充分发挥现有组织机构，建立自上而下的管理机构。公司成立国产化项目工作领导小组，由公司领导任组长、各相关单位负责人为成员，共同参与国产化项目管理，公司相关部门根据业务职责，分别履行相应职责。

由此形成了横向到边、纵向到底覆盖整个公司的备件国产化管理网络，每个环节都有职能、有任务、有权力。通过其正常有效的运转，使备件国产化工作有计划有步骤的顺利进行。

4.2 制定实施程序，确保工作有效落地

根据设备的运行情况和维修计划安排，合理编制国产化项目计划，通过技术交流、调研，确定技术方案，召开方案评审会验证实施可行性。

运用项目化管理，从制定计划、立项、调研交流、方案制定、选商、实施、验收等对全流程进行规范(图1)。

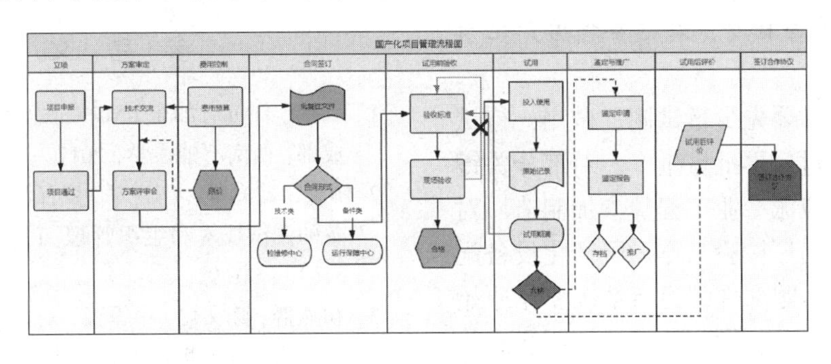

图1　国产化项目管理流程图

4.3　统筹计划，分布实施，不断完善提高国产化质量水平

基于目前公司国产化的进展情况，国产化工作小组充分总结梳理目前已有的国产化成果，对存在的问题深入研究发掘。结合生产和设备检修实际情况，充分调研国内相关生产制造单位，并吸取兄弟单位和同行业的先进做法，统筹谋划，科学制定今后国产化工作计划。

从设备生产运行中遇到的问题开始入手，到关键设备再逐步过渡到其他电仪控制系统。如卸料臂QCDC国产化，解决目前卸料臂配件采购价格昂贵及QCDC运行时不同步、泄露、抓不上等故障问题；装车撬及卸料臂旋转接头配件国产化，解决旋转接头动作异响、泄露及国外配件供货不及时的问题。实现关键设备大修用主要配件国产化，如BOG压缩机连杆小头瓦国、海水泵止推轴承、高低压泵轴承及卸料臂密封件等国产化研究。逐步达到其他电仪控制系统的国产化，如码头靠泊系统、DCS/SIS控制系统、仪表PLC控制等。

通过统筹规划，分步实施，不断突破难关，在总结成果，积累经验和吸取教训的基础上，不断调整工作思路，完善国产化流程，逐步提高国产化工作质量水平。

5　实施模式

5.1　夯实基础，做好国产化前的准备工作

为了确保国产化效果，做好国产化前的各项准备工作十分重要。收集近几年检修过程中零件的磨损、腐蚀、机械变形程度的详细资料，并进行分析与汇总，为国产化工作开展打下良好的技术基础。

一是分析备件的形状、精度、材料，同时根据设备的运行状况，不断累积经验，摸清备件的磨损规律和失效形式。二是要对国产备件与进口备件进行对比，如尺寸大小、精度配合、材质等，并做好记录。三是要做好测绘工作，配件在生产过程中会有加工误差，尽量保留原厂件作为标准件，以备测量使用[5-7]。

5.2　潜心钻研，多途径推动国产化的有效实施

深入到生产现场，掌握设备的运行情况和维修状况，从而积累相关生产设备的维修技术资料，给进口设备备件的国产化提供依据。

在有了一定积累的基础上，对进口备件进行分门别类，将备件分为标准件或通用件、非标准件两大类，不同类别的备件采取不同类型的国产化策略，通过改装设计与测绘相结合、外协与自制相结合等方式提高备件国产化效率。

5.3　强化过程控制，确保国产化备件可靠性

国产化项目应不以提高国产化率为目的而降低产品质量和性能。所研制替代产品的质量和技术不得低于原进口产品的性能指标等相关要求。并能与原件完全互换，保障原整机性能。

进行资质审查、厂家考察、技术交流等方式确定参与项目实施的潜在厂家。在选择潜在厂商时应当遵循“主体合格、程序规范、有效竞争、客观评审、择优遴选”的原则。

对潜在厂商提供的技术方案进行技术交流、方案及风险论证，讨论验证项目实施可行性。选商时主要从企业资质、业绩、实施方案、技术指

标要求、供货周期、服务与承诺、报价等方面综合评估。

5.4 进行质量管控与监督，做好备件国产化后的管理

对批量大的配件要先少量试制、试用，待试用合格并经鉴定通过后再批量生产。对部分关键设备的配件试制，应派专业工程师参加制造厂对配件的中间检验和出厂检验工作。国产化设备配件试用时，对设备、零部件的运行情况要作原始记录，对用前检验、试装做原始记录。要注意收集和整理技术鉴定文件所需的各项材料。包括：制造图纸、计算书、制造质量质保书、运行中的工艺参数等[8]。

6 国产化感想及总结

这些年以来，江苏 LNG 接收站在设备备件国产化方面取得了可喜的成果，不仅有效保证了设备的运行，提高了设备的运转率，而且为企业节省了大量的资金，降低生产成本，取得更好的经济效益，与此同时也增强了我们今后国产化工作的信心。随着各个 LNG 接收站进入设备大修周期，需要陆续开展进口 LNG 关键设备的大修工作，配件国产化能有效提高设备的自主维修能力[9-10]。要保证各个配件、设备国产化的质量，不能一味地追求低价，建立一套合适的国产化管理体系，是避免低价竞争，保障国产化顺利实施的基础。今后，国产化方面的工作还将进一步深入，长期国产化工作实践表明，只要在工作中尊重科学、大胆创新、结合本企业实际，就一定能使国产化工作迈向一个新的水平，企业的设备管理就会上一个新的台阶。

参 考 文 献

[1] 戴梦 . 江苏省如东 LNG 接收站系统可靠性研究[D]. 成都：西南石油大学，2017.

[2]柳山，魏光华，王良军，罗仔源 . LNG 接收站扩建设备的调试技术和组织管理[J]. 天然气工业，2011，31(1)：90-92.

[3] 初燕群，陈文煜，牛军锋，刘新凌 . 液化天然气接收站应用技术(Ⅱ)[J]. 天然气工业，2007，27(1)：124-127.

[4] 梅伟伟 . LNG 接收站关键设备低压泵的自主性检修[A]. 中国土木工程学会燃气分会 . 2017 中国燃气运营与安全研讨会论文集[C]. 中国土木工程学会燃气分会：《煤气与热力》杂志社有限公司，2017：4.

[5] 顾安忠 . 液化天然气运行和操作[M]. 北京：机械工业出版社，2014.

[6] 王海伟，黎晖，徐雷红 . LNG 接收站进口设备自主维修改造的探讨[J]. 设备管理与维修，2014，(S1)：203-204.

[7] 刘奔，郭开华，魏光华，高一峰，李宁，皇甫立霞 . LNG 接收站经济性运行策略优化[J]. 石油与天然气化工，2018，47(5)：39-44.

[8] 杨喜良，张栋，蔡永军 . 油气管道关键设备国产化探索与实践[J]. 油气储运，2021，40(1)：7-14.

[9] 杨建红 . 中国天然气市场可持续发展分析[J]. 天然气工业，2018，38(04)：145-152.

[10] 初燕群，陈文煜，牛军锋，刘新凌 . 液化天然气接收站应用技术(Ⅱ)[J]. 天然气工业，2007，27(1)：124-127.

LNG 气化器选型研究

李文忠　佟跃胜　安小霞　杨　娜

（中国寰球工程有限公司北京分公司）

摘　要　LNG 气化器是将 LNG 气化并将其加热到外输气温度要求的天然气的工艺设备。LNG 的气化及加热过程需要大量的热量输入，而可以为 LNG 提供热量的热源包括海水、空气、地热等环境热源、燃料、电能以及来自其它邻近工厂的废热。LNG 气化器的选型对保证 LNG 场站安全可靠供气、降低设备投资、节能降耗有重要意义。目前 LNG 场站中通常采用的气化器型式有：开架式气化器、浸没燃烧式气化器、中间介质气化器、空温式气化器和水浴式气化器。气化器的选型需结合项目特点，对可用的不同型式的气化器进行综合比较和分析，得出适合本项目的气化器。文章以浙江某 LNG 项目为例，通过分析得出了最适合所在项目需求的气化器型式。

关键词　LNG；气化器；浸没燃烧式气化器；开架式气化器；空温式气化器

1　引言

我国天然气资源不足且分布不均，中西部地区天然气资源量占全国资源总量的 60%，而东部沿海地区经济实力强、发展速度快、能源短缺，目前我国消耗的天然气主要来自“西气东输”的管道气[1]。在非冬季用气高峰阶段（每年的 3 月 15 日至 11 月 15 日），西气东输的管道天然气的供给可满足市场需求，但在冬季用气高峰时期，仅靠管道气无法维持市场需求。故在东部沿海城市建设了大量的 LNG 储运站，用于保证天然气的供给[2,3]。LNG 储运站的主要功能是 LNG 的接卸、储存、加压和气化外输，其中 LNG 的气化是外输前最重要的环节，而气化器则是 LNG 气化环节中最主要的设备，其工作原理就是将 LNG 加热到外输气温度要求。目前 LNG 场站中所采用的气化器型式有多种，其型式主要根据气化器的工作特点及采用的热媒进行划分，而可以为气化器提供热量的热源包括空气、海水、地热等环境热源、燃料、电能以及来自其它邻近工厂的废热。气化器的选择对保证储运站安全可靠供气、降低设备投资、节能降耗具有重要意义，应根据不同项目的需求、项目所在地具备的条件及不同型式的气化器的特点综合比选[4]。本文简述了不同型式的气化器特点，并以中国福建和中国浙江的两个不同的工程项目为例，简析了最适合所在项目需求的气化器型式。

2　气化器

根据气化器的工作特点及采用的热媒不同，气化器的型式有：开架式气化器（Open Rack Vaporizer 缩写为 ORV）、浸没燃烧式气化器（Submerged Combustion Vaporizer 缩写为 SCV）、中间介质气化器（Intermediate Fluid Vaporizer 缩写为 IFV），空温式气化器（Ambient Air Vaporizer 缩写为 AAV）和水浴式气化器（Heat Water Bath Vaporizer 缩写为 WBV）。

2.1　开架式气化器（ORV）

以海水作为热源，海水自气化器顶部的溢流装置溢出，然后依靠重力自上而下均覆在气化器管束的外表面上，液化天然气沿管束内自下而上流动过程中被海水加热气化的设备。ORV 根据负荷能力分为两组式、三组式、四组式。每组有 6~7 片面板组成，每片面板有若干根换热管组成，通常为 70~100 根。ORV 采用海水加热，运行费用较低，适用于基本负荷型 LNG 接收站，但选择 ORV 作为气化器对当地的海水水质要求较高，对固体颗粒物和含沙量、重金属离子含量、pH 值等都有一定的要求[5]。ORV 在含沙量较高的海水冲蚀下使用一定年限后，需重新喷涂防腐。ORV 的 LNG 进口通常以过渡接头与管道直接焊接连接，可最大程度地避免因频繁冷却-复温-冷却导致的泄漏。每一根换热管相当于一个独立的换热器，都能够将 LNG 从-150℃加热到 0℃以上。目前已投用的能力最大的 ORV 额定气化能力在操作压力为 8MPaG 以上时可达

206t/h，海水进出口设计温差最大不超过5℃，通常设计为一台海水泵对应一台ORV，为了降低场站的运行能耗，ORV可在入口海水温度为1.5℃时运行，但此时需减少气化能力，且运行时需时刻关注结冰高度和外输气体温度[6]。

图1

2.2 浸没燃烧式气化器(SCV)

经典的SCV以天然气作为燃料，天然气通过燃烧器燃烧产生的高温烟气直接进入水浴中将水加热，液化天然气流过浸没在水域中的换热管束后被热水加热气化的设备。风机带入的大量空气与燃料气充分燃烧后形成的高温烟气经烟气分布器喷射到溢流堰的水中，烟气在与水直接接触时会激烈地搅动换热管束周围的水，可使得换热管表面与水充分换热，故换热效率很高，通常在97.3%以上。天然气燃烧后生成的水可以补充烟气带走的水分，故SCV工作过程中，无需额外加新鲜水，燃烧产生的尾气中部分CO_2会溶解在水中，造成水池中水pH值降低，故需加碱液进行中和，以避免酸性环境带来的腐蚀，使用过程中会产生带有碳酸钠的废水。

因SCV需消耗大量的燃料气，运行成本较高，使得很多工厂为了保证天然气供应即使安装了SCV，也尽量不用。改进式的SCV，除了保留经典SCV的气化功能之外，还可对SCV稍加改造，使用临近工厂的废热进行加热，在加热气化LNG的同时，还为临近工厂带来效益可观的冷量，属于LNG冷能利用的一种方式。改进式的SCV需要使用水泵将热水送至SCV的水池，利用SCV的风机搅动水池中的水，从而实现热水与换热管束之间的湍流换热，但需要核算此种换热工况与经典运行工况下的不同换热系数，以确定不同工况下的气化能力。如果临近工厂有废热蒸汽，则可直接将其引入溢流堰换热管束下方，蒸汽直接喷射也会产生较好的湍流换热效果，此种情况可避免启动风机，减少电能消耗，但同样需核算不同的换热系数对气化能力的影响[8]。

SCV适合环境温度较低、气化能力大、有快速启动需求的场合。对于改进式的SCV可使用临近工厂的循环水、废热水、废蒸汽等，除了保留经典SCV功能特点之外，还能大大降低能耗，并能够在一定程度上回收冷能。

图2

2.3 中间介质气化器(IFV)

中间介质式气化器主要有管壳式气化器(STV)和中间流体式气化器(IFV)，其相同点是均利用一种中间介质蒸腾冷凝的相变过程将热源的热量传递给液化天然气，使其气化的设备。STV需要设置三台，一台用于热源加热中间介质，一台用于中间介质变为气相后与LNG进行换热，第三台用于热源对低温天然气的进一步加热，前两台换热器之间需要使用循环泵将中间介质循环起来[4]。IFV为两台，一台用于热源加热中间介质变为气相上升、遇到 LNG 换热管后被冷凝下降、再次被加热，省掉了中间介质使用循环泵的情况，第二台则是使用热源直接加热低温天然气到外输要求。STV 模式利用中间介质循环泵进行强制循环，耗能较多，但此模式可以将部分冷能取出用于发电，目前有部分项目使用此种模式[9]。IFV 相比 STV，具有占地小、操作简单的特点。热源可以采用海水、废热水等。使用海水作为热源的 STV 或 IFV，需要使用造价昂贵的钛钢管(图 3)。

图 3

2.4 空温式气化器(AAV)

利用空气作为热源将液化天然气气化的设备。单台设备气化能力较小，长时间运行，气化能力会降低，通常 6~8 小时需切换除冰后才能继续投入使用，对于环境温度较高的 LNG 场站，且气体输出规模较小，输出量变化范围较大的场站，可考虑选用空温式气化器，即以空气作为热媒，可大大降低气化成本。此类气化器占地面积大，LNG 被加热后的温度通常比环境温度低 10℃以下，对于冬季最低环境温度低于 10℃的场站，必须与其它形式的气化器结合使用，比如可在 AAV 后串联水浴式复热器或电加热器等[4](图 4)。

图 4

2.5 水浴式气化器(WBV)

以热水或热水与蒸汽的混合物作为热源，直接与管道中液化天然气换热的气化器，对于气体输出规模很小，且环境温度较低，使用频率较低的场站，可考虑使用水浴式气化器，此类气化器类似 SCV 消耗天然气产生的热水为热媒，但其热效率低于 SCV 较多，但其设备成本较 SCV 低很多，且控制简单。但设备气化能力不宜过大，否则中间管束将因换热不畅导致结冰引发事故。通常可作为空温式气化器在环境温度较低时不能满足气化温度的补充[10]，此时可称为水浴式复热器。也有工程使用循环水作为气化热源，但循环水的温度更加接近冰点，需严格控制好 LNG 的气化量与水量之间的关系[11]。该类型的气化器的绕管可能会在长期使用过程中出现裂纹，可能会导致 LNG 的泄漏，少量泄漏情况下，天然气会进入水系统，进而可能会产生事故。需要考虑相应的保护措施来避免此类事故的发生(图 5)。

图 5

2.6 气化器的优缺点比较

上述各类气化器的主要优缺点对比，见表 1 所示。

表 1　气化器优缺点

类型	ORV	SCV	IFV(含 STV)	AAV	WBV
加热介质	含沙量较少的海水、河水、工艺废热、循环水	燃气燃烧后的烟气(改进式 SCV 可使用工艺废热水、循环水)	海水、河水、工艺废热、循环水	空气	热水或热水与蒸汽的混合物、工艺废热、循环水
中间介质	无	对于典型的 SCV，水可被认为是中间介质	丙烷或醇类溶液	—	—
主要优点	运行和维护方便； 运行成本较低； 制造简单； 安全性高。使用循环水，可回收利用部分冷能	初期投入成本低； 热效率高； 可在寒冷地区使用； 设备紧凑，占地少； 系统启动快，多用于快速调峰。 采用改进式的 SCV，也可降低运行费用，使用循环水，可回收利用部分冷能，且兼顾快速启动的功能。	对海水水质要求低； 可实现废热的利用； 若采用工艺废热或循环水作为热源，可大幅度降低投资，同时可回收部分冷能，降低淡水消耗。 采用 STV 模式，也可实现 LNG 冷能的部分利用，目前可用于发电。	造价低 运行费用低 基本无维护； 制造简单； 安全性高。	造价低 基本无维护； 制造较简单； 占地面积小。采用工艺废热、循环水可降低运行费用。
主要缺点	当海水中固体悬浮颗粒>80ppm、铜离子含量较高时不宜使用； 当海水温度较低时，不宜使用； 海水取水工程造价高昂，有海水泵、次氯酸钠发生装置、清污机等设备投资费用及运行维护费用。	典型的 SCV 运行成本很高，有含有碳酸钠的废水产生。设备的维修、周期维护复杂。需配备风机、碱液加碱系统，水泵循环系统、燃料气加热系统。 改进的 SCV，需配备循环水泵系统。	使用海水作为热源的 IFV 设备投资费用很高，占地面积较大； 消耗中间热源丙烷或醇类溶液； 维护和周期检查较复杂。海水取水工程造价高昂，有海水泵、次氯酸钠发生装置、清污机等设备投资费用及运行维护费用。	单台设备气化能力小，长时间运行，气化能力会降低，需设置一定数量的备用； 布置需考虑冷风效应，占地面积大。会产生较多的雾气，影响巡检。	单台设备气化能力较小，需耗用热水，换热效率相比 SCV 低，综合运行费用高； 需配备热水炉等产生热水的装置。对于使用循环水的水浴式气化器来说，气化能力更小。绕管泄漏后易积聚。

确定气化方式需结合工程自然条件、外输供气规模和要求等因素综合分析投资成本及运行成本，根据气化器的使用频率，LNG 场站可分为基本负荷型和应急调峰型。基本负荷型使用频率高、气化量大，选型时主要考虑设备的运行成本。应急调峰型是为了补充用气高峰时供气量的不足或应急需要，其工作特点是使用率低、工作时间是随机性的，需要具有紧急启动的功能，选型时要求设备投资尽可能低，而对运行费用则不太苛求。

3 气化器选型

小型 LNG 卫星站因为投资成本低，气化外输能力小，通常选用空温式气化器与水浴式气化器相结合的气化方式。大型 LNG 接收站位于深水海港，海水条件较好，取水工程相对容易，则宜选用以海水为热媒的 ORV 或 IFV 等气化方式，相比以消耗燃料气产生热水为热媒的典型 SCV 而言，具有节约气化成本的优势，但环境温度较低时，海水温度可能低于 ORV 或 IFV 的运行温度，故通常需与 SCV 相结合来维持 LNG 接收站的外输，如纬度较高的大连 LNG 接收站，唐山 LNG 接收站、青岛 LNG 接收站，天津 LNG 接收站等都选用了 ORV 和 SCV 相结合的气化方式。

对于海水水质较差，含沙量较高的海域，宜选用能够耐含沙海水冲蚀的钛钢管的 IFV，尽管 IFV 的造价远高于 ORV，但如果选用 ORV，则会因海水冲蚀大大减少其寿命，进而导致总体成本相比 IFV 增加更多。

以浙江某 LNG 站为例，气体外输规模为 60 万吨/年，日均小时外输量为 10 万方/时(约 70t/h)，最大日均外输量为 30 万方/时(约 210t/h)，每日发生最大外输量的时间较短，中午为 11 点~13 点，晚上为 17 点~19 点。该工程临近海域，可接卸小型倒运船舶，所处海域海水水质条件差，取排水工程造价昂贵，且海水含沙量很高，故 ORV 直接排除在外。

3.1 SCV 成本分析

因该工程需考虑调峰和日常输出，最少需选用两台 SCV，单台 100t/h。气化 1Nm^3 天然气需消耗的天然气为 0.02Nm^3，一年 60 万吨的气体输出量需消耗天然气 12000 吨，按照 1 吨 4200 元计算，则一年需耗天然气成本 5040 万元，SCV 风机功率按照 250kW 考虑，则风机耗电 250kw×8760h/年×0.7 元/kWh = 153 万元，单台 SCV 的设备采购时价约 1200 万元，考虑安装(含电仪线缆)、调试等费用，两台 SCV 价格约 3000 万元。按照 25 年折旧，每年的折旧的价格为 120 万元。总计在不考虑维修、维护等费用的情况下，每年消耗的费用约为 5310 万元(天然气按照 4200 元/吨考虑)。

3.2 IFV 成本分析

如果选用 IFV，需建设海水取水工程，按照保守估计，需 2.1 亿元(含海水取水、排水，泵房及海水泵及相关的海水管线等)。同样需考虑调峰和日常输出，最少需选用两台 IFV，单台 100t/h。国产 IFV 的设备采购时价按照 1800 万元，考虑安装、调试等费用，两台 IFV 约为 4000 万，IFV 连同海水取水工程，按照 25 年考虑折旧则每年需 1000 万元。按照 60 万吨/年的输出规模，海水泵的耗电约为 360 万 kWh，即每年电费约 360 万×0.7 元/kWh = 252 万元。设备折旧加电费约为 1250 万元，考虑海水泵的维修，海水取水工程的清淤、维护等，每年费用保守估计将高于 1500 万元。

3.3 AAV&WBV 成本分析

工程所在地环境温度较高，日常气化输出能力较小，若选用空温式气化器，因气体输出温度低于环境温度 10℃，冬季环境温度低于 10℃的情况下，外输气体温度将低于 0℃而不能满足输出需求，故必须考虑与水浴式气化器相结合。当环境温度低于 10℃时，空温式气化器出口不能达到温度需求的气体进入水浴式气化器进一步升温至高于 0℃后再输出至下游管网。目前单台设备最大气化能力可达 10000Nm^3/h，可选用 32 台空温式气化器，在最大输出峰值期间，32 台空温式气化器全部开启，通过合理排布气化器的切换时间，能够满足气体外输规模为 60 万吨/年、日均小时外输量为 10 万方/时、最大日均外输量为 30 万方/时(最大外输持续时间 2h)的生产要求。串联的水浴式复热器按照 30 万方/时，入口温度按照-20℃、出口温度为大于 0℃。水浴式复热器所需热水需要热水锅炉提供，需消耗天然气。平均气温低于 10℃的月份为 1 月为 0.9℃，2 月为 2.6℃。3 月为 6℃，11 月为 8.5℃，12 月为 2.6℃。每天外输量为 10 万方/时×20 小时+30 万方/时×4 小时 = 320 万方。

每月的平均气温设为 t(℃)，每月使用水浴式复热器将出口温度约 t-10℃的天然气加热至0℃以上，燃烧天然气加热的热水利用率按照80%计算(受热水炉至水浴式复热器的距离、换热效率等影响)，所需消耗的天然气可根据如下公式计算：

$$W\text{月燃气消耗} = Q * \rho * C_p * D_s * \frac{\delta_t}{\eta_s * \delta_{HL}}$$

式中，W 为月燃气消耗为某月消耗天然气的质量，单位：kg；Q 为天然气日均输出量，单位：Nm^3/h。本项目为 320 万 Nm^3/h；ρ 为天然气标准状态下密度，单位：kg/Nm^3；C_p 为天然气的比热，单位：kJ/kg℃。此条件下按照 3.6 kJ/kg℃考虑；D_s 为某月的天数，单位：天；δ_t 为天然气被加热的温差，单位:℃，目标温度为0℃，$\delta_t=0-(t-10)=10-t$；t 为月平均温度，单位:℃；η_s 为燃气燃烧产生的热量转化为天然气吸热的效率值，热水炉按照 93%计算，管路上及设备热损按照 1%考虑，η_s 按照 92%考虑(理论值)；δ_{HL} 为低热值，单位，MJ/kg，按照 48.57 MJ/kg 计算。

根据以上公式计算可得出需要水浴式复热器加热的月份所需天然气耗量详见表 2 所示。

表 2　天然气耗量对应月份统计表

需用热水的月份	平均气温,℃	天然气耗量，kg
1 月	0.9	42474
2 月	2.6	32311
3 月	6	18670
11 月	8.5	6775
12 月	2.6	34539
总计		134770

每年温度较低的月份，水浴式复热器才需要开启，期间需消耗天然气总成本约为 134770kg÷1000×4200 元/吨=56.6 万元。32 台空温式气化器、2 台水浴式复热器、热水炉、热水炉泵及管路等的总体投资(含设备采购、安装等)约 3500 万元，按照 25 年折旧，每年分摊折旧费约 140 万元，总计每年分摊的成本费用约 200 万元。若水浴式复热器绕管因腐蚀出现裂纹，可能会出现天然气的泄漏，因水浴式复热器为承压设备，天然气会在壳体内积聚，进而进入水系统，存在安全隐患，需考虑一定的安全措施，并加强巡检。不管空温式气化器还是水浴式气化器故障，全厂均存在停输的可能，可靠性相对较低。

3.4　AAV& 改进的 SCV 成本分析

空温式气化器的设置同 3.3，水浴式复热器取消，直接使用改进式的 SCV。改进式的 SCV 可以直接气化 LNG 达到外输要求，可保证场站供气的完全可靠性，同时还可直接作为复热器，给空温式气化器出口的天然气进一步加热达到外输要求。

对于 3.3 中的水浴式复热器、热水炉、热水炉泵及连接管路的采购、安装，调试费用，大约 500 万元。改进的国产 SCV 可按照 1600 万考虑(相比典型的 SCV 增加了复杂程度)，则相比 3.3，此方案[12]增加的费用为 1100 万元。按照 25 年考虑折旧，相当于每年多折旧 44 万元。但 SCV 热效率高达 97%，且燃烧生成的水以液态形式排出，产生的热量以高热值计算。故相比水浴式复热器而言，节省的燃气每年约为 3 万元。故采用 AVV& 改进的 SCV，相比 3.3 的方案，每年需多出费用约 41 万元。但改进的 SCV 换热管破裂的概率比水浴式复热器低的多，且其水池为常压，泄漏的天然气会迅速排放到大气中，不易积聚。对于允许适当提高投资的工程，可以采用此方案来确保安全性和可靠性，SCV 国产化技术更加成熟后，设备的一次投资费用降低时，此方案将更具优势，且相比 AAV&WBV 模式，改进的 SCV 还可预留废热水、循环水接口，并具有较大的气化能力。

4　结论

LNG 气化器类型众多，各有优缺点，适用于不同的场合。气化方式的选择需考虑气化器的可靠性、耐久性、稳定性、安全性、负载波动的灵活性、投资费用及运行成本。大型 LNG 接收站根据海水水质和海水温度情况，宜选用 SCV、ORV 或 IFV，若能使用临近工厂的废热或循环水作为热源，则宜首先选用。

空温式气化器和水浴式复热器相结合的 LNG 气化方式成本远低于其它类型的气化器，具有很高的节能降耗优势，对于温度较高的季节无需像 SCV 一样时刻都需消耗天然气，也无需设置造价昂贵的 IFV、海水取水工程及海域清淤等费用，但占地面积大、雾气重，该气化方式在小规模气化外输的储运站具有很好的优势。

对于调峰保供任务重、外输要求快速启动的

小型 LNG 场站，则推荐使用空温式气化器与改进的 SCV 相结合的运行模式，虽然投资稍有提高，但此种运行模式既可保持空温式气化器节能降耗的优势，又可确保场站气体外输的可靠性、及时性和安全性。

参 考 文 献

[1] 闫庆光，代维庆．西气东输建的意义[J]．科技与企业，2012(17)：280.

[2] 孙德强，张涵奇，卢玉峰，饶远，冯棋，王智锋．我国天然气供需现状、存在问题及政策建议[J]．中国能源，2018，40(03)：41-43+47.

[3] 张成伟，盖晓峰．LNG 接收站调峰能力分析[J]．石油工程建设，2008(02)：20-22+84.

[4] 梅鹏程，邓春锋，邓欣．LNG 气化器的分类及选型设计[J]．化学工程与装备，2016(05)：65-70.

[5] 董顺．LNG 接收站开架式海水气化器的应用与结构研究[C]．乌鲁木齐：第三届全国油气储运科技、信息与标准技术交流大会论文集，2013：1159-1162

[6] 夏硕，林剑彬，董顺，刘庆胜，陈国霞．ORV 和 SCV 冬季运行经验分析及运行优化[J]．石化技术，2017，24(03)：210.

[7] 梅丽，魏玉迎．浸没燃烧式气化器 SCV 研发关键技术[A]．中国土木工程学会燃气分会．2017 中国燃气运营与安全研讨会论文集[C]．中国土木工程学会燃气分会：《煤气与热力》杂志社有限公司，2017：4.

[8] 胡超，张大伟，韩荣鑫，等．一种改进的 LNG 浸没燃烧式汽化器：CN206958596U[P]．2018.

[9] 刘军，章润远．上海 LNG 接收站冷能利用中间介质气化器研究[J]．上海节能，2019(08)：692-696.

[10] 刘淑亭，管方波．小型 LNG 气化站工艺设计简介[J]．内江科技，2010，31(12)：121+118.

[11] 吴晓红，陈永东，李志．LNG 缠绕管水浴式气化器防结冰分析及对策[J]．设备管理与维修，2014(05)：56-58.

[12] 李文忠，佟跃胜，安小霞，杨帆，于蓓蕾，赵甲递．LNG 储运站的气化结构[P]．北京市：CN212672948U，2021-03-09.

模块化设计在LNG领域的技术研究及工程化应用

李 雷 王海萍 崔艳红 冉庆富 刘福领

（海洋石油工程股份有限公司）

摘 要 随着我国LNG站场处理能力及规模的不断扩大，模块化设计在LNG领域的工程化应用必将会成为LNG储罐及接收站设计及建造的发展趋势。模块化设计的核心是在功能分析的基础上，将整体设计根据功能分解为若干个模块，每个模块只完成工程项目中一个特定的功能。本文简要介绍模块化设计在LNG领域的技术研究及工程化应用。

关键词 模块化；LNG；技术研究；工程化应用

液化天然气作为一种清洁高效的能源，在城市燃气调峰，电厂调峰、输气管道所不能覆盖的区域，发展LNG清洁汽车等方面发挥着不可替代的作用。随着全国对液化天然气消费高速增长，而传统LNG站场从选址、设计、施工至最终投运需3-5年的时间，目前已不能平衡对LNG需求的急速增长。模块化作为当今十分流行的概念，在众多领域得到广发的应用，大到大型工程项目建设，小到IT行业、个人电脑乃至手机的制造，模块化的理念已越来越深入到人类的工作生活中。本文简要介绍模块化设计在LNG领域的技术研究及工程化应用。

1 模块化设计的概念

模块化设计是一种现代先进的设计方法。模块化设计的核心目标就是在整体性分析基础上，将一个整体的设计按照其所具有的功能划分成若干个模块，每个模块只完成一个工程项目中某一个特定的功能。如果该类型的功能模块已经超出了建造场地和装配的能力，则我们就可以按照各种功能要求层次之间的差别继续向下进行划分，其中所采用的设计理念就是先分解再组合。

2 模块化设计发展现状

模块化设计最早是由国外先进造船国家在20世纪二、三十年代提出。由于模块化设计将原本传统的需循序渐进完成的工程项目独立化，规避了场地、工期、环境的限制，其倍受支持与推广。随着技术的创新，模块化范围及型式不断扩大，从早期的撬装设备、分析小屋、多专业预组模块，发展到现在的管廊管系模块集成、集成区域变电所/现场机柜间(E-House)、工艺包内所有设备及其辅助系统的集合(设备)等，已有许多成功的案例可供借鉴。

目前，模块化设计在LNG领域也逐步得到广泛的推广与应用，现接收站工程中储罐的容量和各功能区的设施也在逐渐增大，因此在设计过程中，模块化设计与应用逐渐发展成一种趋势。

3 模块化设计在LNG领域的技术研究及工程化应用

3.1 模块化设计在LNG领域的技术研究

LNG工程设计的特点具有分块设计的理念，包括工艺系统、公用系统及辅助设施。按照功能划分主要有：卸料系统、储存系统、BOG处理系统、增压气化外输系统、气体计量系统、燃料气系统、柴油系统及装车系统。

根据各个系统的功能可以将LNG项目进行工艺模块化建设，最大程度地满足LNG工艺流程的需要及合理性，并且细分到单一功能的模块。如果模块上的设备比较重，或者空间占用比较大，不利于模块化设计，则可继续往下细分。根据工艺流程及设备，对功能模块细分完成后，工艺、机械、电气、管道、结构、安全、仪控、总图各专业都可以基于单个模块进行设计工作；3D软件可以根据模块名称划分单个数据库，解除了同一原件名只能一个设计人员操作的限制，能够最大程度地加快设计进程。基于单个模块进行成 3D 建模工程设计、应力分析、结构分析、安全分析等等。根据工况组合完成模块管道柔性计算、设备管嘴应力、外部载荷、法兰载荷和管道唯一的计算；完成对吊装工况、拖航工况、正常操作工况和极端条件工况进行分析，核算结构强度是否满足要求；完成危险源辨识、危险与可操作性分析、安全完整性等级定级以及定量风险分析。

根据工艺流程及功能，可将 LNG 工程项目划分为卸料模块、储存模块、BOG 处理模块、增压气化外输模块、计量模块等。通过划分成多个功能模块，可实现单独设计，自由扩展，满足不同储气规模的模块化设计。

3.2 模块化设计在 LNG 领域的工程化应用

以再气化模块为例，简要介绍模块化设计流程：

某 LNG 项目再气化模块气化能力 200t/h，所需设备主要包含入口缓冲罐、LNG 高压输送泵、LNG 冷却器、LNG 主气化器、NG 补温器、丙烷储罐、丙烷泵、丙烷蒸发器等。

再气化模块采用海水作为热源，以丙烷作为中间截止，经多级换热实现 LNG 的气化。来自入口吸入罐的低压 LNG 先经 LNG 高压泵增压，增压后的 LNG 先后经过 BOG 冷却器、LNG 主气化器以及 NG 补温器，分别与 BOG、丙烷以及海水换热后外输。经 BOG 冷却器初步降温后的 BOG 进入入口吸入罐与 LNG 接触后被冷凝，冷凝的 LNG 与入口罐旁路的 LNG 汇合后输送至 LNG 高压泵入口，经高压泵增压后通过各级换热器实现气化。该模块的模块参数表如下：

表 1　模块参数表

序号	模块名称	尺寸			重量/t	层数
		L/m	W/m	H/m		
1	再气化模块	18	14	12	400	3

模块设计应用于指导建造流程，进行模块化安装，其建造流程如下：

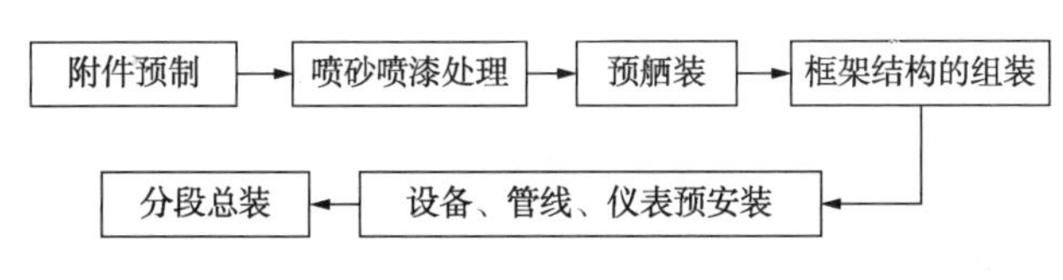

图 1　模块化建造流程

通过以上分析可以看出：在 LNG 站场，数个这样的模块平行建造施工，既能有效的利用场地，又能合理高效的对各个模块进行施工控制和管理。

4　模块化设计的优势

4.1 将模块化应用于工程项目设计的优势

模块合理划分是项目模块设计中最为重要部分，对系统及工艺系统中的设备管道的科学合理规划是模块化设计实现的基础。项目模块化后，相当于将工程项目切分为多个独立的模块，在设计建模阶段，软件使用权限的冲突得到有效降低，同一根管线系统，由于划分在不同的模块中，可以多人同时分别修改各个模块的模型，加快建模的效率。

4.2 将模块化应用于工程项目建造的优势

与传统的海洋平台设计建造方法不同，模块化概念的先进性在于它大量引入了平行作业，将传统的单点依次作业变成多点同时作业，使得项目设计建造周期大大缩短，场地的建造能力也有很大提高。依靠科学的管理方法和先进的设计建造技术，将海洋平台设计建造过程中的工序进行深度融合，进而有效缩短海洋平台的设计建造工期，降低成本，提高平台的预制化程度，最终实现平台质量的提高及建造成本的控制，获得良好的社会效益。

模块化建设具有减少高空作业、改善作业环境，缩短现场安装时间提高施工效率、保障工程质量、降低安全风险等显著优势。国外的某些陆地 LNG 装置规模大、工艺复杂、设备多、投资高，采用模块化设计建造有利于降低现场施工成本，整合利用全球施工资源，保证工程进度；而在我国，也广泛使用小型 LNG 装置模板化开采边缘气田、煤层气、页岩气等。

5　结语

随着我国对 LNG 需求、LNG 站场处理能力及规模的不断扩大，模块化设计在 LNG 领域的工程化应用必将会成为 LNG 储罐及接收站设计及建造的发展趋势，进一步进行模块化技术研究及工程化应用，最大程度的发挥它的优势，对促进我国 LNG 行业的高质量发展具有非常重要的意义。

参考文献

[1] 何铁伟 浅论工程项目模块化建设策划与实践[J]，石油化工建设，2021(01).
[2] 胡性涛 陆地 LNG 装置模块化设计及生产探究[J]，化工管理，2017(12).

基于声固耦合算法的LNG储罐的内罐湿模态分析

潘传禹　李兆慈　汪常翔　姜　铖　李睿麟

（中国石油大学（北京）/油气管道输送安全国家工程实验室/城市油气输配技术北京市重点实验室）

摘　要　双金属全容式LNG储罐由于其成本低、建造周期短的优点被广泛应用于城市天然气调峰设施。为研究LNG储罐的振动特性，计算了$1\times10^4m^3$双金属全容式储罐在空罐、储液静压载荷和流固耦合三种条件下的储罐模态，分析了液体对于储罐模态的影响，以及采用流固耦合方法的必要性。利用ANSYS Workbench中的Acoustic Modal模块建立流固耦合模型，计算得到储液晃动基本周期，与相关规范的计算结果对比证明了数值模型的准确性。模型的前1000阶模态计算结果表明在频率较低时，主要振型为局部液面的波动和储液晃动；当频率逐渐升高，体现出环向多波等诸多振型，流固耦合振动以梁式振动为主。

关键词　LNG储罐；声固耦合；模态分析

LNG储罐是城市天然气调峰站的重要设备，需要具备良好的抗震性能，以避免在地震时导致储罐泄漏而引发火灾、爆炸等[1]。地震作用下储罐的动力特性是由储罐的自振特性和地震激励共同决定的，通过模态分析，可以预估储罐在地震作用下的实际响应，而如何准确获取储罐壳液耦合的自振特性是开展储罐抗震性能研究的关键[2-5]。储罐内的液体对结构的模态的影响主要体现在两个方面：一是由于流体自身的重力作用，在交界面上会形成压力载荷；二是在流体运动时会对储罐引发额外的附加质量效应[6-7]。

李付勇等[8]利用Fluent流体单元和MPC约束来研究储罐的流固耦合模态问题。彭景[9]利用Ansys-Cfx进行流固耦合分析，并设计了相应的实验进行对比，表明了利用Ansys进行流固耦合分析的正确性。薛杰等[10]利用Patron比较了虚拟质量法和声固耦合法计算的差别，发现在低频段的计算结果相差较大。胡会朋等[11]利用Abaqus研究了水下壳体对于预应力效应与流固耦合效应的敏感度。管友海等[12]利用附加质量法研究了在内罐泄漏工况下，外罐的第一阶梁式振动与泄漏深度的变化关系。丁多亮等[13]分析了空箱、半水、满水三种工况下储液容器的固有频率和振动响应，发现液体对于储罐结构的影响很大，在储罐设计时应当充分考虑储液的影响。

本文通过分析在空罐状态和只考虑液体静压下储罐的模态，并与通过声固耦合的方法模拟得到的LNG储罐的内罐湿模态进行对比，分析储液对于储罐模态的影响。

1　空罐的模态

研究的对象是$1\times10^4m^3$的双金属全容式LNG储罐，内、外罐的材质均为S30408，罐壁采用膨胀珍珠岩和弹性毡保冷，储罐基础采用混凝土高架承台结构。其中内罐直径为28m，高度为18.5m，设计液位17m，罐底约束锚固，距罐底1/3高度处的罐壁厚度为0.01m（图1）。

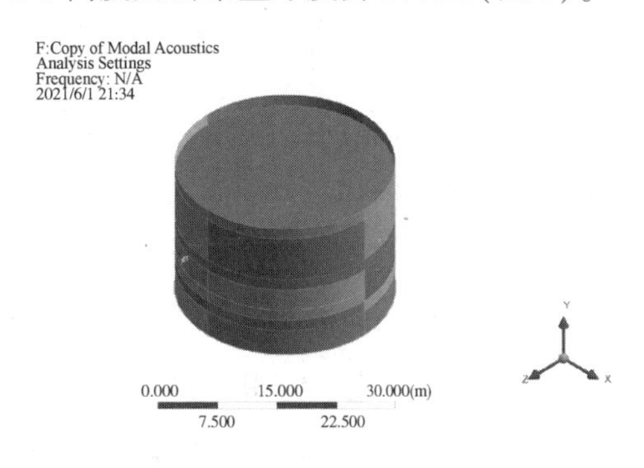

图1　满液位下的内罐模型

在空罐状态下，内罐仅受自重作用，得到储罐的第一阶模态（图2），第一阶频率为1.56Hz，振型呈现出环向多波特点[14-15]。

2　储液静压作用下储罐模态

在最高液位时，将储液的静压作为预应力施加到储罐内壁上，模拟得到储罐的第一阶振型（图3）。相对于空罐状态，可以发现储罐的一阶频率有所提高，因为储液静压的存在导致储罐刚度增强，从而自振频率提高。

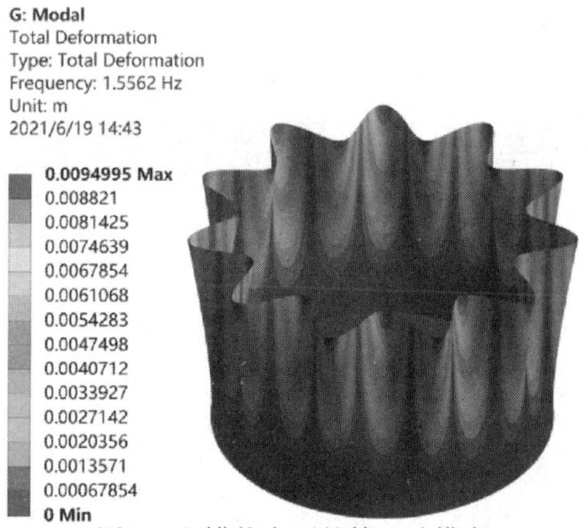

图 2　空罐状态下的第一阶模态

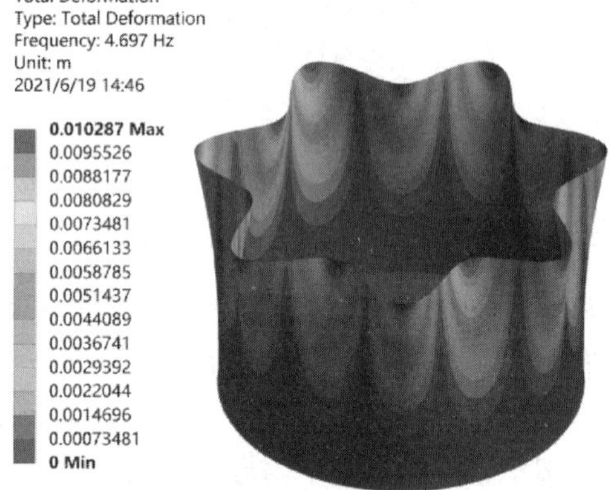

图 3　考虑静压状态下的第一阶模态

3　流固耦合作用下储罐模态

3.1　声固耦合理论

运用声固耦合理论算法进行湿模态分析时要把结构中的流体看成一种声学介质，即一种弹性介质，只需考虑流体体积应变的压力，不考虑流体的粘性力。当结构振动时在流固交界面上对流体产生负载，同时声压会对结构产生一个附加力，为准确地模拟这种情况，需要同时计算结构动力学方程和流体的波动方程来确定交界面上的位移和声压值[16-17]。

假设结构内的流体是理想的声学介质，则波动方程为

$$\nabla^2 p = \frac{1}{c^2}\frac{\partial^2 p}{\partial t^2} \tag{1}$$

式中，c/m · s^{-1}为流体介质中的声速；p/Pa 为瞬时声压。

应用 Galerkin 法，并乘以声压的变分 ϑp，并在流体区域 V 内积分，经过运算得：

$$\iiint_V \frac{1}{c^2}\vartheta p\frac{\partial^2 p}{\partial t^2}\mathrm{d}V + \iiint_V (L^T\vartheta p)(LP)\,\mathrm{d}V = \iint_S \rho_f \vartheta p n^T\left(\frac{\partial^2 U}{\partial t^2}\right)\mathrm{d}S \tag{2}$$

式中，U 为 S 面上的位移向量；$L = \nabla(\ )$。

将流体方程离散化，分成若干个有限单元，用相应的插值表示单元的声压、质点位移等，并约去声压变分，可得到完全耦合的结构流体运动方程式(3)。

$$\begin{bmatrix} M_s & 0 \\ \rho_f R & M_f \end{bmatrix}\begin{Bmatrix} \ddot{U} \\ \ddot{p} \end{Bmatrix} + \begin{bmatrix} C_s & 0 \\ 0 & C_f \end{bmatrix}\begin{Bmatrix} \dot{U} \\ \dot{p} \end{Bmatrix} + \begin{bmatrix} K_s & -R^{\mathrm{T}} \\ 0 & K_f \end{bmatrix}\begin{Bmatrix} U \\ p \end{Bmatrix} = \begin{Bmatrix} F_s \\ 0 \end{Bmatrix} \tag{3}$$

式中，M_s，C_s，K_s 分别为结构质量矩阵、结构阻尼阵和刚度矩阵；M_f，C_f，K_f 分别为流体质量矩阵、声阻尼矩阵和流体刚度矩阵；R 为流体和结构的耦合矩阵；U 和 p 分别为节点位移向量和声压向量；F_s 为结构载荷向量。

不考虑阻尼，则式(3)可写成式(4)。

$$\begin{bmatrix} M_s & 0 \\ \rho_f R & M_f \end{bmatrix}\begin{Bmatrix} \ddot{U} \\ \ddot{p} \end{Bmatrix} + \begin{bmatrix} K_s & -R^{\mathrm{T}} \\ 0 & K_f \end{bmatrix}\begin{Bmatrix} U \\ p \end{Bmatrix} = \begin{Bmatrix} F_s \\ 0 \end{Bmatrix} \tag{4}$$

3.2　内罐模态的理论计算

《立式圆筒形钢制焊接油罐设计规范》(GB 50341)中的 D. 3. 6 规定，储液晃动的基本周期应按式(5)计算。

$$T_{\mathrm{w}} = K_{\mathrm{s}}\sqrt{D} \tag{5}$$

《石油化工钢制设备抗震设计规范》(GB 50761)中的 10. 2. 2 推荐的储液晃动基本自振周期如式(6)所示。

$$T_w = 2\pi\sqrt{\frac{D}{3680g}\coth\left(\frac{3.68H}{D}\right)} \tag{6}$$

GB 50341 和 GB 50761 中关于油罐的罐液耦联振动的基本周期推荐的公式相同，均为式(7)所示，储罐的耦合振动周期要远大于储液晃动周期(表 1)。

$$T_c = K_c H_w \sqrt{\frac{R}{\delta_{1/3}}} \tag{7}$$

表1　罐液耦联振动的理论计算结果

名称	频率(Hz)
储液晃动(GB 50341)	0.178
储液晃动(GB 50761)	0.177
流固耦合晃动	3.67

3.3　湿模态模拟

罐体模型采用S30408材质，罐底约束所有自由度。LNG密度为460kg/m^3，LNG中的声速为1380m/s。选择LNG模型，定义为Acoustic body，设置重力加速度、自由界面和流固耦合面。通过Acoustic Modal模块分析，得到储罐的前1000阶的晃动模态。

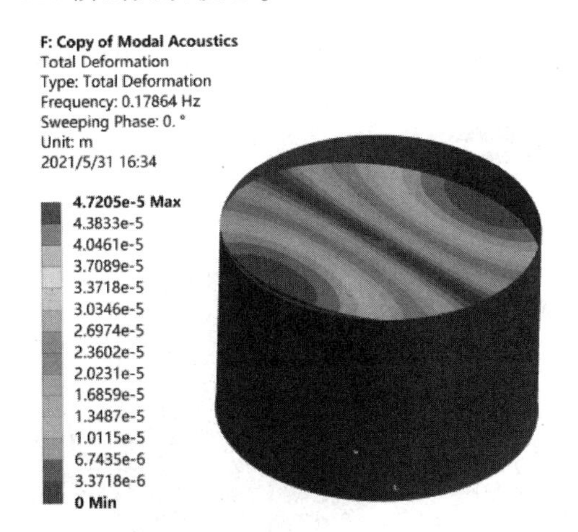

图4　第1阶晃动模态振型

储罐的第一阶晃动频率为0.179Hz(图4)，和GB50761的计算偏差为1.1%，和GB50341的计算偏差为0.6%，充分的证明了本模型流固耦合计算的准确性。

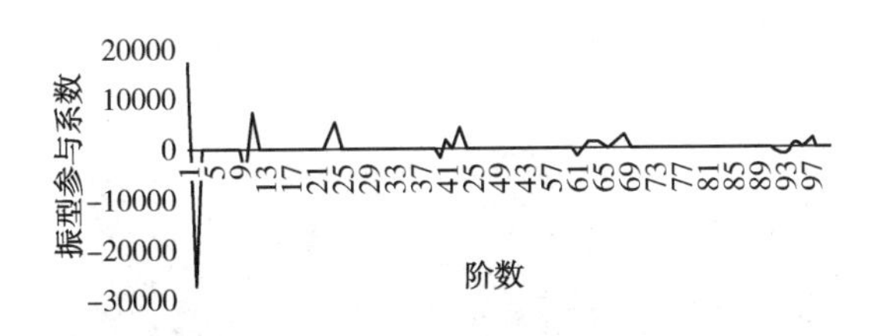

图5　前100阶晃动模态振型参与系数

从图5中可以看出，在前100阶模态中存在很多振型参与系数很小的模态，这些模态主要表现为储液表面的微小晃动[18]。这些模态会严重影响晃动频率的确定，所以需要将这些模态剔除。由于储罐是对称结构，所以会存在频率一致，振型相同仅相位不同的模态[19]，在本文中不区分这两种模态。取振型参与系数较大的前6阶模态(表2)，其振型均为储液的振动(图6-10)。

表2　六阶液体晃动频率

阶数	频率	振型参与系数(绝对值)
1	0.179	17132
11	0.309	7243
24	0.393	4988
43	0.465	3698
61	0.529	1901
68	0.532	2319

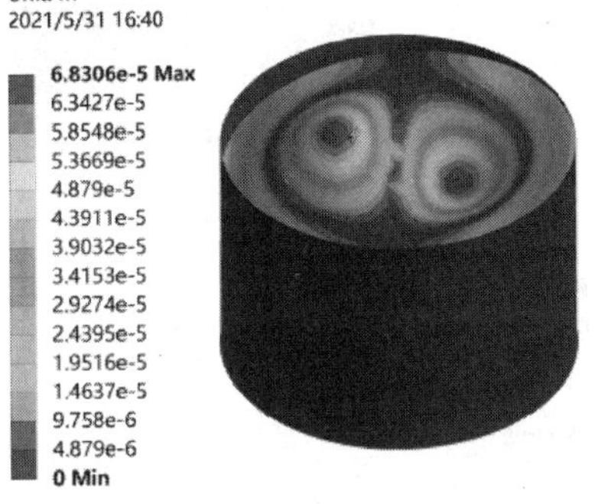

图6　第11阶晃动模态振型

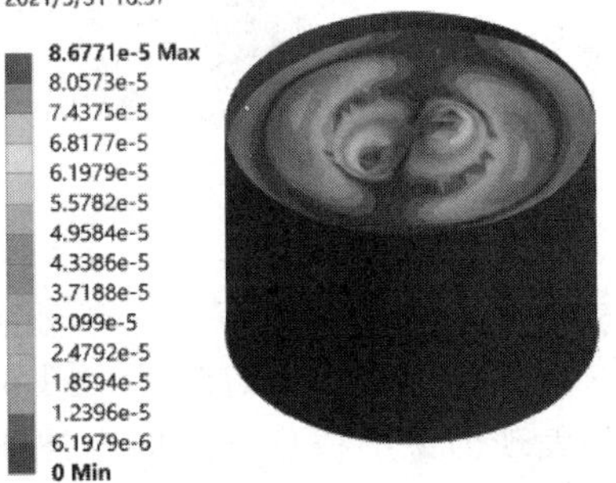

图7　第24阶晃动模态振型

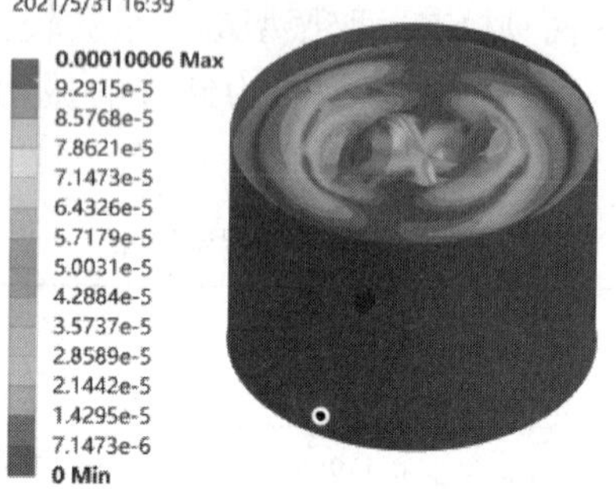

图 8　第 43 阶晃动模态振型

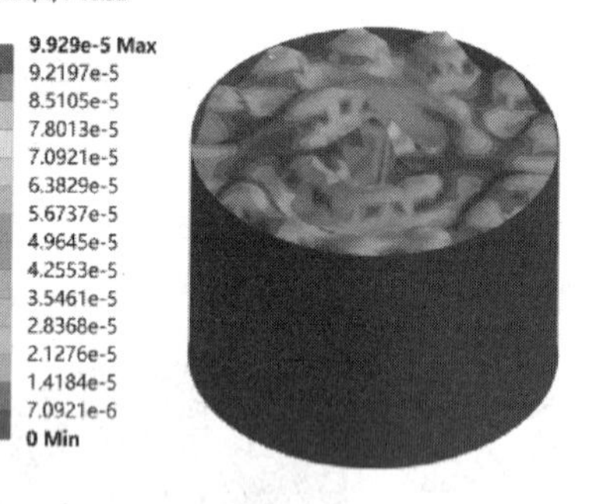

图 9　第 61 阶晃动模态振型

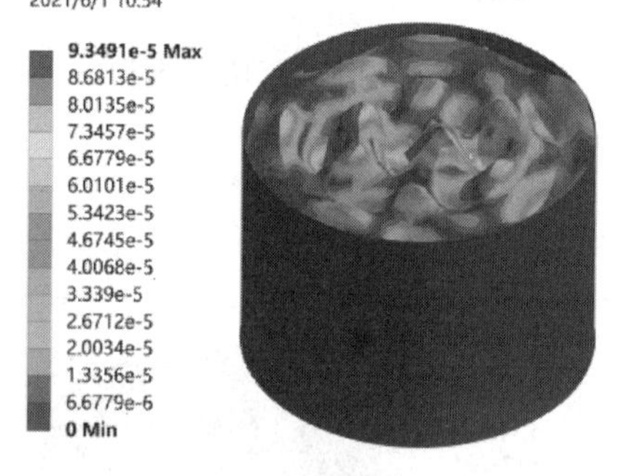

图 10　第 68 阶晃动模态振型

随着储罐自振阶数的增大，自振频率也依次增大。罐壁开始出现在罐液冲击作用下的振动变形，主要表现出来的振型为环向多波和储罐扭转，但是这两种模态振型参与系数很小，对模态贡献较低且不易被激发，因此不具有工程设计参考意义，梁式振动才是储罐的最重要的地震形式。

梁式振动在储罐振动中起主要作用，其振型参与系数也比其他振型大，因此在计算储罐液固耦联振动的固有频率时，大多采用储罐的梁式振动的频率作为耦合振动频率。模拟得到梁式振动的前四阶模态（图 11～图 18）。

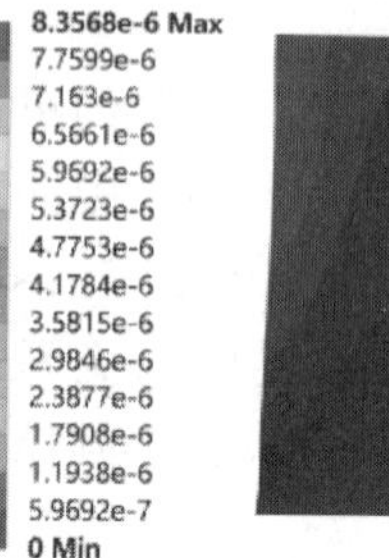

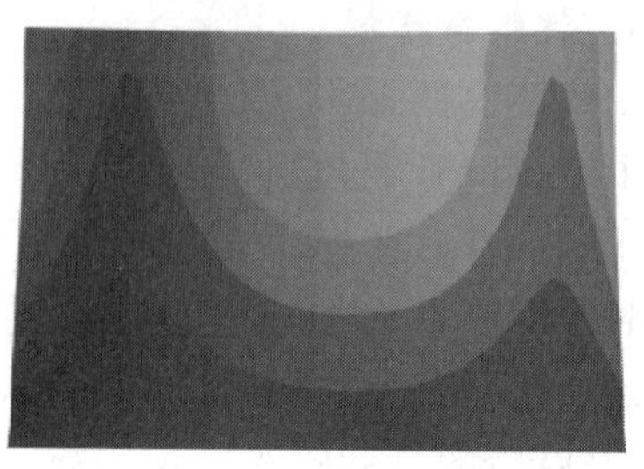

图 11　第 1 阶梁式模态振型正视图

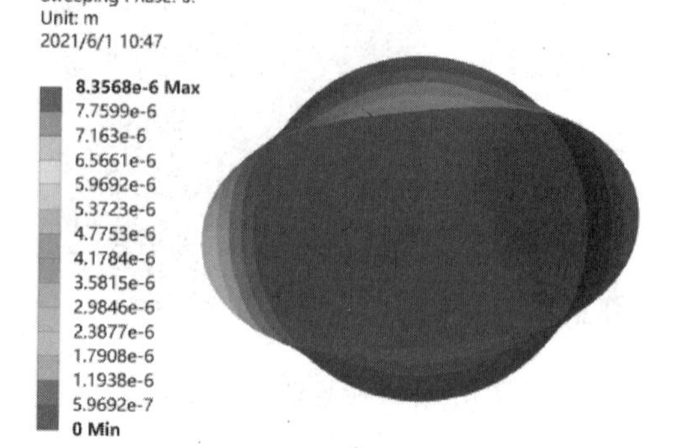

图 12　第 1 阶梁式模态振型俯视图

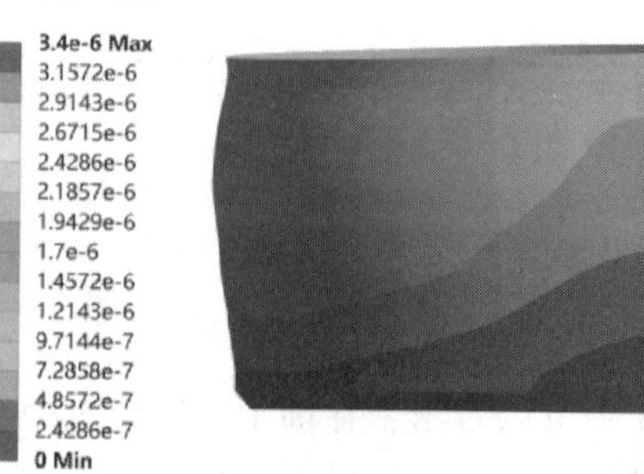

图 13　第 2 阶梁式模态振型正视图

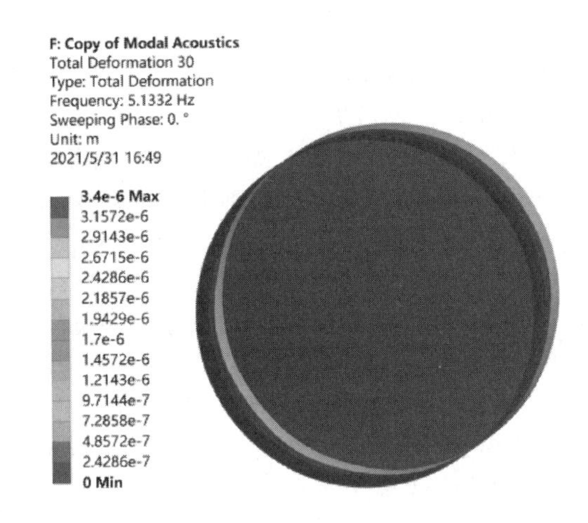

图 14　第 2 阶梁式模态振型俯视图

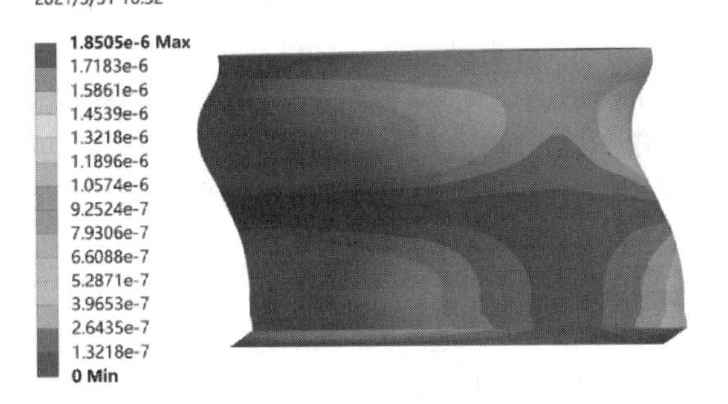

图 15　第 3 阶梁式模态振型正视图

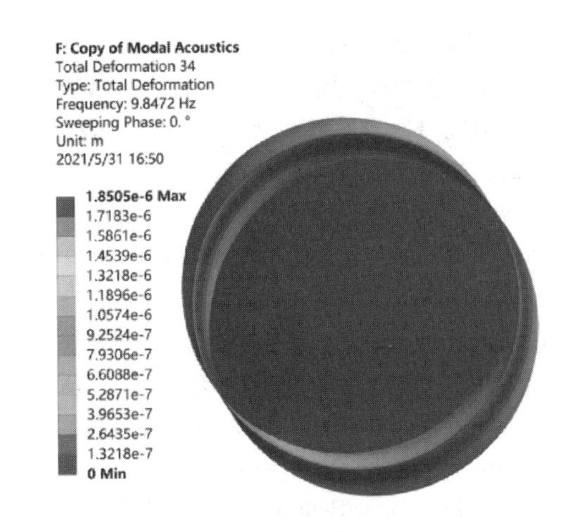

图 16　第 3 阶梁式模态振型俯视图

将储罐的第一阶梁式振动模态认为是储罐的第一阶流固耦合模态，利用 Acoustic Modal 模拟出的第一阶梁式振动频率为 3.60Hz，GB-50341 计算的结果为 3.67Hz，误差为 1.9%。

考虑流固耦合作用计算出的第一阶模态频率为 3.67Hz，低于仅考虑储液静压作用下的储罐模态 4.7Hz，两者的主要差别在于是否考虑液体对储罐产生的附加质量效应，即附加质量效应使得储罐的自振频率下降(表 4)。

表 3　前四阶梁式振动频率

阶数	频率	振型参与系数（绝对值）
814	3.60	150
827	5.13	972000
869	9.85	389000
906	13.62	144000

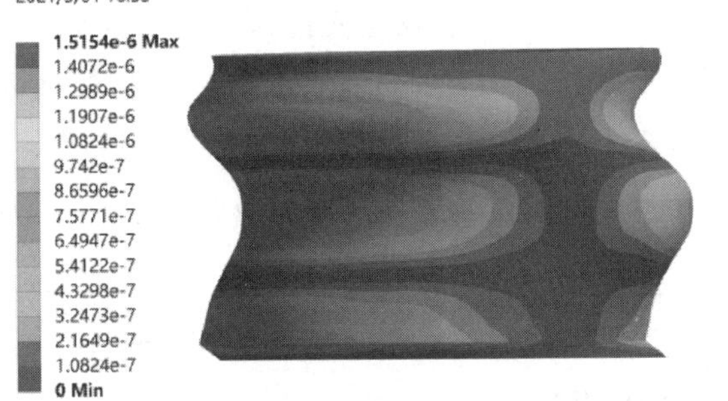

图 17　第 4 阶梁式模态振型正视图

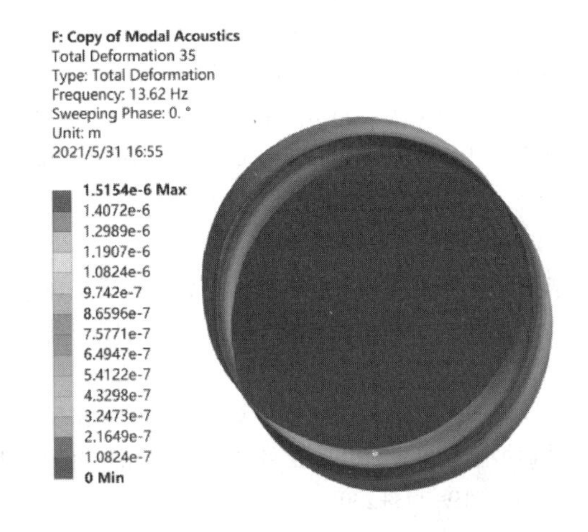

图 18　第 4 阶梁式模态振型俯视图

表 4　不同条件下的储罐一阶模态频率

条件	频率/Hz
空罐	1.56
考虑静压	4.70
流固耦合	3.60

4 结论

模拟得到第一阶罐液耦联振动的频率为3.60Hz，和相关规范推荐公式的结算结果误差为1.9%，说明计算模型的准确。

在频率较低时，主要振型为局部液面的波动和储液晃动。当频率逐渐升高，体现出环向多波等诸多振型，但振型参与系数很低，储罐的流固耦合振动主要以梁式振动为主，前四阶梁式振动的频率为3.60Hz、5.13Hz、9.85Hz、13.62Hz。

储液所产生的压力载荷使得储罐的自振频率提高，而附加质量效应使得储罐的自振频率降低，在储罐的动力分析时，考虑流固耦合效应是非常有必要的。

参 考 文 献

[1] 夏阳. 大型储液罐的抗震性能分析及复合支座隔震研究[J]. 防灾减灾工程学报，2017，37(06)：994-1000.

[2] 张伟，马志鹏，任永平，等. 地震作用对大型LNG储罐动力特性影响分析[J]. 低温与超导，2015，43(09)：37-43.

[3] 余晓峰. 大型LNG全容罐竖向地震作用分析[J]. 炼油技术与工程，2020，50(06)：39-44.

[4] 刘洋，黄欢，张博超，等. 大型LNG储罐地震响应研究[J]. 石油和化工设备，2020，23(04)：36-43.

[5] 郭俊华，刘浏昊知，温志杰，等. 基于反应谱法的水下采油树结构地震响应分析[J]. 船舶与海洋工程，2017，33(01)：5-9.

[6] 李盼菲，冯彩红，张红星. 基于干湿模态试验的运载器振型分析[J]. 兵器装备工程学报，2021，42(01)：219-223+230.

[7] 宝鑫，刘晶波，杨悦，等. 核电工程环形水箱动力分析的附加质量法比较研究[J]. 建筑结构学报，2018，39(09)：130-139.

[8] 李付勇，王顺义，付跃有，等. 基于ANSYS的LNG储罐流固耦合振动模态分析[J]. 科技通报，2020，36(11)：79-83.

[9] 彭景. 储液罐的流固耦合分析[D]. 浙江大学，2016.

[10] 薛杰，何尚龙，杜大华，等. 充液容器流固耦合模态仿真分析研究[J]. 火箭推进，2015，41(01)：90-97.

[11] 胡会朋，卢丙举，秦丽萍. 预应力和流固耦合效应对水下壳结构振动特性影响研究[J]. 舰船科学技术，2017，39(15)：47-50.

[12] 管友海，贾娟娟，林楠，等. 大型LNG储罐液固耦合模态分析[J]. 当代化工，2015，44(01)：148-150+154.

[13] 丁多亮，朱幼君，葛磊. 核电厂储液容器抗震鉴定方法研究[J]. 发电设备，2020，34(05)：339-343.

[14] 张如林，张志伟，程旭东，王淮峰. 土结相互作用对罐液体系动力特性的影响研究[J]. 振动与冲击，2018，37(07)：233-239+246.

[15] OANESTICS S. VELETSOS，YU T，H T T，Dynamic response of flexibly supported liquid-storage tanks[J]. Journal of Structural Engineering，1992，118(1).

[16]陈炜彬，段浩，王云. 基于声固耦合算法的发射模拟试验承压结构湿模态分析[J]. 水下无人系统学报，2017，25(05)：365-370.

[17] 秦丽萍，胡会朋，李治涛，等. 壳体结构浅水湿模态数值仿真及试验[J]. 水下无人系统学报，2020，28(04)：389-395.

[18] 潘露燕，朱翔，李天匀，等. 考虑晃动效应时充液圆柱壳的振动特性[J]. 中国舰船研究，2019，14(增刊1)：126-134.

[19] 陈国强，李晓峰，周龙. 制动盘模态的数值分析与试验研究[J]. 河南理工大学学报(自然科学版)，2020，39(03)：75-80.

[20] 毕晓星，彭延建，张超，等. LNG储罐地震响应分析方法[J]. 油气储运，2015，34(11)：1202-1207.

[21] O. R JAISWAL，SUDHIR K JAIN. Modified proposed provisions for aseismic design of liquid storage tanks：Part Ⅱ - commentary and examples[J]. Journal of Structural Engineering，2005，32(04)：297-310.

[22] TANG YU. Rocking response of tanks containing two liquids[J]. North-Holland，1994，152(1-3).

大型 LNG 项目界面管理的优化与提升

苏　洋

（中油工程北京项目管理公司）

摘　要　大型 LNG 项目由接收站工程、码头工程以及外输管道工程组成，其工艺复杂、系统性强，对专业化程度要求要，同时工程参与方众多，因此在工程建设期就存在了大量的工程界面。因为界面问题贯穿整个工程建设生命周期，作为工程项目的管理者需要按照工程界面的划分，在建设初期对整个工程可能存在的所有工程界面进行梳理和分析，并采取有效措施解决工程界面带来的阻碍。本文主要介绍大型 LNG 项目的界面分类，如何进行界面的管理和优化进行详细分析和介绍。

关键词　界面管理；设计界面；界面优化；合同界面

1　工程界面涵义

在大型 LNG 项目建设过程中，往往遇到各个专业或是承包商在进行项目建设过程出现工作范围交集的地方，我们一般称之为工程界面。界面管理这一理论是在近 20 年前才引入到我国工程建设项目管理中，也是为工程建设项目管理提供的新思想。建设项目的界面管理按照最新的定义是识别项目参与各方之间、部门之间以及部门成员之间或者工程实体连接部位流程之间，在信息、物资、财务等要素交流方面的相互作用，解决界面双方或多方在专业分工与协作之间的矛盾，实现控制、协作与沟通，提高管理的整体功能，实现项目绩效的最优化。界面的管理是工程管理的一个重要环节，作为工程管理方在建设初期和建设中首先要明确工程界面的具体划分。大型 LNG 项目的工程界面按照项目划分可以分为接收站工程与码头工程之间的界面，接收站工程与外输管道工程的界面；按照专业分可以分为储罐专业与桩基专业的界面，自控系统与其他系统的界面。在大型工程建设期出现的所有问题中有 60%是由于界面造成的，机械和电气安装的界面是最常发生，电气安装 67%涉及到界面问题，管件安装达到 64%，机械安装达到 84%，总之问题总是出现在分部工程的界面上。因此，界面管理是解决各方在专业分工和协作之间的矛盾，实现控制、协调及项目最优化的重要手段。

2　大型 LNG 项目界面管理的意义

大型项目，特别是 LNG 项目规模大、专业众多、专业承包商管理难度大，在设计、采办、施工等阶段存在各种各样的界面管理问题。高效的界面管理可以像润滑剂增强整个项目的管理活动，无阻碍地推进工程的进度，完成工程建设的最终目标。所以，作为大型 LNG 项目管理方，我们在进行项目管理过程中应将界面管理放在关键位置，实现管理的重要价值。

界面管理的意义之一是明确各参与方的主体责任。在工程建设过程中参建各方的主体责任不明确是项目推进阻碍的原因之一，也是项目实施的过程中诸多问题的导火索。在项目实施中，主体责任不明确将会产生各方人员和组织互相推卸责任，不愿意承担没有利益的责任，造成推诿、扯皮现场。通过界面管理可以明确参建各方的主体责任，这也是实施界面管理的目的所在。建设项目管理中的界面问题涉及建设单位以及各参与单位之间的关系，是他们之间的责任交界处。界面管理是建设项目管理中重要组成内容，也是较敏感内容，它决定了项目管理的成败。

界面管理的意义之二是平衡项目的组织结构。大型 LNG 项目的组织要求是提高专业化水平和减少界面关系。在项目管理中通过加强人员、物资、信息的交流及项目相关各方的合作可以提高项目管理的专业化水平，但是这种交流和合作的加强必然增加项目界面管理的难度和复杂度。这两方面的组织结构要求既是矛盾又是统一，这就要求项目经理具有较强的协调能力，在项目的组织设计和人事安排上协调好各方面因素。

界面管理的意义之三是对项目管理起到润滑

剂作用：在建设项目过程中所涉及的信息、物质、财务各要素及部门、人员的配合和衔接问题基本就是界面管理的主要内容，是项目实施过程中工程管理人员必须面对的主要内容。因为界面管理涉及建设项目的方方面面，而且具有实际过程中的现实意义，所以界面管理是否恰当直接影响着项目的顺利实施，它在项目组织运行中起到润滑剂的作用。

3　大型 LNG 项目界面管理的分析

3.1　界面管理的分类

在进行大型项目工程界面分类前，作为项目管理者首先需要明确界面划分的基本要求：界面清晰，覆盖完整，既无缺漏也无重叠；权、责、利相统一；利于项目质量、安全、进度和成本的控制目标。按照界面划分的基本要求，界面管理可以分为组织界面、合同界面以及实体界面。

组织界面，按照定义就是指建设各参与方在工程项目管理领域之间的关系，其中包括了从建设前期到建设期的设计、采购、施工以及运行等全项目周期的各组织之间的关系。组织界面一般是按照是否有合同关系进行划分。存在合同关系的界面管理主要是依据合同中的相关条款进行有效的沟通，这样的界面管理难度是比较小的，例如发包人与承包人之前的界面管理。而无合同关系的组织界面存在的沟通难度相对较大，如设计方与施工方、设计方与监理方，这几者之间的沟通需要第三方的介入，所以存在难度较大。

合同界面，LNG 项目的合同界面产生于项目分解不同工作包，通常这些工作包由不同的专业承包商完成，例如设计服务合同、采购合同、储罐施工合同、码头施工合同、外输管道施工合同等，因此各个工作包间会产生界面。将项目工作包再发包就会产生额外的物理界面，如施工分包的连接处。不同工作包的合同界面必须在项目早期明确并应在项目实施工程中加强管理。在建设项目中，业主采用的管理模式不同，则相应的合同界面数量、范围以及界面的工作内容也不尽相同。解决合同各方在专业分工与协作之间的矛盾，实现控制、协作与沟通，保证工程项目的顺利实施。要做好合同委托工作，协调资源、信息和技术等各要素之间的矛盾，保证工程项目顺利实施，合同界面管理就显得尤为重要。

实体界面，是指真实存在的实物之间的连接，普遍存在于工程建设中，通常是开始于设计，就是说实体界面的数量是由设计决定的。例如 LNG 项目桩基础工程需要在储罐施工前按照设计要求完成施工并验收，LNG 外输管道工程中光缆敷设必须完成后才能进行管沟回填，电气、仪表、通信线缆的预埋件必须按照设计要求完成施工才能进行下一步线缆穿线工作。因此，实体界面更是设计、施工、安装中需要重点关注的部位。

3.2　工程建设各阶段界面管理的分析

对于大型 LNG 项目，对界面管理分析主要从工程建设三个阶段进行分析：设计阶段、招投标阶段、施工阶段。

设计阶段界面管理分析。是指设计管理者对设计阶段不同专业或合同之间界面进行定义、规划、协调和变更控制的管理方法。其中，界面是指各专业系统之间的结合面，除常规意义上的标段界面（物理界面）外，还包括设计与前期策划、建设准备、设备采购、工程施工等相互作用的过程界面，建筑专业与结构专业、设备专业等交互影响的专业界面，以及业主方与设计方、施工方和供货方相互协调的组织界面等。界面管理应用在设计阶段主要是组织界面管理和实体界面管理，界面管理的目标是通过建立适应自身实际情况的组织模式，建立规范的流程、工序接口，解决与外部利益相关方、内部专业及人员之间的矛盾，促进有效的协作与沟通，减小界面障碍，提高管理效率。

招投标阶段界面管理分析。作为工程建设方，对界面管理重点是承包单位的选择以及合同的签订。招标文件编制方根据既定的界面管理策划，将在招标文件中细化项目界面，具体细化将体现在合同以下条款中：工程款支付、价格调整、验收条件、导致工期延长的原因及认定标准、工程范围的界定、保修责任期限和范围的确定等方面。所有关于界面的内容应在双方协商一致的前提下，通过书面形式有效地确立下来，同时准备施工进场、原材料采购等施工前期阶段的衔接工作，目的是在施工阶段实行界面的动态控制、主动控制和事前控制。界面管理应用在招投标过程中主要是实体界面管理和合同界面管理。

施工阶段界面管理分析。施工阶段的界面管理在整个建设生命周期中具有十分重要的意义，同时大量的协调和管理工作都集中在施工阶段，因此，施工界面的管理也是现实中比较棘手的管理。项目管理者必须在界面处采用系统的观点从组织、技术、经济、合同等几个方面主动地进行施工界面管理，在界面处必须设置检查验收点和控制点。界面管理应用在施工过程中主要是实体界面管理和组织界面管理。

4 大型 LNG 项目界面管理的提升和优化

在大型 LNG 项目实际建设过程中，界面管理并没有按照管理者的想法和目标实现界面管理，这就导致了界面管理的失调。导致界面管理失调的原因多种多样，但是就大型 LNG 项目而言，以下几个因素最为突出：

（1）经验主义：目前国内大型项目在进行项目管理时，管理者往往以自己的经验进行工程管理，往往忽视了科学、严谨的程序管理。真正的系统界面管理应更多地依靠科学、严密的管理程序，对每个环节进行多方面、多参数的客观分析与控制，例如项目管理者在设计阶段往往只是依靠专家进行专业审查，而忽视作为建设管理者更加了解工程实际情况的因素，未深度参与，这就导致了设计按照标准规范完成了设计文件图纸出版的同时，却在实际施工时出现大量界面的问题，增加了建设单位的协调工作量，也阻碍了工程的推进。

（2）专业化：大型 LNG 项目投资巨大，工艺流程复杂，涉及专业种类众多，形成众多的专业承包商，例如：储罐承包商、自控承包商、码头承包商、通信承包商、基础承包商、无损检测承包商等等。诚然专业化队伍的出现极大地提高的效率，但是由于不同专业之间存在的交接、协调及其他活动，大量的界面问题也随之出现。

（3）创新性：所谓创新性就是以前类似项目没有出现过，这就意味着很多东西以及管理措施是事先不知道的，也不能够通过既定的计划或方案来管理和控制，新建项目尤其是大型 LNG 项目在建设过程中一定会出现我们未曾见过的情况，例如天津某大型 LNG 项目采用薄膜罐创新技术进行设计、采购、施工。新建项目出现创新的东西必然会打破原有的管理系统，增加项目管理的不确定性，如果不加以协调，将严重影响项目按照计划执行。

（4）信息孤岛：在大型项目建设期，各个部门以及各个承包单位之间大量的信息持续不断进行流转、交换，然而各个部门或是承包单位在处理信息时往往基于自身利益只关注自己领域相关的信息，忽视对其他信息的了解和跟踪。同时在工程建设过程中还存在信息的不对称性，即各方收到的信息并不一致。这些现象势必导致信息孤岛的现象发生。

（5）目标不一：不同的职能部门、承包单位之间的目标不一也是导致界面问题的一个重要原因。大型 LNG 项目涉及到的管理方有业主项目部、PMC 项目部、监理项目部，而业主项目部又分为工程管理、外协管理、合同管理、财务管理等职能部门。虽然每个职能部门或承包单位的最终目标是完成工程建设投产，但是在具体执行时都是按照自己的具体目标执行，这就使得各个职能组织和承包单位都倾向于从自己的角度来考虑并处理问题，忽略了其他职能部门或承包单位的作用和配合，因而互相之间的冲突时有发生，界面衔接不顺畅。

（6）企业文化差别性：近几年来，大型项目尤其是 LNG 项目的建设管理方和各个承包单位更注重将企业文化带入工程管理中，各参建单位属于不用领域的企业具有有不一样的企业文化例如天津某大型 LNG 项目参建各方来之不同领域的企业，中石油、中石化、中海油以及当地企业，各方的企业文化差异性不能够在建设期很快兼容或是协调，势必影响工程进展。

针对大型 LNG 项目存在以上因素导致界面管理失调，作为工程管理方和参与方需要采取针对性的措施提升和优化界面管理。作为工程项目管理方应该组织建立完善管理协调机制、制定严密和明晰的管理程序，通过协调、激励、分配和培训四位一体的管理协调机制的建立和有效运行。选择合格的项目管理人员，组建高素质、分层次的管理团队项目负责人是项目有关各方调配合的桥梁和纽带，要经常解决项目遇到的各种矛盾和纠纷以协调项目内部、外部的关系。在建设项目的前期策划阶段由建设单位的界面管理工程师对工程实施阶段的界面进行设计，结合界面设计的结果，业主确定工程项目承发包的形式。那么在这个阶段的界面工作主要由业主的界面管理小组的负责。在建设项目具体实施阶段，建设项目的界面管理以承包商的界面管理为主。需要与业主方进行沟通时，由承包商的界面管理工程师为代表与业主方的界面管理工程进行具体的协调。

5 结论

大型 LNG 项目无论是在设计阶段、采购阶段还是施工阶段界面管理一直都是项目管理的重要工作之一。在大型 LNG 项目建设生命周期内建设单位对项目管理模式的选择、承包商合同模式的选择以及专业承包的划分等策划工作在很大程度上决定了工程界面管理的难度。作为项目的管理方应该在建设初期开始开展工程界面管理的策划，针对 LNG 项目特点，我们可以从施工顺序、专业能力、质量保证、成品保护以及成本控制等几个因素来识别和解决 LNG 项目界面管理的问题，制定对应的界面管理方案。

参考文献

[1] 郭斌，陈劲，许庆瑞．界面管理：企业创新管理的新趋向[J]．科学学研究，1998，(1)60-67.

[2] 刁兆峰，余东方．论现代企业中的界面管理[J]．科技进度管理，2001，(5)：85-86.

LNG 接收站接卸船速度优化

张 震

(国家管网集团大连液化天然气有限公司)

摘 要 随着LNG接收站在国内的发展越来越成熟，以及国家加大对环境污染的整治力度，对清洁能源的需求不断增加，国内LNG产业进入了飞速发展的黄金阶段[1-3]。对于LNG接收站来说高频率的接船作业也日趋频繁。特别是在冬季，为满足供暖需求作为调峰型的LNG接收站起到不可小视的保供作用[4]。LNG船舶在锚地是要收取一定的停泊费用，LNG船停靠一次码头也是需要支付拖轮费的，LNG从系缆开始到卸料结束也是有时间要求的，超出规定时间是要收取一定的滞纳费。为了节省以上开支，优化LNG接收站卸船速度是十分必要的。截至2019年10月，大连LNG接收站已经安全顺利的接卸180余艘LNG船，在提高接船速率方面积攒了一定的经验。本文从接船过程中存在可以优化接船速度方面给出一定的建议。

关键词 LNG；卸船；卸料臂；冷却速度；优化

如何快速、安全地完成LNG接卸工作，依然成为LNG接收站日常工作的焦点。LNG卸船有严格的操作程序，其本身也是一项海上作业，必然会受到海况和天气的影响[5-7]，为了生产安全必须严格按照作业程序操作。如何在严格的操作程序内，提高卸船速度，已是目前LNG接收站的共同问题。在卸船过程中卸料臂的预冷速度控制至关重。预冷速度过快会引起卸料臂快速耦合器法兰泄漏[8-9]，进而导致此条卸料臂不能使用，降低卸船速度，工况严重时，可能需要中断卸船，大大的延长卸料时间。因此本文对卸料臂预冷工艺进行了详细的分析。

1 LNG 卸船作业工艺

1.1 卸船操作程序

引水登船→系缆(原则：先倒缆、后横缆、再首尾缆)→连接登船梯→卫检/边检/商检上下船→首次计量→卸船前会议→连接光/电/气通讯电缆→停止码头循环→连接卸料臂(动作前对带压臂泄压)→对卸料臂进行充 N_2 气密(液相臂控制在0.5MPa，气相臂控制在0.2MPa)→ N_2 置换(反复充压2-3次，进行 O_2 含量测试小于1%为合格)→热态测试(岸方触发)→卸料臂预冷(船方开启喷淋泵，卸料臂底部温度点-140℃为合格)→冷态测试(船方触发)→岸方调整储罐进料阀门(顶进料/低进料由密度决定)→卸料(船方依次启动卸货泵，直至全速)→卸料降速(船方依次停卸货泵)→卸料结束(扫仓)→吹扫卸料臂(先向岸方吹扫排液，再向船方吹扫排液，由导零检查有无残液)→ N_2 置换(进行 CH_4 含量检测)→断开卸料臂(收回固定卸料臂)→开卸货后会议→断开光/电/气通讯电缆→恢复码头循环→边检/商检上下船→末次计量→收回登船梯→解揽→船舶离岗

在以上操作步骤中，卸料臂对接、卸料臂预冷是整个卸船过程中难度最大，技术比较复杂的部分，也是容易引发问题的地方，所以在作业过程中必须引起注意[10-11]。

1.2 卸料臂预冷工艺

大连LNG接收站配备有三条液相臂和一条气相臂，单条液相臂卸料能力为 $6000m^3/h$，气相臂返气能力为 $18000m^3/h$。结构如图(1)所示，每条臂均配备液压驱动的快速耦合器(QCDC)

液相臂连接采用液压驱动式进行紧固连接，连接完后需要进行气密测试，气密测试压力为0.5MPa，经测试合格方可进行液相臂预冷。

卸料臂未卸料时处于常温状态而LNG为超低温(-162℃)介质，所以必须在正式卸料之前对卸料臂进行预冷，使得卸料臂以及船上卸料管线温度缓慢降至卸料温度(-150℃左右)。既可以防止直接卸料导致卸料臂热胀冷缩过大，引起各法兰接口处(特别是船岸连接法兰接口处)和焊接部位脆裂的泄漏[14]，同时还可以防止瞬间产生大量的BOG，引起罐压瞬间增长而无法处理带来工艺上的波动。

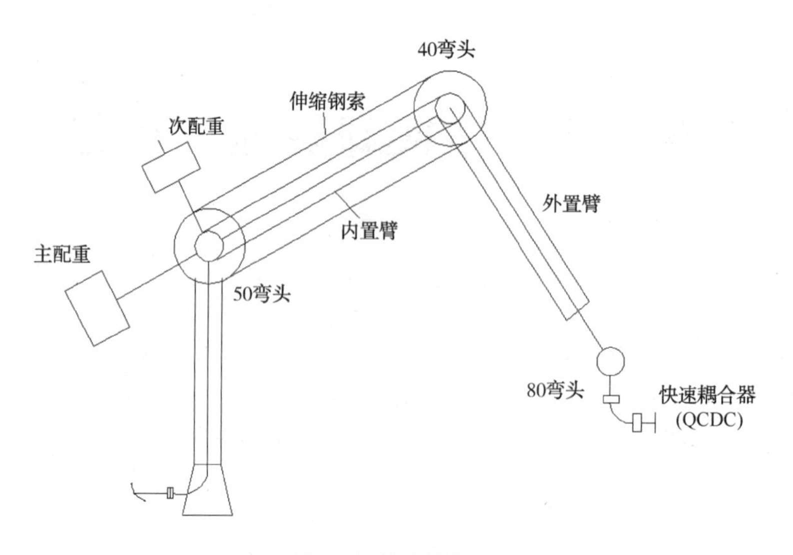

图 1　卸料臂结构图

如图 2 所示的卸船工艺流程图，整个预冷过程可分为三个阶段完成，调节过程以现场卸料臂结霜情况及卸料臂压力和温度为依据。整个冷却时间控制在 1.5~2.0h 内完成。

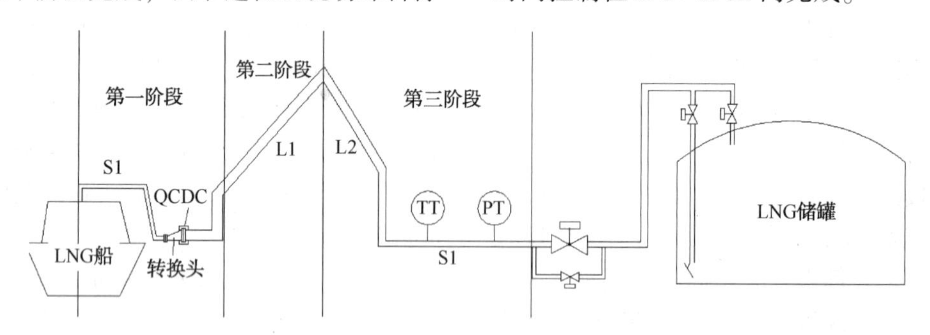

图 2　LNG 卸船工艺流程图

第一阶段为卸料臂耦合器及水平管段。压力一开始船方给定甲板压力为 0.1MPa 这一期间观察现场有无结霜(结霜从管道底部开始一直蔓延至整个管壁)，如无结霜可让船方匀速调节压力，压力控制点为 0.15MPa，0.18MPa，0.20MPa。耦合器水平段结霜预冷时间为 40~50min。现场与港务总监及时沟通，通报水平管结霜情况。

第二阶段预冷为卸料臂外壁的冷却，控制时间在 30~40min，现场观察结霜情况，船方甲板压力不得超过 0.2MPa，当结霜至顶点处时，岸方卸料臂温度监测点温度开始加速下降时，第二阶段预冷完成。

第三阶段为卸料臂立管及水平管道冷却，LNG 通过卸料臂顶点后，卸料臂温度 TT 会逐步下降至-145℃。卸料臂温度 TT 达到-140℃以后，稳定 10min，确认冷却完成。第三阶段总体时间控制在 30-40min。卸料臂温度达到-140℃以后，可适当提高甲板压力到 0.2~0.23MPa。

1.3　卸料臂预冷案例分析

图 3 为本接受站最近一次卸船参数时间记录所绘制的温度曲线图。根据图 3 分析如下：

第一阶段主要是现场操作人员进行观察快速耦合器及水平管段结霜速度来判断预冷快慢，据以往卸船经验此处最易出现泄漏，主要原因为此处为液压耦合器连接没有螺栓连接效果好。预冷速度过快极易导致接头连接面变形不均匀，而引起泄漏。此次第一阶段预冷用时 39min，效果非常好。由图 3 温度曲线可见，此段温度 TT 基本不变。由于预冷之前用 N_2 进行了置换和气密性试验，卸料臂和船方卸料管线内为常温的 N_2。当开始预冷时，由船方喷淋泵提供的少量 LNG 进入船方卸料管线后产生大量 BOG，这部分 BOG 将和管道中的 N_2 混合，通过码头卸料管线输送至储罐中，此时 TT 测得温度为初期卸船管线中 N_2 温度，由于此阶段 N_2 占主要成分，因此

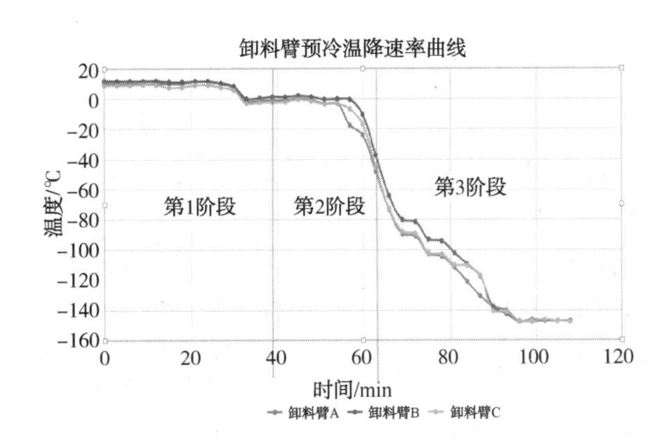

图 3　LNG 卸料臂预冷温降速率曲线

温度基本维持在 10℃的 N_2温度，在第 30min 温度略有下降由 5℃降至-3℃，原因是随着预冷的进行，卸船管线内 N_2逐渐被少量冷态 BOG 开始置换，所以 TT 检测点略有降低。

第二阶段为预冷卸料臂外壁，也是由现场操作人员根据外臂结霜情况来控制预冷速度，此次外壁预冷用时 24min，在第 57min 开始 TT 检测点明显出现温度骤降拐点，因为随着卸料臂外壁 LNG 液面的推进，卸船管线内混合气开始被大量低温的 BOG 所占据，此时检测到的温度为实时混合气的温度变化。

第三阶段用时 33min，当开始冷却内臂时，越过卸料臂顶部的 LNG 沿着内臂流淌下来，一部分汽化为冷态 BOG 预冷内臂及卸船管线，一部分则开始填充底部卸船管线，温度检测点 TT 逐渐由检测 BOG 的温度过度到检测 LNG 的温度，因此温降速度在此时段特别大。直至温度检测点显示-140℃，卸料管线基本被 LNG 填充，预冷结束。此次预冷共用时 96min，温降速度为 1.56℃/min，整个预冷过程比较合理。

基于大连 LNG 接收站已接卸的 LNG 船的预冷数据，对 LNG 接卸时预冷速度的控制、影响与卸料过程中存在的安全操作等问题进行分析。根据卸船安全性要求和接卸经验，目前该站预冷速度控制在 2℃/min 左右，对整个卸船过程影响较小，能有效避免或减少事故。

2　LNG 卸船速度优化工艺

目前 LNG 接收站为 24″卸料臂，小船一般为 16″的接口，这样在接卸小船之前就得在船上连接转换头，而转换头有底平齐、顶平起、中间对齐，三种。目前我站所用为中间齐，这种转换接头在 LNG 卸料方面使用不合理。原因分析如下：

（1）在预冷快速连接头时，由于船方流量控制不均，可能造成转换接头处存在气液两相，在转换头底部最先聚集 LNG 液体，造成上下温差较大，伸缩不均，进而产生较大的弯曲应力，使得法兰连接面产生曲张，在卸船时此处极易产生泄漏。

（2）在卸料结束后，向船上吹扫 LNG，由于所用中间齐转换头，底部为吹扫死角，N_2是无法将转换头底部 LNG 吹扫会船舱的，导致船方在进行卸料臂拆臂之前的 CH_4含量检测时始终不合格，船方要求会要求继续吹扫。正常不使用转换头向船方吹扫，一般耗 N_2量约为 0.55t，耗时 50min 左右；而装了转换接头后，消耗 N_2约为 1.5t，耗时 2.5h。

（3）在拆卸料臂的时候，此处积存的 LNG 残液随着快速耦合器(QCDC)的断开，会宣泄出来，产生 BOG 浓气。一是存在静电引燃的风险不安全，二是此时耦合器处的 BOG 对操作人员造成视野上的遮挡，引起操作不便。

（4）在船方拆卸螺栓紧固的转换头处时，转换头处积存的 LNG 残液体，会造成船方拆卸不便，一是拆卸过程中易引起 LNG 冻伤船员，二是可能由静电引起着火风险。

基于以上原因，建议接船所使用的转换接头改为地平形式，这样既避免了吹扫用 N_2量，在减少吹扫时间提高卸船速度的同时，保障了卸船安全[17]。

在接卸小船时，船方需要连接转换接头。连接转换接头的的船员有的技术娴熟，四个接头 1h 不到就可连接完毕，而有的船员技术生疏连接较慢，耗时长的有的近 2 个多小时。为了避免此种情况的发生，可要求船方自己提供转换接头，在船靠岸之前，直接安装好。这样不仅省去了靠船后连接大小头的时间，同时省去了船离岗之前必须拆卸掉大小头的时间，节约了大量的卸船时间。当然这涉及到合同问题，就目前国内接卸 LNG 船，一般都是接收站提供转换接头。如果说很长一段时间接卸的长贸船都为小船的话，可以考虑对接收站卸料臂进行改造，可在卸料臂前段安装地平的变径管，在变径管前段再安装快速耦合器(QCDC)系统，同时适当的调节卸料臂的配重。此种做法也存在弊端，就是要和卸料臂厂商商量改造问题，产生费用。鉴于以上说法，在签订合同时要求船方自己提供转换接头的做法，还是比较合理的。

3 卸料臂故障应急处置措施

LNG 卸船出现故障时，紧急的应急处理措施可以有效的保障卸船速度，确保卸船不受到影响。

（1）卸料前发现故障，如对接卸料臂时发现快速耦合器(QCDC)对接面密封垫圈有划痕，又没有备件；或是在冬天卸料臂油压系统油温较低，快速耦合器(QCDC)油压异常无法提供较大的紧固力，不能及时维修好，仅连接未发生故障的卸料臂进行低速卸料即可。以上卸料前故障基本上都是可以避免的，接收站已经制定了严格的检查程序，在来船前会对卸料臂各个系统进行严格的检查，密封垫圈若是有划痕，也会即可更换进而避免影响卸船。

（2）若在卸料过程中发现较大故障，如转换接头处螺栓连接面处、快速耦合器(QCDC)法兰面处泄漏[18-20]，视其泄漏情况而定，如果是少量的泄漏，可用湿毛巾包裹，待湿毛巾被冻住后能对卸料处起到很好的堵漏效果。如果是大量的泄漏，不能及时维修好，则需隔离故障卸料臂，使用剩余的卸料臂，降低卸船速率继续卸料。一条卸料臂故障，就会是卸船速率降低 1/3，进而卸料时间也就延长。影响十分严重。为避免以上故障可采取以下预防措施：在对接卸料臂时，必须再次对密封垫圈进行检查，若发现划痕立即更换。同时对接面进行擦拭，以免小杂物影响对接效果。在对接成功后，操作员对快速耦合器(QCDC)多紧固一次，持续给油压 3s 以上。

4 结论

（1）卸船速度的快慢，很大程度上取决于船岸连接处预冷效果。此处预冷速度过快极易引起快速连接头(QCDC)以及大小转接头处的泄漏，根据以上卸船速度分析，控制此处预冷时间，以及整个卸料臂预冷速度在 2℃/min 左右为宜。

（2）为降低大小转接头对预冷以及吹扫的影响，建议接收站使用底平转接头，以避免中间平或顶平转接头底部残留 LNG 液体带来操作工艺上的不便以及避免潜在的安全隐患。

（3）做好卸料臂日常维护和定期检查，确保接船前所有卸料臂都能完好投用。同时在对接卸料臂时，一定要检查擦拭船岸对接口，无论是船方还是岸方，以确保没有杂质影响对接效果。

（4）做好卸船各项应急预案，同时平时进行应急预案演练。确保卸料臂出现故障时，能够根据不同的工况，在第一时间启动预案及时进行抢修。使得卸料臂故障能够尽快得到处理。避免因为卸料臂故障而降低卸船速度，造成不必要的损失。

参 考 文 献

[1] 顾安忠．液化天然气技术[M]．北京：机械工业出版社，2003.

[2] 张立希，陈慧芳．LNG 接收终端的工艺系统及设备[J]．石油与天然气工业，1999，28(3)：163-166.

[3] 中国石油经济技术研究院．IEA 中长期展望报告预计全球天然气市场将呈现三大新趋势[J]．石油情报，2018(64)：3-4.

[4]王同吉，陈文杰，赵金睿，等．LNG 接收终端气化器冬季运行模式优化[J]．油气储运，2018，37(11)：1272.

[5] 刘文夫，薛鸿祥，唐文勇，等．独立 B 型 LNG 棱形液舱晃荡载荷数值分析[J]．船舶工程，2015，37(7)：22-25，72.

[6] 何晓聪，何荣．船用 LNG 储罐的液体晃荡数值分析[J]．船海工程，2016，45(3)：12-17.

[7] 曹学文，彭文山，王萍，等．大型 LNG 储罐罐壁隔热层保冷性能及其优化[J]．油气储运，2016，35(4)：369-375.

[8] 张震，佟奕凡，章妍，等．大型全包容式 LNG 储罐冷却投用技术[J]．油气储运，2016，35(2)：183-188.

[9] 王忠平，俞建国，吴军贵．LNG 常压储罐预冷热力分析[J]．煤气与热力，2014，34(9)：1-3.

[10] 余红梅，李兆慈，孙恒．水平管道预冷过程研究[J]．低温与特气，2009，27(6)：16-21.

[11] 贾士栋，吕俊，邓青．浙江 LNG 接收站卸料管线 BOG 预冷模拟 研究[J]．天然气工业，2013，33(3)：83-88.

[12] 匡以武，嵩锐，王文，等．液化天然气储罐预冷过程温度场数值模拟[J]．化工学报，2015，66(增刊2)：138-142.

[13] 蔡汶学，张俊，戚广超，等．液化天然气(LNG)接收站管线预冷 技术进展[J]．化工管理，2014(11)：107.

[14] 庄芳．LNG 接收站卸料管路冷却方案[J]．油气储运，2012，31(增刊1)：108-111.

[15] 李雪．液化天然气泄漏扩散过程数值模拟[D]．大连：大连理工大学，2015：46-55.

[16] 翁浩铭，李自力，边江，等．LNG 接收站泄漏事故及火灾爆炸后果分析[J]．天然气与石油，2016，34(6)：40-45.

[17] 曲顺利，贾保印，赵彩云．LNG 接收站的安全分析与措施[J]．煤气与热力，2011，31(10)：24-28.

[18] 唐建峰，蔡娜，郭清，等．液化天然气水平连续泄漏重气的扩散过程[J]．化工进展，2012，31(9)：1908-1913.

[19] 唐建峰，蔡娜，郭清，等．LNG 垂直喷射源连续泄漏扩散的模拟[J]．化工学报，2013，64(3)：1124-1131.

[20] 庄学强，廖海峰．液化天然气泄漏扩散数值模型分析[J]．集美 大学学报(自然科学版)，2011，16(4)：292-296.

论 PDCA 在 LNG 船舶管理中的运用

单　凯

(中远海运能源运输股份有限公司)

作为一种跨世纪、古典型的质量持续改进体系，PDCA(“戴明循环”)为管理人士所熟知，但对大多数人来说可能异常陌生，更不会将其真正运用自己的工作和学习中。那是否说明这套管理体系已经落伍或有更新的管理体系予以取代？答案显然是否定的。现代日本国际知名投资人、软件银行集团董事长孙正义就是靠 PDCA 战胜所有困难、历经 30 年创建了 6000 亿元人民币的国际名企——软银公司的，并形成“超乎常人的目标执行力”“追踪数据进而缜密验证”“没有最好，只有更好”的做事风格和管理精髓。笔者多年从事软银公司管理理念研究和 LNG 船舶安全、健康、环保和质量(SHEQ)管理体系工作，对 PDCA 深有感触。即使今天，笔者仍然坚信 PDCA 在管理学上会绽放出璀璨光芒。本文通过分析 PDCA 与 ISO、ISM、TMSA 之间的关系，以及 LNG 船舶的 PDCA 实践，得出 PDCA 是一套行之有效的 LNG 船舶安全管理工具，值得船管公司(后称“公司”)借鉴和推广。

1　PDCA 的渊源

PDCA 研究源于 1920 年，由著名统计学家沃特·阿曼德·休哈特引入“计划—执行—检查”(PDS：Plan—Do—See)中。后来，戴明将 PDS 循环进一步完善，发展成为“计划—实施—检查—处置”(PDCA：Plan—Do—Check—Act)，称为“戴明循环”，有时也称为“戴明轮”或“持续改进螺旋”。

PDCA 是持续改进螺旋上升的曲线，是哲学“否定之否定规律”的具体实践。否定之否定规律揭示了事物螺旋式上升和波浪式前进的发展过程，是曲折性和前进性的统一；其间的一个回复周期，仿佛是向出发点回归，但实质却是在高级阶段上重复某些阶段性的特点、特性，是通过曲折的形式而实现的前进运动。可以说，PDCA 这套科学管理体系源于哲学，发展于统计学，完备于质量管理学。

2　PDCA 与 ISO 标准家族的关系

为实现公司生产或管理的预期结果，ISO 9000 系列体系采用过程管理的方法，将 PDCA 与风险优先的思维相结合，制定了质量管理国际标准。PDCA 可以用于整个企业 SHEQ 管理体系所有过程及其相关活动，为公司的业务流程提供足够的资源和进行充分管理以及实施改进、持续提高的机会。

1987 年问世的 ISO 9000 质量管理标准，是许多发达国家多年质量管理经验的科学结晶。2000 版的 ISO 9000 质量管理标准又引进了 PDCA，是 ISO 标准家族改进的里程碑。ISO 9000 质量管理标准高度重视质量管理体系与公司其他管理体系的兼容性，为建立一个按照 PDCA 模式运行的一体化管理体系奠定了技术基础。现在，ISO 标准家族的运行、审核、认证、认可和互认的一体化发展已成为国际性的共同需求和主导方向。从 2000 版的 ISO 9001 到 2015 版的 ISO 14001 及 2018 版的 ISO 45001PDCA 模式，对照可见，三套 ISO 质量管理标准的结构相似，运行模式相同。ISO 9001：2015PDCA 的框架见图 1。

综上，PDCA 是 ISO 标准家族的核心工具。依据 PDCA 打造一套有效的一体化管理体系(IMS)，不仅可以为公司带来管理效益，而且可以提高企业的管理效率。鉴于 LNG 船舶的高价值和运营的特殊性(很多都是项目船舶，且与上游 LNG 项目绑定)，为确保 LNG 船舶安全营运，租家通常会在租船合同上要求公司必须进行过 ISO 9001 和 ISO 14001 认证。

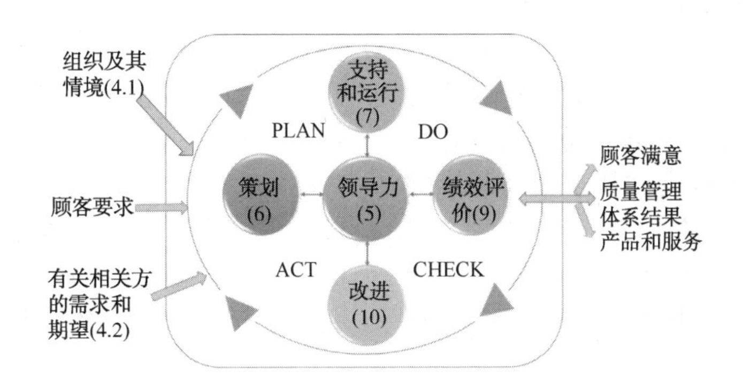

图 1 （ISO9001：2015 PDCA 框架图）

3 PDCA 与 ISM 规则的关系

20 世纪 80 年代后，尽管先进航海设备被大量运用到船舶上，但却并未达到预期效果，海难事故不断发生，且 80% 以上与人为因素有关。为对人为因素实现控制，促进海上安全和防止海洋污染，依据 ISO 9000 质量管理标准的成功理论，建立一个行之有效的航运安全管理体系(SMS)，就成为当时航运界的当务之急。1991 年，国际海事组织(IMO)及挪威船级社(DNV)，在适应航运业特点和满足船舶运行管理要求的前提下，借鉴 ISO 标准家族的经验，充分利用质量管理的原理和方法，制定了符合船舶安全营运和防污染规则要求的国际标准——ISM 规则(《国际船舶安全营运和防止污染管理规则》)。1998 年 7 月 1 日，IMO 强制实施了 ISM 规则。虽然，ISM 规则是基于 ISO 标准家族制订的，但却具有相对的独立性——它由政府和 IMO 强制实施，由船旗国政府或授权机构审核，不能被 ISO 标准家族替代。

ISM 规则源于 ISO 9000，而作为 ISO 9000 的核心工具——PDCA 也必然适用于 ISM 规则。2014 版的 ISM 规则的 PDCA 框架分布见图 2。

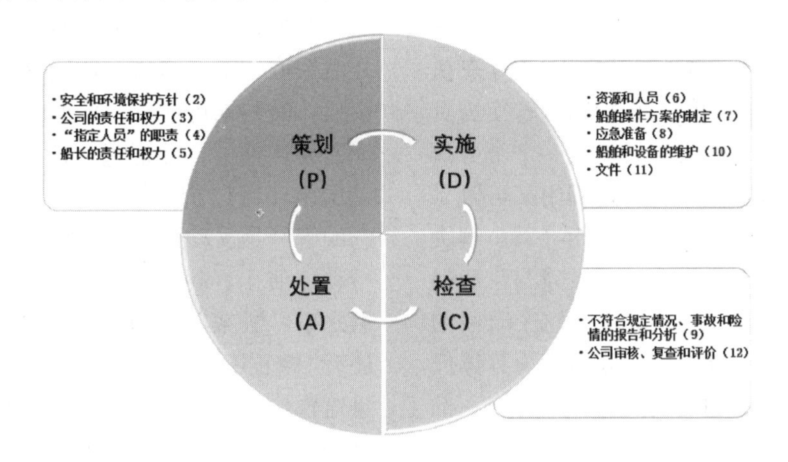

图 2 （2014 版 ISM 规则的 PDCA 框架分布）

ISM 规则是船舶安全管理的“宪法”。有效地运用 PDCA，是确保船舶尤其是 LNG、化学品等高危险船舶切实履行 ISM 规则的必要手段之一。我们可以通过 PDCA 的四个阶段分析其与 ISM 规则的关系。

3.1 策划

“策划”——PDCA 中的“P”，是根据租家、船东和公司的要求制定公司的方针政策，建立 SHEQ 管理体系目标及其过程；确定公司实现预期生产结果所需的资源；识别、应对公司将面对的风险和机遇。策划是通过建立 SHEQ 管理体系及其过程的目标并配备所需资源实现租家的要求和公司的管理方针的。在策划阶段，首先要设定公司的预期目标和关键绩效指标(KPI)，找出解决目前和将来潜在风险和问题的方案。目标、指标不确定，任何事情都无从谈起，而目标、指标的制定又必须尽可能地具体，否则就无法实施。软银公司的三木雄信说，“P”代表的不只是计划，而是目标加实行。一位资深的英国劳氏(LR)质量管理专家则说，如果一个项目没有达到预期目标，95%的原因要归咎于策划的不完备。大型公司都会在年度总结会议或者务虚会议上落实下一年度工作的“P”，而且是结合“实际工作”来决定目标的——“从实际工作开始”更有优势：以“成为行业第一”为基准来确定大目标，用“每天都能做到的事情”来定义小目标。美国第七舰队潜艇指挥官、哥伦比亚大学资深领导力导师大卫•马凯特在任美国海军“圣塔菲”号攻击性核潜艇指挥官时就推行“P”“我计划……”这一强有力的机制，将责任权限转给了执行者，以改善执行者的积极性。这是当代军事管理关于“P”进一步拓展的解读。

ISM 规则中的“策划”共 5 章，占总规则章节的 42%。其中的第二章“安全和环境保护方针”、第三章“公司的责任和权力”、第四章“公司指定人员”、第五章“船长的责任和权力”都是“P”部分，几乎与 ISO9001：2015 的 PDCA 中的“P”框架一致。

3.2 实施

“实施”——PDCA 中的“D”，是按照公司前期制定的策划(包括行动措施和具体任务)来执行。实施是将公司策划期间发现的问题转换为具体解决的行动措施，即将方案转化成一个个可落地执行的任务，而在任务的执行过程中又可以具体地分解成几个动作。在这种思想指导下，解决问题的方案才能在实施的过程中不被遗漏，确保每一个方案都得到具体执行与完成。这个阶段的重点，是尽可能迅速地将行动措施落实为具体任务。再完美的策划，如果不能“落地”实施，都将成“水中花”“镜中月”。

ISM 规则第 6 章“资源/人员”、第 7 章“船舶操作”、第 8 章“应急准备”、第 10 章“船舶和设备的维护保养”、第 11 章“文件”均是 PDCA 中的“D”，要求公司对船舶管理资源和人员、船舶操作、船舶应急准备及成文化的信息等都制订具体的程序和任务。

3.3 检查

“检查”——PDCA 中的“C”，是根据公司的方针、目标所策划的活动对其过程[包括对公司策划的总体目标、绩效目标(KPI)和解决方案的检查]进行监督。“C”——Check，通常被译为“检查”“核对”“验证”；国家质量监督检验检疫总局和国家标准化管理委员会发布的《GB/T 19001—2016》将其译为“检查”。依据现代版的 PDCA 理论，“C”又细分为“4C”：Check(检查)、Communicate(沟通)、Clean(清理)、Control(控制)，要求“四位一体”地做好检查、验证。在此，笔者也倾向于将“C”译成“检查”，因其已包含“核对”和“验证”之意，而“核对”和“验证”则有些片面。实际上，公司策划阶段制订的绩效目标和解决方案，以及实施阶段制订的行动措施与具体任务，都只是在策划基础上设立的假说。因为是在现有信息基础之上的“P”，所以仍然需要在“D”的过程中定期、反复地对其进行“C”，以确定这一假说的真实性。也就说，验证“假设”才是“C”的真正目的。

ISM 规则第 9 章“不符合规定情况/事故和险情的报告和分析”、第 12 章“公司的验证/评审和评估”均是根据公司的方针、目标所策划的活动，对其实施“D”过程的监督，包括对公司总体策划的 SHEQ 管理体系目标、绩效目标及 LNG 船舶解决方案的检查。

3.4 处置

“处置”——PDCA 中的“A”，是公司认为必要时采取调整的措施。按照 PDCA 步骤，检查结束后，其结果可能出现偏差或者错误，这个时候就需要调整了，即通过“A”把问题解决。PDCA 首次循环可以闭环。“A”——Act，剑桥词典对它的解释是，动词：“行为、表现、做事、采取行动、演出、扮演”；名词：“行动、作为、所做之事、法案”。实际上，“Act”在英文涵义上还有“修正案”“修正”(Adjust)的解释。国家质量监督检验检疫总局和国家标准化管理委员会发布的《GB/T 19001—2016》，将其译为“检查”。笔者则赞同将其译成“处置”，因为这样更能体现出向积极的、好的方向修正、调整。在 PDCA 中，很多的处置并非一次完成，而是一次次反复循环、对检查结果反复“处置”，包括“好”的处置和“坏”的处置、认可或否定：对成功的经验加以肯定，或者模式化或者标准化并适当推广；对失败的教训加以总结，以免重现。

通过图 1 和图 2 可以看出，ISM 规则并没有涵盖“A”的框架。IMO 在制订 ISM 规则时，考虑到许多小公司很难能满足“A”的要求，只能够满足单一"闭环"(PDC)并在"C"中包含"A"的概念，以满足船舶安全管理的要求，所以只在第9.1节"安全管理体系应当包括确保向公司报告不符合规定情况、事故和险情并对其进行调查和分析的程序，以便改进安全和防止污染工作"中提到"改进"二字；第12.7节："公司及船舶负有责任的管理人员，应当对所发现的缺陷及时采取纠正措施。"虽为"改进"条款，但却是包含在"C"中的，且没提及持续提高的理念。

4 PDCA 与 TMSA 关系

石油公司国际海事论坛组织(OCIMF)先后发布了三版 TMSA(《液货船舶管理和自我评估》)。最新的2017版的 TMSA 3，是 OCIMF 参考 ISM 规则、STCW 公约等国际、地方和行业标准等文件制定的国际最高等级的液货船管理和自身评估程序，是一个帮助公司进行液货船舶管理、评估和持续改进其 SMS 的工具。各液货船船东通过推行 TMSA 持续改进自身的管理体系，全面提高安全、环境等方面的管理水平；同时，将自评估报告通过 OCIMF 传递给各方石油公司共享。

从1998年到2014年，IMO 致力于安全和环境保护，并运用 ISM 规则要求公司执行 SMS，减少船上意外事故和海洋污染事故发生。随着社会发展，以人为本和员工的职业健康成为当下关注的重点。但是，ISM 规则还是仅仅覆盖船舶安全和防污染管理方面，对服务质量、节能减排、员工的职业健康、卫生都没有涉及。为了解决这种不平衡，OCIMF 决定引入 TMSA 来统一管理液货船舶的 SHEQ 管理体系标准，由原来的被动检查变成主动的自我评估和提升。

TMSA 要求高、内容广、针对性强，而 ISM 规则则是一部概括性规则，没有"定性"或"定量"的术语，造成各公司建立的 SMS 千差万别。TMSA 3 中的19个要素，覆盖了 ISM 规则的所有要求，包括 MLC 2006、SOLAS、ICS 和 ISSP 网络安全。TMSA 通过 PAMI(Plan—Act—Measure—Improve)工具持续提高其自评估标准。图3为 TMSA 3 的 PAMI 框架图。

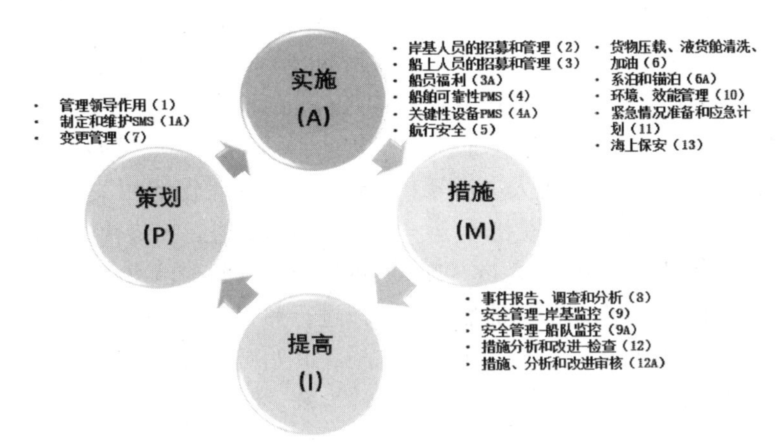

图3 (TMSA3 的 PAMI 框架图)

4.1 策略

在 TMSA 中，"策略"(Plan)的定义是公司的有效策略，需要有明确的目标、策略、流程、角色和职责。TMSA 指南为船舶运营人提供了相关目标和指标指引，帮助其去制定目标。此处的"Plan"与 PDCA 和 ISM 的"P"高度一致。TMSA 的重点是关注管理者的领导力，更加突出各级领导的作用和责任。"策略"要素占 TMSA 总要素的16%。

4.2 实施

在 TMSA 中，"实施"(Act)的定义是通过持续有效的实施公司及船舶计划，达到公司的预期目标。公司和船舶管理层向所有员工清晰传达公司的要求、政策和程序。TMSA 中的"Act"和 PDCA 中的"D"一样，都是"实施"的意思，只不过 TMSA 更偏重于"测量"也就是 PDCA 中的"检查"(Check)的实施。"实施"要素占 TMSA 总要素的58%，因为 TMSA 的主要活动就是"评估"和"测量"。

4.3 测量

在 TMSA 中，测量(Measure)的定义是检查、评估和反馈公司和船舶上述实施阶段的结果，并寻找结果与公司及船舶原计划之间的任何差距。将TMSA中的“Measure”译成“测量”，和PDCA中的“C”同义。“测量”要素（包含岸基监控、船队监控及检查、审核的分析）占TMSA总要素的26%。

4.4 提高

在TMSA中，“提高”（Improve）的定义是公司确定新的目标和行动，以改进、提高公司的业绩。重点是通过公司和船舶行动，实现与目标相一致的长期改善。对公司和船舶的计划，应定期进行审查和更新。

TMSA中的“Improve”译成“提高”，和PDCA中的“A”有异曲同工之妙，只是TMSA中的“Improve”是PDCA中的“A”之狭义而已。如果能沿用PDCA的核心价值——“A”的理念，那么作为一个自身评估的液货船舶、LNG船舶管理工具，TMSA将会更为完善。

综上所述，采用TMSA持续提高的PAMI（Plan—Act—Measure—Improve）工具，沿袭的也是PDCA的核心价值——“A”的理念。然而，这里“A”的短板是基于ISM规则的限制，需要进一步优化和提高。

TMSA是ISM规则的有效补充，虽然它不是强制性的，但OCIMF会员石油公司都会参照其要求对液货船舶的船东、经营人和管理人进行等级评估，并决定着公司船舶是否有资格承运OCIMF会员石油公司的货物。OCIMF会员（如Exxon-Mobile、BP等）均对其合作的液货船舶的船东/经营人和船舶管理人提出强制实施TMSA、对LNG船舶的船东和公司提出评估分数至少不低于2.5的要求。

5 PDCA在LNG船舶安全管理中的实践

5.1 在货物操作上的运用

（1）LNG货物作业的“P”。大副应在到达装/卸港货物作业之前制订货物操作计划（为便于表述PDCA，此处称为货物操作策划——“P”）。“P”的编制，应与轮机长、货物轮机员（Cargo Engineer）、值货班驾驶员（Doow）进行充分讨论，并得到船长的审查和批准；应充分考虑货物压缩机、货泵和压载泵和气体燃烧单元（GCU）、加装燃油、润滑油；应按照公司SMS的规定，并考虑港口和码头的具体要求，主要考虑船舶的到/离港状态、货舱操作程序、货舱扫舱和满舱舱深高度、压载水操作计划、富裕水深（UKC）、船舶吃水/吃水差/稳性/中垂/中拱/应急操作、船员值班及装货前会议及应急处理程序。

不恰当的货物作业策划，将给LNG船舶带来不可估量的损失。比如，LNG船舶在完成卸载航次后，需要预留一定量的留底货物（Hell），以作为船舶气体燃料和LNG货舱冷却。一是，如果船舶的留底货物不足，就会导致单靠LNG不能抵达装货港的情况，从而不得不使用柴油代替LNG，增加船舶营运成本。二是，由于海运货物——LNG的特殊性，基本上是遵循“照付不议”贸易条款的，即在LNG市场变化的情况下，付费不得变更，即使货主没有及时提货，也仍须按此前的约定量付款。如果留底货物不足，就会造成LNG货舱不能充分冷却至“适货”状态，从而耽误船舶按窗口期靠泊码头，甚至损失整船的LNG货物（依据2021年1月31日，LNG船舶满载LNG货物17.4万立方米、国内LNG均价5000元/吨计算，价值约3.6亿元）。

（2）LNG货物作业实施（D）。LNG货物策划的“D”，主要是在LNG船舶抵达码头前，根据船上的检查表完成装/卸货的准备工作。在装货前，码头长会和大副开一个简短的碰头会，以对货物装载操作的相关要求和细节达成一致意见。然后，进行装货臂的连接与扫线，并用氮气进行压力试漏。首次货物计量（CTMS）后，就可以进行热态应急关闭系统（ESD）测试。测试完毕，开始对装/卸货臂和船上装/卸货管线进行预冷。装货时的预冷，由码头提供LNG液货，通过装货臂对船上液相主管线进行。当船舶和岸上液相主管线前/后温度均达到－100℃时，预冷操作完成；卸货时，由LNG船舶扫舱泵或燃油泵提供LNG液货预冷码头卸货臂。当船舶液相主管和岸上卸货臂均达到－130℃时，预冷操作结束。预冷后，进行冷态ESD测试。测试合格，就可以按照货物操作策划进行装/卸货（包括压载水装/卸）作业。通常，LNG货物操作必须严格按照货物操作策划进行，因为LNG货物不进超低温度，而且膨胀率（600倍）比较高，易燃易爆。因此，LNG货物操作策划的实施是PDCA中至关重要的一环。

（3）LNG货物操作检查（C）。在LNG货物操作中的“C”，是确保货物稳性计算时时在线监控。首先，货物值班人员要定期检查船舶稳性，确保 LNG 船舶有足够的稳性；发现任何异常情况，都应立即通知大副或船长。其次，货物值班人员要仔细检查、核对每一个货物操作阶段的参数，并与货物操作策划比对，有任何的偏差，都要及时通知大副或船长；在授权后做相应的调整，确保 LNG 货物操作按照原来的策划进行。

（4）LNG 货物操作处置（A）。在 LNG 货物操作中的“A”，是指完成操作后对整个过程中的 P、D、C 阶段进行总结并持续提高货物操作的有效性过程。目前，只有 ISO9001：2015 和 TMSA 提出船舶需要定期对 LNG 船舶货物作业进行评审，ISM 规则则没有强制性要求。为满足 ISO9001：2015 和 TMSA 的要求，公司通常会在 SMS 中明确要求，当 LNG 货物作业完成后，船舶需要进行评审、总结和提高。

5.2 在远程访船审核中的运用

（1）LNG 船舶远程访船审核策划（P）。2019 年爆发新冠疫情，严重影响到船舶的必要检验、检查。远程访船审核，已被证明是实船检验、检查的一种可行的替代方案。笔者最近主持的“2020 船东联合远程访船审核”，参与方涉及多个国家、地区和 LNG 船舶，成功地验证了 PDCA 工具的有效性和高效性。从“P”到“A”，用时 35 天，完成了 6 艘 17.4 万立方米的 LNG 船舶海上远程审核。

远程访船审核中的“P”，首先要考虑提前调试远程设备。尤其是 APP 软件的运用，是远程访船审核的关键所在。其次要制定远程访船审核原则。“谁检查、谁负责、谁跟踪、谁关闭”，是确保访船审核工作后续跟进的有效保障。再次要保密。这是策划考虑的重点。“文件审核”是远程访船审核的重要工作，但船舶文件会涉及到船员及公司的很多隐私，没有船方的许可，任何人不得将其泄露。最后要明确审核顺序。为不影响船舶安全操作，应避免在交通繁忙水域进行远程访船审核，且要选择船舶卫星信号较好的水域位置。船舶需要提前递交待审文件，备好需要提前审阅的文件清单。还有，远程访船审核的方法，不仅仅是查阅船舶文件，还需要约谈各级船员，以了解船舶的实际运营状况。远程访船审核应急预案的“P”，是整个审核工作中的备份。远程访船审核主要依靠全球卫星通讯系统，所以卫星信号的好坏决定审核的效果。鉴于船舶是移动的，其卫星信号受诸多因素尤其是海上多变天气的影响，在远程视频检查不能进行的情况下，应改成电话或音频远程审核。

（2）LNG 船舶远程访船审核实施（D）。远程访船审核中的“D”，是严格按照预定的远程访船审核策划进行。在笔者主持的此次审核中，审核组经过设备反复调试后，由于卫星宽带受限，只能通过单头、单点视频检查。首先，应按照甲板、机舱的顺序依次实施，主要是对船长提供的审核文件有质疑的部分，要求船方或者公司海务或机务人员进行阐述。有的时候，即使证据清楚，也要对船舶做进一步的深层次的审核。远程访问审核，需要审核员有足够的耐心和技巧，通过访谈和文件甄别查出缺陷和不符合项，且要有理有据。其次，开好末次会议——这是远程访船审核最重要的环节。尽管是远程审核，但在审核中发现的违章、观察项目、缺陷和良好的工作实践，都需要在末次会议上与船长、轮机长进行充分的讨论，尤其是还要听取公司代表和其他陪审团的意见，确保审核内容有理有据。这样，也有利于以后进行整改和“A”。

（3）LNG 船舶远程访船审核检查（C）。远程访船审核中的“C”，是在船舶远程访船周密策划与精准实施基础上的回顾与总结。远程访船审核组，在完成第一条 LNG 船舶的远程审核后，需对该船策划的有效性及偏离性进行评审、验证，并及时调整“P”。比如，按照原来“P”，希望船长及时完成远程检查表，并对一些不适用该船审核的项目作出阐述，以节约审核时间。检查时，船长只需简单地对远程检查表对应的问题回答“是”或“不是”，不用做任何的阐述和批注，审核员也仅能按照船长提供的相关文件进行审核。这样就增加了远程审核的难度。每条 LNG 船舶远程访船审核后，审核组都会对检查的过程和结果进行评审、总结；整个 LNG 船队审核完毕后，审核小组再进行汇总，作出总结性的“C”，找出与原定策划的偏差，以及执行“P”的有效性。

（4）LNG 船舶远程访船审核处置（A）。基于远程访船审核结果的“A”（包括改进和拓展），对审核出来的策划达成率、策划失败原因和策划成功经验找出调整方案，为下一个循环做准备，或者就此终止，完成闭环。

在此次远程访船审核中，审核小组得出的结论是：①租家和各方船东对联查审核小组的工作非常满，审核小组对此次远程审核的总体策划非常满意，该策划不需要大幅度调整；②船方和岸方的硬件设施，需要进一步提高；③远程审核不能完全取代现场审核，但它仍是一个很好的替代方案。这些“A”措施，在未来LNG船舶远程访船审核策划“P”中将得到充分考虑，并持续提高。本次远程访船审核是一次PDCA完美运用的最佳实践。

6 结论

PDCA是一种科学的SMS管理工具，其每一个循环，通过“A”持续提高，阶梯式上升和前进。通过PDCA循环，实现只有起点、没有终点的持续改进，才能逐步完善LNG船舶的管理水平。目前，LNG船舶SMS管理的瓶颈是“A”的完善，只有完善“A”，才能有效运用PDCA工具。在ISM规则没有修订“A”之前，公司应参照ISO9001：2015和TMSA3核心工具——PDCA，完善自己的SMS，补上“A”的短板。PDCA不仅是LNG船舶SMS管理的有效工具，也是所有船舶综合体系（Integrated Management System——IMS）管理的“法宝”，值得船东、公司深入研究和广泛运用。

碳中和下LNG工程碳排放分析与减排技术

郭　超

（中国石油工程建设有限公司）

摘　要　为进一步明确油气建设项目碳排放核算方法并采取有效减排措施，以俄罗斯AGPP天然气处理厂建设项目土建专业为例，研究了工程项目施工过程碳排放的影响因素。结果表明：本项目土建碳排放的主要来源为工程材料和施工材料，合计占80.63%，工程材料的碳排放又以钢结构和钢筋为主。建材运输过程的碳排放占2.43%，施工过程人力与机具的碳排放占18.57%。施工过程碳排放主要来源是施工机具。为降低土建施工阶段的碳排放，需要在项目设计、采购、施工全过程采取有效手段优化减排。在项目设计阶段进行选材优化，在满足工程要求的前提下尽量选用当地资源丰富且碳排放量相对较低的材料。采购阶段应充分调研搜集当地各种材料市场信息，尽量缩短运输距离，并根据材料温度、湿度等要求统筹考虑集中采购和运输，以便于采用碳排放量相对较低的运输方式。施工之前应对营地位置和当地水电等施工资源充分调研、对污水处理和排污系统等合理规划。施工过程通过管理创新和技术创新进一步提高人员工作效率以及机具和材料的利用率，合理安排施工计划和工序，提高产品合格率，进一步降低施工过程中的碳排放总量。

关键词　土建；施工；碳排放；材料；运输

随着现代工业的快速发展，人类活动产生的CO_2排放量迅速增加，大气层中CO_2的浓度已经从工业革命前的280ppm升到目前的400ppm以上[1]。大气CO_2浓度的变化给人类的生存环境造成了严重影响[2]。为此各国相继制定了限制碳排放的目标和具体措施[3-6]。作为碳排放规模已多年位居世界第一的中国所制定的目标为2030年碳达峰，2060年实现碳中和[7]。2020年12月召开的中央经济工作会议已明确碳达峰、碳中和是中国2021年8项经济工作重点任务之一。生态环境部于2021年1月正式发布了《碳排放权交易管理办法(试行)》，该办法自2月1日起正式施行[8]。同时，各行业关于碳排放的评价和核算办法也相继制订并实施。中国将成为全球最大的碳排放交易市场，目前全国碳市场系统已基本建设完成，首批2225家电力企业已完成开户工作，即将开始交易。后续石油、化工、建材等八大能耗重点行业也将陆续纳入碳排放交易市场。因此，碳排放的核算与控制将是各行业从远景目标制定到具体实施方案中需考虑的主要因素之一。建筑行业碳排放为全国全过程碳排放的主要来源，2018年建筑行业碳排放49.3亿吨CO_2，占全国碳排放比重51.3%，其中包括建材生产阶段排放27.2亿吨CO_2，施工阶段排放1亿吨CO_2，以及运行阶段排放21.1亿吨CO_2[9]。目前大部分碳排放的核算方法都是基于某个行业的统计数据[10]，无法充分考虑每个项目的具体情况。且专门针对国内外油气建设行业碳排放的系统研究较少，特别对于碳排放量相对较高的土建专业未见针对碳排放的分析和研究。

阿穆尔斯基天然气处理厂(简称AGPP)是保障中俄天然气供气协议(东线)的大型关键项目之一，同时也为长期满足东西伯利亚和远东地区的内部需要而建设。预计总投资规模150~200亿美元，建设周期从2017年到2024年历时8年。AGPP项目位于俄罗斯阿穆尔州斯沃博德内市郊，距离中国黑河约200公里。AGPP全厂包括3大部分：专利单元(LU)、非专利单元(NLU)和公用工程单元(UIO)。项目投产后，全厂总处理量达到420亿标方每年，单列产量达70亿标方每年。项目共分为5期，一期投产时间为2021年，2~5期将按顺序陆续扩建，全厂完工时间为2024年。该项目原料气处理量为420亿立方米/年，包括6列天然气净化生产线、3列氦液化生产线、3列天然气凝液生产线。商品氦产能为10000t/a，乙烷产能为2600000t/a，液化天然气产能为160万吨/年。项目建成后，每年可生产380亿立方米商品气输往中国，对保证中国清洁能源供应具有重要战略意义。该项目位于高纬度地区，年均有7个月最低温度位于0℃以下，相对于国内项目或其它低纬度国家项目能耗较高，特别对于施工温度有严格要求的土建等专业碳排放量较大[11]。相关标准和法规大多为针对整个行业的整体要求，结合本项目土建冬期施工实际情况可对工程建设碳排放的因素和核算方法进行补充完善，并据此采取相应碳排放减排控制措施。

1 AGPP项目LNG工艺介绍

AGPP项目的主要目的是对原料天然气进行提纯和分离，所采用的技术主要是分子筛吸附脱水、脱汞、脱硫醇，以及低温液化逐级分馏将甲烷、乙烷、丙烷、丁烷、氦气、氮气、重烃等分离得到商业化产品。全场工艺流程示意图如图1所示，来料气经计量后首先在30单元进行脱水、脱汞处理，所得干气输往40单元进行低温液化处理并初步分理出甲烷、乙烷、粗氦和C_{3+}烃组分。其中的甲烷经110压缩机单元加压后输往中国，乙烷将输往附近正在建设的AGCC化工厂作为乙烯生产的原料，粗氦送往50单元进一步精制、液化并外输，C_{3+}烃在70单元进行脱硫醇净化后进入60单元分离出丙烷、丁烷和C_{5+}并存储或外运。单纯考虑LNG液化需将15℃到25℃的来料气降至工艺参数操作温度约-120℃，操作压力2.7MPa。但由于工艺过程需要将氦气液化，全厂工艺温度最低接近绝对零度，能耗较高。

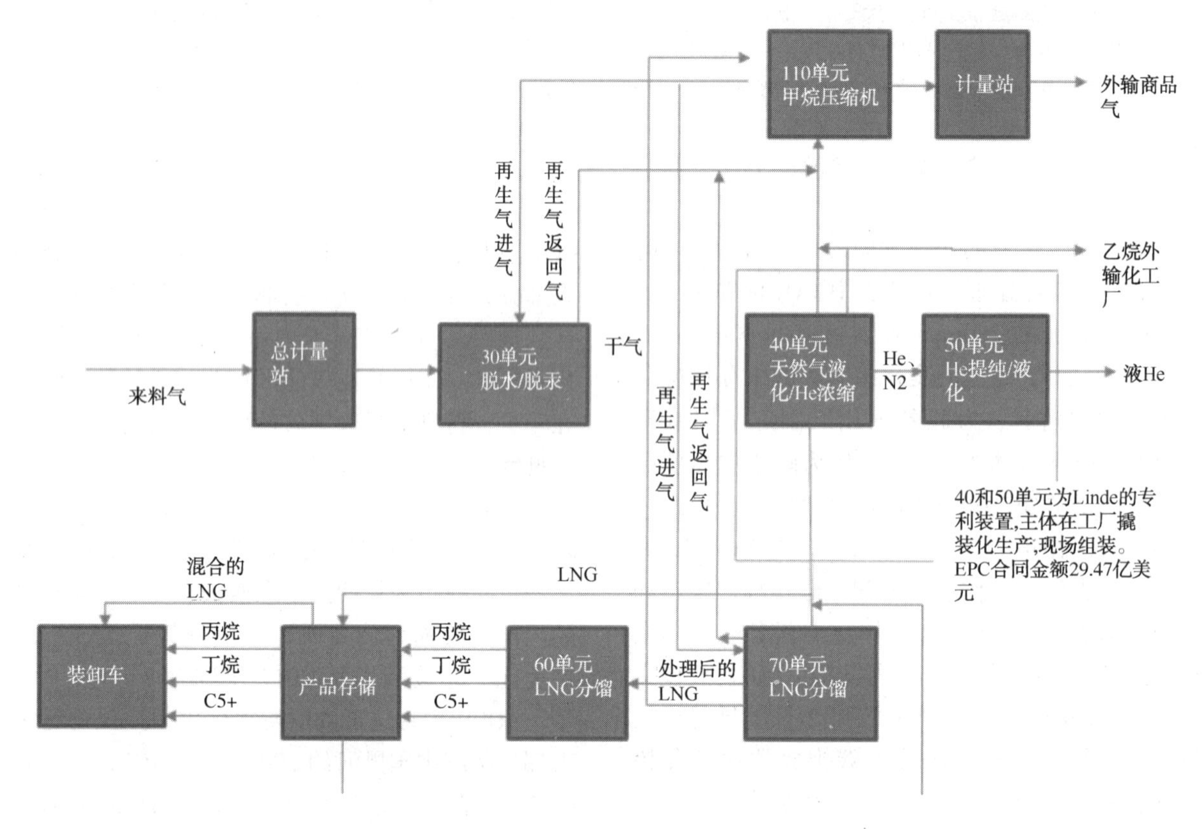

图1 AGPP项目工艺流程示意图

2 土建碳排放核算

若不考虑运行和拆除阶段，土建专业碳排放根据能耗来源和施工顺序，可分为原材料生产过程、原材料运输过程、施工过程以及部分办公管理等其它过程的碳排放，即：

$$t_{总} = t_{材料} + t_{运输} + t_{施工} \tag{1}$$

其中，$t_{总}$为总碳排放，单位tCO_2 e；$t_{材料}$为原材料生产过程碳排放，单位tCO_2 e；$t_{运输}$为原材料运输过程碳排放，单位tCO_2 e；$t_{施工}$为施工过程碳排放，单位tCO_2 e；

因此要计算土建施工碳排放总量需对上述各阶段的碳排放分别进行计算和汇总。

2.1 原材料生产过程的碳排放

土建原材料包括工程材料和施工过程的手段用料，即：

$$t_{材料} = t_{工程材料} + t_{施工材料} \tag{2}$$

其中，$t_{材料}$为原材料生产过程碳排放，单位 $tCO_2\ e$；

$t_{工程材料}$为工程材料生产过程的碳排放，单位 $tCO_2\ e$；

$t_{施工材料}$为施工材料生产过程的碳排放，单位 $tCO_2\ e$。

2.1.1　工程材料碳排放的核算

工程原材料碳排放的测算方法有经济消耗测算法和实物消耗测算法，其中实物消耗测算法以主要建材消耗量和其排放因子进行核算，准确性相对更高。根据 GB 51366 建材生产阶段碳排放的计算公式为[12]：

$$t_{工程材料} = \sum_{i=1}^{n} M_i F_i / 1000 \tag{3}$$

其中，M_i为第 i 种土建材料的消耗量；

F_i为第 i 种土建材料的碳排放因子($tCO_2\ e$/单位建材数量)；

本项目根据当地的惯例，土建专业主要范围为挖填土方、混凝土基础、混凝土路面、混凝土检查井、钢结构等。本项目土建材料工程量及相应碳排放量计算结果如表 1 所示，各类材料碳排放所占比重见图 1。由此可见原材料中碳排放主要来源为钢结构和钢筋等金属结构，其次为混凝土结构。剩余材料由于工程量较少或排放系数较小 CO_2排放量相对较少。

表 1　主要土建工程材料碳排放

项目	单位	数量	碳排放量/tCO_2 e
钢结构	t	60000	144000. 00
钢筋	t	37500	87750. 00
混凝土	m^3	150000	57750. 00
岩棉板	m^3	8000	15168. 00
混凝土桩	pcs	37000	14245. 00
检查井	pcs	2000	483. 81
石子	m^3	45000	274. 68
合计			319671. 49

2.1.2　施工手段用料碳排放的核算

工程原材料碳排放的测算方法有经济消耗测算法和实物消耗测算法，其中实物消耗测算法以主要建材消耗量和其排放因子进行核算，准确性相对更高。根据 GB 51366 建材生产阶段碳排放的计算公式为[12]：

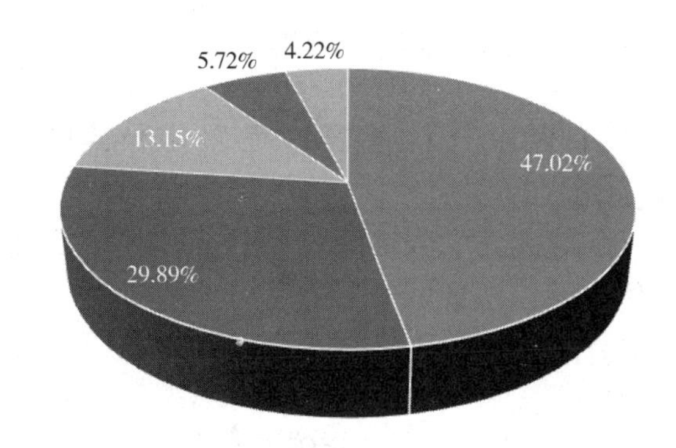

图 2　土建各类工程材料碳排放饼图

$$t_{施工材料} = \sum_{i=1}^{n} M_i F_i U_i / 1000 \tag{4}$$

施工手段用料与工程材料的区别是根据现场实际情况考虑了材料可重复利用系数 U_i。

表 2　主要土建施工材料碳排放

项目	单位	数量	废弃率	碳排放量/tCO_2 e
脚手架	t	4700	0. 50	8648. 00
固体废弃物	m^3	5000	1. 00	5497. 33
模板	m^2	80000	0. 67	2418. 43
保温棚布	m^2	400000	0. 80	1051. 20
跳板	t	6300	0. 67	777. 04
合计				18392. 01

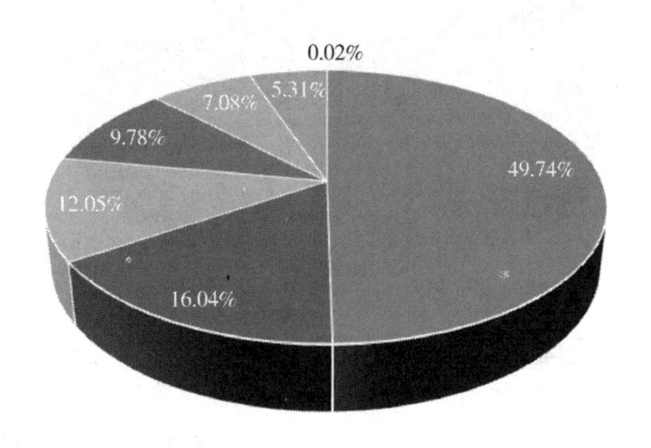

图 3　土建各类施工材料碳排放饼图

因此，施工过程所使用材料的总碳排放为 338063. 49 tCO_2e，其中工程材料碳排放总量为施工材料的 17 倍多。

2.2　材料运输过程的碳排放

材料运输过程的碳排放也分为工程材料运输碳排放和施工材料运输碳排放两部分：

$$t_{运输} = t_{工程材料运输} + t_{施工材料运输} \quad (5)$$

其中：

$T_{运输}$为原材料运输过程碳排放，单位 tCO_2 e；

$t_{工程材料运输}$为工程材料生产过程的碳排放，单位 tCO_2 e；

$t_{施工材料运输}$为施工材料生产过程的碳排放，单位 tCO_2 e。

2.2.1 工程材料运输过程碳排放的核算

工程材料运输过程碳排放与材料数量、运输距离和不同运输方式的碳排放系数有关：

$$t_{工程材料运输} = \sum_{i=1}^{n} M_i D_i T_i / 1000 \quad (6)$$

其中，$T_{工程材料运输}$为工程材料运输过程碳排放，单位 tCO_2 e；

M_i为第 i 种工程材料的数量，单位 t；

D_i为第 i 种工程材料的运输距离，单位 km；

Ti 为不同运输方式的单位碳排放系数，铁路碳排放系数为 0.011kgCO_2 e/(t·km)，汽运碳排放系数为 0.162kgCO_2 e/(t·km)。

表 3 主要土建工程材料运输过程碳排放

项目	单位	数量	铁路运输/km	汽运/km	碳排放量/tCO_2 e
钢结构	t	60000	7000	20	4814.40
混凝土桩	pcs	177600	500	20	1552.22
混凝土	m^3	360000	0	20	1166.40
钢筋	t	37500	2000	20	946.50
石子	m^3	126000	200	20	685.44
岩棉板	m^3	6400	7000	20	513.54
混凝土检查井	pcs	3015.929	0	3	1.47
合计					9679.97

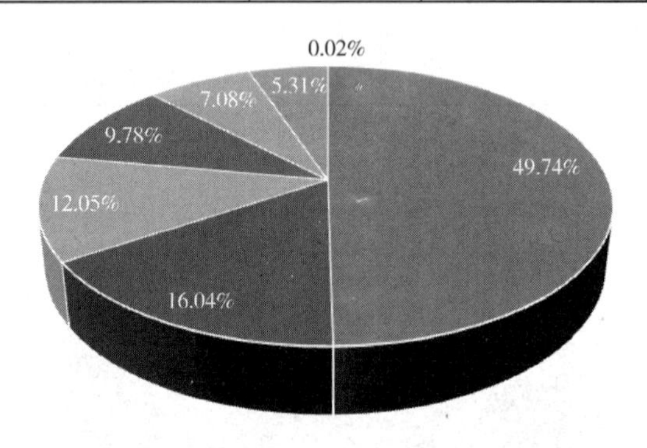

图 3 土建各类工程材料运输碳排放饼图

2.2.2 施工手段用料运输过程碳排放的核算

施工手段用料的碳排放计算公式为：

$$t_{施工材料运输} = \sum_{i=1}^{n} M_i D_i T_i \times [1 + (1 - U_i)] / 1000 \quad (7)$$

其中，$T_{施工材料运输}$为工程材料运输过程碳排放，单位 tCO_2 e；

U_i为第 i 种工程材料的利用率。

表 4 主要土建施工材料运输过程碳排放

项目	数量	重复利用率	铁路运输/km	汽运/km	碳排放量/tCO_2 e
脚手架	4700	0.5	5000	20	410.59
跳板	9000	0.67	1000	20	170.45
固体废弃物	12144	1	0	30	59.02
模板	640	0.67	5000	20	49.57
保温棚布	180	0.8	5000	20	12.58
合计					702.22

注：上表中材料数量单位为 t，铁路碳排放系数为 0.011kgCO_2 e/(t·km)，汽运碳排放系数为 0.162kgCO_2 e/(t·km)。

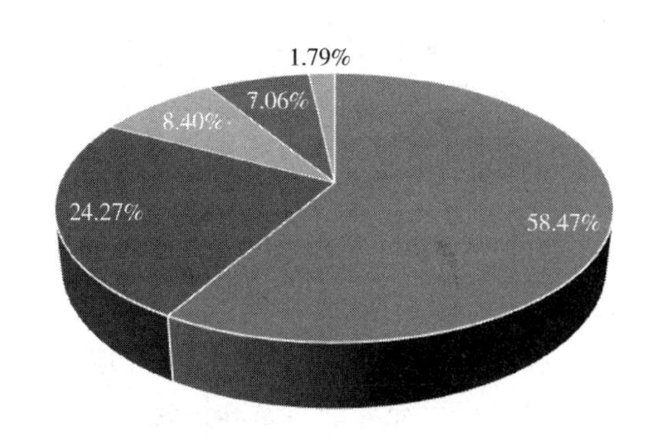

图 4　土建各类施工材料碳排放饼图

为避免重复计算，挖填方土中只有外购的 $1.5\times10^5 m^3$ 回填土计算原材料碳排放，其它挖填土方碳排放在施工过程碳排放中进行统计。成品土建材料从厂家到现场的运输碳排放包含在材料碳排放总量中。项目全部材料运输过程产生的碳排放总量为 10382.18tCO_2 e，工程材料运输所产生的碳排放总量接近施工材料运输碳排放总量的 14 倍。

2.3　施工过程的碳排放

在部分施工过程碳排放的计算方法中以不同工序如土方开挖、垫层铺设、混凝土浇筑、混凝土养护、钢结构安装等为单位分别进行计算后累加。这种做法会将计算过程变得繁琐，极易产生重复统计或计算遗漏，且由于参数较多，针对各个参数的准确性难以保证。按碳排放输出进行分类计算则可很大程度上简化计算模型，根据实际能源消耗数据得到准确的结果。

除了上述已讨论的材料碳排放量外土建施工过程的碳排放按照来源主要分为人力、机具两部分，因此只需将这两部分碳排放计算后即可得到施工过程碳排放：

$$t_{施工} = t_{人力} + t_{机具} \tag{8}$$

2.3.1　施工过程人力的碳排放

根据本项目实际情况，人力碳排放主要由营地生活和现场工作活动构成，包括考虑营地基础设施和日常衣食、能源、排污、供暖的碳排放，以及休假期间交通碳排放。由于给水、净化、排污和供暖系统都通过消耗能源来提供，因此不做重复计算。据此，人力碳排放为：

$$t_{人力} = t_{基础} + t_{能源} + t_{交通} \tag{9}$$

按 1500 名土建专业工作人员统计，人均年基础碳排放为 1.29t[13]，基础设施及消费总碳排放为 1939.74t。项目期间生活和办公需消耗柴油 2128t 对应碳排放 6588.20t，消耗外购商品电 2823005kWh 对应碳排放 1129.20t。因此能源总碳排放为 7717.40t。由于项目人员大多来自中亚、印度或俄罗斯西部地区，因此单程距离按从布拉戈维申斯克到莫斯科航空和 300km 汽运距离考虑。在项目建设 7 年周期内平均每人往返现场 7 次，每次动迁有 20 人乘同一航班，4 人乘坐同一汽运交通工具。按国际民航组织提供的工具计算的航空过程碳排放总量为 408.48t。按国际经济合作与发展组织(OECD)提供的 140gCO_2 e/km 的汽运碳排放系数计算汽运碳排放为 220.50。因此交通碳排量合计为 628.98t。

根据上述各项碳排放合计土建施工人力碳排放总量为 10286.12tCO_2e。

2.3.2　施工过程机具的碳排放

施工机具能量来源主要有燃油和电力，根据现场所有土建专业用燃油机具耗油量核算项目建设周期柴油耗油量为 20025.02t，合计碳排放量为 61995.44tCO_2 e。土建专业外电消耗量约为 18000Mwh，合计 7200tCO_2 e。施工机具碳碳排放总量为 69195.44tCO_2e。因此土建施工过程总碳排放量为 79481.56tCO_2e。

项目土建建设期间总碳排放量为 427927.23 tCO_2e，其中主要部分为工程材料和施工材料的碳排放，合计占 80.63%。其余部分为建材运输过程的碳排放占 2.43%，施工过程人力与机具的碳排放占 18.57%。

3　降低土建施工碳排放的措施

3.1　土建材料减排措施

通过上述分析可以看出 AGPP 项目土建工作主要碳排放源为建筑材料和施工材料，因此在工程材料方面应从设计选材开始进行优化，在满足强度和寿命指标的前提下尽量减少土建材料用量，在保证结构使用性能和美观效果的前提下尽量采用单位重量碳排放量低的无机非金属材料代替金属材料和高分子材料。

在施工材料的使用上，应在项目前期尽早规划筹备，在满足使用要求的情况下尽量选择碳排放量小的材料，如采用木跳板代替钢制或铝制跳板等。通过合理安排工期，减少高排放量材料的使用，如将部分冬期保温施工调整到夏季执行可有效降低保温苫布的使用，从而实现降低碳排放的目的。通过合理优化施工方案，通过地面预组装减少高空作业也可降低脚手架的使用，从而降低由此产生的碳排放。通过对各阶段和各工序衔接的合理安排以及对施工材料的有效防护提高施工材料的重复利用率也可有效降低施工材料的使用数量，同时由此产生的降低固体废弃物所造成的碳排放。

3.2 材料运输过程的减排措施

为减少材料运输过程的碳排放，除了需要设计对选用材料的数量进行优化外，还需要根据当地市场情况尽量选用项目所在地资源充足的材料，减少各类工程材料的运输距离。采购部门需要及时搜集当地各类资源信息，通过比价在保证采购成本的前提下尽量通过减少运输距离来降低碳排放。同时增强工程材料运输的统筹安排，尽量做到将散料集中选择海运、铁路运输等单位重量碳排放量低的集中运输方式[14]。对于运输过程需要保温的物资尽量安排在夏季运输，进一步降低运输过程的碳排放。施工材料的选择也应因地制宜，在保证使用性能的前提下尽量就近采购，通过大宗采购避免零散运输造成的碳排放增加。对污水等尽量通过就地处理达到直接外排要求避免通过外运处理而额外产生的运输排放。

3.3 施工过程的减排措施

相较于材料和运输，土建的施工过程具有更大的灵活性因而可采取更多有效的减排措施来降低建设项目的整体碳排放水平。

首先在项目筹划阶段就需要对营地位置和水、电条件等进行充分的考察和优化，尽量缩短项目人员生活营地与工作场所之间的距离。争取正式施工时现场水电等资源已就位，降低人员通勤、水车运输、柴油发电等造成的碳排放负担。并通过制订科学合理的项目计划将对温度要求严格的工作如混凝土、油漆、防火等主要工作量安排在夏季施工，室内工作可安排在冬季进行。从下图可以看出碳排放在环境温度低的月份明显高于气温低的月份，温度最低月份的碳排放量是气温最高月份的碳排放量的5倍左右，这主要是冬季采暖等冬季施工措施引起的能源消耗增加。因此通过将冬季施工尽量安排在夏季完成，并减少现场冬季作业人员可以有效降低施工过程的碳排放。

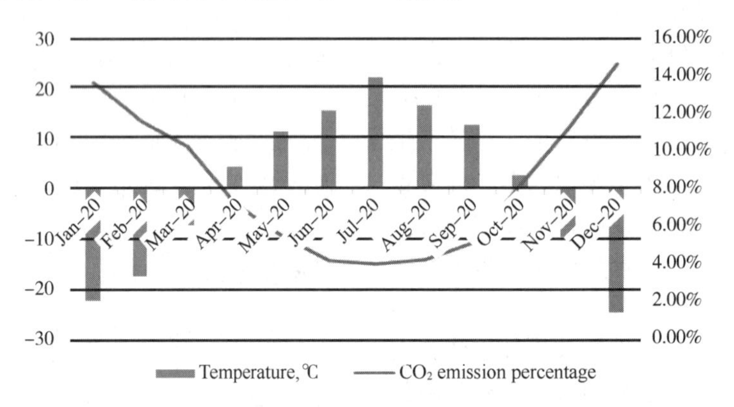

图5 2020年月均环境温度和碳排放比较

在施工过程通过有效的管理创新实现施工组织加强EPC深度融合，如采用BIM软件等手段对项目全过程进行监控，及时发现错漏碰缺问题，减少工作返工和人员怠工造成的额外碳排放[15]。通过有效的施工组织和施工管理提高人员和机具的工作效率和有效利用率，对碳排放源进行管控和压缩。通过有效的QHSE管理提高施工成品的一次报验合格率，保障施工时机效率，避免安全质量事故给项目造成额外消耗。同时应加强技术创新，例如通过积极采用撬装化等手段加强部分结构的厂家预制深度，利用厂家的专业团队和施工手段降低在现场进行相同工作由于难度增加造成的碳排放。通过对低温油漆等当地先进技术的吸收和应用降低钢结构施工过程的温度要求从而达到有效降低碳排放的目的。

4 小结

对俄罗斯AGPP项目土建专业施工过程碳排放进行了分析和计算，结果表明项目建设过程土建碳排放的主要部分为工程材料和施工材料的碳排放，合计占80.63%。其余部分为建材运输过程的碳排放占2.43%，施工过程人力与机具的碳排放占18.57%。其中工程材料的碳排放以钢结构和钢筋为主，二者碳排放之和为工程材料碳排放总量的 2/3 左右。施工材料中脚手架材料和固体废弃物的碳排放占 3/4 左右。钢结构、混凝土桩和混凝土占工程材料运输产生碳排放的 3/4 左右，其中钢结构运输 1 项占总工程材料运输碳排放的 1/2 左右。施工材料运输碳排放主要来自脚手架和跳板的运输，二者合计超过施工材料碳排放总量的 80%。施工过程总碳排放量 79481. 56tCO_2 e，其中主要为施工机具碳排放，占 87. 10%。

为降低土建施工阶段的碳排放，需要在项目设计阶段即开始选材优化，在满足工程要求的前提下尽量选用当地资源丰富且碳排放量相对较低的材料。采购阶段应充分调研搜集当地各种材料市场信息，尽量缩短运输距离，并根据材料温度、湿度等要求统筹考虑集中采购和运输，以便于采用碳排放量相对较低的运输方式。施工之前应对营地位置和当地水电等施工资源充分调研、对污水处理等合理规划。施工过程通过管理创新和技术创新进一步提高人员工作效率和机具利用率；合理安排施工计划和工序。通过精细化管理针对各项工作选择适用的施工机械设备，避免单台盈余过大、数量过多而增加排放。严格 QHSE 控制，提高产品合格率，进一步降低因返工或事故等原因造成的施工过程碳排放总量。

参 考 文 献

[1] Fischer, H. , Schmitt, J. , Schneider, R. , et al. Latest Insights into Past Carbon Cycle Changes from CO_2 and $\delta^{13}C_{atm}$[J]. Nova Acta Leopoldina, 2015, 121 (408): 59-63.

[2] Seppnen O A, Fisk W J, Mendell M J . Association of ventilation rates and CO_2 concentrations with health and other responses in commercial and institutional buildings [J]. Indoor Air, 2010, 9(4): 226-252.

[3] Chung W, Wu Y J, Fuller J D . Dynamic energy and environment equilibrium model for the assessment of CO2 emission control in Canada and the USA [J]. Energy Economics, 1997, 19(1): 103-124.

[4] Toshihiko N, Alan L. Analysis of the impacts of carbon taxes on energy systems in Japan [J]. Energy Policy, 2000, 29(2): 159-166.

[5] Korhonen R, Savolainen I, Sinisalo J . Assessing the impact of CO_2 emission control scenarios in Finland on radiative forcing and greenhouse effect [J]. Environmental Management, 1993, 17(6): 797-805.

[6] Fan M, Vidic R D, Dionysiou D D, et al. Recent Development in CO2 Emission Control Technology [J]. Journal of Environmental Engineering, 2009, 135(6): 377-377.

[7] Wang, Ruibin. A Global Challenge [J]. Beijing Review, 2020, 63(52): 30-31.

[8] 生态环境部 . 碳排放权交易管理办法(试行) [R]. 北京：生态环境部，2021.

[9] 中国建筑节能协会能耗统计专业委员会 . 中国建筑能耗研究报告[R]. 厦门：中国建筑节能协会能耗统计专业委员会，2020.

[10] Huang L, Krigsvoll G, Johansen F, et al. Carbon emission of global construction sector[J]. Renewable and Sustainable Energy Reviews, 2017: 1906-1916.

[11]郭超，韩长军，李明等 . 温度对俄罗斯阿穆尔地区管道试压的影响[J]. 油气储运，2020，39(S1)：390-395.

[12] GB/T 51366—2019. 建筑碳排放计算标准[S]. 北京：中国标准出版社，2019.

[13] 顾鹏，马晓明 . 基于居民合理生活消费的人均碳排放计算[J]. 中国环境科学，2013，33(8)：1509-1517.

[14] 张宏钧，王利宁，陈文颖 . 公路与铁路交通碳排放影响因素[J]. 清华大学学报(自然科学版)，2017 (04)：443-448.

[15] Hongwei S, Yeongmog P. CO2 Emission Calculation Method during Construction Process for Developing BIM-Based Performance Evaluation System [J]. Applied Sciences, 2020, 10(5587): 1-14.

浅谈液化天然气生产中的减排措施

张永刚　宋俊平

（华油天然气广元有限公司）

摘　要　液化天然气作为一种清洁的能源，对改善城市空气质量具有重大意义，为实现"碳中和、碳达峰"节能减排刻不容缓。经过一些天然气液化单位与设计单位、同类工厂之间的交流，天然气液化工厂可以从脱酸气系统胺闪蒸气、重烃储罐闪蒸气、LNG储罐蒸发气、投产停产排放气方面采取措施。通过了解部分天然气液化工厂已经采取的排放气回收措施，效果明显，达到了预期效果，真正实现了降低能耗、减少排放的目的，通过减排增加了工厂的产量，降低了加工成本，提高了LNG的市场竞争优势，同时减少了天然气排放、火炬尾气排放，响应了国家提出的"碳中和、碳达峰"的号召，真正做到了绿色环保清洁的能源。

关键词　液化天然气；胺闪蒸气；LNG储罐蒸发气；重烃闪蒸气；酸气

液化天然气作为一种清洁的能源，对改善城市空气质量、节能减排具有重大意义。近几年来LNG行业发展迅速，但LNG市场价格波动较大，加工成本决定了LNG在市场中的竞争地位，天然气液化工厂一直在采取节能减排措施，来降低加工成本，提升在LNG市场中的竞争优势，因此节能减排降低加工成本对LNG工厂意义重大。

1　工艺简介

天然气液化工厂主要作用是将天然气进行净化(预处理)，以脱除天然气中的酸性气体(二氧化碳、硫化氢)、水、固体杂质、重烃、汞等，然后对净化后的天然气进行降温液化，使天然气由气态变化成液态。天然气液化工厂主要工艺一般由进气压缩系统、脱酸气系统、脱水系统、脱重烃系统、脱汞系统、液化系统、混合冷剂系统、BOG回收系统等组成。

以华油天然气广元有限公司100万方/天天然气液化装置为例，该工厂脱酸气系统采用甲基二乙醇胺(简称胺液)脱除天然气内的酸性气体，胺液在系统内经过吸收、再生、增压，进行循环运行。液化系统采用混合制冷，利用板翅式换热器对天然气进行液化，使天然气温度降至-162℃进行储存。BOG回收系统为使用压缩机对LNG储罐闪蒸气进行增压后回收至系统利用和冷箱再液化。

2　天然气液化工厂气体排放

天然气液化工厂在运行期间一直都存在有放空的现象，造成大气污染和能源损失，直接增加了天然气液化工厂的加工成本，目前国内大部分天然气液化工厂在装置运行期间气体排放主要存在以下几方面：

（1）天然气液化工厂脱酸气单元在采用甲基二乙醇胺脱除方法的情况下，胺液闪蒸罐为闪蒸胺液内夹带的天然气和溶解在胺液内的烃类，以处理量为100万方/天的天然气工厂为例，经多家工厂现场实际进行检测，闪蒸气排放量约700方/天，排放气甲烷纯度在90%以上，闪蒸罐压力控制在0.35-0.6MPa，初始设计为直接排放火炬进行燃烧。脱酸气单元汽提塔是将吸收酸气后的胺液进行再生，恢复胺液活性，再生出的酸气由于二氧化碳含量高、甲烷含量少，为防止对火炬管道造成腐蚀和致使火炬长明灯熄灭，一般为直接排放大气，酸气排放量与天然气内的二氧化碳含量成正比，经国内多家工厂现场实际检测，甲烷纯度在1%左右，二氧化碳纯度在97%，排放压力在30-50KPa。

（2）天然气液化工厂，对天然气内的重烃脱除方法一般有活性炭吸附法和低温分离法，重烃做为天然气液化工厂的副产品，一般为常温储存，重烃储罐由于吸收外部热量和接收重烃期间的挥发，会产生部分闪蒸气，排放量在100-500方/天，经现场实际检测，甲烷含量在90%以上，剩余部分也为可燃性气体，由于国内 LNG 工厂气源使用不一致，因此原料气组分也不一样，国内部分 LNG 工厂未设置脱重烃系统或者生产过程中未产生重烃。

（3）国内 LNG 储罐一般都为常压低温储罐，LNG 储罐由于热量传递、装车、生产中的挥发等原因，会产生部分闪蒸气，装置在正常运行期间，闪蒸气一般通过回收装置进行回收，天然气液化装置停产后，产生的闪蒸气无法回收至系统利用，由于压力低、温度低不能直接回收，产生的闪蒸气需要持续进行放空，以水容积为 2 万方的 LNG 储罐为例，闪蒸气（BOG）排放量在 5000～30000m^3/d，经现场实际检测 BOG 内甲烷纯度在 95%以上。

（4）天然气液化工厂液化单元冷箱为 LNG 工厂的核心设备，是天然气变成产品的最后一道工序，装置在正常运行期间，由于原料气组分变化、操作原因、系统波动等原因，致使重烃、二氧化碳、水含量超标，造成冷箱冻堵，冷箱冻堵会造成装置能耗增加甚至停产，目前冷箱解冻复温一般采用天然气和氮气对冷箱冻堵通道进行吹扫，由于氮气量有限，工厂为尽快恢复生产，一般采用天然气大气量进行复温吹扫，通过对国内部分工厂进行冷箱冻堵复温时间、吹扫气流量统计，复温时间一般在 2-6 小时，冻堵严重情况时间会延长，冷箱解冻复温排放瞬时流量一般在 2000-4000 方/小时。

（5）天然气内组分多，含有部分的氢气和氮气，常压下氮气、氢气液化温度均低于甲烷液化温度，常压和-162℃的温度情况下，氮气、氢气以气态存在，因此产品在进入 LNG 储罐进行储存前需进入缓冲罐进行气液分离，氮气与氢气分离出来，对于分离出的气体由于氮气含量较高，一般为直接排放火炬进行燃烧，根据天然气组分分析，氮气闪蒸罐、氢气闪蒸罐闪排放气体，排放量在 100～300m^3/h，经现场实际检测甲烷纯度在 40%～50%。

按照 LNG 工厂每年一个月的检修时间计算，以 100 万方/天的 LNG 装置为例，全年通过各排放口排放天然气约 150 万方。

3 天然气液化工厂减排措施

为降低液化天然气工厂天然气排放，降低 LNG 的加工成本，提高 LNG 市场竞争优势，为企业创效，同时为响应国家“碳中和、碳达峰”要求，国内天然气液化工厂都在积极进行减排，以此保护环境和降低成本。通过对国内部分天然气液化工厂进行的减排统计，部分工厂对与天然气减排采取了不同程度的措施。

首先，胺液闪蒸罐压力国内一般控制在 0.35～0.6MPa，通过检测分析闪蒸气甲烷含量低于或等于进气甲烷含量，但 C4+以上组分高于原料气组分，闪蒸气热值与天然气热值一致，甚至高于天然气热值，天然气液化工厂根据现场的设计，可以将闪蒸气经过过滤分离后并入燃料气管网，回收闪蒸气，由于天然气液化工厂的设计，一般都配备有燃气锅炉、加热炉等设备，依据装置锅炉燃料气消耗，闪蒸气可以全部进行回收，达到减排回收的效果。

然后，脱重烃单元重烃储罐闪蒸气，由于重组分偏高，热值较高，用于燃料气补充易造成锅炉积碳，造成锅炉能耗增加。火炬为天然气液化工厂配套设备，为防止装置发生突发情况，火炬需要一直由长明灯保持燃烧状态，火炬长明灯所使用气源一般由燃料气管网供应，日消耗量一般在 240～480m^3，通过设计分析，可以将重烃储罐闪蒸气作为火炬长明灯的补充气源，可以有效地减少燃料气消耗，同时通过火炬进行燃烧不存在设备积碳，有效的实现减排，减少火炬尾气排放。

其次，LNG 储罐闪蒸气在装置正常运行期间，一直会有闪蒸汽产生，闪蒸气产生量约为装置符合的 0.5%/小时，一般通过增压机进行回收利用，但装置停车后，虽然增压机可以运行，但系统无法进行回收，LNG 储罐静止状态下，设计挥发量不超过库存量的 0.08%吨，通过对国内部分工厂进行统计，静止状态挥发量一般在 0.05%～0.07%吨，蒸发气在停车状态下均进行放空，造成天然气大量损耗。部分工厂对于此现象，增设了城市外输管网，将蒸发气增压后外输至城市燃气管网，可以有效地减少、避免蒸发气排放，达到减排的目的。

再次，天然气液化工厂在开车、冷箱冻堵期间天然气放空是常见现象，为有效的减少天然气放空，可以采取增设换热、增压设备，在冷箱末端增设换热设备、增压设备将排放的天然气回收利用或者外输，避免天然气放空。

最后，对于脱酸气系统的酸气放空和产品缓

冲罐的富氮、富氢放空，由于甲烷含量低，不能进行燃烧，可以通过采取酸气净化处理后对二氧化碳进行液化，达到减排效果同时可以创造效益，富氮富氢可以增设吸附设备，吸附排放气内的甲烷，用于回收利用，但同时考虑到投入较大，暂时可以不考虑进行回收。

4 总结

液化天然气技术在国内已经比较成熟，减排一直是国内各个工厂降低加工成本的措施之一，以处理量100万方的天然气液化工厂为例，通过各项的减排、回收，可以达到约4000m^3/d的天然气回收，减少尾气排放约40000m^3，为实现“碳中和、碳达峰”减排刻不容缓。

参考文献

[1] 王遇冬，郑欣。天然气处理原理与工艺(第三版)[M]. 中国石化出版社.

[2] 敬加强，梁光川，蒋宏业，液化天然气技术问答[M]. 化学工业出版社.

[3] 白树华，化工生产中常见的节能降耗技术措施[J]. 石化技术，2019，26(01)：163+198.

[4] 朱升干，金婷婷。化工工艺中的节能降耗技术措施分析[J]. 石化技术，2017，24(11)：208.

[5] 王家聪。化工工艺中的节能措施探讨[J]. 石化技术，2007，24(04)：294.

[6] 庞学东，宋俊平，刘永平等，LNG生产中脱碳和脱水不合格的气体的循环利用系统[P]. ZL 2015 2 0986671. X.

[7] 吴德平，于海娟，阳丹等，一种LNG工厂胺闪蒸气回收系统[P]. ZL 2019 2 2489109. 7.

[8] 宋俊平，徐鹏，张永刚等，一种节能型液化天然气闪蒸气脱氮再液化系统[P]. ZL 2015 2 0986377. 9.

[9] 刘昆、汪孟洲，吕大垚等，一种液化天然气的BOG回收再冷凝器[P]. ZL 2019 2 2488478. 4.

[10] 杨立群，浅谈化工生产中的节能科学管理措施[J]. 黑龙江科技信息，2011(24)：127.

浸没燃烧式气化器(SCV)国产化应用研究*

刘庆胜

(中国石化青岛液化天然气有限责任公司)

摘　要　浸没燃烧式气化器(SCV)利用天然气燃烧加热水浴间接气化LNG，是液化天然气(LNG)接收站中的重要设备之一，其核心设计与关键技术一直被国外公司垄断。本文结合SCV在山东LNG接收站国产化成功应用实际，对SCV工作原理及结构进行了介绍，分析了SCV燃烧管理系统、燃烧器、热负荷控制技术，并对存在的问题提出了改进和优化。对国产与进口SCV进行了比较并提出了有待进一步优化的问题。

关键词　LNG；SCV；燃烧管理系统；燃烧器；热负荷

1　引言

2017年我国LNG进口量达到3813万吨，同比增长46.3%。进口的液化天然气通过LNG接收站接收并储存至LNG储罐中，通过罐内泵输送至LNG高压泵，经过气化设施气化为常温天然气后，通过管道输送至用气终端。从2006年中国第一个LNG接收站大鹏LNG投产至今，国内LNG接收站技术不断实现突破，接收站核心设备和材料的国产化率已大幅度提升[1]。国内LNG接收站工艺流程设计基本相同，主要设备包括卸料臂、罐内泵、BOG压缩机、高压泵、LNG气化器等[2]。其中LNG气化器主要有开架海水式气化器(ORV)、浸没燃烧式气化器(SCV)、中间流体式气化器(IFV)三种。

SCV是我国北方LNG接收站在冬季应用的基本负荷气化器。青岛LNG接收站作为中石化第一个接收站，建设期间SCV制造商只有德国林德公司和日本住友精密机械公司两家，生产技术垄断导致SCV采购成本高、周期长、备品备件维护费用高、售后服务困难等问题。为掌握SCV的生产技术，实现SCV国产化，2013年，中石化与江苏中圣公司合作开发国产SCV，并与2018年初在青岛LNG接收站调试成功。

2　工作原理与结构

2.1　简介

SCV在海水温度低于7℃、外输峰值、或者ORV故障时使用，利用天然气燃烧产生的热量加热和气化低温LNG。来自燃料气系统的天然气和来自鼓风机的助燃空气按照控制比例注入燃烧器，燃烧后产生的高温气体进入水浴池加热水浴。LNG由浸没在水浴中的换热管束的下部流入，在换热管中被水浴加热、气化后输出到外输总管。SCV主要由水槽、换热管束、燃烧室、燃烧器、烟气分布器、堰流箱、烟囱、鼓风机、烟风道等组成。主要优点为操作安全性高、热效率高、具有快速启动能力等。

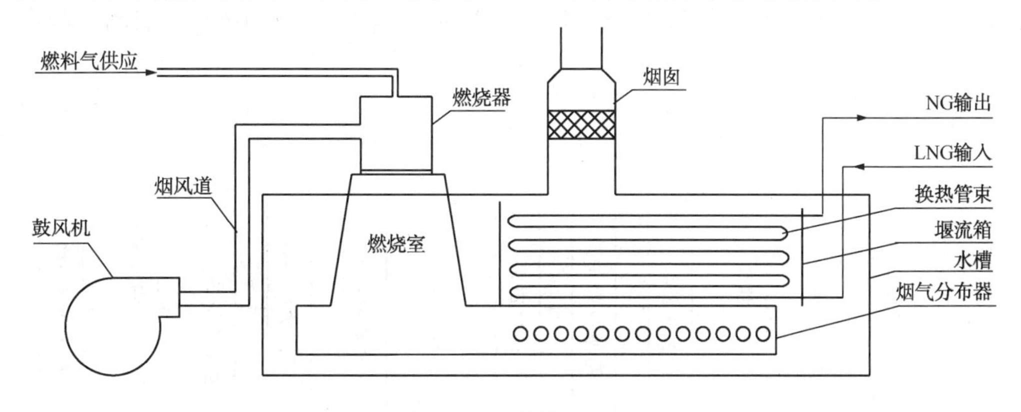

图1　SCV结构原理图

2.2 工作原理

SCV的燃烧器安装在浸没于水槽中的燃烧室顶部，燃料在燃烧室燃烧后，产生的烟气通过位于管束下部的烟气分布器进入水槽，形成含有很多小气泡的气液两相流。气液两相流密度低于水，形成上升作用。上升的两相流仅局限在管束周围的堰流箱之内。气液两相流通过管束向上流动至堰流箱的上方进行气水分离，气泡在水面上破裂后烟气离开水池去烟囱，水溢流到堰流箱外面，并通过SCV管束进行再循环。

SCV管束浸没于水槽内，位于堰流箱内和烟气分布器上方，换热管表面通过高速运动的气水混合物把热量传递给管内的LNG，使其受热气化。烟气气泡在水面破裂后，通过烟囱排放至大气中。充足的空间、较低的烟囱排放速度以及除雾器可确保烟气带水量最少。

2.3 结构

2.3.1 水槽

水槽内部装有换热管束、燃烧室、烟气分布器、堰流箱。水槽为水泥浇筑，上部用盖板封闭，盖板上开人孔，可以进入内部检查。

2.3.2 燃烧器

燃烧器安装在燃烧室上部，附带点火枪、高压点火器和火焰扫描仪。天然气和过量空气充分混合后完全燃烧，燃烧产物热烟气从上向下沿着燃烧室进入燃气分布器，经鼓泡管进入水槽。燃烧室的水槽液面以上有冷却水夹套，使金属温度保持在100℃以下。冷却水来自水槽，由循环水把水槽内的冷水送入水夹套，被加热的冷却水返回水槽，确保热量不散失。

2.3.3 烟气分布器

烟气分布器由烟风道和鼓泡管组成，烟气分布器的鼓泡管均匀地分布在换热管束的下方，热烟气通过鼓泡管喷气孔进入管束下方的水中，可使气水混合物在换热管束外均匀地分布。鼓泡管的喷气孔位于管间，避免了烟气直接冲刷换热管。

2.3.4 换热管束

换热管束是由304L不锈钢管制造的多管程蛇管管束，水平安装在堰流箱内。蛇管的入口与下管箱连接，其出口与上管箱连接。工艺介质经入口进入下管箱，经蛇管进入上管箱，从上管箱出口流出。

2.3.5 堰流箱

堰流箱由不锈钢制造，功能是使水-气混合物在堰流箱内产生自上而下的循环流动。

2.3.6 鼓风机

SCV配有高压离心鼓风机，鼓风机的作用是为燃烧器提供过量的助燃空气，使其完全燃烧。

3 关键技术及改进

3.1 燃烧管理系统(BMS)

山东LNG接收站国产SCV配备一套燃烧管理系统，作用是通过控制管理与监测有关燃烧系统的设备，例如燃烧器、点火枪、火焰监测探头、切断阀等，实现ESD联锁、开工和停工、热负荷调节等。

3.1.1 报警停机

国产SCV仪表风压力、助燃空气压力、水槽液位、水浴温度、NG出口温度等均可触发ESD联锁，导致无法开工或紧急停工，有效保护生产安全。需操作对ESD联锁复位后，才能重新进行开工工作。

3.1.2 开工与停工

SCV总的启动操作可以分为两大步骤：一是燃烧系统的启动；二是LNG进料和气化输出的启动。其中燃烧系统的启动方法有两种：一是手动启动，包括自动风机、启动冷却水循环泵、点火枪点火三步；二是自动启动。SCV停工与程序基本相反，先停LNG，再停燃烧器。开工与停工步见图2、图3。

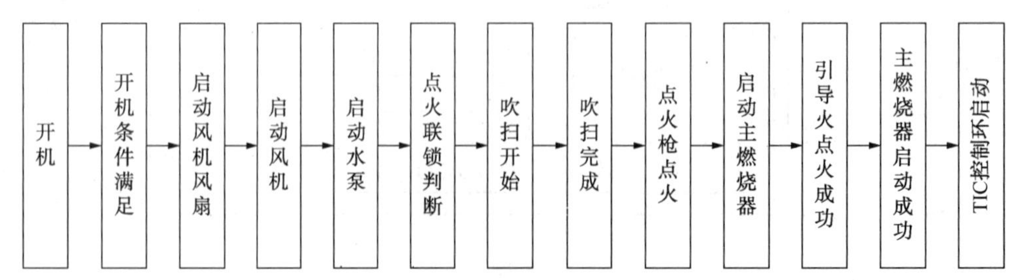

图2 SCV开工步骤图

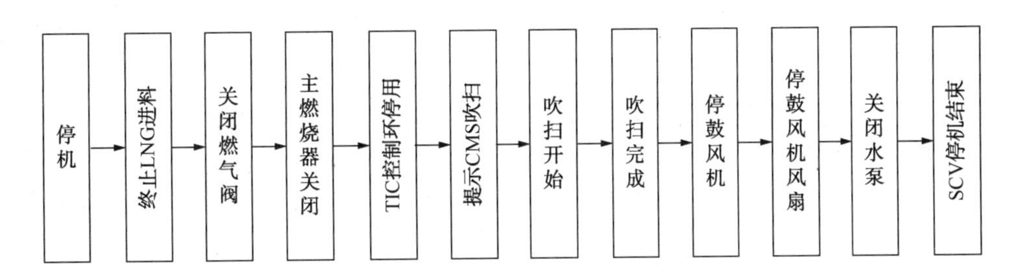

图 3 SCV 停工步骤图

3.1.3 热负荷调节

SCV 工作时，需根据介质流量要求，对燃烧器热负荷进行调节，热负荷调节是 SCV 控制的核心和难点，在 2.3 节中重点研究介绍。

3.1.4 PH 回路调节

浸没燃烧系统通过吸收燃烧产物中的热氧化碳，生成碳酸，或者吸收燃烧产生的氮氧化物，生成硝酸。为了减少酸性物质生成并最大限度降低 SCV 中奥氏体不锈钢部件腐蚀的可能性，必须通过加碱液对 PH 值进行控制。当检测到水浴 PH 值低于设定值时，自动打开碱液罐开关阀向水槽加入碱液给予中和。当检测到 PH 值升高达到设定值时，自动关闭碱液罐开关阀。

3.1.5 防止冬季水槽结冰

待机状态下，如果水浴温度低于设定值，启动电加热器加热，启动水泵。当温度升到设定值，关闭电加热器和水泵。水泵在此条件下运行时，水泵出口压力也和在燃烧器运行时一样被监控，即水泵出口压力低于设定值应自动停机并报警。

经过现场实际测试，对遇见的问题进行了改进：(1)原设计为水温下降时联锁停车，为避免正常运行时水温度下降导致联锁停车，取消 BMS 水温判断条件。(2)原设计为联锁状态下点火不成功，BMS 执行停机程序，进行后吹扫后关闭鼓风机和水泵。为提高效率，修改为点火不成功不要执行停机程序，进行后吹扫后不要关闭鼓风机和水泵，允许复位后重新点火；(3)为确保安全，将火焰信号丢失报警信息没进 DCS；(4)因燃烧器设置的空气压力开关有时会发生故障而给出压力低报警，导致不点火。故在联锁条件判断中增加风机出口压力检测，高于低报设定值通过，否则跳车。

3.2 燃烧器

燃烧器有一个主空气进口和一个中心空气进口。主空气在燃烧室内部被分配到若干个烧嘴内与主燃气混合后喷到燃烧室内燃烧。中心空气进入中心烧嘴与中心燃气在燃烧室内燃烧。通过调节主燃气和中心燃气的比例，能够调节火焰形态和火焰刚性。通过空/燃流量比例调节系统，将最大程度的保证燃烧效率和较低的氮氧化物排放。

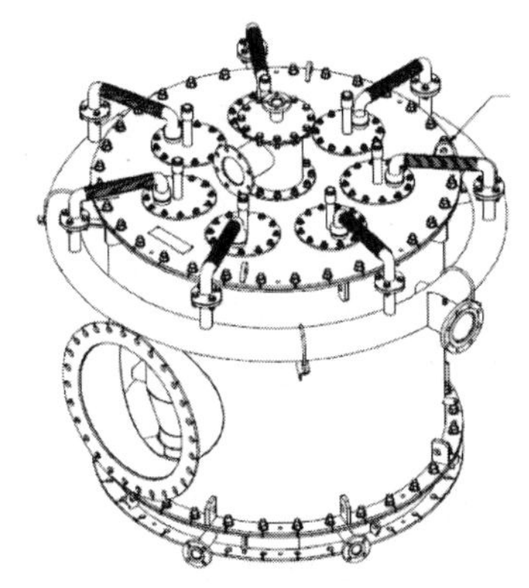

图 4 燃燃烧器构造图

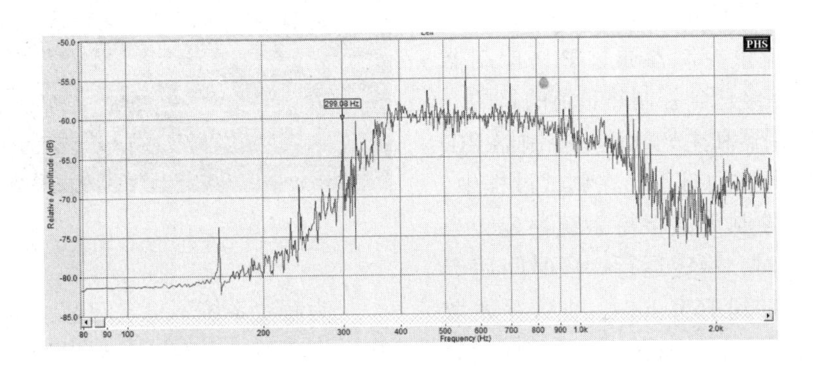

图 5 燃烧器噪音频谱图

在调试时，发现65%以上负荷时存在燃烧器啸叫声音，对烧嘴更换、拆除等发现，并不能消除噪音。经过对环境和管道振动的噪声测量，发现原因为风机的噪声频谱中有较强的300Hz噪声频率，燃烧器在运行时放大了已经存在的300Hz噪声。

经过研究，进行了如下改造并将噪音问题成功消除：(1)改进UV火检的观测筒，使UV火检能稳定工作。(2)减少风机进风口面积，改善主空气调节阀的开度。(3)调整主空气调节阀的安装角度，改善助燃空气的气流方向，使烧嘴燃烧气流更稳定。(4)改换中心火燃气喷嘴，消除中心火与噪声(频率)的相互影响。(5)调换中心空气调节阀，能关断中心空气流量，阻断噪声(频率)通过中心风管进入烧嘴。(6)改变混合喷枪的空气流动气阻，平衡所有喷枪的系统稳定性。(7)调整混合喷枪的燃气混合位置，增加烧嘴的燃烧稳定性，提高对噪声(300hz频率)的非敏感度(鲁棒性)。

3.3 热负荷控制

燃烧管理系统通过控制燃烧器的空气和燃料流量以及空气和燃料的比率来控制热负荷，控制系统如图6。

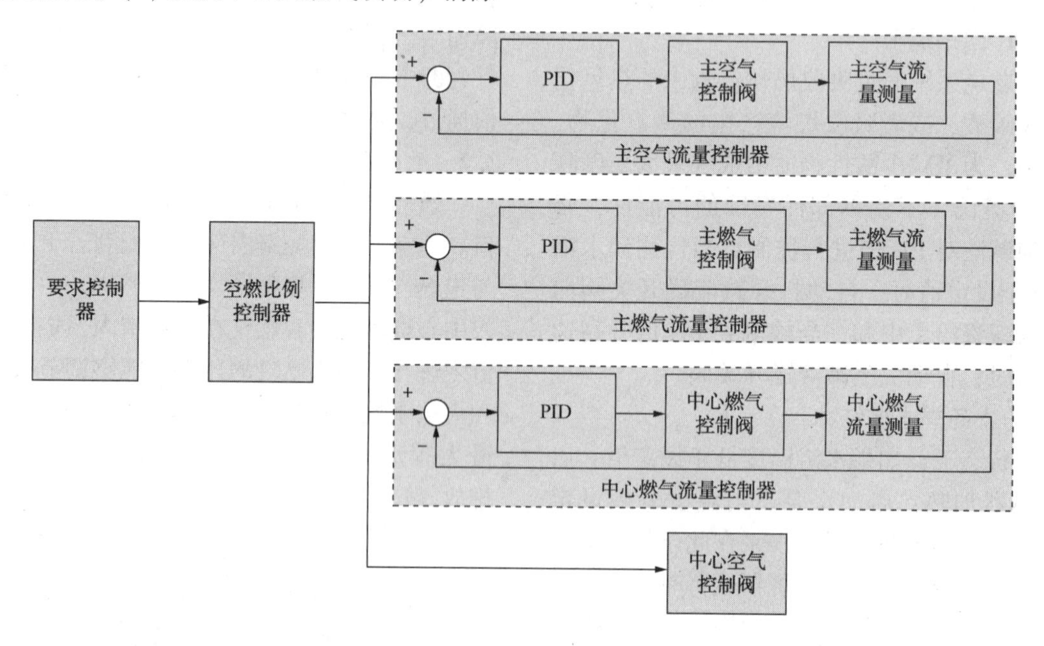

图6 热负荷控制系统

依据LNG量和出口温度计算出的烧嘴燃烧比率作为要求控制器的输入，要求控制器的输出作为空燃比例控制器的燃烧要求。空燃比例控制器内部存有查找表，热需求控制器输出经过查找对应，可以确定主控器流量控制器、主燃气流量控制器、中心燃气流量控制器的输入以及中心空气控制阀阀位。主控器流量控制器、主燃气流量控制器、中心燃气流量控制器通过PID控制器控制对应的阀门，最终达到控制热负荷的目的。

主控器流量控制器和主燃气流量控制器PID参数的选择是系统调试的难点，在调试过程中，发现单纯采用PID控制无法保持系统稳定。当LNG流量为150t/h时，稳定运行一段时间后产生波动，当LNG增加到165t/h时，曲线呈发散趋势，表现出系统不稳定，如图7。在PID参数调整过程中，经常出现因SCV出口温度下降过快，造成跳车现象发生，如图8。

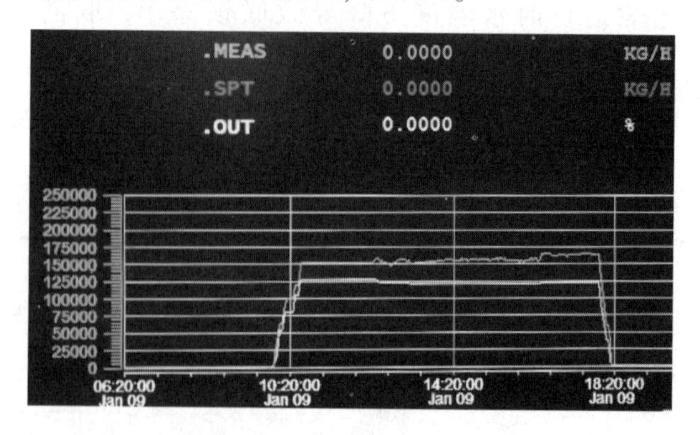

图7 LNG输入流量变化

为解决系统不稳定问题，经研究提出两种解决方案，方案一是将LNG进料量引入燃烧器控

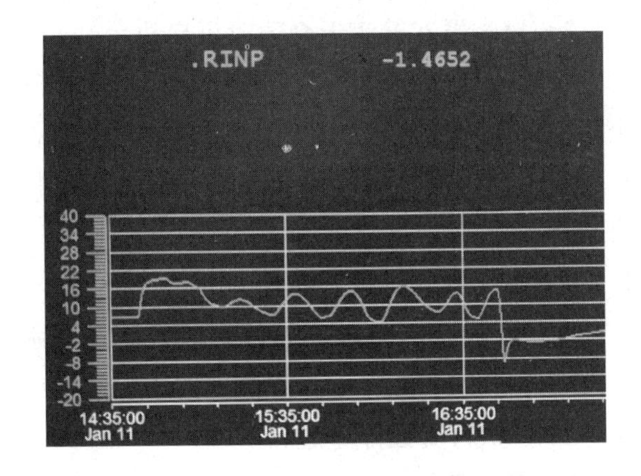

图 8　SCV 出口温度变化

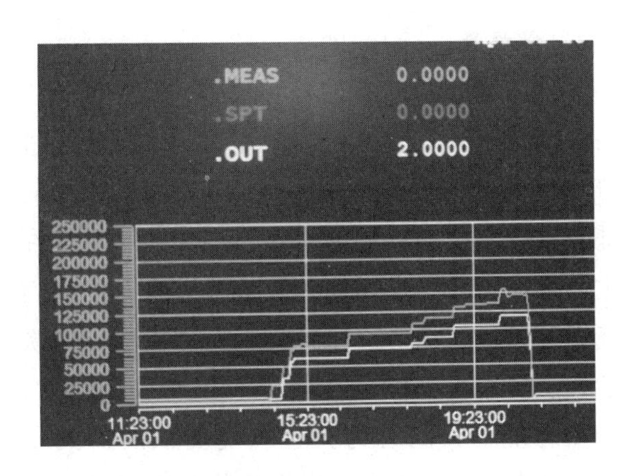

图 9　LNG 进料变化

制负荷回路，利用进料量设置燃烧器负荷波动约束条件。方案二是针对出口温度波动范围，自动整定形成 PID 参数，偏差范围大时 PID 参数增大，以达到快速收敛的目的，波动量小 PID 参数变小，以达到精确控制的目的。经过分析比选和实际进料试验，两种方案均能达到控制系统稳定要求，但方案一存在流量计本身故障或流量计通讯故障，默认流量为零造成燃烧器负荷迅速降低，而实际 LNG 进料量未发生变化，导致 SCV 跳车风险发生。另外，不同运行工况 LNG 进料温度会发生较大变化，燃烧器负荷约束条件也需进行相应的调整，否则将导致燃烧器运行不稳定、持续波动情况。故从系统安全和运行方便考虑，选用方案二。

在 LNG 流量稳定时，SCV 出口温度可维持在较稳定状态(9~10℃)。考虑实际操作工况，在加减料时，LNG 流量有一定范围内的波动，因此实际测试了 LNG 流量波动范围对 NG 出口温度的影响，如图 9、10 所示。LNG 进料在 10t/h 时，温度波动为 8.2-10.2℃；LNG 进料在 15t/h 时，温度波动为 7.2-11℃；LNG 进料 20t/h 时，温度波动为 6.0-13℃。故为确保系统稳定，将进料温度设定在 15t/h 以下。

3.4　其它优化改进

3.4.1　消除了风机噪音

在系统调试初期发现风机噪音超标(105 分贝)，经分析原因是风机出口流体有蜗旋和消音器消噪声能力不足。经过在风机壳内增加一个隔板部，减少乱流，提高风机整体性能和在出口弯头后增加一个消声器，将噪音降低至 85 分贝以下。

3.4.2　循环水泵管线增加电伴热

在循环水泵管线增加电伴热，防止冬季低温

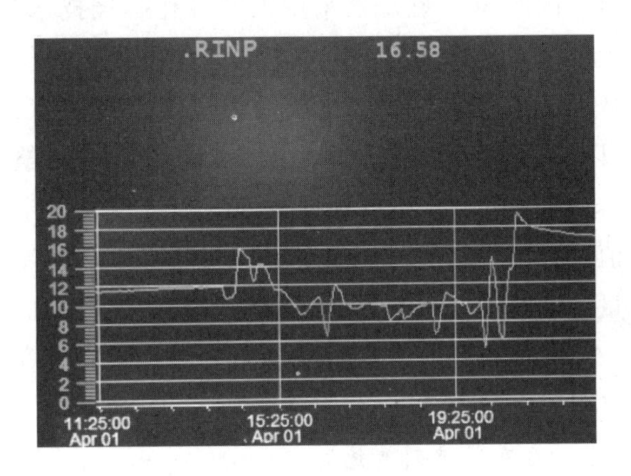

图 10　SCV 出口温度波动情况

造成管道结冰问题发生。

4　与进口 SCV 比较

4.1　工艺数据

山东 LNG 项目有四台进口 SCV，由林德公司生产，进口及国产 SCV 工艺数据如表 1。从表 1 可以看出，国产与进口 SCV 设计能力及出口压力相同，换热效率、风机功率、设计风量、满负荷燃料气消耗、造成等技术指标达到与进口设备相同水平。

表 1　进口、国产 SCV 工艺数据表

项目	进口 SCV	国产 SCV
设计能力	207.788t/h	207.788t/h
出口压力	8.25MPa	8.25MPa
换热效率	99%	≥98%
风机功率	560KW	550KW
设计风量	50158 t/h	55000t/h
满负荷燃料气消耗	2.567 t/h	2.68t/h
噪声	≤80 分贝	≤85 分贝

4.2 燃烧器

燃烧器作为SCV的核心设备，是保证SCV启停和快速调节的关键[3]。山东LNG接收站进口SCV由德国林德厂家生产，其燃烧器采用底部分级燃烧技术，下部蜗壳的一次助燃空气在主燃烧喷嘴处混合燃烧，为预混燃烧，确保燃烧室处于贫氧状态，抑制氮氧化物生成。二次助燃空气至上部蜗壳旋转进入控制火焰形状，冷却燃烧器，同时为完全燃烧提供所需的空气，具有燃烧效率高、氮氧化物产生量低等特点。国产SCV燃烧器采用顶部多孔燃烧技术，上部蜗室平均分配多个燃料气管线，主燃料气从上而下点火引燃，主要的燃烧在上部蜗室，具有火焰稳定性高的特点，当进行负荷调整时，由NG出口温度根据输入的测量值和设定值计算出输出值，控制主燃气阀调节主燃气流量，同时助燃空气分配阀输出值改变控制风机入口阀进行调节，负荷调节能力低，调节时容易引起管道震动[4]。

4.3 热负荷控制系统

进口SCV将热负荷调节系统与其他控制系统进行统一控制，国产SCV热负荷系统为单独控制系统，在运行时需与SCV主控制系统进行数据交换，导致系统控制相对较慢、不稳定性增加。

5 系统优点及待优化的问题

5.1 系统优点

5.1.1 运行安全

SCV管束浸没在工作温度低于55℃的水槽中。即使当液化天然气流中断时，仍可确保管壁温度仅为55℃，水槽中的水可防止管束遭受过热和烧毁，从而保护管束受热损坏。燃烧产生的烟气可被冷却至不超过55℃的温度，低于液化天然气的自动点火温度，当液化天然气发生泄漏时，也不会燃烧。

5.1.2 传热效率高

热烟气经分布器产生的气泡与水直接接触换热，在装有低温液体的管子周围形成紊流，溢流堰形成良好的再循环，传热效率高。

5.1.3 燃烧器在管束无介质时可启动

在LNG开始流入工艺管束之前即可启动气化器，水槽会加热至工作温度。需要时，可在介质流入之前使气化器仅处于小负荷燃烧待机状态。

5.1.4 燃烧器停机时可继续为LNG供热

即使在燃烧器以外突然停机时，储存在水池内的热量仍可继续对工艺介质供热，从而确保对LNG执行受控停止进料。

5.1.5 管束无结冰

SCV设计的工艺管束周围有良好的水循环及高的传热系数，管子表面不会出现结冰现象。

5.2 待优化的问题

经过现场调试运行，总结出如下需待优化的问题，对SCV国产化的进一步优化进一步指明了方向：(1)进行系统优化定型，模块化设计，便于现场安装；(2)对燃烧系统进行优化，提高燃烧稳定性，提高火焰监控可靠性。(3)优化风管道，简化流量计量系统，选用更紧凑的流量计；(4)进一步开发整合控制系统，把燃烧控制模块和燃烧管理系统整合在一起，便于维修管理；(7)优化水槽盖板结构，便于安装和密封；(8)优化烟囱排水结构，减少或避免结冰。

6 结束语

LNG接收站建设由早期国内外工程公司联合体设计发展到如今的国内工程公司独立EPC，接收站核心设备和材料国产化率已大幅度提升[1]。LNG接收站的主要作用之一是进行季节调峰。在我国北方已建LNG接收站，如山东LNG、辽宁大连LNG、天津LNG等，SCV成为实现冬季气化外输必备设备，但技术一直被国外垄断。国产SCV在山东LNG接收站经过试验运行取得成功，设备能力、换热效率等指标经过实测均能达到与进口设备同等水平，进一步促进了LNG接收站国产化水平的提升。

本文结合国产SCV在山东LNG接收站调试、运行实际，对国产SCV关键技术进行了探讨，提出了优化改进措施并得到了验证。结合设备运行实际，在与进口 SCV 综合比较的基础上，对系统的优点进行了总结，并提出了待优化的问题，为国产 SCV 进一步优化完善指明了方向。

参 考 文 献

[1] 张少增. 中国 LNG 接收站建设情况及国产化进程[J]. 石油化工建设，2015，37(03)：14-17.

[2] 王莉，李伟，郑大明. 唐山 LNG 接收站关键装备国产化成果与经验[J]. 国际石油经济，2015，23(04)：89-92.

[3] 刘世俊，郭超，雷江震等. 浸没燃烧式 LNG 气化器燃烧器的研究[J]. 城市燃气，2016，05(002)：9-13.

[4] 梅丽，魏玉迎，陈辉. 国内首台浸没燃烧式气化器 SCV 燃烧器结构分析[J]. 天然气技术与经济，2017，增刊(1)：9-12.

LNG 接收站与循环水系统结合的冷能利用方案

潘 盼 罗 禹

（中国石油天然气管道工程有限公司）

摘 要 目前国内已建成投产的江苏、福建等 LNG 接收站均采用在高压泵后气化器前将 LNG 管线引出进入空分装置生产液态产品外销的冷能回收技术，但是该方案的投资较高且仅能利用较少部分 LNG 冷能，收益也需取决于外部市场。根据近些年 LNG 项目设计工作的经验，大多 LNG 接收站的建设地点会选在配套设施较完善的工业园区，在此类工业园区内通常会有大型炼厂或其他化工厂站毗邻建设，很多厂站设有循环水系统。因此，本文提出一种新的冷能利用方案，即 LNG 接收站与循环水系统结合冷能利用方案，该方案能够带来很好的社会效益和经济效益，尤其对于地处海水水质较差、温度较低的 LNG 接收站是有效的节能减排解决方案，为今后 LNG 接收站的冷能回收指导方向。

1 LNG 接收站冷能利用方案

1.1 LNG 接收站概况

LNG 船抵达接收站专用码头后，LNG 经船上卸料泵增压，通过液相 LNG 卸料臂、卸船总管进入接收站的 LNG 储罐内。

罐内 LNG 经低压输送泵增压后可分三股外输：一部分与再冷凝器冷凝后的 LNG 一起经高压输出泵增压后，利用气化器使 LNG 气化成天然气，计量后输至输气干线；另一部分 LNG 输至槽车装车站，经槽车装车臂装入 LNG 运输槽车；第三部分 LNG 输送至现有码头装船，进行 LNG 转运。

在 LNG 装/卸船期间，由于热量的传入和储罐气相空间的变化，会产生大量蒸发气。产生的蒸发气一部分通过气相返回管线、气相返回臂返回至 LNG 运输船船舱，以平衡船舱内的压力；另一部分通过 BOG 压缩机增压进入再冷凝器冷凝后，与外输的 LNG 一起经高压输出泵、气化器外输。夏季接近零外输工况时，可采用直接输出工艺，将蒸发气增压送至外输管道。

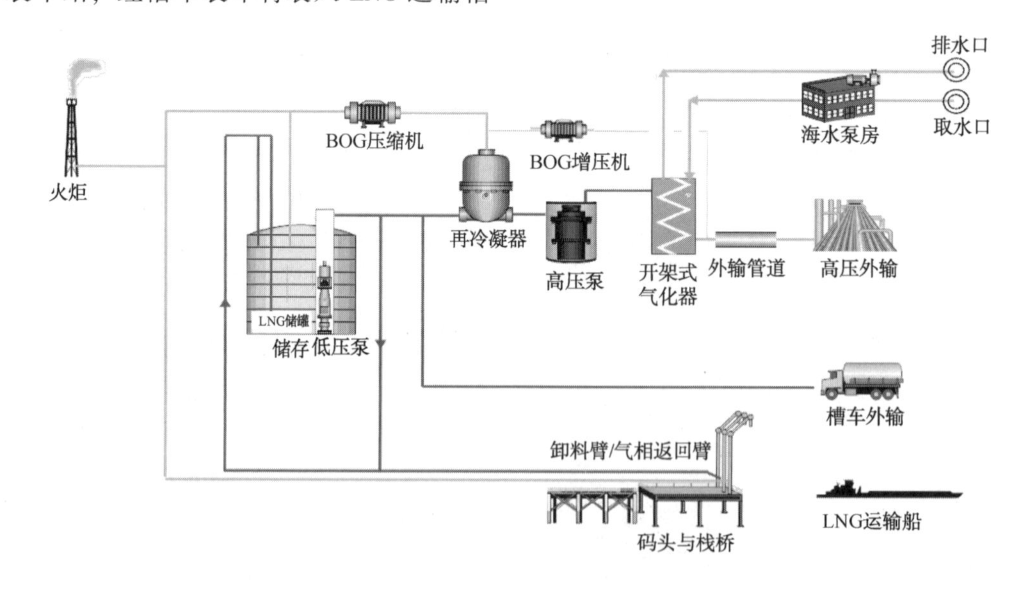

图 1 LNG 接收站工艺流程示意图

LNG 接收站根据其所处地自然环境不同，对气化设施的选择也有所不同。

目前，国内大型 LNG 接收站通常采用的气化设施主要有开架式气化器（ORV）、浸没燃烧式气化器(SCV)、中间介质气化器(IFV)，就以上三种类型的气化器而论，开架式气化器和浸没燃烧式气化器常被使用。首先应该考虑该地区的海水水质，若海水水质较好，可使用经济性好、运行成本低的 ORV，否则需使用 IFV；若该地区冬季海水温度不能满足 ORV 的需求时，可考虑采用 ORV 与 SCV 联合运行的方式；另外，ORV 是开敞式设备，IFV 为密闭设备，在气化器需要承压的情况下也可考虑用 IFV 代替 ORV 使用。

1.2 LNG 冷能概况

以规模为 300×10^4t/a 的 LNG 接收站为例：

LNG 存储参数：-170℃，-0.5~29kPa；

NG 外送参数：0~2℃，7~9.2MPa；

LNG 气化为 NG 吸热约为 720kJ/kg(提供冷能)，这部分冷能通常在气化器中被海水带走；

300 万吨/年的 LNG 接收站理论可回收冷能 2.16×10^{12}kJ(6×10^8kWh)。即使按 50%回收率计算，也可回收约 1×10^{12}kJ，相当于每年节约标煤 3.6 万吨，减排二氧化碳约 9 万吨、二氧化硫约 110 吨、氮氧化物约 365 吨、烟尘 272 吨。

1.3 LNG 冷能利用现状

国内已建成投产的江苏、福建等 LNG 接收站均采用在高压泵后气化器前将 LNG 管线引出进入空分装置生产液态产品外销的方案，但是该方案的投资较高且仅能利用较少部分 LNG 冷能，收益也需取决于外部市场。

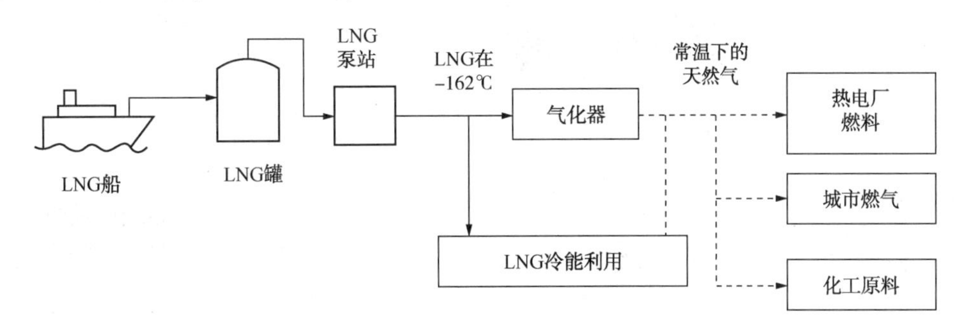

图 2 LNG 冷能利用示意图

1.4 LNG 冷能利用新提案

根据近些年 LNG 项目前期工作的经验，大多 LNG 接收站的建设地点会选在配套设施较完善的工业园区，在此类工业园区内通常会有大型炼厂或其他化工厂站毗邻建设，很多厂站设有循环水系统。因此，本文提出一种新的冷能利用方案，即 LNG 接收站与循环水系统结合的冷能利用方案。

2 LNG 接收站与循环水系统结合方案

2.1 循环水系统概况

以炼油厂为例，淡水循环水冷却系统主要用于工艺装置换热器冷却。

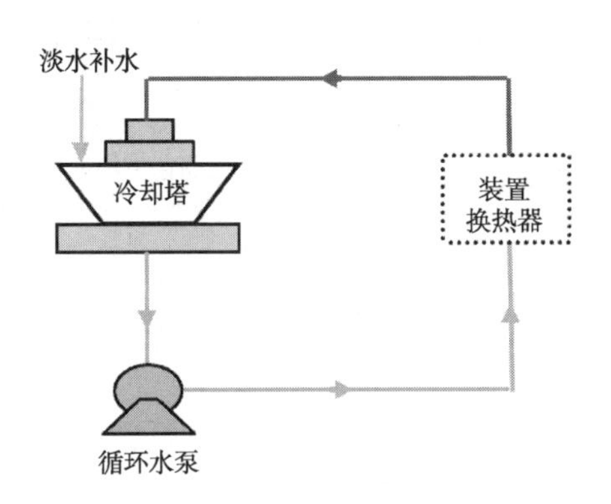

图 3 炼厂循环冷却系统示意图

2. 设计方案

LNG 气化关键影响参数：热媒介质温度及比热容、出入口温差。

$$Q = UA \cdot \Delta tm = Cm \cdot \Delta t$$

LNG 项目通常在采用海水气化时，为避免对海洋生态造成影响，出入口温差需控制在 5℃，若采用循环水气化，对温降温度无严格限制，出入口温差可调整为 10℃，气化用水量可降低约 50%。

若接收站采用开架式气化器作为气化设施，其使用海水气化后海水会直排回大海；若采用循环水系统，需在厂站内设置循环水系统，以供循环水往返，但是由于开架式气化器不能作为密闭承压系统，需在气化器旁设置循环水池，并配备循环水泵，将供给 LNG 气化用水提升回炼厂循环水系统。

若 LNG 接收站采用中间介质型气化器(IFV)，热源采用炼厂提供热水，IFV 为闭式系统，可考虑利用来水压力完成整个循环，不再设置循环水泵，IFV 热水侧压力降为 200kPa，若双方厂区距离较远，需双方商定对循环水系统加压设施的投资运行费用分摊计划。

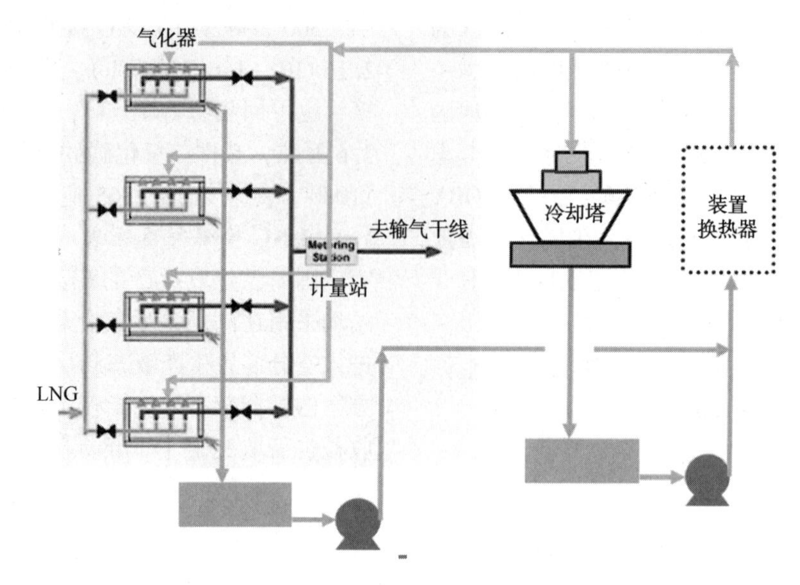

图 4　LNG 接收站和炼厂循环水系统结合示意图

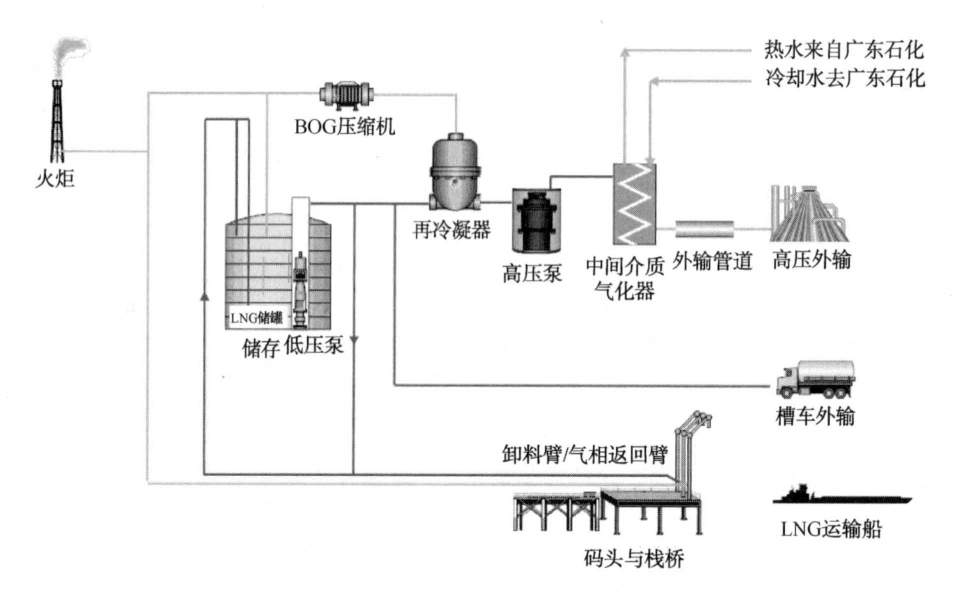

图 5　结合示意图

2.3　设计方案优缺点分析

1）优点：

• 采用循环水直接作为气化 LNG 的热媒，大大降低 LNG 气化的能耗，与此同时循环水得以冷却，实现能源有效循环利用；

• LNG 项目可取消利用海水气化 LNG 的设施，降低工程投资，且有效降低冷排放对周围海域的环境影响，避免影响海洋生物正常繁殖和生长。

2）缺点：

• 考虑到循环水系统一般每三～五年需要检修一次，一次约 15～30 天，因此 LNG 项目需考虑设置气化备用设施。

3）备用方案：

• 对于外输量较均匀的 LNG 接收站，通常循环水系统在检修时仍可提供水源和蒸汽，LNG 项目可考虑设置汽-水换热器对其提供的水源和蒸汽进行换热，以作为备用方案满足气化外输的需求。

• 对于应急调峰型的 LNG 接收站，在考虑利用换热器作为备用方案的情况下，同时需根据工程外输量的最大需求，增设浸没燃烧式气化器

(SCV)作为备用方案。

4）与其他与炼厂结合的冷能利用方案对比

若 LNG 接收站与炼厂毗邻建设除了循环水系统的结合，LNG 与空分装置结合综合利用冷量也是可行的，LNG 冷量回收方案与空分装置工艺结合度越高，所节省的能耗也就越高。但是截至目前，还未有将 LNG 冷量回收及要求高安全性和可靠性的大型空分装置结合同时供应管道及液体产品的案例，存在 LNG 泄露气有带入空分塔的可能性，若空分塔出现事故也会对 LNG 的输送造成影响，因此，需要考虑诸多因素保证双方的安全及可靠的运行，而循环水系统主要介质为水，即使泄露也不会对周围环境带来较大的破坏。

除此之外，轻烃回收也是 LNG 冷能利用的发展趋势，目前国内中石化青岛 LNG 接收站已经设置了轻烃回收装置，主要用来回收 C_{3+} 组分。不过轻烃回收的效益主要取决于资源地的 LNG 组分，若所接收的 LNG 大多为贫液，其经济效益也会受到影响，且轻烃回收装置投资较高，需要单独开展专题研究，详细论证其可行性和技术经济性。

综上所述，若建设条件具备，LNG 接收站与循环水系统结合方案是冷能利用的最佳方案。

2.4　可行性分析

目前国内很多炼厂分布在沿海一带，与 LNG 接收站的建设条件相同，且目前中石油也有多个正在规划的炼厂和 LNG 接收站项目在开展设计中，且炼厂有大量的燃料气需求，也可作为 LNG 接收站的潜在用户，若均为中石油投资建设的项目，两个项目可统筹选址，结合建设，实现集约运行、配套设施共用、降低建设投资，真正做到深度结合一体化。

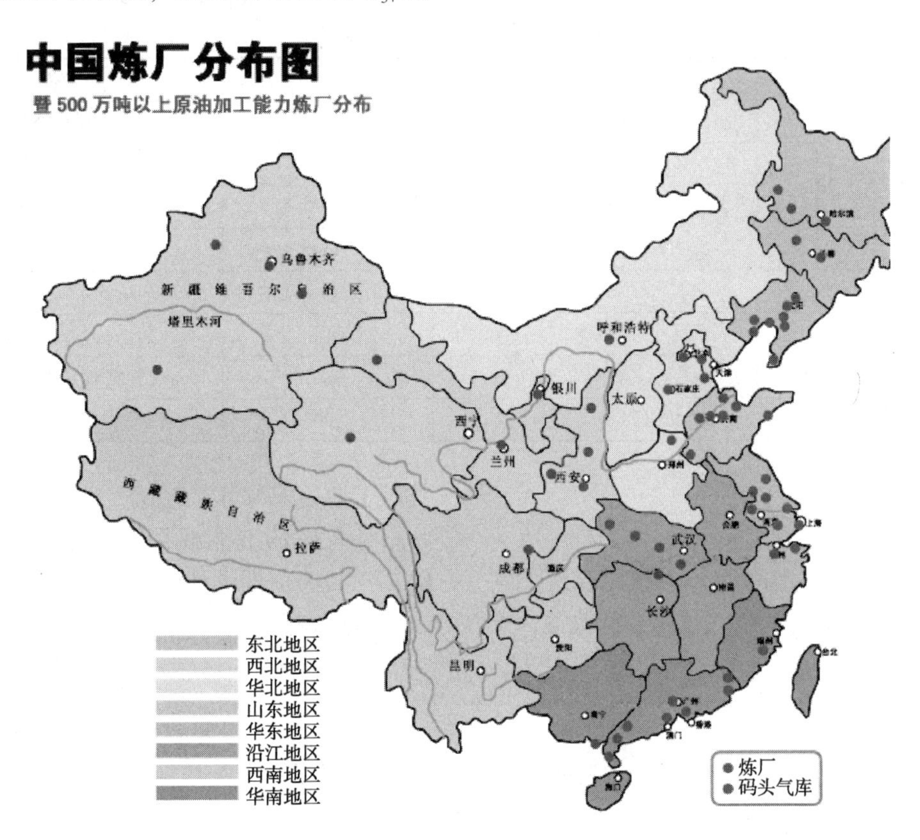

图 6　中国炼厂分布图

3　项目效益分析

3.1　LNG 接收站（300 万吨/年，开架式气化器）

如表 1 所示，LNG 接收站可节省工程费用约 2004 万元；运行后，LNG 接收站可节省运行费用约 1608 万元/年。

表 1　LNG 接收站费用变更表

			数 量	万元/年	备注
方案	运行费用	用电	-4500 kW	-2192	减少 4 台海水泵运行
			+1200 kW	+584	增加 4 台循环水泵运行
		合 计		-1608	
	一次投资		数 量	万元	
		海水泵	4 台	-1800	
		循环水泵	4 台	+500	
		换热器	3 台	+126	
		海水处理设施	次氯酸钠发生装置等	-530	与其他同等规模 LNG 接收站相比，若取消取排海水设施节省更多
		其他设施	辅助设施	-300	建构筑物等
		合计		-2004	新增管道在循环水系统统一考虑

3.2　循环水系统（可满足 LNG 全部气化用量）

如表 2 所示，运行后，循环水系统可节省运行费用约 1148 万元/年；运行当年可节省的运行电费，大于增加管道的投资费用。

表 2　循环水系统费用变更表

			数量	万元/年	备注
方案	运行费用	用水	-156 m^3/h	-197	减少补水量
		用电	-296 kW	-144	减少 2 台风机运行
			-1656 kW	-807	减少 1 台供水泵运行
		合 计		-1148	
	一次投资		数量	万元	
		管道		980	增加，根据双方商议划定该投资界面
		合 计		980	

4　结论

因此，LNG 接收站与循环水系统结合冷能利用方案能够带来很好的社会效益和经济效益，尤其对于地处海水水质较差、温度较低的 LNG 接收站是有效的节能减排解决方案，建议在今后 LNG 项目的前期设计中充分考虑。

浅谈 LNG 浮式接收再气化装置设计技术

王 为

（中国石油天然气管道工程有限公司）

摘 要 LNG 浮式接收再气化装置（Floating Storage Regasification Unit，简称 FSRU）作为海上 LNG 的接收终端，系泊在海上。LNG 运输船向其输送 LNG，FSRU 在海上完成 LNG 的再气化过程，并通过海底管道向岸上用气设施直接供气。浮式 LNG 接收终端四个最重要的组成部分为：FSRU（包括接卸、增压和气化设备）、FSRU 的泊位、FSRU 的系泊系统、外输管线。本文介绍了 FSRU 概念、功能、应用范围及关键技术，分析了 FSRU 的优势，对该项技术的发展进行了展望。

1 前言

近年来 LNG 接收终端与 LNG 需求间存在的缺口在不断扩大。随着人们越来越强的环保意识，在沿海建设陆上 LNG 接收终端受到的限制越来越多。在这样的背景下，人们开始考虑将 LNG 接收终端建设在海上。随着国外海上浮式 LNG 接收站工程应用的逐步发展，浮式 LNG 配套功能模块将成为未来的重要发展趋势之一。现在，国内船用 LNG 再气化功能模块设计制造刚刚起步，对船用 LNG 再气化功能模块的研究，是满足海上 LNG 接收站建设的关键要素之一。

2 FSRU 技术

2.1 总体方案

相对于常规 LNG 运输船，FSRU 上安装了必要的增压、气化设备以满足 FSRU 的功能要求。FSRU 上配置了所有必须的公用系统（包括电力系统）以满足各种操作状态的需要。FSRU 系泊于近岸码头，从常规 LNG 运输船上接收 LNG，通过自身的增压气化系统将 LNG 加压、气化，气化后的天然气通过安装在 FSRU 船舷侧的输气汇管外输到陆上天然气管网。

2.2 工艺流程

FSRU 上 LNG 系统和气化系统工作流程如下图 1 所示：

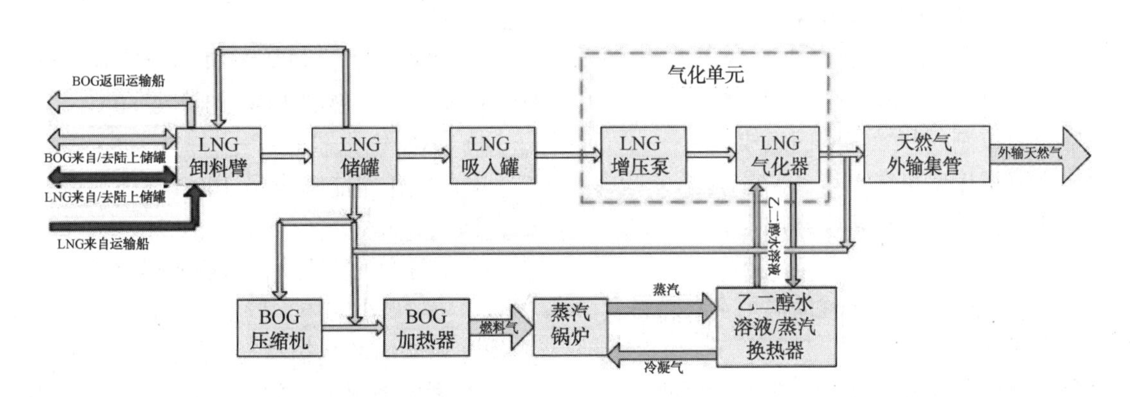

图 1 LNG 系统和气化系统工作流程

LNG 从 LNG 运输船通过卸料臂输送到 FSRU 储存单元，经罐内泵和高压泵升压后进入 LNG 气化器，气化后达到压力和温度要求的天然气经计量后由高压气体输送臂输至码头上的气体输气管道外输。储舱内因外界热量漏入而产生的 BOG 经 BOG 压缩机加压，再由加热器预热后作为燃料进入蒸汽锅炉燃烧，高温高压蒸汽在汽轮机内膨胀做功，带动发电机发电，为 FSRU 提供电力。同时，冬季 LNG 气化温度较低时引一股热蒸汽对天然气加热，使其温度满足外输温度要求。

正常运行时，FSRU储罐内维持较低的压力，在LNG外输量较大时，蒸发率较小，LNG储舱内可能出现负压。须设置一条高压气体返回管线从气化装置后引出，经调压后进入LNG储舱，维持储舱的正压。LNG外输量较大，BOG不能满足锅炉燃气要求时，须从气化器后高压气体管道取部分天然气进入锅炉燃烧，以满足FSRU上的动力需求。

2.3 LNG接卸技术

浮式终端接卸LNG的方式主要有并联式和串联式，如图2和图3所示。并联式是指LNG运输船与FSRU并排锚泊，同时通过卸料臂或卸料软管接卸LNG。串联式是指LNG运输船与FSRU首尾相接锚泊，然后进行接卸作业。

图2　并联式接卸方式

图3　串联式接卸方式

2.4 LNG储存系统

FSRU在海上运行操作时有液位及容量限制，日蒸发率不高于0.16%。

2.5 蒸发气(简称BOG)处理系统

BOG处理系统通常由2台小流量压缩机、2台大流量压缩机、2台BOG加热器、1台强制气化器、罐压力控制阀和燃气主阀组成。

(1) 小流量压缩机

由变速电机驱动，有两个作用：

a) 维持船舱内压力；

b) 用于将BOG压缩至辅助锅炉及双燃料发电机作为燃料气。

每台小流量压缩机设计处理能力为辅助锅炉100%的燃料气量。

(2) 大流量压缩机

主要用于：

a) 装载LNG至FSRU时输送BOG气体；

b) 暖舱过程加热循环。

单台大流量压缩机设计能力能够满足BOG最大计算量。

(3) BOG加热器

两台BOG加热器用于：

a) 将通往大流量压缩机用于暖舱的BOG加热至80℃；

b) 将输往小流量压缩机用于作辅助锅炉和双燃料发电机燃料的BOG加热至80℃。

4) LNG气化器

单台气化器能够满足100%气体燃烧量，主要用于：

a) 在LNG泵外输，为船舱提供BOG；

b) 在20小时内，置换船舱内的惰性气体；

c) 船舱内的吹扫及气体置换；

d) 紧急情况下可代替强制气化器将LNG紧急气化。

LNG气化器为管壳式换热器，LNG由喷淋泵提供。

(5) 强制气化器

强制气化器为管壳式气化器，用于强制气化LNG以补充燃料气及在卸料过程中保持罐内压力，气化的LNG由任意舱内喷淋泵提供。

2.6 再气化系统

LNG 再气化模块的主要设备包括 LNG 高压泵、LNG 缓冲罐、LNG 主气化器、天然气复温器、乙二醇/蒸汽换热器、乙二醇循环泵、控制组件及阀门。LNG 主气化器采用不锈钢印制板式换热器，乙二醇/蒸汽加热器采用焊接板式换热器，通过采用紧凑、高效的换热器减少再气化模块的质量和占用空间。

LNG 再气化系统作为 FSRU 较为独立的工艺模块，一般布置在船体的艏部或艉部；FSRU 甲板空间有限，因此要求再气化模块结构紧凑、流程合理、操作方便。典型的 LNG 再气化系统工艺流程(图 4) 为：液舱内潜液泵将 LNG 泵送至 LNG 缓冲罐，经 LNG 高压泵增压至 7 ~ 9 MPa；通过 BOG 冷凝器回收 BOG，进入 LNG 主气化器，与乙二醇溶液换热气化，再经过复温器加热至常温；FSRU 的气化外输能力约为 500 ~ 1000 t/h，单个气化模块的设备气化能力无法实现，通过若干气化模块并联即可满足要求。采用丙烷或乙二醇溶液作为中间介质与 LNG 进行换热，通过海水或高温蒸汽给中间介质提供热源，需要根据 FSRU 靠泊港口的环境条件、船体蒸汽系统负荷综合考虑；若采用蒸汽系统提供热源，FSRU 燃料气系统和蒸汽系统的负荷较大。

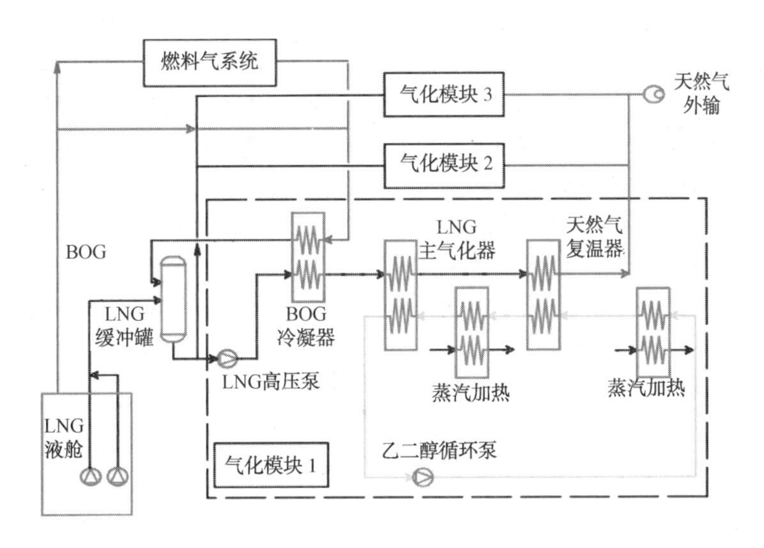

图 4　典型 LNG 再气化系统工艺流程图

2.7 天然气外输及计量系统

气化后的天然气通过高压管线输送到船体舷侧的天然气外输汇管。在 FSRU 的汇管平台上布置外输汇管与高压气体外输臂相连接，外输汇管的外输量为气化装置的气化量。计量系统位于船艏的主甲板部分，包括以下组成部分：

超声波计量系统包括两台超声波流量计、两个压力传感器和两个温度传感器。

气相分析系统包括试样探针、两台气相色谱仪、减压柜和分析装置。

流量控制系统包括计量柜、两台控制计算机、终端流量计算机和气相色谱分析仪、管理计算机与操作站、局域网开关。

2.8 FSRU 系泊技术

目前最常用的 FSRU 靠泊方式有码头靠泊和浮筒靠泊，如图 5 和图 6 所示。码头靠泊方式是 FSRU 停靠在码头上，通过码头的 LNG 接卸装置，将 LNG 从 LNG 运输船输送到 FSRU，在 FSRU 上完成整套的加压气化工艺，然后外输。浮筒靠泊方式是将 FSRU 通过浮筒锚泊在海面，通过船对船方式过泊 LNG，将 LNG 存储于货舱，然后通过低温泵将 LNG 输往气化器，气化后进入计量橇，计量后的天然气通过浮筒自带的软管进入海底管线外输。

图 5　码头靠泊方式

图6　浮筒靠泊方式

3　FSRU与陆上LNG接收站分析比较

3.1　气化器型式

FSRU主体是LNG船舶，与陆上LNG接收站相比，可利用面积狭小，因此设备尺寸需要尽可能缩小。陆上传统LNG接收站的气化器外形尺寸较大。为了节省空间，FSRU上气化器采用管壳式强制气化器。此型式气化器可气化低压LNG或高压LNG，加热介质为高温乙二醇/水混合溶液。利用FSRU船舶蒸发的BOG燃烧加热产生水蒸汽，水蒸汽再加热乙二醇/水溶液，之后利用溶液气化LNG。本气化工艺与传统相比传热效率更高，操作更稳定，适合在船舶上使用。

3.2　BOG处理工艺

通常，陆上LNG接收站需要处理站内产生的BOG，一般采用再冷凝工艺或者压缩外输等方法。而FSRU可不设置单独的BOG处理设备，BOG一部分用于发电为船舶提供动力；一部分燃烧用于加热气化器所需的热媒。正常情况下，可以通过上述用途实现内部消化吸收BOG，如果一旦BOG产生量超过FSRU所需，首先考虑经燃烧室燃烧排空，其次考虑直接放空至大气。正常操作下所产生BOG量不能满足船上所需，仍需利用低压LNG气化器补充船舶所需燃料。

3.3　高压LNG外输工艺

传统LNG接收站再冷凝器下游接至高压泵，加压之后进入气化器气化后外输。再冷凝器兼具缓冲和冷凝处理BOG的作用，如果一旦压力降低至设定值，采用外输天然气补气维持其压力稳定。FSRU由于无需设置BOG再冷凝，所谓的“再冷凝器”仅仅为高压泵的缓冲罐之用。从船舱泵送出的LNG温度低，其饱和压力也低，为了维持缓冲罐的压力，降低LNG的气相分压，采用注入氮气方式，稳定缓冲罐压力在0.7 MPa左右，而传统陆上LNG接收站中，再冷凝器仅仅采用外输补气稳定压力，这是与LNG接收站再冷凝器稳压最大的不同之处。在紧急情况下，FSRU中高压泵入口缓冲罐仍与外输天然气连通(利用高压外输气作为应急保护)，防止压力急剧下降。正常操作下只采用氮气稳压即可。

3.4　LNG储罐

在传统LNG接收站中，并不考虑LNG储罐的检修等问题。而作为FSRU船舱，则需要考虑船舱清空、检修等操作。利用船舱内低流量清仓泵尽量排出LNG，之后利用高流量低压力压缩机加压BOG，经过乙二醇/水再升高温度进入LNG船舱，达到气化残余LNG目的。最终完成LNG船舱的气化、清仓，达到检修操作目的。

当卸料至FSRU时，如果出现置换BOG气体无法按既定流量返回，则需要开启高流量低压力压缩机加压BOG，输送返气。

传统陆上接收站中，LNG储罐如果出现压力过低，需要利用高压外输天然气作为补气气源，减压后补充至储罐。而FSRU可能存在无外输而又在海上航行的可能，因此需单独设置低压LNG气化器作为LNG船舱的补气气源。这与陆上传统LNG接收站储罐补压存在较大差异。

3.5　小结

FSRU是未来LNG接收站的发展趋势，可灵活临近用气市场，减少占用有限的岸线及陆地资源。由于是在船上操作运行，其工艺与传统陆上LNG接收站存在较大差异。

4　FSRU特点及优劣势分析

4.1　FSRU优势

1）整体投资方面

浮式LNG终端(包括FSRU)总造价约为相同规模常规陆域LNG接收终端总造价的50%左右，如使用旧的LNG运输船改造成FSRU，总造价将更低。

2）建设工期方面

传统陆基LNG接收站的建设工期在3至5年之间，而FSRU的建设工期相对较短，新建的FSRU从建造开始，2至3年内即可投入运营；如果采用LNG运输船改装模式，工期在12至

15 个月左右即可改装完成，时间成本大大缩减。

3）灵活性方面

浮式 LNG 接收终端对于靠泊地点和系泊方式的选择较为灵活，不需要专门建设陆上设施，可以用于用气需求量大，但发展较早、港口非常拥挤的沿海城市群。而且浮式终端远离人口聚集区，对环境影响小，特别适合向环保要求和安全性要求都很高的城市群供气。

4）审批手续简单

对于大型陆基 LNG 接收站而言，传统陆域 LNG 接收终端需要办理大量的用地、用海域审批手续，海事开岗前需要办理的各式审批手续及技术应急方案也较为繁琐，例如：开港许可办理、港口经营许可、通航安全检查、港口设施保安证书等。浮式 LNG 接收终端基本不需要用地方面的审批。

FSRU 的使用在一定程度上将接卸 LNG 的重点工作转移到船舶上，也可适当降低对港口设施及规格的要求，使得港口条件较差的口岸也具有接卸 LNG 的能力，较为容易通过审批。

5）安全性更强、社会接收度高

历史上出现过 LNG 罐体失效引起的特大 LNG 泄露燃烧事故。在陆地上建立 LNG 储存库需要严格的环境和安全评估，可能还会遇到当地居民的抗议，让当地政府面临拆迁财政压力以及政治压力。FSRU 部署在水域，陆上不涉及 LNG 存储设施，相对安全性更好，社会接受度更高。

4.2 FSRU 劣势

1）目前国内应用浮式 LNG 接收终端的最大局限性在于尚未建立完整的标准规范。

2）接卸 LNG 过程中存在安全操作风险，需要有经验的工程师对操作人员进行严格的岗位培训。

5 全球 FSRU 现状及展望

全球 FSRU 经过十多年的快速发展，至 2020 年全部交付完成后全球范围内 FSRU 将达到 40 艘的规模，届时全球每年浮式 LNG 的接收能力将比目前增长约 70000000t。

FSRU 市场目前主要有三大运营商：Excelerate Energy、Golar LNG 和 Hoegh LNG，三大主要运营商船队规模为 21 艘，约为市场保有量的 75%；另一方面，近两年不断有新的以 LNG 航运企业为主的运营商进入 FSRU 运营市场，包括 BW、MOL、Dynagas 等；同时，也有项目业主直接从船厂订购新 FSRU 的记录，如 Gazprom，Swan Energy 等业主，但占比相对较小。

至目前，世界上共有 16 个国家通过浮式再气化装置进口 LNG。至 2022 年，浮式 LNG 接收装置的再气化能力在全球总体进口液化能力占比将达到 22%，采用浮式装置进口 LNG 的国家将增长到 21 个。

6 结论

浮式 LNG 接收终端项目的建设为探索 LNG 发展提供了新思路；弥补了海上气量供应不足，可以实现储气、调峰、应急供气和战略储备的需要；为船舶制造业的升级改造提供了现实借鉴，同时对我国正处于发展关键阶段的 LNG 运输和接收站建设具有指导意义。FSRU 作为一种浮式 LNG 接收终端具备经济性优势，且技术可行，随着清洁能源的大量应用，具有广阔的发展前景。

参 考 文 献

[1] 李源，LNG-FSRU 技术动向，中国船检，2013.8：77-80.

[2] 朱锋，等，LNG_ FSRU 再气化模块设备布置研究，造船技术 2016 年第 5 期(总第 333 期)：70-75.

[3] 艾绍平 张奕，浮式 LNG 接收终端技术及发展，航海技术，2012 年 第 9 期：2-34.

[4] 马继红，等：靠岸浮式 LNG 接收终端的工艺建设方案研究，山 东 化 工，2013 年第 42 卷：49-52.

[5] 于恩礼．外国石油公司动态[J]．国际石油经济，2014，22(6)：102-105.

[6] 邱毅、李小薇、王阳明等，基于城市能源调峰需求的浮式 LNG 接收终端研究，中国造船，2011 (A02)：619-624.

LNG 工厂关键阀门气密试验相关技术研究

许　东　辛培刚　李祥民　姚　烁　李　艳　齐国庆

(海洋石油工程(青岛)有限公司)

摘　要　在 LNG 工厂模块化建造过程中，需要对阀门进行强度和气密性试验，其中阀门的气密性试验分为在线和车间试压两种。关键位置阀门试压是在车间完成的，本文对在建造场地的车间进行的关键阀门试压流程进行了具体分析，并设计出适用于关键阀门气密性试验的试压工装，对工装的结构组成和操作方法进行了介绍。

关键词　关键阀门；气密试验；试压流程；试压工装

1　引言

关键阀门是指在 LNG 工厂工艺管线和通风管线中处于关键部位，对管线介质执行关键操作的气动或者电动阀门，包括控制球阀和控制闸阀等。

由于关键阀门具有执行和控制机构繁琐，体积大，重量大等特点，在安装和移除关键阀门时难度大，并需要投入大量的人力和物力。为保证关键阀门在安装后能够正常使用，在关键阀门安装之前必须进行阀门的气密试验。即使制造商已做过数次测试，但模块制造商应在阀门收到之后，安装之前，在场地对关键阀门进行系统的测试。阀门气密试验应在计划的安装日期前充分进行，任何气密试验不合格的阀门应该返工或更换。

以下对 LNG 管道的关键阀门试压流程及工装设计进行了系统的探讨和研究。

2　试压流程

2.1　试压流程图

根据项目管道和通风专业规格书及业主要求，针对关键阀门的气密性试验，编制了试压程序文件，绘制出关键阀门试压流程图及装置示意图。试压流程图见图 1。

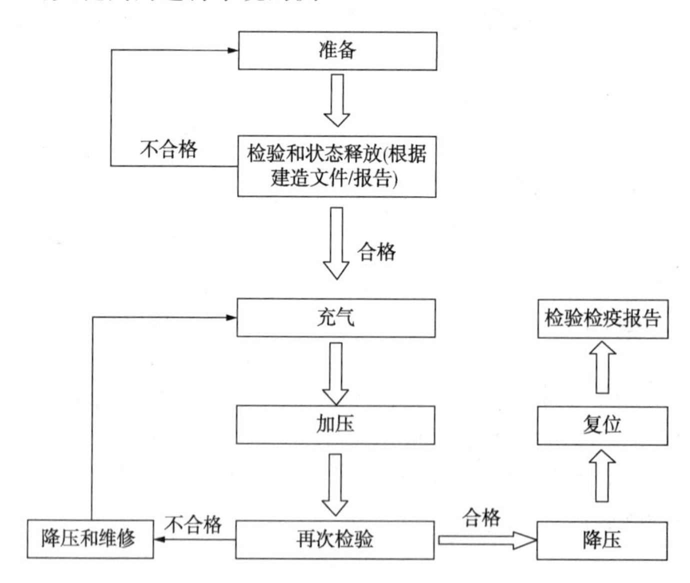

图 1　关键阀门试压流程图

关键阀门试压测试装置示意图见图 2。

根据图 2 显示，在关键阀门试压过程中，需要有稳定、充足的干空气或氮气，控制气源和控制电源供应；必须设置安全泄放装置以保证试压安全性，需要设置透明水槽以便观察气泡数量来衡量泄漏量。

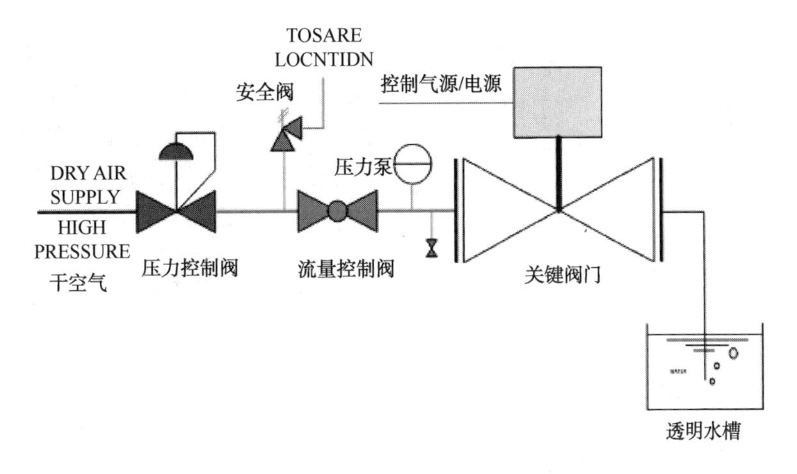

图 2　关键阀门气压测试示意图

2.2　阀门试压前准备

当阀门放到指定位置开始测试之前，应该先对阀门进行彻底的检查，确保阀门内部清洁，没有沙子和残渣等异物；要特别注意，确保阀座区清洁无异物；检查阀座区，确保阀座区免于被清洗；检查数据表中确认的泄压孔，确保里面没有堵塞物。确保永久性的不锈钢金属标签显示“孔侧”在泄压孔上面的法兰模板上。

对所有的法兰面应该进行检查，不合格的法兰在维修前不应用于测试，并将阀门的上流侧和下流侧分别标记出来。对于气压阀，提供可调节的干空气或氮气，使其保持关闭状态；对于电动阀，提供稳定的电流，使其保持在关闭状态；手动阀门，应该用手关闭，不能用任何机械工具关闭阀门，敲打阀门五次，证明其操作流畅。

2.3　动力及试压介质选取

选取可调节的清洁干燥的仪表气源，为气压传动装置提供原动力。对于电动阀门，选取400v/240v 50Hz 的电力供应，依据阀门铭牌标识的电力要求选用，用于调节电动阀门。所有供应仪器气源的管线应该进行铁锈和污染的清理，进口位置压力计必须有合适的量程并且带有有效地鉴定证书。

根据阀门尺寸和阀门类型不同，关键阀门的试压分为低压密闭试验和高压密闭试验两种。不同试压类型需要的介质也不同，低压密闭试验采用干空气或氮气（温度介于 10℃～52℃），这就要求有充足的，可调节的清洁干空气或氮气作为试压介质。高压密闭试验使用氯离子含量≤30PPM 的纯净水（温度<50℃）。

2.4　确定试验压力及稳压时间

将气源连接阀门的上流侧，根据项目选取合适的试压类型和介质后，压力低压密闭试验和高压密闭试验的试验压力的选择，如下：

低压试验：截止阀/放泄阀以及其他非开关阀按照 ANSI/FCI 70－2 2006[2] 规定压力是 3.5bar，球阀和蝶阀按照 API 598[3] 规定压力是 4～7bar。

高压试验：球阀测试压力是 110%的允许试验压力；蝶阀是 110%设计压差。

由于公司场地进行的关键阀门试压类型全部进行低压密闭试验，关键阀门为球阀，蝶阀和闸阀，同时从安全角度考虑，最终选取的气密试验压力为 6bar。

现场进行气密试验时，要求试压时间应该不小于规定的最小测试时间，最小测试时间与阀门尺寸有关，具体参照表 1，现场实际试压的稳压时间在 5～10min。表 1 是不同阀门试压的最小稳压时间。

表 1　稳压时间

阀门尺寸		最小测试时间/s	
DN/mm	NPS/in	止回阀	其他阀门
≤50	≤(2)	60	15
65 to 150	($2^{1/2}$ to 6)	60	60
200 to 300	(8 to 12)	60	120
≥350	≥ (14)	120	120

试压介质应该逐渐注入到管线试压系统直到压力达到试验压力要求，逐步加压，并在停点至少稳压 5～10 分钟，观察压力表数值变化。

2.5 最大允许泄漏量

通过测量仪器记录气泡数，记录下泄露量，与测试规定的最大泄露量进行比较。不同类型的阀门泄露量见表2和表3，其他类型的阀门最大允许泄露量参考标准API598。表2是截止阀最大允许泄露量。

表2 允许泄露量

阀门尺寸(NPS)		
毫米(英尺)	毫升/分钟	气泡数/分钟
80 (3)	15	107

表3是球阀和蝶阀的最大允许泄露量。

表3 球阀和蝶阀的最大允许泄露量

阀门种类	阀门尺寸 毫米(英尺)	气泡数/分钟
球阀	80 (3)	12
	100(4)	16
	150(6)	24
	200(8)	32
	250(10)	40
	300(12)	48
蝶阀	450(18)	72
	800(32)	128

关键阀门试压完成并合格后，对系统进行泄压，移除连接管，在松动螺丝之前应该将供气管从盲板上移除。如果测量结果不大于规定数值，敲打阀门五次证实操作正常后，利用同样的方法在阀门另一侧进行测试。最后进行阀门的复位和维护，生成检验检疫报告满足项目需求。

3 试压工装研究

3.1 试压管汇装置

在关键阀门试压过程中，为提高阀门试压的安全性，结合图2关键阀门气压测试示意图中要求，研究出阀门气压试验试压管汇装置，专门用于阀门试压。

由于关键阀门的种类和试压介质的不确定性，共设计出两种类型不同材质的试压管汇装置。一种用于高压试验，介质为水，材质分为不锈钢和碳钢两种，试压管汇装置见图3[1]。此装置由压力控制阀组(由闸阀、单向阀组成)、压力显示单元(压力表及压力温度记录仪)和管汇组成。一端与增压泵连接一端与试压管线系统连接，中间连接件是高压软管(配有安全锁扣)。

图3 高压试验用试压管汇装置

一种用于低压试验，介质为干空气，材质为不锈钢，试压管汇装置见图4。此试压管汇装置相对简单，是高压试验用的试压管汇装置的简化版本，保留了气源控制阀，压力表，安全阀及管汇。关键阀门试压使用低压试验试压管汇装置。即简单灵活又能保证试压的安全性。

试压管汇装置提高了试压安全性；控制和显示单元的集成可有效减少人力投入；在选材上使用不锈钢和碳钢两种材质，分别适用于不锈钢管线试压和碳钢管线试压，避免了交叉污染；具有便携性，整个装置装在一个带支架的移动小车上，可根据需要随意移动。

3.2 试压底座设计

关键阀门试压时要求阀门需摆正进行试压，由于关键阀门的执行和控制机构繁琐，体积大，重量大，所以需要一个承重能力大并能保证阀门

图 4　低压试验用试压管汇装置

稳固的支撑装置。设计团队及组块配套部现场预制团队研究并预制了阀门试压底座装置，见图 5 阀门试压底座设计示意图。此装置由支撑梁，法兰固定板和螺栓构成，在支撑梁上开有螺栓固定滑道，可以按照阀门大小调节梁的间距，使用螺栓进行固定，法兰固定板可以调节阀门的高度。

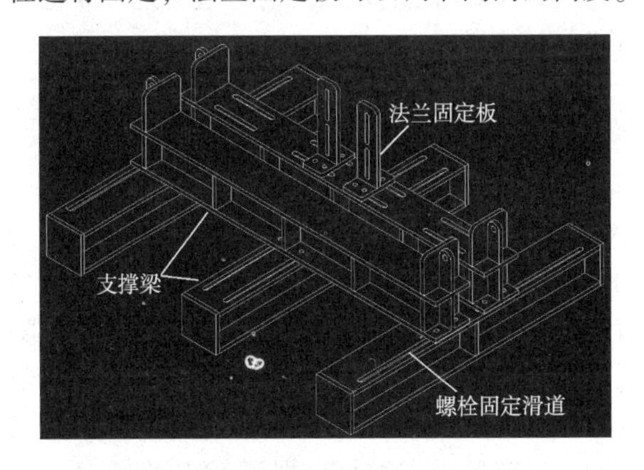

图 5　阀门试压底座设计示意图

阀门试压底座装置具有占用空间少，承重能力强，可灵活调节适用不同尺寸的阀门等特点，运输可使用人力托盘车托运，运输方便。

4　试压后维护[4]

阀门测试完毕后，应吹干阀体内部，并在阀座两端面上涂抹适当的保护涂层，防止生锈。并将原阀门所带的塑料封堵重新将阀门两端封上，以保护连接端面。法兰面保护及存放见图 6。

图 6　关键阀门的维护与存放

阀门放到指定的位置，按照相应维护等级进行保存：材料或者设备储存在仓储或者船集装箱。

5　结论

本文对 LNG 工厂关键阀门的试压流程进行了系统的介绍，介绍了关键阀门的试压介质选取，试验压力的选取，试验结果的判定标准等内容，对关键阀门进行现场试压具有非常重要的指导意义。阀门试压工装结构简单，操作方便灵活，其设计及使用，大大提高了阀门气密试验的安全性，保证了项目阀门现场试压的顺利完成，同时省去了购买大型阀门试压装置的费用，为项目的节能减排做出了重要贡献。

参　考　文　献

[1] 谢永春，王国庆，程兆欣，许东，张宏彬，戴亮，吕文斌．试压管汇的应用研究[A]．2015 年深海能源大会论文集[C]．2015.

[2] Control Valve Seat Leakage．ANSI/FCI 70-2 2006 控制阀门座泄漏量[S]．New York：ANSI，2006.

[3] Inspect and Test of Valves．API598-2009 阀门的检验和测试[S]．New York：API，2009.

[4]《海洋石油工程设计指南》编委会．海洋石油工程设计指南（第七册）[M]．北京：石油工业出版社，2007.

天然气发展形势和新政策下 LNG 行业展望

周　萌

（国家管网集团海南天然气有限公司）

摘　要　在国家石油天然气管网集团有限公司成立的背景下，本文结合中国 LNG 发展现状及目前相关政策法规，宏观上分析目前政策对未来 LNG 市场发展空间的影响因素。通过展望十四五期间天然气行业的发展前景，剖析当前 LNG 接收站业务面临的机遇和挑战，并提出了国内 LNG 行业发展思路及相关建议。

关键词　碳中和；油气体制改革；LNG 接收站

近年来，我国 LNG 行业发展处于一个巨大的变革转折阶段，无论是外部环境、行业自身发展、政府政策以及企业运营机制都呈现出完全不同于以往的变化。油气体制改革意见的出台、新冠疫情的流行、碳达峰、碳中和(简称“双碳”)目标的提出，均对行业带来了巨大的冲击和挑战。LNG 作为清洁高效的优质能源，在优化中国能源结构、改善大气缓解等方面将发挥越来越大的作用，LNG 产业变革也将面临新的挑战和机遇。本文基于此对目前 LNG 市场及国内天然气相关政策进行分析，以期为 LNG 行业改革和发展提供借鉴和参考。

1　LNG 市场现状

根据海关总署数据显示，去年我国进口天然气 10166 万吨(约 1403 亿立方米)，同比增长 5.3%。其中，液化天然气进口量 6713 万吨，同比增长 11.5%，气态天然气进口量 3453 万吨，同比下降 4.9%。中国天然气消费量达到 3238 亿 m^3，同比增长 5.5%；从消费结构来看，2020 年我国主要用气行业消费增速不同程度放缓。其中，工业燃料用气和发电用气增速相对较快，分别达到 9.3% 和 7.7%；城市燃气用气量增速放缓至 5.1%；化肥工业用气量增速保持相对稳定，为 4.5%。受国产气快速增长和需求增速放缓影响，我国天然气进口增速回落。天然气对外依存度约 43%，较 2019 年回落约 2 个百分点。

2021 年，根据《2020 年国内外油气行业发展报告》预测，我国天气消费量将达到 3542 亿立方米，同比增长 8.6%。其中，城市燃气、工业燃料、发电和化工用气增速分别为 8.6%、9.8%、8.6% 和 4.5%。中期来看，“十四五”期间，我国天然气行业仍处于快速发展期，但需求增速逐步放缓，预计到 2025 年我国天然气消费量将达到 4300 亿立方米，年均增量达 210 亿立方米，年均增速为 5.7%。

LNG 进口方面，据国际天然气联盟统计，亚太地区依然是全球 LNG 进口量最大的地区，占全球的 50.3%，其中，日本、中国、韩国居 LNG 全球进口量前三位，由于中国 LNG 进口量的快速增长及欧洲地区用于发电的 LNG 进口量持续反弹，日本和韩国的市场占有率连续 4 年降低。与过去两年相比，新兴市场不再是全球 LNG 进口量增长的主要驱动力，反之，较为成熟的进口市场需求增长占据了 LNG 大部分进口增量。中国已是全球最大的天然气进口国，并有望在 2021 年超过日本成为全球最大的液化天然气(LNG)进口国。在未来 20 年甚至更长时间内，中国将是全球天然气需求最旺盛、增量最大的市场洼地，吸引着来自周边国家的管道天然气和世界各地的 LNG。

中国 LNG 主要来源于进口 LNG 和国内天然气液化工厂生产的 LNG。LNG 消费方面，在内陆地区，主要用于边远城镇、调峰、车船等多个领域的用气；在沿海地区，主要通过接收站经气化后进入干线管网，满足城镇、工业、发电及化工等用户的需求。在进口 LNG 方面，自 2006 年广东大鹏 LNG 接收站投产开始，至 2020 年中国共有 21 座 LNG 接收站相继投产，已投运的接收站接卸能力已超过 8500 万吨/年。目前 LNG 接收站仍处于高速建设期，随着中石油唐山接收站三期、新奥舟山二期、中石化青岛二期、中石油如东三期、国家管网漳州接收站陆续投产，未来接卸供应能力将持续增加。

2 现有政策对 LNG 市场的影响

2.1 “双碳”政策带来的变革。

“双碳”作为一项重大战略决策和影响广而深刻的全球经济变革，“双碳”目标的提出势必将对未来几十年我国经济、能源、产业等方面产生重大影响。对能源、天然气行业来说，“双碳”目标将加速我国能源革命进程，倒逼能源清洁转型；天然气是碳排放量最少的化石能源，并具备灵活、可及性强等优势，大力发展天然气对于降低碳排放强度和促进能源安全转型具有重要的意义。作为高能量密度且相对低碳的清洁能源，天然气在工业蒸汽、民用炊事、电源灵活性等多个能源应用领域具有可再生电力无法替代的优势，即使在 2060 年碳中和目标全面实现的情景下，天然气的消费量也不会归零。

尽管碳中和最好方法是使用可再生能源替代化石能源，但是考虑到能源转型过程的时长、现有的技术政策，能源安全等问题，化石能源在相当长的时间内还将扮演着不可替代的角色。因此，目前能源转型重点在于退煤，天然气替代煤炭对碳减排产生的积极作用毋庸置疑。天然气作为清洁的化石能源，其大气污染物排放量和温室气体排放量相对煤和石油都小得多。如天然气相对煤炭发电可减排二氧化碳 45%-55%；天然气分布式供能优势明显，节能 20%以上，综合能源利用率 80%以上，减排温室气体 40%以上。十三五”期间，中国天然气消费量年均增长超过 200 亿立方米，年均增速大于 10%，天然气在一次能源消费结构中占比由 2015 年的 5.8%上升至 2020 年的 8.8%，增加了 3 个百分点。“十三五”天然气消费总量约 1.35 万亿立方米，按等热值换算，相当于替代原煤 25.1 亿吨，减少二氧化碳、二氧化硫、粉尘排放量分别为 17.9 亿吨、1.4 亿吨和 12.2 亿吨，大幅降低大气污染物排放，助力大气环境质量改善。

因此，天然气作为清洁高效的低碳化石能源，肩负着能源消费结构从化石能源向可再生能源过渡的重要使命，在“双碳”目标导向下的能源转型进程中，“减煤、稳油、增气和可再生能源”已成共识，大力发展天然气是中国建立清洁低碳、智慧高效、经济安全能源体系的必然选择。在今后 10-15 年内，中国天然气快速发展的基本面没有改变，天然气消费持续增长的客观关条依然存在；“‘十四五’是经济转型期，随着天然气基础设施进一步完善，天然气消费市场迅速从油气田周边地区向经济发达地区扩展。在国家天然气利用政策的引导下，消费结构也在不断优化。“十四五”“十五五”期间我国天然气消费将会持续增长，并在 2045 年左右进入峰值平台。所以，“双碳”目标对天然气近中期的发展是利好的，预计未来 20 年，“双碳”战略推进与油气增储上产建设的契合期，国内天然气仍将处于稳步增长阶段。

2.2 油气体制改革激发油气行业的活力。

2020 年 10 月 1 日，国家石油天然气管网集团有限公司(以下简称“国家管网”)正式运营，全面接管原分属于三大石油公司的相关油气管道基础设施资产及业务，对全国主要油气管道基础设施进行统一调配、统一运营、统一管理，这标志着中国油气管网运营机制市场化改革取得重大成果。管网公司的成立，会极大激发整个社会在油气行业的投资。将有利于管网实现全面互联互通，实行输配、输售分离，理顺油气成本和价格核算。将进一步推动形成上游油气资源多主体多渠道供应、中间统一管网高效集输、下游销售市场充分竞争的“X+1+X”油气市场体系，是深化油气体制改革的重要一环，也是十分基础性、关键性的举措。通过下游销售市场的放开，用户对于油气服务，将有着更多选择机会，也将进一步消除民营资本进入油气市场的障碍。可以说，管网公司的设立，有利于能源市场竞争的激活，将成为天然气价格下降的最大推手。利用市场化的力量，天然气管网的建设也有望全面提速。待全国一张网全面连通，届时将全面激活国内天然气市场，让清洁能源惠及千家万户。

2019 年 6 月，国家发改委、商务部发布《外商投资准入特别管理措施(负面清单)》，在基础设施建设方面，取消城市人口 50 万以上的城市燃气、热力管网须由中方控股的限制。这标志着对外资彻底开放天然气城市燃气投资，城市燃气行业实现全面放开。外资企业或加速探路我国市场，通过独资、参股、合作等方式发展天然气下游业务。2020 年 5 月，中央定价目录中移除天然气价格，备注中特别强调由市场形成的价格范畴更广。据此理解，将来在条件成熟时，国家会放开天然气价格，走向全面市场化，届时将进一步激活天然气市场。

2.3 海南自贸港的利好影响。

《海南自由贸易港法》明确，国家在海南岛全岛设立海南自由贸易港，分步骤、分阶段建立自由贸易港政策和制度体系。自由化发展红利也推动 LNG 行业蓬勃发展。“全岛封关”后，海南将成为人民币自由兑换的岛屿，成为国内未来的“离岸交易中心”岛屿。金融便利性和 LNG 保税优势可加速海南地区 LNG 国际贸易常态化。外资企业届时可直接使用接收站，企业所得税也由25%降至 15%。海南在自贸港政策的加持下，凭借其辐射东南亚和东北亚的地理优势，未来可撼动新加坡转运中心的位置。国际托运商不需在新加坡排队过驳转运，走在中国对外开放前沿的海南将是最具 LNG 国际转运贸易条件的不二选择。

今年 3 月，《关于海南自由贸易港内外贸同船运输境内船舶加注保税油和本地生产燃料油政策的通知》正式印发，明确在全岛封关运作前，对以洋浦港作为中转港从事内外贸同船运输的境内船舶，允许其在洋浦港加注本航次所需的保税油；另一方面随着交通部发布《船舶大气污染物排放控制区实施方案》，为 LNG 船舶加注领域带来了难得机遇。《船舶大气污染物排放控制区实施方案》强制性规定，自 2022 年 1 月 1 日起，在全国沿海控制区和内河控制区对船用燃料油含硫量不能大于 0.1%。航运市场和船用燃料油市场面临重大变革。据国际海事组织、国际能源署和美国能源信息署等机构统计，2020 年，全球低硫燃料油需求量在 1.35 亿吨左右，供应缺口在 0.54 亿吨左右。以上低硫燃料油缺口和越加严苛的环保要求也迫使更多船舶改造或一步到位选用 LNG 动力船舶，海南岛内的 LNG 接收站也可借助保税和地理区位优势打造 LNG 加注中心，构建北部湾及南海加注业务圈。

3 LNG 市场面临的困难和挑战

3.1 天然气价格没有话语权。

尽管中国已是全球最大的天然气进口国，但进口气价与中国的市场供需情况无关。从中亚、缅甸与俄罗斯进口的管道气价格都与原油或成品油价格挂钩，与中国国内的天然气市场供需没有关系。另一方面 LNG 进口到中国的天然气还得以 HH、NBP 或 TTF 的价格作为参照。没有交易枢纽的设计，天然气交易规模将很难大规模增长，也不能形成具有标杆作用的天然气价格。这也意味着中国进口天然气的价格要么取决于变化莫测的石油市场，要么由万里之外的欧洲或美国市场的供需情况决定，因此造成的亚洲溢价无端增加了进口成本，最后导致消费者受损。

3.2 中国 LNG 储备能力提升和 LNG 接收站周转能力下降的矛盾越发凸显

国际市场 LNG 资料将会因宽松的货币政策导致价格上涨，同时疫情形势的好转将提振需求，较多新项目延期将导致供应增量延迟，可能导致近期国际 LNG 市场出现供应紧张、价格暴涨的局面。所以目前政府一直引导加大 LNG 接收站储气调峰供气能力，夯实安全供应保障能力。但随着储气能力布局不断延伸，部分省市重复新建和扩建 LNG 接收站储能，导致 LNG 罐容周转能力下降，特别是淡季期间接收站周转率更是不足一半。LNG 接收站的经营压力反而越发严峻。

3.3 燃气发电价格缺少合理的定价机制和减排政策支持机制

天然气发电的减排优势明显，但成本较高，缺乏明确的政策支持等。特别是目前电力市场缺少合理的定价机制和政策支持机制。现行上网电价结构不合理，定价机制不够完善，难以充分体现天然气发电的调峰效益和环境效益价值。且很多地方财政补贴支持政策难以落实，导致部分气电项目经营难以长期维持。

4 总结与展望

“十四五”期间，我国能源发展将开启“2030 年前碳达峰、2060 年前碳中和”的低碳转型升级新征程，LNG 行业也将进入加速变革和全面推进高质量发展的新时期。为保障能源安全、推进能源转型，现阶段仍需重点加快储气设施建设，缓解国际价格波动。同时继续推进输配电价改革，提升天然气发电竞争力。

（1）加大 LNG 接收站储气调峰供气能力，夯实安全供应保障能力。中国天然气消费具有明显的季节性特征，导致冬季天然气调峰保供压力较大，而 LNG 接收站和储气库已成为当前最重要的调峰手段。建议在《关于明确储气调峰措施相关价格政策的通知》和《关于加快储气设施建设和完善储气调峰辅助服务市场机制的意见》相关国家政策的引导下，进一步扩大现有 LNG 接收站能力，通过加大建设配套的周转储罐能力，加快建成 LNG 交易中心，提高战略储备与调峰能力；同时根据所在市场需求，差异化定位功能和规模，积极参与市场调峰，提高负荷率；结合国内天然气运输管网建设，实现互联互通和双向输送；建设东北亚跨区域天然气输配网络，打造利益共同体，提高供气安全保障程度；最后建议划分 LNG 接收站仓储定位，根据不同仓储能力定位定制不同的利润考核机制。避免因仓储能力加大导致储罐周转率造成受益低于预期的情况。

（2）通过制定不同用气时段、不同季节的“峰谷价格”引导天然气调峰能力建设，利用价格杠杆引导天然气用户合理避峰，培育天然气储气调峰市场。同时，对参与调峰的工业大用户给予资金补偿或者气价优惠，按照“谁承担、谁受益、多承担、多补偿”的原则进行精准补偿，鼓励企业参与调峰，进一步盘活 LNG 接收站的淡季罐容周转率。

（3）继续推进输配电价改革，持续深化上网电价市场化改革。电力和天然气不只是竞争和替代的关系，从综合能源系统的角度来看，二者也是互补关系。气电具有较好的灵活性，将其作为一种调节电力，有助于提高绿色电力在整个电力系统中的比例。电力市场体制机制改革的最终目的应该是更有效地支撑电力系统的健康和可持续发展，形成电价与发电成本的良性互动。建议在“双碳”约束下的电力系统设计适合不同属性电力资源的定价和补偿机制，理顺电力市场各环节的利益分配机制。让具有清洁能源属性的燃气电厂能够真正发挥“双碳”减排作用。

居于实现“双碳”目标过程中天然气的重要性，应重新思考中国天然气的发展规划，特别是要结合 2030 年前碳达峰的要求，在“十四五”、“十五五”期间全力加速发展天然气，促进碳达峰的量和时间尽可能提前实现，为后续的碳中和目标实现奠定坚实基础。

大型低温储罐抗震设计若干问题的讨论

刘 博 李金光 张金伟

（中国寰球工程有限公司北京分公司）

摘 要 国内低温储罐的抗震设计受到国外规范的影响较深，与国内现有抗震规范体系融合不足，这在一定程度上造成了各家工程公司的低温储罐抗震设计基准不统一、设计理念差异较大。本文总结了当前国内低温储罐抗震设计基准不一致的若干问题，包括建设场地地面地震动的设计基准、阻尼比调整系数选取方法、液晃高度计算方法、是否需要进行地震安全评价等问题，以期促进我国低温储罐抗震设计的规范化。

关键词 低温储罐；地震安全评价；抗震设计；液晃高度

低温储罐的抗震设计是确保大型低温储罐本质安全的重要内容，也是国家法律和行业标准重点规范的部分。由于我国 LNG 等低温储罐的工程设计源自于欧美等国的设计规范和工程经验，国内低温储罐的抗震设计受到国外规范的影响较深，与国内现有抗震规范体系融合不足，一直以来并未真正形成适用于我国抗震设计规范体系的设计方法。这在一定程度上造成了各家工程公司的抗震设计基准不统一、设计理念差异较大的问题。本文总结了我国低温储罐抗震设计的若干问题，以期与业内同仁共同讨论，达成基本共识，以促进我国低温储罐抗震设计的规范化。

1 建设场地地面地震动的设计基准

确定建设场地地面地震动的设计基准是进行抗震设计的第一步。在此基础上，才能够进一步确定场地的地震参数和储罐受到的地震作用。

欧美规范中，对于 LNG 低温储罐的设定了 OBE、SSE、ALE 等多级设防要求，国内抗震规范体系，也按照小震、中震、大震的分类，设定了多遇地震、设防地震、罕遇地震等抗震级别。然而，具体到如何定义各类抗震级别上，国内外各类规范要求有所不同。表 1 整理了现有常用的国内外规范中，对于 OBE 和 SSE 抗震设防等级的定义：

表 1 各类规范抗震设防等级和重现期

规范名称	OBE	SSE
EN 1473-2016 EN 14620-2006 GB/T 26978-2011 GB/T 22724-2008	重现期 475 年， 50 年超越概率 10%	重现期 4975 年， 50 年超越概率 1%
NFPA -2019 API 620-2018 SYT 0608-2014 GB/T 20368-2012 GB 51156-2015 GB18306-2015	重现期 475 年， 50 年超越概率 10%	重现期 2475 年， 50 年超越概率 2%
GB 50011-2010 GB 50191-2012 GB 50761-2018	重现期 475 年， 50 年超越概率 10% 设防地震	重现期 1642 年～2475 年， 50 年超越概率 2%～3% 罕遇地震

由表1可知，对于OBE工况的地震设防要求，国内外各类规范要求基本一致，均按照50年超越概率10%选取，重现期约475年。但是，对于SSE工况的地震设防要求，各类规范的规定并不相同。我国规范GB 50011定义的罕遇地震为50年超越概率2%~3%，重现期约为1642年~2475年，与API 620为代表的美标规范比较接近。而以EN 1473为代表的欧标规范，将SSE设防要求定义为50年超越概率1%，重现期约4975年，与我国规范要求相差较大。

据不完全统计，我国近些年已建和在建大型LNG低温储罐项目中，大部分储罐的SSE设防按《液化天然气接收站工程设计规范》(GB 51156-2015)的要求执行50年超越概率2%的设防标准，考虑到这一设防标准不低于GB 50011的要求且与之较为相近，建议在确定地震场地地表运动的设计基准时，将SSE地震确定为50年超越概率2%，重现期2475年；将OBE地震确定为50年超越概率10%，重现期475年。

需要说明的是，与之前版本所定义的地面运动不同，ASCE 7-16和API 650-2018附录E中，采用"50年内倒塌概率1%(1-percent probability of collapse within a 50-year period)"的地面运动，代替了旧版规范中"50年超越概率2%(2% probability of exceedance within a 50-year period)"的地面运动，但这并不意味着ASCE 7-16将MCER从50年超越概率2%(重现期2475年)提升至50年超越概率1%(重现期4975年)。实际上二者在所代表示的地面运动水平峰值加速度是相近的。同时，通过对比我国50年倒塌概率1%所对应的峰值加速度与罕遇地震水平峰值加速度可知，我国罕遇地震动水平的峰值加速度大致与50年倒塌概率1%所对应的加速度相同[1]。

另外，对于一些盛装低温丙烷等介质的低温储罐，国内部分规范并未要求进行满液位状态下的SSE地震校核，仅要求校核满液位状态下设防地震对内罐的影响。这与我国"小震不坏，中震可修，大震不倒"抗震设计目标要求并不相符。考虑到低温丙烷等介质泄漏后所产生的危害与液化天然气泄漏的危害程度较为接近，建议所有盛装0~-165℃碳烃化合物或液氨的大型低温储罐，均应参照LNG储罐的设计方法，校核满液位下的内罐在OBE工况和SSE工况的强度。

对于震后ALE工况，主要用于预应力混凝土外罐的极限承载力校核。根据《液化天气接收站工程设计规范》(GB 51156-2015)的要求，ALE反应谱加速度值应为SSE反应谱加度值的一半，这也与ACI 376的要求一致。

2 阻尼比调整系数

国内外的抗震设计反应谱主要是基于5%阻尼比的反应谱。如果特定的场地或设备需要其他不同阻尼比的反应谱，需要从5%阻尼比调整至目标阻尼比。但是，各个规范的调整规则并不相同。以从5%阻尼比反应谱调整至0.5%阻尼比反应谱为例，API 650附录E的阻尼比调整系数为1.5，而API 620的阻尼比调整系数为2.2，GB 50011、GB50741、GB50341的调整系数约为1.511。

表2 各类规范阻尼比调整系数

规范	阻尼系数公式	5%阻尼	0.5%阻尼
API 650 附录E	-	1.0	1.5
API 620 附录L SY/T 0608-2014	表L-2	1.0	2.2
GB 50011 GB 50761 GB 50341	$\eta_2=1+\frac{0.05-\zeta}{0.08+1.6\zeta}$	1.0	1.511

对此，如果地震安评报告中明确给定了阻尼比调整系数，或者给出了各阻尼比下的设计反应谱，建议依据安评报告的结果进行抗震设计。对于国内建设的低温LNG储罐，如果遇到需要调整阻尼比系数的情况，除特殊说明外，建议按照GB 50011给定的方法调整阻尼比。

3 液晃高度计算

储罐液晃理论模型，是盛装在刚性容器内的无旋、无黏性、不可压缩的理想流体假定下，满足拉普拉斯方程的势流理论模型[2，3]：

$$\nabla \Phi = 0$$

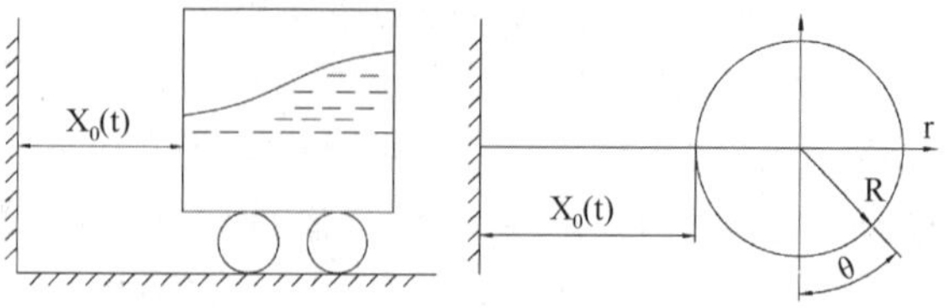

图 1　水平运动时刚性容器内的液体表面波模型

当仅研究水平运动时，液体自由面的表面波方程可求得为：

$$f = -\frac{R * x_0''(t) * \sin\theta}{g} \sum_{n=1}^{\infty} \left[1 + \frac{qn''(t)}{x_0''(t)} \right] * b_n * J_1\left(\sigma_n \frac{r}{R}\right)$$

当 $r=R$，$\theta=\pi/2$，且取一阶振型时，可求得最大液晃高度为：

$$h_v = 0.831 \times \frac{x_0''(t)}{g} \times R$$

上述公式与 API 650 附录 E 公式基本一致。由公式可知，自由液面的液晃高度尺寸，主要取决于水平加速度的大小。如果不考虑液晃的叠加效应，储罐只要能够抵抗最大加速度反应引起的液体晃动高度，即可以认为设计安全。因此，在基于反应谱的抗震设计方法下，液晃计算问题就转化为从抗震设计反应谱中，如何确定水平地震加速度的最大值。换而言之，液晃高度计算问题，本质是如何定义长周期设计反应谱的问题。

国内外各类标准规范、地震安评报告等文件中，没有给出统一明确的定义方法，即便是在同一场地下，所定义的设计反应谱也是多种多样。下表是某低温储罐项目中，依据不同反应谱和计算公式所求得的液晃高度，可见不同方法求得的液晃高度相差很大。

表 3　根据不同反应谱和计算公式所求得的液晃高度

反应谱	方案名称	计算公式		计算值	取大值
安评报告反应谱	方案 1	按 GB 50761—2012 旧公式	hv(OBE)= 1.5 * Kv * α(OBE) * R	670	1199
			hv(SSE)= 1.5 * Kv * α(SSE) * R	1199	
	方案 2	按 GB 50761—2018 新公式	hv(OBE)= Kv * α(OBE) * R	2479	5011
			hv(SSE)= Kv * α(SSE) * R	5011	
	方案 3	按美标公式	hv(OBE)= 0.42D * α(OBE)	2383	4818
			hv(SSE)= 0.42D * α(SSE)	4818	
GB 50761—2018 标准反应谱	方案 4	按 GB 50761—2012 旧公式	hv(OBE)	1005	1883
			hv(SSE)	1883	
	方案 5	按 GB 50761—2018 新公式	hv(OBE)	2069	3880
			hv(SSE)	3880	
	方案 6	按美标公式	hv(OBE)	1989	3730
			hv(SSE)	3730	
美标 D 类场地反应谱+安评 PGA	方案 7	按 GB50761-2012 旧公式	hv(OBE)	525	825
			hv(SSE)	745	
	方案 8	按 GB50761-2018 新公式	hv(OBE)	1347	1909
			hv(SSE)	1909	
	方案 9	按美标公式	hv(OBE)	1295	1835
			hv(SSE)	1835	

由此可知，当前国内外规范对于液晃计算出现的各种问题，归根结底是由于业内未能就定义长周期设计反应谱达成共识造成的。为逐步减少混乱，建议行业内进行液晃计算时遵守以下原则：

1）在国内建设的低温储罐项目，建议以项目所在地的地震安评报告所确定的反应谱作为液晃计算的最终依据。

2）计算液晃高度所用反应谱，应取0.5%阻尼比设计反应谱。如果项目未明确定义0.5%阻尼比反应谱，应按照本文第2节的要求，将5%阻尼比设计反应谱转化为0.5%阻尼比设计反应谱。

3）当根据0.5%阻尼比设计反应谱求得水平地震加速度后，应按照下式求得液体晃动高度，再以此为确定储罐干弦高度的依据：

$$\delta_s = 0.42DA_f$$

4）大型低温储罐需同时计算OBE工况和SSE工况下的液晃高度，并取大值。

5）按照上述方法求得的液晃高度，不得采用API 650附录E表E.7给定的折减系数。

由于我国抗震规范定义的长周期反应谱偏保守[4~6]，在现有规范体系下计算得到的液晃高度普遍较大，设计方案缺乏经济型和合理性。在这种情况下，以地震安全评价报告给定的反应谱为输入条件计算液晃高度，是一种相对可行的方案。当然，上述建议是建立在地震安评报告能够给出相对合理、科学的反应谱的基础上。长远来看，从理论和实验的角度出发，探究大型储罐内低温介质在真实地震下的瞬态响应规律、并以此作为定义长周期设计反应谱的依据和标准，才是解决当前液晃计算问题的科学路径。

4 地震安全评价报告

按照《中华人民共和国防震减灾法》第35条，可能发生严重次生灾害的建设工程，应当按照国务院发布的《地震安全性评价管理条例》进行地震安全性评价。但在2015年10月国务院发布的国发〔2015〕58号文中规定，“在开展抗震设防要求确定行政审批时，不再要求申请人提供地震安全性评价报告”，即建设工程场地的地震安全性评价报告，不再作为行政审批的受理条件。而各地方省市在各自发布的“需开展地震安全性评价确定抗震设防要求的建设工程目录”中，也未明确低温储罐是否必须进行地震安全评价。由此带来了两个常见问题：大型低温储罐建设项目是否还需要进行地震安全性评价；如果可以不进行地震安全性评价，低温储罐的抗震设计是否只需按照地震烈度区划图，或者地震动参数区划图所确定的抗震设防要求进行抗震设防。

对于上述问题，本文认为，地震安全性评价虽然不再作为项目业主申请行政审批的受理条件，但并不意味着建设项目可以取消地震安全评价。中华人民共和国《防震减灾法》（2008修订）第35条规定，重大建设工程和可能发生严重次生灾害的建设工程，应当按照国务院有关规定进行地震安全性评价，并按照经审定的地震安全性评价报告所确定的抗震设防要求进行抗震设防。《地震安全性评价管理条例》（2019年修正本）第8条规定：受地震破坏后可能引发水灾、火灾、爆炸、剧毒或者强腐蚀性物质大量泄露或者其他严重次生灾害的建设工程，包括水库大坝、堤防和贮油、贮气，贮存易燃易爆、剧毒或者强腐蚀性物质的设施以及其他可能发生严重次生灾害的建设工程，以及省、自治区、直辖市认为对本行政区域有重大价值或者有重大影响的其他建设工程，必须进行地震安全性评价。因此，作为我国抗震设计的上位法，《防震减灾法》和《地震安全性评价管理条例》所规定的地震安全评价仍需执行。进而可知，相关机构出具的地震安全评价报告，仍然是设计单位进行低温储罐的抗震设计的主要依据之一。

5 结论和建议

为了逐步解决我国低温储罐抗震设计基准不统一、设计理念差异大、储罐安全水平不一致的问题，本文建议：

在确定地震场地地表运动的设计基准时，将OBE地震确定为50年超越概率10%的地面运动，重现期475年；将SSE地震确定为50年超越概率2%的地面运动，重现期2475年。

建议国内建设的项目，阻尼比调整系数执行地震安评报告或GB50011的规定。

国内外规范对于液晃计算出现的各种问题，归根结底是由于未能就长周期设计反应谱达成一致造成的，建议统一液晃高度的计算方法，并且以项目所在地的地震安评报告所确定的反应谱作为液晃计算的最终依据。

大型低温储罐项目作为可能发生严重次生灾害的建设工程，仍然需要安按照《防震减灾法》的要求进行地震安全评价。

参 考 文 献

[1] 陈鲲，高孟潭 中国大陆地区一般建设工程抗地震倒塌风险研究[J]. 建筑结构学报，2015.
[2] 居荣初，曾心传 弹性结构与液体的耦联振动理论[M]. 地震出版社，1983.
[3] 孙志刚 大型立式储罐隔震——理论，方法及实验[M]. 科学出版社，2009.
[4] 余湛，石树中，沈建文，刘铮 从中国、美国、欧洲抗震设计规范谱的比较探讨我国抗震设计反应谱[J]. 震灾防御技术，2008.
[5] 范力，赵斌，吕西林 欧洲规范 8 与中国抗震设计规范关于抗震设防目标和地震作用的比较[J]. 结构工程师，2006.
[6] 张翔 中国建筑抗震设计规范与欧洲规范 Eurocode 8 关于抗震设计反应谱的比较[J]. 四川建筑科学研究，2012.

被动防低温泄漏保护在 LNG 钢结构终端应用研究

程国东

（海洋石油工程（青岛）有限公司）

摘　要　本文结合海上和陆上钢结构液化天然气处理终端的低温泄漏风险，介绍了液化天然气低温泄漏位置、泄漏形式、钢结构模块被动防低温泄漏材料、厚度设计以及施工要求，为浮式液化天然气生产储存装卸平台（FLNG）、浮式储存再气化装置（FSRU）等液化天然气钢结构防低温泄漏的设计和施工提供一定的借鉴。

关键词　液化天然气；钢结构；防低温泄漏保护；裂纹

液化天然气是清洁能源，目前用于开采、加工、生产液化天然气（Liquid Natrual Gas，LNG）的固定生产平台（PLNG）、浮式液化天然气生产储卸平台（LNG-FPSO）、浮式 LNG 储存再气化装置（FSRU）和液化天然气模块化处理终端，受到各国石油公司青睐。但因 LNG 的温度低于-160℃，一旦发生泄漏，不但会发生火灾，而且会降低钢结构的韧性，使其出现脆性断裂（“液脆”现象）[1,2]。液脆现象主要发生在 FSRU、FLNG 及液化天然气核心模块（以下简称“LNG 钢结构”）的主低温换热模块、再气化模块、预冷模块、Jetty 模块中的卸货臂，包括生产和分离 LNG 与液化石油气（LPG）装置。为了防止液化天然气钢结构发生液脆发生，通常设计低温泄漏防护（cryogenic spillage protection，CSP）。

本文结合实际项目设计经验从防低温泄漏情景设计、被动防低温泄漏材料测试标准、选择和施工方面深入分析防止发生液化天然气钢结构发生低温脆性断裂措施，为 FLNG、FRSU 以及 LNG 液化天然气核心模块设计建造提供参考。

1　液化天然气钢结构的防低温泄漏情景设计

1.1　设计标准

陆上液化天然气防低温泄漏控制措施以 NFPA 59A：2019《Standard for the production, storage, and Handling of Liquefied Natural Gas (LNG)》和 EN1473：1997《Installation and equipment for liquefied natural gas—Design of onshore installations》为主，主要防护措施采用围堰收集泄漏的天然气。

海上 FLNG 结构和 FSRU 结构防低温泄漏目前无相关标准，以船级社规范为主[4]，因其空间有限，防低温泄漏控制措施以被动防低温保护层防护为主。

1.2　低温泄漏情景范围定义

液化天然气钢结构低温泄漏情景范围需根据各船级社泄漏风险分析确定，同时应考虑到低温液化天然气的爆炸极限为空气体积的 5%～15%[5]，易发生火灾，在低温泄漏基础上需考虑被动防火要求。因此，在定义潜在设备的低温喷射空间范围、尺寸的同时还需考虑池火或喷射火焰因素，防低温泄漏涂层应施工在潜在发生低温飞溅设备周围的主结构梁柱以及设备底座上，同时根据外延热分析考虑向与防低温泄漏涂层的主结构梁柱连接的次级结构 450mm 外延设计。典型泄漏情景分析见图 1 和外延热分析见图 2。

低温泄漏危险分析还需要考虑钢结构的整体性、最低承受温度、抗低温时间、钢结构最低温度液化天然气泄漏状态。碳钢最低承受温度取决于客户、使用的区域、钢材质量以及其他的因素。一般情况下，最低承受临界温度范围为-30℃～-40℃，通常保守考虑-29℃；不同的泄漏状态对于钢结构的温降是不同的。通常按照以下步骤评估：(1) 依据热传导分析全液相状态下同样温降的喷射状态下的液相比率；

(2) 喷射分散计算模拟液态比例评估距离；

(3) 通过试验测量明显温降的距离；

(4) 建立脆性断裂危害区域的模型。

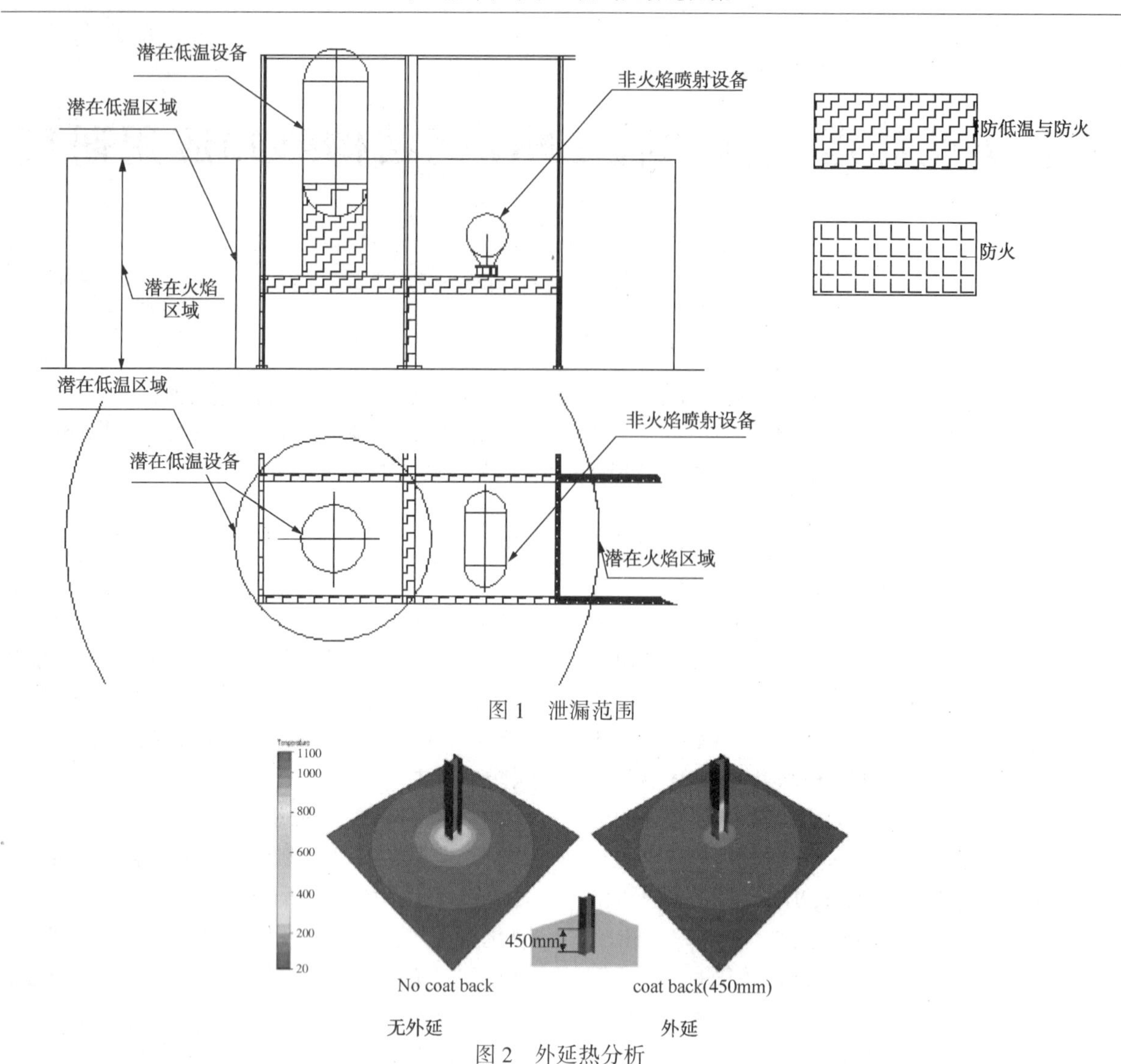

图 1　泄漏范围

图 2　外延热分析

1.3　厚度设计

主要需要考虑的因素有环境温度、要求的基材临界温度、结构温降、根据风险分析确定的液化天然气泄漏形式(喷射、全浸、气相)、低温液体泄漏流量、低温泄露影响时间、钢结构截面因子(Hp/A，即受火构件横截面周长 Hp 与受火杆件横截面面积 A)、耐冲击性能、船级社或第三方的配套测试证书和材料测试报告。表 1 为俄罗斯国家石油公司 YAMAL 项目被动防低温泄漏优化设计实例，其采用涂层系统为国际油漆公司。依据低温泄漏情景分析范围和持续时间设计涂层的厚度，并采用液氮浸泡的保守试验方式(见图 3)来进行验证。

(a)喷射

(b)全浸没

图 3　低温泄漏保护涂层测试

表 1　俄罗斯国家石油公司 YAMAL 项目被动防低温飞溅设计实例

保护时间/min	截面因子	厚度/mm
30	Hp/A≤165	30.4
	165<Hp/A≤350	30.4
45	Hp/A≤165	29.76
	165<Hp/A≤350	30.8
60	Hp/A≤165	31.12
	165<Hp/A≤350	31.12
90	Hp/A≤165	33.85
	165<Hp/A≤350	34.7
120	Hp/A≤165	36.57
	165<Hp/A≤350	38.6

注：表中截面因子根据 UL1709 中测试方案中标准型钢尺寸计算，厚度是依据国际油漆公司防低温泄漏涂层设计，如果选择不同的油漆厂家，不同的保护时间下，涂层厚度是不同的，工程实际中需要咨询涂层材料厂家。

1.4　防低温泄漏的四面设计

从图 4 可以看到，受到 LNG 影响，温度传递导致整个钢梁变形，因此实际上钢结构的 4 面都应考虑防低温泄漏设计，钢梁上表面安装格栅和管鞋的涂层设计如图 5 和图 7，涂层施工后情况如图 6 和图 8 所示。

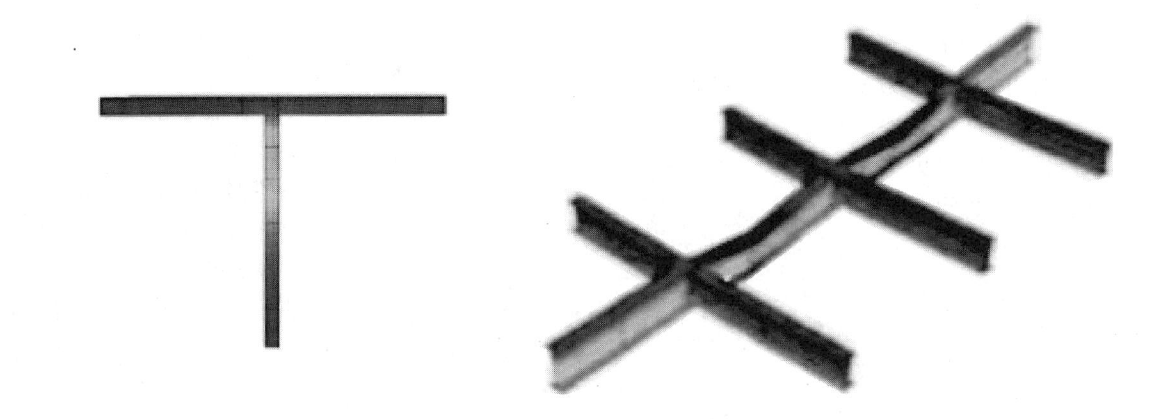

图 4　钢结构梁受到 LNG 影响后变形

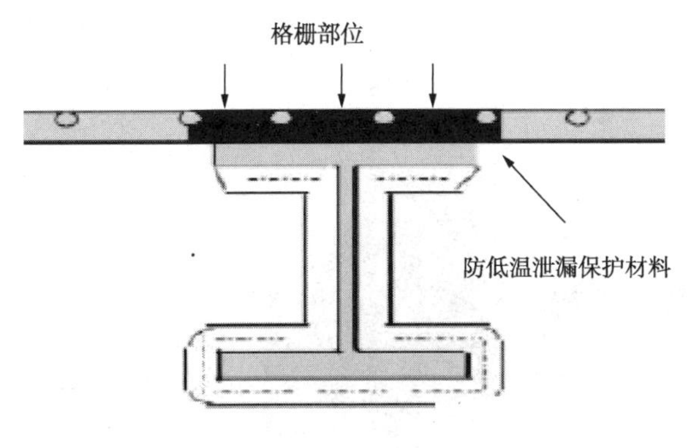

图 5　格栅区域涂层设计

图 6　格栅区域涂层施工

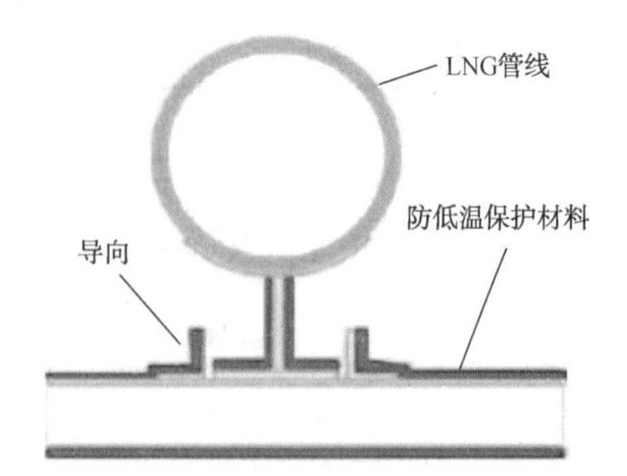

图7　管鞋部位涂层设计

图8　管鞋部位涂层施工

2　防低温泄漏材料选择

2.1　保护材料性能

研究表明[5]钢结构暴露在低温和高温环境下很快因为强度降低而失效，按照ISO 20088-3低温喷射测试和ISO 22899-1被动防火材料抗喷射火测定标准要求喷射火焰测试后的温度随时间变化的曲线。在低温测试中9s到10s达到-30℃～-40℃为钢结构发生脆断的临界温度区，50s后钢结构稳定在-176℃。

按照设计阶段风险分析低温泄漏和火灾是共存的，因此CSP层通常与被动防火层(Passive fire protection，PFP)协同考虑作为一个整体，以CSP作为PFP的底涂层，作为复合涂层来实现防低温泄漏及防火的功能。

被动防低温泄漏材料类型主要包括环氧类涂层、卷材、环氧板材，可以为低温泄漏提供良好的低温保护和火灾保护，保护材料应从接近-200℃到1300℃温度范围内保持完整性和绝热能力。一旦保护材料在低温期间变得脆弱或受损，在火灾发生时防护材料就可能不符合保护预期。目前海洋工程常用适用于低温泄漏和池火环境的CSP+PFP协同涂层体系有佐敦油漆公司JOTATEM750和JOTACHAR1709，国际油漆公司INTERTHERM 7050和CHARTEK 1709，适用于低温泄漏和喷射火焰环境的INTERTHERM 7050和CHARTEK7系列。

市场也存在对高温和低温具有良好的绝缘性能的CSP和PFP一体化涂层材料，能够有效地保护钢结构免受低温溢出和池火和喷射火焰影响，例如PPG公司pitchar XP，国际油漆公司的CSP1602。

与涂层相比，预成型板便于现场拆卸检查，可针对任何区域进行定制，并可定制平板、立柱、型钢或节点等不同的几何形状。可实现快速安装，并使用快速释放锁，并且施工不受环境限制，例如温度或湿度限制，可节省现场安装时间和效率，典型的产品是BENARX系列产品。

2.2　钢结构-涂层应力分析

CSP体系涂层结构过厚在温差情况下或者吊装运输过程中的导致结构微变形下开裂情况，如图9(a)所示。因此设计过程需考虑结构的变形量需小于涂层可忍受的变形量。图9(b)为涂层厚度与变形模拟分析。结果表明，对于涂层厚度超过20mm时，随着涂层厚度的增加，涂层横向裂缝条数减少，涂层与涂层和涂层与钢板之间的附着力减弱。因此厚度设计完成后需对施工后的结构作整体应力分析校核，保证施工后涂层与钢结构一体化。

(a)甲板片整体变形分析

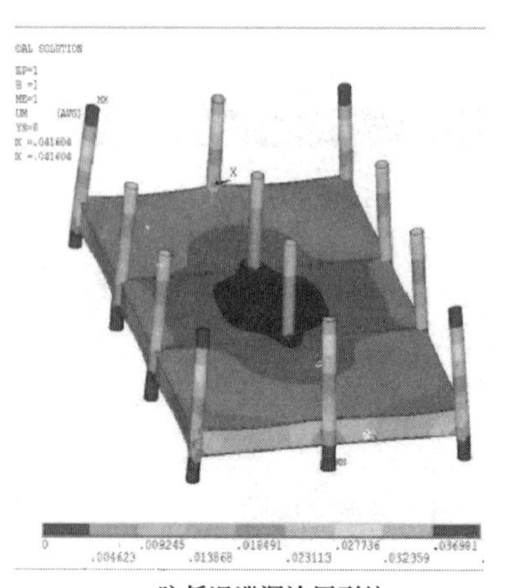

(b)防低温泄漏涂层裂纹

图9　钢结构涂层应力模拟分析

3 防低温材料施工

3.1 防低温泄漏涂层通用施工工艺

通常耐低温材料的施工与被动防火涂层施工过程类似，采用双组份加热喷涂泵(施工面积超过 $100m^2$)，同时也可采用镘涂方式涂覆功能涂料，施工工具可使用滚子和铲子进行镘涂，其效率远远低于喷涂，仅适用于小面积施工(零散点修补或 $100m^2$ 区域)。表 2 为耐低温涂层施工工艺，CSP+PFP 施工工艺较为复杂，涂层相对较厚，在冬夏温度变化明显的区域建造和应用易出现裂纹；CSP+预成型防火层适用于现场修复和现场施工；CSP+PFP 一体化涂层系统施工工艺简单，厚度低，是目前发展的趋势。图 10 为防低温泄漏涂层施工成品。

表 2 低温泄漏涂层施工工艺

类型	CSP+PFP 协同涂层	CSP+预成型防火层	CSP 和 PFP 一体化涂层
施工工艺	1. 表面处理 2. 底漆 3. 喷涂 CSP 层(3-4 道，每道 4mm-5mm) 4. 喷涂 PFP 层(每道 5mm) 5. 面漆	1. 表面处理 2. 底漆 3. 喷涂 CSP 层(3-4 道，每道 4mm-5mm) 4. 预成型防火层施工(可现场施工)	1. 表面处理 2. 底漆 3. 功能涂层喷涂 按照厚度需要，安装加强网(位置在涂层的 1/3~1/2 处) 4. 施工面漆

(a)CSP+PFP协同涂层

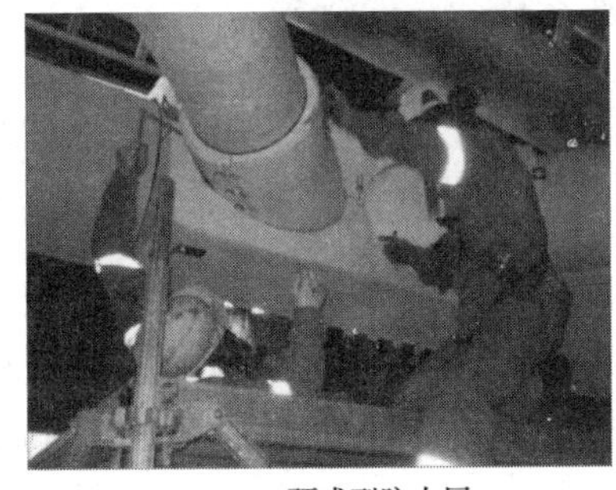
(b)CSP+预成型防火层

(c)CSP和PFP一体化涂层

图 10 防低温涂层施工成品

3.2 典型案例防低温涂层施工案例

YAMAL 液化天然气核心工艺模块项目防低温泄漏涂层选择是国际油漆公司 Intertherm 7050 +Chartek1709 协同涂层体系，配套系统如表 2 所示，经过 UL 实验室认证，图 10 为核心工艺模块防低温泄漏工艺流程图。

表 2 典型防低温泄漏涂层系统

涂层	油漆型号	干膜厚度/μm	加强网位置
底漆	Intershield 300	75~100	/
低温泄漏涂层	Intertherm 7050	按照表 1 设计	/
防火涂层	Chartek 1709	按照截面因子计算	中间位置
面漆	Interthane 990	50	/

防低温泄漏涂层和防火涂层施工厚度应考虑涂料粘度和流动性，通常每道施工 4mm-5mm。加强网安装在防火涂层厚度的一半位置，根据结构形式，空心截面构件(方钢和结构管)满铺加强网，对于 H 型钢加强网安装在翼缘边缘和腹板位置。

膜厚最低厚度不得低于设计厚度的 85%，最多低于设计厚度 1.5mm，厚度检验分为破坏性和无损检测，破坏性检验在低温泄漏涂层钻一个直径大约为 2mm 的小孔，然后用深度尺检查涂层的厚度(需小心不要损坏底材，并尽快用低温泄漏回补这些小孔)；无损检验推荐湿膜厚度测量法是采用一个通常由油灰刀制成的，宽度大约为 50mm 的预制桥规，涡流仪器(例如

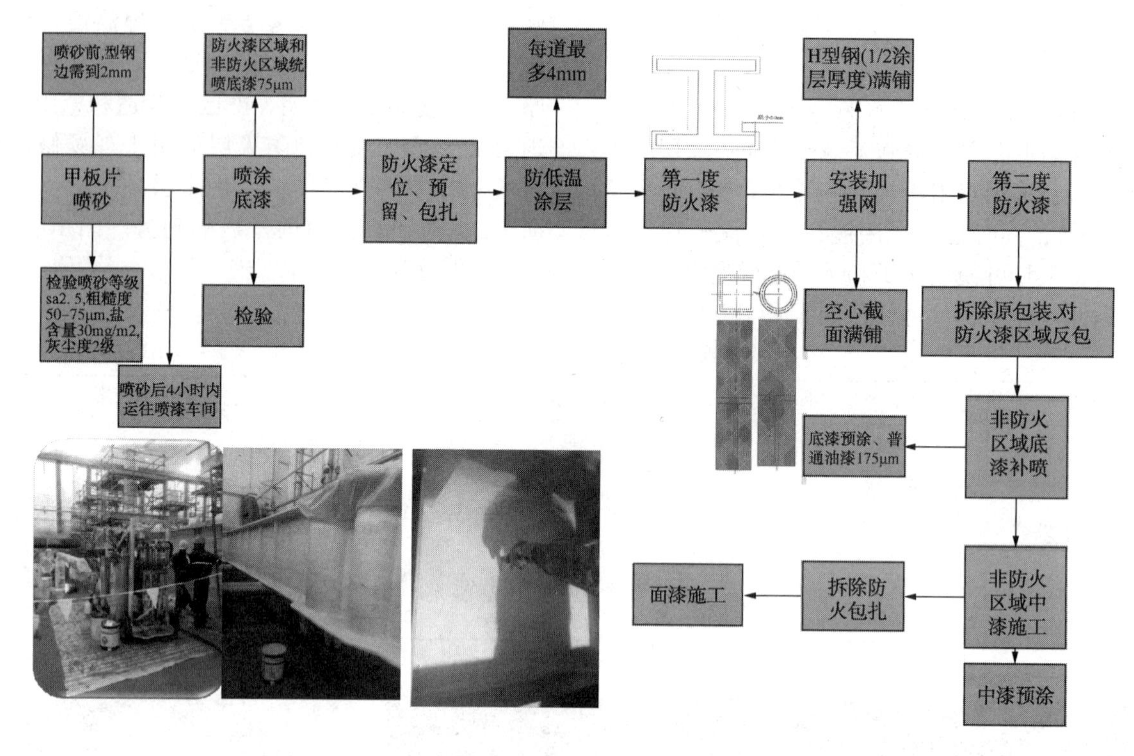

图 10　核心工艺模块防低温泄漏工艺流程图

FMP30），卡钳或者工程设计的方规可以用来测量翼缘板末端表面小于 25mm 系统膜厚。

涂层附着力测试通常与防火涂层测试相同，分为刚性涂层和柔性涂层，测试方法分为定性方法砸除法或者定量方法拉开法[10]，刚性涂层适合定性砸除法和柔性拉开法，柔性涂层是用于柔性拉开法。Intertherm 7050+Chartek1709 涂层属于刚性涂层，可以通过砸除法，250mm x 250mm 区域内碎块超过 4 块即为合格。

4　防低温泄露涂层的裂纹处理

防火和防低温涂层在使用的过程中需经常性检查并及时维修保证其正常使用功能。如出现细纹（发丝宽度）需按照 SYT3769-2017《石油天然气工业陆上设施被动防火推荐做法》要求及时清洁开口并按照材料厂家指导填充。如不及时处理，水汽进入不仅会腐蚀基材，而且在低温情况下，水汽会结冰体积膨胀导致涂层剥落。

5　结论

（1）陆上的液化天然气钢结构防低温泄漏设计需参考 NFPA59A 和 EN1473，海上钢结构防低温泄露设计需按照船级社设计规范；

（2）LNG 处理钢结构防低温泄漏范围需根据各船级社对低温泄漏做定量分析，同时考虑低温的液化天然气泄漏导致喷射火焰影响；

（3）防低温泄漏涂层应考虑涂层与钢结构的完整性要求，厚度设计完成应做应力分析，防低温泄漏涂层与膨胀型防火层施工过程类似；

（4）防低温泄漏涂层需经常性检查，出现裂纹后需及时处理，在低温情况下防止水汽进入结冰涂层剥落。

参 考 文 献

[1] A. D. Cataylo, | K. Tanigawa . Floating LNG Challenges on Cryogenic Spill Control[J]. DOI https://doi.org/10.2118/168391-MS Document ID SPE-168391-MS Publisher Society of Petroleum Engineers Source SPE International Conference on Health, Safety, and Environment, 17-19 March, Long Beach, California, USA Publication Date 2014.

[2] Mun-Keun Ha, Dong-Hyun Lee, Soo-Young Kim. Research of design challenges and new technologies for floating LNG [J]. Ocean Eng. (2014) 6: 307 ~ 322 http://dx.doi.org/10.2478/IJNAOE-2013-0181

[3] NFPA 290 Standard for Fire Testing of Passive Protection Materials for Use on LP-Gas Containers, 2009 Edition http://www.nfpa.org/aboutthecodes/AboutThe Codes.asp?DocNum=290

[4] Lloyd's Register Guidance Notes for Risk Based Analysis: Cryogenic Spill.

[5]BS EN ISO 16903：2015 Petroleum and natural gas industries — Characteristics of LNG, influencing the design, and material selection

[6] Ragni Fjellgaard Mikalsen, Karin Glansberg, Espen Daaland Wormdahl. Jet fires and cryogenic spills：How to document extreme industrial incidents[C].

[7] ISO 20088-1：2016, Determination of the resistance to cryogenic spill of insulation materials - Part 1：Liquid phase. ISO Copyright office, published in Switzerland [S], 15-Sep-2016.

[8] ISO/CD 20088-2, Determination of the resistance to cryogenic spill of insulation materials - Part 2：Vapor Release. ISO Copyright office, CD stage draft[S].

[9] ISO 20088-3, Determination of the resistance to cryogenic spill of insulation materials - Part 3：Jet Release. ISO Copyright office, Final Draft[S].

[10] 程国东，万举惠，张有慧等. 金属加强网环氧膨胀型防火涂料在海洋平台设计与应用[J]. 消防科学与技术，2014(33)，3，322~324.

[11] SYT 7396-2017 石油天然气工业陆上生产设施被动防火推荐作法[S]. 国家能源局，2017.

小型 LNG 气化站站内围墙设置分析

张亚涛　刘　霏

（中国石油天然气管道工程有限公司）

摘　要　随着城镇气化的深入，小型 LNG 气化站得到长足发展，但是现行规范《城镇燃气设计规范》GB50028-2006 中关于生产区和辅助区之间是否设置围墙，并无明确规定，导致实际设计过程中，消防部门会提出不同意见。本文从此条规定的出处、规范精神、现场实际情况进行分析，再到相似规范的比较，得出结论：小型 LNG 气化站的生产区与辅助区之间可不设置围墙或者设置铁艺围墙（围栏）。

关键词

1　前言

“气代煤”工作促使小型 LNG 气化站有长足发展。近年来，由于空气污染带来的环保压力陡增，国家自上而下开始重视清洁能源的利用，天然气作为优质清洁能源，以其技术成熟稳定、副污染少的特点，得到政府和社会的大力支持，成为替代煤炭、石油的主力军。在此期间已经敷设天然气管网的地区，其天然气的需求量呈爆发式增长，冬季调峰时段频现“气荒”现象，另外一些天然气管网铺设不到位的地区，短期内无法直接利用管道气。小型 LNG 气化站以其储量大，可以分散布置的特点，能够较好补充缺气地区用气需求，在城镇气化浪潮中稳居一席之地。

小型 LNG 气化站内功能精简、集中。小型 LNG 气化站主要服务的对象为缺气企业和村镇，工厂用气规模大多不超过 2000Nm^3/h，村镇用气规模大多不超过 1000Nm^3/h，建设地点多位于工厂内部或村镇空地，设计原则为“满足规范，减少投资”。小型 LNG 气化站的设计目前主要参考《城镇燃气设计规范》GB 500028—2006 中第 9 章，站内一般包括 LNG 储罐区、工艺区、放散管、辅助用房（控制室、值班室、办公室、发电机房、锅炉房、空压机房、消防泵房）、消防水池、箱变、化粪池。工艺设备为站内的核心。

因此本文探讨的小型 LNG 气化站专指 200m^3 及以下规模，且不包含灌装、售气营业等功能。

2　站内围墙设计情况

站内工艺设施为核心设备，不可或缺，辅助生产设施则不然。小型 LNG 气化站用地一般较为紧张。针对工厂用气，主要在于冬季断气时紧急“保供”，锅炉房热水伴热的滞后性无法满足此要求，工厂内一般有压缩空气气源，消防给水系统，发电机房（或者设置有独立双回路电源）。因此，考虑节约用地，减少投资，工厂内小型 LNG 气化站一般仅设置控制室供燃气公司使用，典型图详见图 1。针对村镇用气，服务对象主要是乡村居民，鲜有规模以上企业，其用气需求一天之中波动较大，一般采用电伴热方式，因此气化站站内一般不设置锅炉房，典型图详见图 2。

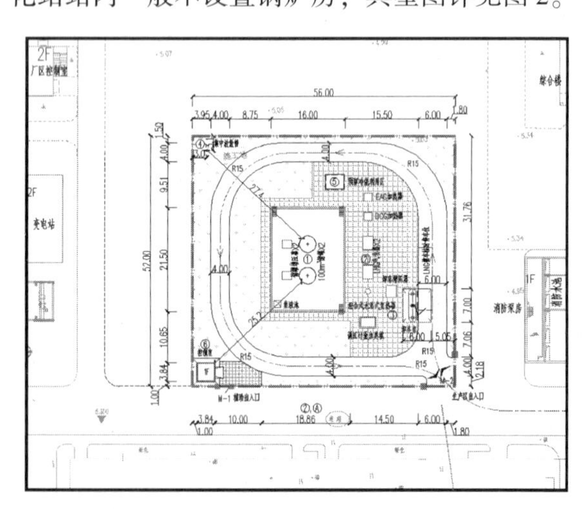

图 1　工厂自用小型 LNG 气化站

由此小型 LNG 气化站设计中通常在辅助区、生产区之间不设置围墙、或者仅设置铁艺围墙或者围栏。

在施工图阶段，地方消防部分审查时经常会提出在生产区与辅助区之间设置实体围墙。消防审查单位的依据是《城镇燃气设计规范》

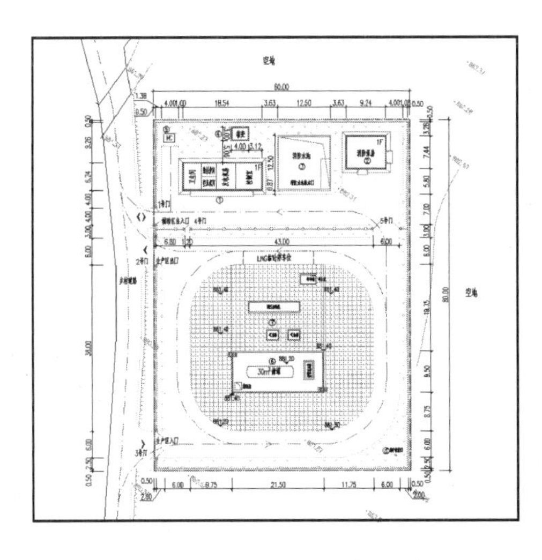

图 2　乡镇小型 LNG 气化站

GB50028-2006 中 8.3.12 条“液化石油气供应基地的生产区应设置高度不低于 2m 的不燃烧实体围墙。辅助区可设置非实体围墙”，LNG 气化站应该依次类比，生产区周围应设置不低于 2m 的不燃烧实体围墙。针对 8.3.12 条的条文解释是“安全防范需要”，个人理解有两方面考虑：(1)LPG 供应基地常带有灌装功能，辅助区会有社会人员进出，增设围墙可以减少无关人员对生产区的影响。(2)LPG 常温状态下密度较空气大，事故状态下防护堤万一失效，实体围墙也是一种临时保护措施。

3　现行规范要求分析

《城镇燃气技术规范》GB 50494—2009 中 5.2.6 规定“液化石油气和液化天然气厂站的生产区应设置高度不小于 2m 的不燃烧实体围墙”，条文解释中明确“主要是考虑安全防范的需要”。对于“安全防范”的个人理解同上。

对此，《城镇燃气设计规范》GB 50028—2006 中 9.2.7 条规定“液化天然气气化站站内应分区布置，即分为生产区和辅助区……液化天然气气化站应设置高度不低于 2m 的不燃烧实体围墙”，此条并没有规定生产区和辅助区之间是否应该设置围墙，且无相关条文解释。也即意味着，现行主要执行规范对此并无明确要求。

从安全角度分析，LNG 物理特性应决定生产区和辅助区之间是否应该设置围墙。小型 LNG 气化站发生液体泄漏后有两种特性：(1)可视性，(2)非流淌性。LNG 属于超低温液体，发生泄漏时会迅速气化，形成蒸气云，此时站内除了报警系统会相应外，在工艺区会形成肉眼可见的白色云雾。在实践中，如果 LNG 生产区和辅助区之间没有围墙，或者仅设置铁艺围墙(围栏)，则在泄漏状态下，站控人员除了听到警报声外，可以直观的看到站区内有蒸气云，减少应急反应时间，利于逃生。小型 LNG 气化站，储存规模较小，一般不超过 200m^3，即使泄漏后防护堤二次泄漏，所流出的液体短时间内也会急剧气化，难以触及到辅助区，用围墙来作为阻拦设施，意义不大。LNG 的这两种特性与 LPG 截然不同，不应完全参考 LPG 规范。因此小型 LNG 气化站生产区和辅助区之间不设置围墙，或者设置铁艺围墙(围栏)，是可行的。

4　其他相近性质规范分析比较

《汽车加油加气站设计与施工规范》GB 50156—2012(2014 年版)中 5.0.12 规定“汽车加油加气站的工艺设备与站外的建构筑物之间，宜设置高度不低于 2.2m 的实体围墙”，但是并没有规定站房与 LNG 储罐区、工艺区之间是否应该设置围墙。从实际 LNG 加气站(最大规模可达 180m^3)运营情况来看，站房与 LNG 储罐区、工艺区之间也多无围墙。

《小型液化天然气技术规程》T/BSTAUM001-2017 中 4.2.1 条规定“小型 LNG 气化站应设置围墙，并应符合下列规定：(1)当设置在封闭的厂区内时，应设置高度不低于 2m，围墙以下不燃烧实体部分不得低于 1m；(2)当小型气化站的围墙兼做厂区围墙时，应设置高度不低于 2m 的不燃烧实体围墙”，其中也并无生产区和辅助区之间是否设置围墙相关规定。此本规范使用度不高，暂且仅当做参考。

《城镇液化天然气供应站设计规范》(征求意见稿)中 5.1.2 条规定“LNG 供应站四周边界应设置高度不低于 2.2 米的不燃烧实体围墙。当 LNG 供应站的生产区设置高度不低于 2.2 米的不燃烧实体围墙时，辅助区可设置非实体围墙，非实体围墙底部实体部分高度不应低于 0.6m”。条文解释“对 LNG 供应站的边界提出要求，是考虑当站场出现泄漏事故，实体围墙作为最后保障，能阻挡事故蔓延，另外因站场以外明火无法控制，设置高度不低于 2.2m 的实体围墙也是为了供应站的安全”。此也没有明确生厂区和辅助区之间是否设置围墙，但是明确了实体围墙设置的意义，即泄漏后站内最后一道保障和防止站外明火飞入。

对于小型 LNG 气化站，发生泄漏事故时，应第一时间做出反应，采取应急措施，并撤离。根据一般蒸气云模型计算结果显示，蒸气云边界甲烷浓度为 2.5%的半径区可达 50~80m，单纯实体围墙并不能起到决定性防护作用，应第一时间远离防护堤。生厂区和辅助区之间设置围墙反而可能会延长站控人员的反应时间，对于危险控制不利。另外站区四周的界墙设置，足以作为事故状态下的最后保障，防止站外明火飞入。

5 结论

对于工厂内的小型 LNG 气化站，其生产区与辅助区之间可不设置围墙，但是应该在站内辅助用房中增设紧急出入口。对于乡镇小型 LNG 气化站，其生产区与辅助区之间宜设置铁艺围墙（围栏），站区边界应设置实体围墙。在实际消防审查过程中，经过沟通，此结论也得到消防部门也多数肯定。

参 考 文 献

[1] 杨伟波 . LNG 气化站的技术安全要素[J]. 上海煤气，2007，(1)：19-21.

[2] 胡炯华 . LNG 气化站的设计[J]. 有色冶金设计与研究，2007，28(5)：1-3.

LNG 储罐桩基水平承载力提高方案研究

魏成国　朱俊岩

（中国石油天然气管道工程有限公司）

摘　要　LNG 储罐桩基对水平承载力要求高，在软土吹填地区，直接打桩不能满足桩基水平承载力要求，需采取方案，提高桩基水平承载力。本文针对软土吹填地区的地质条件，制定出了 2 种桩基水平承载力提高方案，并通过现场试桩，验证了提高方案的合理性，可有效保证 LNG 储罐的安全。

关键词

1　前言

天津南港 LNG 应急储备项目位于天津市南港工业园区。本工程主要包括接收站、码头及外输管道三部分。接收站工程建设规模 500×10^4t/a，建设 10 座 $20\times10^4m^3$ LNG 储罐及配套工艺设备，以及辅助公用工程设施，并预留远期 2 座 $20\times10^4m^3$ LNG 储罐用地；LNG 最大气化外输能力为 6000×10^4 Nm^3/d。LNG 储罐桩基对水平承载力要求高，而本项目位于软土吹填地区，地质情况复杂，直接打桩不能满足桩基水平承载力要求，需采取方案，提高桩基水平承载力。本文针对场区的地质条件，制定出了 2 种桩基水平承载力提高方案，并通过现场试桩，验证了提高方案的合理性，可有效保证 LNG 储罐的安全，能够对以后类似 LNG 储罐工程的设计起到一定的借鉴作用。

2　储罐桩基设计

2.1　工程场地条件

目前整个场地均一次造陆回填完成，吹填材料为港池疏浚土，以高含水量、低强度的淤泥为主。其中接收站东侧宽 136m 范围内已进行真空预压，场地现标高约 4.5m，吹填土层地基承载力为 60～80kPa，还需进行二次处理；其余范围原吹填标高 6.4m，现场地经晾晒后标高平均约为 6.0m，本区域未经深层处理。主要地层分布如下：

1）吹填土。主要是吹填港池疏浚淤泥、淤泥质粉质黏土，约 10m。

2）淤泥质黏土。灰色，饱和，流塑状态，约 10m。

3）粉细砂。灰黄色，饱和，密实状态，约 20m。

4）粉质黏土。黄褐色，饱和，软塑～可塑状态，约 5m。

5）黏土。灰色，饱和，软塑～可塑状态，约 13m。

6）粉质黏土。褐黄色，饱和，可塑～硬塑状态。

7）粉质黏土。褐灰色，饱和，可塑～硬塑状态。

8）粉细砂。灰色，饱和，密实状态。

9）粉质黏土。灰色，饱和，可塑～硬塑状态。

10）粉细砂。灰色，饱和，密实状态。

11）粉质黏土。灰色，饱和，可塑～硬塑状态。

2.2　储罐桩基水平承载力计算

储罐计算除了要考虑恒载、活载、风载、温度、燃烧、爆炸等荷载工况外，还要考虑 OBE（50 年超越概率 10%）和 SSE（50 年超越概率 2%）两种地震工况[1]。储罐为预应力混凝土高承台全包容罐，外罐罐壁高度 46.08m，承台高 1.2～1.4m，罐壁厚 0.75～1.0m，穹顶厚度 0.5m。储罐承台直径 93m，桩径为 1.4m，每个储罐 401 根，长度约 95m，桩型为后注浆钢筋混凝土灌注桩。

桩所受的水平荷载部分由桩本身承担，大部分是通过桩传给桩侧土体，其工作性能主要体现在桩与土的相互作用上，即当桩产生水平变位时，促使桩周土也产生相应的变形，产生的土抗力会阻止桩变形的进一步发展。桩基规范[2]推荐的计算方法为 m 值法，这种方法将土视为不同刚度的离散弹簧，用比较简单的方法考虑土抗力与桩挠度间关系随深度的变化以及非线性特性。桩侧土水平抗力系数 m 值越大，桩基水平承载力越高，尤其是桩侧表层土(3~4 倍桩径范围内)的承载力极大影响桩身的水平承载力。当桩的入土深度达到一定值(4.0/a = 4.0/0.42 = 9.5m)时，增加入土深度对水平承载力不再起作用，提供桩体的水平反力的关键土体厚度约为 2(d+1)范围(桩基条文说明 5.7.5)。

用 API650 经验公式和有限元软件 LUSAS 分别计算得到 OBE 和 SSE 两种工况下的单桩水平地震力，具体数值参见表 1。

表 1　水平地震力计算

计算方法	地震工况	单桩水平力(kN)
经验公式法	OBE	860
	SSE	1529
有限元法	OBE	756
	SSE	1331

如要满足 OBE 和 SSE 下的承载力要求，除以调整系数后所需的单桩承载力特征值控制值为 955.63kN。

3　桩基水平承载力提高方案及试验结果分析

3.1　桩基水平承载力提高方案

提高 LNG 储罐桩基的水平承载力，关键是保证桩侧土层能够提供足够大的水平抗力系数(m 值)。根据桩基规范 5.7.5 条条文说明，提供水平反力的关键土体厚度约为 h = 2(d+1) = 4.8m。考虑储罐在地震工况下水平地震力大，水平位移限制严格(6mm)，同时考虑在地震力大时表层土可能会屈服造成有效水平承载土层减少，综合以上考虑，提出换填厚度为 6m 的 2 种换填方案：一是底部 2m 厚压实碎石土+上部 4m 的压实级配砂石，二是底部 2m 厚压实碎石土+上部 4m 的压实级配碎石，以保证上部土层提供足够的抗侧刚度，进而满足水平承载力要求。每种换填方案区域内均有 3 根水平承载力试验桩，第一种试验桩编号为 Pb01～03，第二种试验桩编号为 Pc01～03。

3.2　桩基水平承载力试验

1）试验方案

试验桩在进行水平承载力试验之前均需进行低应变检测和声波透射法检测，检测合格后方可进行水平承载力试验。水平推力加载装置宜采用油压千斤顶，加载能力不得小于最大试验荷载(预估加载至 3000kN)的 1.2 倍。水平推力的反力由相邻桩提供，示意图如下：

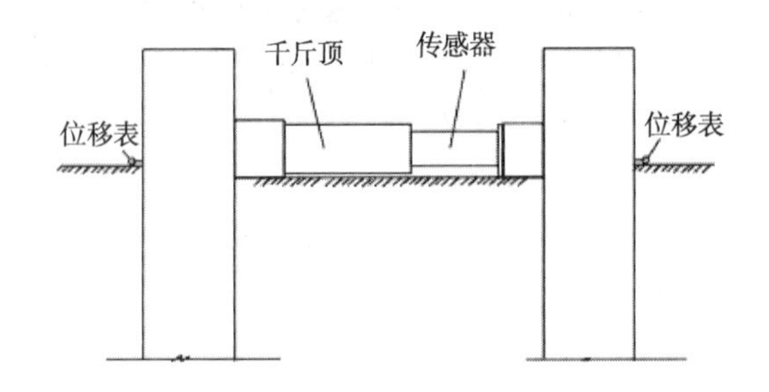

图 1　水平静载试验示意图

加载采用慢速维持荷载法，各试验水平位移超过 40mm 后终止试验。

水平静载试验桩应力计埋设深度为 13.5m，分别在距离地面 1.5m、3.5m、5.5m、7.5m、9.5m、11.5m、13.5m 处各埋设 2 个应力计(对称布置在远离中性轴的抗压或抗拉主筋上)，共计埋设 14 个。埋设位置详见下图：

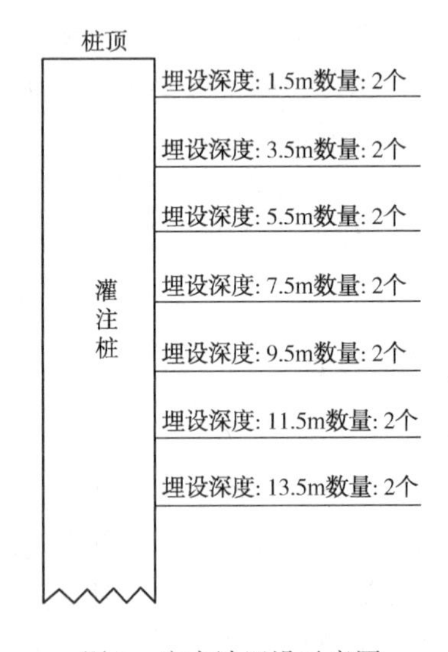

图 2　应力计埋设示意图

2）试验结果-水平位移对应承载力

终止加载结果如下：

(1) 级配砂石区域：Pb01 桩当加载至 3300kN 水平位移超过 40mm，Pb02 桩当加载至 2700kN 水平位移超过 40mm，Pb03 桩当加载至 3000kN 水平位移超过 40mm；

(2) 级配碎石区域：Pc01 桩当加载至 2700kN 水平位移超过 40mm，Pc02 桩当加载至 3000kN 水平位移超过 40mm，Pc03 桩当加载至 2400kN 水平位移超过 40mm。

桩基水平承载力特征值分析：依据规范《建筑基桩检测技术规范》JGJ106-2014 第 6.4.7 节第二条“桩身配筋率不小于 0.65%的灌注桩，可取设计桩顶标高处水平位移所对应荷载的 0.75 倍作为单桩水平承载力特征值，对水平位移敏感的建筑物取 6mm，对水平位移不敏感的建筑物取 10mm”；第 6.4.7 节第三条“取设计要求的水平允许位移对应的荷载作为单桩水平承载力特征值，且应满足抗裂要求”。

各试验桩 6mm、10mm、20mm、30mm 水平位移对应荷载见下表 1。

表 1　各级位移对应荷载汇总表

序号	区域	桩号	水平位移 6mm		水平位移 10mm		水平位移 20mm	水平位移 30mm
			荷载/kN	0.75 倍荷载/kN	荷载/kN	0.75 倍荷载/kN	荷载/kN	荷载/kN
1	级配砂石区域	Pb01	1175	881.3	1565	1173.8	2241	2806
2		Pb02	932	699.0	1147	860.3	1737	2245
3		Pb03	1105	828.8	1364	1023.0	1994	2511
平均值						1019.0		2520.7
4	级配碎石区域	Pc01	1004	753.0	1200	900.0	1660	2107
5		Pc02	978	733.5	1287	965.3	1901	2403
6		Pc03	807	605.3	1029	771.8	1506	1934
平均值						879.0		2148

LNG 储罐桩基水平承载力特征值一般取 10mm 位移对应的承载力特征值，由表 1 可知：级配砂石换填方案取值 1019.0kN > 特征值控制值为 955.63kN，满足桩基水平承载力要求；级配碎石换填方案取值 879.0kN < 特征值控制值为 955.63kN，不满足桩基水平承载力要求。

3）试验结果-地基土水平抗力系数比例系数 m 值

地基土水平抗力系数比例系数 m 值是计算桩基水平承载力大小的重要指标，在同等桩基自身条件下，桩侧土的 m 值越大，桩基水平承载力越大。依据《建筑基桩检测技术规范》JGJ 106—2014 第 6.4.2 条内容，通过试验结果计算各级荷载作用下地基土水平抗力系数比例系数 m。经计算各试验桩在不同设计要求位移下的地基土水平抗力系数比例系数见表 2。

表 2　地基土水平抗力比例系数表

序号	水平位移/mm	地基土水平抗力比例系数 m(MN/m^4)					
		级配砂石			级配碎石		
		Pb01	Pb02	Pb03	Pc01	Pc02	Pc03
1	10	27.82	16.57	22.12	17.87	20.08	13.83
2	20	15.94	10.43	13.12	9.67	12.12	8.22
3	30	11.80	8.13	9.80	7.32	9.11	6.34

由表 2 可以得出，级配砂石方案在 10mm、20mm、30mm 下的平均 m 值分别为 22.17、13.16、9.91，均大于级配碎石方案在 10mm、20mm、30mm 下的平均 m 值 17.26、10.0、7.59，说明级配砂石方案在提高桩基水平承载力方面要优于级配碎石方案。

4 总结

本文对桩基水平受力特点进行了分析，提出了二种在软土吹填地区 LNG 储罐桩基提高水平承载力的方案。通过水平试桩结果分析可知，上部土层换填 6m 硬壳层的方案是合理的，均可大幅提高桩基的水平承载力，其中“底部 2m 厚压实碎石土+上部 4m 压实级配砂石”方案要优于“底部 2m 厚压实碎石土+上部 4m 的压实级配碎石”方案。前者的水平承载力特征值满足设计要求，后者不满足；前者的水平抗力系数比例系数 m 值在各级位移下均大于后者，该方案可对今后类似 LNG 储罐工程桩基设计起到一定的借鉴和指导作用。

参 考 文 献

[1] GB 51156—2015 液化天然气接收站工程设计规范
[2] JGJ 94—2008 建筑桩基技术规范

LNG 全容储罐碳钢材料国标替代可行性研究

赵一培　杨　涛　常　城　张　森　卢　晶

（海洋石油工程股份有限公司）

摘　要　目前国内液化天然气储罐的结构形式多采用 9 镍全容储罐，罐内金属材料的设计标准以欧洲标准或美国标准为主，其中外罐壁板、底板及环板、顶衬里板、抗压环、抗压圈、抗压环背部锚固件、连接板、节点板、预埋件、中心环翼缘、中心环腹板等板材常采用欧标 S275J2 及 S355J2 碳钢材料，穹顶梁框架纵梁和环梁常采用欧标 S355J2 碳钢材料。以碳钢板和碳钢穹顶梁 H 型钢为研究对象，通过欧标与国标的对比分析，从材料化学成分、机械性能、尺寸公差、超声波探伤等四个方面浅析国标替代欧标的可行性，为 LNG 全容储罐碳钢材料国标替代工作提供支撑。

关键词　全容储罐；碳钢材料；标准；替代分析

液化天然气（LNG）因其自身清洁、便于储存运输等特性在世界范围内得到广泛应用，而 LNG 储罐是陆上储存液化天然气的主要形式[1-4]。国内在建及使用中的液化天然气储罐多为 9 镍全容储罐，其在设计建造过程中又常以欧标为执行标准开展罐内碳钢板及型钢设计[5-6]，广泛采用国外标准这种现状对设计、采办、施工等各环节人员都是一种挑战，不利于国内液化天然气行业的快速发展，国内一些液化天然气相关单位已逐步开展 LNG 储罐设计建造国产化及罐内金属材料的国标替代工作[7-11]，但目前仍未形成在行业内具有广泛共识的成熟成果。经过国内外标准的对比分析，以及查阅相关项目资料，文中分别以碳钢板和碳钢穹顶梁 H 型钢为研究对象，从材料化学成分、机械性能、尺寸公差、超声波探伤等各方面对比国标与欧标相关参数的差异性，为 LNG 储罐碳钢材料国标替代研究提供数据支撑。

1　碳钢板

1.1　化学成分

欧标是 EN 10025－2 S355J2 和 S275J2[12]，国标是 GB/T 1591[13]（2018－低合金高强度结构钢），Q355D 和 GB3531[14]（2014－低温压力容器用钢板）16MnDR、GB/T 700[15]（2006－碳素结构钢）Q275D。GB/T 1591 附录 A 的表 A.1 是牌号对照表，化学成分对比详见表 1。

表 1　化学成分对照表

材质	元素	C	Si	Mn	P	S	Cu	Ni
欧标 S355J2	熔炼分析	≤0.2	≤0.55	≤1.6	≤0.025	≤0.025	≤0.55	
国标 Q355D	熔炼分析	≤0.2	≤0.55	≤1.6	≤0.025	≤0.025	≤0.4	
欧标 S275J2	熔炼分析	≤0.18		≤1.5	≤0.025	≤0.025	≤0.55	
国标 16MnDR	熔炼分析	≤0.2	0.15~0.5	1.2~1.6	≤0.02	≤0.01		≤0.4
国标 Q275D	熔炼分析	≤0.2	≤0.35	≤1.5	≤0.035	≤0.035	≤0.4	

对比情况：S355J2 和 Q355D 只有铜略微差别。S275J2 和 16MnDR 各项均略微差别，和 Q275D 除了锰均有略微差别。

1.2　机械性能

欧标是 EN 10025－2，国标对比是 GB/T 1591 Q355D 和 GB3531 16MnDR。机械性能对比表，详见表 2。

对比情况：S355J2 和 Q355D 各机械性能参数指标保持一致。

表2 机械性能对比表

材质	公称厚度	拉伸试验			冲击试验	
		屈服强度	抗拉强度	断后伸长率 A/%	试验温度	吸收功的最小值
欧标 S355J2	≤16	≥355	470～630	≥22	-20℃	27J
	>16≤40	≥345				
国标 Q355D	≤16	≥355	470～630	纵向≥22	-20℃	纵向≥34
	>16～40	≥345		横向≥20		横向≥27
欧标 S275J2	≤16	≥275	430～580	≥21	-20℃	27J
	>16≤40	≥265				
国标 16MnDR	6-16	≥315	490～620	≥21	-40℃	47J
	>16～36	≥295	470～600			
国标 Q275D	≤16	≥275	410～540	≥22	-20℃	27J
	>16～40	≥265				

屈服强度和抗拉强度 S275J2 和 16MnDR 相比，16MnDR 略高，冲击试验 S275J2 是-20℃，16MnDR 是-40℃，16MnDR 更耐低温，冲击功限值也高，更适合北方寒冷气候。

屈服强度和抗拉强度 S275J2 和 Q275D 相比，屈服强度一致，抗拉强度 Q275D 略低，冲击功一致。

1.3 尺寸公差

欧标 EN10025-2 第 7.7 节提到，对于热轧钢板公差的基本要求应符合 EN 10029[16]。国标 GB/T 1591 第 6.3 节提到，热轧钢板尺寸、外形、重量及允许偏差应符合 GB/T 709[17](-2019 热轧钢板和钢带的尺寸、外形、重量及允许偏差)的规定。GB 3531 第 5 节提到，厚度允许偏差按照 GB/T 709 中 B 类偏差的规定，但如果需方要求并在合同中注明的情况下也可供应 GB/T 709 中 C 类偏差的钢板，其它尺寸、外形及允许偏差按照 GB/T 709 的规定。GB/T 709 中第 6.1 节指出经供需双方协商，厚度可按照附录 A 给出的公差供货，附录 A 与 EN 10029 标准一致。

对比情况：厚度、长度、不平度一致，宽度略微差别且均无负偏差。

厚度：按照 B 类对比，3～40mm 内，下偏差均为-0.3mm，上偏差也一致，详见下表三。按照 C 类对比，3～40mm 内，无下偏差，上偏差也一致，详见下表 3。

表3 厚度上偏差对比

公称厚度 t	3≥t<5	5≥t<8	8≥t<15	15≥t<25	25≥t<40
允许上偏差(B 类)	0.7	0.9	1.1	1.3	1.7
允许上偏差(C 类)	1.0	1.2	1.4	1.6	2.0

长度：15m 内，下偏差均为 0mm，上偏差也一致，详见下表 4。

表4 长度上偏差对比

公称长度 L	L<4m	4m≥L<6m	6m≥L<8m	8m≥L<10m	10m≥L<15m
允许上偏差	20	30	40	50	75

不平度：厚度 40mm 内，偏差一致，详见下表 5。

表5 不平度偏差对比

公称厚度 t	3≥t<5	5≥t<8	8≥t<15	15≥t<25	25≥t<40
钢类 L(屈服强度≤460MPa)测量长度 1m 允许偏差	9	8	7	7	6
钢类 L(屈服强度≤460MPa)测量长度 2m 允许偏差	14	12	11	10	9
钢类 H(屈服强度>460MPa)测量长度 1m 允许偏差	12	11	10	10	9
钢类 H(屈服强度>460MPa)测量长度 2m 允许偏差	17	15	14	13	12

宽度略微差别且均无下偏差，欧标厚度40mm以内宽度上偏差+20mm，国标按照公称厚度和公称宽度不同对上偏差有不同要求，详见表6。

表6 宽度偏差对比

公称厚度	公称宽度	下偏差	国标上偏差	欧标上偏差
3.00~16.0	≤1500	0	10	20
	>1500	0	15	20
>16.0~40.0	≤2000	0	20	20
	>2000~3000	0	25	20
	>3000	0	30	20

1.4 超声波探伤

欧标 EN10025-1 第 10.3 节提到，厚度≥6mm 扁钢的超声检验应按 EN10160[18] 进行，其中板材本体有四个质量等级（S_0~S_3），板材边缘有五个质量等级（E_0~E_4）。国标 GB/T 1591 第 7.6 节提到，经供需双方协商，无损检测标准和要求应在合同中规定。国标 GB3531 第 6.5 节提到，按照 JB/T 4730.3（承压设备无损检测第 3 部分超声检测）执行，检验标准和合格级别在合同中注明，实际国内目前按照 NB/T 47013.3[19]（2015-承压设备无损检测）超声波检测。超声波探伤质量等级分为板材中部区域和边缘区两部分进行对比，结果详见表7。

表7 超声波探伤质量等级对比

板材中部检测区域质量等级-欧标	S_0	S_1	—	S_2	S_3
板材中部检测区域质量等级-国标	III	II	—	I	TI
在板材中部检测区域缺陷最密集处的1平米检测区域内缺陷最大允许个数	20	15	—	10	10
板材边缘区质量等级-欧标	E_0	E_1	E_2	E_3	E_4
板材边缘区质量等级-国标	III	II	—	I	TI
在板材边缘区域任1米检测长度内最大允许缺陷个数	6	5	4（欧标）	3	2

2 碳钢穹顶梁H型钢

2.1 化学成分

欧标为 EN 10025-2 S355J2，国标对比为 GB/T 1591（2018-低合金高强度结构钢）Q355NE 或 Q355D。GB/T 1591 附录 A 的表 A.1 是牌号对照表，详见表8。

表8 化学成分对照表

材质	元素	C	Si	Mn	P	S	Cu
欧标 S355J2	熔炼分析	≤0.2	≤0.55	≤1.6	≤0.025	≤0.025	≤0.55
国标 Q355NE		≤0.18	≤0.5	0.9~1.65	≤0.025	≤0.02	≤0.4
国标 Q355D		≤0.2	≤0.55	≤1.6	≤0.025	≤0.025	≤0.4

对比情况：Q355NE 碳、硅、锰、硫、铜均有略微差别。Q355D 只有铜略微差别。

2.2 机械性能

欧标为 EN 10025-2 S355J2，国标对比为 GB/T 1591 Q355NE 或 Q355D。机械性能对比表，详见表9。

表9 机械性能对比表

材质	公称厚度	拉伸试验			冲击试验	
		屈服强度	抗拉强度	断后伸长率 A/%	试验温度	吸收功的最小值
S355J2	≤16	≥355	470~630	≥22	-20℃	27J
	>16≤40	≥345				

续表

材质	公称厚度	拉伸试验			冲击试验	
		屈服强度	抗拉强度	断后伸长率 A/%	试验温度	吸收功的最小值
Q355NE	≤16	≥355	470~630	≥22	-40℃	纵向≥31
	>16~40	≥345				横向≥20
Q355D	≤16	≥355	470~630	纵向≥22	-20℃	纵向≥34
	>16~40	≥345		横向≥20		横向≥27

对比情况：S355J2 冲击试验温度-20℃，Q355NE 冲击试验温度-40℃，更适合北方寒冷气候，其它值基本一致。Q355D 数值均一致。

2.3 尺寸公差

欧标 EN10025-2 第 2.2 节提到，H 型结构钢形状和尺寸公差执行 EN 10034[20]。

国标 GB/T 1591 第 6.4 节提到，热轧 H 型钢尺寸、外形、重量及允许偏差应符合 GB/T 11263[21]（2017-热轧 H 型钢和剖分 T 型钢）的规定。

对比情况：某些常规项目 22 万方和 20 万方储罐穹顶梁规格为 H400X200X8X13，按此规格参数查阅标准，对比如下表，详见表 10。

表 10 公差对比表

标准	高度	翼缘宽度	腹板厚度	翼缘厚度	不方度（翼缘斜度）	腹板偏心度	弯曲度（直线度）
欧标	-2 到+4	-2 到+4	±1	-1.5 到+2.5	≤翼缘宽度的 2%	≤3.5	≤0.1%梁长
国标	±3	±3	±0.7	±1	≤翼缘宽度的 1.2%	±3.5	≤0.1%梁长

长度：欧标±50，国标≤7m 时，0 到+60，>7m 时，长度每增加 1m 或不足 1m 时，正偏差在上述基础上加 5mm。此外国标还有如下公差腹板弯曲≤2.5；翼缘弯曲≤1.5%翼缘宽度一半；断面斜度≤3。

2.4 超声波探伤

对于碳钢穹顶梁 H 型钢的超声波探伤可接受标准，在常规液化天然气储罐建设项目中一般不做要求，故本小节未展开国内外标准的对比分析研究。

3 总结

通过化学成分、机械性能、尺寸公差、超声波探伤等方面进行对比分析，碳钢材料的欧标与国标指标参数比较接近，碳钢板及碳钢穹顶梁 H 型钢材料执行标准采用国标替代欧标具有可行性的。另外碳钢板材由于欧标规定的 S355J2、S275J2 化学元素成分、S275J2 屈服强度/抗拉强度、宽度公差、超声波探伤等内容与国标存在略微差别，同时碳钢穹顶梁 H 型钢由于欧标规定的 S355J2 化学元素成分、典型截面的尺寸公差等内容与国标也存在略微差别的客观情况，需要同各环节专业人员深入讨论，达成可以在行业内广泛推广的结论。

参考文献

[1] 顾安忠．液化天然气技术．第 2 版[M]．机械工业出版社，2015.

[2] 许志杰，刘彦兵．大型液化天然气储罐的发展浅谈[J]．中国石油和化工标准与质量，2011，31(07)：241.

[3] 王志恒．大型液化天然气储罐的发展状况[J]．化工管理，2018(24)：31-32.

[4] 庄学强．大型液化天然气储罐泄露扩散数值模拟[D]．武汉：武汉理工大学，2012.

[5] 王振良．大型 LNG 低温储罐设计理论与方法研究[D]．西安：西安石油大学，2011.

[6]《大型液化天然气储罐建造技术》编委会．大型液化天然气储罐建造技术[M]．石油工业出版社，2016.

[7] 王彬．成达公司 LNG 储罐国产化探析[D]．成都：西南财经大学，2013.

[8] 李龙焕．LNG 接收站核心设备及关键材料国产化的进展研究[J]．现代工业经济和信息化，2017，7(04)：10-12+15.

[9] 黄宇，张超，陈海平．液化天然气接收站关键设备和材料国产化进程研究[J]．现代化工，2019，39(04)：13-17.

[10] 张少增．中国 LNG 接收站建设情况及国产化进程

[J]. 石油化工建设, 2015, 37(03): 14-17.
[11] 黄维, 张志勤, 高真凤. 石油及 LNG 储罐用钢现状及最新研究进展[J]. 上海金属, 2016, 38(02): 74-78.
[12] EN 10025, Hot rolled products of structural steels [S]. 2004.
[13] GB/T 1591, 低合金高强度结构钢[S]. 2018.
[14] GB 3531, 低温压力容器用钢板[S]. 2014.
[15] GB/T 700, 碳素结构钢[S]. 2006.
[16] EN 10029, Hot rolled steel plates 3 mm thick or above- Tolerances on dimensions, shape and mass [S]. 2010.
[17] GB/T 709, 热轧钢板和钢带的尺寸、外形、重量及允许偏差[S]. 2019.
[18] EN 10160, Ultrasonic testing of steel flat product of thickness equal or greater than 6mm (reflection method) [S]. 1999.
[19] NB/T 47013.3, 承压设备无损检测-第 3 部分超声波检测[S]. 2015.
[20] EN 10034, Structural steel I and H sections- Tolerances on shape and dimensions[S]. 1993.
[21] GB/T 11263, 热轧 H 型钢和剖分 T 型钢[S]. 2017.

关于P6软件在LNG项目建设中的应用创新

赵 博 张 金 李广超

（北京兴油工程项目管理有限公司）

摘 要 Oracle Primavera P6是目前应用较为广泛的项目管理软件。某项目创新性的将P6软件中的工作结构分解(WBS)、工程项目划分(PBS)，与投资控制中的工程量清单(BOQ)相对应，实现了进度管理、质量管理与投资管控的深度融合。此外，通过P6 EPPM将P6软件与信息化系统有效融合，实现了工程量确认和进度款申请的无纸化办理。

关键词 P6软件；工作结构分解；项目划分；工程量清单

1 概述

在以往的LNG工程建设中采用P6软件进行项目管理，大多停留在进度计划编制层面，而将已标价工程量清单作为资源项融入P6软件中的方法未曾应用，本项目尚属首次。我们的创新点是将WBS、PBS、BOQ进行一一对应，并通过P6软件与信息化平台的结合，实现了将工程进度款申请通过P6软件转换至信息平台上进行无纸化办理，旨在提高工作效率和项目管理水平，并利用上述方法在P6软件中实现了进度控制、质量控制、投资控制三大目标的统一。

进度款申请的前提是已完工程量对应清单项包含的所有工作，并按照工程项目划分完成质量验收，而利用此平台可将上述两项工作的进展情况集中体现，减少了工作流程，提高了进度款申请的及时性和合规性，避免了因进度款申请周期过长给承包商带来较大的资金垫付压力，有利于项目整体进度的推进。

P6软件以关键路径法为核心技术，计划编制简单、方便，能够清晰的体现计划中相互的逻辑关系，直观显示关键线路和关键工作，便于进度控制，通过将人、材、机等各类资源加载到各项作业中，便于资源平衡和投资控制。计划执行过程中，对计划进行跟踪并及时的将计划执行情况反馈到P6系统中，通过与基线目标计划对比分析，可迅速找到影响计划执行的原因，采取纠偏措施，以保证计划目标的实现。在完成完整的计划编制工作后，若因执行过程中的某些原因需要调整，不再需要进行复杂的计划调整工作，只需简单调整某个点的时间或是逻辑关系，P6软件便会通过计算将整个计划调整完成。

2 技术思路与方法

通过布置网络版P6软件，实现P6计划的即时共享，各参建单位的参编人员可同时在线进行对应单项工程计划的编制、调整工作，尤其当需要建立庞大的资源库时，多人同时进行，工作效率显著提升。基于网络版P6软件，在计划编制初期进行工作结构分解时，可使整体WBS结构框架与工程项目划分中单位工程、分部工程相对应；在建立P6资源库时，将已标价工程量清单以树形结构的形式作为资源项进行建立。计划编制完成后，将资源项加载至对应作业项中后，即实现WBS分解、项目划分及工程量清单项的对应和融合。

P6软件中生成的报表，可通过P6 EPPM系统端口接入工程项目信息化平台。数据流导通后，信息平台可直接从P6软件中抓取相关进度数据，生成月工程量确认表、月进度款支付确认表以及工程预结算书，通过设置审批流程，走线上审核，节省了时间，提高了效率。以上报表线上审核及签字确认完成后，可直接打印存档，减少了常规纸板文件审核后多次修改、打印、再审核、再修改等造成的纸张浪费，节约了资源。

2.1 WBS分级与工程项目划分的对应

在以往的工程建设项目中项目划分是为了保证在质量验收上便于操作，使得进度计划管理与质量验收管理脱钩，造成质量验收不及时、漏项等，而将WBS与PBS一一对应后，在进度计划管理中最后一级可以分解到分项、检验批，能够使进度计划管理与工项目划分的质量验收管理相结合，使得进度和质量管理上可以达到统一目标。

2.1.1　项目进度计划分级

以某项目为例，为确保WBS分解与工程项目划分一一对应，将进度计划设置为以下四级计划，按照决策层、管理层和作业层划分层次，以适应不同需要。

第一级进度计划：里程碑进度计划；本计划是指导项目工作的总体时间框架进度计划，反映项目立项申报、政府许可办理、开工、机械完工、试运投产、竣工验收等主要时间节点，是满足项目进度目标的最直观、最基本的体现。

第二级进度计划：项目总体进度计划，是控制整个项目中从征地协调、设计、采购、施工、试车的工期以及项目的总工期的指令性计划。

第三级进度计划：项目实施计划，是在二级计划（项目总体进度计划）的框架之下，根据各阶段主要活动的具体内容、合理周期和逻辑关系编制出可操作的进度安排，是现场设计、采购、施工、试车进度的控制性计划，是各分包商必须遵循的计划，反映各活动之间的逻辑关系、制约关系，并标明关键线路及编制说明，提前三月滚动（90天滚动），每月更新。

第四级进度计划：项目作业计划，是承包商进度的管理计划，由各承包商编制，分解到分项工程，细化到工序，提前三月滚动（90天滚动），每月更新。

除了里程碑节点计划属纲领性计划外，其他各级计划之间是逐级对应细化的关系，下级计划是对上级计划的进一步分解，下级计划要服从和满足上级计划的要求。

2.1.2　WBS分解层级

（1）总体计划WBS分级：通常情况下，WBS可分为6级，即L0-L5，其中：

a）L0-项目代码；

b）L1-项目阶段，前期阶段、实施准备阶段、实施阶段、试运投产阶段；

c）L2-单项工程，按项目的具体情况划分；

d）L3-单位工程、子单位工程，按项目的具体情况划分；

e）L4-分部、子分部工程，按项目的具体情况划分；

f）L5-分项、工序，按项目的具体情况划分。

（2）以某项目为例，WBS结构顺序如下，编码基本组成举例说明。

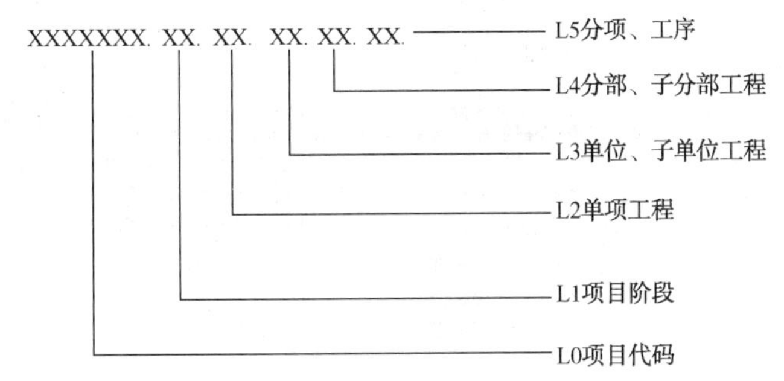

2.1.3　单项、单位、分部、分项工程划分原则

本文以某项目为例说明编码原则.

项目工程名称：某LNG建设项目

工程代码：XXLNG

（1）单项工程（5个）：某LNG建设项目接收站工程、某LNG建设项目储罐工程、某LNG建设项目外输管道工程、某LNG建设项目码头工程、某LNG建设项目站外配套系统工程。

（2）单位工程

单位工程划分原则主要是结合国内大型LNG接收站工程划分的经验，便于工程招投标、工程管理以及开展各项验收工作。

接收站工程暂定35个单位工程，储罐工程10个单位工程，码头工程7个单位工程，站外配套系统工程1个单位工程，外输管道工程4个单位工程。

（3）分部工程划分严格按照工程种类（或专业）、结构部位、施工特点、施工程序、管道区段、线路区段、工艺系统等进行划分。

（4）分项工程按主要工种、工序、材料、施工工艺、设备类别或台套等进行划分。

2.1.4　项目划分编码及说明

XXLNG——项目工程编码

XXLNG1——单项工程编码，数字代码形式为从阿拉伯数字1开始编号，本项目有5个单项工程。

XXLNG1-01——单位工程编码，单位工程数字代码从单项工程数字代码后继续编制，数字代码间用“-”隔开，从阿拉伯数字01编起。

XXLNG1-01-01——分部工程编码，分部工程数字代码从单位工程数字代码后继续编制，数字代码间用“-”隔开，从阿拉伯数字01编起。

XXLNG1-01-01-01——子分部工程编码，子分部工程数字代码从分部工程数字代码后继续编制，数字代码间用“-”隔开，从阿拉伯数字01编起。(根据工程具体施工内容考虑子分部划分，没有子分部工程直接划分至分项工程)

XXLNG1-01-01-01-01——分项工程编码，分项工程数字代码从子分部工程数字代码后继续编制，数字代码间用“-”隔开，从阿拉伯数字01编起。

2.1.5 分部、分项工程划分

分部工程、分项工程由监理单位组织各承包商根据施工图纸进行分部、分项工程具体内容划分。

2.1.6 WBS分解与工程项目划分的对应

按照WBS分解结构和工程项目划分原则，将一级计划对应到单项工程，二级计划对应到单位工程，三级计划对应到分部工程，四级计划对应到分项工程，从而就可保证WBS分解与项目划分一一对应。

2.2 工程项目划分与工程量清单的对应

为了解决将工程量清单项作为资源加载进每项作业中，保证清单工程量确认的及时有效，保证进度款支付的顺利进行，我们创新的通过两者相对应，取得了良好的管理效果。

为实现工程量清单与工程项目划分的对应性，需在编制工程量清单时充分考虑项目划分因素，使分部分项工程量清单项与工程项目划分保持一致。具体做法是将已标价工程量清单中的清单项以树形结构的形式作为资源项进行建立，建立的每项资源对应到项目划分的分项工程，而WBS的最后一级也是分项，上述做法就可以保证工程量清单和项目划分一一对应。

在进行工程结算时，从WBS的分项工程开始，通过P6软件的报表功能可直接生成相关报表，用以进行最终结算。

单项工程名称	单项工程编号
北京燃气天津南港LNG应急储备项目接收站工程	BRNGYJCB1
北京燃气天津南港LNG应急储备项目储罐工程	BRNGYJCB2
北京燃气天津南港LNG应急储备项目外输管道工程	BRNGYJCB3
北京燃气天津南港LNG应急储备项目码头工程	BRNGYJCB4
北京燃气天津南港LNG应急储备项目站外配套系统工程	BRNGYJCB5

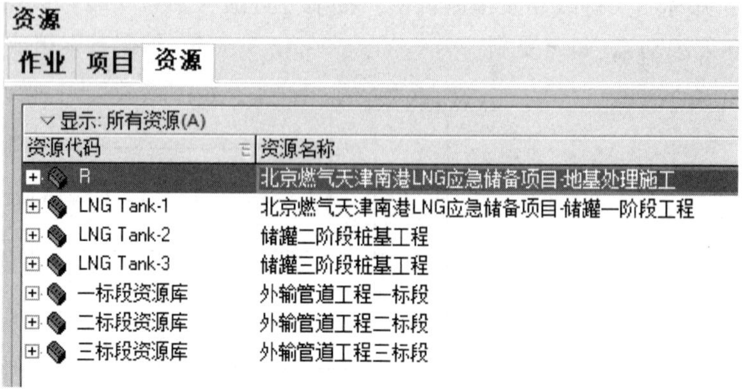

资源

作业 项目 资源

显示：所有资源(A)

资源代码	资源名称
R	北京燃气天津南港LNG应急储备项目-地基处理施工
LNG Tank-1	北京燃气天津南港LNG应急储备项目-储罐一阶段工程
LNG Tank-2	储罐二阶段桩基工程
LNG Tank-3	储罐三阶段桩基工程
一标段资源库	外输管道工程一标段
二标段资源库	外输管道工程二标段
三标段资源库	外输管道工程三标段

图1 工程项目划分与P6资源库工程量清单项对应

2.3 进度、质量、投资的目标统一

通过上述的WBS与PBS一一对应，PBS与BOQ一一对应，可以有效的解决进度、质量、投资三大目标的统一性。

2.3.1 资源库的建立

将已标价工程量清单中的清单项以树形结构的形式作为资源项进行建立，建立的每项资源对应到项目划分的分项工程，并将每个清单项的编码、名称、特征描述、单位及单价等内容作为一个完成资源项进行录入。资源库建立完成后，将资源加载到进度计划中，可以实现进度管理与投资控制的融合。

2.3.2 资源的加载

进度计划编制完成以后，将已标价工程量清单项做成的资源直接加载到对应作业上，并输入原始合同工程量、预算工程量等数据，通过定期更新本期完成工程量，生成赢得值曲线，及时反映进度、费用、工程量的完成情况，也可反映未来某个时间点或者时间段内计划工程量或预算费用，可为项目资金计划、施工单位的资源平衡提供有力参考。

表5 施工报价汇总表

货币：人民币

序号	项目	单位	工程量	单项费用	表号
(a)	(b)	(c)	(d)	(e)	
	合计（一+二）				
一	9%Ni全包容储罐	项			
1	雨淋阀室	项			表5-1
2	LNG收集池和收集沟	项			表5-2
3	储罐土建	项			表5-3
4	LNG储罐	项			表5-4
5	机械设备安装	项			表5-5
6	工艺管道安装	项			表5-6
7	电气安装	项			表5-7
8	仪表自动化安装	项			表5-8
9	安全消防安装	项			表5-9
10	电信工程安装	项			表5-10
11	其他设备材料安装	项			表5-11

LNG Tank-1	北京燃气天津南港LNG应急储备项目储罐一阶段工程	材料
表3	设计与服务报价汇总表	材料
表4-1	LNG储罐采购	材料
表4-2	机械设备采购	材料
表4-3	工艺管道材料采购	材料
表4-4	电气材料采购	材料
表4-5	仪表自动化设备和材料采购	材料
表4-6	安全消防设备材料采购	材料
表4-7	电信设备材料采购	材料
表4-8	分析设备材料采购	材料
表4-9	备品备件耗材及专用工具	材料
表5-1	建筑物（雨淋阀室分项报价表）	材料
表5-2	结构（LNG收集池及收集沟分项报价表）	材料
表5-3	储罐土建	材料
表5-4	储罐安装	材料
表5-5	机械设备安装	材料
表5-6	工艺管道安装	材料
表5-7	电气安装	材料
表5-8	仪表自动化安装	材料
表5-9	安全消防安装	材料
表5-10	电信安装	材料
表5-11	分析	材料
表6	一般项目清单	材料
表7	甲供物资	材料

图2 已标价工程量清单项与P6资源库对应

2.4 P6软件与信息化平台融合

某LNG项目关于P6软件应用最初的策划是从P6软件中可直接生成工程量确认表和进度款支付确认表等表格，用以作为承包商进度款支付申请的依据。然而在实际执行过程中，P6软件在生成报表时出现两个问题，一是累计完成工程量与预算工程量的比值若超过100%，则无法正确显示，二是P6软件无法实现报表中两列及以上栏位的百分比计算。为解决以上问题，我们考虑将P6数据导入信息系统中，借助信息系统的多元性和灵活性，实现项目所需的功能。

最终，我们成功将P6软件与信息化系统融合，并将数据导通，实现了信息平台可直接从P6软件中抓取相关进度数据的功能。抓取的数据在信息平台中用以生成如工程量确认表、进度款支付确认表及工程结算等表格。此外，各参建单位仅需定期在P6中更新进度数据，便可实现进度数据的一站式共享，在信息系统中完成进度款申请的一系列审批工作，极大提高了项目管理数据的填报效率和审批时效。

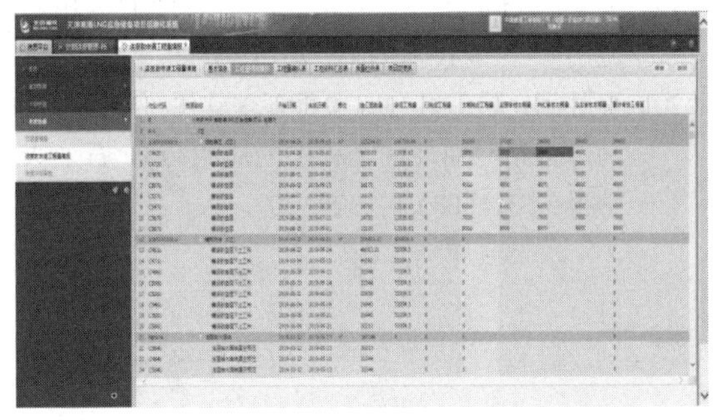

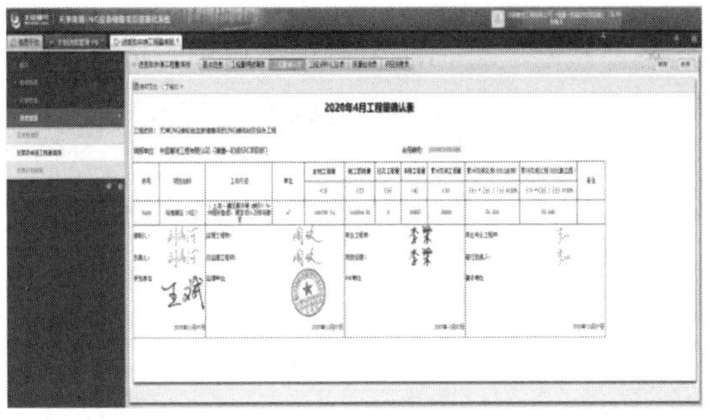

图3 信息系统抓取P6数据并生成工程量确认表

3 取得的管理效果

3.1 进度、质量、投资控制受控

截止发稿时间，某LNG目的进度控制总体受控，质量验收及时，没有漏项，投资控制整体受控，圆满完成了三大目标任务。

3.2 进度款支付及时

本项目每月进行一次进度款支付，从未出现进度款拖欠现象，有力的保证了工程项目的有效推进。

3.3 线上审批功能、无纸化办公

信息平台从P6软件中抓取数据后，生成月工程量确认表、月进度款支付确认表以及工程预结算书，通过设置审批流程，走线上审核，节省了时间，提高了效率。以上报表线上审核及签字确认完成后，可直接打印存档，减少了常规纸版文件审核后多次修改、打印、再审核、再修改等造成的纸张浪费。

4 结束语

通过将P6软件中的WBS分解、工程项目划分与投资控制中的工程量清单相对应，提升了工程项目管理的颗粒度，实现了进度管理与投资控制的深度融合与精细化管理。此外，实现P6软件与信息化系统的连接融合，实现了工程量确认和进度款申请的无纸化审核及办理，提高了工作效率，节约了资源。

参 考 文 献

[1] 龚丽芬. P6软件在项目管理中的应用[J]. 有色冶金设计与研究，2016，37(6)：45-47.

[2] 刘洋，曲克诚，陶志刚. 工程项目WBS编制方法研究[J]. 石油天然气学报，2013，35(08X)：373-376.

[3] 辛秋燕，匡德彬，赵林，等. P6在大型核电项目管理中的应用案例[J]. 项目管理技术，2009，7(1)：39-45.

[4] 孙昌庆，廖瑞华. 论以P6数据库为核心建设项目管理信息平台[J]. 项目管理技术，2010，8(1)：46-49.

[5] 王君. P6项目管理软件在国外工程中的应用[J]. 石油化工建设，2017，29(2)：29-32.

[6] 包晓春. 项目管理的核心本质与技术运用[J]. 石油化工建设，2005，27(2)：34-36.

[7] 吴超，李庆勋. 基于P6软件的国际EPC项目进度管理与控制[J]. 项目管理技术，2015，13(7)：71-75.

[8] 邓柏林. P6软件在大型石化项目进度检测的实践[J]. 科学技术创新，2019，000(025)：P. 68-69.

[9] 徐鹏，李达华，吴周翔. P6软件在工程施工进度与费用控制的应用研究[J]. 中国水运(下半月)，2020(6).

[10] 徐鹏，胡煌昊，李达华，等. 基于P6软件开发的高效进度动态控制方法研究——以广东省某液化天然气接卸码头工程为例[J]. 工程建设与设计(20)：2.

[11] 刘勇. P6软件在巴基斯坦国家炼油厂项目的计划编制与进度控制[J]. 化工管理，2016，000(028)：115-116.

[12] 霍雅新. P6软件在海上油气田建设项目计划管理中的应用[J]. 石油工程建设，2019，v. 45；No. 281(06)：96-100.

[13] 曹常艳. P6软件在石油石化项目进度管理中的应用[J]. 化工设计通讯，2016，42(003)：12-13.

[14] 危超. P6项目管理软件在石化项目进度管理中的应用[J]. 项目管理技术，2012(8)：5.

[15] 李文明，孙杰. 浅谈PRIMAVERA 6.0软件在工程项目管理中的应用[J]. 中国石油和化工标准与质量，2013(11)：185-185.

[16] 王敬娜. 站场储罐安装项目管理中P6软件的应用[J]. 设备管理与维修，2019，440(02)：115-117.

[17] 王君. P6项目管理软件在国外工程中的应用[J]. 石油化工建设，2017，039(002)：29-32.

[18] 张志强，李媛媛. 项目管理信息的开发和实施[J]. 石油化工建设，2019，v. 41(S1)：46-50.

[19] 吴金岗. P6软件在核电工程管理中的应用实践探究[J]. 工业技术创新，2016，3(002)：214-217.

[20] 李胜刚，邢千里. P6项目管理软件在中缅原油管道马德首站原油罐区工程中的应用[J]. 石油天然气学报，2014(08X)：305-307.

LNG 罐顶干粉灭火剂计算用量分析

邹旭艳　张恒涛

（中国石油天然气管道工程有限公司）

摘　要　近年来，大型 LNG 接收站开始陆续建设，LNG 储罐作为 LNG 接收站中重要的储存设备，由于其建设周期长、投资成本高，因此保护其安全性也尤为重要。本文对 LNG 储罐安全泄压阀的火灾危险性进行了分析，对干粉灭火系统的系统组成和运行方式进行了描述，结合工程实例对国内外 LNG 罐顶安全泄压阀处干粉灭火剂用量的计算方式和计算结果进行了重点分析和对比，为今后 LNG 罐顶安全泄压阀处干粉灭火系统灭火剂的用量计算提供参考。

1　引言

LNG（Liquefied Natural Gas）是液化天然气的英文简称，是天然气经过压缩、冷却，在 -162℃下液化而成，其主要成分是甲烷。PSV（Pressure Safety relief Valve）是安全泄压阀的英文简称，是安装在 LNG 储罐罐顶用于储罐超压泄放的机械安全阀。目前 LNG 接收站多采用低温常压储罐（单容罐、双容罐和全容罐）储存 LNG，本文将对 LNG 罐顶 PSV 的火灾危险性、灭火系统的设置以及干粉灭火剂用量计算进行论述。

2　LNG 罐顶 PSV 火灾危险性分析

LNG 是液化天然气，气化后的天然气属于甲 B 类可燃气体，易燃易爆。其火灾特点是：火焰温度高、热辐射大，易形成大面积火灾，具有复燃、复爆性，难于扑灭。LNG 储罐的设计压力基本为微正压，罐内压力需控制在允许范围之内，故每座 LNG 均设置有压力超限保护装置，以防止 LNG 储罐出现压力超限而发生潜在的危险。罐顶安全泄压阀作为 LNG 储罐超压泄放的一种措施，当罐内天然气蒸汽（BOG）压力超限时，需要通过安全泄压阀将超压的 BOG 泄放至大气中。在 PSV 的泄放过程中，释放的 BOG 如遇明火、静电或雷击将有可能引起气体火灾。

干粉灭火因具有灭火效率高、灭火速度快、绝缘性好、腐蚀性小、不会对生态环境产生危害等优点，是目前国内外公认的针对 LNG 罐顶 PSV 火灾的最佳灭火方式。

3　干粉灭火系统组成和运行方式

1、系统组成

干粉灭火系统主要由干粉罐、氮气瓶组、喷头、现场控制盘、软管卷盘、阀门及管路等组成。罐顶安全阀平台设置干粉灭火系统，每个 PVC 出口设置固定干粉喷头。

2、运行方式

干粉灭火系统可通过火灾报警系统自动启动，也可通过人工手动启动。当干粉系统接收到火灾报警系统发出的启动信号后，自动启动干粉装置，打开氮气瓶的瓶头阀，驱动氮气经过减压后进入干粉罐内。随着罐内压力的升高及氮气的流动，形成粉雾，当到达一定压力后进行释放，灭火剂通过气体管路和喷头作用到 PSV 上方进行灭火。同时，在 LNG 储罐罐底附近和中控室均设置手动启动按钮，可以进行人工操作。

4　干粉灭火系统粉剂类型

目前用于 LNG 火灾的 BC 类干粉主要有碳酸氢钠盐和碳酸氢钾盐干粉。《干粉灭火系统设计规范》（GB 50347—2004）中第 3.1.5 条规定：可燃气体，易燃、可燃液体和可熔化固体火灾宜采用碳酸氢钠干粉灭火剂。本条主要是从碳酸氢钠干粉本身的经济性考虑而做出的规定。根据近几年多个公司对 LNG 火灾的多次实测数据显示，碳酸氢钾盐干粉的灭火效率是碳酸氢钠盐干粉的两倍甚至更多。

5　LNG 罐顶干粉灭火剂用量计算

由于国内大型 LNG 接收站建设时间较晚，罐顶干粉灭火系统设计用量计算尚未形成统一的标准。目前国内多以《干粉灭火系统设计规范》(GB 50347—2004)中的局部应用系统作为计算依据，国外多以设备厂家提供的实测数据作为计算依据。以下将以实际工程为例，采用以上两种常用的计算方式，对罐顶干粉灭火系统的干粉用量计算结果进行分析和比较。

某项目位于广东省，项目新建 2 座 LNG 储罐，每座储罐罐顶安装 4 组 PSV(三主一备)。每组 PSV 直径 400mm，长度 13m，每组 PSV 设计泄放量为 33977Nm^3/h。

1. 局部应用体积法

1）罐顶 PSV 平面布置图见图 1。

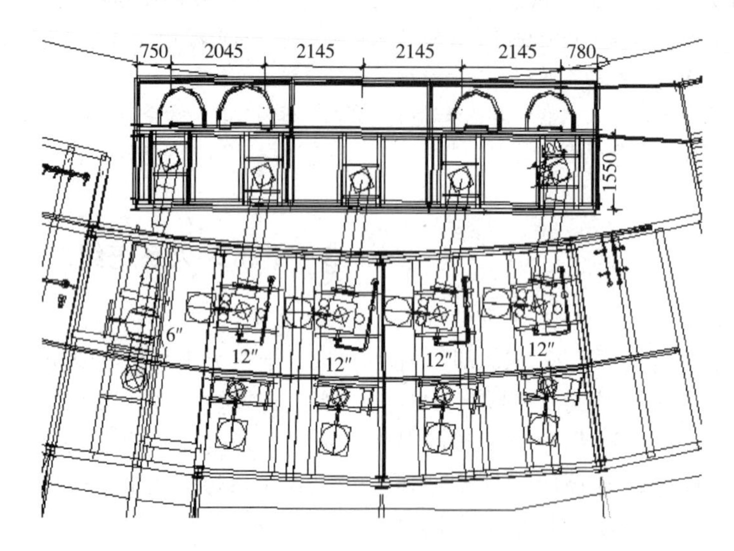

图 1　PSV 平面布置图

2）体积计算

长度：$L=2.145\times3+0.4+2\times2=10.84$m(按四个 PSV 同时泄压，距 PSV 距离按照 2m 考虑)

宽度：$B=0.4+2\times2=4.4$m

高度：$H=5$m(距泄放口的距离上下各考虑 2.5m)

体积：$V=238.48$ m^3

3）干粉用量计算

$$m = V_1 \times q_v \times t$$

式中，V_1 为保护对象的计算体积(m^3)，为 238.48m^3；q_v 为保护对象的计算体积(m^3)，为 238.48m^3；t 为取值 60t。

通过计算可得干粉用量 $m=572.4$kg；考虑到管路及干粉罐内有一定剩余粉剂，安全系数按 1.15 取值，则干粉用量不得少于 659kg。

4）干粉设计用量校核

每个泄放口所需的喷射率 $Q=\frac{1}{4}\times\frac{m}{t}=\frac{1}{4}\times\frac{659}{60}=2.75$kg/s。

每个泄放口设置 4 只喷头，单个喷头喷射率 $q=1$kg/s，则设计干粉总用量 $m=960$kg。

2. 实测曲线法

1）设计曲线图

根据某设备厂家提供的某国外公司的实际试验数据和设计曲线图，详见图 2。

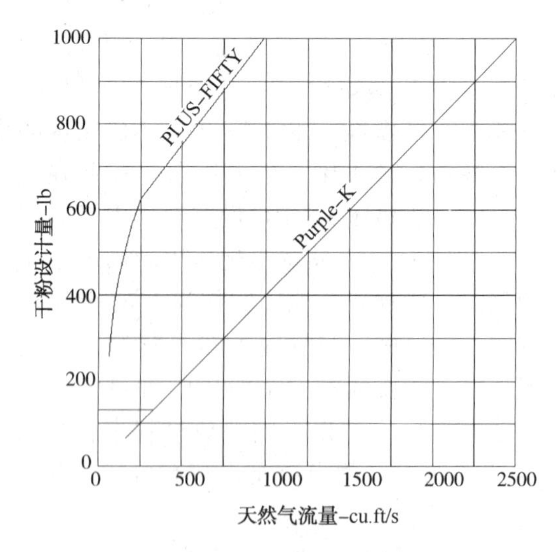

图 2　设计曲线图

曲线图中横坐标为 PSV 的 BOG 释放流量，纵坐标为干粉设计量，干粉喷放时间为 30 秒。

图中有两条曲线，Purple-K 为碳酸氢钾盐干粉，Plus-Fifty 为碳酸氢钠盐干粉。

2）干粉用量计算

每组 PSV 设计泄放量为 $33977Nm^3/h$，换算至 333. 3cu. ft/s。

根据设计曲线图计算得 30 秒内碳酸氢钾盐干粉用量共计需要 134 lb，60 秒内每个 PSV 需要干粉用量共计 268 lb，4 个 PSV 所需总干粉用量为 268×4 = 1072 lb。考虑到管路及干粉罐内有一定剩余粉剂，安全系数按 1. 15 取值，则碳酸氢钾盐干粉用量不得少于 1233 lb(560kg)。

根据设计曲线图计算得 30 秒内碳酸氢钠盐干粉用量共计需要 667 lb，60 秒内每个 PSV 需要干粉用量共计 1334 lb，4 个 PSV 所需总干粉用量为 1334×4 = 5336 lb。考虑到管路及干粉罐内有一定剩余粉剂，安全系数按 1. 15 取值，则碳酸氢钠盐干粉用量不得少于 6136 lb(2784kg)。

3）干粉设计用量校核

若充装碳酸氢钾盐干粉粉剂，则：

每个泄放口所需的喷射率 $Q = \frac{1}{4} \times \frac{m}{t} = \frac{1}{4} \times \frac{560}{60} = 2.33kg/s$。

每个泄放口设置 4 只喷头，单个喷头喷射率 $q = 1kg/s$，则设计干粉总用量 $m = 960kg$。

若充装碳酸氢钠盐干粉粉剂，则：

每个泄放口所需的喷射率 $Q = \frac{1}{4} \times \frac{m}{t} = \frac{1}{4} \times \frac{2784}{60} = 11.6kg/s$。

每个泄放口设置 4 只喷头，单个喷头喷射率 $q = 3kg/s$，设计干粉总用量 $m = 2880kg$。

6 结论

鉴于国内规范尚未对 LNG 罐顶 PSV 干粉灭火的粉剂类型和设计参数进行规定，考虑到碳酸氢钠盐干粉较为成熟和经济，目前干粉粉剂多选用碳酸氢钠盐干粉。通过工程实例计算可知，采用国外实测曲线法计算所得的碳酸氢钾盐干粉设计用量与采用采用局部应用法所得的设计用量差别不大，而采用国外实测曲线法计算所得的碳酸氢钠盐干粉设计用量要远大于采用局部应用法所得的设计用量。由于国内规范尚缺少实测数据的支撑，建议在今后同类项目的设计中应多关注和了解国外此行业的技术发展，同时国内也应进一步开展 LNG 罐顶 PSV 火灾的相关研究和数据收集，为国内此技术的发展提供有力的保障。

参 考 文 献

[1] 中国石油天然气集团公司，中华人民共和国公安部 . GB50183—2004 石油天然气工程设计防火规范[s]. 北京：中国计划出版社，2004.

[2] 中华人民共和国公安部 . GB50347—2004 干粉灭火系统设计规范[s]. 北京：中国计划出版社，2004.

[3] 陈英 . LNG 储罐消防设计探讨 . 广州化工，2013，41(14). 164-166 页 .

[4] 马炯 . 浅谈 LNG 罐顶安全泄压阀火灾保护和案例设计 . 建筑工程技术与设计，2018，(9). 1937 页，4160 页 .

码头靠泊小型 FSRU 总体方案研究

杜伟娜　赵云鹤

（中国石油天然气管道工程有限公司）

摘　要　本文以独立 C 型罐码头靠泊型 FSRU 为研究对象，依据 IGC 规则和船级社有关规范，结合货物围护、气化外输及运行维护等特点，分析总结了 FSRU 的主尺度及船型参数确定的主要影响因素，确定了 FSRU 的主尺度，同时根据 FSRU 作业功能及布置要求，分析总结了 FSRU 总布置特点，设计一种满足码头靠泊型 FSRU 总体布置方案。

1　前言

天然气作为世界公认的清洁能源之一，其燃烧后对空气污染非常小、释放的热量大，已经被很多国家所采用。近年来，随着绿色环保意识的不断加强，温室气体排放要求日趋严格以及相关环保法规，使全球 LNG 贸易量逐年增加。

传统陆上 LNG 接收站一般投资大、建设周期长、地理条件要求苛刻。在环保和安全要求不断提升的条件下，浮式储存再气化装置(Floating Storage and Re-gasification Unit，后续简称：FSRU)作为近年来新型的 LNG 接收终端已被广泛应用。相较于陆上 LNG 站，FSRU 具有成本低，建设周期短，风险小，灵活性大等优点。

目前，在 FSRU 设计中仍存在许多需要解决的关键技术问题，如船型参数、货舱布置、设备布置等，所有因素都会影响 FSRU 的安全可靠性。国内对 FSRU 技术研究方面尚处于起步阶段，对 FSRU 关键技术进行研究非常有必要的。本文通过对 FSRU 船型的总体方案研究，探讨了 FSRU 总体方案设计过程中的诸多关键技术，为自主研发能力的提升提供理论基础。

2　主尺度确定方法研究

2.1　FSRU 主尺度设计原则及方法

在确定 FSRU 船体各项主尺度参数时，需要熟悉各个参数对 FSRU 船舶性能的影响。通常，各个参数及设计要素是相互矛盾的，需要结合目标船的特点，有针对性的进行设计，兼顾不同能力的需要。

1）载重量

FSRU 设计时，首先需要确定装载量，即 LNG 存储量。由于 FSRU 是通过 LNG 运输船将 LNG 从气田运输并装载到 FSRU 上存储，然后再气化为天然气，通过管线运往市场供用户使用，因此，FSRU 载气量的确定主要基于如下设计数据：

（1）LNG 生产量及天然气输出率：一般由市场需要及整个项目的经济性来决定；

（2）FSRU 的 LNG 再气化能力；

（3）LNG 穿梭船船队数量及装载量：由 LNG 供应终端、LNG 穿梭船的可利用性及项目的综合经济性考虑来决定。

2）船长

船长对船舶的经济指标影响最大，主要体现在空船重量及制造成本方面。确定船长时，主要考虑以下几个方面：

（1）甲板布置需求

由于 FSRU 是一个小型的海上 LNG 再气化工厂，甲板上布置了大量上层模块和管路来处理液化天然气，这些设备的布置都需要足够的甲板空间。

（2）LNG 储存舱的型式、数量和长度

FSRU 通常尺度较大，采用不同的液货舱型式，对于船长的影响很大。

（3）系泊方式

不同的系泊方式对船长的影响有所不同。

如果 FSRU 采用单点系泊的方式系固在海上，LNG 气化后通过海底管道将气态 LNG 输送至岸上用户，那么，系泊方式将影响 FSRU 主尺度的确定如果FSRU采用码头系泊方式，不需要采用单点系泊方式，那么系泊方式对主尺度的影响很小。

（4）FSRU作业海域的耐波性

FSRU作为LNG海洋工程装备，通常为永久固定在作业海域进行作业，仅在极限海况下离开作业点躲避风暴。为了保证FSRU所有设备与装置的正常运行，具有良好的耐波性显得尤为重要。船长主要影响纵摇和垂荡，增大船长可以减小纵摇值。

（5）FSRU与LNG穿梭船并靠装卸LNG时之间的运动响应

当LNG穿梭船并靠FSRU卸货LNG时，两船之间耦合运动响应幅值直接影响卸货，船长是两船之间耦合运动响应的主要影响因素。

另外考虑到船长对船体钢料重量影响较大，应在满足各种性能指标的前提下，尽量减小船长。

3）船宽

在确定船宽时，主要需要考虑以下几方面因素：

（1）甲板布置

船宽的设计除需要考虑上层处理模块布置空间外，还需要考虑装卸LNG时舷侧加注站的布置及吊车布置空间。

（2）LNG存储舱的型式和宽度

对于独立C型液货舱，单排、并排及三耳罐的布置型式直接影响船宽的确定。

（3）稳性

船宽增大，对提高完整稳性和破舱稳性效果显著。

4）吃水

选择吃水时需考虑的主要因素有浮力、稳性、抗沉性及耐波性。

吃水的选择首先需满足浮性平衡：增大吃水可降低方形系数或船长和船宽，有利于减轻船体重量；同时吃水增大会使得船宽与吃水的比值减小，从而稳心半径减少，初稳性减少；当型深一定时，增加吃水即减少了干舷，储备浮力减少，不利于稳性和抗沉性；另外，吃水的增加有利于船舶的耐波性。

5）型深

选择型深时考虑主要因素主要有装载能力、总布置、总强度、干舷、稳性及抗沉性。

增大型深有利于增大货舱舱容，而通过用增大型深来增加舱容，对船体重量的影响最小；增大型深，可使船体结构剖面模数迅速增大，适度选择船长/型深有利于总纵强度。

当船长、船宽和吃水确定下来之后，型深的加大可以使干舷增大，船舶储备浮力也随之增大。

因此，应尽量选择较大的型深。

6）方形系数

选择方形系数是主要考虑FSRU船舶是否兼顾运输功能，如果仅是驳船不考虑运输，兼顾考虑载重量、船体重量确定方形系数。

2.2 FSRU主尺度选取

1）母型船主尺度参数

以某FSRU为母型船，其主尺度参数如表1所示。

表1 母型船主要参数

参数	单位	数值
总长	m	149.9
型宽	m	31.0
型深	m	12.5
液货舱型式	—	C型罐
C型罐数量	个	4
单个C型罐容积	m^3	6500

2）目标船主尺度确定

（1）船长

在确定船长时，可以将船长分几个区域分别考虑，具体如下：

艉部区域：需留足够空间布置生活区和救生设备。典型装载工况使需要通过调载压载舱的压载水保持FSRU平衡和结构的安全性，而艏尖舱通常作为空舱，不能作为调载舱室。因此，尾部需要留足够舱容用于调平，但也不需要过大，否则会增加总纵弯矩，影响结构安全。

机舱区域：根据发电机组等相关设备的布置需求及机舱内部油、水柜布置情况确定机舱长度。

货舱区域：考虑到液货舱型及舱容要求，通常，货舱区长度包括货舱长度和隔离空舱长度。

艏部区域：首部甲板需要预留系泊设备或者再气化模块等，同时要考虑防撞舱壁的设置要求。

（2）型宽

在确定型宽时，主要考虑平行中体的宽度和稳性要求。

（3）型深

在确定型深时，主要考虑到单罐体尺度的影响，同时结合规范要求对底部破损高度的考虑。

根据以上原则，并参考母型船，目标船的最终主尺度如表2所示：

表2 目标船主要参数

参数	单位	数值
总长	m	157
型宽	m	41
型深	m	13.5
液货舱型式	—	C 型罐
C 型罐数量	个	4
单个 C 型罐容积	m^3	7500

3 总布置

3.1 FSRU 总布置原则

FSRU 总布置需考虑船级社、船旗国的相关规定，本文所研究的 FSRU 为无动力、有人员居住，入 CCS 船级社，挂中国国旗。因此，总布置应考虑 CCS 及中国法检的有关规定。

依据 FSRU 的功能，船上应设有供 LNG 储存的货舱，再气化设备，同时还需设有人员起居、餐饮、工作的舱室。与典型的陆地接收终端相比，FSRU 可用的设备布置区域受到极大的限制，必须将各个功能区域划分科学、明晰。

FSRU 的总体布置原则为：

浮式装置上包含货物围护系统、再气化系统、LNG 传输系统、透气/排气系统、燃气火炬等设施的区域应能：

（1）操作和维护方便；

（2）消防设施可易于到达；

（3）充分的通风。

浮式装置的布置应充分考虑人员的安全、防止环境污染和财产的保护。

1）货物区域

货物区域应按照船级社规范规定的内容进行适当布置和隔离，按照规范要求，压载舱可被作为隔离舱。

2）再气化模块

再气化模块可以用作海上终端直接将天然气输送到岸上设施。再气化模块通过使用海水加热货舱中的液化气来使其气化，模块的主要工艺流程，是使用货舱内的液货泵把液化天然气的输送到增压泵系统、LNG 通过蒸发器系统被蒸发，并被加热至室温，气体通过测量撬块，最终通过输送管道送至陆上基站。通常在液货泵和增压泵之间设置有再冷凝器，加热系统后端设置缓冲舱。

再气化系统布置应满足规范要求：

（1）再气化装置位于开敞甲板上时，其布置应能免受甲板上浪的影响；

（2）再气化装置及其附件等可能产生 LNG 泄漏的区域应设有耐低温保护措施，以免船体及有关结构承受低温损伤。

3）系泊设备

FSRU 在停泊、系泊方面具有灵活性，不需要特殊的陆上装置，可以用在天然气需求很大，但是设备陈旧，港口拥挤的沿海城市。浮式终端远离人口密集的地区并且对环境影响较小，尤其适用于对环境要求和安全要求较高地区的气体供应。FSRU 的系泊根据作业方式而确定，本目标船由于长期系固在码头，因此仅需考虑与 LNG 运输船旁靠和与码头系泊的必要系泊设备。

4）救生设备

救生设备的布置应满足发生危险时所有人员安全逃生，且应布置远离液货舱和气体处理系统。

5）船舶运行设备区

泵舱、机舱、配电装置、变压器等布置时，应考虑设备检修人员安全通行并能顺利进入上述任何处所进行检验。

6）生活区

人员生活起居场所应尽可能远离危险区域，避免发生事故给人员造成危害。

3.2 目标船总布置及舱室区域划分

根据以上原则，目标船总布置情况如下：

1）艉部区域

在艉部区域设置 FSRU 运行维护的必备的舱室，包括泵舱、机舱、配电板间和变压器间等。艉部主甲板以上设置居住区，可容纳 28 人居住，主要包含居住舱室、餐厅、厨房、办公室、会议室及驾驶室等各类服务类舱室，可满足于必要的船舶运行人员及货物操作人员居住和办公。

船艉左右舷分别布置两个救生筏，每个可容纳 15 人。

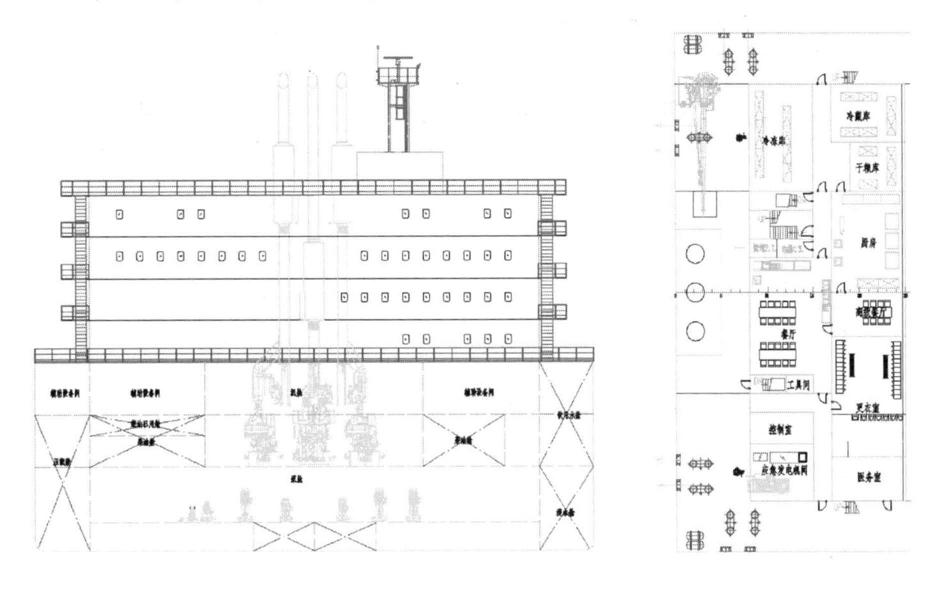

图 1　艉部区域总布置

2）货舱区域舱室划分

中小型 FSRU 一般采用独立液货舱，该液货舱分为 A、B、C 三种形式，它们均非船体的构成部分，呈自持式。其中 C 型独立液货舱具有压力适应性好、设计牢靠、易安装等优点，且使用经验丰富。本文中 FSRU 采用 C 型独立液货舱作为 LNG 货物围护系统，考虑到载重量及船长要求，设计为单排四个货舱，货舱区域与船体外壳之间布置空舱和压载舱作为保护，货舱区域如图 2 所示。

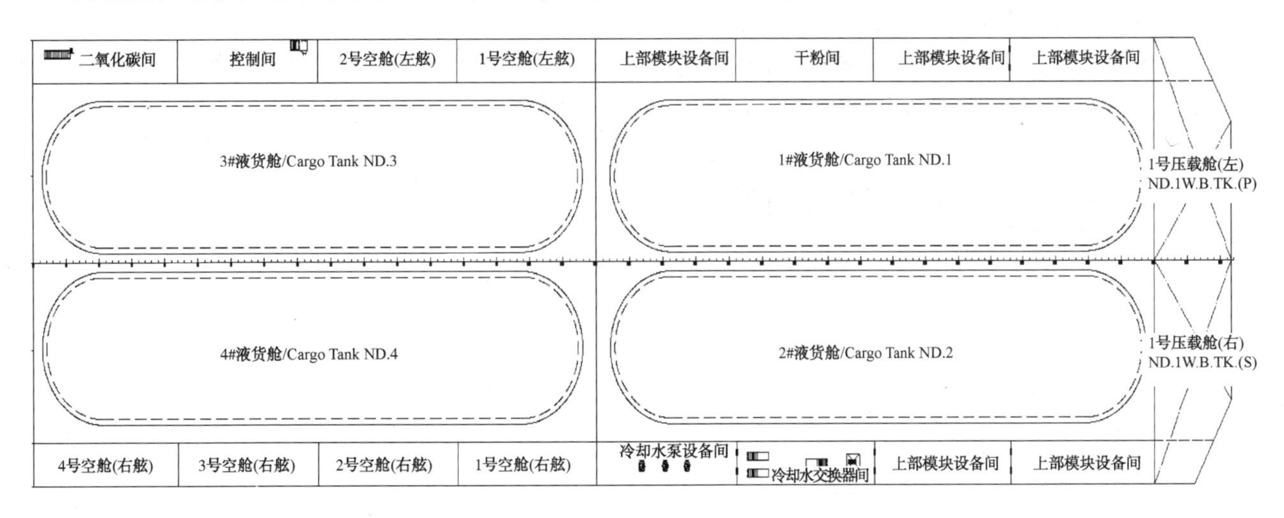

图 2　货舱区域总布置

3）艏部区域

艏部区域设置有系泊设备，艏部主甲板以下设置 LNG 气化工艺所需的泵舱、换热器及消防安全辅助舱室。

综合各方面考虑，图 3 给出了目标船的总布置图。

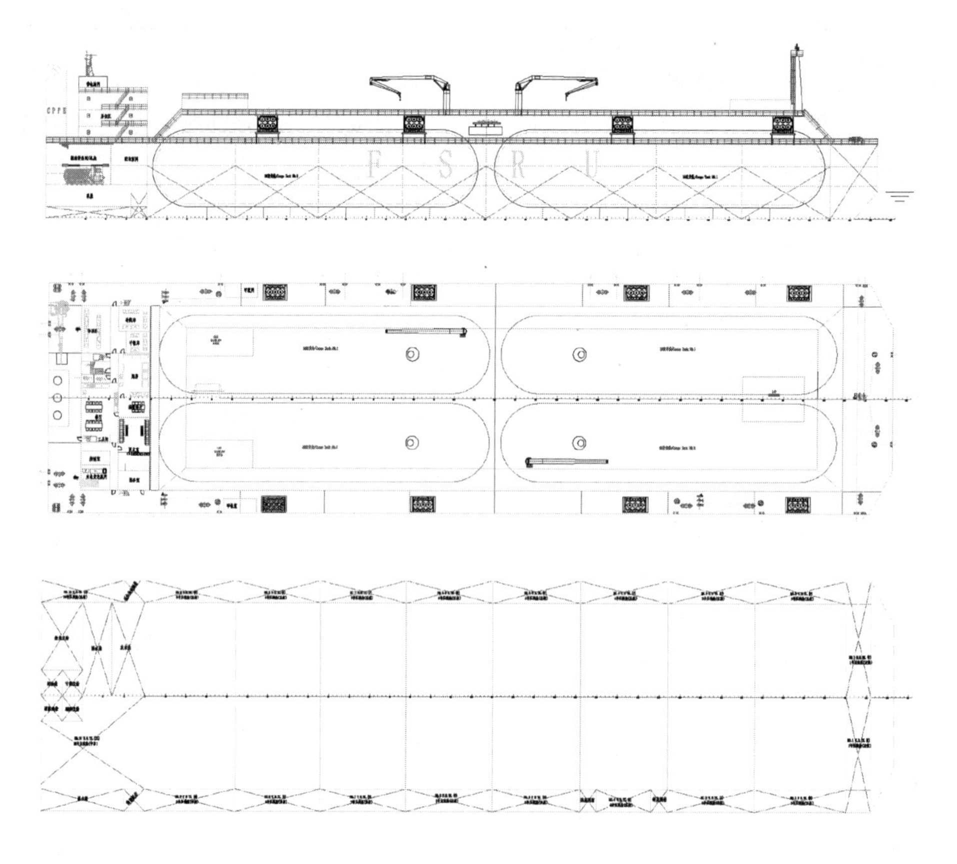

图 3　FSRU 总布置图

4　总结

本文分析总结了 FSRU 主尺度确定的原则和方法，结合 FSRU 船型自身特点和布置需求，讨论了各个因素对其性能的影响，确定了 FSRU 的主尺度，可为今后该类船舶主尺度确定提供参考。同时介绍了 FSRU 总布置特点，并根据 FSRU 作业功能，布置要求，规划了目标船的总布置，并绘制了总布置图。

参 考 文 献

[1] 梅荣兵 . N96 薄膜式 LNG-FSRU 总体方案论证[D]. 大连理工大学，2016.

[2] 张文昊 . 浮式 LNG 发电船设计关键技术研究[D]. 武汉理工大学，2018.

[3] 液化天然气浮式储存和再气化装置构造与设备规范[S]. 2018.

LNG 船舶套接作业研究与应用

刘 涛

(中国石油江苏液化天然气有限公司)

摘 要 为能够在冬季生产任务重、可作业天数少且靠泊窗口期有限的情况下，提高 LNG 船舶接卸效率、降低 LNG 船舶等待靠泊率、节约租船成本、减少发生 LNG 船舶滞期的可能性并且更加有效地保障度冬保供任务的完成，对 LNG 船舶套接作业进行了操船模拟试验研究并进行了实际应用；结果表明，在 LNG 船舶抵港密度较大时，使用套接作业能够有效提高接卸效率，而且在目前国内大部分航道对 LNG 船舶为单向通航情况下，LNG 船舶套接作业模式对于其他 LNG 接收站具有借鉴意义。

关键词 LNG 船舶；套接；操船模拟；LNG 接收站

天然气作为资源丰富、供应充足、成本相对低廉、使用便利、节能减排效果显著的最清洁的化石能源，是我国优化能源结构、推进节能减排、治理大气污染、建设美丽城镇等方面最为现实的选择。我国进口天然气以 LNG 为主，近年来实现快速增长，2020 年，我国进口天然气 1403 亿方，同比增长 5.25%，其中管道气进口 477 亿方，同比降低 4.79%，液化天然气(LNG)进口 926 亿方，占比进口天然气总量的 66%，同比增长 11.30%。截至 2020 年末，我国建成投产的 LNG 接收站共计 22 座，合计接收能力为 9315 万吨。中石油江苏 LNG 接收站于 2011 年投产，目前设计接卸能力为 650 万吨/年。

1 江苏 LNG 接收站生产特点

江苏 LNG 接收站主要负责接收、存储、气化和外输来自海外的 LNG，通过外输管道与冀宁联络线和西气东输一线联网，为长三角地区调峰供气，同时通过槽车装车进行 LNG 充装外运。接收站设计接卸船型为 12.5 万—26.7 万方 LNG 船舶[1]，生产特点一是冬季(11 月至来年 1 月)接卸量为全年最多，约占全年接卸量的 1/3，近三年冬季接卸量如表 1 所示：

表 1 冬季接卸量统计表

	2018 年	2019 年	2020 年
冬季 LNG 船舶接卸数量(艘)	29	25	23
全年 LNG 船舶接卸数量(艘)	85	69	69
冬季 LNG 船舶接卸数量占比	34%	36%	33%
冬季 LNG 接卸量(万吨)	211	197	195
全年 LNG 接卸量(万吨)	653	557	563
冬季 LNG 接卸量占比	32%	35%	35%

二是因泊位被占用等待靠泊 LNG 船舶数量与等待靠泊率随着接卸艘数增加而增长明显，等待靠泊率最大出现在 2018 年 11 月，该月也是 LNG 船舶接卸数量最大的一个月，如表 2 所示：

表 2 因泊位被占用等待靠泊 LNG 船舶统计表

	LNG 船舶接卸数量(艘)	因泊位被占用等待靠泊 LNG 船舶数量(艘)	因泊位被占用等待靠泊率
2018 年 1 月	8	2	25.0%
2018 年 11 月	12	5	41.7%

续表

	LNG 船舶接卸数量(艘)	因泊位被占用等待靠泊 LNG 船舶数量(艘)	因泊位被占用等待靠泊率
2018 年 12 月	9	1	11.1%
2019 年 1 月	11	4	36.4%
2019 年 11 月	4	1	25.0%
2019 年 12 月	10	3	30.0%
2020 年 1 月	7	2	28.6%
2020 年 11 月	6	1	16.7%
2020 年 12 月	10	3	30.0%

2 江苏 LNG 接收站环境特点

江苏 LNG 接收站位于江苏省如东县洋口港区，接收站 LNG 码头属于开敞式码头，直接面向黄海，容易受到风、浪、流、能见度不良等因素的影响，而且潮大流急、航道有浅点，LNG 船舶进港靠泊需“乘潮进港、候流靠泊”[2]；此外，由于冬季日照时间短，通常每天可利用的靠泊窗口期仅有两个小时；冬季易受寒潮大风天气影响，可作业天数较少，近三年冬季可作业天数如表 3 所示：

表 3 冬季可作业天数统计表

	可作业天数(天)	可作业率	LNG 船舶接卸数量(艘)
2018 年 1 月	20	64.5%	8
2018 年 11 月	24	80%	12
2018 年 12 月	20	64.5%	9
2019 年 1 月	27	87.1%	11
2019 年 11 月	21	67.7%	4
2019 年 12 月	24	77.4%	10
2020 年 1 月	21	67.7%	7
2020 年 11 月	20	66.7%	6
2020 年 12 月	21	67.7%	10
平均	22	71.5%	8.5

3 LNG 船舶套接作业

为能够在冬季生产任务重、可作业天数少且靠泊窗口期有限的情况下，提高 LNG 船舶接卸效率、降低 LNG 船舶等待靠泊率、节约租船成本、减少发生 LNG 船舶滞期的可能性并且更加有效地保障度冬保供任务的完成，江苏 LNG 接收站开展了 LNG 船舶套接作业研究与应用。

3.1 套接作业定义及意义

LNG 船舶套接作业是指利用仅有的两个小时靠泊窗口期，两艘 LNG 船舶在港内进行交汇，实现一艘 LNG 船舶离泊作业，然后另一艘 LNG 船舶靠泊作业。

3.2 套接作业仿真模拟试验

3.2.1 船型选取及极限试验工况

模拟试验中采用了目前世界上最大型的 LNG 船舶即 Qmax 型(26.7 万 m^3)LNG 船舶作为模拟船型，进港船舶为满载、配备 4 艘大马力拖轮，出港船舶为空载、配备 3 艘大马力拖轮，模拟船型主要尺度表如表 4 所示：

根据《液化天然气码头设计规范》[3] LNG 船舶作业条件标准并结合江苏 LNG 接收站潮流特点，选取风力 7 级、流速 2.5 节作为极限试验工况。

表 4 模拟船型主要尺度表

船舶等级	船长(m)	船宽(m)	型深(m)	满载吃水(m)	空载吃水(m)
Qmax	345.0	55.0	27.0	11.9	9.5

3.2.2 模拟试验结果

模拟试验结果如图 1、图 2、图 3 所示：

3.2.3 试验结果分析及要求

(1) 在风力不超过 7 级、流速不超过 2.5 节情况下，两艘 LNG 船舶在码头前沿 0.5-2.2 海里范围内实施套接作业是可行的。

（2）船舶进出港计划应经过认真核算，确保有足够的潮高通过浅水水域，并能在出港船舶做好离泊准备时，进港船船位控制在离灯浮的距离在 0.0-1.2 海里，当出港船舶为调头离泊作业时，进港船离灯浮的距离在 0.0-1.4 海里。

（3）出港船舶在离泊时系带 3 艘大马力拖轮，离泊护航至出港船舶至可根据自身操纵能力控制船舶，并及时解掉拖轮；当进港船舶离码头泊位约 1.5 海里时，可系带 2 艘大马力拖轮；当进港船舶离码头泊位约 1.5 海里内，并在出港船舶已解拖至少 5 分钟后，可再系带另外 2 艘大马力拖轮。

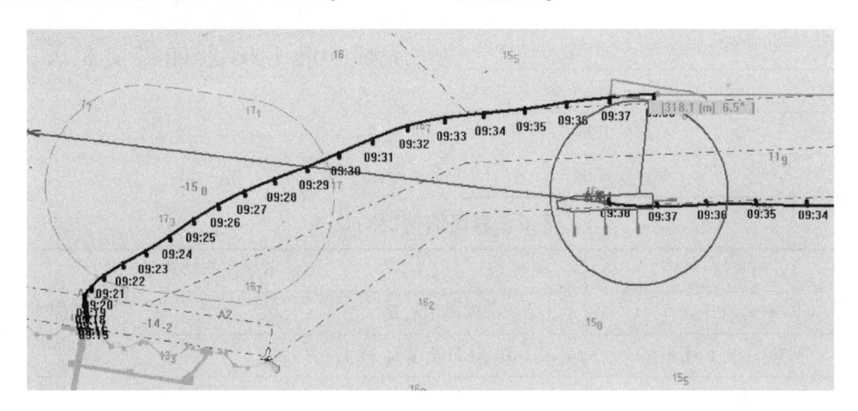

图 1

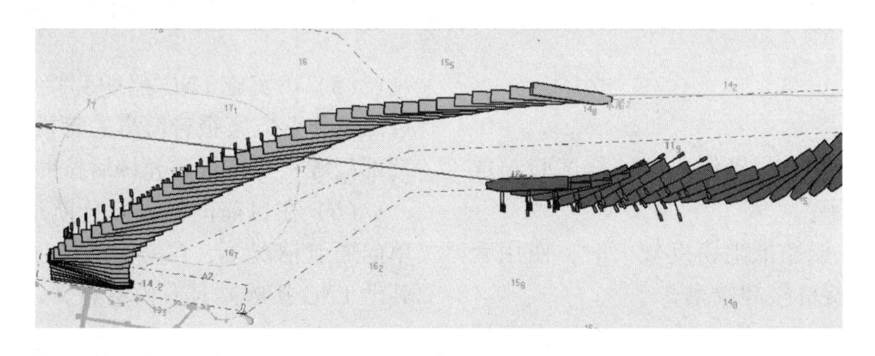

图 2

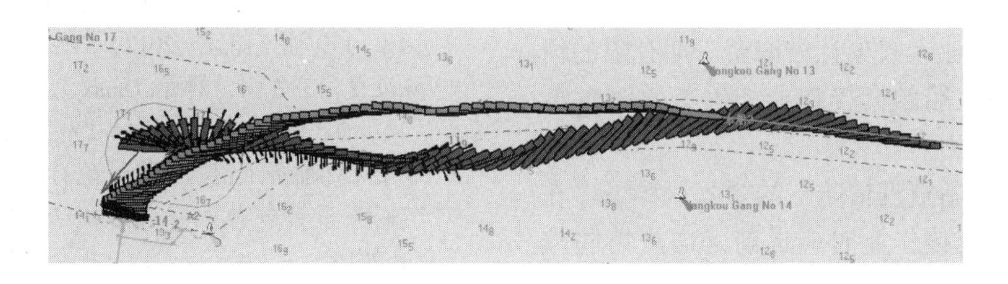

图 3

（4）引航站要安排引航经验丰富的引航员从事套接作业，在实施进出港计划时，务必保持两船的联系，随时通报各自的态势和船位。

（5）航道、码头前沿、套接作业交汇区域必须保持清爽，无碍航船只、障碍物等。

（6）进港船舶在起锚前或到达洋口港口门大灯浮前确认出港船能按时离泊的情况下才能进港。

3.3 套接作业实际应用

以 2018 年连续抵港的 3 艘船为例分析套接作业，3 艘 LNG 船舶“奥约”轮、“苏哈尔”轮、“伊比利亚”轮分别于 2018 年 1 月 30 日、1 月 31 日、2 月 1 日抵港。

3.3.1 可作业情况统计

根据《液化天然气码头设计规范》LNG 船舶作业条件标准判定 2018 年 1 月 30 日起 8 天内的

可作业情况如表 5 所示：

表 5　可作业情况统计表

日期	是否可作业
1 月 30 日	是
1 月 31 日	是
2 月 1 日	是
2 月 2 日	是
2 月 3 日	是
2 月 4 日	否
2 月 5 日	是
2 月 6 日	是

3.3.2　对比情况分析

根据表 5 中的可作业情况，对比采用套接作业和不采用套接作业的靠离泊情况表 6 所示：

采用套接作业，接卸完成 3 艘 LNG 船舶需要 4 天，占用泊位时间也为 4 天；而不采用套接作业，由于受不可作业天气影响，接卸完成 3 艘 LNG 船舶需要 8 天，占用泊位时间为 6 天。

表 6　靠离泊情况对比表

	采用套接作业	不采用套接作业	
	靠离泊日期	靠离泊日期	说明
“奥约”轮	1 月 30 日至 1 月 31 日	1 月 30 日至 1 月 31 日	
“苏哈尔”轮	1 月 31 日至 2 月 1 日	2 月 1 日至 2 月 2 日	
“伊比利亚”轮	2 月 1 日至 2 月 2 日	2 月 5 日至 2 月 6 日	接卸一艘 LNG 船舶需要 2 天，因此，由于 2 月 4 日不可作业，2 月 3 日也不能靠泊

4　结论

通过对 LNG 船舶套接作业的模拟试验与成功应用，总结如下：

（1）在 LNG 船舶抵港密度较大时，使用套接作业能够有效提高接卸效率。

（2）LNG 船舶套接作业的成功实施需要接收站、引航站、联检部门、代理等相关单位的高效操作、无缝衔接。

（3）在可作业天数少且靠泊窗口期有限的情况下，采用 LNG 船舶套接作业能够有效缓解冬季巨大的保供压力。

（4）在目前新冠疫情防控的紧张形势下，在策划 LNG 船舶套接作业时应提前考虑疫情防控对作业时间延长的影响。

（5）在实施 LNG 船舶套接作业前，需要将进出港作业方案报告海事主管机关、港口行政管理部门等，并在得到允许后按照计划有序实施。

（6）在目前国内大部分航道对 LNG 船舶为单向通航情况下，LNG 船舶套接作业模式对于其他 LNG 接收站具有借鉴意义。

参　考　文　献

[1] 刘涛，陈汝夏．江苏 LNG 接收站码头有效系泊影响因素[J]．油气储运，2012，31(z1)：83-88.

[2] 陈汝夏，王立国，刘涛．Qmax 型 LNG 船舶系泊方案[J]．油气储运，2012，31(z1)：9-13.

[3] 中交第四航务工程勘察设计院有限公司．液化天然气码头设计规范[S]．ISBN 978-7-114-13383-1，2016.

低温介质储存场站压缩机选型

李文忠　佟跃胜　安小霞

（中国寰球工程有限公司北京分公司）

摘　要　液化天然气、液态乙烯等低温介质经常采用常压低温储罐储存，因介质储存温度远远低于环境温度，从环境中吸入的大量热量将使得被储存液体蒸发变为气体，气体需经压缩机增压后处理以免常压储罐超压造成破坏。本文经计算并结合当前设备制造水平分析了常温压缩机和低温压缩机的优缺点，并给出储存低温介质的场站气体压缩机的选型方案。

关键词　液化天然气；低温；压缩机；液态乙烯

近年来随着国内大型低温储罐建造技术逐步趋于成熟，越来越多的低温介质开始采用常压低温储罐储存，特别是LNG（液化天然气，下同）接收站在国内发展迅猛，出现的大型常压储罐工作容积有3万方、5万方、8万方、12万方、16万方、18万方、20万方。目前国内已投运的最大的LNG储罐工作容积为20万方的全容罐。该储罐内径达到84.2m、外径达到88.6m，EPC总承包单位为中国寰球工程有限公司，业主单位为中石油江苏LNG接收站。液态乙烯的储存也随着石化行业的发展而采用大型低温储罐储存的趋势日益凸显。无论LNG、还是LEG（液态乙烯）储存在此类大型常压储罐中，都会因其储存介质与环境之间的温差而吸热，吸收的热量会使得被储存液体蒸发变为气体。不仅如此，低温介质若经运输船运输至该储存场站卸货至储罐时，会产生大量的BOG（闪蒸气）。此外场站的低温管道系统吸热产生的气体也会汇集至储罐中，如果不将气体处理掉，则常压储罐压力上升会导致储罐超压泄放进而造成浪费及环境影响，严重的还会造成安全问题。工程实践中通常需使用气体压缩机来处理此类气体。目前国内LNG接收站和LNG液化厂[1]的场站，关于BOG压缩的方案，分为将BOG复热后采用常温压缩机增压或直接采用低温压缩机增压两种，相关文章也是观点不一，本文主要结合当前设备制造水平对低温介质储存场站选用常温压缩机还是低温压缩机的情况进行分析。

1　气体处理流程

当场站采用低温压缩机处理储罐及系统产生的气体时，通用流程如图1所示。

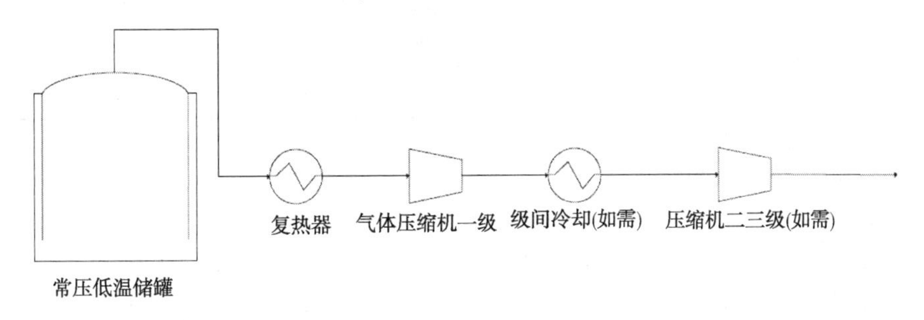

图1　低温压缩机压缩流程图

采用此流程时，来自常压低温储罐的介质为低温，低温压缩机入口介质温度较低，压缩机入口的温度、压力取决于储罐与压缩机的布置距离及二者之间管道的保冷效果，本文以表1对应介质的数据为例进行计算。因常压储罐压力较低，压缩机与储罐间距过远会导致压缩机入口压力降低，进而造成压缩机功耗增加，故压缩机布置应在满足防火间距前提下尽量靠近储罐。压缩机出口是否设置复温换热器及冷却器需根据出口压力及后续流程而定。

表 1

介质	压缩机入口温度/℃	压缩机入口压力/kPaG	压缩机出口压力/MPaG	备注
LNG	-130	8	0.42(针对城镇中压管网)	若压缩机与储罐间管道保冷效果差，则此入口温度将升高
LNG	-130	8	0.7[2](针对典型的再冷凝工艺)	
LNG	-130	8	4.5(针对城镇高压管网)	
LEG	-90	8	2.5(针对 LEG 下游某用户)	

如果场站采用常温压缩机处理储罐及系统产生的气体，通用流程如图 2 所示。

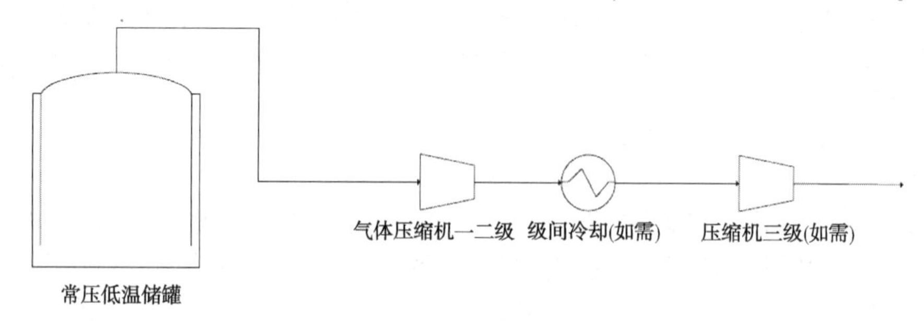

图 2　常温压缩机压缩流程图

若采用压缩机出口气体加热入口气体的方案，使得入口气体温度升高至满足常温压缩机需求。流程如图 3 所示。

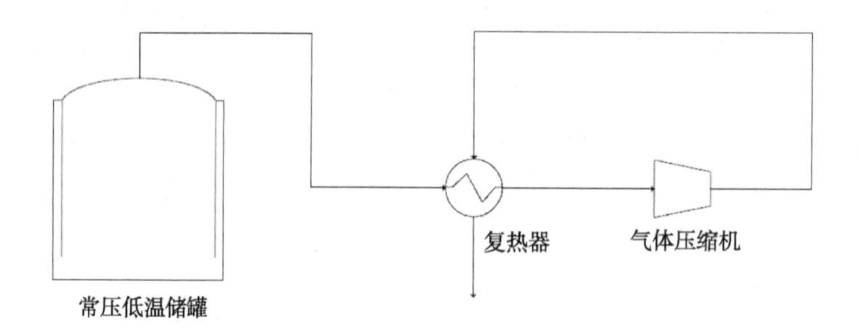

图 3　使用压缩机出口气体加热入口气体的压缩流程图

在以上这两种流程中，来自储罐中的低温气体需经过加热设施将气体加热，进入压缩机一级的入口温度按照不低于-20℃进行计算。相关参数如表 2 所示。

表 2

介质	压缩机入口温度/℃	压缩机入口压力/kPaG	压缩机出口压力/MPaG	备注
LNG	-20	8	0.42(针对城镇中压管网)	压缩机入口需要设置换热器将介质温度提升至-20℃以上
LNG	-20	8	0.7(针对典型的再冷凝工艺)	
LNG	-20	8	4.5(针对城镇高压管网)	
LEG	-20	8	2.5(针对乙烯下游某用户)	

2　压缩机功耗及运行费用比较

对于 LNG 接收站，在非卸船工况下，根据储罐容积及保冷系统的漏冷量不同，通常需要处理的 BOG 量为 4~8t/h[2]，本文选用 6t/h 进行功耗计算。对于 3 万 m^3LEG 储罐的 LEG 接收站，按照 2t/h 进行功耗计算。低温压缩机计算相关信息及功耗如表 3 所示。常温压缩机计算相关信息及功耗如表 4 所示。低温压缩机与常温压缩机不同情况下的功耗比较如表 5 所示。

表 3　低温压缩机计算相关信息及功耗表

介质	压缩机入口温度/℃	出口压力/MPaG	功耗/kW	备注
LNG	-130	0.42	363	无需级间冷却
LNG	-130	0.7	490	无需级间冷却
LNG	-130	4.5	1197	可使用三级压缩，二级出口水冷却一次
LEG	-90	2.5	231	三级压缩，二级出口水冷却一次

表 4　常温压缩机计算相关信息及功耗表

介质	压缩机入口温度/℃	出口压力/MPaG	功耗/kW	备注
LNG	-20	0.42	657	级间水冷却一次
LNG	-20	0.7	861	级间水冷却一次
LNG	-20	4.5	1673	四级压缩，级间水冷却三次
LEG	-20	2.5	266	一级和二级出口均需水冷却

表 5　低温压缩机与常温压缩机不同情况下的功耗比较表

介质	出口压力/MPaG	低温压缩机功耗/kW	常温压缩机功耗/kW	功耗差/kW	年运行时间内节约电耗/万 kWh(注 1、注 2)	年运行费用差/万元(注 3)
LNG	0.42	363	657	294	334.8	284
LNG	0.7	490	861	371	422.5	359
LNG	4.5	1197	1673	476	542.1	460
LEG	2.5	231	266	35	39.8	33.8

注 1：因此类场站需连续运行，无检修时间，年运行时间按照 8760h 计算。

注 2：电机功率按照轴功率 1.3 倍考虑。

注 3：按照 0.85 元/kWh 计算电费。

如表 5 所示，对于输出压力较低如 0.42MPaG 的 LNG 场站，常温压缩机比低温压缩机因每年运行耗电多消耗的费用达 284 万元；对于输出压力较高如 0.7MPaG 的 LNG 场站，常温压缩机比低温压缩机每年运行耗电多消耗的费用达 359 万元；对于输出压力很高如 4.5MPaG 的 LNG 场站，常温压缩机比低温压缩机每年运行耗电多消耗的费用达 460 万元，以上各工况级间冷却器按照水冷却方式考虑，但通常的 LNG 接收站无冷却水，使用空冷则需增加更多的电耗为空冷电机使用，则差距会更大。而对于输出压力为 2.5MPaG 的 LEG 接收站，因通常储罐容积较小，气体处理量较小，节省的费用不明显，为 33.8 万元/年。即使采用压缩机出口气体加热入口气体的方式，也只是减少了外界热媒的用量，压缩机多消耗的电功是无可避免的，与上述计算结果相近。

3　压缩机制造水平

常温天然气 BOG 或乙烯 BOG 压缩机在国内生产技术非常成熟，可选择的生产厂家较多。制造难度相对较低，而低温 BOG 压缩机的生产厂家较少，特别是温度低于-70℃的压缩机制造厂家，国内寥寥无几。很多场站选用的低温 BOG 压缩机为进口设备，如瑞士的布克哈德(Burkhardt)公司，日本的石川岛播磨冲工业株式会社(IHI)，神户钢铁(KOBESTEEL)以及美国的德莱塞兰(Dresser-Rand)公司。进口低温 BOG 压缩机造价昂贵，交货周期较长(12~14 个月)，尽管如此以往的大型 LNG 接收站仍然采用，也说明了低温压缩机具有足够的优势。近年来随着国内低温 BOG 压缩机需求市场的增加，国内生产低温 BOG 压缩机的厂家也逐渐增多。国内最早生产低温 BOG 压缩机的厂家为沈阳远大压缩机有限公司，2007 年为福建联合石油化工有限公司鲤鱼尾油库低温乙烯装卸设施生产低温乙烯 BOG 迷宫压缩机(小型)，2011 年为中国寰球工程有限公司总承包的中石油泰安液化工厂项目生产的低温天然气 BOG 迷宫压缩机(大型)，应用效果可接受，后续该公司生产多台低温BOG迷宫压缩机，运行时间较长，应用效果较好。另外浙江强盛压缩机厂为中石化青岛LNG接收站制造的卧式对置平衡式压缩机也于2017年开发成功。

4 压缩机选型比较

低温储存场站的BOG压缩机考虑流量小、扬程高、流量变化范围大的特点，多选用往复式压缩机。由于低温BOG压缩机无需入口复热器，所需级间冷却器也相对较少，因此低温BOG压缩机比常温BOG压缩机占地面积更小，对于出口压力较低的场合，可以不需要使用级间冷却器和后冷却器即可满足出口温度要求。以设备投资费用及运行成本相比，国内的常温压缩机生产厂家对于流量6t/h、出口压力为0.7MPaG的常温天然气压缩机，报价约200万元/台；而对应相同能力的进口低温压缩机报价约1800万元/台。根据表2-3知选用进口的低温压缩机运行4.5年，节省的电费即可回收两种压缩机的一次投资价差。而若采用国产的低温压缩机，则回收成本的时间更短。说明使用低温压缩机，无论进口还是国产，相比常温压缩机都具有很明显的优势。

5 结论

对于LNG和LEG的场站，宜选用低温压缩机来处理低温气体，而不是将低温气体复热到常温、再使用常温压缩机来处理，不管采用何种方式将入口气体加热升温均不经济。即使采用昂贵的进口低温压缩机，都比国产常温压缩机有较明显的综合成本优势，特别是近年来国产的低温压缩机也是一个较可靠的选项，更加突出了低温压缩流程的优势。

特别是追求标准化设计的当下，因每个场站产生的气量不完全相同，不可能完全固定压缩机的流量和压力。寻找出这种固有规律，然后用于指导设计，在所有类似场合采用这种规律进行设计就属于一种标准化设计，在进行低温气体压缩机的选型时，也可以做到相对标准化。即选用低温压缩机来处理低温介质储存场站产生的气体。而类似场站大多需要装卸船或装卸车，建设投资非常受限的情况下，也可以选用一台低温压缩机，其能力是针对非装卸船工况下产生的气量，再选用一台常温压缩机，其处理流量是针对卸船工况与非卸船工况的气量差，前提是装卸船的时间非常短，运行时间内无法回收低温压缩机和常温压缩机的价差，但从节能环保及便于操作的角度来说，标准化设计宜统一选用低温压缩机。

参考文献

[1] 李亚军，陈蒙. LNG接收站BOG多阶压缩再液化工艺优化分析[J]. 化工学报，2013，64(3)：986 992.

[2] 王小尚，刘景俊等. LNG接收站BOG处理工艺优化——以青岛LNG接收站为例. 天然气工业，2014，34(4)：125-130.

[3] 向丽君，全日，邱奎，等. LNG接收站BOG气体回收工艺改进与能耗分析[J]. 天然气化工，2012，37(3)：48-50.

GB/T 51257 对低温阀门的要求

贾琦月　吴汉宇

（中国寰球工程有限公司北京分公司）

摘　要　文章针对国标 51257 液化天然气低温管道设计规范中对于低温阀门的规定进行了阐述，结合液化天然气低温管道设计特点，对低温阀门提出了具体的规定。为标准的准确使用提供了帮助，对低温阀门国产化提出了要求。

关键词　液化天然气；国标；阀门；低温

1　引言

GB/T 51257 液化天然气低温管道设计规范[1]针对液化天然气低温管道的具体特点，从设计方面进行了规范要求。阀门作为管道的重要组件，在国标第 5 部分管道组成件中的 5.3 章节，对阀门的设计提出了 20 条要求，这些要求对阀门的要求，体现了液化天然气的特点。

2　液化天然气的特性

GB/T 51257 液化天然气低温管道设计规范，是针对液化天然气的规范，所以理解规范应先了解液化天然气的物性。

2.1　LNG 是以甲烷为主要组分的烃类混合物，其中含有通常存在于天然气中少量的乙烷、丙烷、氮等其他组分。例如表 1 中的数值。

表 1　LNG 物性表

常压下泡点时的性质	LNG 例 1	LNG 例 2	LNG 例 3
摩尔分数/%			
N_2	0.5	1.79	0.36
CH_4	97.5	93.9	87.20
C_2H_6	1.8	3.26	9.61
C_3H_8	0.2	0.69	2.74
iC_4H_{10}	—	0.12	0.42
nC4H_{11}	—	0.15	0.65
C_5H_{12}	—	0.09	0.02
相对分子质量/（kg/kmol）	16.41	17.07	18.52
泡点温度/℃	-162.6	-165.3	-161.3
密度/（kg/m^3）	431.6	448.8	468.7
0℃和 101325Pa 条件下单位体积流体生成的气体体积/（m^3/m^3）	590	590	558
0℃和 101325Pa 条件下单位质量液体生成的气体体积/（m^3/10^3kg）	1367	1314	1211

从上表可见，0℃和 1 个大气压下，单位体积的 LNG 气化后的体积接近 600 倍。正是基于此点，标准中对具有封闭空间的阀门要求考虑泄压结构设计。

2.2　在 LNG 泄漏时，LNG 将以喷射流的方式进入大气中，且同时发生节流（膨胀）和蒸发。

这一过程中 LNG 将与空气强烈混合。大部分 LNG 最初作为空气溶胶的形式被包容在气云之中。对于天然气/空气的云团，当天然气的体积浓度为5%～15%时就可以被引燃和引爆。而且，没有约束的天然气云以低速燃烧时，在气体云团中产生小于5×103 Pa的低超压。在受限制的区域(如密集的设备和建筑物)，可以产生较高的压力，进而引起严重的不良后果。[2]所以LNG的阀门多采用焊接连接，以减少管线的泄漏点。

3 国标中的常规要求

首先，标准规定了阀门的温压和最小壁厚，指出阀门的压力-温度额定值应符合现行国家标准《钢制阀门一般要求》GB/T 12224的规定。阀体的最小壁厚应符合现行国家标准《阀门壳体最小壁厚尺寸要求规范》GB/T 26640的规定。

4 国标中的结构要求

基于文章第一节中对LNG特性的分析，LNG阀门需要从结构方面做出相应考虑，所以规范中提出了如下的结构要求。

4.1 阀门宜采用整体式阀体

上装式阀门的结构应满足在线维修的要求。此点的目的在于减少液化天然气管道系统的泄漏点，考虑到管线在低温下的收缩和管道内介质的泄漏风险，尽量避免分体式阀门的使用。此点在EN1473[3]中也有同样的要求。在使用整体式阀门的同时，考虑到阀门的维修方便，提出使用上装式阀门(top-entry)结构，此种结构应能满足在线维修的要求，比如在液化天然气接收站项目中大量使用的球阀，使用上装式结构，应在阀座密封结构设计时做到：不仅考虑阀座处的密封，而且应考虑阀座结构具有可拆卸维修的功能。

4.2 闸阀和截止阀应具有上密封结构

上密封应位于阀盖加长颈靠近填料函的下部。此点在BS6364[4]中也有明确的要求。

4.3 双向密封的球阀应有阀腔泄压结构

对有泄压方向要求的阀门，阀体上应有泄放方向的标志。

泄压结构的必要性，基于LNG气化产生的600倍的体积膨胀。泄压结构主要有两种：一种是开孔结构，比如阀球开孔、阀板开孔或者阀座开孔，常用在小口径阀门上使用；另外一种是阀门的自泄压阀座，参照API6D[5]中DIB-2的结构(如图1)。

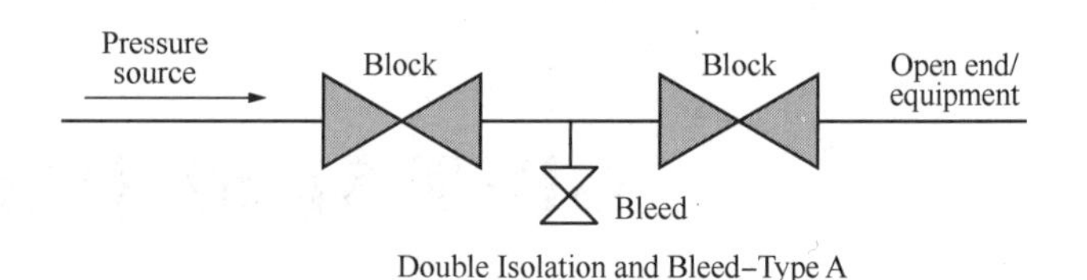

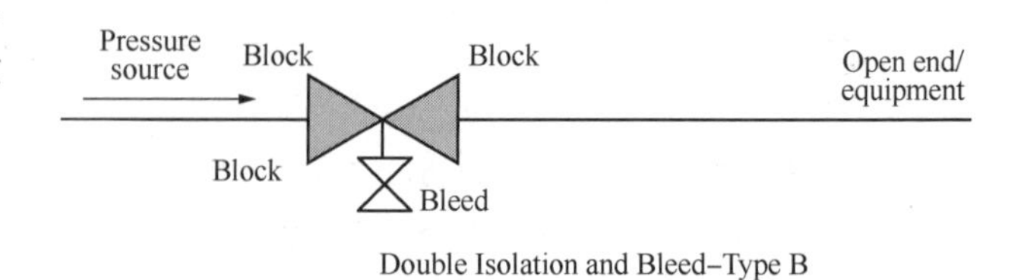

图1 双隔离阀座DIB-2结构图

4.4 阀门应具有防火、防静电结构

且整个放电路径的最大电阻值不应超过10Ω。

4.5 阀门承压件采用焊接结构时，应为对焊形式

且应保证材料的焊接性能及低温下焊缝的可靠性。

4.6 基于LNG的超低温工作工况，国标对两个重要的高度进行了规定，阀盖加长颈和滴盘高度

阀门应采用阀盖加长颈结构，阀盖加长颈长度H(见图4)应符合现行行业标准《液化天然气阀门技术条件》JB/T 12621[6]的规定。”

阀盖加长的目的在于保证阀杆填料的安全使用和密封效果。阀门内部的介质是深冷的LNG，加长阀盖提供了一个足够的气相空间使得冷量不要对填料的正常工作产生影响，比如填料冻住、无法开关阀门；抑或是填料失效，产生外泄漏。在标准中给出了参考的最短加长量的值，但需要指出的是标准中给出的是最短加长量的值，具体到阀门的结构设计，还应进行充分的温度场模拟(如图2)和实测对比，确保填料处于正常的工作温度范围，以保证阀门的填料处密封性能。

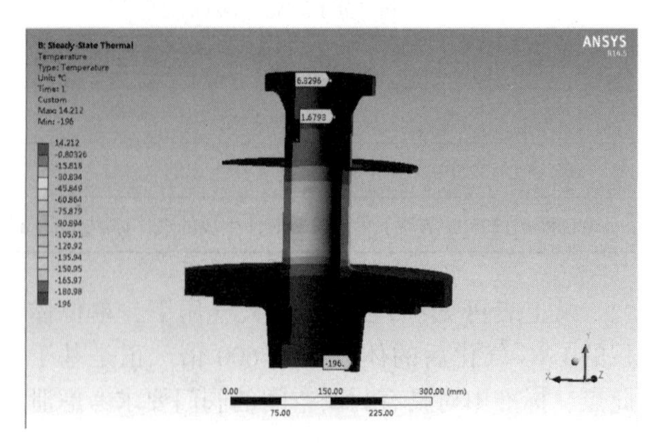

图2 阀盖温度场模拟示意图

除此之外，阀盖加长还需要考虑阀门在保冷情况下的表现，如图3所示：加长阀盖的高度会影响填料的温度，而且在增加保冷结构的影响后，阀门加长阀盖的温度场产生了变化。

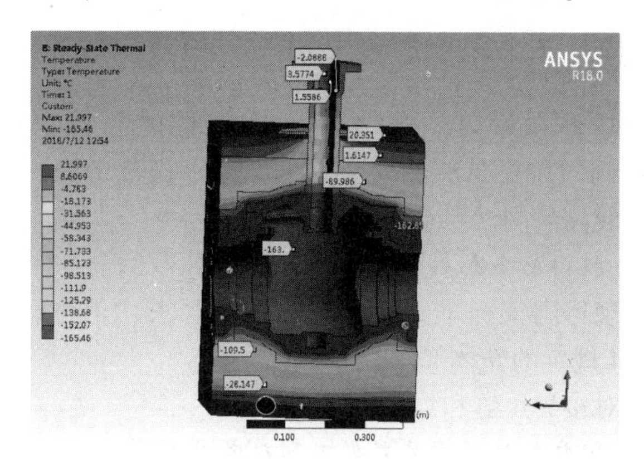

图3　深冷阀门保冷后温度场模拟对比图

对于保冷层的影响，可以参考具体项目的隔热工程规定中的保冷厚度；对于没有数据参考的项目，可以按照下式[7]进行计算。

$$D_1 \ln \frac{D_1}{D_0} = 3.795 \times 10^{-3}\sqrt{\frac{P_E \cdot \lambda \cdot t \cdot |T_0 - T_a|}{P_T \cdot S}} - \frac{2\lambda}{a_s}$$

式中，P_E 为能量价格，（元/kJ）；P_T 为绝热结构单位造价，（元/m^3）；λ 为绝热材料在平均温度下的导热系数，[W/(m·K)]；a_s 为绝热层外表面向周围环境的换热系数，[W/(m^2·K)]；t 为年运行时间，（h）；T_0 为管道或设备的外表面温度，（K）；T_a 为环境温度，（K）。运行期间平均气温；$|T_0 - T_a|$ 为 $(T_0 - T_a)$ 的绝对值；S 为绝热工程投资年摊销率，（%）。宜在设计使用年限内按复利率计算。

在模拟过程中发现，保冷层对填料具有较大影响。对应同样的填料下沿分析点，在无保冷状态是8.8℃，在有保冷状态下是-2.7℃。因此，对于超低温球阀的加长阀盖设计来说，需要谨慎考虑球阀保冷的工况。

阀盖加长颈颈部的壁厚应根据阀门设计压力、执行机构操作力、执行机构自重及特殊安装条件下产生的综合应力进行设计，且应满足热损失要求。

此处阀盖加长颈颈部壁厚并非越厚越好，而是在满足强度的要求下，建议使用最小壁厚，以减少热传导，保护填料，此点与加长阀盖的最终目的一致。

滴液盘的位置应满足保冷施工的要求，其距阀盖上缘的最小间距h（见图4）应符合现行行业标准《液化天然气阀门技术条件》JB/T 12621的规定。

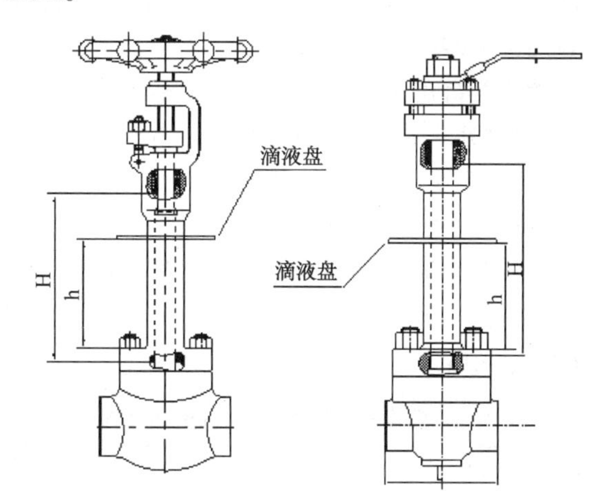

图4　阀盖加长颈及滴液盘示意图

需要指出的是滴盘高度应与保冷厚度相协调，滴盘高度最低值应考虑保冷的厚度，控制滴盘在施工时，不要包裹在保冷层内。

滴液盘和阀盖加长颈之间应密封，滴液盘宜采用焊接或螺栓夹紧的方式固定在阀盖加长颈上。

此点保证了滴盘的隔水和散冷的功能。

除止回阀外，阀门应能在阀杆与垂直方向成45°范围内的安装条件下正常操作。

此点确保了加长阀盖的有效功能和作用。

堆焊硬质合金的阀门密封面，应进行应力消除处理；阀门软密封面宜采用金属支撑。

此点涉及到的软密封材料多为PCTFE，此种材料在深冷（-196℃）下性能稳定，不会冷流，金属支撑对软密封起到一定的保护作用，尤其对于高压阀门，应在阀座结构设计时给予考虑。

5 规范中的检测要求

基于文章第一节中对 LNG 特性的分析，LNG 阀门需要足够的安全系数，所以规范中提出了较高的测试要求。

5.1 阀门的下列部位应进行射线检验

现行国家标准《钢制阀门一般要求》GB/T 12224 规定的壳体部位；

对接焊焊缝和焊接坡口。

5.2 射线检验结果应符合下列规定

阀体、阀盖铸钢件的射线检验合格标准不应低于现行行业标准《阀门受压铸钢件射线照相检验》JB/T 6440 规定的 2 级；

对焊阀体的连接端部的射线检验合格标准不应低于现行行业标准《阀门受压铸钢件射线照相检验》JB/T 6440 规定的 1 级；

承压焊缝的射线检验合格标准不应低于现行行业标准《承压设备无损检测第 2 部分：射线检测》NB/T 47013.2 规定的Ⅱ级。

5.3 阀门应进行低温试验

低温试验时，阀座最大允许泄漏量应符合表 2 的规定，此表中的允许泄漏量相比较 BS6364[4]中的允许泄漏量，更为严格。

表 2 阀座最大允许泄漏量($mm^3/s×DN$)

阀门类型	软密封阀座	金属密封阀座
闸阀、截止阀、球阀或正向流向蝶阀	33	100
止回阀或反向流向蝶阀	62.5	200

5.4 阀门逸散性试验应符合现行国家标准《阀门的逸散性试验》GB/T 26481 的规定

6 结语

国标中除了上述规定外，还有关于加工精度和操作等方面的要求，比如“阀杆与填料接触面处应进行硬化处理，表面粗糙度不应大于 Ra0.4μm”，这里就不再赘述。此标准中的规定，结合了 LNG 的物性特点，对 LNG 低温阀门国产化具有一定的指导作用，规定中引用的相关标准，在使用过程中可一并参照。

参 考 文 献

[1]《GB/T 51257 液化天然气低温管道设计规范》

[2]《BS EN 1160 INSTALLATIONS AND EQUIPMENT FOR LIQUEFIED NATURAL GAS GENERAL CHARACTERISTICS OF LIQUEFIED NATURAL GAS》

[3]《BS EN 1473 INSTALLATION AND EQUIPMENT FOR LIQUEFIED NATURAL GAS-DESIGN OF ONSHORE INSTALLATIONS》

[4]《BS 6364 VALVES FOR CRYOGENIC SERVICE》

[5]《API 6D SPECIFICATION FOR PIPELINE AND PIPING VALVES》

[6]《JB/T 12621 液化天然气阀门技术条件》

[7]《SY/T 7419 低温管道绝热工程设计、施工和验收规范》，2018：10

提升 LNG 接收站企业国产化水平的思考

雷妃己

(国家管网集团海南天然气有限公司)

摘　要　LNG 行业在早期由于行业壁垒限制等原因，主要设备和材料大多依赖进口，而进口设备不仅供货周期长、价格高，且后期运营维护成本高。为打破受制于国外厂商的局面，各 LNG 接收站及其上级管理单位开展了大量国产化研究工作，并取得了不菲的成绩，国家管网集团海南天然气有限公司(以下简称“海南 LNG”)即为其中之一。本文将通过提炼海南 LNG 的国产化工作亮点，分析海南 LNG2020 年 9 月 30 日划转国家管网集团前的国产化管理模式，对提升 LNG 接收站企业国产化水平提出一点建议。

关键词　国家管网集团；LNG 接收站企业；国产化

国家管网集团海南天然气有限公司(以下简称：“海南 LNG”)自 2013 年开始一直在做各类国产化尝试，曾成功配合中海石油气电集团有限责任公司(以下简称“气电集团”)研发中心完成“大型 LNG 气化器自主化研究与工程化”应用项目并获得气电集团 2019 年科技进步奖特等奖，同时自主开展海水泵等设备国产化工作。本文将通过提炼海南 LNG 的国产化工作亮点，分析海南 LNG 划转国家管网集团前的国产化管理模式，对 LNG 接收站企业及其上级管理单位的国产化管理提出一点建议。

1　海南 LNG 国产化工作亮点

海南 LNG 国产化最大工作亮点即为：在开架式气化器(ORV)被日本住友精密和神户制钢两家单位垄断的市场环境下，积极配合气电集团开展开架式气化器国产化技术攻关，顺利打破了国外技术垄断，实现了 ORV 的国产化。且该国产 ORV 在使用过程中，流量、温度、压力等各项性能参数均达到设计指标，无振动、无异响、无变形情况，涂层状态良好，换热效率高，满足技术和生产要求，设备投产至今稳定运行超过四年。在该项国产化工作中，海南 LNG、研发中心和制造厂家三方各发挥所长：海南 LNG 充分发挥其精细化项目管理优势，提供项目应用场地，并负责物资采办、施工管理和设备运行维护；气电集团发挥其先进科研力量，负责投资建设测试平台和相关的设计研究；制造厂家则发挥其高质量制造能力，负责投资制造国产首台 ORV 工程样机，最终三方联合研制的国产首台大型开架式气化器自主化成果于 2016 年通过中国石油和化学工业联合会科技成果鉴定，达到国际先进水平，打破国外技术垄断，具有显著的经济和社会效益。

总结本次国产化能得到顺利推进的主要经验为：三方齐心协作，扬长避短，各自优势得到最大化发挥，最终顺利打赢了技术攻坚战。

2　划转国家管网集团前国产化管理模式分析

在海南 LNG 划转国家管网集团前，根据上级管理单位的制度规定，LNG 接收站企业可以选择的科研模式共分为资产转固科研模式、有条件采购科研模式和三新三化科研模式三类，不同类型的科研模式侧重点、报批流程、实施主体、签约模式和注意事项也不尽相同，形式多样、方式灵活。已运营的 LNG 项目，如有国产化研究意向，可根据审批权限，向上级报审。新建或扩建 LNG 项目，在初设阶段上级管理单位相关部门会研究建议哪些可以使用三新三化技术，项目公司根据上级单位和公司内部的意见整理采办策略上报，上级单位进一步审批，最大程度实现设备国产化。

原管理模式下，LNG 接收站企业向上级申请国产化科研项目成功后，自主实施即可，自主化程度高。但是，根据“谁申请，谁推广”原则，LNG 接收站企业国产化的主要目的是今后采购备件能有一定折扣，降低运维成本，因此对推广工作并没有太重视，也就导致了一个问题：集团内国产化成果未能及时共享。

以辅助靠泊系统为例。较多接收站的进口辅助靠泊系统均存在原厂备件价格较高、响应慢、测量数据不够准确等问题。2017 年，某 LNG 率先与某厂商开展国产化合作，共同研发特力销国产化专利。国产化成功后，2019 该 LNG 再次与该厂商联手，开展了辅助靠泊系统升级改造服务合同，将单一式控制系统改造为分布式系统，各子系统独立运行，互不影响，提升了系统稳定性，维护保养效率也大幅提高。然而，由于该国产化和改造项目的实施主体为该 LNG，而非上级单位，国产化成果未能第一时间在集团内推广和共享。

3 提升国产化管理水平的建议

1. LNG 接收站管理单位应充考虑挥各方优势，制定灵活多样的科研模式。

借鉴"大型 LNG 气化器自主化研究与工程化"顺利开展的经验，建议 LNG 接收站上级管理单位在制定科研管理制度时，充分考虑管理单位、LNG 接收站企业的优势，制定灵活多样的科研合作模式，最大化激发多方主观能动性，提高国产化管理效率。同时，针对在建项目，则要求自采购策略/计划阶段开始研究国产化范围，从源头抓起，全生命周期国产化。

2. 上级牵头推广，基层具体实施，合力促进国产化成果高度共享。

LNG 接收站上级管理单位的信息渠道广，能较快获得各接收站的国产化信息，如能汇总后第一时间发各接收站企业共享，则可减少大量资料搜集和重复调研工作。同时，各接收站企业也可及时将国产化信息汇报上级管理单位，由上级管理单位组织牵头推广，合力推进国产化工作。根据汇总的国产化清单，各层级企业可发掘尚未开展国产化研究的项目；同时，通过分析清单中已具备生产国产产品厂家的情况，便于决定采购国产产品的采购方式。同一集团内，如较多接收站有采购意愿，则可由上级管理单位组织实行集中采购，发挥规模采购效应，减少运营成本。

例如：目前某 LNG 正在开展卸料臂国产化项目，实施成功后，建议在集团内推广共享。海南 LNG 的卸料臂备件和维修采购一直是个较难解决的问题，划转国家管网集团前，海南 LNG 的上级管理单位曾想和卸料臂生产厂家签署合作框架协议，被厂家拒绝，理由为备件和人工单价需要根据市场情况调整，不能确保三年内保持固定不变。如该国产备件能与已运营的接收站企业原进口设备良好契合，则可在集团内推广卸料臂国产备件和维修，能大幅降低各接收站卸料臂检修成本，不再受制于国外厂家。

3. 整理国产化的合作模式，梳理各类合作模式的利弊并融入具体流程，上级单位指导基层深入开展国产化工作。

LNG 接收站企业鲜少设置单独的科研部门，国产化工作也基本由上级管理单位牵头开展。如果一线人员对国产化科研项目管理流程熟悉度不够，容易导致一些现场实际有需求的进口设备改造工程无法得到顺利开展。因此，为便于基层更好的开展国产化工作，建议上级管理单位整理制度中规定的国产化合作模式，梳理各类合作模式的利弊和适用情形并融入具体流程，下发至各 LNG 接收站企业组织培训和学习。LNG 接收站企业也应积极组织宣贯和培训，考学结合，只有让基层切实掌握了实施国产化的方式和流程，才能最大程度的实现国产化。

4 总结与展望

国家管网集团秉承建成"全数字化移交、全智能化运营、全生命周期管理"的智慧 LNG 接收站理念，积极探索、主动作为，全力推行国产化，目前在建的某 LNG 项目国产化率预计将达到 90%。且该项目在项目设计上，22 万立方米半地下坐地式基础 LNG 全容混凝土储罐设计应用在国内尚属首次；在施工工艺上，大规模应用储罐内罐 9%镍钢壁板纵缝全自动焊接工艺在全球 LNG 项目建设中也属首次，在技术上实现了重大突破。

我国 LNG 行业虽然起步晚，早期关键设备和材料只能依赖进口，但是随着中国科研水平日益增强，国内超低温技术日益成熟，同时，得益于 LNG 行业对提升国产化管理水平的高度重视，LNG 相关的设备材料已大幅国产化，相信实现 100%国产化的目标必定指日可待。

参 考 文 献

[1] 陈海平，黄宇，郭琦，郝思佳. 液化天然气关键装备国产化科研模式探索与实践[J]，现代化工，2020，40(9)：1-7.

[2] 黄宇，张超，陈海平. 液化天然气接收站关键设备和材料国产化进程研究[J]. 现代化工，2019，39(4)：19-23.

[3] 黄鹂. 能源装备国产化思考与 LNG 装备国产化展望[J]. 油气储运，2014，33(4)：343-346.

M-N 相关曲线用于 LNG 储罐圆形截面灌注桩配筋设计

朱木森　吴家旭　武海坤

（中国寰球工程有限公司北京分公司）

摘　要　通过改变圆形截面灌注桩截面受压区混凝土截面面积的圆心角与 2π 的比值（α），依据规范给出的基本计算公式，获得灌注桩的受弯承载力设计值 M 和受压承载力设计值 N 的相关曲线。利用 M-N 相关曲线进行灌注桩的截面配筋设计，避免求解超越方程，简化计算。

关键词　LNG 储罐；灌注桩；圆形截面配筋设计

在 LNG（液化天然气）储罐工程中，圆形截面的灌注桩基础是经常被采用的一种桩基形式，主要承受水平和竖向荷载，属于压（拉）弯构件。按照现行的规范《混凝土结构设计规范》（GB 50010-2010）[1] 和国家建筑标准设计图集《钢筋混凝土灌注桩》（10SG813）[2] 采用的是沿周边均匀配置纵向钢筋的计算方法，此方法只适用于截面承载力的复核，且该方法需要不断地进行非常繁琐的迭代试算来求解超越方程，且文献[2] 没有针对拉弯受力工况的取值，不便于在 LNG 储罐工程项目中应用。本文在理论公式的基础上，通过设置圆形灌注桩截面受压区混凝土截面面积的圆心角与 2π 的比值（α）的范围，求出桩在相应的配筋下构件的弯矩 M 和轴力 N 的相关曲线。通过利用 M-N 相关曲线，调整桩径、配筋等参数来包络荷载设计值，完成截面的配筋设计，避免繁琐的计算来求解超越方程，简化计算。

1　基本理论公式

截面内纵向钢筋的数量不少于 6 根的情况下，沿周边均匀配置纵向钢筋的圆形截面钢筋混凝土偏压构件（图 1），根据平衡条件可以得出关于轴向力和弯矩的平衡方程。通过对比文献[1] 附录 E.0.4 条和文献[2]6.3.2 条的有关规定，理论公式基本一致，但是文献[2] 桩考虑了成桩工艺系数的影响，对混凝土的强度进行了折减。依据《建筑桩基技术规范》（JGJ94-2008）[3] 5.8.1 和 5.8.2 条有关规定，桩身混凝土的受压强度和截面变异受成桩工艺影响，桩身在进行承载力计算时，应考虑成桩工艺系数的影响。理论公式如下所示：

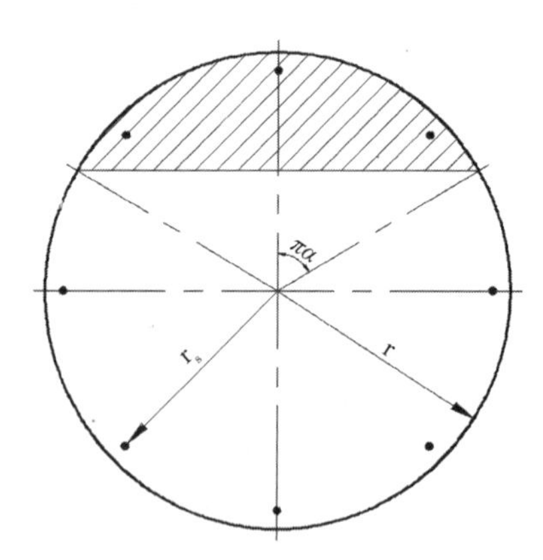

图 1　沿周边均匀配筋的圆形截面

$$N_u=\alpha\alpha_1\psi_c f_c A\left(1-\frac{\sin(2\pi\alpha)}{2\pi\alpha}\right)+(\alpha-\alpha_t)f_y A_S \quad (1)$$

$$M_u=\frac{2}{3}\alpha_1\psi_c f_c A r\frac{\sin^3(\pi\alpha)}{\pi}+f_y A_S r_s\frac{\sin\pi\alpha+\sin\pi\alpha_t}{\pi} \quad (2)$$

$$\alpha_t=\begin{cases}1.25-2\alpha & 0\leqslant\alpha\leqslant0.625\\ 0 & 0.625\leqslant\alpha\leqslant1\end{cases} \quad (3)$$

式中，N_u 为桩身受压承载力设计值；M_u 为桩身抗弯承载力设计值；α_1 为系数，当混凝土强度等级不超过 C50 时，可取 1.0，当混凝土强度，等级为 C80 时，可取 0.94，其间应按线性内插法确定[4]；α 为对应于受压区混凝土截面面积的圆心角与 2π 的比值；α_t 为纵向受拉钢筋截面面积与全部纵向钢筋截面面积的比值；ψ_c 为成桩工艺系数，取值见文献[3]；f_c 为混凝土轴心抗压强度设计值；f_y 为纵向主筋抗拉强度设计值；r 为圆形截面的半径；r_s 为纵向钢筋重心所在圆周的半径；A 为圆形桩截面面积；A_s 为纵向主筋截面面积。

文献[2]通过分别计算桩身轴心受压承载力设计值、桩身受弯承载力设计值和桩身大小偏心界限压弯承载力设计值，采用直线将计算结果连接起来，形成 M-N 相关曲线，包络范围如图 2 单斜线填充区域。圆形截面压弯杆件实际的 M-N 相关曲线轮廓应如图 2 虚线，对比发现文献[2]在选用时存在一定的富裕量，如图 2 双斜线填充区域。文献[2]在桩身轴心受压承载力设计值计算时没有考虑纵向主筋的承压作用，按照文献[3]5.8.2 条和 4.1.1 条的相关规定，LNG 储罐工程用灌注桩其构造应是满足利用纵向主筋承压的条件，其轴心受压承载力设计值 N＊可以考虑纵向主筋承压，其值大于文献[2]计算的 N。对于 LNG 储罐工程在桩身承载力设计时 OBE 工况选用材料的设计值提供的 M-N 相关曲线，SSE 工况选用材料的标准值提供的 M-N 相关曲线，直接选用文献[2]续表数值进行桩身配筋不能满足工程使用需求。

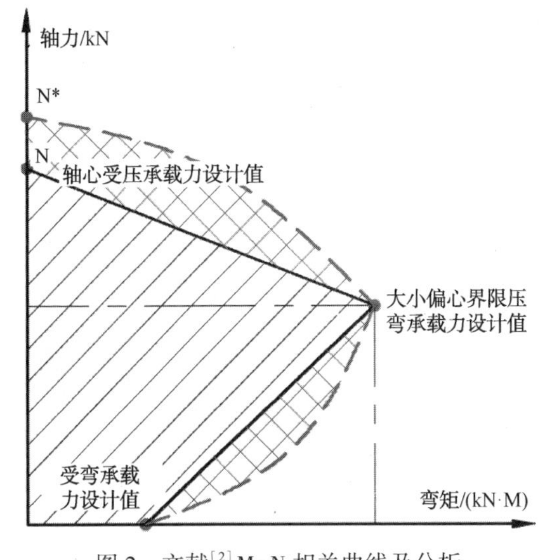

图 2　文献[2]M-N 相关曲线及分析

2　M-N 相关曲线的绘制

本文采用截面承载力的复核方法来验算灌注桩的配筋，在截面尺寸和配筋信息等已知情况下。通过对公式(1)(2)(3)的分析，可知桩身受压承载力设计值 N 和桩身抗弯承载力设计值 M 都是关于截面受压区混凝土截面面积的圆心角与 2π 的比值 α 的函数，且 $\alpha \in (0,\ 1]$。通过不断的对 α 在其值域范围内赋予一定的增量，本文给予 0.05 的增量，如表 1 所示，求解相应的承载力设计值，将这些点通过平滑的曲线连接起来，就可以得出对应截面的 M-N 相关曲线，对应 OBE 工况材料选用设计值，对应 SSE 工况材料选用标准值，得出相关曲线如下图 3 所示。

表 1　α 的增值与相应承载力设计值

α	α_t	N_{E_OBE}	M_{E_OBE}	N_{E_SSE}	M_{E_ssE}
0.0010	1.0000	-723	0	-804	0
0.0500	1.0000	-680	20	-754	23
0.1000	1.0000	-592	60	-641	75
0.1500	0.9500	-384	153	-370	197
0.2000	0.8500	-24	304	103	395
0.2500	0.7500	472	488	767	643
0.3000	0.6500	1111	689	1631	915
0.3500	0.5500	1887	880	2685	1178
0.4000	0.4500	2778	1035	3902	1394
0.4500	0.3500	3753	1130	5237	1528
0.5000	0.2500	4772	1148	6634	1558
0.5500	0.1500	5791	1085	8030	1478
0.6000	0.0500	6766	951	9365	1300
0.6500	0.0000	7621	780	10541	1066
0.7000	0.0000	8323	598	11516	814
0.7500	0.0000	8890	416	12299	563
0.8000	0.0000	9314	258	12883	344
0.8500	0.0000	9602	137	13275	179
0.9000	0.0000	9774	60	13506	75
0.9500	0.0000	9862	20	13618	23
0.9900	0.0000	9898	3	13661	4

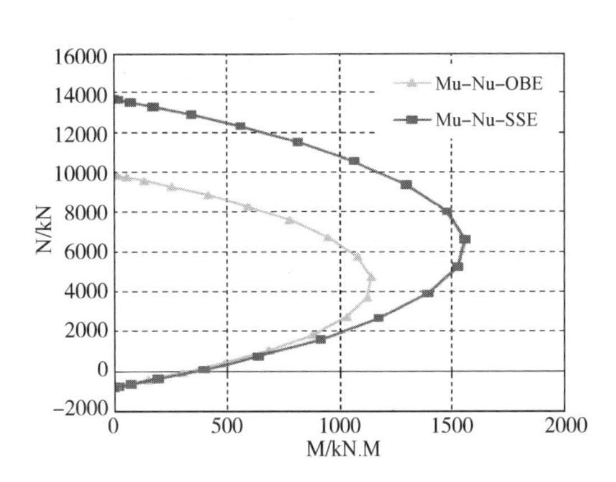

图 3　M-N 相关曲线

3　计算实例

某 20 万立方 LNG 工程项目，采用直径 1.4m 的高承台灌注桩基础方案，通过计算在 OBE 工况下 $N_{max}=10500$kN、$M=5168$kN · M，$N_{min}=-4220$kN、$M=4355$kN · M 在 SSE 工况下 $N_{max}=10820$kN、$M=7350$kN · M，$N_{min}=-5530$kN、

$M=6187$kN·M。采用C40混凝土($f_c=19.1$MPa，$f_{ck}=26.8$MPa)，纵向主筋采用HRB400E($f_y=360$MPa，$f_{yk}=400$MPa)，配筋方案为28C28+28C32，通过绘制截面的M-N相关曲线，如图4所示。将对应的荷载值放入到曲线里面进行截面的复核，满足设计要求。

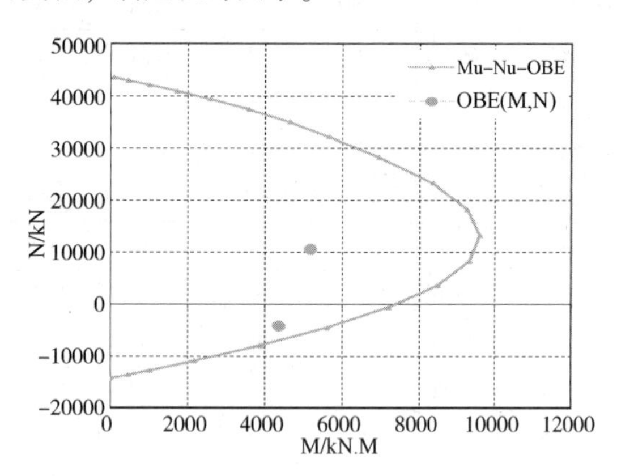

图4　M-N相关曲线复核OBE工况截面配筋

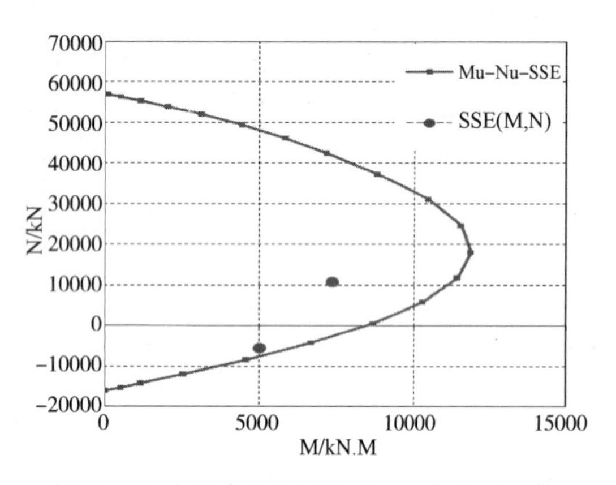

图5　M-N相关曲线复核SSE工况截面配筋

4　结论

本文提供的方法，能够简单方便地绘制出灌注桩的M-N相关曲线，可同时输入多种荷载工况的内力设计值，校核配筋方案能否满足包络设计。还通过调整不同的配筋方案，可快速实现设计优化。

参　考　文　献

[1] 中华人民共和国国家标准. GB 50010-2010，混凝土结构设计规范[S].

[2] 国家建筑标准设计图集. 10SG813，钢筋混凝土灌注桩[S].

[3] 中华人民共和国行业标准. JGJ 94-2008，建筑桩基技术规范[S].

工厂风和氮气联合干燥置换 LNG 储罐的计算和研究

贾保印

(中国寰球工程有限公司北京分公司)

摘 要 LNG 储罐投入运行前需完成氮气干燥置换，以保证气相空间内的水露点及氧含量达到规定指标要求，传统 LNG 储罐干燥置换工艺通常采用氮气，该工艺受氮气来源、氮气成本、工厂实施周期等影响。本文提出了采用工厂风和氮气联合干燥置换的工艺，利用工厂风干燥 LNG 储罐实现 LNG 储罐水露点降低至合理范围，然后再利用氮气来降低 LNG 储罐的氧含量和水露点，可大大降低整个期间氮气的消耗用量。利用动态模拟工具模拟工厂风和氮气干燥置换过程，建立水露点及氧含量随氮气干燥置换时间变化的趋势图，计算出 LNG 储罐干燥置换的工厂风和氮气消耗量，并同传统 LNG 储罐干燥置换工艺进行经济性分析和对比。结果表明采用工厂风和氮气联合干燥置换的方法可实现 LNG 储罐干燥置换指标，并较传统氮气干燥置换工艺更具有经济性。

关键词 液化天然气储罐；工厂风；氮气用量；干燥置换时间；动态模拟

1 前言

液化天然气或其蒸发气按石油天然气火灾危险性划分为甲 A 类，常压(表压 0kPa)下介质温度约为-160℃[1]，若建造完毕投运前干燥不彻底，罐内含有明水或水露点过高，水滴及水蒸气将吸收冷能而结冰，进而导致工艺管道和阀门堵塞，甚至造成罐内泵等重要设备损坏，影响接收站正常运行；若氧气置换不彻底，罐内氧含量过高易与罐内可燃介质形成爆炸混合物，存在安全隐患，因此全容罐在投入运行前进行氮气干燥置换是十分必要的，以保证气相空间的氧含量及水露点降低至安全水平。

目前国内对全容罐干燥置换过程的水露点和氧含量理论计算[2]文献较少，本文以江苏 LNG 接收站扩建三期工程有效容积 20 万立全容罐为例，结合 LNG 储罐内部结构和干燥置换程序，利用动态模拟计算研究该过程中水露点、氧含量随吹扫时间的变化以及工厂风、氮气消耗用量。

HYSYSDYNAMIC 模块可用于模拟分析并指导原油生产、储运系统的运行，反映实际生产中流量、温度、压力、产品组成等随时间及其他干扰因素的响应变化过程，指导化工生产装置的正常操作、稳定运行，已被国内外研究机构和工程公司的大量应用[3~12]。

2 全容罐干燥置换典型流程及路线

在实际工程建设项目中，由于受液氮市场、液氮气源成本、运输设施、现场临时气化空间等因素的影响，采用液氮作为 LNG 储罐置换的气源从经济性上考虑并不完全符合所有的工程项目。本文采用工厂风和氮气联合的置换方法：即利用空压机将压缩干燥后的空气(露点-40℃@0.6MPaG)先对 LNG 储罐内罐进行干燥，待水露点达到设定值后，将气源切换为氮气，继续降低 LNG 储罐的氧含量和水露点。因此工厂风和氮气联合置换工艺主要分为水露点和氧含量 2 个过程。

2.1 全容罐水露点干燥程序

利用工厂风对全容罐的三个气相区域进行干燥时，干燥程序为 A→B(C 区无水露点要求)，参见图 1，主要步骤如下所示。

2.1.1 储罐增压

打开阀 1，保证其他阀门处于关闭状态，引入工厂风对储罐进行增压，将储罐由常压(0kPa)增压至 10kPa。工厂风沿阀 1 处管道引入储罐底部，在储罐底部管道以圆形布置，并在圆形管道上均匀开设直径约为 6 毫米的喷射孔，工厂风从喷射孔喷出至储罐空间对储罐进行增压。

2.2.2 A 区干燥

完成储罐增压后，维持储罐压力不变，维持

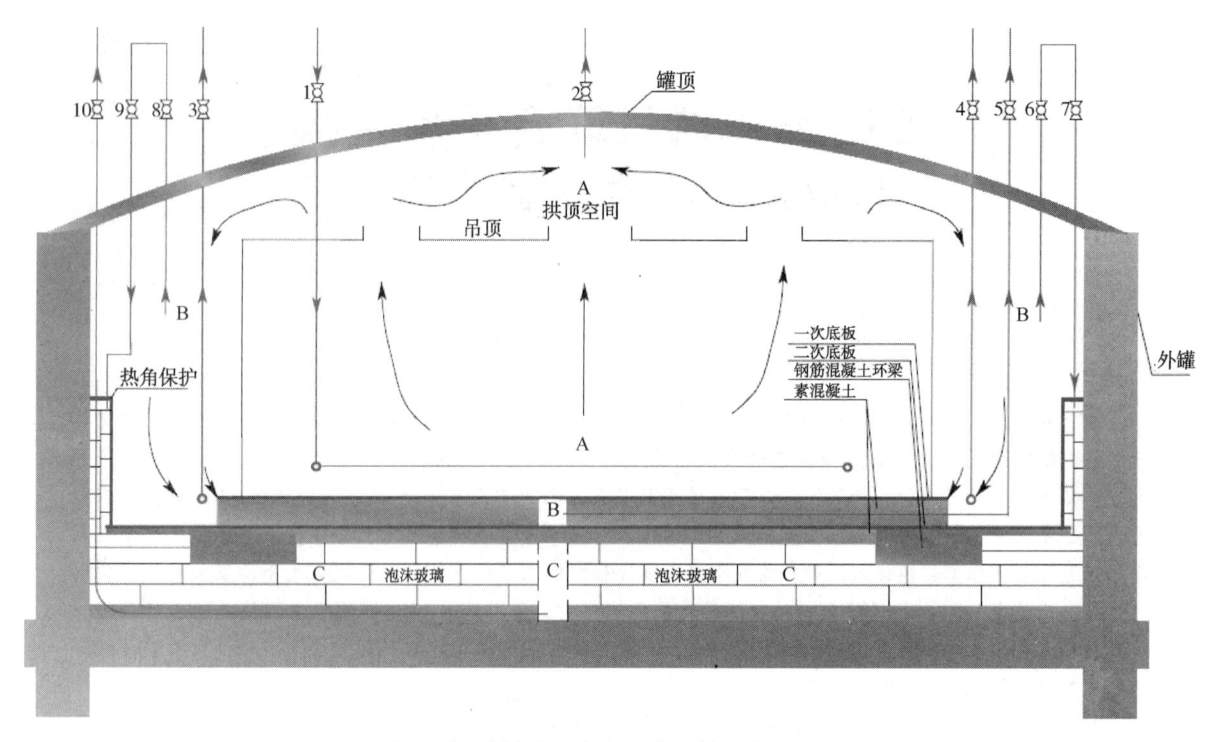

图1 全容罐气相空间的干燥置换程序示意图

阀1保持开启状态，打开阀2，维持其他阀门处于关闭状态，工厂风从下到上按照“活塞效应”置换A区的湿空气，置换过程中的气体从阀2处管道排出，当检测到阀2处气体的水露点达到指标设定值后，A区的水露点置换结束，关闭阀2。

2.1.3 B区干燥

完成A区干燥置换后，维持储罐压力不变，维持阀1保持开启状态，打开阀3和阀4，维持其他阀门处于关闭状态，工厂风从A区拱顶空间从上到下按照“活塞效应”置换B区环形空间的湿空气，置换过程中的气体沿着均匀开设直径为6毫米孔的底部圆环形管道从阀3和阀4排出，当检测到阀3和阀4处气体的氧含量和水露点达到指标设定值后，关闭阀3和阀4，打开阀5，开始B区一次底板与二次底板间的底部空间的干燥置换，氮气沿着一次底板和素混凝土间的间隙进入，对一次底板搭接焊施工工艺所形成的空气空间置换，置换过程中的气体沿着预埋在底部混凝土中直径为2寸的管道由阀5排出，当检测到阀5处气体的水露点达到指标设定值后，B区的干燥置换结束，关闭阀5。此时A区和B区的水露点置换基本完成。

2.2 全容罐氧含量置换程序

将工厂风更换为氮气，对LNG储罐的A区、B区和C区进行氮气置换。

2.2.1 A区置换

维持储罐压力不变，维持阀1保持开启状态，打开阀2，维持其他阀门处于关闭状态，氮气从下到上按照“活塞效应”置换A区的空气，置换过程中的气体从阀2处管道排出，当检测到阀2处气体的氧含量达到指标后，A区的置换结束，关闭阀2。

2.2.2 B区置换

完成A区置换后，维持储罐压力不变，维持阀1保持开启状态，打开阀3和阀4，维持其他阀门处于关闭状态，氮气从A区拱顶空间从上到下按照“活塞效应”置换B区环形空间的空气，置换过程中的气体沿着均匀开设直径为6毫米孔的底部圆环形管道从阀3和阀4排出，当检测到阀3和阀4处气体的氧含量达到指标后，关闭阀3和阀4，打开阀5，开始B区一次底板与二次底板间的底部空间的置换，氮气沿着一次底板和素混凝土间的间隙进入，对一次底板搭接焊施工工艺所形成的空气空间置换，置换过程中的气体沿着预埋在底部混凝土中直径为2寸的管道由阀5排出，当检测到阀5处气体的氧含量达到指标后，B区置换结束，关闭阀5。

在上述气相空间的干燥置换过程中需要定期

对排出口的氧含量和水露点进行监测，以便合理控制置换效果，直至达到指标要求。

3 氧含量和水露点动态计算模型

3.1 全容罐氮气干燥置换指标

规范 GB/T 26978—2011《现场组装立式圆筒平底钢质液化天然气储罐的设计与建造》和 BS EN14620-2006《现场组装立式圆筒平底钢质液化天然气储罐的设计与建造》(英文名称：Design and manufacture of site built, vertical, cylindrical, flat-bottomed steel tanks for the storage of liquefied natural gases)对 LNG 储罐干燥置换指标作了明确的规定。其中，GB/T 26978 在欧洲标准 EN14620 的基础上结合国内 LNG 储罐设计的实际情况而制定的规范。两个规范中对氧含量和水露点的最低要求是相同的。而在执行的实际工程项目中，为了保证 LNG 储罐更安全稳定的运行，国内外 LNG 储罐的承包商通常要求氧含量和水露点达到更低的水平，规范要求及实际工程项目实施的具体指标要求见表 1。

表 1 干燥置换指标要求

储罐气相空间	GB/T 26978—2011 规范要求		工程实施要求	
	水露点(℃)	氧含量(体积分数)	水露点(℃)	氧含量(体积分数)
A 区	-20	9%	-20	4%
B 区	-8	9%	-10	4%
C 区	无要求	无要求	无要求	4%

3.2 计算基础

经空压机压缩、干燥器干燥后的工厂风操作压力为 0.6MPaG，操作温度为 25℃，水露点为-40℃(0.6MPaG)，流量为 3600Nm³/h，工厂风的组成如表 2 所示。LNG 储罐的干燥置换用氮气一般采用外购液氮气化后的氮气，其氮气体积分数按纯氮气考虑。本文以某实际工程为例，示例工程地区的大气绝对压力为 101.7kPa，环境平均最高温度约为 25℃，LNG 储罐干燥置换前空气的露点按照 25℃考虑，经计算 LNG 储罐内的空气组成如表 3 所示。有效容积 20 万立全容罐不同区域的容积参数及氮气操作流量如表 4 所示。

表 2 工厂风组成

空气组分	摩尔含量
氮气	0.789975
氧气	0.209993
水	0.000032
水露点(℃)@0.6MPaG	-40

表 3 LNG 储罐空气组成

空气组分	摩尔含量
氮气	0.76540
氧气	0.20350
水	0.03110
常压水露点(℃)	25

表 4 全容罐不同区域的容积参数及氮气流量

储罐吹扫置换气相空间	容积(m^3)	工厂风流量(Nm^3/h)	氮气流量(Nm^3/h)
A 区中内罐部分	280000	3600	2000
B 区	13000	1000	1000
C 区	1000	—	20

3.3 动态计算模型

采用动态模型中调节阀、开关阀、储罐等模块建立模型，利用趋势图来研究 LNG 储罐不同区域水露点和氧含量随干燥置换吹扫时间的动态变化趋势。由于在模拟过程中需多次输入流量、压力等参数，软件操作繁琐，为了提高输入不同工况参数的操作效率，在动态模型中增加了流量控制器、压力控制器、电子表格、Event Scheduler、Dynamic Initial 等模块工具，动态模型如图 2 所示。

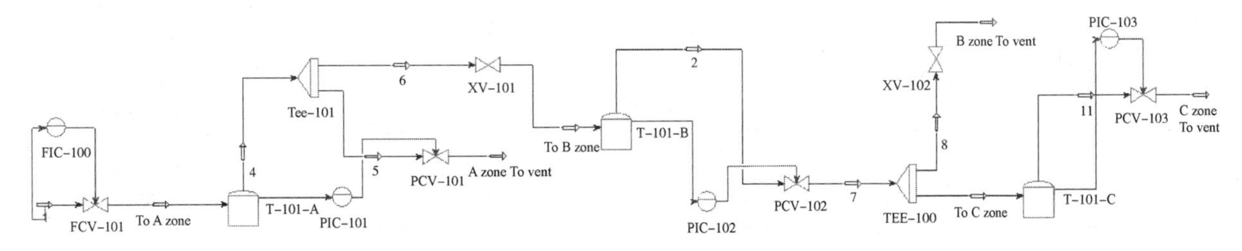

图 2 LNG 储罐工厂风和氮气联合干燥置换的动态模拟

3.4 动态计算工况

本动态计算依据经济性、设施工期、经济性等角度主要分为表5和表6两个方案。

表5　工况一实施方案

储罐吹扫置换气相空间	水露点(工厂风)	氧含量(氮气)
A区中内罐部分	≤-20℃切换流程吹扫B区	≤4%切换流程吹扫B区
B区	≤-10℃切换氮气流程	≤4%切换流程吹扫C区
C区	—	≤4%停止吹扫

表6　工况二实施方案

储罐吹扫置换气相空间	水露点(工厂风)	氧含量(氮气)
A区中内罐部分	≤-1.5℃切换流程吹扫B区	≤4%切换流程吹扫B区
B区	≤-1.5℃切换氮气流程	≤4%切换流程吹扫C区
C区	—	≤4%停止吹扫

其中表5和表6的主要区别是工厂风和氮气切换设定露点值，该设定值会影响工厂风用量、氮气用量以及干燥置换时间，由于LNG储罐仅在投产初期开展1次氮气干燥置换，难以具有重复性和探索性，因此采用软件重复和迭代计算寻找最佳的设定露点值就非常必要。

表7　典型传统实施方案

储罐吹扫置换气相空间	水露点(氮气)	氧含量(氮气)
A区中内罐部分	≤-20℃切换流程吹扫B区	氧含量达标
B区	≤-10℃切换氮气流程	氧含量达标
C区	—	≤4%停止吹扫

4　方案一水露点、氧含量及氮气用量计算结果分析

LNG储罐A区、B区水露点和氧含量随工厂风和氮气置换时间的变化趋势见图3~4。

由图3和图4可以看出，当运行时间至275h时，A区的水露点达到-20℃；当运行时间至333h时，B区的水露点达到-10℃，此时A区水露点为-22.39℃；开始切换工艺流程至氮气吹扫，氧含量迅速降低，当运行时间为560h时A区氧含量为4%，此时A区水露点为-39.5℃；当运行时间为600h时B区氧含量为4%，此时A区氧含量为3%，A区水露点为-42.9℃，B区水露点为-31℃。

A区工厂风流量为4492kg/h，持续时间约为275h，B区工厂风流量为1330kg/h，持续时间约为65h，总计约消耗1321吨；氮气流量为2560kg/h，持续时间为260h，总计约消耗665吨。

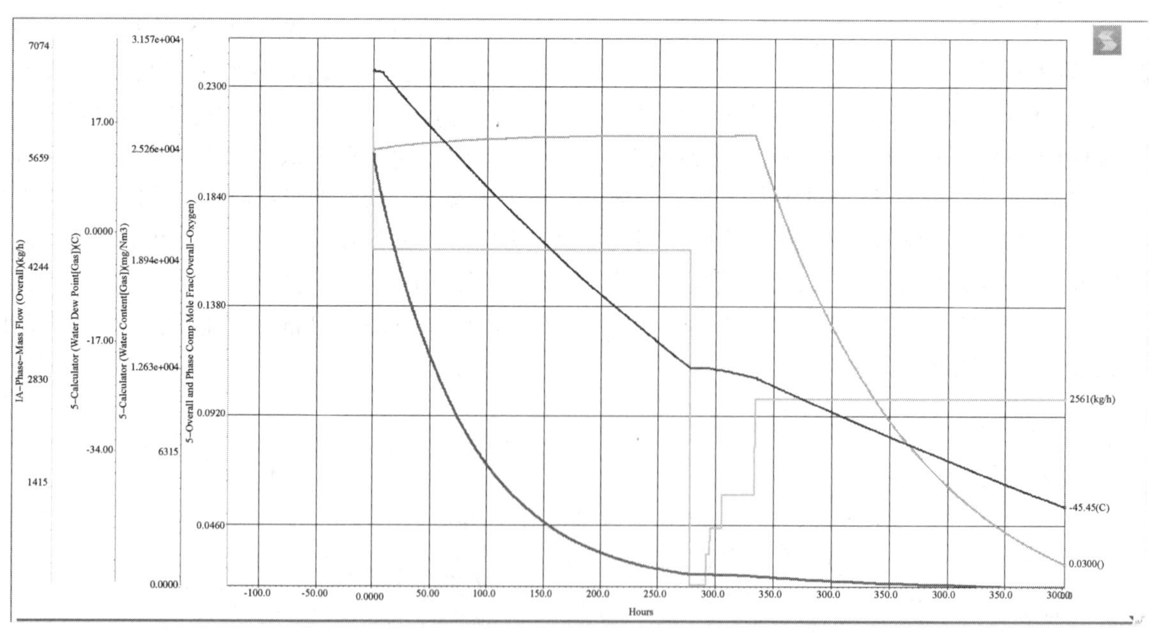

图3　A区水露点和氧含量随工厂风和氮气吹扫置换过程的变化趋势图

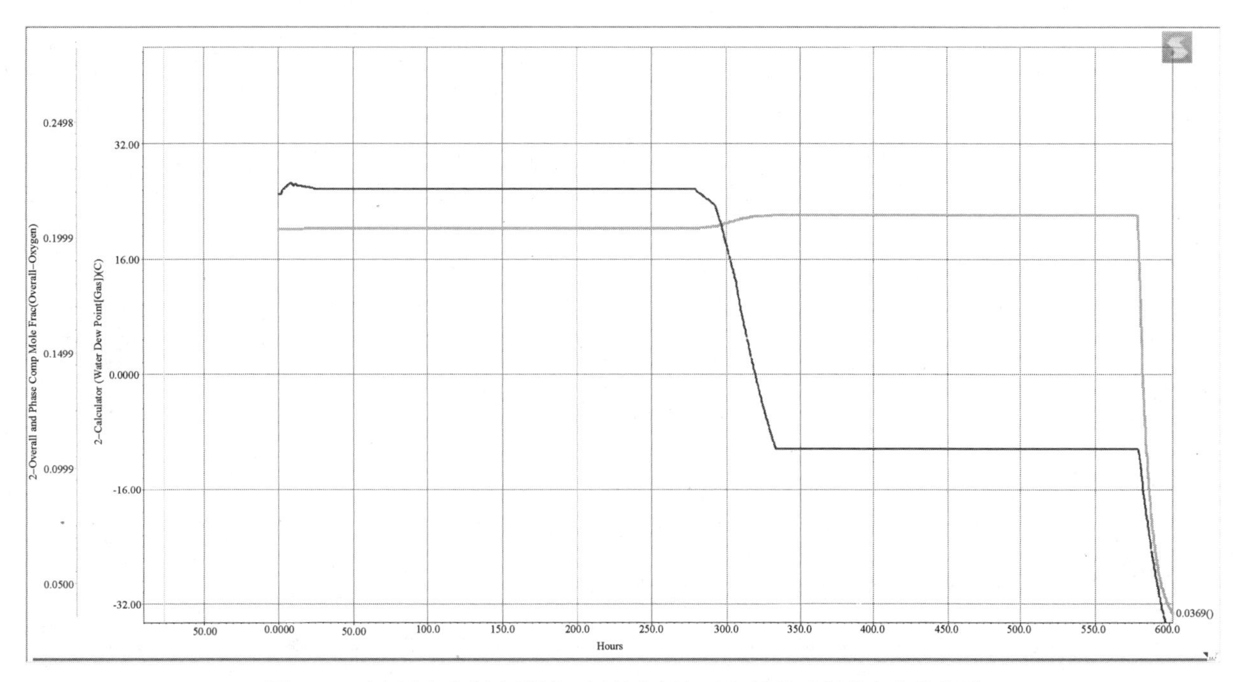

图 4　B 区水露点和氧含量随工厂风和氮气吹扫置换过程的变化趋势图

5　方案二水露点、氧含量及氮气用量计算结果分析

5.1　水露点和氧含量计算结果分析

LNG 储罐 A 区、B 区水露点和氧含量随工厂风和氮气置换时间的变化趋势见图 5~6。

由图 5 和图 6 可以看出，当运行时间至 153h 时，A 区的水露点达到-1.5℃；当运行时间至 203h 时，B 区的水露点达到-1.5℃，此时 A 区水露点为-4.05℃；开始切换工艺流程至氮气置换，氧含量迅速降低，当运行时间为 330h 时 A 区氧含量为 4%，此时 A 区水露点为-23℃；当运行时间为 365h 时 B 区氧含量为 4%，此时 A 区氧含量为 3.6%，A 区水露点为-25.18℃，B 区水露点为-22.06℃。

A 区工厂风流量为 4492kg/h，持续时间约为 153h，B 区工厂风流量为 1330kg/h，持续时间约为 60h，总计约消耗 767 吨；氮气流量为 2560kg/h，持续时间为 258h，总计约消耗 665 吨。

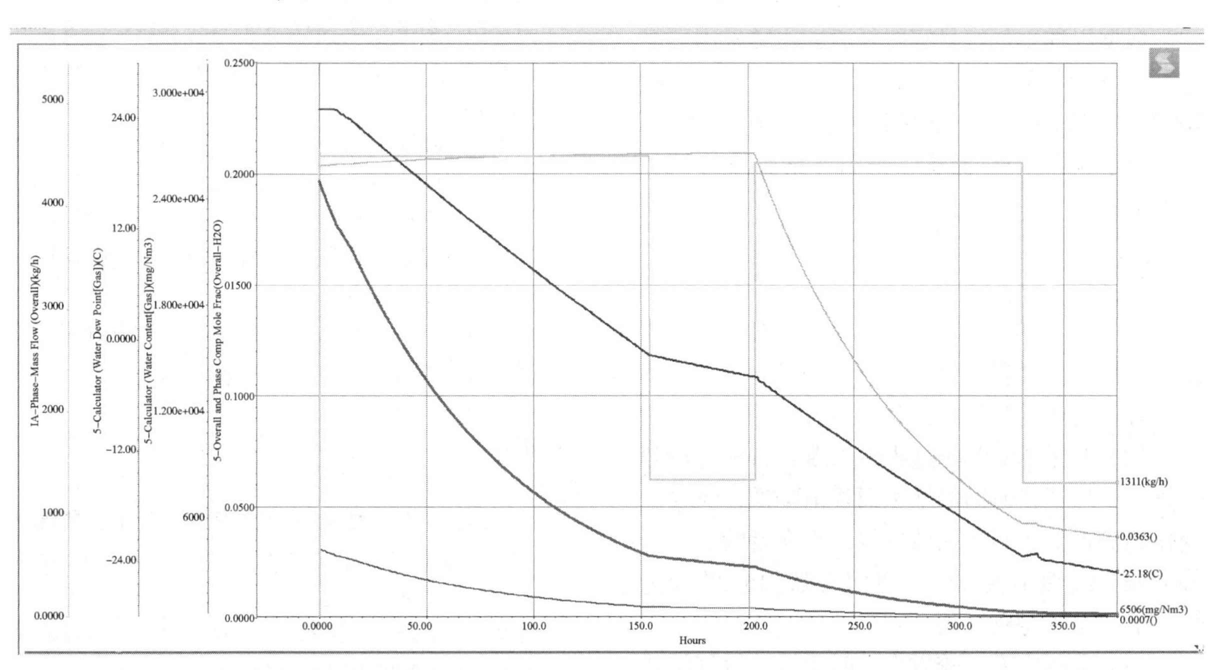

图 5　A 区水露点和氧含量随工厂风和氮气吹扫置换过程的变化趋势图

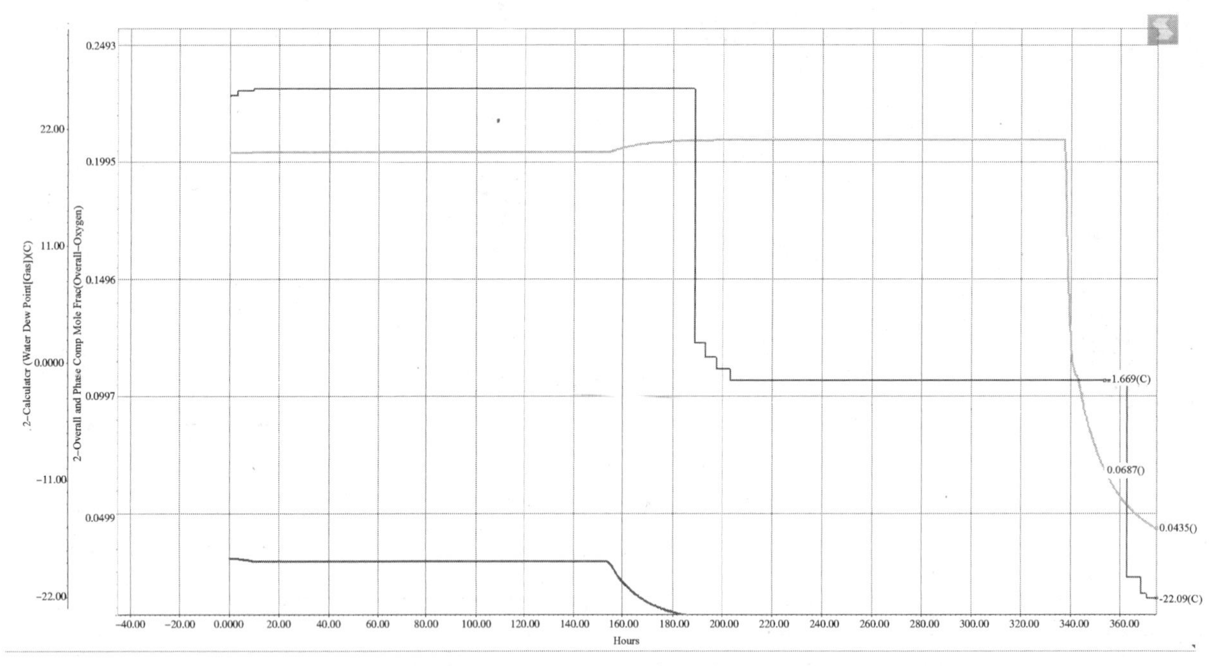

图 6 B 区水露点和氧含量随工厂风和氮气吹扫置换过程的变化趋势图

综上所述，方案二较方案一具有时间短，氮气消耗少的优势，可节省 LNG 储罐干燥置换周期，并降低工程投资。因此，采用动态模拟软件寻找切换露点设定值是非常必要的。

5.2 经济性分析

方案二空压机运行时间约为 213h，按照空压机功率为 400kW，电费约 1.5 元/kWh，折合电费 12.78 万元。氮气消耗约为 665 吨，按照 1500 元/吨计算，约折合 99.78 万元，总计约 112.53 万元。

根据以往工程项目实践经验，通常采用氮气进行 LNG 储罐的干燥置换，耗费氮气用量约 1600 吨，按照 1500 元/吨计算，约折合 240 万元。对于单台 LNG 储罐，采用方案二较传统方案可节省 127.27 万元。

6 结论

（1）HYSYS DYNAMIC 可用于动态模拟 LNG 储罐干燥置换过程，建立水露点和氧含量随氮气吹扫置换时间的趋势图，计算氮气消耗量。

（2）A 区干燥置换过程中水露点和氧含量随着氮气干燥置换时间的增大而逐渐降低，氧含量变化趋势近似为指数函数曲线，水含量的变化趋势近似为线性函数，该结果同文献[15]的理论公式推导结论是吻合的。

（3）采用方案二较方案一时间短，氮气消耗量少，更具有经济性，此外动态模拟可定量计算工厂风和氮气切换最佳指标设定值，满足生产需求的同时，缩短时间，降低氮气消耗。

（4）对于单座 LNG 储罐，采用工厂风和氮气联合工艺较传统氮气工艺节省约 1000 吨氮气用量，折合 127 万元，经济性良好，可为接下来 LNG 接收站储罐的投运提供指导。

参考文献

[1] 周永春，刘浩. LNG 低温储罐绝热性能的研究[J]，化工设计，2010，20(2)：17~19.

[2] 贾保印，宋媛玲等. 液化天然气全容罐干燥置换氮气用量计算[J]. 煤气与热力，2015，35(8)：B05-B10.

[3] 贾保印，林畅. LNG 液化厂脱乙烷塔系统的动态模拟[J]. 石油与天然气化工，2016，45(2)：43-46

[4] 郭洲，曾树兵，陈文峰. 用动态模拟技术进行油气田工艺处理系统开停工方案的研究[J]. 天津化工. 2013，27(5)：20~23

[5] 高晓新，王颖，陶阳，等. 稳态及动态模拟在丙烷-异丁烷分离中的应用[J]. 现代化工，2014，34(5)：154~156.

[6] 郝吉鹏，张雷. 乙烯装置脱乙烷塔的动态模拟分析[J]. 化工技术与开发，2013，42(7)：51~56

[7] 张永铭，杨焘，刘博. 动态模拟在芳烃抽提装置设计中的应用[J]. 化学工程，2011，39(11)：88~91.

[8] 陈文峰，刘培林，郭洲，等. 复杂物系压力容器安全阀泄放过程的 HYSYS 动态模拟[J]. 天然气与石油，2013，28(6)：55~57.

[9] 冯传令，杨勇. 原油容器安全阀火灾工况泄放量动态模拟[J]. 石油工程建设，2006，32(6)：9~12.

[10] 张立宁，姚云，商丽娟，等. 低温 LNG 管道热力安全阀泄放过程研究. 化学工业与工程技术[J]. 2013；34(4)：56~58

[11] 杨天宇，朱海山，郝蕴，等. 压力容器火灾工况安全阀泄放质量流量的动态研究[J]. 石油与天然气化工，2014；43(2)：208~212.

[12] 郑志刚，潘澍宇，邓婷婷，等. 碳四容器安全阀火灾工况泄放的动态模拟[J]. 广州化工，2013；41(22)：202~204.

浅析 PMC 项目费控管理中工程造价数据库的建设

王晓玲

（寰球工程项目管理（北京）有限公司）

摘　要　项目费用控制管理是PMC项目管理的重要工作之一，项目投资能否控制在预定目标内是考核项目成果的关键指标。通过现代信息技术对历史经验数据进行收集、整理、分析、总结和提炼，预先构造PMC公司工程造价数据库，以此做为项目可行性研究阶段、初步设计阶段、施工阶段、工程结算和竣工决算阶段投资控制的重要依据，使项目建设全过程投资控制管理更加深入和精细化，从而保证项目投资整体可控。

关键词　费控管理；工程造价数据库；建设

1　PMC 项目管理工程造价数据库概念

工程造价数据及信息主要包括各行业、各地区的定额规范、建筑材料市场价格信息、工程造价指标等。而PMC项目工程造价数据库则是在对上述各类信息通过全面收集、统计分析、提炼总结，并在结合历史工程项目结算数据基础上，借助适当的信息技术所形成的一套适合PMC项目管理的特定数据库系统，从而更好的指导PMC项目全过程费用控制管理工作，在提升工作效率的同时，保证PMC费用控制效果。

2　建设 PMC 工程造价数据库的必要性

目前市场上工程造价有关信息和基础数据相对而言还是比较齐全完善的，如广联达云计价系统、各地区工程造价信息网站公布的信息、各地区出版发行的工程造价信息等，但对企业具体使用而言，信息及数据的专业性不强、一致性较差，使用中需要各种查找、搜集、分析、对比，大大影响工作效率和质量。

PMC项目费控管理有其行业的特殊性，网络、地区官方发布的造价信息更加偏重于建筑与民用，不能完全照搬用于石油化工行业具体项目之中。而PMC项目管理工作由于其所处管理角色和地位需要，使其工程造价咨询应定位为专家型咨询服务，各项工作应起于细节，终于高端，因此要做好PMC工程造价咨询管理工作，必须要事先打造PMC自已的造价数据库管理系统，积累相关数据，同时数据库的建设不仅能够形成PMC公司自身的数据资产，还能实现PMC项目之间的数据共享，既能方便、有效的存储查找数据，又能避免重复冗余的工作。

建设工程造价数据库，可极大地提升和强化以下几方面费控管理工作：

2.1　提升可行性研究阶段投资估算编制和审查的准确度及效率

投资估算是建设项目投资决策的依据，是可研报告的重要组成部分，是项目经济评价的基础，直接影响资金筹措方案和项目规模的大小。可行性研究阶段，受设计深度以及掌握的资料所限，一般不能较为准确的计算工程量，因此用工程量法估算难免存在投资估算的不准确，对后续的初步设计概算和详细设计预算、竣工结算产生影响，因此编制或审查项目投资估算时均应借助历史积累的造价数据资料，方能合理确定投资。

2.2　可作为初步设计阶段设计概算编制和审查的重要依据

工程项目各阶段对项目投资的影响程度不同。随着项目的进展，各项工作对投资的影响程度逐渐减小，而设计阶段对投资的影响程度高达95%。有资料表明，设计阶段节约投资的可能性约为88%，因此，设计阶段的投资控制尤为重要。这一阶段要充分利用已完类似工程历史资料和数据，与设计专业人员和采购管理人员进行沟通，精确估算，合理确定项目报批投资，同时也为详细设计阶段减少设计变更费用奠定基础。

2.3　项目施工过程预算控制的依据

施工过程是个极其复杂和充满变数的动态过

程，设计变更、现场条件、施工组织和施工工艺的改变都会引起超出合同预定价格的调整或变化，而工期的紧迫性往往要求工程造价人员快速给出价格测算。因此工程造价数据库的建设，将利于项目招标时控制价格的合理确定，提高施工图预算的准确性，帮助工程造价人员快速完成施工过程中设计变更及现场签证费用的审核确认，合同外价款的确认等，在有效控制工程施工成本的同时，确保工程建设速度。

2.4 项目结算与竣工决算审核的依据

建设项目结算及竣工决算是决定项目投资的最终阶段，是确定新增固定资产价值的重要依据，通过项目结算及竣工决算，一方面能够正确反映建设工程的实际造价和投资结果，另一方面可以通过项目结算、竣工决算与概算、预算的对比分析，考核投资控制的工作成效，总结经验教训，积累技术经济方面的基础资料，提高未来建设工程的投资效益。有了工程造价数据库的支撑，可有效提升项目结算及竣工决算审核确定的速度和准确度。

2.5 全过程造价咨询服务的需要

全过程造价咨询服务为各类工程造价咨询专业服务的综合集成和整合提升，是未来PMC项目造价咨询服务的主要业务模式。开发工程造价数据库系统，并不断积累工程造价数据，不仅是做好全过程造价咨询的重要基础和必由之路，同时也是PMC项目管理公司拓展全过程咨询服务市场的重要抓手，应给与高度的重视和快速推进实施。

3 PMC工程造价数据库的建设内容

3.1 政策、法规、标准、规定数据库的内容

及时收纳、整理、归类各历史完工项目和在建项目的行业或地方性政策文件、法律法规文件、程序标准及业主方规定，并在此基础上逐步提炼形成PMC工程造价政策标准数据库；

3.2 工程标准定额数据库的内容

应根据自己的业务方向收集齐全开展相关业务所需的各类定额数据库文件，并应通过对比、分析等手段实现定额指标的全面理解，并结合其业务管控体系、标准，构建形成具有公司费用控制特点特色的企业内部控制定额，真正成为业主建设投资控制的管家。

3.3 工程造价信息库的内容

各行业、各地区工程造价主管部门定期发布的价格信息往往采用价格指数、成本指数的形式，如北京市工程造价管理中心发布的《工程造价信息》、中国建设工程造价管理协会发布的《工程造价管理》、中国石油规划计划部发布的《工程造价管理》、石油工程造价网发布的《石油工程造价管理》等线上线下期刊、信息，结合公司所承接项目，可按造价信息包含的内容构建如下数据信息：

1）人工工日单价信息库

安装工程可按行业（如中石油、中石化、中海油等）人工日单价建立；建筑工程可按建设项目所地人工日单价。细分为普工、中级工、高级工等分类，并及时收集相关行业、地区人工费调整文件，做好更新。

2）工程建设材料市场价格信息库

可按照专业划分为建筑材料（如钢筋、混凝土、砂石等）、装饰装修材料（如门窗、油漆等）、安装材料（如钢结构、电缆、阀门、工艺管道、设备、非标设备、仪表等），并注明信息发布地、发布时间、设备材料规格型号、品牌等。如表1所示：

表1 工程建设材料市场价格信息库

序号	名称	规格型号及主要参数	单位	单价（元）	信息来源	发布时间	发布单位	品牌	备注
一	建筑材料								
1	商品砼	C_3O	m^3	430	《方材信息》	2019年6月	北京顺东混凝土有限公司		含3%增值税，不含运费及泵送费、不含外加剂
二	装饰装修材料								
1	油漆	防水型内墙乳胶漆18L	桶	506	《方材信息》	2019年6月	中孚汇仁（北京）贸易发展有限公司	立邦	可随意调色，深色另行加价

续表

序号	名称	规格型号及主要参数	单位	单价(元)	信息来源	发布时间	发布单位	品牌	备注
三	安装设备材料								
1	非标设备								
1.1	容器类	09MnNiDR	t	19300	《石油工程造价管理》	2019年1月			当常压容器主体为分片时减价12%；当一、二、三类容器分片出厂时减价15%
1.1.1									
2	动设备								
2.1	泵								
2.2	电动葫芦	CD-3t/6m~18m，起重量3t，起升高度6m	台	8500	《石油工程造价管理》	2018年第4期	中石油工程造价管理中心		
3	……								

3.4 项目结算数据库

项目结算数据库的建设应基于项目完整的结算文件，初期数据库的建设可通过搜集整理公司历史工程结算数据信息来构建，如庆阳石化“三化一油”项目、大连油库安全升级改造项目、柳林气田项目等等，逐渐形成化工类、炼油类、LNG接收站类、油气田地面工程类等多类型项目结算信息基础库，再通过在建工程造价数据资料的不断完善，从而形成涵盖不同行业、不同地区、不同专业、不同工程类别的全面、具有代表性的PMC工程造价结算数据库系统。

结算数据库的建设内容主要包括以下几个方面：

1）历史工程造价指标库

历史工程造价指标可以按价格指标和实物量指标分类构建。

价格指标可细分为工程项目造价指标、单项工程造价指标、单位工程造价指标、分部分分项造价指标。根据历史工程结算数据信息可分为规模投资指标、装置投资指标、建筑物单方造价指标、构筑物立方造价指标等，包括工程费(含各专业)、工程建设其他费、基本预备费等费用指标。石油化工行业可按炼油工程、化工工程、长距离输送管道工程、天然气处理(净化)工程、工程技术服务装备等大类分类，然后细化到装置、单元等。

实物量指标可按专业细分，主要为混凝土工程量、静设备工程量、动设备工程量、工艺管道工程量、阀门工程量、电缆工程量、仪表工程量等。

数据库建设初期可将价格指标和实物量指标合并到同一架构表中，如表2所示：

表2 历史工程造价指标库

序号	项自名称	数据来源	项目规模	建设地点	建设时间起止	投资(元)	主要工程量	指标	占总投资(%)
A	三化一油项目	建设单位		甘津庆阳	＊＊~＊＊	＊＊＊		＊＊元/吨	
一	工程费								＊＊%
(一)	建筑工程		30万吨/年			＊＊＊			
1	建筑工程					＊＊＊			＊＊%
1.1	建筑物								＊＊%
1.1.1							＊＊	＊＊元/m^2	＊＊%
	…								＊＊%
1.2	构筑物								＊＊%
1.2.1	设备基石出					＊＊＊	＊＊	＊＊元/m^3	＊＊%

续表

序号	项目名称	数据来源	项目规模	建设地点	建设时间起止	投资(元)	主要工程量	指标	占总投资(%)
	…								* *%
2	安装工程								* *%
2.1	工艺管道					* * *	* *	* *元/km	* *%
2.2	电气工程								* *%
2.2.1	电缆					* *	* *	* *元/km	* *%
…									* *%
(二)	航煤加氢项目		40万吨/年						* *%
(三)	烷基化项目	EPC	13万吨/年						
	…								
(四)	异构化项目		20万吨/年						
…									
二	工程建设其他费								
…									
三	预备费								
…									

2）设备材料价格库

设备材料费在工程项目投资中占比较大，约为60%~70%，设备材料费的合理确认是影响项目投资的关键因素，建立历史工程项目设备材料价格库势在必行。设备材料价格库中设备材料价格，应以历史工程项目的采购价格为唯一基础，入库价格参数应包括材质规格、采购时间、采购地点、生产厂家、运输费用、采购数量等。

3.5 其他数据库

PMC项目管理公司还可根据自身业务需要构建同行业其他竞争对手数据库、承包商数据库等，对资源的了解与拥有针对性的掌控方法可以大大提升项目管理公司在市场中的竞争力。

4 工程造价数据库的使用、管理与维护

4.1 工程造价数据库的使用

1）使用应有针对性

建设工程具有单一性和动态性，同一个设计方案或同一套施工图纸、在不同地点、不同时间、不同地区建设，工程造价也会不一样。使用时应区分项目所属行业、建设周期、建设地点等主要影响因素，在对比分析的基础上，进行必要的换算，包括项目规模差异、材质差异、设备材料价格差异、建筑结构形式差异、项目建设时间跨度对价格的影响等做相应的费用增减，从而更加准确的计算工程造价。

2）应具备检索功能

造价数据库应有较为完善的查询功能，查询方法应灵活，便于使用时快速查询到所需信息。

3）应具有信息安全功能

造价数据库是PMC公司项目造价咨询管理工作的基础资料，是公司的商业秘密，应做好保密工作。

4.2 随时保持数据的时效性

工程造价数据库的构建应是一个动态过程，随着公司承揽工程造价业务的增多，应在原构建内容上不断补充新的数据，对数据信息进行更新。

5 结语

工程造价数据库的构建与管理是工程造价管理的基础工作。工程造价数据的丰富度依赖于长期的素材积累，有了较为准确、规范、真实、全面的数据库就可以对建设项目各阶段造价进行有效管理和控制，必将大大提高工程造价专业人员业务素养和工作效率。随着我国全面推行全过程工程造价咨询管理，工程造价咨询业务必将成为PMC公司新的利润增长点。而工程造价数据库的建立是工程造咨询业务的基石，工程造价咨询企业依据自身积累的造价数据和市场信息，协助业主对工程项目提供全过程、全方位的费用管理

与控制。因此 PMC 项目管理公司应重视工程造价数据库的建设工作，打造信息化平台，利用工具软件、互联网等信息来源，多渠道采集工程造价数据信息，为公司工程造价咨询业务“走出去”战略打下坚实基础。

参 考 文 献

[1] 王耀华；工程造价数据库的建立与应用研究[J]；工程经济；2017 年 11 月.

[2] 陈晓玲. 建设工程造价信息资源数据库的建立[A]；首届海峡两岸土木建筑学术研讨会组委会. 首届海峡两岸土木建筑学术研讨会论文集[C]. 首届海峡两岸土木建筑学术研讨会组委会：中国土木工程学会，2005：3.

[3] 房光玉，刘寨民. 应用大数据构建工程造价数据库[J]；工程造价管理 2020(04)：82-87.

基于 PMC 模式的石化工程数字化交付探讨

姜　旭　胡继勇

(寰球工程项目管理(北京)有限公司)

摘　要　数字化交付是一个信息从产生到收集再到校验的系统性工作，涉及到设计院、施工单位、监理、设备材料供货商、以及业主等相关方。本文阐述国内当前石化工程数字化交付存在的主要问题，分析产生原因，提出通过引入数字化项目管理承包商(PMC)推进项目执行。

关键词　数字化交付；数字化交付平台；PMC 承包商

近年来，在“中国制造 2025”“工业 4.0”的大背景下，国家对石油化工行业两化深度融合提出了明确的建设要求，提出了智能工厂的基础架构、核心内容和初步评估体系。智能工厂建设是提升工厂全生命周期管理水平的有效方法，也是国际石化企业、工程公司、工程软件厂商共同关注的焦点。其中，数字化交付作为智能工厂的前提和重要基石，广泛地被国内外企业热衷和研究。由于国内石化工程的数字化交付仍处于探索和积累经验阶段，行业内对于数字化交付的理解各有千秋，数字化交付实施时出现诸多问题。为此，本文从 PMC 承包商的角度对数字化交付进行初步探讨。

1　数字化交付概述

石油化工工程行业作为“中国制造 2025”中两化融合、智能制造、绿色发展的排头兵，在研发和应用最前沿的信息化技术的同时，编制了 GB/T 51296—2018《石油化工工程数字化交付标准》。此标准对数字化交付定义如下：“以工厂对象为核心，对工程项目建设阶段产生的静态信息进行数字化创建直至移交的工作过程。涵盖信息交付策略制定、信息交付基础制定、信息交付方案制定、信息整合与校验、信息移交和信息验收[1]。”

数字化交付内容为竣工版工程文件的数字化资产，通常包括数据、文档、三维模型以及以工厂对象为核心的关联关系。数据是指项目建设阶段关于工厂对象的结构化和非结构化数据，文档是指与项目交工技术文件对应一致的电子文档，三维模型是指项目竣工图阶段形成的 3D 模型[2]。其实质是以工程对象为核心，通过三维模型，实现工程数据的全关联，构建一个物理工厂全生命周期的完整、准确、可用的虚拟镜像。

数字化交付平台是指用于承载和管理数字化交付信息，可与多种工程软件集成并兼容多种文件格式的信息系统。数字化交付包括交付方移交和接收方接收两个过程，交付方在移交平台完成交付物的收集、整合、校验后移交，接收方在接收平台完成交付内容的验收后接收。

2　国内外数字化交付的现状

数字化交付在国际企业已广泛实施，目前国际行业平均水平达到 80%以上，部分国家和地区新建工厂数字化交付比例已经达到 100%；国内的数字化交付在近几年才逐步快速发展，包括镇海炼化、茂名石化、广东石化等企业已陆续开始在新建项目中探索和尝试使用数字化交付[3]。

工程建设企业中，中国石化工程建设有限公司(SEI)是国内数字化交付的先行者，在国内外均已有若干成功的案例。中国寰球工程有限公司，中国天辰工程有限公司等国内大、中型工程公司或设计院也开始陆续承接数字化交付设计项目。目前除个别设计院外，大部分设计院牵头来做的数字化交付都定位于接收设计和采购阶段的现有成果，形成具备三维可视化能力的“工程数字档案系统”后再移交给业主，以便于项目信息查询，因此，基本上尚处于数字化交付的初级阶段。这样的数字化交付仅仅对文档做了电子化处理，同时提供了一套设计的审查(Review)模型[4]。

石油化工工程项目交付设计依托的平台主要有 SPF 平台(Intergraph SmartPlant Foundation)、AVEVA 平台(Aveva. Net)以及西门子数字化平台 COMOS 等。

3 当前国内数字化交付过程的主要问题及原因分析

数字化交付是一个信息从产生到收集再到校验的系统性工作，涉及到总体设计院、施工单位、监理、设备和材料供货商、以及业主等相关方。通过对多个数字化交付项目的调研及实践，国内数字化交付项目普遍存在的问题概括为：数字化交付执行不受控，交付物信息一致性、完整性及信息准确性不足，后期大幅追加数字化交付费用等，从而导致业主对于数字化交付认可度偏低。

经分析，这种现象主要由以下三个原因构成。

3.1 业主对于数字化交付了解不够

尽管业主对于数字化交付意识不断提升，但是从策划准备、过程管控、人员能力等方面都存在明显的不足。一是数字化交付必须在项目初期开始谋划，明确各参建方在交付过程中的责任和义务，如果规划实施滞后，必然影响交付质量和进程；二是数字化交付定义必须清晰，在招标阶段就要对基础软件平台、集成发布平台、应用软件平台的软件和版本做出明确的约束，否则后续工作将不可控执行；三是无法有效评估总体设计院提交的统一规定，GB/T 51296—2018《石油化工工程数字化交付标准》只是框架性的指导，没有相关具体细则，无法指导实际工作。而对于总体设计院提交的详细交付规定，包括模型精细度要求、配色要求、智能 P&ID 要求、文件关联要求等前期无法做出有效评估，执行过程中就会出现较大的偏差。四是数字化交付与文档管理密切相关，需要档案管理人员从数字化交付之初就参与进来，实现从传统的归档者到发布者的转变，而大部分档案管理人员对通过数字化交付手段实现文档收集并自动组卷及归档的过程缺乏实战经验，意识提升也需要一个过程。

3.2 设计院惯性不易转变

按照《原材料工业两化深度融合推进计划(2015—2018 年)》的目标要求："到 2018 年，大中型石化企业数字化设计工具普及率 90%"。虽然国内大多数设计院均采购了集成设计平台，并开展了集成设计平台的培训，但采用集成平台开展工程设计还远未达到理想的水平。各专业设计人员平时工作比较繁重，通过数字化工具进行设计无法满足设计进度的要求，为保证项目进度，设计人员更习惯使用 AUTOCAD 进行设计，先用 AUTOCAD 先完成设计，再让熟练人员将设计成果在集成设计平台进行转化，既增加了设计院的工作量，并且由于不是集成设计的结果，数据的一致性、准确性都无法保证。

3.3 数字化交付内容覆盖度及深度缺乏共识

普遍来说，业主和设计院对于数字化交付内容有不同的理解，如果前期不能达成共识，后续会大幅追加交付费用，主要体现在：一是对于项目竣工图阶段形成的 3D 模型，往往与实际施工存在偏差，需要三维扫描、测绘，这项工作如无前期约定，设计院不愿意承担此项工作，或者要求追加额外费用，而业主认为本身就是数字化交付的范畴，执行存在一定的困难。二是对于成套包数据的数字化交付，业主通常要求其 P&ID 和仪表设计采用统一的集成设计软件，并对主要设备进行精细化建模，而设计院习惯于成套包在装置上 P&ID 内以黑盒表示、成套包三维模型表示出大致外形即可，大多数设备制造商又不具备集成设计能力，矛盾频发。三是业主会利用甲方优势，要求设计院交付可编辑交付物，如图纸 DWG 文件、三维模型种子库等，而总体设计院因为知识产权问题，通常拒绝此要求，仅提供审查(Review)文件和数据库备份。在集成设计过程中，施工承包商无法拿到三维模型种子库，只能采用逻辑形状替代，对于碰撞检查等工作造成不利影响，直接影响交付质量。

4 引入 PMC 模式推进数字化交付

针对数字化交付中出现的常见问题，项目启动前引入数字化项目管理承包商(PMC)承包商是很好的解决方案。PMC 是指具有相应的资质、人才和经验的项目管理承包商，受业主委托，作为业主的代表或业主延伸，帮助业主在项目前期策划、可行性研究、项目定义、计划，以及设计、采购、施工、试运行等整个实施过程进行有效的控制工程质量、进度和费用，保证项目的成功实施。随着数字化交付的发展，PMC 承包商与时俱进，在数字化交付领域也在不断探索和实践。

数字化PMC承包商的主要职责是代表业主执行数字化交付项目的管理工作。包括组织数字化交付相关各项标准规范的编制、评估、维护及发布，统一管理种子文件，负责推进执行进度和质量要求及最终验收。

4.1 数字化PMC模式的优势

1）提高项目数字化交付整体水平

PMC承包商专业从事工程建设管理，技术实力强，对“数字化交付”工作有深刻的理解以及实践经验，有效弥补业主的项目管理知识与经验不足。PMC承包商充分利用自身的技术、经验、人力资源方面的优势，对数字化交付方案进行技术经济分析，保证功能适用、经济合理、技术先进。同时，PMC需要承担进度控制、质量控制、成本管理等关键目标，会对各项条件进行全面优化，确保数字化交付项目成功，有助于提高项目的整体管理水平。

2）缩减组织规模、降低后期成本

业主通常面临项目资源、人力等各方面配套不足的问题，如采用PMC模式，业主仅需保留小部分的基础管理力量对数字化交付的关键问题进行监督、决策、其余数字化交付管理工作由PMC执行，可以规避项目组织复杂和人数庞大问题，解决竣工后人员安置矛盾，降低人力资源成本。

3）推进多方协作，取得合作共赢

目前国内数字化交付项目，设计院仍处于主导地位，业主对于数字化交付的不同诉求，往往给双方之间的合作关系带来隐患，引发连锁反应。由于整个工程项目投资成本高、项目周期长、执行界面复杂，只有各方加强相互协调、合作，才能更好的实现项目工程建设目标。PMC承包商拥有丰富的管理经验和技巧，可借助多方认同的处理方式有效协调好相互之间的矛盾分歧和利益冲突，用最小的代价取得多方合作共赢。

4.2 数字化PMC承包商工作

1）开展系统化培训

在项目开始之前，就必须对业主开展数字化交付的相关培训，深化业主对于数字化交付的理解和观念转变，在按照数字化交付统一规定进行相关工作的过程中，不断对总体设计院和各承包商进行宣贯和督导，从而及时发现和解决问题，推进和保证数字化交付进度。

2）主导数字化交付前期策划

数字化PMC协助业主在招标阶段即对基础软件平台、应用软件平台等做出详细的定义，以此来筛选总体设计院、各承包商，厘清各参建方的工作界面和职责。按照国内的实际情况，还是由总体设计院编制数字化交付统一规定和数字化交付质量审核规则及验收标准，负责提供初始化类库（或种子文件），PMC根据自身参与多个项目的实际经验，结合业主的实际需求，共同制定适合于项目的可落地的数字化接收标准。

3）协调业主与设计院的利益平衡

数字化PMC引导业主理解交付深度和交付成本的相关性，在交付内容及工作量上与设计院取得共识。项目竣工图阶段的3D模型，由总体设计院牵头完成最终校正，这部分费用列入数字化交付预算。成套包数据的数字化交付，如业主预算紧张，其P&ID及仪表可不做详细要求，成套包三维模型由设计院为主体责任完成，撬装设备外形做精确要求，大型工艺设备撬装包单元表示出有位号的设备和框架结构建筑外形。可编辑交付物，因涉及设计院知识产权，业主可不做强制要求，但是对于三维模型种子库，如总体设计院不愿意给其他设计院使用，业主可支付一定的价格购买，如果总体设计院不同意，则业主在数字化交付合同中扣除一定费用，由PMC协助业主找第三方公司构建种子库。同时为保证数据的一致性和准确性，PMC协助业主对各设计院工作进行检查，推动各设计院采用集成设计工具设计。

5 结语

采用数字化PMC模式可有力推进数字化交付的执行，近年来国内在多个在建石油化工项目中都取得良好的效果。目前国内还是以总体设计院提供的数字化交付平台为主，为减轻总体设计院的工作压力，易于业主接手，为业主培养合格人员，PMC可在数字化交付职责中做进一步拓展，提供数字化交付平台，在关键阶段执行校验及质量审核，为工程项目的建设发挥更大的作用，同时也为自己创造新的盈利增长点，值得思考和研究。

参 考 文 献

[1] 中华人民共和国住房和城乡建设部. 石油化工工程数字化交付标准[S]. 北京：中国计划出版社. 2018.

[2] 许敏，玄文凯，于翔. 工厂数字化交付平台应具备的基本功能探究[J]. 软件，2019，40(11)：196-198.

[3] 吴春晖. 数字化交付项目的研究[J]. 设计管理，2019，29(6)：45-49.

[4] 梁亚栋，刘三军，孙景伟. 某 EPC 项目尿素装置数字化交付探索与实践[J]. 化肥设计. 2019，57(5)：58-62.

LNG 加气站撬装建设模式及信息化管理平台系统开发

刘玉杰　王　擎　肖桂龙　李志毅

（河南省发展燃气有限公司）

摘　要　目前国内新建液化天然气（LNG）加气站呈现油气、气电、油气电氢合建等多种建设模式，工艺设备实施撬装化、模块化，撬装化、混合建站是快速布局 LNG 加气站的首选方式，可缩短建设周期，降低投资成本。随着建成投产站点的增多，单机 IC 卡加气管理方式已不能满足跨站消费需求，无法联网统一管控，亟需搭建集智慧营销、站场监管、清分清算平台，打通内部管理系统，实现加气站信息化智慧化管理和便捷服务。

关键词　信息化；撬装加气站；建设模式；管理平台

"十四五"期间，我国天然气行业将从快速发展向稳定发展转变[1]，液化天然气（LNG）在交通运输领域的消费占比越来越高，LNG 加气站数量持续增长。在碳达峰、碳中和及大气污染防治等政策驱动下，LNG 迎来持续广阔的发展空间，新建 LNG 加气站呈现设备撬装化、综合能源供应合建站的发展趋势。文章从项目选址可研、设计施工、手续办理等方面总结分析了 LNG 撬装站建设经验，撬装站在项目手续审批流程相对简单，无需办理施工许可证，现场土建施工及安装工作量减少，工程投资降低。

截至 2020 年底，国内 LNG 加气站保有量达到 4500 座左右，民营加气站占比超过一半，大部分实行 IC 卡未联网加气管理方式。未联网管理模式下的加气站站控系统、收费管理系统、视频监控系统均为信息"孤岛"，无法实现业务数据之间的打通，无法满足业务流程标准化、固化流程线上化的需求。随着建设站点的增多，各站之间实施"一卡在手，便捷加气"的客户诉求增加，"随时监管，统一管控"的总部管理需求日益凸显，建设 LNG 场站信息化管理平台，实现 LNG 场站"一卡通""一站一策""千客千价"等智慧营销服务及总部强管控是解决上述问题的必然之路。

1　加气站建设现状

1.1　国外加油加气站建设概况

欧洲在加油加气站建站标准考虑人性化，体现"以顾客为中心、最大限度满足和超越顾客需求"的建站理念。欧洲加油加气站多为站房式，其布局简洁、明快、便捷、富有美感。加油站只有加油棚、营业房两栋建筑，没有供员工使用的宿舍，并已基本实现标准化、模块化、信息化。从标识、罩棚结构、灯箱装修，到构架、连接件，均为标准预制件，现场组装迅速，建设周期短。站内普遍配备有先进的自动化加油设备和高度自动化的收银系统[2]。

加油加气机的所有交易数据和工艺数据都通过自动采集进入电脑数据库。油气站数据通过网络传输与公司总部和各相关单位连接，公司总部可以通过信息系统实时了解加油加气站的运营情况，油气供应厂商可通过系统安排油气配送计划，系统通过与银行对接实现进行自动结算。

1.2　国内加油加气站建设概况

国内的加油加气站点多面广，在《汽车加油加气站设计与施工规范》GB 50156—2012（2014 版）出台后，多为安全防火等条文规定，设计、施工单位均严格遵循，对加油加气站外观、结构则没有统一设计规定，外观包装门类多，各式各样，未保证视觉上的统一。有的加油站仅为简单的铁皮棚，没有站房、便利店等设施；有的加油加气站则建成庙宇式建筑；有的加油加气站罐区建在地面之上，罐容超标，没有防雷设备设施，安全隐患频发。近年来，加气设备国产化程度逐渐提高，系统流程简单，操作方便。

在我国，LNG 加气站尚属于"青年产业"，在国际油价波动上涨及低碳环保政策持续引导下，天然气汽车快速增长，从而提振天然气加气站建设速度。长远来看，LNG 加气站其必将成为开拓 LNG 下游终端需求的主要渠道。而目前来看，全国范围内 LNG 车与 LNG 加气站不匹配的现象也在逐步缓解。在交通运输领域推广天然气燃料，建设 LNG 加气站和发展 LNG 重卡，是增加能源供应、优化能源结构、保护生态环境、减少燃油汽车尾气排放的战略选择。

为了统一加油加气站视觉形象，规范加油加气站建设管理，降低工程成本，打造“阳光工程”，提升竞争实力，满足管理与发展的需要，中国石油及石化公司自陆续完善了其自身的建设模式，部分省市的加油加气站达到了规范建设、形象统一的目标。2010 年底，中石油广东销售分公司通过总结经验，更新了加油加气站模块化建设的管理模式，提出了“标准化设计、集约化采购、模块化建设、规范化管理”，据此，广东销售分公司的工程建设管理已由经验型向科学型进行了转变，中国石油天然气股份公司将此管理模式于 2011 年在全国深入推行[2]。

2 LNG 加气站建设模式

LNG 加气站建设工程是一个复杂的小而全工程[3]，建站方式有常规式(或称“标准站”、“固定站”)和橇装式(或称“箱式站”)两种。LNG 标准站主要建构筑物有站房、罩棚、围堰等，LNG 储罐、低温泵、汽化器等工艺设备则相对分散或局部成撬，加气机设置在加气罩棚下，并通过管沟与泵及储罐连接。LNG 撬装站与常规站同样具备储存、汽化、卸车、加注、供配电、收银、办公等基本功能且各种设备几乎全部装配于一个撬体上。包括 LNG 工艺、设备专业子系统；总图及土建专业子系统；消防及给排水专业子系统；变配电及电气专业子系统；仪表及控制专业子系统，这几个子系统构成了一个完整的 LNG 撬装站。LNG 撬装站在 LNG 资源不断生产、规模扩大、应用拓宽的背景下孕育而生，不断发展。

在选址可研阶段，根据拟建站址场地大小及周边建构物实际情况，可确定 LNG 加气站可行的建站方式。两种加气站建设技术均日趋成熟，两种加气站建站方式在安全性、经济性、可靠性、手续办理的复杂性等方面具有各自特性。

(1) 常规站

常规站工艺设备分隔清晰，一目了然；检修直观方便；工作环境宽敞，舒适性好。因此占地面积相对较大，用地要求高，设备及建构筑物基础要求严，施工周期长，设备管道需现场安装，土建施工费用相对较高。若周边 LNG 市场发展不成熟，LNG 汽车的数量少，LNG 市场消耗量小，则成本回收周期长，此建站方式适合已经有一定的 LNG 车辆市场或较充足的预算资金支持。

(2) 撬装站

撬装站高度集成，占地面积小，不易受限，设备绝大多数集成在一个橇块上，易拆卸装运，施工周期短。加气站土建施工、设备安装费用少，建站整体工程费用低，易于成本回收。LNG 撬装站设计及制造遵循模块化、集约性原则，这种建站方式适合初期车流量少、工期紧张、部分建设条件未完善等情况下快速建站。LNG 撬装站在审批进度、建设速度、投资规模等方面有常规站不可替代的优势[3]。

(3) 合建站

指同一站址能提供加油、加气等多种车用能源供应的场站，当有三种及以上供应服务功能时也称“综合能源服务站”。合建站可分阶段建成或一次全部建成，也可在原有的加油站基础上新增其他供应设施。合建站的优点可充分利用现有土地资源，还可拓展现有业务范围，降低人工等运营成本，增加营业收入。广东省、江苏、山东济南市等分别出台了地方管理政策，支持利用现有加气站点网络改扩建加氢设施，鼓励积极参与加氢站投资建设。与加油、加气合建，是后期规划建设充换电站、加氢站的首选和建设趋势[4]。

3 LNG 橇装加气站优势

我国橇装式 LNG 汽车加气站设计及建造技术已成熟，设备已趋向国产化生产[5]。LNG 撬装建站工艺设备高度集成、占地面积小、施工周期短、自动化程度高、易搬运、运营成本低。加气站的土建施工、设备安装费用少，建站整体造价低，易于成本回收。按三级站标准，撬装站较常规站总投资约节省 80~120 万元，项目建设手续办理时长缩短至少半年。

3.1 土建工程量减少

LNG 撬装站因高度集成化，工艺设备占地面积小，总图工程量少。为布局简洁，快速建设，采用撬上罩棚或不建罩棚可节约罩棚基础施工费(表 1)。

表 1　不同建站模式主要建设内容

名称	常规站	撬装站
站房	一般采用砖混结构站房，站房基础工程工作量大	一般采用集装箱作为站房(需搭建基础承台防水防潮)，易搬运，可直接坐落于硬化路面上，站房基础工程工作量较小
加气罩棚	单独建设钢结构加气罩棚，罩棚面积大，罩棚基础工程工作大	撬装箱体顶部加装焊接罩棚，罩棚面积小，罩棚基础工程工作较小
工艺设备	(1)工艺设备一般布置在围堰内。潜液泵、汽化器可成撬提供；加气机设置在加气罩棚下，通过外接工艺管道连接 LNG 泵、储罐。大部分设备需现场安装；(2)高速服务区等用地紧张站点一般采用立式储罐	(1)LNG 储罐、泵、汽化器、加气机、PLC 控制柜全集成，通过撬内管道法兰连接，在出厂前已集成安装固定在一个橇块上；(2)只能采用卧式 LNG 储罐
道路场地	加气机通过管沟引出至罩棚下，车辆可以在罩棚下加气机两侧加气，场地硬化区域面积大	加气机集成在撬上，一般在加气机单侧加气，场地硬化区域面积小
围墙	场站宽阔，一般设有围墙	一般不设围墙

3.2　手续办理时长缩短

LNG 撬装站设备在工厂完成预制组装，到站即可吊装，一方面减少了设备现场安装时间，另一方面无需压力管道监检，防雷、消防等手续办理相对简单。采用集装箱式站房可一定程度简化项目手续审批事项，减少手续办理时长[6]。充分利用撬装 LNG 加气站设备全集成，营业站房全部采取集装箱房等特点，申明撬装站无建构筑物，协调取得当地政府规划部门出具无需办理建设工程规划证的意见(表 2)。

表 2　三级 LNG 加气站(常规站、撬装站)项目手续办理对比

手续名称	常规站	撬装站	备注	办理时间
土地规划	需符合用地规划，土地需转商业服务用地	需符合用地规划，可利用撬装站无建构筑物特性，简化相关审批程序	撬装站选址要求比较宽松。新建加气站用地均需用地预审；租赁用地需合作方已取得土地证	4~8 个月
项目立项	县区发改委立项备案	同常规站		0.5 个月
工程规划	站房、罩棚为建构筑物，项目需办理工程规划许可证	采用集装箱式站房，罩棚为设备撬体自带，可按当地政策要求无需办理住建部门的工程规划许可	前置条件：取得土地用地规划许可(或土地证)	3~4 个月(含修规)
安全预评价	需要	同常规站	立项后可以实施	2 个月
环境影响评价	敏感区域需要	同常规站	立项后可以实施，施工前需完成审批	
施工许可	需要	无需(无建构物)	前置条件：取得工程规划许可、环境影响评价批复	1 个月
防雷手续	需要	需要，防雷设施检测点少	市气象局受理防雷设计审核和验收	同步进行，约 3 个月
消防手续	需要	手续较简单，根据当地要求可不提交建设工程规划许可证	前置条件：取得建设工程规划许可证。住建部门受理消防设计审查和验收	
压力管道安装监检	需要	无需	撬装站工厂安装	
住建部门现场质量安全监督、验收	需要	无需	报建监督手续前提是取得工程规划许可	
竣工备案	需要	无，业主组织参建方验收	竣工验收备案证书是办理不动产权证的必要材料	0.5 个月

续表

手续名称	常规站	撬装站	备注	办理时间
压力容器、压力管道使用登记	需要	需要	市场监督局质监部门办理	3个月
气瓶充装许可	需要	需要	前置条件工程规划、消防验收意见、防雷验收检测、使用登记	
燃气经营许可	需要	需要	前置条件是取得气瓶充装许可证	
手续时长	1.5~2年	0.8~1.5年	—	—

3.3 综合对比

根据上述分析，LNG撬装加气站较常规站优势明显，场地受限、快速建站首选撬装站，撬装站的发展极具生命力，将会是未来几年内LNG业界内的优点。成熟的LNG撬装站的优点：设计方面：撬装装置的集约性和标准化设计，大大减少了设计工作量，缩短了设计周期，提高了设计质量。建设方面：撬装站的系统化设计将使各撬装设备模块的现场安装和组对极为简便，现场工程量减少到最小。采购方面：因为主要设备均配置在撬装中，所以现场材料、设备的采购量非常小、种类非常少。运行维护：撬装设备的设计、生产的可控制性，可充分简化其操作程序，有利于投产后的运行维护。缩短建设周期：简化了各阶段的工作量，设备制造组装直接在工厂进行，钢结构罩棚的各构件均采用工厂预制，现场组装，实现模块化，与现场土建施工同步进行，极大缩短了工程建设周期。

撬装站的优势汇总如下：

表3　标准三级站、撬装三级站优缺点综合对比

名称	常规站	撬装站
一、工程投资	土建施工工程量相对较大、建设期相对较长导致项目总投资相对较高，设备、安装及土建工程费约350~400万元。	优点： 土建施工较少，建设期较短，项目总投资相对较少。设备、安装及土建工程费约280~360万元。
二、手续办理	需办理房屋建构筑物工程规划、施工许可手续，较撬装站长0.6~1年	优点： (1)集装箱式站房可按当地政策要求无需办理工程规划、工程施工许可手续； (2)不用办理压力管道现场的安装监检。 (3)撬装站消防、防雷等手续的设计审核及现场验收较为简单。
三、工程施工时间进度(不含手续办理、招投标时间)	施工工期约6个月，储罐基础、罩棚、站房基础开挖等，加气罩棚装饰、房屋装修、设备工艺管线安装监检等。	优点： 施工工期短，约3个月，因为LNG撬装设备是高度集成化的设备，设备安装方便快捷，故撬装站的施工周期远小于常规站； 从项目立项到项目投产，全周期考虑，LNG加气站本身的规模不大，工艺较为简单，加气站建设速度快慢并不是LNG加气站顺利投产的主要因素，各类证照和手续办理往往是制约投产的主要因素。
四、安全性能	优点： 厂区设备敞开式，设备安装、检修空间大，气体逸散快，装卸车方便，厂区办公环境相对优越。	设备集成、操作、运行、检维修空间狭小，压力容器监检稍不便。
五、质量保证	现场施工作业量大，质量可靠性较低。	优点： 现场施工作业工序少，工厂制造安装，质量可靠性高。
六、生产运行对比	机动性差，拆卸组装成本较大，并且存在部分设备报废的现象；但日常清洁工作量大、日常设备维护相对容易。	机动性强，可拆运搬迁，保值性高；重复利用高；撬装空间稍狭小，撬装设备设计、生产的可控性，可充分简化人员操作程序，有利于投产后运营维护。

4　加气站信息化管理平台建设

4.1　建设目标及要求

4.1.1　建设目标

随着加油加气站经营企业站点规模的扩展，

经营的业务已从单点分布，向区域化扩大。计划2030年在全省管理100座以高速公路、国道、省道为网状分布LNG加气站。随着客户群体的不断扩大，现有的单机销售系统已不能满足当前的业务需求。构建一个集“油、气、电、氢”业务的综合能源服务站信息化管理平台系统，实现智慧营销、安全监管、统一管控，打通与供应链、财务共享、办公系统之间的数据壁垒，实现数据共享，全面提升LNG场站生产运行信息化智能化管理和安全管理水平。达到降低公司人力资源成本和人员劳动强度，减少财务系统管理纠错率，提供智能分析和决策支持，最终达到科学管理和提高工作效率的目的。

实现服务器部署在云平台，通过云端系统，总部可以统一管理下辖加油加气站的油品、气品价格、促销策略、主档数据和业务报表，同时还能全面管控油、气商品的进、销、存，实现精细化运营。

图1　信息化管理平台企业中心管控方案

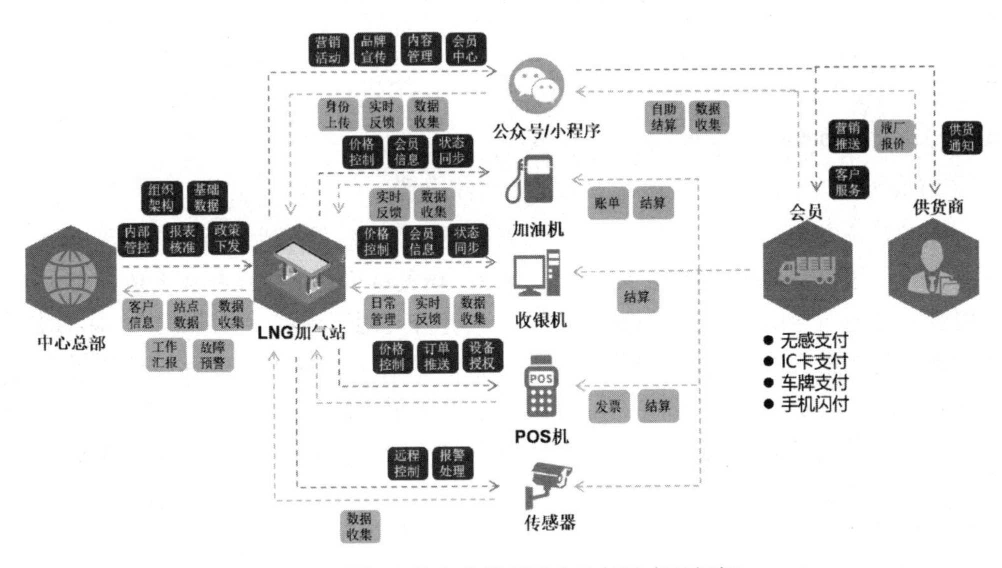

图2　信息化管理平台油气站产品框架

4.1.2　建设要求

（1）总体要求

① 本项目要求信息化管理平台系统与硬件环境共同建设。

② 综合能源站信息化管理平台承载能力：≥100座能源点。

③ 综合能源站信息化管理平台中心系统软件并发用户数：≥1000用户数。

④ 综合能源站信息化管理平台每站级设备系统软件并发用户数：≥300用户数。

⑤ 业务功能模块范围概要：含零售管理模块、一卡通会员管理模块、交易结算模块、辅助决策模块、视频监控远程显示模块、工艺参数远程监控模块、LNG采购业务子系统对接其他系统接口等。

⑥ 支持有卡模式管理。卡片全生命周期管

理，提供发卡、售卡、充值、消费、退卡等交易行为管理。

⑦ 支持无卡模式管理。无卡模式即电子卡，通过招标人微信公众号等载体实现，且电子卡和IC卡绑定后互通。

⑧ 对现有站点的硬件设备，包含原有加气站、加油站的硬件设备进行升级或改造，使设备与综合能源站信息化管理平台进行无缝对接，同时采集主要设备设施的监控数据，为物联网共性平台预留API数据接口。

⑨ 后期项目新增能源站点根据企业已制定管理标准体系协议，按站点进行调试安装接入平台系统。所有设备采用管理标准体系对接，第三方厂家按照协议要求只须配合接入系统即可。

⑩ 信息化管理平台系统须符合如下拓扑关系图。

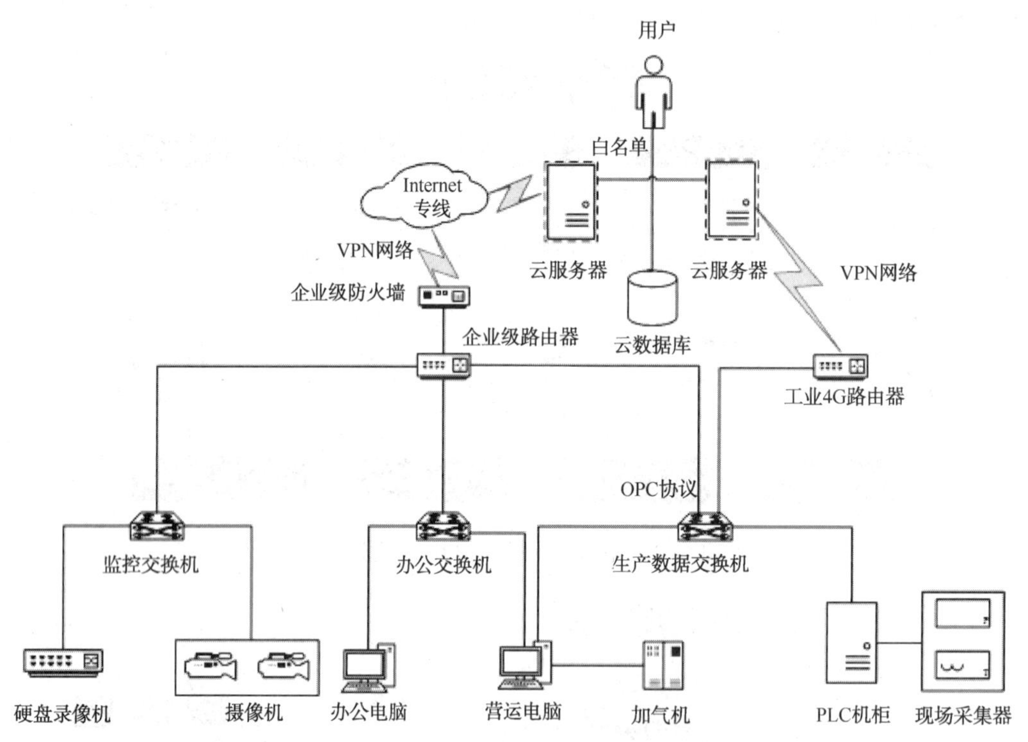

图3　信息化管理平台拓扑图

(2) 系统界面及系统安全要求

系统界面是软件与用户最直接的交互层，设计良好的界面能够友好地指导用户完成相应的操作，起到帮助和向导的作用。采用直观的图形界面技术，信息表达形象、直观、简洁明了。

用户界面的设计应满足：

① 采用浏览器/WEB页面风格和支持APP终端设备自适应界面风格，要求功能模块划分沿用现有业务和操作习惯，操作流程简单清晰，界面简洁明了、色彩搭配柔和。

② 系统对用户操作响应迅速。

③ 不同子模块的界面风格及操作方法统一，标识符号统一，系统不同操作界面之间的切换要平滑自然。

系统安全体系设计必须确保整个系统的安全、可靠及高效运行，并符合身份真实性、信息机密性、信息完整性、服务可用性、不可否认性、系统可控性、系统易用性、可审查性等原则。

4.2　加气站信息化管理平台系统开发技术手段

充分应用云计算、人脸识别、移动支付等新一代信息技术，可实现多种智能终端与零售系统、会员系统的实时交互，并提供无感支付、身份识别、油气自助结算和商品自助交易等功能，管理广度与深度要求在业内处于领先地位。此外还深度应用网络化、可视化、智能化技术。

(1) 网络化技术

加气场站的数字化管理系统离不开网络化技术，利用已建立的各加气站的内联网和彼此之间的外联网，建立各参与单位信息共享以及相互沟通的渠道。内联网主要应用在各加气站内部，是加气场站内部的大量信息资源传递的渠道，帮助各加气站内部有效地进行零售、营销及财务管理、供应链管理等。而外联网是不同单位间为了交换加气站零售数据、工艺参数等，而构建的单位间专用网络通道，能被各相关单位成员访问的更大型的虚拟企业网。

（2）可视化技术

加气站利用可视化技术中的计算机图形学和图像处理技术，将科学计算过程中产生的数据及计算结果转换为图形或图像在控制屏幕上显示出来。

（3）智能化技术

利用智能化技术学习和推理功能，依靠智能体集合建立多智能体系统，其中每个智能体是一个物理的或抽象的实体，能作用于自身和环境，并与其他智能体通讯。其目标是特大的复杂系统（软硬件系统）建造成小的、彼此相互通讯及协调的、易于管理的系统。采用多智能体系统解决实际应用问题，具有很强的抗变换性和可靠性，并具有较高的问题求解效率。

4.3 加气站信息化管理平台系统功能介绍

信息化管理平台系统按业务模块划分包含零售管理模块、一卡通会员管理模块、交易结算模块、辅助决算模块、视频监控及工艺参数监视模块、LNG 采购业务子系统等六大模块及配套硬件设施。

4.3.1 中心级管理系统

中心级管理系统部署于企业指定云平台系统（如鲲鹏云、中原云数据中心等云服务器）。主要由管理平台系统、中心级数据传输后台系统、密钥管理系统组建运作。管理平台系统主要功能细分为基本信息（往来单位）、IC 卡管理、电子卡管理（无卡管理）、收银管理、移动支付、营销（促销）管理、明细表单、统计表单、设备状态、辅助决策、PLC 工艺监控、视频监控、系统管理、库存管理、帮助等子功能模块。通过互联网或无线通信网络将多个加气站的运营管理数据实时传输到联网管理平台。在终端（电脑、手机）登陆平台可实时查看各类统计报表，统计分析运营情况，实现多站点统一管理。

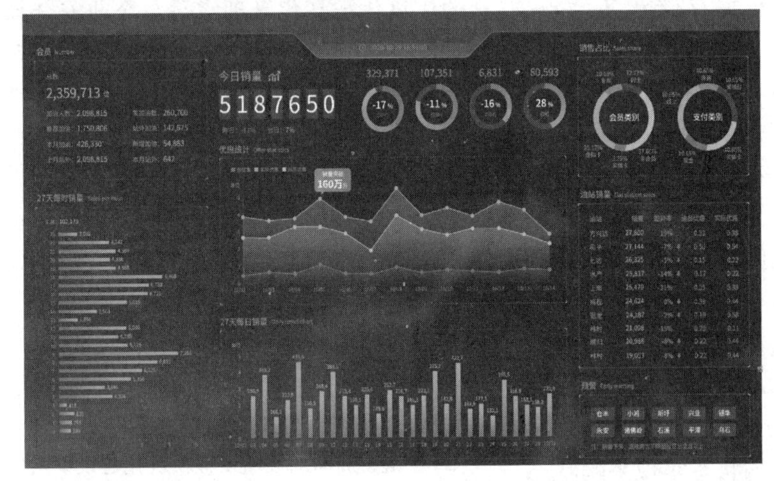

图 4　信息化管理平台系统界面

4.3.2 站级管理系统部

站级管理系统部署于企业下属各能源站点，主要包含以下三个子系统。

（1）站级能源监控管理系统

站级能源监控管理系统实现高效实时站点能源各设备（加气（液、氢、油、电）机）实时监控。

（2）站级传输后台服务系统

主要起到承上启下的作用，即与加气（液、氢、油、电）机控制系统交互，又与中心级数据传输后台系统进行数据交互，其主要功能是实现数据通信交互与安全传输、IC 卡信息（包括余额、基础信息等）的安全校验等。要求必须支持一枪一协议、多枪一协议、兼容不同供应厂商不同型号设备协议数据等功能。

（3）语音播报系统

实现各站（客户成功支付后）收银时的语音实时播报。

4.3.2 生产监测及信息管理系统

生产监测及信息系统包括将站控（工艺参数）管理系统、视频监控系统及站内其他智能终端数据，经网络站级管理系统数据传送至总部 HOS 系统，卡系统数据传送至总部前置网关。

工艺参数远程监控系统：站控参数显示功能模块需支持标准 MODBUS 通讯协议，需对接招标人已建站点的 PLC 控制柜及站控系统（支持以太网接口，MODBUS TCP 协议），采集站控系统中的相关参数，远传并接入招标人(总部)办公楼建立的综合能源站视频监控及站控参数显示平台(或功能模块)，实现在总部实时查看站点储罐液位(重量)、储罐压力、泵前温度等工艺参数的功能，显示站控系统画面。后续新建站点的工艺参数能直接接入上述平台系统。

视频监控远程显示系统：实现各综合能源站视频监控画面在招标人总部办公楼实时显示。在总部公司办公楼建立综合能源站视频监控及站控参数显示平台(可作为综合能源站信息化管理平台系统的功能模块)，并安装可移动电视大屏。视频监控显示功能模块需基于GIS显示，支持标准MODBUS通讯协议，具备实时或回放各站点监控视频。需完成各站点的视频监控设备接口数据采集，并远传至招标人综合能源站视频监控及站控参数显示平台，实时显示。根据后期站点接入需要，预留相关输入、输出等拓展接口，可实现在移动端查看。各站点自行建立视频监控录像(设备及系统)，视频监控数据存储在各站点，预留后续站点视频接入点位。

4.3.3 供应链(LNG采购业务子系统)

现阶段各LNG加气站气源采购采取电话及邮箱询比联系，采购动作频繁，气价变动差异大，工作量大且效率低下。在LNG采购业务子系统模块中，制订完整的采购计划，严格地控制供应商的交货期和交货数量，及时对供应商来料进行检查并交货，保证场站及时得到气源供应。

LNG采购业务子系统要实现各站实时库存汇总，实时库存预警、供应商管理、采购询价、对供应商、车牌、司机与运输状态实现采购状态跟踪、气站收气、触发采购付款流程。按照企业现行的采购管理办法，实现线上采购、线上审批管理。包含各站点库存提醒、采购公告通知发布、供应商登录报价、经办人填报并提交采购审批单、流程审批(监督人、业务部门负责人、分管副总经理审批)、导出打印审批单功能。具备异常数据分析、报表展示平台、系统功能维护、数据存储、备份和恢复功能。

此外，客户端小程序或公众号程序与信息管理平台系统共同部署于云平台系统，其前端提供给各客户使用，支持主流的支付方式以及电子支付码等功能。完成与用友供应链、银行提供的POS机商等其他系统接口对接，为实现在信息管理平台IC卡管理子系统中查询采购数据，需与第三方供应链系统对接，完成自动采集导入。为实现现场银行卡交易数据实时上传至平台系统，需与银联POS机商系统对接完成自动采集导入。

5 结语

通过对国内外加油加气站建站模式分析对比，新建LNG加气站宜采用LNG加气站撬装化建设模式，其可简化项目手续办理时长，缩短建设周期，减少土建工程施工，降低投资成本。撬装混合建站可充分利用现有土地资源，还可拓展现有业务范围，降低人工等运营成本，增加营业收入。

加油加气站属于危化品经营场所，提高场站的信息化智慧化管理水平，企业安全高效运营的关键。构建一个集“油、气、电、氢”业务的综合信息化管理平台系统，实现智慧营销、安全监管和统一管控，可全面提升LNG场站生产运行信息化智能化管理和安全管理水平，达到降低公司人力资源成本，减少财务系统管理纠错率，提高工作效率的目的。

参 考 文 献

[1] 舟丹．“十四五”我国天然气行业发展八大趋势[J]．中外能源，2021，26(04)：88.
[2] 尹超．加油加气站工程模块化建设模式探讨[D]．华南理工大学，2011.
[3] 敬涵翔．加油站建设工程的数字化管理体系探讨[J]．当代旅游(高尔夫旅行)，2018(08)：77-78.
[4] 童韩杨．加氢加气合建站模式的研究[J]．节能，2021，40(05)：17-19.
[5] 陈叔平，任金平，李延娜，马志鹏．橇装式LNG汽车加气站发展现状及前景[J]．城市燃气，2013(04)：10-14.
[6] 陈炜欣．浅谈LNG撬装汽车加气站的建设及验收[J]．上海煤气，2017(02)：20-22.

江苏 LNG 装车自控系统优化改造

李　强

（中国石油江苏液化天然气有限公司）

摘　要　在国内 LNG 接收站日益增多的今天，槽车装车业务也随之迅速增多，而进口撬的控制系统一直被外国厂商所控制，造成维修维护所耗费的成本居高不下，连年上涨。因此拥有一套安全成熟可靠的国产装车控制系统的需求显得很迫切。本文通过一次成功的将进口撬控制系统优化改造为国产控制系统的案例，表明国产装车自控系统完全可以国产化，不仅降低了生产成本，且在性能和操控方面也更为突出。

关键词　国产撬；进口撬；装车自控系统优化改造；国产化

LNG 接收站既是远洋运输液化天然气的终端，又是陆上天然气供应的气源，处于液化天然气产业链的关键部位。近年天然气用量剧增，随着各 LNG 接收站的槽车装车业务量的剧增随着 LNG 点供市场的迅速发展，LNG 槽车成为 LNG 点供的运输主力。

在工控安全形势日益严峻的今天，必须要提高警惕，因此有一套安全成熟可靠的装车控制系统就显得尤为重要。目前江苏 LNG 装车站共有装车撬 20 台，于 2011 年 6 月投产，是目前国内装车能力最大的装车站之一。其中 10 台撬为国产撬装设备，10 台为进口撬装设备。装车控制系统与业务管理系统分为两套：10 台国产撬共用一套；10 台进口撬共用一套。

单台撬装设备将每一个 LNG 装车鹤位内的仪表和设备集成在一个专用的框架结构内，仪表和设备包括低温装车鹤管、低温专用流量计、防静电控制器、压力变送器、装车流量控制阀、气动球阀、批量控制器、IC 读卡器等；LNG 装车撬在生产厂家进行仪表及设备安装、电气连接，完成系统强度和气密测试，系统功能测试，记录测试数据，系统测试合格后出厂，在江苏 LNG 预定安装位置直接进行安装固定。

1　装车自控系统

1.1　现场设备设计

现场采用隔离防爆型设计，做到安全可靠。自动流量调节，现场设置工艺参数，实现定量装车。高亮度文本显示器显示压力信息、温度信息、流量状态、阀门状态、接地开关、故障状态等提示信息。具有防静电、本地急停、远程 SIS 等连锁控制功能。现场设备、通信和仪表光电隔离。

为了避免装车过程中物料与空气摩擦产生静电积累过高引起火灾事故，要求槽车有良好的接地系统，控制仪启动后首先监测接地报警信号，若大于 100 欧姆，则发出接地告警铃声，拒绝执行装车，同时文本显示器显示接地告警信息。

阀门的控制开关的时间可根据文本显示器显示的信息由面板输入。当到达设定的工艺时，控制仪根据工艺要求自动打开与关闭气动阀、电磁阀。对于有回讯状态的阀门的开关状态可直接由文本显示器看出，同时采集阀门位置信息（回讯），该功能主要是采集气动阀门是否开阀或关阀到位，对于普通电磁阀，其不具有阀门位置接近开关，无须采集阀门回讯。

为满足高精度要求下，流量计采用质量流量计，可接收 0-10KHz 的脉冲信号。流量计信号进入控制仪接口板，经电压比较、脉冲整形，光电隔离后进入 PLC 高速输入端，PLC 检测每秒流量计脉冲数，根据系数计算当前秒流量，累计装车量。

采用温度变送器采集气相与液相的温度。

对于低温液化气的装车，考虑到槽车的安全，一开始需先进行对鹤管的吹扫，槽车的泄压、冷车，然后进行装车等操作，及在装车后的吹扫，并在装车过程中进行流量调节。

控制仪上电后，控制仪工作在远程控制工作模式，如果远程控制工作模式没有条件实施，则通过在控制仪上输入控制密码，设置为独立工作模式[1]。

1.2 国产撬装车自控系统

每台撬现场的 RCM-T2 型控制仪可实现与流量计、静电接地开关、温度计、控制阀、压力变送器、温度变送器等组成完整的单机控制系统；可与微机连接实现分布式物流控制系统，实现远程监控，数据共享。RCM-T2 型批量控制仪具有两个 RS485 工业通讯接口，一个接口(PORT1)用来组成工业控制网络，将现场装车信息上传控制室计算机，也可以将计算机的作业命令，参数信息，下发至控制仪，实现远程控制。一个接口(HMI)用来连接文本显示器。(图 1)

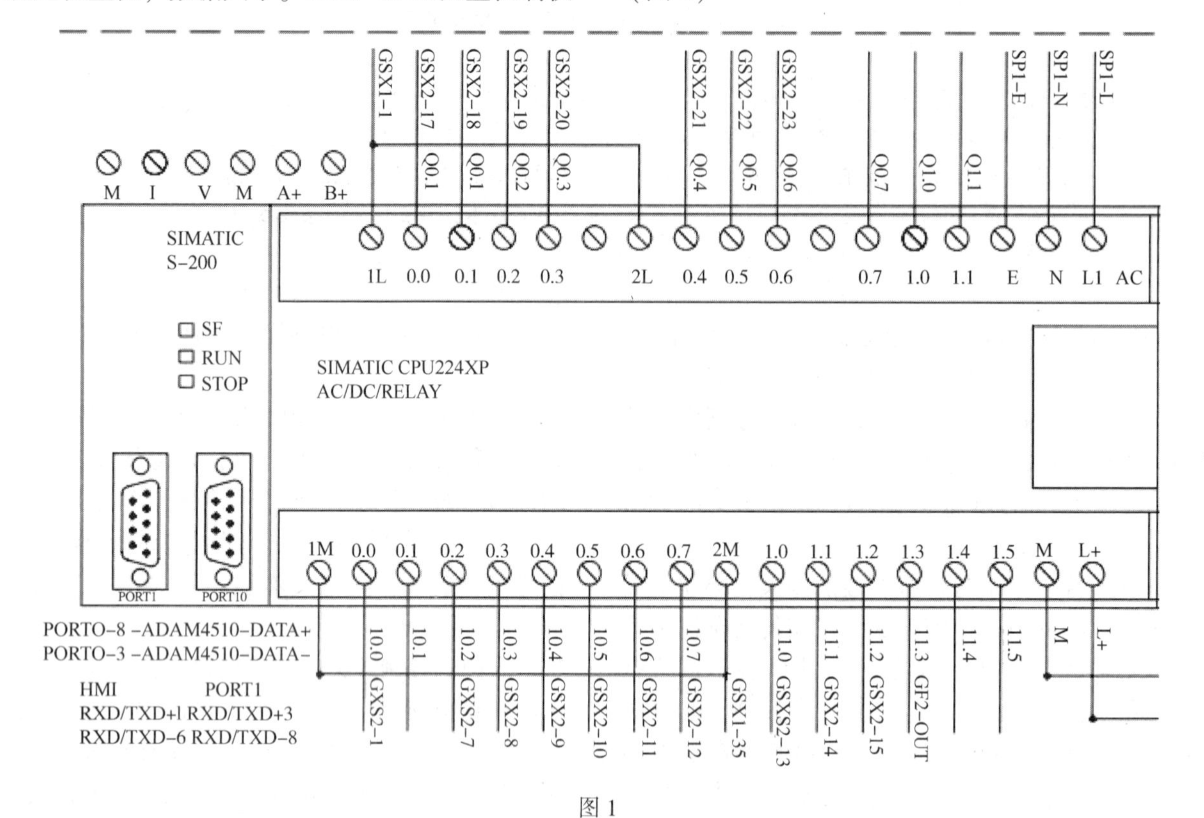

图 1

控制系统硬件主要有高亮度文本显示器、西门子 PLC 控制器、键盘板、西门子 DC24V 电源、防爆壳体组成。其中 PLC 控制器具有，DI/DO 接口、A/D 转换器、RS485 接口、RS232 接口等，完成系统的数据的采集、转换和逻辑计算、控制等功能。

RCM-T2 控制仪安装在现场，对应控制鹤管附近，通过 RS485 通讯与 DCS 连接。独立工作模式指单机独立操作方式，所有控制参数和装车过程操作通过控制仪面板上的按键进行，文本显示器显示装车过程及状态信息、控制状态和系统参数。远程控制模式是指控制仪的装车量由控制室客户端进行下发，控制仪的装车信息实时上传控制室客户端，实现装车作业的集中管理。

国产撬业务管理系统，安装于开票室业务电脑上，通过与 DCS 通讯，实现业务流与数据流的整合。采集 IC 读卡器信号和电子汽车衡信号，实现刷卡制单，刷卡装车，刷卡结算。软件运行于 Microsoft Windows XP 操作系统平台上，通过后台数据库实现数据存储[2]。

1.3 进口撬装车自控系统

进口撬就地批控仪(LOP)只是进行现场装车控制，主要功能有：车辆识别号，在顺序操作模式中，车辆识别号对应于登记的钥匙卡号将由监控系统发出，并显示在这里；储罐识别号，在顺序操作模式中，储罐识别号对应于登记的钥匙卡号将由监控系统发出，并显示在这里；装载设置值，在顺序操作模式中，装载设置值对应于登记的卡号将由监控系统发出，并显示在这里。

监控系统(SVS)是一种计算机系统，包括显示器、键盘、打印机、待机硬盘、

并由操作人员操作。操作人员确定装货数量，授权装载并向卡车司机发放装载 ID 卡。来自卡车 ID 卡读卡器的卡车 ID 信息，从数据库中搜索卡车信息，从数据库中查找 LNG 装载订单，进行装车作业。装车控制台(LCC)位于装车橇和

SVS 之间，LCC 将控制装车橇在 SVS 的加载授权下进行装车[3]。

现场每个装车撬有一个远程 I/O 箱(REMOTE I/O BOX)，内部装有三菱 PLC 的 I/O 卡件，接入流量计、静电接地开关、温度计、控制阀、压力变送器、温度变送器等现场仪表设备。LOP 集成读卡器、控制按钮、功能键等(图2)。I/O 件通过光纤与机柜间内 LCC 内部控制器进行通讯，接收和反馈装车信息。其中 K/L/M/N 撬与 PLC1 相连，O/P/Q/R 撬与 PLC2 相连，S/T 撬与 PLC3 相连，PLC1/2/3 与主控制器 PLC 相连，主控制器通过网线与 HUB 相连，HUB 进行信号分配，分别于 SVS、操作员电脑上，主控制器通过 RS485 与 DCS 进行通讯，将现场装车信息反馈给 DCS(图 3)。

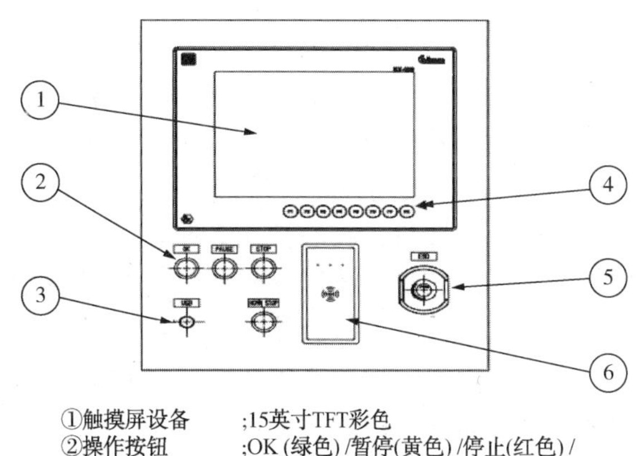

①触摸屏设备　;15英寸TFT彩色
②操作按钮　;OK (绿色) /暂停(黄色) /停止(红色) / 喇叭停止(黑色)
③USB插孔　;仅维护.
④功能键(F1-F8)　;不得使用
⑤紧急停机按钮　;以护板锁住(红色)
⑥读卡器　;LKC (装载钥匙卡)附上

图 2

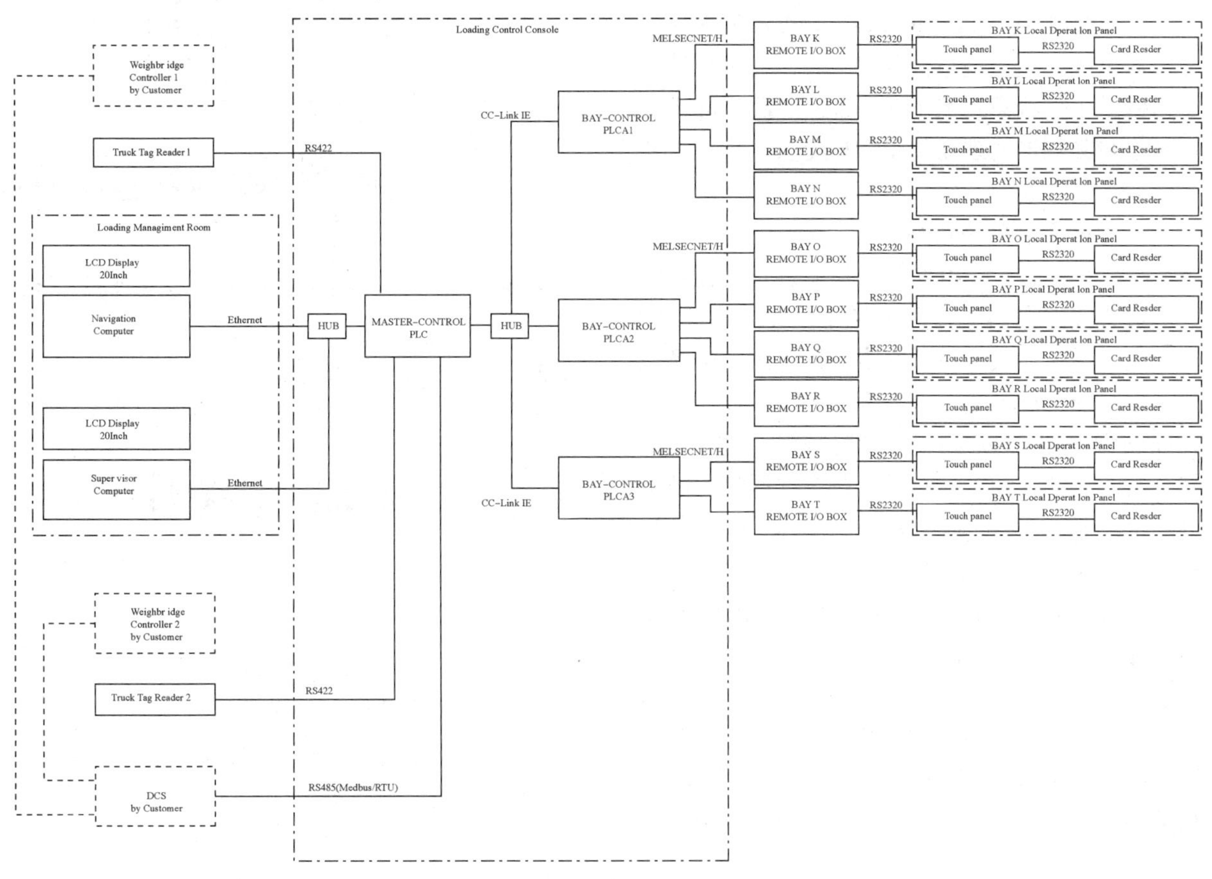

图 3

进口撬业务管理系统由操控员计算机：Windows 服务器 2008 R2 x64，TBM 装载操控员软件；监控员计算机：Windows 服务器 2008 R2 x64，TBM 装载监控员软件，微软 SQL 服务器 2008 组成。监控系统用于创建 LNG 装载计划，LNG 装载的实际数量。监控系统包括 TBM 装载监控员软件、TBM 装载操控员软件、数据库以及两台计算机。操作人员使用操控计算机以及监督计算机。由 TBM 装载监督软件在监督计算机中完成计划注册工作。由 TBM 装载操控软件在操控计算机中完成槽车进入/退出管理工作。需要获得监控员授权方可操作 TBM 装载监控员软件，需要获得操控员授权方可操作 TBM 装载操控员软件[4]。

2 装车自控系统优化改造

2.1 进口撬装车第一次自控系统优化改造

进口装车撬于2011年10月投用，运行至2015年后，出现的故障和问题愈显突出，因为装车撬整体全进口，核心控制系统被外国公司控制。尤其是控制系统程序被加密，操作参数无法及时按实际工况进行修改；现场批控仪选型不当，不能适应现场恶劣环境，触摸灵敏度严重下降，部分撬甚至无法使用。由于装车控制程序和软件被外国厂商所控制，程序修改、软件升级、批控仪更换和维修必须要经过厂商进行服务才能进行而且进口备件采购周期长价格高，导致后续维护无法及时跟上且维护成本高昂。

进口撬现场与LCC的PLC通讯为多撬共用一根通讯线，当出现单台撬故障时，会影响其他正常撬的工作状态；当PLC1/2/3出现死机或故障时，与其相连的现场装车撬均无法进行正常装车作业。

针对这些情况公司与2016年进行进口撬控制系统优化改造。选取两台进口撬进行控制系统国产优化改造，由于江苏LNG国产撬制造商为连云港远洋流体装卸设备有限公司，因此选择该公司进行国产化改造。现场仪表设备不作调整，全部利旧；LCC机柜内只保留现场供电部分，其余与改造的这两个撬相关链路全部拆除，通讯链路接入国产撬系统；现场LOP整体更换为RCM-T2控制仪；REMOTE I/O BOX内三菱PLC的I/O卡件拆除，更换为西门子PLC控制器及相关组件；控制系统程序及操作程序与国产撬一致，一次投运正常。改造结束后，现场控制仪到目前为止未出现一次故障，系统工作正常，操作人员可根据现场实际情况自主进行相关装车参数修改，节约大量维修服务成本，提高工作效率。

2.2 进口撬装车第二次自控系统优化改造

经过第一次改造两台进口撬成功后，在对比目前国内装车撬控制系统使用情况，响应公司降本增效，提高国产化系统在LNG行业应用。本次对剩余八台进口撬进行整体一次性改造，由江苏长隆石化装备有限公司进行改造项目，此次改造不仅针对自控系统改造，还对业务管理系统进行整合。

现场仪表设备不作调整，全部利旧；将远程I/O箱内原有安装板拆除，去除接线。然后将新的安装板按尺寸开孔，固定于远程I/O箱内(安装板上的设备出厂前已完成组配)，进入远程I/O箱的仪表线缆重新接至新系统IO板(图4)安装板上的端子板；拆除原现场就地批控仪，安装新就地批控仪；本次改造现场控制部分NeoBC-100控制单元，NeoBC-100主板(图5)安装NeoBC-100控制单元内，NeoBC-100主板与远程I/O箱内IO板之间以通信电缆连接，与DCS以RS485进行通讯，与上位机以RS485转以太网进行链接(图6)[5]。

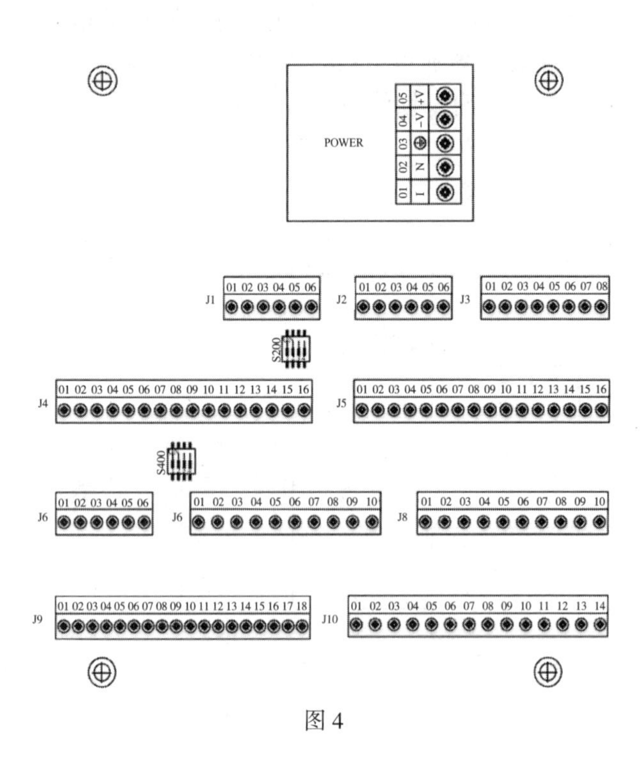

图4

POWER. 24VDC电源模块

J1. 脉冲信号采集端子

J2. 24VDC供电端子 J3. 220VAC供电端子

J4. 开关量输入端子

J5. 模拟量输入输出端子

J6. 通信端子

J7. 开关量输出端子

J8. 开关量输出端子 J9. 开关量输出端子，提供8路220VAC触点

J10. 开关量输出端子

S200、S400. 拨码开关

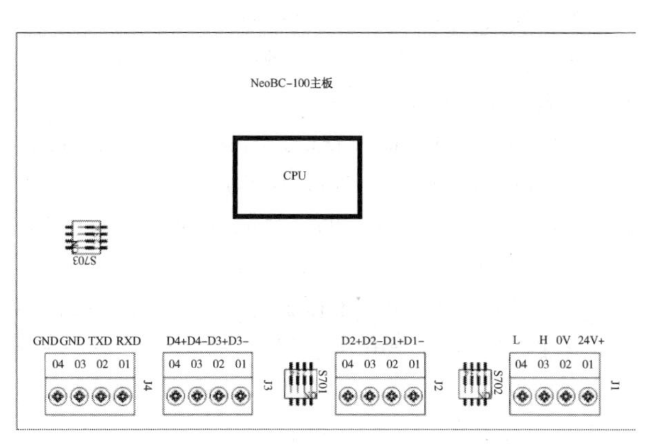

图 5

J1. 24VDC 供电、1 路 CAN 通信端子

J2. 2 路 RS-485 通信端子

J3. 2 路 RS-485 通信端子

J4. RS-232 通信端子

S701～S703. 拨码开关

由于改造前国产撬和进口撬是各自相对独立的业务管理系统，在本次改造过程中，由江苏长隆石化装备有限公司根据我们现场实际需要开发相关软件和操作端程序，利用原硬件设备实现以一套系统替代现有两套系统。最终实现对所有 20 台装车撬的安全、稳定、符合操作规程的定量装车控制，改造结束后，整体项目竣工后一次投用正常(图 7)。

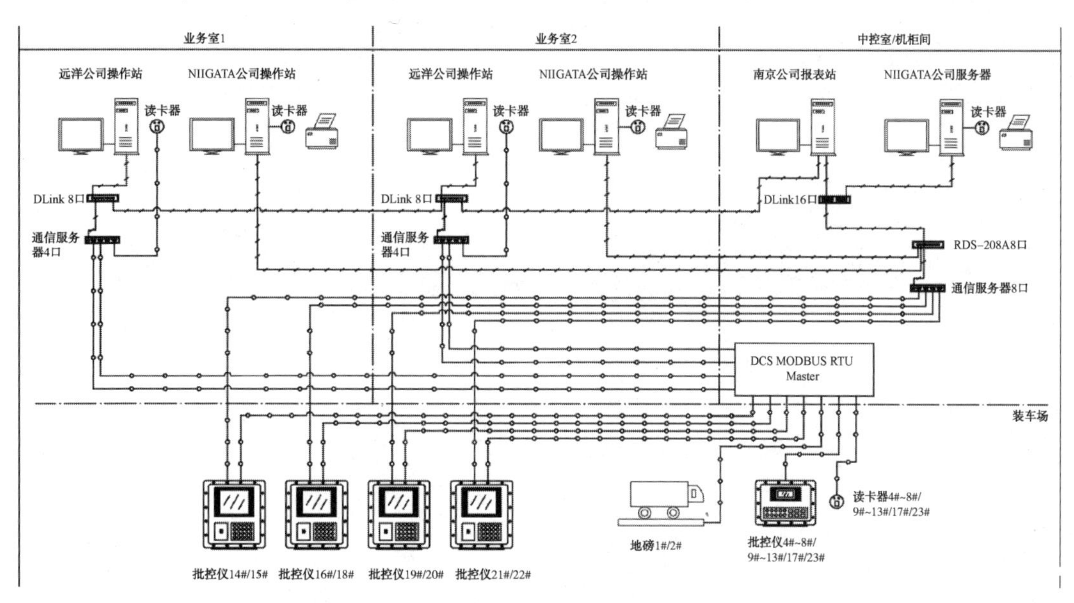

图 6

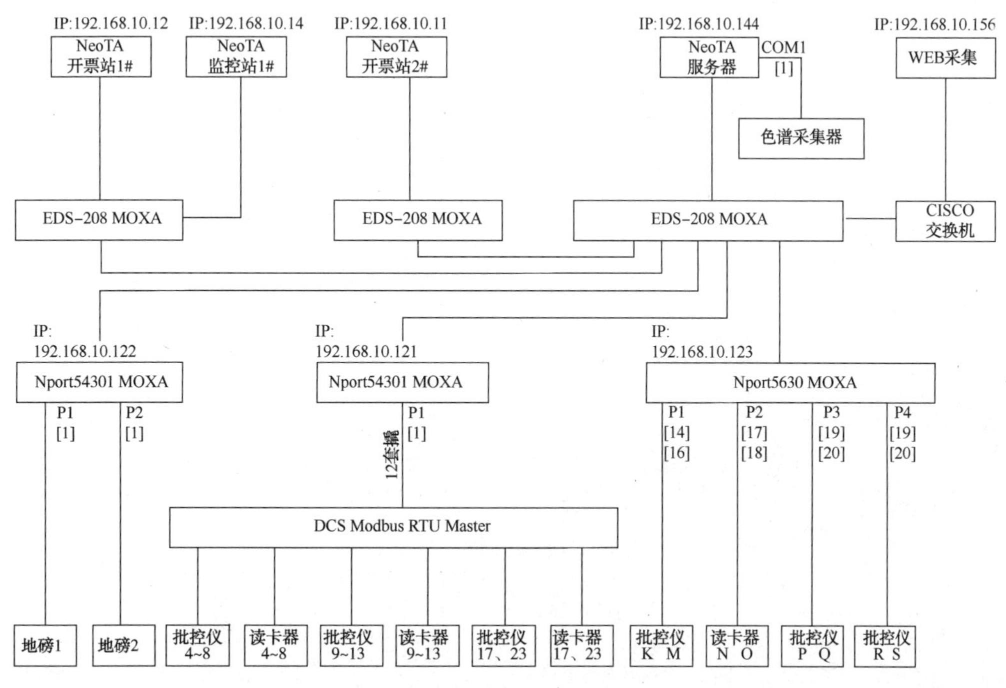

图 7

3 结论

针对此次进口撬装车自控系统优化改造的成功案例，彻底打破了对于在装车控制系统方面外国厂商的垄断，不仅提高了工作效率，而且极大降低了维护成本。江苏 LNG 不仅在设备国产化上又迈出了坚实的一步，而且也为其他接收站的装车自控系统改造或选型及提供了成功经验和选型依据。

参 考 文 献

[1] 连云港远洋流体装卸设备有限公司. LNG 装车撬控制系统操作及维护手册：2011 年 7 月.

[2] 连云港远洋流体装卸设备有限公司. 江苏 LNG 业务管理系统：2011 年 7 月.

[3] Tokyo Bokei Machinery Ltd. Installation, Operation and Maintenance Manual：2011 年 10 月.

[4] Tokyo Bokei Machinery Ltd. Manufacturer´s Data Book 2011 年 10 月.

[5] 上海仰源自动化技术有限公司. NeoBC-100 仪表操作手册(LNG)：2016 年 10 月.

基于自主研发的设备管理信息化实践

蒋钦锋　陈立东

（国家管网集团海南天然气有限公司）

摘　要　设备全生命周期管理重点在于设备台账管理；点巡检管理；维保计划的制定、执行与指挥调度；设备使用的可追溯性、设备运行与检修的实时掌控；现场工作管理、数据统计及工单处理进度控制如依靠手工录入Excel表格，工作量大，数据格式不规范及查询困难。并且由于是人工填写和统计，存在个人理解能力及责任心差异，经常出现无意或有意的数据错误和遗漏。

关键词　设备管理；班组管理；自主研发；信息化

LNG接收站设备全生命周期管理重点在于设备台账管理；点巡检管理；维保计划的制定、执行与指挥调度；设备使用的可追溯性、设备运行与检修的实时掌控；现场工作管理、数据统计及工单处理进度控制如依靠手工录入Excel表格，工作量大，数据格式不规范及查询困难。并且由于是人工填写和统计，存在个人理解能力及责任心差异，容易出现无意或有意的数据错误和遗漏。

为确保设备台账的准确性，设备台账清单由相关设备负责人管理，难以做到更新及时及准确，设备检维修数据管理分散，各部门、各处室、甚至各班组均有自己相对独立的数据资料库，设备建设期及运行期的资料管控分散，资料管理存在重复性工作，较为严重地制约了设备管理水平提升。

检维修班组掌握着设备管理的一手数据，数据统计离不开班组，基础数据统计的多而杂导致班组管理工作繁杂，常由于现场工作紧急导致班组管理工作无序而紊乱，管理水平难以提升。

1　LNG接收站设备管理系统自主研发的主要做法

1.1　依据设备管理的基础及要求，分析软件需求

一是对LNG接收站设备数量、人员数量、组织架构进行分析，系统同时在线人员不超过50人，设备数量5000台以内，同时考虑到系统的安全性，决定采用ORACLE数据库，TOMCAT后台服务器软件，JAVA为后台开发语言，网络架构为CS架构。

二是对管理层级进行分析，为了提高工作效率及处理的时效性，设备管理相关流程不易设置过于复杂，主要分为三个层级：管理与控制级（部门领导），监督和督促相工单及数据采集的执行情况，监控备件的采购进度、合同执行及协调工作；执行与调度级（各处室经理），主要完成工单的审核及分配、数据完整性的审核及监督、备件采购进度的协调和控制等；作业与实务处理及（专业监督与班组人员），业务的执行者和操作者，主要为完成工单录入和处理、基础数据采集以及合同采办的执行工作。

三是对管理流程进行分析，确定软件的主要功能和需求，绘制了详细、明晰的管理流程图，并确定开发策略为先满足基本功能需求，再依据需求逐步完善提高，在此策略下，第一批次上线模块为工单管理、设备资料管理、数据维护等模块，满足设备管理基本需求；第二批次上线采办管理、合同管理、车辆管理、班组管理等模块。

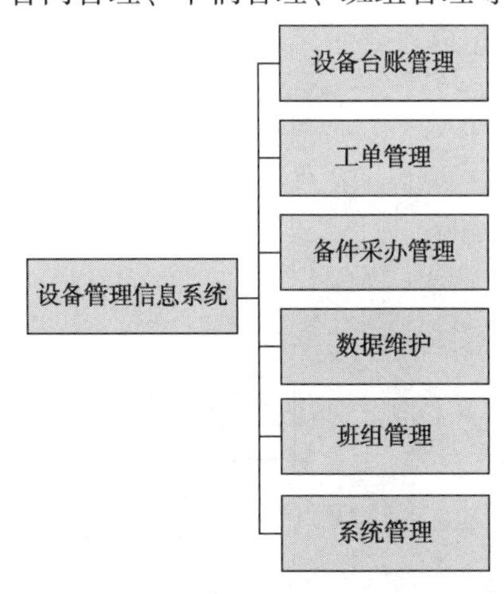

图1　设备管理系统架构图

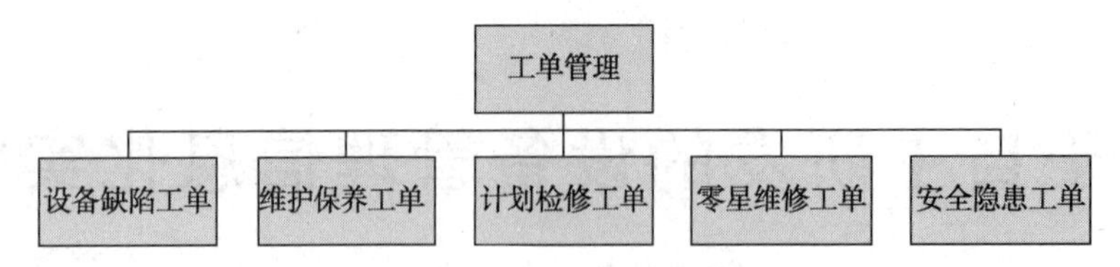

图2　工单管理模块设置

1.2　分工合作，数据收集、软件开发同步进行。

为了整合资源，充分发挥个人特长优势及整体效能，开发人员与数据收集人员采用“统一协调管理，分小组执行”分工合作模式。

1）设备管理系统的开发过程分为：软件需求分析、设计、编码、测试、上线等。每个子过程又由一系列任务和活动组成，如设计过程又可分为结构设计和详细设计，测试分为线下测试和线上联调等。人员架构方面，参考软件项目开发配置，并结合实际人员情况，大致分为项目负责人、系统开发人员及软件测试人员等，项目负责人主要负责项目的进度控制、设计方案及界面的审核及相关协调工作等；系统开发人员负责软件设计、编码、测试等具体开发任务；软件测试人员由各专业抽调工程师负责，主要对照已完成的开发模块与软件需求进行符合度测试。各小组运用“团队学习、系统思考”的学习方法，建立“在开发中学习，在学习中开发”的学习型开发模式，充分发挥了一线工作者敢打敢拼的主力军作用。

2）基础数据采集工作主要分为设备分类、设备参数采集等。主要由各专业抽调专业工程师负责，班组人员参与。依据设备及管理专业实际情况，主要采集的设备参数主要包括设备名称、设备位号、规格型号、技术参数、生产厂家、是否重点设备、原产地、原采购合同号、折旧年限等。

1.3　分析作业程序，重组工单种类和处理流程

借鉴专业开发公司产品经验，并结合公司现场管理经验和工作需求，将工单划分为设备缺陷工单、维护保养工单、计划检修工单、零星维修工单、安全隐患工单、技改技措工单等，梳理并重组了工单处理流程及绘制流程图，确保工单处理流程的合理性、高效性。

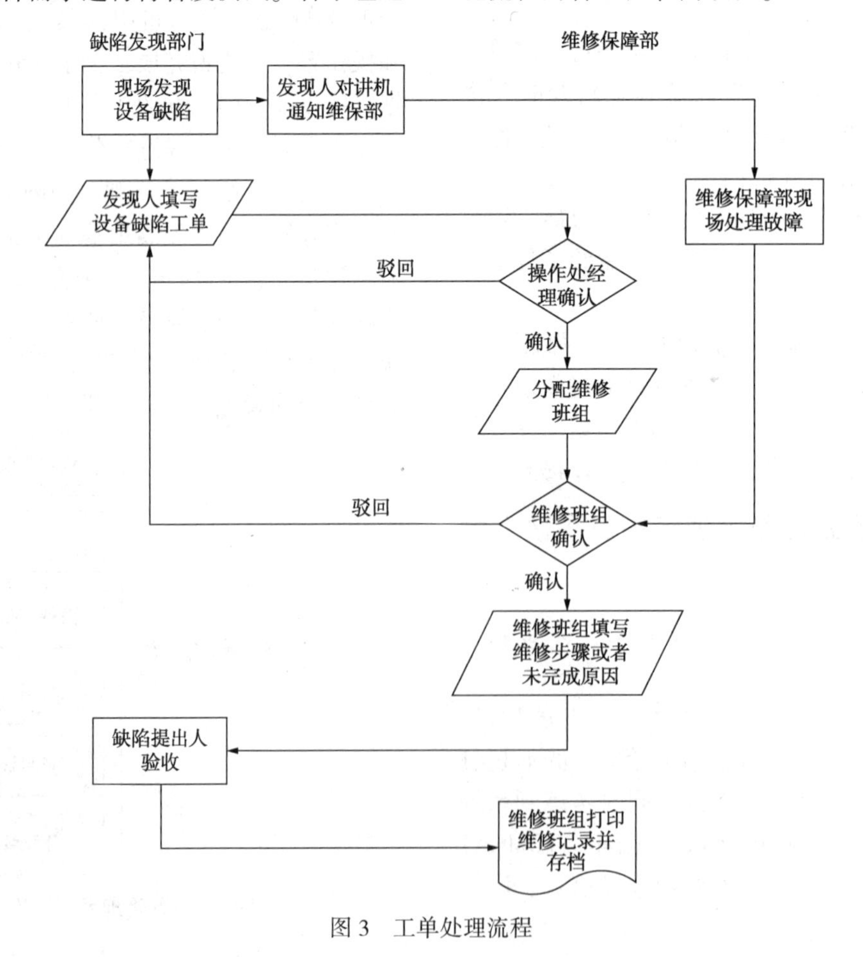

图3　工单处理流程

1.4 坚持以“我”为主原则开发系统

设备管理信息化建设首先应立足于现有的管理经验，同时设备管理人员在系统开发和设计过程中的参与程度决定了系统的质量。系统在开发过程中贯彻全员、全过程参与的以我为主的系统开发，充分挖掘公司内部现有资源，避免了信息化管理起点高、功能冗杂、不适用等问题，系统设计开发人员既是设备管理人员，设备管理人员分工设计数据库相关表的参数设计和定义。界面和工单处理流程的确定通过设备管理工程师审核敲定。极大地提升了公司专业人员的技术与技能素质，为信息化管理系统建成后全面实施高标准运行创造了条件，也使设备管理系统充分满足了设备管理、工单管理、备件管理及人员管理等各项管理功能的实际需要。

1.5 合理展开培训，确保系统的使用率

人员培训是软件实施的一个重要环节，对整个项目的实施至关重要，培训效果的好坏直接影响着系统使用率和数据录入质量。通过系统的培训，使得工作人员掌握软件的功能，准确操作，提高数据准确性，从而保障整个系统的顺利运行。不同用户层次使用的系统角色不相同，使用的内容和侧重点也各不相同，因此针对不同的用户层次提供针对性的用户培训，保障培训效果，让各层次的用户都能熟练掌握系统的相关知识。

普通用户层：普通用户层是设备管理系统的直接使用者，涉及到系统的各方面功能，是对系统功能理解最深、业务最熟悉的用户群，然后普通用户层由于专业的区别，主要使用的功能模块不尽相同，因此针对普通用户将按照不同专业的侧重点进行单独培训，以达到个用户能熟练掌握系统使用的目的。

技术管理层：技术管理人员是工作的审核和分配者，需要熟悉业务处理流程及系统参数和底层逻辑和算法。针对技术管理人员，软件开发人员采用依据需求进行单独培训与持续跟踪协助相结合的方式，确保了数据准确性。

1.6 制定信息化建设考核机制

系统辅助管理提升的程度很大程度取决于基础数据的完整程度。基础数据采集过程中，常常出现应付现象。部分员工对数据填报的要求和实际情况的变化不了解，将上一年或建设期的数据复制、粘贴就算完成任务；甚至在采集数据时不关注表头的要求，随意填写甚至同一项内容填写都不统一、不规范，最后导致数据杂乱无章；甚至错填、漏填，多次返工仍达不到要求。为了避免类似情况发生，确保设备基础数据完整性及持续更新完善，促进信息资源的共享，保证设备管理系统持续完善，真正发挥信息化软件的作用，需要编制一套数据采集和完善的考核机制，实行统一领导、统筹规划、集中管理、分级负责的管理原则。明确各专业负责人、设备管理人员的职责和管理系统使用权限。在数据采集方面对全厂设备进行分工采集，设置采集时间及数据完整性统计功能；工单管理依据工单的种类、等级等信息设置的处理时限，并责任到人，保证系统的规范性和及时性，形成生产管理信息化建设的制度保障。

1.7 辅助功能设计，助力班组管理提升

班组内工作项目多，同一项工作影响因数多。主要工作内容可以分为：设备维护保养、设备故障检修、零星维修、合同与采办执行、班组内务工作(班组工器具管理、资料文件管理、培训管理等等)。设备定期维护保养、设备资料管理、日常巡检等常规内容，受意外因素干扰导致工作量增加和执行困难的可能性少，只要建立完基础数据后，只需做后期修订即可，且修订的工作量不大。设备故障排除的影响因数很多，如个人的技术能力、工作经验甚至是钻研能力，此外设备具体故障性质、设备位置等都会直接影响检修效率和检修质量。

统计工作量大。目前的一线班组人员配置普遍存在较为紧凑，并未配置专业的文控，一线班组员工往往身兼数职，如兼职安全员、文档管理员、安全管理员等“六大员”，内业工作较为繁杂；此外现场工作量“偶然”性较大，按计划实施工作难度大。经常出现因现场工作忙而少统计、漏统计现象。

通过分析班组工作类型，制定统一量化标准将班组工作进行人工时量化，人工时量化班组绩效管理是借助信息化管理系统将班组内各项主要工作按人工时进行量化，以达到客观、公正、公开，尽可能降低人为主观因素影响的目的。班组主要工作人工时量化强调的是标准的统一，数据的全覆盖和客观，同时可操作性强。降低了绩效考核过度依赖主观因数，实现班组月度考核客观公正，标准统一。同时由于是系统自动生成，几乎无人为参与，减少了人力投入，降低了人工成本。

2 LNG 接收站设备管理系统的实施效果分析

2.1 提高了设备管理水平

通过设备管理系统将 LNG 接收站的设备管理模式通过信息化工具来固化，促进了设备管理流程的再造与优化，实现标准化、规范化和精细化设备管理流程，提高设备管理的总体执行效率，通过自主研发设备管理系统，接收站维修部门建立了一整套完善的设备管理基础及其过程数据库，能够实现企业设备资源信息的共享。使设备信息的查询、统计和分析更为方便，使设备管理安全稳定，很好地实现了数据收集、统计、流程控制等功能，极大地提高了数据的准确性，降低了内业工作的人工耗时。同时实现了关键时间节点自动提醒功能，提升了工作执行力。

通过对缺陷消除、维护保养等的实时跟踪，掌握缺陷处理实时动态及备件采购过程跟踪，提高了设备管理工作的效率，实现了对现场工作的实时管控。

系统在开发时充分考虑了设备的日常顺利使用与日常维修保养问题。设备管理系统能实现设备集中计划管理，引入设备维修保养技术标准，实施维修保养计划管理。从而保证设备质量，降低设备故障率和事故率，避免人为原因造成的损失。提高设备可靠性和利用率，减少设备故障停机时间，提升了设备的综合效率；

2.2 具有显著的经济效益

该系统完全自主开发(具有完全知识产权)，具备代码全开放、易于维护等特点。开发时间只占用业余时间，数据库采用的目前市场上主流的 ORACLE 数据库，硬件设备采用公司现有服务器，整个开发零成本，外购同类系统采购一次性投入至少 80 万，后期维护按常规每年 15%计算为 12 万，与外购系统相比，大大节约生产成本。

通过设备管理系统的自动生成功能，自动生成工单及导出报表数据，降低一线员工内业工作量，预计至少可节省 1×4×220=880 人工时/年。

通过设备管理系统数据分析，结合实际使用经验，可以做到合理延长定期大修周期，合理降低维修保养成本、能耗和其他各种损耗，从而降低整体运营成本，节能降耗，提高经济效益；

2.3 减少了数据统计工作量，提高了数据准确性

通过合理设置数据库字段及输入验证，规范用户录入格式，确保了数据录入的准确性和数据质量；依托 ORACLE 强大的数据处理能力，系统设置了大量数据查询功能，极大地方便了数据统计工作，降低了统计分析工作量。

2.4 功能设置合理，实用性强

开发人员来自一线，系统功能高度贴合一线管理需求。系统模块在满足现场工单管理及设备管理基本需求的基础上，根据部门管理需求，开发了采办进度管理、合同进度管理、班组管理、车辆管理等模块，尤其是备件采办进度管理模块，因牵涉公司内部管理程序，要求具有严格的保密性，外购软件很难做到数据的保密和安全性，而本系统基于 ORACLE 数据库、TOMCAT 作为后台服务器软件及局域网技术，很好地满足了保密性及安全性要求。系统操作简单，比较外购软件而言无复杂或多余的功能，且大部分使用人员均直接或间接参与了系统开发和数据收集工作，大大降低了培训工作量，分散少量培训即可上线操作。

2.5 可拓展性强、响应及时

系统开发人员全部来自一线，具有完全自主知识产权，在公司管理体系和制度调整而需要调整或拓展功能模块时，只需开发工程师利用业余时间即可完成，具有对流程的高匹配度、高灵活性、易于维护、响应及时等显著优势。且开发过程培养了一批智能化管理人才，对公司后续的智慧发展提供了人才和技术保障。

参 考 文 献

[1] 杨申仲. 现代设备管理. 机械工业出版社，2012.

[2] 刘宝权. 设备管理与维修. 机械工业出版社，2012.

[3] 黄晓林. 班组长精细化管理. 石油工业出版社，2012.

[4] 倪庆萍. 管理信息系统原理(第 2 版). 清华大学出版，2010.

[5] 前进. 数据库设计与开发. 科学出版社有限责任公司，2017.

[6] Bruce Eckel. Thinking in Java. 机械工业出版社，2002.

数字化交付在LNG接收站上的应用

万 权

（新地能源工程技术有限公司）

摘 要 数字化交付已成为流程工业里工程数据交付模式的发展方向，具有良好的应用推广价值。本文介绍了数字化交付技术的重要性，结合工程实例论述该项技术在项目实施中的工作内容和应用优势，并为工厂智能运维的应用拓展提供方向，可供LNG产业的数字化技术发展借鉴。

关键词 数字化交付；LNG接收站；三维；数字化设计；全生命周期

数字化交付是流程工业里近年兴起的新型技术，是相对于传统交付更为智能的一种工程数据交付方式。随着国内外企业对工程效率、质量、数据追溯、工厂智能化等要求不断提高，数字化交付技术在各类流程工业里得到快速发展。数字化交付指以工厂对象为核心，对工程项目建设阶段产生的静态信息进行数字化创建直至移交的工作过程。通过数字化交付可将工程信息标准化、数字化、集成化，在同一平台上实现工程信息跨厂区、专业、人员、阶段的共享传递，从而保证工程信息的及时性、准确性。数字化交付的成果为一个以平台存储工程数据，并与现场实际相符的数字孪生工厂。

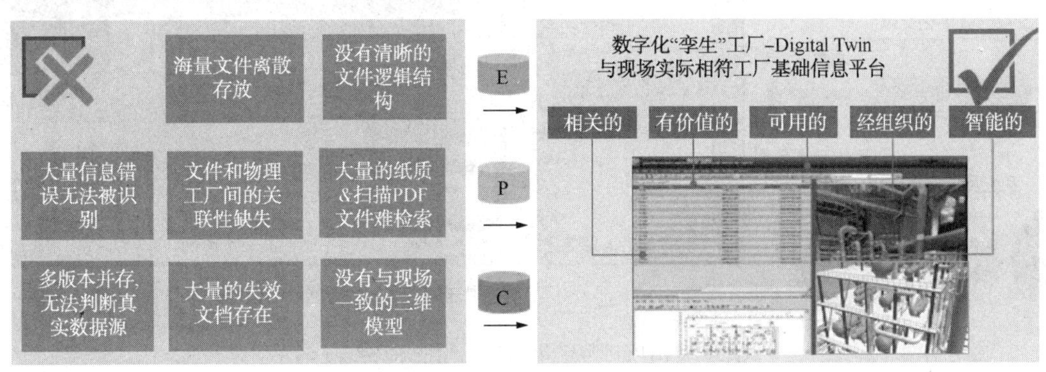

图1 传统交付向数字化交付的转变

1 LNG接收站使用数字化交付的原因

LNG接收站类型的工程建设项目，通常有着内容复杂、参与的专业和人员众多等特点。在传统的工程交付模式下，工程人员往往通过线下的方式，通常以纸质或电子文件进行数据传递、信息沟通，这样造成大量的信息孤岛出现，使得工程信息传递不及时、数据源不统一、格式众多、版本混乱等问题，影响交付物的质量，并对效率、成本和数据后应用等多方面形成压力。利用数字化交付手段可提升整个接收站工程建设的综合管理水平，保障工程效率和质量，控制材料量，保证整个工程的实施。通过数字化交付可将各专业产生的工程数据、文档、三维模型建立起关联关系形成一个有机的整体后进行交付，内容涵盖了设计、采购、施工等板块的设计和建设成果。采用数字化交付的主要优势如下：

通过数字化交付可保证数据在各阶段、专业和人员间实现线上的及时共享传递。

数字化交付定义了严格的三维模型深度，可有效避免施工现场的碰撞发生，提升工程建设质量。

数字化交付的基础是以数据库为核心的数字化设计，保证了工厂对象的一致性和准确性，从设计上避免了零部件和材料的“错选”、“遗漏”、“数量缺少”等问题。

依靠直观的界面和方便的操作，工程人员更容易对工程建设过程中实现方案优化，从而选择最经济和安全的方案。

数字化交付实现了管理对象的三维可视化查

询，点击任何设备或元件，在内容浏览器中就可以显示出该选中元件的相关所有工程数据和文档。

数字化交付通过整合工程建设各阶段数据，形成工程数据中心，为后续的智能工厂应用提供数字基座，形成智能运维相关应用。

2 数字化交付在设计阶段的应用

舟山 LNG 接收及加注站项目(简称舟山项目)定位于国际航运船舶 LNG 加注基地，兼顾舟山群岛及新区未来可持续发展对清洁能源的需求，还可作为浙江省天然气的应急、调峰储备，是国内规模最大、功能最全的接收站之一。图 2 是我司对舟山项目的数字化和智能化的技术路线规划。

本项目分为三期工程，我司为实现项目的标准性、准确性和实效性，采用 SmartPlant 系列软件，通过统一的数字化设计和交付平台实现不同厂区、专业和人员间的数据协同，目前完成一、二期工程的数字化交付过程。SmartPlant 系列软件主要包括 SPP&ID(智能 PID 设计)、SPRD(材料库设计)、S3D(三维设计)、SPF(信息集成与数字化交付)等，它们以 SPF 为基础实现数据协同。

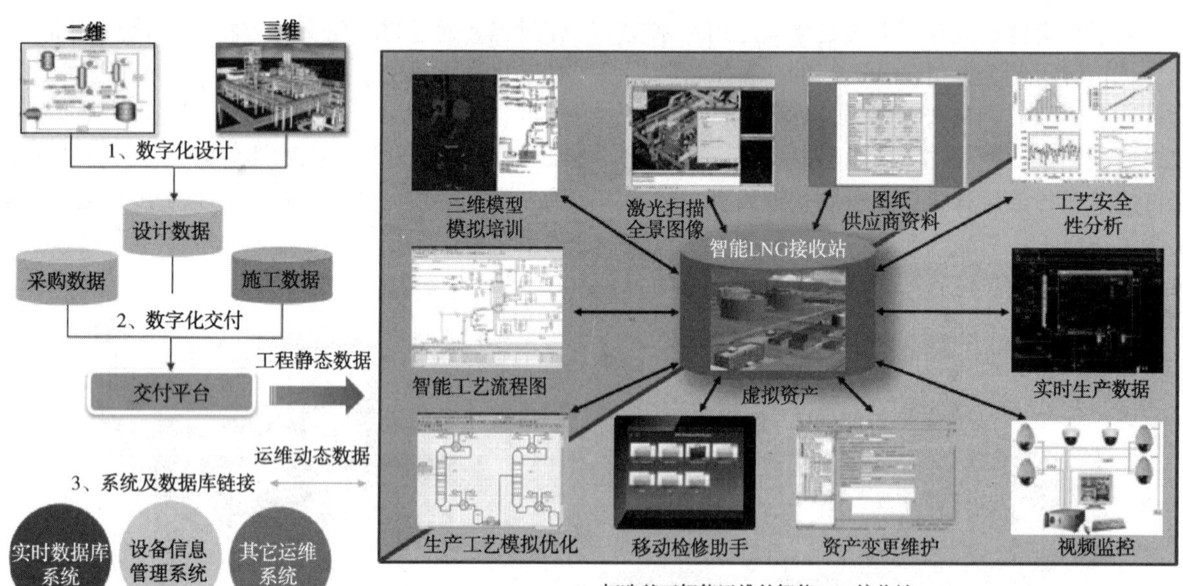

图 2 舟山项目数字化和智能化技术路线规划

2.1 智能 P&ID 的设计

工艺 P&ID 设计是整个工程设计的龙头，数据的质量和实效性影响整个项目过程。舟山项目使用 SPP&ID 完成所有智能 P&ID 的设计，实现数据文件的快速输出，并通过信息集成线上为下游过程提供数据，如下是主要应用内容：

2.1.1 图例符号定制

我司根据本项目的数字化交付规定并结合设计规范的要求，对 P&ID 首页图里的图例例符号进行了整理，进而在软件里实现定制，如图 3 所示。

图 3 图例符号定义

2.1.2 数据字典定制

数据字典是针对 P&ID 里的对象进行属性定义的功能，可满足后期快速输出报表的要求，并能为下游专业软件的数据共享提供条件。本项目通过数字化交付规定定义各对象的属性，完成设备一览、管线特性等报表的快速输出，并通过信息集成环境将工艺数据线上传递至仪表设计、三维设计软件，打破信息沟通壁垒。

2.1.3 智能 P&ID 的绘制

智能 P&ID 与传统 P&ID 的主要区别是前者是以数据为中心的图纸，绘制智能 P&ID 图纸前需要为项目创建工厂结构，而后在指定工厂结构下完成图面绘制和属性录入，进而对整个项目的 P&ID 图纸进行协同管理。

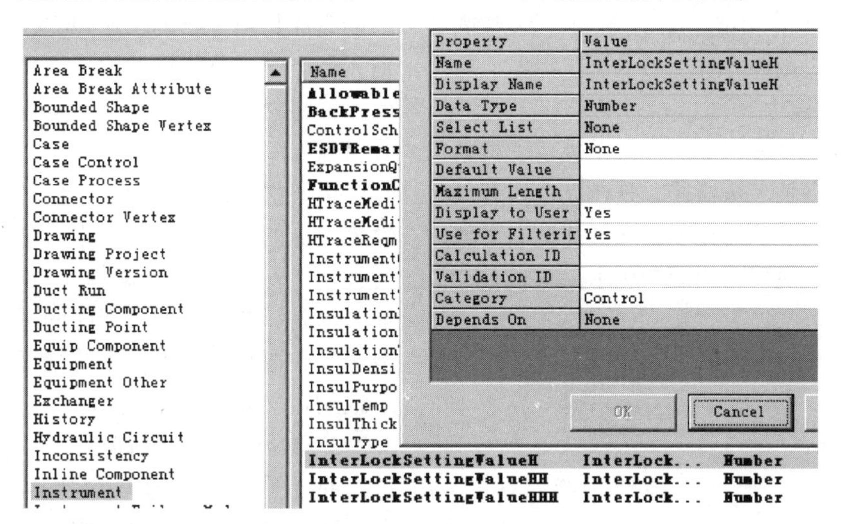

图 4 对象的属性定义

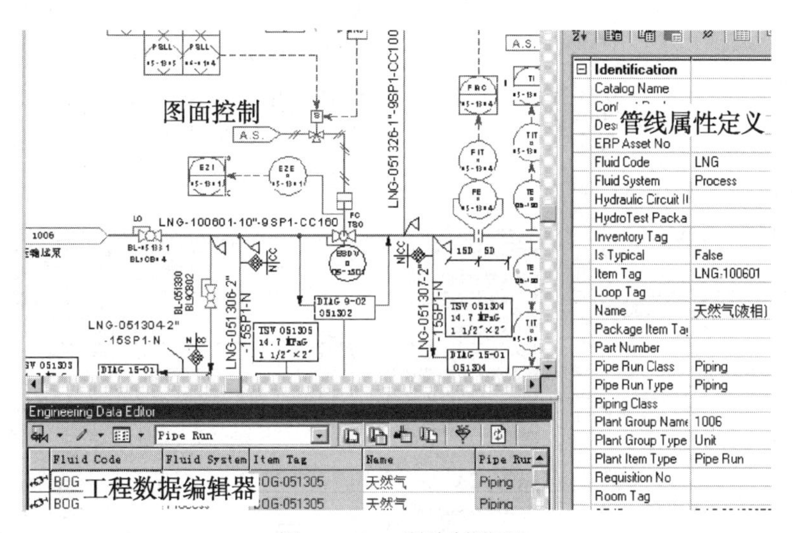

图 5 P&ID 图绘制界面

2.1.4 二次开发

在绘制智能 P&ID 图的过程中，属性录入是工作量较大的工作。对象的属性一般分为两类：一是唯一性属性，如设备位号和管线号等；另一类则是非唯一性属性，如操作温度、压力、密度等工艺参数。唯一性属性是绘制图面时就定义好的，内容简单，非唯一性属性的数据则定义复杂，而且极其出错。为此，我司对非唯一性属性的录入进行了二次开发，可实现非唯一性属性的批量加载和修改。

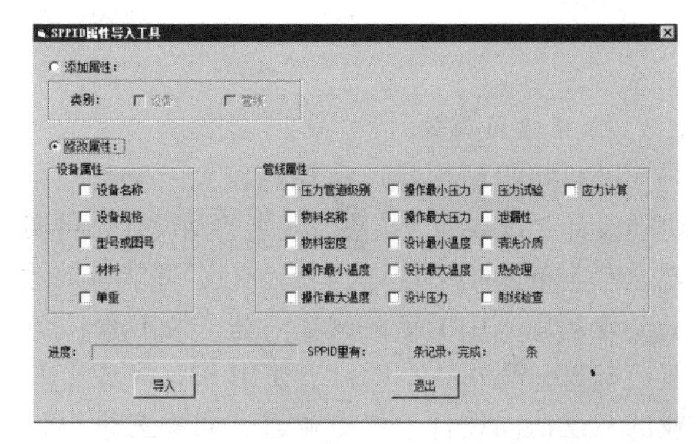

图 6 非唯一性属性的二次开发工具

2.2 材料库的设计

在三维工厂设计前期，需要在三维设计软件中为项目里的各专业定制材料库。传统建立材料库的方法，通常是纯文本或 excel 文件等，这些建立方式虽然自由，但由于文件与文件之间，属性与属性之间都不具备关联性，造成材料编码混淆、材料描述错误和尺寸输入工作繁重等问题。本项目利用 SPRD 的功能很好地解决了这些问题，如下是主要应用内容：

2.2.1 材料编码建立

材料编码规则是材料库的核心，规范了材料分类、属性定义、长、短描述，是建立合理有效材料编码库的基础。我司在项目开展前定义了整套编码规范和相关说明，如图 7 所示。

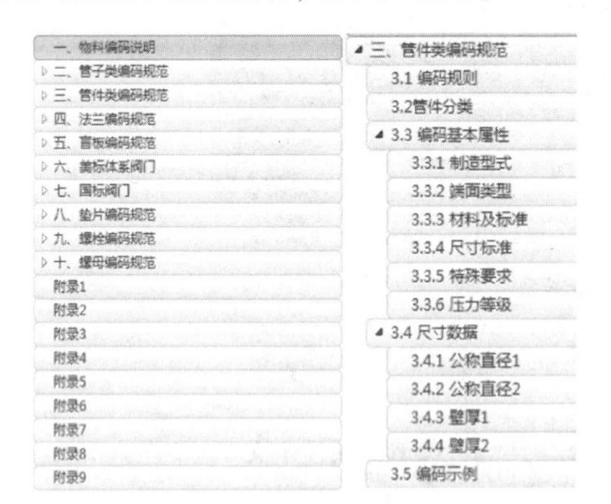

图 7 材料编码规范

通过统一的材料编码规则指导整个项目的材料编码的定义，提高了整个项目材料的标准性、唯一性和准确性，大幅减少工程成本。

2.2.2 材料等级建立

本项目材料种类繁多、选择性多样，需要多人协同参与才能更好地完成材料等级的设计。在确定材料编码后，我司利用 SPRD 里的等级管理功能完成材料等级的快速建立，材料设计人员根据元件类型、材料属性快速地找到对应的材料编码，并将材料编码挂接唯一码规则，进而快速生成材料唯一识别码。

由于材料编码是根据元件的大小类和材料属性来建立的，所以在等级中对材料确定编码时只需找到大小类和材料属性，查找过程由软件完成，这是一个快速并且智能的过程，不会出现材料编码在逻辑关系上乱串的情况。项目里某材料等级的定义界面如图 8 所示。

2.2.3 外形尺寸数据挂接

对于不借助 SPRD 手动录入外形尺寸的过程，通常在制作数据过程中占用很长时间，而且极易出错，主要原因是材料的类型和属性没有和尺寸进行关联，导致每个唯一码都要手动输一次外形尺寸。本项目通过外形尺寸和材料编码的挂接，大大减少了重复输入外形尺寸的工作量，并且降低多次录入时的人为误操作概率。

Seq	Short Code	Group	Part	Optior	Commodity Code	Tag Number	Commodity Code Layout
10	PIP	P	PP	1	PPPABRBBAWCAAGZ		PIPE, ASME-B36.19M, BE , ASTM A312 Grad
10	PIP	P	PP	1	PPPABRBBAWCAAGZ		PIPE, ASME-B36.19M, BE , ASTM A312 Grad
20	PIP	P	PP	1	PPPABRBBAZK2AAA		PIPE, ASME-B36.19M, BE , ASTM A358 Grad
30	PIP	P	PP	1	PPPABQBBAZK2AAA		PIPE, ASME B36.10M, BE , ASTM A358 Grad
30	PIP	P	PP	1	PPPABQBBAZK2AAA		PIPE, ASME B36.10M, BE , ASTM A358 Grad
30	PIP	P	PP	1	PPPABQBBAZK2AAA		PIPE, ASME B36.10M, BE , ASTM A358 Grad
40	CAP	B	CAP	1	BCAPABMBBA2AZZZZ		管帽, ASME B16.9, 对焊 , ASTM A403 Grade
50	CAP	B	CAP	1	BCAPABMBBA2BZZZZ		管帽, ASME B16.9, 对焊 , ASTM A403 Grade
60	B90	B	B9L	1	BB9LABMBBA2AZZZZ		90度长半径弯头, 1.5D, ASME B16.9, 对焊 , AS
65	B<90	B	B9L	1	BB9LABMBBA2AZZZZ		90度长半径弯头, 1.5D, ASME B16.9, 对焊 , AS
70	B90	B	B9L	1	BB9LABMBBA2B2AAA		90度长半径弯头, 1.5D, ASME B16.9, 对焊 , AS
75	B<90	B	B9L	1	BB9LABMBBA2B2AAA		90度长半径弯头, 1.5D, ASME B16.9, 对焊 , AS
80	B45	B	B4L	1	BB4LABMBBA2AZZZZ		45度长半径弯头, 1.5D, ASME B16.9, 对焊 , AS
85	B<45	B	B4L	1	BB4LABMBBA2AZZZZ		45度长半径弯头, 1.5D, ASME B16.9, 对焊 , AS

图 8 材料等级定义

2.3 三维协同设计

LNG 接收站项目通常规模较大，采用三维协同设计，以数据为核心、规则驱动设计，可实现全专业布置可视化、开料精细化，并能有效地避免现场施工中的错漏碰缺问题，为工程质量奠定基础。我司在本项目上使用 S3D 完成全专业的三维协同设计，各专业通过同一三维设计平台完成线上的数据提资、方案沟通、设计成品文件输出等过程，如下是项目里的主要应用内容：

2.3.1 应用定制和开发

三维设计是整个数字化设计过程中参与人员最多、产生数据量最大的一个环节，为了保障数据的质量，减少设计人员的重复工作量，软件后台会做一些辅助的定制，常见为以下三类：

三维外形符号类定制—保证可视化效果。本

项目中完成流量计、非常规桥架部件、各类阀体和操作机构等。止回阀外形定制前后效果如图 9 和 10 所示。

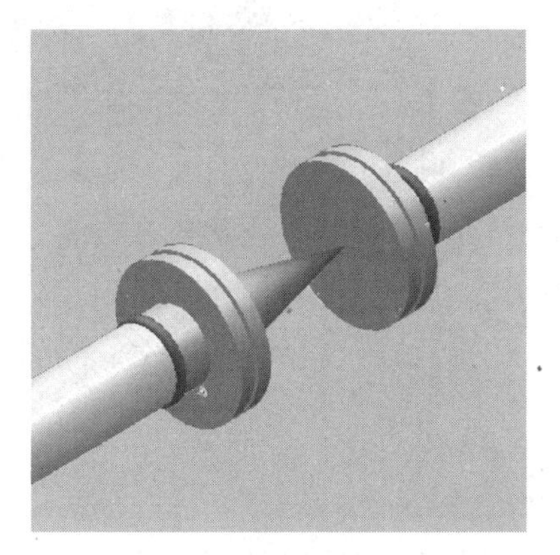

图 9　软件自带外形

图 10　定制后的外形

自动化处理类工具—保证数据的准确性，并能减少人工参与的工作量。本项目中完成各类命名规则、常用 Label、属性处理工具等的开发。

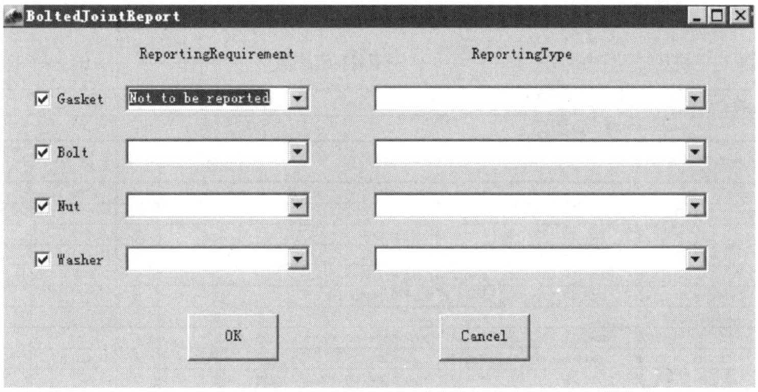

BoltedJointReport

ReportingRequirement　ReportingType

Gasket　Not to be reported

Bolt

Nut

Washer

OK　Cancel

图 11　紧固件开料属性批量处理工具

实体支吊架类外形库—保证材料外形和数量的准确性。实体支吊架外形和其他三维外形优化同属三维外形定制的范畴，但对三维设计的目的、实现手段、技术领域均不相同。由于 S3D 自带的支架库基于国外标准，这样导致无论外形和数据都不能应用于国内项目，为了保证本项目的高质量三维数据模型，我司开发了基于 HG/T 21629-1999 标准的支架材料库，如图 12 所示。

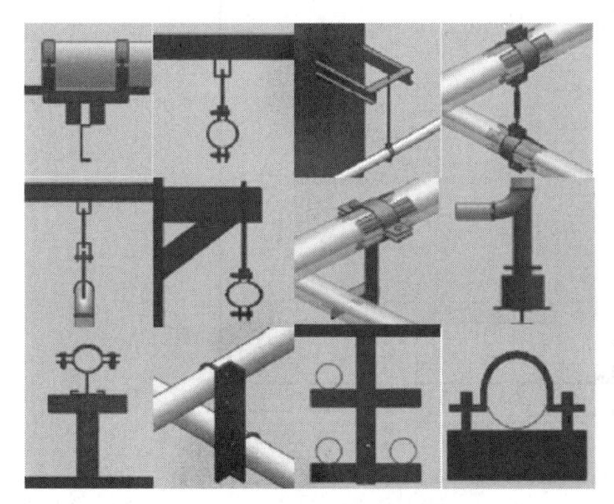

图 12　支架三维效果

2.3.2　全专业协同设计

全专业在同一软件上进行三维协同设计可大大提高工程设计质量。本项目参与专业包括管道、设备、总图、结构、建筑、消防、给排水、仪表、电气专业，通过使用 S3D 将这些专业放在了同一空间，进行高度协同的设计配合，将设计做到了极致精细化，管道真实放坡，以前难以处理的支吊架和密集复杂的小管道也全部真实布置，保证了设计模型与真实接收站的一致，不仅实现了传统设计难以企及的设计零碰撞，并将所有设计数据附着在三维模型上，使得模型不再是空洞的躯壳，而是所有设计信息的载体。舟山项目一、二期全专业数字化模型如图 13、图 14 所示。

2.3.3　成品文件输出

三维设计的成品文件供后期采购施工使用时通常是二维格式，与传统二维设计直接绘制成品文件不同，三维设计的成品文件可以从模型中一键抽取，便利了出图过程，并可以按需要抽取不同专业、区域和视角的图纸，简单快捷，出图模板可复用。由于成品文件是数据库存储，所以如果有设计变更，可直接在线更新相关成品文件。本项目通过定义各专业出图风格模板，让设计成品文件一键生成。

图 13　舟山项目一期数字化模型

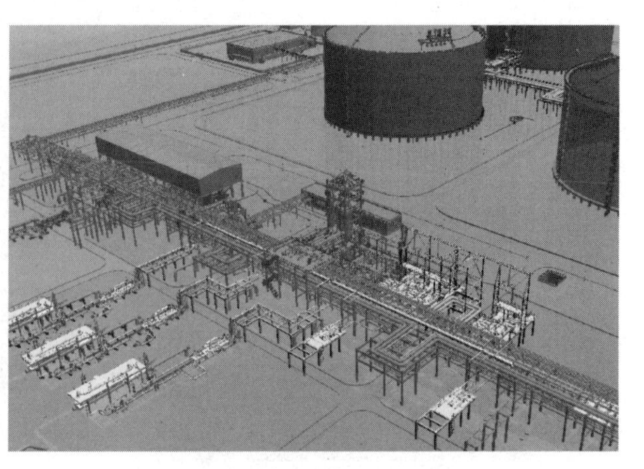

图 14　舟山二期项目数字化模型(着色部分)—基于同一平台的扩建

新地能源工程技术有限公司 Xindi Energy Engineering Technology Co., Ltd.

专业 SPECIALTY：配管　　设计阶段 PHASE：施工图

管道材料汇总表

工程名称 PROJECT：新奥（舟山）液化天然气有限公司 浙江舟山液化天然气（LNG）接收及加注站二期项目

设计项目 UNIT　　图纸编号 DWG NO

设计 DESIGN　校核 CHECK　审核 REVIEW　审定 APPROVE　日期 DATE　版次 REV.

序号	名称及规格	材料描述	单位	数量	重量(kg) 单	重量(kg) 总
一、	管子					
1	无缝碳钢管					
	1 in S-40	管子，ASME B36.10M，BE，ASTM A106-B，无缝，S-40	米	44.07		
	2 in S-40	管子，ASME B36.10M，BE，ASTM A106-B，无缝，S-40	米	485.14		
	3 in S-40	管子，ASME B36.10M，BE，ASTM A106-B，无缝，S-40	米	0.57		
	4 in S-40	管子，ASME B36.10M，BE，ASTM A106-B，无缝，S-40	米	244.81		
2	无缝不锈钢管					
	1/2 in S-40S	管子，ASME-B36.19M，BE，ASTM A312 Grade TP304 (UNS S30400)，无缝，S-40S	米	12.7		
	3/4 in S-40S	管子，ASME-B36.19M，BE，ASTM A312 Grade TP304/TP304L，无缝，S-40S	米	15.42		
	1 in S-40S	管子，ASME-B36.19M，BE，ASTM A312 Grade TP304 (UNS S30400)，无缝，S-40S	米	1.23		
	1 in S-40S	管子，ASME-B36.19M，BE，ASTM A312 Grade TP304/TP304L，无缝，S-40S	米	188.17		
	1 in S-80S	管子，ASME-B36.19M，BE，ASTM A312 Grade TP304/TP304L，无缝，S-80S	米	3.88		
	2 in S-10S	管子，ASME-B36.19M，BE，ASTM A312 Grade TP304 (UNS S30400)，无缝，S-10S	米	244.28		
	2 in S-10S	管子，ASME-B36.19M，BE，ASTM A312 Grade TP304/TP304L，无缝，S-10S	米	57.43		
	2 in S-80S	管子，ASME-B36.19M，BE，ASTM A312 Grade TP304/TP304L，无缝，S-80S	米	15.24		
	3 in S-10S	管子，ASME-B36.19M，BE，ASTM A312 Grade TP304/TP304L，无缝，S-10S	米	2.89		

图 15　管道材料汇总表

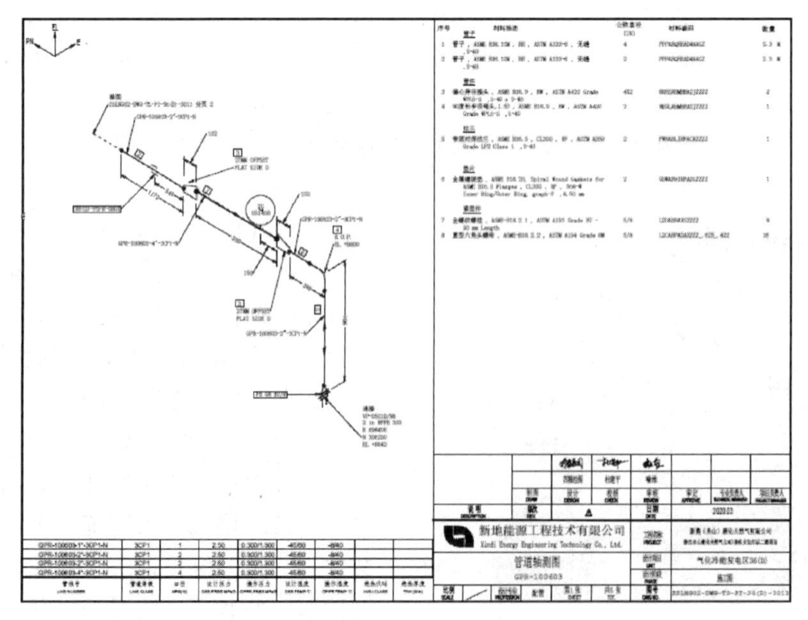

图 16　管道 ISO 图

2.4 信息集成

信息集成是数字化设计的基础，通过配置集成环境，可实现数据跨软件的自动化传递，保证数据源的唯一，并对版本进行了管理。本项目通过使用SPF，实现工艺、仪表及管道数据的线上共享，减少了以往多接口多次输入带来的不必要错误，保证了数据的一致性，实现专业软件间数据级无缝连接。在集成环境中，通过数据驱动，保证了二维逻辑设计与三维空间布置设计的校验，并实现参数化建模。

3 数字化交付在采购阶段的应用

工程材料费用占项目总成本比重较大，所以材料成本是成本控制的重点。为了降低成本、压缩投资、增加风险管理，舟山项目通过数字化交付手段，利用材料的唯一码特性，在设计阶段完成精确的材料统计，并将材料实现到采购、施工、物流到现场分包单位的材料管理，定性、定量地在项目建设过程中处理设计、请购、询价、技术和商务评标、采买、催交、运输、接收、仓库管理和发料。据项目中统计数据，帮助整个工程建设期间减少材料采购费用约2%，提高项目进度约4%，从材料层面降低了采购和时间成本。本项目的材料管理流程如图18。

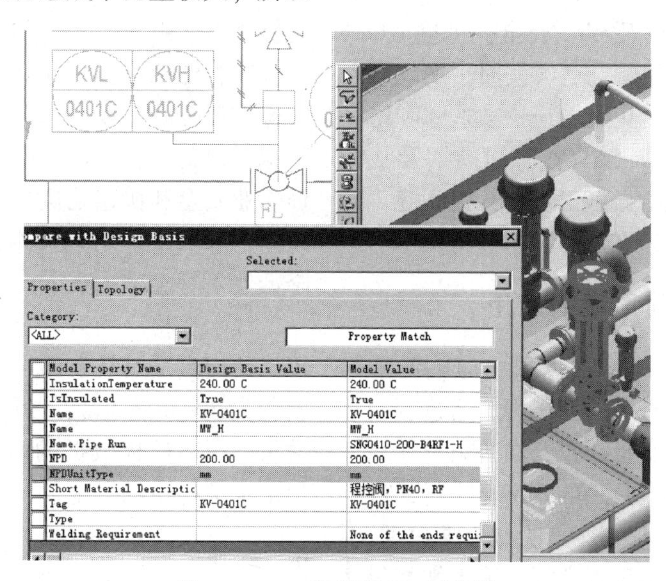

图17 P&ID数据驱动三维设计

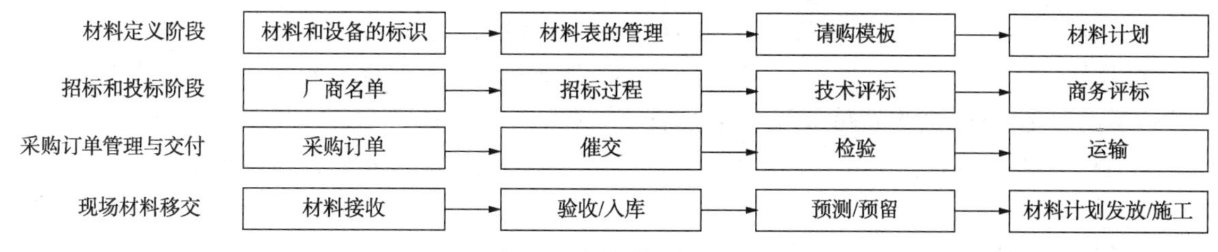

图18 材料管理流程

4 数字化交付在施工阶段的应用

舟山项目通过数字化交付生成了全专业的三维数字化模型，通过结合施工单位的工期和造价信息，将三维应用拓展到四维、五维，实现对施工所需信息的同步提供，如进度成本、清单，施工方在此基础上对成本做出预测，并合理控制成本。同时，施工方通过三维数字化模型对施工方案进行了模拟，如材料的加工和安装，不仅可以直观地体现施工的界面、顺序，从而使总承包与各专业施工之间的施工协调变得清晰明，而且将四维施工模拟与施工组织方案相结合，使设备材料进场，劳动力配置，机械排版等等各项工作的安排变得最为有效经济地控制。如下是项目里的主要应用内容：

4.1 施工方案模拟

根据数字化交付产生的准确数据，结合施工工艺流程，利用模型进行施工模拟、优化，选择最优施工方案，生成四维模拟演示视频并提交施工部门审核。特别是对于局部复杂的施工区域，进行三维数字化模型重点难点施工方案模拟、优化，生成方案模拟文件提交审核，并与施工部门、相关专业分包协调施工方案。

4.2 施工进度模拟

将二维施工进度计划与三维数字化模型进行整合，以四维的形式直观的反应在人视线中，让项目管理人员可以清晰地了解整个工程进度安排，并及时发现每个环节的重点、难点，方便制定并完善合理可行的进度计划，保证整个项目实施过程中人力、材料、机械安排的合理性。

4.3 施工管理应用

施工现场信息采集（质量、安全、进度）并与三维数字化模型关联，参与各方实时了解现场状况；施工工艺优化问题记录、讨论、追踪和解决，保障施工顺畅，为项目节省时间周期及成本。以三维数字化模型指导施工现场，提高施工质量，减少施工错误及返工。

5 数字化交付在运维阶段的应用

为减轻本接收站生产运维过程中面临的成本、产量、安全、管理等各方面压力，通过利用舟山一、二期的数字化交付成果，在舟山三期完成工程建设后实现整个接收站的数字化交付，进而链接各类运维数据库系统，实现与运维数据、业务数据的实时融合，借助大数据、人工智能等数字化技术参与到工厂的自动预测、优化管理和辅助决策过程中，最终建立成可供智能运维的智能 LNG 接收站。

建成后的智能 LNG 接收站可保障整个接收站的安全运行、降本增效，主要（不限于）应用场景包括以下五类：

与设备信息管理系统集成—在三维模型上聚焦和调阅特定设备的档案信息，实现设备设计资料、制造资料、采购信息、运维信息、改造信息、更新报废信息、备品备件信息等全生命周期的数字化管理。可以大大降低查阅纸质或电子文件带来的时间和人力成本。

与实时数据库系统集成—查看设备在实时数据库（DCS/SCADA）中的运行工况、实时参数，调用查询管道流量、温度、压力等通过现场测点得到的实时数据，把设备监控系统的数据和三维模型进行关联，实现生产管理可视化和预测性维护。可以减少生产设备停机时间，降低设备维修成本，通过延长设备的有效生命，降低设备资产投资幅度，并能为生产提供预报警，提前处置各种问题，避免事故发生、保证生产平稳运行。

与画面监控系统集成—调取现场实时监控画面，实现现场监控与三维模型浏览相结合。可以纠正员工的不规范操作，促进其工作积极性，从而提高生产效率。

三维模拟培训—训练和评估工人进行各种模拟操作任务和作业，如设备设施操作模拟，吊装模拟，设备拆装模拟，应急演练培训等。可以保证作业安全和快速地执行，大幅度缩减设备拆装时间，降低维护培训成本，提高维护培训效率，降低停工等生产损失。

线上巡检—通过自定义巡检路线，运行人员可以便捷浏览路线上的设备及系统，并且可以查看各类运行状态信息。可以减少巡检时间、人员数量，提高巡检数据的质量，由于是线上过程，保证了巡检中的安全。

6 结论

随着数字化交付技术的应用和普及，使得工程建设的管理过程，由过去的纯图纸和文件的管理转化为同一数据库的管理，不仅提高工程质量和效率，并使整个过程具有可追溯性，还可为后期智能运维创造条件，实现整个工厂的全生命周期管理。

参 考 文 献

邵珠江．集成系统在油气田消防给排水设计中的应用［M］．北京：鹰图智慧心声，2015：119-123.

液化天然气接收站关键设备和材料国产化

白改玲　贾保印　邓国安　杨天琦

（寰球工程项目管理（北京）有限公司）

摘　要　我国已建成液化天然气（LNG）接收站22座，接卸能力超过了9000万吨/年。在建和规划的LNG接收站还有数十座，因此关键设备和材料的国产化对于行业发展和技术提升举足轻重。本文分析论述了LNG接收站中的LNG潜液泵、气化器、BOG压缩机、9%Ni钢等关键设备和材料的技术特点及难点，介绍了国产化的应用情况，指出了尚未实现国产化的设备和材料的技术难题和努力方向。

关键词　LNG接收站；关键设备和材料；国产化

1　概述

LNG的主要成分为甲烷，是一种清洁高效的能源，热值约为$2.16\times10^{10}J/m^3$，LNG长距离运输更方便、更安全，与管道输送一起成为天然气国际贸易主要方式。2019年世界LNG贸易总量为354.73MT，日本进口LNG居世界第一，达到76.87MT，占全球总量的21.7%，中国进口LNG居世界第二，达到61.68MT，占全球总量的17.4%。

《天然气发展“十三五”规划》明确了“十三五”期间的供气目标，《关于加快储气设施建设和完善储气调峰辅助服务市场机制的意见》进一步明确了储气设施建设的目标要求。在政策的引导下，国内积极开展在建LNG接收站的扩容及新建LNG接收站的规划，为满足LNG接收站项目的快速高效建设，其中关键设备和材料的国产化迫在眉睫。

2　LNG接收站建设情况及关键设备和材料

截至2019年9月，我国已建成LNG接收站22座，接收能力9035万吨/年。其中中石油、中石化、中海油三大公司接收站17座，能力为8230万吨/年，全国占比91%；地方国企和民营企业建有接收站5座，接收能力为815万吨/年。

LNG接收站的主要设备包括LNG卸船臂、LNG低压输送泵、BOG压缩机、再冷凝器、LNG高压输出泵、LNG气化器、槽车装车撬、海水泵等。LNG储罐材料主要包括9%Ni钢、9%Ni钢焊材、低温钢筋，绝热材料泡沫玻璃砖、珍珠岩、玻璃棉、玻璃纤维布等，还有低温管道、阀门、管件等。

3　关键设备国产化情况分析

3.1　气化器

LNG气化器的作用是将液态天然气气化成气态天然气，再经过调压、计量后送进输气管网。LNG气化器主要有三种，分别为开架式海水气化器（ORV）、中间介质气化器（IFV）、浸没式燃烧型气化器（SCV）。

（1）开架式海水气化器

ORV是LNG接收站海水气化系统的核心设备。气化器工作时，LNG从下部总管进入，然后沿着呈幕状结构的LNG换热管上升，与海水换热气化后成常温气体送出，海水从上部进入，经分布器分配后成薄膜状均匀沿幕状LNG管下降，使管内LNG受热气化。ORV性能安全可靠，运行成本低廉，但由于提供热源的海水进出口温差较小，温降通常不超过5℃，以致开架式气化器设备比较大，投资较高。

在国内ORV产品研制成功之前，全球ORV产品主要由日本住友（SUMITOMO）和神户制钢（KOBESTEEL）两家厂商所垄断。

国内主要有江苏中圣高科技产业有限公司、四川空分设备（集团）有限责任公司、甘肃蓝科石化高新装备股份有限公司、中国船舶重工集团公司第七二五研究所等4家单位生产制造ORV。四川空分制造的处理能力为180t/h的ORV在中石油唐山LNG接收站投产应用，并于2013年通过中国机械工业联合会科技成果鉴定。甘肃蓝科制造的处理能力为165t/h的ORV在中石化北海

LNG 投产应用，并于 2013 年通过中国机械工业联合会和甘肃省科学技术厅科技成果鉴定。中船 725 所制造处理能力为 200t/h 的 ORV 在中石油如东 LNG 投产应用，并于 2016 年通过工业和信息化部科技成果鉴定，2020 年 2 台 ORV 应用于广州燃气 LNG 接收站项目。江苏中圣制造的处理能力为5t/h 的 ORV 在中海油福建LNG 接收站完成低温实流测试，处理能力为 157.5t/h 和 165t/h 的 ORV 分别在中海油海南 LNG 接收站和中石化北海 LNG 接收站投产应用，并于 2016 年通过中国石油和化学工业联合会科技成果鉴定。上述成功的应用案例标志着 ORV 成功实现国产化。

国产 ORV 价格约200 万美元/套，进口 ORV 价格约 300 万美元/套，ORV 的国产化有效降低了设备采购成本。

（2）中间介质气化器

IFV 是以海水为热源，丙烷为中间换热介质，将高压 LNG 进行气化的装置，适用于杂质含量高的海水条件，是 LNC 接收站的关键设备。IFV 气化器是将二组管壳式换热器和一组 U 型管换热器叠加在一起，利用低沸点的丙烷作为中间介质来气化 LNG。海水从 IFV 侧下方进入，加热密闭容器底部的丙烷使其气化，气化的丙烷蒸汽在密闭容器顶部与 LNG 换热，使得 LNG 气化为天然气，而丙烷蒸汽冷凝降落到容器底部。IFV 占地面积小但价格较为昂贵。

此外，在非沿海地区或海水质量较优的 LNG 储备站中分体式 IFV 经常被用于 LNG 的冷能发电，此时 IFV 换热器不采用钛合金，总体造价较低。

进口 IFV 主要供应商仅日本神户制钢(KOBESTEEL)一家，在上海 LNG 接收站和浙江 LNG 接收站的供货超过 10 台。国内航天科工哈尔滨风华有限公司、江苏中圣高科技产业有限公司现已具有供货业绩，航天风华制造的处理能力为 175t/h 的 IFV 在中海油浙江 LNG 项目投产应用，并于 2016 年通过中国石油和化学工业联合会科技成果鉴定。江苏中圣制造的处理能力为 193t/h 和 175t/h 设备在中石化天津 LNG 接收站投产应用，该设备的国产化，打破国外技术垄断，是我国技术创新、获得自主知识产权的重要成果。

（3）浸没燃烧式气化器

SCV 是水浴式换热器，由水箱、加热盘管、气体燃烧室及其他附件组成。燃料气在燃烧室中与鼓风机提供的助燃空气混合并燃烧，燃烧产生的气流与水箱中的水直接换热，通过控制燃料气的量来控制水箱中的水保持恒温或控制天然气出口温度稳定。LNG 换热盘管浸没在水中与水进行热交换。气化过程中 SCV 消耗自身气化产生的天然气的 1%~2%作为燃料，因此 SCV 的运行成本较高。然而，相对于其他气化器而言，SCV 具备结构紧凑，占用空间小，易于快速启动等优点。

进口 SCV 主要供应商包括德国林德 SELAS-LINDE、日本 SUMITOMO、韩国 WONIL T&I，韩国 WONIL T&I 的 SCV 技术源于日本 SUMITOMO，国内供货业绩接近 30 台。

2014 年，渤海装备辽河热采机械公司、江苏液化天然气有限公司、中国寰球工程有限公司正式启动了 SCV 国产化的联合研发工作，并成功研制国内首台处理能力 200t/h 的 SCV，并于 2016 年在江苏 LNG 接收站正式投用，设备功能运转正常，完全满足了 LNG 的气化工艺要求，为我国 SCV 产业开发和市场推广奠定了良好的开局。江苏中圣制造的处理能力为 196.1t/h、178.5t/h 和 207.8t/h 设备分别在中石化天津 LNG 接收站、青岛 LNG 接收站投产应用。

以上三种气化器的国产化，标志着我国在 LNG 气化领域已突破技术屏障，相关技术及产品不再受国外技术垄断的限制。

3.2 低压输送泵和装船泵

低压输送泵和装船泵安装在 LNG 储罐泵井中，是一种在低温环境下使用的高速离心式潜液泵，作为动力输出设备将罐内 LNG 加压后送到下游设备或实现装船功能。

进口低压输送泵主要供应商包括日本 NIKKISO、日本 EBARA 和美国 JC CARTER，共计 100 余台国内接收站供货业绩。2011 年瑞典 ATLAS COPCOI 收购 JC CARTER 公司低温泵业务，2015 年 NIKKISO 收购了 ATLAS COPCO 的 JC CARTER 低温泵业务。国内大连深蓝泵业有限公司、杭州新亚低温科技有限公司、北京长征天民高科技有限公司研制了 LNG 潜液泵。大连深蓝已有中海油广西 LNG 接收站、天津 LNG 接收站（$Q=290\text{m}^3/\text{h}$，$H=229\text{mLC}$，$P=155\text{kW}$）、浙江 LNG 接收站（$Q=430\text{m}^3/\text{h}$，$H=256\text{mLC}$，$P=250\text{kW}$）、福建 LNG 接收站、珠海 LNG 接收

站($Q=460m3/h$，$H=245mLC$，$P=155kW$)、山东东明 LNG 项目($Q=200m^3/h$，$H=405mLC$，$P=58kW$)、漳州 LNG 接收站($Q=430m^3/h$，$H=256mLC$，$P=250kW$)等供货业绩，主要业绩产品参数范围 $Q=230\sim460m^3/h$、$H=193\sim256mLC$，并于 2016 年通过中国机械工业联合会科技成果鉴定。杭州新亚已有陕西液化天然气有限公司杨凌 LNG 项目($Q=200m^3/h$、$H=900mLC$)、江苏泓海能源有限公司江阴 LNG($Q=360m^3/h$、$H=158mLC$)接收站等项目业绩。北京长征天民高科技有限公司已有江苏如东 LNG 接收站三期扩建工程中低压输送泵的业绩($Q=460m^3/h$、$H=280mLC$)。

此前国内接收站的低压输送泵多为日本进口，进口的低压泵价格约 50 万美元/套，供货周期约 20 个月。随着设备国产化后，该设备的价格及供货周期有望大幅降低。

3.3　高压泵输送泵

LNG 高压输送泵的作用是将从再冷凝器出来的 LNG 加压后输送到气化器，是大型 LNG 接收站必不可少的关键设备之一。目前该类泵的供货主要垄断在 NIKKISO、EBARA 等少数几家公司手中，已经建成的大型 LNG 接收站或调峰项目中各类高压输送泵主要依赖进口，进口 LNG 高压泵价格约 100 万美元/套，供货周期约 20 个月。

国内大连深蓝泵业有限公司在高压输出泵的研制和工程化已有陕西燃气杨凌 LNG 调峰站($Q=236m^3/h$，$H=900mLC$，$P=400kW$)、浙江 LNG 接收站($Q=385m^3/h$，$H=1805mLC$，$P=1400kW$)、珠海 LNG 接收站($Q=185m^3/h$，$H=2235mLC$，$P=900kW$)、嘉兴平湖 LNG 调峰储运库接收站($Q=166m^3/h$，$H=1526mLC$，$P=560kW$)、深圳 LNG 接收站“互联互通”接收站($Q=424m^3/h$，$H=2086mLC$，$P=1800kW$)等供货业绩。国内大连深蓝泵业与中海油气电集团正在联合开展高压泵液压涡轮机的相关研究，取得一定的进展。

3.4　低温 BOG 压缩机、BOG 增压机

BOG(Boil-off gas，BOG)压缩机是 BOG 处理系统的核心设备，通过处理 BOG 来控制 LNG 储罐的压力。BOG 压缩机分为常温 BOG 压缩机和低温 BOG 压缩机，二者不同之处在于压缩机入口 BOG 温度和 BOG 处理方式不同，常温 BOG 压缩机入口 BOG 温度在-30℃以上，通过压缩增压后直接送入输气管网，低温 BOG 压缩机入口 BOG 温度在-160~-150℃，经过压缩升压后送入 BOG 再冷凝器或直接输送至管网。低温 BOG 压缩机一般采用无油往复式压缩机，主要有立式迷宫式和卧式对称平衡式两种结构。

进口低温 BOG 压缩机主要供应商包括日本 IHI、日本 KOBE STEEL、瑞士 BURCKHARDT 和美国 DRESSER-RAND，在国内 LNG 接收站已有 30 余台的供货业绩。2014 年德国 SIEMENS 收购 DRESSER-RAND 公司，保留 DRESSER-RAND 的品牌名称及执行团队。国内沈阳远大压缩机有限公司制造的 BOG 立式迷宫式压缩机(Q=6t/h，吸入压力 0.11MPa，排出压力 1.8MPa)于 2013 年在中石油泰安 LNG 投产，同年通过中国机械工业联合会新产品鉴定。2016 年沈阳远大被瑞士 BURCKHARDTI 收购多数股份，成为中外合资公司。浙江强盛压缩机制造有限公司制造的 BOG 卧式对称平衡式压缩机(Q=14t/h，吸入压力 0.1MPa，排出压力 0.87MPa)于 2015 年通过中国机械工业联合会样机鉴定，2017 年在中石化青岛 LNG 投产。

此前，BOG 压缩机主要由日本和瑞士生产，现国内已基本具备各种 BOG 压缩机的设计、制造和供货能力，该设备的国产化，成功打破国外垄断，跻身国际技术水平前列，较国外同类产品节约投资 40%，缩短制造周期 3 个月以上。

3.5　卸船臂

LNG 卸料臂是 LNG 接收站和天然气液化厂连接 LNG 船舶与陆上 LNG 管线的重要设施，国际上生产 LNG 卸料臂的厂家屈指可数，目前全球制造该产品的厂家有法国 FMC、日本 NIIGATA，德国 SVT，英国 EMCO 等。产品供货基本被欧日厂家垄断，设备供货、维护费用高，供货周期长。大型 LNG 卸料臂整体配重结构设计与已经成熟的国产大型船用输油臂类似。与输油臂相比，LNG 卸料臂设计、制造和检验的主要难点在于材料深冷处理、旋转接头设计及低温动态试验、紧急脱离装置设计及可靠性、快速连接接头可靠性等。

卸料臂的安装工艺已实现了国产化，但生产工艺尚未取得突破，将成为 LNG 接收站关键设备国产化步伐中最后攻克的技术难点。国内具有大型 LNG 卸料臂技术储备和大口径低温旋转接

头制造能力的主要有江苏长隆石化装备有限公司和连云港远洋流体装卸设备有限公司两家企业，上海冠卓海洋工程有限公司也开展了相关研制工作。

长隆石化成立于2011年11月，2008年开始实施流体装卸臂市场的开发。主要产品有输油臂、鹤管、LNG卸料臂、LNG计量装车橇系统等，已完成了16寸LNG装卸臂的旋转接头样机制造，按照EN1474-1的规定开展低温性能试验，并通过法国船级社(BV)认证。首台16寸卸船臂已经在中海油江苏滨海LNG接收站工程中应用，项目正在建设中，尚未投产。

远洋流体成立于1994年，系中远集团(COSCO)全资子公司。已有多台国产最大尺寸(20寸)输油臂的供货业绩。该公司从2002年起开始研制低温乙烯船用装卸臂，技术主要来源于德国SVT公司，2006年开始研制国内首批LNG槽车装车臂，2009年1台10寸的低温乙烯卸船臂在天津乙烯项目投产，2011年开始研制趸船LNG加注设备，在国内已经具备4寸LNG加注臂的供货业绩。拥有旋转接头试验台、超低温深冷处理装置、脱缆钩拉力试验机等装置和先进的材料检验和探伤设备，在国内同行业中具有较强技术实力。16寸卸船臂已经在浙江温州华港LNG接收站工程中应用，项目正在建设中，尚未投产。

3.6 再冷凝器及填料

再冷凝器是BOG处理关键设备，其主要作用是提供LNG和BOG混合及传热传质空间，使两者充分接触完成BOG的冷凝；同时，再冷凝器也作为LNG高压泵入口缓冲罐，防止LNG高压泵发生气蚀。再冷凝器处理能力与BOG压缩机匹配。

再冷凝器是圆筒式压力容器，结构上分填料床和存液区两部分。填料床由不锈钢拉西环或鲍尔环等填料自由堆积而成，底部设有填料支撑格栅，顶部安装液体分布器，用来将LNG均匀分布在整个填料层，增大LNG与BOG的接触面积。存液区保证液体停留时间，为LNG高压泵吸入端提供缓冲。

再冷凝器的填料供应商主要有拉西格和苏尔寿，均具有成熟的工程应用业绩，由于工程项目中通常只设置1台再冷凝器，所需要填料体积通常约16m^3，用量较少，一次性投资占LNG接收站工艺设施投资份额极小。

3.7 海水泵

LNG接收站通常采用海水作为LNG气化热源，或作为全厂消防用水的水源。海水通过自流或者取水管道经闸板、过滤器等引入海水池，然后经海水泵提升进入海水管网。

鉴于LNG接收站潮位落差大的特点，工艺海水泵和海水消防泵均为立式长轴、湿坑型、单基础安装，属于立式斜流泵(介于离心泵和轴流泵之间)，海水从泵吸入口进入叶轮，通过多段筒体后由出口排出，传递动力的立式长轴也由多段组成，长轴的稳定性也直接影响泵的运行及易损件的寿命，需要对立式长轴的稳定性专门研究。此外，海水泵流量较大，为LNG接收站气化器提供热源，其可靠性直接影响接收站的正常运行，属于接收站的关键设备。

进口海水泵供应商主要包括德国TERMOMECCANICA、德国KSB、美国FLOWSERVE、美国XYLEM、日本TORISHIMA、日本EBARA和意大利HANSA-TMP，国内已有超过60台供货业绩。

中石油唐山LNG接收站通过对国内同类装置海水泵运行技术指标的调研，确定国内厂家有能力提供满足接收站需要的产品。2012年，湖南耐普泵业有限公司和中石油唐山LNG项目联合研制的海水泵新产品鉴定会在京举行。经专家鉴定首台套国产化海水泵符合相关标准和规范要求，产品主要技术指标达到了国际先进水平，可以在新建LNG接收站项目中推广应用。2013年11月，该海水泵在唐山LNG接收站项目试车成功，其综合性能达到了国际同类产品先进水平。2014年10月，中国机械联合会委托国家工业泵质量监督检测中心对海水泵的性能进行检验，检验结果为运行效率、震动、噪音等各项性能参数全部符合设计值要求，等同甚至优于国内同期进口设备的技术性能。参考国内其他LNG接收站同期进口的海水泵价格，4台国产海水泵节约投资近600万元。此外，国内上海泉凯泵业集团有限公司、上海阿波罗机械股份有限公司、湖南长泵科技有限公司分别在浙江LNG接收站($Q=7550m^3/h$，$H=43.9m$)、中石化北海LNG接收站($Q=7300m^3/h$，$H=30.4m$)、中石油大连LNG接收站($Q=9180m^3/h$，$H=32m$)有应用业绩。

3.8 槽车装卸车撬

LNG 槽车装车撬的作用是将储罐内的 LNG 传送到 LNG 槽车内。

目前具有 LNG 接收站装车撬生产及应用业绩的国内厂家较多，装车撬厂家具备成撬资质及能力，装车臂、控制系统能够自行生产，但撬本体上的低温阀门仍然以进口为主。国内的控制系统一般都由厂家自行生产，配合其自身装车撬使用，但将自身控制系统与其他厂家的装车撬配套使用则较为困难，控制系统与原有控制系统的兼容是实施过程中的关键所在。

目前只有中石油大连 LNG 接收站和江苏如东 LNG 接收站进行了原厂家控制系统改造，由国内厂家将原有控制系统并入自身控制系统。

目前国产装车橇已在国内多个 LNG 接收站中成功应用，有效降低了采购及运营成本，节约了采购时间。但对于不同国外厂家装车撬控制系统的兼容问题，需要国内厂家深入研究。此外，装车撬上低温阀门的国产化问题需进一步研究。

3.9 LNG 装车撬系统

此系统包括 LNG 装车臂、质量流量计、批量控制器、流量调节阀、气动开关阀、静电接地器、读卡器、开票装车管理系统。现在 LNG 装车系统中大部分设备已实现国产化，但其中关键的仪表，如质量流量计，国产的水平还比较差，基本都使用的是美国艾默生或德国 E+H 公司的流量计。

4 关键材料国产化情况分析

4.1 9%Ni 钢

9%Ni 钢是一种低碳调质钢，使用温度最低可达-196℃，在低温度下具有良好的初性和高强度，相比于奥氏体不锈钢和铝合金具有热胀系数小、经济性好的特点。早期建设的国内 LNG 项目大部分采用国外进口板材，除了大鹏 LNG 接收站、上海 LNG 接收站、福建 LNG 接收站一期用的是 ASTM A553 TYPE1 牌号 9%Ni 钢板，国内其他已建和在建 LNG 项目储罐均采用 EN10028 X7Ni9 牌号 9%Ni 钢板。

9%Ni 钢典型生产厂家有比利时 ARCELOR、日本 NIPPONSTEEL、德国 THYSEEN KRUPP 和德国 SALZGITTER。国内钢铁公司最早于 2005 年开展 9%Ni 钢生产技术攻关，陆续实现 9%Ni 钢国产化，取得全国锅炉压力容器标委会技术评审。2008 年，太原钢铁厂成功产出 9%Ni 钢并应用于东莞九丰 LNG 接收站、江苏如东 LNC 接收站和大连 LNG 接收站项目，此后，南京钢铁集团有限公司、鞍山钢铁集团有限公司也成功生产符合 LNG 储罐使用的 9%Ni 钢。鞍钢股份有限公司具有中石油唐山 LNG、中石化北海 LNG、中海油福建 LNG 项目业绩。太原钢铁(集团)有限公司具有中石油如东 LNG、大连 LNG 项目业绩。南钢股份有限公司具有中石油如东 LNG、大连 LNG 唐山 LNG、中石化北海 LNG、天津 LNG、青岛 LNG、中海油天津 LNG、广西 LNG 等 8 个以上项目供货业绩。宝山钢铁股份有限公司具有申能集团上海五号沟 LNG、中海油上海 LNG 项目供货业绩。国内三大石油公司企业中，在建的 LNG 储罐多已实现 LNG 储罐国产化，未来 LNG 储罐国产化比例将进一步提高。

目前，国产 9%Ni 钢价格低于国外进口产品，每吨可节省投资 7 千至 1 万元人民币，建设一个 $16\times10^4 m^3$ LNG 储罐，可节省采购成本 1500 万元人民币至 2100 万元人民币。同时，国产 9%Ni 钢的生产期仅为 3 个月，而使用进口材料的采购周期要 1 年左右。

另一方面，国产 9%Ni 钢在一些关键设备，如焊接材料、阀门、储罐泵以及隔热材料中的使用也已经取得一定程度的进展。

4.2 低温阀门

在 LNG 产业的快速发展过程中，与其配套的低温阀门需求量与日俱增。由于 LNG 气化后具有易燃易爆，以及 LNG 超低温特点，而且 LNG 接收站和大型天然气液化工厂通常地处海边盐雾环境，因此对低温阀门的选型设计提出了更高的要求。对于常规的大型 LNG 接收站，阀门的合同总额在 2 亿元~3 亿元。目前国内大部分 LNG 接收站的 LNG 用深冷阀门仍需进口，有些苛刻工况用低温阀门仍被国外所垄断，如 LNG 储罐的先导式安全阀、真空安全阀，大口径、高磅级低温管道的阀门等。尽管国内材质设计满足低温要求，但某些零部件的承压和密封性能仍需改进完善。近年来，在国家能源局、机械联合会等有关主管部门的支持下，寰球公司联合国内阀门厂家在低温阀门的研发上有了长足的发展，国产化低温阀门也逐渐应用在国内 LNG 装置的建设中。

目前国内 LNG 行业都不同程度地应用了国

产化低温阀门。中石油和中石化都成立了国产化工作小组，与能源局指定的苏州纽威、大连大高以及中核苏阀等厂家开展联合研制工作。中海油也在 2 寸及以下低温球阀中采用了国产球阀。

2020 年 6 月由中国通用机械工业协会和昆仑能源有限公司联合组织的“天然气液化装置关键设备国产化”项目 LNG 低温阀门样机鉴定会在苏州顺利召开。鉴定委员会专家一致认为：大连亨利公司承担的 LNG 低温高压调节阀的研制是成功的，主要技术参数和性能指标达到了国际同类产品先进水平，可在 LNG 接收站和 LNG 领域广泛推广应用。

近年来，国产化低温阀门也逐渐应用在国内 10 余个 LNG 项目的建设中。

4.3 绝热材料

（1）泡沫玻璃砖

国内早期建设的 LNG 储罐的罐底保冷结构使用的泡沫玻璃为进口比利时康宁公司的产品，其规格范围一般为 HLB800-2400。泡沫玻璃采用玻璃粉为基料，加入外加剂，通过高温隧道窑炉加热焙烧和退火冷却加工处理后制得，具有均匀的独立密闭气孔结构的新型无机绝热材料，保留了无机玻璃的化学稳定性。由于具有低密度、导热系数小、不透湿、强度高、易加工等特点，主要应用于储罐罐底承重保冷和管道、设备的保冷。国内主要的泡沫玻璃生产企业主要有浙江嘉兴振申绝热科技有限公司、嘉兴德和绝热材料有限公司，其中振申绝热具有中石油、中石化的 LNG 接收站供货业绩。嘉兴德和在陕西杨凌 LNG 等项目上有供货业绩。比利时康宁公司已在国内建厂，具备供货能力。

（2）珍珠岩

膨胀珍珠岩是珍珠岩矿砂经预热，瞬时高温焙膨胀后制成的一种内部为蜂窝状结构的白色颗粒状的材料。国外供应商包括美国 Cornerstone IND Minerals Corp、日本 Mitsui Mining&Smelting Co. LTD、希腊 S&B Industrial Minerals。国内膨胀珍珠岩行业较高工艺水平的天津英康科技发展有限公司和上海事必特防腐保温工程有限公司在利用进口珍珠若矿石生产膨胀珍珠岩的技术性能指标满足设计要求，进一步降低了建设成本。

（3）玻璃棉

玻璃棉制品是由非常细的玻璃红维与一定是的粘结剂混合后，经过固化成型工序得到的具有板、毡、管等形态的保温吸声材料，主要用于储罐吊顶保冷。国内从中石油大连 LNG 接收站开始逐渐使用国产材料，中海油浙江 LNG 接收站、珠海 LNG 接收站、上海 LNG 接收站等项目采用国内金隅金海燕玻璃棉有限公司生产的玻璃棉产品。

（4）玻璃纤维布

玻璃纤维布又叫玻璃纤维织物，是一种性能优异的无机非金属材料，具有绝缘性好、耐热性强、抗腐蚀性好、机械强度高等特点，但性脆、耐磨性差。主要进口供应商包括韩国 HFG 等。国内玻璃纤维布已经形成产业，能生产各种规格玻璃纤维布，四川省玻纤集团有限公司是专业生产玻璃纤维的骨干企业，南京形天康特玻璃纤维涂覆材料有限公司是南京玻璃纤维研究设计院组建的科技先导型生产企业，专业生产、研究和开发玻璃纤维涂覆制品。

4.4 低温钢筋

低温钢筋的国内供货商主要有马钢和南钢等。

马钢形成了低温钢筋生产、检验关键技术的集成开发，生产的低温钢筋具有良好的强韧性能，其常温力学性能满足屈服强度≥500MPa、强屈比≥1.10、断后延伸率≥15%、最大力下延伸率≥5.0%；-165℃低温力学性能满足无缺口试样屈服强度≥575MPa、最大力下延伸率≥3.0%、缺口试样最大力下延伸率≥1.0%、缺口敏感性指数≥1。马钢具有年产 5 万吨低温钢筋的能力，供货规格 φ12～φ40mm。近年来马钢低温钢筋已应用于多项 LNG 储罐工程。

2014 年 1 月南钢为中石化北海 LNG 项目提供了国内低温钢筋国产化第一批产品。其后又陆续为中海油广西 LNG、天津 LNG，中石油江苏如东 LNG 扩建、嘉兴平湖 LNG，中核建潮州华丰 LNG 等 11 个项目提供了低温钢筋和配套的低温套筒。截止 2020 年 7 月，南钢已经交付低温钢筋 7000 余吨。

4.5 低温焊材

在 9%Ni 钢常用的焊接材料中按镍元素的含量可为 4 种，即 $W_{Ni}=11\%$ 的铁素体型、$W_{Ni}=13\%$ 和 $W_{Cr}=16\%$ 的奥氏体不锈钢型、$W_{Ni}>60\%$ 的镍基型和 $W_{Ni}\approx40\%$ 的 Fe-Ni 基型。其中，由于 Ni 基和 Fe-Ni 基型焊材可以获得良好的低温韧性，且线膨胀系数和 9%Ni 钢接近，所以这两种焊材是焊接9%Ni钢的最合适选择。

针对以上情况，洛阳双瑞特种合金材料有限公司研发了EniCrMo-6系焊条。该焊条脱渣容易，焊后的焊缝具有优良的塑性、韧性和抗裂性能，可满足9%Ni钢的使用要求。该焊条可以取代进口焊条，应用于大型低温LNG储罐用9%Ni钢的焊接。

4.6 DCS和SIS系统

DCS和SIS系统是LNG接收站的主要控制系统，在国内LNG建设之初，由于没有国内LNG工程的使用经验，多采用进口的有LNG经验的DCS/SIS厂家的产品，如霍尼韦尔、横河、英维思、ABB、艾默生、黑马等。但最近几年，随着国产DCS/SIS系统厂家的应用逐渐扩展，LNG接收站也开始大量使用国产的DCS/SIS系统，主要厂家包括：浙江中控、北京和利时、重庆川仪等。这些厂家在其他乙烯等大型化工项目也有广泛应用，故质量比较过硬。国产系统价格比进口的便宜不少，且服务响应也非常快。

4.7 LNG在线取样系统

LNG在线取样监控系统是实现LNG接收站在线取样实时监视、精准控制、异常处理的重要技术手段。目前我国已建成的LNG接收站的在线取样监控系统多采用国外产品，且大部分系统都出自法国OPTA，存在着技术受制于人，信息安全隐患突出，升级和维护费用居高不下，问题响应不及时等问题。经过不断的关键技术攻关、技术积累和工程实践，已经能够进行LNG接收站在线取样监控系统的国产化，实现系统的自主可控。通过LNG接收站在线取样监控系统的国产化，完成了国外产品的国产化替代，实现了在线取样监控系统的自主可控。系统功能丰富，易用性好，维护方便。

4.8 罐表系统

罐表系统用于LNG储罐的液位、密度、温度监控，是非常重要的储罐监控系统。系统包括：伺服液位计、雷达液位计、多点平均温度计、LTD储罐密度检测仪、储罐冷却及泄漏检测温度计、TMS储罐管理系统、预测翻滚软件等。由于国产仪表的长期落后，以上液位计、LTD、软件等均没有相应的国产品牌，且现在国际上也只有少数几个公司有LNG罐表系统，包括：霍尼韦尔、法国WESSO、德国E+H，其中LTD只有美国SI和法国WESSO有此产品，故LNG罐表系统的国产化非常困难。

4.9 外输计量系统

此系统用于天然气外输计量，且用于贸易交接。系统主要包括：超声波流量计、DBB阀门、流量计算机、色谱仪、总硫及H_2S分析仪、露点仪等。由于长期以来国产仪表的落后，这些关键仪表主要依靠进口。主要厂家包括：美国霍尼韦尔、艾默生、德国西克麦哈克。最近几年也有国产厂家开始做计量级的超声波流量计，但使用效果还需考察，DBB阀门可以国产，流量计算机、色谱仪等仪表应还需要进口。

5 主要结论及建议

从2006年国内第一个LNG接收站中海油大鹏LNG投产至今，国内LNG接收站技术不断实现突破，LNG接收站建设由早期国外工程公司为主进行设计和EPCC建设，采用国外技术和设备材料，逐步发展到目前采用国内技术，由国内工程公司独立设计和EPCC建设的模式。同时，LNG接收站核心设备和材料国产化率已大幅度提升。基本上实现了LNG接收站自主技术、自主设计和自主建造。

但是，还有一些LNG设备和材料没有实现国产化或国产化率较低，下一步需要国内单位深化展开产学研合作，如LNG卸船臂、LNG装船泵、高压输出泵、大功率潜液电机、低温离心式BOG压缩机、低温电缆、9%Ni钢焊材、储罐弹性毡和大口径LNG低温仪表阀门、工艺调节和切断阀门、先导式安全阀、真空安全阀、罐表系统等设备和材料技术研究，另外，已经实现国产化的设备和材料，还存在运行时间短等问题，也需要积累工程运行经验，提高可靠性，早日实现LNG接收站设备和材料的100%国产化。

LNG 储罐泵(低压泵)可靠性分析和状态维修优化

陈经锋　欧启新

(广东大鹏液化天然气有限公司)

摘　要　以LNG储罐泵(以下简称低压泵)的特殊结构、设计和轴向力平衡原理为基础，论证影响泵使用寿命的因素；结合对历年低压泵检修数据的分析总结，以振动状态监测实例和运行时间最长的泵的大修实际情况为佐证；论证了状态监测和定期维修相结合的维修策略的可行性和科学性；寻求一种更能兼顾可靠性和经济性的新型维修模式。

关键词　轴向力平衡原理；大修周期延长；振动状态监测；轴承寿命

低压泵浸没在数十米的LNG储罐的泵井中，其吊出装入过程存在很大的风险；特殊的结构和运行环境，要求其能长期可靠运行，只能通过状态监测的手段对其运行状态和大修后状态进行评估；泵厂家维修手册推荐在运行8760小时之后，应对泵进行完全解体；目前已经延长到22000小时，截至目前9台低压泵大修共14次，较厂家推荐少13次，对低压泵大修周期是否已经达到最长的极限成了大家关注的焦点；进一步论证延长大修周期的风险、依据和可行性成了亟待解决的问题；现从影响低压泵使用寿命的主要因素出发通过理论计算和实际数据来论证继续延长大修周期的可行性，对未来继续节约维修费用和采取自主维修都有重要意义。

1　主要目标

1.1　研究的必要性

低压泵的特殊结构和运行环境，如果不能对其运行状况进行有效监测，并对其设计原理和部件使用寿命不了解或论证，而盲目延长低压泵大修周期存在重大隐患，直接影响了接收站安全和可靠为下游供气。

1.2　目标

从理论和实践两方面论证大修周期延长的可行性，找到影响泵使用寿命的主要因素，寻求一种更能兼顾可靠性和经济性的新型维修模式。

1.3　研究方法：

从低压泵的结构、状态监测和影响使用寿命的因素等方面着手，通过分析其轴向力平衡原理和历年设备检修数据，从剖析低压泵的结构和轴向力平衡原理出发，估算滚动轴承使用寿命和易损件磨损速率，分析现场大修记录数据和规律，理论结合实际；结合振动状态监测的作用和经济效益计算，来论证大修周期延长可行性和作用，为后期继续提高和改进提供了有力证据。

2　主要研究内容

2.1　低压泵结构特点

2.1.1　低压泵的特殊环境

低压泵的泵井加上输出管线高度可以达到50米，泵井既是检修吊装通道又是泵的输出管线；根部阀(入口阀)靠泵的重力打开，泵的支撑主要靠根部阀和泵壳的斜面，泵的另外一处辅助支撑点是泵壳体上部带三个导向滑轮。泵运转时会产生振动，振动一部分会传递给根部阀、泵井和LNG，一部分能量回传递到泵体，故安装在泵壳上的振动探头监测泵的振动情况显得格外重要。

泵浸没在LNG中，滚动轴承、滑动轴承、口环、叶轮定位盘和电机都是靠LNG来润滑和冷却的，泵制造和维修是常温，但是泵的运行环境接近-1600C，对材料、设计、配合间隙和精密度要求非常高。例如：LNG的运动黏度值10.98mm^2/s，一般常温泵的轴承润滑油的常用运动黏度大约为32~46mm^2/s，轴承的载荷、润滑和间隙技术要求比较高；泵在工作中，轴向力能否平衡等，都给滚动轴承和泵的主要部件的使用寿命估算带来了挑战。

2.1.2　泵结构特点和主要部件的作用

低压泵转子部分由两级叶轮、两个滚动轴承、一个入口导叶、平衡鼓和叶轮定位盘和电机转子等主要部件组成，其他静止部件由电机定子、扩散器和轴承座和平衡腔体等部件组成；泵和电机共用一根轴；平衡鼓和叶轮定位盘主要是平衡轴向力的作用，电机上部轴承主要起到支撑径向力的作用；电机下滚动轴承有两个作用：一是正常运行情况下径向受力，二是启动的瞬间轴向和径向都受力；叶轮定位盘磨损到一定程度后，电机下轴承会受到轴向和径向力。低压泵采用对称扩散器类型压水室，径向力平衡轮上的径向力理论上为零；以下主要阐述轴向力平衡和设计理论：

为使轴向力达到平衡，减少轴向推力载荷，低压泵设计了一套推力自平衡机构(图1)可以自动调节平衡鼓前后的压力，从而使合力接近零；通过一个可变的轴向节流装置来实现的，改变可变节流间隙的开度可以调节平衡鼓上的压力，达到动态平衡状态。下文2.3结合平衡装置图和计算公式说明平衡原理和影响因素。

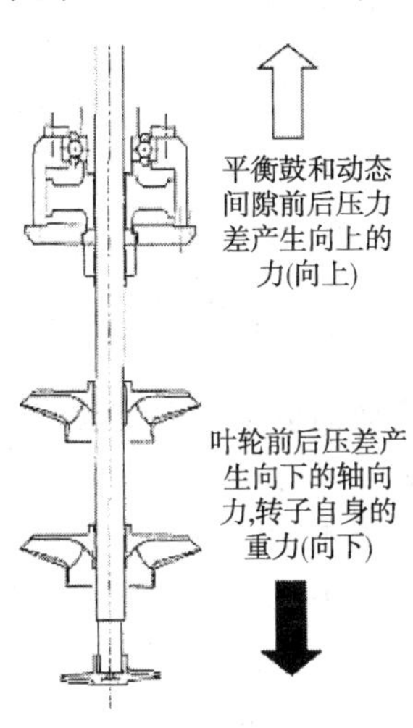

图1　轴向力平衡机构

2.2　泵的状态监测和保护

低压泵的安全保护系统要求非常高，常用的有振动监测系统、电流过载保护、氮气密封保护系统、低流量与低压力报警，和最小回流保护等。在GDLNG接收站，低压泵还有马达状态监测的保护，特别是振动在线振动监测保护，振动幅值会同时传输到DCS和在线振动监测系统，在线振动监测系统中，有监测软件实时生成频谱、时域波形和振动趋势等谱图，定期分析这些谱图和变化评估泵的状态。以下是在线振动监测系统中采集的时域波形和频谱图例，如图2和图3：

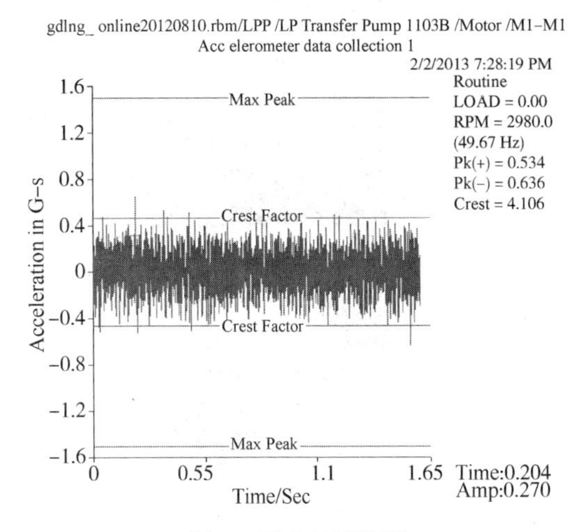

图2　振动时域波形

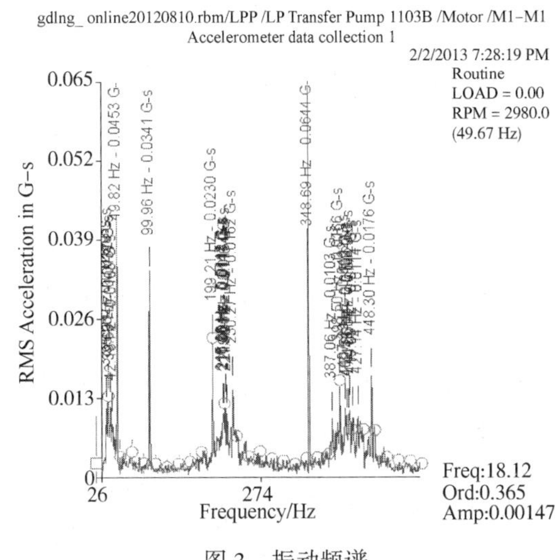

图3　振动频谱

2.3　泵的轴向力平衡原理和影响泵的部件使用寿命的主要因素

如图4所示，泵轴向力的平衡是动态的，随着泵流量和出口压力的变化，泵的叶轮定位盘和折流挡板之间的间隙是动态变化的，即当泵的压力升高时，向下的轴向力增大，导致动态间隙增大，再导致平衡鼓的下方压力(高压区)增大，向上的力也增大，达到上下力新的平衡后，转子在动态平衡位置工作，此时滚动轴承几乎不受轴向力，所以滚动轴承的寿命是比较长的。以下是轴承轴向受力和寿命的理论计算：

2.3.1　叶轮产生轴向力计算(盖板力和动反力的合力)

叶轮入口轮毂半径 rh 到叶轮入口口环外半径 rm 进行积分(参考图5)，可以获得单级叶轮盖板前后压差产生的轴向力，如公式(1)：

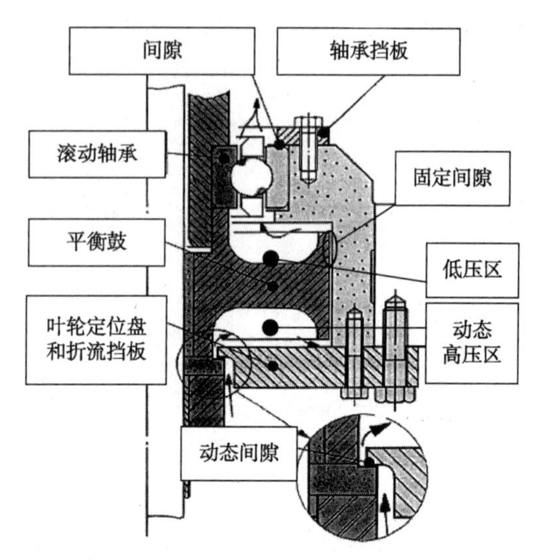

图4 轴向力平衡原理

$$A_1=\int_{r_h}^{r_0}\Delta p2\pi rdr=\pi(r_m^2-r_h^2)\left[(P_2-P_1)-\left(R_2^2-\frac{r_m^2-r_h^2}{2}\right)\frac{\rho\omega^2}{8}\right]$$

$$=\pi\rho g(r_m^2-r_h^2)\left[H_{st}-\frac{u_2^2}{8g}\left(1-\frac{r_m^2-r_h^2}{2R_2^2}\right)\right] \quad (1)$$

式中，H_{st}为单级叶轮压头(m)；P_2为叶轮出口压力；P_1为叶轮入口压力；ω 为叶轮出口圆周速度。

低压泵为2级泵，故由于叶轮产生的轴向力为 $F_1=2A_1$，即得公式(2)：

$$F_1=2\pi\rho g(r_m^2-r_h^2)\left[H_{st}-\frac{r_2^2}{8g}\left(R_2^2-\frac{r_m^2-r_h^2}{2}\right)\right] \quad (2)$$

式中，$H=2H_{st}$，即2个叶轮扬程之和为总压头。

除了上述盖板力外，叶轮仍然会产生动反力，动反力的计算公式(3)为，

$$F_2=\left(\frac{Q}{H_{st}}\right)^2\frac{r}{p(r_m^2-r_m^2)} \quad (3)$$

式中，Q 为流量；H_{st}为扬程；P 为压力。

叶轮产生的总的轴向力 $F_C=F_1-F_2$；方向向下。

对于一般的离心泵可以用以下简化公式

$$F_c=k\rho gh_2(r_m^2-r_h^2)i$$

式中，F_c为叶轮总的轴向力；H_1为单级扬程；r_m为叶轮密封环的半径；r_h为叶轮轮毂半径；i 为级数；k 为系数，当 $n_s=30\sim100$ 时，$k=0.6$；当 $n_s=100\sim220$ 时，$k=0.7$。

当 $n_s=220\sim280$ 时，$k=0.8$；n_s根据下面公式(4)计算：

$$N_S=\frac{n\sqrt{Q}}{gh^{3/4}} \quad (4)$$

2.3.2 平衡鼓轴向力计算

低压泵设计是靠平衡鼓来平衡叶轮产生的轴向力和转子重力的，平衡鼓产生向上的力，该力计算按照以下公式(5)：

$$F_s=\Delta P(R_1^2-R_h^2)\pi$$
$$=[H-(1+K)H_i]\rho g(R_1^2-R_h^2)\pi \quad (5)$$

式中，F_B为平衡鼓产生的轴向力，方向向上；H_i为末级叶轮扬程；H 为泵的总扬程；R_1 为平衡鼓外径；R_h 为轮毂直径(参考图8)；ρ 为LNG的密度；k 为系数，一般取0.6。

2.3.3 轴承承受的轴向力和滚动轴承寿命估算

那么泵最后剩余的轴向力计算公式(6)：

$$F_A=F_B-F_C-F_G, \quad (6)$$

F_G表示转子整体重力—方向向下，转子的重量约为212kg=2078N。

从公式(1)~(6)，可以看出，除了转子的重力固定不变外，叶轮产生的轴向力方向向下，扬程越大，轴向力越大；平衡鼓产生的轴向力向上，扬程越大，轴向力也越大，ΔP 是随着叶轮定位盘和折流挡板的间隙变化而变化的；实际工作中，转子基本在一个微量窜动的调整中实现动态平衡。

滚动轴承(深沟球轴承)寿命的计算公式：

$$Lh=\frac{10^6}{60n}\left(\frac{C}{P}\right)^3 \quad (7)$$

式中，C 为滚动轴承基本额定动载荷；P 为滚动轴承的当量动载荷；n 为转速；Lh 为以小时计的滚动轴承的基本额定寿命。

低压泵电机下轴承的型号是6314轴承的额定静载荷为68KN，额定动载荷为111KN。

把低压泵叶轮尺寸、平衡鼓尺寸、流量和扬程等数据代入公式(1)~(6)，计算的到剩余轴向力为 $F_A=40993-36267-2078=2648$N；再代入公式(7)，那么 $Lh=\frac{10^6}{60n}\left(\frac{C}{P}\right)^3=\frac{10^6}{60*3000}\left(\frac{68000}{2648}\right)^3=94080$hr。

按照上式公式(7)是没有考虑到润滑修正系数、冲击修正系数、温度修正系数和速度修正系数的估算公式；考虑所有修正系数(0.95~0.99)，乘以一个保险系数0.5(非常保守的安全系数值)，计算轴承寿命也在47040小时以上；

由于电机和泵产生的径向力很小，在此忽略；如果按照当量动载荷计算或者轴向力几乎完全平衡的设计思想，理论计算的轴承寿命会远大于47040小时；不过这只是理论计算，LNG在低压泵的LNG在平衡装置内的压力是动态变化和平衡的。

2.3.4 影响低压泵的使用寿命有以下几个因素：

a. 泵启停的次数：因为泵启动的瞬间会产生瞬间的向下的冲击力，然后又产生向上的冲击力，滚动轴承瞬间受力；虽然滚动轴承外圈在低温下基本是属于过渡配合配合(偏松)，但是瞬间仍然要承担力的作用。

b. 泵的流量和压力：根据API610建议离心泵在允许的流量范围内运转，以Nikkiso泵60723L2-R280F低压泵为例,，正常流量的范围最好是在352~484m^3/h(162~220t/h)工作，特殊情况流量不要低于130m^3/h(60t/h)；

c. 检修安装的间隙和部件的加工质量：叶轮口环间隙、滚动轴承与壳体的配合间隙、叶轮定位盘和折流挡板的安装间隙、导向轴承和节流衬套(入口和级间)和轴配合间隙等，都会影响到泵的效率和使用寿命。

d. 其他：包括泵的设计技术成熟程度和材料质量与特性等；

2.4 低压泵的大修周期(部件使用寿命)评估

低压泵检修主要更换的备件有滚动轴承、导向轴承(级间轴套)、叶轮定位盘；换有可能会更换的部件是耐磨环(安装在壳体上)。

以P-1101C为例，运行了23181小时后，滚动轴承仍然可以继续使用，大修中更换的目的是为了不影响下次大修周期；从下表1中以往大修的测量统计，根据壳体耐磨环使用极限0.9mm估算，都可以超过33900小时。导向轴承，设计间隙0.22~0.33mm，分析以前大修了14次的数据，大修按照设计间隙部分更换，若按照极限尺寸(极限尺寸0.53mm)，还可以继续使用一段时间，而且运行时间越长，计算和估算的结果越具有代表性；以P-1101C运行了23181小时后为例，壳体耐磨环和导向轴承都未到磨损的极限，保守估算超过50998小时。

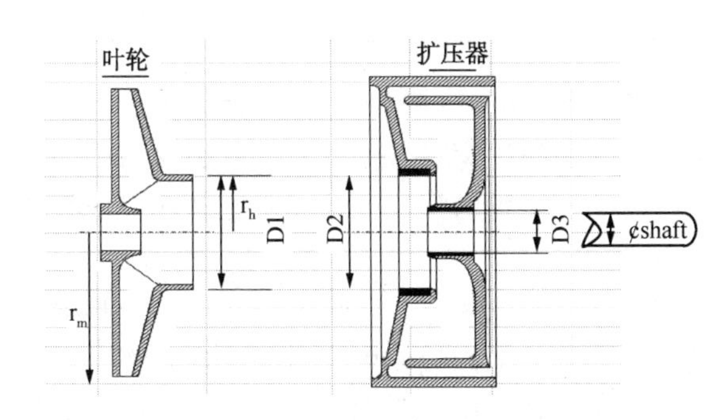

图5 叶轮口环和导向轴承

参考图5、表1和表2是大修数据记录统计和口环与导向轴承磨损率估算，表1中2010之前的9次大修泵的运行时间短(其中两次远小于8760小时)，原因是过于依赖厂家推荐和现场技术服务指导，而没有依据状态监测和预知性维修管理模式的缘故。从表2中可以看出，改进和提高效果明显，磨损率估算和极限值预测估算的结果证明可以继续延长大修周期；已经取得长足的进步，与推行状态维修和自主维修，员工追求不懈的努力和进步，都密不可分。

表1 2010年以前大修数据记录统计和口环与导向轴承磨损率估算

运行时间	小时 / 2010年前		9505	7422	9284	9844	2484	2260	11544	10339	10856
项目/位置	设计尺寸	磨损极限值	P-1101A	P-1101B	P-1101C	P-1102A	P-1102B	P-1102C	P-1103A	P-1103B	P-1103C
标准/实测(Max D2-D1mm)	0.37~0.54	0.90	0.47	0.49	0.48	0.57	0.46	0.48	0.47	0.46	0.49
标准/实测(Max D3-SHAFTmm)	0.22~0.33	0.53	0.36	0.4	0.42	0.54	0.34	0.32	0.38	0.37	0.43
壳体口环磨损极限时间 hr			213863	83498	139260	36915	111780	33900	259740	465255	122130
导向轴承磨损极限时间 hr			24894	14076	15473	9499	8036	9562	25397	24724	17059

表 2　2011~2015 年的大修数据记录统计和口环与导向轴承磨损率估算

运行时间	小时		10223	15791	23181	10225	15028	16689
大修年份	2011 年后		2011	2013	2015	2011	2011	2014
项目/位置	设计尺寸	磨损极限值	P-1101A	P-1101B	P-1101C	P-1102B	P-1102C	P-1103B
标准/实测 (Max D2-D1mm)	0. 37~0. 54	0. 90	0. 48	0. 5	0. 5	0. 52	0. 47	0. 46
标准/实测 (Max D3-SHAFTmm)	0. 22~0. 33	0. 53	0. 38	0. 34	0. 38	0. 50	0. 37	0. 36
壳体口环磨损极限时间 hr			153345	142119	208629	65732	338130	751005
导向轴承磨损极限时间 hr			22491	51089	50998	11477	35937	43709

图 8 是 Nikkiso 泵轴向力平衡设计简图，其动态平衡原理上文已叙述过，在此主要从滚动轴承和叶轮定位盘磨损量的角度来定性地评估其使用寿命。

上文已经论述过，叶轮定位盘磨损量和滚动轴承磨损程度是影响使用寿命的主要因素，以下表 3 是投产以来叶轮定位盘磨损量和运行时间的统计；从表 3 中可以看出泵叶轮定位盘的磨损速率不完全和运行时间成正比；如 P-1101C，2010 年大修检查结果计算的磨损率大于 2015 年的大修计算磨损率；这也说明纯粹采用定期维修的维修策略是偏保守的。以下图 5 和图 6 分别是 23181 小时大修中拆卸和更换的叶轮定位盘和滚动轴承照片，数据和检查状态都证明可以继续使用。

图 6　叶轮定位盘

图 7　滚动轴承

如图 8 中，滚动轴承与压盖的设计间隙为 C=1. 00mm，在叶轮定位盘安装后，不考虑滚动轴承游隙的情况下，当 a-b=-0. 13mm，组装后 C 的间隙为 0. 87mm；换句话说，当叶轮定位盘和折流挡板接触时，滚动轴承和压盖的间隙为 0. 13mm，当叶轮定位盘磨损大于 0. 13mm 后，滚动轴承才开始和压盖完全接触，此时滚动轴承受到泵启停的冲击力和工作中承担部分轴向力，会加速滚动轴承的磨损。下表 3 是叶轮定位盘磨损统计：

2. 5　振动状态监测在低压泵监控中的作用

振动频谱通常显示主导频率是 50Hz、100Hz 左右，接近转动频率和二倍转频，如果按照频谱分析，是不平衡或不对中的故障；但是电气信号也是 50Hz，电机的偏心故障表现为 100Hz 等。需要高分辨率设置，把机械故障和电气故障进行区分。以下表 4 和表 5 振是振动状态监测对低压泵电机和泵体部件的监测中的作用：

以上表 4 和表 5 是列举的是振动监测中，典型故障表现出的振动频谱特点，再结合振动趋势、振动时域波形和谱线的相互关系能够判断振动故障的来源；这样能保证并根据不同机组的运行状态(正常、半正常、严重故障)采取相应的继续监测、重点监测和停机检修等相应的措施，同时可根据预测结果，针对性地准备有关零部件的备件。从而可大幅度缩短因盲目维修及突发性事故停机时间，延长机组的使用寿命、提高企业的综合经济效益。

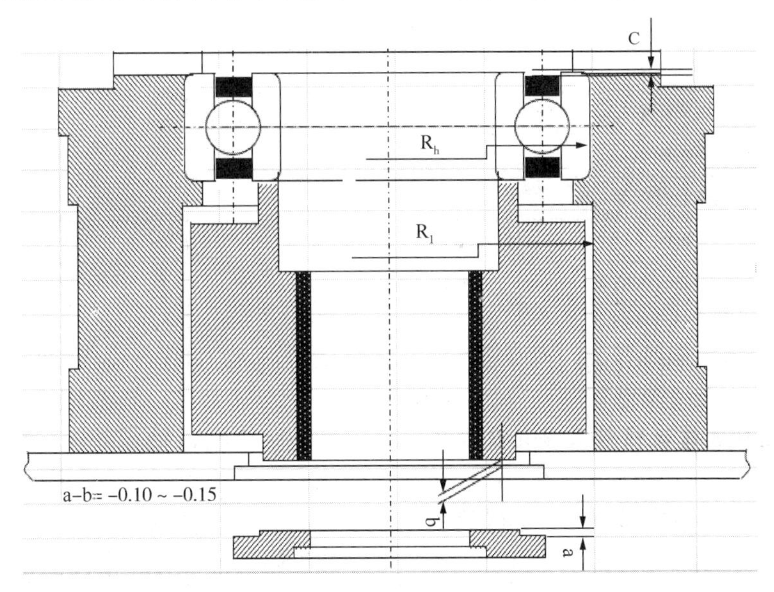

图8 轴承和定位盘磨损间隙

表3 叶轮定位盘磨损量和运行时间的统计

泵位号	检修日期	大修前运行时间(hrs)	a−b		定位盘磨损量(mm)	平均磨损量(mm/khrs)
			新装允许值(mm)	实测值(mm)		
P-1101A	2009.11	9505	−0.13	0.12	0.25	0.0263
P-1101B	2009.11	7422	−0.13	0.09	0.22	0.0296
P-1101C	2009.11	9284	−0.13	0.09	0.22	0.0237
P-1102A	2009.11	9844	−0.13	0.12	0.25	0.0254
P-1102B	2008.02	2484	−0.13	0.04	0.17	0.0684
P-1102C	2008.02	2260	−0.13	0.02	0.15	0.0664
P-1103A	2010.10	11544	−0.13	−0.11	0.02	0.0017
P-1103B	2010.10	10339	−0.13	0.19	0.32	0.0310
P-1103C	2010.10	10856	−0.13	−0.21	−0.08	−0.0074
P-1101A	2011.11.14	10223	−0.13	0.02	0.15	0.0147
P-1101B	2013.2.28	15791	−0.13	0.03	0.16	0.0101
P-1101C	2015.2.1	23181	−0.13	0.13	0.26	0.0112
P-1102B	2011.11.22	10225	−0.13	0.02	0.15	0.0147
P-1102C	2011.11.4	15028	−0.13	0.03	0.16	0.0106
P-1103B	2014.6.26	16690	−0.13	−0.63	−0.5	−0.0300

表4 电机和转子问题振动故障频率计算表

故障	特征频率	频域	时域	故障类型	区分
转子偏心	49.75	1X，2X，2F	轻微拍振	机械+电机	高分辨率
不平衡	49.75	1X，	简谐波形	机械	相位
电信号干扰	50Hz	50Hz+49.67Hz…	杂乱	电仪	电气仪表交流信号排除
转子断条	49.75	49.75±0.5Hz 以及谐波	拍振	电机转子	边带，断电边带消失
定子偏心/变形	100Hz	2FL 及其谐波加 2X	拍振+谐波	电机定子	特征两倍线频率，分辨率
电机气隙动态不均	100Hz	2FL 及其谐波加 2X	轻微拍振	电机定子	特征两倍线频率，分辨率
不对中	99.5Hz	1X，2X	显锯齿状	机械	高分辨率

表 5　泵体部件振动故障频率计算表

	频谱故障频率	上轴承 6311	下轴承 6314	备注
轴承频率 Hz	保持架频率	19.00	19.10	轴承故障频率
	滚珠频率	99.50	101.49	
	内圈频率	245.77	244.77	
	外圈频率	152.24	153.23	
	滚珠通过频率	199.00	202.98	
转子	转频	49.75	0.00	不平衡
	转频谐波或次谐波	49.75，99.50，149.25，199		严重圆周持续摩擦或明显松动
其他	叶轮叶片通过频率	348.25		汽蚀
	入口导叶叶片通过频率	199.00		摩擦、汽蚀

2.6　状态监测加定期大修的维修策略的优缺点比较

表 6 是把状态监测加定期维修和计划维修的维修模式的对比：

状态监测技术成熟应用有超过 30 年的历史，但是在 LNG 行业的发展起步比较晚，对设备的了解程度参差不齐，设备失效存在不确定性，多数企业目前仍然采用相对保守和落后的定期维修为维修策略；但是若完全依靠状态维修存在一定的风险，这与该泵的结构和运行环境有关，探头不可能完全贴近轴承外圈，振动通过 LNG 介质和相应部件传输到外壳，信号已经衰减，出于安全方面的考虑，GDLNG 采用稳妥的状态监测加定期维修的维修策略是科学和先进的；难点和挑战还在于：大修周期持续延长后，对状态监测人员的技术水平等要求逐渐提高，设备长期运转的风险，对大修质量要求也相应提高；只有不断总结、提高改进和创新，才能确保设备可靠、长周期和安全的运行，节约维修成本和创造更多效益。

表 6　状态+定期维修和定期计划维修对比

状态+定期维修			计划定期维修		
主要思想	优点	缺点	主要思想	优点	缺点
动态周期	大修周期可以逐渐延长	技术要求高，周期不固定	静态固定	技术要求低，周期固定	容易过维修，固定周期
以防为主	了解设备状态		以修为主		为维修而维修
以定量为主	依据状态监测和大修数据		定性为主		带有主观因素
维修费用低	针对性维修，提前制定备件采购计划		维修费高		偏保守，盲目维修，维修费用高

3　结论与建议

综上所述，从低压泵结构特点和轴向力平衡、滚动轴承寿命、口环和衬套磨损速率的统计，从理论和实际统计，证明低压泵采用振动状态监测和大修周期延长(已经延长到 22000 小时，以后再努力继续延长到 25000 以上)是有理论和实践根据的，实践证明是科学和合理的；为公司节约了维修费用，以后持续推进和提高。

4　研究成果介绍

4.1　低压泵振动状态监测与大修周期延长实例与效果

2013 年～2014 年通过振动分析低压泵 P－1103B 两次出现高振动报警，通过振动分析找到原因并给出建议，延长设备运行时间和避免了吊泵检查。2014 年 12 月～2015 年 2 月，P－1103B 和 P－1101C 成功完成自主大修，大修后振动稍微偏大，通过状态监测分析原因给出处理建议，判断设备状态正常，保证正常使用。实际上结合低压泵的状态监测和检修检查，延长大修周期，少大修 13 次，共节约维修费用约为 300 多万。未来 10 年如果继续延长大修周期节约费用约 233 万元。

根据国内低温泵设计单位理论和实践检验滚动轴承的设计寿命大于 25000 小时；上文理论计算和轴向力平衡原理剖析和轴承剩余寿命计算理论计算大于 47040 小时；采用状态监测加定期维

修的维修策略，继续把大修周期延长至25000小时以上，将继续节约维修费用。继续支持自主大修，积极把握现场和核心技术的主动权，推进状态监测并在实际中总结提高。

4.2 基于可靠性分析和状态监测的设备维修管理新模式的意义

结合现场实际情况，分析大修记录数据和应用实例佐证自己的分析；从轴向力动态平衡和轴承寿命计算为理论基础，分析低压泵的核心技术并找到影响使用寿命的关键因素；简述状态监测技术作用，该技术是设备可靠长期运行的一个必要保证，树立自主大修和设备可靠性运行的信心；论证低压泵的大修周期延长的可行性，对接收站低压泵和其他设备维修管理，有促进和指导作用。

5 结语

在国内外政治、经济形式日益严峻和国内天然气行业竞争加剧，中海油和气电集团降本增效的压力逐年推进；在保证了GDLNG实现给下游用户可靠、安全供气的目标为前提下，不断优化设备维修管理和节约维修费用意义重大。

参 考 文 献

[1] 张翼飞，仝小龙. 液化天然气(LNG)输送泵的特点与应用[J]. 水泵技术，2006，(6)：38-40.

[2] API 610-2003 石油、石化和天然气工业用离心泵，第九版，王洪超翻译，2003年1月第9版.

[3] 顾安忠主编. 液化天然气技术手册[M]. 北京：机械工业出版社，2010.

[4] 关醒凡编著. 现代泵技术手册[M]. 北京：宇航出版社，1995.

[5] 吴平凡，师引，宋国庆. 28000Nm^3空分装置液氧泵电机轴承寿命计算与故障分析[J]. 石油和化工设备，2007，(4)：51-52.

LNG 高压泵急停故障分析及解决建议

王庆军[1] 崔 均[1] 李东旭[1] 赖亚标[2] 王世超[3]

(1. 国家官网集团大连液化天然气有限公司;
2. 中海福建天然气有限责任公司; 3. 中石化青岛液化天然气有限公司)

摘 要 某接收站LNG高压泵正在运行过程中,突然显示泵井液位不稳,最后DCS上显示自动停车,本文介绍了高压泵故障现象,分析了自动停车的原因并提出解决建议。

关键词 LNG高压泵;故障现象;自动停车;原因分析;解决建议

天然气作为清洁能源其中的一种,已经开始被广泛应用[1,2,3],中国也正在成为世界天然气第二大进口国,进口渠道其中之一是海运到LNG接收站,再使用高压泵升压,气化,输送到远端用户[4,5,6]。

高压泵是接收站重要设备,工作在温度-160.5℃,运行工况相对苛刻。目前国内LNG接收站在役的高压泵主要为国外进口,厂家为Ebara、Nikkiso和JC Carter;为了打破技术壁垒和垄断,国内已有泵厂产品通过鉴定并在试用[7],并有数个工厂在研制和试制中[7]。高压泵因其特殊的运行工况,无法采用常规手段对泵运行状态监测,只能依靠安装在泵体出口锥段低温振动探头对泵进行监测。在此监测条件下,分析泵故障,是一大难点。

本文试图通过对高压泵结构、设计参数、流程的分析讨论高压泵A运行中自停,拆检发现中间轴承,平衡盘严重损坏原因,寻找当前存在的不足和设备现有条件下的最优运行、维护、检修模式,尽可能延长高压泵使用寿命。

1 基本情况

某LNG接收站并联安装7台高压泵,常规运行在1台到4台之间,余下为备用。其中P-1401A高压泵发生了在运行中自停现象,至此之前设备已安全平稳运行了近13000小时。泵性能参数见表1,各泵具体流量下运行时间见表2。

7台泵是并列安装运行,简易工艺流程如图1所示。

表1 泵参数表

名称	入口压力	入口饱和蒸汽压差	设计流量	最小流量	扬程	轴功率	额定功率	效率	额定电流	启动电流	汽蚀余量	电压
数值	0.8	0.1	435	166	2342	1764.2	2096	73.1	242.5	1506	1.74	6000
单位	MPag	MPag	m^3/h	m^3/h	m	kW	kW	%	A	A	m	V

表2 高压泵运行流量与时间对照表

流量范围(t/h)	P-1401A	P-1401B	P-1401C	P-1401D	P-1401E	P-1401F	P-1401G
<100	0	48	312	293	0	1825	0
100~110	0	152	96	77	0	310	0
110~120	0	193	166	201	0	84	0
120~130	1147	352	791	263	0	144	0
130~140	1178	3357	1192	8042	0	496	0
140~160	2524	2549	5161	4218	366	1751	20
160~180	3278	4308	4218	3609	690	1488	0
180~200	2946	4191	4489	1734	807	846	0
≥200	1605	1562	2862	2530	1	384	0
合计	12678	16712	19287	20967	1864	73284	20

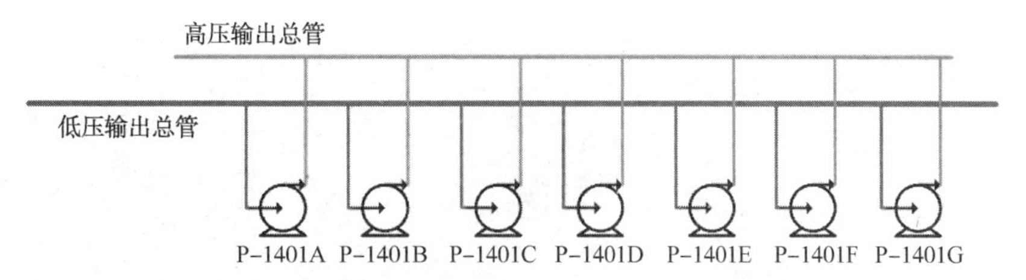

图 1　泵工艺流程

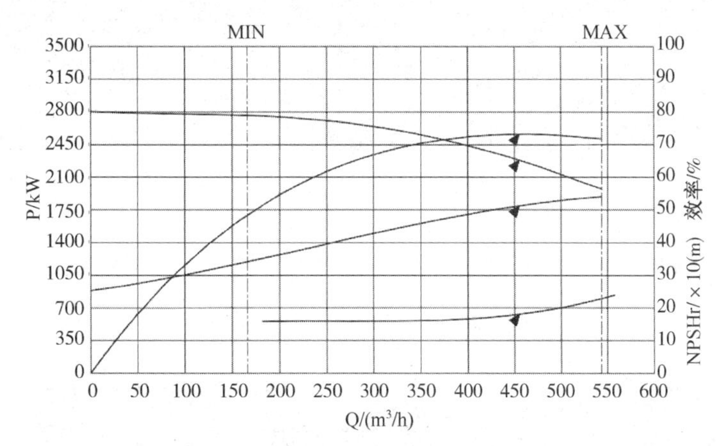

图 2　泵性能曲线

2　故障期间运行现象

2.1　故障的出现

从 2011 年 12 月投产运行后，P1401A 泵运行 12600 多小时，运行工况详见表一数据，同时因为下游的用量以及泵系统维护等问题，泵启停和升降温相对频繁，运行中电流、流量、出口压力、振动和声音都正常。

2019 年 11 月 11 日 17 点 22 分 DCS 发现高压泵 P1401A 自动停机，停机前后泵井液位有频繁的波动。

2.2　故障期间运行现象

泵自停前，泵井液位不稳定，波动较大且频繁（见图 3）；此时稳定外输 2200WNm3/d，共有四条线外输，运行高压泵为 P－1401A/C/E/F。

从图 4 可以看出：高压泵 P－1401A 在 15 : 55 左右流量开始下降（但其他泵在增加），至 16 : 00 趋于稳定，持续大约 10 分钟（至 16 : 10）流量恢复至正常值。但从 16 : 10 至 P－1401A 停止流量一直存在波动现象。

从图 5 看出：高压泵 P－1401A/C/E/F 在 15 : 55 左右出口压力开始下降，至 16 : 00 趋于稳定，持续大约 10 分钟（至 16 : 10）压力恢复至正常值，直至 P－1401A 停车。

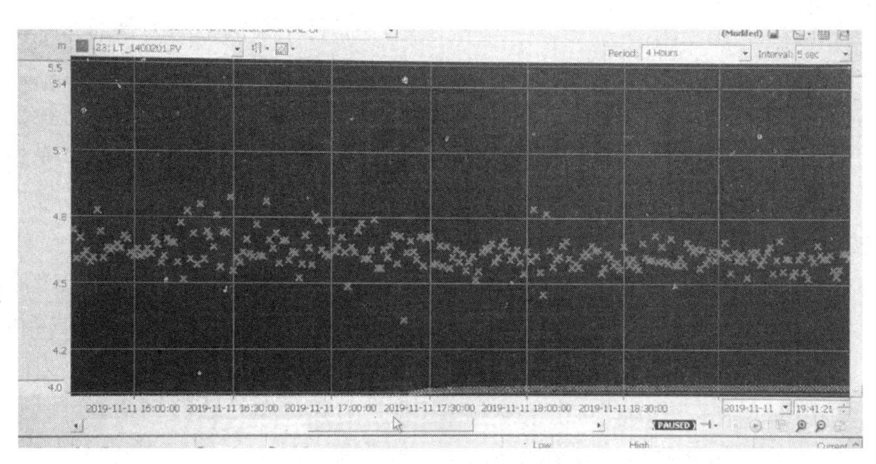

图 3　高压泵 P1401A 泵井液位

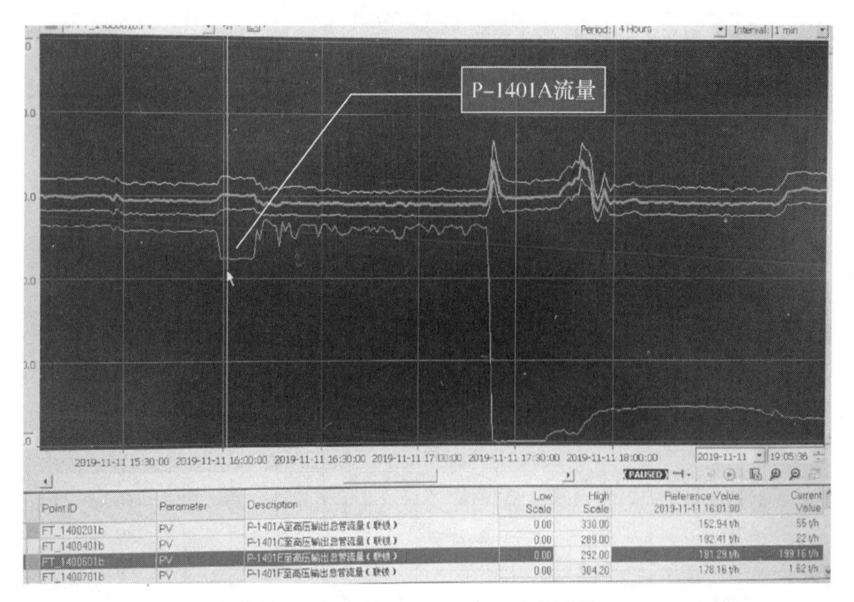

图4　高压泵 P1401A 出口流量曲线

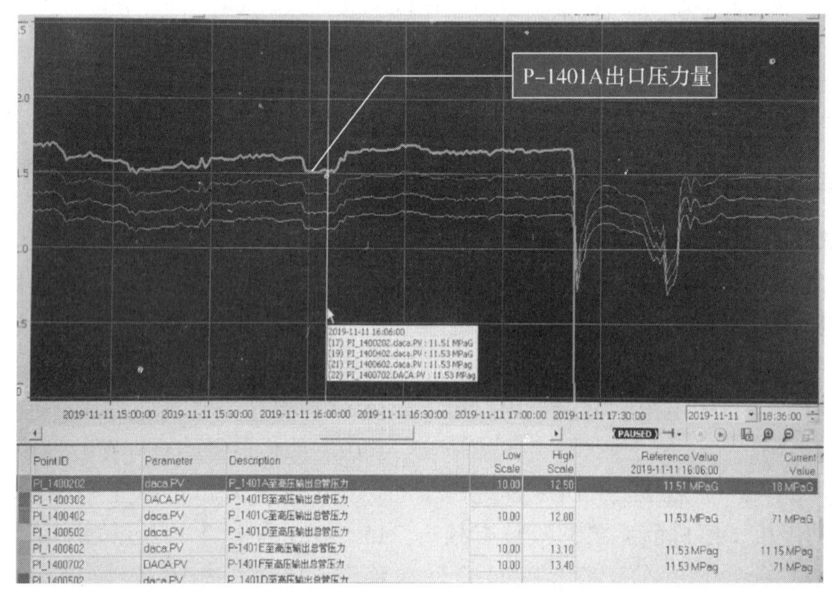

图5　高压泵出口压力曲线

3　泵体结构及维修检查

3.1　泵的结构

P1401A 离心泵为立式、15 级带有诱导轮，电机与泵共轴并且整个电机转子和定子浸泡在 LNG 介质中。在顶部、中部和底部设置三组轴承，用于承载转子的径向力。

为保证电机冷却，在电机下端设计与平衡盘想通的通孔，顶端设置了减压孔和回流管，减压孔讲泵出口高压液体与电机内部冷却液压力平衡，回流管将电机内部介质引流到第三级叶轮出口处，使得电机内部的液体介质得以循环流动，有效的带走电机产生的热量，避免电机顶端介质因电机发热产生汽化的现象[8,9,10,]。

运行中泵的轴向力是通过平衡盘与特殊设计的末级叶轮之间间隙的变化来平衡[11-15]。由于推力平衡机构的上部磨损环直径大于下部磨损环直径，因此潜液泵工作过程中受到液压合力竖直向上，使转子向上移动，导致推力平衡机构和静态止推片之间的轴向间隙减小，平衡腔的压力增大。当平衡腔的压力增大至大于液压合力时转子部件又向下移动，推力平衡机构和静态止推片之间的轴向间隙增大，平衡腔压力减小。经过推力平衡机构反复连续的自调节可以使泵的轴向力完全平衡[16,17]。

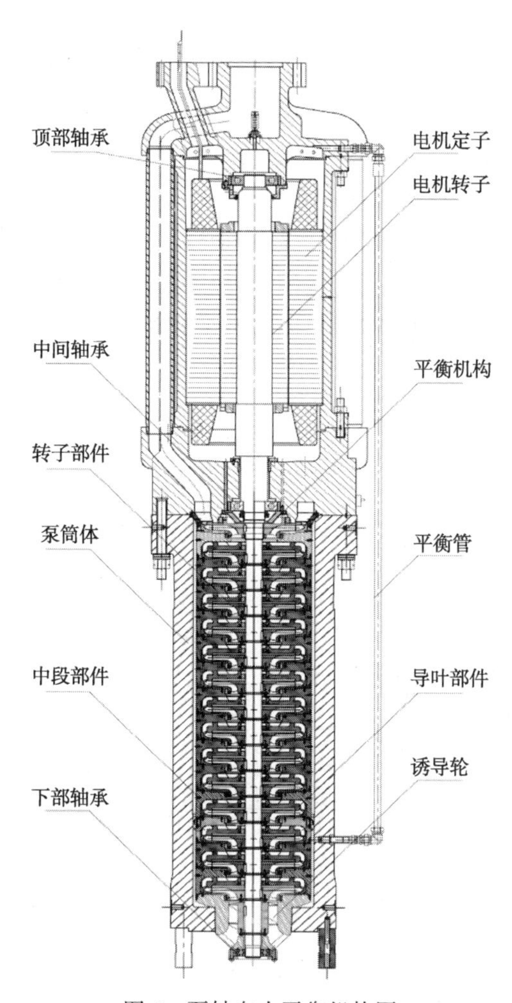

图 6　泵轴向力平衡机构图

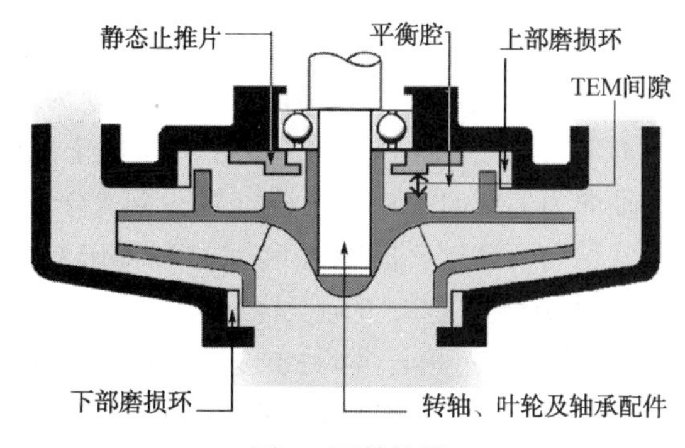

图 7　泵结构图

3.2　泵解体检查

针对泵的具体情况，对泵进行解体维修，发现如下现象：

（1）泵与电机间轴承严重损坏。

（2）平衡盘严重磨损，轴承滚珠进入到平衡盘内部。

（3）末级叶轮严重磨损，背侧盖板已经融化。

（4）泵与电机间轴承位置泵轴磨损严重，有宽 30mm，深 5mm 沟槽。

（5）除第 8 级外，其余各级叶轮密封环都比壳体密封环突出 1cm。

（6）整个转子存在下沉现象。

（7）泵平衡盘与电机之间节流套磨损严重。

图 8　末级叶轮（TEM 叶轮）损坏

图 9　平衡盘损坏

图 10　轴承损坏

4　故障分析

综合泵运行中其他因素均未出现明显异常，仅流量、压力及液位出现波动，同时由于功率、电流未能采集到，无法对比泵特性曲线判断 P-1401A 在 15:55~16:10 左右是否偏了泵正常特性。从结果看，高压泵 P-1401A 在 15:55 左右可能已经出现损坏，从而使得之后流量及液位波动，直至最后泵抱死造成连锁停车。根据以往经验，高压泵液位波动主要原因是入口过滤器堵塞导致泵井顶部压力较低，无法使得顶部 BOG 顺畅排向再冷凝器，同时引起再冷凝器波动。

P-1401A 入口压力正常，且再冷凝器液位、压力都在正常范围内。

轴向力平衡不完全，使轴承在轴向力不平衡状态运转，导致轴承过度疲劳损坏，使得转子动平衡破坏，造成转自整体下沉。

4.1 故障根源

基于 P1401A 泵拆解检查，判断故障根源为：P1401A 泵频繁启停，以及启动过程中出口流量达不到泵设计最小流量造成轴向力平衡机构失效，使轴承承受轴向力，导致中间轴承严重磨损损坏，使得整个转子支撑被破坏，转子大幅度下移，造成平衡盘和末级叶轮严重磨损、轴及轴承衬套等处摩擦副接触、摩擦，最终叶轮口环与壳体口环粘连在一起抱死。

4.2 轴向力分析计算

4.2.1 高压泵轴向力平衡原理

高压泵轴向力的平衡结构采用平衡盘来平衡轴向力，通过平衡盘间隙的变化达到轴向力的动态平衡[17-21]。

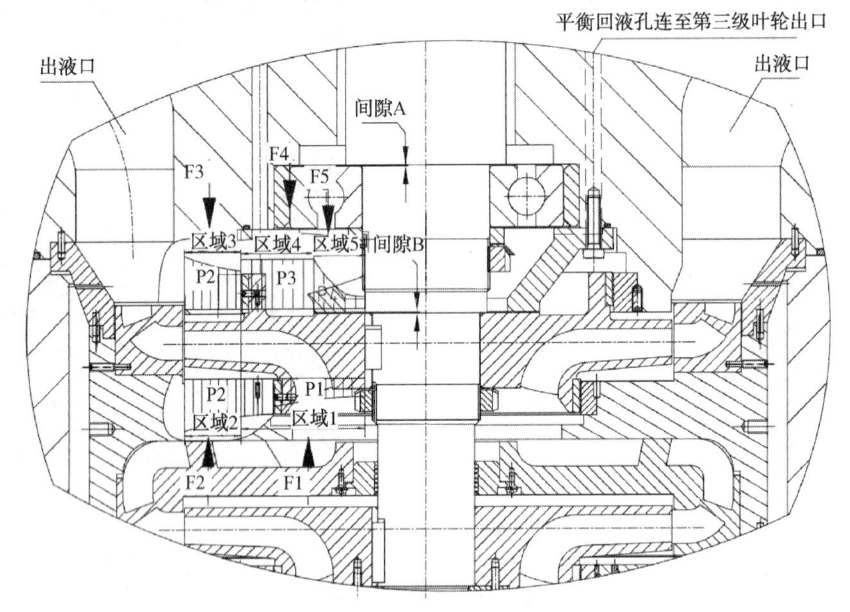

图 11　高压泵末级叶轮区域压力分布

转子部件总的轴向力为：

$$F=F3+F4+F5-F2-F1 \tag{1}$$

其中，由于区域 2 和区域 3 压力均为 P2，面积相等，这两个区域对前后叶轮盖板的力是相反的，两者抵消。总的轴向力为：

$$F=F4+F5-F1 \tag{2}$$

由此可见，轴向力决定于 F4、F5 和 F1。

高压泵起泵前，转子受自重影响，转子落至最低位置，间隙 A 达到最大值 AMAX，间隙 B 也达到最大值 BMAX。启动瞬间，区域 1 受到前面所有叶轮扬程产生的作用力 F1，区域 4 和区域 5 受到平衡回液孔与之相连的前三级叶轮产生的作用力 F4 和 F5，F1>F4+F5，轴向力向上指向电机侧，推动转子上浮，间隙 A 由 AMAX 慢慢变小。同样，间隙 B 由 BMAX 慢慢变小，介质通过间隙 B 节流降压，区域 4 中的压力 P3 数值逐渐增大并接近 P2，区域 5 中的压力 P4 依然为前三级叶轮产生的作用力，导致 F4+F5 慢慢变大。当转子上浮至最大极限，间隙 A 变为零，间隙 B 变小至 BMIN，轴承承受了转子向上瞬时最大轴向力。此时，F4+F5 已经增大到大于 F1，转子开始向下移动，间隙 A 和间隙 B 慢慢变大，间隙 B 节流降压能力下降，区域 4 中的压力 P3 由 P2 减小并接近 P4，F4+F5 慢慢变小。当间隙 A 和间隙 B 变大到 AMAX 和 BMAX 值时，F1 已经增大到大于 F4+F5，转子开始上浮。如此反复多次，调整至 F4+F5 与 F1 相等，轴向力得到平衡，转子平稳运转。

4.2.2 高压泵轴向力模拟分析

采用 UG 10.0 软件对 LNG 高压输送泵整个流体域进行三维建模。流体域由进水段、诱导轮及 15 级叶轮、15 级导叶及叶轮前后腔间隙、出水段和后端平衡部件组成。下图中序号 1 处为前密封环间隙，序号 2 处为导叶与转轴间隙间隙，序号 3 处为平衡盘间隙。

转子上浮至最大高度时，间隙 A 和间隙 B

达到最小间隙，对小流量和额定流量轴向力进行模拟计算。

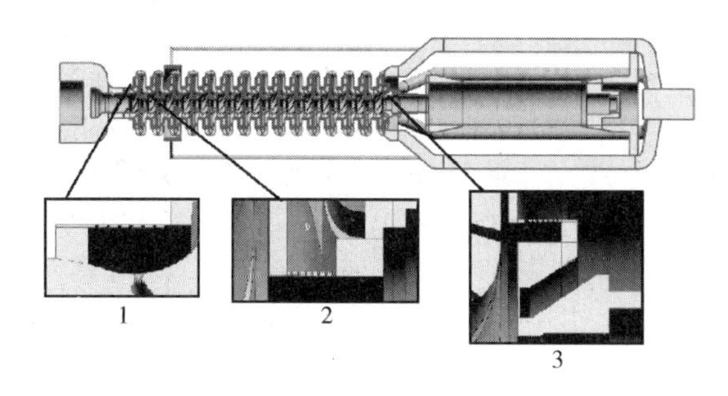

图 12　高压泵水力模型总装剖视图

对泵小流量点和额定点运行时轴向力计算，计算分析云图如下：

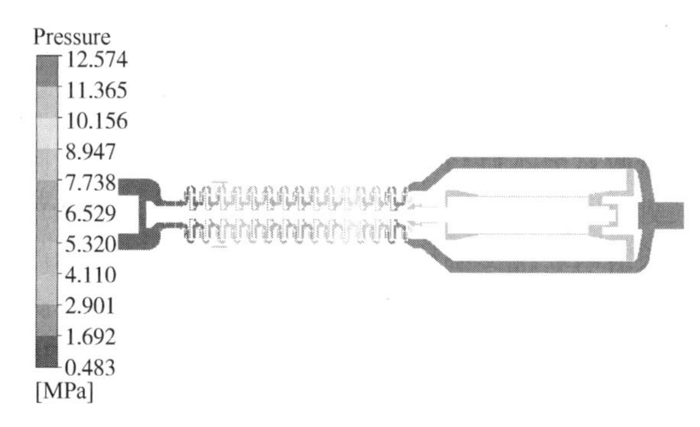

图 13　泵小流量点(230m³/h)的压力分布图

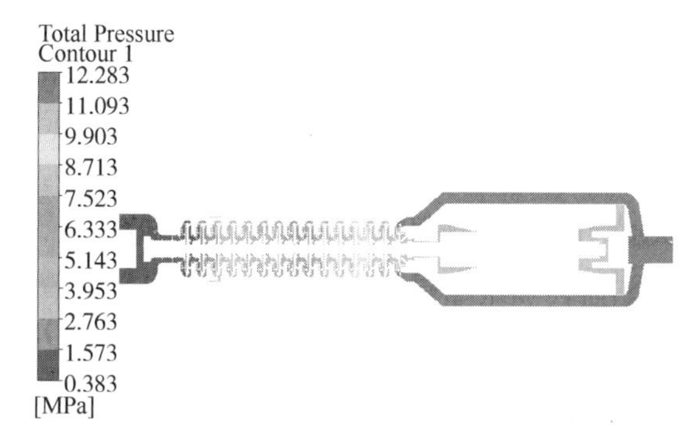

图 14　泵额定流量点(450m³/h)的压力分布图

经计算得知，额定流量转子轴向力为 32686.4N，小流量点转子轴向力为 136784.4N，小流量点转子轴向力瞬时最大值是额定流量点轴向力瞬时最大值的 4.2 倍左右，小流量点运行时转子轴向力对轴承的冲击破坏力远远大于额定点运行时转子轴向力。

5　结论

(1) LNG 高压泵频繁起停过程中产生的轴向力对泵整体支撑造成巨大冲击，是泵在运行中突然发生故障的根源。

(2) LNG 高压泵最小流量线无法满足泵启动条件造成的骤停产生的轴向力也对泵的支撑造成巨大冲击。

(3) 支撑轴承应设计能承受一定轴向力的推力轴承，以达到启停是平衡部分轴向力。

(4) 泵振动监测应增加频谱反馈模块，以便根据振动频谱分析振动超差的根源，推断泵是否出现早期故障。

(5) 泵故障的发生不是偶然现象，它会伴随其他异常情况出现。如流量和压力异常、声音异常、功率异常等等，坚强巡检，并结合振动频谱提前预判异常现象，避免设备产生停机故障。

参考文献

[1] 周华，张一范，陈帅，等. LNG 接收站试运投产中高压泵的冷却技术[J]. 流体机械 2013，41(1)：56-58.

[2] 王立昕，田士章，等. LNG 接收站投产运行关键技术[M]. 石油工业出版社，2015. 14.

[3] 陈雪，马国光，付志林，等. 我国 LNG 接收站终端的现状及发展新动向[J]. 煤气与热力，2007，8(8)：63-66.

[4] 丁洪霞，杨利峰，崔胜，等. LNG 高压外输泵预冷检测方案比较[J]. 石油和化工设备，2013，16(4)：48-49.

[5] 童文龙，李佳林. 入口 LNG 温度对高压泵稳定运行影响的探讨[J]. 化工管理，2019，6：144-146.

[6] 彭超. 多台 LNG 高压泵联动运行的优化与改进[J]. 天然气化工，2019，9：110-116.

[7] 王学丽，曹天帅，冷志强，等。国内首台 LNG 接收站用大型 LNG 高压外输泵的国产化工程应用[J]. 通用机械，2019，(9)：28-32.

[8] 顾安忠，鲁雪生等. 液化天然气技术手册[M]. 机械工业出版社 2010. 1

[9] 陈经锋. 延长 LNG 高压泵大修周期的可行性分析[J]. 石油和化工设备，2016，19(3)：42-45.

[10] 李世斌. 液化天然气高压泵泵井液位波动的原因分析及措施[J]. 上海煤气，2014，(1)：7-10.

[11] 孔令杰，雒晓辉，宋立，等. 核电厂离心泵叶轮裂纹故障分析与研究[J]. 水泵技术，2019，(4)：37-40.

[12] 张翊勋，罗志远，王争光，等. 核主泵流体静压轴封插入件和静环座碰磨原因分析[J]. 水泵技术，2018，(6)：37-40.

[13] 虎兴娜. DG 型多级泵平衡盘-转子系统启动过程的瞬态特性研究[J]. 流体机械，2019，47(6)：24-28.

[14] 雪增红，刘兴发，白小榜，等. 离心泵轴向力测试

系统的设计[J]. 流体机械，2018，46(2)：46-49.
[15] 张忆宁，曹卫东，姚凌钧，等. 不同叶片出口角下离心泵压力脉动及径向力分析[J]. 流体机械，2017，45(11)：34-40.
[16] 李俊庆，王忠军. 重整 P-205B 泵轴承过热原因分析及处理方法[J]. 石油化工设备，2017，46(4)：68-70.
[17] Johann Friedrich Gulich. Centrifugal Pumps[M]. Library of Congress Control Number：2010928634
[18] 梁武科，何庆南，董玮，等. 高压离心泵进口压力与轴向力特性关联[J]. 机械科学与技术，2020，01
[19] 刘在伦，卢维强，赵伟国，等. 理性泵平衡孔和背叶片对轴向力特性影响[J]. 排灌机械工程学报，2019，37(10)：834-840.
[20] 邱靖松，王世杰. 轴承串对轴向力的均压作用仿真分析[J]. 机械工程师，2019，(10)：59-61.
[21] 薛自华. 多级离心泵轴向力及平衡鼓尺寸计算研究[J]. 水泵技术，2019，(4)：23-26.

LNG 卸料臂液压系统内漏问题技术攻关

徐金森　牛军锋

（广东大鹏液化天然气有限公司）

摘　要　针对 LNG 卸料臂的液压系统对液压油的技术参数要求不同，经过多次液压系统内漏的实验，完成了一种行之有效的新型液压电磁阀设计方案，大幅减少了液压系统的内漏，降低液压油泵的运行负荷，提高了卸料臂的可靠性。通过保压时间的历史趋势验证了这种设计的合理性和经济性，为其他 LNG 公司的提供了有参考价值的案例。

关键词　LNG 液压系统；液压电磁阀；保压时间；紧急停车系统

1　引言

液压系统已经成熟地应用在石油化工，建设建筑，汽车生产等各行各业，与国民经济的发展息息相关，不同行业领域里的液压系统起着不同的重要作用。GDLNG 码头卸料臂自 2006 年投用至 2016 年以来，一共卸载了 5000 万吨左右的 LNG，为生产的长期、稳定、安全起到了关键性作用，并为珠三角地区的环境改善做出了巨大贡献。但卸料臂在长期的运行过程中，控制卸料臂的液压系统内漏严重，液压系统的保压时间逐步减少，液压泵启动频繁。从 DCS 采集的液压油压力趋势分析，内漏还在慢慢扩大，即使采用更换新的电磁阀的方式来控制内漏，但测试出来的结果效果不明显，而且费用非常昂贵，现场安装工作负荷繁重。

从参考文献中得知，液压系统油箱的油量、油质、油温和液压系统的泄漏都会影响液压泵的磨损以及寿命。而液压系统的泄漏包括内漏和外漏，内漏主要是来自液压泵、液压电磁阀、油缸等液压元件，它虽然不会减少液压油的数量，但增加了液压能量的损失，导致系统压力降低，流量损失，影响液压系统的工作效率。如果内漏逐渐增大，对卸料臂的操作必定造成严重影响，极端情况下可导致卸料臂失控，造成事故。

为了保障关键设备的可靠性，从 2014 年以来通过多次系统分析和现场测试，我们通过大量分析研究确定了卸料臂液压系统内漏问题的关键在于解决液压电磁阀的内漏。通过多次测试以及分析结果，以内漏比较严重的卸料臂 A 为起点，采取可逆方式，更换锥形阀芯 WANDFLUH 液压电磁阀，试图改善单条臂的保压时间。如果保压效果达到 120 分钟以上，可逐步推广到其他四条卸料臂液压电磁阀的改造，确保整个液压系统保压时间达到 60 分钟左右。

2　卸料臂液压系统内漏的原因分析

2.1　液压系统的组成简介

卸料臂液压系统由 HPU，SVU，ACCU 三大部分组成。HPU 是 Hydraulic power unit 的缩写，也就是液压站为系统提供液压油，以分开的 P1，P2 两油路去 SVU，分别控制双球阀、ERC 和卸料臂的动作，见图 1；SVU 是 Selector valve unit 的缩写，也就是电磁阀控制单元，改变 P1，P2 液压油的方向，通过活塞油缸实现卸料臂上下、左右、前后和双球阀、ERC 的动作，见图 2，在双球阀关阀情况下 SVU 的蓄能器给 P1 提供液压，以确保 ERC 正常动作；ACCU 是 Accumulator unit 的缩写，也就是液压蓄能器单元，在卸料臂被操作时，蓄能器的液压不会释放，只有在卸料臂触发 ESD2 时，通过 SIEMENS PLC 逻辑控制打开 ACCU 的入口液控单向阀，讲蓄能器的油液提供给 P2 油管，保障卸料臂可以正常自动回收。当然 ESD2 触发时由于液压泵可以正常运转 180 秒，液压系统油压得到保持，所以 ACCU 的油压不会释放出来，见图 3。

2.2　内漏测试和检查

工艺操作人员在 DCS 上发现液压泵的启动频率较之前启动频率快，当时就基本确定了液压系统存在内漏问题，从表 1 中的测试数据看，内漏与 HPU P2 油管没有关联，只与 P1 油管有直接的联系。而且测试的过程中证明了 HPU 的单向阀和安全阀都正常，内漏比较严重的是卸料臂　　B，为每 5 秒 0.01MPa 的液压降。

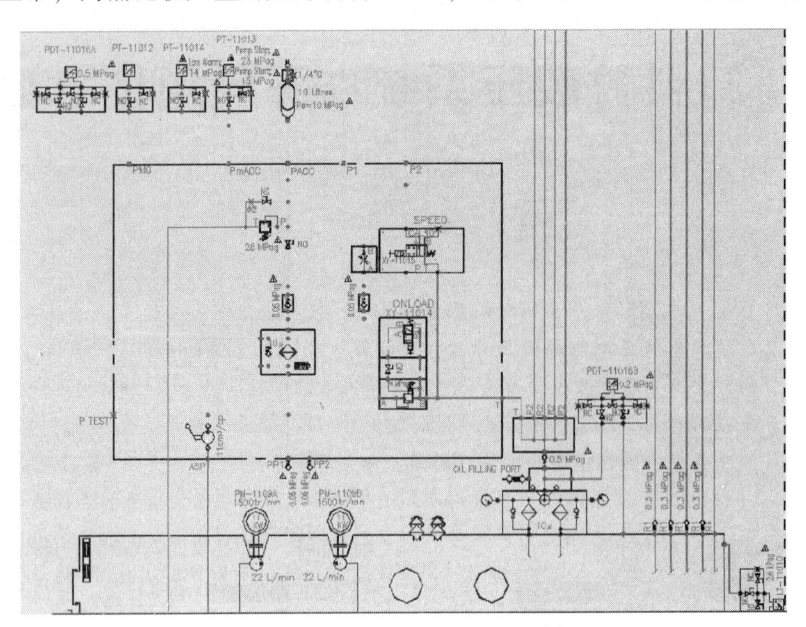

图 1　HPU 液压动力单元

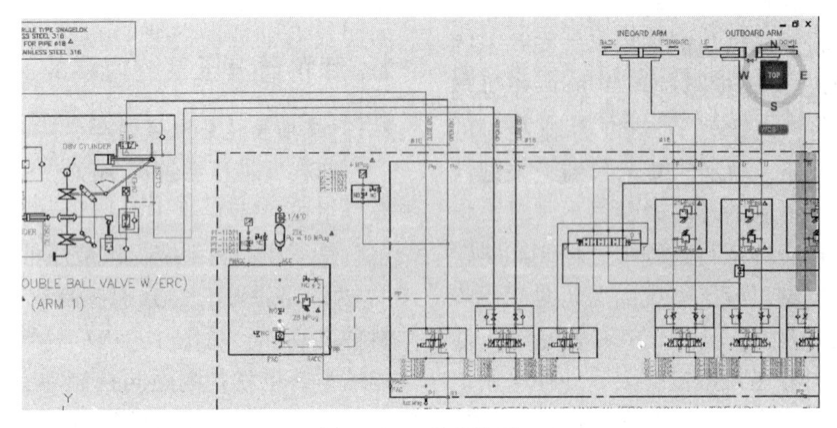

图 2　SVU 选择阀单

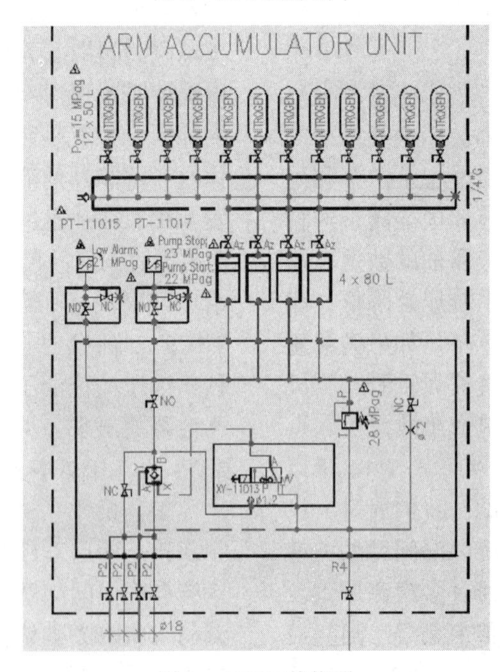

图 3　ACCU 蓄能器

表 1　测试记录

2013. 1. 12

下午排查 5 条卸料臂的 P1 和 P2 管路压降，在 P1 和 P2 阀门无内漏的前提下，关闭压力变送器 PT11013 的根部阀并隔离油泵后，检查情况如下：

位号	P1	P2	压力表每降低 0.01MPa 耗时	压力表 PT11014 指数	备注
L-1101A/B/C/D/1102	关	关	/	不变	
L-1101A/B/C/D/1102	关	开	/	不变	
L-1101A/B/C/D/1102	开	关	2 秒	/	
L-1101A	关	开	/	不变	其余 4 条臂的 P1、P2 全关
	开	关	6 秒	/	
L-1108B	关	开	/	不变	其余 4 条臂的 P1、P2 全关
	开	关	5 秒	/	
L-1102	关	开	/	不变	其余 4 条臂的 P1、P2 全关
	开	关	12 秒	/	
L-1101C	关	开	/	不变	其余 4 条臂的 P1、P2 全关
	开	关	7 秒	/	
L-1101D	关	开	/	不变	其余 4 条臂的 P1、P2 全关
	开	关	14 秒	/	

2013 年 5 月在 DCS 上从测量液压系统压力变送器的测量值分析，系统的保压时间已经下降，见图 4。图中趋势的峰值是 24MPa 为停泵点，谷值为 15MPa 为启泵点，停泵点到启泵点的周期为 4 分钟左右。这说明系统保压时间从最初投产运行的 20 分钟下降到 2013 年的 4 分钟左右。

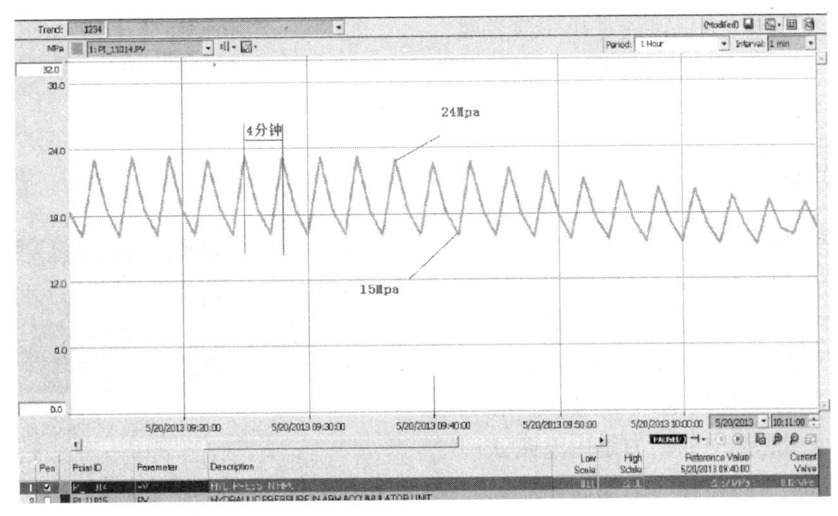

图 4　液压保压时间

为了确定卸料臂 B 内漏的问题原件，2014 年 2 月我们决定将该臂 SVU 电磁阀进行更换，并通过液压系统的保压时间来验证更换电磁阀的效果。如图 5 是更换电磁阀后系统的保压时间，从趋势图中明显表示出液压系统的保压时间有所增加，长达 7 分钟，说明更换电磁阀可以改善内漏的问题，但单臂电磁阀的更换对整体保压时间改善效果有限。而且更换后的电磁阀在运行一段时间后，系统的保压时间也有所下降，见图 6。这说明这种电磁阀的更换只能暂时提高保压时间，不能长久保持，对卸料臂的可靠性能和油泵的运转负荷同样有着潜在的风险。

由此需要找到一种流量特性好，无内漏或微内漏，同样达到相同功能的液压电磁阀来替代现有的滑阀式 ACE 电磁阀，以解决液压系统内漏问题势在必行。

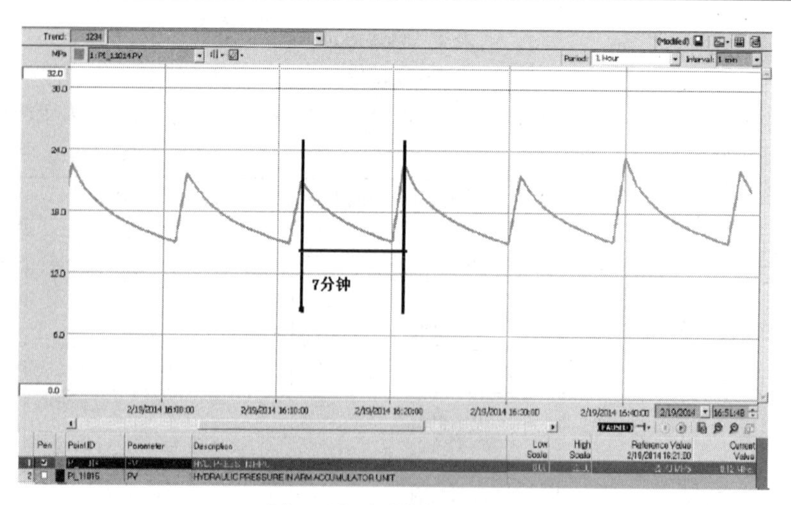

图5 液压系统保压时间

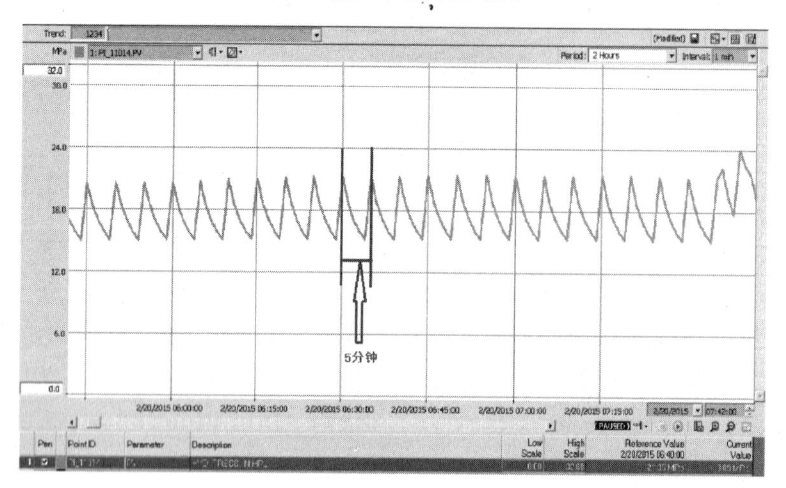

图6 液压系统保压时间

3 液压电磁阀性能分析

3.1 滑阀式ACE液压电磁阀的缺陷

目前粤东LNG、深圳LNG公司的卸料臂液压系统使用滑阀式ACE液压电磁阀，其结构如图7所示，图中为典型的三位四通Y型电磁阀，其他三位四通O型、二位四通电磁阀的阀芯也类似。这种阀操纵阀芯换向的动力是由电磁铁产生的推力推动阀芯相对阀体移动来控制油液的通断及改变方向。由于阀芯与阀壁相对滑动，两者间不可避免地存在滑动间隙，长期运行间隙之间的磨损增加了内泄漏。Y型、O型电磁阀的示意图如图7。

Y型电磁阀的工作过程是当左右线圈不带电的情况下，电磁阀处于中位，P口与其他口不通，但A、B、T三口相通，A、B口油液回油箱；当左线圈带电，电磁铁推动阀芯使P→B，A→T改变油路方向，实现控制；当右线圈带电，电磁铁推动阀芯使P→A，B→T改变油路方向，

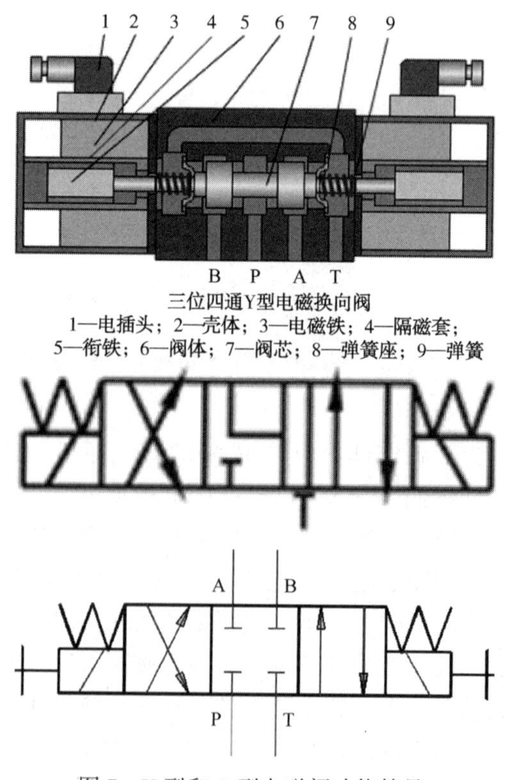

图7 Y型和O型电磁阀功能符号

实现控制。ACE 各种电磁阀的流通特性见图 8。D，E，J 符号电磁阀是 GDLNG 使用的三种电磁阀，随着压力降的增加 J(Y 型)流通特性最大为 60L/Min。

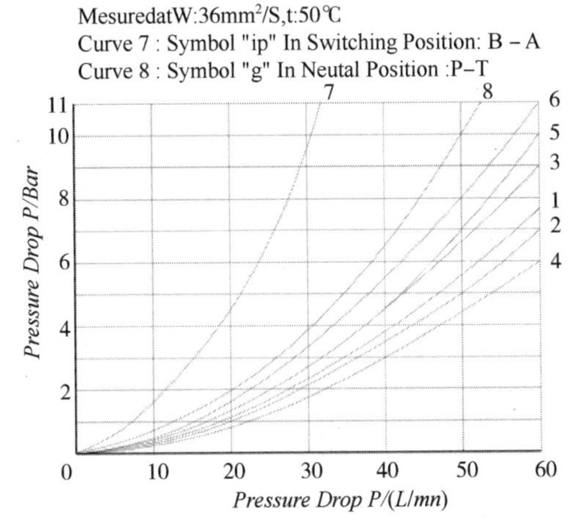

FLOW DIRECTION				
SYM-BOL	P-A	P-B	A-T	B-T
A	3	3	-	-
B	3	3	-	-
C	1	1	3	1
D	5	5	3	3
E	3	3	1	1
F	2	3	3	5
G	5	3	6	6
H	2	4	2	2
J	1	1	2	1
L	1	1	2	2
M	2	4	3	3
P	2	3	3	5
Q	1	1	2	1
R	5	3	4	-
T	5	3	6	6
U	3	1	3	3
V	1	2	1	1
W	1	1	2	2
Y	5	6	5	3

图 8　ACE 电磁阀流通特性

但滑阀型的电磁阀，工作时均或多或少有内泄现象，这与电磁换向阀的结构以及工作原理有关，一定范围的内泄属于正常现象，无法完全避免。由于电磁换向阀的工作原理是电磁铁通电后带动推杆使阀芯产生相对运动，从而开启或关闭相应的油孔。为了确保阀芯在阀体中的顺畅动作，两者之间需要保持一定的间隙，否则液压电磁换向阀的阀芯和阀体紧密接触，摩擦力影响下将无法动作。内泄漏的大小直接影响到系统工作的可靠性。如图所示，把液压电磁换向阀的阀芯和阀套看成是偏心的环形缝隙，其环形缝隙泄漏量计算公式：

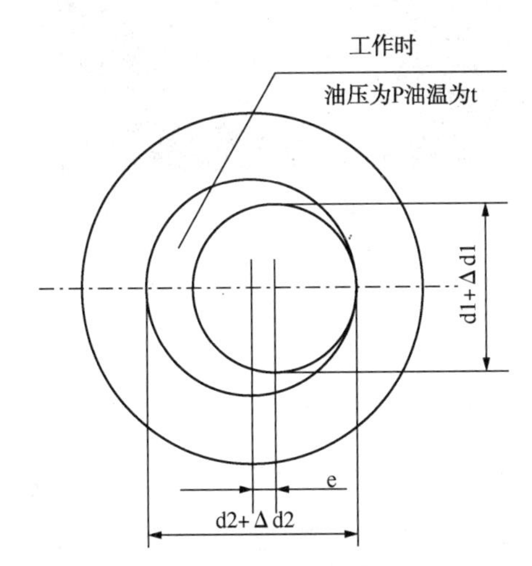

图 9　阀芯圆柱面轴线
相对阀体孔壁圆柱面轴线的偏心距

$$P_{pt}=\frac{\pi dh_{pt}^3}{12\mu_{pt}l}(p_1-p_2)\left[1+1.5\left(\frac{e}{h_{pt}}\right)^2\right]\pm\frac{Vh_{pt}}{2}\pi d$$

$$h_{pt}=h+\frac{d}{2}\left\{(\alpha_2-\alpha_1)(t-t_0)+\frac{p_1+p_2}{2}\left[\frac{1}{E_2}-\left(\frac{D^2+d^2}{D^2-d^2}+\mu_2\right)+\frac{1}{E_1}(1-\mu_1)\right]\right\}$$

$$\mu_{pt}=\upsilon_{050}\rho_{015}(1-35A)e^n$$

$$n=\frac{p_1+p_2}{882}-\lambda(t-50)$$

式中，Q_{pt} 为环形缝隙泄漏量；h_{pt} 为工作时的同心间隙；D 为阀体外径或当量外径；μ_{pt} 为油压为 p，油温为 t 时油液的动力黏度；h 为油压为零、油温为 t_0 时阀芯与阀体的同心间隙；α_1 为阀芯材料的线膨胀系数；α_2 为阀体材料的线膨胀系数；E_1 为阀芯材料弹性模量；E_2 为阀体材料弹性模量；μ_1 为阀芯材料泊桑系数；μ_2 为阀体材料泊桑系数；l 为环形缝隙的长度；A 为油液的热膨胀率；d 为阀芯外径(或阀体孔径)的基本尺寸；e 为阀芯圆柱面轴线相对阀体孔壁圆柱面轴线的偏心距；V 为阀芯相对阀体运动速度，当 V 的方向与压差 p_1-p_2 的方向一致时，式中 V 前面应冠以"—"号，反之应冠以前"+"；p、p_1 及 p_2 皆指表测压力为相对压力，计算单位为 kgf/cm^2；p 为环状缝隙中油压；p_1、p_2 分别为阀芯两端油压，$p_1>p_2$；λ 为粘温系数；υ_{050} 为油压为零、温度为 50℃时油液的运动黏度；ρ_{015} 为油压为零、温度为 15℃时油液的密度；t 为油液的温度。

由以上公式可以看出减少液压阀的内泄漏，有两个途径：一是增加液压油的黏度，可以减少偏心环形缝隙中的流量；二是增加阀的加工精度，减小环形缝隙的尺寸可以减少泄漏量，当然槽道和槽形对内漏也有影响。所以随着阀芯长久的滑动运行，间隙逐渐最大，泄漏量慢慢增大，这就是卸料臂液压系统保压时间慢慢下降的原因。

3.2 WANDFLUH 锥阀的优点

WANDFLUH 电磁阀属于锥阀，基于二通插装阀的改进而成。它的特点：能实现一阀多能的控制；液体流动阻力小、通流能力大；动态性能好、换向速度快；采用线密封、密封性能好、内泄漏很小；工作可靠、对工作介质适应性强；阀芯采用两侧等面积设计和压力平衡原理，没有额外的开启和关闭力，能够实现油液的双向流动和双向截止。但该阀的缺点就是油质大、硬性强的颗粒杂质和阀块加工的铁屑比较敏感，增加油液过滤和阀块加工后清洗可以得以控制。

由于插装阀只能起到二位开关的作用，结构如图 10。但一个 WANDFLUH 锥阀也只能实现二位三通作用。如果需要达到卸料臂液压控制使用的三位四通 Y 型或 O 型功能，则需要两个锥阀和增加相关的辅助元件来完成。图 11 锥阀的流量特性，由于流量通径的原因，虽然最大流量为 40L/min，但也不影响现场要求。

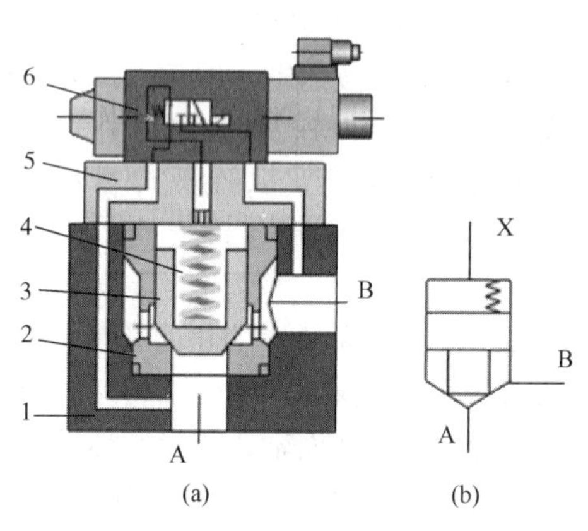

图 10　插装阀结构

1—插装块体；2—阀套；3—阀心；4—弹簧；5—控制盖板；6—先导控制阀

图中 AEXd32061a 为 LNG 通用的 DN6 常闭电磁阀类型，在稳定状态 P-A 和 T-A 都是一样的流量特性达到 40L/Min，基本能满足现场工作要求。

3.3 电磁阀内漏测试对比

从理论上分析阀滑和锥阀的内漏对比，阀滑内漏因素较多，内漏客观存在。在实际内漏测试过程中也有明显的区别，图 12 为 ACE O 型电磁阀内漏检测，内漏油液成线流状态，从记录数据中获悉，在 P 口液压达到 28MPa 时，ACE O 型电磁阀各个口的内漏在 2 分钟之内内漏量达到 50mL 左右。测试步骤是将电磁阀的右边带电，P→A，B→T，油液进入 A，然后，停止油泵，电磁阀失电，保持中位，这时测试 T 口的泄漏

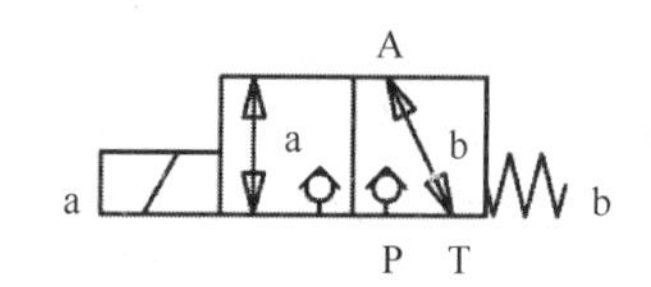

WANDFLUH二位三通电磁阀符号

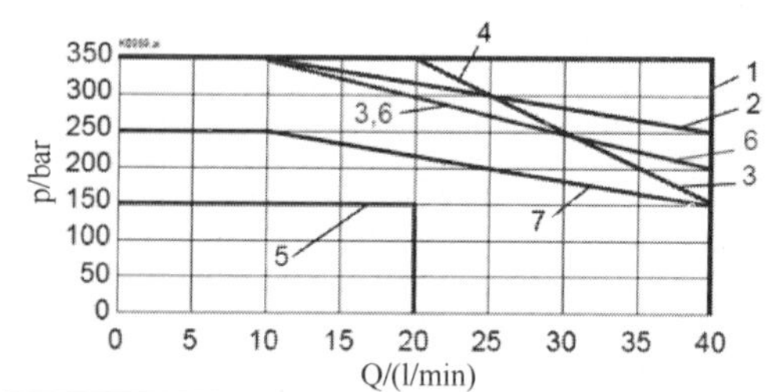

品种	流动方向			
	P-A	A-T	A-P	T-A
AEXd22061a	1	-	6	-
AEXd22060b	1	-	3	-
AEXd32061a	1	2	5	1
AEXd32060b	1	4	7	1
AEXd3406	1	1	6	6

图 11　WANDFLUH 电磁阀流量特性

检验项目	测试油	测试压力(MPa)	测试时间(Min)	泄漏量(ml)	检验结果(ml/Min)
A口泄漏	46#液压油	28	2	52	26
B口泄漏	46#液压油	28	2	48	24
T口泄漏	46#液压油	28	2	50	25

图 12　ACE 电磁阀内漏状态和测试数据

状态，得到 A 口的泄漏，同样将电磁阀的左边带电，P→B，A→T，油液进入 B，然后，停止油泵，电磁阀失电，保持中位，这时测试 T 口的泄漏状态，得到 A 口的泄漏，而 T 口的泄漏只要将电磁阀保持中位状态，启动油泵，测试 T 口的泄漏量即可。

在工厂改装电磁阀后，必须进行内漏测试。图 13 为 WANDFLUH 锥阀设计的 O 型电磁阀在安装前做出的内漏测试和记录数据。可见该电磁阀的内漏相当微小，只成点滴状态或无泄漏状况，从记录表中可知，在 P 口液压达到 28MPa 时，电磁阀 A、B 口的内漏在 10 分钟之内内漏量才达到 50mL 左右，电磁阀处于中位时内漏几乎为 0mL，而且电磁阀油压降在 2 小时内仍然处于 22MPa 以上。测试的过程和 ACE 电磁阀方法一样。

2015.11.4 46#[illegible]

广东LNG液压阀组测试记录表

测试阀组		测试项目	测试参数	测试数据	测试结果	备注
DN6三位四通O型机能换向阀	方向1 A	系统压力1(MPa)	≥27	27.2MPa	OK	
		保压时间(Min)	≥60	120分钟	OK	9:24~11:24
		系统压力2(MPa)	≥27	22.6MPa	OK	
		泄漏量(ml)				50ml/10min [illegible]
		手动换向			OK	
	方向2 B	系统压力1(MPa)	≥27	27.7MPa	OK	[illegible]~[illegible]
		保压时间(Min)	≥60	180分钟	OK	
		系统压力2(MPa)	≥27	22.2MPa	OK	中位泄漏 30ml/5min [illegible]
		泄漏量(ml)				52ml/10min

图 13　WANDFLUH 电磁阀内漏状态和测试数据

综合比较，锥阀的特点是以线为密封，可以做到密封面之间无间隙，能够完全切断油路，降低液压内漏，对油液中小的杂质污染不敏感，锥阀密封口处液流的方向突变小，流场分布均匀，使用场合广泛，适合防爆区域的石油、化工、天然气行业。而阀滑是以面密封型式完成，在高压和长久动作过程中，阀芯与阀壁之间的间隙增大，无形增加了电磁阀的内漏。

4　电磁阀功能设计以及运行效果

由于液压系统使用的 ACE 电磁阀是采用双电动作的三位四通或二位四通来完成换向功能，控制卸料臂的动作，而 WANDFLUH 电磁阀是二位三通，所以改用锥阀有时需要增加辅助液压元件来完成三位四通 ACE 电磁阀功能。

4.1　双球阀动作 Y 型三位四通电磁阀设计

在卸料臂液压系统中，各个卸料臂的双球阀关开动作都是由阀滑式 Y 型三位四通电磁阀来达到油液换向，再由油液推动活塞油缸来完成。而两个二位三通锥阀可以由图 14 转换成相同功能。

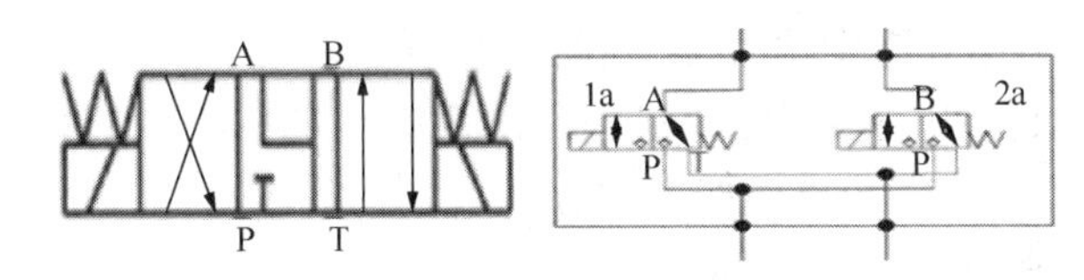

图 14　Y 型三位四通电磁阀设计

设计说明如下：当 1a，2a 不带电状态下，A、B 端口与 T 端口相通，P 端口不通，这与 ACE Y 型三位四通型电磁阀不带电状态中位功能一致；当 1a 带电，2a 不带电，P 通 A，B 通 T，与 ACE Y 型三位四通电磁阀右边功能一致，达到双球阀开阀功能；当 1a 不带电，2a 带电，P 通 B，A 通 T，与 ACE Y 型三位四通电磁阀左边功能一致，达到双球阀关阀功能。改造后液压电磁阀组件如下：

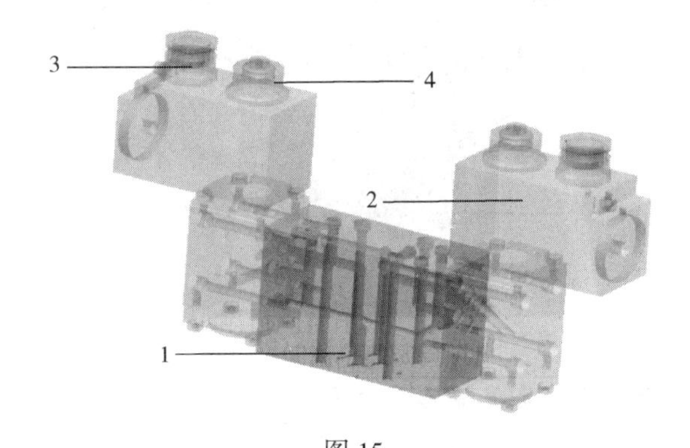

图 15

1—加工阀块；2—WANDFLUH 电磁阀；3—接线端口；4—手动按钮（可选）

4.2　卸料臂上下、左右、前后动作 O 型三位四通电磁阀设计

在卸料臂液压系统中，各个卸料臂的上下、左右、前后动作都是由 ACE O 型三位四通电磁阀来达到油液换向，再由油液推动活塞油缸来完成。两个二位三通锥阀可以由图 16 转换成相同功能。

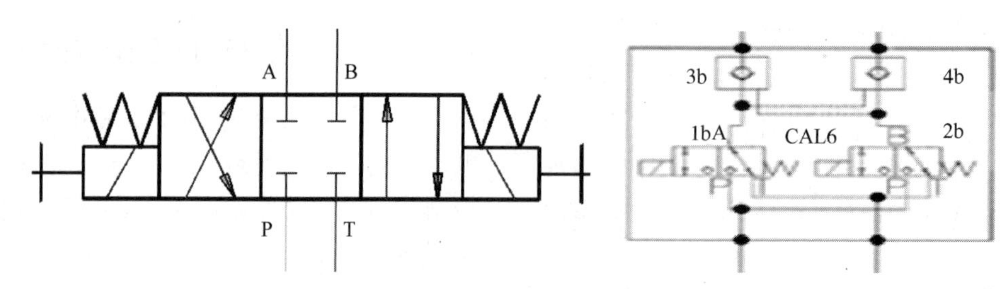

图 16　O 型三位四通型电磁阀设计

设计说明如下：改为 WANDFLUH 电磁阀时需要增加 3b，4b 液控单向阀，当 1b，2b 都不带电状态，A、B 端口与 T 端口相通，P 端口不通 A、B、T，3b，4b 起单向阀作用，隔绝了 3b，4b 上面的油液与 P、T 相通，与 ACE 电磁阀不带电状态中位 O 型三位四通功能一致；当 1b 带电，2b 不带电，P 通 A，B 通 T，同时 A 端口液压打开 4b 单向阀，导致 4b 液控单向阀变为直通阀，4b 上面的油液与 T 相通，与 ACE O 型三位四通电磁阀右边功能一致；当 1b 不带电，2b 带电，P 通 B，A 通 T，同时 B 端口液压打开 3b 单向阀，导致 3b 液控单向阀变为直通阀，3b 上面的油液与 T 相通，与 ACE O 型三位四通电磁阀左边功能一致。改造后液压电磁阀组件如下：

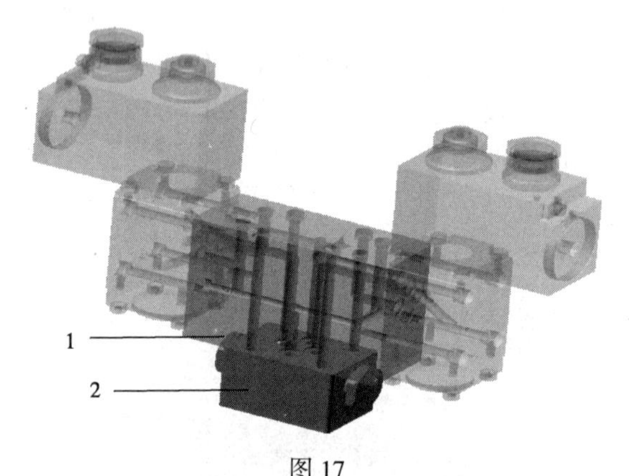

图 17

1—加工阀块；2—液控单向阀

4.3　液压系统保压时间采集

为了保证卸料臂的安全运行，公司要求，液压电磁阀的改造原则是不改变原来设计理念，以可逆形式进行，即如果电磁阀改造不成功可以快速还原以前的设计。安装新型液压电磁阀后对比单臂改造前后的保压时间和整体电磁阀的改造前后的时间，液压内漏有非常大的改善。整个系统保压时间也有了很大的提高如图 18，图 19，其中图 16 为 2015 年 3 月卸料臂 A 改造前后的保压时间，图 18 为 2015 年 11 月继卸料臂 A 改造后其他四条卸料臂同步改造后的整个液压系统的保压时间。

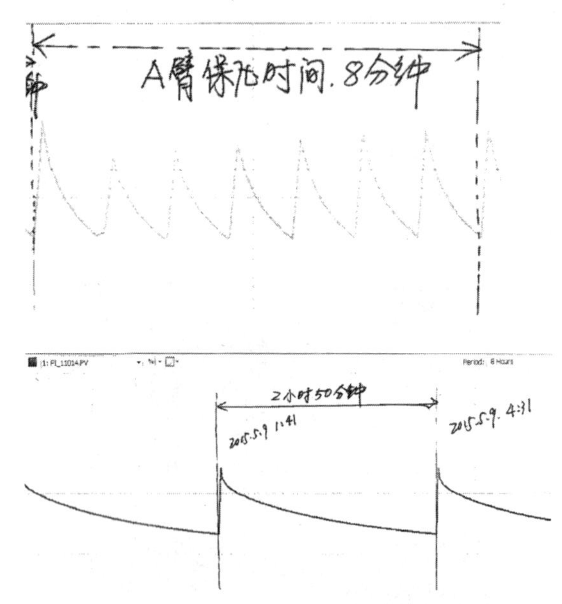

图 18　改造前后卸料臂 A 保压时间

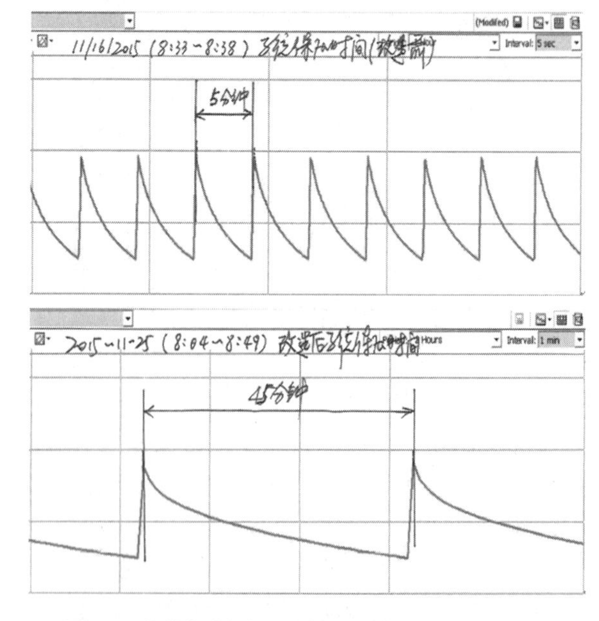

图 19　整体卸料臂电磁阀改造前后的保压时间

从图 18 中看出单臂改造前后的保压时间从 8 分钟增加到 170 分钟左右，而图 19 整个卸料臂液压系统的保压时间从 5 分钟增加到 45 分钟左右。根据天气的变化，有时保压时间还会达到 60 分钟以上。液压电磁阀的改造基本达到设计要求，液压油泵从一天启动 288 次降低到目前 28 次左右，大大提高了其使用寿命。

5 结论

（1）卸料臂电磁阀的改造是利用合理的船期间期进行，对来船卸料没有造成任何影响。整个电磁阀的改造从现场电缆信号线拆除、旧电磁阀拆除、新电磁阀安装、信号连接、泄漏检查、测试卸料臂动作、ESD1/ESD2 测试一共在 4 天窗口内完成。电气仪表控制系统未做任何改动，降低了此次改造的风险。改造后卸料臂保压测试的结果和改造设计完全一致。液压电磁阀改造除了在设计上有巧妙之处外，控制块的铸造和 O 形圈槽口的加工精度也是本次改造成功的关键。

（2）从液压系统流程图分析，影响液压系统保压时间是在 P1 油路上，P1 只是控制双球阀和 ERC、选择臂三个电磁阀，因此解决这三个电磁阀的内漏，基本就控制液压系统的保压时间，而 P2 油路上的电磁阀只是控制卸料臂前后、上下、左右动作，不影响液压系统的保压时间，因此可在卸料臂遥控器失灵情况下，可采取临时紧急措施现场控制卸料臂，保障卸船的正常进行。

（3）目前从 DCS 采集到的液压系统压力趋势分析，液压系统的保压时间大约在 60min 左右。虽然保压时间有了很大的改进，按改造要求现场 ERC 和 SVU 的选择臂电磁阀仍然是采样 WANDFLUH 低泄漏二位四通电磁阀来控制，加上锥阀在油路和手动切换过程中也有少许内漏，所以如果再想提高保压时间，还可以从改变 ERC 电磁阀和 SVU 选择阀的控制回路或修改 PLC 逻辑来完成。

6 经济效益与社会效益

原卸料臂电磁阀是日本 NIIGATA 公司从法国 ACE 公司采购，采购周期半年以上，不利于现场应急要求，改为 WANDFLUH 电磁阀后备件周期缩短为 2 个月左右，而且安装方便、快捷，厂家也能提供及时、高效、优质的现场服务，使得技术人员摆脱了原厂家技术的束缚和依赖。

卸料臂的大修周期基本在 7～8 年，通过对电磁阀整体的更换前后比较，使用 WANDFLUH 电磁阀每次大修可节省资金为 40 万元，在平常的日常维护中，按照合同采购的价格，单个电磁阀的更换可以节省 0.2～3 万元。

开架式气化器运行管理与涂层修复过程分析

胡小波　田小富　王同永　张振坤

（中石油江苏液化天然气有限公司）

摘　要　开架式气化器是接收站重要的气化设施，因其结构简单、安装方便、运行成本低而被广泛应用在沿海接收站，随着运行时间增加，设备表面涂层剥落、基材被冲刷、翅片坑蚀等问题也逐渐暴露出来。本文结合江苏LNG接收站开架式气化器在运行管理过程中开展的实际工作，参考行业内对该类设备所采取的先进管理方法和出现过的故障问题，从ORV结构组成、巡护维护内容、专项特护、维修过程关键参数四个方面论述ORV设备日常管理内容，形成ORV“日常巡护，定期维护，专项特护”的“三护”关键设备工作清单和涂层维修关键参数表单，完善了设备全生命周期内运行和维修两项重要内容，为后期此类设备的管理和维修提供重要参考。

关键词　ORV；运行管理；涂层修复；基材冲刷

1　概况

江苏LNG接收站位于高含沙的南黄海海域，现场配置有5台开架式气化器（简称ORV），分三期完成建设，最初投产的三台ORV到现场已安全平稳运行10年，单台设备累计运行时间超过了1000天。ORV是接收站的重要气化装置，运行过程中发现，换热管排下部翅片及汇管表面涂层出现了大面积不连续鼓包、剥落的现象，相邻翅片根部较长区间内有基材被冲刷而露出金属光泽和局部坑蚀的情况。除此以外，水槽挡水板脱开限位槽、玻璃钢片堵塞溢流口、换热翅片上生长海生物引起的海水分布不均匀现象也时有发生，而同一溢流槽海水分布不均或同一管板两侧水流不均，也将导致的换热管受热不均，极端情况下可能导致换热管变形，甚至开裂[1]。江苏LNG接收站在开展ORV精细化运行管理的同时，也组织相关科研单位开展涂层修复研究实践，已累计完成四台ORV局部涂层修复，就如何控制施工质量和避免修复后出现同类问题积累了丰富的实践经验。

2　结构简介

ORV主要由设备基础、换热单元、海水系统，三个部分组成。ORV的换热示意图见图1。

2.1　设备基础

ORV整个换热单元放置在一个钢筋混凝土框架上，每个换热单元顶部设置有吊耳，通过U

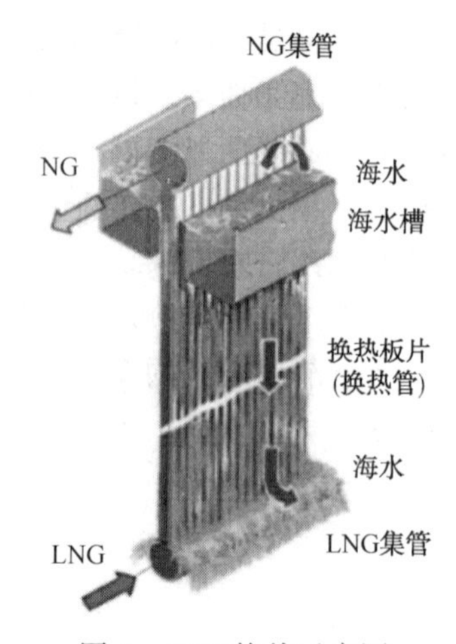

图1　ORV换热示意图

型螺栓将换热单元与H型工字钢连接，H型工字钢与换热管板垂直交叉布置，水平搁置在水泥基础上。换热单元在底部汇管设置支座固定架，通过螺栓固定在支座上。

用于放置换热单元的混凝土框架正面设置有巡检窗口，用于观察换热器底部汇管和翅片的结冰情况。相关的管道及辅助设施布置在混凝土框架背面，如海水进水管、LNG入口管、NG出口管、挡水板等。

2.2　换热单元

ORV的换热单元一般由三到四组小换热单元组成，每组小换热单元由四到五排换热面板组成，而每排换热面板由多根换热管，以及LNG和NG集管组成。换热面板通过托架和集管将一小组内的多排换热面板组成一个小换热单元，换热单元与工艺管线通过过度接头连接[2]。

换热管、LNG 集流管和 NG 集流管以焊接方式进行连接，换热管具有承压高，截面复杂，长度长，尺寸精度要求高的特点，其本体材质采用具有较好低温性能、抗冷热交变性能的铝合金，外部均为扁平环状分布的换热翅片，表面以热喷涂的方式喷涂耐冲刷、耐腐蚀的铝-锌金属涂层，最外层采用环氧树脂封孔。

2.3 海水系统

ORV 海水系统由海水分布调节阀、海水分配管、海水槽、海水喷嘴、防泡沫板、溢流板、排水塞、侧边盖板、挡风板等部件组成。海水槽安装在换热管板之间，海水从底部进入，按溢流方式分为单沿水槽和双沿水槽，单沿水槽位于换热单元的边缘，双沿水槽位于两排换热管板中间。来自上游管道的海水在海水喷嘴和防泡沫板的共同抑制作用后，海水均匀平稳的经溢流板溢出，在换热管表面与管内的 LNG 进行换热。

3 运行管理

3.1 日常巡护

3.1.1 换热管束板结冰情况

ORV 的结冰高度是该设备最重要的运行控制指标之一，结冰高度过高会降低设备的换热效率，结冰高度不均匀可能引起换热管受热不均发生变形，严重时将引起换热管束断裂，影响设备安全运行。

3.1.2 海水水流分布情况

海水水流分布直接影响 ORV 的换热效果，设备日常巡查中必须对其进行重点检查。一般情况下，影响水流分布的因素主要有以下几个方面：

海水分布喷嘴有玻璃钢碎片等异物质堵塞阀门或溢流板。

换热管束板与海水槽溢流板边缘有异物质影响水流分布。

换热管束板上粘附有海洋生物等异物质。

换热管涂层脱落翘起影响水流分布。

3.1.3 管束板有无粘附异物质

当换热管束由于海水加药浓度过低等原因有异物质粘附时，不仅会影响 ORV 的水流分布和设备正常换热，还会由于异物质的存在引起氧浓差腐蚀，并最终导致涂层脱落，需要对这些异物质定期进行清理和清洗。

3.1.4 换热管运行情况

换热管是 ORV 最重要的组成部件，多根管并排组成了换热管板，巡查过程中通过水流状态观察管板上有无异常凸起，初步判别换热管运行状态。

3.1.5 余氯分析

海水加氯能有效的杀死海洋微生物，减缓 ORV 的涂层腐蚀速率。但余氯过大也将污染海洋环境，因此，在每日巡查中必须对排入海中的余氯进行监测。

3.2 定期维护

3.2.1 水槽清洗

水槽使用过程中，会有海水中的泥沙逐渐沉积在水槽中，而一些海生物，如藤壶、苔藓类也会在溢流板上生长，需要定期进行清洗。水槽中的挡水板在海水长期作用下也可能发生移位变形，也是 ORV 停车检查的重要内容。

3.2.2 翅片冲洗

翅片在运行过程中表面易生长海生物、苔藓，附着上粉末状淤泥，当翅片表面海水分布不均匀时，将会出现换热管热量不足，导致管束局部结冰，而换热管束上出现超过设计的受热不均现象时，可能导致管束断裂的严重生产事件。维护过程中可采用高压水进行清洗，但要控制水压和冲洗角度，以保证翅片涂层的完好。翅片清洗水力参数见图 2。

3.2.3 海水阀门维护

海水阀门作为每个水槽流量控制的调节阀，在投产时设定好后基本不会再进行操作，定期动作测试和注脂以保障阀门的可靠性。

3.2.4 防风挡水板检查

运行过程中关注挡水板是否有漏水情况，停机时应对漏水点进行修补。进入内部检查挡水板结构是否完好，固定卡口有无锈蚀，支撑钢结构是否锈蚀。

3.2.5 辅助设施维护

海水管道钢构，气化器顶部支撑钢构，巡检护栏，结冰高度参考刻度值都是需要在停机时进行维护，以确保设备的可靠性和可视性。

3.2.6 现场优化与改进

在巡检窗口上沿增加滴水收集盘，巡检通道放置格栅板可改善现场巡护条件；改进二层检查通道门，减少海水泄露影响周边环境；设计溢流槽内海蛎子和杂物清除专用工具，提高操作的便捷性。

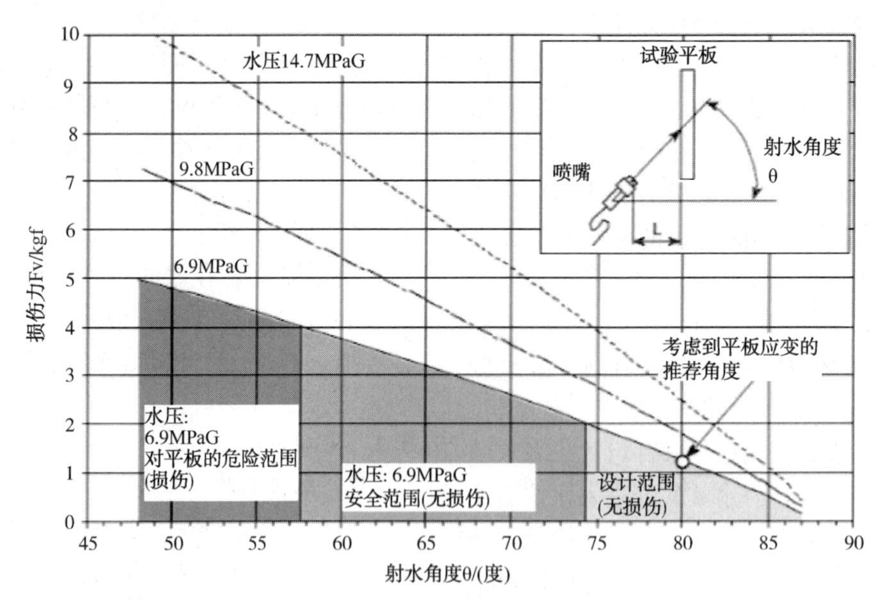

图 2　翅片清洗水力参数

3.3　专项特护

3.3.1　涂层检测

使用干净水清洗管板后，对管板涂层减薄、脱落、鼓包、冲刷等情况进行全面检查和排查。在每面管板的中部、下部左右侧对应的前中后取12个固定位置做定点拍照监测，利用测厚仪对涂层厚度进行检测，当局部涂层脱落面积达到直径大于130mm或涂层厚度低于70um时，需要尽快安排涂层修复作业。通过目测比较各个位置涂层表面颜色差异，发白或存在黑白过度区域的地方，存在涂层减薄和冲刷可能，需重点关注。

3.3.2　换热管变形检查

正常情况下，换热管的最大失真应低于40mm。换热管的异常曲率由海水分布不均匀导致星形翅片管板不均匀变化引起的，但是由于换热管的上下端都被固定，无法上下延伸，所以导致横向变形。为防止异常曲率的产生，必须查找海水分布不均匀的原因。在曲率变化状况比较严重时，需要使用木楔配合榔头进行敲击修正曲率。

3.3.3　基材冲刷检查

换热管铝合金基材在防腐涂层的保护作用下，不会与海水接触而被冲刷或发生电化学腐蚀，一旦防腐涂层被冲刷掉或破落，在高流速高含沙海水冲刷和腐蚀作用下，基材将很快出现连续冲刷坑，个别薄弱位置则出现较深坑洞，造成换热管局部壁厚减薄，强度减弱。从现场设备运行实际情况分析，两根换热管连接翅片的根部出现基材冲刷腐蚀较为普遍。

3.3.4　海水水质检测

铝材在海水中 Hg^{2+}、Cu^{2+}、CL^{-}离子的长期作用下，涂层也会出现不规则腐蚀剥落。加强环境水质的监测和跟踪显得尤为重要，一般一年至少进行一次海水水质检测，积累长期的数据有助于分析海水水质是否对翅片腐蚀剥落产生影响[3]。

4　涂层修复

4.1　现场准备

根据维修部位不同，现场准备略有差异，但需要做如下准备：1. 进行能量隔离，包括工艺管线进行氮气置换，海水系统阀门上锁挂牌，内部水槽清理；2. 换热板管束翅片纯水清洗，氯离子浓度测定；3. 合理分配设备堆放区；4. 搭建遮蔽防雨棚和排风扇；5. 非修复区域防护挡板安装；6. 原材料准备。

4.2　控制要点[4]

4.2.1　材料准备

表 1　维修喷涂材料表

名称	控制项	控制标准
白刚玉	三种砂材	WA16#. WA20#. WA24#
Al-Zn 金属丝	化学组分	98%Al-2%Zn
	金属丝直径	Φ3. 15mm
封孔剂	环氧树脂系	

4.2.2　清洗

在喷涂前，应使用水枪对ORV上的海生物、污垢进行清洗，随后用蒸馏水进行洗涤，确保残留氯离子达标，清洗后用干燥空气吹干备用。

表 2　清洗要求参数表

控制项	控制标准
水压	6.9MPag
角度	80°
高压水枪距离	50cm
氯离子	≤25ppm

4.2.3　作业保护

LNG 接收站位于海边，空气中湿度大，并伴有一定浓度的氯离子，维修选在秋季较为合适。为避免周边在运 ORV 排出的海水盐雾影响，除了顶部正常的遮雨棚以外，还需要在 ORV 底部排水窗口隔离措施，防止潮湿的海水盐雾串入到作业的空间里，各个换热单元应设置隔离屏障，翅片修复期间保持相对独立。

表 3　现场区域保护要求表

控制项	控制标准
不喷涂相邻区域	用耐热胶布挡板隔离
周围墙壁、窗口	用防火篷布遮护
ORV 顶部	脚手架和防火篷布搭设一定高度遮护棚
ORV 底部	用防火篷布遮挡海水排放口
换热单元	换热单元应设置隔离屏障，彼此保持独立

4.2.4　喷砂处理

涂层是附着在换热管基础铝材上的一层防腐防冲刷材料，对维修后的 ORV 翅片检查发现，未彻底清除涂层的部位，重新喷涂的涂层很容易从内往外出现鼓包，然后剥落，最后多点连片形成大面积脱落。对于喷砂无法去除的旧涂层，可采取砂轮、钢丝刷进一步去除旧涂层[5]，露出基材，并保证表面的粗糙度。喷砂质量直接影响了涂层的施工质量。

表 4　喷沙处理过程参数表

控制项	控制标准
环境湿度	≤85%
砂粒材质规格	白刚玉 WA16#用于换热管翅片之间较少涂层的清理；另外两种用于其他部位的粗精处理；不允许重复使用砂材
喷砂空气压力	0.6MPa
喷射距离	200~300mm
喷砂角度	60~90°
粗糙度	Rz100~120μm，试板对比
表面清洁度	清洁度 Sa3 级，露出基材金属光泽

4.2.5　涂层热喷涂

完成涂层喷砂处理后，采用氧气–乙炔火焰加热喷涂，金属涂料的熔化热源是燃烧的气体，温度直接决定了热喷涂涂层的质量。

表 5　涂层喷涂过程参数表

控制项	控制标准
环境要求	湿度≤85%；温度>5℃
时间要求	喷砂处理后 4 小时内完成热喷涂
火焰温度	3200℃左右
金属丝长度	需要足够满足持续性，至少需要一面持续喷涂
氧气	纯度高于 98%(0.1MPa)
乙炔	纯度高于 99.5%(0.5MPa)
压缩空气压力	0.5MPa
气罐和喷枪之间的软管长度	≤11m
喷涂角度	70~90°
喷涂距离	130~200mm
一次喷涂范围	每喷涂 3 根管束范围需要移动
多次涂层厚度	最佳范围 250~350μm，新旧交接处 450μm~550μm 可以接受，在喷涂后 1 小时左右测量
附着强度	>8MPa
孔隙率	≤2%

4.2.6　表面封孔处理

热喷涂后涂层有 2%左右的孔隙率，为防止海水渗入涂层，造成鼓包和对铝基材造成腐蚀，需要进行封孔处理，封孔层的质量决定了涂层抗冲刷能力和使用寿命。封孔剂喷涂前应确保涂层表面氯离子浓度和干燥程度，不达标的涂层表面喷涂封孔剂容易导致设备表面挂滴、不平整以及翅片外侧起泡现象，无法发挥封孔剂应有的作用。

表 6　封闭涂层参数表

控制项	控制标准
环境要求	空气湿度≤85% 温度>5℃
涂层表面清洁度	氯离子≤25ppm，避免潮湿天气作业
时间要求	热喷涂后 4 小时内完成
喷涂方法	喷射涂布，热喷涂当日涂布两次，每次间隔 10min。次日涂布一次，所有作业结束后再封孔一次
厚度	100~200μm

续表

控制项	控制标准
表面孔隙率	0%
表面	无局部不均匀，无未融粒子、鼓泡、挂滴的现象，表面呈现平整密实平面

5 总结

ORV属于静态设备，内部流动介质为物理变化，单一无杂物，无腐蚀性，这种特性保证了设备整体的稳定性，但该类设备是借助海水作为热源，因此，又具有局限性。运行管理过程中，可采取ORV“日常巡护，定期维护，专项特护”的“三护”关键设备工作清单开展日常巡护维护，掌握设备管理的主动权。

ORV中下部的翅片和汇管是接触高速流海水，并承受交替冷热作用的关键部位，运行时应定期进行这些位置的涂层、管束的纵向和横向变形检查，并选取固定点进行拍照记录，便于分析涂层变化情况，为维修提供有力参考。

从运行经验看，两根换热管翅片连接根部和换热管排最外侧换热管翅片是易被冲刷位置，应以季度为周期，通过色差比对和使用涂层测厚仪的方法有目的对重点冲刷部位进行检查检测，及时掌握涂层变化情况。除此以外，局部冲刷坑蚀也是常见情况，需引起重视。

ORV现场涂层修复是一项综合性工程，每一步都关键，旧涂层应尽量清除彻底、表面粗糙度需要用白玉刚喷溅到位，热喷涂和表面封孔前务必保持干燥的环境和干燥的设备表面，涂层应喷涂均匀，以保证合格的涂层附着强度和孔隙率，因基材表面处理不到位，导致新喷涂层在短时间内出现鼓包剥落，以及涂层表面湿度不达标就进行封孔，造成封闭层含水而表面起泡的情况也有发生。

参考文献

[1] 刘新凌，王良军，李强. LNG接收站汽化器传热管开裂的治理[J]. 油气田地面工程[J]，2013，32(4)：100.

[2] 庄芳，赵世亮，李培越. 大型开架式气化器的研制[J]. 天然气技术与经济[J]，2017，Z1(1)：4-8.

[3] 胡锦武，罗玉亮. 海水开架式汽化器(ORV)涂层腐蚀分析及修复办法[J]. 石油和化工设备[J]，2017，20(3)：81-84.

[4] 贺永利，梅丽，吕国锋，缪晓晨，魏玉迎，陈辉，等. 液化天然气海水开架式气化器涂层修复技术规程[S]，2020.

[5] 梅伟伟，郭海涛，李云龙，吴小飞. ORV涂层损坏原因分析及现场修复实践[J]. 天然气技术与经济[J]，2017，Z1(1)：44-47.

LNG 接收站电解制氯监控系统的国产化实现

朱　虹[1]　章　妍[1]　武玉宪[2]

(1. 国家管网集团大连液化天然气有限公司；2. 中油龙慧自动化工程有限公司)

摘　要　LNG接收站电解制氯系统实现海水电解生成次氯酸钠溶液，杀死汽化用海水中的生物，防止生物堵塞管道及对设备的损坏。目前我国已建成的LNG接收站的电解制氯监控系统多采用国外产品。为了保证系统的安全、可靠、高效运行，通过分析生产监控需求，研发核心技术，制定了电解制氯监控系统的国产化实现方案，并在大连液化天然气有限公司实施。本文从上位机监控系统、PLC系统两方面阐述了系统的国产化实现。

关键词　LNG接收站；电解制氯监控系统；国产化

电解制氯监控系统是实现LNG接收站电解制氯系统生产实时监测、精准控制、异常处理的重要技术手段。目前我国已建成的LNG接收站的电解制氯监控系统多采用国外产品，存在着技术受制于人，信息安全隐患突出，升级和维护费用居高不下，问题响应不及时等问题。经过不断的关键技术攻关、技术积累和工程实践，目前，已经能够进行LNG接收站电解制氯监控系统及PLC的国产化改造，实现该系统控制技术的自主可控。

1　工艺描述

电解制氯系统通过电解槽电解海水产生次氯酸钠溶液，次氯酸钠溶液自动加到用于汽化LNG的海水中，杀死其中的生物，防止生物堵塞管道及对设备的损坏。系统主要生产流程如下：

1.1　电解流程

海水经海水增压泵升压，然后通过自动清洗过滤器除去海水中大颗粒物质，进入电解槽。整流装置将380V交流电转化为直流电供给电解槽。经过电解槽的海水被电解后产生次氯酸钠溶液及氢气进入次氯酸钠储罐。氢气在次氯酸钠储罐顶部被自然稀释至1%以下，安全地排到大气中。电解过程产生的钙、镁沉淀物在次氯酸钠储罐底部，经过排污阀定期排出。次氯酸钠储罐的液位通过液位控制系统维持在一定的高度，次氯酸钠溶液通过加药泵送至加药点。

1.2　加药流程

次氯酸钠溶液通过连续加药泵实现连续加药。

连续加药过程中，余下的次氯酸钠溶液将被存储在储罐内，以备冲击加药。

1.3　酸洗流程

电解海水时，除产生次氯酸钠溶液和氢气外，还不可避免地产生钙、镁沉淀物，并在电解槽阴极上积累，导致电解槽电压升高，电流效率下降，电耗增大。因此须定期地对电解槽进行酸洗，以除去阴极表面的沉淀物。电解槽酸洗周期一般为30天。酸洗时，首先将清水注入酸洗罐内，然后通过卸酸泵将储酸罐内的盐酸抽至酸洗罐，再次注入清水，调整盐酸溶液浓度为10%。而后使稀盐酸在酸洗罐和电解槽之间进行循环。酸洗结束后，酸洗泵再把积存在电解槽内的废酸抽回酸洗罐，最后中和排出。

2　上位机监控系统实现

经过对工艺流程、控制原理和原系统的详细比对分析，借助国产自动控制软件平台进行二次开发，完成次氯酸钠控制系统的研发及部署，实现生产过程监视及控制等功能，符合原有生产要求。

监控软件服务端的数据采集服务采集国产PLC系统的数据，将数据发送给实时数据服务，数据经处理后发送给历史数据服务进行存储。

监控软件的客户端提供工程组态和运行状态监控的基本功能。通过工程开发，实现生产过程的监视和控制、报警处理、趋势查询、报表管理等生产应用功能。

2.1 生产过程监视

生产过程监视实现了海水增压泵、电动阀、整流装置、储罐、投加泵、风机、流量计等设备的状态和运行参数监视。

2.2 生产过程控制

生产过程控制实现了海水增压泵、电动阀、整流装置、储罐、投加泵、风机等设备的控制。

控制模式分为调试模式和自动模式。在调试模式下，操作员可以通过控制画面直接进行设备开关和运行参数设定。在自动模式下，操作员可以设定控制选项，由 PLC 根据设定的控制选项自动控制设备的运行。

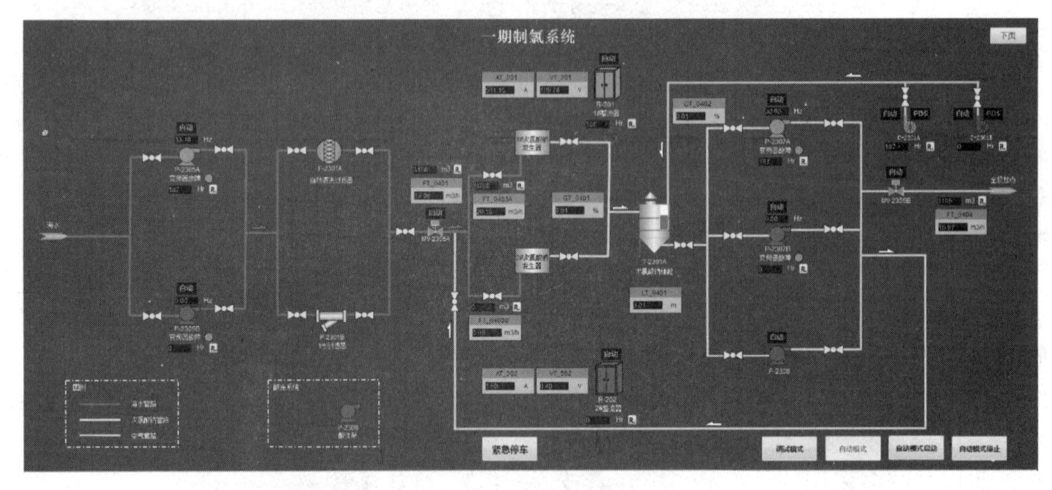

图 1　监控流程图

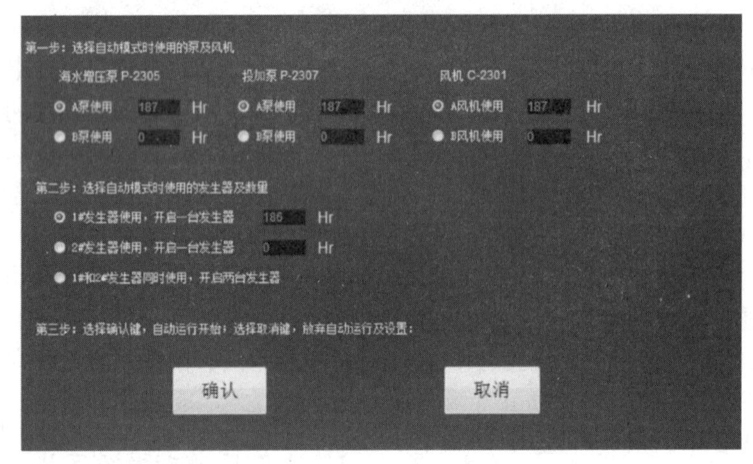

图 2　自动控制面板

3　PLC 系统实现

在 PLC 机柜中安装国产 PLC 系统。PLC 系统由电源模块、CPU 模块、通讯模块、DI 模块、DO 模块、AI 模块、AO 模块组成。PLC 系统采集设备运行状态和参数并将数据发送给上位机系统。上位机系统通过与 PLC 系统通讯，下发控制命令和设置值，PLC 系统将相应的控制信号传送给控制设备。

3.1 生产过程监视

通过 DI 模块采集海水增压泵、电动阀、整流装置、投加泵、风机等设备的状态信号并发送给上位机监控系统，实现设备状态监视。

通过 AI 模块采集海水增压泵、整流装置、储罐、投加泵、流量计等设备的运行参数发送给上位机监控系统，实现设备运行参数监视。

3.2 生产过程控制

在调试模式下，操作员可以通过控制画面直接进行单个设备的开关和运行参数设定。PLC 系统接收到设备开关命令后，通过 DO 模块将控制信号发送给相应的控制设备。PLC 系统接收到设备运行参数设定命令后，通过 AO 模块将控制信号发送给相应的控制设备。

在自动模式下，可以进行自动模式启动和自动模式停止。操作员在上位机控制画面中设定运行参数和控制选项，PLC 根据设定的运行参数和控制选项，按照程序预定的启动或停止顺序自动控制设备的运行。在自动模式下，海水增压泵、投加泵、风机只能选择其中一台，发生器可以选择其中一台或两台同时运行。

操作员在上位机控制画面中按下自动启动按钮，PLC 系统接收到自动启动命令后，首先判断自动启动条件是否满足，若满足，则执行自动启动逻辑：先启动风机、海水增压泵、投加泵，开启相应阀门，并根据上位机参数设定的海水进水流量对海水增压泵的频率进行 PID 调节。当海水增压泵运行 1 分钟后，根据启动发生器的数量判断发生器的进水流量是否正常。在发生器进水流量、储罐液位、风机运行正常的情况下启动相应整流器。当达到冲击投加时间设定值或储罐液位达到高预警设定值时，启动冲击投加泵 P-2308。若自动启动条件不满足，则不执行自动启动逻辑，并在上位机报警窗口中显示相关报警信息。

操作员在上位机控制画面中按下自动停止按钮，PLC 系统接收到自动停止命令后，执行自动停止逻辑，先停整流器，2 分钟后停海水增压泵、投加泵及冲击投加泵，关闭相应阀门，4 分钟后停风机。

另外，在上位机画面上按下紧急停车按钮后，海水进水泵立即停车，相应阀门关闭，延时 4 分钟后风机停车。

该系统具有设备故障报警，风机前后风压、氢气浓度、整流器电压、储罐液位、海水进水流量、出水流量、回流量等参数报警和连锁的功能

4 结论

通过 LNG 接收站电解制氯监控系统的国产化，完成了国外产品的国产化替代，实现了电解制氯监控系统的自主可控，将带动 LNG 接收站自控系统产业升级，提升 LNG 接收站生产管控水平。电解制氯监控系统国产化显著提升了系统控制安全，确保生产安全，为国家能源战略安全提供技术保障。

参 考 文 献

[1] 王树忠. 电解海水制取次氯酸钠过程的气体安全探讨. 冶金动力，2018，5：51-52.

[2] 张双泉，周萌. 史明亘，电解海水制氯回流工艺在 LNG 接收站中的应用. 化工管理，2015，3：167-169.

[3] 李超平，李雷，蔡奇，福建 LNG 接收站电解氯系统优化改造可行性探讨，天然气技术与经济，2011，1：45-47.

[4] 白洁. 输油管道站控人机界面的设计与组态. 自动化博览，2002，19(6)：62-62.

[5] 邱昌胜. 燃料气调压撬数据监控在 SCADA 系统中的实现. 石油化工建设，2015，37(1)：77-80.

[6] 刘欣，沈昌祥. 强制访问控制的实现. 计算机工程，2006，32(2)：50-52.

[7] 邢汉发，许礼林，雷莹，基于角色和用户组的扩展访问控制模型[J]，计算机应用研究，2009. 26(3)：1098-1100.

[8] 白洁. 输油管道站控人机界面的设计与组态. 自动化博览，2002，19(6)：62-62.

[9] 邱昌胜. 燃料气调压撬数据监控在 SCADA 系统中的实现. 石油化工建设，2015，37(1)：77-80.

LNG 卸料臂 QCDC 组件故障分析和国产化研究与应用

雷凡帅[1]　梅　丽[1]　梅伟伟[1]　杨林春[1]　郑　普[2]

（1. 中国石油江苏液化天然气有限公司；2. 连云港远洋流体装卸设备有限公司）

摘　要　QCDC 组件是 LNG 卸料臂的核心组件，阐述了进口 QCDC 组件的工作原理，分析了进口卸料臂 QCDC 组件应用的故障和风险，提出研发设计制造配套的国产化 QCDC 组件的解决方案，并针对研发制造过程中面临的接口尺寸匹配、组件重量控制、不同材料间的电位腐蚀问题解决和液压控制系统泄压保护等难题攻关进行了阐述，并列举了国产化 QCDC 组件的试验项目和关键试验流。经过在 LNG 接收站数十船的应用测试，已取得了阶段性成果，对关键设备国产化具有重要借鉴意义。

关键词　LNG 卸料臂；QCDC 组件；国产化；重量控制；材料优化

卸料臂是液化天然气码头用于从货船接卸液化天然气（Liquefied Natural Gas，简称 LNG）的关键设备。江苏 LNG 接收站应用的四套 20″ DCMA-S 型卸料臂整装进口自法国 FMC 公司，QCDC（Quick Connect/Disconnect Couplers）即液压快速连接/断开连接器，用于快速、可靠地将卸料臂连接到 LNG 货船的卸料法兰上。近年来，卸料臂的 QCDC 组件曾发生多次严重故障，虽经应急抢修均未造成严重后果，但经检查和分析确认，当前 QCDC 存在卡爪同步动作一致性差、液压马达等零部件腐蚀、磨损严重、液压分配器对金属微粒敏感可靠性差等问题，极易导致卡爪动作失灵或无法正常打开关闭等故障，造成接船时间延长甚至船舶不能按期离港。

为确保卸料臂的安全平稳运行，降低后期检修维护成本，江苏 LNG 成立了合作研发团队，与远洋流体公司合作研发，开展可行性研究和方案设计，应用单液压缸驱动卡爪机械联动基本原理、多轮迭代优化设计，解决了研发过程的多项难题，顺利完成了 QCDC 组件设计制造和测试。2021 年 3 月将卸料臂 L-1102 的原装进口 QCDC 组件整体替换升级为完全自主国产化 QCDC 组件，经过数十船运行测试效果良好，取得了阶段性成果。

1　进口 QCDC 组件的工作原理

江苏 LNG 码头卸料臂应用的 QCDC 由卡爪夹紧组件、传动装置、液压马达及阀组、液压分配器、导向杆、保护环、基体法兰短节和密封圈等组成，如图 1 所示，适用于连接 20″150LB 标准船用卸料法兰。

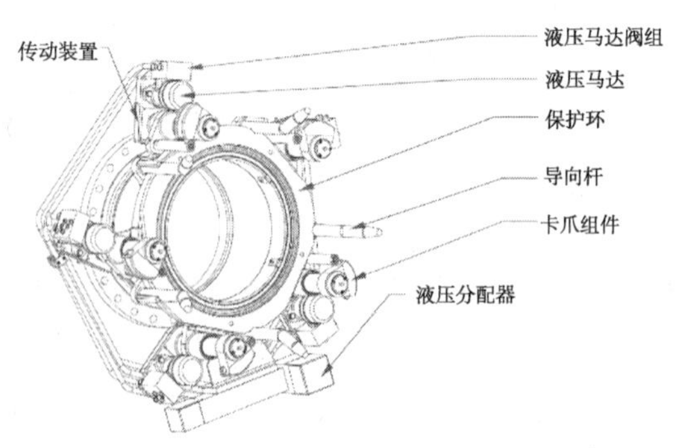

图 1　FMC 卸料臂 QCDC 组件在卸料臂上的位置示意和组成结构

QCDC 上的液压马达由液压油路驱动旋转，并通过齿轮传动使卡爪主轴旋转，从而实现卡爪转动、打开和关闭等动作。液压马达的油路分为串联模式和并联模式，串并联的自动转换由液压分配器控制，从而实现卡爪的快速动作和夹紧。以下以卡爪的关闭夹紧过程举例说明：

（1）当卡爪从初始位置关闭时：串联模式自动打开的，压力分成 5 份，卡爪开始用相同的流量关闭。串联模式的特点是经过每个液压马达的流量大，卡爪动作速度快，但最大关闭力矩较小。

（2）当任一卡爪关闭时的夹紧力变大并达到设定值时，并联模式自动打开，此时夹紧装置继续用单独流量和相同压力继续关闭卡爪直至完全关闭到位。并联模式的特点是经过每个液压马达的流量小，卡爪动作速度慢，但可满足卡爪关闭时需达到的较大力矩。

图 2 所示为卡爪、传动装置及液压马达的示意图。卡爪的主轴设计为不可逆的传动螺杆，这样夹紧力是自动保持，不需要液压来保持卡爪的夹紧力。

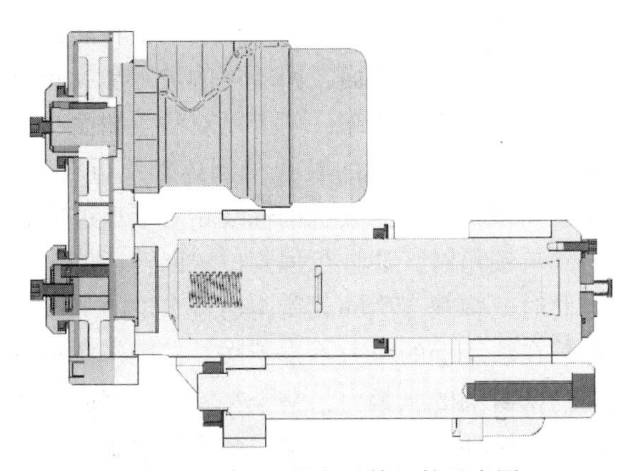

图 2　QCDC 上的卡爪等组件示意图

2　进口 QCDC 组件应用问题

近年来，卸料臂的 QCDC 卡爪频繁出现异常工况：初始个别卡爪打开时动作异常缓慢，后期甚至无法卡爪无法打开，只能依靠维修人员登船采取手动紧急抢修措施断开卸料臂。后经排查，最终找到了关键故障点：在气相臂 QCDC 的液压分配器上的一个内径仅有 0.5 毫米的测油孔处，堵塞了一片仅有 1＊2 毫米的金属薄片，这导致了液压分配器在卡爪初始打开过程中无法正常处于并联状态，从而引发了卡爪动作卡滞、无法打开等故障。清理堵塞金属薄片后，该 QCDC 卡爪功能完全恢复正常。虽上述故障已解决，但由于 QCDC 各主要机械和液压零部件自 2011 年 5 月投用至今已使用了 8 年，仍存在诸多风险亟待处理（图 3）：

（1）QCDC 下方的液压分配器的外部接口、丝堵、外表面等部位存在显著腐蚀；金属碎屑有可能是液压分配器内运动阀芯等部件磨损造成的；液压分配器上的插装阀等附件也存在不同程度老化。液压分配器仍存在失效的风险。（2）QCDC 的卡爪组件及传动组件已出现显著的腐蚀、磨损、密封老化等隐患，液压马达、液压马达阀组外观存在显著腐蚀，有可能造成泄漏、失控等风险。（3）QCDC 卡爪组件在使用过程中经常出现不同步问题，在连臂过程中需要操作员反复进行关闭夹紧操作，确保 5 个卡爪均已抓紧，耗时费力。

图 3　部分 QCDC 组件腐蚀、磨损失效图片

由于检修需更换的 QCDC 卡爪、液压马达、液压分配器等配件需从国外进口，作为卸料臂关键部件，整套 QCDC 进口费用高昂。尤其是 QCDC 的核心组件—液压分配模块，受国外技术垄断，单台更换成本高，而且维修周期长、价格昂贵，深受关键技术“卡脖子”之痛。

基于对进行 QCDC 组件的现状分析和调研选商，江苏 LNG 与国内已具备 16″QCDC 组件设计制造经验的厂家远洋流体公司开展了技术合作（图 4），共同研发适用于江苏 LNG 在役的 FMC 配套 20″国产化 QCDC 组件，实现全面提升卸料臂 QCDC 组件运行可靠性的目标。

图 4　典型的 16″QCDC 组件形式

3　国产化 QCDC 组件的基本原理

国产化 QCDC 组件采用电液系统，控制卸料臂与船舶歧管法兰实现自动、快速、可靠连接，从而提高效率，降低劳动强度；使码头作业更加迅速、安全可靠。快速连接装置其结构主要由压紧机构、回转环、固定环、阀体、卡爪、导向板、液压系统和电器控制系统等八个主要零部件组成，如图 5 所示。连接装置采用 PLC 控制、液压油缸动作、弹簧压紧，遥控操作，设备运行可靠、稳定。电气控制系统、液压系统利用原卸料臂电液系统。

国产化 QCDC 在电气液压系统的控制下，卡爪处在最大开启状态，使用遥控器操纵将连接装置通过导向板与船舶管线法兰对正，使两法兰面贴紧。通过电气控制系统控制液压系统，启动油缸推动回转环旋转，从而推动压紧机构的下端一起旋转，带动压紧机构推动卡爪绕销轴转动，使卡口贴紧船舶法兰端面，回转环的进一步旋转引起压紧机构弹簧的压缩，使卡爪对法兰端面产生压紧力，当压紧机构的轴线与阀体轴线重合时，弹簧载荷最大。当压紧机构轴线相对卡爪过中心线达到自锁角时，油缸行程到位，回转环停止旋转。此时，弹簧产生的载荷，通过卡爪的卡口端面加载在法兰上的压力不小于法兰在操作状态下所需的密封圈的压紧力，整个夹紧动作完成。在该位置回转环将在机械式定位装置下限制转动。

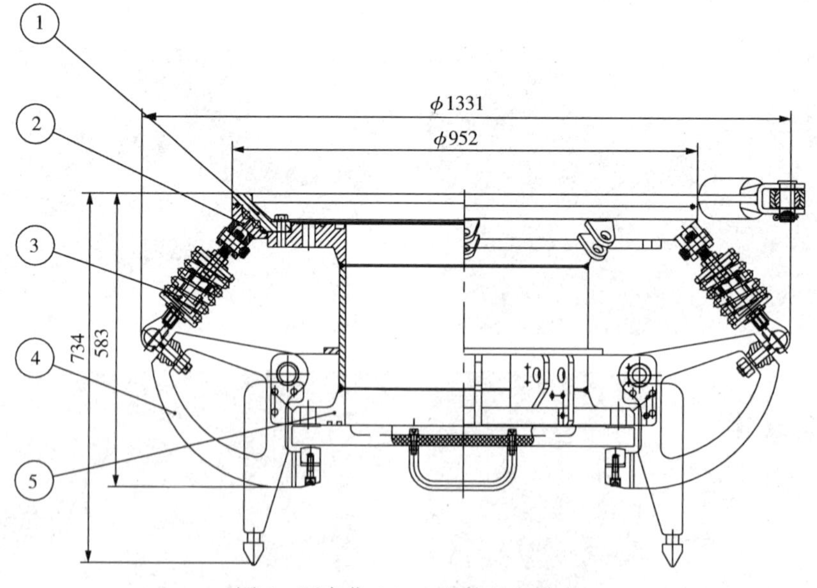

图 5　国产化 QCDC 组件基本样式

1—固定环；2—回转环；3—过渡盘；4—弹簧装置；5—卡爪；6—阀体

工作结束时，先关闭阀门，切断船舶管线与卸料臂管线之间的介质流动，启动旋转油缸反方向推动回转环旋转，转动初始，使弹簧卸载，继续旋转回转环，通过压紧机构带动卡爪旋转，使卡爪脱开并开启到位。此时卸料臂带动快速连接装置一起与船舶管线分离。

4 研发面临的难题和技术攻关

虽然合作方远洋流体具备 16″QCDC 设计制造经验，但是因需要与江苏 LNG 在役的 20″FMC 卸料臂相匹配适应，绝非简单的尺寸放大和相应调整，针对设计制造阶段面临的各类难题，合作开展技术研究攻关，取得了以下一系列成果。

4.1 国产 QCDC 组件与在役卸料臂连接尺寸匹配

由于国产化 QCDC 组件采用了与原组件的工作原理和结构设计迥异的新型单液压缸驱动型式，需要测量确认：(1)新型 QCDC 组件与 FMC 卸料臂 Style80 末端 6#低温旋转接头动密封端异型连接法兰的精确尺寸；(2)国产化 QCDC 组件外形尺寸调整后，船舶法兰中心到甲板的高度是否满足需求。

为获取准确可靠的 QCDC 组件与 6#低温旋转接头动密封端异型连接法兰的精确尺寸信息，在对卸料臂 Style80 可靠固定的前提下，使用移动吊架、配合吊装工具、导向工具将该法兰连接螺栓松开，并使用游标卡尺、深度尺等测量工具准确测量获得国产化 QCDC 组件设计所需的详细配合尺寸，如图 6 所示。通过对多艘 LNG 货船现场实测和查证 LNG 货船适用的 OCIMF 相关设计规范[1]，LNG 船舶卸料和返回气管线法兰水平间距不小于 3m，垂直方向尺寸要求如图 7 所示；国产化 QCDC 组件对船舶法兰之间最小的安全距离要求为 1331mm，前后距离为 739mm，因此国产化 QCDC 组件与船舶甲板以及相邻法兰等设备设施不存在干涉问题。

图 6 吊装拆解打开 6#旋转接头动密封面法兰

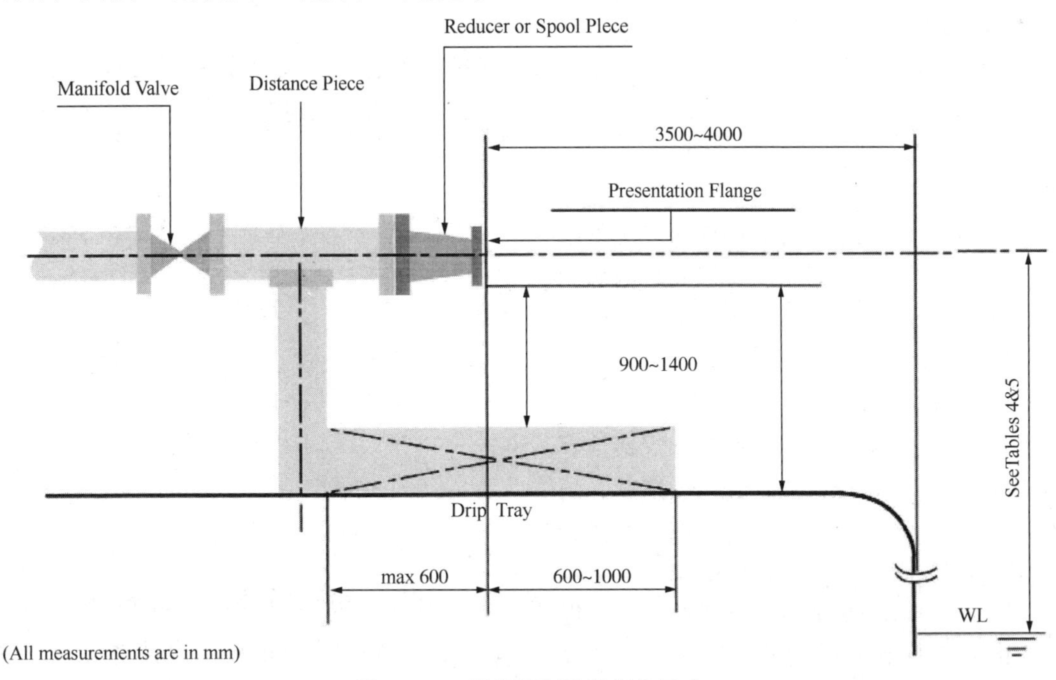

图 7 LNG 货船卸料法兰定位尺寸

4.2 国产 QCDC 组件超重难题攻关

由于初期国产化 QCDC 组件采用了新型结构设计，主体结构采用低温性能良好的 316L 不锈钢材质，按照规范设计的 QCDC 整体重量最低约 680kg，而原 QCDC 组件重量约 460kg，改造增加重量约 220kg，国产化 QCDC 组件重量严重超标。如果坚持应用超重的QCDC组件将带来一系列问题：(1)需要相应调整调整卸料臂主副配重块使其浮动状态下保持平衡；(2)需要测试内外臂液压驱动能力是否满足当PERC脱离装置断开仍能稳定运行，但是现场因操作空间狭小，断开PERC的操作难度大、风险高。(3)QCDC组件超重后加剧4#旋转接头滚珠、滚道间的过早挤压磨损和卡滞，缩短低温旋转接头使用寿命。

显而易见，为确保持卸料臂的负载一致，国产化QCDC重量应保持不变，即必须将重量控制在460kg以内。但是即便采用优化结构设计减少基体总量、减少QCDC卡爪数量等方式，经反复测算仍难以将重量控制在理想范围内。

经深入分析和查证，江苏LNG研究团队提出了将主要基体材料更换为钛合金材质的思路。钛合金密度为4.51g/cm^3，约为不锈钢钢密度的60%。常用的主要有TA2(纯钛)，TC4ELI(低间隙钛合金)两种材质满足低温需求且易采购，主要机械性能参数对比参见表1。

表1　性能参数表

牌号	抗拉强度	表面硬度	密度	最低温度	抗腐蚀性能
TA2	441MPa	HV150-200	4.51g/cm^3	-196℃	耐海边盐雾腐蚀
TC4ELI	895MPa	HV250~350	4.51g/cm^3	-196℃	耐海边盐雾腐蚀
SUS316L	485MPa	HV≤200	7.98g/cm^3	-196℃	耐海边盐雾腐蚀

由于QCDC组件中的回转环、固定环内部含有双滚道，TA2表面硬度较低，难以满足内部钢珠碾压，影响设备寿命，故采用TC4ELI材质。钛合金TC4材料的组成为Ti-6Al-4V，属于(α+β)型钛合金，TC4钛合金具有优良的耐蚀性、小的密度、高的比强度及较好的韧性和焊接性等一系列优点，在航空航天、石油化工、造船、汽车，医药等部门都得到成功的应用。钛合金TC4ELI是Ti-6Al-4V的超低间隙变体，在熔融过程中，铁和氧等间隙元素受到严格控制，以提高该合金的延展性和断裂韧性。该材料抗拉强度、表面硬度等性能参数均优于316L不锈钢，即使在低至-196℃的低温下仍能保持良好的韧性，具有良好的综合机械性能。因此主体结构材质选用TC4ELI钛合金之后，虽然该材料市场价格相对316L不锈钢较高，但QCDC总体重量有效控制在460kg要求范围内，并具备优异的机械性能和耐低温性能，有效解决了QCDC组件超重的难题。

4.3　主体结构应用钛合金后的电位腐蚀难题攻关

国产化QCDC组件主体结构应用TC4ELI钛合金材质后，由于QCDC组件与卸料臂管线接口连接异型密封法兰的材质为304/304L双标不锈钢。通过查询两种金属在海水中的稳定腐蚀电位304L为-0.12V，TC4ELI≤0.8V，两种金属间电位差为0.2V，异种电位差可能导致接触后存在晶间腐蚀。经侯春明等人对钛合金与异种金属的研究结果表明[2]，在模拟海水溶液中，304不锈钢、316L不锈钢与TC4ELI钛合金之间的电偶腐蚀较轻，在模拟海水中可以与TC4ELI钛合金接触使用。

但是由于该结合面存在多处金属密封面，电偶腐蚀可能造成的局部点蚀，加剧主副密封过早失效[3]，为避免可能的电偶腐蚀对密封面的影响，必须采取可行的防护隔离措施。可选的隔离或腐蚀控制措施包括直接接触、绝缘处理、增加过渡板等方式。研究表明，直接接触、绝缘处理存在使用寿命短、技术不成熟可靠性差、维护不方便等问题，故采用增加过渡板的式。在设计上采用直接增加316L不锈钢过渡板的形式来防止旋转接头法兰受到电位腐蚀影响，如图8所示。

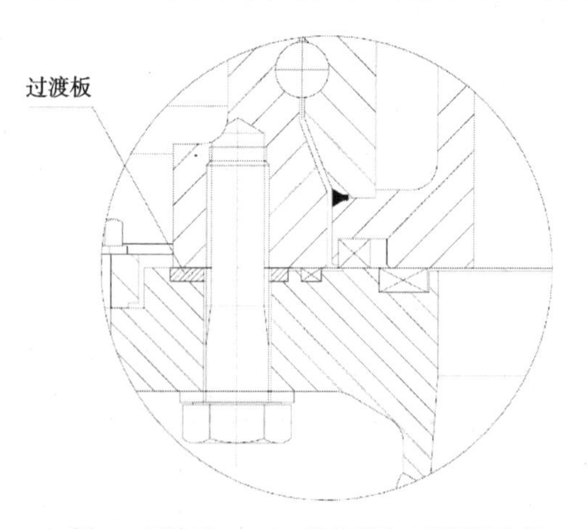

图8　国产化QCDC组件增加过渡板示意

316L在海水中的稳定腐蚀电位为-0.011V，当316L与TC4ELI接触后存在电偶腐蚀倾向，TC4ELI电位高为阴极，316L为阳极，钛合金作为阴极被保护，316L不锈钢作为阳极腐蚀被加速，TC4ELI电位升高，316L电位降低至与304

接近，从而避免旋转接头连接处的电偶腐蚀。

为延长过渡板的使用寿命，通过对过渡板周向使用软四氟垫片作密封处理，减少与潮湿的海洋盐雾大气等腐蚀介质接触，从而减缓电偶腐蚀，延长过渡板的使用寿命，初步估计过渡板能够正常使用 8-10 年，大修维护期间亦可便利地拆下检查更换。

4.4 液压控制系统泄压保护

由于原 QCDC 液压油路的泄压阀集成在了液压分配器中，作为液压缸驱动的标准安全配置，液压总管路的最大压力高达 20MPa，当液压缸活塞达到打开或关闭极限位置时，液压软管压力将升至 20MPa，不利于液压缸和控制管路的安全使用。为解决该问题，研究团队在国产化 QCDC 组件的基础上额外配置了泄压阀，并参照液压缸开关压力需求设定卸放压力为 16MPa，有效解决了液压缸内压力过高的问题。

5 国产 QCDC 组件原型试验

为验证设计和制造的可靠性，依照国际主流 LNG 卸料臂测试应用的 ISO 16904 等标准规范对国产 QCDC 组件进行了一系列测试验证，测试项目如表 2 所示。

表 2 20″QCDC 组件原型试验项目

试验类型	试验项目	参考标准
常温试验	气密试验	ISO 16904 9. 2. 4. 2
	静水压试验	ISO 16904 9. 2. 4. 1
	常温强度试验	ISO 16904 9. 2. 4. 3
低温强度试验	低温负载试验	ISO 16904 9. 2. 4. 3
脱离性能试验	常温脱离试验	ISO 16904 9. 2. 4. 5
	低温脱离试验	ISO 16904 9. 2. 4. 5

试验最好按顺序进行，低温试验应在常温试验合格后进行。进行低温试验之前，需确保阀体内无常温试验残留的液体介质。低温试验完成后需等整个试验系统的温度升至常温才允许拆卸系统。

以上原型试验中，低温负载试验对国产 QCDC 组件原型设备的设计制造水平要求相对最高，以下简要概述低温低温负载试验的基本方法过程，试验基本参数如表 3 所示，其中 LCT 为试验荷载；SFb 为测试负载因子，试验荷载应采用率 SFb = 2；LCA 最大外部轴向、弯矩和剪切载荷的组合。

表 3 低温负载试验基础参数

参数	值
试验介质	液氮
设计压力	1. 79MPa
测试压力	1. 79MPa
测试温度	-160℃
测试时间	10 分钟
试验等效荷载(LCT)	LCT = SFb * LCA+PL

试验过程中，在管道接头中连接两个球阀，其中两个阀门连接到压力表，另一个连接到压力机上。关闭不包括试验的所有进出口，打开两个球阀，将管道压力升高到 1. 79MPa，外加负载 30180N. m，保持 10 分钟，如图 9 所示。合格标准为无外部渗漏、无永久变形。经过一系列试验测试，满足相关测试标准规范的各项要求，具备 LNG 接收站现场与卸料臂安装试用要求。

图 9 低温负载试验照片

6 LNG 接收站现场应用

2021 年 3 月完成国产化 QCDC 组件在江苏 LNG 码头的现场安装和在线测试，并于 3 月下旬顺利进行了 LNG 货船接卸应用(图 10)。现场应用过程中，各卡爪由回转环控制统一动作，卡紧动作同步，压紧力稳定。经过连续数十船的接卸应用，设备运行平稳可靠，在操作难度、密封性、检修便利性等方面均表现良好，满足 LNG 接收站现场生产运行需要。

图 10　国产化 QCDC 组件在 LNG 接收站现场应用照片

7　结语

国产化 QCDC 组件初步实现了对进口 20 寸卸料臂 QCDC 组件的完全自主替代目标，相比原装进口 QCDC 组件结构简单可靠且同步性能良好。创新性地应用新型主体材料匹配原不锈钢结构重量保持卸料臂的平衡，完美的解决了因结构改变带来的 QCDC 组件超重的问题，并通过多轮迭代优化设计方案，初步实现了对进口 20 寸卸料臂 QCDC 组件的完全自主替代应用目标。国产化 QCDC 组件研发制造的顺利实施，对推动 LNG 行业关键设备自主维修进程，降低维修成本，提高了生产运行安全可靠性，推进自主创新和设备运维高质量发展具有重要借鉴意义。

参 考 文 献

[1] OCIMF－Manifold Recommendations for Liquefied Gas Carriers[S]，2011，SIGTTO

[2] 侯春明，陈凤林. TC4ELI 钛合金与异种金属材料的电偶腐蚀行为研究[J]. 全面腐蚀控制，2020，34(9)：48-52.

[3] 雷凡帅，郭海涛，杨林春，黄科. LNG 低温回转接头密封面点蚀成因及应对措施研究[J]. 通用机械，2019(09)：21-24.

换热器内漏监测装置在生产中的运用

王加壮　陈　力　张　毅　孟　惟

（华油天然气广安有限公司）

摘　要　随着我国科学技术的不断发展，检测管壳式换热器内漏的检测装置在使用过程中有着非常重要的作用，尤其是对管壳式换热器的内漏能够及时提供准确的信息，从而有效提高管壳式换热器的安全平稳运行，通过分析内漏的检测装置在管壳式换热器中的应用，为危化品生产企业冷却系统的安全运行提供了有力的保障。

关键词　管壳式换热器；检测装置；应用

换热器是将两种不同温度的流体进行热量传递在工业生产中，换热器的主要作用是使温度较高的流体传递给温度较低的流体，从而使确保温度能够达到相关的工艺指标，满足工艺条件的生产需求，因此换热器在在工业生产中得到了非常广泛的应用。

管壳式换热器是一种典型的常用换热器，这种换热器的操作弹性大结构简单制造方便，并且材料的使用范围非常广，目前是应用最为广泛的一种换热器，但是由于在运行过程中容易发生内漏，不仅会影响设备的安全运行，严重的情况下还会造成安全事故，因此很多管式换热器的厂家都在积极研究相应的检测装置以及相应的防内漏技术。

1　管壳式换热器发生内漏的原因分析

1.1　发生内漏的状况

管壳式换热器发生内漏以后，会导致整个装置发生停车现象，内漏的物料甚至还会影响到其他设备的安全运行，因此严重的情况下会危及到工作人员的人身安全，在实际工作过程中如果不考虑设置因素和人为操作原因，管壳式换热器发生内漏，主要包括磨损内漏，内漏的部位主要是换热器管道节的连接处，因此在发生内漏以后，应当及时进行更换和处理，才能够有效提高管壳式换热器的工作效率。

1.2　发生内漏的原因

（1）冷却水水质影响

在进行工业生产过程中，设计人员普遍使用的换热器循环水与介质进行换热，然而在实际运行过程中，换热器内漏是从高压端内漏至低压端，当内漏以后，介质内的压力会大于循环水的压力，因此通过循环水可燃气体监测来作为内漏依据。另外，循环水在换热过程中从而获得热量成为热水，热水回到冷却塔中与空气进行接触，进行交换，同时还会吸附在空气中的大量灰尘和泥沙，因此冷却水在通过冷却塔时会不断蒸发，各种金属性离子的含量也会有所增加，同时导电率也会上升，由此导致水中的碳酸氢盐容易分解成为垢。

由于换热器内壁容易形成结垢，并且介质温度越高，换热器内壁的结构趋势就会严重，随着长时间的使用换热器内部的流量就会严减小，不仅会造成两端介质压力损失较大，并且水的流速也会减小，加剧了换热器结垢现象的趋势容易造成换热效果降低，同时也会诱发换热器内部的内漏情况。

（2）管壳式换热器结构特点的影响

管壳式换热器的冷却水出口在最高位置，换热器与管板连接不会存在死区，冷却水可以完全流出。换热器中的冷却水出口不会在最高位置，且出口与上管板之间存在死区，死区的产生冷却水不会完全流出，导致换热管的端口与其他位置出现严重的腐蚀现象，如果不凝气体长时间停留在死区内，就会导致换热管发生内漏。

另外，管壳式换热器中的折流板对换热管存在相应的支撑和折流作用，能够有效提高换热效率，但是由于换热管穿过折流板孔，换热管外壁与折流板之间会存在缝隙，如果介质为冷却水分析出容易发生结垢现象，存在滞留区，因此也会导致腐蚀现象的发生。如果孔径过大换热管在孔内发生振动管外壁以孔内壁之间形成摩擦，发生电化学腐蚀严重的情况下，会导致换热管发生断裂。

（3）换热管材质不良的影响

换热器内换热管如果表面存在刮痕裂纹等不足，在使用过程中，由于介质温度的高温高压会导致材料发生变形，严重的情况下，会形成局部应力形成开裂，同时会发生气蚀冲击，容易造成换热器管内涂层损坏，导致管道发生腐蚀穿孔。

1.3 管壳式换热器的管理流程

管壳式换热器管理是一项非常重要的环节，这种管理模式会根据不同的因素来制定不同的风险评估措施，通过对管壳式换热器完整性管理流程的分析得出相应的处理措施，具体的管理流程包含以下几个方面：

（1）辨识潜在危害。根据以往所发生管壳式换热器内漏的原因进行研究和分析，得出主要的潜在危害主要包含：内外腐蚀、施工水平不足、错误操作、自然灾害和人为因素等，通过这些潜在的危害可以得出相关的风险因素。

（2）收集管壳式换热器的相关信息和数据，根据不同数据的收集建立一个完整的数据库。通过这些数据的收集可以帮助管壳式换热器进行风险预测，来制定相关的应急措施，减少事故的发生。

（3）风险评价。通过对管壳式换热器数据的收集，可以对管壳式换热器风险进行评估和辨识，并且利用评估方法来进一步判断事故发生的概率和严重性，采取相应的管壳式换热器管理措施。

（4）管道完整性评价。管壳式换热器管理中最为重要的就是完整性评价，其中主要包含本体、站场设施等方面的完整性评价。完整性评价是一个综合评价体系比较强的评价体系，其主要的工作就是关于管道适应性、设备故障、内外防腐等进行评价。

（5）管道相应的管理措施。管壳式换热器可以运用完整性管理措施，来进行风险预测和采取相应的管理措施，根据不同的风向评估数据来定期给管道进行维修和防腐处理，把一些对管道影响较大的因素进行消除，可以延长管壳式换热器的使用时间和安全运行。

2 管壳式换热器内漏的检测

2.1 换热器内漏监测装置设计

2020年5月初广安公司LNG工厂发现冷剂补充频率增加，怀疑冷剂存在内外泄露，工厂立即组织人员对冷剂区48条管线、22台安全阀、853个动静密封点进行逐一排查，排除了外漏的可能性。后发现是换热器存在内漏，但无法准确判断哪一台设备存在泄漏，在捡漏工作中耗费太多的人力、物力，且排查时间长风险较大。

在面对困难时，工厂技术人员积极寻求解决方案，展开头脑风暴讨论。工厂换热器大部分为循环水与介质进行换热，换热器内漏是从高压端泄露至低压端。当出现内漏时，介质压力大于循环水压力，通过检测循环水是否有介质作为内漏判断依据。工厂通过制作的内漏监测装置在循环水回水管线高点对其取样，将混合于循环水中的介质(天然气、冷剂)进行分离检测，就可以发现泄漏的设备。

2.2 换热器内漏监测装置的制作

截取400mm长DN300管线在管线顶部和底部分别焊接封头作为检测装置的容器。并在顶部封头开孔并焊接DN25管线作为气体出口，在管线上安装DN25球阀一只，报警仪检测时打开。在底部封头焊接一只合适现场高度的支撑管，用来固定监测装置。在DN300管线左侧距离底部300mm高处开孔并焊接DN25管线加装活接头作为设备进水口，在DN300管线右侧距离底部50mm高处开孔并焊接DN25管线加装阀门作为设备排水口，阀门控制检测装置容器内介质量。在DN300管线正面安装液位计，便于观察设备内部液位。

2.3 装置操作方法

换热器内漏监测装置是将换热器上部导淋将循环水接入测漏器(如下图)，利用水量调节口阀门建立设备内部气液量(水位高于排放口，低于入口)，测漏器中水气进行分离，定时打开顶部阀门，利用便携式可燃气体报警仪监测换热器循环水中是否存在可燃气体，该装置制作简单，能迅速的判断换热器是否存在内漏。广安LNG工厂利用换热器内漏监测装置对多台换热器进行内漏检查，最终锁定为压缩机二级出口冷剂换热器存在冷剂内漏。工厂立即停产后打开换热器封头，发现了该换热器内有一根U型管破裂，证实了监测装置的可靠性。换热器内漏监测装置为工厂排查出一处重大隐患，保障了工厂安全生产。

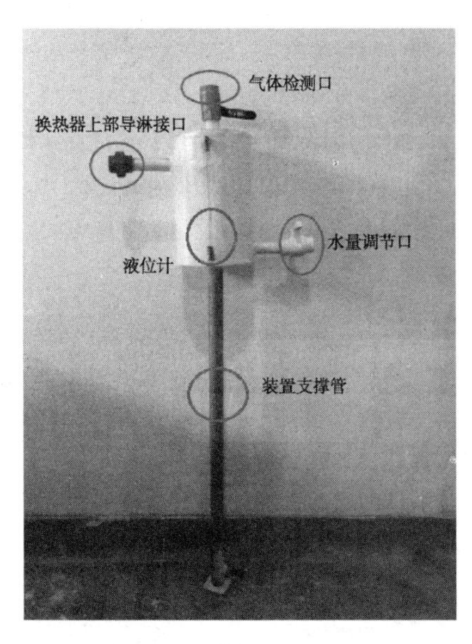

图 1

3 结束语

综上所述，利用换热器内漏监测装置在工厂多次试验，准确、高效的判断换热器是否存在泄漏，来保护换热器的安全运行。内漏监测装置是一个隐患排查装置，能帮助企业消除安全隐患，防止事故发生，保护了人员、设备安全从而提高企业经济效益，保障社会稳定。

参 考 文 献

[1] 冯恩山，周魁修，王光明，李日科. 橇装式油井套管气利用换热装置的研究与应用[J]. 复杂油气藏，2016：82-86.

[2] 鞠红香. 管管壳式换热器流动与传热的研究[J]. 机电产品开发与创新，2015：68+111-112.

[3] 王照，孔祥军，李煜童. 内漏检测与修复技术在MTBE 装置的应用研究[J]. 环境研究与监测，2017：64-66.

[4] 马玺坤，武春青，柏慧. 浅谈管管壳式换热器的内漏与预防措施[J]. 中国特种设备安全，2017.

[5] 陈满，陈韶范，苏畅，张海昕，马金伟. 板壳式热交换器在预加氢装置的应用[J]. 石油化工设备，2014：86-88.

进口阀门配件国产化在 LNG 装车平台的应用

毛宗学　王　森　杨庆威　王敏娟

（陕西液化天然气投资发展有限公司）

摘　要　阀门市场容量巨大，而且杨凌 LNG 工厂装置使用的阀门深冷阀门居多，大多数为进口阀门，关键技术控制在国外品牌手中，这成为制约企业高质量发展的重大技术瓶颈之一。通过介绍杨凌 LNG 工厂装车平台的工作流程及进口低温球阀出现泄漏的现象，对阀门泄露问题进行原因分析。进口阀门若需更换或维修，采购周期长、采购或维修成本高、售后服务跟不上。故对此进口阀门开展国产化维修科技创新项目，打破单一来源、国外封锁的壁垒，节约公司采购成本，缩短采购周期，切实起到了降本增效的作用。

关键词　装车平台；维修；进口阀门

1　概述

随着 LNG 在分布式点供工程上的广泛应用，LNG 销售份额也在不断的增加。在 LNG 槽车的充装过程中，泄漏是主要的安全风险。在泄漏初发阶段，快速切断泄漏管线的物料来源，能够有效地控制泄漏事故。阀门是 LNG 装运系统中的控制部件，具有截止、调节、导流、防止逆流、泄压等功能，在 LNG 装车操作起着至关重要的作用。

2　LNG 装车平台存在的风险

LNG(Liquefied Natural Gas)，即液化天然气的英文缩写。主要由甲烷构成。LNG 是通过在常压下气态的天然气冷却至-162℃，使之凝结成液体，LNG 具有易燃易爆等特性。在杨凌 LNG 工厂装入槽车时，LNG 产品经罐内泵升压至 0.65MPa，温度-161.1℃，流量 30085kg/h 输送至 LNG 装车站，由十台装车臂给外输槽车充装，部分 LNG 产品输送至 LNG 加气站、BOG 压缩单元入口减温器以及调峰气化装置，重装过程中总的气象返回温度 118℃，压力 0.1MPa，流量 1460kg/h 经管道输送返回至 GOG 总管。

在 LNG 槽车充装过程中泄漏是主要安全风险，由于 LNG 的低温特性，在充装过程中，管线的金属部件会出现明显的收缩，在管道系统的任何部位，都可能出现泄漏的安全风险。由于 LNG 临界温度为-82.3℃，当 LNG 大量泄漏后，遇到空气后最初会猛烈沸腾，随后迅速汽化，达到原体积的 600 倍，与空气中的水蒸气相结合，形成白色蒸汽云，易于扩散，能够形成爆炸性混合物，易燃、易爆。低温 LNG 接触皮肤时，可造成与烧伤类似的起疱灼伤，过度吸入后还会造成窒息的危害。当 LNG 车辆发生持续泄漏，罐内 LNG 与空气接触后迅速气化，导致罐压持续上升，发生物理爆炸。

3　低温切断阀的国产化改造

3.1　国产化改造背景

杨凌 LNG 工厂装车平台进口装车撬共计 4 台，8 条臂，其中密封备件品牌均为艾默生 A.E，根据使用时间计算，平均每 3 年换一次密封圈，但艾默生厂家无法进行单一备件更换及维修，必须整阀采购更换，成本也高、周期也长，影响公司日常装车能力。

杨凌液化天然气厂 5 号加液臂切断阀起着非常重要的作用，突然出现泄漏导致加完液后不能完全密封，出现液化天然气外漏风险，需要进行抢修处理，否则严重威胁到了机组的安全运行。此阀门为超低温球阀，其具有密封性好、可靠性高、流体阻力小，阀体内通道平整，寿命长，开关迅速等优点，超低温球阀结构一般如图 1 所示。

所以针对如此特殊的工况及阀门自身结构的缺陷，经过联系现场作业，整理分析数据，探索出切实可行的处理密封工艺方案；对阀门介质温度、压力及阀门材质等进行细致的研究，对密封阀座的材料材质的制作到结构的选型分析，然后制定出重新加工密封阀座工艺，并严格按照工艺流程执行，成功解决了该难题。

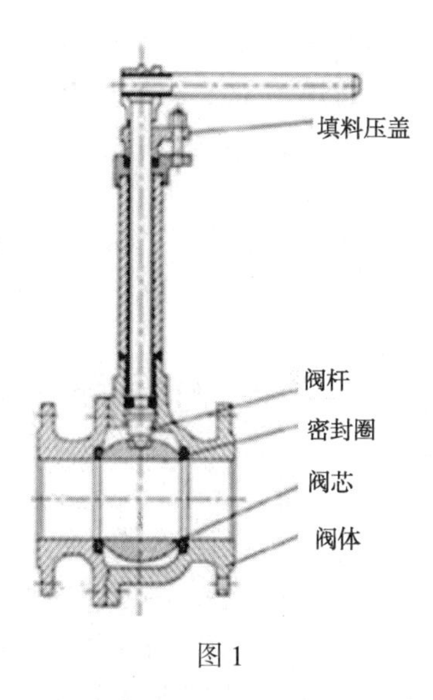

图 1

3.2 国产化改造方案

3.2.1 泄漏原因分析

阀门产生内漏主要原因是密封性能降低导致，通过此阀门的结构进行分析，低温对于密封性的干扰主要分为以下几种：

1. 非金属密封副

在常温下球阀一般采用金属对非金属材料密封副。采用此类材料的原因是因为本身的弹性非常高，其获取密封需要的比压不是很大，所以密封性比较好。然而在低温环境中，此材料的膨胀性较高，会引起它在低温的时候收缩性和金属等材质有着较高的差别，导致密封性变差，难以实现密封的效果。很多非金属物质在低温中会失去自身的任性，导致出现冷流等特征。比如橡胶，当气温比玻璃化的气温低的话，就基本不具有弹性了，近似成玻璃态，失去了密封的特征。此外橡胶在 LNG 介质中存在泡胀性，也无法用于 LNG 阀门。故而在设计低温阀门时候，一般温度低于-70 度时不再采用非金属密封副材料，或将非金属材料通过特殊工艺加工成金属与非金属符合结构型式。

2. 金属密封副

当处在低温环境中，金属物质的强度及硬度增强，相反其塑性及韧性性能等变弱，这种情况下就会差不多产生冷脆现象，从而影响了阀门密封性。所以金属密封副在设计时，为了避免这种问题，根据温度的不同，采用不同的材料。比如温度低于-100 度时，阀体、阀盖、密封及阀杆等大多采用奥氏体不锈钢、铜及铜合金、铝及铝合金等。由于铝本身硬度不高，密封面抗摩擦系数不高，所以基本上不用。通常采用奥氏体材料，他们不具有上述的冷脆温度，就算是在低温状态下也可以维持非常好的韧性。

随着使用的广泛性，奥氏体材料也出现了一些不利因素。奥氏体在低温环境中相对来说较稳定，但是由于它在常温的状态下不是处于一个很稳定的状态也影响其在低温的情况，当温度低到一定程度，奥氏体就转变为马氏体。奥氏体与马氏体在阀门中会发生一系列的化学反应，使原本已经达到密封要求的密封面发生弯曲变形，使原来的密封失效。所以针对以上不利影响，就应该在材料选择上，应选择一些不管什么状态下都相对来说较稳定的材料。其次，在使用奥氏体之前进行低温处理，使材料的马氏体得到充分转变。

3. 密封副质量

密封副质量主要表现在表面的加工质量和表面粗糙度。提高圆度，降低粗糙度能有效减小在阀门开启关闭过程中的扭矩，可以提高阀门的使用寿命，也能提高阀门的密封性能。

4. 阀杆填料

在低温环境下一般选用的填料函密封结构和波纹管密封结构。波纹管结构经常用于介质不允许微量泄漏和不适宜填料的场合，再加上单层结构的波纹管结构寿命较短，而多层成本又过高，所以实际生产中应用较少。与波纹管结构相比，填料函的密封结构就相对来说比较有优势，填料函的密封结构制作简单，维护起来也没有太大难度，所以应用相对较广泛。但是填料函也存在一些劣势，它的填充物一般都在-40 度左右，在与填料物温度相当的环境中能够保证顺利工作。在相对较低的环境中填料无得弹性相对会减弱，难以保证原有的密封性。主要因为在生产中容易导致介质泄漏，由于低温在填料和阀杆的地方会结冰，这样会导致密封性能下降。所以在选择填料时可选择一些耐低温的填料，如聚四氟乙烯、浸渍聚四氟乙烯石棉绳、石棉或柔性石墨等材料。在这些材料中，柔性石墨无论对于气体还是液体，一般都不会发生泄漏。

非金属材料与金属材料相比膨胀系数要大得多，所以在常温下比较稳定的填料在低温环境中的收缩数会远远高于阀杆的收缩数，进而发生泄漏的情况。所以在设计时就要对填料压盖螺栓采用多组碟形弹簧垫片进行预紧，这样在低温环境中仍可以保持对预紧力的连续补偿，保证了密封性能。

而造成此次切断阀泄漏的原因就是低温对密封性能产生了不利影响。通过研究发现金属密封副在低温状态下产生形变所致在一定程度上会影响阀门的密封性。当介质温度下降到使材料产生相变时造成体积变化，使原本研磨精度很高的密封面产生翘曲变形造成低温密封失效。阀门密封面在使用过程中反复开关磨损，阀座背面弹簧的预紧力不能和磨损量相匹配，材质本身的老化性能的下降，再加上工作条件差、温差大、压力高、厚度大、刚性大，在反复停机、启动、运行中，严重威胁到机组的安全运行，必须进行全面修复处理。阀座必须重新测量尺寸，绘制图纸，重新加工阀座，研磨装配试验。

5. 中法兰垫片

垫片一般用于阀门的外部连接，无论是阀门的中法兰密封还是法兰连接式阀门均采用垫片的形式。在低温条件下，垫片材料会产生硬化、也会降低其塑性，因此在低温环境中对阀门的垫片要求更加严格，其必须在常温、低温及温度变化下具有可靠的密封性和复原性，应综合考虑低温对垫片密封性能的影响。

依据常用垫片密封形式(图2)可知，螺栓长度、密封垫片和法兰的厚度都会随着温度的降低而逐渐收缩变小，为了保证低温下垫片的可靠密封，必须满足

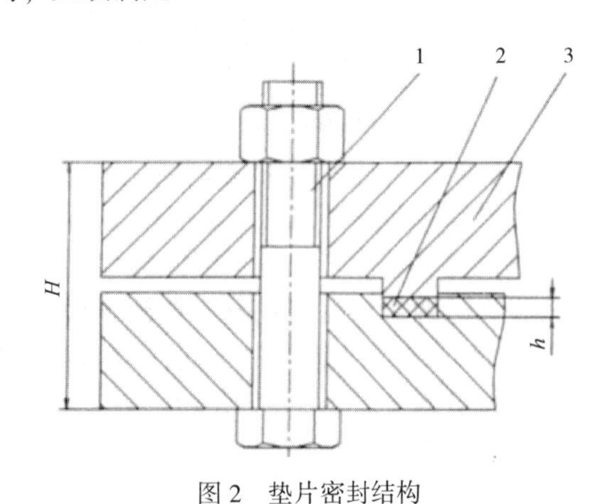

图2　垫片密封结构

1—螺栓；2—密封垫片；3. 法兰

$$\Delta HT+\Delta HT_3-\Delta HT_1-\Delta H_1<0$$

式中，ΔHT 为密封垫片在 ΔT 温区内的收缩量，mm，$\Delta HT=h\alpha_2\Delta T$；$\Delta H_1$ 为螺栓装配时的拉伸变形量，mm，$\Delta H_1=\sigma_1/E_1H$；ΔHT_1 为在 ΔT 的温区间螺栓的收缩量，mm，$\Delta HT_1=H\alpha_1\Delta T$；$\Delta HT_3$ 为上、下法兰在 ΔT 温区内的收缩量，mm，$\Delta HT_3=(H-h)\alpha_3\Delta T_1$；$\sigma_1$ 为螺栓预紧力，N/mm；E_1 为螺栓的弹性模量，N/mm；α_1、α_2、α_3 分别为螺栓、垫片和法兰材料的线膨胀系数，mm/m；H、h 单位，mm。

从常温到达设计的工作低温时，垫片密封的上下法兰的收缩量与密封垫片的收缩量之和必须不大于螺栓的收缩量与螺栓装配时的拉伸变形量之和，这样才能保证密封垫片在工作温度时仍有部分预紧力存在，保证垫片的密封能力。

综上所述，所以在设计时应从4个以下方面考虑：1. 法兰可采用线膨胀系数较小的材料，以此来减小 ΔHT_3；2. 螺栓可采用线膨胀系数较大的材料，使得其在低温下有较大的收缩量；3. 增加螺栓的拉伸变形量；4. 减小密封垫片的厚度，用线膨胀系数小的材料作密封垫。

一般情况下，在环境温度低于-100℃的低温阀门，阀体材料和螺栓材料一般都采用奥氏体不锈钢，但由于线膨胀系数一致，故选用合适的垫片材料及增加螺栓拉伸变形量更为重要。比较理想的低温密封垫材料会在常温环境下其硬度较低，在低温下的回弹性能好，线膨胀系数小并具有一定的机械强度。故在实际应用中一般采用不锈钢带填充石棉或聚四氟乙烯或柔性石墨缠制而成的缠绕式垫片，在众多材料中，最为理想的是以柔性石墨与不锈钢绕制而成的缠绕式垫片，其产生的密封效果最为理想。对于增加螺栓的拉伸变形量，由于受螺栓安装预紧力的限制，增加的余量不多，可考虑通过设置碟形弹簧垫片来进行补偿。

3.2.2　国产化改造过程

球阀密封副的质量主要表现为球体的圆度和球体与阀座密封面的表面粗糙度。球体的圆度影响球体与阀座的吻合度。如果吻合度高，则增加流体沿密封面运动的阻力，从而提高密封性。一般要求球体的圆度为9级。密封面表面光洁度对密封的影响很大。当光洁度低、比压小时，渗漏量增加。而当比压大时，光洁度对渗漏量的影响显著减小，这是因为密封面上的微观锯齿状尖峰被压平了，软密封面的光洁度对密封性能的影响比金属对金属的刚性密封小很多。根据只有当密封副之间的间隙小于流体分子直径时才能保证流

体不泄漏的观点，可以认为，防止流体渗漏的间隙必须小于 0.003μm。但是，即使经过精细研磨的金属表面凸峰高度仍然超过 0.1μm，即比水分子直径还要大 30 倍。由此可见，只依靠提高密封面光洁度的方法来提高密封性，事实上是难以做到的。密封副质量除了影响密封性外，还直接影响球阀的使用寿命，因此，制造时必须提高密封副质量。

超低温球阀普遍采用 PCTFE 密封圈，而 PCTFE 在低温下其线膨胀系数远高于金属，因此在低温下 PCTFE 密封圈会因收缩而使尺寸变小，其结果是导致与球体的密封比压降低及其与阀座间产生泄漏通道。因此 PCTFE 密封圈的尺寸也是影响超低温球阀密封的重要因素，设计时需考虑低温下尺寸收缩的影响，工艺上还要采用冷装配工艺。在对阀座修复的过程采用自由核心技术，设计密封结构，运用专用的设备和加工工具以保证在密封力作用下或温度变化等因素的影响下，结构尺寸发生变化改变密封副之间的相互作用力，为补偿这种变化，应使密封件具有一定的弹性变形。目前，采用具有弹簧进行弹性补偿。

对于阀杆出的密封采用泛塞封的密封形式，泛塞密封圈是一种唇形的用于往复运动的单向密封元件。它既可用于液压缸的孔的内壁圆孔面密封，称之孔用密封件，又可密封活塞杆外圆柱面，又称之轴用密封件，也属于自由的先进技术，在防火设计方面，填料函部位采用唇形密封圈和石墨填料的双道密封，发生火灾时，唇形密封圈熔化失效，石墨填料起主要密封作用防止火灾继续蔓延。

3.2.3 密封性能测试

首先在常温及阀门公称压力下，使用氮气或空气做初始检测试验，确保阀门在合适的条件下试验，将阀门浸入液氮中冷却至阀门低温试验温度，其水平面盖住阀门与阀盖连接部位上端。试验温度跟阀门的设计温度温度相一致，浸泡阀门直到各处的温度稳定为止，用热电偶测量保证阀门各处温度的均匀性：热电偶温度变化在±5℃范围内；在试验温度下，按照阀座密封性能最大允许测试值 1.5MPa，测试压力增量值 1.5MPa，在试验温度和阀门的公称压力下，开关阀门 5 次做低温操作性能试验，按正常流向做阀门密封测试，用流量计测试泄漏量时，泄漏量符合填料密封 900s 无可见泄漏，垫片密封 900s 无可见泄漏，密封性能 900s 无可见泄漏，关闭阀门出口端，按照正常流向向阀体加压至密封试验压力，保持 15min。检查阀体和阀盖连接处无泄漏，测试合格。

表 1　密封性能测试表

	耐压及填料密封性能测试	泄漏量试验
实验介质	水	空气
实验压力	1.5MPa	1.5MPa
保持时间	900S	900S
允许泄漏量	无泄漏	VI
实际泄漏量	无泄漏	VI
实验结果	合格	合格

4 结语

（1）经过此次国产化的维修改造，目前投用状况良好，相比于更换整阀价格此次解决泄露问题节约成本 88%。根据更换周期计算，平均每年节约成本近 20 万元。在进口阀门配件国产化技术方面开创了先河，打破了技术壁垒。

（2）随着液化天然气的应用越来越广泛，对天然气管道系统安全的要求越来越高，对超低温浮动球阀结构设计还会不断提出更高的要求，同时。这对国产化阀门替代进口阀门是一种机遇，也是一种挑战。抓住此次进口阀门配件国产化的契机，充分挖掘杨凌 LNG 工厂设备的内在潜力，可更广泛地推广应用，对推动 LN 该行业技术水平具有重要意义，可大大降低投资，节约外汇，提高产业竞争力。

（3）《中共中央关于制定国民经济和社会发展第十四个五年规划和二〇三五年远景目标的建议》提出，要加快构建以国内大循环为主体、国内国际双循环相互促进的新发展格局。当前发展深冷阀门配件及深冷阀门的国产化正当其时，也是突破技术瓶颈的有利契机，更是企业实现创新性发展的实际需要。

参考文献

[1] 孙银辉，煤化工进口阀门国产化展望[J]，内蒙古，包头 2015.10.

[2] 向艳梅，严苛工况阀门国产化市场分析[J]，通用机械：学术版，2013(1)：32-33.

[3] 朱建芳，李光，基于供应链管理的企业物资采购工作优化[J]，1673-1069(2020)11-0021-02.
[4] 付源，低温阀门密封性能研究[J]，机械工程师，2016(03).
[5] 单思宇，赵庆轩等，液化天然气超低温求发的密封技术研究综述[J]，化工设备与管理，2017(12).
[6] 姚长青，郑超，刘志辉，LNG低温阀门技术发展趋势分析[J]，化工设备与管道，2014(51)；8-14.
[7] 宋亮，王秀，程红辉，液化天然气低温球阀的选用[J]，阀门，2015(5)；38-43.

LNG 接收站 DCS 系统国产化升级

吴　凡

（国家管网集团大连液化天然气有限公司）

摘　要　随着国内天然气应用越来越普及，LNG 接收站的发展速度也是突飞猛进，但 LNG 接收站的核心控制系统严重依赖国外厂商，这对国内 LNG 接收站安全运行产生严重影响，并且造成系统建设及维护成本高等一系列问题。中油龙慧公司基于中国石油自主知识产权的监控软件 EPIPEVIEW，参与到大连 LNG 接收站自控系统升级改造项目中，对于国内发展 LNG 接收站项目具有重大意义。

关键词　LNG；LNG 接收站；DCS；国产化

LNG 接收站自控系统负责监视整个 LNG 接收站的生产工艺流程，并通过对阀门、泵等设备的控制，改变生产工艺流程，满足生产需求。为了保证 LNG 接收站的安全高效运行，需要对 LNG 接收站自控系统进行国产化技术改造，解决自控系统严重依赖国外厂商、系统封闭、智能化改造困难等问题。

1　LNG 接收站自控系统国产化升级改造需求

1.1　LNG 接收站安全运行的需要

自控系统硬件和软件严重依赖国外厂商，存在系统后门，售后服务不及时，自主维护困难等一系列问题，这些问题严重影响 LNG 接收站的安全运行。“自主可控”的自控系统是实现 LNG 接收站安全运行的基础，见参考文献[1]。

1.2　LNG 接收站高效运行的需要

目前 LNG 接收站自控系统存在架构封闭、数据共享困难、智能化改造困难等问题。迫切需要进行数据共享、数据分析、智能操作支持、智能维护等国产化技术改造，实现科学决策、智能操作、管控一体的设智能 LNG 接收站建设目标。

1.3　节省系统建设和维护成本的需要

长期以来，LNG 接收站自动化系统为国外产品所垄断，由于国内没有相关替代产品，产品价格居高不下，服务未能达到要求，很多本该开放的技术却被国外公司牢牢抓在手里，很多二次开发和个性化的需求若有开放接口我们完全可以自行实现，但由于其不合理的技术保密机制，我们无法自主实施，只能委托国外公司提供服务，收费又非常高昂。

1.4　提升技术和管理水平的需要

通过参与升级改造，将促进中国石油建立自己的 LNG 软件研发、工程实施、运营和维护的专业队伍，经过项目历练，提升自己队伍在软件研发技术水平，提高工程建设和系统维护水平，为中国石油 LNG 接收站的安全、稳定和高效运行提供有力的支持。

通过参与升级改造，形成一系列行之有效的产品研发、系统建设、系统维护相关的标准和管理制度，见参考文献[3]，提升 LNG 接收站自控系统管理水平。

升级改在的核心工作是对 LNG 接收站自控系统进行国产化安全升级改造，实现对国外自控系统的国产化替代，主要工作内容包括：DCS 系统升级改造、配套系统升级改造、控制网安全改造、自控系统数据共享安全升级、配套设施改造，如图 1 所示。

2　LNG 接收站自控系统国产化升级改造内容

2.1　DCS 系统自动化监控软件升级

对 DCS 系统自动化监控软件部分进行更换，更换后操作员可通过自动化监控软件的客户端对 LNG 接收站进行生产过程实时监视和控制，历史数据、报警、报表等均使用更换后软件提供的功能。

2.2　控制功能优化

根据调研，目前接收站根据《LNG 接收站工艺运行优化及节能研究技术报告》研究成果，采用操作员手工操作执行的方式执行部分节能优化的操作，并未实现 DCS 系统的自动化控制。

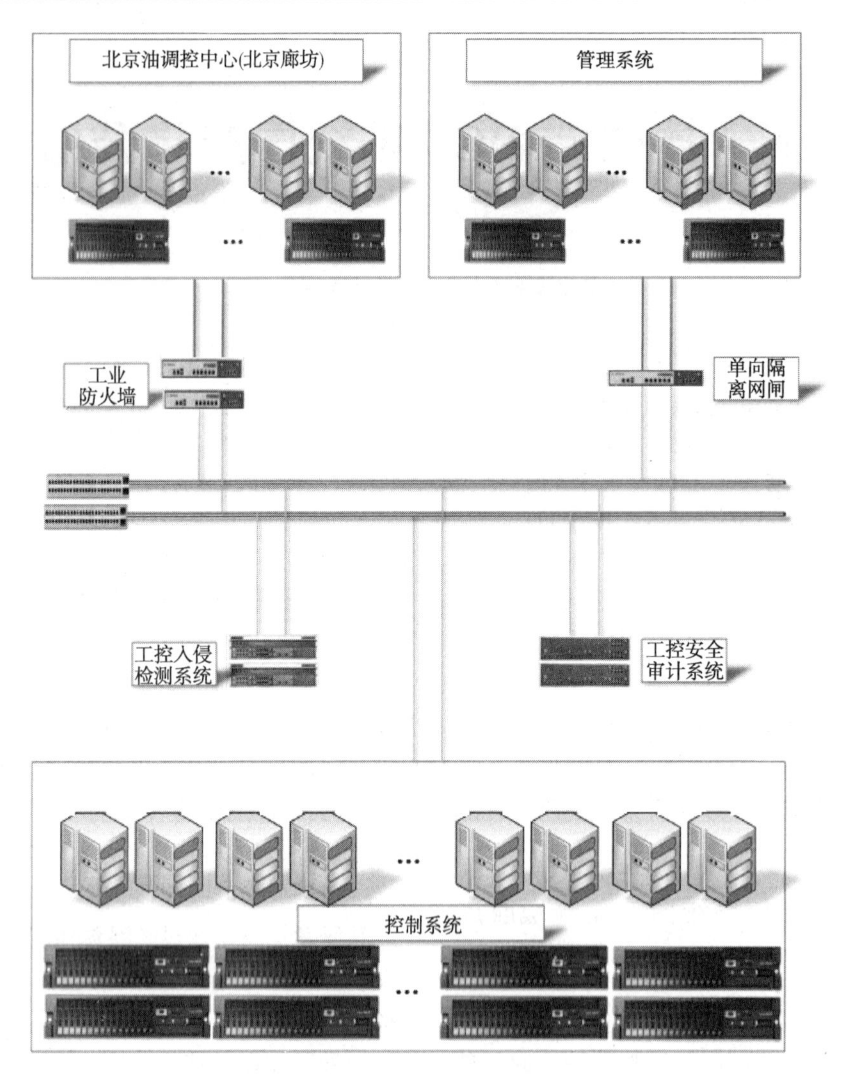

图1 控制网安全改造

升级改造可在不涉及现场工艺条件改动的情况下，对新建系统予以编程实现，达到对节能优化操作的自动化操控，既可保证节能优化功能全面执行，又可将操作员精力释放出来更加专注生产的安全管控。控制功能优化不在C300控制器中实现，采用自动化监控软件拓展功能的方式运行在新系统中，并形成控制功能优化拓展的平台，便于后续其他运行控制功能优化功能的扩展。

2.3 控制网安全改造

生产控制区内部署入侵检测系统，对工业控制系统提供入侵检测、病毒检测和事件告警，支持针对工控环境常用协议如modbus TCP、profinet/profibus、IEC-61850协议标准、IEC-60870-5协议标准、C37.118协议、DNP3、ICCP等通用标准协议进行识别。

生产控制区内部署工控安全审计系统，对工业控制系统提供安全审计和事件告警，包含异常操作告警审计等功能。支持针对工控环境常用协议如modbus TCP、profinet/profibus、IEC-61850协议标准、IEC-60870-5协议标准、C37.118协议、DNP3、ICCP等通用标准协议进行识别，见参考文献[2]。

在生产控制区部署防病毒系统，提供实时和定时检测、清除病毒功能；支持管理员通过控制台，集中地实现所有节点上防毒软件的监控、配置、查询等管理工作；提供电脑安全边界防御功能；提供软件禁用功能。通过在系统服务端上进行离线统一升级，保证了所有客户端计算机的病毒库升级和漏洞修复。

2.4 自控系统数据共享安全升级

在虚拟化云平台上部署一套共享数据管理套件，与自动化监控软件构成数据镜像系统，实现自控系统数据在管理网上的共享。控制网通过单向网闸把数据传输到管理网，如图2所示，数据镜像系统为各种第三方信息化系统提供生产运行数据。数据镜像系统具备 10 万点 I/O 的历史数据管理规模，作为未来智慧化工厂建设的工厂级数据仓库。

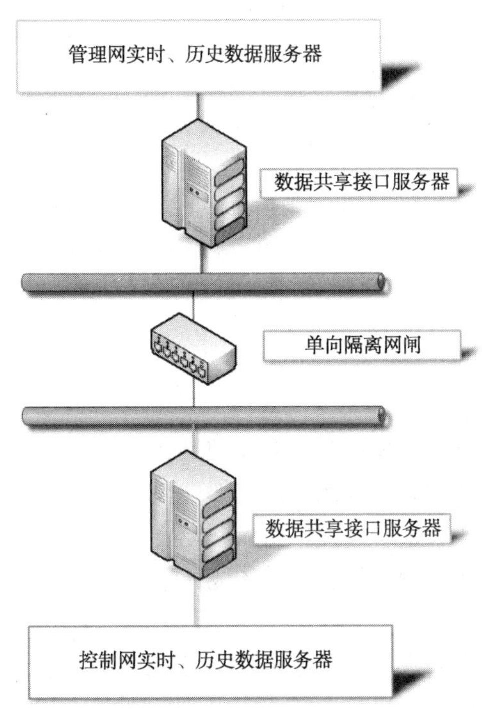

图 2　数据共享安全升级

3　改造后的效果

DCS 自控系统由监控系统软件、控制系统硬件系统(工艺控制器、安全仪表控制器、火气控制器、第三方 PLC 系统等)构成。监控系统软件为系统核心，其与控制系统硬件系统通讯实现数据采集及命令下发，通过监控系统软件的客户端，实现生产过程监视和控制。

系统改造后，将采用中石油自主知识产权的自动化监控软件 EPIPEVIEW 作为整个 DCS 系统的监控系统软件，替代 HONEYWELL 公司 EPKS 软件，实现对工艺控制器 C300，安全仪表控制器 SM QPP、火气控制器 SM QPP、第三方 PLC 系统的数据采集与控制。EPIPEVIEW 客户端与服务端交互，实现 LNG 接收站生产过程监视和控制。

3.1　数据采集

升级改造的 EPIPEVIEW 系统接入的控制系统按照类型分包括：DCS、SIS、FGS，按照位置分包括：主控室(CCR)、码头(JCR)、槽车(GCR)。

3.2　生产过程监视：

生产过程监视采用总览和工艺区细分相结合的监视方式，系统提供不同监视画面间的快捷跳转，便于调度人员根据生产实际情况在不同的工艺区之间跳转，实时跟踪生产实际状况。为了提高调控效率，1 台操作员工作站配置 4 面显示器，操作人员可以同时监视 4 个画面。

系统实现了装/卸船、储罐、低压泵、BOG 压缩、再冷凝、高压泵、ORV 汽化、SCV 汽化、外输等全生产流程的监视。

3.3　设备控制

项目完成了泵、电动阀、调节阀、压缩机、温度、压力、流量、累计量、液位等共 340 多台的开关和调节设备控制调试。

4　结束语

LNG 接收站自控系统国产化升级改造项目是基于中国石油自主知识产权的监控软件 EPIPEVIEW，结合 LNG 接收站自控需求，开发了 DCS 监控系统软件、计量撬监控系统软件、SIS 监控系统软件、FGS 监控系统软件等系列 LNG 接收站自控系统软件，完成国外 HONEYWELL 的相应软件国产化替换升级改造，实现 DCS 工艺系统、SIS 系统、FGS 系统及第三方配套系统数据采集及下行控制，完全替代国外自控系统对 LNG 接收站进行实时监视控制，已达到国外 LNG 接收站自控系统水平。

参 考 文 献

[1] 邓红霞. DCS 集散控制系统设计组态及应用[D]. 上海：华东师范大学，2009.

[2] 徐飞，仇志敏，张正斌. DCS 系统中 DCS 系统设计及先进控制应用[J]. 电子世界，2014，02.

[3] 刘宇超. 液化天然气生产中 DCS 控制系统应用分析[J]. 中国科技投资 2016，17：270-270.

轴承取出保护器的研制与应用

张兴丰　何　诚　丁　俊　李　林

（华油天然气广安有限公司）

摘　要　LNG工厂在冷剂泵检修过程中，由于电机轴承为热装轴承，实际拆卸过程中经常发生轴承损坏，常规的方法无法完全对轴承进行取出，同时也会造成轴表面发生拉伤现象。由于轴承受到长时间的腐蚀、磨损，导致轴承出现严重损坏，从而严重影响工厂生产，根据轴承现存现象，研究相应的取出工具，对轴承的拆卸有着非常重要的作用。

关键词　轴承；保护装置；应用

随着天然气液化工作的不断完善，冷剂泵在整个工艺过程中有着非常重要的地位，可以保证天然气液化工作的有序进行，进而提高液化效率。但是冷剂泵立式电机热装轴承在使用过程中会发生损坏，传统的取出工具已经不能满足现阶段的热装轴承取出，甚至可能引起事故，因此需要对热装轴承取出器进行改进，从而保证液化工序的正常开展。

1　研究背景

随着我国天然气液化技术的不断发展，相应的制冷设备不断增多，但由于长期高负荷运行，冷剂泵电机轴承会受到多种因素的影响而出现损坏，导致工艺中断，因此对轴承进行快速更换，已经是企业现场生产管理水平的标志之一，常见的解决方法是利用传统的工具对轴承进行更换，该方法不仅会消耗大量的时间和精力，还会严重影响到工业生产，如果长期采用传统工具进行更换可能导致轴发生严重磨损、变形，造成设备损坏的发生。

为了有效克服传统工具更换轴承效率低下的问题，相关技术人员通过对轴承进行调查和分析，研究出了一种轴承取出器，该轴承取出器能够方便快捷地取出轴承，并且在更换完轴承以后，可以有效保证安全性。该轴承取出器制作简单，操作方便，制作成本低，能够在很大程度上提高工作效率。

冷剂泵是LNG工厂生产过程中一种比较常见的重要设备，主要由干气密封、深井多级离心泵和立式电动机所组成。冷剂泵系统的工况比一般的设备更加严苛，对冷剂泵及电机的关键部件要求非常高，因此当这些部件一旦出现问题就会影响整个生产过程，所以一定要注意关键部件的检查和维护，只有这样才能保证液化工序的正常运行。

在购买冷剂泵电机时一定要选择购买知名厂家的机器，只有这样才能保证优越性，同时在冷剂泵运行的过程中一定要安排技术人员对冷剂泵系统进行日常的维修和保养，定期进行质量检测，这样才能提升冷剂泵的使用寿命，提高液化效率。

2　设备基本情况

冷剂泵系统在使用一段时间之后会出现震动高、温度高等问题，为快速处理故障以及各类电机预防性检修，需要对轴承、联轴器等进行相应的拆除，因此LNG工厂每年拆卸电机轴承次数较多，由于轴承内圈与轴径是通过相应的装配模式安装、比较精密，在实际拆卸过程中，需要对轴承内圈进行完美拆卸，才能够保证轴承内圈与轴径不发生磨损现象，在拆卸过程中由于操作空间狭小，进行相关作业非常不方便，如果力度掌控不好，可能导致轴承内圈和轴颈发生摩擦损坏现象，导致拆卸工作前功尽弃，从而严重增加了生产经济成本。

如果直接采用拉力器反复拉拔，在拆卸过程中极有可能对轴承造成拉伤，降低轴承内圈与轴配合的紧密性。因此需要研发出一种高效安全的快速拆卸装置，才能够有效提高对轴承的换取，并且保护相关设备不会发生损坏。

3　常规轴承常见高温故障原因分析

通过对冷剂泵系统的运行情况和轴承高温情况进行分析，一般情况下立式电机轴承产生高温的原因主要包括以下几个方面：

（1）轴承质量故障，立式电机轴承在高速旋转的情况下运行一段时间过后，由于材质原因导致内部的滚珠严重磨损或者滚珠掉落情况，进而产生过多的热量。

（2）电动机负荷过大，或者是电动机散热不均匀，导致电机的整体温度过高，造成轴承持续高温。

（3）润滑油质量选择不当或者维护不当，轴承内的润滑油过少造成旋转过程中自身摩擦加剧。

（4）轴承内润滑脂过多，造成轴承内的温度不易散去，同时增加电动机的运转负荷，使电机电流增强。

（5）电动机与连接泵出现不同心运转，造成电动机轴承受力不均匀导致温度过高。

（6）电动机外轴盖与滚动轴承外圆之间的轴向间距过小。

针对电动机运行所出现的异常情况，初步确定检查方向，然后切换设备，关闭电动机进行检查，按照电动机轴承所出现的高温原因进行逐一排查。

首先，检查电动机是否负载过大，与生产人员进行配合，检查泵的进出口阀门是否开度一致，并检查电动机电流参数记录，检查电动机设备与发生故障前的电流和负载是否保持一致，排除负载过大所引起的电机轴承高温情况。

其次，使用千分表打同心度，如果偏差数据在合理范围之内，则排除电动机与冷剂泵出现不同心运转问题。

最后，拆卸电机轴承端盖进行检查，如果发现轴承内部有润滑油脂，则需要进行清理，检查轴承的油封状态是否良好，轴承上无机械磨损或损伤，加注的润滑油为专用润滑油。

4　常规轴承拆卸取出器的工作原理

工厂动设备使用热装轴承较多，且热装轴承拆装工作要求高，在热装轴承拆除中经常用到拉马，由于操作的误差经常损坏到轴承或轴。LNG工厂发扬修旧利废，利用废旧的螺栓及钢板制作出了该设备，轴承取出保护器根据轴承大小制作成可以开合的轴承盒子，使用时将轴承取出器套在轴承上紧固螺栓，增加了轴承受力面，使拉马钩爪受力更均匀防止使用拉马时钩爪打滑，设备操作更方便，大大的减小了热装轴承拔出时受损概率，减少经济损失，提高工作效率。这次小发明不仅解决了工厂这次检修难题，且工作效率得到了提升。

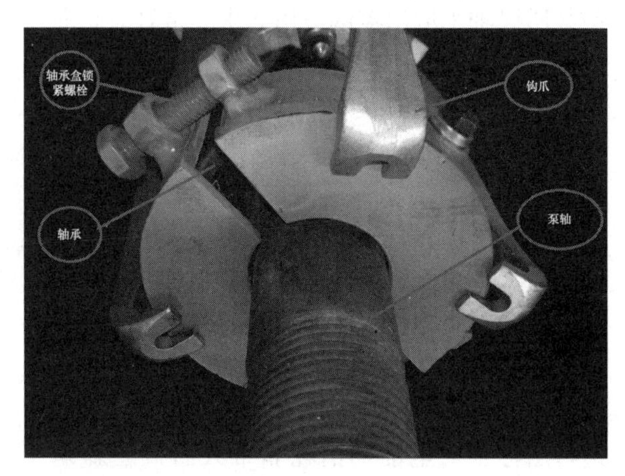

图1

5　热装轴承取出器应用情况及效益

目前市面上的传统工具，不能够很好解决热装轴承取出情况，而且其购买成本也比较高。随着自主检维修不断推进，企业需要自行研制热装轴承取出器，提升管理、降本增效，并且热装轴承取出器能够根据实际情况来进行研发，在进行研发的过程中能够很好地控制成本，有效提升企业的经济效益。

我厂利用取出器进行了16次的操作实验，都能够成功将热装轴承成功取出，甚至没有造成发新的损坏，该取出工具的使用有效减少了工作人员的劳动强度，在最大程度上降低了工作量，有效提升了设备的运转效率，并且节省了大量的使用备件。通过与以往的备件费用对比，利用热装轴承取出器已为我厂节省了2万多元的备件费用，由于热装轴承取出器结构简单，制作费用低，并且使用方便，在操作过程中安全系数较高，适合所有企业进行推广使用。

随着我国工业环境的不断变化，热装轴承取出器的应用也变得越来越多，该工具的最大优势就是可以完美取出轴承，在进行取出工作中，轴承可以直接对轴承进行操作，不需要考虑取不下来的问题，并且轴承取出器的应用效果非常好，对于所遇到的取出问题都能够进行一次性解决，单从这一方面来讲就说明轴承取出器已经非常成熟，并且轴承取出器的研发还能够节约成本。采用传统方法对轴承进行取出操作，所花费的时间和成本都非常高，如果轴承取出器不仅能够节省人力物力，而且在时间上也比较短，大多数企业会直接选用轴承取出器进行施工，这样节约下来的钱可以用于生产，帮助企业建立更多的经济效益，所以轴承取出器的应用效果非常好，企业可以根据自身的实际情况去进行研制或更新轴承取出器，对企业的发展非常有帮助。

6 结束语

综上所述，在生产的各个阶段，所使用的机械和技术都会有所不同，其中最重要的就是根据运行的状态来判断机械和技术的应用情况，另外化工厂的工作环境对于工具的使用影响非常大，在使用的过程中往往会出现很多故障，如果多次进行启停，对电能的消耗非常大而且还影响工艺，所以必须提升维修和养护才能保证故障减少，这样才能降低成本，提升经济效益。工厂环境比较恶劣，需要采用不同类型的取出器，针对我国现有工艺的工作情况这些工具完全可以应对，说明在取出器方面的研究非常成功，帮助企业创造了更多的经济效益，从而提高了天然气行业的发展空间。

参考文献

[1] 吴德起，郑永涛，李峰，景建国. 鲁尔泵轴承快速拆卸装置的研制[J]. 油气储运，2014：117-120.

[2] 钟敏兰，陈秀红，彭淑雯，胡桂荣，万珍兰. 拆卸式童车静脉输液装置的制作与应用[J]. 护理实践与研究，2016：45.

[3] 王力. 一种轴承拆卸装置的实用设计[J]. 科技风，2018：171.

[4] 方群，刘学军，王连浩，付国燕. 多功能轴承拆装装置的设计与应用[J]. 河北企业，2013：94.

[5] 邓志勇，欧阳斌，黄仁春. 新型快速烟机轴套轴承拆装工装的研制与应用[J]. 中国设备工程，2016：37-39.

[6] 黄双良. 轴领拆卸装置的改进与应用[J]. 铁道机车车辆工人，2010：13-15.

LNG 接收站在线取样监控系统的国产化实现

柳　超　魏念鹰　李东旭

（国家管网集团大连液化天然气有限公司）

摘　要　LNG 接收站在线取样系统根据用户设定取样时间，将 LNG 进行气化，自动控制取样流量，均匀的将气体取样到取样瓶中，供检测 LNG 气质使用。为了保证系统的安全、可靠、高效运行，通过分析在线取样监控需求，研发核心技术，制定了系统的国产化实现方案，并在大连液化天然气有限公司实施。

关键词　LNG 接收站；在线取样监控系统；国产化

在线取样监控系统是实现 LNG 接收站在线取样实时监视、精准控制、异常处理的重要技术手段。目前我国已建成的 LNG 接收站的在线取样监控系统多采用国外产品，存在着技术受制于人，信息安全隐患突出，升级和维护费用居高不下，问题响应不及时等问题。经过不断的关键技术攻关、技术积累和工程实践，目前，已经能够进行 LNG 接收站在线取样监控系统的国产化，实现系统的自主可控。

1　工艺描述

在线取样系统从 LNG 输送管道引出液体 LNG，经过气化器气化，首先储存到储气罐，当达到设定的取样时间后，再将储气罐中的气体充装到取样瓶。

2　在线取样系统构成

在线取样系统由现场设备及仪表、PLC 控制系统、监控系统构成。现场设备及仪表包括：气化器、开关阀、调节阀、流量计、储气罐、取样瓶、温度表、压力表等。PLC 控制系统包括：CPU、通讯模板、DI 模板、DO 模板、AI 模板、AO 模板等硬件和控制程序。监控系统包括：计算机硬件和监控软件。

3　监控系统实现

在工作站计算机上安装部署国产在线取样监控软件服务器端和客户端。该监控软件支持通用的数据采集、存储和展示，同时支持扩展功能开发。

在线取样监控软件服务端的数据采集服务采集 PLC 系统的数据，将数据发送给实时数据服务，数据经处理后发送给历史数据服务进行存储。

在线取样监控软件的客户端提供工程组态、运行状态监视和设备控制功能。通过工程开发，实现在线取样过程的监视和控制、报警处理、趋势查询、报表管理等功能。

3.1　实时监视

监控系统实时监视取样系统的运行状态，主要有：取样 LNG 温度，气化器运行状态、温度、压力，气化后气体压力、流量，流向储气罐的气体流量，储气罐的充装气体体积、压力，取样瓶的气体压力等。

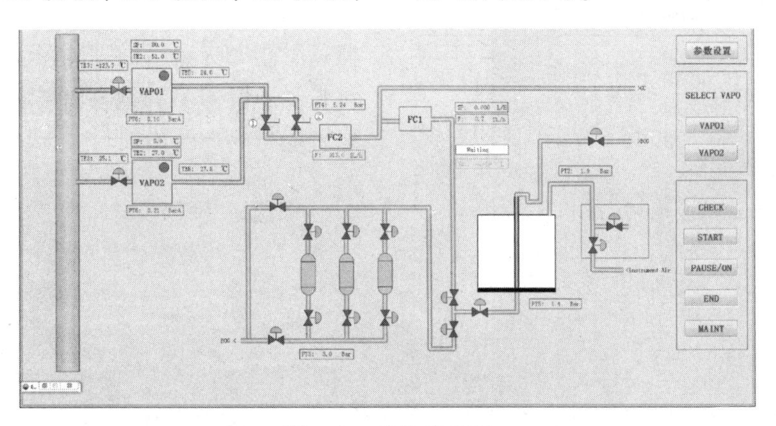

图 3-1　监控流程图

3.2 过程控制

用户从监控系统设置气化温度到 PLC，PLC 控制气化器的运行，使气化后的气体尽量逼近设定的温度。用户从监控系统发起系统检查和在线取样操作，监控系统根据设定逻辑给 PLC 下发命令，控制现场设备，自动完成相应操作。

3.2.1 系统检查

系统检查用于检查系统设备是否运行正常，只有设备运行正常了才能进行下一步的在线取样操作。

用户点击“CHECK”按钮后，监控系统按照设定逻辑，将控制命令下发给 PLC，控制开关阀动作，验证设备是否正常。当设备没有正常开关时，可以进入“MAINT”模式，手动下发开关阀命令。

3.2.2 在线取样

用户点击“START”按钮后，执行在线取样操作，主要过程描述如下：

（1）设定取样时间：

用户根据需要设定取样时间，由系统根据实际工控，自动调节取样流量，在规定时间内尽量匀速取样，保证取得的气体样品真实体现 LNG 组分。

（2）清洗储气罐

系统控制储气罐进口和出口阀，用采样气体清洗储气罐，保证储气罐不残留上次取样的气体。

（3）取样到储气罐

初始条件：取样时间，流量计最大流量；储气罐体积，储气罐能够承受的最大压力。

控制过程：根据储气罐已经充装气体体积、储气罐压力、流量计实际流量，计算流量计设定值，下发给 PLC，调整调节阀开度，进而调节取样流量。

（4）清洗管道

对储气罐和取样瓶间的管道进行清洗，保证管道内不残留上次取样的气体。

（5）清洗取样瓶

对取样瓶进行清洗，保证取样瓶内不残留上次取样的气体。

（6）充装取样瓶

对取样瓶进行充装，达到指定的充装压力，取样过程完成。

4 结论

通过 LNG 接收站在线取样监控系统的国产化，完成了国外产品的国产化替代，实现了在线取样监控系统的自主可控。系统功能丰富，易用性好，维护方便。

参考文献

[1] 陈秀丽. 长输管道 SCADA 系统选型及应用. 石油化工自动化，2012，48(3)：26-29.

[2] 胡景军，陈云. 成品油管道 SCADA 系统的跨平台时间同步技术. 计算机系统应用，2012，21(9)：137-140.

[3] 董列武，钟家勇，国产 SCADA 系统在华东成品油管道调控中心的应用，石油库与加油站，2009，18(5)：34-38.

[4] 邱昌胜. 燃料气调压撬数据监控在 SCADA 系统中的实现. 石油化工建设，2015，37(1)：77-80.

[5] 邢汉发，许礼林，雷莹，基于角色和用户组的扩展访问控制模型[J]，计算机应用研究，2009. 26(3)：1098-1100.

[6] 王健，基于 SCADA 系统的中间数据库系统在油气管道调控中心的应用，仪器仪表用户，2016，23(11).

[7] 郭晓瑛，路艳斌，郑娟. 国内外长输管道 SCADA 系统标准现状. 油气储运，2011，30(2)：156-159.

[8] 白洁. 输油管道站控人机界面的设计与组态. 自动化博览，2002，19(6)：62-62.

南海深水油气田浮式生产设施防护涂层施工及检验

刘　存　程国东　朱玉婷　付正强　赵光瑞

(海洋石油工程(青岛)有限公司)

摘　要　南海深水油气资源丰富，油气开采多采用浮式生产设施。深水浮式生产设施结构复杂、服役时间长、服役环境严苛、防腐设计要求高、施工及检验要求严、涂层维护成本高等特点，多采用涂层系统、阴极保护或两者联合防护。本文从深水浮式生产设施防护涂层施工及检验，对防护涂层系统施工及检验过程中相关要求及注意事项进行了总结提炼，提出了相应的工程经验推荐作法，希望能为从事相关工作人员提供参考。

关键词　浮式生产设施；防护涂层；施工；检验

1　前言

我国南海油气资源极其丰富，石油地质储量约在230～300亿吨之间，70%蕴藏于深海，但深水区域特色的自然环境和复杂的油气储藏条件决定了深水油气勘探开发具有高投入、高回报、高技术、高风险的特点[1]。深水油气资源开发多采用SEMI FPU+水下生产系统或“海底工厂”+外输管线联合模式、FPSO+水下井口联合开发模式、TLP(或SPAR)+水下井口+外输管线开发模式等。深水油气开采设施结构复杂、服役寿命长、防腐要求高、涂层维护难度大。

国际海事组织海上安全委员会相关决议内容——保护涂层性能标准(IMO PSPC)规定的涂层性能要求通常基于涂层达到15年的目标使用寿命，而半潜浮式生产平台一般目标使用寿命设计为25～30年，对涂层系统保护性能要求更为苛刻。涂层系统达到其目标使用寿命取决于涂层系统设计、表面处理、涂装施工质量，以及涂层检查及维护等。

2　涂装施工及检验

2.1　一次表面处理与车间底漆

钢板、球扁钢等板材或型材运抵建造场地，下料拼板焊接之前一般会存储一段时间，通常会进行预处理保护。一次表面处理，通常采用自动化生产线对钢板或型钢进行自动喷砂处理，喷涂预处理车间底漆。在此阶段需要特别注意项目表面处理等级要求、粗糙锚纹深度、预处理车间底漆的可焊接性能，以及车间底漆保留作为后续涂层系统一部分时涂层系统兼容性要求。自动化预处理线一般采用钢丸作为喷砂磨料，表面处理粗糙度等级一般不高于Sa2.5或SSPC-SP10等级，表面处理后残余可溶性盐等效NaCl含量≤5μg/cm^{2}或50mg/m^2。预处理阶段使用的车间底漆，为保证焊接质量漆膜厚度建议在10～30μm。

预处理车间底漆的可焊接性对船板拼板作业、结构分段组立各阶段焊接效率影响较大，若车间底漆可焊接性满足不了焊接WPS质量测试要求，为达到焊道质量要求，焊接之前焊道坡口两侧区域车间底漆必须人工动力工具打磨去除，增加了人工投入，大大影响施工效率。自动化预处理线若有机气体处理净化设施不健全，受国家环保法规限制，需要采用水性车间底漆。目前，水性车间底漆的可焊接性能是制约其大范围使用的屏障。

2.2　二次表面处理

表面处理和涂装施工之前需要对作业区域的通风、除湿、照明等进行确认，保证作业安全、便利施工作业、确保油漆正常固化等。SEMI FPU防腐涂装要求高，预处理底漆一般仅作为钢材表面临时保护，在二次表面处理时，所有钢材表面的预处理底漆都应100%去除，并喷砂处理至Sa2.5或SSPC-SP10等级。表面处理前所有自由边应清洁、光滑、无缺口和缺陷应处理至ISO 8501-3[2]P3级，锋利的边缘应倒圆至半径>

2mm，或者采用3次等效打磨处理。

表面处理后，碳钢表面粗糙度介于 50~80μm、钢制热浸锌件表面粗糙度应控制在 20~60μm；清洁度一般要求至少达到标准 ISO 8502-3[3]规定的2级；喷砂处理后在第一道油漆施工前，碳钢结构表面可接受的水溶性盐份最大值一般不超过 $3\mu g/cm^2$，热浸镀锌、不锈钢和耐蚀合金表面可接受的水溶性盐份度最大值一般不超过 $2.5\mu g/cm^2$。检测水溶性盐份度，一般按照标准 ISO 8502-6[4]相关规定从基材表面提取污染物，并按照标准 ISO 8502-9[5]相关规定对水溶性盐进行定量检测。

2.3 涂装前准备

涂装施工前，应对油漆进行充分的混合搅拌、熟化。目前，海洋工程上几大主流油漆品牌多采用双组份油漆配套，一套油漆分基料桶和固化剂桶成套供货，搅拌时只要将固化剂倒入基料桶进行充分混合、搅拌即可。一般不推荐在油漆中添加稀释剂，若需要只能使用涂料供应商制定的稀释剂，并严格按照涂料供应商要求进行添加。稀释剂添加过多易导致涂层流挂、气孔等漆病，影响涂层质量。不允许将不同涂料厂家的油漆材料混合使用。

涂装施工时，应保证待涂钢板表面温度不低于露点以上3℃，空气相对湿度不大于85%或参照涂料供应商的推荐值，施工环境温度一般不低于10℃(不包括可以低温施工的油漆)，钢板温度不高于45℃。环境条件应按照标准 ISO 8502-4[6]定期监测。

2.4 船级社的验证和审核

在正式涂装施工之前业主和船级社需要提前审核涂装施工程序、三方检验协议、海水压载舱涂装施工程序、货油舱涂装施工程序、淡水舱洗舱泡舱方案等关键涂层技术文件。完工阶段还需要提供海水压载舱涂层技术文件(PSPC CTF)和货油舱 PSPC CTF 文件，以及完善版三方检验协议，供业主和船级社审查，备入级和签发船机证书使用。

在审查 PSPC CTF 文件之前，业主和船级社应核查油漆产品说明书和关键涂层系统配套符合证明或认可证书符合相关规范要求；审查涂层检验员的资格；核查检验员关于表面处理和涂层涂装的报告，标明与涂料生产商的产品说明书和认可证书的一致性；对检验员使用三方检查协议中所述的设备、技术和报告方法的情况进行检查，以监督涂层检查要求的执行。涂装施工前，应由业主、建造方和涂料生产商就表面处理和涂装过程的检查协商一致后达成一个协议，该协议由建造方提交船级社审查[7]。

在涂装施工阶段，业主涂装检验代表、船级社检验代表，在三方检查协议规定各检查点参与或监督涂装质量检测。

2.5 涂装施工

涂装施工尽量采用高压无气喷涂设备，在施工中，每次回枪50%覆盖面积，并采用十字交叉回枪喷涂。刷涂施工仅限制在预涂、补涂或修补小面积局部损坏去油漆时使用。辊涂只能在特殊情况下才能使用，且只有得到业主或船东涂装工程师的确认后才能使用。任何情况下，不得使用辊涂来施工富锌底漆、硅酸锌底漆或预涂。预涂是保证不易涂装区域获得良好涂层厚度的重要措施，一般在整涂完第一度底漆后接着施工第一度预涂；对于有两度油漆的配套，在第二度油漆整涂之前进行第二次预涂；对于有三度油漆的配套，做完第二度油漆后进行第二次预涂。预涂油漆只能使用与前道油漆有对比颜色的油漆。

为获得规定的名义干膜厚度(NDFT)，施工人员需要不断检查湿膜厚度(WFT)。SEMI FPU 专用海水压载舱和货油舱油漆干膜厚度(DFT)测量需按照 IMO PSPC 标准要求执行 90/10 规则；其他部位一般遵循 80/20 规则，并按照 ISO 2808[8]和 ISO 19840[9]标准执行。各部位的 DFT 最大值参照涂料供应商的推荐。任何情况下，都应注意避免超膜厚。DFT 参照 90/10 原则，即 90%以上区域干膜厚度大于名义膜厚，剩余 10%区域膜厚不低于名义膜厚的 90%。

涂料与基底、各涂层之间应具有良好的附着力。当涂层 NDFT 超过 150μm 须按照 ASTM D4541[10]标准采用拉拔试验仪检测拉力要求：富锌底漆涂层体系≥5MPa(725psi)；非富锌底漆涂层体系≥7MPa(1015psi)；液舱涂层或罐内衬体系≥10MPa(1450psi)；当涂层 NDFT 不高于 150μm 时，须按照 ISO 2409[11]交叉切割附着力试验检测结果要求为0级。

2.6 淡水舱特涂及洗舱泡舱

淡水舱涂料不仅要保护钢质水舱不受腐蚀，还要保证水的质量。因此该涂料要有很好的耐水性和耐化学品性，不因漂白粉和其他消毒剂的作用而导致漆膜破坏，也不能使水产生异味，更不能使有毒物质渗透到水中，一般采用无溶剂类型涂料。饮用水舱无溶剂环氧油漆，对施工温度、通风等要求高。同时，该类型油漆硬度高，修补困难，若修补不好极易产生针孔等缺陷，易造成水质污染。

施工时，当温度低于 10℃，无溶剂环氧漆中固化剂与空气不能发生反应，不能固化成膜，易产生流挂和胺分解，胺会与空气中的二氧化碳和水汽发生反应，在其表面形成白色物质；致使漆膜发粘，继续施工下一度油漆将导致涂层附着力降低。当基材温度过高时，漆膜中的溶剂或空气释放会形成气泡并爆裂，湿膜来不及自流平形成连续漆膜，将造成缩孔。因此，涂装施工时钢板的温度需控制在 10~40℃之间；油漆固化过程中舱板及舱室环境温度需维持在 10℃以上，持续半个月时间；舱室空气相对湿度应控制在 55%以下。

淡水舱油漆系统配套主要有如下两种：

配套 1：无溶剂环氧油漆(150μm)+无溶剂环氧油漆(150μm)；

配套 2：纯环氧底漆(50μm)+无溶剂环氧油漆(300μm)。

两个配套的区别是配套 2 比配套 1 多一层环氧底漆。

配套 1 施工的一般流程是，在车间涂装阶段，按要求先进行喷砂处理，喷涂一道临时保护底漆；车间内淡水舱涂装到此暂停。待结构合拢后淡水舱内外相关结构焊接完工后，对焊接烧损部位进行打磨预处理，整体喷砂处理清除临时保护底漆，达到表面处理要求后，整体喷涂两度无溶剂环氧漆，最后进行洗舱泡舱工作。

配套 2 施工的流程是，在车间涂装阶段，按要求进行喷砂处理，喷涂第一道环氧底漆；车间内淡水舱涂装到此暂停。待结构合拢后淡水舱内外相关结构焊接完工，对焊接烧损部位进行局部喷砂处理，其他位置完好的环氧底漆进行拉毛处理，清洁处理后，再整体统喷一度环氧底漆，再喷涂第二度无溶剂环氧漆，最后进行洗舱泡舱工作。

两个配套施工流程最大的区别是，配套 2 减少了整舱合拢后整体喷砂工序，降低了作业难度，方便了现场施工。

饮用淡水舱待油漆完全固化后需进行洗舱泡舱作业，大致流程如下：

(1) 先用活性氯浓度为 1%的次氯酸钠溶液对所有作业人员戴的防水衣裤、靴子和手套等物品进行消毒；

(2) 对舱内的舱壁、舱底、舱顶等采用刷子刷洗或高压喷淋上述浓度为 1%活性氯的溶液；

(3) 采用自来水高压清洗，且使舱内干燥；

(4) 集中将活性氯溶液洒在舱底，约 $1L/10m^2$；

(5) 用自来水灌舱，其深度约 20cm，并将这些水保留在舱内至少 2 小时(最多 24 小时)；

(6) 舱内在排除上述废水后，应再用自来水将整个表面彻底冲洗干净；

(7) 在舱内加水完毕后，根据地方法规，可能需要抽取水样，检查含菌量；

(8) 经过上述工艺流程的清洗后，淡水舱才能正式加水投入使用。

3 涂层缺陷修补及维保检验

3.1 涂层缺陷修补

涂层缺陷的修复伴随施工全过程，一般在施工后道油漆前，应对前一度油漆所有的缺陷进行修补。涂层缺陷包括膜厚不足、表面污染、涂层破损等。涂层缺陷修补采用原涂装系统进行修复。热浸镀锌构件因施工过程中由于切割、焊接、机械磕碰等造成的破坏，应尽可能返厂重新浸镀。小面积热浸镀锌层损坏若无法重新浸镀修复，可按照标准 ASTM A780[12] 相关推荐做法进行修补，优先推荐采用热喷涂锌修补，其次采用油漆修补。

油舱、化学品舱内部防腐用厚膜型酚醛环氧漆，漆膜致密，脚链密度高，耐高温，耐化学品性能极佳。鉴于酚醛环氧产品的固化反应特性，若固化时的温度低于 10℃，环氧基与氨基的反应受到影响，漆膜无法正常固化的风险极大。所以该类型产品通常都要求干燥温度 10℃以上，施工完毕后保持温度、通风、连续干燥 192 小时，如此将保证产品的初期固化性能良好。当固化不充分时，其固化剂中的小分子胺容易游离至漆膜表面，继而与空气中 CO_2和水反应，形成铵盐，即胺析出现象。胺析出会影响涂层间的附着力，及漆膜分身的性能。酚醛环氧低温施工、固化后涂层表现出结合力不足、分层、拖落及锈蚀等现象，标明已经发生胺析出现象，需要对涂层进行重新喷砂去除，重新按施工程序要求涂装新的原涂层系统。

3.2 涂层维保检验

油漆质保一般包含油漆质量质保和施工质量质保两方面，一般由项目建造方联合油漆制造商一同提供联合质保。油漆制造商应保证所有关键油漆系统的性能在一般条件和数据规范规定的保证期内保持令人满意。而建造方涂装施工过程各环节都由油漆商技术服务支持人员全程指导，并签署报检单，证明施工过程符合要求。所以，如果油漆在质保期内出现缺陷，油漆制造商应免费采取任何必要的补救行动，如支付更换油漆材料的费用和全过程施工费用。油漆商应按照与建造方、业主之间的合同规定，支付油漆失效或缺陷区域的修理、更换和全部重涂油漆费用。

锈蚀程度依据标准 ISO 4628-3[13]判定 3 年内不超过 Ri2 级；之后 2 年锈蚀等级不超过 Ri3 级。10 年之内涂层因磨蚀或粉化造成的干膜厚度减薄量应小于原涂层总膜厚的 15%。油漆不得有任何缺陷，如侧蚀、开裂、龟裂、起皱、任何尺寸的起泡、脱皮、剥落、层间脱层和任何其他可归因于不正确的油漆配方和生产、油漆系统规范和/或油漆应用的异常现象。油漆招投标是，油漆商应同时提交一份涵盖主要区域和关键区域油漆产品性能担保函。

4 小结

（1）预处理车间底漆的可焊接性是影响船板拼接作业、分片组立功效的关键；

（2）表面处理质量和施工环境影响涂层质量，应予以特别关注；

（3）涂装施工及检验过程应严格遵照经审核同意的程序方案，应尽量减少涂层破损修补。

参 考 文 献

[1] 李清平. 我国海洋深水油气开发面临的挑战[J]. 中国海上油气，2006，18(2)：130-133.

[2] ISO 8501-3-2006，Preparation of steel substrates before application of paints and related products-Visual assessment of surface cleanliness-Part 3：Preparation grades of welds，edges and other areas with surface imperfections [S].

[3] ISO 8502-3-2017，Preparation of steel substrates before application of paints and related products-Tests for the assessment of surface cleanliness-Part 3：Assessment of dust on steel surface prepared for painting (pressure-sensitive tape method) [S].

[4] ISO 8502-6-2006，Preparation of steel substrates before application of paints and related products-Tests for the assessment of surface cleanliness-Part 6：Extraction of soluble contaminants for analysis-The Bresle method [S].

[5] ISO 8502-9-2015，Preparation of steel substrates before application of paints and related products-Tests for the-assessment of surface cleanliness-Part 9：Field method for the conductometric determination of water-soluble salts [S].

[6] ISO 8502-4-2017，Preparation of steel substrates before application of paints and related products-Tests for the assessment of surface cleanliness-Part 4：Guidance on the estimation of the probability of condensation prior to paint application Skip to main content [S].

[7] 中国船级社. 船舶结构防腐蚀检验指南[S]. 北京：人民交通出版社，2009.

[8] ISO 2808-2019，Paints and varnishes-Determination of film thickness [S].

[9] ISO 19840-2012，Paints and varnishes-Corrosion protection of steel structures by protective paint systems-Measurement of，and acceptance criteria for，the thickness of dry films on rough surfaces [S].

[10] ASTM D4541-2017，Standard test method for pull-off strength of coatings using portable adhesion testers [S].

[11] ISO 2409-2013，Paints and varnishes-Cross-cut test [S].

[12] ASTM A780-2015，Standard Practice for Repair of Damaged and Uncoated Area of Hot-Dip Galvanized Coatings [S].

[13] ISO 4628-3-2003，Paint and varnishes-Evaluation of degradation of coatings-Designation of quantity and size of defects，and of intensity of uniform changes in appearance-Part 3：Assessment of degree of rusting [S].

Orbit 轨道球阀在液化天然气工艺中的应用及故障分析

张东明　毛宗学　党怀强　李鱼鱼

(陕西液化天然气投资发展有限公司)

摘　要　介绍 Orbit 轨道球阀的结构、工作原理及在杨凌液化天然气(LNG)储备调峰工厂天然气净化工艺中脱水、脱重烃环节的应用，以及实际运行过程中卡顿失效故障解决方案。针对 Orbit 轨道球阀在该工厂实际运行过程中出现的卡顿、密封失效等故障情况，受疫情影响，国外厂商服务及新设备无法及时供应，公司采用国产化修复，经过对故障阀门拆解及故障原因分析，制定国产化修复方案，并通过修复过程及实际运行情况的总结，解决装置运行问题，保障液化装置平稳运行。

关键词　天然气液化；脱水；脱重烃；Orbit；轨道球阀

1　概述

随着国内能源结构的升级转型，能源消费市场的不断成熟，天然气在一次能源消耗中的比例逐年上升，液化天然气(LNG)因其高效、安全的存储和运输特性，广泛应用于发电、民用燃料、工业窑路、汽车、燃气空调等行业，同时，液化天然气产业的布局能很好地缓解地理产能不均衡现象。天然气液化需在深冷条件下进行，为防止出现原料气中的酸气、水、汞、重烃等杂质在液化过程中腐蚀、冻堵工艺管道的现象，需在液化前脱除各种杂质。Orbit 轨道球阀因其无摩擦、不易泄露、行程短、能在操作频繁及温差大的条件下运行的特点，被广泛应用于天然气净化工艺中脱水、脱重烃吸附再生环节。本文就杨凌液化天然气(LNG)应急储备调峰项目 200 万方/日液化工艺中轨道球阀的应用及故障解决进行分析。

2　Orbit 轨道球阀

2.1　制造工艺与工作原理

轨道球阀是一种运动结构较为复杂的切断阀门，其结构如图 1 所示。阀门设计有浮动球阀及带有螺旋槽的阀杆，阀门开关时，由阀杆通过导向销钉以及阀杆上的螺旋槽，将直行程转化为阀球旋转的角行程。阀门处于关闭位置时，阀球受阀杆的机械施压作用，紧密压在阀座上，逆时针转动手轮，阀杆向上提升，阀杆下端的楔形平面使阀球倾离阀座。当阀杆继续提升时，并与螺旋槽内的导向销钉相互作用时，使阀球开始无摩擦旋转，阀杆升到极限位置，阀球转到全通位置，开启过程中管线内的流体沿球体表面均匀通过阀门。关闭阀门时，阀杆开始下降并带动阀球旋转，阀杆持续下降时，受到导向销钉的作用，使阀杆和阀球同时旋转 90°，在即将关闭的位置，阀球已经在阀座无接触的情况下旋转了 90°，阀杆下降的最后阶段，阀杆底部的楔形平面机械地压迫阀球，使其紧密的压在阀座上，实现严密的关断。

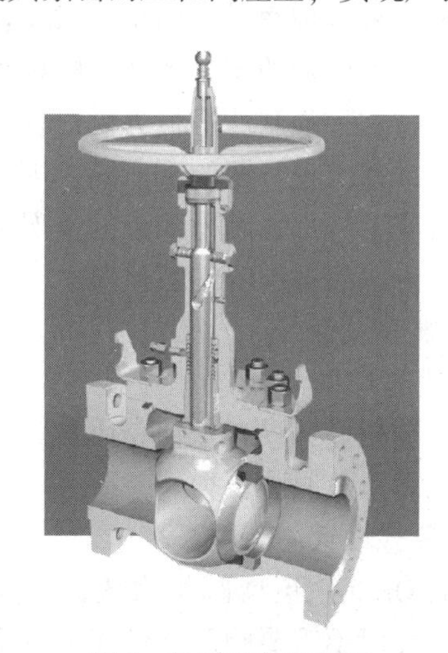

图 1　轨道球阀结构图

2.2　功能特点

Orbit 轨道球阀既有普通球阀球体的回转特性，又有闸阀闸板上下升降的强制密封功能，与常用传统闸阀、截止阀、球阀等相比，具有以下优势：

2.2.1　开关无摩擦

Orbit 轨道球阀在开启时，阀杆提升首先使阀球倾斜与阀座脱离接触，继续提升时，阀杆通过螺旋槽及导向销钉，将直行程转换为角行程，驱动阀球转动至开启位置，关闭阀门时，阀杆通过导向槽，带动阀球在不接触阀座的情况下转动，阀杆继续下降压迫阀球紧压阀座。整个过程实现无摩擦转动，阀门密封面在操作过程中不会受到损伤，具有很长的使用寿命，适合长期频繁操作的工况。同时，由于阀座与阀球无摩擦，该轨道球阀具有低扭矩特性，开启轻松自如。

2.2.2　无高速流体局部冲刷

Orbit 轨道球阀在开启或者关闭阀门时，阀杆首先提升使阀球与阀座瞬间脱离解除，阀门流通通道瞬间的全开或者全关，使阀门在开关过程中无高速流体局部冲蚀阀座密封面，从而进一步提高阀门的密封寿命。

2.2.3　密封面自清洁

Orbit 轨道球阀在关闭时，阀杆带动阀球旋转，管线中流体流量减少流速瞬间增加，实现阀门密封面的自清洁。

2.2.4　长寿命机械楔形密封

阀杆下端驱动阀球的部分为前后平行的楔形面，并通过阀球上嵌入一组不锈钢或 Hastelloy 合金材质的阀球销钉驱动阀球转动并脱离或者压紧阀座，在阀门关闭时，Orbit 轨道球阀不是依靠介质的压力来实现密封，而是通过阀杆底部的楔形面提供一个机械的楔紧力强迫阀球压紧阀座来实现密封，这种强制性机械力可以保证阀门持续的紧密封，并实现长期的零泄漏，即使在管道内介质压力或者外部强制力消失的情况下，这个楔形力仍然可以保持阀门的零泄漏。

2.2.5　单阀座设计

Orbit 轨道球阀为单阀座设计，阀腔始终只与管线的一端相通，没有任何介质被禁锢在阀腔内，所以无需泄放阀腔压力。

2.2.6　顶装式设计

所有的 Orbit 轨道球阀均为全通径并且为顶装式设计，确保不需要阀门从管线上拆下便可更换阀内件，这使得阀门维修更为方便。

3　Orbit 轨道球阀在天然气液化工艺中的应用

3.1　杨凌液化天然气应急储备调峰项目

杨凌液化天然气应急储备项目位于陕西省杨凌农业高新技术产业示范区，项目一期建有一条日产 2000000Nm^3 的液化生产线、一套日产 3000000Nm^3 的气化装置及两座 30000m^3 的 LNG 储罐，包括计量、天然气净化、液化、储存、装车、气化等工序，通过用气淡季液化、储存，用气高峰时气化返输来实现管网压力调峰作用，承担着陕西省民生用气保供的责任。

3.2　工艺特点及阀门配置

3.2.1　脱水工艺

杨凌液化天然气应急储备项目通过分子筛吸附、再生方式实现水分脱除，共选用了 8 台 Orbit 轨道球阀，详细如下：气体从上向下经过两个脱水床之一除去水分，产生干燥的气体，水分含量小于 1ppm，由于沸石吸附有很高的比表面积，因此在床层被饱和前能够吸收大量的水分，在气体经过床层后，气体的水分保留在分子筛的微空内。脱水塔采用一吸附、一再生模式，吸附床层在达到饱和点前，脱水原料气切换到另一个装有干燥吸附剂的床层。然后，饱和的床层用加热的在生气除去水分，含有水汽的热再生废气经过空冷器 E1211 冷却去除水分后，返回原料气压缩机入口。

切换阀和时间控制逻辑器自动进行工艺操作，并且控制在线吸附和加热/冷却再生程序。

3.2.2　脱重烃实现

脱水单元出来的干燥气体进入重烃脱除单元，以脱除原料气中碳六以上的重烃。重烃脱除通过四个硅胶重烃吸附床 C1230ABCD 来完成，重烃吸附采用两塔吸附，两塔再生模式，床层内部混合填充分子筛、硅胶、活性炭，分子筛层在硅胶层上部填充，用于床层保护层。气体向下流过吸附床层重烃被除去，在苯和碳八的烃类物质不能被吸收后，进料气切换到另外两塔，再生过处于备用的床层，原来吸附的床层进入再生模式。重烃饱和的床层通过由加热和冷却两个步骤组成的再生过程释放出吸附的重烃，再生阶段，考虑床层的再生效率，采用较高的气体流速，要求的再生速度大约在 3.5MPa 压力较高，因此再生程序首先要把床层压力降至 3.5MPa。

从液化单元的上游抽出一股 6.2MPa 压力的净化气，通过控制阀降压至 3.5MPa，然后在重烃在生气加热器 E1232 中加热到 280℃。热再生气向上通过床层，去除吸附的重烃，废再生气在空冷器 E1231 中被冷凝后送往重烃分液罐。脱除重烃的床层冷却后，准备下次吸附周期，冷却时从液化单元上游抽出的净化气 95%旁路 E1232 不被加热，直接冷气流过床层，另有 5%的气体通过 E1232，用于避免换热器表面温度过高，床层冷却完成后，用原料气增压到 6.5MPa，用于下次吸附。吸附、加热再生、再生冷却及备用的切换由 DCS 经顺序控制器完成，这些控制器通过计时器打开和关闭相应的程控阀门完成操作。

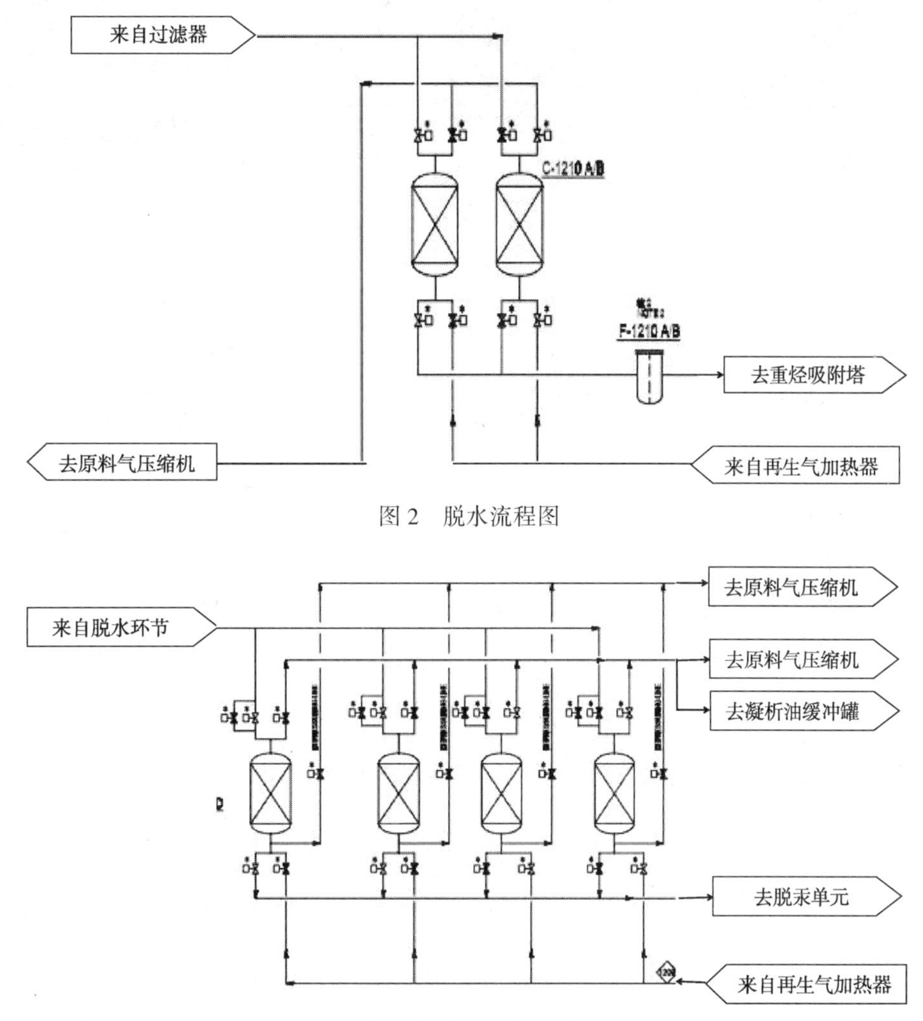

图 2　脱水流程图

图 3　脱重烃流程图

3.2.3　阀门配置

根据以上工艺流程介绍，经过水分、重烃脱除塔后的气体中均含有固体杂质，对阀门的密封性要求较高，且吸附、再生操作频繁，轨道球阀刚好满足该工况，杨凌 LNG 项目脱水环节共设置 8 台气动膜片式轨道球阀、脱重烃环节设置 24 台轨道球阀，以实现脱除、吸附的自动切换控制。

4　故障分析

4.1　故障现象

轨道球阀运行严重卡顿，密封失效。经拆解发现；球阀轨道杆有裂纹，轨道部分边缘挤压开裂，轨道杆表面有明显划痕，导向轴与轨道接触部分挤压变形导向衬套内部有明显挤压划口，阀杆销钉断开。解体后对损坏部件进行光谱分析及硬度测试，均符合原材质 SS410 的标准规定。ORBRIT 轨道球阀是一种提升阀杆式阀门，通过提升阀杆，靠上阀盖上的导销和阀杆上的轨道配合完成球阀抬头，旋转的过程。

4.2　故障原因分析

从凸轮阀杆轨道变形部位痕迹可知，导向销在凸轮阀杆轨道中滑动不顺畅，尤其在弯道部位相互卡涩，限制轨道发生旋转，长时间频繁开关作用下，使轨道发生磨损变形，由此可见，该凸轮阀杆装配存在缺陷是造成轨道变形的主要原因通过观察划伤的衬套表面痕迹判断，阀门在频繁开关作用下，断裂的止退销脱落后卡在凸轮阀杆

图4 阀门拆卸图片

及衬套部位导致阀门门开关的扭矩增大，本来变形的凸轮阀杆在受限于导向销的双重作用，最终在多重因素作用下，阀杆在最脆弱的应力集中部位发生断裂。

高含量的氯离子长时间作用在凸轮阀杆上，对该部位410材质造成一定的腐蚀影响，基体破坏性有多大，有待进一步研究。但控制CL含量势在必行，否则会对系统流程中奥氏体材质设备、管线势必会造成恶劣影响。

销钉受力分析阀杆销钉受手轮经阀杆传导的剪切力，阀杆销钉材质为SUH660. 国内牌号OCrI5Ni25Ti2MoAlVB，抗应力腐蚀性好为典型的非热处理硬化性铁素体系不锈钢。条件屈服强度(MPa)：≥590；抗拉强度(MPa)：≥900. 手轮半径为25cm，阀杆外螺纹端半径16cm。剪切处接触面积约为$A=6.3X9.5=59.85$；

作用于阀杆销钉力N为：

$N=25/1.6XP=15.6P$（P为人施加于手轮的力）

$P\leqslant1506$N

正常手动操作手轮时不会产生如此大的力，一般为30～500N。但是氢在材料内部扩散、聚集，当川含量达到一定临界浓度时使金属原子间的结合力下降或在阀门开关的时候使用额外的大扳手关死卡死时则会使网杆销钉断装，从而导致阀门失败。

4.3 修复方案

在修复中，轨道阀杆、阀杆导销采取材质局部升级措施，材质局部采用激光熔覆司太立钴基高温硬质合金钢，防止轨道或阀杆导销变形。

修复方案如下.

（1）轨道球阀解体及清洗；

（2）加工轨道阀杆1件(SS410+司太立12)；

（3）加工阀杆导销2件(SS410+司太立6)；

（4）加工导向衬套1件(SS410)；

（5）加工$\varphi8\times68$止退销1件(SUH660)；

（6）外协阀盖波齿垫片(SUS347+柔性石墨)；

（7）填料环制作及采购柔性填料，填料由国产代替进口GP-6；

（8）阀体止口密封面加；

（9）加工试压盲板2件；

（10）装配试压。

对导向销材质局部升级：采用SS410+stellite6#方案，将与导轨接触部分，利用激光溶覆技术，溶覆stellite6#，L=10mm，厚度约为1mm

对凸轮阀杆螺旋轨道部分升级，凸轮阀杆进行硬度及材质检验后，为防止凸轮阀杆变形或弯曲，材质局部升级采用激光熔覆技术，对凸轮阀杆螺旋轨道部位材质局部升级采用SS410+stellite12#方案。

410不锈钢，经淬火处理硬度最高可达HRC45，但一般采用调质为常见热处理规范，硬度范围为HRC22至HRC28。

Stellite6#焊丝是Co-Cr-W堆焊合金中C及W含量最低、韧性最好的一种。能承受冷热条件下的冲击，产生裂纹的倾向小，具有良好的耐蚀、耐热和耐磨性能。主要用于要求在高温工作时能保持良好的耐磨性及耐蚀性，堆焊层硬度HRC：40-45。

Stllite12#焊丝在Co-Cr-W堆焊合金中具有中等硬度，耐磨性较好，但塑性稍差，具有良好的耐蚀、耐热及耐磨性能，在650°C左右高温下仍能保持这些特性，堆焊层硬度HRC：45-50。增加其耐磨性。

阀门修复后检查

外观检查：堆焊层不得有任何裂纹、外部气孔、夹渣等缺陷，应符合图纸要求，层间温度采用红外线测温仪进行测量，层间温度控制在200℃以下。

金相及硬度检测：一般是试样抛光腐蚀后，在10倍的放大镜下观察，看三个横截面有没有缺陷。不同的母材与焊材，焊接以后得到的堆焊层需要不同的金相判定方法。

无损检测：应对堆焊和周围母材进行磁粉探伤或渗透探伤检验，并符合GB/T 9443和GB/T 9444的要求，利用超声波检验基体的质量，确保堆焊前不存在缺陷，如沙眼、缩孔、较大面积的空洞或者较深的裂纹等。

阀门性能试验执行API 598标准，试验项目包括壳体试验、高压液体密封试验、高压气体密封试验和低压气体密封试验。壳体试验的试验持续时间为20min，高压液体密封试验、高压气体密封试验和低压气体密封试验的试验持续时间为5min，均符合API 598要求。阀门性能试验结果均满足API 598要求。

5 结语

通过对Orbit轨道球阀故障原因分析，采取相应处理措施，有效的解决了轨道球阀阀杆卡涩和阀球内漏问题，确保了系统的正常运行。经现场实践试用，改进后的轨道球阀，保证了阀杆在正常生产工况下的有效运行。此次国产化修复缩短了维修周期，节约了维修费用，保证装置的正常运行，经过现场实践使用未发生轨道球阀再次失效故障，达到了长周期运行要求，可进行装置其余部分轨道球阀的修复推广。

轨道球阀由于结构特殊，工艺过程复杂，一旦出现故障需要尽快处理，仪表人员应定期检查油缸液位、气源压力是否正常，做好日常保养和检查，使阀门处于良好的运行状态，减少产生故障的几率。

阀门设计和制造时，应根据实际使用工况，尤其是在苛刻工况下，作出一些有针对性的差异设计，严格遵照相关标准或高于标准执行，才能满足实际需要和客户要求。

参 考 文 献

[1] 马祖达，吴建武. 轨道球阀的特性与设计[J]. 阀门，1999.

[2] 姚竞文，李保良. 轨道球阀失效分析及国产化修复[J]. 广东化工，2017，8(44)：193-201.

双金属壁全容LNG储罐绝热系统分析

程 伟 高 贤 刘 博

（中国寰球工程有限公司北京分公司）

摘 要 以某80000m³双金属壁全包容LNG储罐为例，对储罐全模型进行温度场分析计算，重点研究正常和大泄漏工况下地脚螺栓座、锚带和二次壁板盖板处的温度场分布以及大泄漏工况下外罐壁顶部抗压环附近的温度场分布。无论正常操作还是大泄漏工况，罐底环梁区温度均明显低于同标高处罐底主体区温度；大泄漏液位以上的NG，随着与拱顶距离的接近，温度不断升高。在竖直方向沿锚带的热通量最大；在径向沿罐底环梁外侧的混凝土找平层的热通量最大。正常操作和大泄漏工况下，锚带温度由预埋点到罐壁均匀降低，承台表面温度在锚带附近最低。大泄漏工况下，外罐壁在罐底环梁外侧的混凝土找平层标高处温出现最低点，此部位径向热通量较大。为同类储罐设计和选材提供依据。

关键词 双金属壁；全容罐LNG；绝热系统

双金属壁全容LNG储罐，分为钢制内罐和钢制外罐，内罐和外罐设计均能够储存低温介质，外罐内壁到内罐外壁的距离为1m[1]。内外罐之间设置金属或非金属热角保护，热角保护覆盖整个内罐底，且沿外罐壁上翻约5m高度，并最终密封在外罐壁上[2]。内罐与外罐或热角保护之间以及热角保护与外罐之间填充保冷材料（泡沫玻璃砖[3~7]、弹性毡[8]和珍珠岩[4,9]等），同时内罐吊顶上方覆盖保冷材料（玻璃棉毡[4,8,10,11]）。作为绝热系统的控制对象，LNG产品是一种维持在其沸点温度的冷却液。LNG罐体从环境获得的热量会使一部分LNG气化，气化指标通常用日均气化质量百分含量来衡量，一般控制在0.05%~0.08%以内。本文以某80000m³双金属壁全容LNG储罐为例，对储罐全模型进行温度场分析计算，重点研究正常和大泄漏工况下地脚螺栓座、锚带和二次壁板盖板处的温度场分布以及大泄漏工况下外罐壁顶部抗压环附近的温度场分布，控制冷量泄漏，并对相关部位的选材提供依据。

1 几何尺寸

算例的总体结构及关键部位尺寸详图如图1所示。

2 有限元模型

根据储罐的结构特性和载荷特点，取储罐的二分之一纵剖面构建轴对称有限元模型[12,13]，计算储罐的温度场。其中，对大泄漏工况下外罐壁顶部抗压环附近的有限元模型，考虑到泄漏后罐壁保温失去作用，故忽略罐壁保温，仅对气态NG、吊顶板保温和拱顶板建模，与大泄漏后的LNG接触的所有壁面均指定为-162℃。所有模型网格剖分都选用ANSYS中的4节点plane55单元，所有单元尺寸为20mm。有限元模型网格剖分图见图2。

3 边界条件

- 正常操作工况：

与液态LNG接触的所有表面（内罐内壁）均施加LNG液态操作温度-162℃；

模型外表面施加极端最低气温-9℃和设计风速下的空气对流传热系数。

- 大泄漏工况：

与液态LNG接触的所有表面（内罐内壁、二次底板内壁、二次壁板内壁及其上方的外罐内壁、与LNG液面接触的NG单元下表面）均施加LNG液态操作温度-162℃；

模型外表面施加极端最低气温-9℃和设计风速下的空气对流传热系数。

4 热分析结果

4.1 温度场分析结果

正常操作和大泄漏工况下，有限元模型的温度场分析结果如图3所示。

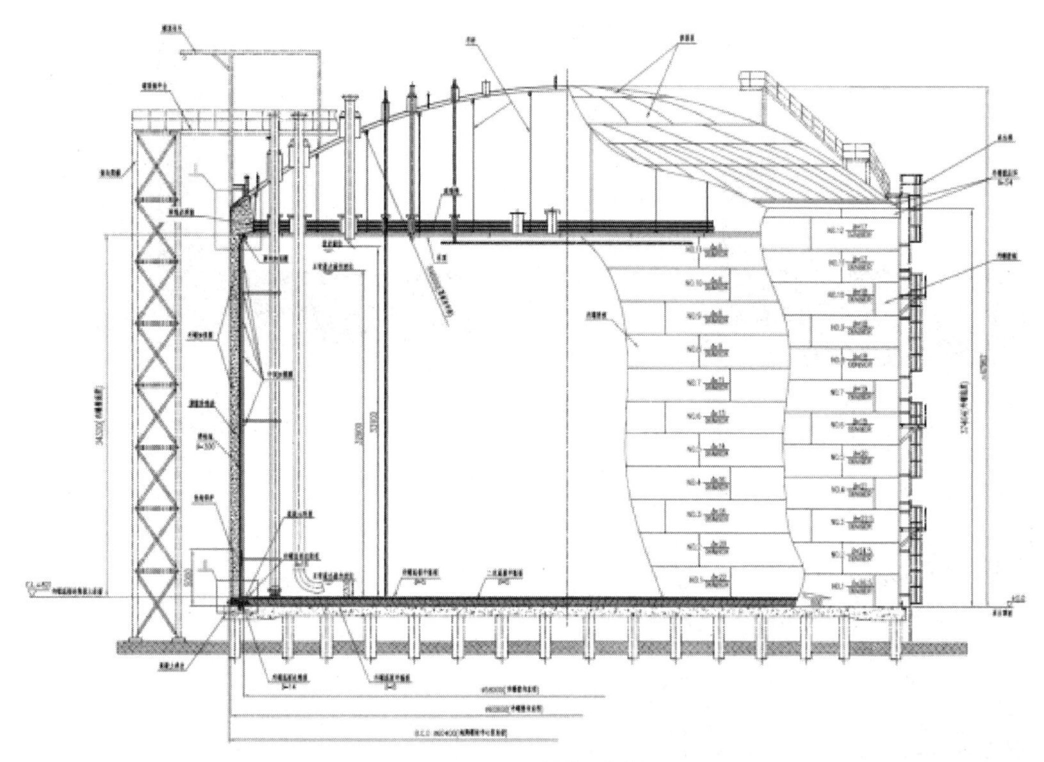

（a）LNG储罐总体结构图

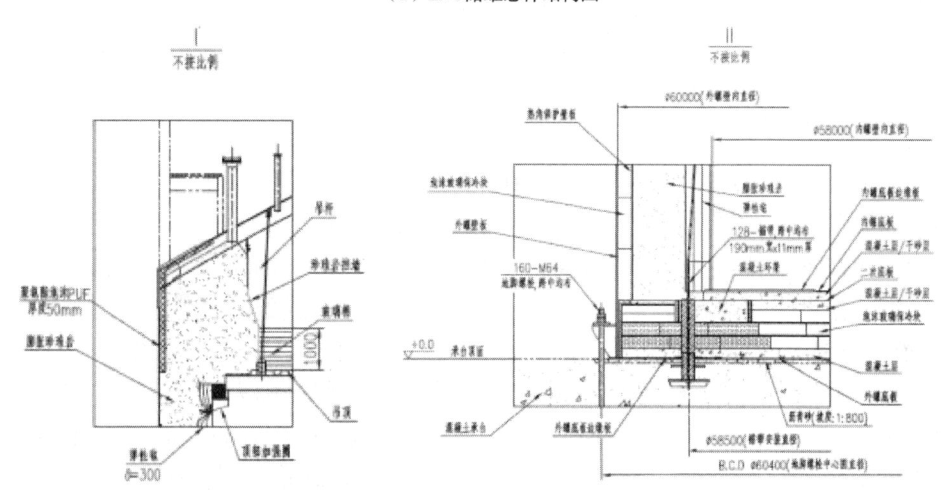

（b）关键部位尺寸详图

图 1　LNG 储罐的总体结构和关键部位尺寸详图

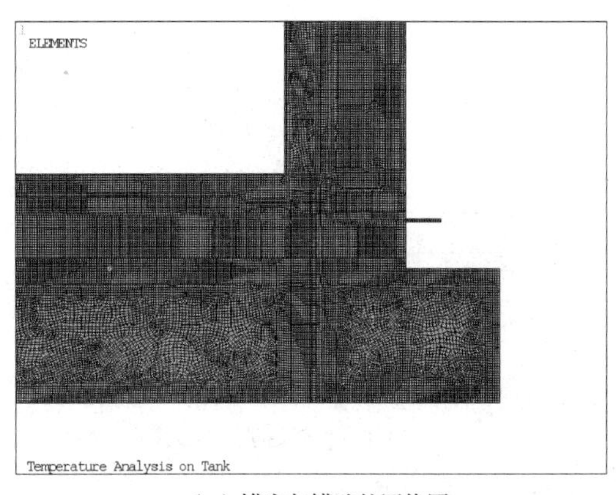

（a）罐底与罐壁的网络图

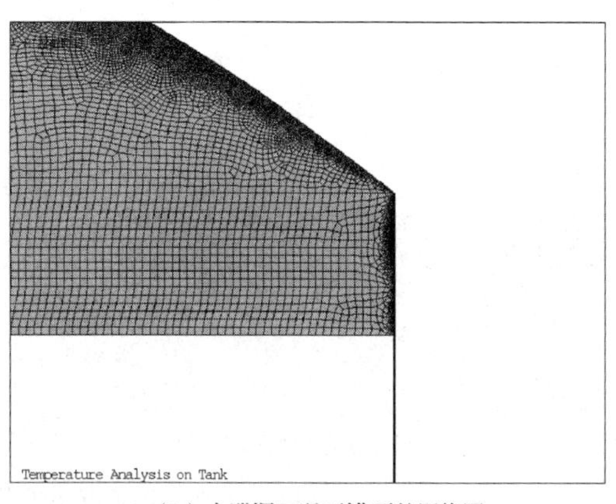

（b）大泄漏工况下罐顶的网络图

图 2　有限元模型网格剖分图

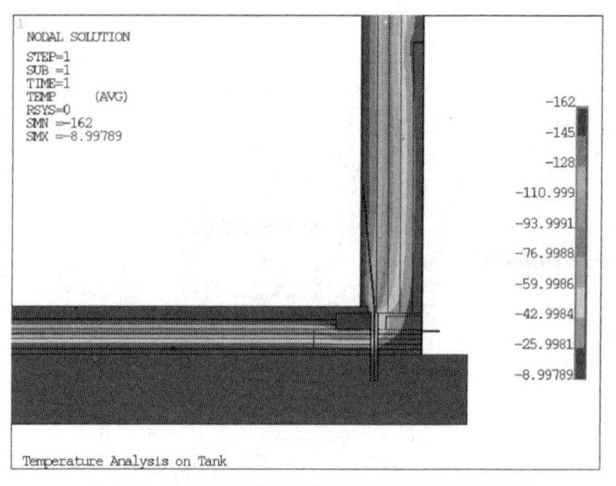

（a）正常操作工况下罐底及罐壁温度场云图

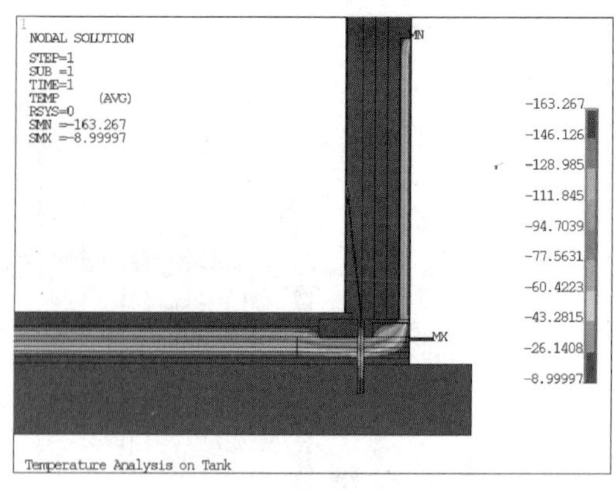

（b）大泄漏工况下罐底及罐壁温度场云图

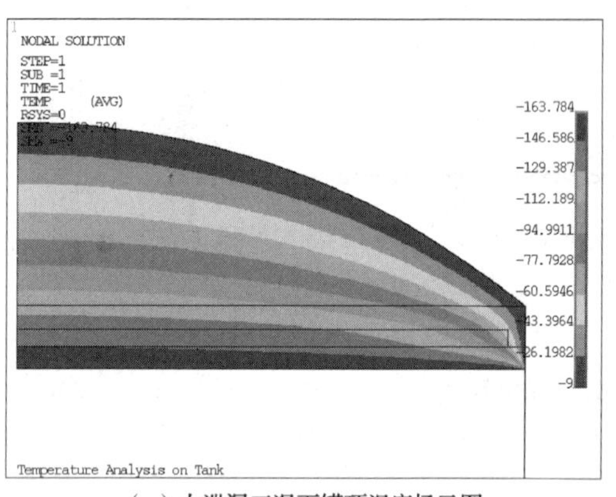

（c）大泄漏工况下罐顶温度场云图

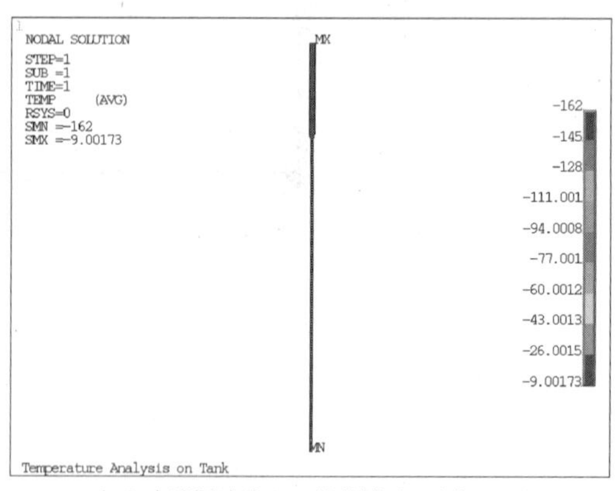

（d）大泄漏液位以上的外罐壁温度场云图

图3　温度场分布云图(单位℃)

由图3可见，无论正常操作工况还是大泄漏工况，罐底环梁区温度均明显低于同标高处罐底主体区温度；大泄漏液位以上的NG，随着与拱顶距离的接近，温度不断升高。

4.2　热通量分析结果

正常操作工况下，有限元模型的热通量分析结果如图4所示。

由图4可见，在竖直方向，沿锚带的热通量最大；在径向，沿罐底环梁外侧的混凝土找平层的热通量最大。

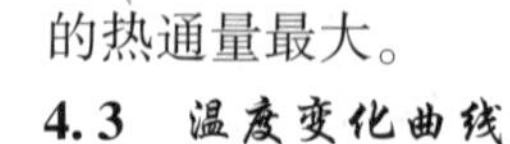

4.3　温度变化曲线

正常操作和大泄漏工况下，典型部位的温度场分布曲线如图5所示。

图5(a)和图5(b)中横坐标为锚带温度，单位℃，纵坐标为锚带标高，锚带在承台中的生根点标高为647mm，锚带与罐壁焊接点标高为3878mm，锚带埋入承台深度为453mm。

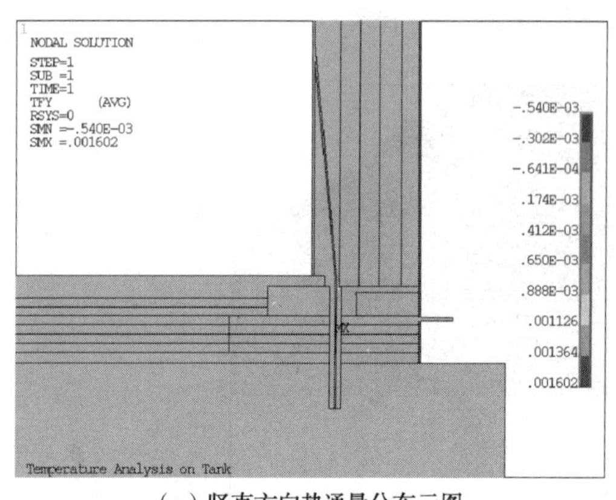

（a）竖直方向热通量分布云图

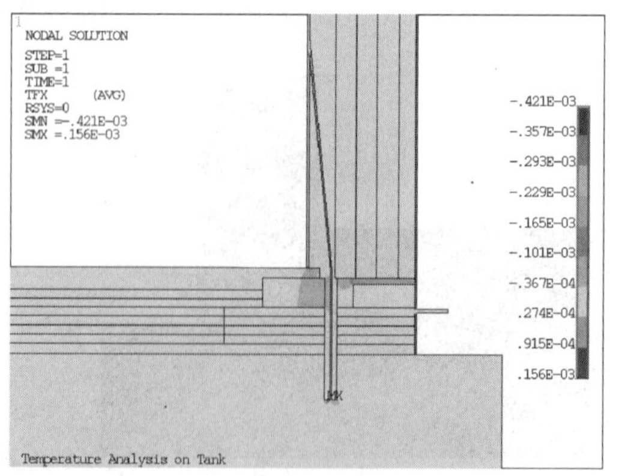

（b）径向热通量分布云图

图4　正常操作工况下的热通量分布云图(单位 W/mm^2)

图 5(c) 和图 5(d) 中横坐标为承台水平坐标，承台中心点水平坐标为 0mm，承台外沿水平坐标为 31000mm，因承台中心区沿水平方向温度波动极小，故图中仅绘制了平台水平坐标由 20000mm 到 31000mm 范围内的曲线，纵坐标为承台上表面温度，单位℃。

图 5(e) 中横坐标为外罐壁温度，单位℃，纵坐标为外罐壁标高，外罐壁最低点标高为 1100mm，二次壁板盖板标高为 6100mm，地脚螺栓座盖板标高为 1500mm。

图 5(f) 中横坐标为外罐壁温度，单位℃，纵坐标为外罐壁标高，外罐壁顶部抗压环最低点标高为 37714mm，大泄漏液位标高为 35000mm。

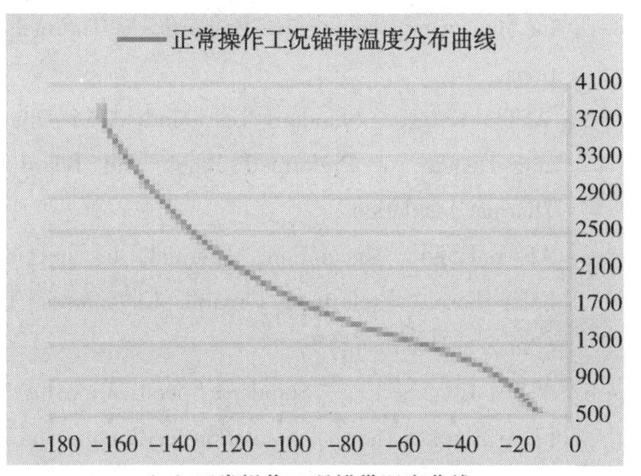

(a) 正常操作工况锚带温度曲线

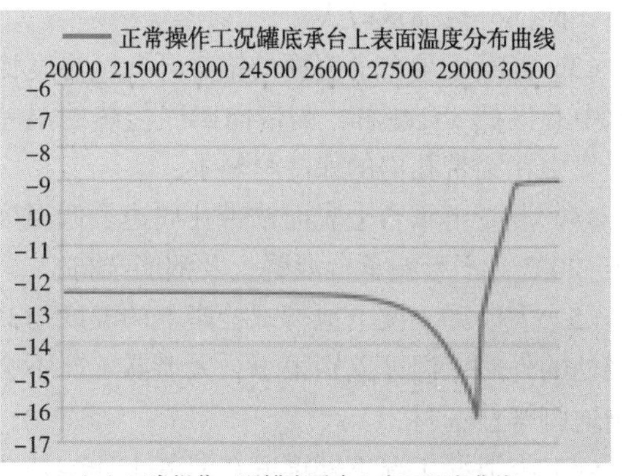

(b) 正常操作工况罐底承台上表面温度曲线

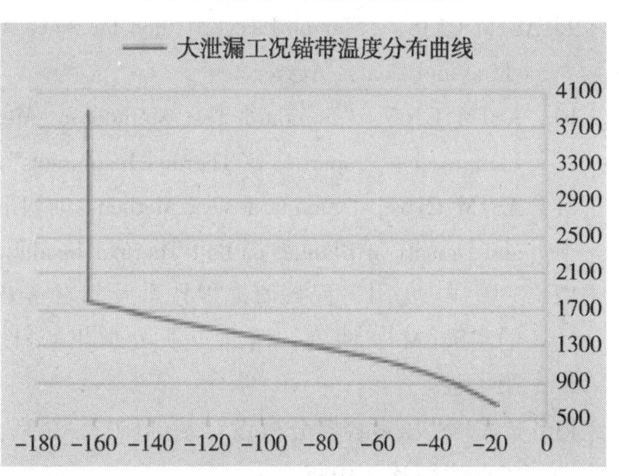

(c) 大泄漏工况锚带温度曲线

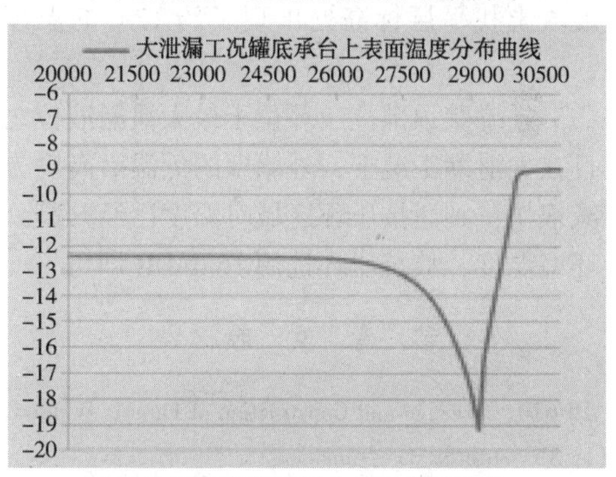

(d) 大泄漏工况罐底承台上表面温度曲线

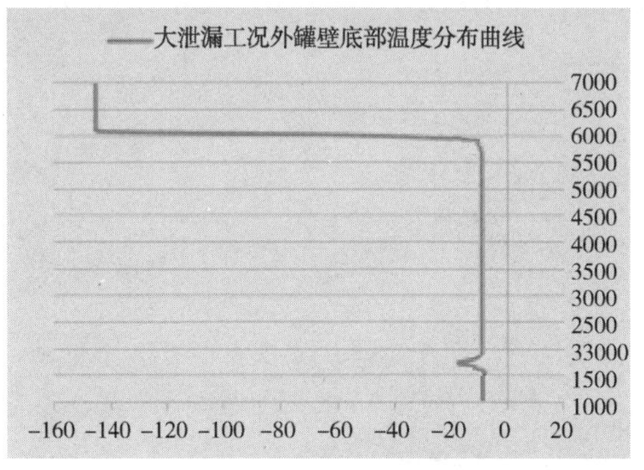

(e) 大泄漏工况外罐壁底部温度曲线

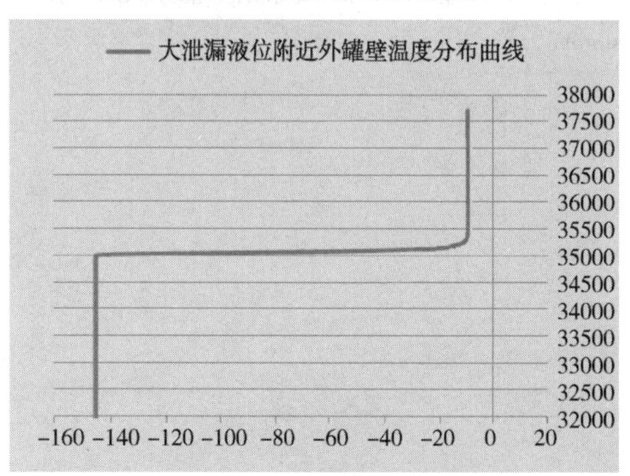

(f) 大泄漏液位附近外罐壁温度曲线

图 5　典型部位的温度场分布曲线图

正常操作工况下，锚带温度由预埋点到罐壁均匀降低，承台表面温度在锚带附近最低，大约-16℃。

大泄漏工况下，锚带温度由预埋点到二次底板均匀降低，承台表面温度在锚带附近最低，大约-19℃。

大泄漏工况下，外罐壁在 1730mm 标高处温出现最低点，这是因为罐底环梁外侧的混凝土找平层的导热系数较大的原因。由图 4.2 也可以看出，此部位热通量较大。

5 结论

通过对该 LNG 储罐的传热分析，得出如下结论：

（1）罐底环梁区温度较低，热通量较大，必要时可用珍珠岩混凝土替代钢筋混凝土环梁；

（2）混凝土环梁外侧的素混凝土找平层尽量避免，此部分热通量较大；

（3）混凝土承台上表面的锚带开孔区温度比承台中心区低 3℃左右，锚带向四周传热的温差主要集中在锚带孔内的保冷材料上；

（4）混凝土承台上表面锚带孔周边最低温度高于-20℃，不影响承台混凝土及钢筋选材；

（5）大泄漏工况下地脚螺栓座上的温度与其焊接处的外罐壁温度差别很小，大泄漏工况不会影响地脚螺栓选材；

（6）大泄漏工况下外罐壁在混凝土环梁外侧的素混凝土找平层标高处出现了约 12℃的温度突降；

（7）外罐壁顶部抗压环位于最大泄漏液位之上，且在大泄漏工况下，外罐壁的低温沿高度方向衰减很快，到达抗压环区域时温度已经升高到接近环境温度，故抗压环选用 16MnDR 即可。

参 考 文 献

[1] API 620，“Design and Construction of Large，Welded，Low Pressure Storage Tanks”.

[2] API 625，“Tank system for refrigerated liquefied gas storage”.

[3] ASTM C552，“Standard Specification for Cellular Glass Thermal Insulation”.

[4] ASTM C177，“Standard Test Method for Steady-State Heat Flux Measurements and Thermal Transmission Properties by Means of the Guarded-Hot-Plate Apparatus”.

[5] ASTM C240/ C165，“Standard Test Methods of Testing Cellular Glass Insulation Block / Standard Test Method for Measuring Compressive Properties of Thermal Insulations”.

[6] ASTM C303，“Standard Test Method for Dimensions and Density of Preformed Block and Board - Type Thermal Insulation”.

[7] ASTM C534，“Insulation，Thermal，in Sheet and Tubular Form，Preformed Flexible Elastomeric Cellular (No S/S Document)”.

[8] ASTM C 553-13，“Standard Specification for Mineral Fibre Blanket Thermal Insulation for Commercial and Industrial Applications”.

[9] ASTM C136，“Standard Test Method for Sieve Analysis of Fine and Coarse Aggregates”.

[10] ASTM C165，“Standard Test Method for Measuring Compressive Properties of Thermal Insulations”.

[11] ASTM C167，“Standard Test Methods for Thickness and Density of Blanket or Batt Thermal Insulations”.

[12] 王国强. 实用工程数值模拟技术及其在 ANSYS 上的实践[M]. 西安：西北工业大学出版社，1999 第 1 版.

[13] 贺匡国. 压力容器分析设计基础[M]. 北京：机械工业出版社，1995.

大型LNG项目模块化设计建设技术与工程实践

林　畅　白改玲　王　红　张　鹏

（中国寰球工程有限公司北京分公司）

摘　要　模块化设计建造是海外大型LNG项目所青睐的工程建设方案，可有利于在全球范围内经济有效的配置人力和物力资源，缩短建设周期、降低建设投资。本文介绍了模块化的基本概念、设计技术和流程，并以大型LNG项目模块化设计为例，重点介绍其总体流程、具体步骤、一般原则、应用的关键技术等内容，最后结合大型LNG项目模块化设计建造的工程案例，总结和展望了模块化设计技术的最新发展趋势。

关键词　模块化设计；液化天然气；FLNG；LNG项目

1　引言

模块最早的概念出现在程序设计中，又称构件，是能够单独命名并独立完成一定功能的程序语句的集合。到20世纪40年代，模块化出现在了军舰建造上，70年代又开始被应用于海上石油生产和储存设施（Floating Production Storage and Offloading，FPSO），随后被逐渐推广应用于液化天然气（Liquefied Natural Gas，LNG）行业以及化工和制药等领域。目前，模块化天然气液化工厂设计已成为实现项目快速交付和低成本支出最有效的概念之一，是陆上天然气液化工厂和海上浮式液化天然气（FLNG）项目建设的重要建设方式[1-3]。

2　模块的概念

模块是指将建造系统分解成一些结构或功能独立的标准单元，然后按照特定的建造需求将标准单元进行组合。在模块建造厂将成套设备、撬块、容器、机泵、管道、阀门、仪表、电气等建造安装在同一结构框架内，整体运输到现场进行安装的装置。模块化为项目提供了一种整体化建造的解决方案。

3　模块的设计技术与流程

模块化设计不同于传统设计和成套设备的设计。为了建造、运输，将整个工厂切分成若干个模块，每个模块不一定具备特点的功能，只是作为整个工厂的一部分。通过合理的模块划分，将复杂的工厂切分成便于建造、运输、整体安装的模块，是成功实现模块化实施方案的前提和基础。在设计阶段能否把整个项目按照一定的要求进行有效的模块化设计是实施模块化技术的关键[4]。

（1）前期准备

在项目的前端工程设计（FEED）阶段或基础设计阶段，需要进行模块方案的研究、可施工性分析，确定模块化的执行思路，定义模块范围，确定最优的模块化方案。模块方案研究和可施工性分析主要考虑因素如表1所示。

表1　前期准备工作主要考虑因素

工作环节	主要考虑因素
模块方案研究	a）项目所在地区及地区特点 b）运输条件 c）模块制作或预制的可行性 d）项目所在地的人力、材料、机具情况 e）项目所在地的自然条件 f）项目的技术条件 g）项目的进度计划 h）项目的费用估算
可施工性分析	a）项目所在地基础设施情况 b）项目所在地、模块制造厂所在地劳工、材料、机具可利用性及费用 c）项目所在地施工要求 d）模块制造厂的场地情况及综合实力 e）路勘及现场调研 f）可利用的码头及泊位情况 g）可利用的起吊设备及船舶运输能力 h）长周期设备情况 i）天气及季节性因素对劳工生产效率的影响 j）天气及季节性因素对运输工作的影响

运输极限是模块划分的一个重要考虑因素，在项目的FEED阶段或基础设计阶段，项目组需完成模块运输的前期规划，并制定模块设计准则，包括模块的工作范围、规格尺寸和吨重限制等。

（2）设计步骤

主要设计步骤及其工作内容如表2所示。

表2　设计步骤与主要工作内容

设计步骤	主要工作内容
基于工艺条件进行装备布置	a）评阅单元所有工艺设备和主要工艺流向的工艺流程图(PFD)； b）研究和了解标明在PFD上的主要设备的要求和相关位置； c）绘制草图用于规划管道走向，确认和设备的关系及临时布置； d）确认主要的水平和垂直管道区； e）检查PFD的合规性； f）优化设备位置减少管道运行长度。
检查布置	a）基于初步的设备直径、高度和重量确认模块的柱距/总体尺寸； b）布置每个设备在模块柱距中，预留允许人员通行、维修及相关管线连接的空间； c）复核最终的工艺模块，研究确立模块的大小。如果模块大小超出项目定义的体积和重量参数，那么需做出决定将工艺单元分成多个模块； d）修改模块设计满足项目规定。
2D设计转为3D设计	a）设计管道完善框架结构； b）设备建模和定位，设备位置满足工艺要求的高度和方位； c）设备周围设置操作维修的通道，平台高度尽可能取齐； d）明确框架、主要人员通道、维修通道的位置； e）主要工艺管线将按工艺要求进行布管并连接到主要设备管口； f）考虑通道平台、楼梯等； g）考虑采暖通风主要设备建模； h）大的工艺管线完成应力分析； i）设计管道和设备作为项目条件发给结构专业。
设计中模块的传递	a）详细设计阶段模块发给结构专业； b）结构专业复制管道的钢结构设计的要求，同时检测控制模块的重量； c）钢结构设计满足由于船运/风荷载/试验荷载/桩载荷/SPMT附加荷载； d）钢结构设计完成后，由管道专业对设计的适用性进行评阅。
设计升版	当发生管线口径改变、增减设备、设备尺寸增加等变化的P&ID的升版；厂商数据输入增加或变化；以及由其他专业和客户的评阅而引起的变化等。

（3）模块化关键技术

模块化设计将涉及到的关键技术包括如下几项：

a）模块三维设计技术(PDS、PDMS等)

b）模块装置整合技术

c）模块总体布局技术

d）模块安全稳定性评估及技术

e）模块划分设计技术

f）模块钢结构及基础优化设计技术

g）模块操作及检维修设计技术

h）模块包装及防护设计技术

i）模块运输及装卸设计技术

j）模块拆分与复装设计技术

（4）模块化设计建造流程

模块化方法的关注要点不仅在设计和施工方面，而且在集成、预调试和调试等活动方面，其标准化流程包括12个环节，设计、采购原材料、检验、管道钢结构预制、设备安装、装置预组装、工厂测试、拆分、包装、运输、现场安装、联机调试。在集成到船体或岸基现场之前，可最大限度地完成模块建造和地面/模块厂预调试。下图1为Pluto LNG项目模块加工与运输的照片。

(a)模块加工

(b)液化模块运往现场

图1　Pluto LNG项目模块

在模块制造厂进行相关的试验检验的流程如图 2[4]。

模块团队的工作界面很多，涉及到各设计专业、采购专业、施工专业、物流商及模块制造厂等，相关工作流程见如图 3。

(5) 标准化大型模块化天然气液化装置设计[3]

1) 准备设计模块

通常液化天然气工艺装置由进气设施、酸气脱除、脱水、脱汞、重烃脱除、液化等几个单元组成。每个项目的各个单元的设计并非完全相同，但设计基础相似。因此，根据安全运行和成本效益的理念，经验丰富的承包商可将每个单元预先设计为“现成的设计模块”。液化天然气生产线的基本设计可在图所示的短时间内完成，只需连接这些模块即可。利用这一概念，虽然液化天然气的生产或运行效率可能无法最大化，但可以降低成本和进度。

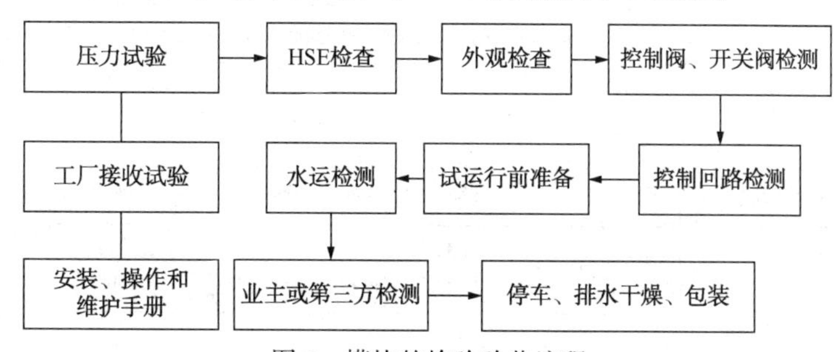

图 2　模块的检验验收流程

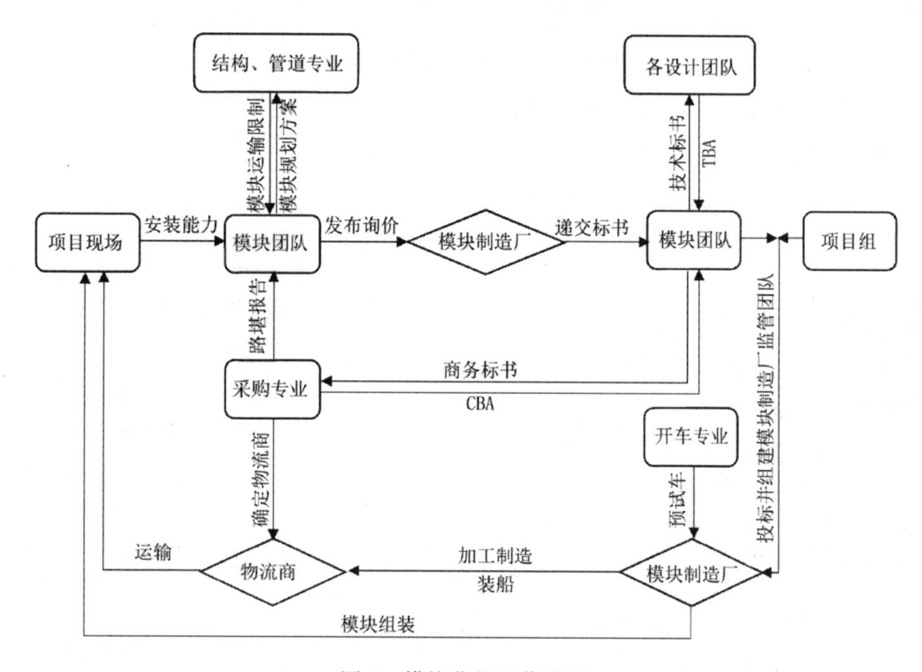

图 3　模块化的工作流程

2) 明确标准工作规范

由经验丰富的承包商编制规范，将应用于标准化天然气液化工厂设计。标准化设计可能会偏离客户的规范，但由于承包商编制的规范是基于承包商的丰富经验制定的，并确保设备的必要和充分的安全性和可操作性，这样可减少项目执行过程中出现重大问题的风险概率。

3) 缩减施工现场工作量

模块化设计可以从如下三方面进行优化，进一步缩减施工现场工作量：

a) 最大限度地减少冷剂压缩机周围的焊接工作量

尽管采用了模块化结构，但模块与组装件之间的连接仍有大量的现场焊接工作。在过去的模块化项目中，在主制冷剂压缩机周围消耗了许多工时。因此需要重新评估每列生产线主制冷剂压缩机相关的现场焊接工作量。

b) 布局优化

根据以往工程经验，为了减少现场焊接工作量，应尽可能把管廊模块预制与工艺设备模块预

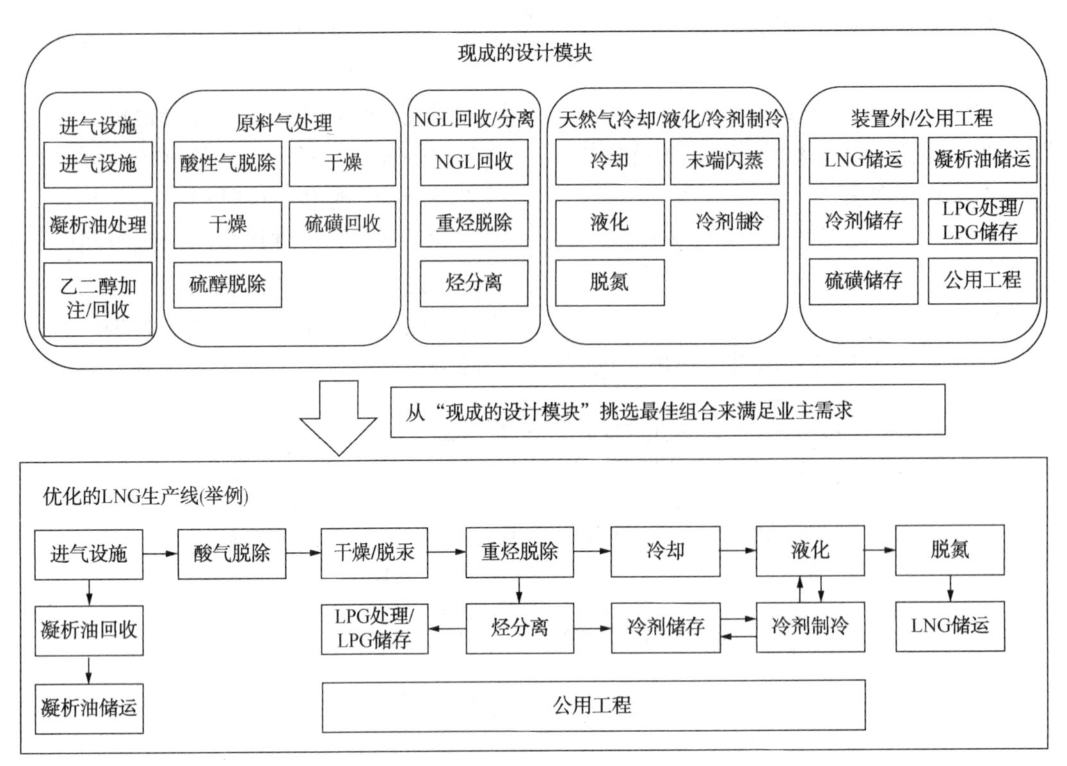

图4 模块化设计建造的流程

制集成，减少现场焊接工作量大的管廊模块之间的接头位置数量。优化布局和确定最小连接数，将传统的“鱼骨”布局，修改为将工艺设备模块预制放在主管廊的两侧，现场的管道对接工作量可减少一半。

c）最小化电气和仪表工作

在每个管廊模块与工艺设备模块预制上安装本地电气室和本地仪表室，以尽量减少现场电缆敷设工作，并在模块场进行预调试工作。这样电气和仪表电缆的现场布置工作可减少80%。

4 模块化的优势和劣势

模块化设计建造存在诸多优点，也存在一定不足，详见优劣势情况分析表，如表3。

表3 模块化设计建造优劣势情况分析表

优劣势		描述
优势	缩短建设周期	模块可以和现场的基础设施并行建造，还能最大限度的避免项目所在地人力、材料和机具缺乏，以及自然环境恶劣的不利因素
	降低项目成本	模块化会带来钢结构材料、包装运输费用增加，但能大大降低现场施工费用，在劳动力缺乏的地区体现更加明显；可充分利用全球资源，寻求劳务费用低、原材料价格低的模块化工厂，降低模块化建造的成本
	加工质量优良	因为模块化建造工厂有一整套实施多年的质量保障体系，而且在预制厂或车间进行模块建造，施工环境良好。同时在模块厂中，施工人员相对稳定、机具设备充足，可提供高质量的产品。
	生产效率高	制造的气候环境好，资源有保证；费用、计划控制相对准确
	降低项目安全风险	项目施工的大部分工作在模块厂完成，现场施工作业面较少，减少安全风险。但是模块尺寸易受船运、道路运输尺寸及吊装能力的限制，连接界面较多。当模块受到运输的限制，不得不切割成适合道路运输的单体时，会导致临时支撑及用于连接的法兰的增加，原材料的花费会增加
劣势	运输限制、界面管理复杂	模块尺寸易受船运、道路运输尺寸及吊装能力的限制。当模块受到运输的限制，不得不切割成适合道路运输的单体时，会导致临时支撑及用于连接的法兰的增加，原材料的花费会增加。 连接界面较多，对界面管理要求高。

5 应用案例

Yamal LNG项目，处于北极地区的大型LNG项目，采用大规模的模块化建造，该项目分三个阶段建设三条 550 万吨/年的 LNG 生产线。模块在模块厂建造和现场施工同步进行，为项目的执行进度和质量、费用控制提供了有利保障。从投资决策开始只用于不到 4 年的时间完成了第一条生产线，用不到 5 年的时间完成了三条生产线全部投产，且总体三条线比原计划大幅提前完成，项目的成功源于严格的项目管控，以及合理的模块化建造方案。该项目设计采用的是大型和中小型模块相结合，共划分 142 个模块[5]，小型模块不足 500 吨、最大模块达 7500 吨，总重量 50.8 万吨。10 个模块厂同期建造，高峰期共有建造人员 40000 人。模块化建造的方式使得项目现场施工人员较传统建设方式减少约 70%。

该项目位于鄂毕河西岸，气候寒冷，全年 9 个月冰期，模块运输是模块化设计建造方案中的最大挑战，该项目在概念设计阶段从如下几方面对港口设计方案进行了考虑和评估[6-7]，图 5 显示了模块运输过程：

1）进出港口和码头通道的通航能力；

2）泊位船舶的冰况管理和基础设施的可用性；

3）施工可行性(工程量和材料、疏浚、防冰措施或栈桥长度)；

4）在三个阶段的全厂建设过程中，同时运行的可能性，包括工程建设和商业运行并行；

5）港口扩建的可能性；

6）期权对进度和资本支出的影响。

An Arc7 Module Carrier along the NSR and at Zeebrugge MISY

图 5　Yamal LNG 项目模块运输[5]

6　模块化设计技术的发展

模块化从提出到近十几年在 LNG 项目上的应用探索，其优势特点已得到一致性的证实，但对于模块化的设计方案却呈现出多样化。

一个方向是充分利用场地资源向巨型模块发展，单体模块的重量可以达到几千吨甚至上万吨。这种巨型的模块受到场地和运输的限制，大多数情况下，项目的现场和模块建造场地都在海边。另一个方向是充分的利用模块化工厂的设计能力向整厂模块化的方向发展。把整个工厂根据运输条件的限制分拆成若干个小的模块，运输到项目场地后，再像积木一样把整个工厂搭建起来。

Technip FMC 公司依据近期研究，在 2019 年 OTC 大会上提出浮式大模块方案，可为大型和标准气田开发提供最佳的投资解决方案。大型模块是指将传统模块和管架合并为一个包含完整系统的巨型模块，规模达到万吨级。大型模块更节省支撑钢材、缩减生产制造工期，大幅度降低投资，建设投资可以降低至 900 美元/年 LNG 吨产能，较传统的建设节省投资 30~40%[8]。

以 FLNG 为例，传统的模块化设计方案和巨型模块设计方案比较如下图，即将天然气液化装置分为“热区”和“冷区”，分别整合形成两大模块。热区包括进气设施、预处理设施以及公用工程系统，冷区包括天然气液化、NGL 抽提、轻烃分离、BOG 处理等系统[8]。巨型模块法设计的 FLNG 的三维模型如图。

Venture Global LNG 公司的 Michale Sable 在 2019 年 LNG 国际技术会议上提出不同观点，减小模块规模，采用火车运送模块，更有利于加快工厂建设速度，有利于 EPC 成本控制和减少现场人员。在美国密西西比河畔的陆上 LNG 工厂，采用此建设方案现已建成多条生产线。虽然原材料费用增加，但建设周期显著缩短，装置提前开车投产，项目获得了更好的总体经济效益。

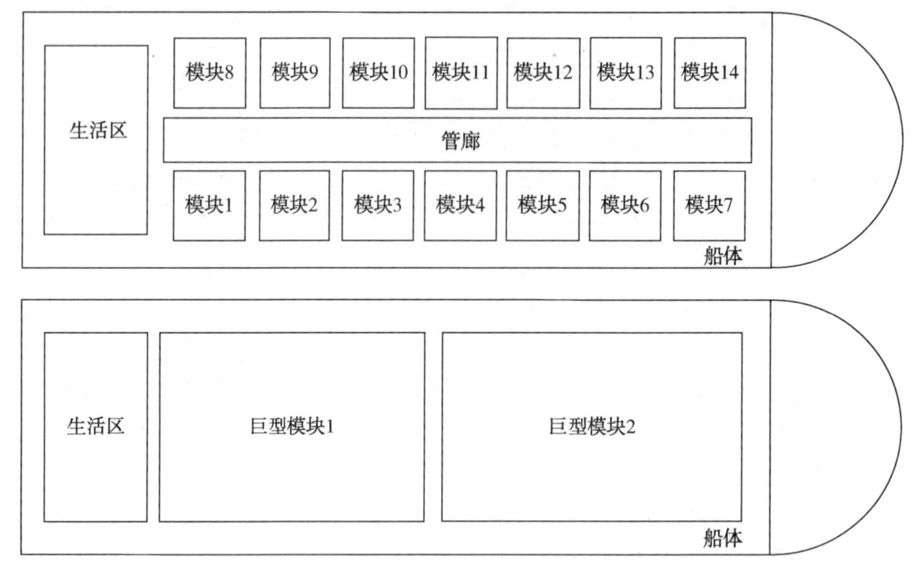

图 6　传统模块与巨型模块法设计方案比较示意图

图 7　采用巨型模块法设计的 FLNG 的三维模型图[8]

综上，模块化建设方案无论是对于陆上工厂还是海上浮式装置，都可能获得较传统建设模式更佳的经济性，针对实际项目特点和业主需求值得开展相关研究，确定特定的模块化设计建造方案。特别是对于地处偏远、气候条件恶劣的项目，或建设地劳工紧张和劳务费用高、原材料短缺等项目，具有更好的适应性。

参 考 文 献

[1] 姜宁，李林，许涛，郑春来，大型国际 LNG 项目模块化建造管理经验，能源情报，2019 年 3 月 24 日.

[2] 柏锁柱，赵刚，薛立林，许涛，LNG 项目模块化应用实践及对中国模块厂的挑战，国际石油经济. 2016，24(8)：96-100.

[3] Kenichi Kobayashi，Takama Oba，NEW CONCEPT FOR STANDARDIZED LARGE - SCALE MODULAR LNG PLANT DESIGN，LNG 2019，April. 1-5 Shanghai.

[4] 孙博辉，郑永新，工厂模块化设计及建造，中国油气田地面工程技术交流大会，2013 年：1489-1494.

[5] 郭俊广，许涛，管硕，石峡，亚马尔 LNG 项目模块化建设经验解析，国际石油经济，2018，26(2)：77-82.

[6] Frederic Hannon，SHIPPING LNG FROM A REMOTE ARCTIC PLANT，LNG 2019.

[7] 陈明，极地大型 LNG 项目的物流管理，国际石油经济. 2016，24(8)：67-73.

[8] Jean-Philippe Dimbour，Loic Ferron，Eric Luquiau，and Benoit Laflotte，Offshore LNG Mega-Module Solution，OTC-29633-MS，OTC 2019，May，6-9. Huston.

全容式 LNG 储罐 TCP 结构应力强度影响因素分析

唐辉永　刘　博

（中国寰球工程有限公司北京分公司）

摘　要　全容式预应力混凝土 LNG 储罐的热角保护结构(TCP)，在内罐泄露工况下，同时承受低温和液压载荷，导致结构的应力状态复杂，无法采用解析方法分析计算。为了得到该结构的应力分布规律，本文采用有限元方法进行了研究分析，并引入了压力容器分析设计准则的应力分类方法，根据应力的产生的原因、应力的具体位置、分布情况和危害性，对结构危险区域的应力进行分类组合。本文以不同应力分类组合为基础，分析了不同热角保护结构应力分布的影响因素，并根据分析结果对热角保护结构的设计提出合理建议，用于指导全容式 LNG 储罐 TCP 的工程设计。

关键词　LNG 储罐；热角保护结构；TCP；大泄漏工况；有限元；分析设计；应力分类

全容式预应力混凝土 LNG 储罐结构如图 1 所示，当内罐发生意外泄漏时，例如在地震工况下内罐罐壁开裂，-162℃的 LNG 介质泄漏至内、外罐的保冷材料空间内，混凝土承台和罐壁连接处承受低温载荷后，在介质静压力产生的应力和温差应力作用下，发生不可控的失效[1]，继而发生次生灾害。为了避免此类破坏，在外罐底部空间设置的密封结构称为热角保护结构(Thermal Corner Protection System)，简称 TCP。在实际工程设计中，TCP 一般由 3 部分组成：顶部与外罐内壁连接的水平环形盖板、位于内罐壁与外罐壁之间的竖直壁板、位于内罐底部的二次底板。以上三部分构成一个“烧杯”形状的容器，如图 2 所示，用于盛装内罐发生泄漏时溢出的 LNG 介质。TCP 结构一般采用与内罐材质相同的耐低温钢，在 TCP 竖直壁板与外罐内壁间铺设绝热的泡沫玻璃砖，具有保冷和支撑壁板的作用。

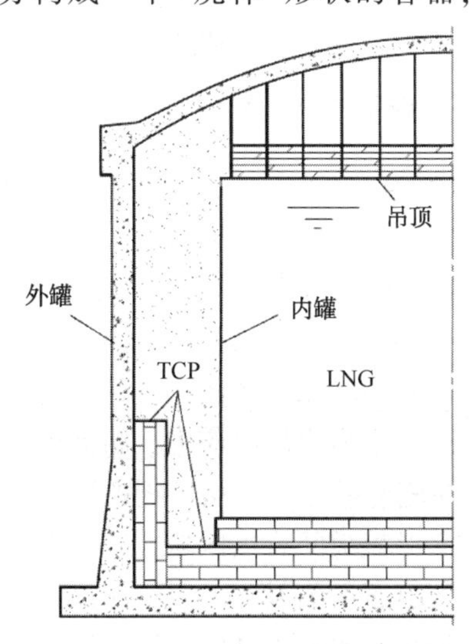

图 1　典型全容式预应力混凝土 LNG 储罐示意图

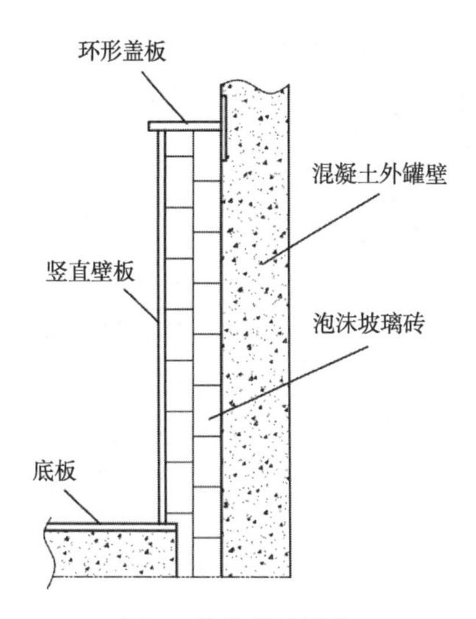

图 2　热角保护结构

TCP 结构设计时应考虑三种载荷工况：(1)正常操作工况；(2)小泄漏工况，即泄漏液位低于 TCP 顶部环形盖板 1m；(3)大泄漏工况，即泄漏液位与内罐设计液位相同。其中，在大泄漏工况下，TCP 结构受 LNG 介质的静液压载荷和低温载荷作用，在低温收缩与静液压力的共同作用下，结构不连续位置存在较高的应力水平，是 TCP 结构设计的控制载荷工况。

本文重点对大泄漏工况下全包容 LNG 储罐热角保护结构进行了详细的应力计算，分析了热角保护结构的各种影响因素，为工程设计提供参考。

1 有限元分析

1.1 有限元模型和材料特性

热角保护结构的有限元计算采用的 ANSYS 软件，根据 TCP 结构的几何和载荷对称性，采用二维轴对称单元建立有限元模型，其中用于温度场分析的单元为 PLANE77，用于应力强度分析的单元为 PLANE183.

温度场分析的模型包括部件：内罐罐体、弹性毡、珍珠岩、TCP 结构、泡沫玻璃砖、混凝土找平层、混凝土环梁和外罐。

应力强度分析的模型包括部件：TCP 结构、泡沫玻璃砖、混凝土找平层、混凝土环梁和外罐。

1.2 边界条件

大泄露工况下，有限元模型应同时考虑温度载荷和介质的压力载荷。内罐内壁与介质接触部分施加设计温度 -170℃，外罐与空气接触部分施加对流边界条件 $14\times10^{-6}W/mm^2$-℃，空气温度 41℃。在设计液位以下，与泄漏 LNG 接触的外罐内壁和热角保护顶板、壁板和地板施加静液压和储罐设计内压。

储罐外罐底部施加全约束，模拟基础对储罐支撑和固定作用。

为了使有限元模型的边界条件与实际结构相符合，在热角保护的底板、壁板和与其接触的泡沫玻璃砖、混凝土环梁、混凝土找平层接触边界建立接触单元，允许接触面间滑动，在外罐底板与混凝土承台接触位置建立绑定接触，不允许滑动。

2 分析设计准则

我国压力容器分析设计标准[2] JB 4732-1995 给出了基于弹性应力分析和应力分类的分析设计方法，根据应力的产生的原因、应力的具体位置、分布情况和危害性，可分别采用不同的许用应力限定值。

根据应力分类的原则，应力分为：一次总体薄膜应力 Pm、一次局部薄膜应力 PL、一次弯曲应力 Pb、二次应力和峰值应力。应力分类的目的是对不同的应力强度进行评定，在分析设计中不对应力本身进行评定，而是对其“应力强度”进行评定。JB4732-1995 标准采用第三强度理论（最大剪应力理论）。最大剪应力的大小等于第一主应力与第三主应力代数差的一半。

在应力分析过程中，假定材料始终是弹性状态，计算得到的应力称为“弹性名义应力”，针对弹性名义应力强度，标准中给出了各类应力组合的应力强度限定值，如表 1 所示：

表 1 各类应力强度限制值

序号	类别	符号	应力组合	许用值
1	一次总体薄膜应力强度	S_{I}	P_m	KS_m
2	一次局部薄膜应力强度	S_{II}	P_L	$1.5KS_m$
3	一次薄膜（总体或局部）+一次弯曲应力强度	S_{III}	$P_m(P_L)+P_b$	$1.5KS_m$
4	一次+二次应力强度	S_{IV}	P_L+P_b+Q	$3S_m$
5	峰值应力强度	S_{V}	P_L+P_b+Q+F	按疲劳曲线限定值

注：注：K 为载荷组合系数，考虑风载荷或地震载荷取 1.2，不考虑风载荷和地震载荷取 1.0

本文采用上述分析方法和应力评定准则对 LNG 储罐热角保护结构进行计算和应力强度评定。根据 TCP 结构的几何特点及大泄漏工况下的载荷的类型，可不考虑疲劳载荷作用，只对 S_{I}、S_{II}、S_{III} 和 S_{IV} 进行计算和评定。温度载荷产生的热应力划分为二次应力，计算 S_{I}、S_{II}、S_{III} 时不施加温度载荷。在 TCP 顶板和壁板连接位置、壁板与底板连接位置及其他结构不连续位置，LNG 介质的液压载荷产生的应力既有一次应力也有二次应力，为简化计算和评定安全，将所有应力均按一次应力处理。同时考虑压力载荷和温度载荷时的应力为一次加二次应力。

3 应力强度影响因素研究

分析模型包括了 TCP 结构的环形盖板、TCP 壁板和二次底板边缘板。

根据结构变形趋势分析，在静液压作用下，TCP 壁板中部发生径向变形，受到 TCP 壁板和外罐壁板之间的泡沫玻璃砖的支撑，此位置不发生弯曲变形，应力为薄膜应力，将此区域定义为 A 区域；在底部壁板与二次底板的连接区域及顶部壁板与环形盖板的连接区域，结构存在较大弯曲变形，此位置既有薄膜应力，也有弯曲应力，将上述底部和顶部区域分别定义为 B 区域和 C 区域，如图 3 所示。

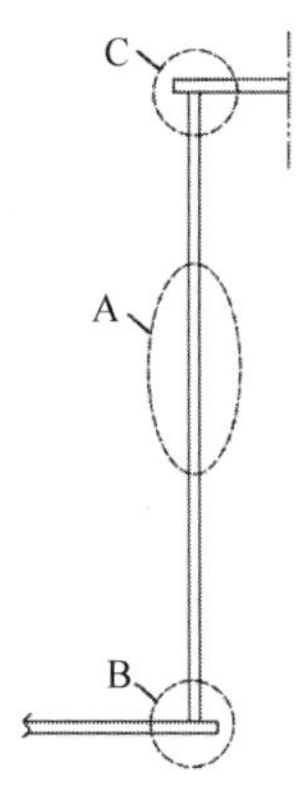

图 3　应力评定区域示意图

结构应力强度的主要影响因素有两个：壁板厚度和二次底板边缘板厚度。本节计算了以下 12 种模型，几何参数见表 2。

表 2　角焊缝结构模型参数

模型号	壁板厚度	边缘板厚度	模型号	壁板厚度	边缘板厚度
1	6	8	7	10	8
2	6	10	8	10	10
3	6	12	9	10	12
4	8	8	10	12	8
5	8	10	11	12	10
6	8	12	12	12	12

在应力评定时，按压力容器分析设计标准应力分类方法，对 A、B、C 区域分别取路径进行应力分类。根据计算结果，A 区域一次薄膜应力为应力强度评定控制项，评定 A 区域应力时不考虑温度载荷；而 B、C 区域的一次应力强度、一次加二次应力应力强度均可能是应力强度评定控制项，因此需要对不考虑温度载荷和考虑温度载荷两种载荷条件下的结果进行评定。

以 1 号模型为例，大泄漏工况下，其 A 区、B 区、C 区的应力强度云图和应力线性化位置如图 4~8 所示，其他模型计算结果处理方法与 1 号模型相同。

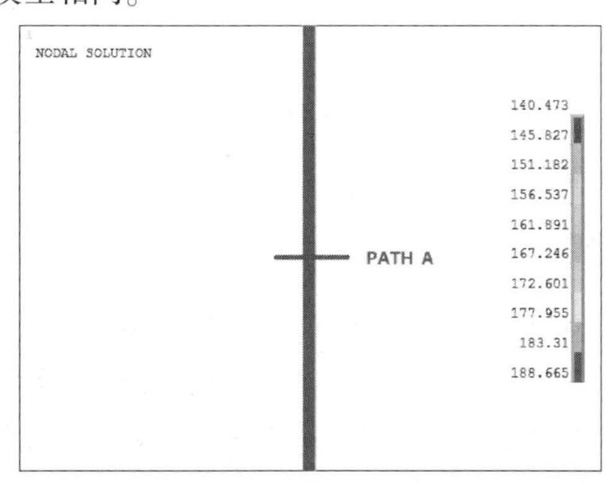

图 4　A 区应力强度云图（无温度载荷）和线性化路径

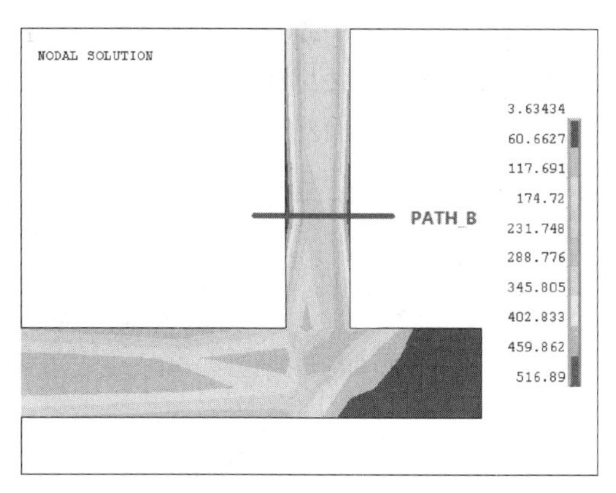

图 5　B 区应力强度云图（无温度载荷）和线性化路径

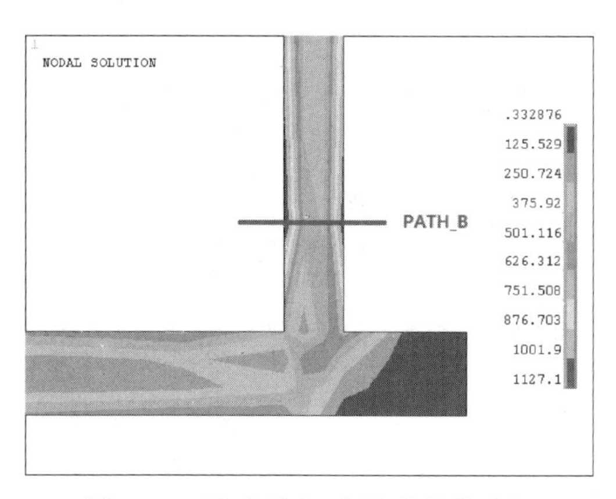

图 6　B 区应力强度云图和线性化路径

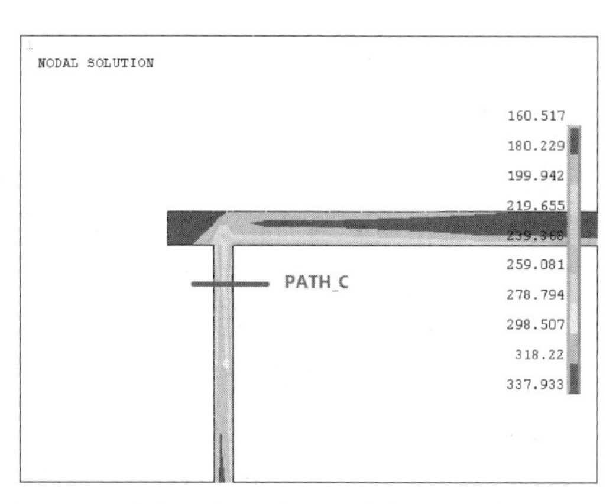

图 7　C 区应力强度云图（无温度载荷）和线性化路径

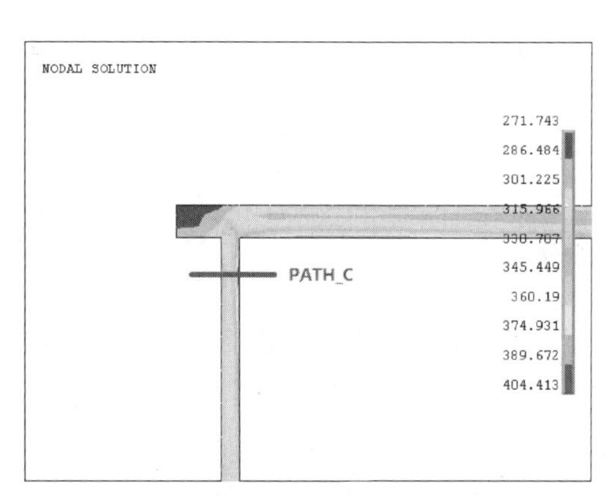

图 8　C 区应力强度云图和线性化路径

按上述方法完成个模型的有限元计算和应力分类，绘制各类应力强度值与壁板厚度和边缘板厚度关系图，如图 9~13 所示。

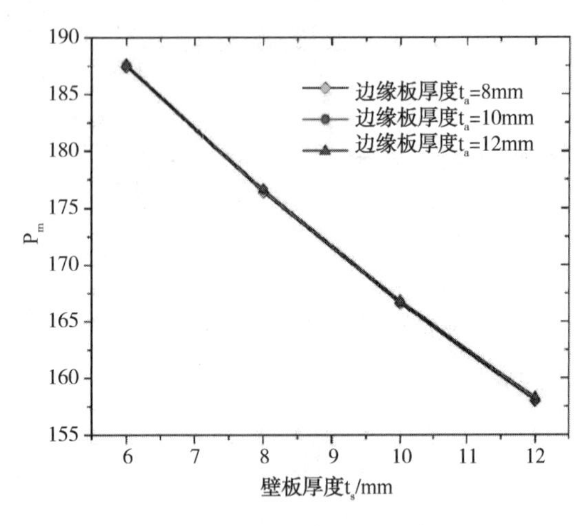

图 9　A 区 Pm 与壁板厚度、边缘板厚度关系

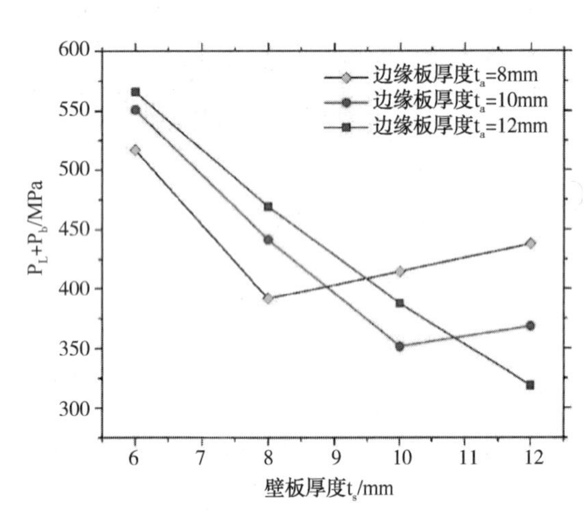

图 10　B 区 P_L+P_b 与壁板厚度、边缘板厚度关系

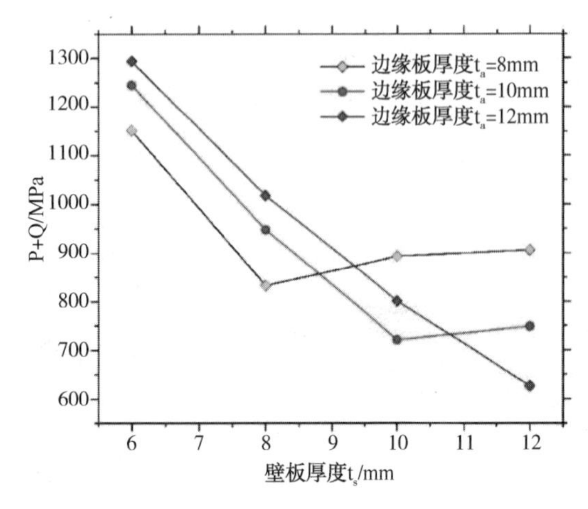

图 11　B 区 P_L+P_b+Q 与壁板厚度、边缘板厚度关系

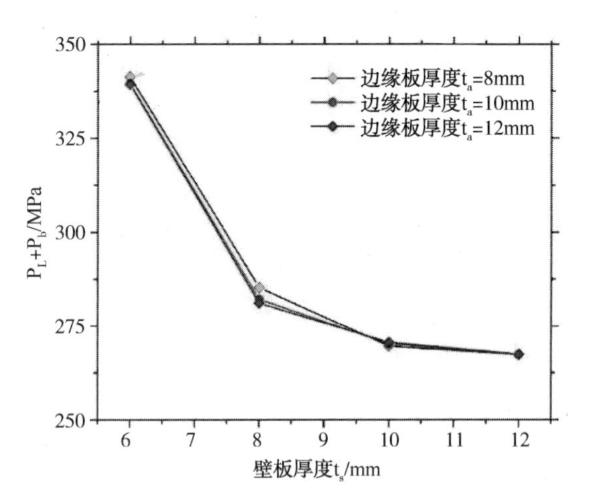

图 12　C 区 P_L+P_b 与壁板厚度、边缘板厚度关系

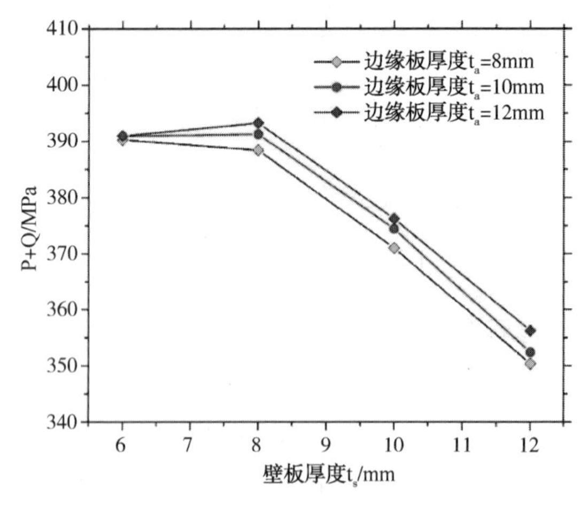

图 13　C 区 P_L+P_b+Q 与壁板厚度、边缘板厚度关系

从以上关系图可以看出，A 区的一次整体薄膜应力仅与壁板厚度相关，B 区结构尺寸对其影响可以忽略。角焊缝 TCP 结构的控制应力为 B 区的 P_L+P_b 和 P_L+P_b+Q，对于特定的边缘板厚度，当壁板厚度小于等于边缘板厚度时，增加壁板厚度可以降低本区域的应力水平，当壁板厚度大于边缘厚度时，增加壁板厚度会导致本区域的应力水平提高。C 区域的应力水平受 B 区域结构尺寸的影响较小，增加壁板厚度可降低 C 区的应力水平。

4　结论

根据第 3 节对 TCP 结构的各影响因素的分析可以得到两个结论：一是热角保护结构中，中部区域的一次总体薄膜应力强度受底部壁板与二次底板的连接区域影响较小，可忽略底板边缘板和壁板厚度的影响；二是对于采用角焊缝结构的热角保护结构，其壁板厚度不宜超过边缘板厚度，否则会导致壁板和底板连接区域的各类应力强度值增大；增加边缘板厚度能有效的降低本区域的应力水平。

参 考 文 献

[1] EN 14620：2006，现场组装操作温度介于 0℃ ~ -165℃的立式圆筒平底低温液化气钢制储罐的设计和建造[S]. 2006.

[2] JB 4732 - 1995，钢制压力容器—分析设计标准[S]. 1995.

浅谈新型预保冷技术在LNG管道施工中的应用和发展

孙紫麾　刘启松　刘富鹏　舒欣欣　白　鲲

（海洋石油工程股份有限公司）

摘　要　介绍新型一体化预保冷技术在LNG行业管道保冷施工当中的应用，详细描述了新型保冷施工技术的工艺及特点，对于新型保冷技术与传统保冷技术的性能特点进行比较，阐述了新型保冷技术在施工工期、质量、工程造价上的优点。

关键词　液化天然气；管道保冷；低温；机械化

1　引言

液化天然气作为环保绿色能源，在世界能源使用中的比重不断的提高，各国都在加大LNG的设施投入并提高在能源使用中的占比，而随着环保需求的不断提升，我国LNG设施的投入和建设也在不断增加。为了便于天然气的运输存储，将天然气冷却至-162 ℃即液化天然气LNG。由于LNG需要低温运输存储，因此运输LNG管道的保冷效果就至关重要。好的保冷材料和保冷技术可以减少冷量的损耗，防止管道结冰，并为LNG企业的安全生产和节能减排提供有效的支撑。

2　LNG低温管道常规保冷方式

2.1　工艺原理

目前LNG接收站常用的保冷材料为PIR聚异氰尿酸酯管壳保冷材料，保冷系统的设计是为了减少大量的热量输入，以确保达到了正常的工艺操作条件。PIR可满足196°C～+150°C范围内的各种管道和设备的绝热需求，主要用于LNG（液化天然气）低温管道保冷绝热领域。其导热性能非常突出，在所有保冷材料中首屈一指，抗压性强、导热系数低、尺寸稳定性能佳，在所有保冷材料中也是非常突出的。

PIR的保冷原理：（1）聚异氰脲酸酯分子结构稳定，不易发生化学反应；（2）分子架构的稳定性决定物理性质的稳定性；（3）PIR的导热系数低，一般在0.019W/m°K～0.021W/m°K之间；（4）聚异氰脲酸酯的分子构造决定了PIR保冷管壳的保冷效果。

2.2　常规保冷施工技术

PIR保冷结构采用阻燃型聚异氰酸酯泡沫制品作为绝热层，不锈钢扎带捆扎（每米3-4道），黑色玛蹄脂和聚氨酯铝箔为防潮层，密封胶粘结，镀铝钢板为保护层并采用不锈钢带捆扎。施工时由工人在现场完成，保冷结构由内至外分别为保冷层、防潮层、保护层组成一个完整的保冷结构。当保冷厚度≥80mm时，必须分层施工。在安装过程中，每层保冷材料应有合适的错缝，错缝不小于100mm，内外相邻两层保冷材料必须压缝，接缝间宽度不小于100mm，并且上下及内外相邻两层不可以有贯穿缝出现。水平管道最大每6米长设置一个膨胀收缩缝，垂直管道最大每3.6m长设置一个支撑环，每个支撑环处设置膨胀伸缩缝。保冷层使用深冷型硬PIR，采用粘贴、捆扎结构，这是决定保冷效果好坏最关键的一层。保冷层材料的技术性能及厚度必须符合设计规定，且厚薄均匀，接缝严实，紧固合理，松紧适度，外形美观，确保保冷效果良好。弯头、阀门等复杂部位需要现场进行发泡，施工需要现场测量切割。

常规保冷方式的缺点，常规保冷方式需要在现场施工时设置较多的伸缩缝，如果控制不好，会造成水汽通路，破坏系统防潮性能，尤其是南方阴雨较多的地区，而且伸缩缝较多也会增加由于管道因热应力移动造成的材料碎裂风险，由于PIR极易吸水，碎裂后会造成保冷效果下降，并且施工工序复杂，维修困难。

3 管道一体化预保冷技术应用

3.1 工艺原理

管道一体化预保冷技术是将原本需要在现场进行的保冷工作提前放到工厂里进行，90%的保冷工作在室内由机械完成，保冷材料完成后再运输至现场进行安装，省去了现场保冷施工环节，现场仅进行部分管段保冷、工作量小。

一体化保冷技术仍然主要采用PIR保冷材料，主要工艺是在车间内采用机械化生产工艺在管道上进行保冷层(PIR)的自动发泡成形，保冷层发泡完成后使用机械添加外护紫外线硬化防火玻璃钢。其保冷结构为：玻璃纤维针刺毡，PIR，复合铝膜防潮层，紫外线硬化玻璃钢保护层，预保冷管道管端安装检验合格后，再以传统管壳/弧板PIR保冷系统工艺填补完成整体管道的保冷施工。

图1 机械化工艺自动连续发泡成形

3.2 施工步骤及特点

一体化预保冷的主要施工步骤为：第一步，将管道运输至车间内胎具上，在管道上进行止滑环和针织毯安装；第二步，进行铝箔缠绕；第三步，使用机械进行PIR连续发泡和切割修整；第四步，进行玻璃钢外护自动缠绕；第五步，紫外线照射硬化；第六步，端头气阻层施工；第七步，进行成品保护。

传统保冷技术影响管道安装总工期的因素较多，如：天气、施工人员熟练度、管道安装与保冷作业无法交叉进行，管道安装总工期较长。而一体化预保冷技术主要工作在室内由机械完成，各类影响施工的因素相对较小，更有利于保证工期。

相比于传统保冷技术，一体化预保冷技术利用喷涂操作机、混合发泡设备、PIR修剪设备等

图2 PIR自动化切割修整

高度机械化设备，将置于连续发泡新鲜PIR泡沫喷枪下的管道进行现场分层浇注施工，施工效率及质量有显著提升。传统的保冷施工技术由于需要现场操作，限制于材料运输和人员施工的影响，材料尺寸大小不能太大，因此造成PIR存在较多的拼接缝，而预保冷技术由于是机械连续浇筑PIR，整体拼接缝相比传统工艺减少了90%。

预保冷技术采用聚酯玻璃钢树脂系统配合二层600g/m^{2}强化玻璃纤维布和一层25g/m^{2}的表面玻璃布，在自动设备生产线上连续浇注完成玻璃钢外护，并经过紫外线照射装置自动进行硬化。传统保冷工艺外的保护层强度低，容易变形造成保冷层破坏；预保冷工艺使用的高强度紫外线硬化玻璃钢则不存在这种问题。

4 应用推广及效益

相比于传统管壳/弧板PIR保冷系统技术该技术方案可主要存在以下优点：低温管道通过车间喷涂批量施工，保证了绝热的严密性，减少拼接缝，达到全封闭式管道绝热目的；保温管道提前预制，可以提前运至现场，便于现场快速组织安装；生产线模块化，可以根据项目要求灵活选址，降低管道运输时间和费用；预制过程室内完成，环境(温度、湿度)受控，可预测和可重复性好，不受外界环境影响。车间施工机械化自动化程度高，降低人员劳动强度，减少人员操作误差，登高、脚手架等高风险作业减少；成本可控，缩短工期，大幅降低现场安装施工费用(如：支架和脚手架等施工措施)；对现场施工人员技能要求较低，降低人工成本；系统绝热、耐候性好，后期运行维护成本较低。

图 3　一体化预保冷成品管道

以某已建成 LNG 接收站项目为例：新型预保冷技术比传统保冷技术造价降低 10%；施工工期缩短 50%；由于预保冷技术大部分工作由机械完成，质量提高明显。

5　结束语

对比于传统的 LNG 管道保冷施工技术，新型的一体化预保冷技术可以大量节约人工机具以及措施费用投入，同时对于管道保冷效果及施工质量也要明显由于传统技术，目前国内各个 LNG 接收站仍然以传统的管道保冷技术为主，如果对于新型预保冷技术加以推广，将大大有利于工程质量提高、费用节约和工期缩短。因此建议在后续相关项目施工中进行推广应用。

图 4　某项目一体化预保冷技术应用

参 考 文 献

[1] 程明，许克军，蒲黎明，杜磊，张平. LNG 管道保冷材料的应用和发展[J]. 天然气与石油，2013，31(05)：65-68.

[2] 龚明，钱永刚，肖松，田晔伟. LNG 管道保冷方式和保冷材料的选择[J]. 煤气与热力，2015，35(11)：18-21.

[3] 翟俊红，田德永. 浅谈 LNG 管道保冷材料的发展和应用[J]. 氮肥技术，2011，32(06)：48-50.

[4] 康正华. LNG 项目中 LN 给管道保冷方式选择的探讨[J]. 中国化工贸易，2013(02)：224.

LNG 接收站高流速管道评价研究与实践

吴永忠

（广东大鹏液化天然气有限公司）

摘　要　对现场管道的振动、噪声、管件壁厚进行数据采集，并对管道内流体的流动、声学和管道振动进行模拟分析，结合现场测量数据和模拟分析，查找管道产生噪声的原因并进行评估，提出可能的风险、整改方案及监控和检测方案，确保接收站安全、可靠运行。

关键词　LNG；高流速；管道；评价；研究实践

1　前言

接收站计量装置至发球装置之间的管段在高负荷运行时出现较大噪声、振动，该段管道投产时间为 2006 年，管道设计压力为 9.2MPa，设计温度为-5～60℃，运行压力为 7.3～9.0MPa。这管道与主干管线相连，平时无法隔离检修，一旦受损，后果及影响十分巨大。为此，需对这些高流速管道的风险及适用性进行较为全面的评估和治理。

2　现场测量数据分析

2.1　现场工况

分别于 2019 年 7 月 11 日和 8 月 22 日对现场管道进行了测量，测量工况主要信息见表 1。

表 1　测量工况主要信息

时间	ORV 运行台数	工况体积输量/(m^3/h)	出站压力/MPa	出站温度/℃
20190711 下午	4	5246.21+5272.48	8.74	24.8
20190822 上午	5	6012.00+6083.67	7.95	27.7
20190822 上午	6	7113.40+7213.91	7.99	27.2
20190822 上午	7	8018.08+8081.55	8.04	27.5
20190822 下午	6	6837.65+6898.86	8.42	26.9

2.2　测点位置

计量装置至发球装置之间的管段共设置振动测量点 24 个、噪声测量点 23 个（位置与振动测量点一致），管件壁厚测量点 7 处。

2.3　测量结果

2.3.1　管道振动。管道振动测量结果如图 1。

2.3.2　噪声

噪声测量结果见表 2。

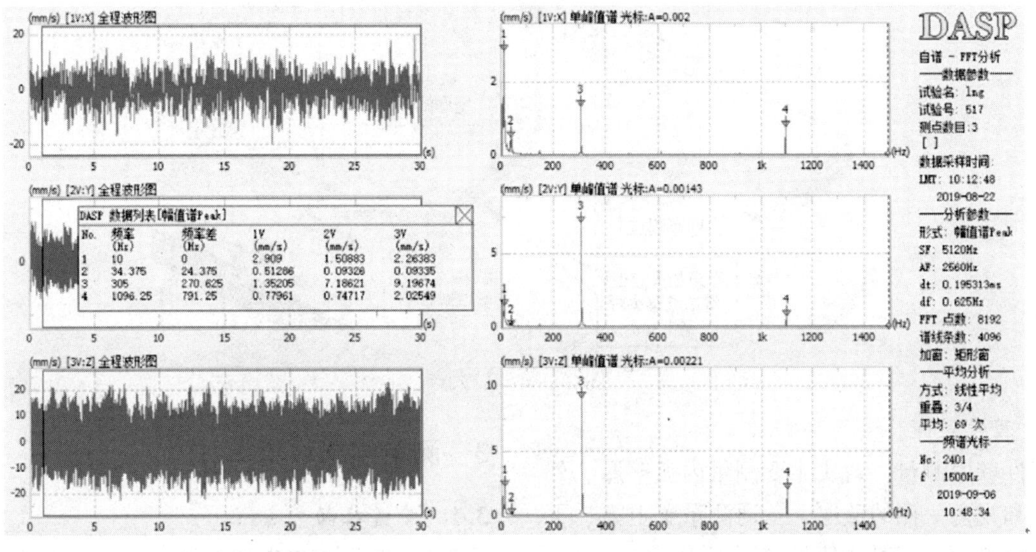

图 1　20190822 测量数据（5 条线运行工况-上午）

表 2　噪声测量结果

工况	测点	测量值 dBA	备注
20190711 下午-4 台 ORV 运行		65	基本无噪声
20190822 上午-5 台 ORV 运行	20 点下游	96	噪声最大点，见图 2. 4. 2-1. 其他位置 82dB 左右。
	22 点下游	98. 9	
20190822 上午-6 台 ORV 运行	20 点下游	92	噪声最大点，见图 2. 4. 2-1.
	22 点下游	100. 8	
20190822 上午-7 台 ORV 运行	20 点下游	70	噪声最大点，见图 2. 4. 2-1.
	22 点下游	70	
20190822 下午-6 台 ORV 运行	10	76. 9	
	11	79	
	12	81. 2	
	13	76. 6	
	14	69. 2	
	15	73. 2	
	16	76	
	17	81. 4	
	18	82. 9	
	19	90. 1	
	20 点下游	94. 6	噪声最大点，见图 2. 4. 2-1.
	22 点下游	98	
	23	70. 7	
	24	85. 9	
	25	78. 7	
	26	75. 5	
	27	71	

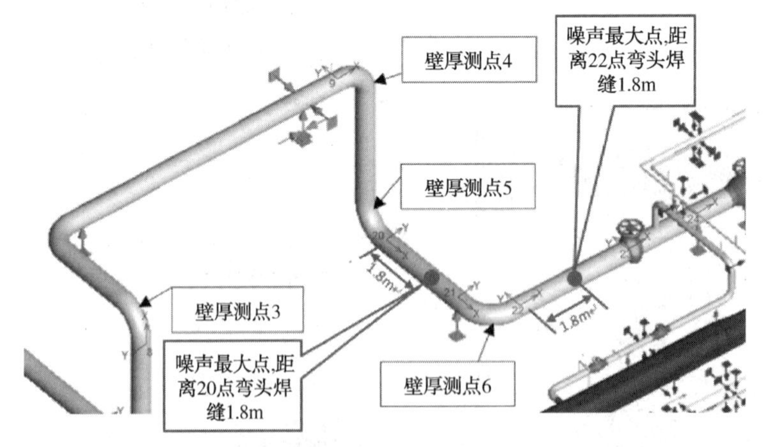

图 2　噪声最大点

2. 3. 3　管件壁厚

管件壁厚测量，弯头主要测量内弧壁厚、外弧壁厚和视角一侧的壁厚，三通测量了上方、下方和主管侧面。壁厚数值见如下表 3。

3　测量结果评价

3. 1　管道振动

3. 1. 1　低于 300Hz 的振动

对于低于 300Hz 的振动，工程上评估管道振动水平可以参考图英国指南(Energy Institute)：如果速度 RMS 值位于 Problem 区域，发生疲劳失效的风险较高，应该立即采取措施。如果速度 RMS 值位于 Concern 区域，意味着存在疲劳失效的可能，应该采取控制管道振动的措施。如果速度 RMS 值位于 Accepetable 区域，意味着管道振动水平可以接受。

表 3　管件壁厚测量结果

壁厚测点	厚度值 mm	备　注
1		外弧最大值 44.7 外弧最小值 43.9 外弧平均值 44.3 内弧最大值 44.0 内弧最小值 41.2 内弧平均值 42.6 侧面最大值 45.2 侧面最小值 44.4 侧面平均值 44.9 外弧内弧平均值差 1.7 侧面外弧平均值差 0.6

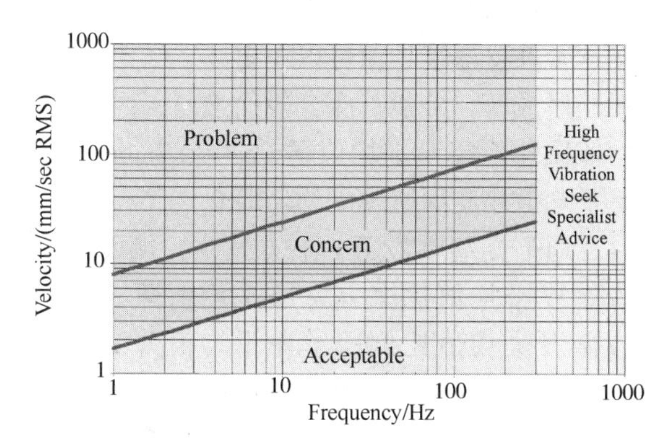

图 3　管道振动水平评估(EI)

依据图 3，汇总了管道振动测量结果评价表。从汇总的评价表可知，各工况管道振动存在的频率成分见表 4。

表 4　各工况 300Hz 以下管道振动频率成分

工况编号	振动频率成分	备注
lng 1	6.25、10、12.5、38、63、98、111、145、288Hz	全部测点
lng 5	6.25、10、12.5、38、143Hz	仅测点 17-22 数据
lng 6	6.25、10、12.5、38、63、144Hz	仅测点 17-22 数据

续表

工况编号	振动频率成分	备注
lng 7	1.25、1.875、6.25、8.75、10、12.5、16.875、17.5、35.625、34、38、63、144、190Hz	全部测点
lng 62	7.5、10、12.5、34、38、66、111、144Hz	全部测点

注：
lng1—20190711 工况(4 条线运行)；
lng5—20190822 工况(5 条线运行)；
lng6—20190822 工况(6 条线运行-上午)；
lng7—20190822 工况(7 条线运行-上午)；
lng62—20190822 工况(6 条线运行-下午)；

从汇总的评价表可知：各工况主管线管道振动速度 RMS 值均在可接受的范围内，管道振动速度 RMS 值较低。lng7 和 lng62 工况，小分支管线上测点 30 和测点 31(测点 18 附近小支管，图中未体现)速度 RMS 值处于 Concern 区域，意味着存在疲劳失效的可能，应该采取控制管道振动的措施。

3.1.2　高于 300Hz 的振动

对于 300Hz 以上的振动，工程上评估管道振动水平可以参考美国 Engineering Dynamics Inc. 公司(1968 年成立，专门提供噪声振动工程服务)提出的：(1)可接受的管道振动速度幅值为 200mm/s；或(2)管道外壁 1in 处声压级低于 136dB。对于 300Hz 以上的振动，各工况管道振动存在的频率成分见表 5。307Hz 的振动速度幅值见如图 4。

表 5　各工况 300Hz 以上管道振动频率成分

工况编号	振动频率成分	备注
lng1	301、305、309、326、407、423、569、603、655、707、776Hz	全部测点
lng5	305、610、1097Hz	仅测点 17-22 数据
lng6	307、614Hz	仅测点 17-22 数据
lng7	308、412、1089、1468、2178Hz	全部测点
lng62	307、614、922、1228、1538Hz	全部测点

注：

lng1—20190711 工况(4 条线运行)；

lng5—20190822 工况(5 条线运行)；

lng6—20190822 工况(6 条线运行-上午)；

lng7—20190822 工况(7 条线运行-上午)；

lng62—20190822 工况(6 条线运行-下午)；

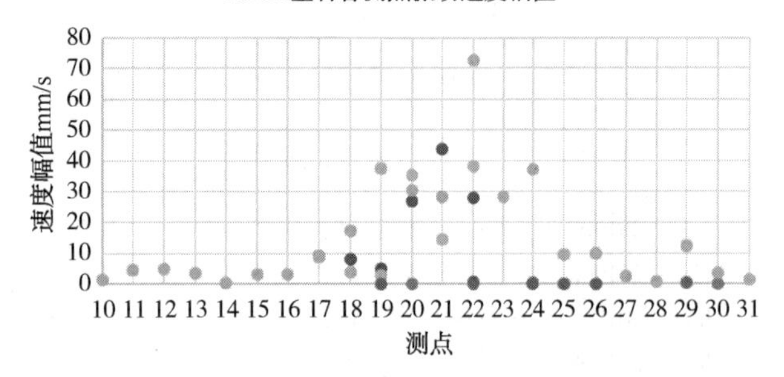

图 4　307Hz 左右各测点振动速度幅值

从以上频率成分及速度幅值可以看出：工况 lng1、lng5、lng6、lng62 的主要频率成分是 307Hz 和 610Hz，其中工况 lng62 的 22 测点在 307Hz 的速度幅值最大，达到 72.53mm/s。工况 lng7 的主要频率成分是 1100Hz 和 1468Hz，其中 11 测点在 1089Hz 的速度幅值最大，达到 4.58mm/s。

工况 lng62 的 22 测点在 307Hz 的速度幅值最大，达到 72.53mm/s，低于 200mm/s，300Hz 以上管道振动位于可接受的范围内。

3.2　噪声

当 5 台 ORV 运行(工况 lng5)和 6 台 ORV 运行(工况 lng6、lng62)时，现场的管道噪声较大，部分位置超过 85dB。噪声最大位置处于测点 20 下游 1.8m 和测点 22 下游 1.8m 处，最大噪声值达到 100.8dB(A)。当声能足够大时，会导致管壁失效。工程上通常认为当管外壁噪声达到 136dB(C)时，管壁将发生失效。目前噪声最大值约 100.8dB(A)，考虑测量误差及算法偏差，噪声值不至于高于 136dB(C)。

3.3　管件壁厚

各测点壁厚统计值见表 6。

从管件壁厚统计值可以得出以下结论：弯头内弧壁厚最薄，外弧其次，侧面最厚，内弧壁厚平均值比外弧壁厚平均值薄 0.7~1.7mm，外弧壁厚平均值比侧面壁厚平均值薄 0~0.6mm；

三通下方壁厚最薄，上方其次，侧面最厚，下方壁厚平均值比上方壁厚平均值薄 5.8mm，上方壁厚平均值比侧面壁厚平均值薄 2.6mm。目前测量的壁厚偏差可能是制造公差导致。

4　管道振动原因分析

从管道振动测量数据可知，现场的管道振动水平较低，主要以噪声为主。以下分别从管内流体流动状态、管内流体声学特性、管道结构特性等方面进行分析。

表 6　各测点壁厚统计值

测点	外弧最大值	外弧最小值	外弧平均值	内弧最大值	内弧最小值	内弧平均值	侧面最大值	侧面最小值	侧面平均值	外弧内弧平均值差	侧面外弧平均值差
1	44.7	43.9	44.3	44.0	41.2	42.6	45.2	44.4	44.9	1.7	0.6
2	44.9	43.9	44.5	44.3	41.2	42.8	44.7	44.3	44.5	1.7	0
4	44.9	44.1	44.5	44.0	42.3	43.1	45.2	44.8	45.0	1.4	0.5
5	44.8	44.1	44.4	44.5	42.8	43.7	45.3	44.6	44.9	0.7	0.5

续表

测点	外弧最大值	外弧最小值	外弧平均值	内弧最大值	内弧最小值	内弧平均值	侧面最大值	侧面最小值	侧面平均值	外弧内弧平均值差	侧面外弧平均值差
6	44.7	44.2	44.5	44.3	42.7	43.5	45.4	44.5	44.9	1	0.4
测点	上方最大值	上方最小值	上方平均值	下方最大值	下方最小值	下方平均值	侧面最大值	侧面最小值	侧面平均值	上方下方平均值差	侧面上方平均值差
7	87.0	85.2	86.1	82.0	78.4	80.3	88.9	88.6	88.7	5.8	2.6

4.1 管内气体流动状态分析

管内气体在流经三通、弯头等元件时，由于流速的变化可能形成涡流，从而在管内形成一定的压力脉动。一方面，压力波动如果足够大，传递到管道上将在管道的弯头对之间的管道上产生不平衡力，从而引起管道振动。另一方面，压力脉动可能导致管道内的气体发生声学共振，产生较高的噪声或较大的声学激振力。主要关注图 5 所示四处可能产生脉动的位置。

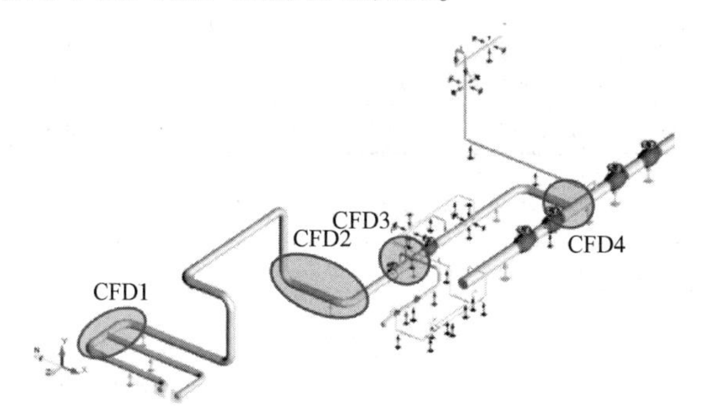

图 5　CFD 分析关注位置

以 lng6 工况为例，流体分析结果压力脉动云见图 6。

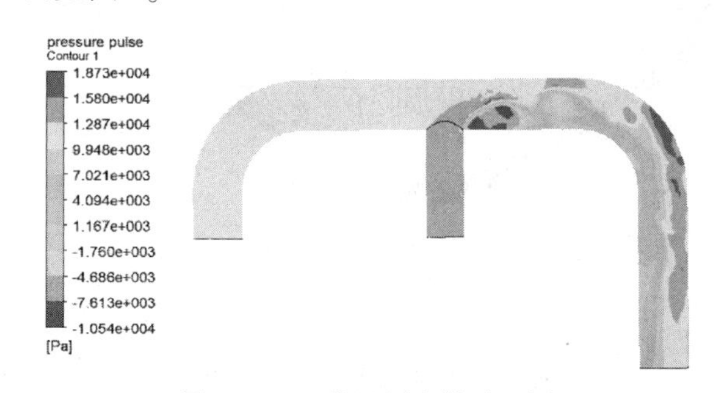

图 6　CFD1 位置压力脉动云图

从流体分析结果看出，管道内的流体在三通分支处存在较大扰动，弯头附近气体流动相对平稳。

4.2 声学分析

从流体分析可知，几处三通位置均存在流体扰动，一旦流体扰动激发管内气柱的共振，将会产生较大的噪声或声学激振力。以下分别对管内气柱固有频率和气柱响应进行分析。

4.2.1 管内气柱固有频率分析

部分频率的管内气柱声学振型见图 7。

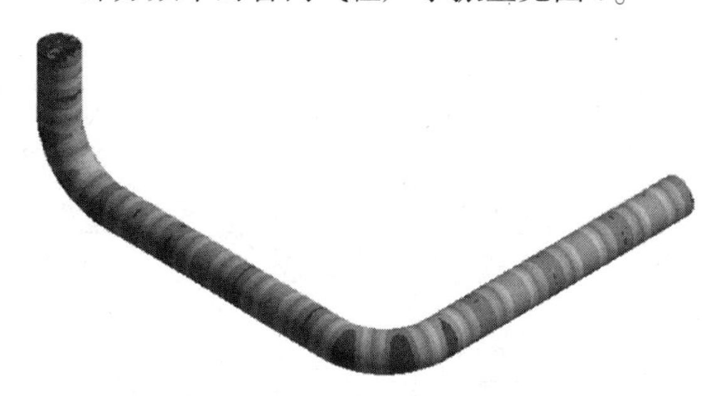

图 7　声学振型

分析各阶声学振型可知：300Hz 以下的声波均沿管道轴向传播。从 303Hz 开始出现少量沿管道横向传播的声波，至 398Hz，仍然以沿管道轴向传播为主。从 413Hz 开始横向波逐渐成为主要传播形式，至 610Hz，声波主要沿管道横向传播。

4.2.2 管内气柱声学响应分析

本节主要分析在流体扰动下，管内气柱的声学响应。声学模型见图 8，节点编号见图 9。

图 8　声学模型

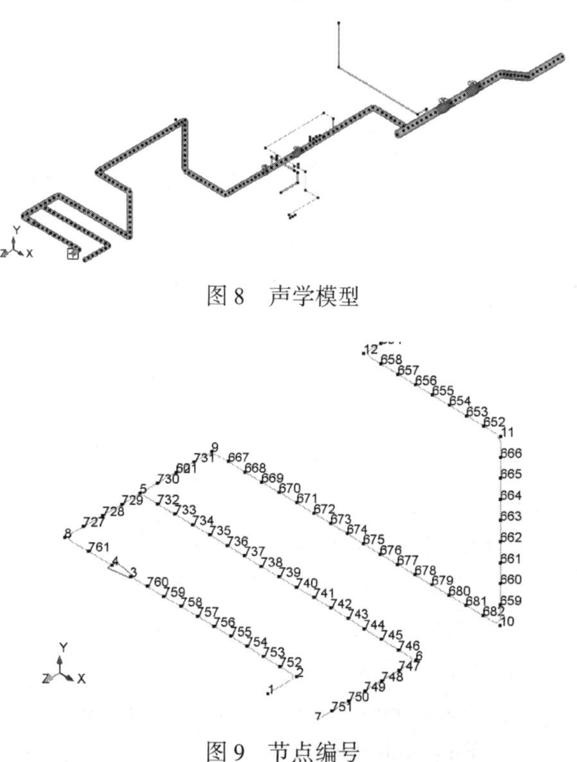

图 9　节点编号

根据声学分析结果可知，管内气柱压力脉动存在第一主峰或主要主峰响应频率 314Hz 或 316Hz，与测点振动主峰 307Hz 非常接近。

4.3 管道振动响应分析

4.3.1 管道固有频率分析

分别计算管道整体固有频率和管壁固有频率。

（1）管道整体固有频率

管道结构模型见图 10，提取的 300Hz 以下的管道固有频率见表 7。

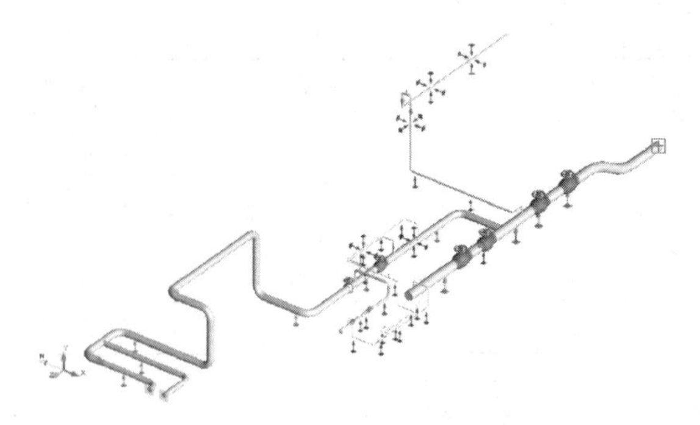

图 10 管道结构模型

表 7 管道固有频率

Mode Number	Freq (Hertz)	Particip. Factor X	Particip. Factor Y	Particip. Factor Z	Mode Number	Freq (Hertz)	Particip. Factor X	Particip. Factor Y	Particip. Factor Z
1	2.3458	-10.51	-0.26	-3.94	198	79.4559	0.12	0.11	-0.04
2	2.5042	-3.64	0.07	2.04	199	79.8413	0.08	-0.29	0
3	2.5794	17.89	-0.13	-3.91	200	79.9774	-0.06	0	0
4	3.8595	1.67	3.7	18.05	201	80.2807	-0.35	0.13	0.01
5	4.0335	0.04	0.52	2.64	202	81.9343	0.07	0.07	0.08
6	4.3891	1.17	0.14	1.22	203	82.1995	1.88	1.92	-0.78
7	4.5252	1.12	0.13	-2.15	204	83.6777	-0.07	0.13	-0.09

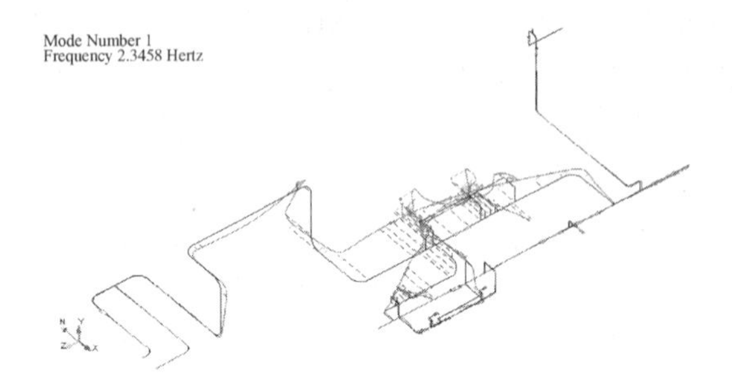

图 11 2.34Hz 模态振型

由于现场的管道主要振动频率是 307Hz，高于以上计算的固有频率，因此应分析管壁振动的固有频率。

（2）管壁固有频率

理想直管管壁固有频率按下式计算：

$$F_i = \frac{\lambda_i}{2\pi R}\left[\frac{E}{\gamma(1-\upsilon^2)}\right]^{1/2}$$

$$\lambda_i = \frac{1}{12^{1/2}}\frac{h}{R}\frac{i(i^2-1)}{(1+i^2)^{1/2}};\ i=2,\ 3,\ 4\cdots$$

where:

f_i = Shell wall natural frequency, Hz

λ_i = Frequency factor, dimensionless

R = Mean radius of pipe wall, inches

υ = Poisson´s ratio

γ = Mass density of pipe material, $lb\text{-}sec^2/in^4$

h = Pipe wall thickness, inches

表 8 管壁固有频率计算结果

Mode number	Frequency, Hz
2	286.9
3	811.5
4	1556.0
5	2516.3

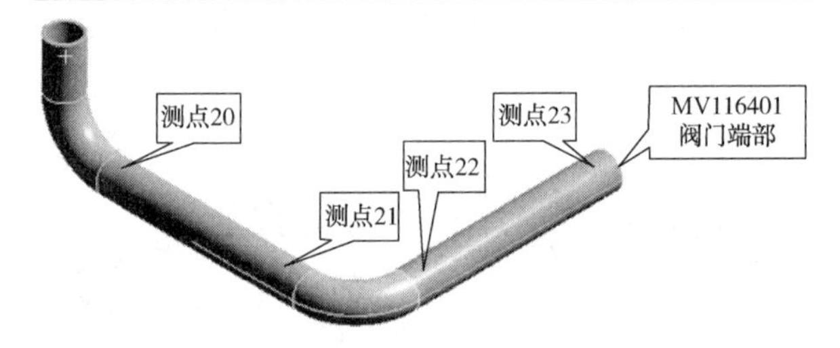

图 12 管道模型

计算的 200Hz~400Hz 的固有频率见表 9。

表 9 200Hz~400Hz 固有频率

No.	Fre, Hz	No.	Fre, Hz	No.	Fre, Hz
1	199.33	9	304.6	17	367.99
2	204.52	10	305.68	18	372.51
3	250.71	11	318.08	19	383.3
4	269.5	12	318.84	20	385.17
5	285.36	13	329.66	21	399.03
6	287.41	14	332.2	22	406.08
7	288.24	15	356.15		
8	293.56	16	359.53		

200Hz~400Hz 固有频率对应的振型见图 13。

从声学分析结果可知，声学主要激发频率为 316Hz。无论是公式计算的管壁二阶固有频率 286.9Hz，还是模拟分析的 287Hz 和 304Hz，均位于激发频率的共振区。现场管道振动主频为 307Hz，也表明管壁二阶振动已被激发。

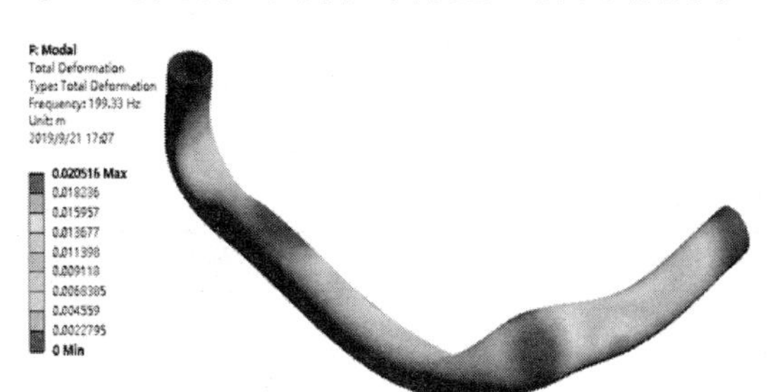

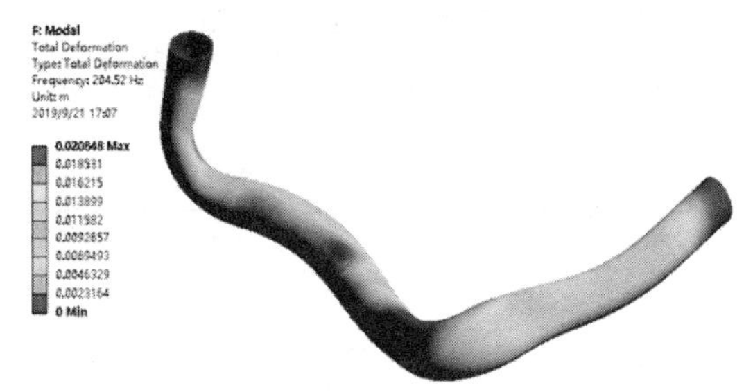

图 13　200Hz~400Hz 固有频率对应的振型

4.3.2　管道振动响应分析

（1）管道横向振动响应

在 3.2 声学响应产生的激振力作用下，314Hz 管道动应力仅为 2.57MPa，管道振动幅值为 0.02mm，管道横向振动响应较小。

（2）管壁振动响应

流体扰动下管内声压级计算值见图 14，最大声压级为 156.39dB。

图 14　管内声压级 SPL 计算值

经计算，对于 Φ660×41.43mm 的管道，声功率级为 121.76dB 时，管壁动应力约为 12.7MPa，小于疲劳许用应力 16MPa（疲劳极限 48MPa，考虑应力集中系数 3）。

工程上通常限定工况下流体的 ρv^2 小于 20000，一般认为当流体的 ρv^2 大于 20000 时，流致振动的风险较高。

4.4　噪声引起管道振动机理

当管内气体流经三通、弯头、变径、阀门等元件或壁厚有变化的位置时，局部流速的变化及流体剪切层将形成涡流，从而导致压力脉动。该压力脉动产生的声压级可按下式计算：

$$SPL = 20 * \log(\Delta P / (2 * 10^{-5}))$$

式中，SPL 为声压级，dB；ΔP 为压力脉动，Pa。

该压力脉动的频率 f 为激发频率，压力脉动将以天然气中的声速沿管道各个方向传播。管内气体像固体一样，也有其自身的动力特性。当压力脉动频率与气体自身的固有频率一致时，将激发气体自身的共振，产生更大的压力脉动。当压力脉动沿管道轴向传播时，声波在弯头、阀门、封闭端等位置将有一部分反射，并与入射波叠加形成驻波，导致整个管段各点压力不一致，从而在弯头和弯头之间的直管段上产生作用力，引起管段振动。沿管道轴向传播的压力波引起的管道振动。当压力脉动沿管道横向传播时，将会造成管道截面上各点的压力不一致，从而造成管壁产生应力。管壁的应力与管壁所受压力、管道外径壁厚、管壁固有频率有关，当管壁固有频率与压力脉动频率接近时，管壁应力达到最大。对于直管道位置，管壁的应力通常不至于导致管道失效。对于有分支的位置，由于受到约束，在管道截面压力作用下，分支处将产生较高应力，由于管壁振动频率较高，因此通常情况下分支处最先出现声致疲劳。沿管道横向传播的压力波导致的管道响应。

5　结论及建议

（1）现场管道总体上振动幅值较低，主要以噪声为主，噪声较大工况管道振动的主要频率为 307Hz。

（2）对于低于 300Hz 的振动，依据英国 Energy Institute 指南进行评估，有三处小分支管速度 RMS 值处于 Concern 区域，意味着存在疲劳失效的可能，应该采取控制管道振动的措施。300Hz 以上管道振动位于可接受的范围内。最大噪声值 100.8dB，低于工程上通常认为管壁疲劳失效的 136dB。

（3）结合流体分析、声学分析和管道结构分析可知，导致管道振动和噪声的主要原因是：三通分支处流体扰动较大，流体的扰动激发了管内气柱的声学共振，气柱的声学共振进一步作用到管壁上。由于管壁的二阶固有频率位于声学激励的共振区，管内气柱声学共振进一步激发管壁的共振，从而产生较大的噪声和管壁振动。

（4）分析出不同工况的管道噪声、振动值见下表10，建议现场运行避开噪声较高工况。

（5）建议在三处小支管增加支撑。

（6）建议后期定期检测管件壁厚，分析规律，确定冲蚀速率。

表10　不同工况管道噪声、振动值

序号	压力 MPa	温度℃	体积流量 m^3/h	Φ660 管道流速 m/s	噪声 dBA	振动速度幅值 mm/s	振动主频 Hz	备注
1	8.74	24.8	10519	11.17	65	0.9	10	4台 ORV 运行
2	7.95	27.7	12096	12.84	98.9	43.65	305.6	5台 ORV 运行
3	7.99	27.2	14327	15.21	100.8	38.15	307.5	6台 ORV 运行
4	8.42	26.9	13737	14.59	98	72.53	307.5	6台 ORV 运行
5	8.04	27.5	16100	17.09	70	21.39	10	7台 ORV 运行

长庆油田伴生气综合利用的发展现状与思考

王庭宁　王　萌　何　毅　李亚洲

（中国石油长庆油田公司）

摘　要　油田伴生气富含烷烃，是一种作用的能源与化工原料。本文首先介绍了油田伴生气利用利用的工艺技术的发展与应用情况，归纳出工艺发展的瓶颈问题；针对油田零散气的特点，介绍了长庆油田采油十二厂在零散气开发利用方面的实践与探索，为更多的边远零散气的回收与利用提供了思路与借鉴。

关键词　油田伴生气；混烃；净化技术；液化技术

1　绪论

天然气可以分为常规天然气和非常规天然气。常规天然气一般是指大型气田生产的甲烷浓度在90%以上的天然气；非常规天然气主要是指煤层气、油田伴生气、页岩气等难以直接开采回收利用的天然气。我国非常规天然气资源十分丰富，是常规天然气最现实的接替资源，在世界能源结构中扮演着非常重要的角色。

油田伴生气组分主要为甲烷、乙烷等低分子烷烃，还含有相当数量的丙烷、丁烷。将气体中的重组分回收后获得轻烃产品，不仅可以增加开发利润，而且可以成为节能减排、清洁生产，以及油田提质增效的有效手段。长庆油田公司自2018年启动“长庆油田分公司原油稳定及伴生气综合利用工程”以来，已经进入第三期建设期，前二期工程中建设并投入运行伴生气回收装置16套，不仅为采油分公司创造经济价值，而且为当地提供了大量就业机会，还减少大量温室气体的排放，具有重要的环保意义。

2　工艺技术

长庆油田石油伴生气轻烃回收技术，经过多年技术积累，总结开发出了原料适应性强，以稳定轻油为吸收剂的冷油吸收工艺，且在油田广泛应用，取得了良好经济效益。冷油吸收工艺的工艺流程如图1所示。

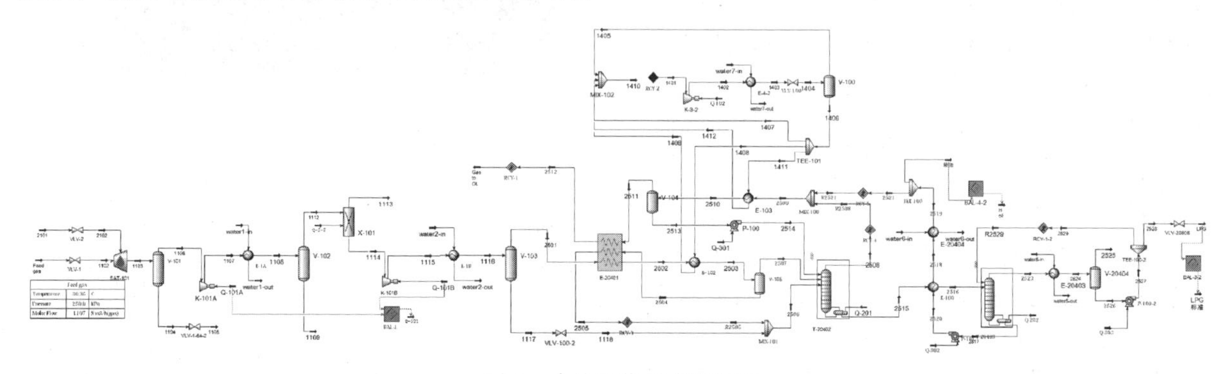

图1　冷油吸收工艺流程图

从图1可知，上游来伴生气经站外分离器后，进入抽气压缩机增压至0.35MPa与原油稳定气混合后，进原料气压缩机入口分离器，气相进原料气压缩机，一级压缩至0.9MPa，后进入一级冷却器冷却，冷却后进入一级出口分离器分离后经分子筛脱水橇脱水后，进原料气压缩机二级压缩至2.0MPa。二级压缩气依次进二级冷却器、贫富气换热器、冷剂蒸发器制冷后进脱乙烷塔，塔顶气与装置自产的稳定轻油经静态混合器混合后，进入冷剂蒸发器，冷冻至-30℃，后进入低温分离器。低温分离器分离出的干气，与原料气换冷后做为燃料去各用气点或外输；低温分离器底部的冷油做为吸收剂经脱乙烷塔底回流泵打入脱乙烷塔顶部。

脱乙烷塔底液体进入液化气塔中部，液化气塔塔顶气体经液化气冷却器冷却后进入液化气回流罐内，经液化气回流泵抽出后一部分做为回流返回塔顶，一部分为合格产品液化气去罐区。塔底液体进入稳定轻油冷却器，冷却至40℃后，一部分与脱乙烷塔顶气体混合后去冷冻系统，另一部分做为产品去罐区。一级出口分离器液体自压进入一级入口分离器，一级入口分离器凝液自流至稳定轻烃储罐储存。

由于冷油吸收工艺需要稳定的轻油产品，因此工艺上需要增加冷油循环泵系统，控制 C_3 及 C_{3+} 回收率，该工艺适用于油田开发初、中期富含轻油组分的原料气，待油田开发后期，原料气组份变贫，适应性差。

随着国家对节能与环保要求的不断提高，提高轻烃回收装置对气源的适应性与技术经济性具有重要的现实意义。2018年伴生气示范工程新建和扩建轻烃装置开始采用DHX凝液接触塔分馏工艺，并于2019年8月在靖三联轻烃厂扩建工程中投入生产运行。DHX工艺流程如图2所示。

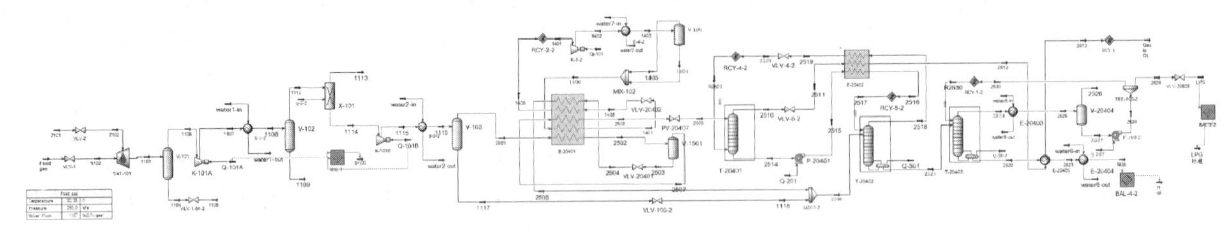

图2 DHX工艺流程图

从图2可知，上游来伴生气（~0.30MPa，~25℃）进入站外来气分离器，分离出游离水后的伴生气进原料气压缩机，一级压缩至0.90MPa后进入一级冷却器、分离器进行冷却分离，分离出微量凝液及水后进分子筛脱水橇脱水，脱水后伴生气经原料气压缩机二级压缩至2.1MPa。二级压缩气依次进二级冷却器、分离器、低温冷箱1后进入低温分离器，分离出的凝液经低温冷箱1供冷后进入脱乙烷塔，分离出的气相经敷冷后进入DHX接触塔；脱乙烷塔底液相进入液化气塔，塔顶气相经低温冷箱II冷却降温后进入DHX接触塔，在DHX接触塔内完成重烃洗涤乙烷气的目的，洗涤后塔顶气相经低温冷箱II复热后外输至干气计量调压单元，塔底液相进入脱乙烷塔。

脱乙烷塔底液体进入液化气塔中部，液化气塔塔顶气体经液化气冷却器冷却后进入液化气回流罐内，经液化气回流泵抽出后一部分做为回流返回塔顶，一部分为合格产品液化气去罐区。塔底液体进入稳定轻油冷却器，冷却至40℃后，做为产品去罐区。

DHX工艺采用甲烷、乙烯、丙烷、异丁烷等多元混合冷剂制冷，通过降低、调节控制冷箱分离温度，控制低温液体进入脱乙烷塔吸收 C_3 及 C_{3+}，满足不同原料气的处理需求，保证 C_3 及 C_{3+} 回收率。

无论是冷油吸收工艺、还是DHX凝液接触塔分馏工艺，都需要稳定的原料气以及下游配套管网，适合于为原油稳定装置配套使用，将原油稳定产生的富含轻烃的伴生气回收利用，生产轻烃和轻油，富余的干气去下游管网。

图3 长庆采用三厂靖三联轻烃厂伴生气综合利用扩建工程

3 油田零散气

在长庆油田，存在大量的边远油田零散气，其特点如下所示：

（1）大量的油井套管气因压力低、流量小、气源分散，不利于集中回收处理利用。

（2）传统的原油稳定伴生气回收装置，仅仅能够有效回收轻烃和轻油，大量的富含甲烷、乙烷的干气放空，无法有效回收利用。

（3）在油田开发初期，油井伴生气产量非常高，但因未配套伴生气回收装置，大量伴生气通过火炬直接高空燃烧排放，不仅造成资源浪费，而且对环保产生不良影响。

为了加速油田零散气的回收与利用，采取了一下保障措施：

（1）通过现有停运闲置的混烃装置搬迁利用，伴生气混烃生产与LNG联产撬装装置，如图4所示

图4 合水县庄八转站伴生气混烃回收及LNG联产装置

（2）为消灭现有轻烃装置富余干气，引入了移动式油田火炬气混烃生产与LNG联产车组，如图5所示。

图5 移动式油田火炬气混烃回收及LNG联产车组

在管理方面，长庆油田公司不断创新管理，配套了对油区内混烃和LNG计入属地相关采油厂原油产量政策，并下达考核指标，实现"以销定产"，做到应收尽收。通过现有停运闲置的混烃装置搬迁利用以及为消灭现有轻烃装置富余干气引入车载移动式LNG加工机组等相关工作的开展，实现了油田伴生气副产品提产增效，进一步提高油田开发管理水平，全面支撑油田公司高质量发展。

5 总结

油田伴生气不仅包括原油稳定装置产生的伴生气气、还包括边远的油井套管气、油、气井开采试井气、现有轻烃装置检修放空的火炬气等零散气。针对不同的伴生气资源，我们需要在技术、管理、建设、投资、运营等方面不断创新发展，促进油田伴生气资源的综合回收利用。

LNG 储罐抗压环安装施工质量控制

秦颖杰　赵金涛

（中国石油天然气第六建设有限公司）

摘　要　本文结合已投产运营的上海洋山港 LNG 储罐工程、大连 LNG 储罐工程、唐山 LNG 接收站一期、二期工程以及在建的唐山 LNG 接收站三期工程在 LNG 储罐抗压环安装实际情况，总结了抗压环安装过程中安装方法及质量控制措施，提高了抗压环安装效率和质量，减少了二次返修率，确保了施工的高效性。

关键词　LNG；抗压环；安装焊接；质量控制

LNG 储罐大部分位于海边，且抗压环位于 LNG 储罐顶部，安装过程具有不可逆性，所以本文以唐山 LNG 接收站建设的 16 万立 LNG 储罐为例，对抗压环安装过程进行分析。

抗压环整体为一个圆柱形构件，由顶板、壁板、锚固件三部分组成，如图 1 所示。抗压环安装一般分为地面预制、高空组对、高空焊接三部分。

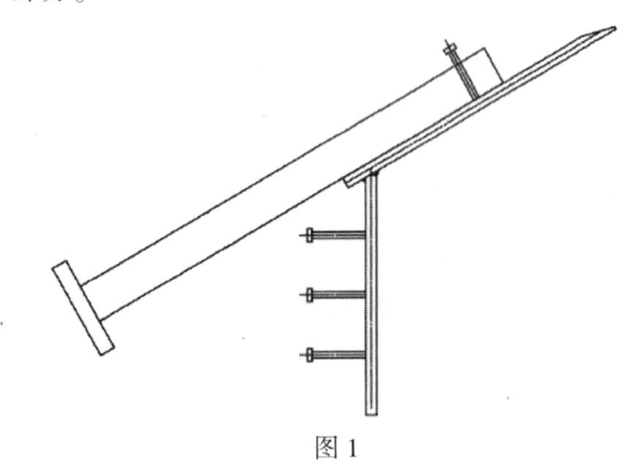

图 1

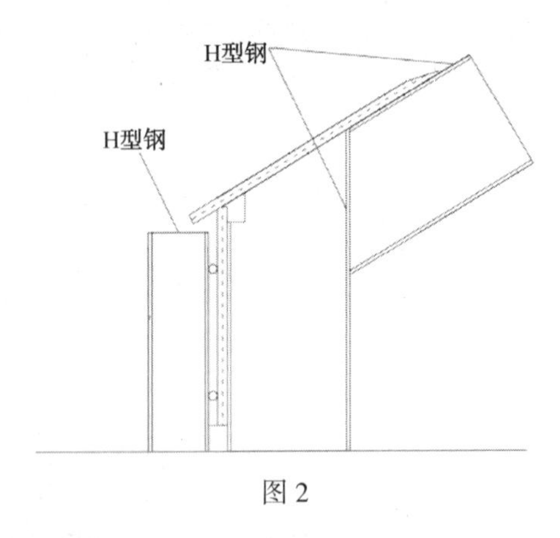

图 2

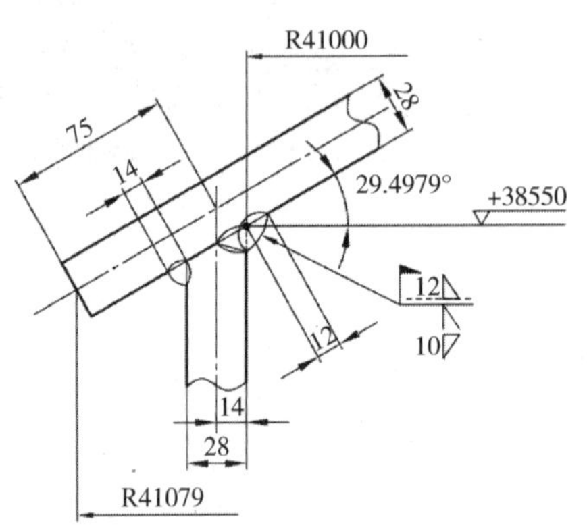

图 3

1　抗压环地面预制

在地面预制时，将抗压环分为 24 块小件。首先铺设好预制平台，在平台板上画出型钢中心在 R41000 上的中心位置，用弧度样板连成一条弧线，再焊好型钢立柱，确保立柱竖直，然后将抗压环壁板定位好在型钢立柱之间，使用斜尖打紧定位。将预制好的顶盖板放置在壁板上进行组对如图 2 示，组对间隙和角度符合图 3 要求。预制时通过图纸上的抗压环对接焊缝与抗压环纵焊缝的角度，确定抗压环盖板与壁板组对时错开 700mm；其次由于组对时存在偏差，地面预制完成后对每一块抗压环两边错开量进行测量，测量好编号记录见表 1。

表 1

抗压环序号	左侧错开量/mm	右侧错开量/mm	抗压环序号	左侧错开量/mm	右侧错开量/mm
1	695	698	13	700	698
2	698	700	14	698	701
3	699	702	15	701	701
4	701	698	16	697	696
5	699	701	17	697	698
6	698	701	18	697	695

续表

抗压环序号	左侧错开量/mm	右侧错开量/mm	抗压环序号	左侧错开量/mm	右侧错开量/mm
7	699	702	19	698	700
8	702	701	20	702	699
9	699	699	21	700	698
10	701	703	22	701	699
11	701	699	23	696	698
12	698	701	24	697	700

2 抗压环高空组对

吊装就位采用位于储罐 2 侧的塔吊进行吊装就位，在塔吊工况不满足吊装条件的位置采用 1 台 150 吨履带吊进行吊装就位，并利用外罐混凝土墙体施工用内外悬挂平台进行抗压环的组对及焊接工作。吊装前根据上述表 1 数据制定抗压环就位排版图（见图 4），再根据排版图确定吊装顺序，保证抗压环焊缝间隙均匀分布。吊装就位后检查抗压环壁板垂直度，合格后将抗压环与钢支架进行固定，之后检查抗压环壁板外侧标记线，确认与钢支架一致；其次检查确认抗压环壁板边缘与混凝土墙标记线一致。高空组对完毕后，使用全站仪对抗压环半径进行测量以控制偏差。

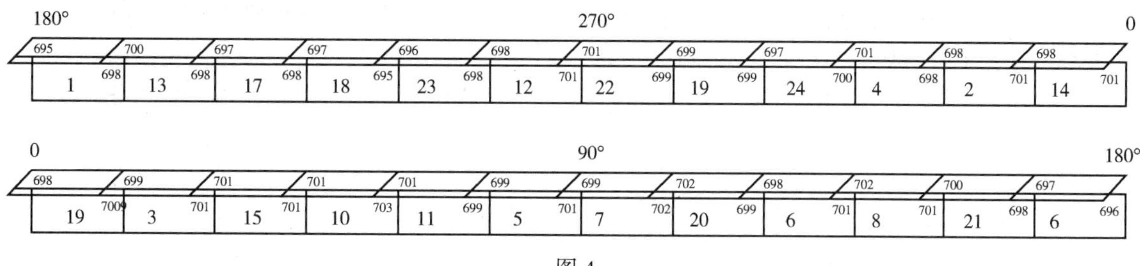

图 4

3 抗压环高空焊接

高空组对完毕后，抗压环安装进入焊接阶段。焊接时首先抗压环与预埋件要求满焊，然后焊接抗压环顶板对接缝及壁板纵缝时由下向上焊接；顶板对接焊缝上端板厚逐渐由 28mm 变为 6mm，为保障顶端焊接质量，避免收弧气孔产生，需加设收弧板（见图 5）；顶板对接焊缝上表面焊接后在下表面清根后焊接。焊接完毕后，抗压环焊缝需按设计要求进行无损检测。

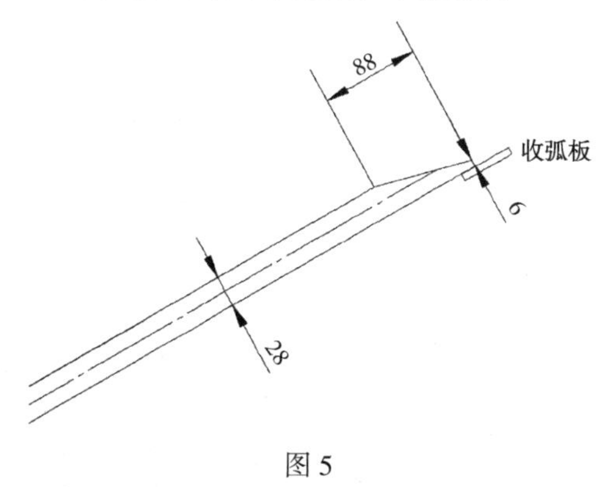

图 5

4 常见质量问题及处理

4.1 安装过程中尺寸控制

（1）预制时壁板与盖板之间焊接后存在一定收缩，导致高空组对时两块抗压环之间焊缝间隙过大或过小，因此组对前对每一块抗压环进行测量，精确控制抗压环壁板与顶盖板两端错开量，通过比对对其进行编号排版，最大程度减小预制过程产生的偏差影响后续的安装组对质量，同时留下两块预留板控制安装间隙，保证高空组对时半径符合要求，焊缝分布均匀。

（2）高空组对时施工状况复杂，与土建单位可能产生施工碰撞。

为避免抗压环锚固板与罐壁混凝土墙体碰撞产生二次切割，结合其他工程施工经验，采取先组对抗压环，再安装锚固板。

4.2 焊接过程中质量控制

（1）质量风险识别

抗压环位于 40 米高空，海风大，空气湿度较高，焊接作业质量控制难度较大。本工程施工前积极分析、识别质量风险，风险如下：

a. 抗压环对接焊缝及引弧板打磨不彻底，坡口氧化皮、铁锈未清理干净，焊接时容易出现气孔。

b. 抗压环高处组对，个别焊缝间隙、错边量控制不到位，可能导致根部未熔合以及表面咬边现象。

c. 现场高空风速较大，难以搭设防风挡雨棚，焊接时容易产生气孔。

d. 碳弧气刨后，氧化层未彻底清理，会导致根部未熔。

e. 抗压环端头引弧板焊接不规范，打磨不彻底，易产生起弧、收弧气孔。

（2）质量控制措施

针对以上风险，采取以下措施降低风险：

a. 焊接前对坡口及两侧的铁锈、油漆和火焰切割时留下的氧化皮和渣物进行打磨处理。

b. 风速超过 8m/s 时，配备简易防风棚。

c. 焊接时使用 φ3.2mm 焊条，选择合理的电流参数，焊接时焊工配备角磨机，对焊过程中出现的缺陷及时处理。

d. 立焊起弧和平、仰焊收弧时点焊引弧板，焊后切割打磨平整。根部焊缝用气刨清理干净后，坡口需保证 V 字型，且 PT 检测合格方可进入下一步工序。

e. 对焊缝两侧和两端拍片范围内的焊疤及引弧板也应及时补焊打磨并检查是否存在缺陷。

5 结语

通过对唐山 LNG 接收站 3 期工程 4 台 LNG 储罐抗压环施工的总结，提出了抗压环施工在地面预制、高空组对、焊接管理三个过程的常见问题及相应对策，采用上诉措施有利于抗压环安装质量控制，减少了质量风险，加快了施工效率，减少了返工。

参 考 文 献

[1] BS EN 14620：2006 现场组装操作温度介于 0℃ ~ −165℃的立式圆筒平底低温液化气钢制储罐的设计和建造.

[2] SHT 3537−2009 立式圆筒形低温储罐施工技术规程.

双金属 LNG 储罐与混凝土外罐 LNG 储罐安装工程造价差异分析

魏 闯 杨启辉 张景强

（中国石油天然气第六建设有限公司）

摘 要 单罐罐容为 8 万 m^3 的双金属 LNG 储罐是国内最大的双金属 LNG 储罐，实现了自主知识产权技术应用的新突破。该型储罐在国内外工程公司并没有实施的先例，本文结合现场施工经验，通过与混凝土外罐 LNG 储罐安装工程进行对比讨论，对双金属 LNG 储罐造价进行了简要分析。

关键词 双金属 LNG 储罐；混凝土外罐 LNG 储罐；LNG 储罐造价；定额

1 双金属 LNG 储罐与混凝土外罐 LNG 储罐简介

国内大型 LNG 接收站内的 LNG 低温储罐常见单罐容积规格有 10 万 m^3 LNG 储罐、16 万 m^3 LNG 储罐、20 万 m^3 LNG 储罐，其主要由金属内罐、预应力混凝土外罐、外罐内侧衬壁、外罐热角保护系统、内外罐之间保冷系统及罐本体工艺系统组成。内罐由 Ni9 钢内罐壁板、Ni9 钢内罐底板及铝吊顶等组成；外罐由混凝土底板、预应力混凝土壁板、预应力混凝土罐顶板组成；储罐爆冷由罐底保冷、罐壁保冷、灌顶保冷等组成，其主要保冷材料有泡沫玻璃砖、膨胀珍珠岩、玻璃棉毡、弹性毡等；热角保护系统主要由材质为 Ni9 钢板、保冷及二次地板等组成；外罐内侧衬板为碳钢衬里板。

为降低 LNG 储罐建设的成本，提高整体经济效益，掌握新工艺、新技术，LNG 储罐建设已获得新突破。目前，国内已完成建设容积最大的双金属全包容 LNG 储罐，其规格为 8 万 m^3 双金属 LNG 储罐，它的施工工艺和技术特点区别于其他 LNG 储罐，涉及多种新技术、新工艺、新材料，具有极其长远建设意义。8 万 m^3 双金属 LNG 储罐内外壁均为金属结构，其主要由金属外罐、金属内罐、外罐热角保护系统、内外罐之间保冷系统及罐本体工艺系统组成，外罐由材质为 16MnDR 顶板、底板、抗压环和材质为 06Ni9DR 壁板、加强圈等组成，内罐由 06Ni9DR 壁板、底板、加强圈等组成，内外罐之间保冷系统及罐本体工艺系统与混凝土外罐的 LNG 储罐大致相同。

2 双金属 LNG 储罐施工管理

2.1 双金属储罐安装

双金属 LNG 储罐施工工装制作种类繁多且复杂，工装的制作工作量大，需要较大的工装材料。06Ni9 钢材焊接要求高，焊接量大，外罐内罐壁板横缝和立缝要求 100%射线探伤，对焊接质量要求高要投入足够的具有储罐施工经验的焊工及先进的焊接设备才能保证焊接质量及施工工期。

LNG 储罐安装作为 LNG 液化气储配站工程的主线施工任务需对储罐安装进行全面分析策划，在管理方法上与业主、监理单位共同配合，采用 P6 项目管理软件，编写项目计划，对项目进度、工程量进行科学分析，使工程项目管理得以标准化、规范化、科学化，提高工程数据统计的准确性。

2.2 双金属 LNG 储罐与混凝土外罐的 LNG 储罐安装差异

双金属 LNG 储罐与混凝土外罐的 LNG 储罐安装施工存在较大差异，经过现场施工探索与施工经验总结，其存在差异情况大致如下：

a）8 万 m^3 双金属储罐增加锚带箱的制作安装工作，增加锚带箱安装为设计优化，单台罐增加锚带箱 128 个，锚带箱体材质为 S30408 单重 101kg，锚带材质为 06Ni9DR 单重 46.35kg，单个锚带箱焊件数量 8 件，因焊件材质特殊，焊接工艺要求较高，增加焊接难度。

b）8 万 m^3 双金属储罐增加地脚螺栓座的制

作安装工作，单台罐增加160个，地脚螺栓座材质为06Ni9DR，单重56kg，单个地脚螺栓座焊件数量5件，因焊件材质特殊，焊接工艺要求较高，增加焊接难度。

c）8万m^3双金属储罐拱顶板厚度8mm，16万m^3混凝土外罐LNG储罐拱顶板厚度6mm，8万m^3双金属储罐拱顶拱高设计较高，施工操作困难，8mm厚顶板增加底部花焊，盖面焊接，而16万m^3混凝土外罐LNG储罐不需增加此部分工作．

d）8万m^3双金属储罐抗压环厚度为54mm，现场下料、打坡口，抗压环需要场外滚弧，焊接工作量为12层60道焊口，而20万立LNG储罐抗压环厚度为35mm焊接工作量为7层16道焊口，工作量相当于20万立储罐抗压环施工的3.75倍。

e）8万m^3双金属储罐抗压环与拱顶板连接处增加30mm厚的过渡板，需切大坡口，卷弧，以对接形式焊接，增加焊接难度，需在气顶升后安装，增加两圈焊缝，且在拱顶上组对安装，造成了高空作业。

3 双金属LNG储罐造价分析

因大型双金属LNG储罐在LNG储罐序列中为新型储罐，在石油造价定额中未进行汇编，造价工作就需在施工过程中逐步探索，获得相关数据进行整理编制，在2013版石油定额中低温LNG储罐册已对成熟的罐容量为16万m^3的混凝土外罐进行了定额汇编，借此可参考16万m^3储罐进行合理造价。

3.1 双金属LNG储罐与混凝土外罐LNG储罐相似之处有：

外罐底板、内罐底板、热角保护壁板、内罐壁板，双金属LNG储罐外罐壁板和内罐壁板与混凝土外罐LNG储罐内罐壁板大致相同，加强圈、吊顶吊杆、拱顶梁板、储罐附件及罐顶接管等均为相似结构，以上提及的储罐安装工程造价可借鉴2013版石油定额中低温LNG储罐安装定额。

3.2 针对双金属LNG储罐与混凝土外罐的LNG储罐安装差异造价分析：

a）锚带箱的制作安装：依据锚带箱的结构形式、主体材质及工程量可以了解到锚带箱近似于小型金属构件构件制作安装，可借套金属构件>50kg的小型金属构件制作安装子目，相应调整焊材类型，在定额套项后需对预算费用进行核算，对锚带箱的制作安装中人材机的工程量进行统计依据实际消耗费用进行统计与之对比。

b）地脚螺栓座的制作安装与锚带箱的制作安装类似，因低温储罐的工艺要求高的因素，地脚螺栓座组成构件需机加工下料，此部份费用单独计取，在现场制作安装中与锚带相同套用小型金属构件制作安装子目。在定额套项后也需对预算费用进行核算，对地脚螺栓座的制作安装中人材机的工程量进行统计依据实际消耗费用进行统计与之对比。

c）拱顶板制作安装的最大差异是人工与机械的投入，以某项目为例：拱顶梁总重294.413吨，到货形式为单梁整批到货，需要在现场组装焊接；筋板连接板、加强板均为现场焊接。拱顶板：拱顶板总重200.385吨现场下料、滚弧、打坡口；拱顶板安装与拱顶梁错位，焊接时增加垫板；增加现场预制，顶板下部全部花焊，增加4000米焊缝；根据现场施工统计，拱顶梁和拱顶板组装成拱顶块共消耗焊工810个工日，铆工530个工日，普工650个工日；后期拱顶梁的96根梁需要在场内割断，待升顶后焊接，增加了高空作业及焊接工程量，增加二次作业。根据现行市场综合人工雇佣价格600元（全费用），定额工日单价64.58进行折算，一个人工折算近9.3个综合工日，总计综合工日18507个，工程量为495吨的制安工程量综合工日17485个（拱顶梁到货状态为单梁形式，不需深度预制）可看出拱顶板制作安装人工投入以超出定额给定人工工日，因定额子目属借套形式，人工机械等乘以一定系数作为补充。

d）抗压环制作安装：抗压环厚度较厚，滚弧工作需外委加工此部分费用单独计取，在施工过程中，抗压环需全部液化气预热，焊接温度达到150度以上，焊工作业效率降低；且每道焊缝均需100%RT检测，焊接质量要求高，后期返修施工难度大，增加人工；制作过程中，增加抗压环预制胎具5座，组对抗压环时需打背杠固定及斜撑固定；抗压环安装时需在储罐外侧增加临时架台且需使用120T吊车吊装组对；投入成本较高，并且施工焊把线均需接至罐顶。以上提及的增加措施费用单独计取，在预算编制过程中根据现场施工情况结合实际的人工机械投入对定额子目进行测算，完成合理的费用预算。

e）过渡板的费用预算和前两项大致相同，在施工过程中注意数据的收集整理，为今后的造价提供合理的依据。此处不在详细说明。

4 总结

以上讨论中围绕双金属 LNG 储罐与混凝土外罐 LNG 储罐的区别之处进行了综合性的分析，LNG 建设工程是非常复杂的，工程设计相对自主化、合理化，国内 LNG 行业发展趋势向好，储罐规模越来越多样化，施工经验越来越丰富。合理的管理方法、合理的人员配置、机械投入，以及宝贵的施工经验的积累，将会加快促进 LNG 储罐定额的修编工作，完善 LNG 储罐定额库，从而规范 LNG 储罐的造价工作。

LNG 混凝土外罐施工中 DOKA 模板安装精度的控制

孙宇航　蔡国萍　刘　阳

(中国石油天然气第六建设有限公司)

摘　要　DOKA 模板因其灵活轻便、操作简单、承载力高、安全性好，在国内外 LNG 储罐施工过程中得到了广泛应用。在大型 LNG 储罐施工过程中，罐壁混凝土的施工多采用 DOKA TOP50+150F 爬升模板系统，模板安装的质量对施工后混凝土的质量有直接影响，因此提高 DOKA 模板的安装精度，对 LNG 储罐施工质量的提高意义重大。现结合工程实例，浅谈在 LNG 混凝土外罐施工中如何提高 DOKA 模板的安装精度。

关键词　混凝土；DOKA 模板；施工；LNG 储罐；安装精度

1　工程概况

LNG 预应力混凝土全包容储罐，由钢质内罐和混凝土外罐组成。混凝土外罐主要由桩承台、混凝土罐体以及混凝土穹顶三部分组成。墙体内预应力管道纵向、环向布置，LNG 储罐外罐采用后张法预应力施工，混凝土采用 C50 抗低温混凝土，罐壁内侧主要采用进口低温钢筋，外侧为常温钢筋。模板采用 DOKA 150F 爬升模板系统，该模板体系由 DOKA 公司设计，我方现场组装。

2　LNG 外罐施工中 DOKA 模板的精度要求

2.1　模板地面组装阶段

表 1

项　目	允许偏差	项　目	允许偏差
模板平整度	2mm	两条对角线长度	3mm
几何尺寸	-2mm	模板拼缝间隙	1mm
模板表面弧度	±2mm	拼缝处高低差	1mm

2.2　模板墙体安装阶段

表 2

检查项目	允许偏差
模板垂直度	3mm
圆度偏差(每施工带)	±30mm
截面尺寸	±2mm

3　模板地面组装及安装过程影响精度原因分析

3.1　地面组装阶段影响精度的原因分析

(1) 技术人员缺乏 DOKA 模板的组装经验，厂家提供的组装图不熟悉，技术交底不具体、未结合实际、针对性差，不仅造成现场模板组装精度不足，也容易造成返工，降低施工效率。

(2) 质检人员检查不及时，未能及时发现问题。

(3) 工人及管理人员思想不重视。在施工中经常存在因催工期而造成模板组装时为加快进度对施工质量进行放松

(4) 木工技术不熟练，缺乏 DOKA 模板施工的经验。

(5) 木工台式电锯，设备老旧检修不及时，易造成造型木加工偏差过大，进而影响模板拼装的弧度。

(6) 进场的模板面板精度不够，厂家模板面板加工尺寸厚度偏差较大，易造成模板拼缝处缝隙过大、错台，影响模板施工质量。

(7) 组模平台制作安装精度不够。

(8) 进场的 DOKA 构配件精度不够、开孔偏差大或运输中变形，这将直接影响到模板的组装精度。

(9) 造型木加工偏差，造型木加工的弧度直接影响到 DOKA 模板面板的弧度，造型木加工时弧度未按图纸施工或加工精度不够，对后续模板的组装精度有较大影响。

图 1

图 2

3.2 模板墙体安装阶段影响精度的原因分析

(1) 测量设备精度不够，测量人员经验不足。在模板墙体安装阶段，全站仪使用较为频繁，需要用全站仪测半径的方法来控制模板的安装半径及安装垂直度，全站仪的精度及测量作业的精度直接影响模板安装精度；拱在顶块吊装之后，需要测量人员重新引中心点，中心点位置的偏差，会造成模板安装精度的降低。

(2) 模板安装方法不当，未按厂家要求安装或安装顺序不合理，不仅影响模板安装的精度，也容易造成模板构配件受损。

(3) 施工组织安排不合理，工期要求紧，组织欠佳，盲目追求进度，造成施工质量的下降。

(4) 质量检查制度不健全或落实度到位，施工前未建立有效的质量管理体系及检查制度，施工中质检不及时。

(5) 天气炎热或雨天施工，施工环境差，造成工作人员为尽快完成工作任务施工粗糙。根据现场实测，在夏季炎热天气，DOKA 模板面板的表面温度能达到 50°C 以上，对拉杆安装施工时需要工人进入到模板内侧，高温对工作人员的身心健康影响较大。

(6) 两块大模板间连接件使用错误造成模板安装的弧度偏差。现场使用的模板间连接件共四种，一种为两节钢围檩间直连接板，一种为内模专用，一种外模专用，一种为扶壁柱角模与大模板连接专用，外观相近，易混淆。

(7) 对拉杆收拉过松或过紧造成模板安装精度不足。对拉杆收拉不到位，锥形螺母未顶到模板，内外模安装间距过大，不仅会造成浇筑后的混凝土尺寸变大，还会造成锥形螺母埋入墙体，拆卸困难。对拉杆收拉过紧，内外模安装间距过小，不仅会造成造成模板变形，还会造成浇筑后的混凝土尺寸变小。

图 3

（8）扶壁柱角模加工尺寸偏差造成与大模板连接后模板挤压变形，易导致扶壁柱角模凹凸不平，影响模板安装精度。

（9）配合工种责任心不强，钢筋或垫块安装偏差，下层墙体打磨不到位。钢筋或垫块安装偏差，会影响到模板安装时模板位置的调整；

4 提高DOKA模板的安装精度的方法

4.1 DOKA模板地面拼装过程中提高精度的方法

（1）在施工前技术人员要认真熟悉图纸及厂家施工说明书，与实际相结合，做好技术交底工作，在施工中针对出现的问题再次进行交底。

（2）质检人员应进行专项培训，熟悉模板拼装中的各项要求，及时进行检查，班组内也要做好自检，认真落实好三检制。每一道工序必须经验收合格后才能开始下道工序。

（3）对工人和管理人员进行培训，并建立质量奖罚制度，并定期召开质量分析会。合理安排工期，避免因工期赶工期造成施工质量降低。

（4）联系厂家到现场对工人及管理人员进行培训，施工时及时邀请厂家到现场指导安装，并在厂家的指导下制作标准件；现场组织木工学习DOKA模板施工方法，并对木工队伍分组进行评比，严格质量奖罚做到奖优罚劣。

（5）组模使用的设备及时检查维护，发现异常及时维修或更换。

（6）对进场的模板的厚度、质量进行验收，模板厚度允许偏差±2mm，发现不合格的及时处理或更换。在现场使用时根据实际情况，尽量选择厚度和长度接近的模板拼在一起，也可根据实际情况将模板上下调换位置或将模板掉头使用。

（7）组模平台施工前按要求将地面硬化，安装完成的组模平台要牢固，稳定，组装平台平整度要求±5mm，组装平台周围必须钉靠山，方便木工字梁安装，保证木工字梁安装精度（图4）。

（8）对进场的DOKA构配件及时进行验收，不合格的及时退换。

（9）造型木加工严格按图纸尺寸画好线，并制作模具或标准件进行加工，加工完成后认真验收，不合格的禁止使用。造型木弧度允许偏差±2mm；造型木长度允许偏差±5mm；

图4

图5

4.2 DOKA模板墙体安装过程中提高精度的方法

（1）测量设备要有合格证和鉴定报告，模板安装时边测量变调整，施工前在内模板上下位置贴上反光片，每个模板两组，施工时在罐中心通过用全站仪测半径的办法，来保证模板的安装半径和垂直度，发现问题，及时通过调节模板后的剪刀撑来调整模板的垂直度。拱在顶块吊装前，在墙体上标注0°，90°，180°，270°角度线，拱顶块吊装之后，重新引出中心点，并用墙体上的方位线校正。

图6

（2）模板安装时按说明书及厂家要求安装，混凝土浇筑前检查对拉盘拉紧情况，严禁用模板去矫正钢筋。

（3）科学合理安排工期，每道工序施工完成后都要验收合格再进行下一道。

（4）建立健全质量管理体系及检查制度，认真落实好三检制，发现问题及时整改。

（5）合理安排工作时间，天气炎热或雨天施工时，做好防暑防雨措施。

（6）对于两块大模板间连接件使用错误造成模板弧度偏差的问题，现场施工前对连接板分类并用油漆笔标出用途位置，并对工人进行较低，防止使用错误。

（7）对于内外模板安装间距过大或过小的问题，施工拉紧对拉杆时，在上平台上安排专人逐个查看锥形螺帽是否贴到模板或是否收拉过紧，并用钢卷尺或截好尺寸的木方量模板间距，边检查边及时通知中平台上拧紧对拉盘的工人按要求逐个调整。

（8）对于扶壁柱角模加工尺寸偏差造成与大模板连接后模板挤压变形的问题，扶壁柱模板加工时严格 DOKA 模板组装图中角模加工图尺寸加工，加工完成后检查验收，发现问题及时处理。

（9）针对配合工种责任心不强，钢筋或垫块安装偏差，下层墙体打磨不到位。钢筋或垫块安装偏差，影响到模板安装的问题，现场对工人做好交底，模板施工前认真检查钢筋、垫块施工质量及下层墙体打磨情况，验收合格后再进行模板安装。

5 结束语

DOKA 模板因其性能稳定、功能完备、安拆快捷、组合性能强、适用性广、过程用工少等特点，将会在混凝土储罐项目施工中得到越来越广泛的应用。目前，国内 LNG 建设进入了一个快速发展的黄金时期，因此，研究如何提高 DOKA 模板的施工精度，对后续项目的施工有较大意义，希望本文对提高 DOKA 模板的施工精度有所帮助。

大型薄膜罐抗压环施工工序及控制要点

王　军　刘会升

（中国石油天然气第六建设有限公司）

摘　要　液化天然气储罐是天然气储运中非常重要的一个环节，近年来LNG储存的方式及安全可靠性成为现在越来越多的建造企业共同的难题，储存量大、储存安全、适用性强的LNG储罐收到了众多企业的追捧，现如今单包容罐、双包容罐、全包容罐都以其相应特点得到了广大的应用，新型的薄膜型储罐因其在造价、工期和技术上的优势已经在国外广泛采用，而国内尚未有投产应用先例，以天津南港在建的22万m^3薄膜罐为例，其抗压环与以往9%镍钢LNG储罐不同，整体结构形式为56边形结构，如何控制抗压环制造安装质量，成为薄膜罐抗压环施工重点。

关键词　薄膜罐；抗压环；预制安装；焊接控制

1　引言

天然气作为一种优质、高效、方便的清洁能源和化工原料，具有巨大的资源潜力，近年来以习近平总书记的党中央提出的一带一路战略也对天然气产业的发展提供了更大的契机。LNG接收站中的主要结构位码头卸料，LNG存储、工艺处理及外输，而这其中承担存储任务的LNG储罐在工程建设中工期长、技术先进，一直作为整个工程的关键路径进行管理。较之常见的9%镍钢全容储罐，薄膜罐在技术、施工、造价、安全性、节能降耗等方面具有较大优势。国内天津南港2座大型薄膜罐正在进行建造，单座容积22万m^3，目前已完成气顶升工作，22万m^3LNG薄膜罐主要由混凝土外罐、绝热系统、薄膜内罐和其他附件组成，其结构形式见图1。下文以天津南港2座薄膜罐为例，阐述薄膜罐抗压环施工工序及控制要点。

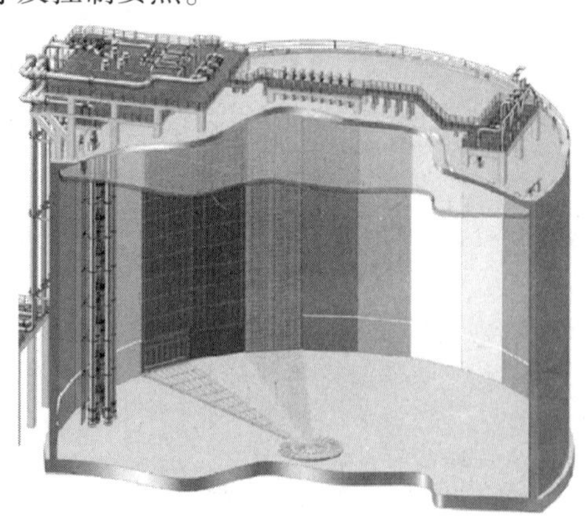

图1　薄膜罐结构

2　抗压环参数

薄膜罐拱顶抗压环安装位于混凝土罐体圆周内壁标高43085mm（薄膜储罐）处，主要由抗压环主体、锚固板，以及抗压环钢支架等组成，抗压环参数见表1。

表1　抗压环参数

序号	名称	材质	单位	数量	焊接量/m
1	抗压环主体	16MnDR	块	56块立板和42块盖板	对接焊（T=35）98 内角焊缝（h=12）272.89 外角焊缝（h=18）272.89
2	锚固板	16MnDR	块	224	角焊缝（h=17）
3	端板	16MnDR	块	224	角焊缝（h=17）
4	抗压环钢支架	Q235-B	根	112	角焊缝

3　抗压环施工工序

抗压环下料→抗压环地面预制→钢支架定位测量与安装调节→抗压环吊装、组对、焊接

4　抗压环下料预制

（1）根据施工图纸，利用数控切割机进行抗压环的盖板、立板下料，抗压环下完料后要求对其尺寸进行测量检查；考虑对接焊缝焊接时的收缩量，立板及盖板下料时长度增加2mm，使其

立板对接缝焊接收缩后立板边长仍与混凝土罐壁边长相符(混凝土内壁也为56边形)。

(2) 抗压环地面组队预制前应完成预制胎具的制作，使用CAD绘制胎具图纸，应保证胎具立板对接缝角度及立板与盖板角度与图纸相符，预制好胎具后检查胎具角度。抗压环胎具见图2。

图2　抗压环胎具

(3) 抗压环在胎具上进行抗压环的组装，组装完成后对抗压环立板与盖板角焊缝的角度及立板对接缝角度进行测量检查，确认无误后进行角缝封底焊及对接锋焊接；为防止角焊缝焊接变形，需焊接固定斜撑，每组抗压环安装7根L=1300mm的斜撑，见下图3，且均匀分布。

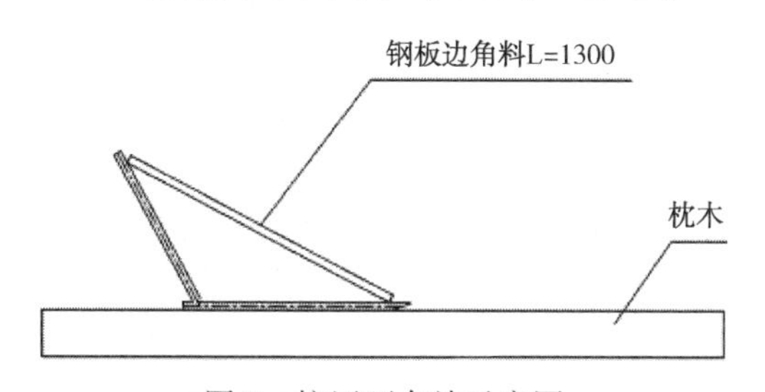

图3　抗压环存放示意图

(4) 薄膜罐抗压环共计预制组装成28组，根据图纸合理分为二块立板+二块盖板及二块立板+一块盖板各14组，每组抗压环做好编号及焊缝信息标识。

(5) 将组对好的抗压环吊装移位至存放场地，拆除固定斜撑，利用手工焊完成余下角缝焊接工作，对角缝进行外观检查和PT检测，见下图4。

(6) 抗压环角焊缝焊接过程中，由于焊接收缩，需不间断地对焊脚高度及抗压环角度进行检测，详见图5。

图4　抗压环焊接

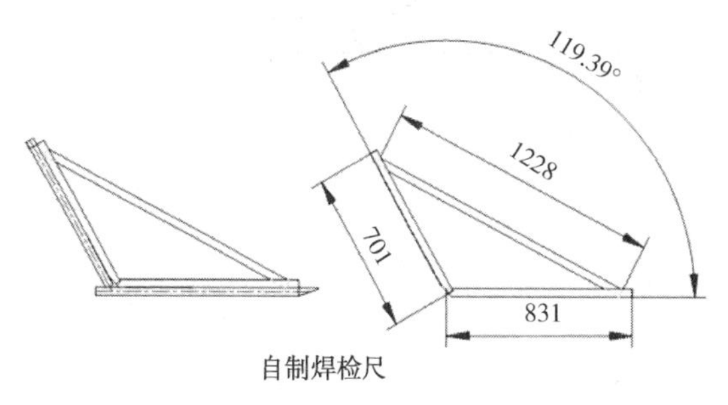

图5　焊缝角度检查

5　抗压环罐顶安装

(1) 抗压环吊装前完成F钢支架的安装工作，钢支架安装完成后测量安装半径偏差，并根据半径偏差确定抗压环与钢支架连接板的下料宽度，确保抗压环安装半径；另外钢支架上的支撑槽钢焊接前应使用全站仪测量标高，即槽钢上表面为抗压环立板下口的标高。

(2) 预制完成的抗压环选用150T汽车吊进行吊装组对，吊装前使用全站仪测量出安装基准点，抗压环共计28组，为方便控制定位，每一组的安装方位都应测量标记。

(3) 每组抗压环吊装就位后，调整好安装半径、角度及对接缝间隙，然后将抗压环与F支架进行焊接固定。抗压环吊装见图6。

图6　抗压环吊装

（4）抗压环对接缝之间安装立缝组对卡具，利用这些卡具来进行焊缝间隙、错边量、棱角度及垂直度的调整，所有抗压半径及垂直度调整合格后进行抗压环立板焊缝的焊接。

（5）拱顶气顶升后进行拱顶板与抗压环焊接，焊接完成后进行真空试漏，并对抗压环顶部锚栓进行安装焊接。

6 抗压环焊接控制

（1）焊接方法及焊接材料选择见表2。

表2 焊接方法及材料

构件名称	材质	规格	焊接方法	焊接材料
抗压环	16MnDR	对接（T=35mm）	SMAW	CHE507RH
	16MnDR	角缝（预制）（h=12mm）	SMAW	CHE507RH
	16MnDR	角缝（安装）（h=18mm）	SMAW	CHE507RH

（2）抗压环焊接工序

制作胎具→立板与盖板拼装→焊前打磨→焊前预热→抗压环打底层焊接→打底层检测→抗压环填充盖面层焊接→焊缝表面PT检测→锚固件与端板单独预制好→抗压环螺柱进行焊接→锚固件与抗压环立板焊接→抗压环安装缝焊接→抗压环立板与盖板预留角焊缝焊接→抗压环与拱顶板角焊缝。

（3）抗压环由立板和盖板组成，预制主要为抗压环立板和盖板角焊缝的焊接，焊接过程主要为控制焊接变形。

（4）焊前用砂轮机将坡口及坡口20mm范围的的氧化层、油污、铁锈打磨干净。

（5）定位点焊：作为正式焊缝组成部分的定位焊缝必须完全焊透，并且熔合良好，定位焊缝不得有裂纹，否则必须清除重新焊接，如有夹渣、气孔时，也必须去除，不能存在缺陷，保证底层焊道成型良好，减少应力集中。正式焊接时，起焊点在两定位焊缝之间。定位焊缝的长度、厚度和间距，必须保证焊缝在正式焊接过程中不致开裂。在打底焊道焊接前，对定位焊缝进行检查，发现缺陷必须完全去除掉，才能进行施焊。定位焊缝的长度、厚度和间距的要求见表3。

表3 定位焊缝的长度、厚度和间距

焊件厚度/mm	焊缝厚度/mm	焊缝长度/mm	间距/mm
35	5-8	10-50	250-400

（6）抗压环焊接前预热温度应高于40℃，预热范围坡口两侧不小于焊缝宽度的3倍，预热范围200mm内用保温棉进行保温。焊接过程中最低道间温度不低于预热温度，层间温度不得超过350℃。当环境温度无法满足焊接要求时焊前预热及道间温度的保持采用火焰加热法，并用红外线测温仪进行测量监控。

（7）打底焊接采用分段跳焊的方式，焊300mm跳300mm，层间接头和道间接头错开不小于50mm。

（8）每一层的焊缝必须一次连续焊完，若中间间断再次焊接容易造成接头位置应力集中，造成裂纹。

（9）若焊工临时停止施焊，造成焊缝温度低于预热温度，再次进行加热后，才允许进行焊接作业。

（10）立板与盖板的角焊缝两侧预留500mm不焊（见图7），留作收缩，待安装缝焊接完成后，再进行预留收缩焊缝的焊接。

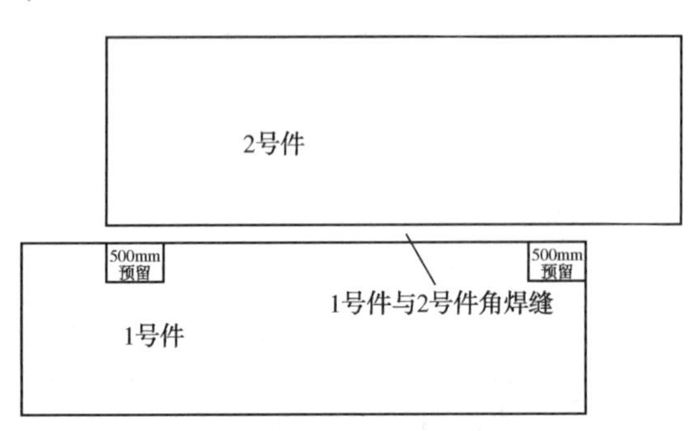

图7 预留角焊缝

（11）抗压环盖板端头焊接时，必须加引弧板，而且在焊接过程中严禁在母材上引弧，引弧可以在引弧板上或者在焊道内引弧，在焊道内引弧时，如有缺陷要将缺陷去除掉再进行焊接。

（12）焊接小坡口侧前需要对打底层进行清根处理，采用碳弧气刨清根时需清除表面碳化层2mm左右，清根完成后经质检人员确认合格后进行清根层渗透检测，严禁不经过渗透检查直接进行小坡口侧焊缝填充。

（13）当焊道宽度超过焊条直径2.5倍时，要进行排道焊接，排道要均匀布置。

（14）焊接完成后对焊缝表面进行修磨，将焊缝表面打磨干净，将存在的缺陷去除掉，然后表面进行渗透检测。

7 结论

通过以上方式，在实际施工生产中，薄膜罐抗压环施工满足设计及相关规范要求，无损检测合格率达到99.5%，施工效率满足现场的要求，为后续施LNG薄膜罐施工提供宝贵经验，目前该项目已完成薄膜罐气顶升工作，将全面进入内罐施工阶段，作为陆上LNG薄膜罐建设领域的先行者，将持续深化各方合作，加大科技创新力度，致力于填补国内薄膜罐技术领域空白。

参考文献

[1] 高健富，高炳军，靳达，李娜，宋明，傅建楠. LNG储罐罐体结构与载荷的关联性[J]. 油气储运，2019，38(3)：0321-0327.

[2] 黄献智，杜书成. 全球天然气和LNG供需贸易现状及展望[J]. 油气储运，2019，38(1)：0012-0019.

[3] 王莉莉，付世博，乔宏宇，孙伟栋，李栋，吴国忠. 立式储罐静力分析的简化有限元模型[J]. 油气储运，2021，40(1)：0051-0057.

[4] 林现喜，杨勇，裴存锋. 基于风险管控的LNG槽车安全管理体系及其实践[J]. 油气储运，2021，40(5)：0590-0595.

[5] 周宁，陈力，吕孝飞，李雪，黄维秋，赵会军，刘晅亚. 环境温度对LNG泄漏扩散影响的数值模拟[J]. 油气储运，2021，40(3)：0352-0360.

[6] 远双杰，孟凡鹏，安云朋，谭贤君，董平省，孙立刚，崔亚梅，张效铭. LNG接收站工程中外输首站的设计及优化[J]. 油气储运，2020，39(10)：1178-1185.

[7] 单彤文，陈团海，张超，彭延建. 爆炸荷载作用下LNG全容罐安全性优化设计[J]. 油气储运，2020，39(3)：0334-0341.

[8] 戴政，肖荣鸽，马钢，曹沙沙，祝月. LNG站BOG回收技术研究进展[J]. 油气储运，2019，38(12)：1321-1329.

[9] 杨烨，李魁亮，卢绪涛，孟韩，郝勇. 大型LNG工厂夏季生产装置安全控制方案[J]. 油气储运，2019，38(11)：1282-1287.

[10] 隋永莉，王鹏宇. 中俄东线天然气管道黑河—长岭段环焊缝焊接工艺[J]. 油气储运，2020，39(9)：0961-0970.

[11] 陈祝年 焊接工程师手册 第2版 2009. 10

[12] 王震，和旭，崔忻. “碳中和”愿景下油气企业的战略选择[J]. 油气储运，2021，40(6)：0601-0608.

[13] 蒋国辉，张晓明，闫春晖，等. 国内外储罐事故案例及储罐标准修改建议[J]. 油气储运，2013，32(6)：633-637.

[14] 刘佳，陈叔平，刘福录，等. 大型液化天然气储罐拱顶应力分析[J]. 石油化工设备，2013，42(5)：19-23.

[15] 钱成文，姚四容，孙伟，等. 液化天然气的储运技术[J]. 油气储运，2005，24(5)：9. [doi：DOI：10. 6047/j. issn. 1000-8241. 2005. 05. 003].

瓦楞型铝吊顶在大型LNG储罐中的应用

魏　明

（中国石油天然气第六建设有限公司）

摘　要　瓦楞型铝吊顶结构首次应用于中石油江苏LNG项目二期工程20万m^3LNG储罐；文章介绍了瓦楞型铝吊顶设计理念、瓦楞型铝吊顶和平板型铝吊顶的结构及建设工时对比、瓦楞型铝吊顶的安装工艺、瓦楞型铝吊顶的优点和施工注意事项。

关键词　LNG储罐；铝吊顶；结构；安装工艺；对比

在国家能源战略、环境保护、经济发展形势等多重因素影响下，我国对天然气的需求不断增加，LNG作为清洁高效的优质能源，在优化国家能源消费结构、控制温室气体排放、改善大气环境等方面发挥着越来越重要的作用，LNG储罐是LNG接收站核心设备，不断提高LNG储罐的模块化和工厂化施工水平，降低作业人员的劳动强度，是企业保持核心竞争力的关键。

国内LNG接收站起步于2005年的广东大鹏LNG接收站，该站一期工程由两座有效容积16万m^3LNG全容罐组成；我国福建、上海、江苏、大连、唐山、珠海、浙江等省市已建成的LNG接收站均以此罐型为主[1]；在中国石油设备材料国产化思想主导下，LNG接收站国产化建设快速发展，中国寰球工程公司依靠自主知识产权，建造完成了11座16万m^3的LNG储罐[2]，江苏LNG项目二期工程20万m^3LNG储罐首次采用瓦楞型铝吊顶结构。

1　LNG储罐结构及铝吊顶

1.1　LNG储罐结构（图1）

1.2　瓦楞型铝吊顶

瓦楞型铝吊顶包括底部铝型材框架、上部瓦楞铝板（t=1.2mm）、连接吊杆三部分，铝型材

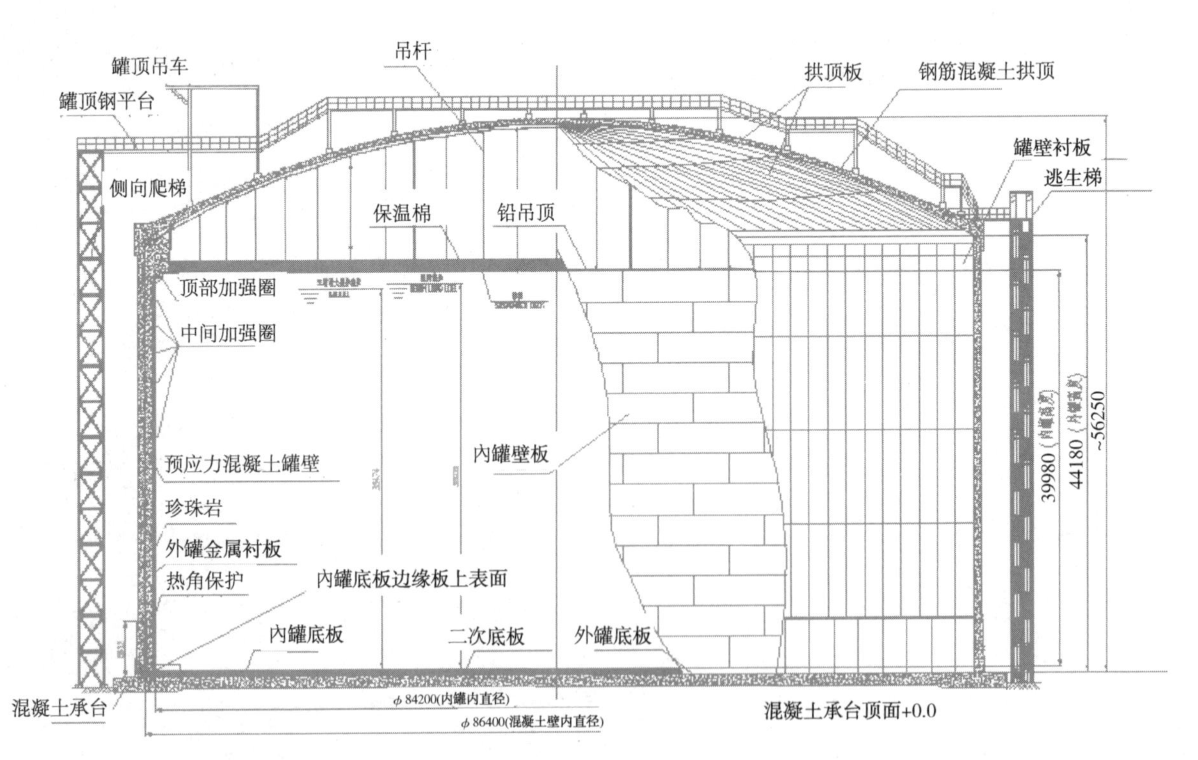

图1　LNG储罐结构示意图

框架采用不锈钢安装螺栓连接，瓦楞板采用不锈钢拉丝铆钉与型钢框架固定，瓦楞板间采用铝箔胶带密封粘贴，所有构件全部在厂家预制完成现场进行简单拼装，效果图见图 2。

图 2 瓦楞型铝吊顶结构

1.3 平板型铝吊顶

平板型铝吊顶包括底部铝板浮盘(t=6mm)、上部 13 圈铝板加强环、连接吊杆三部分，底部铝板浮盘采用铝板间搭接焊接而成，上部铝板加强环为板材对接连接成环形，底部铝板和加强环间采用 75-150mm 交错花焊，效果图见图 3。

图 3 平板型铝吊顶结构

2 瓦楞型铝吊顶的选用

2.1 瓦楞型铝吊顶的设计理念

在设计载荷下吊顶板结构能否满足强度及刚度要求：即设计载荷下不能超过最大许用应力 32.1MPa ($92 \times 0.35 = 32.1$MPa，吊顶板 B209 5083-0 的许用应力为 92MPa，搭接的焊接接头系数为 0.35)[3]，温度变化引起的载荷变化较小可以忽略不计[4]；瓦楞型铝吊顶通过采用 1.2mm 的薄铝板折边的方式增加铝板表面的承载力，在满足同条件承载上部玻璃保温棉的要求下达到减轻自身重量的目的；通过吊顶及瓦楞板合理分片实现工厂化预制，现场模块化拼装，以射钉的方式代替传统的焊接，降低现场作业人员的劳动强度，缩短 LNG 储罐的建造工期。

2.2 结构对比

以 16 万 m^3LNG 储罐为例，各部位工作量对比见表 1。

2.3 建设工时对比

以 16 万 m^3LNG 储罐为例，两种吊顶结构建设工时对比见表 2。

通过对比可以看出，瓦楞型铝吊顶现场建设工时比平板型铝吊顶节省了 3890h，瓦楞型铝吊顶由于采用拉丝铆钉固定，施工过程中投入的高技能铆工和铝焊工的人员大幅减少；以 20 万 m^3 LNG 储罐为例：采用瓦楞型铝吊顶结构可节省材料费用约 170 万元；单位面积上的铝材消耗量减少 41%，不锈钢材料消耗量减少 23%；施工工期约 30 个工作日、减少焊接长度约 6200m、减少穹顶受力 610kN[2]。

表 1 两种铝吊顶结构工作量对比

瓦楞型铝吊顶			平板型铝吊顶		
材料名称	规格	工作量	材料名称	规格	工作量
瓦楞铝吊顶	t=1.2mm	36.1t	平板铝吊顶	t=6mm	85.2t
铝型框架	H125 * 125 * 8 * 8	34.8t	铝加强环	t=18~30mm	35.0t
吊杆及附件	Ø16	13.2t	吊杆及附件	L * 50 * 8mm	26.7t
总重	/	84.1t	总重	/	146.9t
焊接量	t=6mm	560m	焊接量	t=6mm	6061m
螺栓量	/	6038 套	螺栓量	/	3584 套

表 2　两种铝吊顶结构建设工时对比

瓦楞型铝吊顶					平板型铝吊顶				
工序	铆工	普工	焊工	工期(天)	工序	铆工	普工	焊工	工期(天)
吊杆安装	3	10	0	4	吊杆安装	3	10	0	4
铝框架安装	3	12	2	10	铝浮顶安装	12	6	12	16
瓦楞板铺设	3	12	2	13	加强环施工	12	6	12	10
安装工时=10h/天＊人数＊工期=4430h					安装工时=10h/天＊人数＊工期=8320h				

3　瓦楞型铝吊顶的安装工艺

3.1　瓦楞型铝吊顶施工流程

工厂预制构件验收→罐内基础放线→拱顶吊杆连接板焊接→吊杆安装→框架梁安装→瓦楞板铺设→周边平板铺设→吊杆调节螺栓调整锁紧(储罐升顶前后各调整一次)→铝接套管安装→外侧封边板安装焊接(待内罐壁板组装完成后)→安装珍珠岩保冷库配件→瓦楞板缝隙粘贴低温胶带→上部保温玻璃棉施工。

3.2　吊杆安装

采用升降车按照图纸及吊杆编号，从中心位置将吊杆通过螺栓和穹顶连接板连接在一起，允许吊杆因吊顶收缩导致的吊杆转动，升降车依次从罐中心第一圈开始到第九圈结束。

3.3　框架梁安装

组装中心环梁，采用 M16＊45 的配套螺母垫片，初步手动拧紧，待梁调平后用扳手拧紧，螺栓从连接板侧穿向腹板侧，效果如图 4。

图 4　中心环梁组装

按照绘制的辅助线安装其余主梁和环梁，辅助线为主梁的中心线，安装方法和中心环梁一样；待所有的梁安装完，调平梁的上表面，锁紧安装螺栓，螺栓和螺母焊接点固。

3.4　瓦楞板安装

瓦楞板按图纸划分的区域，单片、双片、四片的铺设在梁上每块瓦楞板最少跨两组经向梁；调整好后采用拉丝铆钉枪将瓦楞板和梁翼板锚固在一起，铆钉间距不大于 500mm。

4　瓦楞型铝吊顶的优点及施工注意事项

4.1　瓦楞型铝吊顶的优点

(1) 瓦楞型铝吊顶设计理念先进，适合工厂化预制、现场模块化拼装，符合中国石油集团“实施五化战略、提升能力、创新驱动”的发展需要，可在国内实现模块制作，现场拼装；尤其是在亚非拉美等工业基础薄弱国家建造 LNG 储罐更具有优势。

(2) 瓦楞型铝吊顶由于自身重量轻，同等工况条件下更容易满足大跨度工况条件，在后期 27 万 m^3甚至更大的 LNG 储罐的使用工况。

(3) 平板型铝吊顶由于面积较大，壁厚较薄，刚性差，热收缩率高，组装及焊接时易发生较大的变形[5]，瓦楞型铝吊顶焊接工作量只是平板型铝吊顶的 1/10，底板铺设后基本上没有焊接变形，整体尺寸和局部凸凹度控制均优与平板型铝吊顶。

(4) 瓦楞型铝吊顶更加环保，施工过程中产生的铝粉尘较少，对作业人员的职业伤害少。

4.2　施工中注意事项

(1) 由于瓦楞板自身只有 1.2mm 施工过程中应避免尖锐物体击伤铝板。

(2) 铝型框架为不锈钢安装螺栓连接，螺栓紧固好后应逐一进行检查，螺母采用焊条点焊防止脱扣。

(3) 由于瓦楞板施工完成后对接缝位置未能及时采用铝箔胶带粘贴密封，施工过程中应做好罐顶通风口的防雨工作，避免雨水由罐顶通风管口和吊顶缝隙进入储罐导致施工中的保冷材料淋水。

(4) 铝箔胶带应满足低温工况使用条件，保温棉施工前应对吊顶所有缝隙进行检查验收，确保全部粘贴完好；避免储罐投用后保温棉棉屑通过瓦楞板缝隙掉入罐内 LNG 液体中造成 LNG 高压泵进口滤网经常性停泵检修清理。

5 结束语

瓦楞型铝吊顶成功应用于江苏 LNG 项目二期 20 万 m^3LNG 储罐，目前该吊顶结构已经推广到中天能源江阴 LNG、唐山 LNG 项目三期、江苏 LNG 项目三期等在建工程，提升了寰球公司在大型 LNG 低温储罐建设领域的市场竞争力，使我公司的大型 LNG 低温储罐施工能力得到了进一步提升，进一步稳固了我公司在国内 LNG 储罐建设施工领域的领军地位。

参 考 文 献

[1] 施纪文. LNG 接收站储罐形式及储罐大型化发展趋势. 煤气与热力，2014. 06.
[2] 綦国新，张剑，王斌，吴永光等. 新型铝吊顶在国产大型 LNG 储罐的应用研究. 天然气技术与经济 2017. S1 期.
[3] 殷劲松，马小红，陈叔平. 大型 LNG 储罐关键技术. 煤气与热力，2011. 07.
[4] 扬帆，张超，李牧等. 大型液化天然气储罐吊顶结构设计浅析 石油化工设备 2015. 05.
[5] 孟勇. 大型 LNG 储罐铝浮盘焊接变形控制. 石油化工建设，2014. 03.

LNG 储罐底板焊接变形控制

王　健　刘会升

（中国石油天然气第六建设有限公司）

摘　要　LNG 是当今世界发展最快的燃料，自 1980 年以来，以每年 8%的速度增长。目前已进入高速发展时期。在大型 LNG 储罐的制作安装过程中，遇到首要的问题就是罐底板焊接变形，而罐底严重的焊接变形会降低储罐的承载能力、稳定性及密封性，甚至使罐底底板报废。且 LNG 储罐为全容式，一旦出现问题也无法修补。因此，罐底是整个储罐的要害部位，关系到整个储罐制作安装的成败。本文阐述了大直径 LNG 储罐底板焊接变形的控制措施，对 06Ni9DR 底板焊接具有一定的技术经济意义。

关键词　LNG 储罐；06Ni9DR；底板焊接变形；控制措施

近年来，由于石油价格持续上涨，石油危机的冲击和石油、煤矿带来的环境问题日趋严重，天然气作为一种优质、高效、方便的清洁能源和化工原料，具有巨大的资源潜力。16 万立 LNG 储罐型式为全容式储罐，分为钢制内罐和预应力混凝土外罐，内罐和外罐设计均能够储存低温介质，外罐内壁到内罐外壁的距离为 1m。预应力混凝土外罐高 38.55m，外径 86.6m，内径 82m，底板面积大，包含焊缝数量多，焊缝较长，排布方式多样化，若施工措施不当，很容易引起变形；因而控制焊接变形的产生是保证整个储罐制作质量的重要环节。LNG 储罐有三层底板，本文以二次底板的焊接变形控制为例，对罐底板焊接变形产生的原因及防止变形措施进行探讨。

1　罐底板焊接变形形成机理

二次底板的直径为 81.7m，由 36 块边缘板，100 块中幅板构成。焊接形式主要是边缘板之间的对接焊缝，边缘板与中幅板、中幅板之间的角焊缝。焊接变形的产生，从根本上说是因为焊接热过程中温度在构件上分布极不均匀，造成高温区域（焊缝处及焊缝的焊接侧）冷却后产生的收缩量大，低温区域收缩量小，这种不平衡的收缩导致了构件形状的改变。对于某种具体结构，其最终的变形与焊接的位置及焊接本身的收缩量有关，此外焊接过程中还会产生呈一定规律分布的内应力，其存在也会影响到构件的变形。由此可见，为了控制焊接变形，一方面要增加焊接时构件的刚度或外界对构件的约束，另一方面更要设法降低焊接温度场的不均匀程度，以减小变形的驱动力。

2　焊接变形的控制措施

2.1　反变形控制

边缘板组对间隙为 3±1mm，钝边厚度为 1~3mm。首先完成所有内罐边缘板的铺设工作（分组预制时放好半径），按照要求放大半径，全部就位后，所有边缘板间隙调整完毕后，再进行焊缝组对焊接。边缘板的坡口形式如图 1 所示。

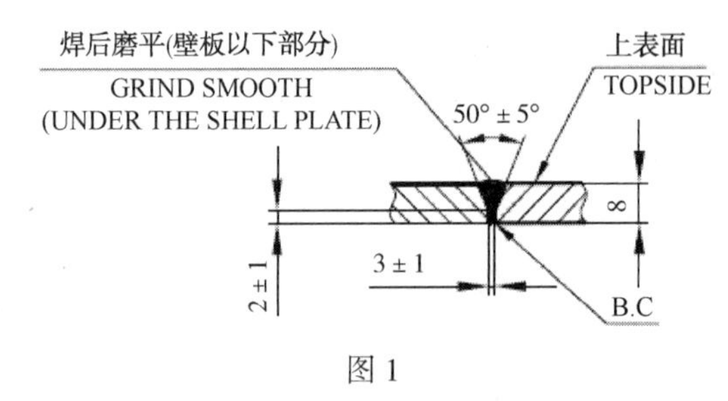

图 1

LNG 储罐底板边缘板焊接与常压储罐不同，底板采用不加垫板的全熔透焊缝，所以焊接顺序也有所差异。要求底板边缘板一次焊接完成，不预留收缩缝，所以变形控制更为严苛。二次底板边缘板采取反变形措施，使用日子卡具进行加固，根据施工经验日子卡具的间隔为 400~600mm。用圆钢钢筋或斜尖垫高，保证间隙处离地约 12~20mm。采用 1m 的弧形样板中间高起 12mm 以上，反变形打 6-8mm。如图 2 所示。

2.2　焊接工艺和焊接方法

线能量和层间温度对 06Ni9DR 板的焊接接头力学性能影响很大，焊接线能量过大，由于焊接热循环的影响使得焊接接头的抗拉强度、硬度尤其是冲击韧性影响很大。焊接操作过程中焊接线能量过小，金属流动性差，焊缝成形不良，易产生咬边、未熔合等焊接缺陷。通过焊接工艺评定性试验得出以下数据较为合理。如表 1 所示。

图 2

表 1

焊接方法	填充金属		焊接电流		电压/V	焊接速度/(cm/min)	线能量/(kJ/cm)	层间温度/℃
	牌号	直径/mm	极性	电流/A				
SMAW	ENiCrMo-6	Φ3.2	AC	90-120	22-24	9-16	≤22.5	≤100

2.3 选择合理的焊接顺序

2.3.1 边缘板焊接：

焊接时采用隔缝焊接，焊工均匀分布，禁止焊工集中在一片区域施焊。底板焊接时预留两条对称的收缩缝，用来最后调节。为了减少热输入，底板焊接采用 Φ3.2 的焊条。边缘板焊缝两侧各焊接一块引弧板和收弧板，引弧时应从引弧板开始，打底过程中要求焊焊 300mm 跳 300mm，采用分段跳焊方法进行焊接。Ni9 焊条的铁水流动性差，接头容易出现收弧气孔，收弧时适当增加停留时间，焊接过程中焊工采用不锈钢专用钢丝球或砂轮片进行层间清理。一条焊缝完成打底后，进行下一条焊缝的打底，禁止连续施焊，焊缝的层间温度控制在 100℃ 以下，方能进行下一层的焊接，防止热量过分集中，减小焊接变形。层间接头要错开 50mm 以上，避免焊缝应力集中，打底完成后铆工采用 1 米的样板尺测量角变形情况，每一层反变形放 2mm，一直到盖面之前反变形还有 3~4mm，再进行盖面。

2.3.2 中幅板焊接：

中幅板的焊接原则为从中心到四周，先短缝、后长缝、最后焊龟甲缝。焊接时可将中幅板分成若干区域，焊接区域内的焊缝，将区块连成一个大块，再将通长焊缝焊接，连成一个整体。通常焊缝焊接时由于焊缝长，焊缝收缩力较大，这时必须保持焊缝能够自由收缩，从而不影响整体结构，从而控制焊接变形。

组对完成后进行临时性的点焊，点焊后进行锤击保证上下板无间隙。焊接时采用刚性固定法。(待焊焊缝必须有沙袋或其他重物压住距离焊缝 500mm 左右)，进行预防变形措施。中幅板预留 4 条收缩缝，将中幅板分成四个区域，如图 3 所示。

在焊接过程中，先焊独立区域内的所有的短焊缝，待短焊缝焊接完成后，在进行中幅板通常缝的焊接。焊接前必须打磨掉临时固定的点焊，使其完全在自然状态下进行，中幅板焊缝在焊接过程中不受其他中幅板的约束，焊接过程中产生的拉应力和压应力很小，产生的焊接变形量必然小。长焊缝从中间向两侧分段退焊并跳焊。跳焊方式为焊 300mm，跳 300mm；这种焊接方式，一方面可以减少一次性焊接长度，减少焊后变形，另一方面可以通过对称焊，抵消焊接过程中的焊接应力，最终达到控制焊接变形的目的。

3 结论

大型储罐底板焊接变形虽然不可避免，但只要采取合理的焊接工艺、焊接方法和控制焊接变形的工艺措施，是可以控制在合理的范围内，保证底板焊接质量。

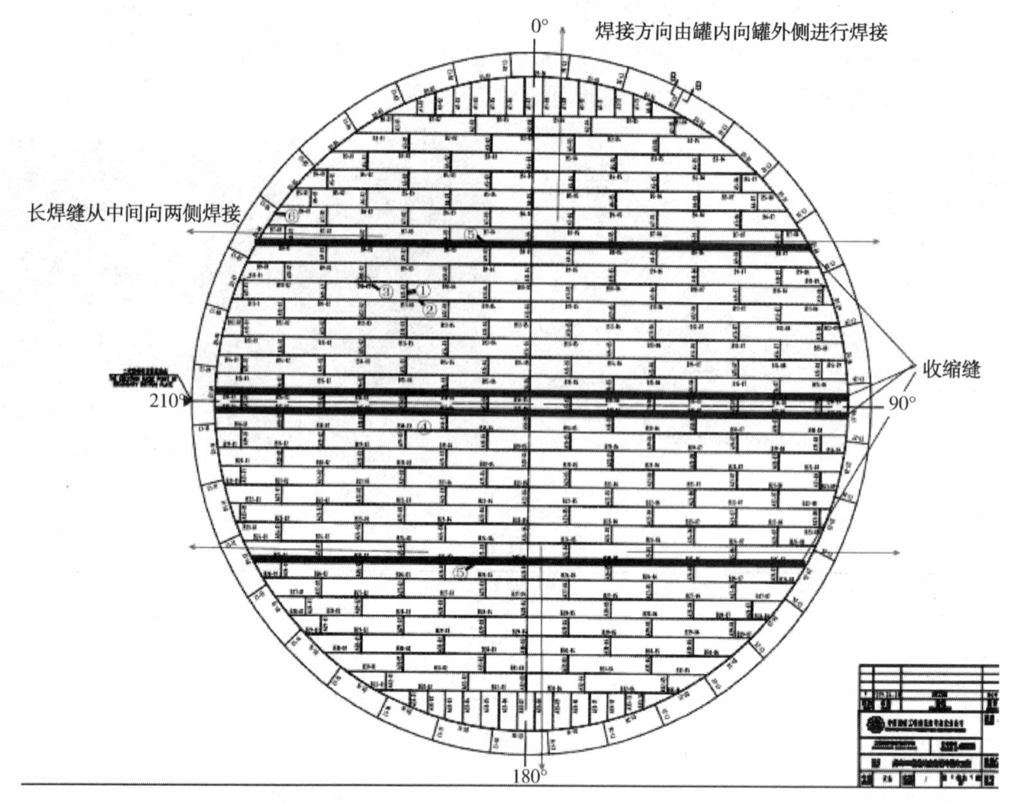

图 3

参 考 文 献

[1] BS EN 14620：2006 现场组装操作温度介于 0℃～-165℃的立式圆筒平底低温液化气钢制储罐的设计和建造.

[2] GB 50128-2014 立式圆筒形钢制焊接出罐施工规范.

[3] 陈祝年. 焊接工程师手册，第 2 版，2009. 10.

[4] 付荣柏. 焊接变形的控制与矫正，2006. 05.

低温 LNG 储罐壁板焊接角变形控制

赵金涛　王　健

（中国石油天然气第六建设有限公司）

摘　要　本文分析了低温 LNG 储罐壁板焊接角变形的产生原因及影响因素，探讨了壁板立焊缝反变形量的控制方法，在多个 LNG 储罐已获得成功应用，成为有效控制焊接角变形的实用方法之一。

关键词　LNG；06Ni9DR；焊接变形；反变形量；角变形

LNG 储罐壁板在焊接过程中不可避免的要发生焊接残余变形，壁板焊缝的角变形一旦超标，对后续壁板的组对安装及罐体整体的尺寸精度产生较大影响，且难以处理，变形严重的可能产生较大质量隐患。由于储罐壁板厚度不一致，不同的焊工在焊接过程热输入量也有所区别，试图预测一个准确的变形量是比较困难的，目前我们是依靠相关规范或技术手册的资料为依据，凭着多年的 LNG 储罐建设经验，预估每圈壁板的焊接残余变形程度，在过程中通过工卡具的使用来控制变形程度。然而，对于年轻或缺乏施工经验的技术人员而言，对角变形的精准控制尚需时间和经验积累，本文结合多年的 LNG 储罐的施工经验，对 LNG 储罐壁板立焊缝的角变形控制进行总结探讨。

1　壁板焊缝角变形的分析

壁板纵缝焊接变形有：壁板向内倾和焊接角变形，壁板向内倾直接影响罐壁板的垂直度。若下圈壁板的焊接角变形超标，在下圈壁板焊接完成后，进行组对上圈壁板时，难以达到上下两圈壁板达到设计图纸要求的内表面平齐标准，这样就对壁板的垂直度产生了很大影响，使壁板垂直度超差，必须采取有效措施控制焊接变形。

图 1 为我单位在建 LNG 储罐壁板立焊缝的常见坡口形式，为大坡口在外的不对称 X 型坡口，采用这种坡口形式，外坡口较大，焊接层数较多，内外坡口焊接时引起的角变形量不一致，导致不能互相抵消，焊后则可能出现内角变形。

2　壁板焊缝角变形控制方法

壁板焊缝变形主要从组对安装和焊接两方面

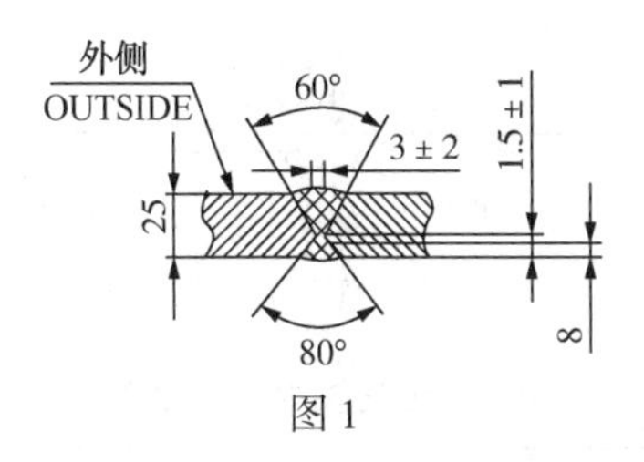

图 1

进行控制。主要的方法有反变形法，严格控制焊接工艺及焊接顺序。

2.1　储罐壁板坡口形式及焊接工艺选择

国内目前建设的 LNG 储罐壁板有多种板厚，底部最大板厚可达 35mm，顶部最小板厚有 10mm，本文选用常见的 16 万立 LNG 储罐为例，选用壁厚为 25mm 的第 2 圈壁板的焊缝开展分析，焊接工艺及接头详图如下：

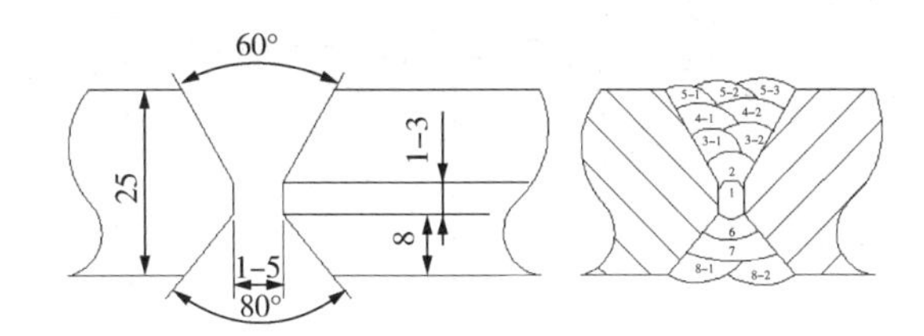

母材：06Ni9DR + 06Ni9DR

规格：25 mm

焊接材料：

焊材规格：ϕ3.2

焊接电流		电压/V	焊接速度/(cm/min)	线能量/(kJ/cm)
极性	电流/A			
AC	90-120	22-32	8-16	≤23.3

焊接过程中焊工要均匀分布，采用隔缝焊接的方法。先焊收缩量大的焊缝，从而减少焊接应力与变形、加快焊接速度；打底层最为关键，建议打底层的厚度控制在 3-5mm 左右。由于存在焊接应力，打底层太薄容易出现裂纹，打底层太

厚难以控制热输入量，造成变形量大。通常选用小电流、短电弧、快速焊，焊接过程中要控制层间温度，保证层间温度在150℃以下。

2.2 焊接角变形控制方法-控制反变形量

2.2.1 角变形值控制目标

为了确保得到较平整的接头，满足规范要求，焊缝角变形允许值 E 需达到以下标准：

焊缝角变形测量方法

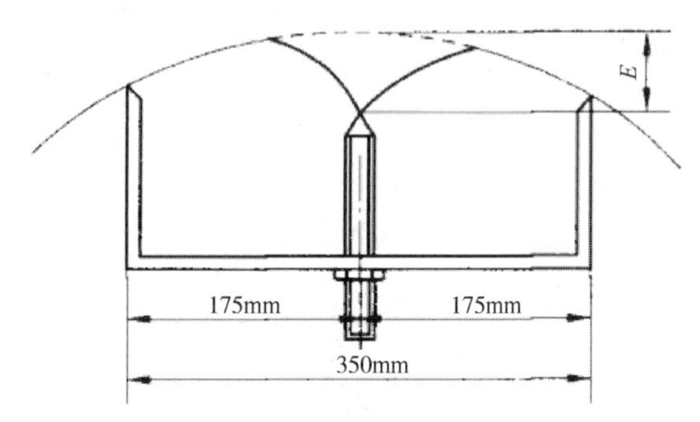

表1 焊缝角变形允许值 mm

板厚δ	角变形允许值 E
δ≤12.5	12
12.5<δ≤25	9
δ>25	6

2.1.2 组对焊接施工方法

第2圈壁板(δ=25mm)施工时组对拼装需按设计要求错开板缝，环焊缝每隔1200mm设置一组卡具，立缝间隔600mm左右设置一组卡具。

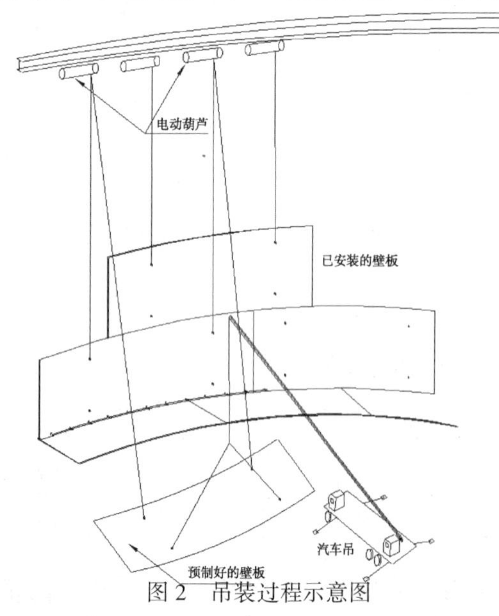

图2 吊装过程示意图

如图3示，使用Φ30×250的圆尖在1、2、3、4示意位置对焊缝角变形度进行调整，以δ=25mm板厚为例，具体控制措施如下：

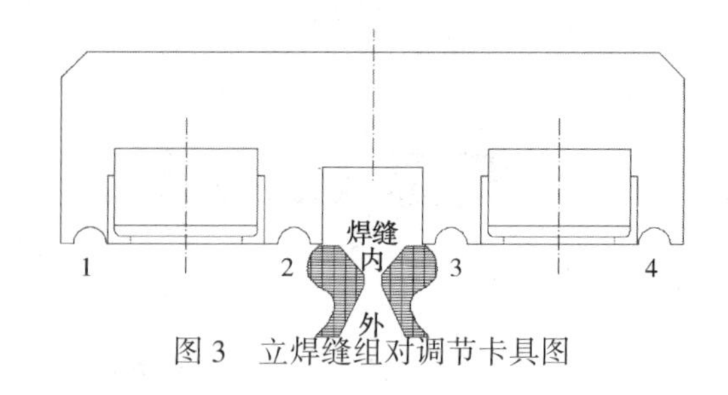

图3 立焊缝组对调节卡具图

1）焊缝从外侧开始打底焊，打底前反变形量不做预设，两侧保持平齐状态；

2）外侧打底完成后松开卡具，检查角变形量，若未超过3mm，则不需要处理，打紧卡具继续进行外侧填充工作，若角变形量超过3mm，则需利用调节卡具将角变形量打回3mm之内，然后继续下层焊接；

3）外侧焊缝填充盖面共计4层，角变形量控制方法与打底时一致，每层焊接完成后，松开卡具检查增加的角变形量，每层均的增加的角变形量均控制在2~3mm之间，最终外侧焊接完成后，整体的角变形量控制在9mm左右；

4）外侧焊接完成后进行内侧的清根工作，焊缝清根完成后需进行渗透检测消除焊接缺陷，然后进行内侧的填充盖面工作，共计3层，每层焊接完成后检查角变形量的减少情况，单层焊接完成后角变形量控制在3mm左右，过小或过大均需依靠卡具进行调节，确保达到目标值。

3 结束语

采用以上方法，可以动态的控制每一层焊道的角变形量，相较常规的直接根据经验公式预设一个反变形量来控制有较大优势，并且最大程度的避免了刚性固定容易产生焊接裂纹的隐患。通过以上反变形的工艺改进，大大提高了储罐壁板的组装质量，杜绝了由于角变形控制不到位导致返工的情况出现。已在我公司施工完成的10多台LNG储罐得到成功应用，并取得良好效果，其中中石油江苏、大连LNG项目均获得国家优质工程奖。

参考文献

[1] BS EN 14620：2006《现场组装操作温度介于0℃~-165℃的立式圆筒平底低温液化气钢制储罐的设计和建造》.

[2]孙咸，工程应用中的焊件反变形法原理及其控制[J]，现代焊接，2014，(12).

特殊地质条件下 LNG 接收站的地基处理方案研究

王俊岭　魏成国

（中国石油天然气管道工程有限公司）

摘　要　北京燃气天津 LNG 项目位于软土吹填地区，场区地质条件复杂，LNG 储罐结构设计对场地土的要求较高，需对场地进行地基处理，保证上部结构安全。本文针对场区的地质条件，结合建构筑物的特点，制定出安全可行的地基处理方案，并提出合理的地基处理技术要求，保证天津 LNG 项目的结构安全。

1　前言

北京燃气天津南港 LNG 应急储备项目位于天津市南港工业园区。本工程主要包括接收站、码头及外输管道三部分。接收站工程建设规模 500×10^4t/a，建设 10 座 20×10^4m^{3}LNG 储罐及配套工艺设备，以及辅助公用工程设施，并预留远期 2 座 20×10^4m^{3}LNG 储罐用地；LNG 最大气化外输能力为 6000×10^4Nm^3/d。本项目地质情况复杂，LNG 储罐结构设计对场地土的要求较高，需对场地进行地基处理，地基处理方案应保证 LNG 储罐的安全。本文将从结构专业的角度，对储罐桩基受力进行分析，提出合理的地基处理要求和地基处理方案，并对存在的问题进行一些探讨，希望对设计人员起到一定的参考作用。

2　储罐桩基设计

2.1　工程场地条件

目前整个场地均一次造陆回填完成，吹填材料为港池疏浚土，以高含水量、低强度的淤泥为主。其中接收站东侧宽 136m 范围内已进行真空预压，场地现标高约 4.5m，吹填土层地基承载力为 60～80kPa，还需进行二次处理；其余范围原吹填标高 6.4m，现场地经晾晒后标高平均约为 6.0m，本区域未经深层处理。主要地层分布如下：

1）吹填土。主要是吹填港池疏浚淤泥、淤泥质粉质黏土，约 10m。

2）淤泥质黏土。灰色，饱和，流塑状态，约 10m。

3）粉细砂。灰黄色，饱和，密实状态，约 20m。

4）粉质黏土。黄褐色，饱和，软塑～可塑状态，约 5m。

5）黏土。灰色，饱和，软塑～可塑状态，约 13m。

6）粉质黏土。褐黄色，饱和，可塑～硬塑状态。

7）粉质黏土。褐灰色，饱和，可塑～硬塑状态。

8）粉细砂。灰色，饱和，密实状态。

9）粉质黏土。灰色，饱和，可塑～硬塑状态。

10）粉细砂。灰色，饱和，密实状态。

11）粉质黏土。灰色，饱和，可塑～硬塑状态。

2.2　储罐桩基计算

储罐计算除了要考虑恒载、活载、风载、温度、燃烧、爆炸等荷载工况外，还要考虑 OBE（50 年超越概率 10%）和 SSE（50 年超越概率 2%）两种地震工况[1]。储罐为预应力混凝土高承台全包容罐，外罐罐壁高度 46.08m，承台高 1.2～1.4m，罐壁厚 0.75～1.0m，穹顶厚度 0.5m。储罐承台直径 93m，桩径为 1.4m，每个储罐 401 根，长度约 95m，桩型为后注浆钢筋混凝土灌注桩。

1）竖向承载力计算

根据《北京燃气天津南港应急储备项目工程场地地震安全性评价报告》，场地地震基本设防烈度为 7 度，地震动峰值加速度为 0.15g。参考同一烈度区国内 20 万方 LNG 储罐设计文件，其 OBE 和 SSE 工况下的单桩所承受的竖向力分别为 10889.56kN 和 12436.52kN，计算桩负摩阻力为 2893kN。经计算，除以调整系数后单桩竖向承载力控制值为 10363kN。根据土层信息，计算的单桩承载力特征值为 10835kN>10363kN，满足竖向承载力要求。

2）水平承载力计算

桩所受的水平荷载部分由桩本身承担，大部分是通过桩传给桩侧土体，其工作性能主要体现在桩与土的相互作用上，即当桩产生水平变位时，促使桩周土也产生相应的变形，产生的土抗力会阻止桩变形的进一步发展。桩基规范[2]推荐的计算方法为 m 值法，这种方法将土视为不同刚度的离散弹簧，用比较简单的方法考虑土抗力与桩挠度间关系随深度的变化以及非线性特性。桩侧土水平抗力系数 m 值越大，桩基水平承载力越高，尤其是桩侧表层土(3~4 倍桩径范围内)的承载力极大影响桩身的水平承载力。当桩的入土深度达到一定值(4.0/a=4.0/0.42=9.5m)时，增加入土深度对水平承载力不再起作用，提供桩体的水平反力的关键土体厚度约为2(d+1)范围(桩基条文说明 5.7.5)。

用 API650 经验公式和有限元软件 LUSAS 分别计算得到 OBE 和 SSE 两种工况下的单桩水平地震力，具体数值参见表 1。

表 1　水平地震力计算

计算方法	地震工况	单桩水平力/kN
经验公式法	OBE	860
	SSE	1529
有限元法	OBE	756
	SSE	1331

如要满足 OBE 和 SSE 下的承载力要求，除以调整系数后所需的单桩承载力控制值为 955.63kN。

考虑 2m 的换填级配砂石和 3m 厚换填压实山皮土，加权平均后的 m 值取 $35MN/m^4$。根据《建筑桩基技术规范》5.7 节桩基水平承载力计算的公式和条文说明，考虑群桩效应系数后，单桩水平承载力特征值为 1342.91kN>955.63kN，满足水平承载力要求。

3　地基处理要求

罐区地基处理方案的关键是要保证满足储罐桩基的水平承载力要求，即需要保证上部土层在经过地基处理后能提供足够大的水平抗力系数(m值)。根据桩基规范 5.7.5 条条文说明，提供水平反力的关键土体厚度约为 h=2(d+1)=4.8m。考虑储罐在地震工况下水平地震力大，水平位移限制严格(6mm)，同时考虑在地震力大时表层土可能会屈服造成有效水平承载土层减少，综合以上考虑，提出换填厚度为 6m(2m 的压实级配砂石和 4m 的压实山皮土)，以保证上部土层提供足够的抗侧刚度，进而满足水平承载力要求。

非罐区主要为办公区和工艺装置区，对于多层建筑和重要的设备基础采用桩基，其它一般构筑物采用天然地基。保证上部存在约 3m 的硬壳层是关键，以满足一般构筑物承载力要求，且下部淤泥层应进行处理，满足固结度要求，以减少残余沉降。

具体技术参数要求：

1）罐底区：罐底直径 100m 范围内需保证厚度不小于 6m 的硬壳层(4m 厚山皮土+顶部 2m 厚级配砂石)，山皮土层地基承载力特征值不小于 220kPa，级配砂石层压实系数不小于 0.96，下部淤泥层处理后的地基承载力特征值不小于 80kPa，固结度不小于 0.90。

2）非罐底区：上部保证有不小于 3m 厚的硬壳层，硬壳层由回填山皮土(或碎石土)(地基承载力特征值不小于 150kPa)和桩基土(压实系数不小于 0.94)组成，下部淤泥层处理后的地基承载力特征值不小于 80kPa，固结度不小于 0.90。

3）工后残余沉降不大于 30cm。

4　地基处理方案

地基处理设计贯彻“因地制宜、节省资源、就近合理利用”的方针。为降低工程造价，符合环保要求，对于地基处理过程中产生的土方要尽量做到填挖平衡、避免弃土、工期协调、满足项目总工期。

根据场地条件、总图布置和建构筑物特点，对整个场区进行分区处理，具体分区见下图 1。

2.1　A 区地基处理方案

1）浅层固化处理

机械进场施工前提前做好排水工作，挖机提前对搅拌区域和深度范围内土体进行翻搅，工作区两侧各挖掘出一道排水沟，固化区域淤泥通过排水和翻晒将含水率有效控制在 60%以下。施工时按 5m×5m 区块进行细部控制，固化深度3m，固化剂以环保无污染的水泥及粉煤灰为主。在每个区块搅拌施工完成后，再进行整体性翻搅。固化后吹填土含水量降至 30%以下，可直接作为施工垫层满足挖掘机、插板机及运输车辆

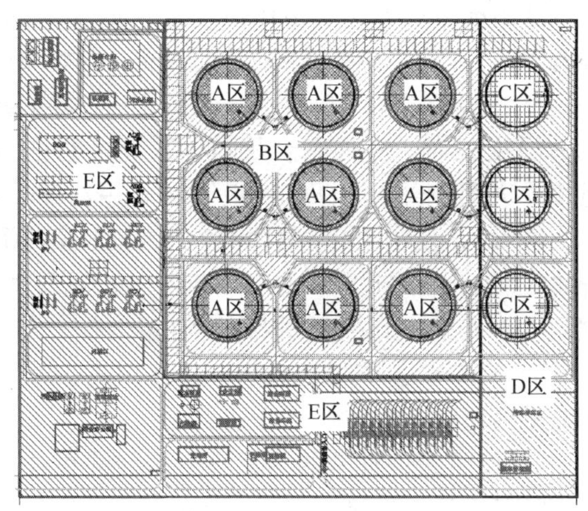

图1　地基处理分区图

的承载要求。

2）固化后场地原地开挖约 1.8m 至标高 4.2m，开挖出的土由于为固化后硬土层，可直接填至 E 区作为真空预压工作垫层；剩余 1.2m 作为真空联合堆载预压的施工面及止水层。

3）真空联合堆载预压

开挖后地面铺设 0.5m 中粗砂垫层；打设塑料排水板(平均深度 19m)，考虑到本工程工期较紧，排水板间距 0.7m，正方形布置；铺设滤管，三层密封膜；连接抽真空设备，开始抽真空，真空度不小于 85kPa；抽真空 10 天后，膜上铺设一层土工布，进行联合堆载，联合堆载强度 72kPa(约 4m 山皮土)，堆载料采用山皮土(最下层采用 0.3m 石屑)，分成 3 级加载；抽真空有效时间预估约 130 天，按照实测沉降曲线推算的固结度达到 90%后卸载。真空联合堆载预压卸载后，山皮土堆载料(约 4m)原地保留。

4）强夯处理

对山皮土堆载料(约 4m)进行强夯处理，强夯单击夯击能 2000kN·m，夯点间距约 5m，分成两遍夯击；强夯后进行满夯两遍，夯击能分别采用 800kN·m 及 600kN·m。进行场地整平。

5）分层回填压实级配碎石

强夯处理及场地整平后，分层回填压实约 2m 厚级配碎石，并压实整平至地基处理交工标高 7.8m。

碾压分层厚度 0.3m，采用 200kN 振动压路机碾压 6~8 遍，压实系数不小于 0.96。

2.2　B 区地基处理方案

1）浅层固化处理

机械进场施工前提前做好排水工作，挖机提前对搅拌区域和深度范围内土体进行翻搅，工作区两侧各挖掘出一道排水沟，固化区域淤泥通过排水和翻晒将含水率有效控制在 60%以下。施工时按 5m×5m 区块进行细部控制，固化深度 3m，固化剂以环保无污染的水泥及粉煤灰为主。在每个区块搅拌施工完成后，再进行整体性翻搅。固化后吹填土含水量降至 30%以下，可直接作为施工垫层满足挖掘机、插板机及运输车辆的承载要求。本区固化后作为 A 区开挖施工的施工及与运输场地使用。

2）真空联合堆载预压

A 区场地开挖结束后，B 区与 A 区同步铺设 0.5m 中粗砂垫层；打设塑料排水板(平均深度 21m)，考虑到本工程工期较紧，排水板间距 0.7m，正方形布置；铺设滤管，三层密封膜；连接抽真空设备，开始抽真空，真空度不小于 85kPa；抽真空 10 天后，膜上铺设一层土工布，进行联合堆载，联合堆载强度 40kPa，堆载料采用山皮土(最下层采用 0.3m 石屑)，分成 2 级加载；抽真空有效时间预估约 130 天，按照实测沉降曲线推算的固结度达到 90%后卸载。真空联合堆载预压卸载后，山皮土堆载料(约 2.2m)原地保留。

3）回填约 1.6m 厚山皮土。

4）强夯及碾压处理

对山皮土(共约 3.8m)进行强夯处理，强夯单击夯击能 2000kN·m，夯点间距约 5m，分成两遍夯击；强夯后进行满夯两遍，夯击能分别采用 800kN·m 及 600kN·m。夯后采用 200kN 振动压路机碾压 3~4 遍，压实系数不小于 0.96，整平至地基处理交工标高 7.8m。

2.3　C 区地基处理方案

1）场地排除积水，晾晒至开挖施工设备可直接作业。

2）场地开挖约 2m 至标高 2.5m，开挖后、铺砂前坑内设置排水沟及集水井排出地下水，开挖土经适当晾晒后填至 E 区做场地填土使用。

3）真空联合堆载预压

开挖底面铺设一层格栅+一层土工布；铺设 0.5m 中粗砂垫层；打设塑料排水板(平均深度 19m)，排水板间距 0.9m，正方形布置；铺设滤管，三层密封膜；连接抽真空设备，开始抽真空，真空度不小于 85kPa；抽真空 10 天后，膜上铺设一层土工布，进行联合堆载，联合堆载强度72kPa(约4m山皮土)，堆载料采用山皮土(最下层采用0.3m石屑)，分成3级加载；抽真空有效时间预估约130天，按照实测沉降曲线推算的固结度达到90%后卸载。真空联合堆载预压卸载后，山皮土堆载料(约4m)原地保留。

4）强夯处理

对山皮土堆载料(约4m)进行强夯处理，强夯单击夯击能2000kN·m，夯点间距约5m，分成两遍夯击；强夯后进行满夯两遍，夯击能分别采用800kN·m及600kN·m。进行场地整平。

5）分层回填压实级配碎石

强夯处理及场地整平后，分层回填压实约2m厚级配碎石，并压实整平至地基处理交工标高7.8m。

碾压分层厚度0.3m，采用200kN振动压路机碾压6~8遍，压实系数不小于0.96。

2.4 D区地基处理方案

1）场地排除积水，晾晒至施工设备可直接作业。

2）真空联合堆载预压

铺设一层格栅+一层土工布，铺设0.5m中粗砂垫层；打设塑料排水板(平均深度20m)，排水板间距0.9m，正方形布置；铺设滤管，三层密封膜；连接抽真空设备，开始抽真空，真空度不小于85kPa；抽真空10天后，膜上铺设一层土工布，进行联合堆载，联合堆载强度40kPa，堆载料采用山皮土(最下层采用0.3m石屑)，分成2级加载；抽真空有效时间预估约130天，按照实测沉降曲线推算的固结度达到90%后卸载。真空联合堆载预压卸载后，山皮土堆载料(约2.2m)原地保留。

3）回填约1.5m厚山皮土。

4）对山皮土(共约3.7m)进行强夯处理，强夯单击夯击能2000kN·m，夯点间距约5m，分成两遍夯击；强夯后进行满夯两遍，夯击能分别采用800kN·m及600kN·m。夯后采用200kN振动压路机碾压3~4遍，压实系数不小于0.96，整平至地基处理交工标高7.8m。

2.5 E区地基处理方案

1）地面排水晾晒后，铺设一层格栅+一层土工布，填筑A、C区开挖土。

2）真空联合堆载预压

铺设0.5m中粗砂垫层；打设塑料排水板(平均深度21m)，排水板间距0.7m，正方形布置；铺设滤管，三层密封膜；连接抽真空设备，开始抽真空，真空度不小于85kPa；抽真空10天后，膜上铺设一层土工布，进行联合堆载，联合堆载强度15kPa，堆载料采用山皮土(最下层采用0.3m石屑)；抽真空有效时间预估约110天，按照实测沉降曲线推算的固结度达到90%后卸载。真空联合堆载预压卸载后，山皮土堆载料原地保留。

3）真空联合堆载卸载后，场地山皮土采用200kN振动压路机碾压3~4遍。

4）按照储罐桩基的施工进度，陆续将开挖出的桩基土均匀填筑至本区，施工时拟采用分区填筑。将先施工的1~4罐桩基土填至本区土建及安装施工工期较长的区域(E1区)；将后施工的5~10罐桩基土填至本区土建及安装施工工期较短的区域(E2区)。

5）拟对桩基土中地面以下6~25m含水量较高的淤泥质粘土、粘土等，开挖后采用固化拌和处理，固化剂以环保无污染的水泥及粉煤灰为主，固化后变为符合本工程填土要求的硬土层；拟对桩基土中地面以下25~95m的其他土层(粉土、粉质粘土、粘土、粉砂等)，开挖后采用自然翻晒的方法降低含水量，翻晒后变为符合本工程填土要求的硬土层。

6）对翻晒及固化后的桩基土进行分层碾压处理，分层厚度不大于0.5m，每层采用200kN振动压路机碾压3~4遍，压实系数不小于0.94，碾压后整平至地基处理交工标高7.8m。

5 总结

本文从LNG储罐桩基受力特点分析，桩基水平承载力控制成为地基处理方案的主要考虑因素，结合渣土不外运的项目要求，最终提出了合理的地基处理技术要求，制定了详细的地基处理方案，满足了上部结构和项目工期的要求，可供类似LNG接收站地基处理方案设计时借鉴。为了验证硬壳层厚度是否满足桩基水平承载力要求，建议下一步施工前进行试桩，根据试桩结果进一步优化地基处理方案，保证项目的结构安全。

参考文献

[1] GB 51156-2015 液化天然气接收站工程设计规范.

[2] JGJ 94-2008 建筑桩基技术规范.

浅谈 LNG 储配站施工图设计项目的进度管理

王 玺

（中国石油天然气管道工程有限公司）

摘 要 近年来国家鼓励使用清洁能源，LNG 储运设施建设项目逐年递增，LNG 设计业务也随之飙升，本文以潮州闽粤经济合作区 LNG 储配站项目为例，从项目计划、执行、监控等方面探索 LNG 储配站施工图设计项目进度管理过程中的一些做法，总结经验教训，为后续 LNG 施工图设计项目进度管理提供参考。

1 前言

中国石油天然气管道工程有限公司自江苏 LNG 一期初步设计起进行了 10 余年技术储备，由于历史原因，承揽的大多数为前期咨询及可研、初设类项目，2015 年承担的潮州闽粤经济合作区 LNG 储配站项目为公司首个独立承担的 LNG 施工图设计项目，设计和管理都处于试水阶段，项目过程中积累了一些经验教训，形成了一些项目管理工具模板和工作流程范式，作为过程组织资产，对后续同类型项目具有借鉴意义。

2 项目背景

潮州闽粤经济合作区 LNG 储配站预计占地面积 363.357 亩，LNG 接收码头拟采用原 LPG 装卸码头，并对其进行改造。LPG 码头为 5 万吨级。一期规模为 100×10^4t/a，建设 2 座 $10\times10^4\mathrm{m}^3$ 全容罐，LNG 主要用于槽车外输，产生的 BOG 进行低压外输。

潮州闽粤经济合作区 LNG 储配站项目是国家鼓励发展的新能源项目，是推动闽粤区域经济快速发展、促进能源优势向经济优势转化的又一重大基础设施工程，已列入广东十三五能源规划重点项目。潮州市政府高度关注极力支持本项目。本项目的建设，对潮州市实施燃气“一张网”蓝图、促进地方经济发展具有重要意义。

3 项目特点

3.1 业务新

本项目是管道局在 LNG 业务拓展的重要里程碑。潮州 LNG 项目是管道局建局以来承接的第一个 LNG 接收装置的施工图设计项目，无论是详细设计、项目组织与管理都是第一次，从组织、人员、技术、体系和管理方法都需要学习、引进、吸收、消化、实践、总结和提高，受到了各方的高度重视。

3.2 时间紧

项目受到当地政府的高度认可。已列为广东省十三五能源规划重点建设项目，对改善粤东地区能源供给结构，促进地方可持续发展具有重要意义，所以，项目受到地方政府的大力支持和高度关注。对本项目工期要求紧，从工程桩施工开始至机械完工工期为 24 个月。

3.3 风险高

项目投资多元和民营化。本项目业主属于民营企业。项目投资主要依靠贷款和信贷融资，注重于对项目投资的收益和公司价值的增值，所以，对项目的进度、质量和费用的控制都高度关注。

3.4 难度大

项目为超低温介质储运设施建设项目。本项目主要通过设计和施工安装实现将 LNG 从液体卸载、液体输送、液体储存到液体装车外运。介质温度均在-162℃，无论从工艺设计、材料设备，还是从施工、运行投产具有较强的专业特性和较高的技术含量。

3.5 复杂的专业协同和工序交叉

LNG 储罐、工艺设备区、装车区和码头管廊等区域相互衔接，要求设计、采办、施工之间的专业协同较多。

4 项目重点、难点

4.1 项目外部界面及内部接口众多，管理复杂

1）项目初步设计包括工程一期和二期以及

外电工程，工程实施为一期工程，一期工程需要为二期工程建设留有接口和空间。

2）新建储配站项目应急发电、消防以及码头部分的氮气和消防用水依托原有 LPG 储配站；LPG 装车撬及火炬搬迁，栈桥以及原有管廊改造等；码头及栈桥工程部分由储配站承包商和码头院分工合作，界面复杂。

3）LNG 储罐分别由土建、安装、保冷以及预应力等多家施工单位实施，各部分交叉施工，接口及管理界面复杂。

4.2 第一次做 LNG 施工图设计、专业协同交叉、没有成熟的流程借鉴，需要摸索

探索设计技术难点在于安全风险分析、管廊管道应力分析、混凝土全容式 LNG 储罐计算、LNG 储罐穹顶上层设备、管线、控制仪表、电缆布置、平台设计以及自动化仪表等，需要多专业协同设计；低温泵、LPG 共用火炬、预应力等设备请购文件是物资采购输入条件，设备供货资料又是设计输入条件，设计和采办的结合链接界面较多，设计各专业间设计界面、与外界界面繁杂，存在设计质量风险。

4.3 范围管理、以及上下游各专业之间的衔接

初步设计和储罐施工图设计交叉并行设计，设计界面多次变更和调整，设计范围管理、以及上下游各专业之间的衔接管理是设计重点。

4.3 设计和施工的衔接

结合现场复杂的地质环境条件和 LNG 储罐灌注桩设计试桩检测结果分析，为工程桩设计提供依据；承台、外罐内、外壁均需要大量的预埋件；为了降低工程成本避免同一类施工多次性分包，紧密碎石桩基础及桩基础设计需考虑工程施工工期及进度，因此设计和施工的衔接是设计管理重点。

5 进度管理内容

根据项目特点及重点难点，项目组精心策划，采取了一系列措施保证项目健康平稳运行，同时在计划的实施过程中根据项目环境的变化及时调整，保证了项目一直在可控区间内运行。

5.1 WBS 编制

由于首次开展施工图设计，本项目无成形 WBS 库可供裁剪，经过与业主及总包方多次沟，对项目工作范围进行认真分析，参考其它接收站 WBS 分解理念，同时借鉴中石油 CDP 文件《油气管道工程项目工作分解结构编码规》，最终以设计为龙头先行搭建出基于可交付成果的项目总体 WBS 三级结构，将项目分为 11 个分区，包含了 46 个单元。由总包单位组织采办及施工等其他单位在此分解结构基础上进一步分解细化，作为项目总体工作范围及进度、费用、质量控制的范围基准。

表 1 项目 WBS

分区	单元	WBS 名称
00		全厂性工程
00	00	综合
00	01	主门卫
00	02	围墙及大门
00	03	道路
00	04	沟
00	05	给排水系统及污水处理系统
00	06	通信系统
00	07	消防系统
00	08	仪表控制系统
00	09	电力系统
01		LNG 罐区工程
01	10	综合
01	11	1 号罐
01	12	2 号罐
01	13	集液池
02		工艺生产区
02	20	综合
02	21	BOG 压缩机及回流鼓风机棚
02	22	空温气化器区
02	23	低压外输及自用气区
02	24	积液池
02	25	雨淋阀棚及泡沫站
02	26	再液化装置
03		辅助生产区
03	31	设备间
03	32	中央控制室
03	33	空压、制氮、维修间
04		装车系统工程
04	40	综合
04	41	LNG 装车棚

续表

分区	单元	WBS 名称
04	42	LPG 装车棚
04	43	装车控制室
04	44	雨淋阀棚及泡沫站
04	45	集液池
05		管廊工程
05	50	综合
05	51	LNG 场内
05	52	LNG 场外
06		码头及栈桥工程
06	60	综合
07		火炬工程
07	70	综合
07	71	LNG 新建
07	72	LPG 改造
08		办公生活区
08	80	综合
08	81	办公楼
08	82	倒班楼
08	83	多功能厅
08	84	生活污水处理区
09		场外停车区
09	90	综合
09	91	司机休息楼
10		LPG 厂区改造
10	92	综合
10	93	消防泵棚

5.2 建立综合进度计划系统

谋定而后动，运筹帷幄之中，方能决胜千里之外。项目组在 WBS 基础上精心策划，逐步形成了一套由不同层次的、不同计划深度、不同计划功能、不同计划周期、多个相互关联的项目综合进度计划系统。

1）项目总体进度管理计划

在项目组建伊始，项目进度控制工程师在项目经理的领导下，为了合理地安排资源与工期，保证按计划目标完成初步设计工作，制定了项目总体进度控制管理计划，确定了进度计划的编制方法、控制程序及报告体系。同时与项目经理及各专业负责人一起认真研读业主委托书，明确项目工作范围和目标，制定项目 WBS 级目标计划及里程碑节点，确定项目整体工作内容，并针对总体目标制定人力资源投入计划和进度保障计划。

2）单项进度计划编制方法

项目计划编制过程中首先采用关键路径法，在已有的输入条件下，根据每项工作的顺序、持续时间、和进度约束条件，在不考虑任何资源限制的情况下，沿着项目进度网络路径进行顺推与逆推分析，计算出完成全部项目工作理论上所需的工期。由此得到的工期可能与公司的人力资源情况不符或与业主要求的进度节点不一致，还要在此基础上根据已有的人力资源情况及业主的进度节点要求进行反复调整，最终形成一个各方均能认可的计划作为项目的目标计划，用来跟踪项目的进度绩效。

3）子项目进度计划

在项目群实施过程中，随着前期子项目的设计阶段不断深入，后续子项目不断增加，进度控制工程师针对各个子项目分别制定了详细的进度计划，并在项目经理的领导下结合项目群的实际情况，对同时并行的各子项目的进度计划实时进行综合调整，平衡工期与人力资源投入，以满足不断变化的项目群进展需要。

4）各子项目中的单项工程进度计划

为保证工期，项目储罐工程及管廊工程土建施工启动较早，只有控制好每一个单项工程的进度，才能保证整个项目群总体进度，因此制定了针对单项工程的进度计划，确保各单项工程按期完成，从而保证整个项目进度。

5）控制性进度计划

项目群进展过程中，一些控制性节点是必须保证的，如勘察工作、储罐桩基图纸、30%三维审查等，因此专门制定了控制性节点进度控制计划，以进行严格监控、重点跟踪，确保节点工作按期进行。

6）互提资料计划

设计项目中各专业是相互关联的，设计上下游有大量的资料互提，只有确保了互提资料的按时完成，才能保证文件的按时提交，因此必须对互提资料进行详细计划，保证互提资料顺畅及时，从而保证总体进度计划。

7）设备、材料采购文件和厂家资料返回计划

在施工图设计阶段，BOG 压缩机、进口低

温泵、低温阀门、罐顶悬臂吊、装车系统等大型设备的设计、采办、施工安装进度对整个工程项目进度的影响很大，部分设计文件或图纸需要得到厂家返回的设备资料信息后才能继续开展设计，因为厂家资料延迟提供造成设计进度滞后的情况比较普遍。因此，在施工图项目开始时，经过与总包的沟通，专门制定了设备技术文件提交时间计划及评标、澄清、厂家资料返回和设计确认时间计划，细化采办设备的设计、采办全流程的各阶段时间点，密切跟踪各阶段进展，并将进展情况及存在问题及时反映到周/月报告中，确保设计输入条件的按时收到，从而保证设计进度，同时也对保证了采办和施工的正常进行。

5.3 开展全专业三维数字化设计及分阶段三维数字化审查

三维数字化设计作为当前行业主流设计手段，各专业可视化的环境中开展协同设计，能够减少专业间互提资料，有效避免专业间错漏碰缺，从而保证项目质量和进度。

本项目开始时项目组即明确要求开展全专业三维数字化设计。各专业方案基本完成时邀请业主及第三方审图单位共同召开 30%、60%深度三维数字化设计审查会，通过三维数字化方式进行项目方案汇报，便于业主及审查单位审查更直观地了解设计方案及将来施工后预期成果，得到业主好评。三维数字化设计审查明确了各主要设计方案，为后续设计顺利开展打下良好基础。

5.4 引入咨询分包商对关键设计方案进行把关

虽然公司在项目开展之前已经有大量的 LNG 设计相关技术储备，但多是理论性和方案性，未得到过实践检验，也未达到施工设计深度。由于本项目为我公司首次开展的 LNG 施工图设计项目，为保证项目本质安全，开创良好业绩，项目组引入了第三方设计咨询对项目 PFD，PID，储罐整体设计方案等关键技术文件进行审查把关，在保证项目本质安全的同时，也避免了后期返工修改，保证了进度。

5.5 执行过程中的动态任务跟踪表

精心的计划和不打折扣的执行缺一不可，不可偏废。各专业设计界面较多，环环相扣，一个专业没有按时完成某项工作可能导致后续大面积的文件滞后提交，从而影响整体工期。为保证项目各项计划任务的按时完成，需要项目组成员共同遵守计划并按时完成，从而共同促进项目进展。项目组织项目计划完成后即执行了动态的任务跟踪表制度，将项目进行过程中所有计划任务全部落实到具体的执行人和计划完成时间，根据计划完成时间的紧迫性进行红、黄、蓝三级预警，在项目运行全过程及时反馈，动态更新，从而保证项目所有计划任务有执行，有反馈。

表 2　任务跟踪表

任务来源	任务内容	启动时间	要求完成时间	责任人	实际完成时间	任务状态	滞后天数	备注

5.6 设备资料跟踪表

在本施工图设计阶段，BOG 压缩机、进口低温泵、低温阀门、罐顶悬臂吊、装车系统、站控系统、消防系统等大型设备各项参数资料对于土建及后续安装设计有较大影响，因此，在与总包的沟通明确了各设备技术文件提交时间计划及评标、澄清、厂家资料返回和设计确认时间计划后，设计与采办在此基础上建立了设备资料跟踪表，落实每个设备设计、采办负责人，实时跟踪每个设备设计、采办当前状态，更新计划执行情况并定期反馈，共享一张跟踪表，便于各方及时了解各项设备当前设计及采办进度，是否影响后续设计等。

表 3　设备资料跟踪表

设备名称	分区	专业	设计责任人	采办责任人	采办文件计划提交时间	采办文件实际提交时间	技术协议计划签署时间	接收技术协议文件	发出审查意见	技术协议实际签署时间	计划返回时间	接收设备资料时间	设备资料来函编号	设计返回意见时间	返回意见编号	当前执行人	图纸满足设计情况

5.7 设计采办厂家资料微信群、设备资料专题协调会

在项目执行过程中，由于设备厂家较多，很多厂家关键设备材料也是通过外部采购集成的，造成各厂家反馈资料效率不一，为加强沟通，在正式书面沟通的基础上，通过设计、采办、厂家及厂家的关键分包商组建各设备微信群的方式进行及时沟通，最终沟通结果仍然以书面形式通过文控程序留存。

随着项目进展书面沟通的记录也越来越多，资料迟迟不能满足设计要求，积累的厂家资料返回滞后越来越多，为尽快解决这些问题，设计与分别与多个关键设备厂家开展了一对一的面对面专题协调会，集中解决设计与厂家之间不能充分理解各自意图的问题，对各设备资料遗留问题当场进行消项形成纪要，对于不能当场消项的在纪要中明确资料提供时间。

5.8 月度高层协调会

项目的有效推进除了要有好的策划和执行方案外，领导的重视程度对一些重大问题的协调解决和高效执行力也是极为重要的。为有效推进项目各方进展，由业主及总包倡议，每月召开高层协调会，由各方高层领导参加，各方汇报目前进展及存在的需要协调解决的问题，以计划为基准，查找问题，当场形成决议计入行动项，下一次月底会进行消项情况汇报，此举大大增进了各方之间沟通和执行力，有效地推动了项目进展。

5.9 现场设计服务协调制度及现场签图

为保证施工现场有设计相关问题能及时得到解决，项目组根据施工进展派设计代表在现场对相关技术问题及时协调。在现场进行地基处理及储罐桩基施工阶段派勘察和结构工程师作为现场设计代表，在储罐主体施工阶段派结构和机械工程师作为现场代表，在后期管道和设备安装过程中增派配管等专业工程师赴现场进行设计服务。

5.10 现场问题专题协调会

由于施工具有场地的固定性，施工过程中遇到与设计相关问题通过书面及其它异地的方式不易直观表述，也不利于问题的及时查找和解决，现场设计代表受专业所限也不能代为解决所有专业问题，因此，在必要时，需派各专业人员赴现场进行专项问题的协调解决。如LPG厂区管廊路由调整问题及LPG厂区消防泵棚改造问题，配管及消防专业设计负责人多次赴现场与业主进行实地沟通，最终形成方案。

5.11 审图流程及根据项目情况沟通调整

由于本项目属于政府监管项目，需独立第三方审图机构进行合规性强制审查。项目开始时审图单位要求所有图纸全套提交后才能进行签署，根据实际工程进展，设计图纸是分专业、分区、分阶段提交的，如果全部图纸完成后才能签署蓝图用于施工，势必导致工程进度大大滞后。为此，经过多次沟通，设计与审图单位确定了文件审查范围，并将最初的全部提交图纸改为分区分专业整套图纸分批提交审查，分批盖章用于施工，大大增加了蓝图到图率，保证了现场施工及相关施工图手续的办理进度。

5.12 过程版文件的控制

对于设计文件过程版的控制主要包括两方面：一是审查是否按时返回意见，二是设计是否及时修改意见升版。这两方面如果不清楚了解并进行过程控制会造成过程失控，最终导致文件不能按时提交。在本项目进行过程中，文控工程师在文件清单里及时录入各文件提交及返回时间，控制工程师对于未及时返回意见的文件定期发文催促业主审批进度，对于未按时升版的文件每天通报，质量工程师做好记录。

另外，作为设计项目经理，应该关注审查意见是否合理，设计接收意见后多长时间完成修改并提交。本项目在运行过程中由项目经理或技术经理对每个文件的返回意见进行批转。文控接收业主意见后做传送单交项目经理批示，项目经理针对意见及修改的难易程度明确每个文件的升版时间，控制工程师每天跟踪通报。对于不合理的意见由项目经理、设计人、审查方共同协调解决。

5.13 做好事前控制，防患于未然

项目监控的主要工作是提前预警，以防止计划不能执行。为了保证项目进度，项目组以项目进度计划文件清单为核心对文件的提交进行及时跟踪控制，采用进度监控表的方式对项目各方任务进行记录和跟踪。由于每项任务都明确了完成时间和责任人，为保证进度可控，每天对各事项完成情况进行逐一消项，对即将达到要求完成日期的任务进行预警，通过不同频次的提前预警，及时掌握相关任务责任人是否有困难，积极地去

帮助其落实工作开展所需的输入条件，做到事前控制，防患于未然。

5.14 对关键路径工作进行重点监控

关键路径是项目中时间最长的活动顺序，决定着可能的项目最短工期。关键路径上任何一项工作的延误均会造成项目总进度的滞后，因此必须对项目关键路径上的工作进行重点关注，以保证按计划达到项目目标。在施工图执行过程中，勘察工作、储罐桩基图纸、30%三维审查、BOG压缩机相关设计均处于关键路径，项目组针对这些关键事项每天实时跟踪并更新并发布进展，出现问题及时进行沟通协调，同过对关键路径工作的进行重点监控，确保了整体项目的进度。

5.15 项目总体计划及时更新，不断完善

项目运行过程中经历了业主投资方变更，EPC承包方变更为E+PC形式以及管廊路由调整、管径调整等多次重大设计方案变更。随着项目工作的推进、各项目变更以及风险的演变，项目组根据项目的实际进展，在整个项目期间与总包方沟通，多次修订进度计划并报业主审批，以确保进度计划始终现实可行。

5.16 及时纠偏

项目运行过程中，由于各种原因，难免有进度滞后的情况发生，应及时做好事后的跟踪纠偏，制定纠偏计划并严格执行，将进度损失减小到最低程度。在出现任务滞后的时候，项目管理人员和任务责任人一起分析原因，及时对目前的人力资源及对相关其他任务的影响作正确的分析，提出合理的纠偏计划，对于关键路径上的事项，采取措施确保不影响整体进度，对于非关键路径事项，同样进行关注，防止其变成关键路径。一旦制定了纠偏计划，严格执行，按时完成，保证其可实施性。

6 结束语

在潮州闽粤经济合作区LNG储配站施工图设计项目进度管理过程中，项目组采用了一些油气管道站场常用的进度管理方式，同时也根据项目特点创新性地采用了一些非常规管理方法。项目管理的基本理论是放之四海而皆准的，具体到不同类型项目会有各自特点，在项目实施过程中，项目管理者应理论联系实际，制定具体针对性措施，并在实践中不断总结提高，努力实现工程设计管理现代化、国际化。

06Ni9DR 钢埋弧自动焊国产焊材应用

程庆龙　张雪峰

（中国石油天然气第六建设有限公司）

摘　要　随着国内 LNG 需求量的急剧增加，LNG 基础设施随之高速增长，国内 LNG 建设施工竞争日趋激烈，储罐用低温 06Ni9DR 钢已摆脱国外技术壁垒实现了国产化，而建造 LNG 所需的焊接材料仍需进口。本文通过江阴两台 8000m^3LNG 储罐 06Ni9DR 壁板埋弧自动焊采用国产北京舟泰牌号：ZT-SNi276 埋弧焊丝及配套焊剂进行焊接，通过不断试验得到最佳焊接工艺，使得抗拉强度，屈服强度，低温冲击韧性等指标均能够满足设计要求，在实际生产中通过严格的管理，圆满完成了两台 LNG 储罐壁板的焊接施工，这一里程碑打破国外垄断，使 LNG 储罐施工的国产化更进一步。

关键词　06Ni9DR 钢；埋弧自动焊；国产焊材应用

1　引言

1.1　LNG 发展现状

随着清洁能源的广泛应用，国内 LNG 储罐的施工建设蓬勃发展，作为 LNG 储罐施工的核心 06Ni9DR 钢焊接成为了施工重点和难点，06Ni9DR 钢以其优良的低温韧性和可靠焊接性被定为是制造低温压力容器的优良材料，目前国内在建 LNG 储罐用 06Ni9DR 钢板在不同程度上实现了国产化，并且竞争激烈，市场价格持续降低，一定程度上降低了 LNG 储罐的施工成本。然而 LNG 储罐 06Ni9DR 钢采用的焊接材料依旧完全依赖于进口，仍然制约着 LNG 储罐施工成本。因此，实现 LNG 储罐 06Ni9DR 钢焊接材料的国产化具有重大、深远的意义。

1.2　项目概况

江阴 LNG 项目包含 T-1201/T-1202 两台双金属 LNG 储罐，单台容积 80000m^3，外罐壁板采用 06Ni9DR 钢板，共计 12 圈，总重 1100 吨，埋弧自动焊焊缝长 2074 米，壁厚范围（17～26.5）mm，项目 06Ni9DR 钢板生产厂家为江阴兴澄特种钢铁有限公司，埋弧自动焊焊材来自北京舟泰焊接材料有限公司。

1.3　钢材及焊材化学成分，机械性能表

表 1　06Ni9DR 钢化学成分和机械性能

钢号	化学成分%							
	C	Si	Mn	P	S	Ni	Mo	v
06Ni9DR	0.06	0.35	0.52	0.005	0.002	8.95	0.01	0.01
	力学性能							
	抗拉强度	屈服强度	延伸率	-196℃冲击功	剩磁量 GS			
	690～820MPa	≥585MPa	≥20%	≥60J	≤30			

表 2　焊材化学成分和机械性能

焊材牌号及标准	焊丝化学成分%								
	C	Si	Mn	P	S	Ni	Mo	v	Fe
ZT-SNi276 (φ2.4)	0.0056	0.037	0.57	0.005	0.0003	56.58	16.14	0.23	5.67
	焊丝力学性能								
	抗拉强度	屈服强度	延伸率	-196℃冲击功	剩磁量 GS				
	690～820MPa	≥585MPa	≥20%	≥60J	≤30				

续表

<table>
<tr><td rowspan="2">焊材牌号及标准</td><td colspan="9">焊丝化学成分%</td></tr>
<tr><td>C</td><td>Si</td><td>Mn</td><td>P</td><td>S</td><td>Ni</td><td>Mo</td><td>v</td><td>Fe</td></tr>
<tr><td rowspan="3">ZT-MNi276</td><td colspan="9">焊剂化学成分/%</td></tr>
<tr><td colspan="2">SiO_2+TiO_2</td><td>CaO+MgO</td><td colspan="2">Al_2O_3+MnO</td><td>CaF_2</td><td colspan="2">S</td><td>P</td></tr>
<tr><td colspan="2">15-25</td><td>25-40</td><td colspan="2">20-30</td><td>15-25</td><td colspan="2">≤0.06</td><td>≤0.07</td></tr>
</table>

2 焊接质量管理

2.1 焊接工艺评定

2.1.1 相关技术标准

a）ASME Ⅸ 焊接、钎接和粘接评定

b）EN15614-1 焊接工艺评定

2.1.2 焊接作为 LNG 储罐施工中的重点与难点，开工前项目部成立 QC 小组，组织专业人员进行技术分析，根据钢板及焊材的性能通过对比试验制定最佳的焊接工艺，使得工艺评定中抗拉强度≥690MPa，屈服强度≥400MPa，-196℃低温冲击≥55J，维氏硬度≯400 等数据能够满足规范及设计要求，并且施工效率大大提高，最终完成覆盖现场施工的焊接工艺评定两项：

06Ni9DR-B26.5(K)-SAW-X-2G，

06Ni9DR-B17(K)-SAW-X-2G

2.2 焊接工艺

表 3

材质	规格/mm	焊接材料	焊接方法	焊接参数
06Ni9DR	T=17~26.5	ZT-SNi276+ZT-MNi276	SAW	焊机：林肯 AC/DC-1000 电流种类：直流正接 线能量：小于 25KJ/CM 层间温度：小于 100℃

2.3 焊材管理

2.3.1 焊丝、焊剂材料应符合有关国家标准、行业标准的规定，应具有质量合格证明书，且实物与证书上的批号相符。

2.3.2 焊剂使用前，必须经烘干合格，并符合下列规定：

1）烘箱与保温箱应有温度自动控制仪，烘干温度允许偏差为±10℃。测温仪表应经检定合格，并在有效期内；

2）焊剂按出厂说明书要求进行烘干，烘干温度为 300-350℃，烘干时间为 2h。

3）焊剂烘干时，升温和降温的速度应缓慢，升温速度不宜超过 150℃/h，降温速度不宜超过 200℃/h；

4）回收的焊剂应把粉末筛除避免出现渣孔。

3 坡口加工要求

3.1 坡口加工

坡口应按照设计图纸要求采用机械方法加工，加工及运输过程中避免钢材接触强磁性材料，以免被磁化；坡口加工后，应进行外观检查，其表面不得有裂纹、分层等缺陷。

坡口加工组对示意图如图 1 所示：

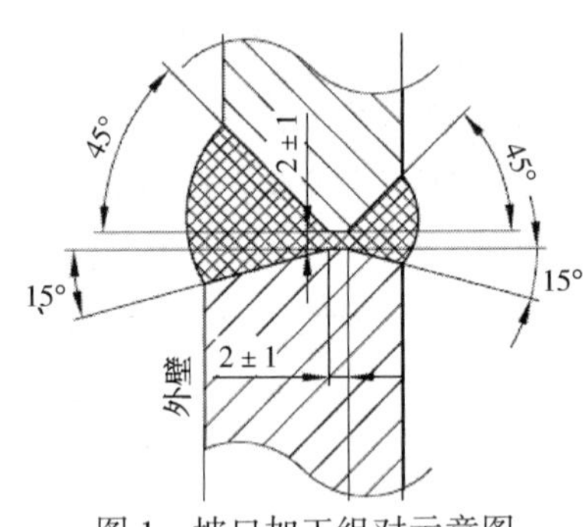

图 1 坡口加工组对示意图

3.2 组对要求

焊接接头组对前，应用手工或机械方法清理其内外表面，在坡口两侧 20mm 范围内不得有油漆、毛刺、锈斑、氧化皮及其他对焊接过程有害的物质。

4 焊接施工

4.1 人员机具布置

单台储罐安排 4 台焊机，内外侧各两台，每台焊机配备经过考试合格的焊工。

4.2 焊接顺序

第一圈环缝焊接前必须保证两圈壁板均已安装，圆度，垂直度并调整完毕。焊解过程中焊机沿同一方向按照单张板长度进行分段退焊，最大限度减少应力集中进而减小焊接变形。前后两台焊机分别进行打底及填充盖面，采用多层多道焊，层间接头应相互错开，确保起弧收弧质量，收弧时应将弧坑填满。

第二圈环缝焊前应保证第三圈壁板安装数量达到总数的 1/3 方可焊接，后续焊接以此类推。

5 质量检查

5.1 严格按照规范及设计要求对清根焊道进行 100%PT 检测，焊接完毕后进行 100%射线及光谱检测。

5.2 有缺陷需要返修的焊缝应做好记录并由质量检查员跟踪进行，确保返修一次通过，避免二次返修。

5.3 焊接过程中应对焊接工艺的执行情况进行检查，确保工艺执行到位。

6 焊接质量控制

6.1 从事焊接的焊工应符合 TSG Z6002—2010《特种设备焊接操作人员考核细则》的管理规定。

6.2 已完成的焊道应首先进行外观检查合格后方可进行下一工序的实施，焊缝外观以符合以下要求：1. 焊缝应与母材圆滑过渡，表面不得有裂纹，未熔合，夹渣，气孔等缺陷；2. 焊缝余高≤2mm；3. 焊缝不允许咬边

6.3 焊缝的无损检测按设计及规范要求执行。作业过程中，要保留质量记录并有可追溯性。

7 焊接缺陷的处理

7.1 缺陷的类型

本项目 06Ni9DR 钢埋弧自动焊出现的缺陷及产生原因有：

a）渣孔：回收焊剂由于磨损粉末占比增加；焊剂返潮，

b）条形夹渣：清根或道间清理不圆滑；焊材本身熔池流动性差，焊速过快

7.2 缺陷的预防

a）对回收焊剂的烘烤加强管理；筛选回收焊剂使之颗粒度在 10-60 目之间

b）对清根及道间清理进行专项检查，使清根及层道间圆滑过渡，避免形成死角；加强焊接工艺管理要求各项工艺参数满足交底要求

8 结论

通过采用的一系列措施，在实际施工生产中，焊接质量得到有效的控制，各项指标都能够满足设计规范要求，江阴 LNG 两台 80000m^3 储罐外罐壁板安装焊接完成共耗时 77 天，消耗焊丝 10.2 吨，焊剂 8.7 吨；累计拍片 15234 张，返修 45 张，焊接一次合格率 99.7%，无论焊接质量，施工效率都满足现场的要求，为后续施LNG 储罐工提供宝贵经验。

参考文献

[1] 江阴 LNG 储配站设计文件-LNG 储罐工程规定.

[2] SHT 3561-2017 液化天然气(LNG)储罐全容式钢制内罐组焊技术规范.

[3] EN15614-1 焊接工艺评定.

[4] ASME Ⅸ-2013 焊接、钎接和粘接评定.

[5] BS EN14620-1-2006.

LNG 高压输送泵的安装

田　博　王　军

（中国石油天然气第六建设有限公司）

摘　要　LNG 接收站具有液化天然气的接收、储存及气化供气功能，其外输供气主要是通过高压泵将 LNG 加压输送到气化装置气化实现。高压输送泵采用的是美国 EBARA 产品，文章介绍了高压泵的特点及安装流程，明确了高压泵安装过程中的难点、要点。

关键词　LNG 接收站；高压输送泵；外输供气；安装流程

1　引言

近年来，随着天然气产业的迅猛发展，LNG 接收站的建设遍地开花。LNG 作为一种高效清洁的能源，已被普遍、广泛应用于生活和工业生产的各个方面。江苏 LNG 项目是中国石油落实国家能源战略，满足长三角地区对清洁高效能源的需求，优化能源消费结构，减少环境污染，推动地方经济可持续发展的重要能源工程；也是中国石油发展液化天然气产业、建立海上油气通道，加快国际步伐、增强能源保障能力的战略工程。江苏 LNG 接收站承担着为长三角及周边地区供气的重任，保障了江苏省三分之一以上的用气需求，是华东地区天然气供应的稳定气源。

2　高压输送泵的特性

2.1　简介

江苏 LNG 接收站使用的高压泵输送泵也称潜液式电机驱动型离心低温泵，它分为泵壳和泵芯两部分，泵芯由泵和电机组成，立式整体结构。工作时，泵壳里充满 LNG，泵芯浸没在 LNG 里运行，其运行参数见表 1。

高压泵常见的安装有深基坑安装和地上安装，本文介绍高压泵的深基坑安装方式。

2.2　泵的参数

表 1　高压输送泵参数

生产厂家	额定流量/(m^3/h)	额定转速/(r/min)	额定水头/m	额定功率/kW	设计压力/BARG	介质	轴方向
EBARA	450	3000	2275	2096	130.8	LNG	立式

2.3　泵的特性曲线

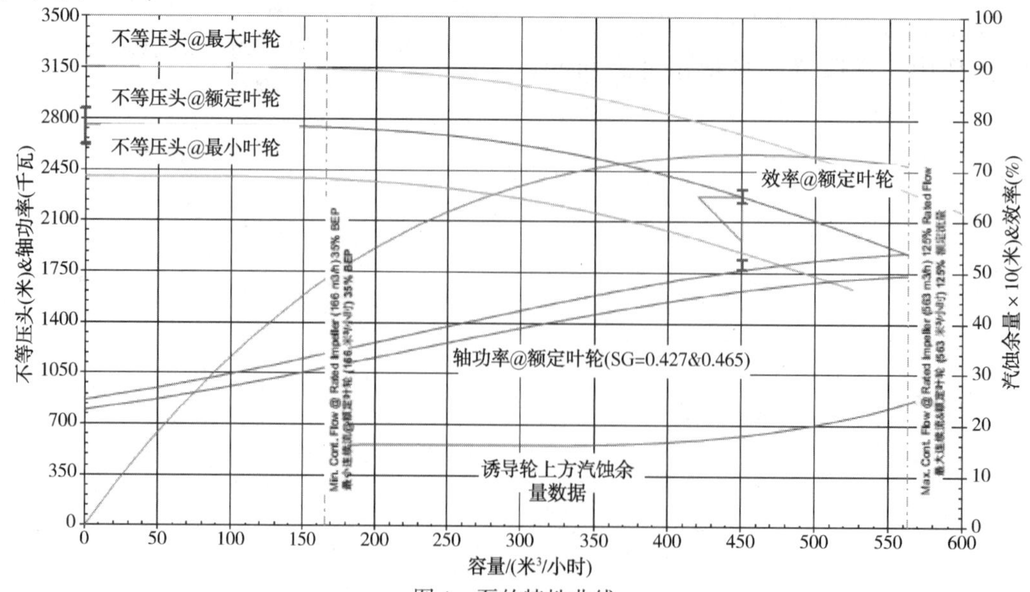

图 1　泵的特性曲线

3　高压输送泵主要安装流程

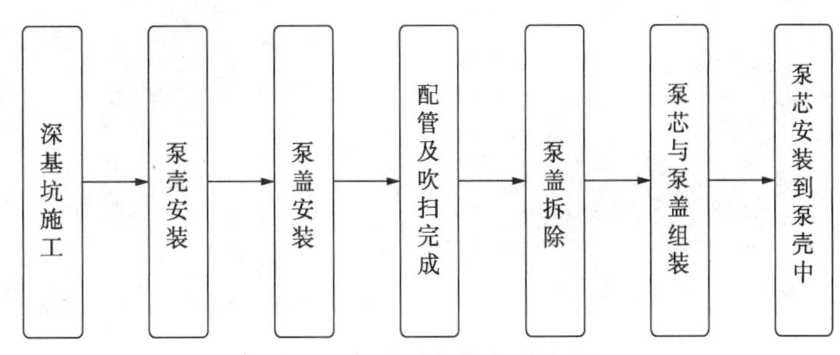

图 2　高压泵安装主要流程

4　高压输送泵安装步骤

4.1　高压泵深基坑施工：高压泵基坑规格长 15 米×宽 8 米×深 5.2 米，采用 4#12 米拉森桩作为基础维护桩，详见图 3、图 4：

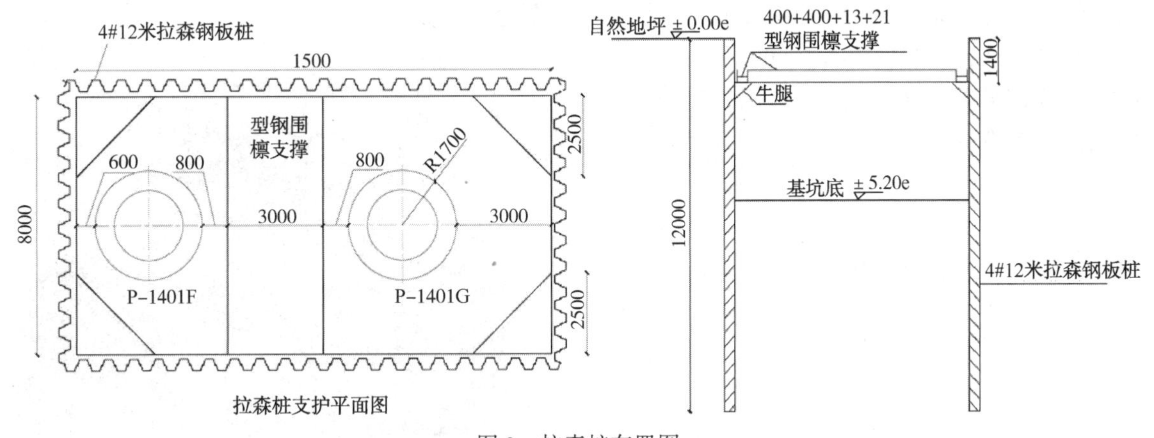

图 3　拉森桩布置图

图 4　桩基施工图

经过力学分析与计算，该桩满足挡土强度和打桩时刚度要求。

4.2　泵壳安装

泵壳安装之前有以下注意点：

（1）深基坑施工完成后，泵壳安装之前，需进行基础复核；

（2）泵壳安装之前需进行电气仪表设施安装和保冷处理；

图5　泵壳安装前保冷

（3）泵壳安装之前，需先在基础四处预埋地脚螺栓上安装保冷垫，并在保冷垫下安装临时垫铁组。

以上准备工作完成后，开始进行泵壳安装，泵壳吊装需溜尾，采用两台25吨汽车吊，吊装时先将泵壳树立，后缓慢放入基坑中，吊装过程中需不断调整泵壳位置，使泵壳的四处支腿准确就位到四处保冷垫上。

泵壳就位后需注意：

（1）泵壳找平找正：用临时垫铁组调整泵壳到设计标高，对其设备与基础的中心线，在泵壳的机加工面上找平；

（2）地脚螺栓一次灌浆，带强度达到后，拔紧螺栓；

（3）泵壳精找平找正：泵壳在机加工面上进行精找平找正，完成后点焊垫铁；

（4）地脚螺栓二次灌浆；

4.3　泵盖安装

泵壳安装完成后，安装泵盖，并完成工艺配管。

注意：由于泵盖仍需再次打开，泵口垫片采用临时石棉垫，且螺栓不宜上的过紧；

4.4　泵芯的安装

（1）泵芯安装前，先完成与设备连接的管线及电气仪表元件的安装；

（2）泵芯安装需进行溜尾，将泵芯树立起来；

（3）泵芯安装前，需拆除泵盖，并将泵盖与泵芯组装；

图6　泵盖与泵芯组装

注意：泵盖拆除后，需将泵壳口盖好，防止杂物掉入。

（4）清理干净泵壳机加工面，将临时石棉垫更换成正式垫片；

（5）将泵芯缓慢吊装进泵壳内，安装好连接螺栓，上紧固定；

图7　泵芯安装

5 结束语

高压输送泵作为 LNG 接收站输送系统中重要的设备，主要将经过冷凝的 LNG 加压输送到气化装置。目前江苏 LNG 接收站已安装完成的高压泵均运行正常，能够满足目标气量供应。但随着三期规划的落实，在接收站扩建的同时，相应的配套设施也随之跟上，包括高压输送泵的再安装。由于泵和电机组成的整体立式结构这一特性，高压泵安装要求高，这就要求我们熟练掌握高压泵的安装流程，研究吃透其安装要点，为今后同类型的泵安装积累经验。

参考文献

[1] EBARA 公司的关于潜液式电机驱动型离心低温泵安装、操作与维护指南 E1238-032.

[2] 风机、压缩机、泵安装工程施工及验收规范 GB 50275-2010. 北京：中国计划出版社，2011.

[3] 机械设备安装工程施工及验收通用规范 GB 50231-2009. 北京：中国计划出版社，2009.

LNG储罐承台隔震橡胶垫圈测量安装

刘　阳　赵金涛

（中国石油天然气第六建设有限公司）

摘　要　为了引进国外天然气资源，20世纪90年代，我国开始从海上引进LNG，我国的LNG工业也就此起步。进口LNG业务的发展带动了LNG接收站的建设。因地区的差异，LNG储罐承台与桩基连接分为两种形式，其中一种适用于地震多发地带，LNG储罐承台与桩基间需要使用隔震橡胶垫连接，另一种则不需要隔震橡胶垫连接，LNG储罐承台与桩基间直接连接，结合现场实际施工情况，再此介绍下隔震橡胶垫是怎样进行测量安装与固定的。

关键词　LNG储罐；隔震橡胶垫圈；测量与安装

1　工程概况

本工程基础承台面积：6000m^2，混凝土量：5881.5m^3，共分八次浇筑成型，先浇筑内圈4区，再浇筑外圈4区。LNG储罐为桩承台结构形式，露出地面1.7m～2.0m，隔震橡胶垫安放在桩基顶部。隔震橡胶垫外形尺寸800mm×800mm×233mm，外圈（两排，120根）和内圈（240根）设计顶面标高分别为+5.300，+5.600，分别安装在每个罐360根直径1200mm混凝土灌注桩上，用4根M60锚栓锚入桩顶的预留孔内，预留孔采用高强度无收缩灌浆材料灌浆。隔震垫外圈安装采用2台3T叉车作为现场安装用，以16万立方米LNG储罐为例。

2　隔震橡胶垫测量安装的施工工序

桩基移交→标高线的引测→膨胀螺栓的安装→膨胀螺栓标高的测量→膨胀螺栓切割→膨胀螺栓的整体找平→隔震橡胶垫安装固定

桩基移交：桩基单位移交时应对地上桩顶混凝土平面质量、预留孔位置、预留孔清洁度进行验收。验收不合格的提请业主促桩基单位，按厂家技术要求整改。安装前对桩顶平整度、标高及预留孔位置等进行进一步确认。

标高线的引测：首先根据设计提供的黄海高程的标高点A转换成当地的标高B，在把转换的标高引测到LNG储罐的一个桩基上此标高点为C，经过各方验收合格后方可使用C标高进行施工。在根据桩基上引测的标高点C，在每个桩基上用墨线环绕桩基一周弹出标高线D（标高线根据桩基的高度不同统一为离灌浆层150mm），以此线为基础进行隔震橡胶垫支撑垫块测量安装的依据。

图1　标高线示意图

膨胀螺栓的原理：把膨胀螺栓打到地面或墙面上的孔中后，用扳手拧紧膨胀螺栓上的螺母，螺栓往外走，而外面的金属套却不动，于是，螺栓底下的大头就把金属套涨开，使其涨满整个孔，此时，膨胀螺栓就抽不出来了。

膨胀螺栓的安装：每个桩顶隔震橡胶垫支撑垫块设置3个，材料为M12的膨胀螺栓。首先在桩基顶部定出三个膨胀螺栓的位置，三个膨胀螺栓的位置大体上在120°、240°、360°方向上，距离隔震橡胶垫底板最近边缘50mm，具体可根据现场调整，但是要避开预留孔洞的位置。然后使用冲击钻（钻头要大于膨胀螺栓一个标号）进行钻孔，钻孔深度比膨胀管的长度深5毫米左右。

图 2　膨胀螺栓钻孔

图 3 膨胀螺栓安装后的示意图

膨胀螺栓标高的测量：根据每个桩基上的标高线 D 使用钢直尺初步测量出膨胀螺栓的标高，之后进行膨胀螺栓的安装，初步安装的膨胀螺栓标高要稍微高一点，再用水平尺加线坠的方法进行找平，等到三个膨胀螺栓全部按照上面的步骤安装完毕后，在统一用水平尺进行膨胀螺栓的两两找平。对于膨胀螺栓作为支撑，又做了对比施工，一种是施工膨胀螺栓开始精确找平，另一种是粗略找平，通过对比，开始施工精确找平，大大方便了后续橡胶垫的安装与标高的控制，减少了工作。

图 6　膨胀螺栓标高确定

图 4　膨胀螺栓标高测量

图 7　膨胀螺栓之间两两找平

图 5　膨胀螺栓顶部找平

膨胀螺栓切割：若发现膨胀螺栓过高则使用切割机把高处的部分切除，因膨胀螺栓顶部不可能全部平整和切割机切割后膨胀螺栓顶面可能不平，也可能切割过多(分两种，一中还能使用不影响施工质量，另一种无妨在作为支撑垫块使用需要重新进行膨胀螺栓的安装)，会影响后续隔震橡胶垫的安装精度，所以每个膨胀螺栓在配置 2 个配套的螺母进行顶标高的调整(切割过多采取措施可使用的部分)。

隔震橡胶垫安装固定：现场安装采用 2 台 3

吨叉车进行安装就位。安装前，在隔震橡胶垫上部连接板上弹上十字中心线，确保隔震橡胶垫的中心线与桩顶控制中心线重合，确保隔震橡胶垫安装在中心位置。准确就位后，先测量隔震橡胶垫四个角点标高，根据复测结果，用膨胀螺栓进行最终找平(通过扳手拧膨胀螺栓上口螺母来最终调整橡胶垫标高)或者用2mm厚的薄铁片进行最终找平，找平后，用水平尺检测隔震橡胶垫的平整度。

图8　隔震橡胶垫安装就位

图9　隔震橡胶垫四个角点标高复测

3　隔震橡胶垫测量安装的质量难点及要求

3.1　隔震橡胶垫测量安装的质量难点

(1) LNG储罐360个桩基，每个桩基上引测标高线，数量多，工作繁重，施工过程中容易出错。

(2) 膨胀螺栓安装时，可能因测量不到位，导致膨胀螺栓标高安装过低，无法使用。

(3) 膨胀螺栓安装时，可能因测量不到位，导致膨胀螺栓标高安装过高，需要进行切割处理，人为切割时不是很好能控制切割尺寸。

(4) 三个膨胀螺栓之间的两两找平。

(5) 每个膨胀螺栓必须进行标高测量，对标高的准确性要求高。

(6) 隔震橡胶垫安装时，对于橡胶垫标高的微调要求高。

3.2　隔震橡胶垫测量安装的要求

表1　隔震橡胶垫安装技术要求和允许偏差

序号	内　容	控制偏差	备注
1	隔震橡胶垫表面平整度	5‰	
2	橡胶垫上表面标高误差	±2mm	对角线
3	橡胶垫与桩中心线的允许偏差	20mm	

4　隔震橡胶垫测量安装的质量保证措施

(1) 首先要保证设计提供的黄海高程准确无误。

(2) 转换后的标高B准确无误。

(3) 保证测量仪器全部在检测合格期内。

(4) 测量人员从开始到结束必须是同一人，测量安装过程中不允许替换。

(5) 膨胀螺栓安装时，测量人员时刻检测，防止因漏测造成标高不准。

(6) 按照国家规范、标准对施工过程进行严格检验与控制。

(7) 实行三检制度。

(8) 坚持技术复核制度。

5　结束语

隔震橡胶垫的测量安装是整个隔震橡胶垫施工的基础，需要严格遵守设计与规范要求进行施工。其中膨胀螺栓开始时的精确找平，大大方便了后续橡胶垫的安装与标高的控制，减少了工作量，从而缩短了工期，为后续工作打下了坚实的基础，并且使用膨胀螺栓作为支撑垫块，造价低，节约了资源，施工方便快捷，不受天气方面的约束，可全年施工。

参 考 文 献

JGJ 360—2015 建筑隔震工程施工及验收规范.